프렌즈 시리즈 16

프렌즈
태국

안진헌 지음

Thailand

중앙books

Prologue
저자의 말

〈프렌즈 태국〉이 추구하는 가치는 '넓고 깊게'다. 태국은 방콕, 치앙마이, 푸껫이 전부가 아니다. 잘 알려지지 않은 여행지라도 여행할 가치가 있다면 꼼꼼히 소개하려 했다. 한 지역을 다룸에 있어 단순히 이런 볼거리가 있다가 아니라, 어떻게 해서 그런 볼거리가 생겼는지 깊이 있는 설명을 달려고 했다. 태국이 처음인 사람도 길 찾기 쉽도록 교통정보는 세세히 다뤘고, 숙소는 게스트하우스를 포함해 리조트까지 꼼꼼히 살폈다.

〈프렌즈 태국〉은 이전의 작업들과 몇 가지 차이가 있다. 우선 너무도 잘 아는 지역을 다뤘기 때문에, 원고를 먼저 써놓고 취재하면서 데이터를 맞춰갔다. 어떤 도시는 몇 년을 살기도 했고, 어떤 도시는 매년 들락거리기도 했고, 태국과 관련된 글들을 오랫동안 쓰다 보니 경험들이 쌓여 이런 작업이 가능했다. 보통 책들이 편집 마감단계에서 서문을 쓰게 되는데, 〈프렌즈 태국〉은 원고를 시작하면서 인사말을 작성한 특이한 경우다. 큰 그림을 미리 그려놓고 책을 완성해갔다는 소리다.

〈프렌즈 태국〉까지 또 하나의 긴 호흡이 마무리됐다. 취재하고 원고 쓰고 편집돼서 출판되기까지 결코 짧지 않은 시간이 흘렀다. 가능하면 많은 정보를 담으려 했지만, 태생적으로 가이드북은 모든 걸 알려줄 수가 없다. 생산자인 저자의 몫은 여기까지다. 새로운 길 위에서의 설렘을 만끽하시길!

Thanks to

Poom Ithisupornrat, Park Kulwong, Foo Chik Aun(Jason), Rachata Langsangtham(June), Kitima Janyawan(Pook), Yongyut Janyawan(Yut), Sam Winichapan, Patchanee Iamwittyakun, Somboon Iamwittyakun, Keng Chaivarin, Pacharapol Suddaen, Pannarot Phanmee, Elinie Palomas, Akapop Lertbunjerdjit, Sureerat Sudpairak, Sarin Saktaipattana, Kanittha Pimnak, Kisana Ruangsri, Alisarakorn Sammapun, Sumie Sato, Yoko Uchida, Yaseu Iwamura, 트래블게릴라 김슬기, 방콕 홍익여행사, 치앙마이 미소네, 올림푸스 카메라, 트래블메이트 김도균, 타이랜드마케팅 주수영, 리차드권(권형근), 이현석, 이지상, 김선겸, 김현철, 김우열, 김은하, 양영지, 최혜선, 최승헌, 남지현, 김난희, 박기영, 스톤재즈, 정창숙, 껄렁 백상은, 오봉 민현진, 안네 최수진, 유성용, 박사장, 고재영, 성남용, 강신계, 류호선, 배훈, 쑤끼쒸, 안효숙, 안수영, 안명순, 마미숙, M양 Lucia, 조경화, 심근영, 권지현, 류선하, 엄준민, 구한결, 옐로형, 염소형, 써니언니, 김영랑, 툭툭형, 차 선배님, 찬찬, 구자호, 소방, 치자배.

Special Thanks to

작업실을 제공해 주신 방콕의 나락형, 꼬따오의 찬우형, 경주의 콰이님(놀러 가면 또 재워 줄 거죠?), 훌륭한 커피를 직접 뽑아주던 치앙마이의 레이첼 & 훈(그 커피 언제 또 마셔보나?), 원고 마감 후 허탈한 마음을 달랬던 Ban Namhoo Bungalows 친구들(그곳에서의 휴식은 달콤했어!), 가이드북 공작단 동지 노커팅, 사진 사용을 허락해 주신 태국 관광청 관계자 여러분들, 한 팀이 되어 책 작업을 함께 해준 이정아 님, 문주미 님, 허진 님, 책을 예쁘게 디자인해준 제플린의 정현아 님, 지도를 그려주신 김은정 · 이여비 님, 개정 작업을 함께 해 준 변바희, 양재연 님, 그리고 꼼꼼히 교정을 봐 주신 박경희 님 많이 많이 고맙습니다. 모두 고생했어요.

How to Use
일러두기

태국어 발음에 관하여

이 책에 쓰인 모든 발음은 현지 발음 표기를 따랐다. 태국어를 영문으로 표기한 오기를 따르지 않고, 태국어 자체의 발음을 한국식 발음으로 그대로 옮겼다. 예를 들어, Siam을 시암이 아닌 '싸얌'으로 표기한 것이다. 태국어는 영어로 표기가 불가능한 발음이 많은데도 굳이 영문 표기를 따라 한글 맞춤법으로 표기하려다보니 나타나는 현지 발음상의 오류를 방지하기 위함이다. 더불어 이중자음을 줄여서 발음하는 습성에 따라 일부 지명에 대해서는 구어체 표기를 따른다. Pratunam을 쁘라뚜남이 아닌 빠뚜남으로 표기한 것이 대표적인 예다. 영어도 태국식 발음을 기준으로 표기했다. 센트럴 Central은 '쎈탄', 로빈슨 Robinson은 '로빈싼'으로 표기해 현장에서 길을 물을 때 도움이 되도록 했다. 태국어로 읽는 데 지장이 없는 저자가 태국어를 직접 확인해 가장 비슷한 최적의 발음을 한국어로 표기했다.

고유 명칭도 태국 발음을 그대로 따랐다. 거리는 로드(Road)라는 영어 표기 대신 타논(Thanon)으로 표기했다. 다리(싸판 Saphan)와 운하(크롱 Khlong), 강(매남 Mae Nam), 선착장(타르아 Tha Reua 또는 줄여서 타 Tha)의 경우 태국에서 하루만 지내면 익숙할 단어들이지만, 이해를 돕기 위해 주요한 명칭들에 대한 설명을 달아둔다.

타논 ถนน Thanon	영어로 Road 또는 Street에 해당한다. 한국의 도로에 해당하며 방콕에서는 큰길을 의미한다.
쏘이 ซอย Soi	영어로 Alley, 한국어로 골목에 해당한다. 큰길인 '타논'에서 뻗어 나간 골목길들로, 차례대로 번호를 붙인다. 도로를 중심으로 한쪽은 홀수 번호, 다른 한쪽은 짝수 번호를 붙인다. 쏘이의 특징이라면 골목 끝이 막혀 있다는 것.
뜨록 ตรอก Trok	'쏘이'보다 더 좁고 짧은 골목을 의미한다. 차가 다닐 수 없을 정도로 좁다.
싸판 สะพาน Saphan	영어로 Bridge, 한국어로 다리에 해당한다. 다리 이름 앞에 싸판을 먼저 붙인다. 즉 삔까오 다리의 태국식 발음은 싸판 삔까오가 된다.
크롱 คลอง Khlong	영어로 Canal, 한국어로 운하를 의미한다.
매남 แม่น้ำ Mae Nam	영어로 River, 한국어로 강(江)을 의미한다.
타르아 ท่าเรือ Tha Reua	영어로 Pier. 보트 선착장을 의미한다. 선착장 이름과 함께 쓸때는 '타+선착장 이름'을 붙이면 된다. 프라아팃 선착장은 '타 프라아팃'이라고 발음한다.
딸랏 ตลาด Talat(Talad)	영어로 Market. 한국어로 시장을 의미한다.
왓 วัด Wat	영어로 Temple. 한국어로 사원을 의미한다.

일정에 대해

〈프렌즈 태국〉에서 추천하는 여행 루트는 일정별 추천 루트와 목적별 추천 루트로 나눈다.

일정별 추천 루트는 지역별로 크게 6개의 루트를 제시한다. 주말을 이용해 짧게 여행할 수 있는 방콕 3일 일정, 여름 휴가를 이용해 방콕과 방콕 주변을 섭렵하는 6일 일정을 일별로 나눠 구체적으로 설명한다. 그밖에 남부 7일, 태국의 하이라이트만 쏙쏙 뽑아 돌아보는 핵심 14일, 한 달 유효한 항공권을 꽉 채워 여행하는 태국 일주 30일 일정 등을 담고 있다.

목적별 추천 루트는 테마별로 크게 4개의 루트를 제시한다. 태국의 역사 · 문화를 탐방하는 코스, 충분한 휴식과 여유를 즐기는 리프레시 코스, 다이빙과 파티를 즐기는 액티비티 코스, 태국의 산과 사원 등 아름다운 자연 경관을 둘러보는 코스 등을 일별, 지역별로 나눠 구체적으로 설명한다.

Attraction 볼거리 정보

모든 볼거리에는 '★'이 있는데, 중요도에 따라 1~5개가 붙어 있다. 별점의 의미는 다음과 같다.
(추천 특히 꼭 가봐야 할 곳과 먹어봐야 할 곳, 체험해봐야 할 곳은 강력추천 마크가 붙어 있으니 참고하자.)

★★★★★   태국에 왔다면 죽어도 봐야 할 곳
★★★★   꼭 봐야 할 곳
★★★   안 보면 아쉬운 곳
★★   시간이 난다면 볼 만한 곳
★   안 봐도 무방한 곳

왓 아룬
Wat Arun   ★★★★

'새벽 사원 Temple Of The Dawn'이라는 이름으로 더 유명한 왓 아룬은 태국 관광청 로고로 쓰일 정도로 상징적인 사원이다. 본래 아유타야 시대에 만들어진 왓 마꼭 Wat Makok이었으나 톤부리 왕조를 세운 딱씬 장군에 의해 왓 아룬으로 개명되었다. 이는 버마(미얀마)와의 전쟁에서 승리하고 돌아와 사

Beach & Resort 해변 & 리조트

〈프렌즈 태국〉은 태국 전역에 퍼져 있는 수백 개의 섬 중 여행지로 적합한 해변을 소개하고, 휴식처로 적당한 리조트와 그밖에 실용정보를 제공한다. '추천하는 섬과 해변' 정보는 이 책의 앞부분의 화보에서 만나보자.

숙소 정보

배낭 여행자들이 선호하는 저렴한 여행자 숙소는 600B(약 2만 5,000원) 이내에서 청결함과 관리 상태를 고려해 선정했으며, 호텔들은 2,000B(약 8만원) 정도의 3~4성급 호텔 중에서 단체 패키지보다는 자유 여행자들에게 인기가 높은 곳을 소개했다. 고급 리조트들은 5,000B(약 19만원) 이상의 럭셔리한 리조트들도 섬과 해변의 특성을 고려해 만족도가 높은 곳을 소개했다.

지도에 사용한 기호

관광안내소	🛈		관광	①
버스정류장	🚌		쇼핑	①
병원	✚		식당	①
사원	🛕		마사지 & 스파	①
우체국	✉		엔터테인먼트	①
철도	▦ ▪▪▪		숙소	①

이 책에 실린 정보는 2024년 10월까지 수집한 정보를 바탕으로 하고 있습니다. 현지물가와 볼거리의 개관 시간, 입장료, 레스토랑·리조트 요금, 교통 정보 등은 수시로 변경되므로 이 점을 감안하여 여행 계획을 세우시길 바랍니다.

내용 문의 : 안진헌 bkksel@gmail.com, 편집부 jbooks@joongang.co.kr,
온라인 업데이트 www.travelrain.com

Contents

태국

Travel Plus

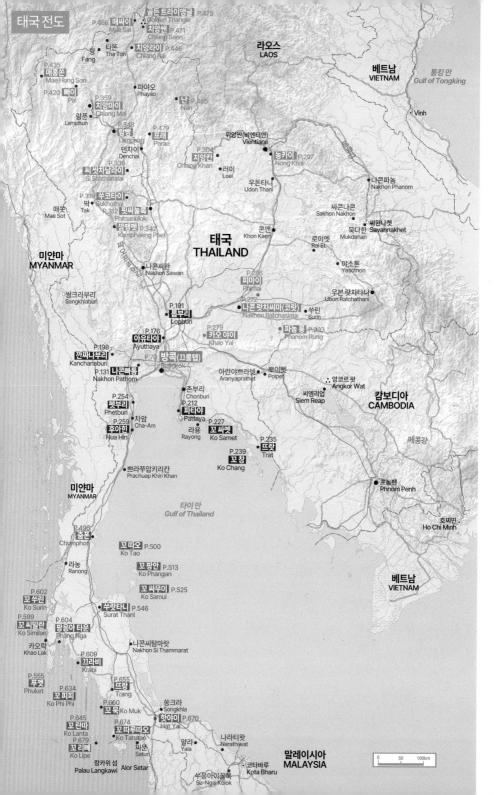

태국 베스트 BEST & 머스트 MUST

태국 여행 루트 ROUTE

유명한 여행지

태국에 뭐가 있나 찾다보면 가장 먼저 듣게 되는 이름들이다. 어쩌면 태국이라는 나라보다 방콕, 푸껫 같은 도시를 더 먼저 접했는지도 모를 일. 많이 알려진 곳이 반드시 좋은 여행지는 아니지만 그렇다고 무조건 배척할 이유도 없다.

★1 방콕(P.70)

태국 하면 방콕을 떠올리듯이 태국을 대표하는 도시다. 인구 1,000만 명 이상이 사는 메트로폴리탄인 동시에 화려한 사원을 간직한 태국의 수도. 천사의 도시란 뜻인 '끄룽텝'으로 불린다.

★2 푸껫(P.555)

한국에서도 유명한 신혼여행지로 널리 알려져 있다. 태국에서 가장 큰 섬으로 안다만해에 있다.

★3 파타야(P.212)

한낮의 열대 해변과 한밤의 유흥가가 상반된 얼굴로 관광객을 유혹하는 도시. 일명 '방파 패키지' 덕분에 태국 최대의 해변 휴양지처럼 여겨진다.

★4 치앙마이(P.359)

'북부의 장미'로 불리는 태국 제2의 도시. 코끼리 타고 산악 민족 마을을 방문하는 트레킹 투어로 유명하다.

★5 꼬 싸무이(P.525)

푸껫과 더불어 태국을 대표하는 섬이다. 곱고 기다란 모래해변이 많지만 볼거리는 적다. 장기 체류하는 유럽인들이 많아 음식 문화가 발달했다.

Thailand Best

숨은 보석 같은 여행지

한마디로 숨겨진 여행지다. 교통이 편리하거나 편의시설이 잘 갖추어진 도시들과는 전혀 다른 느낌의 도시를 소개한다. 그렇다고 오지는 아니다. 시간만 허락한다면 얼마든지 여행이 가능한 곳들이다. 남들 다 가는 유명 여행지에 식상했다면, 외국인들이 뜸한 곳으로 발길을 옮겨보자.

★1 치앙칸(P.304)

메콩 강을 사이에 두고 라오스와 국경을 접한 마을이다. 이싼(북동부) 지방에 있으나 대도시들로부터 멀리 떨어져 있어 한적하기 그지없다. 전통적인 삶을 유지하는 현지인들과 거리를 가득 메운 목조건물이 매력적이다.

★2 매싸롱(P.458)

태국에 있으나 전혀 태국스럽지 못한 마을이다. 짱왓 치앙라이에 속해 있으며 미얀마 국경과 가깝다. 중국 국민당 후손들이 정착해 생활하기 때문에 중국적인 색채가 강하다. 해발 1,300m의 산자락에 자리해 경관이 수려하다.

★3 카오 야이 국립공원(P.279)

전체 면적 2,168㎢의 자연 생태구역으로 유네스코 세계자연유산으로 선정된 곳이다. 해발 400~1,300m에 이르는 초원지대, 열대 상록수림지대, 낙엽림지대로 이루어졌다. 방콕에서 불과 3시간 거리로 가깝지만 야생 생태계가 완벽하게 보존되고 있다.

★4 꼬 따루따오(P.674)

태국 안다만해의 최남단에 위치한 섬이다. 지형적인 특수성으로 인해 한때 정치범을 수용하던 유배지로 쓰이기도 했다. 주변의 51개 섬과 함께 따루따오 해상 국립공원으로 보호되고 있다. 섬은 대부분 산악지역(최고 높이 708m)으로 열대우림으로 뒤덮여 있다. 개발이 미비해 때 묻지 않은 한적한 해변을 만끽할 수 있다.

Thailand Best
매력적인 도시

도시가 주는 적당한 문명의 이기를 누리면서 현지 문화를 체험하기 좋은 도시들을 선정했다. 태국의 매력적인 도시들은 고색창연한 사원들로 인해 볼거리가 많고, 친절한 현지인들로 인해 외국인도 마음 편히 쉬어 갈 수 있는 곳들이다. 산과 계곡이 도시 주변을 감싼 곳들도 많아 더없이 평화로운 시간을 보낼 수 있다.

★1 치앙마이(P.359)

태국에 있는 도시 중에 최고의 여행지로 누구나 주저 없이 손꼽는 곳이다. 란나 왕국의 수도였던 치앙마이 구시가에 700년의 역사가 고스란히 남아 있다. 다양한 축제와 문화 행사가 곳곳에서 열린다. 기온이 선선한 겨울(11~1월)에 가야 치앙마이의 제맛을 느낄 수 있다.

★2 빠이(P.420)

태국 북서부에 있는 인구 6,500명의 작은 산골 마을이다. 평화로운 자연과 로컬 아티스트, 배낭여행자, 산악 민족들이 함께 어우러져 독특한 문화를 연출해 낸다. 일정을 정하지 말고 마음껏 빈둥대다 오자.

★3 방콕(P.70)

대도시가 제공하는 무궁무진한 즐거움을 최대한 누리자. 맛집 탐방, 마사지, 쇼핑, 나이트라이프까지 방콕의 낮과 밤은 결코 지루하지 않다.

★4 난(P.485)

왓 푸민과 왓 농부아로 대표되는 태국 최고의 사원 벽화를 간직한 도시. 태국 북부의 주요 도시들로부터 멀리 떨어져 있어 관광산업의 영향을 크게 받지 않았다. 라오스와 가깝고 18세기까지 독립을 이루며 독자적인 문화를 발전시켰다. 친절한 현지인을 만날 수 있다.

⭐5 매홍쏜(P.435)

태국의 알프스로 불리는 태국 북서부의 국경 지대다. 굽이굽이 이어지는 산과 계곡, 폭포로 인해 자연이 아름답다. 아침 안개가 밀려오는 겨울 풍경은 신비로움을 더한다. 산족이 건설한 사원과 카얀족(황동 놋쇠 목걸이로 유명한 소수민족) 마을도 이국적이다.

⭐6 깐짜나부리(P.198)

방콕에서 차로 2시간 거리라는 것이 믿기지 않을 정도로 아름다운 자연을 간직한 도시다. 혼잡한 도시를 벗어나 지친 몸과 마음을 달래기 좋은 곳. 콰이 강변에 자리 잡은 수상가옥이 운치를 더한다.

⭐7 푸껫 타운(P.557)

푸껫이 단순히 고급 휴양지라고만 생각한다면, 푸껫 타운은 분명 신선한 충격이 될 것이다. 푸껫에 정착한 화교들에 의해 형성된 푸껫 타운은 유럽풍의 건축물들로 가득하다. 푸껫 타운은 걷는 것만으로도 충분히 매력적인 도시다.

⭐8 람빵(P.348)

7세기부터 형성된 오래된 도시이지만 도로를 새롭게 정비해 계획도시처럼 깔끔하다. 왕 강을 중심으로 형성된 골목에는 티크 나무 목조건물이 가득해 고즈넉한 느낌을 준다. 사원들은 고증을 통해 옛 모습 그대로 복원했고, 태국에서 유일하게 운행되는 마차는 복고풍의 감성을 자극한다.

⭐9 농카이(P.297)

'농카이에 뭐가 있기에 매력적인 도시에 선정이 된 거지'라고 의심어린 눈빛을 보낸다면, 당신은 분명 라오스를 가기 위해 농카이를 스쳐 지나간 게 분명하다. 대단한 볼거리를 간직했다거나 도시 규모가 크다거나 하는 특별함은 없다. 다만 메콩 강변에 형성된 국경도시로 외국인들의 출입이 잦은 탓에 이방인에게 따뜻한 시선을 보내는 편안한 도시다.

Thailand Best
추천하는 섬과 해변

태국에는 아름다운 섬과 해변이 산재해 있다. 관광 대국인 태국답게 웬만한 섬들은 휴양지로 개발되어 리조트들이 가득하다. 때문에 태국에서 '어떤 섬이 아름다운가?'에 대한 답변은 어떤 곳이 개발이 덜 됐는가와 일맥상통한다. 자연을 거스르지 않고 친환경적으로 개발된 섬들이라면 베스트 오브 더 베스트.

★1 꼬 쑤린 & 꼬 씨밀란(팡응아)

꼬 쑤린은 태국 최고의 스노클링 포인트로 각광을 받고 있고, 꼬 씨밀란은 태국 최고의 다이빙 포인트로 명성을 날리고 있다. 육지에서 멀리 떨어져 있으며 국립공원으로 지정돼 개발이 철저히 제한되고 있다. 섬까지 가기는 힘들지만 한 번 방문하고 나면 감탄을 연발하게 된다. (P.599, 602 참고)

©태국관광청

★2 꼬 리뻬(싸뚠)

안다만해의 남단에 있는 섬으로 말레이시아와 해상 국경을 접하고 있다. '태국의 몰디브'로 알려진 작은 섬으로 꼬 피피의 무분별한 개발에 실망한 여행자들이 새롭게 발견해 낸 섬이다. 꼬 아당, 꼬 라위, 꼬 힌 응암 등 주변에 아름다운 섬들이 가득하다. (P.679 참고)

★3 라일레 & 아오 프라낭(끄라비)

잔잔한 파도와 눈이 시리도록 파란 바다, 그리고 카르스트 지형이 함께 어우러져 바다건 육지건 할 것 없이 비경으로 가득하다. 반도 형태로 이루어졌지만 석회암 산들에 막혀 배를 타고 들어가야 하는 특수한 곳이다. 라일레에서 연결되는 아오 프라낭은 세계 10대 해변으로 선정되기도 했다. (P.627 참고)

★4 꼬 따오

섬이 거북이 모양을 닮았다고 해서 '꼬(섬) 따오(거북이)'라고 불린다. 아시아 최대의 스쿠버 다이버 교육시설을 갖춘 섬으로 '다이버들의 천국'으로 알려져 있다. 세 개의 섬이 하나의 해변을 공유하는 꼬 낭유안 Ko Nang Yuan이 인접해 있어 스노클링 투어 보트도 분주하게 드나든다. (P.500 참고)

★5 꼬 끄라단 & 꼬 응아이(뜨랑)

꼬 피피나 라일레에 비해 인지도는 떨어지지만, 아름다운 해변과 경관은 전혀 뒤지지 않는다. 곱고 기다란 모래 해변과 크리스털 블루 빛의 바다가 매혹적이다. 섬이 작아 대규모 개발이 불가능한 탓에 열대 섬의 정취가 고스란히 남아 있다. (P.665, 667 참고)

★6 꼬 피피

영화 〈비치 The Beach〉 덕분에 유명세를 떨치는 안다만해의 작은 섬. 남국의 정취를 고스란히 간직한 파라다이스처럼 여겨졌지만 무분별한 개발로 인해 매력이 감소되고 있다. (P.634 참고)

★7 아오 통나이빤(꼬 팡안)

꼬 팡안하면 풀문 파티가 열리는 핫 린을 떠올리지만, 아오 통나이빤을 빼놓고는 꼬 팡안의 아름다움을 설명하기 힘들다. 반원형의 둥근 해변을 열대 우림이 병풍처럼 감싸고 있는데, 푸른 바다와 드라마틱한 지형이 어우러져 매력을 더한다. 덕분에 꼬 팡안에서 유명한 리조트들이 모두 이곳에 터를 잡았다. (P.513 참고)

★8 까론 & 까따(푸껫)

푸껫이 비싸고 번잡할 거라는 선입관을 갖고 있다면 까론 & 까따를 들러보자. 안다만해의 진주라 칭하는 푸껫에 걸맞은 품격 높은 해변이 당신을 맞이해 줄 것이다. 리조트들도 해변을 따라 여유롭게 들어서 있고, 다양한 편의시설까지 들어서 아쉬울 게 없다. (P.588, 592 참고)

★9 꼬 란따(끄라비)

25km에 이르는 기다란 해안선이 펼쳐져 있다. 고운 모래 해변이 길게 이어지며 파도가 잔잔해 수영을 즐기기에 좋다. 해변이 북적대지 않고 중급 리조트들이 많아 가족 여행자들이 많이 찾는다. 섬의 서쪽 해변이 발달해 어디서나 아름다운 일몰을 감상할 수 있다. (P.645 참고)

Thailand Best

매력적인 역사 유적지

태국의 역사와 문화에 관심 있다면 반드시 방문해야 하는 곳이다. 완벽하게 복원된 역사 유적들은 결코 따분하지 않고, 타임머신을 타고 과거를 여행하는 기분을 들게 해준다. 쑤코타이, 아유타야, 씨 쌋차날라이는 유네스코 세계문화유산으로 지정되어 있다.

★1 쑤코타이(P.319)

태국 최초의 독립 국가인 쑤코타이 왕국의 수도였던 곳이다. 태국의 역사를 알고 싶다면 방문해야 할 곳이다. 200년이란 짧은 역사에도 불구하고 태국의 문자, 종교, 건축에 지대한 영향을 끼친 쑤코타이는 구시가 전체를 역사공원으로 관리 하고 있다.

★2 아유타야(P.176)

크메르 제국을 물리치고 동남아시아의 패권을 차지했던 아 유타야 왕국의 수도가 있던 곳. 역사 유적들이 곳곳에 산재해 마치 살아 있는 역사 교과서를 보는 듯하다. 방콕과 가깝고 볼거리가 많아 여행자들이 많이 찾는다.

⭐3 쁘라쌋 힌 카오 파놈 룽(P.293)

태국이 아니라 크메르 제국(현재의 캄보디아)에서 12세기에 건설한 힌두교 사원이다. 시바 신을 모시기 위해 산 정상에 만든 일종의 신전. 사암과 라테라이트를 이용해 만든 석조 건축물이지만 섬세한 부조 조각으로 인해 정교하다.

⭐4 씨 쌋차날라이(P.336)

성벽에 둘러싸인 축성 도시로 쑤코타이 왕국이 건설했다. 평지에 건설한 쑤코타이와 달리 산과 강을 최대한 활용해 도시를 건설했다. 매력적인 크메르 사원을 간직한 차리앙 Chaliang까지 함께 여행하면 된다. 관광객들이 적어 오붓하게 유적을 둘러볼 수 있다.

⭐5 피마이(P.286)

이싼(북동부) 지방에 있는 소도시다. 크메르 제국에서 건설한 쁘라쌋 힌 피마이 Prasat Hin Phimai로 유명하다. 성벽에 둘러싸인 힌두교 사원으로 현재는 태국 정부에서 복원해 피마이 역사공원으로 관리하고 있다.

Thailand Must
태국에서 꼭 해야 할 일

단순히 보고 지나치는 것보다는 무언가를 직접 체험하는 여행은 더 많은 추억을 남긴다. 축제에 참여하거나 산악 민족의 생활상을 경험할 수 있는 트레킹, 바닷속 세상을 경험할 수 있는 스노클링과 다이빙, 태국 음식을 직접 만들어 보는 요리 강습 등 태국을 여행하는 동안 한 번쯤은 새로운 것에 도전해 보자.

01 타이 마사지

무더운 여름날, 관광지를 찾아다니느라 지친 몸을 추스르는데 더없이 좋은 타이 마사지. 지압과 요가를 접목해 만든 것이 특징으로 혈을 눌러 근육 이완은 물론 몸을 유연하게 해준다. 마사지 받는 것으로 만족스럽지 못하다면 타이 마사지 실습 과정을 이수해 자격증을 취득해 볼 것.

02 스노클링 & 스쿠버다이빙

태국에 왔다면, 태국 남부 섬들을 여행한다면 한 번쯤 스노클링에 도전해 보자. 특별한 장비나 교육 없이도 누구나 가능한 레저 스포츠다. 스쿠버다이빙 강습까지 받는다면 더욱 다양한 바닷속 생명체를 눈으로 확인할 수 있게 된다.

03 트레킹

북부 지방의 완만한 산들을 걸으며 산악 민족 마을을 방문하는 트레킹. 치앙마이를 중심으로 다양한 트레킹 코스가 개발되어 있다. 단순히 걷기만 하는 게 아니라 코끼리 타기, 뗏목 타기, 래프팅과 같은 다양한 액티비티를 접목해 즐거움을 선사한다.

04 나이트 마켓

현지인의 삶을 가장 가까이서 체험할 수 있는 곳은 다름 아닌 재래시장. 낮보다 선선한 기온 때문에 어느 도시건 나이트 마켓은 현지인들로 분주하다. 현지인들의 식습관을 가까이서 체험할 수 있으며, 저렴하게 식사까지 해결할 수 있어 일석이조!

05 쏭끄란 & 러이 끄라통

일부러 축제 기간을 맞추기까지는 힘들겠지만, 여행 중에 축제 기간이 겹친다면 빼놓지 말고 참여하자. 태국의 신년 축제인 쏭끄란과 연꽃을 강물에 띄워 보내며 소원을 비는 러이 끄라통이 대표적인 축제다.

06 카오산 로드에서 놀기

방콕의 여행자 숙소 밀집지역인 카오산 로드는 단순히 배낭여행자들을 위한 싸구려 숙소만 몰려 있는 곳은 아니다. 수많은 국적의 여행자들과 태국 젊은이들이 함께 어울려 자유분방한 에너지를 분출해 내는 특별한 공간이다. 방콕에 들른다면 카오산 로드의 밤을 경험해보자.

07 태국적인 물건 구입하기

대형 쇼핑몰부터 재래시장까지 무궁무진한 쇼핑이 가능하다. 타이 실크와 직물, 수공예품, 셀라돈(도자기), 은공예품, 보석, 골동품은 물론 산악 민족들이 만든 독특한 장신구, 태국 디자이너 브랜드까지 개성 넘치는 물건들을 장만해 보자.

08 풀문 파티

파티 아일랜드로 알려진 꼬 팡안에서 열리는 풀문 파티는 국제적인 파티로 변모해 하룻밤새 3만 명의 인파가 몰리기도 한다. 핫 린 해변에서 열리는 파티는 날이 밝아 올 때까지 지속된다.

09 요리 강습

돈을 쓰면서 즐기는 체험이 아니라 무언가를 배우는 문화 체험이다. 여행하는 동안 맛본 음식을 직접 요리해보고 자신이 만든 음식을 품평해 볼 수 있는 요리 강습은 태국 여행의 또 다른 체험 여행으로 인기를 얻고 있다.

Thailand Must

태국에서 꼭 맛봐야 할 음식

태국은 단순히 먹기 위해 여행을 해도 될 정도로 음식이 다양하다. 생소한 향신료가 예상하지 못한 맛을 내기도 하지만, 다양한 태국 음식을 맛보는 것은 태국을 이해하기 위한 필수 코스다. 음식에 대한 호기심을 갖고 먹는 일을 게을리하지 말자.

01 똠얌꿍

태국 음식을 대표하는 똠얌꿍은 새우찌개다. 레몬그라스, 라임, 팍치 같은 향신료를 사용하며, 맵고 시고 짜고 단맛을 동시에 낸다. 일단 맛을 들이고 나면 벗어나기 힘들 정도로 중독성이 강하다.

02 쏨땀

가장 서민적인 태국 음식인 동시에 현지인들에게 가장 인기 있는 음식이다. 절구에 잘게 썬 그린 파파야와 생선 소스, 라임, 고추, 땅콩을 함께 넣고 빻아서 만든다. 찰밥(카우 니아우)과 함께 먹는다. 외국인들에게 파파야 샐러드 Papaya Salad로 알려져 있다.

03 팟 까프라우

바질과 매운 고추를 함께 볶은 음식으로 특유의 허브 향과 매콤함이 어울려 입맛을 돋운다. 다진 돼지고기(팟 까프라우 무 쌉 Fried Basil with Minced Pork)나 닭고기(팟 까프라우 까이 Fried Basil with Chicken)를 넣어 요리한다.

04 깽 파냉

'깽'은 코코넛 밀크를 넣어 요리한 태국 카레를 의미한다. 깽 파냉은 태국 카레 중에서 가장 무난한 음식으로 순한 맛이 특징이다. 카레의 강렬한 색과 맛을 원한다면 깽 펫 Red Curry을, 남부 지방에서는 깽 마싸만 Massaman Curry을 맛보자.

05 뿌 팟퐁 까리

싱싱한 게 한 마리를 통째로 넣고 카레 소스로 볶은 것. 화교들에 의해 전래된 음식으로 카레 소스는 달걀 반죽과 쌀가루가 어우러져 부드럽고 단맛을 낸다. 시푸드 전문 레스토랑에 간다면 주저 없이 시켜야 하는 요리다.

06 쑤끼

중국의 훠궈, 일본의 쑤끼야끼와 비슷한 전골 요리다. 훠궈에 비해 매운맛이 덜하고, 쑤끼야끼에 비해 육수가 시원하다. 원하는 음식 재료를 골라 냄비에 직접 익혀 먹으면 된다. 익힌 음식은 매콤한 고추장에 라임과 마늘을 넣어 만든 소스에 찍어 먹는다.

07 쌀국수(꾸어이띠아우)

밥과 더불어 태국 사람들의 주식이다. 쫄깃한 면발과 시원한 육수가 입맛을 돋운다. 가격도 싸서 출출하다 싶으면 아무 때나 부담 없이 먹을 수 있다. 테이블에 놓인 향신료를 적절히 가미해 본인 입맛에 맞는 제조법을 익히자.

08 팟타이

외국 관광객이 가장 사랑하는 태국 음식이다. 태국식 볶음국수로 매운 맛이 전혀 없어 누구나 즐길 수 있다. '팟'은 볶다, '타이'는 태국이라는 뜻으로 음식 이름에 국가 이름이 들어가 있을 정도로 대중적인 요리다.

09 마무앙 카우 니아우

망고가 흔한 태국에서 맛볼 수 있는 디저트다. 망고(마무앙)를 썰어 찰밥(카우 니아우)에 얹어 주는 아주 간단한 음식. 토핑으로 코코넛 크림을 추가하기 때문에 찰밥도 단맛을 내며, 입 안을 감도는 질감도 매우 좋다.

태국 여행경비 예측하기

태국은 한국보다 물가가 저렴하다. 식사 요금은 물론 교통비도 저렴하기 때문에 큰 부담 없이 여행이 가능하다. 더군다나 저렴한 게스트하우스를 전국 어디서나 찾을 수 있다. 하지만 모든 것이 싸다고 좋은 것도 아니고, 남들보다 경비를 적게 들인 여행이 성공한 여행이라고 할 수도 없다. 돈을 아낀 만큼 경험할 수 있는 것들이 줄어드므로 다양한 투어나 해양 스포츠 비용은 별도로 예산을 책정해두는 게 좋다.

여행지에서 현명하게 돈을 쓰는 것은 여행자 윤리에 해당한다. 본인의 예산과 취향에 따라 꼭 필요한 곳에 효율적으로 지출하며 알찬 여행이 되도록 하자.

1 | 알뜰한 여행

1일 800~1,000B

게스트하우스에서 자고, 대중교통을 이용하고, 서민 식당에서 식사를 해결하는 경우다. 선풍기 시설의 저렴한 게스트하우스를 이용할 경우 하루 숙박비로 400B를 책정한다. 식사는 아침은 쌀국수, 점심은 일반 식당, 저녁은 야시장을 이용하면 하루에 300B 이내에서 식사가 가능하다. 음료수 요금까지 합쳐서 하루 400B 정도로 예산을 책정하면 된다. 도시와 도시 간의 이동은 터미널에서 버스를 이용하며, 도시 내에서는 걷거나 자전거로 여행하면 된다.

푸껫, 꼬 피피, 꼬 싸무이 같은 휴양지는 저렴한 숙소가 미비하고 물가가 비싸니 추가 예산을 책정해두자. 짧은 기간 동안 여러 곳을 여행할 경우 추가 교통비 지출을 예상해야 한다.

2 | 경제적인 여행

1일 1,500~2,000B

현지 문화를 직접 체험하려는 배낭여행자들에게 결코 부족하지 않은 무난한 예산이다. 숙박은 개인욕실이 딸린 600~800B 정도의 게스트하우스를 이용한다. 지방 소도시에서는 500B 정도에 에어컨 시설의 게스트하우스에서 숙박도 가능하다. 식사는 일반 식당을 이용해 태국 음식으로 해결하는 것을 기본으로 하되 경우에 따라서 고급 레스토랑을 한 번씩 찾아가면 된다. 도시와 도시 간의 이동은 터미널에서 에어컨 버스를 이용하며, 도시 내에서는 상황에 따라 뚝뚝을 이용해도 된다.

3 | 편안한 여행

1일 3,000B

편안하게 태국 여행을 할 수 있는 충분한 예산이다. 기본적으로 1,000B 내외의 중급 호텔을 이용하고 에어컨이 설치된 쾌적한 곳에서 식사도 가능하다. 저녁식사 후 술자리도 부담 없이 즐길 수 있다. 장거리 이동은 1등석 에어컨 버스나 에어컨 침대칸 기차를 이용해도 된다. 호텔은 2인 1실 기준으로 아침식사를 제공하므로 2명이 함께 여행하면 경비를 절감할 수 있다.

4 | 럭셔리한 여행

1일 5,000B 이상

장기 여행보다는 단기 여행에 적합하다. 3성급 이상의 호텔에 묵으며 고급 레스토랑과 타이 마사지, 나이트라이프까지 두루 섭렵할 수 있다. 럭셔리한 스파를 받거나 호텔 라운지에서 라이브 음악을 들으며 칵테일을 즐긴다면 예산이 훌쩍 뛰어넘는다. 쇼핑을 위한 경비는 별도다.

태국 현지 물가

숙소

게스트하우스(선풍기)
300~400B

게스트하우스(에어컨)
500~700B

호텔(2성급)
1,000~1,500B

호텔(3성급)
2,000~3,000B

리조트(4성급)
4,000~6,000B

교통

방콕→치앙마이
(에어컨 버스) 594B

방콕→치앙마이
(VIP 버스) 924B

방콕→쑤랏타니
(기차, 선풍기 침대칸)
554B

방콕→쑤랏타니
(기차, 에어컨 침대칸)
1,332B

끄라비→꼬 피피(보트)
450B

입장료

국립공원 200~400B, 국립박물관 100~150B, 역사 유적 30~100B, 사원 무료

식사

쌀국수 60~100B

볶음밥·팟타이
80~150B

볶음요리 100~180B

아침 세트 190~340B

시푸드 280~560B

음료

생수 1.5ℓ 17B

과일 주스 30~60B

커피 60~100B

맥주(작은 병) 45~80B

칵테일 1280~350B

과일

망고스틴 1kg 50~70B

망고 1kg 50~80B

두리안 1kg 200~250B

타이 마사지

1시간 300~450B

01 - 방콕+카오산 로드 3일

휴가 일정이 한정되어 있을 경우, 주말을 이용해 짧게 방콕을 여행하는 3일 일정. 비교적 비행시간이 짧고 자유로운 분위기로 인해 마음만 먹으면 언제든지 들락거릴 수 있는 방콕에서 며칠 쉬고 놀다 오려는 직장인들에게 적합하다. 여행자 거리인 카오산 로드나 시내 중심가인 쑤쿰윗에 머물면서 방콕의 다양한 볼거리와 놀거리를 경험하자. 방콕에서 보내는 시간을 최대화하기 위해 인천에서 오전에 출발하는 항공편을 이용할 것!

Day 1 — 인천 → 방콕 → 카오산 로드

Best Course

14:30 방콕 쑤완나품 국제공항 도착
16:30 호텔 체크인(카오산 로드)
17:00 프라쑤멘 요새
19:00 저녁식사
21:00 나이트라이프(카오산 로드)

공항에서 카오산 로드까지는 공항버스 또는 택시로 이동한다. 방콕에 도착한 첫날은 카오산 로드와 프라쑤멘 요새를 둘러보며 분위기를 익힌다. 저녁식사 후에는 전 세계에서 모여든 여행자들과 함께 카오산 로드에서 맥주를 마시며 자유로운 분위기를 즐기면 된다. 수영장 딸린 대형 호텔을 선호할 경우 쑤쿰윗에 머물면 된다.

라따나꼬씬 → 톤부리 → 싸얌 스퀘어   Day 2

Best Course

09:00	왕궁 & 왓 프라깨우
11:00	왓 포
12:30	왓 아룬
13:30	점심식사
15:00	짐 톰슨의 집
16:30	싸얌 스퀘어
19:00	저녁식사
22:00	색소폰

오전에는 방콕의 화려한 사원과 역사 유적을 먼저 여행한다. 왕궁과 왓 프라깨우, 왓 아룬(새벽 사원), 왓 포 같은 방콕의 주요한 볼거리들이 라따나꼬씬과 톤부리에 몰려 있다. 점심식사 후에는 짜오프라야 강을 따라 수상 보트를 타고 시내로 향한다. 오후에는 태국 젊은이들이 모이는 싸얌 스퀘어와 태국 전통 가옥 구조를 살필 수 있는 짐 톰슨의 집을 방문하자. 마분콩과 싸얌 파라곤 같은 쇼핑몰에서 더위를 식히며 저녁 식사를 한 다음, 색소폰에서 라이브 음악을 즐기며 하루를 마무리한다.

Day 3   방람푸 → 쑤쿰윗 → 씰롬

Best Course

09:00	타논 랏차담넌, 민주기념탑
10:30	왓 쑤탓
11:30	푸 카오 텅
12:30	점심식사
14:00	에라완 사당
14:30	쎈탄 월드(센트럴 월드)
16:00	스파 & 마사지
18:30	킹 파워 마하나콘
19:30	저녁식사(씰롬)
20:30	공항으로 이동
23:30	방콕 쑤완나품 국제공항 출발
06:30	인천 국제공항 도착

오전에는 방콕 초기 건물이 가득한 방람푸에서 시간을 보낸다. 국왕이 행차하던 거리인 타논 랏차담넌에 볼거리가 많다. 인공 언덕인 푸 카오 텅에서는 파노라마로 펼쳐지는 방콕 풍경을 감상한다. 오후에는 쇼핑 1번가로 알려진 쎈탄 월드(센트럴 월드)에 들러 선물을 장만한다. 여행과 쇼핑으로 지친 몸은 스파 & 마사지로 풀어준다. 일몰 시간에 맞추어 킹 파워 마하나콘 전망대를 들른다. 푸 카오 텅과는 다른 방콕 도심의 화려한 풍경을 감상할 수 있다. 저녁식사로 푸짐한 시푸드를 즐기며 방콕 여행을 마무리한다. 야간 비행기를 타면 다음날 새벽에 인천 공항에 도착한다.

02 - 방콕+방콕 주변 6일

방콕(4일) → 깐짜나부리(방콕 숙박) → 아유타야(방콕 숙박) → 꼬 싸멧 또는 파타야(1일) → 방콕(기내) → 인천

방콕을 중심으로 태국 중부 지방을 여행하는 일정. 태국의 역사 유적은 물론 해변까지 동시에 방문할 수 있어 태국 맛보기 여행으로 더없이 좋다. 콰이 강의 다리와 수려한 자연 풍경을 간직한 깐짜나부리, 태국의 옛 수도이자 유네스코 세계문화유산으로 지정된 아유타야, 방콕과 가까운 해변인 꼬 싸멧 또는 파타야를 여행한다. 대부분 방콕과 3시간 이내에 있고 대중교통이 발달해 이동이 편리하다.

Day 1   방콕 → 카오산 로드

Best Course

14:30 방콕 쑤완나품 국제공항 도착
16:30 호텔 체크인
17:00 저녁식사
21:00 카오산 로드

인천 공항에서 오전에 출발하는 항공편으로 방콕으로 이동한다. 오후에 방콕에 도착하면 공항 철도를 타고 시내로 이동해 호텔에 체크인한다. 저녁에는 카오산 로드를 거닐며 다양한 국적의 여행자들과 어울려 '여행 왔구나' 하는 설렘을 즐긴다.

톤부리 → 방람푸 → 싸얌 스퀘어 → 쑤쿰윗   Day 2

Best Course

09:00 왓 아룬
09:30 보트 투어(방콕 노이 운하)
10:30 왓 포
11:30 타논 랏차담넌
13:00 점심식사
14:30 짐 톰슨의 집
16:00 싸얌 스퀘어
18:00 스파 & 마사지
20:00 저녁식사
22:00 나이트라이프

방콕에서 보내는 온전한 하루는 볼거리와 놀거리를 적절히 융합한다. 방콕에서 보내는 시간이 길지 않으므로 너무 많은 걸 보려고 서둘지 말자. 오전에는 볼거리가 많은 톤부리와 방람푸를 먼저 들른다. 단체 관광객들로 북적대는 왕궁과 왓 프라깨우보다는 현지인들의 삶과 어울리는 방콕 노이 운하와 방람푸 지역에 더 많은 시간을 할애한다. 오후에는 방콕의 싸얌 스퀘어와 짐 톰슨의 집을 방문한다. 마사지와 저녁식사는 쑤쿰윗에서 해결하고, 밤에는 색소폰에서 재즈 밴드의 라이브 음악을 듣거나 루프 톱 라운지에서 방콕의 야경을 즐긴다.

Day 3 — 깐짜나부리 1일 투어

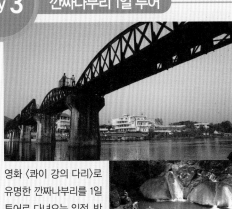

영화 〈콰이 강의 다리〉로 유명한 깐짜나부리를 1일 투어로 다녀오는 일정. 방콕에서 2시간 거리로 아침 일찍 출발해 저녁때 방콕으로 돌아온다. 콰이 강의 다리를 지나는 죽음의 열차 탑승은 물론 폭포와 코끼리 타기까지 다양한 경험을 할 수 있다.

Best Course

07:00	방콕 출발
09:00	깐짜나부리 도착
09:30	제스 전쟁 박물관
10:00	연합군 묘지
10:30	콰이 강의 다리
11:30	죽음의 열차 탑승
13:00	점심식사
14:00	코끼리 타기, 뗏목 타기
15:30	싸이욕 노이 폭포
16:30	깐짜나부리 출발
19:00	방콕 도착
20:00	저녁식사

Day 4 — 아유타야 자유 여행

Best Course

09:30	방콕 후아람퐁 기차역 출발
11:27	아유타야 도착
12:00	왓 프라 마하탓
12:30	왓 랏차부라나
13:00	점심식사
14:00	왓 프라 씨싼펫
15:00	왓 차이 왓타나람
16:36	아유타야 출발
17:55	방콕(끄룽텝 아피왓 역) 도착
19:00	저녁식사

아유타야는 1일 투어보다는 기차를 타고 다녀오는 게 좋다. 방콕↔아유타야 기차 편이 많아서 오고 가는데 큰 불편이 없다. 아유타야 역에 도착하면 뚝뚝을 대절해 주요 사원을 여행한 후에 방콕으로 돌아온다. 방콕에서 저녁식사 후에는 칼립소 쇼 관람 또는 야시장을 다녀오면 된다.

Day 5 꼬 싸멧

Best Course

08:00	방콕 출발
12:00	반페 선착장 도착
12:30	꼬 싸멧 도착
13:00	호텔 체크인
14:00	해변에서 자유 시간
20:00	저녁식사

방콕과 가장 가까운 섬인 꼬 싸멧을 다녀오는 일정이다. 하루로는 시간이 턱없이 부족하므로 최소한 1박 2일을 계획한다. 꼬 싸멧은 섬 동쪽 해변이 발달해 있다. 해변에서 수영을 하거나 책을 보며 휴식을 취한다. 심심하면 다른 해변을 들락거리며 시간을 보내면 된다. 해변과 해변은 협소한 산길을 따라 걸어 다닐 수 있다. 꼬 싸멧 대신 파타야를 택했을 경우 꼬 란에서 해양 스포츠를 즐긴다.

꼬 싸멧 → 방콕 국제공항 → 인천   Day 6

Best Course

09:00	꼬 싸멧 해변
12:00	꼬 싸멧 출발
18:00	방콕 도착
19:00	저녁식사
20:30	공항으로 이동
23:30	방콕 쑤완나품 국제공항 출발
06:30	인천 국제공항 도착

꼬 싸멧에서 오전까지 시간을 보낸 후 방콕으로 돌아와야 한다. 방콕에서는 저녁식사 후 쎈탄 월드 주변의 백화점에 들러 쇼핑을 한 다음, 방콕 쑤완나품 국제공항으로 간다. 방콕 시내 교통 상황을 감안해 비행기 출발 3시간 전에는 공항으로 향할 것! 파타야를 택했을 경우 방콕으로 되돌아오지 말고 파타야에서 쑤완나품 국제공항으로 직행하면 된다.

03 - 태국 북부 10일

방콕(3일) → 아유타야(1일) → 쑤코타이(2일) → 치앙마이 & 트레킹(2일) → 빠이(1일) → 치앙마이(기내) → 인천

방콕을 시작으로 태국 북부와 중부 지방을 여행하는 일정. 다양한 얼굴을 간직한 방콕, 유네스코 세계문화유산으로 지정된 아유타야와 쑤코타이, 태국 북부의 장미로 불리는 치앙마이, 여행자 마을로 널리 알려진 빠이를 여행하게 된다. 시간이 허락한다면 일주일 정도 투자해 매홍쏜(2일), 치앙라이(1일), 매싸롱(1일), 치앙쌘(1일), 골든 트라이앵글(1일)까지 둘러보면 좋다.

방콕 — Day 1~ Day 3

방콕에서 보내는 3일간의 일정은 '방콕 + 카오산 로드 3일'일정(P.26 참고)과 동일하다. 방콕에서 3일째 되는 날 공항에 갈 필요가 없기 때문에 저녁 식사 이후에 다소 여유가 생긴다. 루프 톱 바(스카이라운지)를 가거나 클럽에 들러 방콕의 마지막 밤을 달래자.

Day 4 — 아유타야

Best Course

09:30 방콕 후아람퐁 기차역 출발
11:27 아유타야 도착
12:00 왓 야이 차이 몽콘
13:00 점심식사
14:30 왓 프라 마하탓
15:30 왓 랏차부라나
16:00 왓 프라 씨싼펫
17:00 왓 차이 왓타나람
19:00 저녁식사
20:00 아유타야 야경

아유타야에서 하루를 자기 때문에 방콕에서 일찍 출발할 필요는 없다. 아유타야에 도착하면 뚝뚝을 대절해 주요한 사원을 먼저 여행한다. 비교적 멀리 떨어져 있는 왓 차이 왓타나람 은 보트를 타고 간다. 아유타야를 감싼 세 개의 강을 유람하면서 사원들을 방문하기 때문에, 아유타야의 지리를 파악하는 데 매우 유용하다. 저녁식사 후에는 야간 조명으로 은은한 빛을 발하는 사원을 방문해 아유타야 야경을 즐긴다.

Best Course

09:54 아유타야 기차역 출발
13:12 핏싸눌록 도착
13:40 왓 프라 씨 라따나 마하탓
16:00 핏싸눌록 버스 터미널 출발
17:00 쑤코타이 도착
17:30 호텔 체크인
19:00 저녁식사

아유타야에서 쑤코타이를 갈 때는 일반적으로 버스를 탄다. 하지만 버스를 타고 직행할 경우, 도착 당일날 쑤코타이 역사공원까지 방문하기에는 시간이 어정쩡하다. 그래서 여행의 효율을 높이기 위해 핏싸눌록을 거쳐 쑤코타이로 가는 일정을 구성한다. 핏싸눌록은 유명 여행지는 아니지만 현지인들이 신성시하는 불상을 모신 왓 프라 씨 라따나 마하탓 때문에 순례자들이 많이 찾는다. 핏싸눌록에서 쑤코타이까지는 버스로 1시간 거리로 가깝다. 버스는 오후 6시에 막차가 출발하므로 늦지 않도록 하자. 여행자 숙소가 많은 쑤코타이 신시가에 짐을 풀고 야시장에 들러 저녁식사를 하며 하루를 마무리하자.

Day **6** 쑤코타이 역사공원

Best Course

09:00 쑤코타이 신시가
09:30 쑤코타이 역사공원(므앙 까오)
09:40 왓 마하탓
11:00 왓 싸씨
12:00 왓 뜨라팡 응언
12:30 왓 씨싸와이
13:00 점심식사
15:00 왓 씨춤
16:30 왓 프라 파이 루앙
18:00 쑤코타이 신시가
18:30 저녁식사
23:00 야간 버스로 치앙마이 이동

쑤코타이는 '행복한 아침'이란 뜻으로 태국 최초의 독립 왕조가 있던 곳이다. 쑤코타이 시대에 건설된 사원과 도시 전체가 역사공원으로 재단장해 옛 모습을 완벽하게 재현했으며, 유네스코 세계문화유산으로 지정되어 있다. 태국 역사 유적지 중에 가장 많은 외국인이 방문하는 유명 여행지이기도 하다. 쑤코타이 역사공원(므앙 까오)은 자전거를 빌려 천천히 둘러보도록 하자. 저녁식사를 일찍 마치고 치앙마이까지 야간 버스로 이동한다.

Day 7   치앙마이 → 도이 쑤텝

Best Course

05:00	치앙마이 아케이드 버스 터미널 도착
09:00	빠뚜 타패(치앙마이 구시가)
09:30	왓 판따오
10:00	왓 쩨디 루앙
10:50	3왕 동상
11:00	왓 치앙만
12:00	왓 프라씽
13:00	점심식사
14:30	도이 쑤텝
17:00	타논 님만해민
19:30	저녁식사(칸똑 쇼)
21:30	나이트 바자

버스가 새벽에 도착하기 때문에 숙소에 짐을 풀고 수면을 좀 더 취한다. 오전에는 성벽과 해자에 둘러싸인 치앙마이 구시가를 여행한다. 빠뚜 타패를 시작으로 치앙마이 3대 사원(왓 프라씽, 왓 쩨디 루앙, 왓 치앙만)을 둘러본다. 오후에는 치앙마이 동쪽 경계를 이루는 산인 도이 쑤텝(해발 1,676m)을 방문한다. 산 중턱에 치앙마이에서 가장 신성시하는 사원인 왓 프라탓 도이 쑤텝이 있다. 황금 쩨디의 위용은 물론 치앙마이 전경까지 내려다보여 치앙마이 여행의 필수 코스다. 저녁식사 전까지 남는 시간은 치앙마이에서 '핫'한 동네인 타논 님만해민의 카페나 부티크 숍을 방문하자. 저녁에는 전통 공연을 보면서 식사할 수 있는 칸똑 공연장을 찾는다. 밤 시간에는 나이트 바자를 거닐게 된다. 일요일이라면 타논 랏차담넌을 가득 메운 선데이 마켓을 놓치지 말 것!

트레킹   Day 8

치앙마이를 찾는 가장 중요한 이유는 산악 민족 마을을 방문하는 트레킹을 하기 위해서다. 높은 산을 걷는 게 아니라 체력적인 부담이 없고, 단순히 산만 걷는 단조로움을 피하기 위해 래프팅과 코끼리 타기, 뗏목 타기가 곁들여져 재미를 더한다. 1일 트레킹 투어는 여행사마다 비슷하므로 예약한 곳에서 정해진 프로그램대로 따라가면 된다. 모든 트레킹 투어는 지리에 익숙한 태국인 가이드가 동행한다. 치앙마이에 돌아와서는 샤워하고 삥 강변의 분위기 좋은 바에서 밤 시간을 보내면 된다. 여러 곳의 업소가 경쟁하고 있지만 리버사이드 바 & 레스토랑을 따라갈 곳이 없다.

Best Course

08:30	치앙마이 출발
10:00	래프팅
11:00	트레킹
13:30	점심식사
14:30	코끼리 타기
15:30	뗏목 타기
16:30	소수 민족 마을 방문
18:00	치앙마이 복귀
19:00	저녁식사
22:00	리버 사이드(삥 강변)

Day 9 빠이

Best Course

09:00 치앙마이 아케이드 버스 터미널
12:00 빠이
13:00 점심식사
14:30 마을 주변 둘러보기
19:00 저녁식사
22:00 바에서 맥주 한 잔

빠이는 치앙마이 북쪽의 매홍쏜 주(州)에 속해 있는 작은 산골 마을이다. 인구 3,000명에 불과하지만, 아름다운 자연과 평화로운 분위기로 인해 소문을 듣고 찾아오는 여행자들이 많다. 한적한 자연과 더불어 태국인 아티스트가 운영하는 갤러리와 카페가 분위기를 더한다. 빠이에서는 바삐 움직이지 말고 마을에서 어슬렁거리며 '여행 중에 누리는 휴가'를 즐기자. 마을 주변에 있는 산악 민족 마을과 폭포, 사원, 온천은 오토바이를 빌려 다녀오면 된다.

빠이 → 치앙마이 → 인천 Day 10

Best Course

09:00 빠이에서 빈둥거리기
13:00 점심식사
14:00 빠이 출발
17:00 치앙마이 도착
18:00 저녁식사
20:30 치앙마이 공항 출발
23:30 방콕 수완나품 국제공항 출발
06:30 인천 국제공항 도착

빠이에서 한가한 오전 시간을 보내고, 오후에 치앙마이로 돌아간다. 비행기 출발 시간에 늦지 않도록 빠이에서 여유 있게 출발해야 한다. 치앙마이에서는 숙박하지 않고 공항에서 비행기를 타고 방콕을 경유해 인천으로 돌아가는 일정이다. 치앙마이 공항에서는 방콕을 경유해 인천까지 가는 국제선 탑승 수속을 밟도록 한다. 대한항공을 이용할 경우 치앙마이에서 인천으로 직행하는 노선을 타도 된다.

01 - 태국 남부 7일

방콕(2일) → 푸껫(2일) → 꼬 피피 → 라일레(2일) → 끄라비 → 방콕(기내) → 인천

태국 하면 환상적인 섬과 바다를 떠올린다. 태국의 섬 중에서도 안다만해에 있는 섬들이 아름답기로 유명하다. 안다만해의 진주로 불리는 푸껫, 영화 〈비치〉 촬영지로 유명해진 꼬 피피, 카르스트 지형과 어울려 환상적인 경관을 자랑하는 끄라비가 대표적이다.

'잘 먹고 잘 놀고 푹 쉬는 게 여행'이라고 생각한다면 태국의 섬과 해변은 더없이 좋은 여행지가 될 것이다. 시간이 허락한다면 1주일 정도 투자해 뜨랑과 싸뚠까지 여행해 보자. 안다만해 해안선을 따라 꼬 묵, 꼬 끄라단, 꼬 응아이, 꼬 리뻬까지 보석 같은 섬들을 추가로 방문할 수 있다.

방콕 Day 1~ Day 2

첫날과 둘째날 일정은 '방콕 + 방콕 주변 6일' 일정(P.28 참고)과 동일하다.

푸껫 Day 3

아침 일찍 비행기를 타고 푸껫으로 향한다. 푸껫에서는 개인적인 취향을 고려해 숙박할 해변을 선택하는 게 좋다. 다양한 부대시설과 유흥을 겸하고 싶다면 빠똥, 밤 문화보다는 해변에 중점을 둔다면 까론 또는 까따, 차분한 해변에 들어선 럭셔리 리조트를 원한다면 쑤린이 적당하다. 푸껫의 살인적인 물가가 부담된다면 푸껫 타운에 머물면 된다. 푸껫에서는 낮에는 해변에서 시간을 보내고, 밤에는 나이트라이트를 즐기면 된다. 푸껫 해안선이 시원스레 내려다보이는 까론 전망대와 램 프롬텝은 빠놓지 말자.

Best Course

09:00	방콕 공항 출발
10:20	푸껫 공항 도착
11:30	호텔 체크인
12:00	점심식사
13:00	푸껫 해변(빠똥, 까론, 까따)
17:00	까론 전망대
18:00	램 프롬텝에서 일몰 감상
19:30	저녁식사
22:00	타논 방라(빠똥)

Day 4 꼬 피피 1일 투어

Best Course

08:30 푸껫 랏싸다 선착장 출발
10:30 꼬 피피 돈 도착
11:00 마야 베이 보트 투어
12:30 점심식사
13:00 꼬 피피 돈에서 자유시간
15:30 꼬 피피 출발
17:00 푸껫 랏싸다 선착장 도착
18:30 저녁식사

1일 투어를 이용해 꼬 피피를 다녀온다. 석회암 바위산과 어울리는 푸른 바다가 매력적인 꼬 피피는 스노클링에 적합하다. 스피드 보트를 이용하면 꼬 피피에 오래 머물 수 있고, 돌아오는 길에 꼬 카이도 들를 수 있다. 푸껫에서 하루 일정을 추가해 아오 팡응아 해상 국립공원까지 다녀올 수도 있다. 대형 리조트와 단체 관광객으로 북적대는 푸껫이 싫다면 꼬 피피에서 2박을 해도 된다. 꼬 피피에서 숙박할 경우 푸껫보다는 끄라비를 경유해 가는 게 편리하다.

푸껫 타운 → 라일레 또는 아오 낭 Day 5

Best Course

09:00 푸껫 타운으로 이동
09:30 푸껫 올드 타운 도보 여행
11:30 카오 랑
12:30 점심식사
13:30 푸껫 타운 출발
17:00 끄라비 타운 도착
18:00 라일레 또는 아오 낭 도착
19:00 저녁식사

푸껫에서 마지막 일정으로 푸껫 타운을 둘러본다. 해변과 달리 관광산업이 아닌 현지인들의 소박한 삶을 체험할 수 있다. 특히 올드 타운은 100년 이상된 시노-포르투갈 건축물이 많아 색다른 볼거리를 제공한다. 카오 랑은 푸껫이 시원스럽게 내려다보이는 언덕으로 전망을 즐기며 식사하기 좋다. 오후에는 버스를 타고 끄라비 타운까지 간 다음, 긴 꼬리 배를 타고 라일레로 이동한다. 라일레와 인접한 해변 도시인 아오 낭에 머물면서 주변 섬을 여행해도 된다.

Day 6   라일레 또는 아오 낭 → 꼬 탑 → 꼬 뽀다

Best Course

09:30	라일레 또는 아오 낭 출발
10:30	꼬 뽀다
12:30	꼬 탑
14:30	아오 프라낭(라일레)
19:00	저녁식사

라일레와 아오 낭 주변은 카르스트 지형과 옥빛 바다가 어우러져 수려한 풍광을 자랑한다. 해변에서 일광욕을 하거나 책을 보며 여유로운 시간을 보내는 게 일반적이다. 활동적인 사람이라면 주변 섬을 방문하는 보트 투어에 참여해도 된다. 꼬 뽀다와 꼬 탑, 꼬 까이에 들러 스노클링을 하게 된다. 투어 보트는 아오 프라낭(라일레)을 거쳐 육지에 해당하는 아오 낭까지 가는데, 라일레에 머물 경우 아오 프라낭에서 내리면 된다. 아오 프라낭은 라일레 남단에 있는 해변이다.

라일레 또는 아오 낭 → 끄라비 타운 → 인천   Day 7

마지막 날 일정은 라일레 또는 아오 낭에서 오후까지 시간을 보낸다. 아침 시간에는 라일레 서쪽 해변을 방문하거나, 암벽등반 강습을 받으며 레저 스포츠를 즐겨도 된다. 아오낭에 머물 경우 수영장에서 시간을 보내거나, 마사지를 받으며 피로를 푼다. 끄라비 공항을 가려면 아오 낭에서 공항버스를 타면 된다. 끄라비에서 인천까지 직행하는 항공 노선은 없으므로 방콕을 경유해야 한다.

Best Course

09:00	라일레 서쪽 해변
11:00	전망대
12:30	점심식사
13:30	자유시간
16:00	라일레 출발
16:30	아오 낭 출발
19:00	끄라비 공항 출발
23:30	방콕 쑤완나품 국제공항 출발
06:30	인천 국제공항 도착

>> 일정별 추천 루트 **37**

05 - 태국 하이라이트 14일

방콕(3일) → 아유타야 또는 쑤코타이(야간 기차 또는 야간 버스) → 치앙마이 & 트레킹(3일) → 치앙라이 & 골든 트라이앵글 → 빠이(1일) → 푸껫 또는 꼬 피피(3일) → 아오 팡응아 해상 국립공원 → 라일레(2일) → 끄라비 → 방콕(기내) → 인천

태국을 짧은 시간 내에 두루 여행하는 일정. 태국 중부의 대표적인 역사 유적지인 아유타야 또는 쑤코타이, 태국 북부의 자연과 산악 민족 마을을 간직한 치앙마이, 안다만해의 아름다운 바다와 해변이 마음을 설레게 하는 푸껫과 끄라비를 두루 여행할 수 있다. 짧은 시간에 장거리를 이동해야 하기 때문에 항공을 적절히 이용하자. 방콕에서 치앙마이까지 (685㎞)는 버스를 이용하고, 치앙마이에서 푸껫까지(1,536㎞)는 비행기를 타는 게 좋다. 전체적인 일정은 '태국 북부 10일'(P.31 참고)과 '태국 남부 7일'(P.35 참고)을 합친 것과 크게 차이나지 않는다. 다만, 치앙마이에서 3박하며 골든 트라이앵글을 1일 투어로 다녀오는 일정이 추가된다. 시간이 한정되어 있다면 방콕(2일)→치앙마이(2일)→푸껫 또는 끄라비(2일)→방콕(기내)→인천 일정으로 조정이 가능하다. 단, 모든 이동은 항공을 이용해야만 가능한 일정이다.

06 - 태국 일주 30일

방콕(3일) → 깐짜나부리(1일) → 방콕 → 카오 야이 국립공원(2일) → 피마이(1일) → 나콘 랏차씨마(경유) → 아유타야(1일) → 핏싸눌록 → 쑤코타이(2일) → 치앙마이(3일) → 매홍쏜(2일) → 빠이(2일) → 치앙마이(경유) → 치앙라이(1일) → 매싸롱(1일) → 치앙쌘(1일) → 방콕(경유) → 춤폰(경유) → 꼬 따오(2일) → 꼬 팡안 또는 꼬 싸무이(2일) → 쑤랏타니(경유) → 푸껫 또는 꼬 피피(3일) → 라일레(1일) → 끄라비(1일) → 방콕(기내) → 인천

한 달 유효한 항공권을 꽉 채워 태국을 여행하는 일정. 방콕을 시작으로 이싼(북동부) 지방을 거쳐 태국 북부를 여행한다. 유네스코 세계자연유산으로 지정된 카오 야이 국립공원과 크메르 건축의 진수를 느낄 수 있는 피마이를 들러서 아유타야로 이동한다. 아유타야부터는 '태국 북부 10일' 일정(P.31 참고)을 참고하면 된다. 치앙마이에서 매홍쏜까지는 야간 버스를 이용한다. 빠이에서는 여행의 피로를 풀 수 있도록 마을에서 어슬렁거리며 충분히 휴식을 취하자. 치앙라이에서는 투어보다는 대중교통을 이용해 매싸롱과 치앙쌘을 방문하도록 하자. 치앙쌘에서는 골든 트라이앵글까지 대중교통이 연결된다.

꼬 따오부터는 태국 남부의 섬과 해변을 여행하게 된다. 스쿠버다이빙을 배울 생각이라면 꼬 따오에서 시간을 4일로 잡으면 된다. 꼬 팡안은 풀문 파티에 맞추어 방문하면 재미가 배가된다. 꼬 팡안에서 육지로 나오려면 꼬 싸무이를 거쳐 쑤랏타니로 이동하는 게 편리하다. 쑤랏타니에서는 푸껫이나 끄라비까지 버스가 수시로 운행된다. 푸껫과 끄라비 일정은 '태국 남부 7일' 일정(P.35 참고)을 참고하면 된다.

01 - 태국의 역사·문화를 탐방하는 코스

방콕(2일) → 피마이(1일) → 파놈룽(1일) → 아유타야(1일) → 롭부리(1일) → 쑤코타이(2일) → 씨 □차날라이(1일) → 치앙마이(3일) → 방콕(기내) → 인천

태국 역사의 근원이 되는 중부 지방을 중점적으로 여행하는 일정. 단순히 아유타야와 쑤코타이만 여행하는 게 아니라, 롭부리와 씨 쌋차날라이까지 함께 여행하기 때문에 다양한 역사 유적을 관람할 수 있다. 피마이와 파놈룽은 크메르 제국(현재의 캄보디아)이 번성했던 시기 태국 영토에 건설한 사원으로 태국의 건축과 종교에 어떤 영향을 미쳤는지 가늠케 하는 중요한 문화유산이다.

방콕 · Day 1~ Day 2

방콕에서 보내는 이틀은 '방콕 + 방콕 주변 6일' 일정(P.28 참고)의 Day 1~Day 2와 동일하다. 역사와 문화유산에 초점을 맞추는 여행인 만큼 방콕에서는 국립 박물관을 빼놓지 말고 방문하자.

Day 3 · 피마이 역사공원

Best Course

08:30	방콕 북부 버스 터미널(머칫) 출발
13:00	피마이 도착
13:30	점심식사
14:30	피마이 역사공원
18:00	야시장
19:00	저녁식사

방콕 북부 버스 터미널(머칫)에서 버스를 타고 피마이를 간다. 직행하는 버스가 드물기 때문에 나콘 랏차씨마(코랏)에서 버스를 갈아타는 게 편리하다. 피마이는 지방 소도시로 도시 규모가 작다. 피마이 역사공원은 크메르 제국에서 11세기에 건설된 힌두교 사원을 태국 정부에서 복원해 만든 것. 성벽에 둘러싸인 전형적인 크메르 사원으로 중앙신전이 완벽하게 보존되어 있다. 저녁때는 야시장을 둘러보며 현지인들의 삶을 가까이서 체험해 보자.

Day 4 쁘라쌋 힌 카오 파놈 룽 → 므앙 땀

Best Course

08:00 피마이 출발
13:00 (나콘 랏차씨마 경유)
      파놈 룽 도착
13:10 점심식사
14:00 쁘라쌋 힌 카오 파놈 룽
16:30 므앙 땀
17:30 따꼬 출발
20:00 나콘 랏차씨마 도착
20:10 저녁식사

피마이에서 파놈 룽까지는 거리는 가깝지만 직행하는 버스가 없어서 나콘 랏차씨마(코랏)를 경유해야 한다. 파놈 룽 입구에 해당하는 따꼬에 내려서 쁘라쌋 힌 카오 파놈 룽까지는 오토바이 택시를 타거나 썽태우를 대절해서 이동한다. 나지막한 산 정상에 세워진 쁘라쌋 힌 카오 파놈 룽은 완벽하게 복원된 크메르 사원으로 균형미와 섬세한 부조 조각들이 크메르 건축의 진수를 느끼게 해 준다. 쁘라쌋 힌 카오 파놈 룽에서 8㎞ 떨어진 므앙 땀까지 함께 둘러보도록 하자. 파놈 룽을 방문할 경우 숙박은 낭롱 또는 나콘 랏차씨마에서 해결해야 한다. 낭롱은 파놈 룽과 가장 가까운 도시지만 여행자들의 발길은 매우 적다. 나콘 랏차씨마는 태국 3대 도시로 숙박시설이 많고 밤에 심심하지 않게 시간을 보낼 수 있다.

아유타야 Day 5

Best Course

08:12 나콘 랏차씨마 기차역 출발
12:38 아유타야 도착
13:00 점심식사
14:30 왓 프라 마하탓
15:30 왓 랏차부라나
16:00 왓 프라 씨싼펫
17:30 왓 차이 왓타나람
19:00 저녁식사
20:00 아유타야 야경

나콘 랏차씨마에서 아유타야를 갈 때는 기차를 탄다. 버스는 방콕을 경유해야 하지만 기차는 아유타야까지 직행하기 때문에 편리하다. 아유타야에 도착하면 뚝뚝을 대절하거나 자전거를 빌려 사원들을 여행한다. 일몰 시간에 맞춰 선셋 보트 투어를 하거나, 아유타야 야경을 감상하는 것도 아유타야를 즐기는 또 다른 방법이다.

Day 6 아유타야 → 쑤코타이

아유타야에서 쑤코타이는 기차가 연결되지 않기 때문에 버스를 타고 이동해야 한다. 오전 시간에 출발하는 에어컨 버스를 이용하면 되는데, 약 6시간 정도 걸린다. 쑤코타이에 도착하면 신시가의 숙소에 짐을 푼다.

일정이 빠듯하긴 하지만 아유타야 →롭부리 →핏싸눌록 →쑤코타이 방향으로 하루 동안 이동하는 방법도 있다. 이때는 롭부리와 핏싸눌록까지 기차로 이동하고, 핏싸눌록→쑤코타이는 버스로 이동하면 된다. 롭부리에서 반나절 일정으로 왓 프라 씨 라따나 마하탓, 라이 랏차니웻 궁전, 프라 쁘랑 쌈욧을 다녀오면 된다.

쑤코타이 역사공원 Day 7

하루 동안 쑤코타이 역사공원을 여행한다. 방대한 유적이 산재해 있으므로 자전거를 빌려 천천히 둘러본다. 쑤코타이 신시가에서 숙박하면서 저녁에는 야시장을 방문한다. 자세한 일정은 '태국 북부 10일' 일정(P.31 참고)을 참고할 것.

Day 8 씨 쌋차날라이 역사공원

Best Course

09:30	쑤코타이 버스 터미널 출발
11:00	씨 쌋차날라이 도착
11:20	왓 프라 씨 라따나 마하탓
12:00	씨 쌋차날라이 역사공원 입구
12:10	점심 식사
13:00	왓 창롬
14:00	왓 쩨디 쩻태우
14:30	왓 낭파야
15:00	씨 쌋차날라이 출발
17:00	쑤코타이 도착
19:00	저녁식사

쑤코타이에서 하루 일정으로 씨 쌋차날라이를 다녀온다. 씨 쌋차날라이에서는 신도시까지 갈 필요 없이 역사공원 입구에서 내리면 된다. 버스에서 내리자마자 자전거를 빌려 차리앙에 있는 왓 프라 씨 라따나 마하탓을 먼저 들른다. '므앙 까오'로 불리는 씨 쌋차날라이 역사 공원은 차리앙에서 2 km 떨어져 있다. 씨 쌋차날라이 역사공원도 유네스코 세계문화유산으로 지정되어 있는데 쑤코타이 역사공원과 비교해 보면 재미있다. 돌아오는 버스가 일찍 끊기므로 늦지 않도록 주의하자.

Day 9~ Day 10 치앙마이, 트레킹

쑤코타이에서 치앙마이까지 버스로 이동한다. 치앙마이에서 구시가와 도이 쑤텝을 여행하고, 하루 시간을 내서 트레킹 투어에 참여하면 된다. '태국 북부 10일' 일정(P.31 참고)을 참고할 것.

02 - 충분한 휴식을 만끽하는 리프레시 코스

방콕(2일) → 핫야이(경유) → 꼬 따루따오(1일) → 꼬 리뻬(2일) → 꼬 묵, 꼬 끄라단, 꼬 응아이(3일) →
꼬 란따(2일) → 끄라비(1일) → 라일레(2일) → 꼬 피피(2일) → 푸껫(3일) → 방콕(기내) → 인천

말레이시아 국경과 접한 꼬 따루따오 Ko Tarutao를 먼저 방문하고 안다만해의 섬들을 거
쳐 푸껫까지 올라가는 일정. 태국 남부 7일 일정과 비슷해 보이지만 한적한 섬들을 위주로
여행하기 때문에 분위기는 전혀 다르다. 덕분에 해변에서 할 일 없이 시간을 보내며 충분
한 휴식을 만끽할 수 있다. 일부 섬들은 우기(5~10월)에 보트 운행이 중단되기 때문에 여
행 계획을 세울 때 날씨를 고려해야 한다.

Day 1~ Day 3 방콕

방콕에서 보내는 3일은 '방콕 +카오산 로드 3일' 일정(P.26 참고)과 비슷하다. 다만 방콕에서 3
일째 되는 날은 오후에 기차를 타야 하기 때문에, 점심식사 후에는 기차역(끄룽텝 아피왓 역)으로
가야 한다. 방콕에서 핫야이까지 993㎞로 16시간 걸린다. 야간 기차는 하루 세 편 운행된다. 오후 3시 35분
에 출발해서 다음날 오전 8시 40분에 도착하는 기차가 가장 편리한 시간이다. 장거리 이동이 부담된다면
비행기를 이용해 핫야이 공항으로 직항한다. 비행시간은 1시간 30분!

핫야이 → 꼬 따루따오 Day 4

Best Course

08:30 핫야이 출발
10:30 빡바라 선착장 도착
11:00 빡바라 선착장 출발
11:40 꼬 따루따오 도착
13:00 점심식사
14:00 해변에서 휴식
17:00 파또부 전망대
19:00 저녁식사

핫야이에서 꼬 따루따오까지 가는 미니밴과 보트 티켓을 예약해 이동한다. 보트는 빡바라 선착장에서 출발
한다. 꼬 따루따오는 국립공원으로 지정되어 개발이 미비하다. 한적한 해변을 즐기면 된다. 늦은 오후에는
파또부 전망대까지 걸어가서 주변 섬들의 전망을 감상할 것. 일몰 시간에 경관이 더욱 아름답다.

Day 5 꼬 리뻬

Best Course

11:30	꼬 따루따오 출발
13:00	꼬 리뻬 도착
13:30	점심식사
14:30	꼬 리뻬 자유시간
19:00	저녁식사

꼬 리뻬에는 3개의 해변이 있다. 모든 해변은 언덕길을 따라 드나들 수 있다. 꼬 리뻬에서 가장 아름다운 풍경을 제공하는 마운틴 리조트에서 운영하는 레스토랑을 반드시 들를 것!

Day 6 주변 섬 스노클링

반나절 일정으로 진행되는 스노클링 투어에 참여하거나, 긴 꼬리 배를 빌려 자유롭게 주변 섬들을 돌면서 스노클링과 휴식을 즐긴다. 꼬 라위의 환상적인 바다 풍경과 꼬 아당에 있는 파차도 전망대에서의 절경을 놓치지 말 것!

Best Course

10:00	꼬 리뻬 출발
11:00	꼬 힌 응암
12:00	꼬 라위
13:00	점심식사
14:30	꼬 아당
16:00	꼬 리뻬 도착
19:00	저녁식사

Day 7~ Day 9 꼬 묵 → 꼬 끄라단 → 꼬 응아이

꼬 리뻬에서 꼬 묵까지는 스피드 보트를 이용한다. 굳이 육지로 나와서 뜨랑을 경유해 다시 섬으로 들어갈 필요 없이 섬들을 연결하는 보트를 이용하면 시간을 절약할 수 있다. 꼬 묵, 꼬 끄라단, 꼬 응아이 세 개 섬을 모두 들리기 때문에 원하는 섬에 내리면 된다. 섬을 옮겨다니며 숙박할 필요는 없고, 하나의 섬에서 3박 하면서 주변 섬을 보트 투어로 다녀오면 된다. 보트 투어는 꼬 묵의 탐 모라 꽂(에메랄드 동굴)과 무인도인 꼬 츠악, 꼬 왠, 꼬 마를 함께 들른다.

꼬 란따 Day 10~ Day 11

육지로 나오지 말고 섬과 섬을 연결하는 보트를 타고 꼬 란따로 향한다. 성수기(11~4월)에 한해 꼬 란따까지 직행하는 보트가 운행된다. 꼬 란따는 해변마다 분위기가 다르므로 예산과 취향을 고려해

호텔을 정하면 된다. 어느 해변이건 상관없이 꼬 란따에서는 아름다운 일몰을 감상할 수 있다. 뜨랑에 있는 섬들을 거쳐 왔기 때문에 굳이 스노클링 투어에 참여할 필요 없이 해변에서 여유롭게 시간을 보내면 된다. 선착장이 위치한 반 쌀라단은 수상가옥을 개조한 시푸드 레스토랑이 많으므로 저녁 식사를 위해 한 번쯤 들러보자.

Day 12~ Day 19 끄라비 → 라일레 → 꼬 피피 → 푸껫

끄라비부터 푸껫까지는 '태국 남부 7일' 일정(P.35 참고)을 참고하면 된다. 차이가 있다면 섬에서 너무 많은 시간을 보내기 때문에, 끄라비 타운에서 1박을 한다는 것. 끄라비 타운 이후에 다시 섬과 해변을 연속해서 방문하기 때문에 하루 정도 도시가 주는 문명의 혜택을 누려 보자.

03 - 액티비티를 즐기는 다이빙과 파티

방콕(2일) → 춤폰(경유) → 꼬 따오(4일) → 꼬 팡안(3일) → 꼬 싸무이(2일) → 쑤랏타니(경유) → 끄라비(1일) → 꼬 피피(2일) → 푸껫(2일) → 꼬 씨밀란(2일) → 푸껫 → 방콕(기내) → 인천

태국 남부의 섬과 해변을 여행하는 일정이지만 스쿠버다 이빙에 초점을 맞춘다. 스쿠버다이빙은 오픈 워터 코스 를 이수하면 자격증이 주어지므로 초보자라 하더라도 크 게 염려할 필요가 없다. 꼬 따오에서 4일 동안 머물며 다 이빙 자격증을 취득해 두고, 세계 10대 다이빙 포인트로 각광 받는 꼬 씨밀란에서 다이빙의 깊이를 더한다. 젊은 여행자들이 모이는 꼬 팡안과 꼬 피피는 밤이 되면 해변  곳곳에서 파티가 열린다. 꼬 팡안에서 열리는 풀문 파티 에 맞춰 일정을 조율하도록 하자. 취향에 따라 꼬 싸무이를 빼고 끄라비에 머무는 시간을 늘려도 된다. 전체적인 일정은 '태국 남부 7일' 일정(P.35 참고)과 '태국 일주 30일' 일정 (P.38 참고)을 참고하면 된다.

04 - 산과 사원의 아름다운 자연경관을 둘러보는 코스

방콕(3일) → 깐짜나부리(2일) → 방콕(경유) → 카오 야이 국립공원(2일) → 나콘 랏차씨마(경유) → 핏싸눌록(1일) → 람빵(2일) → 치앙마이(3일) → 매홍쏜(2일) → 빠이(2일) → 치앙마이(경유) → 타똔(1일) → 매싸롱(1일) → 매싸이 → 치앙쌘(1일) → 골든 트라이앵글 → 치앙라이(2일) → 난(2일) → 프래(1일) → 방콕(1일) → 방콕(기내) → 인천

치앙마이와 매홍쏜뿐만 아니라 치앙라이, 람빵, 난, 프래 까지 태국 북부를 일주하는 일정. 태국에서 손꼽히는 사 원들을 두루 방문할 수 있고, 산과 분지에 둘러싸인 아름 다운 자연 경관을 덤으로 얻을 수 있다. 초반 일정은 방 콕 서쪽에 있는 깐짜나부리를 여행한다. 미얀마와 국경 을 접하고 있는 지역으로 산과 호수, 폭포로 낭만적인 경  관을 즐길 수 있다. 카오 야이 국립공원에서는 야생동물 을 관찰할 수 있다. 람빵부터는 본격적인 사원 순례가 시 작된다. 도시마다 십여 개의 사원들로 채워져 있으며, 다양한 산악 민족 마을도 방문할 수 있다. 전체적인 일정은 '태국 일주 30일' 일정(P.38 참고)을 변형한 것이다. 치앙마이에서 태국 남부로 내려가는 것이 아니라 치앙다오→타똔→매싸롱 방향으로 외국인의 발길이 뜸한 산간 마을로 이동한다. 치앙라이에서는 굽이굽이 산길을 넘어 난을 거쳐 프래까지 여 행하게 된다.

태국 여행 실전

01 출국! 태국으로

우리나라에서 태국으로 출발하는 국제공항은 모두 4곳으로 인천 국제공항, 김해 국제공항, 청주 국제공항, 대구 국제공항이 있다. 여기서는 대부분의 여행객이 이용하는 인천 국제공항을 중심으로 설명한다. 서울 수도권 거주자들이라면 대략 2시간 이내에 인천 국제공항까지 이동할 수 있다. 여기에 2시간 정도의 수속 시간을 더해야 하므로, 넉넉하게 비행기 출발 4시간 전에는 집을 나서야 한다.

• 인천 국제공항
문의 1577-2600 운영 24시간 홈페이지 www.airport.kr

공항으로 가는 길

공항으로 가는 대중교통은 크게 두 가지. 서울을 비롯해 전국 각지를 연결하는 공항 리무진과 서울역→인천 국제공항을 연결하는 공항 철도가 그것이다.

이밖에 일부 시외버스 노선도 인천 국제공항과 연결이 가능하다. 모든 종류의 버스 노선은 인천 국제공항 홈페이지를 통해 확인할 수 있다.

공항 철도의 경우 서울역→김포공항→인천 국제공항 노선을 운행한다. 중간 12개역마다 모두 정차하는 일반열차는 5,050원. 직통열차는 11,000원이다.

• 공항 철도
문의 1599-7788 운영 05:28~24:00
홈페이지 www.arex.or.kr

☑알아두세요

아직도 많은 사람들이 대수롭지 않게 생각하는 여행자 보험. 일부는 보험료가 아까워 가입을 망설이는 경우도 있는데요, 막상 현지에서 사고가 나면 땅을 치고 후회하게 됩니다. 최근에는 항공권을 구입하거나 환전을 하면 무료로 여행자 보험에 가입해 주기도 합니다.
참고로 여행자 보험은 여행사나 시중 유명 보험사의 대리점, 공항 등에서 가입이 가능합니다.

출국 과정

내국인은 출국할 때 출국카드를 따로 작성하지 않아 수속이 매우 간편하다. 해외여행이 처음이거나 혼자 여행한다고 해도 전혀 어렵지 않으니 아래 순서에 따라 차근차근 출국 수속을 밟아보자.

① 탑승 수속

인천 국제공항은 두 개의 터미널로 구분되어 있다. 터미널마다 각기 다른 항공사들이 취항하기 때문에 공항으로 가기 전에 본인이 탑승하는 비행기가 어떤 터미널을 이용하는지 반드시 확인해야 한다. 아시아나 항공과 타이항공을 비롯한 대부분의 항공사들은 기존에 사용하던 제1여객터미널을 이용하고, 대한항공을 비롯한 9개 항공사는 제2여객터미널을 이용한다.

공항 3층 출국장에 도착하면 본인이 이용할 항공사 체크인 카운터로 가자. 카운터에서 여권과 항공권을 제출하면 비행기 좌석번호와 탑승구 번호가 적힌 보딩 패스 Boarding Pass(탑승권)를 건네준다. 이때 창가석 Window Seat과 통로석 Aisle Seat 중 원하는 좌석을 지정하여 배정받을 수 있다.

기내에서는 소지품 등을 넣은 보조가방만 휴대하고 트렁크는 위탁 수하물로 맡기자. 창·도검류(칼과 가위, 칼 모양의 장난감 포함), 총기류, 스포츠용품, 무술·호신용품, 공구는 기내 반입이 불가하기 때문에 위탁 수하물로 부쳐야 한다. 100㎖가 넘는 액체·젤·스프레이·화장품도 기내에 반입할 수 없다. 핸드폰과 노트북, 카메라, 캠코더, 휴대용 건전지 등의 개인용 휴대 전자 장비는 기내 반입이 가능하다.

짐을 부치면 수하물 표 Baggage Claim Tag를 주는데 탁송한 수하물이 없어졌을 경우 이 수하물 표가 있어야 짐을 찾을 수 있으므로 잘 보관하자. 해당 항공사의 마일리지 카드가 있다면 이때 함께 카운터에 제시하여 적립하면 된다.

항공사별 이용 터미널

항공사	탑승 수속 카운터
대한항공(KE)	제2여객터미널
진에어(LJ)	제2여객터미널
아시아나(OZ)	제1여객터미널
타이항공(TG)	제1여객터미널
제주항공(7C)	제1여객터미널
티웨이항공(TW)	제1여객터미널
에어프레미아(YP)	제1여객터미널
에어 아시아(XJ)	제1여객터미널

② 세관 신고

보딩 패스를 받은 후 환전, 여행자 보험 가입 등 모든 준비가 끝났다면 출국장으로 들어가야 한다. 1만US$ 이상을 소지하였거나, 여행 중 사용하고 다시 가져올 고가품은 '휴대물품반출신고(확인)서'를 작성해야 한다. 그래야 입국 시 재반입할 때 면세통관이 가능하다. 고가품은 통상적으로 800US$ 이상 되는 물건들로 골프채, 보석류, 모피의류, 값비싼 카메라 등이 있다면 모델, 제조번호까지 상세하게 기재해야 한다.

한번 신고한 물품은 전산에 입력되므로 재출국할 때 동일한 물품에 대해서는 세관 신고 절차를 거칠 필요가 없다. 별다르게 세관 신고를 할 품목이 없으면 곧장 보안 검색대로 가면 된다.

③ 보안 검색

검색 요원의 안내에 따라 모든 휴대 물품을 X-Ray 검색 컨베이어에 올려놓자. 항공기 내 반입 제한 물품의 휴대 여부를 점검받아야 하기 때문이다. 바지 주머니의 소지품도 모두 꺼내 별도로 제공하는 바구니에 넣고 금속 탐지기를 통과하면 된다. 검색이 강화될 경우 신발과 허리띠까지 풀어 금속 탐지기에 통과시켜야 하는 경우도 있다.

④ 출국 심사

출국 심사대에서 여권, 탑승권을 심사관에게 제출하면 여권에 출국 도장을 찍은 후 항공권과 함께 돌려준다. 이로써 대한민국을 출국하는 절차는 모두 끝난다.

⑤ 탑승구 확인

보딩 패스에 적힌 탑승구(Gate No.)를 확인해야 한다. 제1여객터미널의 경우 여객터미널 탑승구와 탑승동 탑승구로 나뉘어 있기 때문이다. 아시아나항공 등 국적사 이용객들은 기존과 동일하게 여객터미널의 해당 게이트로 이동해 탑승하면 된다. 하지만 외국 항공사의 이용객들은 '셔틀 트레인'이라는 전자동 무인자동열차를 타고 탑승동으로 이동해야한다. 외국 항공사 전용으로 건설된 탑승동은 여객터미널과 약 900m 이상 떨어져 있다. 2터미널에서 출발하는 항공기의 탑승구는 200번대로 시작한다.

• 탑승구 1~50번(제1여객터미널) 출국 심사대를 나와 별다른 이동 없이 여객터미널에서 해당 게이트를 찾아가면 된다.

• 탑승구 101~132번(제1여객터미널) 출국 심사대를 나와 27번과 28번 게이트 사이에 있는 에스컬레이터를 타고 지하 1층으로 내려가면 셔틀 트레인을 탈 수 있는 승강장이 있다. 셔틀 트레인을 타고 탑승동으로 이동하게 되며, 5분 간격으로 운행된다.

• 탑승구 230~270번(제2여객터미널) 출국 심사대를 나와 별다른 이동 없이 여객터미널에서 해당 게이트로 이동하면 된다.

⑥ 탑승

항공기 출발 40분 전까지 지정 탑승구로 이동하여 탑승한다.

02 입국! 드디어 태국

5시간 40분의 비행. 드디어 태국에 도착한다. 공항에 도착하는 순간 남국의 열기가 확연히 느껴진다. 드디어 태국에 온 것이 실감난다. 이제부터 여행의 시작이다. 한국에서 직항 노선이 취항하는 태국 공항은 방콕, 푸껫, 치앙마이 세 곳이다.

방콕의 경우 쑤완나품 공항(싸남빈 쑤완나품) Suvarnabhumi Airport과 돈므앙 공항(싸남빈 돈므앙) Don Muang Airport 두 곳이 있다. 입국 절차는 모두 비슷하다. 대부분의 여행객이 이용하는 쑤완나품 공항을 기준으로 삼았다.

태국 주요 공항 홈페이지
· 쑤완나품 공항 www.bangkokairportonline.com
· 돈므앙 공항 www.donmueangairport.com
· 푸껫 공항 www.phuketairportonline.com
· 치앙마이 공항 www.chiangmaiairportonline.com

입국 카드(폐지)
태국의 출입국 절차도 전산화되면서 입국 카드는 더 이상 작성하지 않는다. 별도로 작성할 서류가 없기 때문에 기내에서 승무원이 입국에 필요한 서류도 나눠 주지 않는다.

도착
비행기가 착륙하면 인파를 따라 밖으로 나간다. 조금 걷다보면 사인 보드가 보이는데, 무조건 Arrival이라 쓰인 화살표만 따라가면 된다. 쑤완나품 국제공항이 넓기 때문에 10분 이상 걸어가는 경우도 있다. 중간에 Transit이란 안내를 따라가지 말고 무조건 Arrival 방향으로 걸어간다. 입국장 내부의 간이 면세점이 보이면, 도착

Arrival이란 안내판을 따라 입국 심사대 Immigration으로 향한다.

2023년 9월에 메인 터미널과 떨어져 있는 새로운 터미널(탑승동)을 개통됐다. 위성 터미널이라는 의미로 SAT-1(Satellite 1) Terminal로 불리는데, 인천공항의 탑승동과 비슷한 구조다. 이곳으로 도착했을 경우 무료로 운행되는 셔틀 트레인을 타고 메인 터미널로 이동해서 입국 절차를 진행하면 된다.

검역
쑤완나품 국제공항에서는 특별한 검역 절차는 없다. 입국 심사대에서 곧바로 줄을 서면 된다. 내국인과 외국인 심사대로 구분된다.

입국 심사대
Arrival이라고 적힌 안내판을 따라가면 입국 심사대에 도착한다(사람들이 길게 줄 서 있는 곳을 찾으면 된다). Immigration(Passport Control)이라 적힌 입국 심사대를 찾았다면 외국인 심사대인 Foreigner에 줄을 선

☑ 알아두세요

태국은 90일 무비자
한국 여권을 소지한 사람이라면 비자 없이 태국 여행이 가능하다. 태국과 한국은 90일 비자 면제 협정이 체결되어 있다. 태국에 입국할 때마다 비자 없이 90일간 머물 수 있다. 간혹 30일 체류 가능한 입국 스탬프를 찍어 주는 경우도 있으니, 장기 여행자라면 반드시 확인할 것. 만약 30일 스탬프가 찍혔다면 그 자리에서 한국인임을 알리고 90일짜리 스탬프로 교체해 달라고 하면 된다. 주변 국가(라오스, 캄보디아, 말레이시아, 미얀마)에서 육로 국경을 통해 태국으로 입국할 경우에도 90일 무비자 조항이 적용된다.

다. 입국 카드 작성 의무가 폐지되면서 입국 심사 때 필요한 서류도 없어졌다. 다만, 타고 온 비행기 편명 확인을 위해 보딩 패스(탑승권)를 보여줘야 하므로 버리지 말고 입국 심사 때까지 소지하고 있어야 한다.

입국 심사대에서는 여권만 제시하면 되는데, 신분 확인을 위해 지문 인식과 사진 촬영 절차를 거친다. 지문 인식은 안내 스크린에 따라 손가락을 올려놓으면 되고, 사진 촬영은 안경과 모자를 벗고 카메라를 응시하면 된다. 입국 심사관이 태국에 며칠 머물지, 숙소는 어딘지 등을 묻기도 하므로 당황하지 말고 답변하거나 숙소 예약증을 보여주면 된다. 입국 심사가 끝나면 여권에 태국 입국 도장을 찍어준다. 한국인은 무비자로 90일 체류가 가능하다.

참고로 입국 심사대는 보안 구역이라 촬영이 금지된다. 기념사진을 찍겠다고 스마트 폰을 꺼내드는 순간 보안요원이 다가와 촬영을 제지한다.

수하물 수취
인천 국제공항에서 탑승 수속 때 짐을 부쳤다면 쑤완나품 국제공항의 Baggage Claim에서 찾아야 한다. 짐을 찾는 컨베이어 벨트 표시는 입국 심사대 통과 후 보이는 전광판에서 확인한다. 본인이 타고 온 항공 편명 옆으로 컨베이어 벨트 번호가 표시된다.

세관 검사
짐을 다 찾은 다음, 세관 검사대 Customs를 통과한다. 여행자들은 대부분 별도로 신고할 품목이 없다. 녹색 등이 켜진 신고 물품 없음 Nothing To Declare 창구로 통과하면 된다.

환영 홀
예약한 호텔에서 픽업이 있다면 자신의 이름을 든 팻말을 찾아보자. 개별적으로 왔다면 쑤완나품 국제공항에 비치된 무료 지도와 브로슈어를 챙기는 것을 잊지 말자. 환영 홀에는 환전소, 서점, 호텔 예약, 공항 리무진 예약 서비스 창구가 있다.

스마트폰 심 카드 구입
환영 홀에 심 카드를 판매하는 통신사 데스크가 있다. 태국의 대표적인 통신사인 에이아이에스 원투콜 AIS 1-2-Call, 디택 Dtac, 트루 무브 True Move 세 곳에서 모두 데스크를 운영한다. 심 카드를 구입을 위해서는 여권을 제시해야 하며, 선불 요금은 현지 화폐로 지불해야 하므로 미리 환전해서 태국 화폐를 가지고 있어야 한다. 다양한 투어리스트 심 카드를 판매하므로 일정에 맞춰서 구입하면 된다.

관광객이 가장 많이 사용하는 8일 동안 무제한 데이터 사용이 가능한 요금은 299B이다. 15일 사용 가능한 무제한 데이터 요금은 599B이다.

시내 이동
모든 입국 절차가 끝났다면 예약한 호텔로 이동하면 된다. 택시를 타려면 공항 청사 1층으로, 공항 철도를 이용하려면 공항 청사 지하 1층으로 내려가면 된다. 자세한 내용은 P.72 참고.

☑알아두세요

방콕에는 두 개의 공항이 있다

방콕의 메인 공항은 쑤완나품 공항으로 한국에서 출발한 대부분의 국제선이 취항합니다. 다른 하나는 저가 항공사들이 이용하는 돈므앙 공항입니다. 에어 아시아 Air Asia, 녹 에어 Nok Air, 타이 라이언 에어 Thai Lion Air, 오리엔트 타이 항공 Orient Thai이 돈므앙 공항을 사용합니다. 두 개의 공항을 연결하는 셔틀 버스는 오전 5시부터 자정까지 운행됩니다(30분~1시간 간격). 요금은 무료(여권과 항공권을 보여줘야 한다)입니다. 돈므앙 공항 입국장(1층) 5번 출입문 앞 또는 쑤완나품 공항 입국장(2층) 3번 출입문 앞에서 셔틀 버스를 타면 됩니다.

참고로 도시마다 영문 알파벳 세 자리로 구성된 항공 코드를 사용합니다. 방콕 Bangkok의 경우 BKK라고 쓰는데, 방콕의 메인 공항에 해당하는 쑤완나품 공항이 BKK를 사용합니다. 돈므앙 공항은 DMK라고 표기합니다.

공항 철도 · 택시 정류장

택시를 타려면 입국장 아래층(공항 청사 1층)으로 내려가야 한다. 1층 8번 회전문 옆에는 파타야, 후아힌, 꼬창으로 가는 버스와 미니밴 예약 부스가 있다. 공항 철도는 지하 1층에 있는데, 입국장에서 엘리베이터를 타고 내려가면 된다. 쑤완나품 공항에서 방콕 시내로 가는 방법은 P.72, 돈므앙 공항에서 방콕 시내로 가는 방법은 P.73 참고.

사진으로 보는 방콕 입국 과정

① 쑤완나품 공항 도착

② Immigration 화살표를 따라 간다

③ 계속 걷는다

⑥ 입국 심사대에서 입국 심사

⑤ 'Arrival' 표지판을 따라 입국 심사대로 이동한다

④ 간이 면세점을 지난다

⑦ 수하물 찾는 곳 확인

⑧ 수하물 수취

⑨ 세관 검사대 통과

⑫ 공항 철도 타는 곳으로 이동

⑪ 스마트폰 SIM 카드를 구입한다

⑩ 환영 홀을 겸한 미팅 포인트를 통과한다

03 주변 국가에서
육로 국경으로 태국 입국하기

태국과 육로 국경을 접한 국가는 모두 4개다. 캄보디아, 라오스, 미얀마, 말레이시아와 육로 국경을 접하고 있으며, 네 나라 모두 육로 국경이 개방되어 있다. 라오스와 말레이시아는 무비자로 여행이 가능하며, 캄보디아와 미얀마는 비자를 발급받아야 한다.

태국 인접 국가 대사관

라오스	주소 502/1-3 Soi Sahakanpramoon, Thanon Pracha-Uthit 전화 0-2539-6667
베트남	주소 83/1 Thanon Withayu(Wireless Road) 전화 0-2251-3552, 0-2251-5838 홈페이지 www.vnembassy-bangkok.mofa.gov.vn
캄보디아	주소 518/4 Thanon Pracha-Uthit(Soi Ramkhamhaeng 39) 전화 0-2957-5851~2
미얀마	주소 132 Thanon Sathon Neua(North Sathon Road) 전화 0-2233-2237, 0-2234-4698 홈페이지 www.myanmarembassybkk.com
말레이시아	주소 33-35 Thanon Sathon Tai(South Sathon Road) 전화 0-2629-6800
중국	주소 57 Thanon Ratchadaphisek 전화 0-2245-0088 홈페이지 www.chinaembassy.or.th

●태국-라오스 국경

라오스와 태국의 육로 국경은 모두 7곳이 있다. 가장 많이 이용되는 국경은 라오스의 수도인 위앙짠(비엔티안) Vientiane에서 태국의 농카이 Nong Khai(P.297 참고)로 입국하는 루트다. 메콩 강을 연해 우정의 다리가 연결되어 국제버스와 국제열차가 정기적으로 드나든다. 농카이에서 방콕까지도 철도가 연결되어 있다.
메콩 강을 연해 형성된 또 다른 국경인 라오스 훼이싸이 Huay Xai-태국 치앙콩 Chiang Khong(P.478 참고) 국경도 여행자들에게 매우 유용하다. 이 국경은 라오스의 루앙프라방과 태국의 치앙마이를 함께 여행하기 좋다.

태국 농카이-라오스 비엔티안 육로 국경

라오스 남단에서 태국으로 입국할 경우 빡쎄 Pakse를 거쳐 태국의 총멕 Chong Mek 국경을 통과하면 된다. 총멕과 가까운 우본 랏차타니 Ubon Ratchathani에서 방콕까지 철도가 연결된다.
두 나라는 국제버스로 여행도 가능하다. 태국 방콕↔라오스 위앙짠, 태국 방콕↔라오스 빡쎄, 태국 치앙마이↔라오스 루앙프라방, 태국 치앙라이↔라오스 루앙프라방, 태국 러이 Loei↔라오스 루앙프라방, 태국 난 Nan↔라오스 루앙프라방 노선을 태국 버스회사에서 운영한다. 참고로 라오스는 30일간 비자 없이 여행이 가능하다.

●태국-캄보디아 국경

캄보디아의 정치적인 안정에 힘입어 두 나라의 육로 국경이 지속적으로 개방되고 있다. 현재까지 모두 6개의 육로 국경이 외국인에게 개방되어 있다. 단점이라면 일부 국경은 대중교통이 미비해 드나들기 어렵다는 것이다. 가장 활발한 육로 국경은 캄보디아 뽀이뻿

Poipet-태국 아란야쁘라텟 Aranya Prathet 국경이다. 캄보디아의 앙코르 왓 Angkor Wat이 있는 씨엠리업 Siem Reap을 거쳐 태국으로 입국할 경우 반드시 거치게 된다. 국경에서 방콕까지는 버스로 4시간 정도 걸리며, 아란야쁘라텟에서 방콕 북부 버스 터미널까지 에어컨 버스가 수시로 운행된다.

캄보디아 남서부에 있는 꼬꽁 Ko Kong은 씨하눅빌 Sihanoukville을 거쳐 태국으로 입국할 때 이용하면 된다. 태국 국경인 핫렉 Hat Lek에서 뜨랏(Trat(P.238 참고)을 거쳐 방콕까지 이동하면 된다.

참고로 캄보디아를 여행하려면 비자를 발급받아야 하는데, 육로 국경도 비자를 발급해 준다. 비자 수수료는 30US$로 30일간 유효하다.

● 태국-미얀마 국경

태국과 서쪽으로 길게 국경을 접하고 있는 두 나라의 육로 국경은 5곳이 개방되어 있다.

대표적인 국경은 태국 중서부에 있는 매쏫 Mae Sot 이다. 강 건너에 있는 미얀마 먀와디(미야와디) Myawaddy와 국경을 접하고 있다. 이 국경을 통과하는 대부분의 여행자는 먀와디→몰레먀인 Mawlamyine (버스로 4시간 소요)→양곤 Yangon(버스로 8시간 소요) 방향으로 버스를 타고 이동한다. 태국 북부의 매싸이 MaeSai(P.466 참고)는 미얀마 따찌렉 Tachilek과 국경을 맞대고 있다.

태국 중서부의 푸남론 Phu Nam Ron 국경은 방콕과 가장 가깝다. 방콕에서 깐짜나부리를 거쳐 푸남론까지 갈 수 있다. 국경을 건너면 미얀마 국경 마을인 티키 Htee Kee를 지나 다웨이 Dawei로 도로가 연결된다. 미얀마 최남단에 해당하는 꼬따웅 Kawthoung 국경은 태국 남부의 라농 Ranong에서 배를 타고 가야한다.

태국-미얀마 육로 국경은 원 데이 패스 형식으로 비자 없이 국경 도시 방문이

미얀마 먀와디 국경

가능하다. 이때 수수료 명목으로 미얀마 이민국(출입국 관리소)에서 500B(또는 10US$)을 요구한다. 2021년 쿠데타로 인해 군사 정권이 들어서며 미얀마 정치 상황이 급변했다. 미얀마 국내 정치 상황에 따라 육로 국경을 폐쇄하기도 한다. 미얀마 입국 전에 육로 국경과 비자 관련 조항을 반드시 확인해야 한다.

● 태국-말레이시아 국경

태국 남부와 접한 말레이시아는 다양한 국제 버스와 국제 열차가 운행된다. 가장 대표적인 국경은 말레이시아의 빠당베싸르 Padang Besar와 태국의 싸다오 Sadao 국경이다. 두 국경은 방콕에서 출발한 열차가 태국의 핫야이 Hat Yai(P.670 참고)를 거쳐 말레이시아의 버터워스 Butterworth까지 국제 열차가 운행된다. 버터워스에서는 쿠알라룸푸르와 싱가포르까지 열차가 연결된다. 핫야이와 인접한 싸뚠 Satun은 육로 국경은 물론 해상 국경이 개방되어 있다.

태국 남동부의 쑤응아이꼴록 Su-Ngai Kolok 국경은 말레이시아의 코타 바루 Kota Bharu로 갈 때 이용하면 된다. 하지만 무슬림이 다수를 차지하는 태국 남동부 3개주(얄라 Yala, 빳따니 Pattani, 나라티왓 Narathiwat)의 폭력사태가 장기간 이어지면서 외국인들의 발길은 현저히 줄어들었다. 이 지역은 여행을 자제하는 게 좋다.

● 태국-중국 국경

태국과 중국은 직접적으로 육로 국경을 맞대고 있지 않다. 하지만 중국 윈난성(雲南省)에서 라오스를 통과해 태국까지 쉽게 여행이 가능하다. 중국의 모한(磨憨)에서 국경을 넘으면 라오스의 보뗀 Boten이 나온다. 보뗀에서는 루앙남타 Luang Namtha를 경유해 훼이싸이 Huay Xai까지 버스로 이동하면 된다. 훼이싸이에서 메콩 강을 건너면 태국 치앙콩이 나온다. 보뗀에서 훼이싸이까지 전 구간 도로가 포장되어 육로 이동이 한결 수월해졌다. 참고로 모한에서는 윈난성의 성도인 쿤밍(昆明)까지 버스가 수시로 출발하며, 라오스의 루앙남타에서도 국제버스가 운행된다.

TRAVEL
INFORMATION

태국 교통 정보 & 기초 여행 정보편

태국 내에서 이동하기

태국은 도로와 대중교통이 발달해 여행하기 편리하다. 항공을 포함해 기차와 버스가 주요도시를 연결한다. 급하게 이동해야 하는 경우가 아니라면 기차나 버스를 이용하면 교통비를 훨씬 절약할 수 있다. 지방 소도시를 여행할 경우에는 기차보다 버스가 유용하다. 버스는 기차보다 노선도 다양하고 빠르기 때문이다.

주요 항공사 홈페이지

· 타이 항공 www.thaiairways.com
· 타이 스마일 항공 www.thaismileair.com
· 에어 아시아 www.airasia.com
· 방콕 에어웨이 www.bangkokair.com
· 녹 에어 www.nokair.com
· 타이 라이언 에어 www.lionairthai.com
· 타이 비엣젯 항공 www.vietjetair.com

항공

빠르고 쾌적한 여행을 원한다면 항공을 이용하면 된다. 태국의 3대 여행지인 방콕, 치앙마이, 푸껫을 중심으로 항공 노선이 발달해 있다. 가장 많은 노선을 보유한 도시는 수도인 방콕이다. 방콕을 기점으로 모두 22개의 노선이 운행된다. 버스로 10시간 이상 걸리는 치앙마이, 끄라비, 핫야이, 쑤랏타니, 꼬 싸무이, 우돈타니 등으로 갈 때 이용하면 된다.
태국의 항공사는 국적기인 타이 항공 Thai

Airways을 포함해 에어 아시아 Air Asia, 방콕 에어웨이 Bangkok Airways, 녹 에어 Nok Air, 타이 라이언 에어 Thai Lion Air, 타이 비엣젯 항공 Thai Viet Jet Air 에서 국내선을 운항한다.

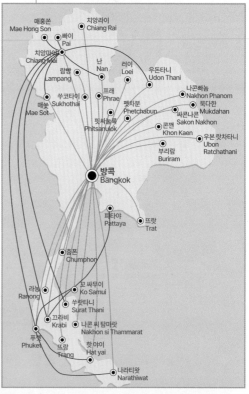

매홍쏜 Mae Hong Son
치앙라이 Chiang Rai
빠이 Pai
치앙마이 Chiang Mai
난 Nan
러이 Loei
우돈타니 Udon Thani
람빵 Lampang
나콘빠놈 Nakhon Phanom
쑤코타이 Sukhothai
프래 Phrae
묵다한 Mukdahan
매쏫 Mae Sot
펫차분 Phetchabun
싸콘나콘 Sakon Nakhon
핏싸눌록 Phitsanulok
콘깬 Khon Kaen
우본 랏차타니 Ubon Ratchathani
부리람 Buriram
방콕 Bangkok
파타야 Pattaya
뜨랏 Trat
춤폰 Chumphon
라농 Ranong
꼬 싸무이 Ko Samui
쑤랏타니 Surat Thani
끄라비 Krabi
나콘 씨 탐마랏 Nakhon si Thammarat
푸껫 Phuket
뜨랑 Trang
핫야이 Hat yai
나라티왓 Narathiwat

전국적인 노선을 운영하는 태국 최대 항공사인 타이 항공은 국제선과 연계편이 발달해 있다. 자회사인 타이 스마일 항공을 함께 운영한다. 방콕 에어웨이는 동남아시아의 부티크 항공사로 호평을 받고 있는데, 타이 항공이 취항하지 않는 노선을 중점적으로 운영한다. 대표적인 노선이 방콕 ↔ 꼬 싸무이, 방콕 ↔ 쑤코타이, 방콕↔뜨랏, 푸껫↔꼬 싸무이 노선이다.

에어 아시아의 경우 태국을 대표하는 저가 항공사로 인접 국가까지 국제노선을 함께 운영한다. 인터넷으로 미리 예약하면 할인 폭이 커지므로 일정이 정해졌다면 서둘러 예약하면 좋다. 프로모션을 최대한 적용받으면 타이 항공보다 50% 정도 할인된 요금에 비행기를 탈 수도 있다. 단, 예약 변경과 취소 조항이 엄격하다.

태국을 여행할 때 비행기로 전 구간을 이동하는 여행자들은 극히 드물겠지만 저가 항공사가 경쟁적인 요금을 내놓으면서 항공을 이용하는 여행객자가 급증했다. 프로모션 기간을 잘 이용하면 기차 요금과 큰 차이 없이 비행기를 탈 수도 있다. 특히 경쟁이 심한 방콕→치앙마이, 방콕→푸껫 노선의 할인 폭이 크다.

국내선의 경우 타이 항공과 방콕 에어웨이는 방콕 쑤완나품 공항(BKK)을 이용하고, 에어 아시아를 포함한 저가 항공사는 방콕 돈므앙 공항(DMK)을 이용한다. 자세한 내용은 P.73 참고.

기차

태국의 철도는 공기업인 태국 철도청 State Railway of Thailand(홈페이지 www.railway.co.th)에서 운영한다. 방콕 중앙역에 해당하는 기차역은 끄룽텝 아피왓 역(싸타니 끄랑 끄룽텝 아피왓) Krung Thep Aphiwat Central Terminal สถานีกลางกรุงเทพอภิวัฒน์이다. 옛 기차역 이름인 방쓰 역 Bang Sue Grand Station으로 불리기도 한다. 2023년 1월에 개통한 현대적인 기차역으로 치앙마이, 핏싸눌록, 농카이, 우본 랏차타니, 뜨랑, 핫야이를 포함한 태국 주요 도시를 연결하는 모든 기차가 이곳에서 출발한다. 기차표를 예매할 때도 방콕 Bangkok이 아니라 끄룽텝 아피왓 Krung Thep Aphiwat Central Terminal으로 해야 한다. 기존에 사용하던 후아람퐁 역(싸타니 롯파이 후아람퐁) Hua

Lamphong Station은 방콕 근교 지역(아유타야, 롭부리, 후아힌 포함) 완행열차만 운행된다.

끄룽텝 아피왓 역

후아람퐁 역

여행자 입장에서 가장 많이 이용하는 노선은 북부 노선 Northern Line이다. 방콕→아유타야→롭부리→핏싸눌록→람빵→치앙마이까지 태국 중부와 북부의 주요도시를 모두 연결한다. 남부 노선 Southern Line은 방콕→후아힌→춤폰→쑤랏타니를 거쳐 뜨랑, 핫야이, 나콘 씨 탐마랏, 쑤응아이꼴록까지 운행된다. 방콕→춤폰 노선은 꼬 따오를 가기 위해, 방콕→쑤랏타니 노선은 꼬 싸무이를 가기 위해 여행자들이 즐겨 이용한다. 방콕→핫야이 노선은 국경 너머 말레이시아의 버터워스까지 운행된다.

북동부 노선 Northeastern Line은 방콕→아유타야→나콘 랏차씨마(코랏)→농카이 노선과 방콕→아유타야→나콘 랏차씨마(코랏)→부리람→씨싸껫→우본 랏차타니 노선으로 나뉜다. 농카이 노선은 라오스의 위양짠으로 가기 위해, 우본 랏차타니는 라오스의 빡쎄와 씨판돈으로 갈 때 이용하면 편리하다.

참고로 방콕의 톤부리 역에서도 기차가 출발한다. 톤부리→깐짜나부리→남똑 역까지만 운행된다. 미얀마 국경이 막혀 있어 철도 노선이 짧다.

●기차 등급 및 요금

기차는 완행열차부터 급행열차까지 다양하다. 급행열차라고 해서 기차 종류가 다른 게 아니라, 중간에 경유하는 역을 줄여서 이동 시간이 빨라질 뿐이다.

모든 기차역을 거쳐 가는 완행열차는 버스에 비해 속도가 현저하게 느리다. 운행 노선은 매우 제한적이며, 버스 요금보다 월등히 저렴한 3등석 좌석 칸을 운영한다.

급행열차와 특급열차는 침대칸이 딸려 있다. 2등석 침대칸은 선풍기와 에어컨으로 구분해 요금을 받는다. 침대칸은 상하로 구분되며, 아래쪽 침대칸이 위쪽 침대칸에 비해 요금이 비싸다. 침대칸은 기차가 출발할 때마다 세탁한 침대보와 얇은 담요를 제공해 준다. 또한 침대칸마다 개별적으로 커튼도 달려 있다. 가장 좋은 1등석 침대칸은 모두 에어컨 시설로 2인 1실 형태의 컴파트먼트로 구성된다.

기차 요금은 기차 등급과 좌석 등급에 따라 차등 적용된다. 동일한 노선을 이동할 경우 기차의 좌석칸은 에어컨 버스 요금보다 저렴하고, 에어컨 침대칸은 에어컨 버스 요금보다 비싸게 책정된다.

북부 노선 기차 요금(방콕 출발 기준, 단위: B)

기차역	2등석 좌석	1등석 좌석	2등석 침대	2등석 침대	1등석 침대
	선풍기	에어컨	선풍기	에어컨	에어컨
롭부리	94	374	194~244	324~374	–
핏싸눌록	269	479	–	549~619	609~679
람빵	354	604	494~544	734~804	1,172~1,372
치앙마이	428	641	561~631	771~841	1,253~1,453

북동부 노선 기차 요금(방콕 출발 기준, 단위: B)

기차역	2등석 좌석	1등석 좌석	2등석 침대	2등석 침대	1등석 침대
	선풍기	에어컨	선풍기	에어컨	에어컨
나콘 랏차씨마	165	425	–	525~635	–
쑤린	279	489	419~469	797~897	1,172~1,372
우본 랏차타니	331	581	471~521	879~979	1,317~1,517
콘깬	227	399	429~479	807~907	1,194~1,394
우돈타니	245	479	469~519	877~977	1,313~1,513
농카이	253	498	488~538	894~994	1,350~1,550

남부 노선 기차 요금(방콕 출발 기준, 단위: B)

기차역	2등석 좌석	1등석 좌석	2등석 침대	2등석 침대	1등석 침대
	선풍기	에어컨	선풍기	에어컨	에어컨
후아힌	152	412	282~352	482~532	782~982
춤폰	300	510	430~500	620~690	994~1,194
쑤랏타니	358	608	488~558	698~768	1,139~1,339
나콘 씨 탐마랏	418	658	548~618	758~828	1,272~1,472
뜨랑	421	–	551~621	761~831	1,280~1,480
핫야이	455	705	585~655	855~945	1,394~1,594
버터워스	–	–	–	1,120~1,210	

●예약 및 좌석 조회

노선 및 좌석 문의 · 예약은 전산으로 이루어지기 때문에, 어느 역에서나 원하는 노선과 출발일에 예약이 가능하다. 예약은 출발일 60일 전부터 할 수 있다. 여행사에서도 예약을 대행해 주는데 이때는 예약 수수료 100B이 추가된다.

철도청 홈페이지 www.railway.co.th 또는 www.thairailticket.com에서 좌석 및 요금 조회가 가능하다.

끄룽텝 아피왓 역

기차 출발 시간 및 요금

북부 노선 방콕(끄룽텝 아피왓) → 치앙마이

기차역 / 기차 편명	RAP 111	SP EXP DRC 7	RAP 109	SP EXP 9	SP EXP 13	RAP 107	EXP 51
방콕 Bangkok	07:30	09:05	14:15	18:40	20:05	20:45	22:30
돈므앙 Don Muang	07:45	09:18	14:30	18:55	20:20	21:00	22:45
방빠인 Bang Pa-In	08:24	–	–	–	–	–	–
아유타야 Ayuthaya	08:37	09:54	15:17	19:44	21:06	21:47	23:35
롭부리 Lopburi	09:42	10:28	16:21	20:41	21:58	22:38	00:27
나콘싸완 Nakhon Sawan	11:21	11:37	18:24	22:14	23:28	00:04	02:21
핏싸눌록 Phitsanulok	13:43	13:12	20:35	00:15	01:47	02:36	04:37
우따라딧 Utaradit	15:21	14:22	22:20	–	03:05	04:02	06:03
덴차이 Denchai	16:30	15:23	23:39	02:48	04:16	05:15	07:17
람빵 Lampang	–	17:30	01:54	04:57	06:30	–	09:51
람푼 Lamphun	–	19:14	03:43	06:50	08:19	–	11:48
치앙마이 Chiang Mai	–	19:30	04:05	07:15	08:40	–	12:10

치앙마이 → 방콕(끄룽텝 아피왓)

기차역 / 기차 편명	RAP 108	EXP 52	SP EXP 14	SP EXP 10	RAP 112	SP EXP DRC 8	RAP 102
치앙마이 Chiang Mai	–	15:30	17:00	18:00	–	08:50	06:30
람푼 Lamphun	–	15:47	17:19	18:19	–	09:04	06:48
람빵 Lampang	–	17:54	19:24	20:12	–	10:38	08:27
덴차이 Denchai	19:05	20:23	21:38	22:33	07:30	12:38	10:43
우따라딧 Utaradit	20:16	21:34	22:39	–	08:30	13:29	11:50
핏싸눌록 Phitsanulok	22:07	22:58	23:58	00:47	10:01	14:34	13:16
나콘싸완 Nakhon Sawan	00:46	01:11	01:56	02:38	12:39	16:21	15:53
롭부리 Lopburi	02:26	02:44	03:37	04:04	14:37	17:26	18:05
아유타야 Ayuthaya	03:19	03:56	04:53	05:27	15:58	18:05	19:14
방빠인 Bang Pa-In	–	–	–	–	16:15	–	–
돈므앙 Don Muang	04:13	04:53	05:53	06:33	17:03	18:40	20:08
방콕 Bangkok	04:30	05:10	06:10	06:50	17:20	18:55	20:25

북동부 노선 방콕(끄룽텝 아피왓) → 우본 랏차타니 · 농카이

기차역 / 기차 편명	EXP 21	RAP 135	EXP 75	EXP 71	RAP 139	EXP 25	RAP 133	EXP 23	RAP 141
방콕 Bangkok	06:10	07:10	08:45	10:35	19:25	20:25	21:25	21:05	23:05
돈므앙 Don Muang	06:25	07:25	09:00	10:50	19:39	20:40	21:40	21:20	23:21
아유타야 Ayuthaya	06:58	08:27	09:41	11:30	20:25	21:38	22:29	22:01	00:16
싸라부리 Saraburi	07:33	09:17	10:17	12:05	21:09	22:22	23:10	22:35	00:58

빠총 Pak Chong	08:52	10:52	—	13:25	22:46	—	—	00:07	02:54
나콘 랏차씨마 Nakhon Ratchasima	10:01	12:12	—	14:27	00:07	—	—	01:36	04:19
부리람 Buriram	11:34	14:19	—	16:14	02:22	—	—	03:31	06:30
쑤린 Surin	12:09	15:07	—	17:18	03:15	—	—	04:13	07:26
씨싸껫 Si Saket	13:18	17:00	—	18:04	05:07	—	—	05:38	09:06
우본 랏차타니 Ubon Ratchathani	14:00	18:00	—	—	06:15	—	—	06:35	10:20
콘깬 Khon Kaen	—	—	15:30	—	—	04:10	05:19	—	—
우돈타니 Udon Thani	—	—	16:55	19:50	—	05:39	06:57	—	—
농카이 Nong Khai	—	—	17:30	—	—	06:25	07:55	—	—

우본 랏차타니 · 농카이 → 방콕(끄룽텝 아피왓)

기차역 / 기차 편명	RAP 142	EXP 24	RAP 140	EXP DRC 72	RAP 136	EXP DRC 22	EXP 26	RAP 134	EXP DRC 76
농카이 Nong Khai	—	—	—	—	—	—	19:40	18:50	07:45
우돈타니 Udon Thani	—	—	—	—	—	—	20:17	19:28	08:14
콘깬 Khon Kaen	—	—	—	—	—	—	21:47	21:10	09:29
우본 랏차타니 Ubon Ratchathani	17:35	19:00	20:30	05:40	07:00	14:50	—	—	—
씨싸껫 Si Saket	18:38	19:55	21:21	06:23	08:00	15:27	—	—	—
쑤린 Surin	20:20	21:22	22:54	07:14	09:30	16:37	—	—	—
부리람 Buriram	21:12	22:01		08:22	10:23	17:12	—	—	—
나콘 랏차씨마 Nakhon Ratchasima	23:15	23:44	01:32	10:10	12:23	18:36	—	—	—
빠총 Pak Chong	00:58	01:28	02:58	11:26	13:56	19:47	—	—	—
싸라부리 Saraburi	02:28	02:54	04:49	12:42	15:44	21:04	03:38	03:16	14:54
아유타야 Ayuthaya	03:06	03:41	05:48	13:23	16:36	21:41	04:32	04:13	15:34
돈므앙 Don Muang	03:53	04:33	06:53	14:14	17:38	22:20	05:33	05:13	16:19
방콕 Bangkok	04:10	04:50	07:10	14:30	17:55	22:35	05:50	05:30	16:35

남부 노선 방콕(끄룽텝 아피왓) → 뜨랑, 나콘 씨 탐마랏, 핫야이, 버터워스

기차역 / 기차 편명	SP EXP DRC 43	RAP 171	SP EXP 31	SP EXP 37	RAP 169	EXP 83	RAP 167	EXP 85	SP EXP DRC 39
방콕 Bangkok	07:30	15:10	16:50	16:10	17:50	18:50	20:30	19:50	22:50
나콘 빠톰 Nakhon Pathom	08:22	16:04	17:48	17:10	18:48	19:48	21:28	20:49	23:42
랏부리(랏차부리) Ratburi	09:07	16:57	18:37	18:00	19:41	20:37	22:18	21:39	00:27
펫부리(펫차부리) Phetburi	09:45	17:50	19:30	18:51	20:36	21:29	23:11	22:32	01:14
후아힌 Hua Hin	10:31	18:44	20:20	19:45	21:32	22:24	00:07	23:27	02:04
춤폰 Chumphon	13:50	22:24	23:55	23:21	01:20	02:00	03:53	03:06	05:22
쑤랏타니 Surat Thani	16:20	01:08	02:20	01:49	03:47	04:26	06:32	05:34	07:50
통쏭 정션 Thung Song Junction	–	02:58	04:08	03:38	05:40	06:15	08:36	07:30	–
뜨랑 Trang	–	–	–	–	–	07:25	09:52	–	–
나콘 씨 탐마랏 Nakhon Si Thammarat	–	–	–	–	–	–	–	08:40	–
팟타룽 Phatthalung	–	04:38	05:51	05:21	07:29	–	–	–	–
핫야이 Hat Yai	–	05:50	07:05	06:35	08:48	–	–	–	–
얄라 Yala	–	08:10	–	08:43	10:35	–	–	–	–
쑤응아이꼴록 Su–Ngai Kolok	–	10:00	–	10:25	–	–	–	–	–

뜨랑, 나콘 씨 탐마랏, 핫야이, 버터워스 → 방콕(끄룽텝 아피왓)

기차역 / 기차 편명	EXP 168	SP EXP DRC 44	EXP 86	RAP 170	EXP 84	RAP 172	SP EXP 32	SP EXP 38	EXP 948
쑤응아이꼴록 Su–Ngai Kolok	–	–	–	–	–	13:10	–	14:15	–
얄라 Yala	–	–	–	13:25	–	14:45	–	15:48	–
핫야이 Hat Yai	–	–	–	15:01	–	16:36	17:45	17:35	–
팟타룽 Phatthalung	–	–	–	16:29	–	18:12	18:57	19:16	–
나콘 씨 탐마랏 Nakhon Si Thammarat	–	–	16:20	–	–	–	–	–	–
뜨랑 Trang	15:26	–	–	–	17:35	–	–	–	–
통쏭 정션 Thung Song Junction	16:36	–	17:25	18:08	18:43	19:42	20:27	20:52	–
쑤랏타니 Surat Thani	18:50	18:25	19:37	20:07	20:42	21:35	22:21	22:47	09:00

춤폰 Chumphon	21:23	20:36	22:02	22:29	23:00	00:16	00:44	01:12	11:03
후아힌 Hua Hin	01:13	00:09	01:45	02:19	02:42	03:52	04:22	04:47	14:31
펫부리(펫차부리) Phetburi	02:11	01:00	02:39	03:16	03:37	04:45	05:20	05:40	15:22
랏부리(랏차부리) Ratburi	02:56	01:42	03:24	04:03	04:22	05:28	06:05	06:24	16:06
나콘 빠톰 Nakhon Pathom	03:46	02:32	04:15	04:56	05:15	06:18	06:56	07:15	16:53
방콕 Bangkok	05:00	03:45	05:30	06:10	06:30	07:30	08:10	08:30	17:55

버스

버스는 태국을 여행할 때 더없이 유용한 교통수단이다. 태국 전역을 커버하는 버스는 기차나 비행기로 갈 수 없는 시골 마을까지 빠짐없이 드나든다. 대부분의 버스에 영어로 목적지가 적혀 있고, 요금도 부담 없어 여행자들에게 편리한 발이 되어 준다.

버스는 크게 선풍기 시설의 일반 버스와 에어컨 버스로 구분된다. 에어컨 버스는 등급에 따라 2등 에어컨 버스(뻐 썽), 1등 에어컨 버스(뻐 능), VIP 버스(롯 위아피)로 구분된다. 1등 에어컨 이상의 버스에는 화장실이 딸려 있어 편안하게 장거리 이동을 할 수 있다. 외국 여행자들이 즐겨 찾는 여행지를 선별해 운행되는 여행사 버스도 있다. 방콕의 카오산 로드를 기점으로 삼고 있으며, 터미널 버스보다 요금도 저렴해 인기가 높다.

●일반 버스(롯 탐마다)

태국에서 가장 오래된 버스로 에어컨 없이 선풍기만 돌아간다. 버스에 따라 빨간색과 녹색 버스 두 종류로 구분된다. 버스 중앙의 통로를 중심으로 왼쪽은 2명씩, 오른쪽은 3명씩 앉도록 되어 있어 쾌적함을 기대하기는 힘들다. 좌석과 좌석의 간격이 좁아서 하체가 길거나 덩치가 큰 사람에게는 불편하기까지 하다. 하지만 저렴한 요금으로 인해 경제적인 여행을 원할 경우 더없이 좋은 교통수단이다.

일반 버스는 특별한 정류장 없이 승객이 원하는 곳에서 내리고 탈 수 있으며, 차장이 돌아다니며 요금을 받는다. 장거리 노선보다는 지방 소도시를 연결하는 노선이 대부분이다. 치앙라이에서 치앙쌘, 치앙콩, 골든 트라이앵글을 갈 때나, 빠이에서 매홍쏜이나 치앙마이를 갈 때 이용하게 된다.

●에어컨 버스(롯 애)

2~3시간 이상 이동하는 경우라면 일반 버스보다는 에어컨 버스를 타는 게 좋다. 버스 터미널에서 출발하는 에어컨 버스는 정부에서 운영하는 버스(버커써)와 사설 버스 회사에서 운영하는 버스로 구분된다. 버스 회사마다 별도의 매표창구를 운영하기 때문에 버스 터미널은 어디나 할 것 없이 북적대고 복잡하다. 대부분 비슷한 시간에 버스가 출발하기 때문에 버스표를 팔기 위한 치열한 경쟁이 벌어지기도 한다.

에어컨 버스는 2등 에어컨 버스(뻐 썽)와 1등 에어컨 버스(뻐 능), VIP 버스(롯 위아이피)로 구분된다. 얼핏 보기에 에어컨 버스는 모두 같아 보이지만 버스 등급에 따라 요금 차이뿐만 아니라 시설과 서비스도 달라진다.

2등 에어컨 버스는 완행버스 형태로 정차하는 횟수가 많다. 노선 상에 있는 모든 도시의 버스 터미널에 들러 일정시간 정차했다가 출발한다. 버스에 화장실이 없는 것도 잦은 정차를 하는 원인 중의 하나다. 버스 터미널 매표소에서 미리 표를 구입해도 되지만, 중간 경유지에서 탑승할 경우 차장에게 요금을 직접 지불해도 된다.

1등 에어컨 버스는 한국의 일반 고속버스와 비슷하다. 낮에 운행하는 버스는 중간 경유지의 주요 도시 몇 곳을 들르지만, 밤에 운행하는 버스는 대부분 목적지까지 직행한다. 1등 에어컨 버스의 가장 큰 특징은 버스에 화장실이 딸려 있다는 것. 또한 승무원이 탑승해 음료수와 물 티슈를 제공해 준다. 버스표는 무조건 버스 터미널의 매표소에서 구입해야 한다. 장거리 노선의 경우 버스표에 무료 식사 쿠폰이 딸려 있다.

VIP 버스는 한국의 우등 고속버스라고 생각하면 된다. 32인승 VIP 버스는 1등 에어컨 버스와 큰 차이가 없지만, 24인승 VIP 버스는 좌석이 넓고 공간이 많아서 훨씬 쾌적하다. 목적지까지 중간에 정차하지 않고 직행하기 때문에 이동 시간이 빠르다. 승무원이 탑승해 음료와 과자를 서빙해 주는 것과 버스표에 무료 식사 쿠폰이 딸려 있는 것도 1등 에어컨 버스와 동일하지만 서비스가 더 좋다. 비싼 요금인데도 정부에서 운영하는 999(까우까우까우) 버스는 미리 예약하지 않으면 자리를 구하기 힘든 경우가 다반사다.

● 여행사 버스

방콕의 카오산 로드에서 출발하는 외국인 여행자들을 위한 버스다. 여행사에서 자체적으로 운영하는 사설 버스로 모두 에어컨이 설치되어 있다. 장점은 방콕의 심각한 교통체증을 뚫고 멀리 떨어진 버스 터미널까지 갈 필요가 없다는 것과 요금이 저렴하다는 것이다. 단점은 터미널 버스에 비해 시설이 다소 떨어지고, 이

동 시간이 오래 걸린다는 것이다.

카오산 로드에서 출발하는 여행사 버스는 주요 여행지만 연결하기 때문에 노선이 한정적이다. 북부 지방은 치앙마이가 유일하며, 북동부 지방의 농카이를 거쳐 라오스의 위앙짠(비엔티안)까지 가는 노선도 있다. 남부 노선은 끄라비, 쑤랏타니, 푸껫, 핫야이까지 다양한 노선을 운행한다. 남부 노선은 목적지까지 직행하지 않고 중간에서 다른 버스나 미니밴으로 갈아타야 하기 때문에 이동 시간이 오래 걸린다. 대부분 쑤랏타니에서 버스를 갈아탄다.

여행사 버스는 조인트 티켓이라고 해서 버스와 보트 티켓을 연계해서 판매하기도 한다. 꼬 따오, 꼬 팡안, 꼬 싸무이를 갈 때 이용하면 된다.

미니밴(롯 뚜)

에어컨 버스가 워낙 발달해 있어 미니밴을 탈 경우는 극히 드물다. 하지만 버스가 운행되지 않는 소도시 간의 이동은 별도로 미니밴을 운영한다. 버스 터미널이

☑알아두세요

야간 버스를 탈 때 귀중품은 몸에 부착하자

버스 터미널에서 출발하는 버스들은 트렁크에 싣는 수하물마다 별도의 인식표를 붙여 분실되지 않도록 관리하지만, 카오산 로드에서 출발하는 여행사 버스들은 승객들의 수하물에 손을 대 부수입을 올리기도 한답니다. 여행사에서 운영하는 사설 버스인 만큼 기사가 원하면 중간에 어디서나 정차가 가능한데, 피곤한 여행자들이 깊게 잠든 새벽에 버스를 세워놓고 짐칸에 실은 짐들을 뒤져 현금과 귀중품을 가져가는 경우가 있습니다.

기사가 도둑질을 하면 금방 들통날 테니, 협력자들이 정해진 장소에 나타나 물건을 훔쳐간답니다. 그러니 수하물에는 절대로 귀중품을 넣어두어서는 안 됩니다. 특히 치앙마이, 쑤랏타니, 꼬 싸무이, 끄라비로 갈 때 각별한 주의를 요합니다. 여권과 현금, 귀중품은 반드시 몸에 휴대하도록 하세요. 싼 곳을 찾는 것도 좋지만, 현저하게 저렴한 요금에 여행자 버스를 운영하는 곳들은 반드시 피해야 합니다.

썽태우는 대부분 노선이 정해져 있으므로 엉뚱한 곳으로 가지 않나 하는 걱정을 할 필요는 없다. 다만 정해진 출발 시간이 없고 어느 정도 승객이 모여야 출발하기 때문에 하염없이 기다려야 하는 경우도 생긴다. 요금은 목적지에 도착해서 기사에게 직접 내면 된다. 태국 북부의 타똔↔매싸롱↔매짠 또는 매싸이↔골든 트라이앵글↔치앙쌘을 여행할 때 썽태우를 이용해야 한다.

보트 & 페리

아닌 시내 중심가에서 출발하기 때문에, 현지 지리에 익숙한 현지인들에게 인기 있다. 보통 3시간 이내의 단거리 구간을 운행하며, 중간에 정차하지 않고 목적지까지 빠르게 이동한다. 버스와 달리 짐 실을 공간이 부족하다. 대형 캐리어를 싣고 탈 때 불편하다.

외국인 여행자라면 방콕에서 아유타야나 후아힌을 가거나, 끄라비에서 꼬 란따를 가거나, 치앙마이에서 빠이를 왕복하는 미니밴이 가장 유용한 노선이다.

썽태우

트럭을 개조해 만든 썽태우는 길게 이어진 좌석이 두 줄로 놓여 있다고 해서 붙여진 이름이다. 버스가 드나들지 않는 시골 마을을 운행하는 썽태우는 도로 어디서나 손을 들어 차를 세우고 목적지를 확인하고 탑승하면 된다. 현지인들이 이용하는 교통편이라 목적지가 태국어로만 적혀 있는 썽태우가 대부분이다.

태국 남부의 섬들을 여행하려면 반드시 보트를 타야 한다. 보트 회사마다 정해진 노선에 따라 정기적으로 보트를 운행한다. 비교적 육지에서 가까운 섬인 꼬 싸멧은 소형 보트가 운행되지만 푸껫↔꼬 피피↔끄라비 노선과 춤폰↔꼬 따오↔꼬 팡안↔꼬 싸무이↔쑤랏타니 노선은 대형 선박이 운행된다. 꼬 싸무이, 꼬 팡안, 꼬 창을 오갈 때는 카페리를 이용해 버스를 타고 가거나 차를 운전해 갈 수도 있다.

보트는 성수기와 비수기로 구분해 운행 편수가 조절된다. 파도가 높아지는 우기(5~10월)에는 육지에서 멀리 떨어진 안다만해의 섬들(꼬 쑤린, 꼬 씨밀란, 꼬 따루따오, 꼬 리뻬)을 오가는 보트는 안전을 이유로 운행이 중단된다.

기초 여행 정보편

◖ 시차

우리나라보다 2시간 느리다. 즉 한국이 낮 12시라면 태국은 오전 10시. 태국은 서머타임제를 실시하지 않기 때문에 연중 시간 변화는 없다.

◖ 국제전화 국가번호

태국의 국가 번호는 66번이다.

◖ 물

태국의 물은 석회질이 많아서 수돗물을 받아서 마시는 사람은 없다. 한국과 달리 더운 나라로 물을 끓여서 마시는 경우도 흔치 않다. 대부분 생수를 사 마신다. 편의점마다 다양한 생수를 판매하는데, 1,500㎖ 큰 병 기준으로 17~19B 정도 한다.

◖ 전압

220V, 50Hz로 한국의 전자제품도 사용할 수 있다. 문제는 콘센트의 모양. 한국과 달리 둥근 모양의 콘센트를 사용한다. 대부분의 호텔에서는 콘센트의 모양과 관계없이 사용이 가능하다.

◖ 통화

동전 25 Satang, 50 Satang, 1B, 2B, 5B, 10B

지폐 20B, 50B, 100B, 500B, 1,000B
태국 통화는 밧 Baht. 공식적으로는 THB(Thai Baht)이지만, 보통 B만 표기한다. 1B보다 작은 단위는 싸땅 Satang인데, 거의 통용되지 않는다. 100싸땅이 1B이다. 모든 통화에는 현재 국왕의 초상화가 그려져 있다. 1,000B짜리 지폐가 현재 통용되는 가장 큰 화폐로, 큰 불편 없이 사용이 가능하다. 다만, 택시를 탈 때나 서민 식당에서 쌀국수 같은 저렴한 식사를 할 때는 잔돈을 미리 준비해두는 게 좋다. 잔돈을 비축하는 가장 좋은 방법은 편의점에 들러 물 한 병을 사고 거스름돈을 챙기는 것이다.

◖ 환율

환율은 1B=38.72원, 1US$=34.44B이다. 최근 몇 년간 1US$ 기준으로 32~37B 사이에서 환율이 형성되고 있다.

◖ 은행 · 환전

태국은 전국 어디서나 은행을 쉽게 발견할 수 있고, 환전소도 많다. 은행 업무 시간은 월~금요일 오전 9시부터 오후 4시까지이지만, 환전소들은 저녁때까지 문을 연다. ATM은 은행, 백화점, 편의점 등 곳곳에 설치되어 있다. 은행마다 고시되는 환율은 크게 차이가 없어서, 어떤

☑ 알아두세요

ATM에서 현금 인출하기

모든 은행과 주요 환전소 옆에는 반드시 ATM 기계가 있습니다. 태국 은행 카드뿐만 아니라 한국에서 발행된 카드로도 현금을 인출할 수 있어 편리한데요, 트래블로그 카드와 트래블월렛 카드 모두 사용이 가능합니다. ATM에서 돈을 인출하려면 카드를 넣고 비밀번호(PIN Number)를 입력해야 합니다. 비밀번호가 인식되면 결제 구좌 중에 Saving(예금 구좌)을 선택해 돈을 인출하도록 하세요. 당일 환율로 결제되기 때문에 수수료가 적답니다. 현금을 인출하는 순서는 다음과 같습니다.

가장 먼저 언어(Language)라고 쓴 명령어를 누른 다음 영어 English→인출 Withdraw을 누르고 찾을 금액을 정해서 확인(Enter) 버튼을 누릅니다. 트래블로그 카드를 사용할 경우 최종 승인 단계에서 No, Continue Without Conversation을 누르면 됩니다. ATM의 1회 사용한도는 20,000B입니다. 참고로 ATM은 이용할 때마다 수수료(220B)를 내야하기 때문에, 필요한 돈을 한 번에 찾는 게 비용을 아끼는 방법입니다.

은행에서 환전해야 하는 고민을 할 필요는 없다. 현금으로 소지한 달러를 환전할 때는 특별한 신분증 없이 환전이 가능하다. 하지만 지방 소도시의 은행에서는 신분 확인을 위해 여권을 제시해야 한다. 달러를 환전할 때는 50US$와 100US$짜리 고액권이 환율이 좋다.

■ 태국 주요 은행
- 방콕 은행(타나칸 끄룽텝) Bangkok Bank
- 싸얌 상업 은행(타나칸 타이파닛)
  Siam Commercial Bank(SCB)
- 까씨꼰 은행(타나칸 까씨꼰) Kasikorn Bank
- 티티비 은행(타나칸 티티비) ttb Bank
- 끄룽씨 은행(타나칸 끄룽씨) Krungsri Bank
- 끄룽타이 은행(타나칸 끄룽타이) Krung Thai Bank
- 옴씬 은행(타나칸 옴씬) Government Saving Bank

◐ 트래블로그(트래블월렛) 카드
자신이 가지고 있는 은행 계좌와 연동해 환전하고, 해외 은행 ATM에서 현금을 인출할 수 있는 해외여행에 최적화된 카드. 트래블로그는 하나은행만 계좌연결이 가능하고, 트래블월렛은 다양한 계좌 연결이 가능하다. 애플리케이션을 통해 필요한 만큼 현지화폐로 환전할 수 있다. 태국 현지 은행에서 ATM을 이용할 경우 수수료 220B를 내야한다. ATM 기계에 따라 비밀번호 6자리를 입력하는 기계도 있는데, 비밀번호+00을 더해 누르면 된다.

◐ GLN 결제
방콕에서 가장 많이 쓰이는 결제 방식으로 QR 코드를 스캔해 결제한다. 작은 노점상이나 시장에서도 사용할 수 있어 활용도가 높지만 의외로 세븐일레븐에서는 사용할 수 없다. 흔하게 쓰이지만 현금 결제만 가능한 곳도 있으니 비상금은 챙겨두는 게 좋다. 대면 결제할 때는 'QR' 또는 '스캔(스깬)'을 외치면 된다.
하나은행이나 토스 등을 통해 사용 가능하다. 하나은행은 하나은행 계좌와 연동하고 토스는 자신이 보유한 은행 계좌와 연동해 실시간으로 GLN 머니를 충전해 사용한다.

◐ 팁(Tip) 관습
태국에서의 팁은 의무 조항이 아니다. 팁은 어디까지나 본인의 만족도에 따른 성의 표시이므로 고마움을 느끼는 상황에서 별도의 팁을 주면 된다. 고급 레스토랑이나 호텔은 계산서에 10% 세금과 7%의 서비스 요금이 추가되어 청구된다. 일반 식당에서는 거스름돈으로 받은 동전을 남겨두거나 20B를 팁으로 테이블에 놔두고 나오면 된다. 호텔에서 가방을 옮겨 주는 직원에게도 50B 정도 팁이 적당하다.

◐ 주의사항
여행 중 주의해야 할 사항은 어느 나라나 비슷하다. 한국에서 생활하던 대로 상식을 벗어나는 행동을 하지 않으면 크게 문제될 것은 없다. 태국이라고 유별날 것은 없지만 각 나라마다 문화와 분위기가 다르므로 몇 가지 주의해야 할 것들을 알아보자.
1. 현지 문화를 심판하려 하지 말자. 다른 나라의 문화를 옳고 그름의 잣대로 평가할 수는 없다. 언어와 인

✔알아두세요

태국 여행할 때 대마에 주의하세요!

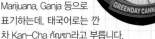

태국에서 2022년 6월부터 대마를 합법화하면서 의료용뿐만 아니라 기호용으로 판매하기 시작했습니다. 대마는 영어로 Cannabis, Weed, Marijuana, Ganja 등으로 표기하는데, 태국어로는 깐차 Kan-Cha ﾃﾃﾃﾃﾃ라고 부릅니다.
대마는 한국에서 마약류로 지정되어 있어 소지하거나 반입할 경우 5년 이하 징역 또는 5천만 원 이하의 벌금형에 처해집니다. 해외에서 섭취하는 경우에도 마약 성분이 체내에 남아있기 때문에 처벌 대상이 됨을 명심해야 합니다. 대마를 취급하는 제품에는 대마 잎이 그려져 있어 조금만 주의를 기울이면 알 수 있답니다. 음식이나 음료로 넣어서 판매하는 곳도 있으니 식당이나 카페, 편의점에서 초록색 잎이 그려진 게 보이면 무조건 피하는 게 좋아요.

종, 음식이 다르듯 생소한 문화라 하더라도 있는 그대로 받아들이자. 다른 문화를 체험하는 것이 여행하는 큰 이유 중의 하나다.

2. 돈을 현명하게 쓰자. 태국의 경제 수준을 얕보고 돈으로 모든 것을 해결하려는 태도는 여행자로서 매우 비윤리적인 것이다. 돈을 써야 할 때와 아껴야 할 때를 구분하는 것도 여행의 기술 중의 하나다. 외국인 기업이나 수입 브랜드보다 태국인 상점과 태국에서 제조한 물건을 사주면 현지 경제에 직접적인 도움이 된다.

3. 사원이나 왕궁을 방문할 때 노출이 심한 옷을 피하자. 법전을 방문할 때는 신발을 벗고 드나들어야 한다.

4. 여성들의 경우 수행 중인 승려들과 신체 접촉이 생기지 않도록 각별히 조심할 것. 사원뿐만 아니라 버스 등 혼잡한 곳에서 승려 곁을 지날 때 옷깃이 스치지 않도록 유의해야 한다.

5. 왕실을 모독하는 행위를 해서도 안 된다. 가정집에도 국왕 사진이 걸려 있을 정도로 태국인들의 왕실에 대한 사랑은 절대적이다. 국왕 사진을 훼손하거나 삿대질하는 행위는 현행범으로 처벌받을 수 있음을 명심하자. 태국 내에서는 외국인들이라 하더라도 왕실 모독에 대해서는 실형을 선고한다. 태국인들과 대화할 때도 가능하면 왕실과 정치에 관한 언급은 삼가는 게 좋다.

6. 사람들과 사진 찍을 때 예의를 지키자. 동물원의 원숭이나 자연 풍광의 일부가 아니므로 반드시 상대방에게 의사를 먼저 확인하자. 산악 민족 중의 일부는 사진에 극도로 민감한 반응을 보인다.

7. 여권을 포함한 귀중품 관리에 신경 써야 한다. 아무리 좋은 호텔이라고 하더라도 객실에 귀중품을 방치해두고 외출하는 일은 삼가자. 객실이나 호텔 로비에 비치된 안전금고 Safety Box를 이용하자. 신분증을 겸하여 여권 사본은 지참하고 외출하는 것이 좋다.

8. 사람이 많이 모이는 재래시장이나 혼잡한 시내버스에서는 소매치기를 각별히 조심하자. 여권은 핸드백에 넣지 말고, 가방은 쉽게 흘러내리지 않도록 크로스로 메는 것이 좋다.

9. 다른 나라에 비해 태국 사람들이 친절하지만 상식 이상의 과잉 친절을 베풀거나 은밀한 곳을 소개해주겠다는 유혹 등을 경계하자. 특히 보석 가게를 안내해주겠다는 뚝뚝 기사를 조심해야 한다.

● 알아두면 유용한 애플리케이션
- 라인 LINE 모바일 메신저
- 지엘엔 GLN QR 스캔 결제
- 그랩 Grab 택시, 바이크, 음식 배달
- 볼트 Bolt 택시, 차량 공유
- 원투고 12Go 대중교통 예약
- 철도청 SRT D-Ticket 기차표 예약
- 무브미 MuvMi 뚝뚝 예약
- BTS Skytrain 방콕 스카이트레인
- 누아 메트로 Nuua Metro 지하철, 지상철
- 비아 버스 Via Bus 시내버스
- 슈퍼리치 SuperRich 환전, 환율
- 에어 아시아 Air Asia 태국 국내선 항공
- 아고다 Agoda 호텔 예약
- 부킹닷컴 Booking.com 호텔 예약
- 트립닷컴 Trip.com 호텔, 항공권 예약
- 클룩 Klook 투어 예약
- 마이리얼트립 My Real Trip 투어 예약
- 몽키 트래블 Monkey Travel 현지 한인 여행사
- 라인맨 Lineman 음식 배달
- 푸드 판다 Food Panda 음식 배달
- 이티고 Eatigo 레스토랑 할인 예약
- 고와비 GoWabi 스파, 마사지 예약
- 라자다 Lazada 온라인 쇼핑
- 쇼피 Shopee 온라인 쇼핑

☑ 알아두세요

어린이 요금은 키 크기로 결정합니다.

태국에서는 나이가 아니라 키 크기로 어린이를 구분합니다. 키가 120cm 이하인 어린이는 할인 요금을 적용받게 되며, 90cm 이하일 경우에는 요금이 면제 됩니다. 대중교통 요금뿐만 아니라 유적지와 공연장에서도 어린이 요금이 적용되는 곳이 많기 때문에, 어린이를 동반했을 경우 할인 요금이 적용되는지 미리 확인해두기 바랍니다.

방콕(끄룽텝) · 카오산 로드

Bangkok

방콕(끄룽텝) กรุงเทพ

　　방콕은 다양함이 공존하는 매력적인 도시다. 라따나꼬씬 왕조(짜끄리 왕조)가 성립하면서 220년 이상 태국의 수도로 군림하며 인구 1,000만 명의 태국 최대 도시로 자리 잡았다. 과거에 화려함으로 대변되는 왕실과 사원이 메트로폴리탄으로 변모한 빌딩가와 자연스레 어울리며 조화를 이룬다.

　　강과 운하를 중심으로 형성된 방콕은 동양의 베니스라는 칭찬이 자자하던 곳이다. 도시를 가르는 짜오프라야 강변에는 역사 유적이 가득하고, 과거와 큰 차이 없이 보트들이 끊임없이 오가며 물과 어울려 생활하는 방콕 시민들의 일상을 여과없이 보여준다.

　　도시 곳곳에서는 휘황찬란한 사원과 박물관, 재래시장까지 다양한 볼거리를 제공하고, 끝없이 입맛을 자극하는 수많은 레스토랑, 몸과 마음을 편하게 해주는 스파와 마사지, 홍콩과 싱가포르가 부럽지 않은 쇼핑, 무궁무진한 나이트라이프까지 방콕은 여행에서 기대할 수 있는 모든 것을 충족시켜 준다. 게다가 부담 없는 물가까지 분명 태국 여행의 시작(또는 마지막)으로 더없이 좋은 곳이다. 방콕의 공식 명칭은 끄룽텝으로 '천사의 도시'라는 멋진 이름을 갖고 있다.

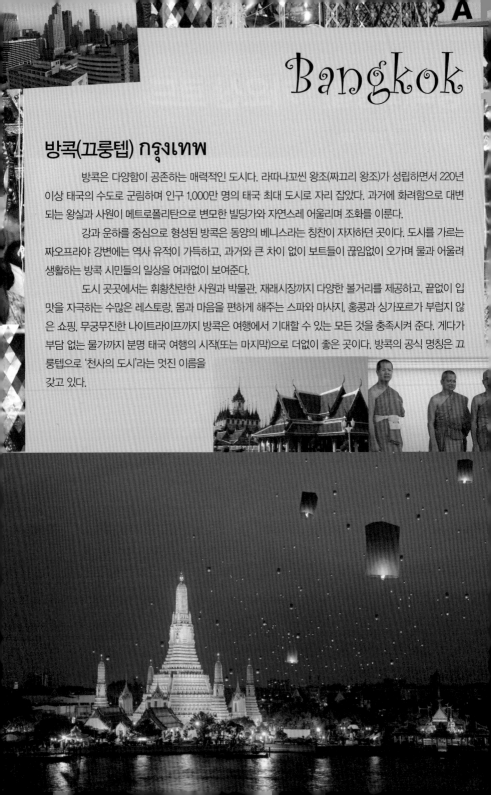

Bangkok TOP 10

01 짜오프라야 강

02 카오산 로드

03 왕궁 & 왓 프라깨우

04 짜뚜짝 주말시장

05 왓 포 & 왓 아룬

06 타이 마사지

07 차이나타운

08 싸얌 스퀘어

09 킹 파워 마하나콘

10 암파와 수상시장

수도답게 항공, 기차, 버스가 모두 방콕을 중심으로 태국 곳곳을 연결한다. 버스와 기차를 이용하는 여행자들이 많지만, 저가 항공사가 많아지면서 항공을 이용하는 여행자 수도 증가하고 있다. **방콕 공항은 쑤완나품 공항 (BKK)과 돈므앙 공항(DMK) 두 곳이 있다. 대부분의 항공사들은 메인 공항인 쑤완나품 공항을, 저가 항공사들이 돈므앙 공항을 이용한다.**

▌ 항공 – 국제선

방콕의 메인 공항은 시내에서 동쪽으로 30㎞ 떨어진 쑤완나품 국제공항 Suvarnabhumi International Airport이다. 출국장은 4층, 입국장은 2층이며 식당가는 3층에 위치한다. 공항 1층은 버스와 택시 탑승장, 환전소, 안내 데스크, 호텔 예약 카운터가 들어서 있다.

• 쑤완나품 국제공항
전화 0-2132-1888
홈페이지 www.bangkokairportonline.com
• 돈므앙 국제공항
전화 0-2535-1192
홈페이지 www.donmueangairport.com

쑤완나품 공항에서 시내로 가는 법
공항 철도를 이용하면 시내까지 빠르게 이동할 수 있게 됐지만, 노선이 한정적이다. 택시를 이용할 경우 쑤완나품 국제공항에서 카오산 로드, 쑤쿰윗, 씰롬까지 40분~1시간 정도 소요된다. 카오산 로드 가는 방법은 P.160 참고.

가장 빠른 공항 철도
Airport Train

쑤완나품 공항과 시내를 가장 빠르게 연결하는 교통편이다. 공항 철도는 총 28㎞로 모두 8개 역으로 이루어졌다. 정차하는 역의 숫자와 속도에 따라 익스프레스 트레인 Suvarnabhumi Airport Express과 시티 라인 Suvarnabhumi Airport City Link으로 구분된다.
익스프레스 트레인은 공항까지 논스톱으로 운행하며 15분 소요된다(현재 운행이 일시 중단된 상태다). 시티 라인은 스카이트레인(BTS)과 동일한 개념으로 중간 역들을 모두 정차한다. 파야타이 역 Phayathai Station

공항철도 시티 라인

에서 공항까지 30분 걸린다. 쑤완나품 공항에서 공항 철도를 타려면 공항 청사 밖으로 나가지 말고, 안내판을 따라 지하 1층으로 내려가면 된다.
공항 철도를 이용해 시내로 들어갈 때는 BTS나 지하철(MRT)로 갈아타야 한다. BTS로 환승하려면 공항 철도 종점인 파야타이 역을 이용하면 된다. 지하철(MRT)로 갈아탈 경우 도심공항터미널이 있는 막까싼 Makkasan Station 역에 내리면 된다. 방콕의 대중교통은 통합 요금체계가 아니라서 환승할 때마다 요금을 내고 갈아타야 한다.
홈페이지 www.srtet.co.th
공항 철도 노선
쑤완나품 국제공항→랏끄라방 Lat Krabang→반탑창 Ban Thap Chang→후아막 Hua Mak→람캄행 Ramkhamhaeng→막까싼 Makkasan→랏차쁘라롭 Ratchaprarob→파야타이 Phayathai
운행 05:00~24:00
요금 15~45B(시티 라인)

여러 명이 함께 이동할 때는 택시
Taxi

가장 손쉽게 원하는 목적지까지 데려다 주는 교통수단이다. 카오산 로드를 포함해 방콕 시내의 웬만한 호텔까지 350~450B 정도에 이동이 가능하다. 쑤완나품 공항에서 택시 승차장은 1층 5번 또는 6번 회전문

쑤완나품 공항 택시 승차장

쑤완나품 공항에서 출발하는 S1번 공항버스

앞에 있다(입국장에서 한층 아래로 내려가면 된다). 미터로 요금을 지불하는 대신 기사에게 별도의 택시 안내 수수료 50B을 추가로 내야 한다. 시내 교통 혼잡을 이유로 기사가 고가도로(탕두언) 이용을 권유하는데, 이용료는 손님이 부담해야 한다. 구간에 따라 고가도로 톨 비용은 25~50B이다.

콜택시 애플리케이션 그랩
Grab

태국뿐만 아니라 동남아시아에서 가장 많이 사용하는 콜택시 애플리케이션. 그랩으로 차량을 호출할 경우 입국장 1층 4번 출구 앞에 있는 그랩 전용 탑승장 Grab Pick-Up Point을 이용하면 된다.

밤늦게까지 운행되는 리모 버스
Limo Bus

33인승 미니버스로 쑤완나품 공항→카오산 로드, 쑤완나품 공항→씰롬 두 개 노선을 운영한다. 08:00부터 23:00까지 30분 간격으로 운행하며 편도 요금은 180B이다. 입국장에서 한 층 아래로 내려오면, 공항 청사 1층 왼쪽 끝에 있는 8번 회전문 앞에 있는 데스크에서 예약하면 된다. 자세한 노선과 출발 시간은 홈페이지 www.limobus.co.th 참고.

방콕 시내 호텔을 연결하는 에어포트 익스프레스
Airport Express

공항버스의 한 종류로 방콕 시내 지역 호텔을 연결한다. 쑤쿰윗 Sukhumvit(아쏙 · 프롬퐁 · 통로 지역 호텔), 싸톤 Sathon(싸톤 · 씰롬 지역 호텔), 차이나타운 Chinatown(차이나타운 지역 호텔)을 연결하는 3개 노선을 운영한다. 노선에 따라 1일 9~12회 운행하는데

배차 간격이 한 시간 이상으로 길어 불편하다. 편도 요금은 180B이다. 입국장에서 한 층 아래로 내려오면, 공항 청사 1층 왼쪽 끝에 있는 7번 회전문 앞에 있는 데스크에서 예약하면 된다.

카오산 로드로 직행할 때는 공항버스
Airport Bus

공항버스는 한 개 노선으로 S1번 버스가 쑤완나품 공항에서 카오산 로드를 연결한다. 공항 청사 1층 7번 회전문 밖으로 나가면 공항버스 안내데스크가 있다. 안내데스크 앞쪽으로 보이는 횡단보도를 건너서 공항버스를 타면 된다. 운행 시간은 06:00~20:00, 배차 간격은 약 40분으로 긴 편이며, 편도 요금은 60B이다.

돈므앙 공항에서 시내로 가는 법

쑤완나품 공항에 비해 방콕 시내와 가깝고, 대중교통도 다양하다. 공항버스는 모두 4개 노선이 있으며 07:00~23:00까지 운행된다. 공항 청사 1층에 있는 6번 출입문 앞에서 출발한다. A1(돈므앙 공항→머칫 Mo Chit)과 A2(돈므앙 공항→전승 기념탑 Victory Monument) 두 개 노선은 비슷하다(편도 요금 30B). 대부분 배차 간격이 짧은 A1 공항버스를 타고 머칫 Mo Chit에 내린다. 공항버스에서 내려 BTS 머칫 역 또는 지하철(MRT) 쑤언 짜뚜짝 Chatuchak Park으로 걸어가면 된다(두 개 역이 서로 인접해 있다).
A4번은 돈므앙 공항→민주 기념탑(타논 랏차담넌 끄랑)→카오산 로드까지 운행된다(편도 요금 50B). A3번은 돈므앙 공항→빠뚜남 Pratunam→룸피니 공원 Lumphini Park 노선을 운행한다(편도 요금 50B). 랏차쁘라쏭 Ratchaprasong(쎈탄 월드 앞 사거리)과 MRT 씰롬 · MRT 룸피니 역을 지난다.
지상철인 SRT 레드 라인(P.79 참고)을 타는 방법도 있

돈므앙공항에서 출발하는 A1번 공항버스

다. 방콕 시내로 갈 경우 돈므앙 역에서 방쓰 역(끄룽 텝 아피왓 역) Bang Sue Grand Station(Krung Thep Aphiwat Central Terminal)까지 간 다음, MRT(지하철) 로 갈아타면 된다. 05:30부터 23:00까지 운행하며, 편도 요금은 33B이다. 참고로 SRT 돈므앙 역은 국내선 청사에서 연결되기 때문에, 국제선을 타고 왔을 경우 한 참을 걸어야한다. 돈므앙 공항에 도착하면 밖으로 나가지 말고, 공항 청사 안쪽에서 SRT Red Line이라고 적힌 안내판을 따라 이동하면 된다.

택시를 탈 경우 공항 청사 안쪽의 8번 출입문 앞에서 차례를 기다리면 된다. 방콕 시내 웬만한 곳까지 300~400B 정도에 갈 수 있다. 공항에서 출발하는 택시라서 50B의 수수료가 별도로 부과된다. 돈므앙 공항에서 시내로 가는 자세한 방법은 저자 홈페이지 www.travelrain.com/984 참고.

항공 - 국내선

국내선은 치앙마이, 푸껫, 꼬 싸무이를 포함해 20개 주요 도시를 연결한다. 가장 많은 노선을 보유한 항공사는 타이 항공(홈페이지 www.thaiairways.com) 이며, 자회사로 타이 스마일 에어(홈페이지 www.thaismileair.com)를 운행한다. 방콕 에어웨이(홈페이지 www.bangkokair.com)는 타이 항공이 취항하지 않는 도시를 중점 운항하는데, 방콕↔꼬 싸무이 노선이 가장 인기 있다. 저가 항공사인 에어 아시아(홈페이지 www.airasia.com)와 타이 라이언 에어(홈페이지 www.lionairthai.com)는 연중 할인 프로모션을 시행한다.

방콕 노선의 경우 항공사마다 취항하는 공항이 다르므로 쑤완나품 공항(BKK)인지 돈므앙 공항(DMK)인지 반드시 확인해야 한다. 에어 아시아, 타이 라이언 에어, 녹 에어를 포함한 저가 항공사들이 돈므앙 공항을 이용한다.

기차 Train

끄룽텝 아피왓 역

방콕의 기차역은 세 개가 있다. 중앙역에 해당하는 기차역은 끄룽텝 아피왓 역(싸타니 끄랑 끄룽텝 아피왓) Krung Thep Aphiwat Central Terminal สถานีกลางกรุงเทพอภิวัฒน์이다(옛 기차역 이름인 방쓰 역 Bang Sue Grand Station으로 불리기도 한다). 2023년 1월에 새롭게 개통한 현대적인 기차역으로 치앙마이, 농카이, 우본 랏차타니, 뜨랑, 핫야이를 포함한 태국 주요 도시를 연결하는 모든 기차가 이곳에서 출발한다.

기존에 사용하던 후아람퐁 역(싸타니 롯파이 후아람퐁) Hua Lamphong Station은 방콕 근교 지역(아유타야, 롭부리, 후아힌 포함) 완행열차만 운행된다.

강 건너에 있는 톤부리 역(싸타니 롯파이 톤부리) Thonburi Station은 깐짜나부리행 기차가 출발한다. 자세한 출발 시간과 요금은 태국의 교통정보 기차편(P.57) 또는 태국 철도청 홈페이지(www.railway.co.th)를 참고.

버스 Bus

방콕의 버스 터미널은 모두 세 곳으로 목적지에 따라 버스를 타는 곳이 다르다. 북부·남부·동부 터미널로 나뉘는데 동부 버스 터미널을 제외하고 외곽으로

북부 버스 터미널

떨어져 있어 오가기 불편한 것이 단점이다. 버스 터미널마다 정부에서 운영하는 버스와 사설 버스들이 제각각 다른 매표소를 운영하기 때문에, 예매 창구가 분산되어 다소 혼란스럽다. 방콕에서 출발하는 버스는 각 도시에서 상세하게 다룬 교통 정보를 참고한다.

북부 버스 터미널(콘쏭 머칫)
Northern Bus Terminal

버스 터미널이 위치한 동네 이름을 따서 '머칫 Mo Chit'이라고 부른다. 단순히 태국 북부로 가는 버스만 출발하는 게 아니고 방콕 인근의 중부 지방과 북동부(이싼) 지방까지 수많은 버스가 드나든다. 북부 지방(쑤코타이, 치앙마이, 치앙라이, 매홍쏜, 매싸이 등)과 중부 지방(아유타야, 롭부리, 파타야, 뜨랏, 아란야쁘라텟)으로 가는 버스는 터미널 1층에 매표소가 있고, 북동부(이싼) 지방(나콘 랏차씨마, 농카이 등)으로 가는 버스는 터미널 3층에 매표소가 있다. 참고로 파타야와 뜨랏 행 버스는 동부 버스 터미널에서 타는 게 편하다. 북부 버스 터미널은 짜뚜짝 주말시장 북쪽에 있는데 BTS나 지하철은 연결되지 않는다. 가장 가까운 BTS역은 머칫 Mo Chit 역이고, 지하철(MRT)역은 깜팽펫 Kamphaengphet 역이다. 카오산 로드에서 갈 경우 3번 버스를 이용하면 된다. 쑤쿰윗이나 카오산 로드에서 택시를 탄다면 30~40분 걸린다(편도 요금 250~300B).

남부 버스 터미널(콘쏭 싸이 따이)
Southern Bus Terminal

방콕에서 서쪽 외곽으로 멀찌감치 떨어져 있는 터미널이다. 남부 지방(푸껫, 끄라비, 쑤랏타니, 뜨랑, 핫야이)으로 가는 버스가 출발한다. 꼬 싸무이와 꼬 팡안은 카페리를 이용해 버스가 섬까지 운행된다. 기차가 연결되지 않는 푸껫은 수요가 높아서 출발 시간보다 일찍 가야 표를 구할 수 있다.

동부 버스 터미널(콘쏭 에까마이)
Eastern Bus Terminal

세 개 터미널 중에 도심과 가장 가까운 터미널이지만, 가장 적은 버스 노선을 운행한다. 파타야, 꼬 싸멧, 꼬 창으로 갈 때 이용하면 된다. 동부 버스 터미널은 BTS 에까마이 역 바로 앞에 있다.

미니밴(롯뚜) Mini Van

현지인들이 즐겨 이용하는 미니밴

미니밴(롯뚜)도 방콕에 있는 3개의 터미널로 분산해 운행하기 때문에 버스를 타는 것과 큰 차이가 없다. 북부 버스 터미널 맞은편에 있는 머칫 미니밴 정류장 Mochit Van Terminal(Minibus Station Chatuchak)이 규모도 크고 노선도 많다. 아유타야, 깐짜나부리, 파타야, 후아힌, 롭부리 같은 방콕 주변 지역으로 운행된다. 버스보다 이동 속도가 빠르고 시내 중심가(반드시 버스 터미널을 종점으로 삼지 않는다)에서 내려주기 때문에 지리에 익숙한 현지인들이 즐겨 이용한다. 미니밴의 특성 상 대형 트렁크를 수납할 공간은 부족하다.

여행사 버스 Tourist Bus

카오산 로드를 중심으로 발달한 교통편이다. 여행자들이 선호하는 여행지를 직접 연결해 편리하며 저렴한 요금 때문에 인기가 있다. 치앙마이, 끄라비, 쑤랏타니, 푸껫, 꼬 싸멧, 꼬 창과 남부 섬(꼬 따오, 꼬 팡안, 꼬 싸무이)들을 연결하는 노선이 대부분이다. 남부 섬들은 보트 요금까지 합친 조인트 티켓이다. 동일한 방향의 승객을 모은 다음, 중간 중간에서 버스를 갈아타야 하기 때문에 다소 불편하다. 목적지에 따라 두세 번 버스를 갈아타야 하며, 버스를 갈아탈 때마다 기다리는 시간이 길어 터미널 버스에 비해 이동 시간이 오래 걸린다.

방콕은 수상 교통이 발달해 여러 종류의 수상 보트와 운하 보트가 있다. 그밖에 빠르게 시내를 이동할 수 있는 스카이 트레인 BTS와 지하철, 시내 버스, 택시 등을 이용할 수 있다.

수상 보트 Express Boat

동양의 베니스라 불릴 정도로 방콕은 수상 교통이 발달한 도시다. 방콕에 도로가 포장된 것이 19세기 후반인 것을 보면 짜오프라야 강과 연결되는 수많은 운하들이 자연스레 물건과 사람을 실어 나르는 역할을 했던 셈이다. 다리가 건설되고 지하철까지 개통되면서 육상 교통의 비중이 높아졌지만 아직도 보트를 타고 출퇴근하는 방콕 시민들의 모습은 흔하게 목격된다. 버스에 비해 막힘없이 빠르고 시원하게 목적지로 이동할 수 있다. 또한 방콕의 주요 볼거리와 가까운 곳에 선착장이 있어 여행자들에게도 요긴한 교통편이다.

르아 두언(짜오프라야 익스프레스 보트)
Chao Phraya Express Boat

버스와 마찬가지로 정해진 노선을 운행하는 보트다. 짜오프라야 익스프레스 보트 Chao Phraya Express Boat 회사에서 운영하는데, 일반 보트 Local Line Boat부터 익스프레스 보트 Express Boat까지 종류가 다양하다. 노선은 방콕 북부의 논타부리 Nonthaburi에서 남쪽의 왓 랏차씽콘 Wat Ratchasingkhon(싸판 끄룽텝 Krungthep Bridge)까지를 남북으로 오간다.
배 후미에 달린 깃발 색깔로 보트의 속도를 구분한다. 깃발이 없는 일반 보트는 모든 선착장에 정박하기 때문에 가장 느리고, 오렌지색→노란색→파란색 순서대

짜오프라야 익스프레스 보트

로 보트 속도가 빨라진다. 그 이유는 정박하는 선착장 숫자가 줄어들기 때문이다.
요금은 보트에 탑승한 후 차장이 돈을 받으러 다닐 때 목적지를 말하고 내면 된다. 주요 선착장은 매표소에 미리 요금을 내야 하는 곳도 있다. 보트가 정박하는 시간이 짧으므로 타고 내릴 때 주의해야 한다.
르아두언
요금 16~31B 운행 05:50~19:00(10~20분 간격)
전화 0-2445-8888
홈페이지 www.chaophrayaexpressboat.com

르아 캄팍(크로스 리버 페리)
Cross River Ferry

강을 건널 때 이용하는 르아 캄팍

남북으로 움직이는 르아 두언과 달리, 짜오프라야 강을 건널 수 있도록 동서로만 움직인다. 다리까지 가지 않고 강을 건널 수 있어, 톤부리 지역 주민에게 편리한 교통편이다. 특히 르아 두언 선착장에서 강 반대편으로 갈 때 유용하다.
보통 르아 두언 선착장과 같은 선착장 이름을 사용하지만 경우에 따라서는 별도의 이름을 붙이기도 한다.
요금은 한 번 탈 때마다 5B이다.

르아 두언 선착장과 주요 볼거리

선착장명	주요 볼거리와 건물
N13	타 프라아팃(방람푸) Tha Phra Athit(Banglamphu)	방람푸, 타논 프라아팃, 카오산 로드, 프라쑤멘 요새
N12	타 싸판 삔까오 Tha Saphan Pin Klao	삔까오 다리, 왕실 선박 박물관
N10	타 왕랑(프란녹) Tha Wang Lang(Phran Nok)	씨리랏 병원, 씨리랏 박물관, 왕랑 시장
N9	타 창 Tha Chang	왕궁, 왓 프라깨우, 왓 마하탓, 부적 시장, 탐마쌋 대학교, 타논 마하랏
N8	타 띠안(왓 아룬) Tha Tien	왓 포, 왓 아룬
N7	타 라치니	MRT 싸남차이 역, 빡크롱 시장
N6	타 싸판 풋 Tha Saphan Phut(Memorial Bridge)	빡크롱 시장, 파후랏, 싸판 풋 야시장
N5	타 랏차웡 Tha Ratchawong	차이나타운, 타논 야왈랏, 쏘이 쌈뻥
N3	타 씨프라야(씨파야) Tha Si Phraya	로열 오키드 쉐라톤 호텔, 리버 시티, 디너 크루즈 선착장, 밀레니엄 힐튼
N2	타 끄롬차오타	항만청, 딸랏 노이
N1	타 오리안뗀(오리엔탈) Tha Oriental	오리엔탈 호텔, 어섬션 성당, 하룬 모스크, 중앙 우체국, 르부아 호텔
Central	타 싸톤 Tha Sathon	BTS 싸판 딱씬 역, 상그릴라 호텔, 페닌슐라 호텔, 아시아티크 보트 선착장

투어리스트 보트
Tourist Boat

방콕의 주요 볼거리를 배를 타고 돌아볼 수 있게 만든 투어리스트 전용 보트다. 싸톤 선착장 Sathorn Pier(BTS Saphan Taksin)→아이콘 싸얌 Icon Siam Pier→랏차웡(차이나타운) Ratchawongse Pier→라치니(빡크롱 딸랏) Rachinee Pier(Pakklong Taladd Pier)→왓 아룬 Wat Arun Pier→타 마하랏 Tha Maharaj Pier→프란녹(왕랑) Prannok Pier(Wang Lang Pier)→프라아팃(카오산 로드) Phra Arthit Pier까지, 9곳의 선착장만 오간다. 저녁 시간(16:00~18:00)에는 아시아티크까지 보트 노선이 연장된다. 1일 탑승권 데이패스 Day Pass 개념이라 정해진 시간 동안 무제한으로 보트를 오르내릴 수 있다. 요금은 200B, 1회만 탑승할 경우 편도 요금은 60B이다. 각 선착장에서 탑승권을 구입하면 된다.

투어리스트 보트
요금 1일 탑승권 Day Pass 200B(1회 편도 탑승 60B)
운행 09:00~20:00(30분 간격)

투어리스트 보트

전화 0-2024-1342, 08-6331-4215
홈페이지 www.chaophrayatouristboat.com

르아 항 야오(긴 꼬리 배)
Long Tail Boat

긴 꼬리 배로 알려진 르아 항 야오

렌털 보트 개념으로 꼬리 부분이 기다랗게 생겼다 하여 붙여진 이름이다. 모터를 달아 시끄러운 소리를 내지만 이동 속도는 빠르다. 타 프라아팃 Tha Phra Athit, 타 창 Tha Chang, 타 씨프라야 Tha Si Phraya 등 주요 선착장에서 르아 항 야오를 빌릴 수 있다.

🚤 운하 보트 Canal Boat

쌘쌥 운하(크롱 쌘쌥) Khlong Saen Saeb를 오가는 보트는 시내로 빨리 갈 수 있어 알아두면 매우 유용하다. 쌘쌥 운하 보트는 방람푸 Banglamphu에 있는 판파 선착장(타르아 판파) Phan Fa Pier(Map P.99-B2)에서 출발해 빠뚜남 Pratunam→쑤쿰윗 Sukhumvit→펫부리 Phetchburi→통로 Thong Lo를 거쳐 방까삐 Bangkapi

끌롱 쌘쌥을 따라 운행되는 운하 보트

까지 운행된다. 빠뚜남 선착장(타르아 빠뚜남)을 기준으로 서쪽 노선 4개 선착장, 동쪽 노선 22개 선착장으로 이루어졌다. 워낙 노선이 길기 때문에 모든 보트는 빠뚜남 선착장에서 갈아타야 한다.

버스나 택시와 비교할 수 없이 빠른 속도가 최대의 매력이다. 잘만 익혀두면 방콕의 교통 체증을 피해 방콕 시내 중심가로 싸고 빠르게 이동할 수 있다. 단점이라면 오염된 운하를 가로지르기 때문에 쾌적한 환경을 제공하지 못한다는 것. 요금은 보트 탑승 후에 안전모를 쓰고 돌아다니는 차장에게 지불하면 된다.

요금 10~20B 운행 05:30~20:30(토·일요일 05:30~19:00) 홈페이지 www.khlongsaensaep.com

스카이 트레인 BTS

방콕 교통 체계의 일대 변혁을 가져온 스카이 트레인. BTS(Bangkok Mass Transit System)는 쾌적하고 빠르게 도심을 이동할 수 있는 교통수단이다. 방콕 도심에서도 교통체증으로 심하게 몸살을 앓는 싸얌 Siam, 쑤쿰윗 Sukhumvit, 씰롬 Silom을 모두 관통하기 때문에 택시보다 더 편리하다. 또한 지상으로 철도를 건설해 풍경을 바라보며 이동할 수 있는 것도 매력이다. 참고로 태국 사람들은 하늘 열차라는 뜻으로 '롯파이 파'라고 부른다.

요금 16~59B(1회 승차권) 운행 06:00~24:00(5~10분 간격) 전화 0-2617-6000 홈페이지 www.bts.co.th

노선

1999년에 개통한 BTS는 씰롬 라인 Silom Line, 쑤쿰윗 라인 Sukhumvit Line, 골드 라인 Gold Line 3개 노선으

방콕 시내를 빠르게 이동하는 BTS

로 이루어져 있다. 시내 구간을 이동하는 씰롬 라인은 싸남낄라 행찻 National Stadium→씰롬 Silom→싸톤 Sathon→방와 Bang Wa까지 14개 역, 쑤쿰윗 라인은 쿠콧 Khu Khot→머칫 Mochit→나나 Nana→아쏙 Asok→프롬퐁 Phrom Phong→통로 Thong Lo→에까마이 Ekkamai→언눗 On Nut→방나 Bang Na→케하 Kheha까지 47개 역으로 이루어져 있다. 두 노선은 중앙역에 해당하는 싸얌 Siam 역에서만 환승이 가능하다. MRT 블루 라인과 환승 가능한 역은 쑤언 짜뚜짝 Chatuchak Park, 아쏙 Asok, 쌀라댕 Sala Daeng 세 곳이며, 수상 보트를 타려면 싸판 딱씬 역을 이용하면 된다.

BTS 승차권 구입 및 탑승

모든 역에는 안내 창구와 자동 발매기가 설치되어 있다. 1회 사용권을 이용하는 일반 여행자라면 승차권 자동 발매기를 이용해야 한다. 자동 발매기는 터치스크린 형태로 가고자하는 역을 누르면 요금이 표시되고, 해당하는 요금을 넣으면 된다. 자동 발매기는 동전만 사용하기 때문에, 필요한 동전을 안내 창구에서 미리 바꾸어 두어야 한다. 플라스틱으로 된 1회용 편도 승차권이 발부되면 개찰구를 통과해 들어가면 된다.

MRT(지하철·지상철)

BTS(스카이트레인)보다 5년 늦게 개통한 MRT는 3개 노선을 운행한다. 방콕 시민들이 도심을 드나들기 편리하도록 방콕 주변 지역을 연결하는 노선으로 이루어져 있다. '엠알티 MRT'는 Metropolitan Rapid Transit의 약자로 '메트로 Metro' 또는 '롯 파이 따이딘' รถไฟใต้ดิน이라고 불린다.

요금 17~70B 운행 06:00~24:00(7분 간격)

MRT 블루 라인 후아람퐁 역

전화 0-2624-5200
홈페이지 www.metro.bemplc.co.th

노선

가장 먼저 개통한 노선은 MRT 블루 라인 MRT Blue Line이다. 총 길이 48km로 38개 역으로 이루어져 있다. 2004년부터 운행을 시작해 2020년까지 지속적인 연장 공사를 통해 현재는 순환선의 형태를 띠고 있다. 새롭게 개통된 왓 망꼰 Wat Mangkon 역→쌈욧 Sam Yot 역→싸남차이 Sanam Chai 역은 차이나타운과 라따나꼬씬 지역을 통과한다.

2호선에 해당하는 MRT 퍼플 라인 MRT Purple Line은 지상으로 철도를 연결했다. 크롱 방파이 Khlong Bang Phai 역에서 따오뿐 Tao Poon 역까지 총 23km 구간, 16개 역이 있다. 방콕 북서쪽에 있는 논타부리 Nonthaburi에서 방콕으로 출퇴근 하는 현지인들을 위해 건설했다. 2023년 6월에 개통한 MRT 옐로 라인 Yellow Line은 방콕 동쪽 외각을 연결한다. 지상으로 연결한 모노레일 형태로 쌈롱 Samrong 역에서 랏프라오 Lat Phrao 역까지 23개 역으로 이루어져 있다.

승차권 구입 및 탑승

지하철 승차권은 두 가지로 구분된다. 1회 편도 탑승권은 검은색의 바둑돌처럼 생긴 토큰을 사용하고, 정액권은 플라스틱 티켓으로 되어 있다. 편도 승차권은 자동발매기와 개찰구 옆의 안내 창구에서 모두 구입할 수 있다. 1회용 승차 토큰은 개찰구로 들어갈 때 인식기에 갖다 대기만 하면 되고, 내릴 때는 토큰을 넣으면 개찰구가 열린다. 참고로 한국에서 발급받은 트래블로그(트래블월렛) 카드는 MRT 탑승 할 때 교통카드처럼 사용할 수 있다.

SRT 레드 라인

기존 철도 노선을 활용해 만든 지상철 구간으로 태국철도청 SRT(State Railway of Thailand)에서 운영한다. 2021년 11월 29일부터 운행을 시작한 레드 라인 SRT Red Line은 현재 13개 역으로 이루어져 있다. 다크 레드 라인 SRT Dark Red Line(방콕 북부 노선)은 방쓰 역(끄룽텝 아피왓 역) Bang Sue Grand Station(Krung Thep Aphiwat Central Terminal)→돈므

앙 Don Muang→랑씻 Rangsit까지 26km를 운행하고, 라이트 레드 라인 SRT Light Red Line(방콕 서부 노선)은 방쓰 역(끄룽텝 아피왓 역)→따링찬 Taling Chan 역까지 15km를 운행한다. 운행 시간은 05:30~24:00까지이며, 편도 요금은 12~42B이다.

익스프레스 버스 BRT(Bus Rapid Transit)

전용도로를 달리는 익스프레스 버스 BRT

버스 전용 차선을 달리는 급행 버스다. 모두 1개 노선, 12개 정류장으로 이루어졌다. BTS와 지하철이 운행되지 않는 싸톤 남쪽의 짜오프라야 강 지역을 연결한다. 총 길이 16km로 타논 나라티왓 랏차나카린 Thanon Narathiwat Ratchanakharin(싸톤 땃 마이 Sathon Tat Mai)→타논 팔람 쌈 Thanon Phra Ram 3(Rama 3 Road)을 거쳐 짜오프라 강 건너편의 타논 랏차프륵 Thanon Ratchaphruek 까지 운행된다. BRT 노선에는 유명한 관광지나 호텔이 없어서 외국인 관광객들에게 큰 효용가치는 없다. 편도 요금은 12~20B이다.

시내 버스 Bus

방콕에는 400개 이상의 시내 버스 노선이 도시 곳곳으로 운행된다. 버스 노선이 많은 만큼 버스 타기는 만만치 않다. 특히 지리에 익숙하지 않은 외국인에게 버스를 제대로 타고 내리는 건 많은 노력을 필요로 한다.

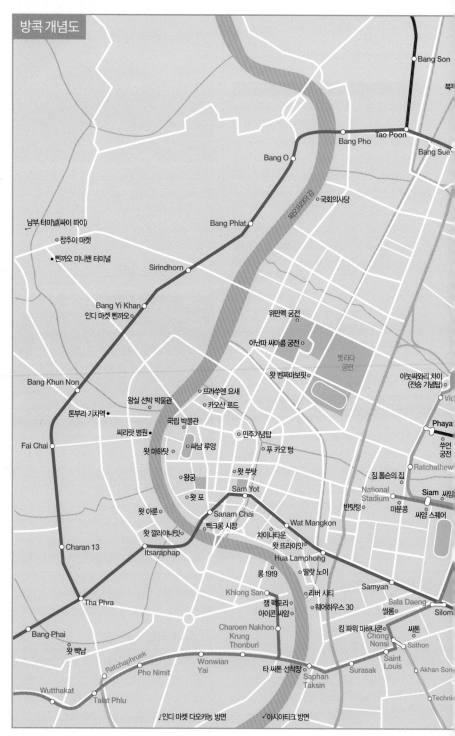

방콕 개념도

Bang Son

북부

Tao Poon

Bang Pho

Bang Sue

Bang O

짜오프라야 강

국회의사당

남부 터미널(싸이 따이)

창추이 마켓

Bang Phlat

뻰까오 미니밴 터미널

Sirindhorn

위만멕 궁전

Bang Yi Khan

아난따 싸마콤 궁전

인디 마켓 뻰까오

찟라다
궁전

왓 벤짜마보핏

아눗싸와리 차이
(전승 기념탑)

Bang Khun Non

프라쑤멘 요새

Vic

왕실 선박 박물관

카오산 로드

Phaya

톤부리 기차역

국립 박물관

쑤언
궁전

씨리랏 병원

민주기념탑

Ratchathew

Fai Chai

왓 마하탓

싸남 루앙

푸 카오 텅

짐 톰슨의 집

왓 쑤탓

National
Stadium

Siam 씨암

왕궁

Sam Yot

반탓텅

마분콩

왓 포

싸암 스퀘어

왓 아룬

Sanam Chai

Wat Mangkon

왓 깔리야나밋

빡크롱 시장

차이나타운

Charan 13

Itsaraphap

왓 뜨라이밋

Hua Lamphong

롱 1919

딸랏 노이

Samyan

Tha Phra

Khlong San

리버 시티

Sala Daeng

잼 팩토리

웨어하우스 30

씰롬

Silom

아이콘 싸얌

킹 파워 마하나콘

싸톤

Bang Phai

Charoen Nakhon
Krung
Thonburi

Chong
Nonsi

왓 빡남

Sathon

Ratchaphruek

Wonwian
Yai

Saint
Louis

Pho Nimit

Surasak

Akhan Song

타 싸톤 선착장

Wutthakat

Saphan
Taksin

Talat Phlu

Techni

인디 마켓 다오카농 방면

아시아티크 방면

80

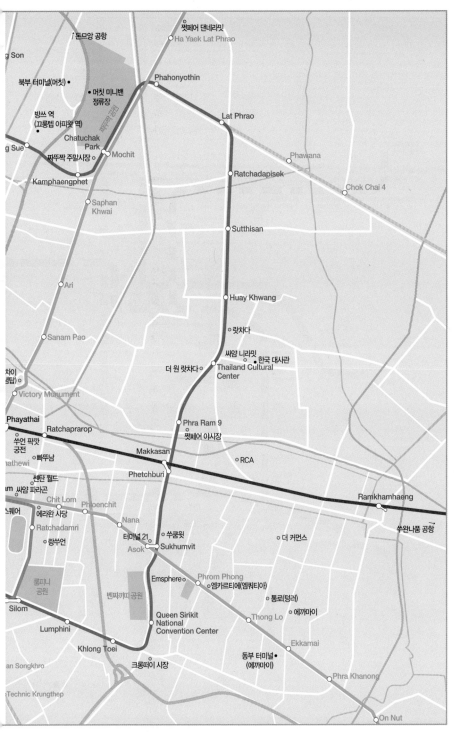

쩟페어 댄네라밋
Ha Yaek Lat Phrao

돈므앙 공항

g Son

북부 터미널(머칫) •

머칫 미니밴
정류장

Phahonyothin

Lat Phrao

방쓰 역
(끄룽텝 아피왓 역)

Chatuchak
Park

Ratchadapisek

Phawana

짜뚜짝 주말시장

Mochit

Chok Chai 4

g Sue

Kamphaengphet

Sutthisan

Saphan
Khwai

Ari

Huay Khwang

Sanam Pao

랏차다

싸얌 니라밋   한국 대사관
Thailand Cultural
Center

차이
쏨탑

더 원 랏차다

Victory Monument

Phayathai

Phra Ram 9
쩟페어 야시장

Ratchaprarop

쑤언 팍깟
궁전

Makkasan

빠뚜남

RCA

athewi

Phetchburi

쎈탄 월드

Ramkhamhaeng

m 싸얌 파라곤

Chit Lom

쑤완나품 공항

스퀘어

Phloenchit

에라완 사당

Nana

Ratchadamri

터미널21   쑤쿰윗

더 커먼스

랑쑤언

Asok   Sukhumvit

롬피니
공원

Emsphere   Phrom Phong
엠카르티에(엠쿼티아)

통로(텅러)

Silom

벤짜끼띠 공원

에까마이

Queen Sirikit
National
Convention Center

Thong Lo

Lumphini

Ekkamai

Khlong Toei

동부 터미널 •
(에까마이)

an Songkhro

크롱떠이 시장

Phra Khanong

Technic Krungthep

On Nut

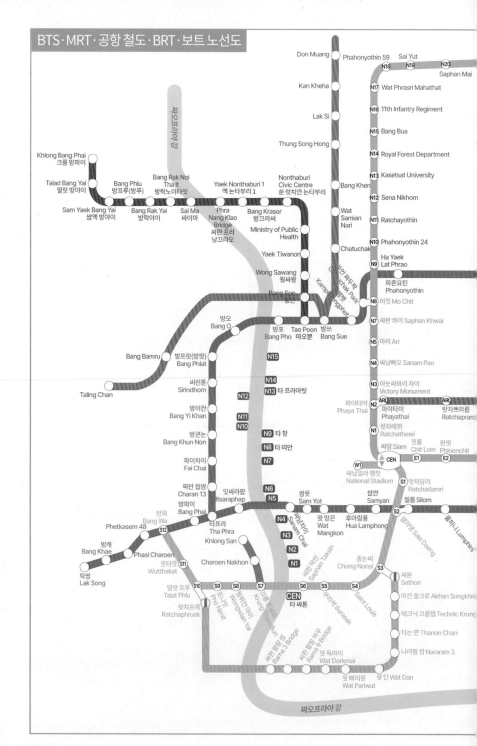

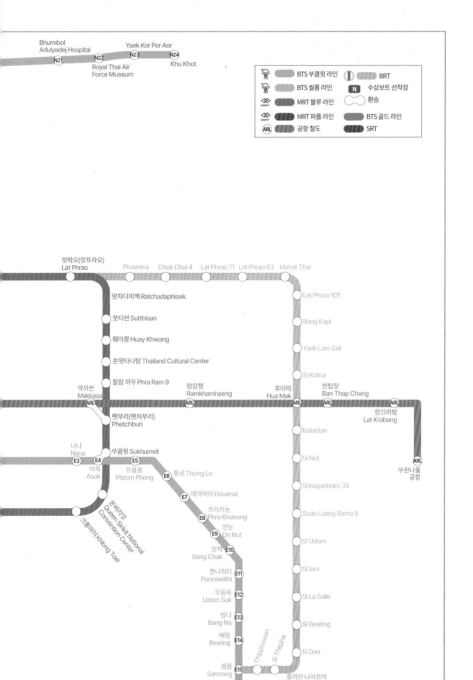

Bhumibol
Adulyadej Hospital
N21 N22 N23 N24
Khu Khot
Royal Thai Air
Force Museum

BTS 쑤쿰윗 라인   BRT
BTS 씰롬 라인   N 수상보트 선착장
MRT 블루 라인   환승
MRT 퍼플 라인   BTS 골드 라인
ARL 공항 철도   SRT

랏파오(랏프라오)
Lat Phrao   Phawana   Chok Chai 4   Lat Phrao 71   Lat Phrao 83   Mahat Thai

랏차다피쎅 Ratchadaphisek   Lat Phrao 101

쑷티싼 Sutthisan   Bang Kapi

훼이쾅 Huay Khwang   Yaek Lam Sali

쑨왓타나탐 Thailand Cultural Center   Si Kritha

필람 까우 Phra Ram 9

막까싼   람캄행   후아막   반탑창
Makkasan   Ramkhamhaeng   Hua Mak   Ban Thap Chang
ARL   ARL   ARL   ARL   랏끄라방
펫부리(펫차부리)   Lat Krabang
Phetchburi   Kalantan

나나   쑤쿰윗 Sukhumvit   Si Nut   쑤완나품
Nana   E4   E5   공항
E3   아쏙   프롬퐁   통로 Thong Lo   Srinagarindra 38   ARL
Asok   Phrom Phong   E6
에까마이 Ekkamai   Suan Luang Rama 9
E7
프라카농   Si Udom
쑨씨릿짓   E8 Phra Khanong
Queen Sirikit National   연눗   Si Iam
Convention Center   E9 On Nut
크롱터이 Khlong Toei   방짝 E10   Si La Salle
Bang Chak
뿐나위티 E11   Si Bearing
Punnawithi
우돔쑥 E12   Si Dan
Udom Suk
방나 E13   롱리안 나이르아
Bang Na   Royal Thai   씨나카린   싸이루앗
배링   Naval Academy   Srinagarindra   Sai Luat
Bearing   E14   Thipphawan   Si Thepha   E20   E21   E22   E23
씸롱 E15   케하
Samrong   Kheha
뿌짜오 E16   E17   E18   E19   프랙싸
Pu Chao   창 에라완   빡남   Phraek Sa
Chang Erawan   Pak Nam

빨간색의 일반 버스(롯 탐마다)와 오렌지색의 에어컨 버스(롯 애)로 구분된다. 차장이 있어 차 안에서 요금을 받으러 다닌다. 거스름돈을 주지만 100B 이하의 소액권을 준비해 두는 게 좋다. 무임승차 방지를 위해 불시에 검사관들이 버스에 올라타는 경우도 있으니 승차권은 버리지 말고 내릴 때까지 보관해 두자.

요금 8~14B(일반 버스), 12~24B(에어컨 버스)
운행 04:00~24:00 홈페이지 www.bmta.co.th
스마트폰 무료 애플리케이션 via bus bangkok

뚝뚝 Tuk Tuk

방콕에서 가장 특이한 교통수단임에는 틀림없으나, 장거리 이동에는 불편하다. 바퀴가 세 개 달린 삼륜차로 운전석 뒷자리에 두세 명 정도가 탈 수 있다. 뚝뚝은 지붕만 씌워져 있고 양옆이 뻥 뚫려 있어 시원할 것 같으나, 교통체증이 심한 방콕에서는 오히려 매연과 더위에 그대로 노출되어 불편하다.

차체가 작아 좁은 골목길을 드나들 때 편리하도록 설계된 만큼, 버스나 택시들이 드나들지 않는 동네 길을 다닐 때 유용하다. 뚝뚝 지붕에 '택시 TAXI'라고 영어로 쓰여 있으나, 미터가 아닌 흥정으로 요금을 결정해야 한다. 걸어서 20분 이내의 가까운 거리는 50B 정도에 흥정하면 된다.

기본적으로 미터 택시보다 요금이 싸야 하지만, 외국

인들에게는 특별 요금을 적용하려는 뚝뚝 기사가 많다. 특히 유명 관광지 주변에서 사기 행각을 일삼는 뚝뚝 기사들이 있으니 조심하자. 공짜로 시내 관광시켜 준다거나, 보석 가게를 안내한다는 뚝뚝은 절대로 흥정하지 말 것.

택시 Taxi

방콕에는 두 종류의 택시가 있다. 하나는 삼륜차인 뚝뚝, 다른 하나는 우리가 생각하는 미터 요금제 택시다. 미터 요금제 택시는 지붕에 '택시-미터 Taxi-Meter'라고 쓰여 있고, 보기에도 택시처럼 생겼다. 기본 요금은 35B이며, 거리에 따라 요금이 2B씩 추가된다.

안락하고 편리한 교통편으로 요금도 그리 비싸지 않아 이용해 볼 만하다. 3~4명이 함께 탄다면 BTS나 지하철에 비해 저렴하다. 방콕 택시는 기본적으로 합승을 하지 않는다. 또한 택시가 많기 때문에 택시 잡는 것도 어렵지 않다. 더러 외국인이라고 미터를 꺾지 않고 요금을 흥정하려는 기사가 있는데, 이때는 그냥 택시에서 내려서 다른 택시를 잡아타면 된다. 방콕 시내는 250B 이하에서 이동이 가능하다. 잔돈을 미리 준비해 탑승하자.

그랩 Grab, 볼트 Bolt

동남아시아 지역에서도 콜택시 애플리케이션 이용이 가능하다. 방콕에서는 그랩 Grab과 볼트 Bolt가 가장 많이 사용된다. 이용 방법은 우리의 카카오택시와 유사하다. 무료 애플리케이션을 설치하고, 현재 위치로 택시를 불러 가고자 하는 목적지까지 이동하면 된다. 교통 체증이 심한 곳과 출퇴근 시간에는 택시 호출이 어려운 편이다. 요금은 카드보다 현금으로 결제하는 게 좋다. 참고로 볼트는 그랩보다 늦게 운영을 시작했지만, 그랩보다 저렴하다고 알려지면서 이용자가 증가하고 있다.

Best Course
Bangkok 방콕의 추천 코스

하루 동안 방콕의 전부를 보는 것은 불가능하다. 방콕 여행의 최소 일정은 3일이 적당하다. 이틀은 방콕 시내 볼거리를 여행하고, 하루는 방콕 주변 볼거리를 투어로 다녀오면 된다. 1일 플랜 두세 개를 효과적으로 구성해 본인의 일정에 맞는 루트를 짜보자. 모든 플랜은 오전과 오후 일정으로 나누어 가장 효율적인 동선을 고려해 작성했다. 본인의 기호에 따라서 각기 다른 일정의 오전과 오후를 조합해도 무방하다. 주말을 끼고 하는 여행이라면 낮에는 짜뚜짝 주말시장에서 쇼핑, 밤에는 RCA 클럽 탐방을 염두에 두자.

방콕 클래식 Bangkok Classic
(예상 소요시간 10시간)

하루 동안 기본적인 볼거리와 쇼핑이 가능해 단기 여행자들에게 가장 무난한 코스다. 오전에 라따나꼬씬의 역사 유적을, 오후에는 싸얌에서 현재의 태국을 체험한다. 교통 체증을 감안해 대중교통과 택시를 적절히 이용하는 것이 시간을 절약해 알찬 여행을 하는 관건이다. 방콕에 머무르는 시간이 여유롭다면 방콕 클래식 오전 코스와 방콕 마니아 오후 코스를 묶어서 첫날에 볼거리를 집중 공략해도 된다.

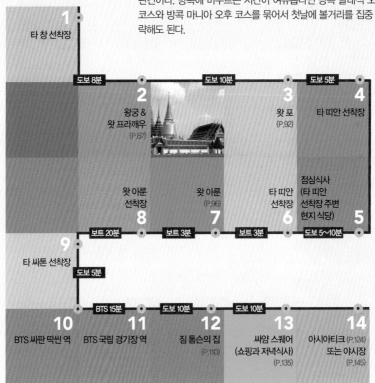

1 타 창 선착장

도보 8분 — 도보 10분 — 도보 5분

2 왕궁 & 왓 프라깨우 (P.87)

3 왓 포 (P.92)

4 타 띠안 선착장

8 왓 아룬 선착장

7 왓 아룬 (P.96)

6 타 띠안 선착장

5 점심식사 (타 띠안 선착장 주변 현지 식당)

보트 20분 — 보트 3분 — 보트 3분 — 도보 5~10분

9 타 싸톤 선착장

도보 5분

BTS 15분 — 도보 10분 — 도보 10분

10 BTS 싸판 딱씬 역

11 BTS 국립 경기장 역

12 짐 톰슨의 집 (P.110)

13 싸얌 스퀘어 (쇼핑과 저녁식사) (P.135)

14 아시아티크 (P.124) 또는 야시장 (P.145)

방콕 마니아 Bangkok Mania
(예상 소요시간 10시간)

태국의 사원과 건축물에 관심 있는 여행자를 위한 코스다. 두씻과 방람푸를 여행한다. 볼거리가 서로 인접해 있어 도보 여행에 적합하다. 카오산 로드에 숙소를 정하면 편리하다. 단점이라면 무더위에 머리 아픈 역사 유적만 관람하기 때문에 피로해지기 쉽다는 것. 적당한 놀거리를 안배하면 더 좋은 일정이 될 수 있다.

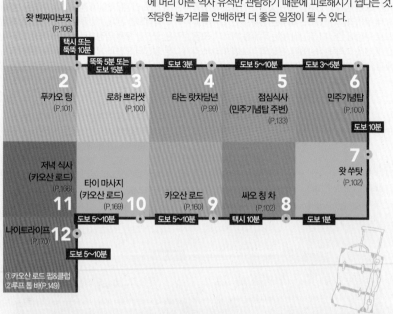

1 왓 벤짜마보핏 (P.106)

택시 또는 뚝뚝 10분

뚝뚝 5분 또는 도보 15분

2 푸카오 텅 (P.101)

3 로하 쁘라쌋 (P.100)

도보 3분

4 타논 랏차담넌 (P.99)

도보 5~10분

5 점심식사 (민주기념탑 주변) (P.133)

도보 3~5분

6 민주기념탑 (P.100)

도보 10분

7 왓 쑤탓 (P.102)

11 저녁 식사 (카오산 로드) (P.166)

10 타이 마사지 (카오산 로드) (P.169)

도보 5~10분

9 카오산 로드 (P.160)

도보 5~10분

8 싸오 칭 차 (P.102)

택시 10분

도보 1분

12 나이트라이프 (P.170)

도보 5~10분

①카오산 로드 펍&클럽
②루프 톱 바(P.149)

방콕 엑스트라 Bangkok Extra
(예상 소요시간 10시간)

방콕의 옛것과 새것이 절묘하게 조화된 일정이다. 볼거리에 대한 중요도는 떨어지지만 유명 관광지에 비해 재미는 결코 뒤지지 않는다. 오전에 차이나타운을 여행하고 오후에는 방콕 도심에서 쇼핑과 식사를 즐긴다.

3 딸랏 노이 (P.108)

2 차이나타운 (P.107)

도보 10분

1 타 랏차웡 선착장

도보 10분

도보 10분

4 왓 뜨라이밋 (P.108)

택시 10분

5 쎈탄 월드 (점심식사와 쇼핑) (P.143)

도보 5분

6 에라완 사당 (P.122)

BTS 10분

7 쑤쿰윗 또는 씰롬에서 스파 & 마사지 (P.146)

택시 15분

8 쑤쿰윗에서 저녁식사 (P.137)

택시 15분

9 나이트라이프 (P.148)

클럽 텀방(P.151)
킹 파워 마하나콘(P.125)

태국의 수도로 새롭게 건설되며 만들어진 화려한 왕궁과 사원, 사람 사는 냄새 가득한 차이나타운, 유럽풍의 건물로 채워진 왕실 구역인 두씻, 태국 젊은이들의 현재를 보여주는 싸얌까지 장소에 따라 다양한 색깔을 간직한 볼거리가 있다.

라따나꼬씬 Ratanakosin

1782년에 라마 1세가 짜끄리 왕조를 창시하며 새로운 수도로 건설한 지역이다. 짜오프라야 강 서쪽의 톤부리에서 강 동쪽의 라따나꼬씬 지역으로 옮겨 온 것으로, 강과 운하에 의해 섬처럼 만들었기 때문에 '꼬 라따나꼬씬 Ko Ratanakosin(라따나꼬씬 섬)'이라고도 부른다.
방콕을 대표하는 왕궁과 왓 프라깨우, 왓 포를 포함한 방콕 초기 유적들의 화려함이 가득하다. 태국을 방문한 여행자가 가장 먼저 발길을 들여놓는 곳으로 다양한 볼거리를 간직하고 있다.

왓 프라깨우 ★★★★★
Wat Phra Kaew

휘황찬란함으로 무장한 왓 프라깨우는 라마 1세가 방콕으로 수도를 정하며 만든 왕실 사원이다. 왕궁 안에 세운 왕실 전용 사원인데 사원에 승려가 거주하지 않는 것이 특징이다.

태국에서 가장 신성시하는 불상인 '프라깨우 Phra Kaew'를 본존불로 모시고 있어 에메랄드 사원 Emerald Temple이라고 부른다.

일반인이 드나들 수 있는 입구는 단 한 곳이다. 왕궁의 북쪽 벽에 해당하는 승리의 문(빠뚜 차이) Victory Gate으로 타논 나프라란에 있다. 군복 차림의 근엄한 경비병들로 인해 쉽게 찾을 수 있다.

사원 안으로 들어서면 처음에는 구조가 복

☑알아두세요

왕궁 주변에서 이런 사람 조심하세요

사례 ① 왕궁 문을 닫았다면서 접근해 온다
왕궁 주변에서 만나게 되는 호객꾼들은 '어디를 가나요? Hello! Where Are You Going?' 하고 물으며 접근해 온다. 대화에 관심을 보이기 시작하면 관광객에게 접근한 호객꾼은 '오늘은 왕궁 문을 닫았으니 가봐야 소용없다'는 말로 미끼를 던지며, 다른 관광지를 안내해 준다고 유혹할 것이다. 호객꾼들은 그냥 무시하는 게 상책이다. 왕궁은 점심시간을 포함해 1년 365일 문을 연다. 단, 왕실 관련 행사가 있을 때는 입장 불가하니 공휴일로 지정된 국왕 생일과 왕비 생일을 미리 확인해 두자.

사례 ② 저렴하게 시내 구경을 시켜준다고 한다
왕궁 앞에서 만난 호객꾼들에게 넘어갔다면 다음은 그들과 연계된 뚝뚝 기사를 부른다. 뚝뚝 기사는 저렴한 요금에 방콕 시내 관광을 시켜준다며 차에 타라고 권유한다. 만약 뚝뚝을 타게 되면 어딘지도 모를 허름한 사원을 방문하게 될 것이다. 사원으로 가는 동안 뚝뚝 기사는 방콕에서 최대의 보석 박람회가 열린다느니, 보석을 사다가 한국에서 팔면 큰 이익을 챙길 수 있다는 말로 유혹하기 시작해, 어느덧 사기 보석가게 앞에 차를 세운다. 뚝뚝 기사를 따라 보석 가게에 갔다면 강압적으로 물건을 사야 하는 일이 비일비재하다. 만약 사기를 당했다면, 곧바로 인근 경찰서를 찾아가거나 관광 경찰 핫라인 1155로 전화한다. 가게 주인과 합의해 80% 정도 돌려받을 수 있다.

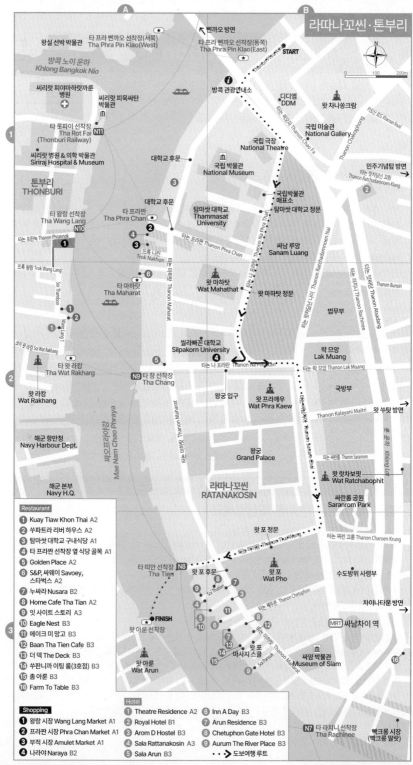

라따나꼬씬·톤부리

Restaurant
1. Kuay Tiaw Khon Thai A2
2. 쑤파트라 리버 하우스 A2
3. 탐마쌋 대학교 구내식당 A1
4. 타 프라짠 선착장 옆 식당 골목 A1
5. Golden Place A2
6. S&P, 싸웨이 Savoey, 스타벅스 A2
7. 누싸라 Nusara B2
8. Home Cafe Tha Tian A2
9. 잇 사이트 스토리 A3
10. Eagle Nest B3
11. 메크로 미망고 B3
12. Baan Tha Tien Cafe B3
13. 더 덱 The Deck B3
14. 쑤판니까 이팅 룸(3호점) B3
15. 촘 아룬 B3
16. Farm To Table B3

Shopping
1. 왕랑 시장 Wang Lang Market A1
2. 프라짠 시장 Phra Chan Market A1
3. 부적 시장 Amulet Market A1
4. 나라야 Naraya B2

Hotel
1. Theatre Residence A2
2. Royal Hotel B1
3. Arom D Hostel A3
4. Sala Rattanakosin A3
5. Sala Arun B3
6. Inn A Day B3
7. Arun Residence B3
8. Chetuphon Gate Hotel B3
9. Aurum The River Place B3

･･･◇ 도보여행 루트

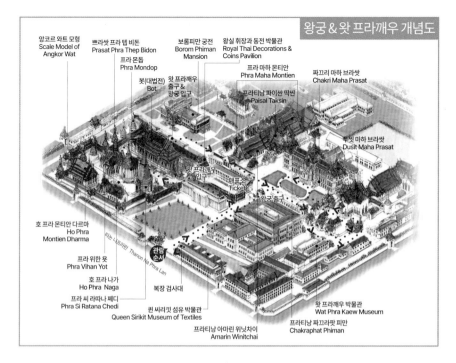

왕궁 & 왓 프라깨우 개념도

앙코르 와트 모형
Scale Model of
Angkor Wat

쁘라쌋 프라 텝 비돈
Prasat Phra Thep Bidon

프라 몬돕
Phra Mondop

봇(대법전)
Bot

왓 프라깨우
출구 &
왕궁 입구

보롬피만 궁전
Borom Phiman
Mansion

왕실 휘장과 동전 박물관
Royal Thai Decorations &
Coins Pavilion

프라 마하 몬티안
Phra Maha Montien

프라티낭 파이싼 딱씬
Paisal Taksin

짜끄리 마하 브라쌋
Chakri Maha Prasat

두씻 마하 브라쌋
Dusit Maha Prasat

왓 프라깨우
입구

매표소
Ticket

왕궁출구

호 프라 몬티안 다르마
Ho Phra
Montien Dharma

타논 나프라란 Thanon Na Phra Lan

중앙문
관람
순서

프라 위한 욧
Phra Vihan Yot

호 프라 나가
Ho Phra Naga

프라 씨 라따나 쩨디
Phra Si Ratana Chedi

복장 검사대

퀸 씨리낏 섬유 박물관
Queen Sirikit Museum of Textiles

프라티낭 아마린 위닛차이
Amarin Winitchai

왓 프라깨우 박물관
Wat Phra Kaew Museum

프라티낭 짜끄라팟 피만
Chakraphat Phiman

잡해 당황할 수 있다. 시계 방향을 따라 왼쪽으로 이동하면서 관람하면 된다. 왓 프라깨우의 봇(대법전)을 지나면 왕궁을 거쳐 승리의 문으로 되돌아 나오게 된다.
Map P.88-B2 주소 2 Thanon Na Phra Lan 전화 0-2224-1833 홈페이지 www.palaces.thai.net 운영

08:30~15:30 요금 500B(왕궁, 퀸 씨리낏 섬유 박물관 입장료 포함) 가는 방법 수상보트 타 창 Tha Chang 선착장(선착장 번호 N9)에서 내려 타논 나프라란 Thanon Na Phra Lan 거리를 따라 500m. 카오산 로드에서 출발한다면 싸남 루앙을 가로질러서 도보 20분.

방콕을 상징하는 대표 사원, 왓 프라깨우

✓알아두세요

왕궁과 왓 프라깨우는 매표소에 가기 전에 복장 심사를 받아야 합니다. 신성하고 엄숙한 곳인 만큼 태국 왕실이나 불교와 상관없는 외국 관광객도 복장에 각별한 주의를 기울여야 합니다. 노출이 심한 옷을 삼가야 하는 일반 불교 사원보다 복장 규정이 더욱 엄격한데요, 반바지와 미니스커트는 물론 소매 없는 옷을 입거나 슬리퍼를 신어도 안 됩니다.
자신의 복장이 규정에 합당한지는 복장 심사대를 통과할 때 자연스레 체크가 됩니다. 노출이 심한 옷을 입었다면 입장을 제한합니다. 이 때는 왕궁 바깥에 있는 상점에서 옷을 사서 입어야합니다. 여자들의 경우 기다란 천 조각을 치마처럼 입을 수 있는 싸롱을, 남자들은 헐렁한 바지를 구입하면 됩니다.

프라 씨 라따나 쩨디 & 프라 몬돕
Phra Si Ratana Chedi & Phra Mondop

왓 프라깨우 내부에 들어서면 종 모양의 황금 탑이 가장 먼저 눈에 띈다. 전형적인 스리랑카 양식의 범종으로 부처의 유골을 안치했다. 쩨디 오른쪽은 왕실의 도서관으로 쓰이던 프라 몬돕이다. 은으로 사각 기단을 만들고 진주를 이용해 내부를 장식했다. 불교 서적을 보관하고 있으나 일반에게 공개하지 않는다.

쁘라쌋 프라 텝 비돈
Prasat Phra Thep Bidon

프라 몬돕 오른쪽에 있는 법왕전 Royal Pantheon이다. 라마 1세부터 시작된 짜끄리 왕조(라따나꼬씬 왕조) Chakri Dynasty 역대 왕들의 동상을 실물 크기로 만들어 보관하고 있다. 전체적으로 겹지붕의 라따나꼬씬 초기 건축 양식을 띠고 있으나 지붕 중앙에 옥수수 모양의 크메르 불탑(쁘랑)을 융합한 구조로 되어 있다. 내부가 공개되는 날은 1년 중 딱 하루로 짜끄리 왕조 창건 기념일(4월 6일)이다.

봇(대법전)
Bot

왓 프라깨우에서 가장 크고 화려한 건물이다. 처음 건축 당시 모습을 그대로 간직하고 있으며 태국에서 가장 신성한 불상인 프라깨우 Phra Kaew(에메랄드 불상)를 본존불로 모신다.

대법전 입구에는 독특한 석조 조각상을 볼 수 있다. 이 조각상은 중국 풍채가 풍기는 관음보살로 화교들이 태국 왕실을 위해 헌정한 것이다. 관음보살 석상 옆에는 두 마리의 소가 조각되어 있는데, 라마 1세가 탄생한 소띠 해를 기념하기 위해 만든 것. 대법전 외관에서 눈여겨봐야 할 것은 지붕을 연결하는 112개의 처마로 독수리 모양의 가루다가 장식되어 있다.

벽화
The Murals

사원 내부 벽면을 가득 메우고 있는 벽화는 1,900m에 이르는 방대한 크기다. 라마 1세 때 그려진 것으로 여러 차례 보수 공사를 거쳐 현재도 원형 그대로 보존되어 있다. 178개 장면으로 구분되는 벽화는 사원 북쪽 벽면의 중간에서 시작된다. 힌두교 대서사시 〈라마야나 Ramayana〉의 주요 장면을 묘사했다. 라마야나는 힌두교에 바탕을 두고 불교를 받아들인 동남아시아에서 흔하게 볼 수 있는 내용으로 태국에서는 〈라마끼안 Ramakian〉으로 각색되었다.

프라 씨 라따나 쩨디

쁘라쌋 프라 텝 비돈

왓 프라깨우 벽화

짜끄리 마하 쁘라쌋

왕궁
Grand Palace ★★★★

왓 프라깨우와 더불어 방콕을 대표하는 볼거리다. 1782년, 짜오프라야 강 서쪽의 톤부리 Thonburi에서 강 동쪽의 라따나꼬씬으로 수도를 옮기며 건설한 짜끄리 왕조의 왕궁이다. 라마 1세 때부터 세운 왕궁은 새로운 왕들이 즉위할 때마다 건물을 신축하면서 현재의 모습으로 확장되었다.

국왕이 거주하던 궁전, 대관식에 사용되던 건물, 정부 청사, 내궁까지 들어선 방대한 규모이지만 일반인의 출입이 허용되는 곳은 극

히 일부에 불과하다. 참고로 라마 8세가 왕궁에서 총에 맞아 살해된 이후 현재 국왕인 라마 10세는 찟뜨라다 궁전 Chitralada Palace에 거주하고 있다.

현지어 프라 랏차 왕 Map P.88−B2
주소 Thanon Na Phra Lan 전화 0−2623−5500
홈페이지 www.palaces.thai.net 운영 08:30~15:30
요금 500B(왓 프라깨우 입장료 포함)
가는 방법 왓 프라깨우에서 대법전을 지나 연결된 문을 통과하면 넓은 정원이 있는 왕궁 내부가 나온다.

짜끄리 마하 쁘라쌋
Chakri Maha Prasat

왕궁 내부에서 가장 주목을 받는 건물로 왓 프라깨우에서 왕궁으로 들어서면 오른쪽에 보이는 건물이다. 유럽을 순방하고 돌아온 라마 5세가 만들어 르네상스 건축 양식을 가미하고 있다. 완공 시기는 1882년으로 짜끄리 왕조가 탄생한 지 정확히 100년이 되는 해다. 라마 5세부터 라마 6세까지 외국 사절단을 접견하고 연회를 베풀던 장소로 사용되었다.

알고 가면 좋아요

프라깨우, 세상에 알려지다

프라깨우 Phra Kaew는 엄밀히 말해 에메랄드가 아닌 푸른색 옥으로 만든 불상입니다. 불상을 만든 정확한 시기는 알 수 없지만 인도에서 처음 만들어 스리랑카를 거쳐 태국으로 전해진 것으로 여겨집니다.
에메랄드 불상은 1434년에 태국 북부의 치앙라이 Chiang Rai에서 최초로 발견되었습니다. 석고 회반죽으로 감싼 불상이 실수로 파손되면서 불상의 존재가 세상에 알려지게 된 것이지요. 그 후 불상은 란나 왕조의 수도였던 치앙마이 Chiang Mai와 라오스의 수도 비엔티안(위앙짠) Vientiane을 거쳐 방콕으로 옮겨졌습니다. 프라깨우를 모셨던 사원은 모두 왓 프라깨우라 불리는데 치앙라이, 치앙마이, 위앙짠에 같은 이름의 사원이 지금도 실존하고 있어 불상의 중요성을 짐작하게 하지요. 크기가 66cm밖에 되지 않는 작은 불상이 이처럼 여러 나라에서 중요시되는 이유는 새로운 왕조의 번영과 왕실의 행운을 가져 온다는 믿음 때문입니다. 라오스에서 태국으로 불상이 옮겨진 것도 새로운 왕조를 창조한 라

마 1세가 라오스와 전쟁을 벌여 전리품으로 빼앗아 왔기 때문입니다. 라오스에서는 아직도 불상의 반환을 요구하고 있으나 힘의 논리에 의해 방콕에 계속 보관될 것이 분명합니다.
프라깨우는 3・7・11월에 한 번씩 계절의 변화

©태국관광청

에 따라 옷을 갈아입어요. 의복을 교환하는 행사는 국왕이 직접 진행합니다.

두씻 마하 쁘라쌋
Dusit Maha Prasat

왕궁 부지에서 가장 오른쪽에 있으며, 라따나꼬씬 시대의 건축 양식을 잘 반영한 건물로 평가받는다. 기단은 하얀색 대리석을 이용해 십자형 구조로 만들었으며, 래커와 금색으로 치장된 문과 창문이 화려하다. 또한 네 겹의 겹지붕과 국왕의 왕관 모양을 형상화해 만든 일곱 층으로 된 첨탑도 인상적이다.

왓 포 ★★★★
Wat Pho

아무리 사원에 관심 없는 여행자라도 꼭 가봐야 할 사원. 방콕이 건설되기 전인 16세기에 만들어진 사원이다. 공식 명칭은 왓 프라 쩨뚜폰 Wat Phra Chetuphon. 아유타야 양식으로 지은 방콕에서 가장 오래된 사원인 동시에 최대 규모를 자랑하는 사원이다. 왕궁과 더불어 라따나꼬씬 지역의 최대 볼거리로 손꼽힌다.

왓 포가 현재의 모습을 갖춘 것은 라마 1세 때로 왕실의 전폭적인 지지 아래 증축되었다. 전성기에는 1,300여 명의 승려와 수도승이 수

행했을 정도다. 또한 라마 3세(재위 1824~1851) 때는 왕실의 후원을 바탕으로 개방 대학의 면모도 갖추었다. 석판과 벽화, 조각 등으로 교재를 만들어 의학, 점성학, 식물학, 역사 등 다양한 학문을 교육했다. 태국 최초의 대학이었으며 자유로운 분위기에서 학문 수행이 가능했다고 한다.

왓 포에서 가장 유명한 것은 와불상 The Reclining Buddha이다. 태국에서 가장 큰 규모로 길이 46m, 높이 15m를 자랑한다. 석고 기단 위에 황금색으로 칠해진 와불은 열반에 든 부처의 모습을 형상화했다. 왓 포가 열반 사원이라는 이름으로 불리는 이유도 와불 때문이다.

타이 마사지의 총본산답게 왓 포 내에서도 마사지(타이 마사지 60분 480B, 발 마사지 60분 480B)를 받을 수 있다. 전통 기법에 따라 혈을 눌러 마사지해 준다.

Map P.88-B3 주소 2 Thanon Sanam Chai 전화 0-2226-0335 홈페이지 www.watpho.com 운영 08:30~18:30 요금 300B(무료 생수 쿠폰 1장 포함) 가는 방법 수상 보트 타 띠안 선착장 Tha Tien Pier(선착장 번호 N8) 100m 앞 사거리에 왓 포 후문이 있다. 정문은 사원 왼쪽 도로에 해당하는 타논 타이왕에 있다. MRT 싸남차이 역 2번 출구에서 400m.

왓 포

☑ 꼭! 알아두세요

불·법·승을 모두 갖춘 사원을 태국에서는 '왓 Wat'이라 부릅니다. 사원은 봇(대법전) Bot과 위한(법전) Vihan으로 꾸며지며, 승려가 머무는 승방은 꾸띠 Kuti라고 합니다. 태국 사원에서 가장 신성한 공간은 봇(또는 우보쏫 Ubosot)인데, 승려들의 출가의식이 이루어집니다. 위한은 일반 신도들이 찾아와 공양을 드리는 법전입니다. 대부분의 사원들이 위한에 본존불을 모십니다.
태국 사원에서는 화려한 탑들도 눈여겨봐야 합니다. 탑은 양식에 따라 쩨디 Chedi와 쁘랑 Prang으로 구분됩니다. 쩨디는 종 모양의 탑으로 전형적인 스리랑카 양식을 따랐으며 부처나 태국 왕들의 유해를 모십니다. 쁘랑은 옥수수 모양의 탑으로 크메르 건축에서 기인했답니다. 일반적으로 힌두교와 불교에서 우주의 중심으로 여기는 수미산을 상징합니다.

싸남 루앙
Sanam Luang ★★

라마 1세 때 왕궁과 함께 조성된 왕실 공원. 왕실 바로 앞에 있는 타원형 광장으로 주요한 국가 행사가 열리던 곳이다. 가장 중요한 행사는 농경제 Royal Ploughing Ceremony로 왕실 주관으로 매년 4월에 열린다. 또한 국왕과 왕비의 생일과 왕족의 장례식 등 주요 국가 경조사가 열리는 장소이기도 하다. 라마 5세 때는 싸남 루앙 주변에 국방부, 통신부 등 유럽풍의 정부 청사를 신축해 왕실이 관할하는 공원다운 면모를 풍겼다.

Map P.88-B1 주소 Thanon Na Phra That & Thanon Ratchadam-noen Nai & Thanon Na Phra Lan 운영 24시간 요금 무료 가는 방법 수상 보트 타 창 선착장 또는 카오산 로드에서 도보 10분.

락 므앙
Lak Muang(Cith Pillar Shrine) ★★★

태국 도시 구성에서 없어서는 안 될 락 므앙. 도시 탄생을 기념하고 도시의 번영을 위해 만드는 기둥이다. 방콕 락 므앙은 라마 1세가 라따나꼬씬으로 수도를 옮긴 1782년 8월 21일을 기념해 만들었다.

4m의 크기로 연꽃 모양을 형상화했으며 태국을 보호하는 수호신, 프라 싸얌 테와티랏 Phra Sayam Thewathirat의 정령이 깃들어 있다고 여겨진다. 신성한 사원과 마찬가지로 순례자들이 찾아와 꽃과 향을 바치며 안녕과 행운을 기원한다.

Map P.88-B2 주소 2 Thanon Lak Muang 전화 0-2222-9876 운영 08:30~17:30 요금 무료

싸남 루앙

락 므앙

THE CITY PILLAR SHRINE

가는 방법 **수상 보트** 타 창 선착장에서 내려 왕궁 앞을 지나는 타논 나프라란 Thanon Na Phra Lan→타논 락므앙 Thanon Lak Muang을 따라 도보 10분.

국립 박물관

국립 박물관
National Museum
★★★

동남아시아에서 가장 큰 박물관으로 태국에 대한 이해를 돕는 안내자 역할을 한다. 시대별로 정리된 박물관 전시물은 선사 시대부터 쑤코타이 Sukhothai, 아유타야 Ayuthaya, 라따나꼬씬 Ratanakosin(방콕 Bangkok)으로 이어지는 태국 역사 전반에 관한 유물과 조각, 불상 등으로 구성되어 있다.

현지어 피피타판 행찻 Map P.88-B1
주소 Thanon Na Phra That 전화 0-2224-1333
홈페이지 www.thailandmuseum.com
운영 수~일요일 09:00~16:00(매표 마감 15:30)
요금 200B
가는 방법 ①수상 보트 타 창 선착장(선착장 번호 N9)에서 내려 타논 나프라란 Thanon Na Phra Lan→타논 나프라탓 Thanon Na PhraThat 방향으로 도보 10분.
②싸남 루앙 서쪽으로 탐마쌋 대학교와 국립 극장 사이에 위치. 카오산 로드에서 출발한다면 도보 15분.

태국 역사 개관실
Gallery of Thai History

매표소를 바라보고 오른쪽에 있는 건물로 사진과 모형을 통해 태국 역사를 보여준다. 각 왕조별로 주요한 행적과 국왕들의 동상을 재현해 놓았다. 가장 눈여겨봐야 할 것은 개관실 초입의 쑤코타이 시대 전시실로 람캄행 대왕 King Ramkamhaeng(재위 1279~1298)이 만든 실제 석조 비문이 전시되어 있다. 비석에는 태국 최초의 문자가 새겨져 있다.

중앙 전시실
Central Hall

국립 박물관에서 가장 큰 볼거리를 간직한 중앙 전시실은 라마 1세 때 만든 왕나 궁전 Wang Na Palace을 개조한 것이다. 왕실에서 사용하던 장신구와 보물을 전시한 특별 전시실부터 시작해 모두 14개의 섹션으로 구분된다.

주요한 전시품들은 태국 왕실에 기증된 보물, 18세기에 사용된 왕실 장례용 마차, 태국 전통 가면 춤에 사용된 콘 Khon 마스크와 도자기와 벤자롱, 자개 장식, 무기, 석조 비석, 전통 의상과 직물, 전통 악기를 전시한 방이다.

제1별관
Southern Building

태국이 성립되기 전 태국 지역에 살던 국가에 관한 전시물이 주를 이룬다. 1층은 태국 중부에 위치한 롭부리 Lopburi 유적을 전시한다.

2층은 6세기 무렵 태국 영토에 몬족이 건설했던 드바라바티 시대 유물 Dvaravati Art을 전시한다. 태국에 불교가 최초로 전래된 나콘 빠톰에서 발견된 6세기경의 법륜(다르마)이 눈길을 끈다.

제2별관
Northern Building

제2별관은 태국 왕조를 시대별로 구분해 예술품과 불교 조각을 전시한다. 1층은 치앙마이를 중심으로 태국 북부에서 번창했던 란나 왕조 Lanna Dynasty와 현재 왕조인 라따나꼬씬 시대 유물을 전시한다. 2층에는 13~14세기에 번성했던 쑤코타이와 14~18세기 태국 최고의 황금기를 구가했던 아유타야 시대 유물이 가득하다.

부적 시장

왓 마하탓 ★★
Wat Mahathat

왓 마하탓은 18세기에 지어진 사원으로 라마 4세가 수행했을 정도로 명성이 자자하다. 우보솟(대법전)에만 승려 1,000명이 수행 가능하다고 하니 사원 규모를 짐작할 수 있을 것이다. 사원은 건축적인 완성도나 화려함보다 태국 최고의 불교대학으로서의 가치가 높다. 마하 쭐라롱껀 불교대학 Maha Chula-longkon Buddhist University이 사원 내부에 위치해 수많은 승려들이 수행하고 있다.

Map P.88–B2 주소 3 Thanon Maharat
전화 0–2221–5999 운영 09:00~17:00 요금 무료
가는 방법 수상 보트 타 창 선착장(선착장 번호 N9)에서 내려 타논 마하랏을 지나 사원 후문까지 도보 10분.

왓 마하탓

정문은 타논 나프라탓 Thanon Na Phra That에 있으며 싸남 루앙 왼 쪽이다.

부적 시장 ★★★
Amulet Market

타논 마하랏 주변에서 흔히 볼 수 있는 불상을 조각한 부적을 판매하는 시장이다. '프라 크르앙 Phra Khreuang'으로 불리는 작은 부적은 몸에 지니고 있으면 사고를 예방하고 악귀를 쫓는다고 여겨진다.

부적 시장에서는 다양한 불교 용품도 함께 거래된다. 골동품으로 수집해도 좋을 만한 작은 크기의 불상들을 판매하기 때문에 일반 시장과 다른 독특한 매력이 느껴진다. 타 프라짠(프라짠 선착장) 옆에 있기 때문에 '딸랏 프라 타 프라짠'이라고 부르기도 한다.

현지어 딸랏 프라 크르앙 Map P.88–A1
주소 Trok Nakhon, Thanon Maharat
운영 08:00~18:00
가는 방법 타 프라짠(선착장)과 타 마하랏(쇼핑몰) 사이의 좁은 골목에 있다.

☑꼭! 알아두세요

방콕은 '끄룽텝'이라고 부릅니다

방콕이란 이름은 방 마꼭 Bang Makok에서 유래했습니다. 톤부리 시대 왕실이 있던 마을 이름이 서양인들에게 전해지며 방콕 Bangkok으로 변질된 것이지요. 방콕의 정확한 태국식 발음은 '방꺽'이지만 현지인들은 '끄룽텝 Krung Thep'이라고 부릅니다. 라따나꼬씬으로 수도를 옮긴 짜끄리 왕조에 의해 붙여진 이름으로 '천사의 도시'라는 뜻입니다.
하지만 끄룽텝의 본래 명칭은 모두 43음절로 세계에서 가장 긴 도시 이름으로 기네스북에 선정됐다고 합니다. 발음하기도 힘든 방콕의 본명은 다음과 같습니다. 끄룽텝 마하나콘 아몬라따나꼬씬 마힌따라 아유타야 마하딜록 뽑놉빠랏 랏차타니 부리롬 우돔랏차니엣 마하싸탄 아몬삐만 아와딴싸팃 싹까탓띠야 윗싸누깜쁘라씻.

톤부리 Thonburi

엄밀히 말해 방콕은 톤부리에서 시작되었다. 라따나꼬씬으로 수도를 옮기기 전에 15년 동안 태국의 수도 역할을 했던 곳이다. 톤부리는 짜오프라야 강 서쪽의 방콕 노이 운하 Khlong Bangkok Noi와 방콕 야이 운하 Khlong Bangkok Yai에 형성된 지역이다. 강과 운하가 거미줄처럼 엮여 있으며, 운하(Khlong)를 따라 물을 벗 삼아 생활하는 전통어린 삶의 모습이 여전히 남아 있다.

왓 아룬
Wat Arun
★★★★

'새벽 사원 Temple Of The Dawn'이라는 이름으로 더 유명한 왓 아룬은 태국 관광청 로고로 쓰일 정도로 상징적인 사원이다. 본래 아유타야 시대에 만들어진 왓 마꼭 Wat Makok이었으나 톤부리 왕조를 세운 딱씬 장군에 의해 왓 아룬으로 개명되었다. 이는 버마(미얀마)와의 전쟁에서 승리하고 돌아와 사원에 도착하니 동이 트고 있다고 해서 붙여진 이름이다. 왓 아룬은 톤부리 왕조의 왕실 사원으로 신성한 불상, 프라깨우를 본존불로 모시기도 했다. 15년이란 짧은 기간으로 왕실 사원의 역할을 다한 왓 아룬은 새로이 등장한 라따나꼬씬의 짜끄리 왕조에 의해 대형 사원으로 변모하기 시작했다.

라마 2세 때 대형 탑인 프라 쁘랑 Phra Prang을 건설했고, 라마 4세 때 중국에서 선물 받은 도자기 조각으로 프라 쁘랑을 장식하며 단순한 사원에서 화려한 사원으로 탈바꿈했다. 프라 쁘랑은 전형적인 크메르 양식의 건축 기법으로 힌두교와 연관된다. 탑을 통해 힌두교의 우주론을 형상화한 것인데, 중앙의 높이 82m 탑이 우주의 중심인 메루산(수미산) Mount Meru을 상징한다. 주변에 네 개의 작은 탑은 우주를 둘러싼 4대양을 의미한다. 중앙 탑은 계단을 통해 중간까지 올라갈 수 있다. 가파른 계단을 오르면 왕궁과 왓 포를 포함한 짜오프라야 강 일대의 탁 트인 전경이 파노라마처럼 펼쳐진다.

Map P.88-A3 주소 34 Thanon Arun Amarin 전화 0-2891-2185 운영 08:00~17:00 요금 200B 가는 방법 수상 보트 타 띠안 선착장 Tha Tien Pier(선착장 번호 N8)에서 강을 건너는 보트(르아 캄팍)를 타고 맞은편에 있는 왓 아룬 선착장에 내리면 된다.

왕실 선박 박물관
Royal Barge Museum
★★

짜오프라야 강과 연결되는 방콕 노이 운하 Khlong Bangkok Noi에 있다. 짜끄리 왕조 국왕들이 사용하던 269척의 선박 중에 8척의 중요한 선박을 보관한 왕실 선박 박물관.

가장 눈여겨봐야 할 선박은 '황금 백조'라는 뜻을 지닌 쑤판나홍 Suphannahong이다. 라마 6세가 사용하던 선박으로 길이 50m, 무게 15톤에 달한다. 나무 한 개를 깎아 만든 세계에서 가장 큰 통나무배로 이름처럼 황금 백조가 뱃머리에 조각되어 있다.

선왕인 라마 9세 행차 때 사용했던 나라이쑤반 Narai Suban도 눈여겨보자. 뱃머리에는 국왕을 상징하는 나라이 Narai가 조각되

왓 아룬 　왕실 선박 박물관

어 있으며, 사람 모양의 새인 쑤반 Suban이 나라이를 태우고 있다.

현지어 피피타판 르아 프라티낭 Map P.88-A1
주소 Khlong Bangkok Noi 전화 0-2424-0004
운영 09:00~17:00 요금 100B(사진 촬영 시 100B 추가.) 가는 방법 **수상 보트** 타 싸판 삔까오 선착장(선착장 번호 N12)에서 내려 삔까오 다리 아래, 첫 번째 골목인 쏘이 왓 두씨따람 Soi Wat Dusitaram으로 들어간다. 선착장에서 박물관까지 도보 15분.

씨리랏 의학 박물관 ★★
Sirirat Medical Museum

라마 5세 때 세운 태국 최초의 국립 병원인 씨리랏 병원 Sirirat(Siriraj) Hospital에서 운영하는 의학 박물관이다. 두 동의 건물로 나뉘어 모두 6개 박물관으로 구성된다.

병리학 박물관(아둔야뎃위콤 건물 Adunya detvikorm Bldg. 2층)은 교통사고 등으로 사망한 사람들의 장기, 폐, 심장 같은 신체 기관을 전시한다. 의대생들을 위해 교육용으로 만들었는데 너무 적나라한 모습에 혐오스럽기까지 하다. 법의학 박물관에는 1950년대 태국을 떠들썩하게 했던 연쇄살인범 '씨우이 Si Ouy'를 포함해 연쇄 강간범 등 잔혹한 범죄를 저지른 자들의 미라가 전시되어 있다.

아둔야뎃위콤 건물 앞에 있는 해부학 건물 Anatomy Building 3층은 해부학 박물관이다. 다양한 인체를 해부해 전시하고 있으며, 특히 태어나자마자 사망한 싸얌 쌍둥이의 표본을 다량 전시하고 있다. 몸은 하나지만 머리가 두 개인 싸얌 쌍둥이(샴 쌍둥이)가 최초로 태어난 곳이 태국이라고 한다.

현지어 피피타판 씨리랏 Map P.88-A1
주소 Thanon Prannok, Siriat Hospital 전화 0-2419-2168 운영 10:00~16:00(휴무 화요일·국경일) 요금 200B 가는 방법 **수상 보트** 르아 두안을 타고 타 왕랑 Tha Wang Lang 선착장(선착장 번호 N10)에서 내리면 오른쪽에 씨리랏 병원이 보인다. 씨리랏 병원으로 들어간 다음 'Museum'이라 쓰인 안내판을 따라가면 병리학 박물관이 나온다.

씨리랏병원

방콕의 옛 모습을 찾아 떠나는 운하 투어

travel plus

현대적인 도시로 변모한 라따나꼬씬(강 동쪽)에 비하면 개발이 미비한 톤부리의 옛 모습을 경험하기 좋은 곳입니다. 방콕 외곽까지 멀리 떠나지 않고도 수상 보트인 르아 항 야오(긴 꼬리 배)만 타면 100년을 훌쩍 건너뛴 과거의 한 시점으로 돌아갈 수 있지요. 보트를 타고 운하로 들어서면 방콕 도심에서는 절대로 볼 수 없는 열대 지방의 한적한 풍경을 만나게 됩니다. 운하를 향해 계단이 이어진 목조 가옥들, 운하 주변에서 식기를 닦거나 빨래를 하는 아낙들, 더위를 식히려고 다이빙을 하는 아이들의 천진난만한 모습까지 동양의 베니스라는 말을 실감할 수 있을 것입니다.
보트를 빌리기 가장 편리한 곳은 왕궁과 가까운 타 창 Tha Chang 또는 타 띠안 Tha Tien 선착장입니다. 관광객이 많이 드나드는 곳인 만큼 호객꾼들의 성화가 대단하니 일정과 요금을 미리 흥정하는 게 좋지요. 요금은 코스와 인원에 따라 다릅니다. 1시간 정도 배를 빌릴 경우 1,500~1,900B(2~6명 기준)에 흥정하면 됩니다.

방람푸 Banglamphu

방콕으로 수도를 옮기면서 라따나꼬씬에 왕실을 위한 공간을 만들었다면, 방람푸는 일반인들을 위해 만든 공간이다. 방콕의 올드 타운 Old Town에 해당하며, 100년은 족히 되는 단층 목조건물들이 거리 곳곳에 가득하다. 방람푸는 '람푸 나무의 마을'이라는 뜻으로 아유타야에서 이주한 중국 상인들이 거주하면서 발전하기 시작했다.

방람푸에는 타논 프라아팃, 타논 랏차담넌 끄랑 같은 역사를 그대로 간직한 도로가 많아서 걸어 다니며 사원과 건물들을 관람하기 좋다. 여행자 거리인 카오산 로드도 있어 외국인들을 흔하게 볼 수 있는 것도 방람푸의 21세기 풍속도다.

프라쑤멘 요새 ★★★
Phra Sumen Fort

18세기에 방콕을 건설할 때 만든 요새로 타논 프라아팃 Thanon Phra Athit과 타논 프라쑤멘 Thanon Phra Sumen이 교차하는 코너에 있다. 하얀색의 성벽처럼 생긴 요새는 짜오프라야 강으로 공격해 오는 해군을 방어하기 위해 만든 것. 방콕 건설 당시 모두 14개의 요새를 만들었으나 현재는 마하깐 요새 Mahakan Fort와 더불어 단 두 개만 남아 있다.

프라쑤멘 요새 주변에는 짜오프라야 강을 끼고 싼띠차이 쁘라깐 공원(쑤언 싼띠차이 쁘라깐) Santichai Prakan Park이 있다. 잔디와 강변 풍경이 어우러진 작은 공원으로 카오산 로드에서 가장 가까운 공원이다.

현지어 뺌 프라쑤멘 Map P.99-A1
주소 Thanon Phra Sumen & Thanon Phra Athit
운영 05:00~22:00 요금 무료
가는 방법 ①카오산 로드에서 왓 차나 쏭크람 Wat Chana Songkhram 뒤쪽 골목에서 타논 프라아팃 방

향으로 도보 5분. ②**수상 보트** 타 프라아팃 Tha Phra Athit 선착장(선착장 번호 N13)에서 도보 3분.

왓 보원니웻 ★★
Wat Bowonniwet

카오산 로드에서 가깝지만 많은 여행자들이 무시하고 지나치는 사원이다. 하지만 태국 사람들이 매우 소중하게 여기는 사원으로 선왕인 라마 9세(현재 국왕의 부친)가 왕이 되기 전에 승려로 수행했던 곳이다. 또한 라마 4세가 왕이 되기 전에 무려 27년간이나 사원에 머물렀으며, 라마 6세와 7세도 모두 이곳에서 수행한 왕실 사원의 성격을 지닌다.

Map P.99-A1 주소 Thanon Phra Sumen
전화 0-2281-2831 홈페이지 www.watbowon.org
운영 08:00~17:00 요금 무료
가는 방법 카오산 로드 오른쪽의 타논 따나오 Thanon Tanao를 따라 북쪽으로 올라가면 타논 보원니웻 Thanon Bowonniwet의 방람푸 우체국 맞은편에 있다. 카오산 로드에서 도보 8분.

프라쑤멘 요새   왓 보원니웻

타논 랏차담넌
Thanon Ratchadamnoen ★★

랏차담넌은 '왕실 행차'라는 뜻으로 라마 5세가 위만멕 궁전 Vimanmek Palace을 지은 후 왕궁을 드나들기 위해 건설한 도로다.

방람푸는 물론 방콕에서 가장 넓은 8차선 도로다. 안쪽은 타논 랏차담넌 나이 Thanon Ratchadamnoen Nai, 중앙은 타논 랏차담넌 끄랑 Thanon Ratchadamnoen Klang, 바깥은 타논 랏차담넌 녹 Thanon Ratchadam-

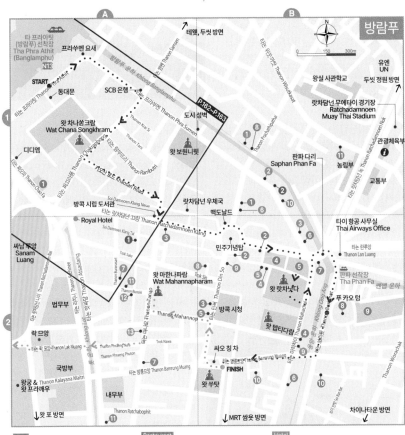

View
1. 국립 미술관 National Gallery A1
2. Ratchadamnoen Contemporary Art Center B2
3. 10월 14일 기념비 October 14 Memorial A2
4. 라마나꼰씬 역사 전시관 B2
5. 라마 3세 공원 Rama III Park B2
6. 퀸스 갤러리 Queen's Gallery B2
7. 마하깐 요새 Mahakan Fort B2
8. 푸 카오 텅 Phu Khao Thong B2
9. 왓 싸껫 Wat Saket B2
10. 반 밧 Ban Batt B2
11. 왓 랏차보핏 Wat Ratchabophit A2

••• ▶ 도보여행 루트
••• ▶ 추가 도보여행 루트

Restaurant
1. 팟타이 파이타루 Pad Thai Fai Ta Lu B1
2. 메타왈라이 쏜댕 Methavalai Sorndaeng B2
3. 몬 놈쏫 Mont B2
4. 팁싸마이 Thip Samai B2
5. 밋꼬유안 Mit Ko Yuan B2
6. 마더 로스터(빠뚜 피 지점) Mother Roaster B2
7. K. Panich Sticky Rice A2
8. The Family Restaurant B1
9. 크루아 압쏜 Krua Apsorn B2
10. Dialogue Coffee B1
11. 뻐 포차야 B1

Entertainment
1. 프라나콘 바 Phra Nakhon Bar A2
2. DECOMMUNE B1

Hotel
1. 람푸 트리 하우스 Lamphu Tree House B1
2. 빌라 프라쑤멘 Villa Phra Sumen B1
3. Ayathorn Bangkok B2
4. 히어 호스텔 Here Hostel B2
5. Siam Champs Elyseesi B2
6. 파니 레지던스 Pannee Residence B1
7. 분씨리 플레이스 Boonsiri Palce A2
8. 반 딘써 Baan Dinso B2
9. 팀 맨션 Tim Mansion B2
10. 천 부티크 호스텔 Chern Boutique Hostel B2
11. 디 호스텔 D Hostel A2
12. 웨어하우스 방콕 The Warehouse Bangkok A2
13. 비빗 호스텔 Vivit Hostel A2

noen Nok으로 구분해 부른다.

거리 곳곳에는 국왕과 왕비의 대형 사진을 걸어 놓고 있으며 국왕 생일(7월 28일)이나 왕비 생일(6월 3일)이 되면 거리는 더욱 휘황찬란한 조명으로 빛을 발한다.

Map P.99-A2 주소 Thanon Ratchadamnoen 가는 방법 카오산 로드 오른쪽의 타논 따나오 Thanon Tanao 남쪽으로 30m 정도 가면 타논 랏차담넌과 만난다.

민주기념탑
Democracy Monument ★★★★

카오산 로드에서 남동쪽으로 300m 떨어진 민주기념탑은 타논 랏차담넌 끄랑의 이정표에 해당한다. 민주기념탑은 절대 왕정이 붕괴된 1932년 6월 24일, 민주 헌법을 제정한 날을 기념해 만들었다. 이탈리아 출신의 꼬라도 페로씨 Corrado Feroci가 디자인했으며 중앙의 위령탑을 날개 모양의 4개 탑이 감싸고 있다. 탑의 높이는 24m에 불과하지만 조형미에서 뿜어져 오는 완성도가 압권이다.

탑 주변에 놓인 75개의 대포는 1932년을 불기로 계산한 2475년을 상징하며, 탑 높이는 6월 24일을 의미한다. 기단부에는 새로운 태국 사

민주기념탑

타논 랏차담넌

회를 건설하려는 시민, 군인, 경찰의 모습이 조각되었다.

현지어 아눗싸와리 쁘라찻빠따이 Map P.99-B2 주소 Thanon Ratchadamnoen Klang & Thanon Din So 운영 24시간 요금 무료 가는 방법 ①타논 랏차담넌 끄랑 중간 로터리에 있다. 카오산 로드에서 도보 10분. ②운하 보트 타 판파 Tha Phan Fa 선착장에서 내려 타논 랏차담넌 방향으로 도보 5분.

왓 랏차낫다 & 로하 쁘라쌋
Wat Ratchanatda & Loha Prasat ★★

타논 랏차담넌 끄랑의 라마 3세 공원(쑤언 팔람 쌈) Rama III Park 뒤에 있는 사원이다. 라마 3세가 그의 어머니를 위해 1846년에 건립했다. 우보쏫(대법전)이 인상적인 전형적인 라따나꼬씬 양식의 방콕 초기 사원이다. 하지만 우보쏫보다 '철의 사원'으로 불리는 로하 쁘라쌋 Loha Prasat 때문에 유명하다. 37개의 금속 뾰족탑으로 이루어져 멀리서 보면 요상한 성처럼 보인다.

오랜 보수 공사를 끝마치고 일반인들에게 내부를 공개했다. 원형 나무계단을 뻥뻥 돌아

☑ 알아두세요

방콕에는 두 개의 아눗싸와리(기념탑)가 있습니다. 민주기념탑(아눗싸와리 쁘라찻빠따이 อนุสาวรีย์ประชาธิปไตย) 과 전승기념탑(아눗싸와리 차이 อนุสาวรีย์ชัยสมรภูมิ)이 있는데, 일반적으로 아눗싸와리라고 하면 전승기념탑을 의미합니다. 택시를 타고 민주기념탑을 갈 경우 아눗싸와리라고 말하지 말고 거리 이름인 타논 랏차담넌 끄랑 Thanon Ratchadamnoen Klang ถนนราชดำเนินกลาง으로 가자고 하세요.

로하 쁘라쌋

퀸스 갤러리

올라가면 탑 정상 부근까지 올라갈 수 있다. 37개의 탑은 해탈의 경지에 이르는 과정을 상징한다고 하니, 계단을 오르는 일이 어려운 것은 당연한 일인지도 모른다.

Map P.99-B2 주소 2 Thanon Maha Chai 전화 0-2224-8807 운영 08:00~17:00 요금 무료 가는 방법 ①타논 랏차담넌 끄랑에 있는 민주기념탑에서 동쪽으로 400m. ②운하 보트 판파 Phan Fa 선착장(타르아 판파)에서 도보 5분.

▌퀸스 갤러리　★★
Queen's Gallery

　라마 9세의 부인, 씨리낏 왕비 Queen Sirikit가 후원해 만든 미술관이다. 5층 규모의 현대적인 미술관으로 국립 미술관에 비해 시설뿐만 아니라 전시 내용도 월등히 뛰어나다. 태국 작가들의 회화, 조각, 사진, 현대 미술 작품을 층별로 구분해 전시한다.

Map P.99-B2 주소 101 Thanon Ratchadamnoen Klang 전화 0-2281-5360 홈페이지 www.queengallery.org 운영 10:00~17:00(휴무 수요일) 요금 50B 가는 방법 운하 보트 판파 선착장(타르아 판파)에서 판파 다리(싸판 판파)를 건너면 오른쪽에 갤러리가 보인다. 민주 기념탑에서 도보 5분.

▌푸 카오 텅 & 왓 싸껫　★★★
Phu Khao Thong & Wat Saket

　푸 카오 텅은 라마 1세 때 건설한 인공 언덕. '황금 산 Golden Mount'이라는 뜻으로 높이는 80m에 불과하지만 평지인 방콕에서 유일하게 산이라 불리는 곳이다. 인공 언덕 정상에는 황금 쩨디를 세우고 라마 5세 때 인도에서 가져온 부처의

왓 싸껫

유해를 안치하며 종교적으로 중요한 공간으로 거듭났다.

　푸 카오 텅은 고층 건물이 들어서기 전인 1963년까지 방콕에서 가장 높은 곳이었다. 320개의 계단을 올라 정상에 서면 방콕 풍경이 시원스럽게 펼쳐진다. 방콕에서 공짜 전망대로서 최고의 입지 조건을 갖춘 곳. 동쪽으로는 방콕 도심의 스카이라인이, 서쪽으로는 짜오프라야강과 라따나꼬씬 지역의 사원들이 나지막이 펼쳐진다.

　왓 싸껫은 푸 카오 텅 입구에 있는 사원으로 라마 1세 때 건설되었다. 성벽 외곽에 만든

황금 산으로 불리는 푸 카오 텅

화장터는 현재도 방콕 사람들이 많이 이용한다. 경내를 둘러보면 검은색 조문복을 입은 사람들을 종종 만날 수 있을 것이다. 참고로 사원 경내에 굴뚝이 있는 건물이 화장터다.

Map P.99-B2 주소 Thanon Boriphat 전화 0-2621-2280 운영 08:00~17:00 요금 100B 가는 방법 ①민주기념탑에서 타논 랏차담넌 끄랑을 지나 판파 다리를 건너서 오른쪽 길인 타논 보리팟 Thanon Boriphat 방향으로 도보 15분. ②운하 보트 판파 선착장(타르아 판파) Phan Fa Pie에서 도보 10분.

왓 쑤탓 ★★★
Wat Suthat

방콕 6대 사원 중의 하나로 쑤코타이에서 만든 황동 불상(프라 씨 사카무니 붓다 Phra Si Sakyamuni Buddha)을 안치하기 위해 세운 사원. 라마 1세 때 시작해 라마 3세 때 완공된 초기 라따나꼬씬 사원인데도 쩨디(스리랑카 양식의 범종)와 쁘랑(크메르 양식의 첨탑)을 만들지 않은 독특한 사원이다.

더불어 본존불을 모신 우보쏫(대법전)보다 쑤코타이 불상을 모신 위한(법전)을 더 크게 만든 것도 특징이다. 경내에는 중국에서 전래된 석상과 석탑도 많아 독특한 분위기를 풍긴다. 회랑을 가득 메운 불상도 눈길을 끈다.

Map P.99-B2 주소 146 Thanon Bamrung Muang 전화 0-2224-9845 운영 08:30~17:30 요금 100B 가는

방법 민주기념탑 로터리에서 남쪽 방향으로 600m. 민주기념탑에서 타논 딘써 Thanon Din So로 도보 10분.

싸오 칭 차 ★★
Sao Ching Cha(Giant Swing)

왓 쑤탓 입구에 세워진 붉은색 기둥만 남아 있는 대형 그네다. 불교가 아닌 힌두교와 연관되어 있다. 창조와 파괴라는 막강한 힘을 지닌 시바 신이 인간 세상으로 내려오는 것을 환영하기 위해 대형 그네를 탔다고 한다. 4명의 남자가 한 팀을 이뤄 그네를 타고 15m 대나무 기둥에 매단 동전 주머니를 먼저 가로채오는 시합을 벌였던 것이다. 남자들의 용기를 시험하는 장소였던 만큼 사고가 빈번히 발생해 1932년 이후부터는 그네타기 시합을 금지했다.

방콕 시청 광장 앞의 로터리에 있으며, 왓 쑤탓과 가까워 사원의 정문처럼 여겨진다. 왓 아룬, 민주기념탑과 더불어 방콕의 상징적인 건물 가운데 하나로 꼽힌다.

Map P.99-B2 주소 Thanon Bamrung Muang 전화 0-2281-2831 운영 24시간 요금 무료 가는 방법 왓 쑤탓 입구에 있으며 민주기념탑에서 도보 10분.

싸오 칭차

왓 쑤탓

두씻 Dusit

유럽을 방문한 후 태국으로 돌아온 라마 5세가 새롭게 건설한 신도시. 두씻은 유럽 도시를 모델로 삼아 가로수 길을 내고 왕실 건물을 빅토리아 양식으로 꾸몄으며 대리석을 수입해 사원들을 만들었다. 당시에는 매우 파격적인 계획도시를 건설했다. 두씻은 라따나꼬씬 지역과 더불어 다양한 볼거리를 간직한 곳이다. 위만멕 궁전으로 대표되는 두씻 정원, 방콕에서 단일 사원으로 가장 아름다운 왓 벤짜마보핏, 유럽 어느 도시의 궁전을 연상케 하는 아난따 싸마콤 궁전, 현재 국왕이 거주하는 찟뜨라다 궁전까지 국왕과 왕실을 위해 만든 공간들로 가득하다.

두씻 정원(두씻 궁전) ★★★★
Dusit Garden(Dusit Palace Park)

유럽 순방에서 돌아온 라마 5세, 쫄라롱껀 대왕 King Chulalongkon이 새롭게 건설한 왕실 거주 지역이다. 1897년부터 1901년까지 건설했는데 공원과 궁전을 함께 조성해 두씻 공원 궁전 Dusit Garden Palace이라고도 불린다. 새로운 시대에 걸맞게 새로운 도시를 건설하려 했던 쫄라롱껀 대왕의 이념을 반영해 넓은 잔디 정원 안에 격식을 갖춘 빅토리아 양식의 건물들로 가득 채웠다. 전체 면적 64,749㎡으로 13개의 궁전이 들어서 있다. 위만멕 궁전, 아난따 싸마콤 궁전, 아피쎽 두씻 궁전이 가장 중요한 건물로 꼽힌다.

2017년부터 시작된 대대적인 보수 공사로 인해 내부 관람은 불가능하다. 라마 5세 동상 뒤쪽으로 보이는 아난따 싸마콤 궁전을 배경으로 기념사진 한 장 찍는 것으로 만족해야 한다. 현지어 쑤언 두씻(프라 랏차왕 두씻) Map P.104-B1 주소 Thanon Ratchawithi & Thanon U-thong Nai & Thanon Ratchasima & Thanon Si Ayuthaya 전화 0-2185-5454 홈페이지 www.vimanmek.com 가는 방법 ①카오산 로드에서 택시 또는 뚝뚝으로 10~15분. 미터 택시 요금은 70~80B 정도 나온다. ②가장 가까운 수상보트 선착장은 타 테웻 선착장(선착장 번호 N15)이지만, 걸어가긴 멀다.

위만멕 궁전(공사 중. 내부 관람 불가)
Vimanmek Palace ★★★

태국 최초로 유럽을 방문하고 돌아온 라마 5세가 만든 빅토리아 양식의 건물. 세계에서 가장 큰 티크 목조건물이다. 못을 사용하지 않고 나무 압정으로 지어 건축적인 완성도 또한 높이 평가받는다. 전체적으로 3층의 L자 구조이며, 코너에는 팔각형 4층 건물이 연결되어 있다.

위만멕 궁전은 본래 1868년, 방콕 동쪽의 꼬 씨 창 Ko Si Chang에 지은 라마 5세의 여름 별장이다. 국왕 자신이 사랑하던 건물을 1901년에 두씻 정원으로 옮겨와 왕궁으로 사용한 것이다. 그러나 라마 5세가 위만멕에 거주한 기간은 그가 사망하기 전까지 불과 5년이다. 라마 5세가 사망한 1910년 이후에는 왕족들이 라따나꼬씬의 왕궁으로 옮겨가 생활했으며, 위만멕 궁전은 왕실 물품 보관소로만 명맥을 유지했을 뿐이다.

위만멕 궁전이 다시 사랑받기 시작한 것은 1982년의 일이다. 선왕인 라마 9세의 부인, 씨리낏 왕비 Queen Sirikit의 후원 아래 박물관으로 재탄생했기 때문이다. 궁전의 81개의 방 가운데 31개 방을 일반에게 공개하고 있다.

위만멕 궁전

두씻 궁전 남쪽 광장에서 바라 본 아난따 싸마콤 궁전

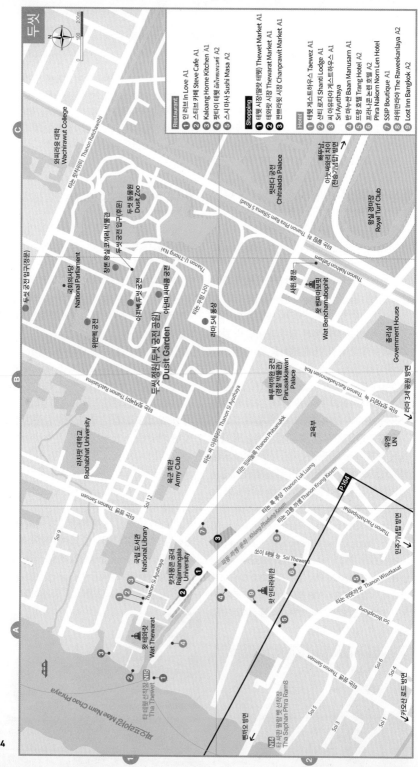

두씻

Restaurant
1 인 러브 In Love A1
2 스티브 카페 Steve Cafe A1
3 Kaloang Home Kitchen A1
4 밧타이 테윗 ฝัดไทยเทเวศร์ A2
5 스시 마사 Sushi Masa A2

Shopping
1 테윗 시장(텔랏 테윗) Thewet Market A1
2 테와랏 시장 Thewarat Market A1
3 짠빠윗 시장 Chanprawit Market A1

Hotel
1 테윗 게스트하우스 Taewez A1
2 샨티 로지 Shanti Lodge A1
3 씨 아유타야 게스트하우스 Sri Ayuthaya A1
4 반마누쌈 Baan Manusam A1
5 뜨랑 호텔 Trang Hotel A2
6 프라나콘넌렌 호텔 Phra Nakorm Norn Len Hotel A2
7 SSIP Boutique A1
8 라위깐라야 The Raweekanlaya A2
9 Lost Inn Bangkok A2

와찌라웃 대학 Wachirawut College

티논 랏차위티 Thanon Ratchawithi

두씻 동물원 Dusit Zoo

찟라다 궁전 Chitralada Palace

티논 프라 람 5(Rama 5 Road) Thanon Phra Ram 5(Rama 5 Road)

청콘 왕실 코끼리 박물관 (두씻 공원 입구-후문)

국회의사당 National Parliament

아피쎅 두씻 궁전

아난따 싸마콤 궁전

두씻 공원 입구(정문)

위만멕 궁전

두씻 정원(두씻 공원 공원) Dusit Garden

티논 우-텅 나이 Thanon U-Trong Nai

사랍 정문

왓 벤차마보핏 Wat Benchamabophit

쁘라투, 아느싸웨리 차이 (전승기념탑 방면)

왕실 경마장 Royal Turf Club

라치쁘랏 대학교 Rachabhat University

티논 랏차씨마 Thanon Ratchasima

티논 나컨 빠톰 Thanon Nakhon Pathom

티논 씨 아유타야 Thanon Si Ayuthaya

쏘이 12 Soi 12

육군 회관 Army Club

티논 핏싸눌록 Thanon Phitsanulok

빠루쓰까완 궁전 (경우 박물관) Parusakkawan Palace

교육부

티논 랏차담넌 녹 Thanon Ratchadamnoen Nok

홍리앙 Government House

라마 3세 공원 방면

쏘이 9 Soi 9

국립도서관 National Library

라차몽콘 공대 Rajamangala University

티논 씨 아유타야 Thanon Si Ayuthaya

티논 쌈쎈 Thanon Samsen

티논 룩 루앙 Thanon Luk Luang

UN 유엔

클렁 파둥 까쎔 운하 Khlong Phadung Kasem

티논 고롱, 까쎔 Thanon Krung Kasem

쏘이 테웬 Soi Thewen

왓 인타라위한

티논 위쑷까삿 Thanon Wisutkasat

티논 웡팡 Soi Wongphong

티논 쌈쎈 Thanon Samsen

Thanon Prachathipathai

민주기념탑 방면

왓 테와랏 Wat Thewarat

짜오프라야 강 유람선 선착장 Mae Nam Chao Phraya

N5 타 테윗 선착장 Tha Thewet

N14 타 싸판 프라 람8 선착장 Tha Saphan Phra Ram8

빡끄렛 방면

카오산 로드 방면

0 100 200m

N

궁전 내의 박물관은 국왕 집무실, 침실, 욕실, 응접실은 물론 쭐라롱껀 대왕(라마 5세)의 개인 소장품과 왕실 용품을 전시하고 있다. 또한 라마 5세가 유럽을 순방하면서 선물 받은 귀중한 물건과 중국, 일본, 이탈리아, 벨기에, 영국, 프랑스 등에서 전해진 공예품, 도자기, 벤자롱, 크리스털 등으로 방을 꾸며 놓았다. 카메라와 소지품은 입장하기 전에 모두 사물함에 보관해야 한다.

현지어 프라티낭 위만멕 Map P.104-B1 운영 09:30~15:15

아피쎅 두씻 궁전(공사 중. 내부 관람 불가)
Abhisek Dusit Throne Hall ★★

위만멕 궁전과 더불어 가장 볼 만한 건물로 빅토리아 양식으로 목조 베란다를 장식한 격자세공이 매우 아름다운 곳이다. 1904년에 국왕 대관실로 만든 궁전으로 외부는 잔디를 가득 메운 정원과 화단, 분수대로 꾸며 유럽의 궁전에 들어온 느낌을 받는다. 궁전 내부는 황금으로 치장하지 않고 순백으로 장식해 담백함을 선사한다.

현재는 씨리낏 왕비가 지원하는 직업 및 기술 증진 협회(SUPPORT: Promotion of Supplementary Occupation & Related Techniques Foundation)에서 생산한 직물, 실크, 공예품, 바구니 등을 전시하고 있다.

현지어 프라티낭 아피쎅 두씻 Map P.104-B1 운영 09:30~15:15

아난따 싸마콤 궁전(공사 중. 내부 관람 불가)
Ananta Samakom Palace ★★★★

두씻 정원 내에서 유럽 색채가 가장 강한 건물이다. 돔 모양의 아치 지붕이 이국적인 풍채를 풍긴다. 대리석으로 지은 르네상스 양식의 궁전으로 이탈리아 건축가가 설계했다. 유럽을 방문하고 돌아 온 라마 5세가 건설을 시작해 라마 6세 때인 1925년에 완공됐다. 국왕의 정치적인 행사보다는 외국 귀빈을 맞이하던 접견실로 사용됐다. 태국 현대사에서는 라마 7세

가 왕정 폐지를 공식적으로 서명한 장소로 민주 혁명 이후에는 국회의사당으로 사용했다.

궁전 내부에 들어서면 화려한 장식에 압도된다. 중앙에는 외빈 접견 때 국왕이 사용하던 의자가 놓여 있고, 〈라마끼안〉에 등장하는 신들과 유럽풍의 조각들이 곳곳에 장식되어 있다. 고개를 올려 천장을 살펴보면 역대 국왕들의 업적을 묘사한 벽화가 돔 하나하나마다 그려져 있음을 알 수 있다.

내부 사진 촬영은 금지하고 있으며, 소지품은 사물함에 보관해야 한다. 현재 내부 보수 공사로 인해 관광객의 출입을 제한하고 있다. 두씻 정원(두씻 궁전) 남쪽의 광장과 가깝기 때문에, 외부에서도 아난따 싸마콤 궁전이 선명하게 보인다.

현지어 프라티낭 아난따 싸마콤 Map P.104-B1 전화 0-2238-9411 홈페이지 www.artsofthekingdom.com 운영 화~일 10:00~15:30(휴무 월요일·국경일) 입장료 일반 150B, 학생 75B 가는 방법 라마 5세 동상 뒤쪽에 보이는 건물이다. 두씻 정원(두씻 궁전 공원) 내부에 있는 아피쎅 두씻 궁전과 창똔 왕실 코끼리 박물관 사이에 있다. 두씻 정원 정문보다는 후문(타논 우텅 나이)으로 들어가면 더 빠르다.

아피쎅 두씻 궁전

아난따 싸마콤 궁전

라마 5세 동상
Rama V Memorial ★★

라마 5세, 쭐라롱껀 대왕(재위 1868~1910)은 태국 역사상 가장 위대한 국왕으로 칭송받는 인물이다. 태국 근대화에 앞장섰고, 서구 열강으로부터 식민지가 되지 않고 독립을 유지하는 데 큰 공헌을 했다. 특히 노예제도를 폐지해 국민적인 신망이 매우 두텁다.

라마 5세 동상은 그가 유럽을 방문하고 돌아와 건설한 두씻 정원 앞 광장에 세워져 있다. 사령관 복장에 기마 자세를 취하고 있는 청동 조각으로 프랑스 조각가가 만들었다. 짜끄리 왕조의 다른 국왕들의 동상에 비해 기품과 힘이 넘친다.

Map P.104-B1 주소 Thanon Ratchadamnoen Nok & Thanon Si Ayuthaya 운영 24시간 요금 무료 가는 방법 왓 벤짜마보핏에서 출발하면 도보 10분.

왓 벤짜마보핏
Wat Benchamabophit ★★★★

유럽풍의 건물을 많이 세운 라마 5세 때 만들었다. '대리석 사원 Marble Temple'이라고 부른다. 완벽한 좌우 대칭에서 느껴지는 정제된 완성미가 압권. 특히 태양빛을 받아 반짝이는 아침이면 그 어떤 사원보다도 아름답다.

우보쏫(대법전) 또한 대리석으로 만들었다. 태국의 왕실 사원치고는 엉뚱한 발상이지만, 건축 자재가 주는 특이함과 대칭미가 주는 안정감이 잘 어울린다. 사원 입구는 보행로를 만들어 파격을 시도했으나, 전체적인 구조는 전형적인 태국 사원 건축 양식인 십자형 구조를 바탕으로 만들었다. 대법전 내부는 쑤코타이 시대 불상을 안

라마 5세 동상

치했으며, 창문은 스테인드글라스로 장식해 유럽의 색채를 가미하고 있다.

본존불인 프라 풋타 친나랏

Phra Phuttha Chinnarat은 프라깨우와 더불어 태국에서 신성시되는 불상. 진품과 동일한 크기로 만든 복제품이지만 불상 아래에 라마 5세의 유해를 보관해 큰 의미를 지닌다. 대법전 뒷마당은 불상을 전시한 회랑이다. 태국뿐만 아니라 주변 국가에서 가져온 53개의 불상이 전시되어 있다.

왕실 사원으로 건설됐던 곳이라 입장할 때 복장에 신경을 써야 한다. 미니스커트, 반바지, 슬리퍼, 민소매 같은 노출이 심한 옷은 삼가야 한다.

Map P.104-B2 주소 69 Thanon Phra Ram 5(Rama 5 Road) & Thanon Si Ayuthaya 전화 0-2282-7413 운영 08:00~17:30 요금 100B 가는 방법 택시로 카오산 로드에서 10분, 라마 5세 동상에서 도보 10분.

왓 벤짜마보핏 본존불

왓 벤짜마보핏

차이나타운 China Town

라마 1세가 방콕을 건설하며 중국 상인들을 위한 거주 지역으로 만든 차이나타운은 타논 야왈랏 Thanon Yaowarat을 중심으로 재래시장이 밀집한 지역이다. 중국 사원은 물론 대를 이어오는 한약재 상, 금은방, 샥스핀 · 딤섬 식당과 한자로 쓰인 거리 간판은 마치 중국의 어느 도시를 연상케 한다. 다양한 유적이 반기는 곳은 아니지만 사람 사는 모습 자체가 생의 활기를 불어넣어 준다. 특별한 목적 지를 정하지 않고 거리를 걸으며 분위기를 느끼는 것만으로 차이나타운은 충분한 가치를 지닌다.

타논 야왈랏 ★★★
Thanon Yaowarat

차이나타운에서 가장 넓은 도로로, 차이나 타운을 칭할 때 '야왈랏'이라고 부를 정도로 대표적인 거리다. 1.5㎞에 이르는 도로를 따라 한자 간판, 약재상, 금은방, 향, 제기 용품, 홍등, 샥스핀 식당, 중국 건어물 상점 등이 거리를 가득 메운다. 대를 이어오며 100년 넘도록 같은 곳에서 장사하는 상인들도 많아 차이나타운의 역사가 고스란히 담겨 있는 곳이다. Map P.108-C1 주소 Thanon Yaowarat 가는 방법 수상 보트 타 랏차웡 Tha Ratchawong 선착장(선착장 번호 N5)에서 도보 10분. MRT 왓 망꼰 역 1번 출구에서 도보 5분.

쏘이 쌈펭(쏘이 와닛 능) ★★★
Soi Sampeng(Soi Wanit 1)

차이나타운 건설 초기에 화교들이 정착한 거리로 '쏘이 Soi'라고 표현하기 힘든 좁은 골목이다. 쏘이 쌈펭에서 거래되는 품목은 볼펜 뚜껑부터 보석까지 다양하다. 장신구를 만들 수 있는 여러 가지 재료를 파는 가게가 많고 의류, 가방, 직물, 캐릭터 용품, 시계, 액세서리가 주거래 품목이다. 골목이 워낙 좁아 마음 편히 걷기도 힘든데 손수레를 끌고 가는

인부와 간식거리를 파는 상인까지 뒤섞여 늘 혼잡하다.
Map P.108-C1 주소 Soi Sampeng 가는 방법 수상 보트 타 랏차웡 선착장에서 타논 랏차웡을 따라 도보 5분.

왓 망꼰 까말라왓 ★★
Wat Mangkon Kamalawat

용이 휘감고 있는 기와지붕과 용련사(龍蓮寺)라고 쓰인 현판에서 보듯 전형적인 중국 사원이다. 차이나타운에서 가장 큰 중국 대승 불교사원으로 1871년에 설립되었다. 사원 입구는 사천왕(四天王)이 좌우를 지키고 있고 내부는 중국 불상을 모신 대웅보전(大雄寶殿)이 중심에 있다. 대웅보전 옆으로는 선조들의 공덕을 비는 조사전(祖師殿)을 포함해 도교와 유교 학자를 모신 사당을 함께 만들었다.
Map P.109-C1 주소 Thanon Charoen Krung Soi 21 전화 0-2222-3975 운영 09:00~18:00 요금 무료 가

왓 망콘 까말라왓

타논 야왈랏

쏘이 쌈펭

는 방법 타논 야왈랏 북쪽에 있는 타논 짜런끄룽 쏘이 이씹엣 Thanon Charoen Krung Soi 21 골목 안쪽에 있다. **수상 보트** 타 랏차웡 선착장에서 도보 15분. MRT 왓 망꼰 역 3번 출구에서 도보 5분.

딸랏 노이(딸랏 너이) ★★★☆
Talat Noi

딸랏 노이는 작은 시장이라는 뜻으로 차이나타운 남쪽의 짜오프라야 강변에 형성된 지역이다. 현재는 시장이라기보다는 마을이나 동(洞) 같은 작은 단위의 행정구역을 의미한다. 오래된 동네가 젊은 세대에게 새로운 감성으로 느껴지면서 매력적인 공간으로 변모하고 있다. 벽화가 그려진 미로 같은 좁은 골목을 거닐다 빈티지한 카페와 레스토랑을 발

견하는 즐거움은 덤이다.

Map P.109—D2 주소 Trok San Chao Rong Kueak, Soi Wanit 2 운영 24시간 요금 무료 가는 방법 ①MRT 후 아람폼 역에서 1km. ②**수상 보트**를 이용할 경우 타 끄롬짜오타 선착장(N4번 선착장) Marine Department에 내리면 된다.

왓 뜨라이밋 ★★★
Wat Traimit

차이나타운 동쪽 입구에 있는 황금 불상을 모신 사원. 세계에서 가장 크고 비싼 황금 불상을 모시고 있다. 황금 불상의 공식 명칭은 '프라 마하 붓다 쑤완 빠띠마꼰 Phra Maha Buddha Suwan Patimakon'으로 무게 5.5톤의 순금으로 만든 높이 3m의 불상이다. 돈으

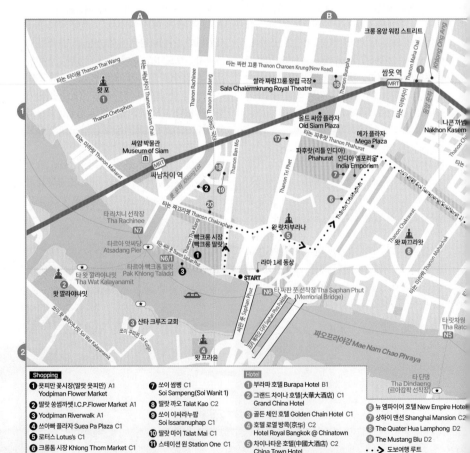

Shopping
1. 욧피만 꽃시장(딸랏 욧피만) A1 Yodpiman Flower Market
2. 딸랏 쏨썽까뺏 I.C.P.Flower Market A1
3. Yodpiman Riverwalk A1
4. 쑤아빠 플라자 Suea Pa Plaza C1
5. 로터스 Lotus's C1
6. 크롱톰 시장 Khlong Thom Market C1
7. 쏘이 쌈펭 C1 Soi Sampeng(Soi Wanit 1)
8. 딸랏 까오 Talat Kao C2
9. 쏘이 이싸라누팝 Soi Issaranuphap C1
10. 딸랏 마이 Talat Mai C1
11. 스테이션 원 Station One C1

Hotel
1. 부라파 호텔 Burapa Hotel B1
2. 그랜드 차이나 호텔(大華大酒店) C1 Grand China Hotel
3. 골든 체인 호텔 Golden Chain Hotel C1
4. 호텔 로열 방콕(京华) C2 Hotel Royal Bangkok @ Chinatown
5. 차이나타운 호텔(中国大酒店) C2 China Town Hotel
6. 뉴 엠파이어 호텔 New Empire Hotel
7. 상하이 맨션 Shanghai Mansion C2
8. The Quater Hua Lamphong D2
9. The Mustang Blu D2

⋯▶ 도보여행 루트

로 환산하면 140억 원이나 되는 엄청난 보물이다.

황금 불상은 15세기에 만들어진 아름다운 쑤코타이 양식의 불상으로 라마 3세 때 방콕으로 옮겨왔다. 불상은 버마(미얀마)의 공격으로부터 보호하기 위해 회반죽으로 덧입혀 놓은 것을 1955년 운송 도중 사고로 회반죽이 깨지면서 본래 모습이 세상에 알려졌다고 한다. Map P.109–D2 주소 Thanon Mittaphap Thai–China (Thanon Traimit) & 661 Thanon Charoen Krung 전화 0-2623-3329~30 홈페이지 www.wattraimitr-withayaram.com 운영 황금 불상 08:00~17:00, 2·3

층 전시실 화~일요일 08:00~16:30(월요일 휴무) 요금 황금 불상 100B, 2·3층 전시실 100B 가는 방법 정문은 타논 밋따팝 타이–찐 Thanon Mittaphap Thai–China에 있다. MRT 후아람퐁 역에서 차이나타운 방향으로 도보 10분.

황금 불상

왓 뜨라이밋

차이나타운

View
1 왓 포 Wat Pho A1
2 왓 깔라야나밋 Wat Kalayanamit A2
3 산타 크루즈 교회 Santa Cruz Church A2
4 왓 프라윤 Wat Phrayun A2
5 왓 랏차부라나 Wat Ratchaburana B1
6 중국 사당 天后聖宮 B1
7 씨리 그루씽 사바(힌두 사원) B1
Siri Gurusingh Sabah
8 왓 짜끄라왓 Wat Chakrawat B1
9 왓 깐마뚜야람 Wat Kanmatuyaram C1
10 왓 망꼰 까말라왓 C1
Wat Mangkon Kamalawat
11 관세음 사당 D2
Kuan Yim Shrine(Thian Fa Foundation)

Restaurant
1 Song Wat Coffee Roasters C2
2 롱끄란느아(쌀국수) โรงกลั่นเนื้อ C2
3 Shangrila Restaurant C1
4 후아 쌩 홍 Hua Seng Hong C1
5 유 룩친볼라 야왈랏 C2
Yoo Chinatown Fishball
6 꾸어이짭 나이엑 ก๋วยจั๊บนายเอ็ก C2
7 쏘이 텍사스(타논 파둥다오) 시푸드 골목 C2
Soi Texas Seafood Stalls
8 더블 독 티룸 Double Dogs Tea Room C2
9 꾸어이짭 우안 포차나 ก๋วยจั๊บอ้วนโภชนา C2
10 캔톤 하우스 The Canton House C2
11 나이몽 허이 텃 Nai Mong Hoi Thod C1
12 롱투우 카페 Lhong Tou Cafe C2
13 월플라워 카페 Wallfolwers Cafe D2
14 스타벅스 커피 C1
15 앤 꾸어이띠아우 쿠아 까이 C1
16 언록윤 On Lok Yun B1
17 아트 & 카페 Art & Kaffee B1
18 팜 투 테이블 Farm To Table A1
19 Farm to Table Hideout B1
20 Floral Cafe at Napasorn A1
21 Naam 1068 A2
22 홍씨양꽁 Hong Sieng Kong C2

Entertainment
1 빠하오 Ba Hao D2
2 뗍 바 Tep Bar D2
3 브라운 슈가 D2

C
D

타논 루앙 Thanon Luang
N
철도청

끄랑 병원
Klang Hospital

0   100   200m

왓 텝씨린

타논 루앙 Thanon Luang

왓 프랍프라차이
Wat Phlap Phra Chai

타논 짜런끄룽 Thanon Phlap Phla Chai
Thanon Chao Khamrop

타논 마하짝 Thanon Mahachak

타논 마이뜨릿 쩍 Thanon Maitri Chit

타논 쑤아빠 Thanon Suapa

타논 망꼰 Thanon Mangkon

타논 끄룽 까쎔 Thanon Krung Kasem

타논 미뜨 판 Thanon Mit Phan

경찰서

타논 짜런끄룽 Thanon Charoen Krung/New Road)

왓 망꼰 역

왓 망꼰 Thanon Santhi Phap
MRT

광동 회관

7월 22일 로터리
(왕위안 아쌉쑹 까라까따)

I'm Chinatown(쇼핑몰)

타논 짜런끄룽

타논 야와랏 Thanon Yaowa Phant

타논 플랑남 Thanon Plaeng Naam

타논 팟 싸이 Thanon Phat Sai

Thanon Maitri Chit

Rama 4 Road

후아람퐁 기차역

후아람퐁 역

씨미티웻 병원
Samitivej Hospital

왓 뜨라이밋

Soi 5

오디안 로터리
(왕위안 오디안)

빠뚜 찐
China Gate

FINISH

MRT

타논 쏭왓 Thanon Song Wat

타 싸왓디 선착장
Sawasdee Pier

Lhong 1911

딸랏 노이 방면

Thanon Khao Lam

Thanon Charoen Krung

싸얌 Siam

역사 유적이 가득한 라따나꼬씬의 사원을 보느라 머리가 아팠다면, 방콕의 현재를 가장 잘 보여주는 싸얌을 찾아가자. 태국에서 가장 발전한 패션의 거리로 태국 젊은이들이 선호하는 유행의 최첨단을 걷는 곳이다. 싸얌 스퀘어를 중심으로 마분콩, 싸얌 디스커버리, 싸얌 센터, 싸얌 파라곤까지 쇼핑몰이 밀집해 있다. 특히 태국 젊은이들을 위한 톡톡 튀는 의류와 액세서리 상점들이 많다. 태국의 중요 문화유산에서 차지하는 비중은 낮지만 의외로 만족도가 높은 짐 톰슨의 집이 가장 큰 볼거리다.

짐 톰슨의 집 ★★★★
Jim Thompson House Museum

짐 톰슨은 뉴욕 출신의 건축가이자 미군 장교였다. 1940년부터 미국 정보부에서 복무하는 동안 1945년 동남아시아로 발령을 받아 방콕에서 근무하게 되었다. 짐 톰슨의 방콕 생활은 그의 인생을 송두리째 바꿔놓은 결정적인 계기가 되었다. 제2차 세계대전이 끝난 뒤 그는 뉴욕으로 돌아가지 않고 태국에 머물며 실크에 관한 연구를 시작했다. 1948년 타이 실크 회사를 설립하고 연구에 몰두한 결과 실크를 고급화하는 데 성공했다. 서양인이라는 신분의 특수성으로 미국과 유럽 고객들과 친분을 쌓으며, 태국을 대표하는 짐 톰슨 타이 실크 Jim Thompson Thai Silk를 탄생시켰다.

태국에 머물며 그가 만든 집은 방콕의 유명 관광지가 되었다. 티크 나무로 만든 여섯 채의 건물은 못을 사용하지 않았으며, 태국 중부 지방 특유의 곡선미를 살려 우아하다. 건물 내부는 짐 톰슨이 직접 수집한 골동품으로 가득하다. 도자기, 회화, 불상 수집에 남다른 안목을 보였는데, 차이나타운이나 전당포를 돌아다니며 직접 수집했다고 한다. 집안 내부

짐 톰슨의 집

는 마음대로 드나들 수 없다. 영어, 프랑스어, 일어로 진행되는 가이드의 안내를 따르자. 가이드 투어 후에는 자유롭게 정원을 둘러보면 된다. 나오는 길에 카페에 들러 시원한 과일 주스를 한 잔 마시거나 실크 매장에 들러 실크 제품 하나쯤 구입하는 호사를 누려도 좋을 것이다.

참고로 짐 톰슨은 미스터리한 죽음으로 인해 더욱 유명해졌다. 1967년 말레이시아의 카메룬 하일랜드 Cameroon Highland에서 아침 산책 중에 실종된 것이다. 수색 작업에도 불구하고 끝내 시신은 발견되지 않았다. 여러 가지 추측이 난무했지만 그 어떤 결론도 내려진 게 없다. 또한 짐 톰슨이 실종된 같은 해에 미국에 살던 친누나도 살해되는 불행이 겹치면서 신비한 추측들이 더욱 무성해졌다고 한다.

현지어 반 찜텀싼 Map P.111-A1 주소 6 Kasemsan Soi 2, Thanon Phra Ram 1(Rama 1 Road) 전화 0-2216-7368 홈페이지 www.jimthompsonhouse.org 운영 09:00~18:00 요금 200B(22세 이하 학생 100B) 가는 방법 ①BTS 싸남낄라 행찻(국립 경기장) 역에서 1번 출구로 나와 까쎔싼 쏘이 썽 Kasemsan Soi 2 안으로 300m 걸어간다. ②운하보트 싸판 후어창 선착장에 내려 운하 옆으로 이어진 길을 따라 250m.

방콕 아트 & 컬처 센터 ★★★
Bangkok Art & Culture Center(BACC)

2009년에 새롭게 문을 연 이곳은 9층 건물로 총 면적이 2만 5,000㎡에 이른다. 1~6층에는 도서관, 오디토리움, 스튜디오를 비롯해

방콕 아트 & 컬처 센터

상설 전시관, 카페, 레스토랑, 기념품 상점이 들어서 있다. 승강기를 타고 올라가며 층별로 상설 전시관을 둘러보면 된다. 7~9층에서는 다양한 회화, 사진, 설치 미술, 조각, 디자인,

영상 자료를 전시한다. 태국 아티스트들의 작품을 정기적으로 교체 전시하며, 종종 국제적인 작가들의 작품을 전시하기도 한다. 7층 전시실 입구에 있는 짐 보관소에 소지품을 맡겨야 하며, 카메라나 핸드폰은 휴대하고 들어갈 수 있다.

현지어 호 씰라빠 쑨왓타나탐 행 끄롱텝마하나콘 Map P.111-A1 주소 939 Thanon Phra Ram 1(Rama 1 Road) 전화 0-2214-6630~8 홈페이지 www.bacc.or.th 운영 화~일 10:00~21:00(월요일 휴무) 요금 무료 가는 방법 마분콩 MBK Center 왼쪽 편으로 BTS 싸남낄라 행 찻(국립 경기장) 역 3번 출구에서 도보 1분.

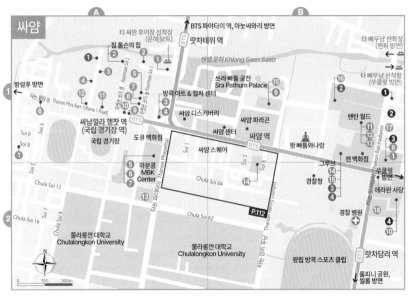

Restaurant
1. 쏨분 시푸드(본점) Somboon Seafood A1
2. 짐 톰슨 레스토랑 A1
3. 갤러리 드립커피 Gallery Drip Coffee A1
4. 아이스디어 Icedea A1
5. 마분콩 푸드 센터 MBK Food Center A1
6. 반 쿤매 Baan Khun Mae A1
7. 엠케이 레스토랑 MK Restaurant A1
8. 페이스트 Paste A1
9. 싸부아 Sra Bua by Kiin Kiin B1
10. 에라완 티 룸 Erawan Tea Room B2
11. 헤븐 언 세븐스 Heaven On 7th B1
12. 텅스밋 Thong Smith B1
13. 램짜런 시푸드 Laem Charoen Seafood B1
14. 그레이하운드 카페 Greyhound Cafe B1
15. iO Italian Osteria B1

Shopping
1. 더 마켓(쇼핑몰) The Market B1
2. 빅 시(랏차담리 지점) Bic C B1
3. 게이손 빌리지 Gaysorn Village B1
4. 에라완 방콕 Erawan Bangkok B2

Spa & Massage
1. 판푸리 웰니스 Panpuri Wellness B1

Entertainment
1. 필트레이션 Philtration A1
2. 레드 스카이 Red Sky B1
3. 홉스 HOBS(House of Beers) B1
4. 타파스 바 Tapas Bar B1

Hotel
1. Hua Chang Heritage Hotel A1

2. 빠툼완 하우스 Patumwan House A1
3. 해피 3 호텔 Happy 3 Hotel A1
4. Daraya Boutique Hotel A1
5. 릿 호텔(롱램 릿) LIT Hotel A1
6. Siam Stadium Hostel A1
7. 화이트 로지 White Lodge A1
8. 리노 호텔(공사중) Reno Hotel A1
9. Ibis Mercure Hotel Siam A1
10. 랍디 싸얌 스퀘어 Lub★d Siam Square A1
11. Holiday Inn Express(Siam) A1
12. 싸얌 앳 싸얌 호텔 Siam @ Siam Hotel A1
13. Patumwan Princess Hotel A1
14. Novotel Bangkok On Siam Square B2
15. 싸얌 켐핀스키 호텔 Siam Kempinski Hotel B1
16. 쎈타라 그랜드 호텔 Centara Grand Hotel B1
17. 아노마 호텔 Anoma Hotel B1
18. Anantara Siam Bangkok Hotel B2

싸얌 스퀘어
Siam Square ★★★★

방콕의 모던 라이프를 선도하는 싸얌 스퀘어. 서울의 명동처럼 패션을 선도하고 대학로처럼 젊음의 거리를 형성한다. 태국의 10대와 20대들이 원하는 트렌드는 모두 다 있다고 해도 과언이 아닐 정도. 의류, 액세서리, 가방, 신발, 학생 용품, 서점, 영어 학원, 팬시 용품, 패스트 푸드점, 영화관들이 밀집해 있다. 싸얌 스퀘어 원 Siam Square One, 싸얌 센터 Siam Center, 싸얌 파라곤 Siam Paragon 같은 대형 쇼핑몰도 가득하다.

싸얌 스퀘어

현지어 싸얌 쓰퀘 Map P.112 주소 Thanon Phra Ram 1(Rama 1 Road) 운영 10:00~23:00 가는 방법 BTS 싸얌 역 2 · 4 · 6번 출구로 나오면 바로 싸얌 스퀘어와 연결된다.

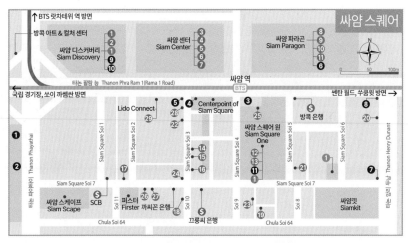

View
1. 마담 투소 밀랍 인형 박물관 Madame Tussauds Wax Museum

Restaurant
1. 스타벅스 커피
2. 아웃백 스테이크 Outback Steak
3. 그레이하운드 카페 Greyhound Cafe
4. 후지 레스토랑 Fuji Restaurant
5. 하찌방 라멘 Hachiban Ramen
6. Petite Audrey Cafe
7. 시즐러 Sizzler
8. 싸얌 파라곤 G층 식당가
9. 어나더 하운드 카페 Another Hound Cafe, 엠케이 골드 MK Gold
10. 후지 레스토랑 Fuji Restaurant, 따링쁘링 Taling Pling, 반카라 라멘 Bankara Ramen
11. TWG 티 살롱 TWG Tea Salon

12. 오까쭈 Ohkajhu
13. 쏨분 시푸드(지점) Somboon Seafood
14. Nice Two Meat U
15. 밀 토스트 하우스 Mil Toast House
16. 카셋 커피 바 The Cassette Coffee Bar
17. 오까쭈(지점) Ohkajhu
18. 팟타이 파이타루(지점) Pad Thai Fai Ta Lu
19. 씨파 See Fah
20. 콧얌 Khoad Yum
21. 쏨땀 누아 Somtam Nua
22. 망고 탱고 Mango Tango
23. 인터 Inter
24. 트루 커피 True Coffee
25. 화이트 플라워 팩토리 White Flower Factory
26. SHU Cafe
27. 파이어 타이거(카페) Fire Tiger
28. 에브리데이 카르마카켓 Everyday KMKM
29. 바나나 바나나 Banana Banana

Shopping
1. 도큐 백화점 Tokyu Department Store
2. 마분콩 MBK Center
3. 나라야 Naraya
4. 이니스프리 Innisfree
5. 왓슨스 Watson's
6. 고멧 마켓 Gourmet Market
7. 검프 싸얌 Gump Siam(공사 중)
8. 부츠 Boots
9. 에코토피아 Ecotopia
10. 로프트 Loft
11. 다이소 Daiso

Spa & Massage
1. 렛츠 릴랙스(지점) Let's Relax

Hotel
1. 노보텔 방콕 언 싸얌 스퀘어 Novotel Bangkok On Siam Square

아눗싸와리 Anutsawari

전승기념탑 주변을 의미하는 '아눗싸와리'는 방콕 5대 혼잡지역 가운데 하나다. 로터리를 중심으로 동서남북으로 뻗은 도로는 방람푸, 랏차다, 싸얌, 짜뚜짝에서 들어오는 차들로 밤낮없이 분주하다. 대단한 볼거리가 있거나 으리으리한 쇼핑센터가 반기는 곳은 아니다. 다만 방콕 소시민들의 삶이 녹록히 서려 있을 것 같은 오래된 서민 아파트들과 골목을 가득 메운 노점상들에서 평범하지만 친근함을 느낄 수 있다.

쑤언 팍깟 궁전 ★★★
Suan Pakkad Palace

이름 때문에 방문하지 않겠다면 큰 오산이다. 기품 가득한 태국 전통 목조 가옥의 아름다움과 도심 속의 정원이 주는 운치가 매력적인 이곳은 쫄라롱껀 대왕의 손자인 쭘뽓 왕자 Prince Chumbot와 판팁 공주 Princess Pantip가 살던 궁전이다.

태국 북부 지방 건축 양식으로 만든 우아한 건물들은 현재 왕자가 수집한 골동품, 가구, 태국 예술품을 전시한 박물관으로 사용되고 있다. 청동기 유적을 전시한 반 치앙 컬렉션 Ban Chiang Collection 전시관을 시작으로 왕실 선박 전시관, 래커 파빌리온 Lacquer Pavilion 순으로 관람하게 된다.

쑤언 팍깟의 가장 큰 볼거리는 래커 파빌리온. 450년의 역사를 간직한 아유타야 시대 건축물로 건물 자체도 보물급이지만 내부를 장식한 벽화로 유명하다. 부처의 생애와 힌두 신화인 〈라마끼안〉을 그렸는데, 래커를 이용했기 때문에 화려함이 극치를 이룬다.

현지어 왕 쑤언 팍깟 Map P.114−B1 주소 352−354 Thanon Si Ayuthaya 전화 0−2245−4934 홈페이지 www.suanpakkad.com 운영 09:00~16:00 요금 100B 가는 방법 BTS 파야타이 역 4번 출구에서 도보 5분. 쑤꼬쏜 호텔 맞은편에 있다.

전승기념탑 ★★
Victory Monument

방콕의 중요한 교통 요지인 '아눗싸와리' 로터리 중앙에 우뚝 솟은 50m 높이의 첨탑이다. 서구 열강으로부터 유일하게 식민 지배를 받지 않았던 태국의 자부심이 잘 드러나는 전승기념탑은 인도차이나를 지배하던 프랑스와의 전쟁에서 승리해 과거 태국 영토 일부를 수복한 것을 기념해 세웠다. 총검 모양의 탑을 형상화했고, 기단부에 1943년 전투에서 사망한 순국열사들의 이름을 모두 새겼다.

저녁때가 되면 로터리 오른쪽에 형성되는 빅토리 포인트 Victory Point 광장에 야시장과 노점 형태의 식당들이 들어선다. 옷과 액세서리를 중심으로 한 저렴한 물건을 사러 오는 젊은이들로 밤에도 북적대는 곳으로 현지인과 어울려 쌀국수 한 그릇 먹어보는 것도 색다른 재미가 될 것이다.

현지어 아눗싸와리 차이 Map P.114−B1 주소 Thanon Ratchawithi & Thanon Phayathai 운영 24시간 요금 무료 가는 방법 BTS 아눗싸와리 차이(전승기념탑) 역에 내리면 바로 보인다.

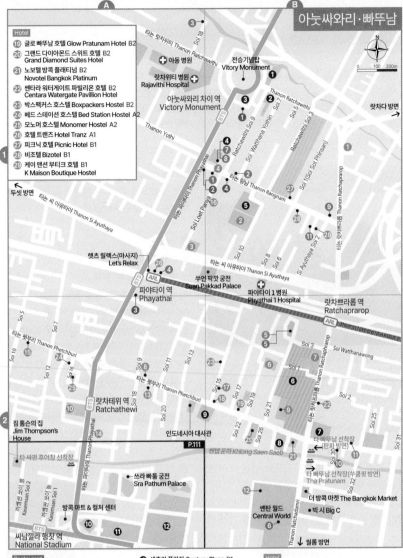

Hotel

1 · 19 글로 빠뚜남 호텔 Glow Pratunam Hotel B2
20 그랜드 다이아몬드 스위트 호텔 B2
Grand Diamond Suites Hotel
21 노보텔 방콕 플래티넘 B2
Novotel Bangkok Platinum
22 쎈타라 워터게이트 파빌리온 호텔 B2
Centara Watergate Pavillion Hotel
23 박스팩커스 호스텔 Boxpackers Hostel B2
24 베드 스테이션 호스텔 Bed Station Hostel A2
25 모노머 호스텔 Monomer Hostel A2
26 호텔 트랜즈 Hotel Tranz A1
27 피크닉 호텔 Picnic Hotel B1
28 비조텔 Bizotel B1
29 케이 매손 부티크 호텔 B1
K Maison Boutique Hostel

아동 병원 Children Hospital
전승기념탑 Vitory Monument
랏차위티 병원 Rajavithi Hospital
아눗싸와리 차이 역 Victory Monument
타논 윗차위티 Thanon Ratchawithi
Thanon Ratchawithi
Thanon Ratchawithi Soi 3
Thanon Yothi
Ratchawithi Soi 9
Soi Watthana Yothin
Soi 5
Soi 1 (Soi Phinsan)
Thanon Ratchaprarop
타논 씨 아유타야 Thanon Si Ayuthaya
Thanon Phayathai
Soi Loet Panya
Soi 10
Thanon Rangnam
Thanon Si Ayuthaya
Soi 8
Soi 6
S Ayuthaya Soi 2
Thanon Ratchaprarop

렛츠 릴랙스(마사지) Let's Relax
파야타이 역 Phayathai
쑤언 팍깟 궁전 Suan Pakkad Palace
파야타이 1 병원 Phyathai 1 Hospital
랏차쁘라롭 역 Ratchaprarop
Thanon Nikhom Makkasan

두씻 방면
타논 씨 아유타야 Thanon Si Ayuthaya

짐 톰슨의 집 Jim Thompson's House
Soi 5
Thanon Phetchburi
Soi 7
Soi 9
Soi 13
Soi 3
Soi Watthanawong
Soi 1
랏차테위 역 Ratchathewi
타논 펫부리 Thanon Phetchburi
Soi 20
Soi 15
Soi 17
Soi 19
Soi 21
Soi 25
Soi 2
인도네시아 대사관
쎈쌥 운하 Khlong Saen Saeb
Soi 22
Soi 26
Soi 31

타 싸판 후어창 선착장
쓰라 빠툼 궁전 Sra Pathum Palace
방콕 아트 & 컬처 센터
타 빠뚜남 선착장 (판파 방면)
타 빠뚜남 선착장 (쑤콤윗 방면) Tha Pratunam
더 방콕 마켓 The Bangkok Market
빅 시 Big C
쎈탄 월드 Central World
싸남낄라 행찻 역 National Stadium
썰롬 방면
Thanon Ratchadamri

Restaurant

1 Eat Am Are Good Stake B1
2 빈 어라운드 카페 Bean Around Cafe B1
3 떠이 꾸어이띠아우 르아 ต๋อยก๋วยเตี๋ยวเรือ B1
4 팩토리 커피 Factory Coffee A1
5 바이욕 스카이 호텔 뷔페 B2
6 헤븐 언 세븐 Heaven On 7 B2
7 엠케이 레스토랑 MK Restaurant B1
8 하지방 라멘 Hachiban Ramen B1
9 꽝(꾸앙) 시푸드 Kuang Seafood B1
10 꼬양 카우만까이 빠뚜남 B2
11 Kay's Boutique Breakfast B1

Shopping

1 패션 몰 Fashion Mall B1
2 쎈터 원 쇼핑센터 B1
Center One Shopping Center
3 빅토리 포인트 Victory Point B1

4 쎈추리 플라자 Century Plaza B1
5 킹 파워 콤플렉스(면세점) B1
King Power Complex
6 빠뚜남 시장 Pratunam Market B2
7 팔라듐 쇼핑몰 B2
Palladium Shopping Mall
8 플래티넘 패션 몰 B2
The Platinum Fashion Mall
9 판팁 플라자 Pantip Plaza B2
10 싸얌 디스커버리 Siam Discovery A2
11 싸얌 센터 Siam Center A2
12 싸얌 파라곤 Siam Paragon A2

Entertainment

1 색소폰 펍 & 레스토랑 Saxophone Pub & Restaruant B1
2 Sky Train Jazz Bar B1
3 딱쑤라 Taksura A1
4 반 바 Baan Bar B1

Hotel

1 쎈추리 파크 호텔 Century Park Hotel B1
2 풀만 호텔 Pullman Hotel B1
3 쑤코쏜 호텔 The Sukosol Hotel A1
4 리듬 랑남 Rhythm Rangnam B1
5 바이욕 스카이 호텔 Baiyoke Sky Hotel B1
6 바이욕 스위트 호텔 Baiyoke Suite Hotel B2
7 인드라 리젠트 호텔 Indra Regent Hotel B2
8 Ideo Q A2
9 아마리 워터게이트 호텔 B2
Amari Watergate Hotel
10 아시아 호텔 Asia Hotel A2
11 버클리 호텔 The Berkeley Hotel B2
12 쎈타라 그랜드 호텔 Centara Grand Hotel B2
13 The Address Siam A2
14 비 호텔(롱램 위) Vie Hotel A2
15 방콕 시티 호텔 Bangkok City Hotel A2
16 트루 싸얌 호텔 True Siam Hotel B1
17 쎈터 포인트 호텔 Centre Point Hotel B1
18 팍디 Pakdee Bed & Breakfast B2

랏차다

0 125 250m

N

쑷티싼, 랏파오, 돈므앙 공항 방면

Thanon Pracharat Bamphen

훼이꽝 역
Huay Khwang

Soi 12

Soi 7

Soi 10

Thanon Ratchadaphisek

● Forum Tower

순왓타나탐 역
Thailand Cultural Center

더 원 랏차다(야시장)

한국 대사관

타논 티암 루암밋
Thanon Thiam Ruammit

AIS Capital
Center

태국 증권거래소
중국 대사관

Soi 8

Soi 6

Soi 4

Soi 3

Soi 2

Thanon Ratchadaphisek

Thanon Watthanatham

태국 문화센터
Thailand Cultural
Center

랏차다 포춘

팔람 까우 역
Phra Ram 9
← 딘댕 방면

G Tower

The Grand Rama 9
Super Tower(공사 중)

쩟페어 야시장

Unilever House

타논 팔람 까우 Thanon Phra Ram 9(Rama 9 Road)

팔람 까우 병원
Praram 9 Hospital

쑤완나품 공항 방면

Thanon Asok-Dindaeng

고가 도로

Thanon Phet Uthrai

RCA

쑤쿰윗 방면
(아쏙)

Restaurant
1. 쏨분 시푸드 Somboon Seafood
2. 조 시푸드(周海鮮) Joe Seafood
3. 꽝(꾸앙) 시푸드 Kuang Seafood
4. 팀호완 Tim Ho Wan
5. 엠케이 레스토랑 MK Restaruant
6. Kub Kao Kub Pla
7. MK 골드
8. 후지 레스토랑 Fuji Restaurant

Shopping
1. 훼이꽝 야시장 Huay Khwang Night Market
2. 스트리트 랏차다 The Street Ratchada
3. 빅 시 엑스트라(빅 시 랏차다) Big C Extra
4. 센탄 플라자 그랜드 팔람 까우(백화점)
   Central Plaza Grand Rama 9)
5. 에스플라네이드 Esplanade
6. 로터스(로땃 포춘 타운) Lotus's

Entertainment
1. 헐리웃 클럽 Hollywood Club
2. 랏차다 쏘이 4 Ratchada Soi 4
3. 스놉 SNOP

Hotel
1. 힙 호텔 Hip Hotel
2. 이비스 스타일 ibis Styles Ratchada
3. 스위소텔 르 콩코드 Swissotel Le Concorde
4. 에메랄드 호텔 Emerald Hotel
5. 그라프 호텔 Graph Hotel
6. Avani Ratchada Bangkok Hotel
7. 골든 튤립 소버린 호텔
   Golden Tulip Sovereign Hotel
8. 프라소 @랏차다 12 Praso @Ratchada 12

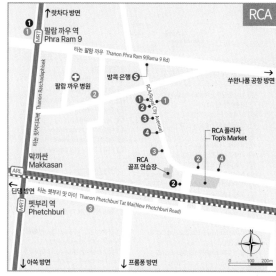

RCA

↑랏차다 방면

팔람 까우 역
Phra Ram 9

타논 팔람 까우 Thanon Phra Ram 9(Rama 9 Rd)

팔람 까우 병원

방콕 은행

→ 쑤완나품 공항 방면

RCA(Royal City) Avenue

RCA 플라자
Top's Market

막까싼
Makkasan

RCA
골프 연습장

ARL

딘댕 방면
펫부리 역
Phetchaburi

타논 펫부리 땃 마이 Thanon Phetchburi Tat Mai(New Phetchburi Road)

↓ 아쏙 방면

↓ 프롬퐁 방면

0 100 200m

N

Restaurant
1. S&P 레스토랑
2. Kifune Premium Restaurant
3. 카페 아마존 Cafe Amazon
4. 스타벅스 커피 Starbucks Coffee

Shopping
1. 로터스(로땃 포춘 타운) Lotus's
2. 오피스 메이트 Office Mate

Entertainment
1. 오닉스 Onyx
2. 루트 66 Route 66
3. Valenz Live
4. Old Leng Bar

Hotel
1. Avani Ratchada Bangkok Hotel
2. 골든 튤립 소버린 호텔
   Golden Tulip Sovereign Hotel
3. Grand Mercure Bangkok Atrium

Restaurant

1. 페이스트 Paste A1
2. 에라완 티 룸 Erawan Tea Room A1
3. 꼬양 카우만까이 빠뚜남(지점) A1
4. 잇타이 Eathai, 폴 Paul B1
5. 딘타이펑(지점), 쏨분 시푸드(지점) B1
6. 오픈 하우스 Open House B1
7. 씨왈라이 시티 클럽 Siwilai City Club B1
8. 스타벅스 커피(랑쑤언 지점) A1
9. 엘 가우초(랑쑤언 지점) El Gaucho A2
10. Smokin' Pug A2
11. 메디치 키친 Medici Kitchen A2
12. 크루아 나이 반(홈 키친) A2
    Krua Nai Baan(Home Kitchen)
13. 씨리 하우스 Siri House B1
14. 땀미 얌미 Tummy Yummy B1
15. 싸니 로스터리 Sarnies Roastery B1
16. 웰라 씬톤 빌리지 Velaa Sindhorn Village A2
17. 방콕 베이킹 컴퍼니 C1
18. 뉴욕 스테이크 하우스 New York Steak House C1

19. 피자 마실리아 Pizza Massilia B2
20. 유천(한식당) C1
21. 잔지바 Zanzibar C2
22. 쁘라이 라야 Prai Raya C2
23. 부라파 Burapa C1
24. 헤밍웨이 Hemingway's C1
25. 가보래 & 명가(한식당) C2
26. 장원(한식당) C2
27. 캐비지 & 콘돔 Cabbages & Condoms C2
28. 아이야 아로이(쌀국수) D2
29. 로시니 Rossini's D2
30. 쑤다 레스토랑 Suda Restaurant D2
31. 르 달랏 Le Dalat D1
32. 카페 네로 D2
    Caffe Nero by Black Canyon Coffee
33. 대장금 D2
34. 엘 가우초(스테이크) El Gaucho D2
35. Kosumosu Japanese Dining D2
36. 더 로컬 The Local D2
37. 싸응우안씨 Sa-Nguan Sri B1
38. 카페 타르틴 Cafe Tartine B1

Shopping

1. 플래티넘 패션 몰 A1
2. 빠뚜남 센터 Pratunam Center A1
3. 에라완 방콕 Erawan Bangkok A1
4. 판퓨리 Panpuri A1
5. Gaysorn Amarin A1
6. 나나 스퀘어 Nana Square C1
7. 머큐리 빌 Mercury Ville A1
8. 타임 스퀘어 Time Square C2

Spa & Massage

1. Divana Scentura Spa B1
2. 탄 생츄어리 Thann Sanctuary A1
3. 캄 스파(펀찟 지점) Calm Spa B1
4. 헬스 랜드(아쏙 지점) Health Land D2
5. 렛츠 릴랙스 Let's Relax D2
6. 플랜트 데이 스파 Plant Day Spa B2
7. 바와 스파 Bhawa Spa B2
8. 디오라 랑쑤언 Diora Lang Suan A2
9. 아시아 허브 어소시에이션(나나 지점) C2
10. Bhawa Spa On The Eight C2
11. 판퓨리 오가닉 스파(파크 하얏트 호텔) B1

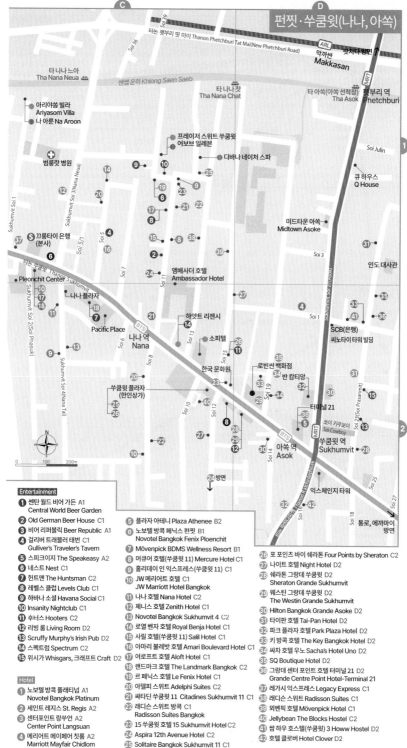

펀찟·쑤쿰윗(나나, 아쏙)

Entertainment

1 쎈탄 월드 비어 가든 A1
Central World Beer Garden
2 Old German Beer House C2
3 비어 리퍼블릭 Beer Republic A1
4 걸리버 트래블러 태번 A2
Gulliver's Traveler's Tavern
5 스피크이지 The Speakeasy A2
6 네스트 Nest C1
7 헌트맨 The Huntsman C2
8 레벨스 클럽 Levels Club C1
9 하바나 소셜 Havana Social C1
10 Insanity Nightclub C1
11 후터스 Hooters C2
12 리빙 룸 Living Room D2
13 Scruffy Murphy's Irish Pub D2
14 스펙트럼 Spectrum C1
15 위시가 Whisgars, 크래프트 Craft D2

Hotel

1 노보텔 방콕 플래티넘 A1
Novotel Bangkok Platinum
2 세인트 레지스 St. Regis A2
3 센터포인트 랑쑤언 A2
Center Point Langsuan
4 메리어트 메이페어 칫롬 A2
Marriott Mayfair Chidlom

5 플라자 아테니 Plaza Athenee B2
6 노보텔 방콕 페닉스 펀찟 B1
Novotel Bangkok Fenix Ploenchit
7 뫼벤픽 BDMS Wellness Resort B1
8 머큐어 호텔(쑤쿰윗 11) Mercure Hotel C1
9 홀리데이 인 익스프레스(쑤쿰윗 11) C1
10 JW 메리어트 호텔 C1
JW Marriott Hotel Bangkok
11 나나 호텔 Nana Hotel C2
12 제니스 호텔 Zenith Hotel C1
13 Novotel Bangkok Sukhumvit 4 C1
14 로열 벤자 호텔 Royal Benja Hotel C1
15 사릴 호텔(쑤쿰윗 11) Salil Hotel C1
16 아마리 불러바드 호텔 Amari Boulevard Hotel C1
17 어로프트 호텔 Aloft Hotel C1
18 랜드마크 호텔 The Landmark Bangkok C2
19 르 페닉스 호텔 Le Fenix Hotel C1
20 아델피 스위트 Adelphi Suites C1
21 싸타인 쑤쿰윗 11 Citadines Sukhumvit 11 C1
22 래디슨 스위트 방콕 C1
Radisson Suites Bangkok
23 15 쑤쿰윗 호텔 15 Sukhumvit Hotel C2
24 Aspira 12th Avenue Hotel C2
25 Solitaire Bangkok Sukhumvit 11 C1

26 포 포인츠 바이 쉐라톤 Four Points by Sheraton C2
27 나이트 호텔 Night Hotel D2
28 쉐라톤 그랑데 쑤쿰윗 C1
Sheraton Grande Sukhumvit
29 웨스틴 그랑데 쑤쿰윗 C1
The Westin Grande Sukhumvit
30 Hilton Bangkok Grande Asoke D2
31 타이판 호텔 Tai-Pan Hotel D2
32 파크 플라자 호텔 Park Plaza Hotel D2
33 키 방콕 호텔 The Key Bangkok Hotel D2
34 싸차 호텔 우노 Sacha's Hotel Uno D2
35 SQ Boutique Hotel D2
36 그랑데 센터 포인트 호텔 터미널 21 D2
Grande Centre Point Hotel-Terminal 21
37 레가시 익스프레스 Legacy Express C1
38 래디슨 스위트 Radisson Suites C1
39 뫼벤픽 호텔 Mövenpick Hotel C1
40 Jellybean The Blocks Hostel C2
41 쌈 하우 호스텔(쑤쿰윗) 3 Howw Hostel D2
42 호텔 클로버 Hotel Clover D2

117

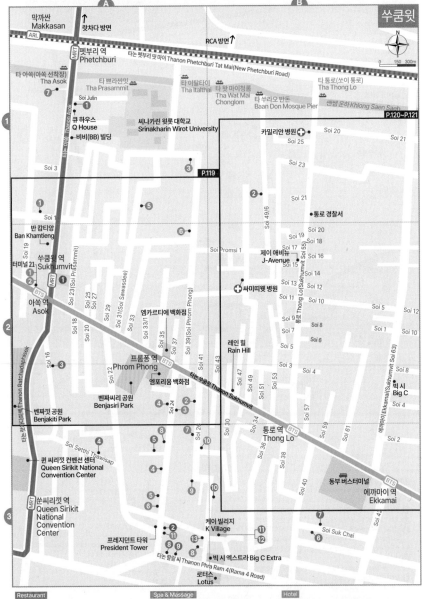

막까싼
Makkasan

랏차다 방면

RCA 방면

펫부리 역
Phetchburi

0 150 300m

타논 펫부리 땃 마이 Thanon Phetchburi Tat Mai (New Phetchburi Road)

타 아쏙(아쏙 선착장)
Tha Asok

타 쁘라싼밋
Tha Prasarnmit

타 이탈타이
Tha Italthai

타 왓 마이청롬
Tha Wat Mai Chonglom

타 쑤라오 반돈
Baan Don Mosque Pier

타 통로(쏘이 통로)
Tha Thong Lo

쌘쌥 운하 Khlong Saen Saeb

P.120~P.121

Soi Julin

큐 하우스
Q House

비비(BB) 빌딩

씨나카린 위롯 대학교
Srinakharin Wirot University

P.119

카밀리안 병원

Soi 20

Soi 21

Soi 25

Soi 23

Soi 3

Soi 21

통로 경찰서

반 캄티앙
Ban Khamtieng

쑤쿰윗 역
Sukhumvit

터미널 21

아쏙 역
Asok

Soi 19

Soi 1

Soi 23(Soi Prasarnmit)

Soi 25

Soi 27

Soi 29

Soi 31(Soi Sawasdee)

Soi 33

Soi 33/1

Soi 35

Soi 37

Soi 39(Soi Phrom Phong)

Soi 41

Soi Promsi 1

제이 애비뉴
J-Avenue

싸미띠웻 병원

레인 힐
Rain Hill

Soi 49/6

Soi 21

Soi 19

Soi 18

Soi 17

Soi 16

타논 통로(쑤쿰윗 55) Thanon Thong Lo(Sukhumvit 55)

Soi 15

Soi 14

Soi 13

Soi 12

Soi 11

Soi 10

Soi 9

Soi 8

Soi 7

Soi 6

Soi 5

Soi 1

Soi 5

Soi 10

Soi 12

엠카르티에 백화점

Soi 18

Soi 20

Soi 22

프롬퐁 역
Phrom Phong

엠포리움 백화점

벤짜씨리 공원
Benjasiri Park

벤짜끼띠 공원
Benjakiti Park

Soi 16

Soi 24

Soi 43

Soi 47

Soi 49

Soi 51

Soi 53

타논 쑤쿰윗 Thanon Sukhumvit

Soi 3

Soi 4

빅 시
Big C

에까마이(쑤쿰윗 Soi 63) Ekkamai(Sukhumvit Soi 63)

Soi 8

Soi 4

Thanon Ratchadaphisek

Soi Setthi Thawisap

퀸 씨리낏 컨벤션 센터
Queen Sirikit National Convention Center

Soi 26

Soi 28

Soi 30

Soi 34

Soi 57

Soi 59

Soi 61

통로 역
Thong Lo

쑨씨리낏 역
Queen Sirikit National Convention Center

Soi 38

Soi 40

동부 버스터미널

에까마이 역
Ekkamai

케이 빌리지
K Village

프레지던트 타워
President Tower

빅 시 엑스트라 Big C Extra

타논 팔람 씨 Thanon Phra Ram 4(Rama 4 Road)

로터스
Lotus

Soi Suk Chai

Soi 44

Restaurant

1. 스타벅스, 롯 니욤 Ros'niyom A1
2. 빠톰 오가닉 리빙 Patom Organic Living B1
3. 쿠파 Kuppa A2
4. 르안 말리카 Ruen Mallika A3
5. 라이브러리 Li-bra-ry A3
6. POWWOWWOW BKK B3
7. 반 쏨땀(쑤쿰윗 지점) Baan Somtum B3
8. 맥도날드 A3
9. 쏜통 포차나 Sorn Thong Restaurant A3
10. 인더스(인도 음식점) Indus B3
11. 와인 커넥션 Wine Connection B3
12. 탐앤탐스 커피 Tom N Toms Coffee B3
13. 싸웨이 Savoey A3

Spa & Massage

1. 헬스 랜드 스파 & 마사지(아쏙 지점) A1 Health Land Spa & Massage
2. 렛츠 릴렉스(터미널 21 지점) Let's Relax A2
3. 렛츠 릴렉스(쑤쿰윗 39 지점) Let's Relax A1
4. 아시아 허브 어소시에이션(쑤쿰윗 24 지점) A2 Asia Herb Association
5. 오아시스스파 Oasis Spa A1
6. Plant Day Spa(프롬퐁 지점) A2
7. Diora Luxe Asoke A1
8. 유노모리 온센 Yunomori Onsen A3

Entertainment

1. 쏘이 카우보이 Soi Cowboy A2
2. 슈가 레이 Sugar Ray A3

Hotel

1. 그랑데 센터 포인트 호텔 터미널 21 A2
2. 아리즈 호텔 Arize Hotel A2
3. 힐튼 쑤쿰윗 Hilton Sukhumvit A2
4. Compass Sky View Hotel A2
5. 메리어트 이그제큐티브 아파트먼트 A3
6. 룸피니 24 The Lumpini 24 A3
7. 더블 트리 바이 힐튼 Double Tree by Hilton A3
8. 하얏트 플레이스 Hyatt Place A3
9. 포윙 호텔 Four Wing's Hotel A3
10. 럭키 호텔 Lucky Hotel A3
11. 데이비스 호텔 The Davis Bangkok A3

쑤쿰윗(아쏙, 프롬퐁)

Shopping
1. 밀리 몰리 Mille Malle A2
2. 빌라 마켓 Villa Market B2
3. 나라야 Naraya B2
4. 톱스 마켓 Top's Market B2

Spa & Massage
1. 레인 트리 스파 Rain Tree Spa A1
2. 아시아 허브 어소시에이션 B2
   (벤짜씨리 공원 지점)
3. Makkha Health & Spa B2
4. 오아시스 스파(본점) Oasis Spa B1
5. 인피니티 웰빙 Infinity Wellbeing A2
6. 에이 스파 A Spa A2
7. 렛츠 릴랙스(쑤쿰윗 31 지점) A2

Entertainment
1. 위시가 Whisgars, 크래프트 Craft A1
2. 나즈 Narz A1
3. 브루스키 Brewski A2

Restaurant
1. Kosumosu Japanese Dining A1
2. 더 로컬 The Local A1
3. 대장금 A1
4. 페피나 Peppina B1
5. 이사오 Isao A2
6. 에노테카 Enoteca A1
7. 하리오 카페 Hario Cafe B1
8. 오봉팽 Au Bon Pain A2
9. 벨라 나폴리 Bella Napoli A2
10. Wine Connection(쑤쿰윗 31 지점) B1
11. 아피아 Appia B1
12. 씨 뜨랏 Sri Trat B1
13. 하베스트 Harvest B1
14. 껫타와 Gedhawa B1
15. 코카 쑤끼(쑤쿰윗 쏘이 39 지점) Coca Suki B2
16. 카르마카켓 다이너 Karmakamet Diner B2
17. Invisible Coffee A2

18. 쿠파 Kuppa A2
19. Cute Corner Cuisine A2
20. 랑마할 Rang Mahal A2
21. 통리 Thong Lee A2
22. 반 카니타 Baan Khanitha A1
23. Scruffy Murphy's A1
24. 체사 Chesa A2
25. North Restaurant B2
26. 싸얌 티 룸 Siam Tea Room A2
27. 후지 레스토랑 Fuji B2
28. 텐수이(일식당) Ten-Sui A2
29. 반카라 라멘 Bankara Ramen B1
30. 더 비빔밥(한식당) The Bibimbab A2
31. 싸니 Sarnies(쑤쿰윗 지점) B2
32. 룽르앙(쌀국수) 泰榮 B2
33. 트루 커피 True Coffee B2
34. 디아크 D'ARK, 로스트 Roast B2

Hotel
1. Hilton Bangkok Grande Asoke A1
2. 파크 플라자 호텔 Park Plaza Hotel A2
3. 컬럼 방콕 Column Bangkok A2
4. 호텔 클로버 아쏙 Hotel Clover Asoke A2
5. 래디슨 블루 플라자 호텔 Radisson Blu Plaza Bangkok A2
6. 마이트리아 호텔 Maitria Hotel A2
7. 파크 플라자 방콕 쏘이 18 A2
8. 렘브란트 호텔 Rembrandt Hotel A2
9. 윈저 스위트 호텔 Winsor Suite Hotel A2
10. 웰 호텔 Well Hotel A2
11. 골든 튤립 맨디슨 스위트 Golden Tulip Madison Suites A2
12. 샤마 레이크뷰 아쏙 Shama Lakeview Asoke A2
13. 호텔 로터스 쑤쿰윗 Hotel Lotus Sukhumvit B2
14. 홀리데이 인 쑤쿰윗 22 Holiday Inn Sukhumvit 22 A2
15. Bangkok Marriott Marquis Queen's Park A2
16. 엠포리움 스위트 Emporium Suites A2
17. 베스트 웨스턴 플러스 Best Western Plus A2
18. Compass Sky View Hotel B2

119

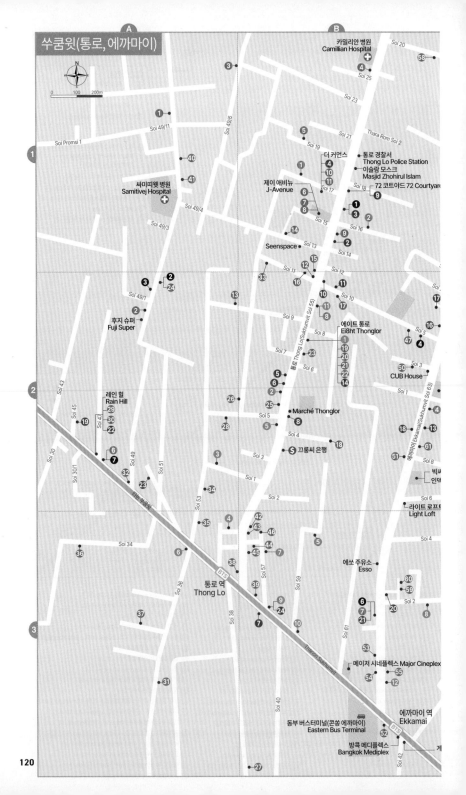

쑤쿰윗(통로, 에까마이)

카밀리안 병원
Camillian Hospital

통로 경찰서
Thong Lo Police Station

이슬람 모스크
Masjid Zhohirul Islam

72 코트야드 72 Courtyard

더 커먼스

제이 애비뉴
J-Avenue

Seenspace

싸미띠웻 병원
Samitivej Hospital

후지 슈퍼
Fuji Super

에이트 통로
Ei8ht Thonglor

CUB House

레인 힐
Rain Hill

Marché Thonglor

끄룽씨 은행

라이트 로프트
Light Loft

에쏘 주유소
Esso

메이저 시네플렉스 Major Cineplex

통로 역
Thong Lo

에까마이 역
Ekkamai

동부 버스터미널(콘쏭 에까마이)
Eastern Bus Terminal

방콕 메디플렉스
Bangkok Mediplex

Soi Promsi 1
Soi 49/11
Soi 49/6
Soi 49/4
Soi 49/3
Soi 49/1
Soi 43
Soi 45
Soi 47
Soi 49
Soi 51
Soi 53
Soi 30
Soi 30/1
Soi 34
Soi 36
Soi 38
Soi 40
Soi 42

Thara Rom Soi 2
Soi 20
Soi 25
Soi 23
Soi 21
Soi 19
Soi 17
Soi 18
Soi 15
Soi 16
Soi 14
Soi 13
Soi 12
Soi 11
Soi 10
Soi 9
Soi 8
Soi 7
Soi 6
Soi 5
Soi 4
Soi 3
Soi 2
Soi 1

통로 Thong Lo(Sukhumvit Soi 55)
에까마이 Ekkamai(Sukhumvit Soi 63)

Soi 58
Soi 5
Soi 3
Soi 1
Soi 6
Soi 4
Soi 2
Soi 59
Soi 57
Soi 61
Soi 60
Soi 59
Soi 63

BTS
통로 쑤쿰윗
Thanon Sukhumvit

0   100   200m

Restaurant

1. 똔크르앙 Thon Krueng A1
2. Kay's Sukhumvit 49 A2
3. 빠톰 오가닉 리빙 Patom Organic Living A1
4. S&P B1
5. 파타라 Patara B1
6. 그레이하운드 카페 Geryhound Cafe B1
7. 오봉팽 Au Bon Pain B1
8. 잇푸도 라멘 Ippudo Ramen B1
9. 분통끼앗 Boon Tong Kiat Hainanese B1
10. 로스트 Roast B1
11. 루트 커피 Root Coffee B1
12. 테이스트 통로 The Taste Thonglor B2
13. 알-한 R-Haan B1
14. 애프터 유 디저트 카페 After You Dessert Cafe B1
15. 스타벅스 커피 Starbucks Coffee B1
16. 루카 모토(루카 카페 분점) Laka Moto B2
17. Beast & Butter B2
18. 푸켓 타운 Phuket Town B2
19. 폴 Paul B2
20. 텅스밋 Thong Smith B2
21. 엘 가우초(스테이크) El Gaucho B2
22. 딘타이펑(지점) B2
23. 쑤판니까 이팅 룸 Supanniga Eating Room B2
24. Saigon Recipe A2
25. 캔버스 Canvas B1
26. 쿠아 끄링 빡쏫 Khua Kling Pak Sod B2
27. 토비 Toby's B3
28. 안다만 Andaman A2
29. Pacamara Coffee A2
30. 와인 커넥션 Wine Connection A2
31. 마이 초이스 My Choice A3
32. 브로콜리 레볼루션 Broccoli Revolution A2
33. 오드리 카페(통로) Audrey Cafe B1
34. 헤링본 Herringbone A2
35. 보란 Bo.Lan A3
36. 따링 쁘링 Taling Pling A3
37. L'OLIVA Ristorante Italiano A3
38. 호이텃 차우레 Hoi Tod Chaw-Lae A3
39. 바미 콩쌔리 B3
40. Gusion Coffee Project A1
41. 카눔 Kanom A1
42. 센다이 라멘 모코리 Sendai Ramen Mokkori B3
43. 서울(일식당) Seoul B3
44. 고시레(한식당) B3
45. Err Urban Rustic Thai B3
46. 싯 앤드 원더 Sit and Wonder B3
47. Patisserie Rosie(디저트 카페) B2
48. 헹 하이텃차우레 C2
49. 카우 레스토랑 Khao Restaurant C2
50. 싸바이 짜이 Sabai Jai B2
51. 쿤잉 레스토랑 Khunying Restaurant B2
52. 쿤천 Khun Churn B3
53. 엠케이 골드 MK Gold B3
54. 롤링 로스터 Rolling Roasters B3
55. 방콕반점(한식당) B3
56. 히어 하이 Here Hai C2
57. 마트리서스 Meatlicious C2
58. 100 Mahaseth Ekamai B1
59. 잉크 & 라이언 카페 Ink & Lion Cafe B3
60. 홍두안 หอมต่วน B3
61. 땀낙 이싼 Tamnak Isan B2
62. 왓타나 파닛(쌀국수) วัฒนาพานิช C1
63. 카이젠 커피 Kaizen Coffee C1
64. 아룬완 Arunwan C1

Shopping

1. 펜니 발코니 Penny's Balcony B1
2. 피만 49 Piman 49 A2
3. 더 49 테라스 The 49 Terrace A2
4. 돈키 몰 통로 DONKI Mall Thonglor B2
5. 에까마이 쇼핑 몰 Ekkamai Shopping Mall B2
6. 파크 레인 Park Lane B3
7. 탄 쑤쿰윗 47 THANN Sukhumvit 47 A2

Spa & Massage

1. 디바나 디바인 스파 Divana Divine Spa B1
2. 팜 허벌 리트리트 Palm Herbal Retreat B1
3. 어번 오아시스 스파 Urban Oasis Spa C1
4. 헬스 랜드 스파 & 마사지(에까마이 지점) B2
   Health Land Spa & Massage
5. 만다린 진저 스파 B3
   Mandarin Ginger Spa
6. 탄 생추어리 스파(지점) Thann Sanctuary Spa A2
7. 렛츠 릴랙스(에까마이 지점) Let Realx B3
8. 렛츠 릴랙스 스파 온센 Let's Relax Spa Onsen B2

Entertainment

1. 투바 Tuba C1
2. Wine I Love You B1
3. 홉스(하우스 오브 비어) HOBS(House of Beers) B1
4. 더 비어 캡 TBC(The Beer Cap) B1
5. 래빗 홀 Rabbit Hole B2
6. 아이누 AINU B2
7. 티쿠카 Tichuca B3
8. 에셜론 방콕 Echelon Bangkok B2
9. 비어 벨리 Bear Belly, 빔 클럽 Beam Club B1
10. 와인 리퍼블릭 Wine Republic B2
11. SWAY B2
12. The Cassette Music Bar C2
13. 소닉 Sonic B2
14. 008 Bar B2
15. 테 에까마이 Thay Ekamai C2
16. 낭렌 Nunglen B2
17. 디엔디 클럽 DND Club(Do Not Disturb) B2
18. 셔벗 Sherbet B2
19. 씽 씽 씨어터 Sing Sing Theater A2
20. 에까마이 비어 하우스 Ekamai Beer House B3
21. Iron Balls Distillery B3
22. 홉스(레인힐 지점) HOBS(House of Beers) A2
23. WTF 갤러리 & 카페 WTF Gallery & Café A2
24. 옥타브 루프톱 라운지 & 바 B3
    Octave Rooftop Lounge & Bar
25. 미켈러 방콕 Mikkeller Bangkok C2

Hotel

1. Akyra Hotel Thonglor B2
2. 서머셋 쑤쿰윗 통로 B2
   Somerset Sukhumvit Thonglor
3. Salil Hotel Thonglor Soi 1 A2
4. 호텔 닛코 Hotel Nikko A3
5. Staybridge Suites B2
6. 노블 리믹스 Noble Remix A3
7. Salil Hotel Sukhumvit 57 B3
8. Somerset Ekamai Bangkok B3
9. 메리어트 호텔 쑤쿰윗 Marriott Hotel Sukhumvit B3
10. InterContinental Bangkok Sukhumvit B3
11. 그랑데 센터 포인트 호텔(쑤쿰윗 55) B2
    Grande Centre Point Sukhumvit 55
12. Civic Horizon Hotel & Residences B3

칫롬 & 펀찟 Chitlom & Phloenchit

싸얌과 더불어 방콕의 대표적인 쇼핑 지역이다. 동남아시아 최대의 백화점인 쎈탄 월드 Central World 를 비롯한 쇼핑몰들이 몰려 있다. 사원이나 역사 유적은 없으며, 에라완 사당이 유일한 볼거리다.

에라완 사당 ★★★
Erawan Shrine

태국 사람들이 개인적인 소망을 기원하는 사당 중에서 가장 유명한 곳이다. 특이하게도 불교가 아니라 힌두교 사당으로 힌두교 3대 신 중에 창조의 신으로 여겨지는 브라흐마 Brahma를 모시고 있다. 에라완 사당에 모신 브라흐마 동상은 얼굴이 4개인 사면불(四面佛)로 태국에서는 행운과 보호의 신으로 여겨진다. 지독한 불교 신자인 태국 사람들이 이곳을 찾는 이유는 에라완 사당이 가진 특별함 때문이다. 그 이유는 바로 옆에 있는 그랜드 하얏트 에라완 호텔 Grand Hyatt Erawan Hotel과 깊은 연관이 있다.

1950년대 호텔을 건설하며 크고 작은 사고와 인명 피해가 있었는데, 호텔 주변을 감싸고 있는 나쁜 기운 때문이라 여긴 힌두교 성직자의 충고를 받아들여 작은 사당을 건설했다는 것이다. 그 후 호텔은 무사히 완공되고 사업도 번창해 오늘에 이르고 있다고 한다.

사람들은 에라완 사당의 특별한 능력 때문에 향을 피우고 꽃을 봉헌하며 자신의 소망이 이루어지기를 기도한다. 에라완 사당에는 전통 무용을 선사하는 무용수들이 있다. 에라완 사당을 찾는 사람들이 자신의 소망을 이루게 되면 신에게 감사의 표시를 무용수들을 통해 대신 전하는 것이다. 무용수 앞에서 브라흐마 신을 향해 무릎을 꿇고 있는 사람들이 바로 소원을 이룬 사람들이다.

현지어 싼 프라 프롬 에라완 Map P.116-A1 주소 Thanon Ratchadamri & Thanon Phloenchit 요금 무료 가는 방법 게이손 빌리지(쇼핑몰) 맞은편의 랏차쁘라쏭 사거리에 있다. BTS 칫롬 역 2번 출구에서 도보 3분.

바이욕 스카이 호텔 전망대 ★★☆
Baiyoke Sky Hotel Observation Deck

방콕에서 두 번째로 높은 건물인 바이욕 스카이 호텔 84층의 전망대. 높이 309m의 야외 전망대로 회전 장치를 만들어 360°로 전망을 즐길 수 있으며 안전망이 설치되어 있다. 고소공포증을 느끼는 사람이라면 77층의 실내 전망대도 괜찮다. 각 방향에 설치된 안내판을 통해 주요 건물과 유적을 확인하며 전망을 감상할 수 있다. 바이욕 스카이 호텔 뷔페에서 점심(630B) 또는 저녁 식사(850B)를 할 경우 전망대를 무료로 방문할 수도 있다. 참고로 2017년에 건설된 314m 높이의 킹 파워 마하나콘 King Power Mahanakhon이 방콕에서 가장 높은 빌딩이다.

Map P.114-B2 주소 77F, Baiyoke Sky Hotel, 222 Thanon Ratchaphrarop 전화 0-2656-3000 홈페이지 www.baiyokesky.baiyokehotel.com 운영 10:30~ 22:30 요금 400B(음료 1잔 포함) 가는 방법 빠뚜남 시장과 인접한 바이욕 스카이 호텔 77층에 있다. 운하 보트 빠뚜남 선착장에서 도보 15분.

쑤쿰윗 Sukhumvit

방콕 시내 중심가를 이루는 쑤쿰윗은 다양한 인종이 어우러진 방콕이 다문화 도시임을 극명하게 보여 준다. 사원이나 역사 유적은 전무하지만 길에서 외국인을 흔하게 만날 수 있는 국제적인 곳으로 특정한 단어로 정의할 수 없는 다양함도 존재한다. 국제적으로 명성이 가득한 고급 호텔과 뉴욕에 있을 법한 클럽이 상류 사회의 소비문화를 선도하는 동시에 방콕의 치부인 환락가 나나 Nana와 쏘이 카우보이 Soi Cowboy도 함께 공존한다.

반 캄티앙 ★★
Ban Khamtieng

쑤쿰윗 중에서도 교통 체증이 가장 심한 아쏙 사거리에 있는 목조건물이다. 태국 북부의 란나 왕조 Lanna Dynasty 양식으로 지은 '캄티앙'의 집으로 1848년, 치앙마이의 삥 Ping 강변에 만들었던 건물을 1960년대에 방콕으로 옮겨온 것이다.

반 캄티앙은 티크 나무의 멋이 그대로 살아 있고, 북부의 전형적인 V자 모양의 '깔래' 장식으로 지붕을 만들어 분위기를 더한다. 내부에는 고산족 용품, 농기구를 비롯해 일상생활에 쓰이는 옷 등을 전시해 박물관처럼 꾸몄다. 비디오를 통한 시청각 교육실까지 갖추어 태국 북부 풍습을 공부하는 좋은 기회도 얻게 된다.

반 캄티앙 옆은 태국 문화를 보존하는 데 지대한 역할을 수행하는 싸얌 사회 Siam Society 본부가 위치한다. 서점과 골동품 매장을 함께 운영하는데 태국 문화에 관심이 많다면 도서관에 들러 연구 자료들을 열람하자.

Map P.117-D2 주소 131 Soi Asok 전화 0-2661-6470

운영 09:00~17:00 요금 무료 가는 방법 ①BTS 아쏙 역 3번 출구로 나와서 아쏙 사거리를 끼고 좌회전하면 왼쪽에 목조건물인 반 캄티앙이 보인다. ②MRT 쑤쿰윗 역 1번 출구 바로 앞에 있다.

travel plus

한국이 그리울 땐 이곳으로!

쑤쿰윗 쏘이 씹썽 Sukhumvit Soi 12 입구의 쑤쿰윗 플라자 Sukhumvit Plaza에는 한인 상가가 밀집해 있습니다. 4층짜리 상가는 온통 한국어 간판으로 도배되어 있고, 한국과 별 차이 없는 식당, 식료품점, 노래방, 만화방, 당구장, 중식당 등이 잔뜩 입주해 있습니다.

방콕에 사는 교민들이 서로 교류하고 정보를 교환하던 초창기 모습에서 탈피해 현재는 쑤쿰윗의 또 다른 명소로 부각되고 있습니다. 그 이유는 뭐니 뭐니 해도 한류 열풍 때문입니다. 김치찌개, 비빔밥, 갈비를 맛보려는 태국인들과 일본인들로 북적댈 정도니 그 인기를 실감하게 한답니다.

✔꼭! 알아두세요

쑤쿰윗이라고 하면 보통 나나 Nana에서 언눗 On Nut까지를 의미하는데, 대체적으로 두 지역의 중간쯤인 아쏙 Asok(Sukhumvit Soi 21) 사거리를 경계로 분위기가 달라집니다. 쑤쿰윗 초입에 해당하는 나나부터 아쏙까지는 호텔들이 많아 외국인들이 많이 보이고, 아쏙부터 언눗까지는 아파트가 많아서 현지인들이 많은 특징을 보입니다.

특히 나나 느아 Nana Neua(Sukhumvit Soi 3)는 아랍인 거리로 이국적인 풍경을 느낄 수 있습니다. 나나 엔터테인먼트 플라자 Nana Entertainment Plaza와 쏘이 카우보이 Soi Cowboy는 유흥가로 흥청거립니다. 통로(Sukhumvit Soi 55)와 에까마이(Sukhumvit Soi 63)에는 태국인들이 즐겨 가는 고급 레스토랑과 클럽이 산재해 있습니다.

씰롬 · 싸톤 & 리버사이드 Silom · Sathon & Riverside

외국계 은행들과 부티크 호텔들이 대거 포진해 있어 금융과 호텔 업계를 선도한다. 낮에는 오피스 빌딩에서 쏟아져 나오는 직장인들로 분주하지만 밤이 되면 전혀 다른 얼굴로 변신해 방콕 최대의 환락가를 형성한다. 강변을 따라 럭셔리한 호텔도 가득하다.

룸피니 공원 ★★
Lumphini Park

룸피니는 네팔에 있는 부처가 태어난 작은 마을 이름이지만 방콕에서는 가장 큰 공원의 이름이다. 규모가 약 60만㎡이며 라마 6세가 왕실 소유의 땅을 헌납해 일반 공원으로 만들었다. 공원 중앙에 인공 호수를 만들고 잔디를 심어 야자수 나무 가득한 산책로를 형성해 놓았다. 공원 입구에는 라마 6세 동상이 세워져 있다. 라마 6세 동상 앞으로 마천루를 이루는 씰롬 상업지구의 빌딩들이 묘한 대조를 이룬다.

Map P.126–B1 주소 Thanon Phra Ram 4(Rama 4 Road) & Thanon Silom 운영 05:00~20:00 요금 무료 가는 방법 BTS 쌀라댕 역 4번 출구 또는 MRT 씰롬 역 1번 출구에서 도보 3분.

아시아티크 ★★★★
Asiatique

2012년 4월에 개장한 나이트 바자(야시장)이다. 쇼핑이 주목적이긴 하지만 강변 풍경과 어울려져 볼거리로도 손색이 없다. 유럽 상인들이 방콕을 드나들던 1900년대 시절의 항구 분위기를 그대로 재연했다. 300m나 되는 강변 산책로와 유럽풍이 가미된 콜로니얼 양식의 건축물이 독특한 풍경을 제공한다.

Map P.80 주소 2194 Thanon Charoen Krung Soi 72~76 전화 0–2108–4488 홈페이지 www.asiatique thailand.com 운영 17:00~23:30 요금 무료 가는 방법 타논 짜런끄룽 쏘이 72와 76 사이에 있다. BTS 싸판딱씬 역 아래에 있는 '타 싸톤 선착장'에서 전용 셔틀보트가 무료로 운행(16:00~23:00까지 20분 간격)된다. 투어리스트 보트(P.70 참고)는 저녁 시간(16:00~19:00)에만 아시아티크 선착장까지 운행된다.

롱 1919 ★★★
Lhong 1919

1850년에 만들어진 중국식 건물과 사당을 리모델링해 예술 · 문화 공간으로 재창조했다. 6,800㎡(약 2,050평) 부지에 디자인 숍과 레스토랑, 휴식 공간이 들어서 있다. 중국 남방에서 이주한 화교 출신의 상인이 건설한 곳답게 중국적인 색채가 가득하다. 안마당을 둘러싸고 건물을 배치한 중국 건축양식인 삼합원(三合院) 형태로, 강변 쪽으로 트여있는 'ㄷ'자 형의 복층 건물이다. 건물의 정중앙 1층에는 중국 남방에서 바다의 여신으로 여겨지는 마주(媽祖)를 모신 사당 Mazu Shrine이 있다. 현대적으로 복원한 건물 내부는 아트 & 크래프트 숍 Art & Craft Shop으로 활용된다. 참고로 '롱'은 한자

룸피니 공원에서 바라본 씰롬   아시아티크

중국 사당을 리모델링해 만든 롱 1919

랑(廊)의 태국식 발음이다.
Map P.80 주소 248 Thanon Chiang Mai 전화
09-1187-1919 홈페이지 www.lhong1919.com 운영
08:00~20:00 요금 무료 가는 방법 강 건너편의 타논
치앙마이에 있다. BTS 크롱싼 역에서 650m 떨어져
있다.

웨어하우스 30
Warehouse 30 ★★★

잼 팩토리 Jam Factory를 디자인한 유명
태국 건축가가 새롭게 만든 창조적인 공간이
다. 1940년대에 창고로 만들어졌다가 용도를
다해 사용하지 않고 방치됐던 7동의 창고를 쇼
핑과 레스토랑, 카페, 갤러리, 스크린 룸, 크리
에이티브 센터를 포함한 복합 공간으로 재창
조 시켰다. 허름한 창고 건물 외관과 트렌디한
인테리어가 힙한 분위기를 만든다. 의류와 패
션 소품, 책과 꽃, 빈티지한 제품, 수공예품,
오가닉 & 아로마 제품을 판매한다. 4,000㎡(
약 1,200평) 규모로 창고와 창고가 이어지게
만들어 자유롭게 내부를 이동할 수 있다. 매장
내 카페에 앉아 커피 마시며 잠시 쉬어갈 수도
있다.
Map P.128-A2 주소 Thanon Charoen Krung Soi 30

홈페이지 www.warehouse30.com 운영 11:00~20:30
요금 무료 가는 방법 타논 짜런끄룽 쏘이 30에 있다.
수상보트 타 씨프라야 선착장(선착장 번호 N3)에서
200m.

킹 파워 마하나콘
King Power Mahanakhon ★★★☆

2018년에 완공된
방콕의 최고층 빌딩.
77층 건물로 총 높이
는 314m에 이른다.
통유리창으로 이뤄진
직사각형 건물인데,
중층부를 움푹 파인
형태로 디자인한 것
이 눈에 띈다. 면세점
을 운영하는 킹 파워
King Power 그룹이 마하나콘 타워를 인수하
면서 킹 파워 마하나콘 King Power
Mahanakhon이라는 지금의 이름으로 첫 선
을 보였다. 빌딩 내부는 럭셔리 레지던스와 호
텔이 들어서 있고, 건물 꼭대기에는 전망대 형
태의 스카이 워크 Sky Walk가 있다. 78층에
자리한 스카이 워크는 314m 높이로, 통유리를
통해 발아래를 내려다 볼 수 있도록 설계했다.
74층에는 실내 전망대가 있다.
Map P.126-A2 주소 114 Thanon Narathiwat
Ratchanakharin(Narathiwat Road) 전화 0-2234-1414
홈페이지 www.kingpowermahanakhon.co.th 운영
10:00~19:00(입장 마감 18:30) 요금 1,100B(실내 전망
대+스카이 워크 입장료) 가는 방법 BTS 총논씨 역 3
번 출구 앞에 있다.

웨어하우스 30

314m 높이의 킹 파워 마하나콘 스카이 워크

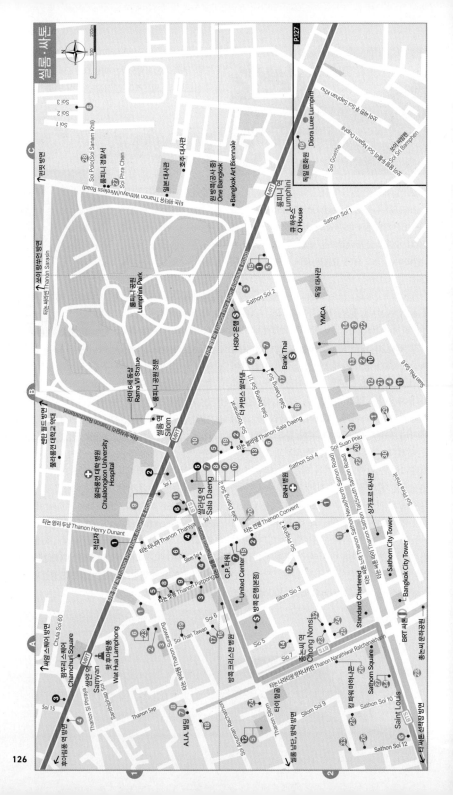

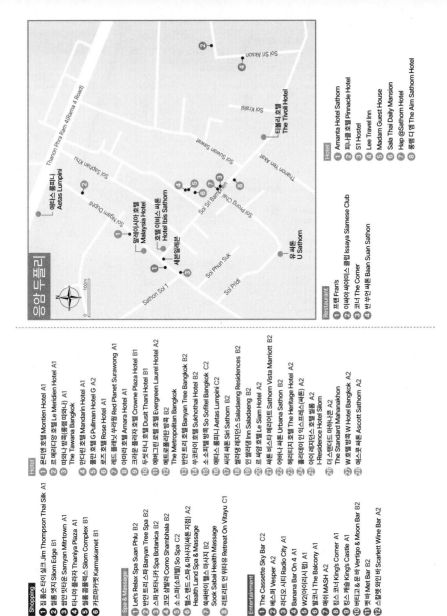

응암 두플리

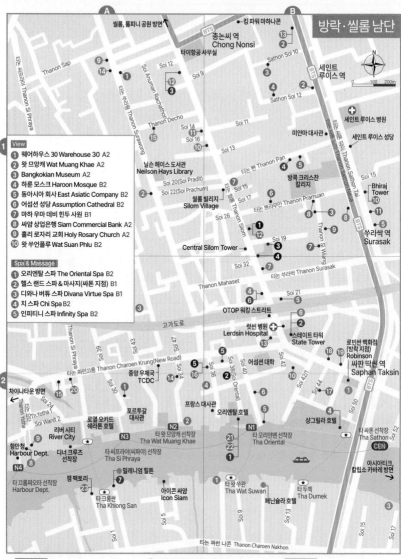

방락 · 씰롬 남단

View

1. 웨어하우스 30 Warehouse 30 A2
2. 왓 므앙캐 Wat Muang Khae A2
3. Bangkokian Museum A2
4. 하룬 모스크 Haroon Mosque B2
5. 동아시아 회사 East Asiatic Company B2
6. 어섬션 성당 Assumption Cathedral B2
7. 마하 우마 데비 힌두 사원 B1
8. 싸얌 상업은행 Siam Commercial Bank A2
9. 홀리 로자리 교회 Holy Rosary Church A2
10. 왓 쑤언플루 Wat Suan Phlu B2

Spa & Massage

1. 오리엔탈 스파 The Oriental Spa B2
2. 헬스 랜드 스파 & 마사지(싸톤 지점) B1
3. 디와나 버투 스파 Divana Virtue Spa B1
4. 치 스파 Chi Spa B2
5. 인피티니 스파 Infinity Spa B2

Restaurant

1. 쏨분 시푸드 Somboon Seafood A1
2. 하우스 언 싸톤 The House on Sathorn B1
3. 쑤판니까 이팅 룸(싸톤 지점) B1
4. 로켓 커피 바 Rocket Coffee Bar B1
5. 루카 카페 Luka Cafe B1
6. 깐라빠쁘럭 Kalpapruek B1
7. 반 치앙 Ban Chiang B1
8. 탄잉 레스토랑 Thanying Restaurant B1
9. 반 쏨땀 Baan Somtum B1
10. 루트 앳 싸톤 Roots at Sathon B1
11. 블루 엘리펀트 Blue Elephant B1
12. 따링쁘링 Taling Pling B1
13. 짜런쌘 씰롬 Charoensaen Silom B2
14. 하모니크 Harmonique A2
15. 80/20 Eighty Twenty A2
16. 반 쏨땀 방락 Baan Somtum Bang Rak B2
17. 싸니 Sarnies B2
18. 쪽 프린스 โจ๊กปรินซ์ B2
19. 쁘라짝뻿 양 Prachak Pet Yang B2
20. 쌈러 Sam Lor A2

21. 오터스 라운지 Authors' Lounge B2
22. 르 노르망디 Le Normandie B2
23. 네버 엔딩 썸머 Never Ending Summer A2

Hotel

1. Centre Point Silom B2
2. Marriott Hotel The Surawongse A1
3. 이비스 방콕 리버사이드 B2
4. Novotel Fenix Silom B2
5. 이스틴 그랜드 호텔 싸톤 B1
6. 르부아 Lebua at State Tower B2
7. 홀리데이 인 씰롬 Holiday Inn Silom B2
8. 모드 싸톤 호텔 Mode Sathorn Hotel B1
9. 아마라 호텔 Amara Hotel A1
10. 트리플 투 호텔 Triple Two Hotel B1
11. 나라이 호텔 Narai Hotel A1
12. 풀만 호텔 G Pullman Hotel G A1
13. W 호텔 방콕 W Hotel Bangkok A1
14. Red Planet Surawong A1
15. 랍디 Lub ★d A1

Shopping

1. 반 씰롬 Baan Silom B1
2. O.P. Place B2
3. 방콕 패션 아웃렛 B1
4. Jewelry Trade Center B1
5. O.P. 가든 O.P. Garden B2

Entertainment

1. 뱀부 바 Bamboo Bar B2
2. 씨로코 & 스카이 바 Sirocco & Sky Bar B2
3. 스칼렛 와인 바 Scarlett Wine Bar A1
4. 오푸스 와인 바 Opus Wine Bar B1
5. SIWILAI Sound Club B2
6. 메기 추 Maggie Choo's B2
7. 스리 식스티 Three Sixty A2

12

방콕의 주변 볼거리

방콕에서 한두 시간이면 도착하는 근교 볼거리도 놓치기 아깝다. 수상시장, 나콘 빠톰, 므앙 보란 같은 볼거리가 있다. 대중교통으로도 여행할 수 있지만 매우 불편하다. 호텔이나 여행사에서 운영하는 1일 투어를 이용하자.

왓 빡남(왓 빡남 파씨짜런) ★★★☆
Wat Paknam

아유타야 시대에 건설된 사원으로 400년이 넘는 역사를 간직하고 있다. 7.9에이커(약 9,600평) 규모로 정원과 운하에 둘러싸여 있다. 관광객이 사원을 찾는 이유는 대형 불상과 쩨디(불탑)를 보기 위해서다. 2012년에 건설된 80m 크기의 쩨디는 프라 마하 쩨디 마하랏차몽콘 Phra Maha Chedi Maharatcha-mongkhon이라 불린다. 쩨디 내부에는 녹색 유리로 만든 또 다른 탑이 있다. 돔 모양의 천장에는 보리수나무 아래서 명상하고 있는 붓다가 그려져 있는데, 탑과 어우러져 마치 작은 우주를 연상케 한다. 최근에 완성된 대형 불상(프라 붓다 탐마까야 텝몽콘)은 70m 크기로 웅장하다.

Map P.80 주소 Thanon Thoet Thai Soi 28 전화 0-2467-0811 운영 08:00~18:00 요금 무료 가는 방법 ①타논 텃타이 쏘이 28 골목으로 들어가서 왓 쿤짠 Wat Khunchan(사원) 옆의 운하를 건너면 된다. ② MRT 방파이 Bang Phai 역에서 800m.

담넌 싸두악 수상시장 ★★★
Damnoen Saduak Floating Market

불과 20~30년 전만 해도 방콕에 수상시장이 활발하게 운영되었으나 육로 교통이 발달하고 도시가 성장하면서 수상시장의 옛 모습은 찾기 힘들어졌다. 이런 옛 정취를 그대로 간직하고 있는 곳이 바로 담넌 싸두악이다.

방콕 주변의 수상시장 중에 규모가 가장 큰 곳으로 행정구역상 랏차부리 Ratchaburi 주(州)에 속해 있다. 방콕 주변 여행지 중에서 가장 유명한 곳으로 엽서에서 보던 사진 한 장을 찍기 위해 관광객들이 몰려간다.

수상시장은 이른 아침부터 보트에 각종 야채와 과일, 음식을 싣고 수로를 돌아다니며 활발한 상거래가 이루어진다. 운하를 향해 계단과 출입문을 내놓고 생활하는 주민들에게 상인들이 일일이 찾아다니며 물건을 파는 상거래로 생각하면 된다. 아침에 일찍 가야 본래 수상시장의 풍경을 제대로 느낄 수 있다. 하지만 대부분의 관광버스들이 점심시간을 전후해 도착하기 때문에 수상시장을 오가는 상인들도 관광객들을 상대하는 상투적인 모습으로 변모한다.

왓 빡남 파씨짜런

담넌 싸두악 수상시장

현지어 딸랏남 담넌 싸두악 위치 방콕에서 남서쪽으로 104㎞ 운영 07:00~16:00 요금 무료 가는 방법 ① 방콕 남부 터미널(콘쏭 싸이따이)에서 담넌 싸두악행 에어컨 버스(78번 버스)가 운행된다. 05:40~21:00까지 한 시간 간격으로 출발한다. 편도 요금은 64B이며 2시간 정도 걸린다. 참고로 에어컨 버스는 수상시장 입구의 배 타는 곳에 승객을 내려준다. 수상시장까지 1㎞ 떨어져 있는데, 걸어가려면 배를 타라는 호객꾼들을 따돌려야 한다. ②방콕 남부 터미널에서 출발하는 미니밴(롯뚜)를 타도 된다. 06:00~18:00까지 승객이 모이는 대로 출발한다. 편도 요금은 80B. ③대중교통보다 여행사 투어를 이용하면 편리하다. 매끄롱 기찻길 시장과 함께 반나절 투어로 다녀오면 좋다.

암파와 수상시장 ★★★★
Amphawa Floating Market

담넌 싸두악에 비해 외국인에게 덜 알려져 있지만, 방콕 사람들에게는 담넌 싸두악보다 더 큰 인기를 얻고 있는 수상시장이다. 담넌 싸두악의 남쪽에 있으나 행정구역은 싸뭇 쏭크람 Samut Songkhram 주(州)에 속한다.

주말에만 열리는 수상시장으로 금요일부터 일요일까지는 사람들로 인해 발 디딜 틈 없이 북적댄다. 그 이유는 태국 사람들이 좋아하는 운하와 재래시장을 고스란히 느끼기 때문이다. 또한 운하 주변의 오래된 목조 가옥에 사람들이 그대로 살고 있어 삶의 현장을 여과 없이 볼 수 있다.

암파와 수상시장의 배들은 움직이지 않고

한곳에 정박해 있다. 오히려 사람들이 직접 걸어 다니며 먹을 것을 찾아 다녀야 하는 특이한 수상시장이다. 하지만 운하를 따라 상점이 몰려 있고, 운하 옆으로는 재래시장까지 붙어 있어 남의 집들을 하나씩 둘러보는 재미가 가득하다. 더군다나 먹을거리가 잔뜩이어서 군것질하는 재미도 쏠쏠하다. 매끄롱 기찻길 시장(위험한 시장)과 함께 반나절 투어로 다녀오면 편리하다. 카오산 로드의 한인업소에서 투어 예약이 가능하다.

현지어 딸랏남 암파와 위치 방콕에서 남서쪽으로 55㎞ 홈페이지 www.amphawafloatingmarket.com 운영 금~일요일 12:00~20:00 요금 무료 가는 방법 ①방콕 남부 터미널에서 암파와까지 미니밴(롯뚜)이 운행된다. 06:00~20:00까지 사람이 모이는 대로 출발한다. 11번 탑승 플랫폼에서 표를 구입하면 된다. 편도 요금은 70B이며, 약 60분 정도 소요된다. 돌아오는 막차는 월~목 18:20, 금~일 20:00에 있다. ②방콕 여행사에서 운영하는 반나절 투어에 참가한다. 투어는 오후에 출발하며, 반딧불을 보기 위한 보트 투어가 포함된다. 참여 인원에 따라 투어 요금(850~1,500B)이 달라진다.

매끄롱 기찻길 시장(위험한 시장) ★★★
Mae Klong Railway Market

매끄롱(매꽁) Mae Klong은 방콕 서쪽으로 70㎞ 떨어진 싸뭇 쏭크람 주에 있는 작은 도시로 기찻길 시장이 유명하다. 태국에서 흔하게 볼 수 있는 재래시장이지만 기찻길에 좌판을 내놓고 각종 과일과 채소, 육류, 생선, 식료

암파와 수상시장   암파와 수상시장

품, 향신료를 판매한다. 기차가 지날 때면 시장의 노점들이 일사분란하게 점포를 철거했다가, 기차가 통과하면 아무 일 없었다는 듯 물건을 철도에 내놓고 장사한다. 이런 모습이 위험하게 보인다 하여 딸랏 안딸라이(위험한 시장) Talat Antalai라고 부른다.

매끄롱 기찻길 시장(위험한 시장)

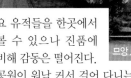

므앙 보란

기차가 이동할 때마다 차양막(파라솔)을 접었다 폈다 하는 모습에서 딸랏 롬훕(우산을 접는 시장) Talat Rom Hoop이라는 별명을 얻기도 했다. 딸랏은 시장, 롬은 우산, 훕은 접다라는 뜻이다. 매끄롱 기찻길 시장에서는 이런 일들이 매일 4번씩 반복된다(기차가 하루 4번 운행된다). 다행히도 기차가 서행으로 움직이기 때문에 그다지 위험하지는 않고, 시장 상인들은 이런 불편함을 즐기는 분위기다. 시장 끝에는 매끄롱 기차역(싸타니 롯파이 매끄롱)이 있다.

현지어 딸랏 매끄롱 주소 Muang Samut Songkhram 홈페이지 www.maeklongnewways.com 운영 07:00~17:30 요금 무료 가는 방법 ①남부 버스 터미널, 머칫 미니밴 정류장, 동부 버스 터미널 3곳에서 미니밴(롯뚜)이 출발한다. 06:00~20:00까지 운행되며, 편도 요금은 70~100B이다. ②방콕 여행사에서 수상시장과 연계해 1일 투어를 진행한다. 주말(금~일)에는 암파와 수상시장+매끄롱 기찻길 시장, 평일에는 담넌 싸두악 수상시장+매끄롱 기찻길 시장 투어를 이용하면 된다.

므앙 보란 ★★
Muang Boran(The Acient City)

세계에서 가장 큰 야외 박물관이란 타이틀을 갖고 있는 건축 공원이다. 므앙 보란은 '고대 도시'라는 뜻으로 태국 전국에 있는 고대 건물들을 실물 크기로 재현해 놓은 역사 공원. 공원의 모양새도 태국 국토 모양과 동일하게 만들었다.

쑤코타이와 아유타야를 포함해 태국의 주요 유적들을 한곳에서 볼 수 있으나 진품에 비해 감동은 떨어진다.

공원이 워낙 커서 걸어 다니는 건 매우 힘들다. 매표소에서 자전거를 빌리거나 전통 카트(1시간 350B)를 대여하면 된다.

주소 296/1 Thanon Sukhumvit, Samut Prakan 위치 방콕에서 남동쪽으로 10㎞ 전화 0-2709-1644~5 홈페이지 www.ancientcitygroup.net/ancientsiam 운영 09:00~18:00 요금 700B (아동 350B) 가는 방법 ① BTS 쑤쿰윗 라인을 타고 종점인 케하 Kheha 역에 내려서 택시를 타면 된다. 케하 역에서 4km 떨어져 있다. ②방콕 시내에 있는 타논 쑤쿰윗에서 511번 버스(요금 20~24B)를 타고 종점인 빡남 Pak Nam에 내린 다음 썽태우(36번 버스, 요금 8B)로 갈아타서 므앙 보란 입구에 내린다. 방콕 교통 사정에 따라 1시간 30분~2시간 정도 걸린다. ③방콕 시내에서 택시를 탈 경우 약 1시간 정도 걸린다(편도 요금 300~400B).

나콘 빠톰 ★★
Nakhon Pathom

방콕에서 서쪽으로 56㎞ 떨어진 작은 도시 나콘 빠톰은 방콕에서 차로 한 시간 거리다. 태국에 불교가 가장 먼저 전래된 곳으로 특별한 의미를 지니며, 세계 최대의 불탑인 프라 빠톰 쩨디 Phra Pathom Chedi로도 유명하다.

석가모니가 태국 땅을 직접 밟지는 않았지만, 불교를 전파하는 데 지대한 공을 세웠던 인도 아소카 대왕 King Asoka(BC 272~BC 232)이 파견한 두 명의 고승이 버마(미얀마)를 거쳐 태국까지 왔다고 전해진다.

당시 나콘 빠톰은 몬족이 건설한 드바라바티 왕국 Dvaravati Kingdom의 중심지였는데, 불교가 전래된 것을 기념하기 위해 6세기경에 스리랑카 양식의 탑(쩨디)을 세웠다. 하지만 힌두교를 기반으로 삼았던 크메르 제국이 나콘 빠톰을 점령한 11세기에는 불탑을 부수고, 힌두교 브라마 사상에 입각한 쁘랑을

프라 빠톰 쩨디

세웠다고 한다. 그러나 버마(미얀마)의 지배를 받으며 쁘랑마저도 폐허가 되어버린다.

나콘 빠톰이 현재의 모습을 갖춘 것은 라마 4세 때인 1860년의 일이다. 불교를 국교로 삼았던 짜끄리 왕조는 태국에 불교가 최초로 전래된 곳을 방치해 둘 수가 없었다. 본래 탑 모양과 비슷하게 불탑을 건설했는데, 이번에는 120m 높이로 만들어 세계 최대의 불탑을 건설했다. 프라 빠톰 쩨디라 명명된 황금빛의 오렌지색 쩨디는 불탑 하단부에 사방(동서남북)으로 법전과 불당이 세워져 신성한 공간으로 재탄생한다.

프라 빠톰 쩨디에 모신 가장 중요한 불상은 8m 크기의 프라 루앙 롱짜나릿 Phra Luang Rongchanarit이다. 탑의 북쪽 입구로 들어가면 볼 수 있으며, 향을 피우고 연꽃을 바치는 순 자들의 발길이 끊이지 않는다.

운영 08:00~19:00 요금 60B 가는 방법 ①방콕 남부 터미널(콘쏭 싸이 따이)에서 에어컨 버스를 탄다. 05:30~22:00 사이에 15분 간격으로 출발하며 편도 요금은 60B이다. 버스에 따라 대로변에서 내려주는 경우가 있으니, 반드시 프라 빠톰 쩨디까지 가는지 확인하고 타자. ②톤부리 역에서 기차가 출발한다. 깐짜나부리 행 기차를 타고 나콘 빠톰에 내리면 된다. 자세한 출발 시간은 깐짜나부리 교통정보(P.199) 참고.

방콕 근교는 투어를 이용하면 편리합니다

travel plus

방콕 근교 볼거리는 서로 방향이 다르기 때문에 하루에 한 곳 이상 여행하기가 힘들답니다. 더군다나 버스 터미널까지 직접 찾아가야 하기 때문에 길에서 허비하는 시간도 많고요. 이런 불편은 여행사 투어를 이용한다면 한 방에 해결이 가능합니다. 방콕에 워낙 많은 여행사가 있어서 투어를 예약하기는 어렵지 않습니다. 다만, 여행사마다 요금이 다른데 그 이유는 투어에 참여하는 인원과 차량이 다르기 때문입니다. 투어는 차량과 가이드, 입장료, 점심 포함을 기본으로 하지만 여행사마다 차이가 있으니 예약할 때 조건을 확인해두기 바랍니다. 저렴한 투어에 참여하

려면 방콕의 여행자 밀집지역인 카오산 로드의 여행사를 이용하세요. 투어는 방콕 인근의 깐짜나부리와 아유타야, 파타야까지 다양하게 진행된답니다.

투어 요금
담넌 싸두악 수상시장+매끄롱 기찻길 시장 500B
암파와 수상시장 + 매끄롱 기찻길 시장 투어(800~1,500B)
깐짜나부리(코끼리 트레킹, 뗏목 타기) 1일 투어 1,500B
에라완 폭포 + 콰이강의 다리 1일 투어 1,800B
아유타야 1일 투어 1,100B
아유타야 오후 투어 + 선셋 크루즈 1,600B

Restaurant

방콕의 다양함을 잘 보여주는 것이 음식이다. 방콕은 단순히 먹을거리만 찾아다니는 식도락 여행을 하기에도 손색없는 곳이다. 한 달 이상 똑같은 음식을 먹을 일이 없을 정도로 음식은 널려 있다. 방콕에만 5만개 이상의 식당이 영업 중이다. 허름한 노점 식당부터 일류 호텔 레스토랑까지 선택의 폭도 넓다.

라따나꼬씬, 톤부리, 방람푸

하루에도 수많은 관광객들이 오고가는 지역이지만 대형 레스토랑은 별로 없고 방콕 초기의 전통을 이어가는 소규모 식당들이 대부분이다.

팁싸마이   ★★★★
Thip Samai

1966년부터 영업을 시작한 방콕의 대표적인 팟타이 음식점이다. 오로지 팟타이 하나만 요리한다. 통통한 새우를 넣은 '팟타이 만 꿍'과 오믈렛을 곁들인 '팟타이 피쎗'이 인기다. 저녁에만 문을 연다.
Map P.99-B2 주소 313 Thanon Maha Chai 전화 0-2226-6666 홈페이지 www.thipsamai.com 영업 09:00~24:00(휴무 화요일) 메뉴 영어, 태국어 예산 90~500B 가는 방법 왓 랏차낫다 Wat Ratchanatda에서 타논 마하차이 Thanon Maha Chai를 따라 남쪽으로 도보 8분.

타 마하랏   ★★★
Tha Maharaj

오래된 '타 마하랏' 선착장('타'는 선착장이라는 뜻이다)을 현대적인 시설로 재단장했다. 싸웨이 레스토랑 Savoey Restaurant (해산물 요리), 애프터 유 디저트 카페 After You Dessert Cafe, 커피 클럽 The Coffee Club, 스타벅스(커피) 등이 입점해 있다. 짜오프라야 강변에 있어서 강 풍경을 덤으로 즐길 수 있다.
Map P.88-A2 주소 1/11 Trok Thawihiphon, Thanon Maharat(Maharaj) 전화 0-28663163~4 홈페이지 www.thamaharaj.com 영업 10:00~22:00 메뉴 영어, 태국어 예산 180~500B 가는 방법 타 마하랏 Tha Maharat (Maharaj)선착장과 붙어 있다.

크루아 압쏜   ★★★★
Krua Apsorn

태국 요리 음식점으로 현지인들에게 유명한 맛집이다. 분위기보다는 맛과 전통을 중요시하는 복고적인 트렌드에 충실하다. 부담 없이 먹을 수 있는 정갈한 태국 요리를 선보인다. 가족과 친구들, 연인끼리 찾아와 식사하는 모습은 소박한 즐거움이 가득하다. 메뉴는 30여 종류로 많지 않다. 일찍 문 닫기 때문에 늦지 않도록 하자.
Map P.99-B2 주소 169 Thanon Din So 전화 0-2685-4531 홈페이지 www.kruaapsorn.com 영업 10:30~20:00(휴무 일요일) 메뉴 영어, 태국어 예산 140~530B 가는 방법 민주기념탑 로터리에서 남쪽으로 연결되는 타논 딘써 방향으로 도보 2분.

메타왈라이 쏜댕(란아한 쏜댕)
Methavalai Sorndaeng   ★★★★

방콕 시민들에게 잘 알려진 맛집 중의 한 곳이다. 미쉐린 가이드에 선정되면서 명성을 더했다. 1957년부터 영업 중인 역사와 전통을 간직한 레스토랑이다. 유럽풍의 오래된 건물 내부는 그 자체로 빈티지하다. 태국 음식에 들어가는 소스와 향신료가 부족하지도 넘치지도 않는다. 유리창 너머로 민주기념탑이 보여서 분위기도 좋다.
Map P.99-B2 주소 78/2 Thanon Ratchadamnoen Klang 전화 0-2224-3088 영업 10:30~22:00 메뉴 영어, 태국어 예산 260~950B(+17% Tax) 가는 방법 타논 랏차담넌 끄랑에 있는 민주기념탑 로터리에 있다.

스티브 카페 ★★★☆
Steve Cafe

주요 관광지에서 떨어진 짜오프라야 강변에 있다. 60년 된 목조 가옥이 한적한 강변과 어우러진다. 방콕 시민들이 즐겨 찾는 곳으로 태국 음식 고유의 향신료와 맛에 충실하다.

Map P.104-A1 주소 68 Thanon Si Ayuthaya Soi 21 전화 0-2281-0915, 08-1868-0744 홈페이지 www. stevecafeandcuisine.com 영업 10:00~22:00 메뉴 영어, 태국어 예산 190~490B(+17% Tax) 가는 방법 ①국립 도서관 옆길인 타논 씨 아유타야 끝에 있는 '왓 테와랏 Wat Thewarat' 후문 뒤쪽의 강변에 있다. ②낮 시간에는 수상 보트 타 테웻 선착장(선착장 번호 N15)을 이용하면 된다(수상 보트는 해가 지면 운행되지 않는다).

촘 아룬 ★★★★
Chom Arun

왓 아룬(새벽 사원)을 바라보며 식사하기 좋은 루프 톱 레스토랑. 상호의 '촘'은 바라보다, '아룬'은 새벽이란 뜻이다. 스프링 롤, 치킨윙, 파파야 샐러드, 모닝글로리, 팟타이, 볶음면, 볶음밥, 똠얌꿍, 게 카레 볶음 등 관광객이 선호하는 태국음식 위주로 요리한다. 저녁 시간에는 미리 예약해야 원하는 자리를 얻을 수 있다.

Map P.88-B3 주소 392/53 Thanon Maharat 전화 09-5446-4199 홈페이지 www.facebook.com/chomarun 영업 11:00~21:00 메뉴 영어, 태국어 예산 메인 요리 260~800B(+17% Tax) 가는 방법 ①타 띠안 선착장에서 500m. 리바 아룬 호텔 Riva Arun Hotel 앞쪽의 강변에 있다. ②MRT 싸남차이 역에서 600m.

더 덱 ★★★★
The Deck

짜오프라야 강을 끼고 있는 아룬 레지던스(호텔) Arun Residence에서 운영한다. 강 건너에는 방콕의 상징적인 아이콘인 왓 아룬(새벽 사원)이 그림처럼 펼쳐진다. 해지는 시간에 맞추어 음료(선셋 드링크) 한 잔하며 강바람을 쏘이기도 좋다. 인접한 곳에 있는 쌀라 라따나꼬썬 Sala Rattanakosin(홈페이지 www.sala

rattanakosin.com)도 인기 있다.

Map P.88-B3 주소 36~38 Soi Pratu Nokyung, Thanon Maharat 전화 0-2221-9158 홈페이지 www. arunresidence.com 영업 월~목요일 11:00~22:00, 금~일요일 11:00~23:00 메뉴 영어, 태국어 예산 메인 요리 360~880B(+17% Tax) 가는 방법 왓 포 남쪽 출입문이 있는 타논 마하랏에서 길을 건너 쏘이 빠뚜녹융 골목 안쪽으로 50m 들어간다. 수상 보트 타 띠안 선착장에서 도보 10분.

차이나타운

동네 전체가 시장이기 때문에 어디서 뭘 먹을까 하는 걱정은 하지 않아도 된다. 쌀국숫집과 딤섬, 시푸드까지 다양한 식사가 가능하다.

후아쎙 홍 ★★★
Hua Seng Hong

40년 넘도록 영업하며 무수한 단골 고객을 확보하고 있는 식당이다. 메뉴가 100가지가 넘기 때문에 어떤 걸 주문해야 할지 고민하게 만든다. 샥스핀과 제비집 요리는 물론 시푸드, 홍콩 국수, 딤섬까지 다양하다. 한자 간판은 '화성풍주가(和成豊酒家)'라고 씌어 있다.

Map P.109-C1 주소 371~373 Thanon Yaowarat 전화 0-2222-0635, 0-2222-7053 영업 10:00~24:00 메뉴 영어, 태국어 예산 메인 요리 330~1,500B 가는 방법 타논 야왈랏의 쏘이 이싸라누팝과 타논 쁘랭남 Thanon Plaeng Nam 사이에 있다.

쏘이 텍사스 시푸드 골목 ★★★★
Soi Texas Seafood Stalls

차이나타운이 어두워지고 상인들의 발길이 뜸해지면 유독 바빠지는 거리가 있다. 일명 '쏘이 텍사스 Soi Texas'라고 불리는 타논 파둥다오 저녁 때가 되면 저렴한 시푸드 식당이 문을 열고 노점들이 생겨난다. 시장통의 활기가 그대로 전해지는 야시장의 먹자골목 분위기로 매우 서민적이다. T&K 시푸드 T&K Seafood가 규모도 크고 인기가 많은 편이다.

Map P.109-C2 주소 Thanon Phadung Dao(Soi Texas) & Thanon Yaowarat 영업 18:00~24:00 예산 300~1,500B 가는 방법 타논 야왈랏과 연결되는 도로인 타논 파둥다오 Thanon Phadung Dao에 있다.

홍씨앙꽁 ★★★☆
Hong Sieng Kong

딸랏 노이 지역에 있지만 짜오프라야 강변을 끼고 있어 분위기가 좋다. 150년이 넘는 오래된 건물을 카페와 레스토랑으로 개조했다. 중국풍의 오래된 건물은 그 자체로 빈티지하고, 오랜 세월을 거치며 자란 나무뿌리들이 건물을 휘감고 있는 모습은 잊진 유적을 발견한 듯한 감동을 준다. 커피와 디저트뿐만 아니라 식사까지 가능하다.

Map P.109-C2 주소 734 Soi Wanit 2 전화 09-5998-9895 홈페이지 www.facebook.com/HongSiengKong 영업 화~일 10:00~20:00(휴무 월요일) 메뉴 영어, 태국어 예산 커피 · 디저트 140~240B, 식사 240~340B 가는 방법 쏘이 와닛 2에서 연결되는 쏘이 쪼우쓰꽁 Soi Chow Su Kong 골목으로 들어간다.

싸얌, 칫롬, 펀찟

싸얌에는 젊음의 거리답게 캐주얼한 카페 스타일의 레스토랑이 많다. 디저트나 아이스크림 전문점, 카페도 많아 쇼핑하느라 지친 몸을 재충전할 수 있다. 칫롬과 펀찟은 쇼핑몰마다 유명 레스토랑이 입점해 있어 멀리 가지 않고 식사와 쇼핑을 한꺼번에 해결할 수 있다.

인터(란아한 인떠) ★★★☆
Inter

싸얌 스퀘어에서 유독 현지인들이 즐겨 찾는 식당이다. 1981년부터 영업하고 있다. 팟타이, 덮밥, 똠얌꿍, 쏨땀, 생선 요리까지 선택의 폭이 넓다. 거품 없는 음식 값과 무난한 음식 맛이 인기의 비결이다. 2층으로 규모가 큰 편임에도 불구하고 식사시간에는 자리 구하기가 힘들다.

Map P.112 주소 432/1-2 Siam Square Soi 9 전화 0-2251-4689 영업 11:00~21:30 메뉴 영어, 태국어 예산 90~290B 가는 방법 싸얌 스퀘어 원(쇼핑 몰) 후문을 등지고 정면에 보이는 싸얌 스퀘어 쏘이 까우 Soi 9에 있다. BTS 싸얌 역에서 도보 8분.

텅스밋 ★★★☆
Thong Smith

배 위에서 쌀국수를 만들어주던 보트 누들(꾸어이띠아우 르아) Boat Noodle을 한 단계 업그레이드해 트렌디한 쌀국수 레스토랑으로 변모시켰다. 소고기 쌀국수 Beef Boat Noodles가 메인이며, 돼지고기 · 닭고기 쌀국수도 선택이 가능하다. 여러 곳의 쇼핑몰에 지점을 운영하고 있다.

Map P.111-B1 주소 3F, Central World, 1 Thanon Ratchadamri(Rama 1 Road) 전화 0-2068-6588 홈페이지 www.facebook.com/Siameseboatnoodles 영업 10:00~22:00 메뉴 영어, 태국어 예산 179~529B(+10% Tax) 가는 방법 ①쎈탄 월드(센트럴 월드) 3F에 있다. ② 쎈탄 엠바시(센트럴 엠바시) 5F에 있다.

오까쭈 ★★★★
Ohkajhu

치앙마이에서 시작해 방콕으로 세를 넓힌 유기농 샐러드 레스토랑이다. 푸릇푸릇한 채소와 아보카도, 곡물을 조합해 기호에 맞게 샐러드를 주문할 수 있다. 연어, 스테이크, 소시지, 파스타를 이용한 요리를 선보이며 메뉴에 다양한 변주를 줬다. 인접한 싸얌 스퀘어 2 Siam Square Soi 2 지점을 운영한다.

Map P.112 주소 3F, Siam Square One Shopping Mall, Thanon Phra Ram 1(Rama 1 Road) 전화 08-2444-2251 홈페이지 www.ohkajhuorganic.com 영업 10:00~22:00 메뉴 영어, 태국어 예산 185~565B 가는 방법 BTS 싸얌 역과 붙어 있는 싸얌 스퀘어 원(쇼핑몰) 3F에 있다.

싸얌 파라곤 G층 식당가 ★★★☆
Siam Paragon Food Hall

싸얌 파라곤 G층에 있는 푸드 코트와 대형

슈퍼(Gourmet Market)가 합쳐진 대규모 식당가다. 백화점 한 층을 가득 메우고 있어 음식 선택의 폭이 넓다. 엠케이, 따링쁘링을 비롯해 유명 레스토랑들이 입점해 있다. 유동인구가 많아서 늘 분주하다.

Map P.112 주소 991 Thanon Phra Ram 1(Rama 1 Road), Siam Paragon G층 홈페이지 www.siamparagon.co.th 영업 10:00~22:00 메뉴 영어, 태국어 가는 방법 씨암 파라곤 G층에 있다. BTS 씨암 역 3번 또는 5번 출구에서 도보 1분.

오픈 하우스 ★★★☆
Open House

쇼핑몰 한 층을 오롯이 메운 문화 · 예술 · 다이닝 공간이다. 7,000㎡(약 2,110평) 규모의 매장은 2만여 권의 책들로 가득 채워진 서점을 중심에 두고 레스토랑, 카페, 라운지, 와인 바를 배치했다. 태국 요리뿐만 아니라 브런치, 피자, 스테이크, 일본 요리, 스페인 요리까지 다양하게 즐길 수 있다.

Map P.116-B1 주소 Level 6, Central Embassy, 1031 Thanon Ploenchit 전화 0-2119-7777 홈페이지 www.centralembassy.com 영업 10:00~22:00 메뉴 영어, 태국어 예산 300~600B 가는 방법 쎈탄 엠바시(센트럴 엠바시) Central Embassy 6F에 있다. BTS 펀찟 역에서 도보 5분.

짐 톰슨 레스토랑 ★★★★
Jim Thompson Restaurant

방콕의 대표적인 관광지 중의 하나인 짐 톰슨의 집에서 운영한다. 일류 호텔과 비교해도 손색없는 분위기로 직접 생산한 실크를 이용해 인테리어를 장식했다. 정통 태국 음식들은 외국인이 먹기에 부담 없을 정도로 향신료를 조절한 것이 특징이다.

Map P.111-A1 주소 6 Kasemsan Soi 2, Thanon Phra Ram 1(Rama 1 Road) 전화 0-2612-3601 홈페이지 www.jimthompsonrestaurant.com 영업 11:00~17:00, 18:00~22:00 예산 380~920B(+10% Tax) 가는 방법 BTS 씨남낄라 행찻(국립 경기장) 역에서 1번 출구로 나

와 까쎔싼 쏘이 썽 Kasemsan Soi 2 골목 안쪽으로 들어간다. 짐 톰슨의 집 매표소 옆에 레스토랑이 있다.

엠케이 레스토랑 ★★★
MK Restaurant

태국에서 가장 대중적이고, 외식 장소로 인기 있는 쑤끼 전문점이다. 흔히 '엠케이 쑤끼'라고 부른다. 쑤끼는 일종의 전골 요리로, 음식 재료를 골라 직접 요리해 먹는다. 마분콩, 쎈탄 월드, 씨암 파라곤, 빅 시, 테스코 로터스 등의 주요 쇼핑몰에서 체인점을 운영한다.

Map P.112 주소 Siam Square 홈페이지 www.mkrestaurant.com 영업 11:00~21:00 예산 1인당 300~500B 가는 방법 ①마분콩 MBK Center 7층 식당가에 있다. BTS 씨남낄라 행찻 역에서 도보 2분 ②씨암 파라곤 G층에 MK 골드 레스토랑이 있다. BTS 씨암 역에서 도보 1분.

램짜런 시푸드 ★★★★
Laem Charoen Seafood

40년이 넘는 역사를 자랑하는 유명한 시푸드 레스토랑이다. 신선한 해산물을 이용한 다양한 태국 음식을 요리한다. 식사 메뉴도 많아서 점심시간에도 손님이 많다. 쇼핑몰 내부에 있어 편리하다. 씨암 파라곤 4F Siam Paragon (Map P.112)을 포함해 7개 지점을 운영한다.

Map P.111-B1 주소 Central World 3F 전화 02-646-1040 홈페이지 www.laemcharoenseafood.com 영업 10:30~22:00 메뉴 영어, 중국어, 태국어 예산 295~990B(+10% Tax) 가는 방법 쎈탄 월드(센트럴 월드) 3층 우측(쇼핑몰 정면에 해당하는 도로 쪽 방향)에 있다.

에라완 티 룸 ★★★☆
Erawan Tea Room

그랜드 하얏트 에라완 호텔에서 운영하는 레스토랑을 겸한 카페. 인테리어는 아시아적 색채가 가미된 복고풍으로 푹신한 소파와 잔잔한 음악이 방콕의 무더위와 대비를 이룬다. 오후 2시 30분부터 5시 30분까지 애프터눈 티 (800B)를 즐길 수 있다.

Map P.116-A1 주소 Thanon Phloenchit, Erawan Bangkok 2F 전화 0-2254-1234 영업 10:00~22:00 메뉴 영어, 태국어 예산 340~1,400B(+17% Tax) 가는 방법 에라완 사당 옆에 있는 에라완 방콕 Erawan Bangkok 쇼핑몰 2층으로 올라가면 된다. BTS 칫롬 역 2번 출구에서 연결통로가 이어진다.

페이스트
Paste
★★★★

파인 다이닝 레스토랑 중 한 곳으로 태국 맛집 평가 사이트에서 매년 베스트 10으로 꼽히는 곳이다. 태국 음식 본래의 향과 질감을 재현하기 위해 노력하는데, 유기농 쌀, 방목해 기르고 도축한 육류, 호주 스패너 크랩 등 식재료를 까다롭게 골라 사용한다. 단품 메뉴(알라카르테)보다는 2인용으로 제공되는 테이스팅 메뉴를 주문하면 좋다. 저녁 시간에는 예약이 필수다.
Map P.116-A1 주소 3F, Gaysorn Village, Thanon Phloenchit 전화 0-2656-1003 홈페이지 www.pastebangkok.com 영업 12:00~15:00, 18:00~23:00 예산 메인 950~1,900B, 디너 테이스팅 메뉴 4,800B(+17% Tax) 가는 방법 게이손 빌리지 쇼핑몰 3F에 있다.

쑤쿰윗

방콕에서 외국인의 발길이 가장 많은 곳으로 골목마다 다양한 특색으로 꾸며져 있다. 고급 호텔들이 많아 사뭇 국제적인 분위기로 이탈리아·태국·일본·한국 음식점 등 기호에 따라 다양하게 선택할 수 있다.

홈두안 หอมด่วน
Hom Duan
★★★★

방콕에서 제대로 된 북부 음식(치앙마이 요리)을 맛볼 수 있는 곳이다. 치앙마이 출신의 주인장이 정성스럽게 음식을 준비한다. 저렴한 가격에 에어컨 시설을 갖춘 깔끔한 곳이다. 진열대에 음식이 놓여있어 눈으로 보고 선택할 수 있다.
Map P.120-B3 주소 1/8 Thanon Sukhumvit Soi 63(Ekkamai) 전화 08-5037-8916 홈페이지 www.facebook.com/homduaninbkk 영업 월~토 09:00~20:00(휴무 일요일) 메뉴 영어, 태국어 예산 80~130B 가는 방법 에까마이 쏘이 2(썽) 입구에 있는 에까마이 비어 하우스 Ekamai Beer House를 바라보고 왼쪽으로 들어가면, 정면에 보이는 건물 1층에 있다. BTS 에까마이 역 1번 출구에서 400m.

룽르앙 泰榮
Rung Reuang Pork Noodle
★★★☆

방콕 시내 중심가에 있는 유명한 쌀국수 식당. 화교가 운영하는 오래된 식당이 그러하듯 분위기가 아니라 맛 때문에 찾는 단골들이 많다. 쌀국수는 다진 돼지고기, 돼지 간, 어묵까지 다양한 고명을 얹어준다. 비빔국수(꾸어이 띠아우 행)로 주문해도 된다.
Map P.119-B2 주소 Thanon Sukhumvit Soi 26 전화 0-2656-1003 영업 08:00~16:30 메뉴 영어, 한국어, 태국어 예산 60~80B 가는 방법 쑤쿰윗 쏘이 26에 있다. BTS 프롬퐁 역 4번 출구에서 300m.

왓타나 파닛 วัฒนาพานิช
Wattana Panich
★★★★

60년의 역사를 자랑하는 쌀국수 맛집이다. 초대형 솥에서 육수를 끓여내는 모습만으로도 이곳의 명성이 어떠한지 쉽게 예측할 수 있다. 쇠고기를 푹 고아 만든 진하고 걸쭉한 육수가 일품이다. 쌀국수를 넣을 경우 '꾸어이띠아우 느아뚠', 면발 없이 육수와 고기만 먹고 싶을 경우 '까오라오 느아'를 주문하면 된다.
Map P.121-C1 주소 336~338 Thanon Ekkamai Soi 18 전화 0-2391-7264 영업 09:00~19:30 메뉴 영어, 태국어, 중국어 예산 100~200B 가는 방법 에까마이 쏘이 18(씹뺏) 골목 입구에 있다. 노란색 간판에는 돈염송 敦炎松이라는 한자가 적혀 있다.

싸바이 짜이
Sabai Jai
★★★★

클럽과 카페가 흔한 '에까마이'에서 보기 드문 평범한 이싼(북동부 지방) 음식점이다. 이싼 음식 중에서 기본에 해당하는 쏨땀(매콤한 파파야 샐러드)과 까이양(닭고기 숯불구이)을 잘 만들어낸다. 편한 분위기와 저렴한 요금이 매력이다. Map P.120-B2 주소 87 Thanon Ekkamai Soi 3 전화 02-714-2622, 0-2381-2372 홈페이지 www.sa-bai-jai.com 영업 10:00~23:00 메뉴 영어, 태국어 예산 140~450B 가는 방법 메인 도로에 있는 빅 시 Big C(쇼핑몰) 지나서 타논 에까마이 쏘이 3 골목 안쪽으로 50m.

터미널 21 푸드 코트(피어 21) ★★★☆
Terminal 21 Food Court(Pier 21)

쑤쿰윗 아쏙 사거리에 있는 대형 쇼핑몰 터미널 21에서 운영하는 푸드 코트. 샌프란시스코를 주제로 꾸민 쇼핑몰 5층에 있다. 시내 중심가에서 저렴하게 식사할 수 있어 인기가 높다. 태국 음식과 과일, 디저트까지 음식 선택 폭도 넓다. 청결함과 에어컨의 시원함은 기본이다. 전용 카드를 미리 구입해 사용하고, 남은 돈은 나갈 때 환불 받으면 된다. Map P.117-D2 주소 5/F, Terminal 21, Thanon Sukhumvit Soi 19 & Soi 21 전화 0-2108-0888 홈페이지 www.terminal21.co.th 영업 10:00~22:00 메뉴 영어, 태국어 예산 50~90B 가는 방법 터미널 21 쇼핑몰 5F에 있다. BTS 아쏙 역 1번 출구에서 도보 3분.

더 로컬 ★★★★
The Local

쑤쿰윗 중심부인 아쏙에 자리한 100년 넘은 고가옥이 근사한 레스토랑으로 탈바꿈했다. 골동품, 민속품, 흑백 사진, 실크를 전시해 태국 현지 느낌이 물씬 풍긴다. 전통 조리 기법으로 태국 요리를 선보이고 있다. 외국인도 많이 찾는 곳이라 대부분의 음식이 거부감 없이 입에 맞는다. Map P.119-A1 주소 32-32/1 Thanon Sukumvit Soi 23 전화 0-2664-0664 홈페이지 www.thelocalthaicuisine.com 영업 11:30~22:30 메뉴 영어, 태국어 예산 메인 요리 350~1,200B(+17% Tax) 가는 방법 타논 쑤쿰윗 쏘이 23(이씹쌈) 골목 안쪽으로 550m. BTS 아쏙 역 또는 MRT 쑤쿰윗 역에서 도보 10분.

쏜통 포차나 ★★★☆
Sorn Thong Restaurant

화교가 운영하는 평범한 로컬 식당이다. 시푸드 전문 레스토랑답게 새우와 게 요리가 맛있다. 뿌팟퐁까리, 어쑤언이 인기 메뉴이며, 태국식 게장인 '뿌덩'도 호기심 삼아 주문하기도 한다. 밤에만 영업하므로 야식을 즐기기 좋다. Map P.118-A3 주소 2829-31 Thanon Phra Ram 4(Rama 4 Road) 전화 0-2258-0118~9 홈페이지 www.somthong.com 영업 16:00~23:00 메뉴 영어, 태국어, 한국어, 일본어, 중국어 예산 300~2,200B 가는 방법 타논 쑤쿰윗 쏘이 24 끝에 있는 주유소와 맥도날드를 바라보고 오른쪽(빅 시 엑스트라 Big C Extra 방향)으로 50m. 가장 가까운 BTS 역은 프롬퐁 역이지만 걸어가긴 멀다.

가보래 & 명가 ★★★
Kaborae

한인 상가가 밀집한 쑤쿰윗 플라자에서 가장 유명한 한식당이다. 20년 동안 같은 자리를 지키고 있어 단골손님도 많다. 태국 공주가 방문해 더 유명해졌다. 단체 손님을 위한 넓은 공간이 3층에 마련되어 있다. Map P.117-C2 주소 212/41 Thanon Sukhumvit Soi 12, Sukhumvit Plaza 1F 전화 0-2252-5375, 0-2252-5486 영업 10:00~01:00 메뉴 한국어, 일본어, 영어, 태국어 예산 350~950B 가는 방법 BTS 아쏙 역 2번 출구에서 도보 3분. 쑤쿰윗 쏘이 씹썽 Sukhumvit Soi 12 입구의 쑤쿰윗 플라자 1층에 있다.

씨 뜨랏 ★★★★
Sri Trat

태국 동부 해안에 있는 뜨랏 Trat 지방 음식을 선보이는 곳이다. 뜨랏은 바다와 접하고 있는 지역이라 풍족한 해산물을 이용한 요리가 많다. 태국 음식의 기본에 해당하는 피시소스(남쁠라)를 직접 만들어 사용한다. 신선한 채소와 허브, 과일을 첨가해 만들기 때문에 음식의 풍미가 좋은 편이다. 고유한 레시피로 요리한 맘스 페이보릿 Mom's Favorite이 추천 메뉴에 해당한다.

Map P.119-B1 주소 90 Thanon Sukhumvit Soi 33 전화 0-2088-0968 홈페이지 www.facebook.com/sritrat 영업 11:00~22:00 메뉴 영어, 태국어 예산 메인 요리 250~600B(+17% Tax) 가는 방법 타논 쑤쿰윗 쏘이 33 골목 안쪽으로 600m. 가장 가까운 BTS 역은 프롬퐁 역이다.

쑤판니까 이팅 룸 ★★★★
Supanniga Eating Room

한 칸짜리 아담한 건물이지만 트렌디한 동네 분위기를 반영하듯 예술적인 감각으로 디자인했다. 태국 음식도 오리지널한 맛과 향에 현대적인 감각을 더했다. 겉멋을 잔뜩 부린 호텔 레스토랑에 비해 양질의 식재료를 이용한 음식 맛에 치중한다. '무 양', '얌 쁠라' 같은 이싼 음식(P.699 참고)을 맛깔스럽게 요리한다. 좀 더 다양하고 다채로운 태국 음식을 경험해 볼 수 있다.

Map P.120-B2 주소 160/11 Thong Lo(Sukhumvit Soi 55) 전화 0-2714-7508 홈페이지 www.supannigaeating room.com 영업 11:00~22:00 메뉴 영어, 태국어 예산 190~650B(+17% Tax) 가는 방법 통로 쏘이 6과 쏘이 8 사이에 있다. BTS 통로 역 3번 출구에서 도보 10분.

히어 하이 ★★★☆
Here Hai

에까마이에 있는 자그마한 레스토랑으로 미쉐린 가이드에 선정되면서 유명 레스토랑으로 변모했다. 웍을 이용한 볶음 요리를 맛 볼 수 있는 중국 · 태국음식점이다. 게살 볶음밥 Insane Crab Fried Rice과 갯가재 볶음 Stir Fried Mantis Shrimp이 대표 메뉴로 알려져 있다. 가격은 비싸지만 불향 가득하고 푸짐한 식사를 할 수 있다.

Map P.121-C2 주소 112/1 Thanon Ekkamai 홈페이지 www.facebook.com/herehaifoods 영업 10:00~14:30, 15:30~17:00(휴무 월요일) 메뉴 영어, 태국어 예산 380~950B 가는 방법 타논 에까마이 쏘이 10과 쏘이 12 사이의 메인 도로에 있다.

로스트 ★★★☆
Roast

도시적인 느낌의 카페를 겸한 레스토랑이다. 브런치를 즐기기 위해 찾는 사람들이 많다. 저녁 메뉴는 파스타를 포함한 지중해 음식으로 바뀐다. 커피 전문점답게 신선한 원두를 직접 로스팅해서 사용한다. 엠카르티에 백화점(P.144)에 오픈한 2호점이 교통이 편리하다.

Map P.120-B1 주소 335 Thong Lo(Thonglor) Soi 17, The Commons 3F 전화 02-2185-2865 홈페이지 www.roastbkk.com 영업 09:00~22:00 메뉴 영어 예산 커피 100~180B, 식사 320~890B(+17% Tax) 가는 방법 통로 쏘이 17 골목 안쪽에 있는 '더 커먼 The Commons' 3F(실제로는 4층)에 있다.

파타라 ★★★★
Patara

통로(텅러) 지역에서 오랫동안 사랑받고 있는 고급 타이 레스토랑이다. 골목 안쪽의 차분한 거리에 있는 2층짜리 저택이다. 넓은 야외 정원까지 있어 오붓하게 식사하기 좋다. 전통적인 방법으로 태국 음식을 요리하면서 현대적인 감각을 더 했다. 주중(월~금요일)에는 점심 세트 메뉴도 제공해 준다.

Map P.120-B1 주소 375 Thong Lo(Thonglor) Soi 19 전화 0-2185-2960, 0-2185-2961 홈페이지 www.patarathailand.com 영업 11:30~14:30, 17:30~22:00 메뉴 영어, 태국어 예산 215~985B(+17% Tax) 가는 방법 통로 쏘이 19 골목 안쪽으로 200m.

카우 레스토랑 ★★★★
Khao Restaurant

방콕 최고의 호텔로 꼽히는 오리엔탈 호텔에서 28년 동안 수석 요리사로 근무했던 셰프가 독립해 만든 타이 레스토랑. 여느 호텔 레스토랑과 견주어도 아쉽지 않을 만큼 높은 품격을 자랑한다. 완성도 높은 음식을 부담스럽지 않은 가격에 선 보인다. '카우'는 태국어로 쌀(또는 밥)을 의미한다.

Map P.121-C2 주소 15 Thanon Ekamai Soi 10 전화

0-2381-2575 홈페이지 www.khaogroup.com 영업 11:30~14:00, 18:00~22:00 메뉴 영어, 태국어 예산 350~1,200B(+17% Tax) 가는 방법 타논 에까마이 쏘이 10 골목 안쪽으로 200m.

씰롬, 싸톤, 방락

상업지역인 씰롬과 싸톤은 직장인들을 위한 레스토랑이 많다. 방락은 오랜 역사와 함께한 쌀국수 식당도 흔하지만, 최고급 호텔에서 운영하는 럭셔리 레스토랑도 즐비하다. 짜오프라야 강변을 끼고 있어 낭만과 분위기를 찾는 여행자들의 필수 코스.

레라오 เลลาว ศีลม
Lay Lao ★★★★

아리 지역에서 인기 있는 이싼(태국 북동부 지방) 음식점의 씰롬 지점이다. 모던한 인테리어로 쾌적하게 꾸몄다. 후아힌 출신의 주인장이 운영하는 곳이라 신선한 해산물을 이용한 음식이 많다. 메인 요리인 쏨땀(파파야 샐러드)은 다양한 식재료를 이용해 만든다. 태국 음식이 익숙하지 않다면 오징어 구이(묵카이 레라오)와 팟타이를 주문하면 된다.
Map P.126-B1 주소 1F, Yada Bldg. Si Lom 홈페이지 www.facebook.com/laylao.restaurant 영업 10:30~22:00 메뉴 영어, 태국어 예산 145~795B(+12% Tax) 가는 방법 BTS 쌀라댕 역 3번 출구 앞. 야다 빌딩 1층에 있다.

노스이스트 레스토랑
North East Restaurant ★★★☆

씰롬에 있는 맛집 중 한 곳이다. 평범한 로컬 레스토랑이었지만 CNN의 여행 프로그램에서 숨겨진 맛집으로 소개되면서 유명세를 타기 시작했다. 이싼 음식점으로 시작해 현재는 에어컨을 갖춘 태국 레스토랑으로 변모했다. 쏨땀, 팟타이, 똠얌꿍, 생선·새우 요리까지 웬만한 인기 음식을 골고루 맛볼 수 있다.
Map P.126-B2 주소 1010/12~15 Sala Daeng Soi 1 전화 0-2633-8947 영업 월~토 11:00~21:00(휴무 일요일)

메뉴 영어, 태국어 예산 145~399B 가는 방법 타논 팔람 4(씨) Thanon Phra Ram 4(Rama IV Road)와 쌀라댕 쏘이 1(능)이 만나는 삼거리 코너에 있다.

반 쏨땀
Baan Somtum ★★★★

'쏨땀 집'이란 뜻의 이싼 음식점(P.699 참고)이다. 쏨땀(파파야 샐러드)은 모두 22종류로 기호에 맞게 선택하면 된다. 오픈 키친 구조와 에어컨이 가동되는 실내는 넓고 쾌적하다. 현지인들이 주 손님이지만, 메뉴판에 음식 사진이 있어 외국인도 주문하기 어렵지 않다.
Map P.128-B1 주소 9/1 Thanon Si Wiang 전화 0-2630-3486 홈페이지 www.baansomtum.com 영업 11:00~22:00 메뉴 영어, 태국어 예산 90~445B 가는 방법 타논 씨위앙 거리에 있다. BTS 쑤라싹 역에서 도보 10분.

폴로 프라이드 치킨(까이텃 쩨끼)
Polo Fried Chicken ★★★☆

식당 이름은 '까이텃 쩨끼'지만, 골목 이름을 따서 폴로 프라이드 치킨 Polo Fried Chicken 이라고 더 많이 알려져 있다. 까이 텃 Fried Chicken, 쏨땀 Papaya Salad, 느아 양 Grilled Beef이 유명하다.
Map P.126-C1 주소 137/1-3 Soi Polo(Soi Sanam Khli), Thanon Withayu(Wireless Road) 전화 0-2252-2252 영업 07:00~20:30 메뉴 영어, 태국어 예산 쏨땀 70~180B, 프라이드 치킨(까이 텃) 130~260B 가는 방법 룸피니 공원 오른쪽에 있는 쏘이 폴로(쏘이 싸남크리) 골목 안쪽으로 20m.

블루 엘리펀트
Blue Elephant ★★★☆

특이하게도 유럽에서 성공해 방콕에 진출한 타이 레스토랑이다. 방콕 지점은 100년 이상 된 콜로니얼 양식의 유럽풍 빌라를 개조했다. 음식은 타이 왕실 요리를 모티프로 하고 있으나, 외국인들의 기호에 맞게 변형된 퓨전 요리들도 많다. 자체적으로 운영하는 요리 강습 Cooking

Class도 인기 있다.

Map P.128-B1 주소 233 Thanon Sathon Tai(South Sathon Road) 전화 0-2673-9353~4 홈페이지 www. blueelephant.com 영업 11:30~14:30, 18:00~22:30 메뉴 영어, 태국어 예산 메인 요리 540~1,280B, 저녁 세트 1,980~2,800B(+17% Tax) 가는 방법 BTS 쑤라싹 역 2번과 4번 출구 사이의 타논 싸톤 따이 Thanon Sathon Tai에 있다. 이스틴 그랜드 호텔 옆에 위치.

쏨분 시푸드 ★★★★
Somboon Seafood

방콕에서 최고로 훌륭한 '뿌 팟퐁 까리 Fried Curry Crab'를 요리하는 곳이다. 화교가 운영하는 전형적인 시푸드 레스토랑이다. 1969년부터 시작해 현재 방콕에만 7개의 분점을 운영한다. 쑤라윙 지점은 방콕 시내에 있어 접근이 용이하다. 쎈탄 엠바시 Central Embassy 5층(Map P.116-B1), 싸얌 스퀘어 원 Siam Square One 4층(Map P.112), 짬쭈리 스퀘어 Chamchuri Square G층(Map P.126-A1)에도 지점을 운영한다.

Map P.128-A1 주소 169/7-11 Thanon Surawong 전화 0-2233-3104, 0-2234-4499 홈페이지 www.som boonseafood.com 영업 11:00~21:30 메뉴 영어, 태국어 예산 550~1,590B(+10% Tax) 가는 방법 BTS 총논씨 역 2번 출구로 나온 후 씰롬 방향으로 도보 10분. 타논 쑤라윙 Thanon Surawong과 만나는 삼거리 코너에 있다.

셀라돈 ★★★★
Celadon

방콕 최고의 호텔 가운데 하나인 쑤코타이 호텔에서 운영하는 타이 레스토랑이다. 셀라돈 레스토랑은 전형적인 쌀라 Sala(태국 양식의 정자) 모양으로 지붕선이 아름다운 것이 특징이다. 또한 레스토랑 주변으로 연꽃 연못과 정원을 만들어 목가적인 분위기를 연출했다.

Map P.126-B2 주소 13/3 Thanon Sathon Tai(South Sathon Road), Sukhothai Hotel 전화 0-2344-8888 홈페이지 www.sukhothai.com 영업 12:00~15:00, 18:30~22:30 메뉴 영어, 태국어 예산 메인 요리 480~

2,100B, 저녁세트 2,600~2,900B(+17% Tax) 가는 방법 MRT 룸피니 역에서 내려 타논 싸톤 따이 방향으로 도보 10분. 쑤코타이 호텔 내부에 있다.

하모니크 ★★★★
Harmonique

화교가 살던 가정집을 개조한 레스토랑인데 안으로 들어서는 순간 마음이 푹 놓이는 편안함을 선사한다. 마당에는 커다란 반얀 트리가 세워져 있고, 여러 공간으로 구분된 레스토랑에는 다양한 골동품과 꽃들이 여기저기 널려 있다. 생선과 새우가 들어간 시푸드 요리가 일품이다.

Map P.128-A2 주소 22 Thanon Charoen Krung Soi 34 전화 0-2237-8175, 0-2630-6270 영업 11:00~22:00 (휴무 일요일) 메뉴 영어, 태국어 예산 200~480B 가는 방법 타논 짜런끄룽 쏘이 34 안쪽에 있다.

travel plus

디너 크루즈
Dinner Cruise

밤이 되면 짜오프라야 강변의 사원들과 호텔들이 화려한 빛을 뿜어냅니다. 시원한 강바람을 맞으며 선상에서 연주되는 라이브 음악의 경쾌함과 함께 방콕의 밤을 즐겨 보세요. 짜오프라야 프린세스(홈페이지 www.thaicruise.com), 그랜드 펄 크루즈(홈페이지 www.grandpearlcruise. com), 상그릴라 호텔 호라이즌 크루즈(홈페이지 www.shangri-la.com), 마노라 크루즈(홈페이지 www.manohracruises.com)가 유명합니다. 요금은 1,200~2,200B으로 크루즈 종류에 따라 달라집니다. 크루즈 선착장도 미리 확인해두어야 합니다.

짜오프라야 강의 일몰

방콕은 홍콩, 싱가포르와 견주어도 손색없는 쇼핑 파라다이스. 동남아시아 최대 쇼핑몰을 비롯해 명품 매장과 다양한 나이트 바자까지 태국에서 색다른 쇼핑을 즐겨보자.

싸얌

마분콩 ★★★★
MBK Center

저렴한 물건을 판매하는 짜뚜짝 주말시장을 시원한 에어컨 시설을 갖춘 현대적인 건물로 옮겨 놓았다고 생각하면 된다. 총 8층 건물에 2,000여 개 매장이 영업 중이다. 참고로 건물에 쓰인 영어 간판 '엠비케이 센터 MBK Center'라고 말하면 현지인들이 알아듣지 못하므로 꼭 '마분콩'이라고 발음하자.

Map P.111-A2 주소 444 Thanon Phayathai 전화 0-2620-9000 홈페이지 www.mbk-center.co.th 영업 10:00~22:00 가는 방법 BTS 싸남낄라 행찻(국립 경기장) National Stadium역 4번 출구로 나오면 연결 통로를 통해 도큐 백화점을 거쳐 마분콩으로 들어갈 수 있다. 싸얌 스퀘어에서는 도보 10분.

싸얌 스퀘어 ★★★★
Siam Square

태국 젊은이들, 특히 10대와 20대 초반을 겨냥한 옷과 물건들을 파는 매장들이 많은 곳으로 서울의 명동과 비슷하다. 태국의 유행하는 패션이 시작되는 곳으로 새로움을 추구하는 패션 아이템들이 가득하다. 좁은 골목 사이로 상점들이 즐비하다.

Map P.112 주소 Thanon Phra Ram 1(Rama 1 Road) 영업 10:00~21:00 가는 방법 BTS 싸얌 역 2·4·6번 출구로 나오면 싸얌 스퀘어가 보인다.

싸얌 센터 ★★★
Siam Center

싸얌 스퀘어에서 가장 먼저 생긴 쇼핑몰이지만 구태하지 않고 새로운 변신을 거듭해 현재까지도 인기를 구가한다. 젊은이들을 겨냥한 트렌드 룩과 기념품 가게들이 밀집해 싸얌 스퀘어와 함께 젊은 패션을 선도한다. 의류와 액세서리를 포함한 패션 매장이 주를 이룬다.

Map P.112 주소 Thanon Phra Ram 1(Rama 1 Road) 전화 0-2658-1000 홈페이지 www.siamcenter.co.th 영업 10:00~21:00 가는 방법 BTS 싸얌 역 1번 출구 앞에 있다.

싸얌 디스커버리 ★★★
Siam Discovery

디자인에 중심을 둔 쇼핑몰로 패션과 홈 데코, 인테리어 관련한 매장이 들어서 있다. 2016년에 대대적인 보수 공사로 트렌디한 느낌을 한층 더 강화했다. 대표적인 매장은 로프트 Loft(2/F), 도이 뚱 라이프스타일 Doi Tung Lifestyle(3/F), 해비타트 Habitat(3/F), 룸 콘셉트 스토어 Room Conceptstore(3/F), 탄 Thann(3/F), 부츠 Boots(3/F), 프로파간다 Propaganda(3/F), 마이 키친 My Kitchen(4F), 아시아 북스 Asia Books(4/F)가 있다.

Map P.112 주소 Thanon Phra Ram 1(Rama 1 Road) 전화 0-2658-1000 홈페이지 www.siamdiscovery.co.th 영업 10:00~21:00 가는 방법 BTS 싸얌 역 1번 출구에서 도보 1분, BTS 싸남낄라 행찻 역에서 도보 3분.

싸얌 파라곤 ★★★★
Siam Paragon

'방콕의 자부심'을 넘어 '동남아시아의 자부심'을 자처하는 고급 쇼핑몰이다. 야자수 거리와 분수대까지 고급호텔 입구를 연상케 하는 정문을 통해 들어가 보자. 엠에프 더 럭셔리 MF The Luxury로 명명된 명품 매장이 한 층을 채운다. 동남아시아 최대의 수족관 시라이프 방콕 오션 월드 SeaLife Bangkok Ocean World, 끄롱씨 아이맥스 영화관 Krungsri IMAX Theatre까지 갖춰져 있어 태국 최고의 쇼핑몰로 활약하고 있다.

Map P.112 주소 991 Thanon Phra Ram 1(Rama 1 Road) 전화 0-2610-8000 홈페이지 www.siam paragon.co. th 영업 10:00~22:00 가는 방법 BTS 씨암 역 3번 출구에서 도보 1분.

칫롬, 펀찟, 빠뚜남

▌ 쎈탄 월드(센트럴 월드)   ★★★★★
Central World

싸암 파라곤, 엠포리움 백화점과 더불어 방콕 3대 쇼핑몰 중의 하나다. 쎈탄 월드는 젠 Zen 백화점과 대형 쇼핑몰이 합쳐진 것이다. 쇼핑몰 뒤편에는 고급 레스토랑이 밀집한 그루브 Groove와 럭셔리 호텔인 쎈타라 그랜드 호텔 Centara Grand Hotel까지 합세해 방콕 최대 규모를 자랑한다. 중앙 쇼핑 상가 지역에만 매장 550개, 레스토랑 50개, 극장 21개가 입점해 있다. 총 쇼핑 면적 55만㎡로 아시아에서 두 번째로 큰 백화점이다.

Map P.116-A1 주소 1 Thanon Ratchadamri 전화

0-2635-1111 홈페이지 www.centralworld.co.th 영업 10:00~22:00 가는 방법 ①BTS 칫롬 역 1번 출구로 나와 게이손 플라자를 끼고 우회전하면 쎈탄 월드가 보인다. ②운하 보트 타 빠뚜남 Tha Pratunam 선착장에서 도보 5분.

▌ 쎈탄 칫롬 백화점   ★★★★
Central Chitlom

태국 주요 도시에 백화점을 운영하는 태국 최고의 백화점. 쎈탄 칫롬은 60년의 역사를 자랑하는 쎈탄 백화점의 효시로 고급 백화점의 품위를 유지하고 있다.

Map P.116-A1 주소 1027 Thanon Phloenchit 전화 0-2655-7777 홈페이지 www.central.co.th 영업 10:00~22:00 가는 방법 BTS 칫롬 역 5번 출구로 나오면 백화점이 보인다.

▌ 쎈탄 엠바시(센트럴 엠바시)   ★★★★
Central Embassy

쎈탄(센트럴) 백화점에서 새롭게 만든 명품 백화점이다. 내부 디자인은 중앙 홀을 중심으로 곡선으로 연결해 우주선을 연상케 한다. 다른 백화점보다 실내 공간이 넓어서 여유롭게 쇼핑이 가능하다. 5억 달러 이상이 투자된 '쎈탄 엠바시'는 37층 건물로 설계됐으며, 백화점 위층에는 파크 하얏트 호텔 Park Hyatt Hotel

---

짜뚜짝 주말시장 Chatuchak Weekend Market

travel plus

주말에 방콕에 머문다면 짜뚜짝 주말시장에 가보세요. 모든 물건을 저렴한 가격에 판매하는 짜뚜짝이야말로 쇼핑천국 방콕을 대표하는 세계 최대의 주말시장이랍니다. 방콕 도심의 북쪽에 위치하며 시장 안은 1만 개 이상의 상점들로 빈틈이 없습니다. 야외 상설시장으로 모두 27개 구역으로 구분됩니다. 짜뚜짝은 없는 것 없이 모든 물건이 다 있습니다. 의류, 액세서리, 골동품, 가구, 인테리어 용품, 심지어 애완동물까지 판매합니다. 기념품을 구입하려면 수공예품, 골동품, 데커레이션 매장을 찾아가세요. 섹션 2~3은 재치 넘치는 소품과 데커레이션 매장이, 섹션 7은 예술품이, 섹션 25~26은 전통 악기, 수공예품, 고산족 공예품, 골동품 매장이 모여 있습니다. 인파에 밀려다녀야 하는 곳인 만큼 소지품 관리에 각별히 주의해야 합니다. 소지한 가방은 뒤로 메지 말고 꼭 앞으로 메고 다니세요!
현지어 딸랏 짜뚜짝 Map P.81 주소 Thanon Phahonyothin 홈페이지 www.chatuchak.org 영업 토~일요일 07:00~18:00 가는 방법 ①BTS 머칫 역 1번 출구로 나오면 섹션 16구역으로, 지하철 깜팽펫 역 2번 출구로 나오면 섹션 2구역이 나온다. ②카오산 로드에서 버스를 탈 경우 타논 프라아팃 Thanon Phra Athit이나 타논 쌈쎈 Thanon Samsen에서 일반 버스 3번을 탄다. 차가 막히지 않으면 40분 정도 걸린다.

이 들어서 있다.

Map P.116-B1 주소 1031 Thanon Phloenchit 전화 0-2119-7777 홈페이지 www.centralembassy.com 영업 10:00~22:00 가는 방법 BTS 칫롬 역과 BTS 펀찟 역 사이에 있다. BTS 펀찟 역이 조금 더 가깝다.

게이손 빌리지(깨쓴 윌렛) ★★★
Gaysorn Village

방콕을 대표하는 명품 백화점이다. 거리에서도 선명하게 보이는 루이 뷔통 Louis Vuitton 매장을 시작으로 살바토레 페라가모 Salvatore Ferragamo, 프라다 Prada 등의 유명 브랜드가 대거 입점해 있다.

Map P.116-A1 주소 Thanon Phloenchit & Thanon Ratchadamri 전화 0-2656-1149 홈페이지 www. gaysornvillage.com 영업 10:00~20:00 가는 방법 BTS 칫롬 역 1번 출구에서 연결통로가 이어진다.

빅 시(빅 시 랏차담리) ★★★
Big C

생활에 필요한 식료품, 향신료, 음료, 주방 용품, 목욕 용품, 가전제품을 판매하는 대형 할인 매장이다. 태국 여행 중에 맛봤던 음식의 식재료와 식료품을 구입하기 좋다.

Map P.116-A1 주소 97/17 Thanon Ratchadamri 홈페이지 www.bigc.co.th 영업 10:00~22:00 가는 방법 타논 랏차담년에 있는 쎈탄 월드 맞은편에 있다. BTS 칫롬 역에서 도보 10분.

쑤쿰윗

터미널 21 ★★★★
Terminal 21

쑤쿰윗 중심가(아쏙 사거리)에 문을 연 대형 쇼핑몰이다. 공항 터미널을 모티브로 디자인했다. 층마다 유명 도시(로마, 파리, 도쿄, 런던, 이스탄불, 샌프란시스코)를 테마로 구성해 쇼핑몰을 돌아다니며 사진 찍는 재미도 있다. 9층 건물에 600여 개의 매장이 입점해

있다. 의류, 가방, 구두 같은 패션 매장이 주를 이룬다.

Map P.117-D2 주소 Thanon Sukhumvit Soi 19 & Soi 21 전화 0-2108-0888 홈페이지 www.terminal21.co.th 운영 10:00~22:00 가는 방법 BTS 아쏙 역 1번 출구 또는 MRT 쑤쿰윗 역 3번 출구에서 도보 3분.

엠포리움 백화점 ★★★★
Emporium Department Store

방콕을 대표하는 쇼핑몰 중의 하나로 전체적으로 고품격을 표방한다. 입구는 호텔 로비처럼 꾸몄으며, 위층(M층에 해당한다)은 야외로 연결되어 맞은편에 있는 엠카르티에 EmQuartier 백화점으로 직행할 수 있도록 했다. 구찌, 루이뷔통, 페라가모, 버버리, 티파니, 까르띠에 등의 명품 매장이 입구 쪽에 자리하고 있다. 4F에는 인테리어·주방용품 용품과 고멧 마켓 Gourmet Market, 푸드 홀 Food Hall, 식당가가 들어서 있어 활기차다.

Map P.118-A2 주소 662 Thanon Sukhumvit Soi 24 전화 0-2664-8000 홈페이지 www.emporium.co.th 영업 10:30~22:00 가는 방법 BTS 프롬퐁 역 2번 출구에서 도보 1분.

엠카르티에 백화점(엠쿼티아) ★★★★
EmQuartier

엠포리움 백화점의 업그레이드 버전이다. 세 동의 건물에 럭셔리한 브랜드를 대거 포진시켰다. 입구에서 봤을 때 왼쪽 건물에 해당하는 헬릭스 카르티에 Helix Quartier는 명품 매장과 고급 식당가를 포진시켰다. 5F에는 야외 공원과 전망대를 만들었으며, 6F부터는 43개의 유명 레스토랑이 나선형 복도를 통해 끝없이 이어진다. 백화점 오른쪽 건물은 글라스 콰르티어 Glass Quartier로 H&M, 자라, 유니클로 같은 패션 브랜드가 입점해 있다.

Map P.119-B2 주소 Thanon Sukhumvit Soi 35 & Soi 37 홈페이지 www.emquartier.co.th 영업 10:00~22:00 가는 방법 엠포리움 백화점 맞은편에 있다. BTS 프롬퐁 역에서 도보 3분.

나라야 ★★★
Naraya

한때 한국에서도 선풍적인 인기를 누렸던 '나라야'의 원산지는 다름 아닌 태국이다. 핸드백, 손지갑, 파우치, 화장품 가방, 앞치마, 사진첩, 휴지통 등 다양한 패브릭 제품을 판매한다. 면을 소재로 했기 때문에 가벼운 것이 장점이다. 쎈탄 월드 G층, 싸얌 파라곤 3F, 싸얌 디스커버리 1F, 아시아티크를 포함해 방콕에만 11개의 매장을 운영한다.

Map P.119-B2 주소 654-8 Thanon Sukhumvit Soi 24 전화 0-2204-1145~7 홈페이지 www.naraya.com 영업 09:00~22:30 가는 방법 엠포리움 백화점 왼쪽으로 30m 떨어진 타논 쑤쿰윗 쏘이 24 입구에 있다. BTS 프롬퐁 역 2번 출구에서 도보 1분.

씰롬 & 리버사이드

아이콘 싸얌 ★★★★
Icon Siam

짜오프라야 강변에 만든 초대형 럭셔리 쇼핑몰이다. 명품 매장이 들어선 아이콘럭스 ICONLUXE, 태국 수공예품 매장을 운영하는 아이콘 크래프트 ICONCRAFT, 일본 백화점에서 운영하는 싸얌 다카시마야 Siam Takashimaya, 수상 시장과 푸드 코트를 접목시킨 쑥 싸얌 Sook Siam까지 다양한 형태의 쇼핑과 식사를 한번에 즐길 수 있다.

Map P.128-A2 주소 299 Thanon Charoen Nakhon Soi 5 전화 0-2495-7000 홈페이지 www.bangkokriver.com 영업 10:00~22:00 가는 방법 ①싸톤 선착장에서 운행되는 전용 셔틀 보트를 타면 된다. ②투어리스트 보트를 탈 경우 아이콘 싸얌 선착장(편도 요금 60B)에 내리면 된다.

아시아티크 ★★★★
Asiatique

관광객과 방콕 시민 모두에게 인기 있는 나이트 바자로, 짜오프라야 강변에 있어서 경관도 좋다. 총 면적 4만 8,000㎡의 부지에 1,500여 개의 상점과 40개 레스토랑이 들어서 있다. 건물 외관은 창고처럼 생겼으나 유럽풍이 가미되어 독특하다. 의류, 가방, 패션 잡화, 인테리어 용품 등 태국적인 감각의 아이템들을 부담 없는 가격에 구입할 수 있다.

Map P.80 주소 2194 Thanon Charoen Krung Soi 72~76 전화 0-2108-4488 홈페이지 www.asiatiquethailand.com 영업 16:00~24:00 요금 무료 가는 방법 타논 짜런끄룽 쏘이 72와 76 사이에 있다. BTS 싸판 딱씬 역 아래에 있는 '타 싸톤 선착장'에서 전용 셔틀 보트가 무료로 운행된다. 오후 4시부터 오후 11시까지 30분 간격으로 운행된다.

짐 톰슨 타이 실크 ★★★★
Jim Thompson Thai Silk

타이 실크를 대중화하고 고급화한 일등 공신인 짐 톰슨 실크는 태국 브랜드 중에서 가장 유명하다. 의류뿐 아니라 실크를 이용해 만든 다양한 제품을 직접 디자인해 생산·판매한다. 쎈탄 월드, 싸얌 파라곤, 엠포리움 백화점을 포함해 주요 호텔과 면세점에 매장을 운영한다. 저렴하게 물건을 구입하고 싶다면 언눗 On Nut에 있는 짐 톰슨 아웃렛 Jim Thompson Outlet(주소 153 Sukhumvit Soi 93, 전화 0-2332-6530, 0-2742-4601, 영업 09:00~18:00)을 찾아가자.

Map P.126-A1 주소 9 Thanon Surawong & Thanon Phra Ram 4(Rama 4 Road) 전화 0-2632-8100~4 홈페이지 www.jimthompson.com 영업 09:00~21:00 가는 방법 BTS 쌀라댕 역 또는 지하철 씰롬 역에서 나와서 타논 팔람 4(Rama 4 Road)에 있는 크라운 플라자 호텔을 지나서 타논 쑤라웡 방향으로 들어가면 된다.

빠뚜남 & 랏차다

쩟페어 야시장 ★★★★
Jodd Fairs Night Market

방콕 도심과 가까운 대표적이 야시장이다. 지 타워 G Tower와 유니레버 하우스 Unilever

House를 포함해 독특한 모양의 빌딩에 둘러싸여 있다. 야시장답게 노점 식당도 가득하며, 야외에서 맥주를 마시며 시간을 보낼 수 있다. 매운 돼지 뼈 찜인 '렝쌥' Leng Zabb เล้งแซ่บ을 판매하는 식당이 특히 유명하다. 지하철로 다녀올 수 있는 야시장이라 사람이 많고 복잡하다. Map P.115 주소 Behind Central Plaza Grand Rama 9, Thanon Phra Ram 9(Rama 9 Road) 홈페이지 www.facebook.com/JoddFairs 영업 16:00~24:00 가는 방법 ①쎈탄 플라자 그랜드 팔람 까우(줄여서 '쎈탄 팔람 까우'라고 부른다) 뒤쪽에 있다. MRT 팔람 까우 Phra Ram 9 역에서 내려서 백화점을 가로질러 후문으로 나가면 된다. ②정문은 타논 팔람 까우 Rama 9 Road에 있다.

더 원 랏차다(딸랏 디 완 랏차다) ★★★☆
The One Ratchada Night Market

랏차다 지역에 있는 또 다른 야시장이다. 에스플라네이드(쇼핑몰) Esplanade 뒤편의 넓은 부지에 야시장이 형성된다. 상설 텐트 모양으로 상점들이 각자의 구역이 정해져 있어 깔끔하게 정비되어 있다. 선선한 밤공기를 즐길 수 있는 야시장답게 먹거리 노점이 다양하다. 맥주를 마시며 라이브 음악을 들을 수 있는 노천 술집도 흔하다.

Map P.115 주소 Behind Esplanade Shopping Mall, Thanon Ratchadaphisek 영업 16:00~24:00 가는 방법 MRT 쑨와타나탐 Thailand Cultural Centre 역 3번 출구로 나와서 에스플라네이드(쇼핑몰) Esplanade 옆 골목으로 들어간다.

쩟페어 댄네라밋 จ๊อดแฟร์ แดนเนรมิต
Jodd Fairs DanNeramit ★★★☆

랏차다에 있는 쩟페어 야시장(P.145)의 엄청난 흥행에 힘입어 추가로 만든 또 다른 야시장이다. 댄네라밋 놀이공원(1976년 방콕에 최초로 생긴 놀이공원으로 2000년까지 운영했다)이 있던 52,800㎡(약 1만 6,000평) 규모의 부지에 700여 개의 상점이 들어서 있다. 놀이 공원에서 사용하던 커다란 성(城)이 그대로 남아 있고, 빈티지한 자동차와 호수까지 있어 사진 찍으러 오는 현지인도 많다. 시내 중심가에 멀리 떨어져 있지만, BTS가 연결된다.

Map P.81 주소 Thanon Phahonyothin 홈페이지 www.facebook.com/JoddFairs.DanNeramit 영업 16:00~24:00 가는 방법 BTS 하얙랏프라오 Ha Yaek Lat Phrao 역에서 북쪽으로 450m.

Spa & Massage 방콕의 스파 & 마사지

무더운 여름날, 관광지를 찾아다니느라 지친 몸을 추스르는 데 더없이 좋은 마사지. 타이 마사지는 지압과 요가를 접목해 만든 것이 특징으로 혈을 눌러 근육 이완은 물론 몸을 유연하게 해주기 때문에 치료 목적으로 사용될 정도다. 단순 마사지보다 고급스런 스파는 한마디로 '몸에 돈을 투자'하는 것과 같다.

헬스 랜드 스파 & 마사지 ★★★★
Health Land Spa & Massage

방콕에 8개, 파타야에 2개 지점을 운영하는 대표적 마사지 업체다. 호텔처럼 고급스런 시설과 서비스를 저렴한 요금에 만끽할 수 있어 인기가 높다. 10회 사용권을 미리 구입하면 10% 할인 받을 수 있다.

①아쏙 지점 Map P.119-A1 주소 55/5 Asok Soi 1, Thanon Sukhumvit Soi 21 전화 0-2261-1110 홈페이지 www.healthlandspa.com 영업 09:00~23:00 요금 타이 마사지(120분) 650B, 발 마사지(60분) 400B 가는 방법 쑤쿰윗 쏘이 19 또는 쏘이 21에서 연결되는 아쏙 쏘이 1 중간에 있다. BTS 아쏙 1번 또는 3번 출구에서 도보 10분. MRT 쑤쿰윗 1번 출구에서 도보 7분.

②에까마이 지점 Map P.120-B2 주소 96/1 Thanon Sukhumvit Soi 63(Ekkamai) 전화 0-2392-2233 가는

방법 빅 시(쇼핑몰) 지나서 에까마이 쏘이 10 입구에 있다. BTS 에까마이 역 1번 출구에서 도보 15분.
③**싸톤 지점** 주소 120 Thanon Sathon Neua(North Sathon Road) 전화 0-2637-8883 가는 방법 BTS 총논씨 역과 BTS 쑤라싹 역 사이에 있는 싸톤 쏘이 씹썽 Sathon Soi 12 골목 입구에 있다. 총논씨 역에서 가는 방법은 Map P.126-A2, 세인트 루이스 역에서 가는 방법은 Map P.128-B1.

렛츠 릴랙스 ★★★★
Let's Relax

믿고 몸을 맡길 수 있는 유명 마사지 업소. 치앙마이에서 시작된 렛츠 릴랙스는 손님들의 입소문으로 번성한 대표적인 마사지 숍이다. 편안하고 아늑한 실내, 충분히 만족할 만한 서비스, 부담 없는 가격이 인기의 비결이다. 싸얌 스퀘어 원(쇼핑 몰) Siam Square One 6층(전화 0-2252-2228, Map P.112)과 쑤쿰윗 쏘이 39 Sukhumvit Soi 39(전화 0-2662-6935~7, Map P.118-A1)에도 지점을 운영한다.
Map P.117-D2 주소 Terminal 21 Shopping Mall 6F, Thanon Sukhumvit 전화 0-2108-0555 홈페이지 www.letsrelaxspa.com 영업 10:00~24:00 요금 타이 마사지(120분) 1,200B, 타이 마사지+허벌(120분) 1,400B 가는 방법 쑤쿰윗 아쏙 사거리와 인접한 터미널 21 쇼핑몰 6층에 있다. BTS 아쏙 역 1번 출구에서 1분. MRT 쑤쿰윗 역 3번 출구에서 도보 1분.

아시아 허브 어소시에이션 ★★★
Asia Herb Association

타이 마사지를 오랫동안 공부한 일본인이 운영한다. 방콕에만 4개의 지점이 있다. 타이 마사지와 더불어 허벌 볼 마사지로 유명하다. 허벌 볼은 일종의 솜방망이로 태국에서 재배되는 20여 종의 허브와 약재를 이용해 만든다.
Map P.118-A2 주소 50/6 Thanon Sukhumvit Soi 24 전화 0-2261-7401 홈페이지 www.asiaherb association.com 영업 09:00~01:00(예약 마감 23:00) 요금 타이 마사지 60분(700B), 타이 마사지+허벌 볼 마사지(90분) 1,450B 가는 방법 BTS 프롬퐁 역 2번 출구

에서 쑤쿰윗 쏘이 이씹씨 Sukhumvit Soi 24 골목(엠포리움 백화점 옆길) 안쪽으로 600m.

리트리트 언 위타유 ★★★★
Retreat On Vitayu

여행자들이 즐겨 찾는 마사지 업소로 가격대가 합리적이다. 골목 깊숙한 곳에 자리해 교통은 불편하지만, 그만큼 호젓하게 마사지를 받을 수 있다. 태국 전통 마사지 Traditional Thai Massage는 손바닥과 팔꿈치, 무릎을 이용해 지압하기 때문에 강도가 센 편이다.
Map P.126-C1 주소 51/7 Soi Polo 3, Thanon Withayu (Wireless Road) 전화 02-655-8363, 08-3777-8500 홈페이지 www.retreatonvitayu.com 영업 11:00~22:00 예산 타이 마사지(60분) 600B. 아로마테라피(90분) 1,300B 가는 방법 룸피니 공원 오른쪽 도로(타논 위타유)에서 연결되는 쏘이 뽀로 3 골목에 있다.

에이 스파 ★★★★
A Spa & Massage

한국인이 운영하는 마사지 숍이다. 타이 마사지와 아로마테라피(오일 마사지)를 60분, 90분, 120분으로 구분해 받을 수 있다. 규모는 크지 않지만 깔끔한 시설에 친절한 서비스를 받을 수 있다. 시내 중심가에 있어 주변 호텔에 머무는 관광객들이 즐겨 찾는다.
Map P.119-A2 주소 21 Thanon Sukhumvit Soi 18 전화 0-2000-7025 카카오톡 aspabkk 영업 10:00~21:00 요금 타이 마사지(60분) 600B, 아로마테라피(60분) 800B 가는 방법 타논 쑤쿰윗 쏘이 18에 있는 렘브란트 호텔 옆에 있다.

막카 헬스 & 스파(쑤쿰윗 지점) ★★★★
Makkha Health & Spa

치앙마이에 본점을 두고 있는 스파 업소. 상호인 막카는 팔정도는 뜻하는 불교 용어(팔리어)다. 사원이 가득한 치앙마이 고즈넉한 분위기와 잘 어울리는 곳인데, 대도시인 방콕에서도 평온함을 선사하기 위해 노력하고 있다. 자체 제작한 스파 용품을 사용하는데, 지역에서

재배한 천연제품을 사용해 마사지 효과를 높였다. 아쏙 지점 Makkha Health & Spa(BTS Asok)도 있다.

Map P.119-B2 주소 7/7 Thanon Sukhumvit Soi 33 홈페이지 www.makkhahealthandspa.com 영업 10:00~24:00(예약 마감 22:30) 요금 타이 마사지(60분) 790B, 타이 허벌 볼 마사지(60분) 1,390B, 아로마 오일 마사지(90분) 1,390B 가는 방법 쑤쿰윗 쏘이 33 골목의 바텀리스 S33(카페) 옆에 있다. BTS 프롬퐁 역에서 500m.

플랜트 데이 스파
Plant Day Spa ★★★★

방콕 시내 중심가에 있어 접근성이 좋으며 시설도 깨끗하고 고급스럽다. '플랜트'를 강조하기 위해 녹색 식물을 배치해 자연적인 정취를 가미하고 있다. 건물 내부에 있어 규모가 크지는 않지만 그만큼 전문적으로 관리되고 있다. 쑤쿰윗 프롬퐁에 지점(주소 1F, Bio House Building, Thanon Sukhumvit Soi 39)을 운영한다.

Map P.116-B2 주소 2F, 15/3 Woodberry Commons Building, Soi Ruam Rudi(Ruamrudee) 전화 09-9417-9662 홈페이지 www.plantdayspa.com 운영 10:00~22:00 요금 타이 마사지(60분) 1,200B, 아로마테라피(60분) 1,700B 가는 방법 쏘이 루암루디의 우드베리 커먼 빌딩 Woodberry Commons Building 2층에 있다. BTS 펀찟 역에서 300m.

인피티니 스파
Infinity Spa ★★★★

어둑하고 태국적인 인테리어를 강조한 전통적인 마사지 숍과 달리 밝고 화사한 디자인으로 공간의 느낌을 강조했다. 현대적인 연구실처럼 느껴지기도 하는데, 시그니처 마사지는 인피니티 아로마 Infinity Aroma로 오일을 이용해 강한 압으로 마사지를 해준다. 숙련된 테라피스트들과 전문적인 관리가 이루어지고 있어 만족도가 높은 편이다. 유명세에 힘입어 쑤쿰윗 지점인 인피니티 웰빙 Infinity Wellbeing

(주소 22 Thanon Sukhumvit Soi 20)을 추가로 열었다.

Map P.128-B2 주소 1037/1-2 Thanon Silom Soi 21 전화 0-2237-8588, 09-1087-5824 홈페이지 www.infinityspa.com 영업 09:30~21:30 요금 인피니티 타이(60분) 900B, 인피니티 아로마(60분) 1,300B 가는 방법 타논 씰롬 쏘이 21 골목 안쪽으로 50m. BTS 쑤라싹 역에서 도보 10분.

바와 스파(쑤쿰윗 지점)
Bhawa Spa On The Eight ★★★★★

도심에서 차분하게 스파를 받을 수 있는 곳이다. '바와'는 산스크리트어로 존재(Being), 존유(存有)를 뜻한다. 이름처럼 좀 더 명상적이고 평온한 스파를 구현하고 있다. 집에서 스파와 마사지를 받는 것 같은 편안함을 선사하는 게 목표라고 한다. 10년 이상 스파 비즈니스를 해온 주인장과 직원들의 전문적인 마인드가 돋보인다.

Map P.117-C2 주소 34/1 Thanon Sukhumvit Soi 8 홈페이지 www.bhawaspa.com 영업 11:00~21:00 요금 타이 마사지(100분) 1,950B, 아로마테라피(100분)2,450B 가는 방법 타논 쑤쿰윗 쏘이 8에 있다. BTS 나나 역에서 450m.

디바나 버튜 스파
Divana Virtue Spa ★★★★★

고급 호텔에 비해 결코 뒤지지 않는 시설과 서비스를 자랑하는 스파 전문 업소이다. 몸과 마음뿐만 아니라 영혼도 편안함을 누릴 수 있다. 단순한 마사지보다 2시간 이상의 스파 프로그램을 이용하는 게 좋다. 본점 이외에 쑤쿰윗에 두 개의 지점이 더 있다.

Map P.128-B1 주소 10 Thanon Si Wiang(Sri Vieng) 전화 0-2236-6788~9 홈페이지 www.divanaspa.com 영업 11:00~23:00(예약 마감 21:00) 요금 타이 마사지(100분) 1,750B, 아로마 오일 마사지(90분) 2,350B 가는 방법 BTS 쑤라싹 3번 출구로 나온 다음 타논 쁘라무안으로 들어가면 보이는 방콕 크리스찬 칼리지 앞쪽 골목.

NightLife

방콕의 밤은 결코 잠들지 않는다. 새벽 2시 영업 시간 제한이라는 정부의 엉뚱한 명령에도 불구하고 방콕의 밤문화는 여전히 건재하다. 고고 바가 가득한 환락가, 뉴욕을 방불케 하는 유명 클럽, 인디 밴드가 출연하는 라이브 바, 기네스 맥주가 흔하디흔한 펍까지 기호와 예산에 따라 노는 방법은 무궁무진하다. 방콕의 밤문화를 이끄는 곳은 크게 카오산 로드, 팟퐁과 나나, RCA, 랏차다 네 곳으로 분류된다.

라이브 음악

색소폰 ★★★★
Saxophone Pub & Restaurant

방콕 나이트라이프를 논할 때 빼놓을 수 없는 곳이다. 20년 넘도록 방콕을 대표하는 라이브 바로 현지인과 관광객 모두에게 절대적인 지지를 받는다. 라이브로 연주되는 음악은 재즈와 블루스가 주를 이룬다.
Map P.114-B1 주소 3/8 Thanon Phayathai 전화 0-2246-5472 홈페이지 www.saxophonepub.com 영업 18:00~02:00 메뉴 영어, 태국어 예산 맥주 170~350B 가는 방법 BTS 아눗싸와리 차이(전승기념탑) 역 4번 출구에서 도보 5분. 빅토리 포인트 Victory Point 광장 오른쪽 골목에 있다.

브라운 슈가 ★★★☆
Brown Sugar

색소폰과 더불어 방콕을 대표하는 재즈 클럽. 1985년에 오픈해 현재까지 변함없는 인기를 누린다. 2023년 2월에 세 번째 장소인 쏘이 나나(차이나타운)로 이전했다. 본격 재즈와 블루스 음악을 생생한 라이브로 들을 수 있다. 무대와 객석이 가까워 소극장 분위기가 느껴지며, 너무 시끄럽지 않은 블루스 음악을 물론 격식을 차리지 않아도 되는 편안한 분위기가 매력적이다. 라이브 음악은 저녁 8시부터 연주되는데, 밤이 깊을수록 밴드의 음악 수준도 높아진다.
Map P.111-D2 주소 18 Soi Nana(Chinatown), Thanon Maitri Chit 전화 06-3794-9895 홈페이지 www.

brownsugarbangkok.com 영업 17:00~01:00 메뉴 영어, 태국어 예산 맥주·칵테일 180~450B(+10% Tax) 가는 방법 차이나타운의 쏘이 나나 골목에 있다. MRT 후아람퐁 역에서 400m.

리빙 룸 ★★★★☆
Living Room

방콕 최고급 호텔에서 운영하는 라운지 스타일의 재즈 바. 세계적인 재즈 뮤지션을 초빙해 라이브 무대를 꾸리는 것으로 유명하다. 푹신한 소파와 쿠션에 몸을 맡기고 감미로운 재즈를 들을 수 있다. 메인 밴드는 21:00부터 공연을 시작하며, 20:30 이후부터는 입장료를 (300B) 받는다.
Map P.117-D2 주소 205 Thanon Sukhiumvit, Sheraton Grande Hotel 1F 전화 0-2649-8353 홈페이지 www.thelivingroomatbangkok.com 영업 19:00~24:00 메뉴 영어, 태국어 예산 맥주·칵테일 380~700B(+17% Tax) 가는 방법 BTS 아쏙 2번 출구에서 호텔 로비로 연결통로가 이어지는 쉐라톤 그랑데 호텔 Sheraton Grande Hotel 2층에 있다.

바 & 펍

티추카 ★★★★
Tichuca Rooftop Bar

SNS에서 사진 찍기 좋은 '핫 스팟'으로 통하는 루프 톱 바. 정글을 테마로 꾸몄는데, 거대한 나무 형상의 조형물이 LED 조명을 바꾸어 빛을 더한다. 루프 톱은 3층으로 공간이 구분되어 있는데, 꼭대기 층에 올라가면 스카이라

>> 방콕 Bangkok **149**

인을 막힘없이 볼 수 있다.
Map P.120-B3 주소 46F, T-One Building, 8 Thanon Sukhumvit Soi 40 전화 06-5878-5562 홈페이지 www. paperplaneproject.net/tichuca 영업 17:00~24:00 메뉴 영어 예산 칵테일 · 위스키 400~650B(+17% Tax) 가는 방법 타논 쑤쿰윗 쏘이 40 초입에 있는 티원 빌딩 46층에 있다. BTS통로 역에서 300m.

씨로코 & 스카이 바 ★★★★
Sirocco & Sky Bar
르부아 호텔 Lebua Hotel에서 운영하는데, 황금 돔으로 치장한 63층 야외 옥상에 있다. 짜오프라야 강과 방콕 시내가 파노라마로 펼쳐지는 장관은 최고다. 스카이 바에서 맥주만 마셔도 된다. 식사를 할 경우 반드시 예약하고 가야 한다.
Map P.128-B2 주소 1055 Thanon Silom & Thanon Charoen Krung, State Tower 63F 전화 0-2624-9555 홈페이지 www.lebua.com/the-dome 영업 18:00~01:00 예산 메인 요리 2,200~4,900B, 칵테일 1,200~1,700B(+17% Tax) 가는 방법 BTS 싸판 딱씬 역 3번 출구에서 타논 짜런끄룽 방향으로 도보 15분. 씰롬 남단의 스테이트 타워 63층에 있다.

버티고 & 문 바 ★★★★
Vertigo & Moon Bar
씨로코와 막상막하를 이루는 스카이라운지. 초특급 호텔인 반얀 트리 호텔에서 운영한다. 오픈 테라스에서 보이는 방콕 풍경은 지상에서 봤던 것과는 다른 느낌이다. 해질녘의 아름다운 풍경을 감상하는 데 최적의 장소다. 기상이 악화되면 영업을 중단하기 때문에 식사를 하려면 문의 및 예약 전화는 필수다.
Map P.126-B2 주소 21/100 Thanon Sathon Tai(South Sathon Road), Banyan Tree Hotel 61F 전화 0-2679-1200 홈페이지 www.banyantree.com/en/thailand/bangkok 영업 17:00~24:00 메뉴 영어, 태국어 예산 입장료(음료 쿠폰) 800B, 칵테일 500~670B, 메인 요리 1,800~4,700B(+17% Tax) 가는 방법 MRT 룸피니 역 2번 출구로 나와서 타논 싸톤 따이 방향으로 도보 15분.

반얀 트리 호텔 61층에 있다.

옥타브 ★★★★
Octave Rooftop Lounge & Bar
5성급 호텔인 메리어트에서 운영한다. 45층부터 49층까지 층마다 분위기가 조금씩 다르다. 실질적인 루프 톱은 48~49층에 있는데, 360°로 펼쳐진 꼭대기 층엔 원형의 바를 중심으로 테이블을 놓아 공간을 근사하게 꾸몄다. 강변 풍경이 아닌, 시내 중심가의 마천루로 이뤄진 스카이라인이라는 점도 이채롭다.
Map P.120-B3 주소 45F, Marriott Hotel Sukhumvit, 2 Thanon Sukhumvit Soi 57 전화 0-2797-0000 홈페이지 www.facebook.com/MarriottSukhumvit 영업 17:00~02:00 메뉴 영어, 태국어 예산 칵테일 420~490B, 메인 요리 650~1,550B(+10% Tax) 가는 방법 타논 쑤쿰윗 쏘이 57에 있는 메리어트 호텔 쑤쿰윗 내부에 있다. BTS 통로 역 3번 출구에서 400m.

레드 스카이 ★★★★
Red Sky
쎈타라 그랜드 호텔에서 운영하는 루프 톱. 레스토랑의 가장자리는 통유리로 설계했는데, 안전을 고려함과 동시에 방해받지 않고 전망을 즐길 수 있도록 고안한 것이다. 해가 진 다음에는 레스토랑 좌우를 장식한 날개 모양의 구조물이 조명을 바꾸어 가며 색다른 분위기를 낸다. 해피 아워(16:00~18:00)에는 맥주 또는 칵테일을 1+1으로 제공한다. 59층에는 CRU Champagne Bar(홈페이지 www.champagnecru.com)를 별도로 운영한다.
Map P.111-B1, Map P.116-A1 주소 55F, Centara Grand Hotel, 999/99 Thanon Phra Ram 1(Rama 1 Road) 전화 0-2100-1234, 0-2100-6255 홈페이지 www.centarahotelsresorts.com/redsky 영업 18:00~01:00 메뉴 영어, 태국어 예산 맥주 · 칵테일 430~550B, 메인 요리 1,250~3,900B (+17% Tax) 가는 방법 쎈탄 월드(센트럴 월드) 뒤편에 있는 쎈타라 그랜드 호텔 55층에 있다. BTS 칫롬 역 또는 BTS 싸얌 역에서 도보 15분.

어보브 일레븐
Above 11 ★★★★

방콕에서 새로이 뜨고 있는 야외 루프 톱 레스토랑. 프레이저 스위트 쑤쿰윗 꼭대기 층인 33층에 있는데, 도심의 공원처럼 인조 잔디를 이용해 녹색으로 꾸민 것이 특징이다. 방콕 도심 풍경과 어우러진 빌딩 숲이 매력적인 전망을 제공한다. 예약하고 가는 게 좋다.
Map P.117-C1 주소 38/8 Thanon Sukhumvit Soi 11, Fraser Suites Sukhumvit 33F 전화 0-2207-9300 홈페이지 www.aboveeleven.com 영업 18:00~02:00 메뉴 영어 예산 칵테일 240~400B, 메인 요리 470~1,600B (+17% Tax) 가는 방법 타논 쑤쿰윗 쏘이 11에 있는 프레이저 스위트 쑤쿰윗(호텔) 33층에 있다. BTS 나나 역 3번 출구에서 도보 15분.

미켈러 방콕
Mikkeller Bangkok ★★★☆

덴마크 사람들이 합심해 만든 수제 맥주 Craft Beer 전문점이다. 방콕에 최초로 생긴 수제 맥주 바로, 코펜하겐과 샌프란시스코를 거쳐 서울 신사동(가로수길)에도 지점을 열었다. 30종류의 맥주를 탭에서 뽑아주며, 그날 판매하는 맥주 품목이 칠판에 적혀있다.
Map P.121-C2 주소 26 Ekamai Soi 10 Yaek 2 전화 0-2381-9891 홈페이지 www.mikkellerbangkok.com 영업 17:00~24:00 메뉴 영어 예산 200~460B 가는 방법 에까마이 쏘이 10 골목 안쪽에 있다. BTS 에까마이 역 1번 출구에서 900m.

댄스 클럽

오닉스
Onyx ★★★★

도로 전체가 클럽으로 채워져 있는 RCA에서 첫 번째로 만나게 되는 클럽이다. 하우스 뮤직과 힙합이 주를 이룬다. 주말 저녁에는 라이브 밴드가 음악을 연주하는데, 실내에는 춤추는 사람들로 늘 만원이다.

Map P.115 RCA 지도 주소 29/22-32 Royal City Avenue, Thanon Phra Ram 9 전화 0-2203-0377 홈페이지 www.onyxbangkok.com 영업 19:00~02:00 예산 커버 차지 400B, 맥주 250B, 위스키(1병) 2,500~4,500B 가는 방법 인근에 BTS나 지하철이 없어서 택시를 타야 한다. 카오산 로드에서 30~40분, 쑤쿰윗에서 20분 정도 걸린다.

루트 66
Route 66 ★★★★

RCA를 대표하는 클럽이다. 루트 66은 같은 간판 아래 3개의 공간으로 구분해 각기 다른 콘

☑ 꼭 알아두세요

댄스 클럽 이렇게 준비하면 제대로 놀 수 있다

1. 언제가면 좋을까요?
보통 저녁 8시쯤 클럽들이 문을 열지만 밤 10시가 넘어야 사람들이 오기 시작합니다. 보통 밤 11시를 기점으로 분위기가 무르익기 시작해 새벽 1시가 넘으면 슬슬 파장 분위기로 접어든답니다.

2. 나이 제한은 어떻게 되나요?
대부분 20세로 출입 연령을 제한합니다. 외국인이라 하더라도 나이 확인을 위해 신분증을 요구하는 곳이 많답니다.

3. 복장도 제한이 있나요?
특별히 복장 제한은 없지만 슬리퍼나 반바지를 입으면 입장을 제재합니다. 댄스 클럽을 출입할 때 가방 검사도 하는데요, 마약이나 총기류 반입을 막으려는 이유입니다. 총기류는 전혀 걱정하지 않아도 되지만, 마약은 정말 골칫거리여서 심할 경우는 경찰이 들이닥쳐 업소 문을 닫고 소변을 채취하기도 한답니다. 쓸데없는 호기심은 낭패를 당할 수 있으니 마약은 절대 금지입니다.

4. 술 카드라는 제도가 있다고요?
먹다 남은 양주는 업소에 보관할 수가 있는데요, 반드시 술 카드를 받아두어야 다음에 또 사용이 가능합니다. 보통 한 달 이내에 다시 가면 보관해둔 술을 다시 개봉할 수 있답니다.

셉트로 꾸몄다. 도로까지 야외 테이블을 내놓고 영업하는데, 주말 밤마다 문전성시를 이룬다. 한껏 멋을 부린 20대 초반의 태국 젊은이들을 만날 수 있다.

Map P.115 RCA 지도 주소 29/33~40 Block B, Royal City Avenue, Thanon Phra Ram 9 전화 0-2203-0936 홈페이지 www.route66club.com 영업 20:00~02:00 예산 커버 차지(주말) 300B, 맥주 200~320B 가는 방법 RCA의 첫 번째 업소인 오닉스 옆에 있다.

공연 관람

칼립소 카바레 ★★★
Calypso Cabaret

파타야의 알카자 쇼(P.223)와 비슷한 '까터이' 쇼다. 까터란 성 전환한 트랜스젠더를 말한다. 공연은 1시간 정도로 춤, 노래, 뮤지컬, 코믹극 등으로 꾸며진다. 아시아티크(P.124 참고) 내부로 공연장이 이전하면서 오가기 불편해졌지만, 방콕의 매력적인 나이트 바자를 함께 여행할 수 있다.

Map P.80(아시아티크) 주소 2194 Thanon Charoen Krung Soi 72~76 전화 0-2688-1415~7 홈페이지 www.calypsocabaret.com 시간 19:30, 21:00 요금 900B (음료 1잔 포함, 픽업 불포함) 가는 방법 타논 짜런끄룽 쏘이 72와 쏘이 76 사이에 있는 아시아티크 내부에 있다. BTS 싸판 딱씬 역 아래에 있는 '타 싸톤' 선착장에서 전용 셔틀 보트를 탄다.

성인 엔터테인먼트

팟퐁 ★★★
Patpong

방콕을 대표하는 환락가. 팟퐁은 방콕 상업 중심지인 씰롬과 맞닿아 있다. 팟퐁 쏘이 1과 팟퐁 쏘이 2로 구분되는 좁은 골목은 낮에는 한적하고 사람도 없지만 저녁이 되면 야시장이 생기고 유흥가가 불을 밝히며 유혹의 거리로 변모한다. 팟퐁의 업소들은 대부분 1층에는 고고 바 Go Go Bar, 2층에는 엽기적인 스트립 쇼를 시현하는 업소들이 위치해 있다. 2층은 호객꾼에 의한 바가지가 극성을 부린다. 맥주 100B이라는 충동적인 말에 이끌려 2층에 올라가면 낭패를 볼 확률이 높다. 업소에서 호객꾼들과의 마찰, 특히 몸싸움은 아주 어리석은 행위이므로 절대로 술 취한 상태에서 시비에 휘말려서는 안 된다.

Map P.126-A1 주소 Thanon Silom, Soi Patpong 영업 18:00~02:00 예산 맥주 170~220B 가는 방법 BTS 쌀라댕 역 1번 출구에서 도보 5분.

쏘이 카우보이 ★★★
Soi Cowboy

팟퐁과 더불어 베트남 전쟁 때부터 환락가로 유명세를 떨치던 곳이다. 쑤쿰윗 중심가인 아쏙 사거리와 가까우며 300m 정도 되는 거리에 고고 바가 밀집해 있다. 좁은 도로 양 옆으로 술집이 밀집해 있으며, 여자들이 도로에 나와 호객을 하기도 한다.

Map P.117-D2 주소 Thanon Sukhumvit Soi 21 영업 18:00~02:00 예산 맥주 160~200B 가는 방법 ①BTS 아쏙 역 3번 출구에서 도보 5분. ②MRT 쑤쿰윗 역 2번 출구로 나오면 바로 오른쪽 골목이 쏘이 카우보이다.

☑ 꼭! 알아두세요

고고 바 Go Go Bar가 뭐하는 곳이에요?

고고 바는 무대 위에서 철봉 춤을 추는 여성들을 고용한 술집입니다. 업소에 따라 다르지만 비키니를 입었거나 상반신을 노출한 여성들이 번호표를 붙이고 무대에서 춤을 추는데요. 대부분 목돈을 마련하기 위해 일합니다. 쉬는 시간이 되면 손님들을 상대로 음료수를 사달라며 말을 걸어오는데, 맥주 값과 동일한 음료수(일명 '레이디 드링크 Lady Drink')를 사주는 만큼 부수입을 올리게 된답니다. 고고 바에 가게 된다면 태국의 다양한 문화를 본다고만 생각하고 맥주나 한잔하고 나오세요. 성매매는 어디에서건 불법이니 금지해야 합니다.

Accommodation

방콕에서 숙소를 선택할 때는 개인의 예산도 중요하지만, 위치 결정이 매우 중요하다. 일반적으로 개별 여행자들은 카오산 로드의 숙소(P.171 참고)를 선호한다. 배낭여행자의 메카로 불리는 곳으로 400~1,000B대의 게스트하우스가 몰려 있다. 주변에 볼거리가 많아 여행하기 편리하기 때문이다. 볼거리보다 식사와 휴식에 비중을 둔다면 쑤쿰윗이나 씰롬의 호텔들이 편하다. 강변에는 일류 호텔들이 집중해 있다.

싸얌, 칫롬, 펀찟

대부분의 호텔이 방콕의 대표적인 쇼핑가인 시내 중심가에 있으며 BTS 역과 인접해 있어 편리하다.

랍디 싸얌 스퀘어 ★★★
Lub★d Siam Square

도미토리 중심으로 운영되는 배낭여행자 숙소임에도 불구하고 트렌디함으로 무장한 현대적인 시설의 숙소다. 전 구역이 에어컨 시설이며, 키 카드를 통해 출입하기 때문에 보안에도 신경을 썼다. 시내 중심가라 관광과 쇼핑하기 좋다. '랍디'는 잠을 잘 자다라는 뜻이다.
Map P.111-A1 주소 925/9 Thanon Phra Ram 1(Rama 1 Road) 전화 0-2612-4999 홈페이지 www.lubd.com 요금 도미토리 540~750B(에어컨, 공동욕실), 트윈 1,520B(에어컨, 공동욕실), 딜럭스 더블 1,800B(에어컨, 개인욕실, TV) 가는 방법 BTS 싸남낄라 행찻(국립경기장) 역 1번 출구에서 도보 1분.

홀리데이 인 익스프레스 방콕 싸얌
Holiday Inn Express Bangkok Siam ★★★★

전 세계적인 호텔 망을 구축한 홀리데이 인의 심플 버전이다. 객실은 트렌디한 시설로 현대적인 느낌이 강하게 든다. 수영장만 없다 뿐이지 쾌적한 호텔로 편리한 교통을 제공한다.
Map P.111-A1 주소 889 Thanon Phra Ram 1(Rama 1 Road) 전화 0-2217-7555 홈페이지 www.holidayinnexpress.com/bangkoksiam 요금 스탠더드 2,800~3,200B 가는 방법 국립 경기장 맞은편에 있는 쏘이 까쎔싼 쏘이 2 입구에 있다. BTS 싸남낄라 행찻 역 1번 출구에서 도보 3분.

쎈타라 그랜드 호텔 ★★★★★
Centara Grand Hotel

5성급 태국 호텔 체인인 쎈타라 호텔에서 운영하는 대형 호텔이다. 방콕 도심에 우뚝 솟은 타워 형태로 호텔을 건설했다. 객실에서의 전망이 훌륭하다. 호텔 로비는 23층, 야외 수영장은 26층에 있다. 모두 515개의 객실은 운영한다. 쎈탄 월드와 싸얌 파라곤을 포함한 시내 중심가 대형 백화점들과 인접해 있어 쇼핑하기 편리하다.
Map P.111-B1 주소 999/99 Thanon Phra Ram 1(Rama 1 Road) 전화 0-2100-1234 홈페이지 www.centarahotelsresorts.com 요금 수피리어 6,500B, 딜럭스 7,800B 가는 방법 ①BTS 칫롬 역에서 내릴 경우 쎈탄 월드(센트럴 월드)와 붙어 있는 이세탄 백화점 오른쪽 길로 300m 들어가면 된다. ②BTS 싸얌 역에서 내릴 경우 싸얌 파라곤 오른쪽에 있는 왓 빠툼완나람 옆길로 들어가면 된다.

싸얌 켐핀스키 호텔 ★★★★★
Siam Kempinski Hotel

독일과 스위스에 본사를 두고 있는 유럽 계열의 럭셔리 호텔이다. 빼어난 호텔 건축 디자인으로 유명하다. 시내 중심가라는 것이 무색할 정도로 호텔 내부는 고요하다. 마치 독립된 하나의 성(城)을 만들듯, 외부의 소음과 번잡함을 철저히 차단했다. 대리석이 번들거리는 로비와 호텔 객실에 둘러싸인 야외 수영장이 호텔의 느낌을 대변해 준다.
Map P.111-B1 주소 991/9 Thanon Phra Ram 1(Rama 1 Road) 전화 0-2162-9000 홈페이지 www.kempinski.com/en/bangkok/siam-hotel/ 요금 딜럭스 9,400B,

프리미어 룸 1만 2,000B 가는 방법 싸얌 파라곤 백화점 뒤쪽에 있다. BTS 싸얌 역 3번 출구 또는 5번 출구에서 도보 8분.

호텔 인디고 ★★★★☆
Hotel Indigo

방콕 시내 중심가에 있는 5성급 호텔이다. 도심과 잘 어우러지는 트렌디한 느낌의 호텔로 26층, 192개 객실을 운영한다. 색감을 중시하는 부티크 호텔답게 빈티지한 인테리어가 세련된 느낌을 준다. 인피니티 풀에서의 경관이 탁월하다.

Map P.116-B2 주소 81 Thanon Withayu(Wireless Road) 전화 0-2207-4999 홈페이지 www.bangkok. hotelindigo.com 요금 슈피리어 5,400B, 딜럭스 6,500B 가는 방법 타논 위타유의 베트남 대사관 옆에 있다. BTS 펀찟 역 2번 또는 5번 출구에서 400m.

킴튼 마라이 ★★★★★
Kimpton Maa-Lai

넓은 부지에 공원과 호텔이 들어선 씬톤 빌리지 Sindhorn Village의 한 자락을 차지하고 있다. 킴튼 그룹에서 아시아에 최초로 만든 호텔이라 신경을 써서 만든 흔적이 역력하다.

현대적인 호텔 외관, 연못과 잔디 정원, 인피니티 풀까지 시설과 조경이 훌륭하다. 231개의 호텔 객실과 131개의 레지던스로 구성되어 있다. 동급 호텔에 비해 객실이 넓은 편인데, 대리석이 깔린 욕실은 욕조까지 겸비되어 있다.

Map P.116-A2 주소 78 Soi Tonson, Lang Suan 전화 0-2056-9999 홈페이지 www.kimptonmaalaibangkok. com 요금 에센셜 룸 1만 1,450B, 프리미엄 룸 1만 3,400B, 레지던스 1만 2,600B 가는 방법 쏘이 랑쑤언에 있는 씬톤 켐핀스키 호텔 옆에 있다.

씬톤 켐핀스키 호텔 ★★★★★
Sindhorn Kempinski Hotel

방콕에 두 번째로 생긴 켐핀스키 호텔이다. 'S'자를 형상화한 물결 모양의 현대적인 건물 외관이 웅장한 느낌을 주지만, 호텔 주변으로 열대 정원이 감싸고 있어 도심 속에서 자연의 정취를 느끼게 해준다. 자연 채광을 배려해 곡선을 강조한 건축 디자인이 화려한 인테리어 치장을 통해 더욱 럭셔리한 느낌을 준다. 모든 객실은 딜럭스 룸 이상으로 꾸며져 있다.

Map P.116-A2 주소 80 Soi Tonson, Lang Suan 전화 0-2095-9999 홈페이지 www.kempinski.com/en/sindhornhotel 요금 그랜드 딜럭스 1만 1,500B, 그랜드 프리미어 1만 2,600B 가는 방법 쏘이 랑쑤언에 있는 씬톤 빌리지 Sindhorn Village의 킴튼 마라이(호텔) 옆에 있다.

빠뚜남, 아눗싸와리

특급 호텔보다는 중급 호텔이 많다. 호텔 위치에 따라 교통이 불편한 곳도 있으니 호텔을 선택할 때 주의가 필요하다.

베드 스테이션 호스텔 ★★★★
Bed Station Hostel

붉은 벽돌, 시멘트 바닥, 철근과 배관을 노출시킨 인더스트리얼 디자인으로 꾸민 트렌디한 호스텔이다. 도미토리는 에어컨 시설로 4인실, 6인실, 8인실로 구분된다. 여성 전용 6인실도 있다. 아침식사는 셀프 서비스로 직접 챙겨 먹으면 되고, 사용한 접시와 컵은 직접 설거지해 두어야 한다. 엘리베이터가 설치되어 있고 키 카드로 출입해야 한다.

Map P.114-A2 주소 486/149-150 Thanon Petchburi Soi 16 전화 0-2019-5477, 08-1807-8454 홈페이지 www. bedstationhostel.com 요금 8인실 도미토리 450B, 6인실 도미토리 550B, 4인실 도미토리 600B 가는 방법 타논 펫부리 쏘이 16(씹혹) 골목 안쪽에 있다. BTS 랏차테위 역 3번 출구 또는 1번 출구에서 도보 4분.

아마리 워터게이트 호텔 ★★★★
Amari Watergate Hotel

방콕에 있는 아마리 호텔 중에 가장 좋은 시설을 자랑한다. 욕조와 샤워실이 따로 분리된 넓은 욕실을 기본으로 하고 있으며 LCD TV, 미니바, 안전금고와 다리미까지 객실에 갖추어져 있다. 모두 569개의 객실을 운영한다.

Map P.114-B2 주소 847 Thanon Phetchburi 전화 0-2653-9000 홈페이지 www.amari.com 요금 딜럭스 4,100B, 그랜드 딜럭스 4,700B 가는 방법 빠뚜남 시장 한복판의 타논 펫부리 Thanon Phetchburi에 있다.

풀만 호텔
Pullman Hotel ★★★★

풀만의 가장 큰 매력은 부티크 호텔과 대형 호텔의 장점을 적절히 융합했다는 것이다. 자연 채광을 최대한 살려 설계된 심플함을 강조한 객실은 어둡고 무거운 느낌의 경쟁 호텔들에 비해 심적 부담감도 덜게 해준다. 씰롬에 있는 풀만 호텔 G와 구분하기 위해 풀만 방콕 킹 파워 Pullman Bangkok King Power라고 부르기도 한다.

Map P.114-B1 주소 8/2 Thanon Rangnam 전화 0-2680-9999 홈페이지 www.pullmanbangkok kingpower.com 요금 슈피리어 5,600B, 딜럭스 6,400B 가는 방법 BTS 아눗싸와리 차이 역 2번 출구로 나온 다음 센추리 Century 쇼핑몰을 끼고 타논 랑남 Thanon Rangnam으로 들어간다. 길을 따라 200m 정도 가면 오른쪽에 보이는 킹 파워 콤플렉스 면세점 옆에 있다.

쑤쿰윗

쑤쿰윗 자체가 워낙 방대한 지역이라 호텔들도 많고 다양하다. 특급 호텔들은 나나 Nana와 아쏙 Asok 주변에 몰려 있어 비즈니스 여행자들에게 편리한 교통을 제공한다.

싸차 호텔 우노
Sacha's Hotel Uno ★★★☆

3성급 호텔로 모던함과 화사함을 간직한 호텔이다. 쑤쿰윗 중심가에 있어 교통이 편리하다. 두 동의 건물로 구분되며 모두 56개의 객실을 운영한다. 객실은 티크 나무를 최대한 이용해 자연스러움을 강조했다. 수영장이 없는 것

이 단점이다.

Map P.117-D2 주소 28/19 Thanon Sukhumvit Soi 19 전화 0-2651-2180 홈페이지 www.sachashotel.com 요금 슈피리어 2,100B, 딜럭스 2,600B 가는 방법 로빈싼 백화점 옆의 쑤쿰윗 쏘이 19 안쪽으로 150m 떨어져 있다. BTS 아쏙 역 또는 MRT 쑤쿰윗 역에서 도보 8분.

호텔 클로버 아쏙
Hotel Clover Asoke ★★★☆

아쏙 사거리에 있는 3성급 호텔로 2016년에 오픈해 비교적 시설이 깨끗하다. BTS 아쏙 역과 가까워 교통이 편리하다. 객실은 작지만 컬러과 디자인이 돋보이며 부티크 호텔처럼 예쁘게 꾸몄다. 여성 전용 층으로 사용되는 레이디 룸 Lady Room은 특히 여성스러움이 묻어난다. 옥상에 자그마한 야외 수영장이 있다.

Map P.119-A2 주소 9/1 Thanon Sukhumvit Soi 16 전화 0-2258-8555 홈페이지 www.hotelclover-th.com 요금 스탠더드 3,200~3,500B, 레이디 룸 4,200B 가는 방법 쑤쿰윗 쏘이 16(씹훅) 입구에 있다. BTS 아쏙 역에서 도보 7~8분.

파크 플라자 호텔
Park Plaza Hotel ★★★★

쑤쿰윗 중심가에 있는 4성급 호텔. 편안한 객실과 안정적인 서비스가 장점이다. 부티크 호텔처럼 차분한 분위기를 선호하는 개인 여행자들에게 인기 있다. 참고로 야외 수영장은 옥상에 있다. 인접한 곳에 파크 플라자 호텔 방콕 쏘이 18 Park Plaza Hotel Bangkok Soi 18을 함께 운영하는데 두 곳 모두 만족도가 높다.

Map P.117-D2, P.119-A2 주소 16 Thanon Rachadaphisek 전화 0-2263-5000 홈페이지 www.park plaza.com 요금 슈피리어 3,800B, 딜럭스 코너 4,500B 가는 방법 BTS 아쏙 역 3번 출구에서 도보 8분. MRT 쑤쿰윗 역 3번 출구에서 도보 10분.

아리야쏨 빌라
Ariyasom Villa ★★★★☆

운하를 끼고 만든 빌라 형태의 가옥을 근사

한 부티크 호텔로 변모시켰다. 1941년에 건설된 빌라로 모두 24개 객실을 운영한다. 객실은 티크원목을 이용해 태국적인 느낌을 살려 클래식하게 꾸몄다. 울창한 정원에 둘러싸여 있으며, 수영장, 레스토랑, 스파 시설과 어우러져 차분하다.

Map P.117-C1 주소 65 Thanon Sukhumvit Soi 1 전화 0-2254-8880 홈페이지 www.ariyasom.com 요금 스튜디오 6,900~7,700B, 딜럭스 8,000~8,900B, 이그제큐티브 딜럭스 1만 1,000~1만 2,000B 가는 방법 타논 쑤쿰윗 쏘이 1 골목 끝에 있다.

하얏트 리젠시 ★★★★
Hyatt Regency

쑤쿰윗 중심가에 있는 5성급 호텔이다. 국제적인 호텔인 하얏트 리젠시에서 운영하기 때문에 호텔 간판만 보고 투숙하는 사람도 많다. 2019년에 신축한 건물답게 통유리로 만든 현대적인 건물이다. 야외 수영장에서 바라보는 도심 풍경도 매력적이다.

Map P.117-C2 주소 1 Thanon Sukhumvit Soi 13 전화 0-2098-1234 홈페이지 www.hyattregencybangkok sukhumvit.com 요금 스탠더드 킹 룸 8,950B, 딜럭스 킹 룸 1만1,000B 가는 방법 타논 쑤쿰윗 쏘이 13 입구의 메인 도로에 있다. BTS 나나 역에서 200m.

포 포인트 바이 쉐라톤 ★★★★
Four Points by Sheraton

쉐라톤 호텔에서 운영하는 부티크 호텔이다. 쉐라톤 호텔에 비해 부대시설을 간소화 했으나 트렌디함은 살린 젊은 감각의 호텔이다. 수영장은 호텔 규모에 비해 작다. 호텔에 머물며 빈둥대기보다는, 시내 중심가의 호텔에 머물며 관광하려는 자유 여행자들에게 적합하다. 쑤쿰윗 한복판에 있고 BTS 역과도 가까워 교통은 편리하다(그러나 출퇴근 시간에 교통체증이 심하다).

Map P.117-C2 주소 4 Thanon Sukhumvit Soi 15 전화 0-2309-3000 홈페이지 www.fourpointsbangkok sukhumvit.com 요금 콤포트 딜럭스 4,800B, 콤포트 프리미엄 5,300B 가는 방법 쑤쿰윗 쏘이 15 골목 안쪽으로 100m. BTS 아쏙 역 5번 출구에서 도보 7분.

그랑데 센터 포인트 호텔 터미널 21 ★★★★☆
Grande Centre Point Hotel Terminal 21

쑤쿰윗 중심가인 아쏙 사거리에 있는 레지던스 호텔이다. 터미널 21(쇼핑 몰)과 같은 건물을 쓰기 때문에, 흔히들 '센터 포인트 터미널 21'이라고 부른다. 슈피리어 룸은 32㎡로 객실은 크지 않다. 주방 용품은 냉장고와 전자레인지, 수저 세트가 구비되어 있다. 딜럭스 룸에는 주방 기구와 드럼 세탁기까지 완비되어 있다.

Map P.117-D2 주소 2/88 Thanon Sukhumvit Soi 19 전화 0-2681-9000 홈페이지 www.grandecentrepoint terminal21.com 요금 슈피리어 5,400B, 딜럭스 6,500B 가는 방법 아쏙 사거리에 있는 터미널 21(쇼핑 몰)과 같은 건물이다. BTS 아쏙 역 또는 MRT 쑤쿰윗 역에서 도보 1분.

메리어트 이그제큐티브 아파트먼트(쑤쿰윗 파크) ★★★★★
Marriott Executive Apartments(Sukhumvit Park)

메리어트 호텔에서 운영하는 레지던스 호텔이다. 호텔의 딱딱한 느낌은 들어내고 가정집의 편안함을 추구한다. 5성급 호텔인 메리어트 호텔에서 운영하는 곳답게 고급스런 시설과 수준급의 서비스를 누릴 수 있다. 기본 객실은 45㎡ 크기로 넓다. 조리 기구, 주방 용품, 식기 세척기, 세탁기까지 완비되어 있다.

Map P.118-A3 주소 90 Thanon Sukhumvit Soi 24 전화 0-2302-5555 홈페이지 www.marriott.com 요금 스튜디오 5,800B, 원 베드 룸 스위트 6,500B 가는 방법 BTS 프롬퐁 역 2번 출구에서 엠포리움 백화점을 끼고 쑤쿰윗 쏘이 24 안쪽으로 800m.

쉐라톤 그랑데 쑤쿰윗 ★★★★★
Sheraton Grande Sukhumvit

쉐라톤 호텔 중에도 명품 호텔인 럭셔리 컬렉션 스타우드 호텔 & 리조트 Luxury

Collection Starwood Hotel & Resort에 가입된 초일류 호텔이다. 짜오프라야 강변의 특급 호텔에 비해 방콕 도심에 위치해 이동이 자유롭다. 420개의 딜럭스 룸은 타이 실크로 치장해 편한 느낌을 준다.

Map P.117-D2 주소 250 Thanon Sukhumvit Soi 12 & Soi 14 전화 0-2649-8888 홈페이지 www.sheraton grandesukhumvit.com 요금 딜럭스 7,200B, 프리미어 8,200B 가는 방법 BTS 아쏙 역 2번 출구에서 호텔 로비로 연결 통로가 이어진다.

서머셋 쑤쿰윗 통로 ★★★★
Somerset Sukhumvit Thonglor

서머셋에서 운영하는 레지던스 형태의 호텔이다. 방콕의 고급 주택가로 손꼽히는 통로 지역에 위치해 주변 환경이 좋다. 주방 시설을 갖춘 것이 특징으로 조리기구와 식기까지 준비되어 있다. 세탁기도 있어 편리하다. 스튜디오 딜럭스는 40㎡ 크기로 방도 넓다. 야외 수영장과 피트니스 시설을 갖추고 있다.

Map P.120-B2 주소 115 Thanon Sukhumvit Soi 55(Thonglor) 전화 0-2365-7999 홈페이지 www. somerset.com 요금 스튜디오 딜럭스 4,800B, 스튜디오 프리미어 6,200B 가는 방법 통로 쏘이 5와 쏘이 7 사이에 있다. BTS 통로 역 3번 출구에서 도보 10분.

씰롬, 싸톤, 리버사이드

씰롬과 싸톤. 짜오프라야 강변은 방콕 최대의 상업 지역이자 럭셔리 호텔들의 경합장이다. 짜오프라야 강변에는 5성급 호텔 중에서 최고의 호텔들만 몰려 있다. 도심 한복판인데도 싸톤에서 연결되는 쏘이 응암 두플리 Soi Ngam Duphli에 저렴한 숙소가 아직 남아 있다.

호텔 이비스 방콕 리버사이드 ★★★
Hotel ibis Bangkok Riverside

경제적인 호텔 중의 하나인 이비스 호텔에서 운영한다. 도심에 해당하는 나나(쑤쿰윗), 싸얌 스퀘어, 응암 두플리(싸톤) 지점에 비해

강변을 끼고 있어 분위기가 한결 좋다. 객실은 작은 편이지만 넓은 야외 수영장과 강변 풍경이 주변의 고급 호텔과 견주어 손색이 없다. 짜오프라야 강을 건너다녀야 하기 때문에 교통이 불편하다.

Map P.128-B2 주소 27 Thanon Charoen Nakhon Soi 17 전화 0-2659-2888 홈페이지 www.ibishotel.com 요금 스탠더드 더블 1,900~2,300B 가는 방법 수상 보트 '타 싸톤' 선착장 맞은편에 있다. 강 건너에 있는 타논 짜런 나콘 쏘이 17 골목으로 들어가면 된다. 가장 가까운 BTS 역인 끄룽 톤부리 역에서 2㎞ 떨어져 있다.

애타스 룸피니 ★★★★☆
Aetas Lumpini

룸피니 공원 맞은편에 있는 비즈니스 호텔이다. 2011년에 오픈해 시설이 깨끗하다. 부티크 호텔처럼 스타일리시한 느낌은 없지만 가격 대비 객실 시설이 좋다. 동급 호텔에 비해 객실 크기가 넓은 것이 장점이다. 딜럭스 룸이 42㎡, 주니어 스위트 룸은 52㎡ 크기다.

Map P.126-C2 주소 1030/4 Thanon Phra Ram 4(Rama 4 Road) 전화 0-2618-9555 홈페이지 http://lumpini. aetashotels.com 요금 딜럭스 4,200B, 주니어 스위트 5,300B 가는 방법 MRT 룸피니 역에서 200m 떨어진 타논 팔람 씨 Thanon Phra Ram 4(Rama 4 Road)에 있다. MRT 룸피니 역 1번 출구에서 도보 3분.

유 싸톤 ★★★★
U Sathorn

2014년에 문을 열었으며 모두 86개 객실을 운영한다. 야외 수영장과 정원을 둘러싸고 있는 3층 건물은 휴양지의 리조트 분위기를 풍긴다. 도심과 가깝지만 대로변에서 멀리 떨어져 있어 차분하게 머물기 좋다. 그러나 접근이 불편한 단점은 감수해야 한다. 객실은 화이트 톤으로 차분한 인상을 준다. 정원 방향으로 발코니가 나있는 슈피리어 가든이 전망이 좋고, 1층에 있는 딜럭스 룸은 정원 방향으로 테라스가 나있다.

Map P.127 주소 105/1 Soi Ngam Duphli 전화 0-2119-

4888 홈페이지 www.uhotelsresorts.com/
usathornbangkok 요금 슈피리어 가든 4,800B, 딜럭스
더블 5,600B 가는 방법 쏘이 응암두플리에서 연결되는
쏘이 쁘리디 Soi Pridi 골목 안쪽에 있다. MRT 룸피니 역
에서 걸어가긴 멀다.

이스틴 그랜드 호텔 싸톤 ★★★★
Eastin Grand Hotel Sathorn

국제적인 호텔들의 치열한 각축장이 돼버린
방콕에서 유명 호텔들과 어깨를 나누며 인지도
를 높여간 태국 호텔 회사인 이스틴 호텔에서
운영한다. 트렌디한 디자인보다는 대형 호텔답
게 쾌적한 객실 시설에 비중을 뒀다. 시내 중심
가에 있지만 쑤쿰윗이나 씰롬에 비해 갑갑한
느낌이 들지 않는다.
Map P.128–B1 주소 33/1 Thanon Sathon Tai(South
Sathon Road) 전화 0–2210–8100 홈페이지 www.
eastingrandsathorn.com 요금 슈피리어 4,600B, 슈피
리어 스카이 5,400B 가는 방법 BTS 쑤라싹 역 2번 출
구 앞에 있다.

더 스탠더드 마하나콘 ★★★★☆
The Standard Mahanakhon

방콕의 가장 높은 건물인 킹 파워 마하나콘
King Power Mahanakhon(P.125)에 들어선
럭셔리 호텔이다. 모던한 호텔답게 밝은 색의
컬러를 과감하게 사용해 힙하게 디자인했다.
호텔 로비, 엘리베이터, 객실로 이어지는 복도
까지 색에 압도당한다. 객실은 부드러운 곡선
으로 이루어진 소파, 테이블, 거울 등을 배치해
부티크 호텔의 멋을 더했다. 객실은 40㎡ 크기
로 넓은 편이다. 스탠더드 룸은 트윈 베드가 놓
인 방은 없고 전부 킹 사이즈 베드로 구성되어
있다.
Map P.126–A2 주소 114 Thanon Narathiwat
Ratchanakharin(Narathiwas Road) 전화 0–2085–8888
홈페이지 www.standardhotels.com/bangkok/
properties/bangkok 요금 스탠더드 7,300B, 딜럭스
8,500B 가는 방법 BTS 총논씨 역 앞의 킹 파워 마하나
콘 건물에 있다.

차트리움 호텔 리버사이드 ★★★★☆
Chatrium Hotel Riverside

방콕 도심에서 떨어진 짜오프라야 강변에 있
다. 덕분에 주변 건물에 막히지 않은 탁 트인
전망을 제공해 준다. 시티 뷰와 리버 뷰로 구분
되는데, 각기 다른 느낌의 풍경이 펼쳐진다. 장
점은 객실이 넓고 서비스가 좋다는 것. 그리고
전망이 뛰어나다는 것. 단점은 방콕 시내와 멀
기 때문에 휴식보다 관광에 중점을 둔 사람이
라면 오가기 불편하다.
주소 28 Thanon Charoen Krung Soi 70 전화 0–2307–
8888 홈페이지 www.chatrium.com/chatrium_hotel 요금
그랜드 룸 시티 뷰 4,900B, 그랜드 룸 리버 뷰 6,400B,
원 베드 룸 7,500B 가는 방법 타논 짜런끄룽 쏘이 70 안
쪽의 짜오프라야 강변에 있다.

아난타라 리버사이드 리조트 ★★★★☆
Anantara Riverside Resort

도심에서 멀찌감치 떨어진 짜오프라야 강변
에 있다. 방콕이라는 거대 도시에 있지만 강과
어우러진 정원과 수영장 덕분에 해변 리조트
느낌을 준다. 자연 친화적인 아난타라 리조트
의 특징이 잘 살아 있다. 객실은 38㎡ 크기로
발코니까지 딸려 있다. 객실마다 투숙객이 사
용할 수 있는 스마트폰 단말기를 제공해 준다.
주소 257/1–3 Thanon Charoen Nakhon 전화 0–2476–
0022 홈페이지 www.bangkok–riverside.anantara.com
요금 프리미어 딜럭스 6,600~7,500B 가는 방법 방콕
도심에서 남쪽으로 멀리 떨어진 라마 3세 대교(싸판 팔
람 쌈) Rama 3 Bridge와 가까운 짜오프라야 강변에 있
다. 싸톤 선착장에서 리조트까지 무료 셔틀 보트가 운
행된다.

소 소피텔 방콕(소 방콕) ★★★★★
SO Sofitel Bangkok(So Bangkok)

소피텔에서 운영하는 럭셔리 호텔이다. 길
건너에 룸피니 공원이 있어 방콕의 녹지대를
배경으로 펼쳐지는 도심의 스카이라인을 감상
할 수 있다. 객실 전망은 시티 뷰보다 파크 뷰
가 더 매력적이다. 수영장과 스파, 스카이라운

지까지 부대시설도 스타일리시하게 꾸몄다.
Map P.126-C2 주소 2 Thanon Sathon Neua(North Sathorn Road) 전화 0-2624-0000 홈페이지 www.
www.so-bangkok.com 요금 소 코지 8,800B, 소 콤피 9,800B, 소 스튜디오 1만 3,100B 가는 방법 타논 싸톤 느아 초입에 있다. MRT 룸피니 역 2번 출구에서 도보 5분.

쑤코타이 호텔 ★★★★★
Sukhothai Hotel

쑤코타이는 태국 중부에 있는 도시 이름이 자 태국 최초의 왕조를 이룬 곳이다. 호텔 이름 에서 연상하듯 태국적인 정취가 가득한 것이 특징이다. 7,000㎡의 넓은 정원에 4층짜리 나 지막한 건물로 호텔을 꾸며 아늑한 기운이 주 변을 감싸고 있는 것이 매력이다.
Map P.126-B2 주소 13/3 Thanon Sathon Tai(South Sathon Road) 전화 0-2344-8888 홈페이지 www.
sukhothai.com 요금 슈피리어 8,600B 가는 방법 MRT 룸피니 역 2번 출구에서 도보 10분. 타논 싸톤 따이의 독일 대사관 옆에 있다.

메트로폴리탄 방콕 ★★★★★
The Metropolitan Bangkok

컨템퍼러리한 트렌드를 최대한 부각시킨 호 텔이다. 입구에서 보면 하얀색의 건물이 시원 한 느낌을 주고, 객실에 들어가면 넓은 창문을 통해 들어오는 자연 채광이 아늑함을 선사한 다. 각 분야의 전문가들이 호텔 디자인에 참여 해 세심한 인테리어가 매력이다.
Map P.126-B2 주소 27 Thanon Sathon Tai(South Sathon Road) 전화 0-2625-3333 홈페이지 www.
comohotels.com/metropolitanbangkok 요금 스탠다 드 스튜디오 룸 6,800B 가는 방법 MRT 룸피니 역 2번 출구에서 도보 15분. 타논 싸톤 따이의 반얀 트리 호텔 옆에 있다.

반얀 트리 호텔 ★★★★★
Banyan Tree Hotel

싱가포르에 본사를 둔 초일류 호텔. 바로 옆

의 쑤코타이 호텔과 절체절명의 경쟁 관계다. 반얀 트리 방콕은 일단 넓적하고 높게 솟은 건 물 외관부터 주목을 끈다. 객실은 모두 침실과 거실이 구분된 스위트 룸으로만 이루어졌다.
Map P.126-B2 주소 21/100 Thanon Sathon Tai(South Sathon Road) 전화 0-2679-1200 홈페이지 www.
banyantree.com/en/thailand/bangkok 요금 딜럭스 7,400B, 클럽 룸 8,800B 가는 방법 MRT 룸피니 역 2번 출구에서 도보 15분. 타논 싸톤 따이의 쑤코타이 호텔 과 메트로폴리탄 호텔 사이에 있다.

샹그릴라 호텔 ★★★★★
Shangri-La Hotel

'지상의 낙원'이라는 뜻의 샹그릴라는 이름 처럼 낙원 같은 호텔이다. 초대형 럭셔리 호텔 로 두 동의 건물로 구분해 799개 객실을 운영 한다. 별도로 분리돼 운영되는 두 개의 수영장 은 짜오프라야 강변과 열대 정원의 정취가 고 스란히 전해진다.
Map P.128-B2 주소 89 Soi Wat Suan Plu, Thanon Charoen Krung 전화 0-2236-7777 홈페이지 www.
shangri-la.com/bangkok/shangrila 요금 딜럭스 8,300B, 스위트 9,600B 가는 방법 BTS 싸판 딱씬 역 3 번 출구에서 도보 5분. 수상 보트 '타 싸톤' 선착장에서 도보 7분

오리엔탈 호텔 ★★★★★
The Oriental Hotel

오리엔탈 호텔은 더 이상의 설명이 필요 없 는 호텔 그 이상의 호텔이다. 짜오프라야 강변 에 정착한 유럽인들이 만들었던 호텔 건물 자 체의 역사는 무려 140년. 그 만큼의 전통과 격 식을 갖춘 호텔인데 무엇보다 서비스에 관한한 이곳을 따라올 호텔이 없다.
Map P.128-B2 주소 48 Oriental Ave. Thanon Charoen Krung Soi 40 전화 0-2659-9000 홈페이지 www.
mandarinoriental.com/bangkok 요금 딜럭스 2만 3,000B 가는 방법 수상 보트 타 오리얀뗀(오리엔탈) Tha Oriental(Oriental Pier)에서 도보 3분.

Khaosan Road

카오산 로드 ถนนข้าวสาร

    방콕에 있지만 전혀 방콕답지 않은 동네. 방콕을 방문하는 외국인이라면 누구나 알고 있는 '여행자 거리'다. 카오산 로드는 방람푸에 위치한 300m에 이르는 작은 길에 불과했다. 1980년대를 거치며 아시아를 횡단하던 히피 여행자들의 아지트가 되면서 세상에 알려졌고, 2000년대를 지나면서 여행의 보편화와 상업주의가 결합해 세계에서도 유례를 찾기 힘든 여행자 거리로 번영하고 있다.

    카오산은 현재 쏘이 람부뜨리 Soi Rambutri, 타논 프라아팃(파아팃)Thanon Phra Athit, 타논 쌈쎈 Thanon Samsen을 어우르는 방대한 지역으로 확장되어 전 세계 여행자들의 해방구 역할을 한다. '가난한 유럽 여행자들이 머무는 곳'이라고 평가 절하되기도 하지만, 장기 여행자들에게 필요한 숙소, 여행사, 여행자 카페가 밀집해 있어 여행에 필요한 모든 것을 원-스톱 서비스로 해결해 준다.

    배낭족들이 만들어 낸 반(反) 태국적인 문화는 카오산 로드를 찾는 태국 젊은이들과 결합해, 두 개의 상충된 문화가 상호작용하며 방콕의 또 다른 모습을 만들어 낸다. 카오산 로드는 그 곳에 있는 모두가 자유로울 수 있음을 극명하게 보여주는 공간이다. 어느 누구도 구속하거나 방해하지 않는 극한의 자유를 느껴보자.

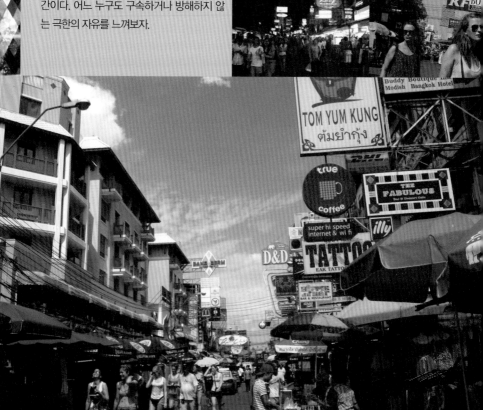

INFORMATION 여행에 필요한 정보

은행 · 환전

여행자들이 집중적으로 몰리는 곳이라 주요 은행은 물론 사설 환전소까지 거리 곳곳에서 쉽게 찾을 수 있다. 영업 시간은 대부분 오전 9시부터 밤 10시까지다.

ACCESS 공항에서 카오산 로드 가기

쑤완나품 국제공항에서 카오산 로드까지 택시를 탈 경우 400B 정도가 나온다(P.72 참고). 경비를 아끼고 싶다면 S1번 공항버스를 이용해도 된다. 편도 요금 60B으로 06:00~20:00까지 운행된다(P.73 참고).
참고로 카오산 로드에서 출발하는 공항버스(S1번)는 타논 프라아팃→타논 랏차담넌 끄랑→민주 기념탑→쑤완나품 공항으로 직행한다. 돈므앙 공항을 갈 경우 같은 곳에서 A4번 버스를 타면 된다(P.165 참고).

TRANSPORTATION 시내 교통

카오산 로드는 수상 보트 선착장이 인접해 있고, 타논 랏차담넌 끄랑과 가까워 버스 타기도 편리하다. 라따나꼬씬과 방람푸 지역의 볼거리는 카오산 로드에서 걸어갈 만한 거리다. 다만, BTS 역과 멀리 떨어져 있어 시내를 드나들 때는 택시를 이용하는 게 편하다.

BTS, 공항 철도

카오산 로드와 가장 가까운 BTS 역은 랏차테위 역이다. 공항 철도 종점인 파야타이 역은 BTS 파야타이 역과 환승이 가능하다. 랏차테위 역과 파야타이 역은 한 정거장 떨어져 있다. 두 개 역 모두 카오산 로드까지 택시로 20~30분 정도 걸린다. 택시 요금은 80B.

MRT 퍼플 라인(공사 중)

따오뿐 Tao Poon 역에서 남쪽을 연결하는 연장 공사가 2023년부터 시작됐다. 국회의사당(신청사)과 국립 도서관을 거쳐 민주기념탑을 지나게 된다. 카오산 로드 주변 지역(타논 쌈쎈, 타논 프라쑤멘)도 도로 절반을 막아 놓고 공사하고 있다. 2027년 완공 예정이다.

수상 보트 Express Boat

방콕의 주요 사원과 볼거리를 여행할 때 가장 유용하다. 카오산 로드에서 도보 5분 거리인 타논 프라아팃의 타 프라아팃 Tha Phra Athit 선착장에서(선착장 번호 N13) 짜오프라야 익스프레스 보트를 타면 된다. 방콕 시내로 간다면 타 싸톤 Tha Sathon 선착장에서 BTS로 갈아타면 편리하다. 자세한 내용은 P.76~77 참고.

운하 보트 Canal Boat

싸얌과 빠뚜남까지 가장 빠르게 갈 수 있는 교통편이다. 운하 보트 선착장은 타논 랏차담넌 끄랑 끝의 판파 다리(싸판 판파)와 인접한 판파 선착장(타르아 판파) Phan Fa Pier(Map P.99-B2)이다. 운하 보트를 타고 싸얌까지 10분, 빠뚜남까지 15분 정도 소요된다. 자세한 내용은 P.77 참고.

시내 버스 Bus

카오산 로드와 인접한 타논 프라아팃과 타논 랏차담넌 끄랑에서 버스를 이용하면 방콕 대부분의 지역으로 이동하는 버스를 탈 수 있다. 버스 노선뿐만 아니라 어느 방향에서 타야 하는지도 확인해야 한다.

미터 택시 Meter-Taxi

3~4명이 함께 이동한다면 BTS에 비해 저렴하다. 요금은 차이나타운까지 100B, 싸얌 스퀘어까지 100~120B, 쑤쿰윗과 씰롬까지 180~250B, 짜뚜짝 주말시장과 머칫 북부 터미널까지 250B 정도를 예상하면 된다.

수상 보트

운하 보트

시내버스

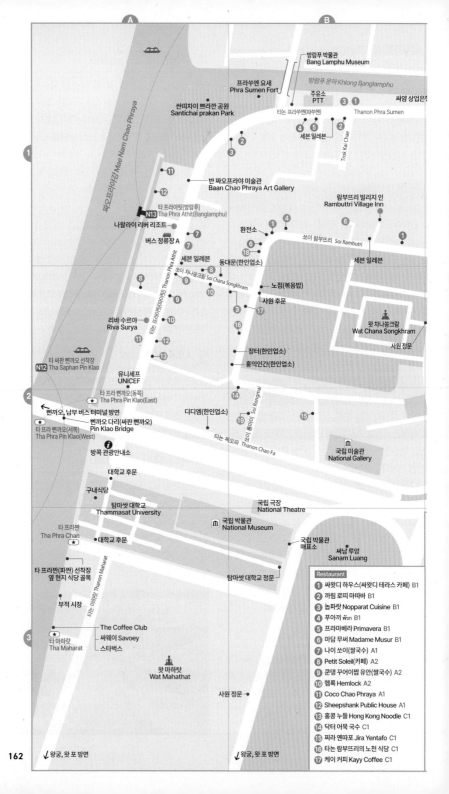

방람푸 박물관
Bang Lamphu Museum

프라쑤멘 요새
Phra Sumen Fort

방람푸 운하 Khlong Banglamphu

싼띠차이 쁘라깐 공원
Santichai prakan Park

타논 프라쑤맨(파쑤맨)

주유소
PTT

싸얌 상업은행

① Thanon Phra Sumen

② ③ ①

⑤ 트록 까이 채 ② Trok Kai Chae

세븐 일레븐

반 짜오프라야 미술관
Baan Chao Phraya Art Gallery

⑪

⑫

람부뜨리 빌리지 인
Rambuttri Village Inn

타 프라아팃(방람푸)
Tha Phra Athit(Banglamphu)

나왈라이 리버 리조트

버스 정류장 A

환전소

① ④

⑥

① 쏘이 람부뜨리 Soi Rambutri

세븐 일레븐

세븐 일레븐

⑦

⑦

⑥

⑱

타논 프라아팃 Thanon Phra Athit

쏘이 차나쏭크람 Soi Chana Songkhram

⑧ 동대문(한인업소)

⑧

노점(복음밥)

⑧

⑨

⑩

③

사원 후문

⑨

⑰

왓 차나쏭크람
Wat Chana Songkhram

리바 수르야
Riva Surya

⑩

⑯

사원 정문

⑪

⑫

타 싸판 삔까오 선착장
N12 Tha Saphan Pin Klao

⑬

장터(한인업소)

홍익인간(한인업소)

유니세프
UNICEF

타 프라 삔까오(동쪽)
Tha Phra Pin Klao(East)

⑭

쏘이 롱남 Soi Rongnai

삔까오, 남부 버스 터미널 방면

삔까오 다리(싸판 삔까오)
Pin Klao Bridge

디디엠(한인업소)

⑲

⑮

타 프라 삔까오(서쪽)
Tha Phra Pin Klao(West)

타논 짜오파 Thanon Chao Fa

국립 미술관
National Gallery

방콕 관광안내소

대학교 후문

국립 극장
National Theatre

구내식당

탐마쌋 대학교
Thammasat University

국립 박물관
National Museum

타 프라짠
Tha Phra Chan

대학교 후문

국립 박물관
매표소

싸남 루앙
Sanam Luang

타 프라짠(파짠) 선착장
옆 현지 식당 골목

타논 마하랏 Thanon Maharat

부적 시장

탐마쌋 대학교 정문

The Coffee Club
싸웨이 Savoey
스타벅스

타 마하랏
Tha Maharat

왓 마하탓
Wat Mahathat

사원 정문

Restaurant

① 싸왓디 하우스(싸왓디 테라스 카페) B1
② 까림 로띠 마따바 B1
③ 놉파랏 Nopparat Cuisine B1
④ 푸아끼 ฟั่น B1
⑤ 프리마베라 Primavera B1
⑥ 마담 무써 Madame Musur B1
⑦ 나이 쏘이(쌀국수) A1
⑧ Petit Soleil(카페) A2
⑨ 쿤댕 꾸어이짬 유안(쌀국수) A2
⑩ 헴록 Hemlock A2
⑪ Coco Chao Phraya A1
⑫ Sheepshank Public House A1
⑬ 홍콩 누들 Hong Kong Noodle C1
⑭ 닥터 어묵 국수 C1
⑮ 찌라 옌따포 Jira Yentafo C1
⑯ 타논 람부뜨리의 노천 식당 C1
⑰ 케이 커피 Kayy Coffee C1

↓왕궁, 왓 포 방면   ↓왕궁, 왓 포 방면

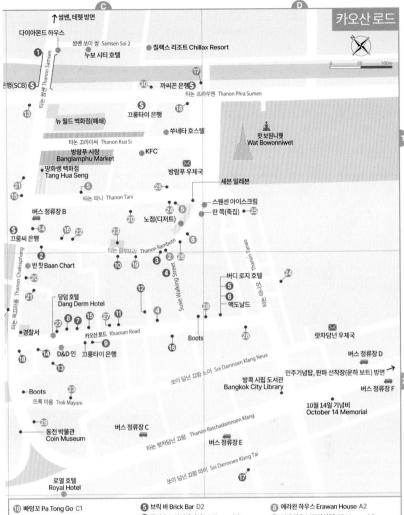

카오산 로드

↑ 쌈쎈, 테웻 방면

다이아몬드 하우스
쌈쎈 쏘이 썽 Samsen Soi 2
누보 시티 호텔
칠랙스 리조트 Chillax Resort

은행(SCB)
까씨꼰 은행
타논 프라쑤멘 Thanon Phra Sumen

뉴 월드 백화점(폐쇄)
끄룽타이 은행
타논 끄라이씨 Thanon Krai Si
쑤네타 호스텔

방람푸 시장
Banglamphu Market
KFC
땅화쌩 백화점
Tang Hua Seng
방람푸 우체국
세븐 일레븐

왓 보원니웻
Wat Bowonniwet

버스 정류장 B
스웬쎈 아이스크림
란 쪽(죽집)

끄룽씨 은행
노점(디저트)

타논 람부뜨리 Thanon Rambutri

반찻 Baan Chart

버디 로지 호텔
당덤 호텔
Dang Derm Hotel
맥도날드

경찰서
카오산 로드 Khaosan Road
Boots
랏차담넌 우체국

D&D 인 끄룽타이 은행
버스 정류장 D

쏘이 담넌 끄랑 느아 Soi Damnoen Klang Neua
방콕 시립 도서관
Bangkok City Library
민주기념탑, 판파 선착장(운하 보트) 방면
버스 정류장 F

Boots
뜨록 마욤 Trok Mayom
10월 14일 기념비
October 14 Memorial

동전 박물관
Coin Museum
버스 정류장 C
타논 랏차담넌 끄랑 Thanon Ratchadamnoen Klang
버스 정류장 E

로열 호텔
Royal Hotel
쏘이 담넌 끄랑 따이 Soi Damnoen Klang Tai

---

⑱ 빠텅꼬 Pa Tong Go C1
⑲ 마이 달링 My Darling C2
⑳ 스타벅스 커피 C2
㉑ 쏘샤나 Shoshana C2
㉒ 조조 팟타이 Jo Jo Pad Thai C2
㉓ 라니스 벨로 레스토랑 Ranee's Velo C2
㉔ 에토스 Ethos D2
㉕ Mango Vegetarian & Vegan D1
㉖ 허브 The Hub D2

Spa & Massage
① Massage In Garden B1
② 치와 스파 Shewa Spa C2
③ 낸시 마사지 Nancy Massage B2
④ 찰리 마사지 Charlie Massage & Spa C2
⑤ Thai Lanta Massage C1
⑥ 빠이 스파 Pai Spa C1

Entertainment
① 애드 히어 더 서틴스 블루스 바 C1
AD Here The 13th Blues Bar
② 푸 바 Fu Bar C1
③ 몰리 바 Molly Bar(Molly 31st) C2
④ 타창 방콕 Tha Chang Bangkok C2

⑤ 브릭 바 Brick Bar D2
⑥ 물리간스 아이리시 바 Mulligans D2
⑦ 더 원 The One C2
⑧ 클럽(디스코) The Club C2
⑨ 카오산 센터 Khaosarn Center C2
⑩ 방콕 바 Bangkok Bar C2
⑪ 루프 The Roof C2
⑫ 버디 비어 Buddy Beer C2
⑬ 히피 드 바 Hippie de Bar C2
⑭ Tom Yum Kung C2
⑮ 럭키 비어 Lucky Beer C2
⑯ 리리 카오산 Rere Khaosan C2
⑰ 프라 나콘 바 Phra Nakorn Bar D2
⑱ 로코 클럽 Rocco Club C2

Hotel
① Mad Monkey Hostel B1
② 케이시 게스트하우스 K.C. Guest House B1
③ 잼 호스텔 Jam Hostel B1
④ 뉴 싸얌 3 게스트하우스 New Siam 3 B1
⑤ 엠버 호텔 The Ember Hotel C1
⑥ 람푸 하우스 Lamphu House B1
⑦ 타라 하우스 Thara House A1

⑧ 에라완 하우스 Erawan House A2
⑨ 비비 하우스(프라이팃) BB House A2
⑩ 와일드 오키드 빌라 Wild Orchid Villa A2
⑪ 뉴 싸얌 리버사이드 New Siam Riverside A2
⑫ Chillax Heritage Hotel A2
⑬ 뉴 싸얌 2 게스트하우스 New Siam 2 A2
⑭ BB House Rambuttri 2 B2
⑮ BB House Rambuttri B2
⑯ 망고 라군 플레이스 Mango Lagoon Place B2
⑰ 벨라 벨라 게스트하우스 Bella Bella B2
⑱ 메리 브이 게스트하우스 Merry V B1
⑲ 뉴 싸얌 팰리스 빌 New Siam Palace Ville B2
⑳ 베드 스테이션 호스텔 카오산 C1
㉑ 유니버스 앳 홈 Universe @ Home C1
㉒ 빌라 차차 Villa Cha Cha C1
㉓ Tinidee Trendy Bangkok Khaosan C1
㉔ 데완 방콕(롱램 데완) Dewan Bangkok C1
㉕ 타이 코지 하우스 Thai Cozy House C1
㉖ 싸꾼 하우스 Sakul House C1
㉗ 카오산 팰리스 Khaosan Palace C2
㉘ The Mulberry Hotel D2
㉙ Villa De Khaosan C2
㉚ Casa Vimaya Riverside C1

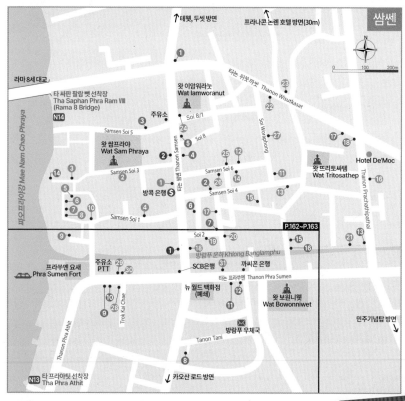

Restaurant
1. 이자카야 엔 Izakaya En
2. 루안 Laun
3. 테디 더 베이크 Teddy The Bake
4. 팟타이 나나 Padthai Nana
5. Snooze Coffee House
6. 쪽 포차나 Jok Phochana
7. 코지 하우스 Cozy House
8. 레몬커드(카페) Lemoncurd
9. 푸아끼 潘記
10. 프리마베라 Primavera
11. 하찌방 라멘 Hachiban Ramen
12. 빠텅꼬 Pa Tong Go
13. The Family Restaurant
14. 낀롬 촘 싸판 Kinlom Chom Saphan
15. 나와 팟타이 Nava Pad Thai
16. 덕롱 카페 Duklong Cafe
17. 텐 선 Ten Suns
18. 푼씬 Poonsinn

Entertainment
1. 애드 히어 더 서틴스 블루스 바
2. 포스트 바 Post Bar

Hotel
1. 타라 플레이스 Tara Place
2. Samsen Sam Place
3. Bangkok Saran Poshtel
4. 오키드 하우스 The Orchid House
5. 펜팍 플레이스 Penpark Place
6. Bella Bella Riverview
7. 레드 도어 Red Door
8. 리버라인 게스트하우스
9. 위와리 방콕 V Varee Bangkok
10. Let's Zzz Bangkok
11. 싸바이 방콕 Sabye Bangkok
12. 4 Monkeys, The Amused Hotel
13. 쌈 하우 호스텔 3 Howw Hostel
14. 쌈쎈 스트리트 호텔 Samsen Street Hotel
15. 쌈쎈 360 호스텔 Samsen 360 Hostel
16. Centra by Centara Hotel
17. The Twin Hostel
18. 다이아몬드 호텔 Diamond Hotel
19. 누보 시티 호텔 Nouvo City Hotel
20. 칠랙스 리조트 Chillax Resort
21. 람푸 트리 하우스 Lamphu Tree House
22. 스와나 호텔(롱램 싸와나) Swana Hotel
23. 뜨랑 호텔 Trang Hotel
24. 카사 니트라 Casa Nithra
25. 나콘 핑 호텔 Nakhon Ping Hotel
26. 라차따 호텔 Rajata Hotel
27. 루프 뷰 플레이스 Roof View Place
28. 케이시 게스트하우스 K.C. Guest House
29. 잼 호스텔 Jam Hostel
30. 매드 멍키 호스텔 Mad Monkey Hostel
31. Casa Vimaya Riverside

카오산은 어디 있는 산이에요?

방콕에 관한 이야기를 할 때 빼놓지 않고 등장하는 것이 바로 카오산입니다. 방콕에 대한 사전지식이 없는 사람들은 종종 '카오산'이 산의 이름인 줄 알고 '방콕에 가면 등산할 수 있겠구나'라는 생각도 하는데요. 카오산은 방콕의 거리 이름이랍니다. 카오산은 '맨 쌀'이라는 뜻으로 정확한 태국 발음은 '카우싼'입니다. 방콕 건립 초기에는 이곳에서 쌀을 거래했다고 하네요. 따라서 카오산 로드의 정확한 태국 발음은 '타논 카우싼'입니다. 하지만 워낙 많은 외국인들이 들락거리면서 영어식 명칭인 카오산 로드가 보편화되었습니다. 혹시 지방에서 온 택시 기사들이 잘 모를 수 있으니 '타논 카우싼'이라고 발음한다는 것도 알아두세요.

주요 볼거리를 연결하는 시내 버스 번호

버스 정류장 A | 타논 프라아팃(뉴 싸얌 리버사이드 옆) Map P.162-A1

3번(일반)	타논 프라아팃→타논 쌈쎈→짜뚜짝 주말시장→BTS 쑤언 짜뚜짝 역→머칫 북부 버스 터미널→방쓰 기차역
S1번(공항버스)	타논 프라아팃→타논 랏차담년 끄랑→쑤완나품 공항
A4번(공항버스)	타논 프라아팃→타논 랏차담년 끄랑→돈므앙 공항

버스 정류장 B | 타논 짜끄라퐁(땅화쌩 백화점) Map P.163-C1

3번(일반)	타논 짜끄라퐁→왕궁→왓 포→빡크롱 시장→싸판 풋→월위안 아이
30번(일반)	타논 짜끄라퐁→삔까오 다리→삔까오 파따 백화점→헬스 랜드→쎈탄 삔까오 백화점

버스 정류장 C & D | 타논 랏차담년 끄랑 북쪽(시내 방향) Map P.163-C2~D2

2번(일반), 511번(에어컨)	타논 랏차담년 끄랑→판파 다리→타논 란루앙→타논 펫부리→빠뚜남→쎈탄 월드→에라완 사당→BTS 칫롬 역→BTS 펀찟 역→BTS 나나 역→BTS 아쏙 역→BTS 프롬퐁 역→엠포리움 백화점→에까마이 동부 버스 터미널 511번 에어컨 버스 중에 탕두언(Expressway)이라고 표시된 버스는 시내에 정차하지 않는다. 고가도로를 이용하는 급행 버스
15번(일반)	타논 랏차담년 끄랑→타논 팔람 능(Rama 1 Road)→BTS 싸얌 역→에라완 사당→룸피니 공원→BTS 쌀라댕 역→씰롬
35번(에어컨)	타논 랏차담년 끄랑→민주기념탑→왓 쑤탓→타논 짜런끄룽(차이나타운)→MRT 후아람퐁 역→타논 쑤라웡→로빈싼 백화점(방락 지점)→BTS 싸판 딱씬 역
503번(에어컨)	타논 랏차담년 끄랑→타논 랏차담넌 녹→라마 5세 동상→왓 벤짜마보핏→타논 씨 아유타야→전승기념탑(아눗싸와리 차이)→BTS 싸남빠오 역→BTS 아리 역→짜뚜짝 주말시장
59번(에어컨)	타논 랏차담년 끄랑→민주기념탑→BTS 파야타이 역→전승기념탑(아눗싸와리 차이)→짜뚜짝 주말시장→쎈탄 랏파오 백화점→까쎄쌋 대학교→돈므앙 공항→랑씻
79번(에어컨)	민주기념탑→BTS 랏차테위 역→BTS 싸얌 역(싸얌 센터, 싸얌 파라곤, 싸얌 스퀘어)→랏차쁘라쏭 사거리→쎈탄 월드(센트럴 월드)
S1번(공항버스)	타논 랏차담년 끄랑→민주 기념탑→쑤완나품 공항
A4번(공항버스)	타논 프라아팃→민주 기념탑→돈므앙 공항

버스 정류장 E & F | 타논 랏차담년 끄랑 남쪽(삔까오 방향) Map P.163-D2

79번, 183번, 551번, 556번	타논 랏차담년 끄랑→삔까오 다리(싸판 삔까오)→삔까오 파따 백화점 PATA→헬스 랜드(삔까오 지점)→쎈탄 삔까오 백화점→남부 버스 터미널(콘쏭 싸이따이)

Attraction

카오산 로드의 볼거리

카오산 로드의 볼거리는 다양한 사람들이다. 특히 저녁때가 되면 흥건한 분위기가 무르익는다. 카오산 로드에서 도보 10~20분 거리에 왕궁과 민주기념탑을 포함한 다양한 볼거리가 산재해 있다.

왓 차나쏭크람 ★★
Wat Chana Songkhram

카오산 로드 지리를 파악할 때 흔히 '사원 뒤'라고 말하는 사원이 왓 차나쏭크람이다. 방콕 9대 사원 중의 하나로 역사적으로 중요한

가치를 지닌다. '전쟁에서 승리한 사원'이라는 뜻으로 라마 1세 때 왕실 사원으로 재건축되면서 새롭게 붙여진 이름이다. 1785~1787년까지 버마(미얀마)와 세 번의 전쟁에서 승리한 것을 기념해 사원 이름을 바꾼 것이다.

Map P.162-B2 주소 Thanon Chakraphong 운영 06:00~18:00 요금 무료 가는 방법 타논 짜끄라퐁의 카오산 경찰서 맞은편에 있다.

다양한 사람들이 모이는 곳, 다양한 음식을 맛볼 수 있는 곳이 카오산 로드다. 뜨내기 여행자들이 많은 곳이라 전문 음식점보다는 여행자 카페 스타일의 레스토랑이 많은 것이 특징이다. 저렴한 노점들도 많아서 주머니가 가벼운 여행자들을 즐겁게 해준다. 출출하다 싶으면 길거리 어디서나 팟타이(볶음 면), 뽀삐야(스프링 롤), 로띠(팬케이크), 땡모빤(수박 셰이크)을 들고 다니며 먹어도 어색하지 않은 자유로움이 묻어나는 곳이다.

쿤댕 꾸어이짭 유안 ★★★★
Khun Daeng Kuay Jap Yuan

태국 방송과 신문에 여러 차례 소개된 유명한 맛집이다. 쫄깃한 면발의 국수인 '꾸어이짭'을 전문으로 한다. 일반 쌀국수와 달리 냄비에 국수를 넣고 끓이는데 끈적끈적한 맛을 낸다. 고명으로 돼지고기로 만든 햄을 올려준다.
Map P.162-A2 주소 Thanon Phra Athit 전화 08-5246-0111 영업 09:30~20:30 메뉴 영어, 태국어 예산 60~90B 가는 방법 타논 프라아팃 남쪽에 있다.

나이 쏘이 ★★★
Nai Soi

카오산 로드 일대에서 유명한 쌀국수집이다. 오랜 명성답게 진한 소고기 국물로 우려내는 쌀국수 느아 뚠 Steamed Beef Noodle 한 가지만 고집스럽게 요리한다. 한국 관광객에게 유독 인기 있는 곳이라 한국어로 적힌 간판까지 걸어 놨다. 가격이 너무 많이 인상돼서 큰 매력은 없다.
Map P.162-A1 주소 Thanon Phra Athit 홈페이지 www.facebook.com/NaiSoie 영업 07:00~21:00 메뉴 태국어 예산 쌀국수 150~200B 가는 방법 타논 프라아팃의 타라 하우스 옆에 있다.

찌라 옌따포 จิระเย็นตาโฟ ★★★
Jira Yentafo

에어컨 없는 자그마한 서민 식당이지만 현지인들로 항상 붐빈다. 식당의 이름이기도 한 '옌따포'를 주문하면 쌀국수에 붉은 두부장 소스를 넣어준다. 일반적으로 먹는 쌀국수는 '남싸이(꾸어이띠아우 남)'를 주문하면 된다. 맑은

육수에 고명으로 어묵을 넣어준다.
Map P.163-C1 주소 121 Thanon Chakraphong 영업 08:00~15:00(휴무 화~수요일) 메뉴 한국어, 태국어 예산 60~80B 가는 방법 타논 짜끄라퐁에 있는 Top Charoen Optic 안경원을 바라보고 왼쪽에 있다.

나와 팟타이 ★★★★
Nava Pad Thai

카오산 로드에 머무는 여행자들이 추천하는 로컬 식당. 운하 건너 쌈쎈 지역의 골목에 있다. 테이블 다섯 개가 전부인 자그마한 식당으로 에어컨을 갖추고 있어 시원하다. 팟타이 이외에 덮밥, 볶음밥, 똠얌꿍도 푸짐하게 만들어준다. 저렴한 가격에 음식 양이 많다. 친절한 것이 매력이다.
Map P.164 주소 Trok Banphanthom 영업 월~토요일 08:00~19:00(휴무 일요일) 메뉴 영어, 태국어 예산 60~100B 가는 방법 왓 보웬니웻 앞쪽의 뜨록 반판톰(반판톰 골목) 방향으로 골목을 따라 운하를 건너면 덕롱 카페 Duklong Cafe 지나서 오른쪽에 있다.

푸아끼 潘記 ★★★
Pua-Kee

저렴하면서 깔끔한 태국 음식점이다. 프라쑤멘 요새 주변에서 흔하게 볼 수 있는 소규모 레스토랑 중 하나로 화교가 운영한다. 쌀국수를 포함해 다양한 태국 음식을 요리한다.
Map P.162-B1 주소 28~30 Thanon Phra Sumen 영업 09:30~17:00(휴무 일요일) 메뉴 영어, 태국어 예산 70~140B 가는 방법 타논 프라쑤멘의 PTT 주유소 맞은편에 있다. 마까린 클리닉 Makalin Clinic 옆에 있다.

뻐 포차야 ป.โภชยา ★★★★
Por. Pochaya

어정쩡한 위치와 상관없이 유명세를 타는 로컬 레스토랑이다. 대를 이어 장사하는 곳으로 현지인들에게 맛집으로 알려져 있다. 볶음 위주의 중국·태국 음식을 메인으로 요리한다. 게살 오믈렛, 농어 튀김, 똠얌꿍도 인기 메뉴다. 평일에만 문을 열고, 점심시간이 지나면 문을 닫는다.

Map P.99-B1 주소 654 Thanon Wisutkasat 전화 0-2282-4363 영업 월~금 09:00~13:00(휴무 토~일요일) 메뉴 영어, 태국어 예산 100~250B 가는 방법 카오산 로드에서 북동쪽으로 1.5㎞ 떨어진 타논 위쑷까쌋에 있다.

쪽 포차나 ★★★
Jok Phochana(Joke Mr. Lek)

타논 쌈쎈의 자그마한 골목에 있다. 도로에 테이블을 내놓고 장사하는 전형적인 현지 식당. 식재료를 진열해 두고 주문이 들어오면 커다란 웍에서 조리해준다. 인기 메뉴인 게 카레, 팟타이, 새우 볶음밥, 모닝글로리 볶음 등의 메뉴는 한국어로도 적혀 있다. 오직 저녁 시간에만 장사한다.

Map P.164 주소 82~84 Thanon Samsen Soi 2 전화 08-8890-5263 메뉴 영어, 한국어, 태국어 영업 월~토 16:00~23:00(휴무 일요일) 예산 100~400B 가는 방법 타논 쌈쎈 쏘이 2(썽)에 있는 누보 시티 호텔 Nouvo City Hotel 맞은편의 작은 골목에 있다.

버디 비어 ★★★☆
Buddy Beer

카오산 로드 정중앙에 자리한 펍. 야외에 테이블을 놓아 비어 가든 분위기를 연출한다. 다국적의 여행자들과 어울려 시원한 생맥주를 마시며 카오산 로드의 밤공기를 느끼기 좋다. 다양한 식사 메뉴를 구비하고 있어 여러모로 인기를 끈다.

Map P.163-C2 주소 181 Thanon Khaosan 전화 0-2629-5101 홈페이지 www.buddylodge.com/ facilities/buddy-beer.htm 영업 11:00~02:00 메뉴 영어, 태국어 예산 맥주 130~310B, 메인 요리 180~500B(+7% Tax) 가는 방법 카오산 로드 중앙에 있다. 찰리 마사지 Charlie Massage & Spa를 바라보고 왼쪽.

마담 무써 ★★★☆
Madame Musur

흔히 말하는 사원(왓 차나 쏭크람) 뒤쪽에 있는 분위기 좋은 카페를 겸한 레스토랑이다. 나무 바닥과 대나무 벽, 목조 테이블, 등나무 의자, 평상과 쿠션으로 인해 나른하고 편안한 분위기를 선사한다. 시원한 셰이크나 맥주, 향긋한 칵테일을 마시며 쉬어가기 좋다.

Map P.162-B1 주소 41 Soi Rambutri 전화 0-2281-4238 홈페이지 www.facebook.com/madamemusur 영업 08:00~24:00 메뉴 영어, 태국어 예산 150~190B 가는 방법 왓 차나쏭크람 사원을 끼고 돌다보면 첫 번째 코너에 있다.

팟타이 파이타루 ★★★★
Pad Thai Fai Ta Lu

카오산 로드와 가까운 타논 딘써(딘써 거리)에 있는 팟타이 전문 레스토랑. 입구는 노점처럼 보이지만 2층에 에어컨 시설의 널찍한 실내가 있다. 웍을 이용한 중국 요리에서 영향을 받아서인지 돼지고기를 많이 쓰는 것이 특징으로, 강한 불 맛을 입혀 팟타이를 즉석에서 요리해 준다. 팟타이 파이타루 무양(돼지고기 구이를 올린 팟타이)과 파이타루 꿍쏫(새우를 넣은 팟타이)이 대표 메뉴다. 가격에 비해 음식 양은 적은 편이다.

밤이 되면 더욱 활기 넘치는 카오산 로드

Map P.99-B1 주소 115/5 Thanon Dinso(Dinsor Road) 전화 08-9811-1888 홈페이지 www.facebook.com/padthaifaitalu 영업 10:00~22:00 메뉴 영어, 태국어 예산 130~350B 가는 방법 타논 딘써의 Pannee Residence를 바라보고 왼쪽에 있다. 민주기념탑 로터리에서 북쪽으로 120m.

낀롬 촘 싸판
Kinlom Chom Saphan ★★★

카오산 로드 일대에서 멀리 가지 않고 짜오

프라야 강변 분위기를 느끼며 식사하기 좋은 곳이다. '바람을 먹으며 다리를 바라본다'라는 낭만적인 뜻의 레스토랑 앞으로 라마 8세 대교가 선명하게 펼쳐진다. 태국인들이 좋아하는 전형적인 야외 레스토랑으로 라이브 음악이 곁들여진다.

Map P.164 주소 Thanon Samsen Soi 3 전화 0-2628-8382 영업 11:00~01:00 메뉴 영어, 태국어 예산 240~960B 가는 방법 타논 쌈쎈 쏘이 3 골목 끝에 있다.

카오산 로드의 한인 업소

생소한 문화와 언어로 인한 불편함을 해소해 주는 한인 업소들이 카오산 로드에서 성업 중이다. 단순히 한국 사람만을 위한 폐쇄적인 공간이 아니라 다양한 인종이 어울리는 카오산의 국제적인 분위기를 그대로 반영하고 있다.

디디엠
DDM

여행자 숙소, 한식당, 여행사를 동시에 운영하는 한인 업소다. 도미토리는 모두 에어컨 시설이다. 6인실, 5인실로 구분되며, 여성 전용 도미토리를 함께 운영한다. 아담하고 예쁘게 꾸민 에어컨 방도 운영한다. 레스토랑은 한식 전문으로 맛 좋고 정성 가득한 음식이 여행자들을 즐겁게 해준다. 투어 예약을 포함한 여행사 업무도 병행한다.

Map P.162-A2 주소 1 Thanon Chao Fa 전화 0-2281-1321, 070-4067-1321(인터넷 전화) 카카오톡 ddm5bkk 홈페이지 http://cafe.naver.com/ddmoh 요금 도미토리 300B(에어컨, 공동욕실), 더블 1,000B(에어컨, 개인욕실) 가는 방법 타논 짜오파 Thanon Chao Fa의 국립 미술관 왼쪽으로 100m 떨어져 있다.

홍익인간 弘益人間
Hong Ik Ingaan

카오산 로드 일대에서 가장 오래된 한인 업소로 전통을 자랑한다. 저렴한 도미토리 숙소를 운

영하지만 에어컨 시설로 업그레이드하면서 쾌적해졌다. 에어컨 시설의 분위기 좋은 레스토랑을 운영한다. 여행사 업무도 병행한다.

Map P.162-B2 주소 28/2 Soi Rambutri 전화 0-2282-4361 홈페이지 www.facebook.com/highostel 요금 도미토리 300B(에어컨, 공동욕실) 가는 방법 왓 차나쏭크람 사원 후문을 등지고 왼쪽으로 50m 거리에 있다.

동대문
Dong Dae Moon

카오산 로드 주변에서 잘 알려진 여행자 식당이다. 식사는 단순히 한식에 국한하지 않고 태국 음식과 시푸드까지 요리한다. 여행사 업무를 병행하는데 방콕 주변 1일 투어를 포함해 태국 남부 섬까지 가는 교통편 예약이 가능하다.

Map P.162-A2 주소 Soi Rambutri 전화 08-4768-8372 홈페이지 http://cafe.naver.com/dongdaemoon 영업 08:00~01:00 예산 식사 190~500B 가는 방법 왓 차나쏭크람 후문에서 타논 프라아팃으로 빠지는 골목에 있다.

Shopping

카오산 로드의 쇼핑

대단한 쇼핑몰이 있는 것은 아니지만, 카오산 로드 어디서나 물건을 사는 일은 어렵지 않다. 주요 도로와 골목을 가득 메운 상점들이 많은데, 독특한 디자인의 물건들이 시선을 끈다. 여행자들이 선호할 만한 기념품, 히피 복장, 저렴한 티셔츠, 벙거지 모자, 지갑과 액세서리를 판매한다. 카오산 로드는 저녁때가 되면 차량을 통제하고 야시장으로 변모해 북적댄다. 태국 젊은이들도 독특한 물건들을 사기 위해 찾아오지만, 가격은 일반 시장에 비해 비싼 편이다.

Spa & Massage

카오산 로드의 스파 & 마사지

카오산 로드에도 태국 전통 마사지를 받을 수 있는 곳이 흔하다. 고급 마사지나 스파 업소보다는 여행자들을 위한 저렴한 숍이 많다. 에어컨 나오는 실내에 매트리스가 쭉 깔려 있을 뿐이다.

타이 란타 마사지
Thai Lanta Massage ★★★☆

모로코 풍으로 만든 데완 방콕(호텔) 1층에 있다. 외부에서 보더라도 밝고 깨끗한 시설이 느껴진다. 한국인이 운영하는 곳으로 한국 여행자도 많이 찾아온다.

Map P.163-C1 주소 110 Thanon Tani 전화 08-3172-0641 영업 11:00~24:00 요금 타이 마사지(60분) 300B, 발 마사지(60분) 300B, 오일 마사지(60분) 500B 가는 방법 타논 따니의 데완 방콕(호텔) Dewan Bangkok 1층에 있다.

마사지 인 가든
Massage In Garden ★★★☆

정원(야외)에서 마사지를 받는 독특한 구조. 길거리에서 연결되는 입구는 좁지만 안쪽으로 들어가면 자갈이 깔린 마당과 야외 공간이 펼쳐진다. 에어컨이 없기 때문에 선풍기를 틀어준다.

Map P.162-B1 주소 1/1 Soi Rambutri 전화 0-2629-3583 영업 12:00~22:00 요금 타이 마사지(60분) 250B, 발 마사지(60분) 250B, 타이 마사지+허벌 콤프레스(60분) 400B 가는 방법 쏘이 람부뜨리의 사원 후문 방향 골목 코너, 레인보우 환전소 Rainbow Exchange 옆에 있다.

치와 스파
Shewa Spa ★★★

시설이 좋은 편이다. 럭셔리한 스파와 비교할 바는 못 되지만 실내가 쾌적하고 층으로 공간이 구분되어 여유롭다. 발 마사지는 야외에서 받을 수도 있다.

Map P.163-C1 주소 108/2 Thanon Rambutri 전화 0-2629-0701 홈페이지 www.shewaspa.com 영업 09:00~24:00 요금 타이 마사지(60분) 300B, 발 마사지(60분) 300B 가는 방법 타논 람부뜨리의 몰리 바 Molly Bar 옆에 있다.

빠이 스파
Pai Spa ★★★☆

티크 나무로 만든 목조 건물이라 분위기가 차분하다. 깔끔한 내부와 에어컨, 목조 건물이 편안함을 선사한다. 카오산 로드 일대에서 나름 시설 좋은 곳으로 꼽힌다.

Map P.163-C1 주소 156 Thanon Rambuttri 전화 0-2629-5155, 0-2629-5154 홈페이지 www.pai-spa.com 영업 10:00~23:00 요금 타이 마사지(60분) 420B, 타이 마사지+발 마사지(90분) 750B, 아로마테라피 마사지(60분) 1,200B 가는 방법 타논 람부뜨리 끝자락에 있는 롬프라야(보트 회사) Lomprayah 사무실을 바라보고 왼쪽에 있다.

낮에는 평범한 거리가 밤이 되면 인파로 북적대는 카오산 로드는 거리 자체가 즐거움을 선사한다. 폐차한 미니버스를 개조한 칵테일 바, 영업을 중단한 주유소에 만든 비어 가든, 도로를 점령한 생맥주 가게 등 굳이 비싼 돈을 쓰지 않더라도 사람들과 어울려 분위기에 한껏 젖어들 수 있다. 길바닥에 쭈그리고 앉아 편의점에서 사온 싸구려 창 맥주 Beer Chang를 한 병 마셔도 자유로움과 낭만이 가득한 카오산의 밤을 즐겨보자.

애드 히어 더 서틴스 블루스 바★★★★
AD Here The 13th Blues Bar

카오산 로드를 살짝 벗어난 타논 쌈쎈에 있다. 블루스 음악의 열기에 심취할 수 있다. 라이브 음악이 시작되는 밤 10시가 넘으면 사람들로 북적댄다. 좁은 실내에 손님이 많은 탓에 합석해 술잔을 기울이는 일이 흔하다.

Map P.164 주소 13 Thanon Samsen 영업 18:00~24:00 메뉴 영어 예산 150~260B 가는 방법 방람푸 운하 건너자마자 도로 왼쪽에 있다. 타논 쌈쎈 쏘이 능 Thanon Samsen Soi 1 골목까지 가지 말고 도로 왼쪽을 살피면 된다.

카오산 센터 ★★★
Khaosan Center

예나 지금이나 변함없이 외국 여행자들에게 사랑받는 곳이다. 노점상에 의해 시야를 가린 카오산 메인 로드의 다른 업소에 비해 막힘없이 거리 풍경을 바라볼 수 있다. 맞은편에 있는 럭키 비어 Lucky Beer도 비슷한 분위기로, 외국 여행자들로 가득하다.

Map P.163-C2 주소 80~84 Thanon Khaosan 전화 0-2282-4366 영업 08:00~02:00 메뉴 영어, 태국어 예산 125~360B 가는 방법 카오산 로드 중앙의 끄룽타이 은행 Krung Thai Bank 옆에 있다.

브릭 바 ★★★☆
Brick Bar

카오산으로 모여드는 태국 젊은이들을 유혹하는 대표적인 곳이다. 벽돌로 만든 지하 궁전 같이 실내가 널찍하다. 밤이 깊어질수록 경쾌한 태국 팝송에서 강렬한 블루스 음악을 연주하는 밴드로 교체된다.

Map P.163-D2 주소 265 Khaosan Road, Buddy Boutique Hotel 1F 전화 0-2629-4702 영업 19:00~02:00 메뉴 영어, 태국어 예산 160~400B(주말 입장료 300B) 가는 방법 카오산 로드의 버디 부티크 호텔 1층에 있다.

히피 드 바 ★★★
Hippie de Bar

카오산 메인도로에 위치하나, 도로 안쪽으로 살짝 숨어 있다. 앤틱한 분위기의 목조 건물과 자그마한 야외 마당으로 공간이 구분되어 있다. 히피스러운 분위기로 태국 젊은이들에게 유독 인기 있다.

Map P.163-C2 주소 46 Khaosan Road 전화 0-2629-3508 영업 16:00~02:00 예산 맥주 120~690B 가는 방법 디 & 디 인 D&D Inn과 똠얌꿍 레스토랑 사이의 작은 골목 안쪽에 있다.

더 원 ★★★☆
The One At Khaosan

현재 카오산 로드에서 가장 유명한 클럽이다. 계단 형태로 이루어진 테라스 형태의 개방형 공간이다. 이른 저녁시간에는 맥주를 마시려는 다양한 국적의 사람들이 모여들고, 밤에는 클럽으로 변모해 디제이가 힙합과 EDM을 믹싱해 준다.

Map P.163-C2 주소 131 Thanon Khaosan 전화 06-1415-8990 홈페이지 www.facebook.com/Theonekhaosan 영업 13:00~02:00 메뉴 영어, 태국어 예산 맥주 · 칵테일 250~950B 가는 방법 카오산 로드의 끄룽타이 은행 맞은편에 있다.

Accommodation

카오산 로드의 숙소

여행자들을 위한 저렴한 숙소가 밀집한 카오산 로드에는 단순히 허름한 게스트하우스만 존재하는 것은 아니다. 수영장을 갖춘 부티크 호텔까지 자유여행을 선호하는 여행자들의 기호에 맞는 다양한 객실을 선택할 수 있다. 유흥업소들이 많은 카오산 메인 로드보다는 왓 차나쏭크람 뒤편의 쏘이 람부뜨리 Soi Rambutri나 방람푸 운하 건너편의 타논 쌈쎈 Thanon Samsen 지역에 새롭게 등장한 숙소들이 깨끗하고 조용해 인기가 있다.

리버라인 게스트하우스 ★★★
The Riverline Guest House

가정적인 분위기가 느껴지는 곳으로 메인 도로에서 멀찌감치 떨어져 있어 조용하다. 저렴한 게스트하우스로 객실이나 욕실은 아주 보편적이다.
Map P.164 주소 59/1 Thanon Samsen Soi 1 전화 0-2282-7464 요금 더블 280~370B(선풍기, 개인욕실), 더블 380~450B(에어컨, 개인욕실) 가는 방법 타논 쌈쎈 쏘이 1 안쪽으로 걸어가면, 렛츠 ZZZ 방콕 Let's ZZZ Bangkok을 지나서 거리 끝자락 코너에서 이어지는 좁은 골목을 들어가면 코너에 간판이 보인다.

케이시 게스트하우스 ★★★
K.C. Guest House

객실은 크지 않지만 깨끗하며, 에어컨 사용 유무에 따라 요금이 달라진다. 트윈 룸은 없고 모두 더블 룸으로 구성되어 있다. 혼자 방을 쓸 경우 50B 할인된다.
Map P.162-B1 주소 64 Trok Kai Chae, Thanon Phra Sumen 전화 0-2282-0618 홈페이지 www.facebook.com/kcguesthouse 요금 더블 500B(에어컨, 공동욕실), 더블 600B(에어컨, 개인욕실) 가는 방법 프라쑤멘 요새 가까이 있는 PTT 주유소 맞은편의 세븐 일레븐 옆에 있다.

쑤네따 호스텔 ★★★☆
Suneta Hostel

엘리베이터만 보이는 생뚱맞은 입구와 달리 내부에는 아늑한 호스텔을 운영한다. 휴식 공간은 태국의 옛 모습을 재현해 디자인했다. 16인실 도미토리는 캡슐처럼 생긴 캐빈 베드 Cabin Bed로 이루어졌다. 침대마다 전용 LCD TV가 있고 미닫이문을 설치해 독립 공간을 보장해 준다.
Map P.163-C1 주소 209~211 Thanon Kraisi 전화 0-2629-0150, 08-6999-9218 홈페이지 www.sunetahostel.com 요금 4인실 여성 전용 도미토리 450~570B 가는 방법 카오산 로드에서 북쪽으로 두 블록 떨어져 있다. 타논 끄라이씨 Thanon Kraisi에 있는 도미노 피자 2층에 있다.

원스 어게인 호스텔 ★★★☆
Once Again Hostel

트렌디한 경향을 잘 보여주는 호스텔이다. 도미토리를 운영하는 여행자 숙소지만, 로비를 겸한 1층에 스타일리시한 카페를 마련해 젊은 감각을 더했다. 도미토리 침대는 캡슐 형태로 개별 커튼을 달아 프라이버시를 보장한다. 옥상(루프톱)에 오르면 건물 주변을 둘러싼 사원도 감상할 수 있다. 간단한 아침 식사가 포함된다.
Map P.99-B2 주소 22 Soi Samran Rat 전화 09-2620-5445 홈페이지 www.onceagainhostel.com 요금 도미토리 450~650B(에어컨, 공동욕실, 아침식사) 가는 방법 방콕 시청 오른쪽 골목, 왓 텝티다람(사원) 뒷골목에 해당하는 쏘이 쌈란랏에 있다. 카오산 로드까지 도보 15~20분.

천 부티크 호스텔 ★★★★
Chern Boutique Hostel

호스텔이라고 간판을 달긴 했지만 호텔에 가깝다. 모든 것이 심플하고 쾌적하다. 도미토리는 에어컨 시설로 방에 욕실이 딸려 있으며, 침대마다 개인 사물함이 비치되어 있다. 4인실과

>> 카오산 로드 Khaosan Road **171**

8인실로 구분된다. 여성 전용 도미토리도 운영한다. 키 카드로 출입을 관리하며 보안에까지 신경을 썼다. 모든 객실은 금연실로 운영되며 엘리베이터는 없다. 참고로 '천'은 초대하다 라는 뜻이다.

Map P.99-B2 주소 17 Soi Ratchasak, Thanon Bamrung Muang 전화 0-2621-1133, 08-9168-0212 홈페이지 www.chernbangkok.com 요금 도미토리 400B, 더블 1,200~1,500B(에어컨, 개인욕실, TV, 냉장고) 가는 방법 왓 쑤탓 Wat Suthat과 싸오칭차 Sao Ching Cha(Giant Swing)를 바라보고 왼쪽으로 250m 떨어져 있다. 타논 밤룽므앙에 있는 노란색 간판의 끄룽씨 은행(타나칸 끄룽씨) Krungsri Bank 옆 골목으로 들어가면 된다.

람푸 하우스 ★★★★
Lamphu House

쏘이 람부뜨리 골목 안쪽에 숨겨져 있지만 알 만한 사람은 다 아는 인기 여행자 숙소. 넓은 마당과 정원이 평화로움을 선사한다. 청결함을 기본으로 단아한 나무 침대와 푹신한 매트리스가 편한 잠자리를 제공한다.

Map P.162-B1 주소 75~77 Soi Rambutri 전화 0-2629-5861~2 홈페이지 www.lamphuhouse.com 요금 더블 480B(선풍기, 공동욕실), 더블 600B(선풍기, 개인욕실), 더블 750~900B(에어컨, 개인욕실) 가는 방법 왓 차나쏭크람 오른쪽의 쏘이 람부뜨리에 있다. 람부뜨리 빌리지 인 Rambutri Village Inn 입구에 있는 세븐일레븐 옆 골목 안쪽에 있다.

비비 하우스 람부뜨리 2 ★★★☆
BB House Rambuttri 2

사원(왓 차나쏭크람) 뒤쪽 한적한 거리에 있다. BB는 '베스트 베드 Best Bed'의 약자다. 거리 이름을 붙여서 비비 하우스 람부뜨리 BB House Rambuttri라고 부른다. 객실을 리모델링해 쾌적한 것이 장점이며, LCD TV와 냉장고까지 설비도 훌륭하다. 1층엔 레스토랑을 운영해 분위기가 좋다.

Map P.162-B2 주소 28/1 Soi Rambutri 전화 0-2281-4777 홈페이지 www.bestbedhouse.com 요금 680B(에어컨, 개인욕실, TV, 냉장고) 가는 방법 사원 뒤쪽의 쏘이 람부뜨리에 있다. 홍익인간을 지나서 골목 코너에 있다.

뉴 싸얌 2 게스트하우스 ★★★★
New Siam 2 Guest House

사원(왓 차나쏭크람) 뒤쪽에 4개의 숙소를 보유한 뉴 싸얌에서 운영하는 중급 숙소다. 모든 객실은 에어컨과 TV, 전화기, 욕실을 갖추고 있다. 작지만 유용한 수영장도 무료로 사용할 수 있다.

Map P.162-A2 주소 50 Trok Rongmai 전화 0-2282-2795, 0-2629-0101 홈페이지 www.newsiam.net 요금 더블 840~940B(에어컨, 개인욕실, TV) 가는 방법 타논 프라아팃(파아팃) 남단에 있는 뉴 싸얌 리버사이드(호텔) New Siam Riverside 맞은편에 있다.

람부뜨리 빌리지 인 ★★★☆
Rambuttri Village Inn

고급호텔은 아니지만 쾌적한 시설을 갖춘 게스트하우스다. 무난한 객실 요금에, 수영장까지 갖추고 있어 인기가 많다. 3~4층 건물이 ㄷ자 형태로 정원을 둘러싸고 있어 규모도 제법 크다. 객실은 건물의 위치와 방 크기에 따라 요금 차이가 난다. 옥상에 루프톱 형태의 야외 수영장을 만들었다.

Map P.162-B1 주소 95 Soi Rambutri 전화 02-282-9162, 02-282-9163 홈페이지 www.rambuttrivillage.com 요금 싱글 930B(에어컨, 개인욕실, TV, 아침식사), 더블 1,100~1,800B(에어컨, 개인욕실, TV, 냉장고, 아침식사) 가는 방법 왓 차나쏭크람(사원) 오른쪽의 쏘이 람부뜨리에 있다. 끄룽씨 은행 옆 골목으로 100m.

방콕 싸란 포시텔 ★★★★
Bangkok Saran Poshtel

조용한 주택가 골목에 있는 시설 좋은 게스트하우스. 2018년에 신축한 건물인데 아직도 깨끗하게 잘 관리되고 있다. 객실은 쾌적하고 현대적이다. 싱글 룸과 도미토리는 공동욕실을 사용하지만, 대부분의 객실은 개인욕실과 TV, 냉장고를 갖추고 있다. 모든 객실은 아침 식사가 포함된다.

Map P.164 주소 11/1 Thanon Samsen Soi 3 전화 0-2628-5559 홈페이지 www.bangkoksaran.com 요금 싱글 580B(에어컨, 공동욕실, 아침식사), 더블 1,100B(에어컨, 개인욕실, 아침식사) 가는 방법 타논 쌈쎈 쏘이 3 골목 끝에 있다.

타라 플레이스 ★★★☆
Tara Place

카오산 로드 인근에서 인기 있는 중급 호텔이다. 객실 크기는 보통이지만 에어컨 시설에 냉장고, LCD TV까지 갖추고 있어 쾌적하다. 두 동의 건물이 연결되어 있는데, 도로 쪽보다 안쪽에 위치한 건물이 조용하다. 전 객실은 금연실로 운영한다. 레스토랑을 운영하며 수영장은 없다. 왕궁까지 뚝뚝을 무료로 운영한다.

Map P.164 주소 113~117 Thanon Samsen 전화 0-2627-1001~3 홈페이지 www.taraplacebangkok.com 요금 스탠더드 1,700~2,000B(에어컨, 개인욕실, TV, 냉장고) 가는 방법 타논 쌈쎈 쏘이 1과 쏘이 3 사이에 있는 방콕 은행 옆에 있다.

람푸 트리 하우스(람푸 트리 호텔)★★★★
Lamphu Tree House

자칭 부티크 하우스라고 자랑하는 숙소로 티크 나무로 만든 가구로 인해 편안한 느낌을 준다. 방람푸 운하를 바로 앞에 두고 주변에 주택가가 형성되어 있어 조용하다. 티크 나무로 만든 가구를 이용해 태국적인 느낌으로 객실을 꾸몄다. 야외 수영장이 있으며 아침식사를 제공한다.

Map P.164 주소 155 Thanon Phra Chatipatai 전화 0-2282-0991 홈페이지 www.lamphutreehotel.com 요금 더블 1,650~2,700B(에어컨, 개인욕실, TV, 아침식사) 가는 방법 왓 보웬니웻과 인접한 운하 맞은편에 있지만, 운하를 건너는 길이 없어서 돌아가야 한다. 타논 쁘라찻빠따이 Thaon Prachatipatai(민주 기념탑 북

쪽) & 타논 프라쑤멘 사거리(세븐 일레븐이 보인다)에서 북쪽 방향으로 운하에 연결된 완찻 다리(싸판 완찻)을 건넌다. 다리 건너자마자 왼쪽에 보이는 패밀리 레스토랑 The Family Restaurant 옆 골목(운하 북쪽을 면한 골목길)로 들어가면 된다.

티니디 트렌디 ★★★★
Tinidee Trendy Bangkok Khaosan

카오산 로드 일대에서 가장 오래된 호텔이었던 위앙따이 호텔 Viengtai Hotel을 리모델링해 트렌디하게 개조했다. 일단 위치가 좋고 주변에 편의 시설도 몰려 있다. 객실은 더블 룸, 트윈룸뿐만 아니라 3인실과 패밀리 룸(4인실)도 운영한다. 야외 수영장도 갖추고 있다. 참고로 '티니=여기, 디=좋다'라는 뜻이다.

Map P.163-C1 주소 42 Thanon Rambutri 전화 0-2280-5434 홈페이지 www.tinideekhaosan.com 요금 스탠더드 2,400~2,800B, 3인실 3,000~3,600B(에어컨, 개인욕실, TV, 냉장고, 안전금고) 가는 방법 카오산 로드에서 한 블록 북쪽에 있는 타논 람부뜨리에 있다.

리바 수르야(리와 써야) ★★★★☆
Riva Surya

짜오프라야 강변과 카오산 로드를 동시에 즐길 수 있는 호텔이다. 빅토리아 양식을 가미해 태국과 유럽적인 느낌을 적절히 조합했다. 객실 위치에 따라 전망과 분위기가 달라진다. 강변에 야외 수영장과 레스토랑을 운영한다.

Map P.162-A2 주소 23 Thanon Phra Athit 전화 0-2633-5000 홈페이지 www.rivasuryabangkok.com 요금 어번 룸(시티 뷰) 3,600B, 리바 룸(리버 뷰) 4,600B, 딜럭스 리바 룸 5,600B 가는 방법 타 프라아 팃 선착장에서 남쪽으로 150m.

쌈쎈 스트리트 호텔 ★★★★
Samsen Street Hotel

쌈쎈 지역에 있는 소규모 호텔로 46개 객실을 운영한다. 수영장을 중앙에 두고 객실이 'ㄷ'자 형태로 들어서 있다. 3성급 호텔인데도 불

구하고 도미토리를 함께 운영한다. 객실은 노출 콘크리트와 철제 빔을 이용해 꾸몄다. 딜럭스 풀 뷰 Deluxe Pool View는 수영장 방향으로 발코니가 딸려 있어 분위기가 좋다.

Map P.164 주소 66 Thanon Samsen Soi 6 전화 0-2126-7606 홈페이지 www.samsenstreethotel.com 요금 도미토리 500B(에어컨, 공동욕실, 아침식사), 더블 2,100B(에어컨, 개인욕실, TV, 냉장고, 아침식사) 가는 방법 타논 쌈쎈 쏘이 6 골목 안쪽으로 600m.

카사 위마야 리버사이드 ★★★★
Casa Vimaya Riverside

2019년에 신축한 3성급 호텔이다. 유럽풍의 건물 외관에서 짐작할 수 있듯 부티크 스타일로 꾸몄다. 5층 규모의 소규모 호텔이라 로비가 아담하고 부대시설도 단출하다. 옥상엔 작은 수영장이 있다. 슈피리어 룸은 옆 건물이 보여서 전망이랄 게 없지만, 도로 반대쪽에 있는 리버사이드 딜럭스 룸에서는 운하 건너편 풍경이 보인다.

Map P.163-C1 주소 229 Thanon Phra Sumen 전화 0-2059-0595 홈페이지 www.casavimaya.com 요금 슈피리어 2,300B(에어컨, 개인욕실, TV, 냉장고, 아침식사), 리버사이드 딜럭스 2,700B(에어컨, 개인욕실, TV, 냉장고, 아침식사) 가는 방법 카오산 로드 북쪽의 타논 프라쑤멘 거리에 있다.

프라나콘 논렌 호텔 ★★★☆
Phra Nakorn Norn Len Hotel

고풍스럽고 자연친화적으로 꾸민 부티크 호텔로 모두 27개의 객실을 운영한다. 현직 디자이너가 꾸민 곳답게 객실은 여성스러움이 한껏 드러난다. 조용함을 유지하기 위해 객실에 TV를 설치하지 않았고, 마당과 정원에 휴식 공간, 독서 공간, 카페가 들어서 있다. 카오산 로드까지 걸어 다니기는 멀지만 주변이 조용하다.

Map P.104-A2 주소 46 Thewet Soi 1 전화 0-2628-8188~90 홈페이지 www.phranakorn-nornlen.com 요금 싱글 1,700B(에어컨, 개인욕실, 아침식사), 더블 2,300~2,800B(에어컨, 개인욕실, 아침식사) 가는 방법

타논 위쑷까쌋의 왓 인타라위한과 뜨랑 호텔 사이에 있는 테웻쏘이 1 골목 안쪽에 있다. 카오산 로드에서 택시를 탈 경우 60~70B 정도 나온다.

누보 시티 호텔 ★★★★
Nouvo City Hotel

카오산 로드 주변에서 쾌적한 호텔에 머물고자하는 여행자들의 기호를 간파한 호텔이다. 건물이 두 동으로 나뉘어 있으며, 객실은 6가지 카테고리로 구분된다. 일반 객실은 32㎡ 크기로 답답한 느낌은 들지 않는다. 슈피리어 클래식 룸 Superior Classic Room과 딜럭스 커낼 룸 Deluxe Canal Room은 운하를 끼고 있는 구관(기존에 있던 뉴 월드 시티 호텔을 리노베이션 했다)에 해당한다. 그랜드 딜럭스 룸 Grand Deluxe Room부터는 신관에 해당한다. 신관에 해당하는 객실들이 방값이 비싸고 시설도 좋다. 옥상에 야외 수영장과 스파 시설이 있다.

Map P.164 주소 2 Thanon Samsen Soi 2 전화 0-2282-7500 홈페이지 www.nouvocityhotel.com 요금 슈피리어 2,500B, 딜럭스 2,700B, 그랜드 딜럭스 3,000B 가는 방법 방람푸 운하를 건너서 쌈쎈 쏘이 2 골목 안쪽으로 100m 들어간다.

빌라 프라쑤멘(빌라 방콕) ★★★★
Villa Phra Sumen(Villa Bangkok)

소규모로 운영되는 아늑한 부티크 호텔이다. 정문을 들어서면 잔디 정원과 어우러진 평화로운 호텔이 나온다. 뒤쪽으로는 운하가 흐르고 방콕의 옛 모습을 잘 간직한 동네 풍경도 꾸밈이 없다. 모두 29개의 객실을 운영하며, 집처럼 편안한 잠자리를 제공한다. 야외 수영장과 카페까지 있어 여유롭다.

Map P.99-B1 주소 457 Thanon Phra Sumen 전화 08-0085-0085 홈페이지 www.villabangkokhotel.com 요금 스탠더드 2,600~3000B 딜럭스 4,550B 가는 방법 타논 프라쑤멘 거리에 있다. 민주기념탑에서 북쪽으로 400m, 카오산 로드에서 동쪽으로 800m.

태국 중부 & 동부 해안

Ayuthaya

아유타야 อยุธยา

　　방콕에서 76㎞ 떨어져 있으며, 차로 두 시간이면 갈 수 있는 아유타야는 역사의 향기로 가득하다. 싸얌(태국)의 두 번째 왕조였던 아유타야는 태국 역사를 통틀어 가장 번성했던 나라다. 절대로 무너질 것 같지 않던 크메르 제국마저 멸망시키고 400년 이상 동남아시아의 절대 패권을 누렸다. 우텅 왕 King U-Thong이 아유타야를 건국한 1350년부터 1767년까지 34명의 왕을 배출하며 중국, 인도는 물론 유럽과도 교역하는 국제적인 나라로 성장했다. 하지만 역사는 언제나 힘의 논리에 의해 흥망성쇠를 반복하기 마련. 그토록 번창했던 아유타야도 새롭게 등장한 버마(미얀마)의 공격으로 처참히 짓밟히고 수도가 약탈당하는 수모를 겪었다.

　　그 후 3년이 지나 세력을 재정비해 버마를 몰아냈지만, 버마의 재공격을 두려워한 나머지 짜오프라야 강의 남쪽인 방콕으로 수도를 이전하며, 아유타야는 폐허 속에 방치되었다. 아유타야는 과거의 화려한 모습으로 복원하는 대신 상처투성이인 모습 그대로 방치해 무상한 역사의 흔적을 여과 없이 보여준다. 태국의 문화와 역사, 건축을 사랑하는 사람들에게 절대로 빼놓아서는 안 될 유적지다.

태국 관광청 TAT

아유타야에 관한 무료 지도와 여행 정보를 제공해 준다. 2층에 아유타야의 역사와 유적에 관한 내용으로 꾸민 시청각 전시실을 운영한다.
Map P.180~B2 주소 108/22 Thanon Si Sanphet 전화 0-3532-2730 운영 08:30~16:30
가는 방법 타논 씨싼펫의 짜오 쌈 프라야 국립 박물관 맞은편에 있다.

은행 · 환전

여행자 숙소가 몰려 있는 타논 나레쑤언 쏘이 능 Thanon Naresuan Soi 2 주변의 은행에서 환전이 가능하다. 방콕 은행, 싸얌 상업 은행(SCB), ttb 은행, 까씨꼰 은행 등 태국 주요 은행이 모두 들어서 있다.

아유타야는 버스나 기차를 타고 편하게 드나들 수 있다. 방콕과 가까워 하루 일정으로 얼마든지 아유타야를 여행하고 방콕으로 되돌아갈 수 있다. 당일치기로 아유타야를 방문할 때는 버스보다 기차를 타는 게 인기가 높다. 북부에서 내려올 경우 치앙마이에서는 기차를 이용하면 되지만, 쑤코타이는 기차가 연결되지 않기 때문에 버스를 타야 한다.

기차

방콕→치앙마이행 열차가 아유타야를 경유한다. 방콕 중앙역에 해당하는 끄룽텝 아피왓 역 Krung Thep Aphiwat Central Terminal에서는 급행열차가 출발한다. 아침 시간(07:10, 07:30, 08:45, 10:35)에 출발하는 기차를 타면 된다. 편도 요금(일반실 선풍기 좌석칸)은 44~61B이다. 저녁에 출발하는 열차는 침대칸이라 아유타야를 갈 때 타기는 적합하지 않다. 느리지만 선풍기 시설의 완행열차는 옛 기차역인 후아람퐁 역 Hua Lamphong Railway Station에서 출발한다. 편도 요금은 15B으로 저렴하지만 아유타야까지 2시간 이상 걸린다. 오전에 출발하는 열차(09:30, 11:15, 11:30, 12:55)를 이용하는 게 좋다.

아유타야에서는 이싼(북동부) 지방까지 기차를 타고 갈 수도 있다. 카오 야이 국립공원 입구의 빡총, 나콘 랏차씨마(코랏), 농카이까지 열차가 운행된다. 기차 출발 시간과 요금에 관한 자세한 정보는 태국의 교통정보 기차편(P.59 참고) 또는 태국 철도청 홈페이지(www.railway.co.th)를 참고하면 된다.
참고로 아유타야 기차역(싸타니 롯파이 아유타야) 앞에서 길을 건너 골목 안쪽으로 100m 정도 가면 강을 건너는 보트(운영 06:00~20:00, 편도 요금 10B)를 탈 수 있다. 보트를 타고 강을 건너면 여행자 거리와 가까운 짜오프롬 시장 Chao Phrom Market이 나온다.

버스

기차가 드나들지 않는 북부 지방으로 갈 때 유용하다. 치앙마이와 람빵은 기차가 연결되기 때문에 굳이 버스를 탈 필요는 없지만, 쑤코타이로 직행할 계획이라면 버스를 타야 한다. 아유타야 버스 터미널은 시내에서 동쪽으로 5㎞ 떨어져 있어 드나들기 불편하다. 북부행 버스를 타려면 시내에서 5㎞ 떨어진 버스 정류장을 이용해야 한다. 여행사와 게스트하우스에서 수수료를 받고 예약을 대행해주기도 한다.

방콕 → 아유타야

머칫 미니밴 정류장
Morchit New Van Terminal

방콕과 76㎞ 거리로 2시간 걸린다. 이동 거리가 가까워 대형 버스가 아니라 미니밴(롯뚜)이 운행된다. 방콕 북부 버스 터미널(콘쏭 머칫)을 이용하면 된다. 06:00~17:00까지 30분 간격으로 출발하며, 편도 요금은 70B이다. 미니밴 타는 곳은 터미널 바깥쪽(터미널 앞쪽의 육교 건너편)의 별도의 정류장이 있다. 구글 지도 검색은 Morchit New Van Terminal로 하면 된다. 공식 명칭은 싸

아유타야와 방콕을 오가는 미니밴

타니던롯도이싼카낫렉(롯뚜) 짜뚜짝 Minibus Station Chatuchak สถานีเดินรถโดยสาร ขนาดเล็ก(มินิบัส–รถตู้) จตุจักร 이다.

아유타야 → 방콕

타는 나레쑤언(Map P.28-B1)에서 방콕행 미니밴이 출발한다. 북부 버스 터미널(머칫)과 남부 버스 터미널(싸이 따이)행으로 구분된다. 04:00~19:00까지 운행되며, 편도 요금은 70B이다. 북부 버스 터미널(머칫)행 미니밴은 돈므앙 공항과 BTS 머칫 역을 지난다. 방콕 시내로 갈 경우 BTS 역에 내리면 된다.

아유타야 → 깐짜나부리

두 도시를 직접 연결하는 버스는 아직 없다. 어떤 버스를 타든지 한 번은 갈아타야 한다. ①일반적으로 타논 나레쑤언에서 아유타야→남부 터미널(콘쏭 싸이 따이)행 미니밴을 타고 간 다음, 남부 터미널에서 다시 깐짜나부리행 미니밴(P.200 참고)을 갈아타면 된다. ②로컬 버스를 타는 방법도 있는데, 생소한 지방 소도시를 거쳐 가야 한다. 타논 방이안 쏘이 2(짜오프롬 시장 옆)에 있는 정류장에서 미니밴을 타고 아유타야→쑤판부리 Suphanburi(100B)까지 간 다음 깐짜나부리행 선풍기 버스(75B)로 갈아타야 한다. 아유타야에서 쑤판부리까지는 90분, 쑤판부리에서 깐짜나부리까지 2시간 정도 걸린다. 로컬 버스는 운행 편수가 많지 않아서 오전 일찍 출발하는 게 좋다. ③여행사 버스를 타는 방법도 있다. 아유타야에서 깐짜나부리까지 직행하며 아침 9시에 출발한다. 요금은 400B이며 모든 게스트하우스에서 예약이 가능하다.

아유타야 → 치앙마이, 쑤코타이

시내에서 멀리 떨어져 있는 아유타야 버스 정류장 Ayutthaya Bus Staion(전화 0-3533-5413)에서 출발한다. 대부분의 버스가 방콕을 기점으로 하기 때문에 아유타야에서 출발하는 버스는 한정적이다. 치앙마이를 포함한 태국 북부에서 내려올 경우 방콕행 버스를 타고 아유타야에 내리면 된다. 시내로 들어오지 않고 32번 국도에 있는 로빈싼 Robinson 백화점(아유타야 파크 쇼핑몰) 앞에 내려준다. 썽태우나 뚝뚝을 타고 시내로 들어가면 된다.

아유타야 버스 정류장에서 출발하는 버스

도착지	운행 시간	요금	소요시간
치앙마이	07:25, 18:10, 19:50	에어컨 594B	9시간
치앙라이	18:30, 20:30	662B	10시간
쑤코타이	08:30, 10:30, 18:10, 19:30, 20:30	에어컨 378B	6시간

TRANSPORTATION 시내 교통

볼거리가 넓게 분포되어 걸어 다니기는 힘들고 뚝뚝이나 자전거를 이용해야 한다. 뚝뚝은 거리에 따라 40~50B에 흥정하면 된다. 여러 곳의 사원을 둘러볼 생각이라면 뚝뚝을 대절하면 편하다. 한 시간에 200B이라고 공식 요금이 적혀 있다. 선불로 지불하지 말고 투어가 끝난 다음 이용한 시간만큼 돈을 주면 된다. 기사에 따라 1인 요금이라며 바가지 씌우는 경우도 있으니, 반드시 흥정하기 전에 차량 한 대당 요금임을 확인하고 출발해야 한다. 자전거 대여는 하루에 50~60B을 받는다.

Best Course
Ayuthaya 아유타야의 추천 코스

1 자전거를 이용한 아유타야 일주 (예상 소요시간 6시간)
하루 종일 자전거를 타고 주요 유적을 돌아볼 수 있다. 체력
소비가 많고 땀을 많이 흘리므로 적당한 휴식과 수분 섭취를
충분히 해두자.

1 타논 나레쑤언 쏘이 2

자전거 8분

2 왓 프라 마하탓 (P.183)

도보 3분

3 왓 랏차부라나 (P.184)

자전거 3분

4 왓 탐미까랏

자전거 10분

5 왓 나 프라멘 (P.187)

자전거 15분

6 위한 프라 몽콘 보핏 (P.183)

도보 1분

11 왓 차이 왓타나람 (P.186)

자전거 20분

10 왓 로까야 쑤타람 (P.185)

자전거 10분

9 짜오 쌈 프라야 국립 박물관 (P.185)

자전거 3분

8 왓 프라람 (P.184)

자전거 2분

7 왓 프라 씨싼펫 & 왕궁 터 (P.182)

2 도보와 뚝뚝을 이용한 아유타야 일주
(예상 소요시간 6시간)
섬 외곽의 멀리 떨어진 사원을 뚝뚝으로 먼저 여행한 다음, 섬
안쪽의 왕궁 터 주변을 걸어서 여행한다.

1 타논 나레쑤언 쏘이 2

뚝뚝 10분

2 왓 아이 차이 몽콘 (P.186)

뚝뚝 10분

3 왓 파난청 (P.186)

뚝뚝 20분

4 왓 차이 왓타나람 (P.186)

뚝뚝 10분

5 왓 로까야 쑤타람 (P.185)

뚝뚝 5분

6 왓 프라 씨싼펫 & 왕궁 터 (P.182)

도보 1분

10 왓 랏차부라나 (P.184)

도보 3분

9 왓 프라 마하탓 (P.183)

도보 10분

8 왓 프라람 (P.184)

도보 5분

7 위한 프라 몽콘 보핏 (P.183)

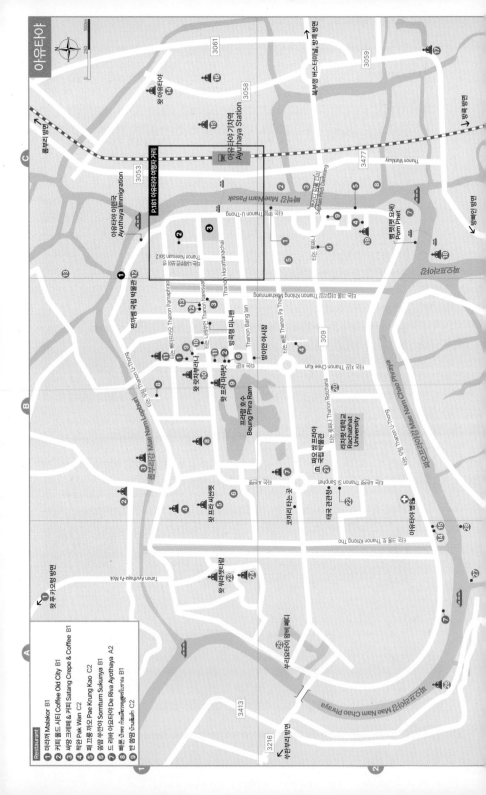

아유타야

Restaurant
1 마라꺼 Malakor B1
2 커피 올드 시티 Coffee Old City B1
3 쌔땅 크레페 & 커피 Satang Crepe & Coffee B1
4 빡완 Pak Wan C2
5 빠끄룽 까오 Pae Krung Kao C2
6 쏨땀 쑤꾼야 Somtum Sukunya B1
7 드 리바 아요타야 De Riva Ayothaya A2
8 빠톤 โรจน์ กวยเตี๋ยวสุโขทัยนครฟ้า B1
9 반 쏨땀 ร้านส้มตำ C2

아유타야 기차역
Ayuthaya Station

P.181 아유타야 여행자 거리

아유타야 이민국
Ayuthaya Immigration

쌍까분 국립 박물관

프라람 호수
Beung Phra Ram

제우엔 쌈 프라얀
국립 박물관

라차팟대학교
Rachabhat
University

태국 관광청

아유타야 병원

뺄펫 (뺄 요새)
Pom Phet

Map labels:

후아로 야시장 방면

타논 빠마프라오 Thanon Pamaphrao

암폰 백화점 Amporn Department Store

타논 나레수언 Thanon Naresuan

타논 나레쑤언 Thanon Naresuan

SCB

방콕 은행 SCB

세븐 일레븐

짜오프롬 시장 Chao Phrom Market

쑤판부리 행 버스 정류장

Thanon Horattanachai

세븐 일레븐

타논 우텅 Thanon U-Thong

빼싹강 Mae Nam Pasak

보트 타는 곳

아유타야 기차역 Ayuthaya Station

Thanon Bang Ian

아유타야 여행자 거리

타논 빠톤 Thanon Pa Thon

Hotel

1. 반 로터스 게스트하우스
2. 짠따나 하우스 Chantana House
3. P.U. Inn Resort
4. P.U. Guset House
5. 토니스 플레이스 Tony's Place
6. 아요타야 호텔 Ayothaya Hotel
7. 반 부싸라 Baan Bussara
8. To-To Guest House
9. 씨리 게스트하우스 Siri Guest House
10. All Sum Hostel
11. The Old Place Guest House
12. 반 쿤프라 Baan Kun Pra
13. 반 아꽁 Baan Are Gong

Restaurant

1. 더 쏘이 The Soi
2. The JIM's Cafe
3. KFC
4. 피자 컴퍼니 Pizza Company
5. 란 타 루앙 Raan Tha Luang

View

1. 왓 푸 카오 텅 Wat Phu Khao Thong(700m) A1
2. 왓 나 프라멘 Wat Na Phra Mehn B1
3. 왓 꾸띠텅 Wat Kuti Thong B1
4. 왕궁 터 Royal Palace B1
5. 왓 프라 씨싼펫 Wat Phra Si Sanphet B1
6. 위한 프라 몽콘 보핏 B1
   Vihan Phra Mongkhon Bophit
7. 왓 프라람 Wat Phra Ram B2
8. 왓 탐미까랏 Wat Thammikarat B1
9. 왓 프라 마하탓 Wat Phra Mahathat B1
10. 왓 랏차부라나 Wat Ratchaburana B1
11. 왓 쑤완나왓 Wat Suwannawat B1
12. 짠까쌤 국립 박물관 C1
    Chantharakasem National Museum
13. 왕실 코끼리 우리 Royal Elephant Kraal C1
14. 왓 아유타야 Wat Ayuthaya C1
15. 왓 꾸디다오 Wat Kudi Dao C1
16. 왓 마헤용 Wat Maheyong C1
17. 왓 야이 차이 몽콘 Wat Yai Chai Mongkhon C2
18. 왓 파난청 Wat Phanan Cheong C2
19. 왓 쑤완다라람 Wat Suwan Dararam C2
20. 아유타야 역사 스터디 센터 B2
    Ayuthaya Historical Study Center
21. 짜오 쌈 프라야 국립 박물관 B2
    Chao Sam Phraya National Museum
22. 아유타야 국립 미술관 B2
    Ayuthaya National Art Museum
23. 왓 워라쳇타람 Wat Worachettharam A1
24. 왓 로까야 쑤타람 Wat Lokaya Sutharam A1
25. 쑤리요타이 왕비 쩨디 A2
    Queen Suriyothai Chedi
26. 왓 차이 왓타나람 Wat Chai Watthanaram A2
27. 성 요셉 성당 St. Joseph's Cathedral A2
28. 왓 풋타이싸완 Wat Phutthai Sawan A2

Shopping

1. 후아로 야시장 Hua Ro Night Market C1
2. 암폰 백화점 Amporn Department Store C1
3. 짜오프롬 시장 Chao Phrom Market C1

Hotel

1. 반 쿤프라 Baan Kun Pra C2
2. 테와랏 탄림 호텔 Thewarat Thanrim Hotel C2
3. 끄룽씨 리버 호텔 Krung Sri River Hotel C2
4. 프롬텅 맨션 Promtong Mansion B2
5. Baan Baimai Boutique Room C2
6. Ayutthaya Place YHA C2
7. 리버 뷰 팰리스 호텔 River View Palace Hotel C2
8. 워라부리 아요타야 컨벤션 리조트 C2
    Woraburi Ayothaya Convention Resort
9. Niwas Ayutthaya Hotel B1
10. 그랜드패런트 홈 Grandparent's Home B1
11. 타마린드 게스트하우스 Tamarind Guest House B1
12. 스톡홈 호스텔 Stockhome Hostel B1
13. 마리아 게스트하우스 Maria Guest House B1
14. 쌀라 아유타야 Sala Ayutthaya A2
15. 아이유디아 언 더 리버 iuDia on the River A2

Attraction

아유타야에는 무려 400개가 넘는 사원이 있다. 하루 이틀로는 모두 돌아보기 힘들기 때문에 주요한 사원들을 선별해 여행하도록 하자. 주요 유적들은 강으로 둘러싸인 섬 내부에 몰려 있다. 섬 외부 유적들은 상대적으로 복원 상태가 좋은 대형 사원들이 많다. 모든 사원들은 오후 4시까지 개방하며 중요도가 높은 사원은 별도의 입장료를 받는다.

섬 내부 유적들

강에 둘러싸여 섬처럼 이루어진 아유타야 올드 타운은 역사공원으로 지정되어 보호되고 있다. 아유타야에서 반드시 봐야 하는 왓 프라 씨싼펫, 왓 프라 마하탓, 왓 랏차부라나가 모두 이곳에 있다.

왓 프라 씨싼펫 ★★★★
Wat Phra Si Sanphet

아유타야 시대 사원 건축의 상징처럼 여겨지는 곳으로 웅장한 규모를 자랑한다. 1448년 보롬마뜨라이로까낫 왕 King Borommat-railokanat(1448~1488) 때 만든 왕실 사원으로 승려가 거주하지 않는 것이 특징이다. 방콕의 왓 프라깨우 Wat Phra Kaew와 동일한 콘셉트로 왕실의 특별 행사가 있을 때 국왕이 직접 행차하던 곳이다.

사원에 들어서면 높다란 3개의 쩨디가 이목을 집중시킨다. 쩨디는 1503년에 만들어졌으며 높이 16m로 황금으로 치장되어 있었다. 황금의 무게만 250kg에 달했으나 버마(미얀마)의 침략으로 약탈당하여 모두 녹아 없어졌다. 쩨디 내부에는 아유타야 주요 국왕들의 유해가 안치되었다. 쩨디 주변의 우보쏫(대법

전) Bot 등 주요 건물들은 모두 폐허로 남아 있으며, 사원 옆문을 통해 왕궁 터로 들어갈 수 있다.

Map P.180—B1 주소 Thanon Si Sanphet 운영 08:00~17:00 요금 50B 가는 방법 왓 프라 마하탓과 왓 랏차부라나 사이의 타논 나레쑤언 Thanon Naresuan을 따라 도보 10~15분. 위한 프라 몽콘 보핏의 오른쪽에 출입구가 있다.

왕궁 터 ★
Royal Palace

태국 최고 전성기를 누렸던 아유타야 왕국의 수도는 현재 흔적도 없이 사라졌다. 왓 프라 씨싼펫을 건설한 보롬마뜨라이로까낫 왕 때 최초로 건설되어 한 세기 동안 증축·확대되었으나 1767년 버마(미얀마)와의 전쟁에서 완패하며 폐허가 되었다. 현재는 무성한 잔디

아유타야의 공식적인 도시 이름

travel plus

아유타야는 왕조의 이름이면서 수도 이름이기도 합니다. 아유타야는 본래 힌두 신화인 〈라마야나〉에 등장하는 라마가 태어난 나라인 '아요디아 Ayodhya'에서 연유한 것이지요. 아요디아는 산스크리트어로 '불패, 즉 망하지 않는'이라는 뜻이랍니다.

아유타야의 공식적인 도시 이름은 프라 나콘 끄룽씨 아유타야 Phra Nakhon Krung Si Ayuthaya로 '아유타야의 신성한 수도'라는 뜻이라고 하네요. 하지만 도시 이름이 너무 길어 흔히 아유타야라고 한답니다. 참고로 아유타야의 역사가 궁금하다면 개요편 P.710을 읽어 보세요.

왓 프라 씨산펫   위한 프라 몽콘 보핏   왓 프라 마하탓

와 함께 왕궁 성벽의 미세한 흔적만 남아 있을 뿐이다.

현지어 왕 루앙 Map P.180-B1 위치 왓 프라 씨싼펫 오른쪽 운영 08:00~17:00 요금 무료 가는 방법 왓 프라 씨싼펫 내부를 통해 드나들 수 있다.

위한 프라 몽콘 보핏 ★★
Vihan Phra Mongkhon Bophit

왓 프라 씨싼펫 남쪽 입구에 있다. 불법승을 완전히 갖춘 사원이 아니라 불상을 모신 위한(법전)만 남아 있다. 위한 내부에는 태국에서 가장 큰 청동 불상인 프라 몽콘 보핏을 모시고 있다.

1538년 차이라짜티랏 왕 King Chairachathirat 때 만든 것으로 여겨지며, 17m 크기로 자개를 이용해 불상의 눈을 만든 것이 특징이다. 위한은 1767년에 붕괴된 것을 1951년에 재건축한 것이다. 아유타야의 다른 사원과 달리 나지막한 지붕과 독특한 구조가 눈길을 끈다.
Map P.180-B1 주소 Thanon Phra Si Sanphet 운영 08:30~18:30 요금 무료 가는 방법 왓 프라 씨싼펫 왼

쪽에 있다. 왓 프라 마하탓에서 도보 10분.

왓 프라 마하탓 ★★★★
Wat Phra Mahathat

아유타야 유적을 향해 올드 타운 중심가로 향하면 가장 먼저 만나게 되는 사원으로, 흔히 '왓 마하탓'이라고 부른다. 보롬마라차 1세(재위 1370~1388) 때 건설하기 시작해 라마쑤언 왕(재위 1388~1395) 때 완성되었다. 왓 프라 마하탓은 '위대한 유물을 모신 사원'이라는 뜻으로 붓다의 사리를 모시기 위해 만들었다.

크메르 양식의 탑인 쁘랑 prang이 높이 38m로 만들어졌으나 버마의 공격으로 파손

왓 프라 마하탓

코끼리를 타고 트레킹하세요

travel plus

아유타야에서도 미니 코끼리 트레킹이 가능합니다. 30분 정도 코끼리를 타고 왓 프라람과 왓 프라 씨싼펫까지 다녀오는 코스입니다. 의자와 양산 등으로 코끼리를 치장해 마치 왕족이 된 기분으로 코끼리를 탈 수 있답니다. 출발은 태국 관광청 옆 사거리 코너에서 출발(Map P.180-B2)하며 요금은 500B입니다.

왓 랏차부라나   왓 탐미까랏

되어 기단만 남아 있다. 1950년대 사원을 보수하는 과정에서 황금, 크리스털, 호박 같은 보물이 대거 발굴되었으며 현재 짜오 쌈 프라야 국립 박물관에서 보관 전시 중이다.

왓 마하탓은 아유타야의 옛 모습을 유추하며 전성기 때를 회상하게 만든다. 지금은 초라한 모습으로 망한 나라의 애틋함도 느껴진다. 보리수 나무뿌리에 휘감겨 세월을 인내한 머리 잘린 불상이 역사의 흔적을 그대로 보여줄 뿐이다.

Map P.180—B1 주소 Thanon Chee Kun 운영 08:00 ~17:00 요금 50B 가는 방법 타논 나레쑤언과 타논 치꾼 사거리에 있다. 여행자 거리인 타논 나레쑤언 쏘이 썽 Thanon Naresuan Soi 2에서 자전거로 10분.

왓 랏차부라나 ★★★★
Wat Ratchaburana

태국 역사상 가장 큰 유물 발굴을 가능하게 한 사원이다. 아유타야가 전성기를 구가하던 1424년 보롬마라차 2세 King Borommaracha Ⅱ가 건설했으며, 왕권 쟁탈을 위해 다투다 사망한 그의 두 형제를 기리는 사원이다. 역시나 버마(미얀마)의 공격으로 파괴된 사원은 곳곳에 불상들이 흩어져 있어 시간의 무상함을 느끼게 해준다.

사원 중앙에 우뚝 솟은 쁘랑은 크메르 제국의 앙코르 톰 Angkor Thom을 정벌하고 돌아온 기념으로 건설한 것이다. 쁘랑은 전형적인 크메르 양식으로 주변 국가를 정벌하며 가져온 보물들을 쁘랑 내부의 비밀 저장고에 보관해 두었다. 쁘랑에 보관한 보물들은 1957년 도굴꾼들에 의해 우연히 발견되었는데 황금으로 만든 장신구와 청동 불상 등 국보급 유물이 가득했다. 황금 코끼리 동상을 포함한 유물들은 짜오 쌈 프라야 국립 박물관에 전시되어 있다. 계단을 통해 쁘랑 내부로 들어갈 수 있는데, 아유타야 사원 건축에서 보기 힘든 내부 벽화가 아직도 남아 있다.

Map P.180—B1 주소 Thanon Chee Kun 운영 08:00 ~17:00 요금 50B 가는 방법 타논 나레쑤언과 타논 치꾼 사거리의 왓 프라 마하탓 오른쪽에 있다.

왓 프라람 ★★
Wat Phra Ram

견고하게 생긴 쁘랑(크메르 양식의 탑) 하나만 달랑 남아 있는 사원. 아유타야 왕들에 의해 300년 이상 걸려서 완공되었을 것으로 여겨진다. 정확한 건축 이유는 아직도 확실하지 않다.

다만 아유타야를 창시한 우텅 왕 King U-Thong의 화장터로 만들었다는 설과 나레쑤언 왕 King Naresuan이 자신의 아버지인 라마티보디 왕의 장례를 하기 위해 만들었다는 설이 유력하다. 여행자의 발길은 적은 편이지만 연못에 둘러싸여 분위기가 좋다.

Map P.180—B2 주소 Thanon Si Sanphet 운영 08:00~17:00 요금 50B 가는 방법 타논 씨싼펫 Thanon Si Sanphet과 타논 빠톤 Thanon Pa Thon 교차로에 있다. 왓 프라 씨싼펫 입구에서 타논 씨싼펫을 따라 태국 관광청 방향으로 도보 5분.

왓 프라람

짜오 쌈 프라야 국립 박물관

짜오 쌈 프라야 국립 박물관 ★★★
Chao Sam Phraya National Museum

아유타야 국립 박물관에 해당한다. 도시에 있는 3개의 박물관 중 규모도 가장 크다. 도굴되어 반출되거나 방콕 국립 박물관으로 옮겨진 것을 제외하고 야유타야의 사원에서 발굴된 유물들을 연대별로 전시한다. 왓 프라 마하탓에서 발굴된 사리 보관함, 왓 랏차부라나에서 발굴된 불상과 황금 장신구를 포함해 다양한 불상과 목조 조각 등을 전시한다. 박물관 한쪽에 티크 나무로 재현한 전통가옥도 볼 만하다.

현지어 피피타판 행찻 짜오 쌈 프라야 Map P.180-B2 **주소** Thanon Si Sanphet & Thanon Rotchana **운영** 09:00~16:00(휴무 월~화요일) **요금** 150B **가는 방법** 타논 씨싼펫의 태국 관광청 맞은편으로 왓 프라 씨싼펫에서 자전거로 5분.

왓 로까야 쑤타람 ★★
Wat Lokaya Sutharam

아유타야 유적 중심부에서 서쪽에 떨어져 있는 사원인데 와불상으로 유명하다. 42m 크기의 대형 와불상은 팔베개를 하고 명상하는 모습으로 오렌지 승복이 입혀져 있다. 원래 불상은 나무로 만든 위한(법전) 내부에 안치되어 있었으나 현재는 야외에 덩그러니 불상만 남았다. 와불상은 부처가 열반에 든 모습을 형상화한 것으로, 불상이 크면 클수록 전쟁에서 승리한다는 믿음과 관련해 아유타야 왕조에서 제작한 것.

Map P.180-A1 **주소** Thanon Khlong Tho **운영** 연중무휴 **요금** 무료 **가는 방법** 왕궁 터 뒤편으로 왓 프라 씨싼펫에서 자전거로 10~15분.

아유타야의 밤은 낮보다 아름답다

travel plus

아유타야 유적은 낮 시간에도 아름다운 자태를 뽐내지만 어둠이 내린 밤에도 눈이 부십니다. 해가 지고 어둠이 찾아오는 저녁 7시부터 9시까지 주요 유적들이 야간 조명으로 치장하기 때문입니다. 왓 프라 마하탓, 왓 랏차부라나, 왓 프라 씨싼펫, 왓 프라람을 포함해 멀리 있는 왓 차이 왓타나람까지 무더운 낮에는 느낄 수 없는 낭만을 선사합니다.

방콕에서 당일치기로 찾아온 관광객들이 빠져나간 시간이라 조용하게 유적을 감상할 수 있는 것도 매력이고요. 사원 내부로 들어갈 수는 없지만 한적한 밤길을 걷는 것만으로 충분한 가치가 있답니다. 길눈이 어둡다면 게스트하우스와 여행사에서 차량을 제공하는 야간 투어 상품에 참여하는 것도 좋습니다.

섬 외부 유적들

자전거로 다니기는 먼 거리지만 보존이 잘된 대형 사원들이 많아 그냥 지나치기 아까운 곳이다. 아유타야 중심을 감싸는 강들 때문에 육로 교통보다는 해상 교통을 이용하면 편리하다. 해지는 시간에 맞춰 선셋 보트 투어 Sunset Boat Tour에 참여해도 좋다.

왓 차이 왓타나람   ★★★★
Wat Chai Watthanaram

아유타야 역사공원 서쪽의 짜오프라야 강 건너편에 있는 대형 사원이다. 1630년 쁘라쌋 텅 왕 King Prasat Thong이 그의 어머니를 위해 건설한 사원으로 전형적인 크메르 양식으로 만들었다.

사원의 전체적인 구조는 힌두교의 우주론을 형상화했으며, 중앙의 대형 쩨디는 우주의 중심인 메루산 Mount Meru을 상징한다. 대형 쩨디 주변으로 8개의 대륙을 상징하는 8개의 쩨디를 세우고 회랑을 만들었다. 회랑은 현재 파손되었으나 머리와 팔 잘린 동상들이 연속해 있어 나름의 분위기를 자아낸다.

사원의 현재 모습은 1980년대에 복원한 것이다. 복원 상태가 완벽해 매우 아름다운 사원으로 평가받는다. 강과 접하고 있어 보트를 타고 사원을 방문하면 더욱 좋다. 특히 해가 지는 시간이면 모든 보트 투어가 이곳에 들른다. Map P.180-A2 위치 짜오프라야 강 건너 서쪽 운영 08:00~16:30 요금 50B 가는 방법 왓 프라 씨싼펫에서 자전거로 20분, 뚝뚝으로 10분.

왓 차이 왓타나람

왓 야이 차이 몽콘   ★★★★
Wat Yai Chai Mongkhon

왓 야이 차이 몽콘

아유타야 역사 공원 외곽에 있는 사원 중에 가장 많은 사람들이 들르는 사원이다. 아유타야를 건설한 우텅 왕 때인 1357년에 건설했다. '큰 사원'이라는 뜻으로 흔히 '왓 야이'라 부른다.

스리랑카에서 공부하고 돌아온 승려들을 위해 건설한 사원으로 불교 경전 연구보다는 명상을 통해 깨달음을 수행하던 곳이다. 사원 가운데 있는 72m 높이의 대형 쩨디(프라 쩨디 프라야 몽콘 Phra Chedi Phraya Mongkhon)는 나레쑤언 왕 때 버마(미얀마)와의 전쟁 승리를 기념하기 위해 만든 것이다. 종 모양의 전형적인 스리랑카 양식의 탑으로 1593년에 건설했다. 또한 사원 입구의 잔디 정원에는 7m 길이의 와불상이 있다.

Map P.180-C2 주소 Thanon Ayuthaya-Bang Pa In 운영 08:30~16:30 요금 20B 가는 방법 타논 롯짜나 Thanon Rotchana를 따라 아유타야 신시가지 방향으로 빠싹 강을 건넌 다음 대형 탑(쩨디 왓 쌈쁘롬)이 있는 원형 로터리에서 남쪽으로 가면 된다. 여행자 거리인 타논 나레쑤언 쏘이 2에서 자전거로 20분, 뚝뚝으로 10분.

왓 파난청   ★★
Wat Phanan Cheong

예나 지금이나 변함없이 사람들의 발길로 분주한 사원으로 아유타야가 성립되기 전인

왓 파난청   왓 나 프라멘

1325년에 건설되었다. 특히 화교들에게 사랑받는 사원으로 한자와 중국 불상들이 곳곳에 가득하다. 이처럼 왓 파난청이 화교들에게 인기가 높은 이유는 아유타야의 주요 무역항이 사원 앞에 위치했기 때문이다.

Map P.180–C2 위치 섬 남동쪽 강 건너편의 3053번 국도 운영 08:30~16:30 요금 20B 가는 방법 자전거로 간다면 섬 안쪽의 짜오프라야 강과 접한 타논 우텅 Thanon U–Thong에 있는 폼펫 요새 Phom Phet Fortress 오른쪽의 선착장에서 배를 타고 건너는 게 가장 빠르다. 뚝뚝을 탄다면 여행자 거리인 타논 나레쑤언 쏘이 2에서 15분.

왓 나 프라멘
Wat Na Phra Mehn ★★

아유타야가 버마(미얀마)의 공격을 받아 멸망할 당시 유일하게 파괴되지 않고 원형 그대로 살아남은 사원이 바로 이곳이다. 그 이유는 간단하다. 1767년 버마 군대가 아유타야 왕실을 점령하기 위해 왓 나 프라멘을 거점으로 삼았기 때문이다.

사원의 가장 큰 볼거리는 1503년에 만든 봇(대법전)이다. 전형적인 아유타야 양식 건물로 정성들여 만든 주랑, 연꽃 봉오리 모양으로 곡선을 살린 지붕, 목조 조각으로 장식된 천장까지 당시 건축의 아름다움을 그대로 보여준다. 대법전 내부에는 6m 크기의 아유타야 불상을 안치했는데, 당시 건축 기법에 따라 국왕의 얼굴을 형상화했다고 한다.

대법전 옆에 있는 위한(법전)에 안치한 드바라바티 양식의 프라 칸타라랏 Phra Khan-tharararat 불상도 볼 만하다. 무려 1,300년 전에 만들어졌으며 크기는 5.2m. 태국에서 가장 큰 석조 불상이다.

Map P.180–B1 위치 섬 북쪽의 롭부리 강 건너편 운영 08:30~16:30 요금 20B 가는 방법 왕궁 터 오른쪽의 타논 우텅에서 롭부리 강을 지나는 다리를 건너야 한다. 왓 프라 씨싼펫에서 자전거로 10분.

강 따라 섬 한 바퀴 돌아보세요!

travel plus

아유타야의 지리를 이해하는 데 가장 좋은 방법은 보트를 타는 거랍니다. 강들에 의해 섬으로 둘러싸인 아유타야를 여행하는 또 다른 방법으로 멀리 떨어진 사원들을 편하게 방문할 수 있지요. 게스트하우스나 여행사에서 사람들을 모아 오후 4시경에 출발합니다. 소형 보트를 이용하기 때문에 4명 이상이면 출발 가능하고, 요금은 1인당 250B이랍니다. 왓 파난청을 시작으로 왓 풋타이싸완, 왓 차이 왓타나람 등을 방문한답니다. 강을 따라 섬을 한 바퀴 돈 다음 후아로 야시장에 내려주기 때문에 일행들과 함께 저녁식사 후에 숙소까지 천천히 걸어오면 됩니다.

고급 레스토랑보다는 저렴한 식당이 많다. 재래시장이나 야시장에서 저렴하게 식사할 수 있다. 멀리 가기 귀찮다면 여행자 거리인 타논 나레쑤언 쏘이 썽 Thanon Naresuan Soi 2에 있는 레스토랑에서 식사하면 된다.

방이안 야시장(아유타야 야시장) ★★★
Bang Ian Night Market

태국에서 흔히 볼 수 있는 길거리 노점 야시장이다. 밥과 반찬, 과일을 파는 노점들이 도로를 따라 가들 들어서 있다. 다른 야시장에 비해 접근성이 좋아 외국 관광객들도 많이 찾는다.

Map P.180-B1 주소 Thanon Bang Ian 영업 16:00~21:00 메뉴 태국어 예산 50~85B 가는 방법 타논 방이안 거리에 야시장이 형성된다.

팍완 ก๋วยเตี๋ยวผักหวาน ★★★☆
Pak Wan

현지인들에게 인기 있는 가성비 좋은 레스토랑이다. 쌀국수와 팟타이, 쏨땀, 스프링롤 같은 부담 없는 음식들이 가득하다. 무슬림이 운영하는 곳이라 돼지고기는 사용하지 않는다. 에어컨 시설의 실내와 그늘 가득한 야외 정원으로 구분되어 있다.

Map P.180-C2 주소 48/3 Thanon U-Thong Soi 4 전화 0-3524-2085, 08-9539-9427 홈페이지 www.facebook.com/PhakHwanAyutthaya 영업 08:00~21:00 메뉴 영어, 태국어 예산 80~290B 가는 방법 왓 쑤언다라람(사원)이 있는 타논 우텅 쏘이 4 골목 안쪽으로 50m.

빠폰 บ๊ะพร ก๋วยเตี๋ยวหมูสูตรโบราณ ★★★☆
Pa Pron Traditional Pork Noodle

폰 이모(빠폰)가 운영하는 쌀국수 식당. 1969년부터 전통방식으로 돼지고기 쌀국수(꾸어이띠아우 무 보란)를 만든다. 맑은 육수를 넣은 Original Soup, 매콤한 똠얌 소스를 넣은 Spicy Soup, 육수 없이 비빔국수로 먹을 경우 Without Soup을 주문하면 된다.

Map P.180-B1 주소 121/2 Pamaprao Soi 10 전화 08-1853-7274 영업 09:00~15:00 메뉴 영어, 태국어 예산 쌀국수 30~40B 가는 방법 타논 우텅에서 연결되는 빠마프라우 쏘이 10 골목 안쪽에 있다.

쏨땀 쑤깐야 ★★★★
Somtum Sukunya

역사 유적지와 가까운 곳에 있는 이싼 음식점. 태국 가정집 분위기로, 규모는 작지만 아늑하고 친절하다. 쏨땀(파파야 샐러드), 까이양(닭고기 숯불구이), 느아양(소고기 숯불구이), 커무양(돼지목살 숯불구이)을 요리한다. 똠얌꿍과 생선 요리, 새우 요리를 메인으로 추가해도 된다.

Map P.180-B1 주소 11/7 Thanon Ho Rattanachai 전화 08-9163-7342 홈페이지 www.facebook.com/SomtumSukunya 영업 09:00~17:00 메뉴 영어, 태국어 예산 100~550B 가는 방법 왓 프라 마하탓 맞은편으로 연결되는 타논 호랏따나차이에 있다.

마라꺼 ★★★☆
Malakor

유적지와 가까운 곳에 있는 레스토랑으로 외국 여행자들에게 잘 알려진 곳이다. 아유타야 역사 공원의 조용함과 잘 어울리는 목조건물로 평상에 앉아 식사를 즐길 수 있다. 적당한 가격에 깔끔한 태국 요리를 맛볼 수 있다.

Map P.180-B1 주소 Thanon Chee Kun 영업 11:00~20:30(휴무 월요일) 메뉴 영어, 태국어 예산 90~350B 가는 방법 왓 랏차부라나를 등지고 길 건너 왼쪽.

커피 올드 시티 ★★★☆
Coffee Old City

전형적인 투어리스트 레스토랑으로 위치가

좋아서 외국 관광객들이 즐겨 찾는다. 카페를 겸한 레스토랑으로 넓고 깔끔해서 쾌적하게 식사할 수 있다. 토스트 위주의 아침식사 메뉴, 샌드위치, 팟타이, 덮밥을 포함한 기본적인 태국 음식을 요리한다.

Map P.180-B1 주소 Thanon Chee Kun 전화 08-9889-9092 영업 08:00~17:30(휴무 일요일) 메뉴 영어, 태국어 예산 메인 요리 99~180B 가는 방법 타논 치꾼의 왓 프라 마하탓 맞은편에 있다.

반 쿤프라 ★★★
Baan Kun Pra

강변과 접하고 있어 분위기가 좋다. 100년 이상된 전통가옥의 앞마당을 레스토랑으로 사용한다. 생선과 새우 같은 해산물 요리가 많다. 깽 키아우 완(Green Curry)과 깽 펫(Red Curry) 같은 카레맛도 훌륭하다.

Map P.181 주소 48 Moo 3 Thanon U-Thong 전화 0-3524-1978 영업 12:00~22:00 메뉴 영어, 태국어 예산 180~750B 가는 방법 타논 우텅 & 타논 빠톤 삼거리에 있다.

란 타 루앙 ★★★
Raan Tha Luang

강변을 끼고 있는 레스토랑이다. 목조 건물의 운치와 강변의 여유로움을 동시에 느낄 수 있다. 관광객을 대상으로 운영하지만, 음식이며 분위기가 모두 괜찮다. 보트 크루즈를 함께 운영한다.

Map P.181 주소 16/2 U-Thong 전화 0-3524-4993, 09-6883-7109 홈페이지 www.raan-tha-luang. com 영업 11:00~22:00 메뉴 영어, 태국어 예산 140~350B 가는 방법 타논 우텅의 ttb 은행을 바라보고 오른쪽에 있다.

Accommodation 아유타야의 숙소

나레쑤언 쏘이 2에 저렴한 여행자 숙소가 몰려 있었으나, 홈스테이 형태의 소규모 숙소가 많이 생기면서 현재는 올드 타운 곳곳에 흩어져 있다. 고급 호텔들은 빠싹 강 건너 오른쪽에 형성된 신시가에 많다.

씨리 게스트하우스 ★★★☆
Siri Guest House

친절한 태국인 가족이 운영하는 게스트하우스. 복층 건물로 되어 있으며, 에어컨 시설의 객실은 깨끗하게 관리되고 있다. TV, 냉장고, 개인 욕실도 갖추고 있다. 자전거 대여 및 보트 투어 예약까지 여행에 필요한 서비스를 제공한다.

Map P.181 주소 63 Thanon Bang Ian 전화 09-0993-5614 요금 더블 550~650B(에어컨, 개인욕실, TV, 냉장고) 가는 방법 짜오프롬 시장에서 600m 떨어진 타논 방이안에 있다.

그랜드패런트 홈 ★★★
Grandparent's Home

세 개의 2층 건물로 할아버지의 집 치고는 규모가 크다. 모든 객실은 에어컨 시설이 구비되어 있으며 TV와 냉장고 역시 갖추어져 있다. 객실은 넓고 깨끗한 편이다. 워크 인 카페 Walk In Cafe를 함께 운영한다.

Map P.180-B1 주소 19/40 Thanon Naresuan 전화 08-3558-5829, 08-6383-4791 홈페이지 www.grandparenthome.com 요금 더블 550~600B(에어컨, 개인욕실, TV) 가는 방법 타논 나레쑤언 쏘이 10과 쏘이 12 사이에 있다.

반 로터스 게스트하우스 ★★★
Baan Lotus Guest House

'연꽃의 집'이라는 뜻으로 넓은 정원과 연꽃 연못이 매력적이다. 태국 목조 가옥의 분위기를 최대로 살렸으며 노부부 주인이 함께 생활하기 때문에 잔잔한 보살핌을 받을 수 있다. 축구를 해도 될 정도로 넓은 앞마당이 있다. Map P.181 주소 20 Thanon Pamaphrao 전화 0-3525-1988, 0-3532-8272 요금 더블 450B(선풍기, 개인용실), 더블 650B(에어컨, 개인욕실) 가는 방법 타논 나레쑤언 쏘이 2 북쪽 사거리인 타논 빠마프라오 Thanon Pamaphrao에 있다.

짠따나 하우스 ★★★
Chantana House

정원을 간직한 아담한 게스트하우스. 개인 욕실이 딸려 있을 뿐 TV도 없는 간단한 시설로 객실을 꾸몄다. 여러 사람이 오가는 시끌벅적한 게스트하우스가 아니라 단출한 가정집 분위기다. 아침식사로 커피와 토스트를 제공해 준다.
Map P.181 주소 12/22 Thanon Naresuan Soi 2 전화 0-3532-3200, 08-9885-0257 요금 더블 500B(선풍기, 개인욕실), 더블 600B(에어컨, 개인욕실) 가는 방법 타논 나레쑤언 쏘이 2의 토니스 플레이스 옆에 있다.

반 부싸라 ★★★☆
Baan Bussara

태국인 가족이 운영하는 게스트하우스로 친절하고 깨끗해 인기가 높다. 1층 콘크리트 건물의 객실엔 현관 앞에 테이블이 놓여 있고, 2층 목조 건물의 객실엔 발코니가 딸려 있다. 침실과 욕실이 넓은 편으로 TV와 냉장고를 갖추고 있다. 자그마한 커피숍을 함께 운영한다. 자전거 대여는 유료(50B)다.
Map P.181 주소 64/14 Thanon Bang Ian 전화 08-1655-6379 홈페이지 www.facebook.com/Baan bussara 요금 더블 600B(에어컨, 개인욕실, TV, 냉장고) 가는 방법 타논 방이안 거리에 있다.

타마린드 게스트하우스 ★★★☆
Tamarind Guest House

높다란 기둥이 눈길을 끄는 티크 나무 건물이다. 전통 가옥 분위기가 풍기는 2층 목조 건물이다. 객실은 화려한 색감을 이용해 감각적

으로 디자인했다. 산뜻한 욕실도 매력이다. 공동으로 사용할 수 있는 냉장고가 비치되어 있다. 객실이 많지 않아서 가족처럼 지낼 수 있다. 골목 안쪽에 있어 조용하다.
Map P.180-B1 주소 11/ Moo 1 Thanon Chee Kun 전화 08-1665-7937 홈페이지 www.facebook.com/ tamarindthai 요금 더블 650B(에어컨, 개인욕실, TV), 패밀리 1,200B(에어컨, 개인욕실, TV) 가는 방법 왓 마하탓 맞은편의 타논 치꾼에 있다. 올드 시티 커피 Old City Coffee와 르안 롯짜나 Ruean Rojjana 레스토랑 사이 골목 안쪽으로 10m 들어간다.

반 바이마이 부티크 룸 ★★★★
Baan Baimai Boutique Room

골목 안쪽에 있어서 차분하게 지내기 좋은 숙소. 견고한 콘크리트 건물로 녹색 식물이 가득한 작은 마당 덕분에 편안함을 선사한다. 객실은 타일과 노출 콘크리트, 패턴을 이용해 부티크 스타일로 꾸몄다. 객실 앞으로 작은 테라스도 딸려 있다. 구시가 안쪽에 있지만 주요 관광지로부터는 조금 떨어져 있다.
Map P.180-C2 주소 Thanon Pathon Soi 3 전화 08-1838-5585 홈페이지 www.facebook.com/Bann BaiMaiBoutiqueRoom 요금 더블 900~1,000B(에어컨, 개인욕실, TV, 냉장고) 가는 방법 타논 빠톤 쏘이 3 골목 안쪽에 있다.

아이유디아 언 더 리버 ★★★★☆
iuDia on the River

짜오프라야 강변에 만든 리조트. 전형적인 태국 양식의 지붕 선을 강조해 멋스럽게 건축했다. 객실은 모두 13개로 아치형 출입문, 도자기, 랜턴을 장식해 부티크 호텔처럼 꾸몄다. 강변의 야외 수영장에서 강 건너 사원(왓 풋타이사싸완)이 바라보인다.
Map P.180-A2 주소 11-12 Thanon U-Thong 전화 0-3532-3208, 08-6080-1888 홈페이지 www.iudia. com 요금 코트야드 뷰 3,050B, 풀사이드 뷰 3,950B, 리버 뷰 4,950B 가는 방법 짜오프라야 강변의 쌀라 아유타야(호텔) Sala Ayutthaya 옆에 있다.

Lopburi

롭부리 ลพบุรี

　　롭부리의 역사는 6세기로 거슬러 올라간다. 몬족이 건설한 드바라바티 왕국 Dvaravati Kingdom 시대에는 라보 Lavo로 불렸다. 11세기에는 크메르 제국의 영토에 편입되어 사원과 쁘랑이 건설되며 도시의 기초를 마련했다. 롭부리는 아유타야 제국의 나라이 대왕 King Narai The Great(재위 1656~1688)을 기점으로 대변화를 꾀한다. 나라이 대왕이 자신의 궁전을 건립하고 대제국의 두 번째 수도 역할을 하면서 역사의 중심에 등장했던 것.

　　하지만 나라이 대왕의 후계자들은 롭부리를 버리고 수도인 아유타야로 돌아가며 롭부리의 짧은 영광도 사그라진다. 200년 가까이 잊혀졌던 롭부리는 19세기에 복원되며 역사도시로서의 모습을 갖춘다. 거대한 아유타야 역사 유적에 비하면 규모는 작지만, 아유타야 시대에 건설한 왕궁이 생생하게 보존되어 있다. 지방 소도시인 롭부리는 관광객들이 즐겨 찾는 유명한 여행지는 아니지만 정겨운 사람들과 사원들이 어우러진 소박하고 매력적인 도시이다. 아유타야에서는 한 시간, 방콕에서는 세 시간 정도 걸리는 거리로 교통도 편리하다.

INFORMATION 여행에 필요한 정보

도시 개요

오래된 역사도시들이 그렇듯 롭부리도 신시가와 구시가로 구분된다. 기차역과 철도를 중심으로 오른쪽이 신시가, 왼쪽은 구시가로 나뉜다. 신시가에는 버스 터미널과 주요 관공서, 군사시설이 들어서 있고, 구시가는 나라이 랏차니웻 궁전을 포함해 볼거리가 몰려 있다.

ACCESS 롭부리 가는 방법

롭부리는 버스와 기차가 모두 드나든다. 버스 터미널은 신시가에 있고, 기차역은 구시가에 있다. 기차역 주변에 볼거리와 호텔이 밀집해 있어 버스보다는 기차를 타는 게 편리하다. 버스 터미널과 기차역은 2㎞ 떨어져 있으며, 도시를 순환하는 썽태우(편도 10B)를 타고 이동하면 된다.

기차

롭부리의 볼거리들이 기차역과 인접해 있어 버스보다는 기차를 타고 드나드는 게 편리하다. 특히 방콕, 아유타야, 핏싸눌록, 치앙마이를 오갈 때 기차가 매우 유용하다. 치앙마이로 직행할 경우 야간 기차(16:21, 20:41, 22:00)를 이용하면 편리하며, 침대칸을 타려면

미리 예약해 두어야 한다. 자세한 출발 시간과 요금은 태국의 교통정보 기차편(P.57) 또는 태국 철도청 홈페이지(www.railway.co.th)를 참고하면 된다. 참

고로 쑤코타이는 기차역이 없어서 핏싸눌록에 내려서 버스로 갈아타야 한다(P.313 참고).

버스

롭부리 버스 터미널

도시 규모에 비해 상대적으로 버스 노선은 미비하다. 인접한 도시인 방콕(머칫), 아유타야, 나콘 랏차씨마(코랏)는 버스 편이 많다. 방콕행 버스는 20분 간격(첫차 05:40, 막차 18:30)으로 출발한다(편도 요금 137B). 북부(치앙마이, 핏싸눌록)행 버스는 방콕에서 출발한 버스가 롭부리를 경유한다.

방콕으로 직행할 경우 터미널까지 갈 필요 없이 구시가에 출발하는 미니밴(롯뚜)을 타면 편리하다. 씨 인드라 호텔 Sri Indra Hotel 옆에서 출발하며 종점은 방콕의 북부 버스 터미널(머칫)이다. 새벽 4시부터 오후 8시까지 수시로 운행된다. 편도 요금은 140B이다.

Best Course
Lopburi 롭부리의 추천 코스 (예상 소요시간 4시간)

롭부리는 반나절 일정이면 충분하다. 무거운 배낭은 기차역에 맡기고(하루 10B) 기차역 바로 앞의 왓 프라 씨 라따나 마하탓을 시작으로 유적을 둘러본다.

1 기차역 — 도보 1분 — **2** 왓 프라 씨 라따나 마하탓 (P.195) — 도보 10분 — **3** 나라이 랏차니웻 궁전 (P.193) — 도보 5분 — **4** 반 위차옌 (P.196) — 도보 7분 — **5** 프라 쁘랑 쌈욧 (P.195) — 도보 8분

Attraction

롭부리의 볼거리

롭부리를 찾는 이유는 나라이 랏차니웻 궁전을 보기 위해서다. 아유타야에 있던 왕궁은 버마(미얀마)의 침략으로 폐허가 됐기 때문에, 나라이 랏차니웻 궁전을 통해 당시 아유타야 제국의 왕궁 모습을 유추해 볼 수 있다.

나라이 랏차니웻 궁전 ★★★★
Phra Narai Ratchaniwet

롭부리 역사의 핵심으로 거대한 성벽에 둘러싸여 있다. 아유타야 제국의 위대한 왕으로 칭송받는 나라이 대왕이 롭부리를 제2의 수도로 정하며 건설한 궁전이다. 나라이 랏차니웻 궁전은 롭부리 궁전 또는 나라이 대왕 궁전으로도 불린다. 1665년부터 1677년까지 건설되

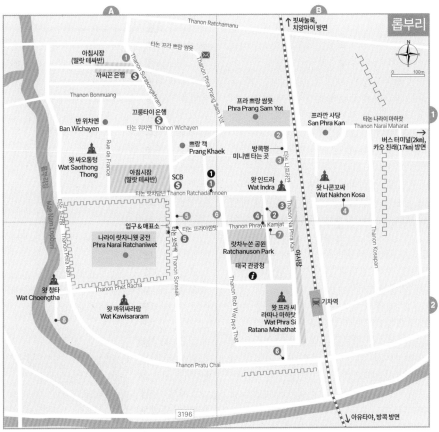

Restaurant
1. KFC A1
2. The Mellow Cafe B1
3. 카우뜸 허 Hoe Restaurant B1
4. 마티니 Ma Tini B2
5. Nom-Cup-D A2
6. 팟타이부리 Pad Thai Buri Ka Prao Hom B2

Shopping
1. 로터스 Lotus's A1

Hotel
1. 타이페이 호텔 Taipei Hotel A1
2. 롭부리 시티 호텔 B1
3. 씨 인드라 호텔 Sri Indra Hotel B1
4. 피 홈스테이 Pee Homestay B1
5. 롭부리 아시아 호텔 Lopburi Asia Hotel A1
6. 넷 호텔 Nett Hotel A1
7. 눔 게스트하우스 Noom Guest House B2
8. 리틀 롭부리 빌리지 The Little Lopburi Village A2

>> 롭부리 Lopburi **193**

나라이 랏차니웻 궁전에서 열리는
나라이 대왕 기념 축제

©태국관광청

©태국관광청
나라이 대왕 박물관

었으며, 완공 후에는 나라이 대왕의 여름 궁전으로 사용되었다.

나라이 대왕은 아유타야보다 롭부리 궁전을 더 사랑했는데, 1년에 8개월씩 머무르며 대제국을 통치했다고 한다. 하지만 대왕 사후에 궁전은 특별한 역할을 하지 못했다. 더군다나 1767년 아유타야 제국이 멸망하면서 아무도 돌보는 이가 없었다. 방콕으로 수도를 옮긴 짜끄리 왕조의 몽꿋 왕(라마 4세)에 의해 1863년부터 일시적으로 왕궁으로 재사용되기도 했다.

나라이 랏차니웻 궁전의 입구(빠뚜 파약카 Phayakkha Gate)는 롭부리 아시아 호텔 맞은편에 있다. 성벽에 둘러싸인 궁전에 들어서면 외원이 나온다. 궁전으로 물을 제공하던 물 탱크, 곡식과 향신료를 저장하던 창고, 왕실 코끼리와 말을 사육하던 마구간, 왕족들의 연회실, 외국 사절단 접견실 등이 남아 있다. 외원은 현재 잔디가 곱게 깔려 있어 차분한 분위기를 연출한다.

외원에서 아치형 출입문을 통과하면 완벽하게 복원된 중원이 나온다. 아치형 출입문과 상단이 뾰족한 창문은 유럽 건축의 영향을 받아 만들어진 것이다. 유럽 양식이 가미된 이유는 당시 외교관계를 맺고 있던 프랑스와 이탈리아 건축가들이 왕궁 건설에 참여했기 때문이다.

나라이 랏차니웻 궁전의 핵심에 해당하는 중원에 들어서면 가장 먼저 짠타라 피싼 궁전 Chanthara Phisan Pavilion이 보인다. 다른 건물들과 달리 유럽 양식을 배제하고 전형적인 태국 건축 양식으로 건설했는데, 얼핏 보면 사원처럼 생겼다. 나라이 대왕이 알현실로 사용하던 건물로 1863년 몽꿋 왕 때 재건축됐다. 건물 내부에는 나라이 왕 때 왕실에서 쓰이던 물건이 전시되어 있다.

짠타라 피싼 궁전 왼쪽은 나라이 대왕 박물관(피피타판 행찻 쏨뎃 프라 나라이)이다. 짜끄리 왕조의 몽꿋 왕(라마 4세) 때 건설한 건물로 1963년부터 박물관으로 사용되고 있다. 유럽풍의 콜로니얼 건축으로 본래 명칭은 피만 몽꿋 궁전 Phiman Mongkut Hall이다. 모두 4개의 전시실로 롭부리, 아유타야, 우텅(모두 아유타야 제국의 도시)에서 발굴된 불상들과 유물을 전시한다. 크메르 시대에 제작된 불상도 함께 전시 중이다. 박물관의 일부는 몽꿋 왕의 침실로 몽꿋 왕이 사용하던 침대와 가구가 놓여 있다.

박물관 왼쪽으로 두씻 싸완 탄야마하 쁘라쌋 궁전 Dusit Sawan Thanya Maha Prasat Hall이 나온다. 1685년에 완공된 건물로 고위공직자들을 접견하던 곳이다. 나라이 대왕이 이곳에서 루이 14세가 파견한 프랑스 대사를 접견했는데, 건물 내부에는 프랑스에서 가져온 유리 거울이 전시되어 있다.

궁전 입구, 빠뚜 파약카

두씻 싸완 탄야마하 쁘라쌋 궁전 왼쪽은 성벽에 의해 차단

왓 프라 씨 라따나 마하탓   프라 쁘랑 쌈욧

된 내원이다. 내원에는 나라이 대왕의 침실로 사용되었던 쑷타 싸완 궁전 Suttha Sawan Pavilion이 남아 있다. 정원이 잘 꾸며진 내원에는 왕이 목욕하던 연못도 있다. 내원의 벽면에는 아치 모양의 감실이 가득하다. 아유타야 시대에는 저녁이 되면 감실마다 촛불을 밝혀 꿈의 궁전처럼 변모시켰을 것이다. 나라이 대왕은 이곳에서 1688년 7월 11일에 마지막 날을 보냈다고 한다. 매년 2월 15~17일에는 나라이 대왕을 기념하는 축제가 궁전 주변에서 성대하게 펼쳐진다.

현지어 프라 나라이 랏차니웻 Map P.193-A2 주소 Thanon Sorasak 전화 0-3614-1458 운영 수~일요일 08:30~16:30(휴관 월·화·공휴일) 요금 150B 가는 방법 타논 프라야깟 & 타논 쏘라싹이 만나는 삼거리에 정문이 있다. 기차역에서 도보 5분.

왓 프라 씨 라따나 마하탓 ★★★
Wat Phra Si Ratana Mahathat

롭부리에서 가장 오래된 사원이다. 정확한 건축 연대는 밝혀지지 않았지만 14세기에 건설된 것으로 여겨진다. 그 후 나라이 대왕을 거치며 증축됐다. 사원에 들어서면 가장 먼저 보이는 건물은 쌀라 쁘르앙 크르앙 Sala Plruang Khreuang이다. 나라이 대왕이 종교 행사에 참여하기 전에 옷을 갈아입던 장소다.

쌀라 쁘르앙 크르앙을 지나면 대법전에 해당하는 루앙 Vihan Luang이 나온다. 왕실 사원 개념으로 나라이 대왕 때 건설됐다. 롭부리에서 가장 큰 사원인데 상당부분 파손됐다. 고딕 양식 창문에 태국 양식 출입문이 혼재돼 독특하다. 대법전 옆으로는 롭부리에

서 가장 큰 규모를 자랑하는 쁘랑이 온전한 모습으로 남아 있다. 전형적인 크메르 양식으로 라테라이트를 사용해 만들었다. 쁘랑에는 상인방과 스투코를 사용해 조각으로 치장한 흔적이 남아 있다.

Map P.193-B2 주소 Thanon Na Phra Kan 운영 08:00~16:30 요금 50B 가는 방법 기차역 바로 앞의 타논 나프라깐에 있다.

프라 쁘랑 쌈욧 ★★★
Phra Prang Sam Yot

세 개의 쁘랑이 인상적인 사원으로 롭부리를 상징하는 건축물이다. 크메르 제국의 영토였던 12~13세기에 건설한 힌두교 사원으로 힌두 사상에 따라 우주의 중심을 상징한다. 라테라이트와 사암을 건축 재료로 사용했다.

중앙 쁘랑이 21.5m로 가장 크고, 보존 상태는 남쪽 쁘랑이 가장 좋다. 세 개의 쁘랑은 힌두교의 3대 신인 브라만(창조의 신), 비슈누(유지의 신), 시바(파괴와 재창조의 신)를 상징한다. 나라이 대왕 때 불교 사원으로 전환되어 현재에 이르고 있다. 혹자는 크메르 제국 최초로 불교를 받아들인 자야바르만 7세(재위 1181~1217) 때 건설되어 처음부터 불교 사원이었다는 주장도 제기한다.

왓 프라 쁘랑 쌈욧 주변에서는 원숭이를 주의해야 한다. 주변을 어슬렁거리며 먹을 것을 낚아채가는 폭도로 변하기 때문이다. 특히 바나나를 들고 다니며 사원을 관람하는 일은 삼가자. 매년 11월 마지막 주 일요일에는 원숭이들을 위한 연회가 베풀어진다. 이날은 사원을 방문할 때 원숭이들을 위해 먹을 것을 챙겨가

반 위차옌

도록 하자.
Map P.193-B1 주소 15 Thanon Phra Prang Sam Yot
운영 08:30~18:00 요금 50B 가는 방법 기차역을 등
지고 타논 나프라깐을 따라 왼쪽으로 도보 8분. 원형
로터리를 지나면 왼쪽 코너에 있다.

반 위차옌 ★★★
Ban Wichayen

나라이 대왕 때 건설한 유럽풍의 건물로 외
국 대사들을 위해 세웠다. 싸얌(태국)에 부임
한 최초의 프랑스 대사가 생을 마감한 1685년

까지 살았다고 한다. 프랑스 대사 이후 그리
스 출신의 프랑스 모험가 콘스탄틴 파울콘
Constantine Phaulkon(1647~1688)이 생활
했다. 파울콘은 태국에서 가장 성공한 정치가
로 나라이 대왕의 신임을 얻어 태국 왕실에서
총리를 지냈다. 하지만 프랑스 군대를 이용해
국가를 전복하려 했다는 반역죄로 1688년 5
월 6일 교수형에 처해졌다.

반 위차옌은 위차옌의 집을 뜻한다. 위차옌
은 파울콘이 사용한 태국 이름이다.

반 위차옌은 당시 유행하던 유럽 양식을 취
했고 천주교 성당까지 건설했다. 하지만 건물
이 상당부분 파손되어 있다. 반 위차옌 입구
에서 나라이 궁전까지 직선으로 뻗은 도로는
타논 파랑쎄(프랑스 거리) Rue de France라
고 명명되어 있다.

Map P.193-A1 주소 Thanon Wichayen 운영 08:30~
16:30 요금 50B 가는 방법 프라 쁘랑 쌈욧을 바라보고
왼쪽으로 타논 위차옌을 따라 도보 5분.

알고 가면 좋아요

나라이 대왕 vs 루이 14세

프랑스의 절대군주로 유명한 루이 14세와 나라이 대왕
이 직접 대면한 적은 없지만, 두 나라는 사신을 통해 유
대관계를 강화했다. 루이 14세가 싸얌에 관심을 보인
것은 궁극적으로 싸얌을 프랑스 식민지로 만들려는 야
욕이었다고 한다. 프랑스 대사를 파견해 아유타야에 머
물게 했을 뿐만 아니라 왕실을 천주교로 개종하기 위
한 노력을 아끼지 않았다. 천주교 개종을 위해 가장 앞
장선 인물은 콘스탄틴 파울콘이다. 영국의 동인도 회사
를 통해 1678년 아유타야에 도착한 파울콘은 나라이 대
왕의 통역을 담당했다. 파울콘은 태국어뿐만 아니라 프
랑스어, 영어, 포르투갈어, 말레이어에 능통했다. 국왕
의 신임을 얻은 파울콘은 태국 왕실의 중요한 인물로
국무총리 자리에까지 올랐다.
파울콘은 태국 국왕을 천주교로 개종하는 데 실패했지
만, 국왕의 권유로 왕세자(나라이 대왕은 친아들이 없어
서 양자가 왕세자의 자리에 올랐다)가 천주교로 개종하
는 성과를 거둔다. 내정까지 간섭하던 파울콘은 태국의
군부와 지배계층, 승려들에게 커다란 위협이 되었다. 외
교 사절을 수행해 아유타야를 방문한 프랑스 군대가 주

둔하고 있었기 때문에, 프랑스가 아유타야를 점령할 거
라는 소문이 나돌기도 했다. 실제로 프랑스 군대는 국왕
으로부터 방콕 주둔을 허락하는 협정에 조인하도록 압
력을 가했다. 프랑스 군대의 방콕 양해 각서 체결은 싸
얌을 통해 이루어지는 해상무역을 장악하기 위한 수단
이었다.
이런 외부적인 위협에도 불구하고 나라이 대왕이 통치
하는 동안 파울콘의 힘에 대항한 태국인들은 없었다.
하지만 나라이 대왕이 지병으로 사망하자 상황은 급변
했다. 왕실 친위대와 군부가 나서서 파울콘을 반역죄로
처형하기에 이른다. 이는 일종의 군사 쿠데타의 일환으
로 천주교로 개종한 왕세자를 포함해 나라이 대왕의 형
제, 공주까지 모두 처형당했다. 이 사건을 계기로 나라
이 대왕의 혈통을 통한 국왕 승계는 맥이 끊어졌다. 군
사 쿠데타로 정권을 장악한 펫라차 왕 King Phetracha
(재위 1688~1703)이 집권하면서 태국은 다시 전통을
강조하는 사회로 복귀했다. 이를 계기로 프랑스와의 외
교 단절은 물론 유럽과의 해상 교역도 현저하게 감소했
다.

Restaurant 롭부리의 레스토랑

대단한 레스토랑은 드물지만 시내 곳곳에 식당들이 많다. 아침시장(딸랏 쏫)과 기차역 주변의 야시장이 저렴하다. 외국 여행자들은 눔 게스트하우스에서 운영하는 레스토랑을 선호한다.

카우똠 허 ข้าวต้มฮ้อ ★★★
Hoe Restaurant

화교가 운영하는 전형적인 태국-중국 음식점이다. 다양한 볶음 요리를 포함해 태국식 샐러드인 얌과 똠얌꿍 같은 다양한 태국 음식을 요리한다.

Map P.193-B1 주소 17~18 Thanon Na Phra Kan 영업 17:00~02:00 메뉴 태국어 예산 70~240B 가는 방법 기차역을 등지고 오른쪽의 타논 나프라깐을 따라 도보 4분.

팟타이부리 ผัดไทยบุรี ★★★
Pad Thai Buri Ka Prao Hom

폐허가 된 사원 뒤쪽의 조용한 골목에 있다. 카페 분위기의 에어컨 시설로 쾌적하다. 팟타이와 바질 볶음 덮밥을 메인으로 요리한다.

Map P.193-B2 주소 51/3 Thanon Kanchanakhom 영업 09:00~17:00 메뉴 태국어 예산 90~200B 가는 방법 왓 프라 씨 라따나 마하탓 뒤쪽의 타논 깐짜나콤에 있다.

Accommodation 롭부리의 숙소

여행자의 발길이 적어 호텔도 많지 않은 편이다. 오래된 호텔들이 대부분인데 요금은 저렴하지만 시설이 낡아 쾌적함을 기대하기는 힘들다.

눔 게스트하우스 ★★★
Noom Guest House

목조건물을 개조한 저렴한 객실과 뒷마당에 만든 깔끔한 방갈로로 구분된다. 외국 여행자들에게 인기 있는 숙소로 레스토랑을 함께 운영한다.

Map P.193-B2 주소 15~17 Thanon Phraya Kamjat 전화 0-3642-7693 요금 더블 360B(선풍기, 공동욕실), 더블 590B (에어컨, 개인욕실, TV) 가는 방법 랏차누쏜 공원 옆 타논 프라야깜짯 사거리 코너에 있다.

롭부리 시티 호텔 ★★★
Lopburi City Hotel

기차역 주변에 있는 오래된 호텔 중 한 곳이다. 외부에서 보는 것과 달리 객실 상태는 무난하다. 에어컨 시설로 TV, 냉장고를 갖추고 있다.

Map P.193-B1 주소 15 Thanon Wichayen 전화 09-6068-4661 요금 더블 450~600B(에어컨, 개인욕실, TV, 냉장고) 가는 방법 기차역에서 북쪽으로 450m.

리틀 롭부리 빌리지 ★★★
The Little Lopburi Village

잔디 정원과 티크 나무로 만든 방갈로가 어우러진 홈스테이 형태의 게스트하우스. 저렴한 선풍기 방은 매트리스가 바닥에 놓여 있고, 화장실도 바깥에 있다. 패밀리 방갈로는 냉방 시설과 냉장고를 갖추고 있다.

Map P.193-A2 주소 58/2 Moo 2 Thambon Phokaoton 전화 0-3661-7735, 08-5484-2691 홈페이지 www.homestayinthai.com 요금 더블 500B(선풍기, 공동욕실), 패밀리 방갈로 1,300B(에어컨, 개인욕실, TV, 냉장고) 가는 방법 기차역에서 2km 떨어져 있다.

Kanchanaburi

깐짜나부리 กาญจนบุรี

영화 〈콰이 강의 다리〉 때문에 유명해진 곳이다. 제2차 세계대전의 슬픈 역사를 간직한 도시지만 현재는 방콕 인근의 조용한 휴식처로 사랑받는다. 방콕에서 서쪽으로 130㎞, 차로 두 시간이면 갈 수 있는 가까운 거리지만 미얀마와 국경을 접하고 있다.

깐짜나부리는 태국에서 세 번째로 큰 행정구역이다. 드넓은 대지와 험준한 산맥, 미지의 정글과 폭포가 가득한 미개발 지역으로 무려 5개나 되는 국립공원을 갖고 있을 정도로 수려한 자연경관을 뽐낸다. 많은 여행자들이 방콕에서 당일치기 투어로 콰이 강의 다리만 구경하고 돌아가지만, 깐짜나부리의 진정한 매력을 느끼고 싶다면 최소한 이틀은 머물자. 그래야 도시를 벗어난 자연과 역사의 현장 속으로 체험 여행을 떠날 수 있기 때문이다. 더불어 강변의 한적한 수상 가옥은 도시 생활에 지친 사람에게 더없이 좋은 휴식처 역할을 해줄 것이다.

INFORMATION 여행에 필요한 정보

태국 관광청 TAT

깐짜나부리에 관한 무료 지도와 기차·버스 시간표를 제공한다. 볼거리와 호텔에 관한 정보도 상세하다. 버스 터미널 앞에 있어 시내로 들어가기 전에 들르면 된다. Map P.204-B2 주소 Thanon Saengchuto 전화 0-3451-1200 운영 08:30~16:30

은행·환전

메인 도로인 타논 쌩추또 Thanon Saengchuto에 주요 은행이 모여 있다. 특히 버스 터미널 주변에 은행들이 많다.

ACCESS 깐짜나부리 가는 방법

방콕 남부 터미널(콘쏭 싸이 따이)에서 버스를 타고 가는 방법이 가장 보편적이다. 방콕과 가까워 버스가 수시로 운행한다. 기차를 탈 경우 톤부리 역 Thonburi Station을 이용해야 한다.

기차

방콕의 톤부리 역(싸타니 롯파이 톤부리)에서 출발한 기차가 나콘 빠톰 Nakhon Pathom을 거쳐 깐짜나부리까지 간다. 하루 두 차례 운행되며, **외국인은 구간에 관계없이 한 번 탑승할 때 100B을 내야 한다.** 깐짜나부리 기차역(싸타니 롯파이 깐짜나부리)은 연합군 묘지와 가까운 타논 쌩추또에 있다. 여행자 숙소가 밀집한 타논 매남쾌 Thanon Maenam Khwae까지는 걸어서 15~20분 정도 걸린다. 깐짜나부리 역에서는 방콕 노선 이외에 죽음의 철도를 따라 남똑 Nam Tok까지 기차가 하루 3편 운행된다.

기차 시간 및 요금

1. 방콕(톤부리 역) → 깐짜나부리 → 남똑

기차역	No. 485	No. 257	No. 259
톤부리 Thonburi	–	07:45	13:55
나콘 빠톰 Nakhon Pathom	–	08:58	15:03
깐짜나부리 Kanchanaburi	06:02	10:30	16:21
콰이 강의 다리 River Kwai Bridge	06:07	10:35	16:26
타끼렌 Tha Kilen	07:08	11:22	17:27
탐 끄라쌔 Tham Krasae	07:28	11:40	17:48
왕퍼 Wang Pho	07:32	11:44	17:52
남똑 Nam Tok	08:00	12:05	18:15

2. 남똑 → 깐짜나부리 → 방콕(톤부리 역)

기차역	No. 260	No. 258	No. 486
남똑 Nam Tok	05:20	13:00	15:30
왕퍼 Wang Pho	05:43	13:22	15:56
탐 끄라쌔 Tham Krasae	05:47	13:28	16:00
타끼렌 Tha Kilen	05:47	13:45	16:21
콰이 강의 다리 River Kwai Bridge	06:59	14:35	17:22
깐짜나부리 Kanchanaburi	07:05	14:43	17:28
나콘 빠톰 Nakhon Pathom	08:24	16:24	–
톤부리 Thonburi	09:35	17:40	–

※기차 시간이 자주 변동되므로 출발하기 전에 미리 확인할 것(전화 0-3451-1285, 0-3456-1052).

버스

깐짜나부리 버스 터미널

방콕으로 갈 때는 기차보다 버스가 편하다. 속도도 빠르고 운행 편수도 월등히 많다. 대부분의 버스는 방콕 남부 터미널(콘쏭 싸이따이)로 향하지만, 일부 버스는 북부 터미널(콘쏭 머칫)까지 운행된다. 깐짜나부리 주변 지역(싸이욕 노이 폭포, 헬 파이어 패스, 에라완 폭포)을 오가는 버스는 선풍기가 설치된 완행버스들이 대부분이다.

방콕 → 깐짜나부리

방콕의 북부 터미널(콘쏭 머칫)과 남부 터미널(콘쏭 싸이 따이)에서 버스가 운행된다. 운행 편수가 월등히 많은 남부 터미널을 이용하는 게 편리하다. 에어컨 버스는 방콕 남부 버스 터미널에서 05:00~22:00까지 30분 간격으로 출발하며, 편도 요금은 110B이다. 깐짜나부리까지 2~3시간 정도 예상하면 된다.

현지인들이 즐겨 이용하는 미니밴(롯뚜)을 타도 된다. 이동 속도는 빠르지만, 타고 내리는 곳이 분산되어 지리에 익숙하지 않은 외국인에게 다소 불편하다. 미니밴은 남부 버스 터미널(싸이따이)→깐짜나부리, 북부 버스 터미널(콘쏭 머칫)→깐짜나부리 2개 노선이 운행된다. 06:00~19:00까지 출발하며, 편도 요금은 130B이다.

방콕 카오산 로드 → 깐짜나부리

터미널을 거치지 않고 카오산 로드에서 깐짜나부리로 직행하는 것도 가능하다. 여행사에서 승객을 모아 운영하는 미니밴으로 예약한 곳(여행사 또는 숙소) 앞에서 픽업해준다. 07:00에 출발하며 편도 요금은 250B이다. 깐짜나부리 버스 터미널이 아니라 콰이 강의 다리 앞에 내려준다(여행사마다 차이가 있으므로 예약할 때 문의할 것).

깐짜나부리 → 방콕

깐짜나부리 터미널에서 방콕으로 가는 모든 버스와 미니밴이 출발한다. 미니밴은 종점이 회사마다 다르기 때문에 목적지를 확인하고 타야 한다. 깐짜나부리의 게스트하우스에서 미니밴 예약을 대행해 준다. 예약 수수료를 내야 하지만 게스트하우스에서 픽업해주기 때문에, 개별적으로 터미널을 가는 것과 별 차이가 없다.

깐짜나부리 → 아유타야

두 도시를 직행하는 버스는 없다. 깐짜나부리에서 쑤판부리 Suphanburi까지 간 다음 버스를 갈아타면 된다. 자세한 정보는 아유타야 가는 방법 P.178 참고. 두 도시를 직행하는 여행사 미니밴은 편도 요금 400B이다.

깐짜나부리 → 파타야 → 라용 Rayong

깐짜나부리 버스 터미널에서 라용까지 가는 에어컨 버스도 운행된다. 방콕에 정차하지 않고 파타야를 경유한다. 하루 1회(09:30) 출발한다. 파타야까지 편도 요금은 310B, 라용까지 편도 요금은 310B이다.

깐짜나부리 → 후아힌

버스가 아니라 미니밴이 운행된다. 방콕을 거치지 않고 후아힌으로 직행한다. 후아힌 시내 중심가에 있는 시계탑에서 내리면 된다.

깐짜나부리에서 출발하는 버스

도착지	운행 시간	요금	소요시간
방콕(남부 터미널)	04:00~20:00(20분 간격)	110~130B	2시간 30분
방콕(북부 터미널)	12:00, 13:00	142B	3~4시간
후아힌	06:15~18:15(1시간 간격)	250B(미니밴)	4시간
치앙마이	06:40, VIP 19:00	625B(VIP 972B)	12시간
쌍크라부리(쌍카부리)	07:00~17:00(40분 간격)	150~180B	미니밴 4시간, 일반 버스 6시간
쑤판부리	05:00~16:00(1시간 간격)	75B	2시간 30분

TRANSPORTATION 시내 교통

깐짜나부리는 걸어 다닐 만한 정도로 작은 도시는 아니다. 시내 교통은 쌈러와 썽태우가 일반적이다. 자전거를 사람이 직접 모는 릭샤 형태의 쌈러는 속도가 느려서 단거리 이동에 적합하다. 버스 터미널에서 여행자 거리인 타논 매남쾌 Thanon Mae Nam Khwae까지는 30~50B 정도로 흥정하면 된다. 썽태우는 메인 도로인 타논 쌩추또를 따라 일정한 방향으로 이동한다. 보통 버스 터미널, 연합군 묘지, 기차역을 지난다. 손을 들어 세운 다음 방향이 같으면 탑승하자. 요금은 시내 구간의 경우 한 번 탑승하는 데 10B이다. 깐짜나부리는 볼거리가 흩어져 있어서 썽태우보다는 자전거를 이용하는 게 좋다. 게스트하우스와 타논 매남쾌 주변에 자전거 대여소가 흔하다. 자전거는 하루 40B에 대여가 가능하다. 장거리 구간을 갈 때는 오토바이가 편리한데, 하루 대여료는 200B이다.

Best Course
Kanchanaburi 깐짜나부리의 추천 코스

깐짜나부리 시내와 외곽에 볼거리들이 산재해 있어 하루로는 부족하다. 여러 곳을 다 보고 싶다면 여행사 투어를 이용하는 게 편리하다. 도착한 날은 오후에 자전거를 빌려 깐짜나부리 시내 볼거리들에 다녀오고, 다음날은 대중교통이나 투어를 이용해 주변 여행지를 다녀오면 된다. 대중교통을 이용할 경우 깐짜나부리로 돌아오는 마지막 버스를 놓치지 않도록 유의해야 한다.

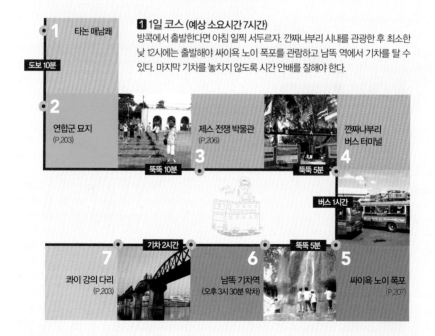

1 1일 코스 (예상 소요시간 7시간)
방콕에서 출발한다면 아침 일찍 서두르자. 깐짜나부리 시내를 관광한 후 최소한 낮 12시에는 출발해야 싸이욕 노이 폭포를 관람하고 남똑 역에서 기차를 탈 수 있다. 마지막 기차를 놓치지 않도록 시간 안배를 잘해야 한다.

1 타논 매남쾌

도보 10분

2 연합군 묘지 (P.203)

뚝뚝 10분

3 제스 전쟁 박물관 (P.206)

뚝뚝 5분

4 깐짜나부리 버스 터미널

버스 1시간

5 싸이욕 노이 폭포 (P.207)

뚝뚝 5분

6 남똑 기차역 (오후 3시 30분 막차)

기차 2시간

7 콰이 강의 다리 (P.203)

Best Course
Kanchanaburi 깐짜나부리의 추천 코스

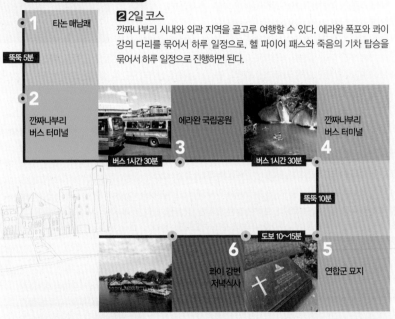

첫째 날 (예상 소요시간 8시간)

2 **2일 코스**
깐짜나부리 시내와 외곽 지역을 골고루 여행할 수 있다. 에라완 폭포와 콰이 강의 다리를 묶어서 하루 일정으로, 헬 파이어 패스와 죽음의 기차 탑승을 묶어서 하루 일정으로 진행하면 된다.

1 타논 매남쾌

뚝뚝 5분

2 깐짜나부리 버스 터미널

버스 1시간 30분

3 에라완 국립공원

버스 1시간 30분

4 깐짜나부리 버스 터미널

뚝뚝 10분

5 연합군 묘지

도보 10~15분

6 콰이 강변 저녁식사

둘째 날 (예상 소요시간 7시간)

1 타논 매남쾌

뚝뚝 5분

2 깐짜나부리 버스 터미널

버스 1시간 30분

3 헬파이어 패스 (P.203)

버스 30분

4 싸이옥 노이 폭포 (P.207)

뚝뚝 5분

5 남똑 기차역 (오후 3시 30분 출발)

기차 2시간

6 콰이 강의 다리 (P.203)

연합군 묘지와 전쟁 박물관 등 제2차 세계대전과 관련된 역사를 알 수 있는 관광지가 여러 곳 있다. 자전거나 오토바이를 빌린다면 주변의 동굴 사원을 방문할 수 있다.

콰이 강의 다리 ★★★★
Bridge Over The River Kwai

영화 〈콰이 강의 다리 Bridge Over The River Kwai〉로 더욱 유명한 죽음의 철도의 한 구간이다. 깐짜나부리의 상징처럼 여겨지는 철교로 기차가 다니지 않는 시간에는 걸어서 다리를 오갈 수 있다.

다리는 쾌 야이 강 Mae Nam Khwae Yai 위에 만든 철교로 제2차 세계대전이 한창이던 1943년 2월에 완공됐다. 최초에는 나무를 이용해 다리를 만들었다가 3개월 후 인도네시아 자바에 있던 철교를 옮겨와 건설했다. 도르래와 기중기를 이용하는 원시적인 방법으로 전쟁포로들을 동원해 완공했다고 한다.

일본군 군수물자를 운반하기 위해 만든 이 다리는 1944년 2월과 3월에 연합군의 폭격으로 파괴됐으나, 곧바로 복원됐다. 같은 해 6월 연합군 추가 공습으로 다시 철교가 완파되면서 전쟁은 끝나게 된다. 현재 철교는 종전 이후에 복구한 것이며 철교를 이루는 아치는 최초 건설 당시의 원형 그대로라고 한다.

콰이 강의 다리를 만끽하는 가장 좋은 방법은 직접 기차를 타고 죽음의 철도(P. 207 참고)를 달리는 것이다. 깐짜나부리 역에서 남똑 역까지 하루 세 차례 완행열차가 왕복, 매년 11월 첫째 주가 되면 깐짜나부리 축제 기간으로 당시 모습을 재연하는 빛과 소리 쇼가 화려하게 펼쳐진다.

현지어 싸판 매남쾌 Map P.204-A1 주소 Thanon Mae Nam Khwae 운영 24시간 요금 무료 가는 방법 콰이 강의 다리 기차역 바로 앞에 있으며, 타논 매남쾌에서 자전거로 10분.

연합군 묘지 ★★★
Kanchanaburi War Cemetery

일명 죽음의 철도로 불리는 태국-버마 철도 Thailand-Burma Railway를 건설하다가 죽어간 6,982명의 시신을 안치한 묘지다. 잘 가꾸어진 잔디 정원에 일렬로 정렬된 비석에는 '자신의 나라를 위해 목숨을 바친' 이들의 이름이 하나씩 새겨져 있다. 당시 죽음의 철도를 건설하다 사망한 전체 인원은 10만 명이 넘는데, 그중 전쟁 포로가 1만 2399명(전체 전쟁 포로의 약 20%)이라고 한다.

현지어 쑤싼 쏭크람 던락 Map P.204-B1 주소 Thanon Saengchuto 운영 08:00~18:00 요금 무료 가는 방법 여행자 거리인 타논 매남쾌와 깐짜나부리 기차역에서 도보 10분.

콰이 강의 다리

깐짜나부리 전경

연합군 묘지

콰이 강의 다리

View
1. 콰이 강의 다리 A1
2. 전쟁 박물관 War Museum A1
3. 죽음의 철도 박물관 Death Railway Museum B1
4. 연합군 묘지 Kanchanaburi War Cemetery B1
5. 왓 테와쌍카람 Wat Thewa Sangkharam B2
6. 청까이 연합군 묘지 A2
   Chung Kai Allied War Cermetery
7. 왓 탐 카오뿐 Wat Tham Khao Pun A2
8. 제스 전쟁 박물관 JEATH War Museum A2
9. 왓 짜이춤폰 Wat Chaichumphon A3
10. 왓 탐 망꼰 텅 Wat Tham Mangkon Thong A3

Restaurant
1. 플로팅 레스토랑 Floating Restaurant A1
2. 키리타라 레스토랑 Keeree Tara Restaurant A1
3. 더 리조트 The Resort A1
4. 싸바이찟(딤섬) Sabaijit B2
5. 패 나므앙 Phae Na Mueang A2
6. 타라부리 Taraburee A2
7. 똥깐(땅깐) 카페 Tongkan Cafe A1
8. 반 씻티쌍 Baan Sitthisang A2

Shopping
1. 재래시장 Local Market B2
2. 까나깐 몰 Kanakan Mall B2
3. 로터스 Lotus's B3

Hotel
1. 리버 콰이 호텔 River Kwai Hotel B2
2. 리버 인 River Inn B2
3. 베스트 리버사이드 게스트하우스 A2
4. 니따 리버하우스 Nita River House A2
5. Monaz River Kwai A1
6. River Kwai Bridge Resort A1
7. Kanchanaburi City Hotel A1
8. 유 인짠트리 U Inchantree A1

깐짜나부리 여행자 거리

Restaurant
1 Tongkan Cafe
2 임짱 무카따(돼지고기 뷔페) Im-Jung
3 온 타이 이싼 On's Thai Issan
4 림남 쏫짜이 Rim Nam Sud Jai

애플 리트리트 Apple's Retreat

Gravité Coffee

세븐 일레븐

쑤짜이 다리 Saphan Sutchai

Jim Guest House

Wee Hostel

Lotus's go fresh (편의점)

스마일리 프로그 Smiley Frog

Thai Guest House

My Home Guest House

Thanon Mae Nam Khwae

Thanon Saengchuto

Soi Laos
Soi Singapore
Soi Afghanistan
Soi America
Soi England
Soi Bangladesh
Soi Pakistan
Soi Brunei
Soi China
Thanon Donrak 타논 단락

깐짜나부리 기차역 Kanchanaburi Station
기차역 야시장

쌥쌥 Zap Zap

죽음의 철도 박물관 Death Railway Museum

운동장 Stadium

입구

Sky Resort

VN Guest House

Tara Raft

River Guest House

연합군 묘지 Kanchanaburi War Cemetery

Thanon Rong Hip O

버스 터미널 방면

콰이 강의 다리 방면

N

0   100   200m

Hotel
1 굿 타임스 리조트 Good Times Resort
2 브릿지 서비스 리지던스 The Bridge
3 로열 나인 리조트 Royal Nine
4 타라 베드 & 브랙퍼스트 Tara
5 블루 스타 게스트하우스 Bluse Star
6 샘스 하우스 Sam's House
7 퐁펜 게스트하우스 Pong Phen
8 플로이 리조트 Ploy Resort
9 Natee The Riverfront Hotel
10 슈가 케인 게스트하우스 Sugarcane
11 타마린드 게스트하우스 Tamarind
12 Owl Poshtel
13 Raintree Boutique
14 그린 뷰 게스트하우스 Green View

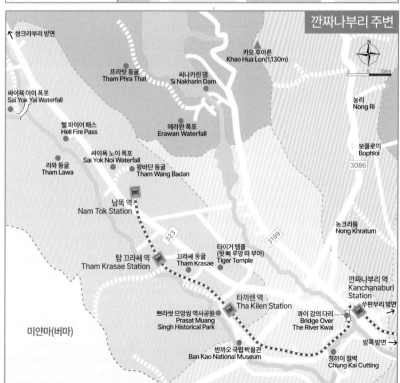

깐짜나부리 주변

쌍크라부리 방면

카오 후아론 Khao Hua Lon(1,130m)

프라탓 동굴 Tham Phra That

씨나카린 댐 Si Nakharin Dam

싸이욕 야이 폭포 Sai Yok Yai Waterfall

헬 파이어 패스 Hell Fire Pass

에라완 폭포 Erawan Waterfall

농리 Nong Ri

보플로이 Bophloi

3086

싸이욕 노이 폭포 Sai Yok Noi Waterfall

라와 동굴 Tham Lawa

왕바단 동굴 Tham Wang Badan

남똑 역 Nam Tok Station

323

탐 끄라쌔 역 Tham Krasae Station

끄라쌔 동굴 Tham Krasae

타이거 템플 (왓 빡 루앙 따 부아) Tiger Temple

3199

농크라뚬 Nong Khratum

깐짜나부리 역 Kanchanaburi Station

쑤판부리 방면

타끼렌 역 Tha Kilen Station

쁘라쌋 므앙씽 역사공원 Prasat Muang Singh Historical Park

반까오 국립 박물관 Ban Kao National Museum

콰이 강의 다리 Bridge Over The River Kwai

방콕 방면

청까이 절벽 Chung Kai Cutting

미얀마(버마)

N

0   5   10km

태국-버마 철도 센터　제스 전쟁 박물관

죽음의 철도 박물관 ★★
Death Railway Museum

　제2차 세계대전의 기억과 관련된 깐짜나부리를 여행하기 전에 먼저 들르면 좋은 곳이다. 수많은 관광객들이 찾는 연합군 묘지 옆에 만든 박물관으로 태국과 버마(미얀마)를 연결하던 죽음의 철도에 관한 다양한 정보를 제공한다. 모두 9개의 전시실로 구분해, 다양한 조형물과 일러스트레이션을 포함해 철도를 건설하다가 죽어간 전쟁 포로들에 대한 다양한 기록을 전시한다.
현지어 피피타판 탕롯파이 타이-파마 Map P.204-B1 주소 73 Thanon Chaokanen 전화 0-3451-0067 홈페이지 www.tbronline.com 운영 09:00~17:00 요금 160B(어린이 80B) 가는 방법 타논 쌩추또의 연합군 묘지 옆에 있다. 여행자 거리 타논 매남쾌에서 도보 10분.

제스 전쟁 박물관 ★★★
JEATH War Museum

　매끄롱 Mae Klong 강변에 만든 전쟁 박물관. 제2차 세계대전 당시 전쟁 포로들을 수용하던 대나무 오두막을 재현해 놓았다. 시설과 설비 면에서 현대적인 박물관과 비교할 수 없을 정도로 허름하지만 전시물들이 당시 상황을 잘 설명해 준다. 전쟁 포로들의 실상이 담긴 다양한 흑백사진과 신문, 보도 자료들로 가득하다.
　제스 JEATH는 제2차 세계대전 당시 깐짜나부리 지역 전투에 참전했던 일본 Japan, 영국 England, 호주 Australia, 미국 America, 태국 Thailand, 네덜란드 Holland의 이니셜을 따서 붙인 이름이다. 태국식 명칭은 '피피타판 쏭크람 왓 따이'로 불린다. 그 이유는 박

깐짜나부리 스카이워크

물관 바로 옆에 있는 사원의 이름이 왓 따이 Wat Tai(왓 차이춤폰 Wat Chaichumphon)이기 때문이다. 제스 전쟁 박물관은 깐짜나부리를 방문하는 투어 상품에 포함되어 외국 관광객의 발길이 잦다.
현지어 피피타판 쏭크람 왓 따이 Map P.204-A2 주소 Thanon Visuttharangsi 운영 08:30~16:30 요금 50B 가는 방법 타논 쌩추또에 있는 태국 관광청 맞은편의 타논 위 쏫타랑씨 Thanon Visuttharangsi 골목 끝에 있다. 강변과 접한 타논 빡프랙 Thanon Pak Phraek과 만나는 삼거리의 왓 짜이춤폰 Wat Chaichumphon 옆이다.

스카이워크 สกายวอล์คเมืองกาญจนบุรี
Skywalk ★★★

　콰이 강을 연해 만든 높이 12m, 길이 150m의 전망대로 2022년 9월에 오픈했다. 전구간이 투명 유리로 되어 있으며, 덧신을 신고 걸어 다녀야 한다. 주변에 높은 건물이 없어서 강과 산에 둘러싸인 주변 풍경을 감상하기 좋다. 엘리베이터를 타고 4층까지 올라간다. 가방은 개인 사물함에 보관하면 된다.
Map P.204-A2 주소 Thanon Song Khwae(Songkwai Road) 운영 월~금 09:00~18:00, 토~일 08:00~19:00 요금 60B 가는 방법 버스 터미널에서 남쪽으로 1km 떨어진 강변에 있다.

깐짜나부리의 주변 볼거리

콰이 강의 다리에서 이어지는 죽음의 철도와 국립공원으로 지정된 에라완 폭포 등 수려한 자연경관을 배경으로 다양한 볼거리가 산재해 있다. 시간적인 여유가 없다면 여행사 투어를 이용하는 것이 편하고 일정이 여유롭다면 대중교통을 이용하자. 단, 돌아오는 막차를 놓치지 않도록 유념하자.

싸이욕 노이 폭포 ★★
Sai Yok Noi Waterfall

깐짜나부리 인근에서 현지인들은 물론 외국 관광객들이 가장 많이 찾는 폭포로 시내에서 60㎞ 떨어져 있다. 제법 큰 규모의 폭포수가 시원하게 떨어진다. 주변에 식당이 많아 나들이 오는 사람들도 많다.

깐짜나부리 터미널에서 출발하는 쌍크라부리(쌍카부리) Sangkhlaburi행 버스가 폭포 앞을 지난다. 남똑 기차역과 2㎞ 거리로 시간

만 잘 맞추면 폭포를 보고 바로 기차를 타고 깐짜나부리로 돌아올 수도 있다. 폭포에서 남똑 역까지는 썽태우를 타거나 철길을 따라 걸어가면 된다.

현지어 남똑 싸이욕 노이
Map P.205
위치 323번 국도 요금 무료
가는 방법 깐짜나부리 버스 터미

싸이욕 노이 폭포

travel plus

박진감 넘치는 죽음의 열차를 타보세요

ส.พานแควใหญ่
RIVER KWAI BRIDGE

제2차 세계대전과 관련해 동남아시아에서 가장 유명한 곳이자 깐짜나부리 최대의 볼거리입니다.

죽음의 철도 Death Railway는 일본군이 전쟁 물자를 운반하기 위해 건설한 철도로, 태국 서부의 농쁠라둑에서 출발해 미얀마 탄뷰자얏까지 총 길이가 415㎞(태국 구간 303㎞, 미얀마 구간 112㎞)에 달합니다.

일본이 버마(미얀마)까지 철도를 연결한 가장 큰 이유는 다름 아닌 인도를 점령하기 위함입니다. 버마를 먼저 공격해 거점을 확보한 일본은 지속적인 무기와 물자 보급이 절실했는데요, 말라카 해협이 연합군에 봉쇄된 탓에 해상을 통한 보급로 확보에 애로사항이 많았다고 합니다. 이를 만회하기 위해 계획한 것이 바로 철도 건설이라고 하는군요.

정글과 산길이 많기 때문에 완공하려면 최소 5년이 걸릴 거라는 측량 결과와 달리, 건설 총책인 일본군 장군은 12개월 안에 완공하라는 지시를 하달합니다. 이로써 연합군 포로를 포함해 강제 동원된 노동자들까지 노예 취급을 받으며 밤낮으로 일해야 했고, 철도는 15개월 만에 완공됐습니다. 하지만 참혹하게도 그 결과로 10만 명이나 사망했다고 합니다. 주된 사인은 열악한 작업 환경과 과다한 노동, 영양 실조, 말라리아, 열대병이라고 하는군요. 죽음의 철도 탑승은 제2차 세계대전의 현장을 몸소 체험한다는 데 있어 의미가 큽니다. 전 구간 탑승은 불가능하고 태국 내에서만 기차를 타 볼 수 있답니다. 기차는 농쁠라둑에서 출발해 콰이 강의 다리를 지나 남똑까지 130㎞ 운행됩니다. 가장 박진감 넘치는 구간은 탐 끄라쌔 Tham Krasae 역 바로 앞의 절벽인데요, 바위에 부딪힐 듯한 위험천만한 계곡에 철교가 만들어져 있습니다.

현지어 탕 롯파이 싸이 모라나 구간 농쁠라둑 Nong Pladuk→깐짜나부리 Kanchanaburi→콰이 강의 다리 Bridge Over The River Kwai→남똑 Nam Tok→쩨디 쌈옹 Three Pagoda Pass(이상 태국)→탄뷰자얏 Thanbyuzayat(미얀마) 착공 1942년 9월 완공 1943년 12월 투입 인원 약 27만 명(전쟁 포로 6만 명 포함) 사망 인원 약 10만 명(전쟁 포로 사망자 1만 2,399명 포함)

널에서 쌍크라부리행 8203번 버스를 타면 된다. 오전 6시부터 오후 6시 30분까지 30분 간격으로 출발하며 편도 요금은 40B이다. 돌아오는 마지막 버스는 오후 4시 30분에 있다.

헬 파이어 패스 ★★★
Hell Fire Pass

죽음의 철도 공사 구간 중 최대의 난코스였던 꼰유 절벽 Konyu Cutting을 일컫는다. 야간에도 공사하기 위해 불을 밝힌 모습이 '지옥불 Hell Fire' 같다 하여 붙여진 이름이다.

깐짜나부리에서 80㎞ 떨어진 험준한 지형에 철도를 내기 위해서는 산을 깎아야 했다. 전쟁 포로들을 투입해 하루 16~18시간씩 노동력을 착취한 결과 12주 만에 난공사를 끝낼 수 있었다. 공사 장비도 턱없이 부족했기에 맨손이나 곡괭이, 해머 같은 단순 장비만으로 엄청난 공정을 완공했는데, 길이 110m의 헬 파이어 패스를 완성하는 동안 공사에 참여했던 전쟁 포로 70%가 사망하는 참혹한 결과를 초래했다.

현재 헬 파이어 패스는 호주-태국 상공회의소의 지원으로 공사 구간 일부가 복원된 상태다. 또한 현대적인 시설의 헬 파이어 패스 박물관도 운영한다. 박물관에서 꼰유 절벽까지는 걸어서 20분 정도 걸린다. 박물관에서 제작한 무료 지도를 참고한다면 길 잃을 염려는 없다.

참고로 헬 파이어 패스 지역은 미얀마 국경과 가깝기 때문에 검문소를 지나야 한다. 신원확인 차원에서 신분증을 검사하니 여권을 반드시 지참하도록 하자.

현지어 청 카우 캇 Map P.205
위치 323번 국도 운영 09:00~18:00 요금 무료
가는 방법 깐짜나부리 버스 터미널에서 쌍크라부리 행 8203번 버스를 타면 된다. 오전 6시부터 오후 6시 30분까지 30분 간격으로 출발하며 편도 요금은 50B이다. 동일 노선의 버스가 싸이욕 노이 폭포를 지나며, 군부대처럼 생긴 헬 파이어 패스 입구까지 90분 정도 걸린다. 돌아오는 마지막 버스는 오후 4시 30분경에 있다.

헬 파이어 패스 | 헬 파이어 패스

에라완 국립공원

에라완 국립공원(에라완 폭포) ★★★★
Erawan National Park

태국에서 가장 유명한 폭포인 에라완 폭포를 중심으로 형성된 국립공원이다. 총 면적 550㎢에 이르는 크기로 아직까지 오염되지 않은 자연을 만끽할 수 있다.

에라완 폭포는 모두 7개 폭포로 구성되며 입구에서 정상까지 거리는 2.2㎞다. 한국의 무주구천동과 비슷한 분위기로 폭포 옆으로 형성된 등산로를 따라 7번째 폭포가 있는 정상까지 걸어서 올라갈 수 있다. 천천히 걷는다면 2시간 정도가 소요된다.

7개의 폭포는 모두 고유의 이름을 갖고 있으나 사람들은 가장 위쪽에 있는 에라완 폭포

☑ 꼭! 알아두세요

깐짜나부리 주변 여행지는 로컬 버스로 다녀올 수 있지만 길에서 소비하는 시간이 많은 것이 흠입니다. 그래서 여행사에서 차량과 가이드를 제공하는 형태로 투어를 운영하는데요. 시간이 촉박한 여행자라면 여행사 상품을 이용해도 좋습니다. 대부분 죽음의 철도 기차 탑승을 포함해 헬 파이어 패스, 싸이욕 노이 폭포, 에라완 폭포, 코끼리 트래킹을 적당히 조합한 형태로 일정이 짜여집니다. 요금은 1,000~1,600B 정도로 점심과 입장료가 포함됩니다. 보통 오전 8시에 출발해 오후 5시 30분경에 돌아옵니다.

의 이름만을 기억할 뿐이다. 에라완의 뜻은 힌두교에 등장하는 머리 3개 달린 코끼리로 폭포 모양이 에라완과 비슷하다고 해서 붙여진 이름이다.

폭포마다 웅덩이가 자연스럽게 생겨 수영하기도 안성맞춤이니 수영복을 반드시 챙겨 가자(현지인들은 반바지에 티셔츠만 입고 물놀이를 즐긴다).

현지어 남똑 에라완 Map P.205 위치 깐짜나부리에서 북쪽으로 65km 전화 0-3457-4222 운영 08:00~16:30 요금 300B(국립공원 외국인 입장료) 가는 방법 깐짜나부리 버스 터미널에서 8170번 버스가 에라완 폭포 입구까지 간다. 1일 8회(08:00, 09:00, 10:00, 11:15, 13:00, 14:30, 16:00, 17:50) 운행한다. 편도 요금은 60B이며 약 90분 소요된다. 돌아오는 막차는 16:00~16:30 사이에 있다.

Restaurant
깐짜나부리의 레스토랑

대부분의 숙소에서 레스토랑을 함께 운영한다. 색다른 분위기를 찾는다면 강변의 수상 레스토랑을 찾아가자. 저렴한 식사는 기차역과 버스터미널 앞에 열리는 야시장을 이용하면 된다.

기차역 야시장(딸랏낫 쩨쩨) ★★★
ตลาดนัดเจเจ กาญจนบุรี
JJ Night Market

매일 저녁 기차역 앞 광장에 생기는 야시장이다. 공식 명칭은 제이제이 야시장(딸랏낫 쩨쩨)이다. 각종 반찬, 덮밥, 팟타이, 쏨땀, 닭튀김, 망고 찰밥, 생선구이, 꼬치구이, 어묵, 소시지, 과일, 빵, 디저트, 음료를 판매한다. 저녁거리를 사가는 현지인들로 분주하다. Map P.205 주소 Thanon Saengchuto 영업 17:00~22:00 메뉴 태국어 예산 40~100B 가는 방법 기차역 앞 광장에 있다.

쌥쌥 แซบ แซบ ★★★☆
Zap Zap

여행자 거리와 가까운 태국 음식점. 쏨땀(파파야 샐러드)을 비롯해 각종 생선 요리까지 웬만한 태국 음식을 골고루 갖추고 있다. 현지인들에게 인기 있는 곳인 만큼 음식 맛도 괜찮다. 특히 사진이 첨부된 영어 메뉴판을 갖추고 있어 편리하다. 참고로 '쌥'은 이싼 지방(태국 북동부 지역) 사투리로 맛있다는 뜻이다. Map P.205 주소 49 Moo.9 Thanon Maenam Khwae

전화 08-9545-4575 영업 11:30~22:00(휴무 목요일) 메뉴 영어. 태국어 예산 80~250B 가는 방법 타논 매남쾌 & 타논 던락 사거리 코너에 있다.

그라비떼 커피 ★★★☆
Gravité Coffee

여행자 거리 주변에서 외국 관광객에게 인기 있는 카페. 마당이 딸린 가정집을 연상시키는 복층 건물이다. 장소를 이전해 더 넓고 쾌적한 공간에서 커피를 마실 수 있다. 에스 엔 Es Yen(달달한 태국식 아이스 에스프레소), 아메리카노, 라테, 카푸치노, 더티 커피, 드립 커피까지 주인장이 정성스럽게 커피를 내려준다. 시원한 에어컨과 잔잔한 음악을 들으며 잠시 쉬어가기 좋다. Map P.205 주소 5/1 Soi England, Thanon Maenam Khwae 전화 08-6318-9622 홈페이지 www.facebook. com/gravitedrip 영업 수~월 08:30~16:00(휴무 화요일) 메뉴 영어 예산 75~140B 가는 방법 타논 매남쾌에서 연결되는 쏘이 잉글랜드 골목에 있다.

온 타이 이싼 ★★★
On's Thai Issan

태국인이 운영하는 아담한 식당이다. 채식

을 전문으로 하며 음식이 담백하다. 마싸만 카레, 똠얌꿍, 팟타이, 쏨땀(파파야 샐러드)를 포함한 기본적인 태국 음식을 맛볼 수 있다. 가격 대비 음식 양이 많은 편이며, 맛도 괜찮다. 요리 강습(쿠킹 클래스)도 운영한다. Map P.205 주소 Thanon Mae Nam Khwae 전화 08-7364-2264 홈페이지 www.onsthaiissan.com 영업 10:00~22:00 메뉴 영어 예산 80B 가는 방법 로터스 고 프레시 Lotus's Go Fresh(편의점) 옆에 있다.

똥깐(떵깐) 카페 ต้องกาญ คาเฟ ★★★★
Tongkan Cafe

콰이 강을 끼고 있는 카페를 겸한 레스토랑. 자연정취를 최대한 살려 강 풍경을 고스란히 즐길 수 있도록 했다. 자갈이 곱게 깔린 강변은 해변 분위기도 연출한다. 밤이 되면 수상 테이블(플로팅 레스토랑)까지 더해져 낭만적인 분위기를 연출한다. 태국 음식, 쏨땀, 시푸드, 스테이크, 피자, 파스타까지 다양한 음식을 요리한다.

Map P.205 주소 10 Soi Lao, Thanon Maenam Khwae 전화 08-9888-8015 홈페이지 www.facebook.com/TongKanCafe 영업 10:00~23:00 메뉴 영어, 태국어 예산 커피 75~105B, 메인 요리 180~479B 가는 방법 모나즈 리버 콰이(호텔) Monaz River Kwai을 옆 골목(쏘이 라오) 안쪽 끝에 있다.

키리타라 레스토랑 ★★★★
Keeree Tara Restaurant

콰이 강의 다리 오른쪽에 있는 강변 레스토랑이다. 강변을 따라 층을 이루도록 설계된 야외 테라스 형태로 꾸몄다. 다양한 태국 요리와 해산물 요리를 선보인다. 강변에서 가장 우아한 레스토랑으로 해질 무렵에는 더욱 낭만적이다.

Map P.204-A1 주소 431/1 Tha Makham 전화 0-3451-3855 홈페이지 www.keereetara.com 영업 11:00~23:00 메뉴 영어, 태국어 예산 180~450B 가는 방법 콰이 강의 다리를 바라보고 왼쪽에 있는 플로팅 레스토랑에 왼쪽(북쪽)으로 50m 떨어져 있다.

Accommodation 깐짜나부리의 숙소

깐짜나부리에는 고급 호텔은 거의 없고 여행자 숙소들이 많다. 대부분 강변에 위치해 조용한 편이다. 수상 가옥 형태의 숙소들도 많아 특별한 경험을 할 수도 있다. 고급 호텔들은 시내에서 한참 떨어져 있다.

스마일리 프로그 ★★★
Smiley Frog

깐짜나부리의 대표적인 여행자 숙소로 졸리 프로그 Jolly Frog에서 이름이 바뀌었다. 넓은 잔디 정원 덕분에 평화롭게 시간을 보낼 수 있으며, 강변에는 수상 가옥도 있다. 저렴한 만큼 객실 시설은 평범하다. 함께 운영하는 레스토랑(예산 60~180B)도 외국인 여행자들에게 인기 있다.

Map P.205 주소 28 Soi China, Thanon Mae Nam Khwae 전화 0-3451-4579 요금 더블 400B(선풍기, 개인욕실), 더블 500B(에어컨, 개인욕실) 가는 방법 연합군 묘지 뒤편의 타논 매남쾌 Thanon Mae Nam Khwae에 있다. 여행자 거리 초입에 해당하는 곳으로 쏘이 차이나 Soi China 골목에 있다.

타마린드 게스트하우스 ★★★
Tamarind Guest House

강변을 끼고 있는 게스트하우스로 시설이 깔끔하다. 타일이 깔린 일반 게스트하우스와 수상 가옥 형태의 객실이 있다. 주인이 어디 있는지도 모를 정도로 조용한 것이 최대의 매력이다.

Map P.205 주소 29/1 Thanon Mae Nam Khwae 전

화 0-3451-8790, 08-9837-7256 요금 더블 350~400B(선풍기, 개인욕실), 더블 600B(에어컨, 개인욕실) 가는 방법 졸리 프로그 백패커스에서 30m 정도 떨어져 있다. 연합군 묘지에서 도보 7분.

블루 스타 게스트하우스 ★★★
Blue Star Guest House

저렴하고 간단한 객실부터 에어컨 시설의 통나무 방갈로까지 시설이 다양하다. 일반 객실은 단층으로 이루어진 방들이 쭉 붙어 있는 롱 하우스 Long House 형태를 띤다. 모든 객실에 욕실이 있으며, 에어컨 방갈로는 더운물 샤워가 가능하다.

Map P.205 주소 241 Thanon Mae Nam Khwae 전화 0-3451-2161, 0-3462-4733 홈페이지 www.bluestar-guesthouse.com 요금 더블 350~450B(선풍기, 개인욕실), 트윈 550~650B(에어컨, 개인욕실, TV), 트리플 650B(에어컨, 개인욕실, TV) 가는 방법 타논 매남쾌에서 쏫짜이 다리를 건너기 전 세븐일레븐 옆 골목 안쪽에 있다.

위 호스텔 ★★★☆
Wee Hostel

도미토리를 운영하지만 단순히 배낭 여행자만 겨냥한 곳은 아니다. 개인 욕실을 구비한 더블 룸, 트윈 룸, 패밀리 룸(4인실)까지 객실이 다양하다. 신축한 건물이라 시설이 깨끗하며 직원들도 친절하다. 작지만 수영장도 갖추어져 있다.

Map P.205 주소 18 Thanon Maenam Khwae (Maenamkwai Road) 전화 0-3454-0399, 09-2421-6019 홈페이지 www.weehostel.com 요금 도미토리 380~450B(에어컨, 공동욕실, TV), 더블 1,200~1,500B(에어컨, 개인욕실, TV), 패밀리 룸 1,300B 가는 방법 여행자 숙소가 몰려 있는 타논 매남쾌 초입에 있다.

플로이 리조트 ★★★☆
Ploy Resort

부티크 호텔이라고 불러도 좋을 만큼 훌륭한 숙소. 비싼 방에는 야외에 욕실을 만들어 분위기를 더한다. 통유리를 통해 욕실과 연결되는 작은 정원이 보이도록 설계되어 있다. 자그마한 야외 수영장도 있다.

Map P.205 주소 79/2 Thanon Mae Nam Khwae 전화 0-3451-4437, 09-0964-2653 홈페이지 www.ployresorts.com 요금 더블 1,200~1,850B(에어컨, 개인욕실, 냉장고, 아침식사) 가는 방법 여행자 거리인 타논 매남쾌의 슈거케인 게스트하우스와 퐁펜 게스트하우스 중간에 있다.

굿 타임스 리조트 ★★★★
Good Times Resort

여행자 거리에 새롭게 생긴 수영장을 갖춘 시설 좋은 리조트다. 강변을 끼고 있으며 잔디 정원과 야외 레스토랑까지 여유롭다. 테라스가 딸린 단층 건물과 수영장을 끼고 있는 복층 건물로 구분된다. 스몰 더블 룸(20㎡)보다는 스탠더드 더블 룸(35㎡)이 월등히 좋다. 아침식사가 포함된다.

Map P.205 주소 265/5 Thanon Mae Nam Khwae (Maenam Kwai Road) 전화 0-3451-4241, 09-0143-4925 홈페이지 www.good-times-resort.com 요금 스탠더드 더블 룸 1,500~2,000B(에어컨, 개인욕실, TV, 냉장고, 아침식사), 리버 뷰 더블 2,500B 가는 방법 쏫짜이 다리 옆 강변에 있다. 타논 매남쾌의 로열 나인 리조트 Royal Nine Resort 맞은편에 입구가 있다.

레인트리 부티크 ★★★★
Raintree Boutique

강변을 끼고 있는 넓은 정원과 야외 수영장이 어우러져 여유로움을 선사한다. 호텔 자체가 3층 건물로 높지 않고 주변 환경이 조용해 휴식하기 좋다. 객실은 심플한 구조지만, 강변을 향해 발코니가 딸려 있다. 개인 수영장을 갖춘 풀 빌라도 운영한다.

Map P.205 주소 888 Thanon Mahadthai 전화 08-1883-6322 요금 더블 2,900~3,500B(에어컨, 개인욕실, TV, 냉장고, 아침식사) 가는 방법 쏫짜이 다리(싸판 쏫짜 이) 건너편 강변에 있다.

Pattaya

파타야 พัทยา

　파타야를 찾은 여행자는 해변 휴양지를 찾아온 건전 여행자와 유흥을 즐기러 온 난잡한 불량 여행자로 극명하게 구분된다. 파타야라는 존재는 태국에서 매우 독특한 위치에 놓여 있다. 1960년대 베트남 전쟁 때부터 미군들의 휴양지로 개발되어 외국인들을 위한 특별 공간으로서의 성격이 강하다. 방콕과 가깝다는 이유 하나만으로 어촌 마을이 개발되기 시작해 태국의 대표적인 해변 휴양지로 변모하는 데는 그리 오랜 시간이 걸리지 않았다.

　하지만 푸껫이나 꼬 싸무이에 비해 항상 부정적인 시선이 따라다닌다. 그 이유는 파타야란 명성을 만들어내는 데 지대한 공을 세운 유흥가 때문이다. 밤이 되면 해변 도로 전체가 붉은 네온사인으로 뒤덮여 환락의 도시로 변모한다. 이러한 부정적인 이미지를 쇄신하려는 태국 정부의 지속적인 노력과 방콕 신공항의 개항으로 파타야는 몰라보게 변했다. 고급 리조트들이 속속 등장하면서 건전한 휴양지로서의 면모도 갖추기 시작한 것. 방콕에서 비행기를 타고 멀리 가지 않고도 바다와 태양이 가득한 열대 해변 휴양지를 즐길 수 있다.

ACCESS
파타야 가는 방법

방콕 동부 버스터미널 매표소

방콕의 동부 버스 터미널(에까마이)에서 파타야로 가는 게 가장 일반적인 방법이다. 방콕과 2시간 거리로 버스들이 수시로 운행된다.

항공

파타야 남쪽으로 33km 떨어진 곳에 우따파오 공항 U-Taphao Airport(홈페이지 www.utapao.com)이 있다. 방콕 에어웨이(전화 0-3841-2382, 홈페이지 www.bangkokair.com)에서 푸껫(편도 2,750B)과 꼬 싸무이(편도 3,860B) 노선을 독점적으로 운항한다. 타이 라이언 에어(www.lionairthai.com)는 파타야~치앙마이 노선을 운항하며, 편도 요금은 1,900B이다.

버스

파타야 버스 터미널은 두 곳이다. 메인 터미널(Map P.218-A3)은 타논 파타야 느아 Thanon Pattaya Neua(North Pattaya Road)에 있으며 방콕, 후아힌, 묵다한(라오스 국경)행 에어컨 버스가 출발한다. 치앙마이로 가려면 타논 쑤쿰윗 쏘이 59에 있는 북부행 버스 터미널(Map P.218-A2)을 이용해야 한다.

방콕 → 파타야

방콕에 있는 버스 터미널 세 곳에서 모두 파타야행 에어컨 버스가 출발한다. 출발 편수가 가장 많은 곳은 에까마이 Ekkamai에 위치한 동부 버스 터미널(콘쏭 에까마이)이다. 북부 터미널(콘쏭 머칫)에서 출발하는 버스는 고속도로에 해당하는 모터웨이를 이용하기 때문에 속도가 빠르다. 약 2~3시간 걸린다. 동부 버스 터미널과 북부 버스 터미널에서 미니밴(롯뚜)도 운행된다. 버스에 비해 속도가 빠르다.

쑤완나품 공항 → 파타야(좀티엔 해변)

쑤완나품 공항에서 출발하는 파타야행 버스 매표소

쑤완나품 공항에서 파타야로 직행하려면 입국장에서 아래층(공항청사 1층)으로 내려가 8번 회전문 앞에서 파타야행 버스를 타면 된다. 에어포트 파타야 버스(홈페이지 www.airportpattayabus.com) 회사에서 운영한다. 07:00~20:00까지 1시간 간격으로 출발하며 편도 요금은 143B이다. 버스 종점은 좀티엔 해변과 가까운 타논 탑프라야 Thappraya Road(Map P.217-A3)에 있다. 파타야 시내로 들어가지 않기 때문에, 차장에게 호텔 이름을 말하고 내릴 곳을 미리 확인해두자. 파타야(좀티엔)→쑤완나품 공항은 07:00~20:00까지 운행된다.

파타야(버스 터미널) → 방콕, 쑤완나품 공항

파타야에서 출발하는 방콕행 버스는 모두 타논 파타야 느아에 있는 버스 터미널에서 출발한다. 쑤완나품
파타야 버스 터미널

공항으로 직행할 때도 파타야 버스 터미널을 이용하면 된다. 목적지에 따라 매표창구가 서로 다르므로 가고자 하는 터미널 매표소에서 표를 구입하면 된다.

파타야 → 치앙마이, 치앙라이

파타야의 타논 쑤쿰윗 쏘이 59에 있는 북부행 버스 터미널(Map P.218-A2)에서 출발한다. 치앙마이(출발 시간 15:51, 18:05, 19:05, 20:37, 편도 850~956B)와 치앙라이(출발 시간 15:28, 18:59, 편도 958B)까지 에어컨 버스가 운행된다. 라용 Rayong에서 출발한 버스가 파타야를 경유하기 때문에 미리 예매해 두는 게 좋다. 모든 버스는 나콘 차이 에어 Nakhon Chai Air(홈페이지 www.nakhonchaiair.com)에서 운영한다.

미니밴(롯뚜)

버스 터미널에서 미니밴(롯뚜)도 출발한다. 대형 버스에 비해 이동이 빠르고, 원하는 장소에 내려주기 때문에 현지 지리에 익숙한 현지

북부행 버스터미널의 나콘차이 버스 매표소

인들이 즐겨 이용한다. 동부 버스 터미널(에까마이)→파타야→좀티엔행 미니밴은 05:00~19:00에 출발한다. 터미널 내부에 매표소가 있으며 편도 요금은 파타야까지 130B이다. 머칫 미니밴 정류장(방콕 북부 버스 터미널 맞은편)에서도 파타야행 미니밴이 출발하며 편도 요금은 150B이다.
파타야→방콕행 미니밴 정류장은 여러 곳에 분산되어 있어 현지 지리에 익숙하지 않으면 이용하기 불편하다.

TRANSPORTATION 시내 교통

파타야 시내를 이동하려면 썽태우를 타야한다. 정해진 노선으로 이동하면서 승객을 태

파타야 시내 풍경

우고 내려준다. 같은 해변 안에서는 이동이 편리하지만 장거리로 나갈 경우 여러 차례 갈아타야 하는 불편함이 있다.
썽태우를 타려면 거리에 서서 손을 들어 차를 세우고 원하는 목적지를 말하면 된다. 방향이 같으면 기사가 타라는 신호를 보낸다. 내릴 때는 썽태우 천장에 달린 벨을 누르면 된다. 참고로 파타야 해변 도로인 타논 핫 파타야 Thanon Hat Pattaya(Beach Road)와 타논 파타야 싸이 썽 Thanon Pattaya Sai Song(Pattaya 2nd Road)은 일방통행이라 한 방향으로만 썽태우가 움직인다.
핫 파타야에서 핫 좀티엔으로 갈 경우 타논 파타야 싸이 썽과 타논 파타야 따이 Thanon Pattaya Tai(South Pattaya Road) 교차로(Map P.218-A1)에서 썽태우를 갈아타야 한다. 파타야 해변에서 방콕행 버스 터미널로 갈 경우 타논 파타야 싸이 썽과 타논 파타야 느아가 만나는 돌고래 동상 로터리에서 썽태우를 타면 된다.
요금은 같은 해변 내에서는 10~20B, 파타야 해변에서 좀티엔 해변으로 넘어갈 경우 거리에 따라 20~40B이다.

파타야 시티 투어 버스

관광 목적으로 파타야 주요 지역을 순회하는 2층 버스(홈페이지 www.elephantbustours.com/pattaya). 터미널 21(쇼핑 몰)→하드록 호텔→쎈탄 파타야(힐튼 호텔)→로열 가든 플라자→로열 클리프 호텔→발리하이 선착장→파타야 수상시장→농눅 빌리지까지 15개 주요 관광지와 호텔을 경유한다. 10:30~17:30까지 1시간 간격으로 1일 8회 출발한다. 1일 탑승권 600B, 2일 탑승권 700B, 3일 탑승권 800B이다.

방콕에서 파타야로 가는 버스

노선	운행 시간	운행 간격	요금(편도)
방콕 동부 터미널(에까마이)→파타야	06:00~21:00	30분	131B
방콕 북부 터미널(머칫)→파타야	06:00~18:00	30분	131B

파타야 버스 터미널에서 출발하는 버스

노선	운행 시간	운행 간격	요금(편도)
파타야→방콕 동부 터미널	04:30~21:00	30분	131B
파타야→방콕 북부 터미널	05:00~18:00	30분	131B
파타야→쑤완나품 공항	06:00~19:00	2시간	190B
파타야→후아힌	08:00	–	473B

GOOD GUY GOES TO HEAVEN BAD GUY GOES TO PATTAYA

Attraction

파타야의 볼거리

해변과 섬이 주된 볼거리다. 심심한 관광객들을 위해 해변에서는 다양한 해양 스포츠가 가능하다.

핫 파타야(파타야 비치) ★★
Hat Pattaya(Pattaya Beach)

파타야 중심가를 이루는 3km 길이의 해변이다. 각종 유흥업소와 호텔, 편의 시설이 해변과 도로를 사이에 두고 몰려 있다. 파타야 시정부의 노력에 의해 바다 수질이 향상되어 더러 물에 들어가는 사람들도 있으나 파타야 해변은 수영하기에 적합하지 않다. 해변을 따라 길에 늘어선 파라솔 아래 의자에 앉아 해산물을 먹거나 술을 마시며 일광욕을 즐기는

핫 파타야

현지인과 유럽인들이 대부분이다. 밤이 되면 유흥가가 불을 밝힌다.

Map P.218-B1~B2 위치 파타야 해변 도로 일대 운영 연중 무휴 요금 무료(파라솔 의자 대여료 별도) 가는 방법 파타야 시내 한복판의 해변 도로 전부가 파타야 해변이다. 버스 터미널에서 썽태우로 10분.

핫 좀티엔(좀티엔 비치) ★★
Hat Jomtien(Jomtien Beach)

핫 파타야에서 남쪽으로 1km 정도 떨어진 해변이다. 길이 6km로 핫 파타야에 비해 유흥업소가 적고 바다가 깨끗하다. 해변 남쪽으로 갈수록 한적해지며, 해변에서 수상 스포츠를 즐길 수 있다. 밤에도 조용하기 때문에 파타야에 장기 투숙하는 사람들이 즐겨 찾는 해변이다. 정확한 태국 발음은 '쩜띠안'으로, 영문 표기의 오류에 의해 좀티엔이라는 지명이 외국인들 사이에 보편화되어 있다.

Best Course
Pattaya

파타야의 추천 코스 (예상 소요시간 8시간)

낮에는 해변에서 시간을 보내고 오후에는 마사지를 받거나 호텔에서 휴식한 다음 밤이 되면 나이트라이프를 즐기면 된다. 여행보다는 휴양을 목적으로 한 관광객들이 많기 때문에 당일치기 여행자보다는 장기 여행자들이 많다.

1 파타야 선착장
보트 40분

2 꼬 란의 핫 싸매 (P.216)
보트 40분

3 파타야 선착장
차 20분

4 농눗 빌리지 (P.220)
차 30분

5 알카자 쇼 (P.223)
썽태우 10분

6 워킹 스트리트 (P.223)

>> 파타야 Pattaya **215**

핫 좀티엔

Map P.217 주소 Thanon Hat Jomtien 운영 연중 무휴
요금 무료(파라솔 의자 대여료 별도) 가는 방법 파타야
해변에서 썽태우로 10분.

진리의 성전(쁘라쌋 싸짜탐) ★★★☆
Sanctuary of Truth

바다를 배경으로 만든 높이 105m, 길이
100m에 이르는 웅장한 목조 건축물이다. 못
을 하나도 사용하지 않고 오로지 수작업으로
만들었는데, 200여 명의 조각가가 참여한 정
교한 조각들이 경이롭다. 1981년부터 건설을
시작해 현재까지 공사가 진행 중이다.

쁘라쌋은 십자형 구조로 된 탑 모양의 신전
또는 사원을 의미한다. 힌두 사원에서 흔히
볼 수 있는 건축물로 아유타야 시대를 거치며
태국의 불교 건축에서도 많이 사용됐다. 즉,
힌두교와 불교가 융합된 건축물로 내부는 동
서남북 네 개의 방향을 하나의 공간처럼 분리
해 태국·크메르·인도·중국의 종교적인 내용
으로 꾸몄다. 힌두 신화와 관련된 내용이 많
은데 중요한 조각상들은 간단한 안내판을 함
께 만들어 놓았다. 고대인의 생활양식과 불교
의 윤회사상, 중국의 대승 불교·도교·유교 관
련 내용도 볼 수 있다.

30분 단위로 관광객을 입장시키며, 안전모
를 착용하고 내부를 관람해야 한다. 매표소에

진리의 성전

서 입구까지 600m 정도 걸어가야 한다. 코끼
리 타기, 마차 타기, 보트 타기, ATV 체험은
추가 요금을 받는다.

Map P.218-B3 주소 206/2 Moo 5, Thanon Naklua Soi
12 전화 0-3811-0653~4 홈페이지 www.sanctuaryof
truth.com 운영 08:30~18:00(입장 마감 17:00) 요금
500B(키 100~130㎝ 어린이 250B) 가는 방법 타논 나
끄르아(나끄아) 쏘이 12 안쪽으로 1㎞ 들어가면 매표
소가 나온다. 돌고래 상 로터리 또는 터미널 21에서
출발할 경우 썽태우를 100B 정도에 흥정하면 된다.

꼬 란 ★★★
Ko Lan

파타야 해변을 보고 실망했다면 보트를 타
고 꼬 란으로 가면 된다. 육지에서 8㎞ 떨어진
타이만 Gulf of Thailand에 자리한 섬으로 파
란 바다를 배경으로 각종 해양 스포츠를 즐길
수 있다. 일명 '방파 패키지'로 통하는 방콕-파
타야 투어 상품에서 산호섬으로 소개되어 익
숙한 섬이다. 섬에는 모두 9개의 해변이 있는
데 가장 번잡한 곳은 섬 북쪽 해변인 핫 타웬
(따웬 비치) Hat Tawaen이다. 한적하게 시간
을 보내고 싶다면 섬 남서쪽 해변인 핫 싸매
(싸매 비치) Hat Samae로 가자. 꼬 란에서 가
장 깨끗한 모래사장과 바다를 만날 수 있다.

Map P.218-B2 위치 파타야 해변 앞 바다 운영 08:00
~18:00(섬에서 숙박 가능) 요금 무료 가는 방법 파타
야 바리 하이 선착장 Bali Hai Pier에서 보트로 40분.

파타야에서 꼬 란 가는 법

파타야에서 꼬 란으로 가려면 워킹 스트리
트 남단의 바리 하이 선착장(타르아 바리 하

산호섬으로 알려진 꼬 란

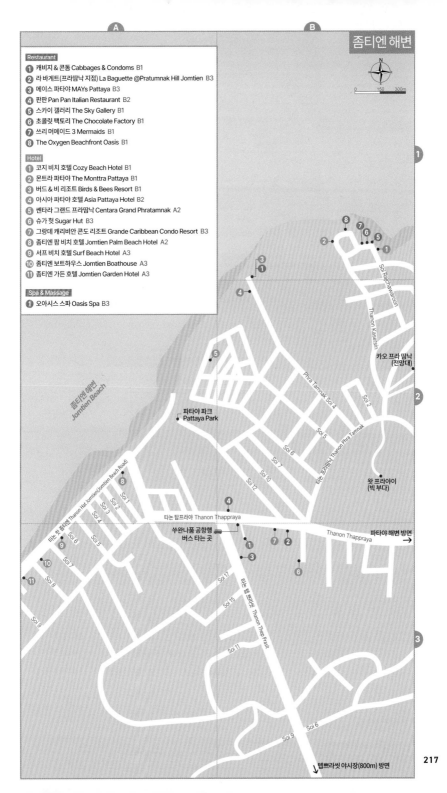

좀티엔 해변

Restaurant
1. 캐비지 & 콘돔 Cabbages & Condoms B1
2. 라 바게트(프라땀낙 지점) La Baguette @Pratumnak Hill Jomtien B3
3. 메이스 파타야 MAYs Pattaya B3
4. 판판 Pan Pan Italian Restaurant B2
5. 스카이 갤러리 The Sky Gallery B1
6. 초콜릿 팩토리 The Chocolate Factory B1
7. 쓰리 머메이드 3 Mermaids B1
8. The Oxygen Beachfront Oasis B1

Hotel
1. 코지 비치 호텔 Cozy Beach Hotel B1
2. 몬트라 파타야 The Monttra Pattaya B1
3. 버드 & 비 리조트 Birds & Bees Resort B1
4. 아시아 파타야 호텔 Asia Pattaya Hotel B2
5. 쎈타라 그랜드 프라땀낙 Centara Grand Phratamnak A2
6. 슈가 헛 Sugar Hut B3
7. 그랑데 캐리비안 콘도 리조트 Grande Caribbean Condo Resort B3
8. 좀티엔 팜 비치 호텔 Jomtien Palm Beach Hotel A2
9. 서프 비치 호텔 Surf Beach Hotel A3
10. 좀티엔 보트하우스 Jomtien Boathouse A3
11. 좀티엔 가든 호텔 Jomtien Garden Hotel A3

Spa & Massage
1. 오아시스 스파 Oasis Spa B3

좀티엔 해변 Jomtien Beach

파타야 파크 Pattaya Park

카오 프라 땀낙 (전망대)

왓 프라야이 (빅 부다)

타논 탑프라야 Thanon Thappraya

쑤완나품 공항행 버스 타는 곳

파타야 해변 방면 →

텝쁘라씻 야시장(800m) 방면

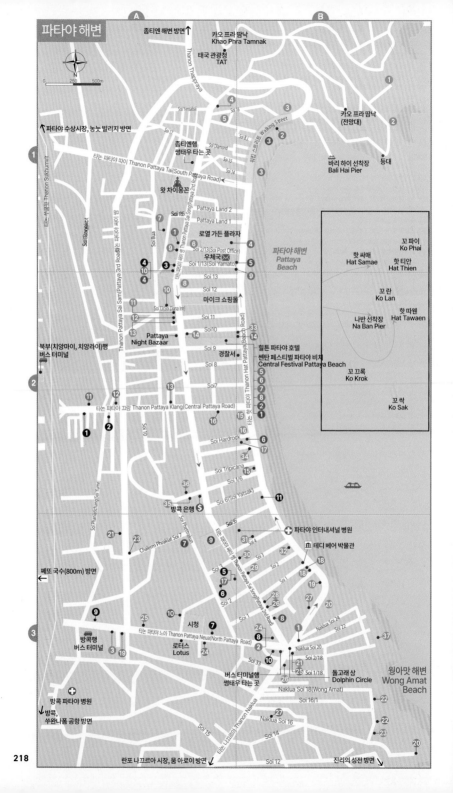

파타야 해변

파타야 해변
Pattaya Beach

좀티엔 해변 방면↑

카오 프라 땀낙
Khao Phra Tamnak

태국 관광청
TAT

Thanon Thappraya

카오 프라 땀낙
(전망대)

N

0 250 500m

파타야 수상시장, 농눅 빌리지 방면

Thanon Sukhumvit

Soi Yensabai

Soi 18

Walking Street

등대

Soi 17

바리 하이 선착장
Bali Hai Pier

Soi Diamond

Soi 16

좀티엔행
생태우 타는 곳

Thanon Pattaya Tai(South Pattaya Road)

Soi 15

Soi 14

왓 차이몽꼰

Thanon Pattaya Sai Song

Pattaya Land 2

Pattaya Land 1

Soi Buakhao

로열 가든 플라자

파타야 해변
Pattaya Beach

핫 싸매
Hat Samae

꼬 파이
Ko Phai

핫 티안
Hat Thien

Soi 2/13(Soi Post Office)

우체국 ✉

Soi 1/13(Soi Yamato)

Soi 13

꼬란
Ko Lan

Soi 12

마이크 쇼핑몰

Soi 13(Soi Diana Inn)

나반 선착장
Na Ban Pier

핫 따웬
Hat Tawaen

Soi 11

Thanon Pattaya Sai Sam(Pattaya 3rd Road)

Soi 10

Thanon Hat Pattaya(Beach Road)

Pattaya
Night Bazaar

Soi 9

꼬 끄록
Ko Krok

Soi 8

경찰서

힐튼 파타야 호텔

Soi7

벤탄 페스티벌 파타야 비치
Central Festival Pattaya Beach

꼬 싹
Ko Sak

북부(치앙마이, 치앙라이)행
버스 터미널

Thanon Pattaya Klang(Central Pattaya Road)

Soi 10

Soi Hardrock

Soi Tripicana

Soi 1/6

Soi 6(Soi Yatsak)

방콕 은행 $

Soi 5

쩨또 국수(800m) 방면 ←

Chalerm Phrakiat Soi 7

Soi Phetrakun

Phaniatchang(Soi Yume)

파타야 인터내셔널 병원

Soi 4

테디 베어 박물관

Soi 3

Thanon Pattaya Sai Song(Pattaya 2nd Road)

Soi 2

Soi 1

방콕행
버스 터미널

Thanon Pattaya Neua(North Pattaya Road)

시청

로터스
Lotus

버스 터미널행
생태우 타는 곳

Naklua Soi 24

Naklua Soi 22

방콕 파타야 병원

방콕,
쑤완나품 공항 방면 ↓

돌고래 상
Dolphin Circle

Soi 33

Naklua Soi 20

Soi 2/18

Soi 1/18

Naklua Soi 18(Wong Amat)

웡아맛 해변
Wong Amat
Beach

Thanon Naklua

Soi 16/1

Naklua Soi 16

Soi 15

Soi 14

Soi 12

란포 나끄르아 시장, 뭄 아로이 방면 ↓

진리의 성전 방면 ↓

해양 스포츠의 종류 & 요금 정보

travel plus

해양 스포츠를 즐기려면 핫 좀 티엔이나 꼬 란으로 가야 합니다. 특별한 실력이 없는 초보자도 가능한 패러세일링 Parasailing과 바나나보트 Banana Boat 이외에 제트 스키 Jet Ski와 시 워킹 Sea Walking 등 종류도 다양한데요, 요금이 천차만별이어서 먼저 흥정하는 게 좋습니다. 하지만 꼬 란의 경우 단체 관광객들을 상대하기 때문에 정해진 가격에서 크게 내려가지 않는 편이랍니다.

대체적으로 바나나보트는 4인 기준으로 1인당 400~500B, 패러세일링은 500~700B, 제트스키는 600~800B을 받습니다. 시 워킹은 특수 장비를 착용해야 하기 때문에 1,500B으로 비쌉니다. 파타야에서 스쿠버다이빙은 그리 추천할 만한 것이 아니지만, 그래도 배우고 싶다면 1만 7,000B에 3일짜리 오픈 워터 코스에 참여할 수 있습니다.

카오 포라 땀낙 전망대에서 바라 본 파타야

왓 프라 야이

이)에서 보트를 타야 한다. 보트에 따라 요금과 목적지가 다르기 때문에 출발 전에 미리 확인하고 탑승해야 한다. 마을이 형성된 나반 선착장(타르아 나반) Na Ban Pier으로 가지 말고, 해변으로 직행하는 보트를 타야 한다. 핫 따웬(따웬 비치)와 핫 싸매(싸매 비치)까지 가는 슬로 보트가 운행된다. 핫 싸매까지 가는 보트는 직행이 아니고 핫 따웬 옆의 핫 텅랑 Hat Thonglang을 먼저 들렀다 간다. 선착장에서 핫 싸매까지는 약 40분 걸린다.

바리 하이 선착장→핫 따웬(슬로 보트, 편도 30B)
파타야 출발 08:00, 09:00, 11:00, 13:00
꼬 란 출발 13:00, 14:00, 15:00, 16:00
바리 하이 선착장→핫 텅랑 경유→핫 싸매(스피드 보트, 편도 150B)
파타야 출발 09:30, 11:30, 12:30, 13:30
꼬 란 출발 15:00, 16:00, 17:00

섬에서 이동하기

섬에서의 이동은 썽태우나 오토바이 택시를 이용한다. 썽태우는 핫 따웬↔핫 싸매, 핫 따웬↔나반 선착장(타르아 나반) Na Ban Pier 노선으로 운행되며, 정해진 출발 시간 없이 사람이 모이는 대로 출발한다. 요금은 썽태우 20B, 오토바이 택시 40~60B이다.

카오 프라 땀낙(전망대) ★★☆
Khao Phra Tamnak

파타야에서 좀티엔으로 넘어가는 언덕에 있다. 프라땀낙 힐 Phra Tamnak Hill로도 불리며, 파타야 해안선을 볼 수 있는 전망대 역할을 한다. 특히 초저녁과 일몰에 보이는 파타야 풍경이 아름답다. 전망대 뒤쪽의 작은 언덕에는 왓 프라 야이 Wat Phra Yai 사원이 있다. 18m 크기의 대형 불상(프라야이 Phra Yai 또는 빅 부다 Big Buddha)이 모셔져 있다. 뱀 모양의 나가가 장식된 계단을 통해 사원을 오르면 된다.

Map P.218-A1 **주소** Thanon Phra Tamnak **운영** 07:30~21:00 **요금** 무료 **가는 방법** 핫 파타야 또는 핫 좀티엔에서 썽태우로 10~15분.

농눗 빌리지 ★★★
Nong Nuch Village

파타야의 대표적인 관광 코스다. 파타야 시내에서 동쪽으로 18km 떨어진 열대 정원으로 난 농장을 포함해 다양한 열대식물을 이용해 만든 조경 공원이다.

농눗 빌리지

방대한 규모의 열대 정원도 볼 만하지만 무엇보다 태국 전통 공연과 코끼리 쇼로 인해 많은 관광객들을 끌어모은다.

태국의 전통 무용을 비롯해 무에타이, 코끼리를 이용한 전투 장면 재연 등 많은 볼거리를 제공한다. 또한 많은 이들의 사랑을 받는 코끼리들의 재롱도 웃음을 선사한다. 대중교통으로 갈 수 없기 때문에 투어를 이용하는 게 편하다. 모든 투어는 공연 시간에 맞추어 출발한다.

현지어 쑤언 농눗 **위치** Thanon Sukhumvit 163km 이정표 옆 **전화** 0-3870-9358 **홈페이지** www.nongnooch tropicalgarden.com **운영** 09:00~22:00(공연 시간 10:30, 11:30, 13:30, 15:30) **요금** 800B **가는 방법** 대중교통이 없기 때문에 여행사 투어(차량과 입장료 포함)를 이용하는 게 편리하다.

외국인들이 많이 찾는 도시라 음식 걱정은 하지 않아도 된다. 호텔 레스토랑, 시푸드 레스토랑, 카페와 거리 노점까지 다양하다.

피어 21(터미널 21 푸드 코트) ★★★☆
Pier 21

터미널 21에서 운영하는 푸드 코트. 방콕에 있는 피어 21과 동일한 콘셉트다. 전용 카드를 충전해 결제하는 방식으로, 원하는 곳에서 음식을 주문하면 된다. 쌀국수, 팟타이, 덮밥, 쏨땀, 똠얌꿍, 태국 디저트까지 저렴한 가격으로 즐길 수 있다. 식사와 음료를 포함, 100B 이내로 주문 가능하다. 에어컨 시설을 갖춰 쾌적하고, 주변 풍경도 감상할 수 있다.

Map P.218-B3 주소 Thanon Pattaya Neua(North Pattaya Road) 홈페이지 www.terminal21.co.th/pattaya/pier21 영업 11:00~22:00 메뉴 영어, 태국어 예산 50~90B 가는 방법 터미널 21 쇼핑몰 4F에 있다.

쩨또 국수 ร้านเจ๊โต พัทยา ★★★☆
Jae Tho Beef Noodles(Cheto Pattaya)

파타야에서 가장 유명한 소고기 쌀국수(꾸어이띠아우 느아) 식당이라도 해도 과언이 아니다. 주차장을 겸하는 커다란 공터에 창고형 레스토랑이 들어서 있다. 쌀국수에 들어가는 소고기 종류와 면 종류, 크기 등을 선택해야 한다. 사진과 번호를 붙여 있는 큼직한 메뉴판을 보고 주문하면 된다. 쏨땀과 간단한 덮밥을 추가로 주문해 식사하면 된다.

Map P.218-A3 주소 111 Amphoe Bang Lamung, Chon Buri 전화 08-9833-1988 영업 08:00~16:00 메뉴 영어, 태국어 예산 80~150B 가는 방법 파타야 버스 터미널에서 동쪽으로 1.5km 떨어져 있다. 파타야 시내에서 멀기 때문에 택시를 타고 가야한다.

쏨땀 나므앙 ส้มตำหน้าเมือง ★★★
Somtam Na Mueang

파타야에서 인기 있는 쏨땀(파파야 샐러드) 레스토랑. 에어컨은 없지만 로컬 레스토랑치고 규모가 크고 깨끗하다. 기본에 해당하는 '쏨땀타이'를 비롯해 20여 종의 쏨땀을 만든다. 피시 소스를 적당히 사용하고 맵기도 조절해 외국 관광객도 부담 없이 즐길 수 있다. 태국 음식 마니아라면 조금 심심한 맛이다. 까이양(닭고기 구이), 뻑까이텃(치킨 윙), 커무양(돼지목살 숯불구이), 카우니아우(찰밥)를 곁들여 식사하면 된다.

Map P.218-A3 주소 Thanon Pattaya Neua(North Pattaya Road) 전화 08-6355-4983 영업 10:30~20:30 메뉴 영어, 태국어 예산 85~200B 가는 방법 터미널 21(쇼핑 몰)에서 400m 떨어진 타논 파타야 느아에 있다.

메이스 파타야 ★★★★
MAYs Pattaya

여주인장 '메이'가 운영하는 곳으로 어번 타이 다이닝 Urban Thai Dine을 추구한다. 2014년에 노점에서 시작해 현재는 도시적인 느낌의 근사한 레스토랑으로 변모했다. 현대적인 맛을 가미한 태국 요리를 선보이는데 식기와 플레이팅까지 화려하다. 메뉴를 간결하게 만들어 태국 카레와 시푸드에 집중해 요리한다. 시그니처 메뉴는 새우를 넣은 메이스 카레 Mays Curry with Prawn와 생선(농어)을 넣은 옐로 카레 Seabass with Yellow Curry다. 외국 관광객이 즐겨 찾는 곳으로 예약하고 가는 게 좋다.

Map P.217-B3 주소 315/74 Moo 12, Thanon Thep Prasit 전화 09-8374-0063 홈페이지 www.mayspattaya.com 영업 12:00~22:00(휴무 수요일) 메뉴 영어, 태국어 예산 270~610B(+12% Tax) 가는 방법 타논 텝쁘라씻 초입에 있다.

뭄 아로이
Moom Aroi ★★★★

파타야 시내에서 북쪽으로 한참 떨어진 나끄르아 Na Klua에 있다. 해산물 전문 레스토랑으로 신선한 해산물을 무난한 요금에 맛 볼 수 있다. 한적하고 기다란 해안선과 접해있고, 야외 수영장도 있어서 분위기가 좋다. 파타야 시내에 지점(주소 Thanon Pattaya Sai 3, Map P.218-A3)을 운영한다.

Map P.218-A3 주소 Thanon Naklua Soi 4 전화 0-3822-3352 영업 11:00~22:00 메뉴 영어, 태국어 예산 470~2,400B 가는 방법 타논 파타야 느아(돌고래 동상 옆)에서 출발하는 썽태우를 타고 종점에 내려서 타는 나끄르아 쏘이 4까지 도보 15분. 파타야 시내에서 썽태우를 대절할 경우 거리에 따라 200~300B 정도에 흥정하면 된다.

라 바게트
La Baguette ★★★

프렌치 베이커리 카페를 표방한다. 아늑한 실내와 포근한 소파가 어울려 편안함을 선사한다. 직접 만들어 바삭한 빵과 크레페, 달콤한 케이크와 커피, 초콜릿, 신선한 샐러드, 부드러운 아이스크림까지 디저트들이 가득하다.

Map P.218-B3 주소 164/1 Moo 5 Thanon Naklua 전화 0-3842-1707 홈페이지 www.labaguettepattaya.com 영업 08:00~23:00 메뉴 영어, 태국어 예산 160~490B 가는 방법 타논 나끄르아 쏘이 20에 있는 우드랜드 호텔 & 리조트 입구에 있다.

스카이 갤러리
The Sky Gallery ★★★★

꼬 란(산호섬)이 내려다보이는 언덕에 있어 전망이 뛰어나다. 해변과 바다, 섬까지 한 폭의 그림처럼 펼쳐진다. 자연을 느낄 수 있도록 야외에 테이블과 쿠션이 놓여 있다. 브런치, 쏨땀, 팟타이, 뿌 팟퐁 까리, 피자, 파스타, 스테이크 등 다양한 태국 음식과 양식 메뉴를 갖췄다. 시내 중심가에서 떨어져 있어 교통은 불편하다.

Map P.217-B1 주소 Soi Rajchawaroon, 400/488 Moo 12 Phra Tamnak 전화 09-2821-8588, 08-1931-8588 홈페이지 www.theskygallerypattaya.com 영업 10:00~23:00 메뉴 영어, 태국어 예산 225~895B 가는 방법 파타야에서 좀티엔으로 넘어가는 언덕 끝자락. 타논 프라땀낙→쏘이 랏차아룬 방향으로 가다보면 도로 끝의 코지 비치 호텔 Cozy Beach Hotel 바로 옆.

스리 머메이드
3 Mermaids ★★★★

인어 조형물과 둥지 모양의 야외 테이블 덕분에 파타야 명소가 된 곳이다. 해변을 내려다보도록 설계된 야외 레스토랑으로 해질녘의 분위기가 매력적이다. 덕분에 기념사진 찍으려는 관광객들로 인해 항상 북적댄다. 입장료(200B)를 받는 것이 특이한데, 입장료는 음식 값을 계산할 때 쿠폰처럼 사용하면 된다. 분위기에 걸맞게 음식 값은 비싸다.

Map P.217-B1 주소 678 Moo 12, Thanon Kasetsin Soi 11 전화 09-8516-0227 홈페이지 www.facebook.com/3MermaidsPattaya 영업 10:00~23:00 메뉴 영어, 태국어 예산 메인 요리 360~1,600B(+7% Tax) 가는 방법 스카이 갤러리에서 남쪽으로 150m.

옥시젠 비치프론트 오아시스
The Oxygen Beachfront Oasis ★★★★

바다를 끼고 있는 해변 레스토랑이다. 열대 해변 정취를 고스란히 느낄 수 있는 구조로 넓은 야외 정원과 숲, 바다가 이어진다. 자연을 훼손하지 않고 고급스런 분위기를 최대한 살렸다. 태국 음식과 시푸드를 메인으로 요리하며, 간단하게 식사할 수 있는 단품 메뉴도 있다. 해질 때가 분위기가 가장 좋지만, 평온한 아침에 방문해도 나쁘지 않다.

Map P.217-B1 주소 400/1098 Moo 12, Thanon Kasetsin 전화 06-3174-9399 홈페이지 www.facebook.com/TheOxygenPattaya 영업 11:00~22:00 메뉴 영어, 태국어 예산 메인요리 285~995B(+7% Tax) 가는 방법 스카이 갤러리에서 남쪽으로 500m.

NightLife

해변과 더불어 파타야를 찾는 최대의 목적은 나이트라이프다. 배 나온 유럽 아저씨들과 문신한 태국 여자들이 손잡고 다니는 풍경은 파타야에서는 매우 흔하다. 워킹 스트리트와 파타야 랜드로 대표되는 거대한 환락가 이외에도 파타야에서 즐길 수 있는 밤 문화는 다양하다. 라이브 음악을 연주하거나 시원한 생맥주를 파는 곳은 식당보다 더 많이 지천에 널려 있다.

알카자 ★★★
Alcazar

알카자 쇼

파타야뿐만 아니라 태국을 대표하는 공연이다. 일반 공연과 달리 '까터이(트랜스젠더)'들이 무대에 올라온다. 무희들은 미인대회를 통해 선발된 아름다운 미모의 '까터이'들이다.

무희들이 한 시간 동안 펼치는 공연은 각 나라의 다양한 무용과 노래로 꾸며 버라이어티하다. 공연이 끝난 후에는 무대에 섰던 출연진과 기념사진 촬영도 가능하다. 기념 촬영 후에 팁을 주는 건 필수.

Map P.218-A3 주소 78/14 Thanon Pattaya Sai Song 전화 0-3841-0224~7 홈페이지 www.alcazarthailand. com 공연 시간 17:00, 18:20, 20:00 요금 800B(VIP) 가는 방법 타논 파타야 싸이 썽의 쎈탄 마리나(쇼핑몰)에서 도보 5분.

텝쁘라씻 야시장(딸랏 텝쁘라씻) ★★★★
Thepprasit Night Market

파타야에서 가장 크고 가장 유명한 야시장이다. 많은 사람들이 찾아오면서 현재는 평일에도 문을 여는 상설 야시장으로 변모했다. 상점 구역과 음식 구역을 구분해 500여개 상점이 빼곡히 들어서 있다. 저렴한 의류, 티셔츠, 신발, 가방, 양말, 속옷, 인형, 액세서리를 판매한다. 진정한 로컬 시장답게 노점 식당도 다양하고 음식 값도 저렴하다.

Map P.217-B2 주소 18 Thanon Thep Prasit 영업 17:00~22:00 메뉴 영어, 태국어 가는 방법 타논 텝쁘라씻 거리 북쪽에 있다. 타논 텝쁘라씻 거리 초입에서 썽태우(합승 요금 10B)를 타면 된다.

홉스 브루 하우스 ★★★
Hops Brew House

직접 제조한 생맥주를 맛볼 수 있는 펍을 겸한 이탈리아 레스토랑. 실내는 3층 구조로 피자 전용 화덕에서 구워내는 커다란 피자도 인기 있다. 전속 라이브 밴드가 올드 팝을 연주한다.

Map P.218-A1 주소 219 Thanon Hat Pattaya(Beach Road) 전화 08-7560-5555 홈페이지 www.hops brewhouse.com 영업 16:00~24:00 메뉴 영어, 태국어 예산 180~450B(+17% Tax) 가는 방법 파타야 해변 도로(타논 핫 파타야)에서 로열 가든 플라자를 바라보고 왼쪽으로 50m 떨어져 있다.

워킹 스트리트 ★★★
Walking Street

파타야를 대표하는 환락가다. 저녁이 되면 차량이 통제된다. 대부분 섹스와 연관된 업소들이지만 건전한 라이브 음악을 연주하는 곳도 더러 있다. 파타야 유명 시푸드 레스토랑도 해변을 끼고 영업하고 있어 파타야를 찾은 여행자들은 한 번쯤 들러 가는 곳이다.

Map P.218-B1 위치 파타야 해변 도로 남단 영업 18:00~03:00 예산 맥주 120~180B 가는 방법 파타야 해변 도로(타논 핫 파타야) 남쪽 끝에서 연결된다.

>> 파타야Pattaya 223

Accommodation

관광도시답게 호텔은 넘쳐난다. 파타야 밤 문화가 목적이라면 핫 파타야에 묵으면 되고, 조용히 쉴 생각이라면 핫 쫌티엔에 숙소를 정하자. 모든 호텔은 해변과 가까울수록 요금이 비싸진다.

핫 파타야 Hat Pattaya(Pattaya Beach)

저렴한 숙소는 거의 없고 고급 호텔들이 해변에 들어서 있다. 중급 호텔들은 해변에서 한 블록 안쪽으로 떨어진 타논 파타야 싸이 썽에 있다.

호텔 비스타 ★★★
Hotel Vista

야외 수영장을 갖춘 깔끔한 3성급 호텔이다. 객실 크기는 32㎡로 발코니가 딸려 있어 객실이 한결 여유롭다. 골목 안쪽에 있어서 전망은 별로다. 비수기(5월 1일~9월 30일)에는 방 값이 할인된다.
Map P.218-B3 주소 196 Thanon Hat Pattaya(Pattaya Beach Road) Soi 4 전화 0-3805-2300 홈페이지 www.hotelvista.com/pattaya/ 요금 딜럭스 3,000B, 클럽 럭스 Club Luxx 4,500B 가는 방법 파타야 해변 도로와 타논 파타야 싸이 썽 Pattaya 2nd Road을 연결하는 Soi 4(쏘이 씨)에 있다.

싸얌 @ 싸얌 디자인 호텔 파타야
Siam@Siam Design Hotel Pattaya ★★★★

해변과 접해 있진 않지만 스타일리시한 디자인으로 인기가 높다. 호텔 입구부터 로비, 레스토랑, 객실은 물론 야외 수영장까지 호텔 전체를 커다란 미술관처럼 꾸몄다. 24층에는 더 루프 스카이 바 The Roof Sky Bar, 25층 옥상에는 야외 수영장이 있다.
Map P.218-B3 주소 390 Moo 9, Thanon Pattaya Sai Song(Pattaya 2nd Road) 전화 0-3893-0600 홈페이지 www.siamatpattaya.com 요금 레저 클래스 4,200B, 비즈 클래스 5,400B 가는 방법 타논 파타야 싸이 썽에서 해변도로로 향하는 Soi 2(쏘이 썽) 골목 입구에 있다.

싸얌 베이쇼어 호텔 ★★★★
Siam Bayshore Hotel

파타야 해변의 남단에 위치한 4성급 호텔이다. 넓은 열대 정원이 매력인 곳으로 도로를 사이에 두고 해변과 접해있다. 넓은 부지에 만든 야외 수영장과 정원을 만끽할 수 있다. 호텔만 나서면 워킹 스트리트가 나오고, 선착장도 가깝다.
Map P.218-B1 주소 559 Moo 10 Thanon Hat Pattaya (Beach Road) 전화 0-3842-8678 홈페이지 www.siambayshorepattaya.com 요금 딜럭스 3,800~4,500B 가는 방법 파타야 해변 최남단에 있다. 워킹 스트리트가 끝나는 쏘이 씹혹 Soi 16과 가깝다.

그랑데 센터 포인트 스페이스
Grande Centre Point Space ★★★★☆

그랑데 센터 포인트에서 운영하는 5성급 호텔로 490개 객실을 운영한다. 스페이스라는 이름에서 알 수 있는 우주 공간을 모티브로 디자인했다. 독특한 인테리어는 화이트, 블루, 퍼플 컬러를 이용해 몽환적인 느낌을 준다. 널찍한 야외 수영장은 워터 파크를 연상시킨다.
Map P.218-B3 주소 888 Moo 5, Thanon Naklua (Pattaya-Na Kluea Road) 전화 0-3326-8888 홈페이지 www.spacepattaya.com 요금 스페이스 딜럭스 6,800B, 스페이스 스위트 1만 2,000B 가는 방법 타논 나끄르아(나끄아) 쏘이 20 옆에 있다. 터미널 21(쇼핑몰)에서 400m.

하드록 호텔 ★★★★
Hard Rock Hotel

전 세계에서 네 번째, 아시아에서 두 번째로 문을 연 하드록 호텔의 지점이다. 록과 호텔이라는 콘셉트를 접목시켜 젊은층에게 각광받고 있다. 유명 록 아티스트들이 사용하던 소품을 이용해 호텔을 꾸민 것이 가장 큰 특징이다. 야외 수영장은 모래를 공수해 와 실제 해수욕장처럼 꾸몄다.

Map P.218-B2 주소 429 Thanon Hat Pattaya(Beach Road) 전화 0-3842-8755~9 홈페이지 www.hardrockhotels.net/pattaya 요금 시티 뷰 4,700B, 시 뷰 5,200~6,000B 가는 방법 ①파타야 해변 도로(타논 핫 파타야) 중간의 하드록 카페 Hard Rock Cafe 옆에 있다. ②알카자 공연장에서 400m.

오조 노스 파타야(롱램 오쏘 파타야 느아)
OZO North Pattaya ★★★★

태국 리조트 회사에서 운영하는 4성급 호텔이다. 해변 초입의 중심가에 있어 접근성이 좋다. 외관에서 볼 수 있듯 신축한 호텔이라 깨끗하고 시설이 좋다. 객실은 밝고 심플한 컬러로 디자인했으며 침대와 소파가 구비되어 있다. 객실은 27㎡ 크기로 작은 편이다. 야외 수영장은 성인용과 아동용으로 구분되어 있다.

Map P.219-B3 주소 240/43 Pattaya Beach Road 전화 0-3841-9419 홈페이지 www.ozohotels.com/pattaya 요금 슈피리어 2,800~3,400B, 딜럭스 3,600~4,700B 가는 방법 파타야 해변 도로 초입에 있다. 두씻 리조트 맞은편, 아마리 오션 파타야(호텔) 뒤쪽에 있다.

우드랜드 호텔 & 리조트 ★★★★
Woodlands Hotel & Resort

대형 호텔이라기보다 고급 리조트에 가까운 숙소다. 3층짜리 나지막한 건물들이 정원에 가득한 나무들에 감싸여 열대지방의 자연적 정취가 가득히 전해진다. 모두 135개의 객실이 있는데 수영장을 끼고 있는 방들이 더 좋다.

Map P.218-B3 주소 164/1 Moo 5 Thanon Naklua 전화 0-3842-1707 홈페이지 www.woodland-resort.com 요금 슈피리어 3,600B, 딜럭스 4,600~5,500B, 스위트 7,200B 가는 방법 파타야 해변 도로(타논 핫 파타야)에서 타논 나끄르아 방향으로 두 번째 골목인 쏘이 22 옆에 있다.

케이프 다라 리조트 ★★★★☆
Cape Dara Resort

웡아맛 해변의 한적한 해안선 끝자락에 자리한 5성급 호텔이다. 264개 객실을 운영하는 대형 리조트로 25층 건물의 객실에서 바다 전망이 시원하게 펼쳐진다. 파타야 중심가에서 떨어져 있어, 관광보다는 휴양하기 적합한 호텔이다.

Map P.218-B3 주소 256 Dara Beach, Thanon Naklua Soi 20 전화 0-3893-3888 홈페이지 www.capedarapattaya.com 요금 딜럭스 6,800~7,600B, 딜럭스 테라스 9,500~1만 1,000B 가는 방법 타논 나끄르아(나끄아) 쏘이 20 골목 끝에 있다.

홀리데이 인 ★★★★
Holiday Inn

4성급 호텔인 홀리데이 인에서 2009년에 문을 연 최신 호텔이다. 파타야 해변 도로를 차지한 고급 호텔들과 마찬가지로 객실에서 수려한 전망을 제공한다. 최신 호텔답게 객실과 설비가 흠잡을 데 없이 깔끔하다.

Map P.218-B3 주소 463/68 Thanon Hat Pattaya Soi 1 전화 0-3872-5555 홈페이지 www.holidayinn-pattaya.com 요금 오션 뷰 4,900~5,300B, 오션 뷰 스위트 6,800B 가는 방법 파타야 해변 도로(타논 핫 파타야) 북쪽의 아마리 파타야(리조트) 옆에 있다.

힐튼 파타야 호텔 ★★★★★
Hilton Pattaya Hotel

'힐튼'에서 운영하는 럭셔리 호텔이다. 파타야 해변 도로 정중앙에 있어 위치가 좋고, 쇼핑몰과 접해 있어 편리하다. 호텔 로비는 16층에 있고 객실은 19층부터 33층까지 들어서 있다. 현대적인 디자인과 넓은 객실, 인피니티 풀까지 객실과 부대시설도 수준급이다.

Map P.218-A2 주소 333/101 Moo 9, Pattaya Beach Road 전화 0-3825-3000 홈페이지 www.pattaya.hilton.com 요금 트윈 딜럭스 8,300~9,700B 가는 방법 파타야 해변도로에 있는 센탄 페스티벌 파타야 비치(백화점)와 같은 건물이다.

아마리 오션 파타야(아마리 호텔)
Amari Ocean Pattaya ★★★★★

태국의 대표적인 호텔 회사인 아마리 호텔(롱램 아마리)에서 운영한다. 해변도로에 현대적인 건물을 신축해 업그레이드 되었다. 해변을 끼고 있어 멀리서도 눈에 띄며 객실 전망이 뛰어나다. 모두 297개의 객실을 갖춘 5성급 호텔이다. 딜럭스 오션 뷰 Deluxe Ocean View는 49㎡로 동급 호텔보다 넓다.
Map P.218-B3 주소 Thanon Hat Pattaya 전화 0-3841-8418 홈페이지 www.amari.com 요금 딜럭스 4,500~5,800B 가는 방법 해변 도로(타논 핫 파타야) 초입에 있다.

쎈타라 그랜드 미라지 비치 리조트 ★★★★★
Centara Grand Mirage Beach Resort

쎈타라 호텔에서 운영하는 5성급 리조트. 두 동의 건물에 객실 555개를 운영한다. 호텔 규모에 걸맞게 거대한 야외 수영장은 워터 파크를 연상시킨다. 키즈 클럽과 아동용 수영장까지 가족단위 여행자들을 위한 시설도 잘 돼 있다. 웡아맛 해변과 접하고 있어 파타야 시내에 비해 차분하다.
Map P.218-B3 주소 Thanon Naklua Soi 18, Wong Amat Beach 전화 0-3830-1234 홈페이지 www.centarahotelsresorts.com 요금 딜럭스 오션 뷰 6,800~8,200B 가는 방법 타논 나끄르아 쏘이 18 안쪽 끝에 있는 웡아맛 해변에 있다.

프라땀낙 Phra Tamnak

핫 파타야에서 핫 좀티엔으로 넘어가는 언덕에 있는 호텔들이다. 숙소가 대부분 독립된 해변을 끼고 있어 개인 공간을 충분히 보장받으며 쉴 수 있다.

버드 & 비 리조트 ★★★☆
Birds & Bees Resort

독립 해변과 두 개의 수영장을 갖춘 자연적인 느낌의 리조트다. 대형 호텔들과 달리 객실이 정원에 듬성듬성 배치되어 여유로움과 편안함을 더한다. AIDS 예방과 가족계획에 관한 방대한 활동을 펼치고 있는 PDA에서 운영한다. 해변을 끼고 있는 야외 레스토랑인 캐비지 & 콘돔 Cabbages & Condoms도 분위기가 좋다.
Map P.217-B2 주소 366/11 Moo 12 Thanon Phra Tamnak Soi 4 전화 0-3825-0556~7 홈페이지 www.cabbagesandcondoms.co.th 요금 슈피리어 3,000B, 딜럭스 5,150B 가는 방법 타논 프라땀낙 쏘이 4 골목 안쪽 끝으로 아시아 파타야 호텔 Asia Pattaya Hotel 옆에 있다.

로열 클리프 리조트 ★★★★★
Royal Cliff Resort

모두 4개의 호텔을 한곳에서 운영하는 파타야를 대표하는 리조트다. 모든 호텔은 5성급 이상으로 전부 다른 수영장과 두 개의 독립 해변을 보유하고 있다. 바다 쪽 전망이 보이는 방을 얻어야 로열 클리프의 제대로 된 맛과 멋을 느낄 수 있다.
Map P.218-B1 주소 353 Thanon Phra Tamnak 전화 0-3842-2389 홈페이지 www.royalcliff.com 요금 로열 클리프 비치 호텔 4,800B(시뷰), 로열 클리프 비치 테라스 5,500B(미니 스위트), 로열 윙 1만 3,000B(스위트) 가는 방법 ①타논 프라 땀낙에서 썽태우로 5분. ②바리 하이 선착장에서 해변 도로를 따라 썽태우로 5분.

인터컨티넨탈 파타야 리조트 ★★★★★
Intercontinental Pattaya Resort

좁은 부지에 고층으로 세운 대형 호텔들과 달리 넓은 정원을 중심으로 빌라 형태의 객실이 들어서 있다. 야외 수영장과 호텔 투숙객들을 위한 전용 해변이 있어 방해받지 않고 휴식을 취하게 해준다. 객실은 모두 156개의 스위트 룸으로 구성된다.
Map P.218-B1 주소 437 Thanon Phra Tamnak 전화 0-3825-9888 홈페이지 www.pattaya.intercontinental.com 요금 가든 8,600B, 오션 뷰 9,300B, 딜럭스 파빌리온 1만 2,000B 가는 방법 타논 프라 땀낙에서 썽태우로 5분.

Ko Samet

꼬 싸멧 เกาะเสม็ด

　　방콕과 가장 가까운 거리에 있는 섬이다. T자 모양의 길이 7km에 불과한 작은 섬이지만 무려 14개의 해변을 갖고 있다. 휴양섬의 필수 요소인 곱고 하얀 모래와 파란 바다는 기본이다. 지리적으로 방콕과 가깝다고 해서 섬이 무제한적으로 개발된 것은 아니다. 1981년 꼬 싸멧 전체가 램야 꼬 싸멧 국립공원 Laem Ya Ko Samet National Park으로 지정되어 보호되고 있다. 선착장과 가까운 핫 싸이 깨우와 아오 웡드안 두 곳의 해변을 제외하면 아직도 한적한 해변이 많다. 한마디로 화려함보다는 소박함을 간직한 젊음의 섬이다.

　　주말이 되면 태국 젊은이들도 찾아와 활기 넘치고, 다양한 해양스포츠도 즐길 수 있다. 시끌벅적함이 싫다면 나무 그늘 아래에서 책을 보면 그만. 또한 밤이 되면 젊음의 섬답게 낭만적인 술집들이 해변에 하나 둘 생긴다. 도시의 번잡함이 싫다면, 멀리 떠날 시간적인 여유가 없다면, 꼬 싸멧보다 좋은 휴양지는 없다. 그곳에서는 섬의 낭만을 즐기자.

INFORMATION

국립공원 입장료

꼬 싸멧은 국립공원으로 지정되어 있다. 외국인은 태국인에 비해 무려 10배나 비싼 200B을 내야한다. 선착장 또는 핫 싸이깨우 해변 입구의 국립공원 관리소에서 입장료를 받는다.

은행 · 환전

육지와 떨어져 있기 때문에 편의시설이 부족하여 은행은 아직 없다. 일부 호텔에서 환전이 가능하지만 환율이 좋지 않기 때문에 육지에서 미리 환전해 가는 게 좋다. ATM은 나단 선착장, 국립공원 관리소 앞, 핫 싸이 깨우, 아오 월드안의 말리부 가든 리조트에 설치되어 있다.

병원

만약 응급 상황이 생긴다면 나단 선착장과 핫 싸이 깨우 중간쯤에 있는 꼬 싸멧 보건소를 찾자.
전화 0-3861-1123 운영 월~금 08:30~21:00, 토~일 08:30~16:30

ACCESS

방콕에서 버스를 타고 반페 Ban Phe까지 간 다음, 보트를 타고 꼬 싸멧의 나단 선착장(타르아 나단) Nadan Pier으로 가야 한다.

방콕 → 반페

방콕의 주요 터미널에서 미니밴(롯뚜)이 출발한다. 오전 7시부터 오후 5시 30분까지 한 시간 간격으로 출발하며, 편도 요금은 200~230B이다. 일반적으로 방콕 동부 버스 터미널(콘쏭 에까마이)를 이용하지만, 머칫 미니밴 정류장(머칫 북부 버스 터미널 맞은편)에서 미니밴을 타도된다. 반드시 선착장이 있는 반페 Ban Phe(영어로 Phe Pier)로 가야 한다. 에어컨 버스는 첫차이 투어(버스 회사) Cherdchai Tour에서 방콕(에까마이)—반페 노선을 하루 세 번(09:00, 11:00, 14:00) 운행한다. 편도 요금은 184B이다. 방콕에서 너무 늦게 버스를 타면 섬에서 숙소 잡기가 곤란하므로 아침에 출발하는 게 좋다. 가능하면 방콕 출퇴근 시간도 피하는 게 좋다.

카오산 로드에서 출발할 경우 여행사에서 운영하는 미니밴을 타면 된다. 섬까지 들어가는 보트 요금까지 포함되어 편리하다. 오전 8시에 출발한다. 요금은 편도 550B, 왕복 1,000B이다.

반페 → 방콕

반페에서 방콕으로 돌아올 때도 미니밴을 이용해야 한다. 동부 터미널(에까마이), 북부 터미널(머칫), 남부 터미널(싸이따이) 3개 노선이 있다. 정해진 정류장은 없고, 반페 선착장 앞의 도로에 있는 미니밴 매표소를 이용해야 한다. 버스표를 사서 기다리면 된다. 오전 4시부터 오후 6시까지 40분 간격으로 운행된다. 편도 요금은 230~250B이다.

누안팁 선착장 앞쪽 카페 아마존 Cafe Amazon 골목에 있는 첫차이 투어 버스 정류장 Cherdchai Tour Bus Terminal을 이용해도 된다. 방콕(에까마이)까지 하루 세 번(10:00, 14:00, 16:00) 출발하며, 편도 요금은 184B 이다.

방콕을 오갈때 이용하는 미니밴
누안팁 선착장

반페 → 꼬 싸멧

반페 버스 정류장 앞에 있는 누안팁 선착장(타르아 누안팁) Nuan Thip Pier과 페 선착장(타르아 페. 선착장 매표소에 영어로 Tarua Phe라고 적혀있다)에서 꼬 싸멧을 드나드는 보트가 출발한다. 두 선착장은 150m 거리로 가깝다. 일반 여행자라면 누안팁 선착장을 이용하면 된다. 보트 운행 시간은 오전 9시부터 오후 5시까지로 약 1시간 간격(비수기는 2시간 간격)으로 출발한다.

육지를 출발한 보트는 꼬 싸멧의 나단 선착장(타르아 나단) Na Dan Pier으로 향한다. 섬까지 40분 걸리며 왕복 요금은 슬로 보트 120B, 스피드 보트 300B이다

(나단 선착장 이용료 20B 별도). 돌아오는 보트도 오전 8시부터 오후 6시까지 운행된다. 참고로 아오 웡드안 Ao Wongdeuan과 아오 프라오 Ao Phrao행 보트도 있다. 편도 요금은 150B이며, 7명 이상이 타야 출발한다. 두 해변은 고급 리조트가 많아 자체적으로 전용 보트를 운영한다.

섬의 구조상 보트가 도착하는 나단 선착장을 중심으로 썽태우 노선이 결정되며, 거리에 따라 30~60B으로 요금이 달라진다. 썽태우는 10명 이상이 모이면 출발하지만, 혼자서 썽태우 한 대 요금을 전부 낸다면 택시처럼 이용도 가능하다.

가까운 해변끼리는 얼마든지 걸어서 다닐 수 있다. 핫 싸이 깨우에서 아오 풋싸까지는 해변이 거의 붙어 있다고 해도 과언이 아닐 정도로 썽태우보다는 걷는 게 편하다. 아오 티안, 아오 와이, 아오 끼우나옥 등은 걷기에 먼 거리이므로 썽태우를 타도록 하자.

TRANSPORTATION 시내 교통

섬 안에서의 이동은 썽태우가 유일한 교통수단이다.

Beach 꼬 싸멧의 해변

선착장과 가까운 핫 싸이 깨우 Hat Sai Kaew가 가장 발달해 있다. 아오 힌콕 Ao Hin Khok에는 배낭여행자가 선호하는 저렴한 방갈로가 많다.

`해변`

나단(싸멧 빌리지) Nadan(Samet Village)

나단 선착장에서 국립공원 관리소(매표소)까지 이어지는 내륙 도로에 마을이 형성되어 있다. 해변을 끼고 있지 않기 때문에 특별한 분위기나 전망은 기대하지 말 것.

바바도스 테라스 ★★★
Barbados Terrace

내륙 도로에 있지만 정원이 잘 갖추어져 여유롭다. 주변의 저렴한 게스트하우스들과 달리 방갈로 형태로 되어 있다. 리셉션 뒤쪽의 일반 건물은 딜럭스 룸으로 이루어졌는데 방도 넓고 LCD TV까지 있어 시설이 좋다.
Map P.230-B1 전화 0-3864-4299, 08-6711-5440 요금 방갈로 1,200B(에어컨, 개인욕실, TV, 냉장고), 딜럭스 더블 1,500B(에어컨, 개인욕실, TV, 냉장고)

모스맨 하우스 ★★★
Mossman House

콘크리트 건물로 저렴한 게스트하우스 중에서도 상대적으로 시설이 괜찮다. 타일이 깔린 객실은 깨끗하며 방 청소를 매일 해 준다. 객실 바깥으로 발코니가 딸려 있다. 국립공원 관리소 앞의 세븐 일레븐 옆에 있다.
Map P.230-B1 전화 0-3864-4017, 0-3864-4046 요금 더블 1,200~2,000B(에어컨, 개인욕실, TV, 냉장고)

`해변`

핫 싸이 깨우 Hat Sai Kaew

나단 선착장에서 가장 가까운 해변인 동시에 가장 번화한 해변이다. '보석 모래의 해변'이라는 뜻처럼 고운 모래가 해변에 가득하다. 태국 사람들과 단체 관광객들이 많이 묵는다.

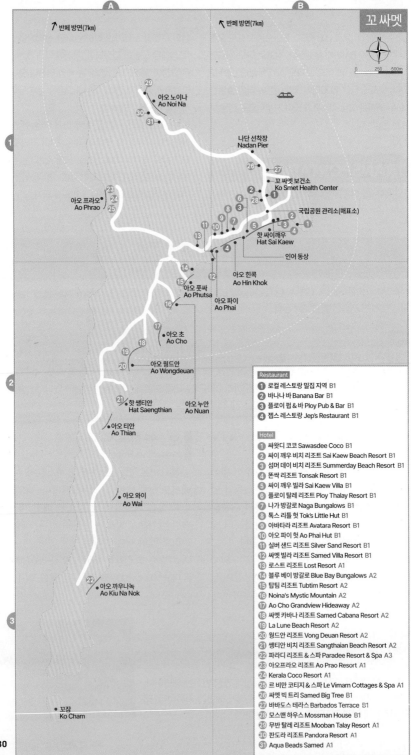

꼬 싸멧

반페 방면(7km)

반페 방면(7km)

아오 노이나
Ao Noi Na

나단 선착장
Nadan Pier

꼬 싸멧 보건소
Ko Smet Health Center

국립공원 관리소(매표소)

아오 프라오
Ao Phrao

핫 싸이깨우
Hat Sai Kaew

인어 동상

아오 힌콕
Ao Hin Khok

아오 풋싸
Ao Phutsa

아오 파이
Ao Phai

아오 초
Ao Cho

아오 웡드안
Ao Wongdeuan

아오 누안
Ao Nuan

핫 쌩티안
Hat Saengthian

아오 티안
Ao Thian

아오 와이
Ao Wai

아오 까우나녹
Ao Kiu Na Nok

꼬짬
Ko Cham

Restaurant
1. 로컬 레스토랑 밀집 지역 B1
2. 바나나 바 Banana Bar B1
3. 플로이 펍 & 바 Ploy Pub & Bar B1
4. 젭스 레스토랑 Jep's Restaurant B1

Hotel
1. 싸왓디 코코 Sawasdee Coco B1
2. 싸이 깨우 비치 리조트 Sai Kaew Beach Resort B1
3. 섬머 데이 비치 리조트 Summerday Beach Resort B1
4. 똔싹 리조트 Tonsak Resort B1
5. 싸이 깨우 빌라 Sai Kaew Villa B1
6. 플로이 탈레 리조트 Ploy Thalay Resort B1
7. 나가 방갈로 Naga Bungalows B1
8. 톡스 리틀 헛 Tok's Little Hut B1
9. 아바타라 리조트 Avatara Resort B1
10. 아오 파이 헛 Ao Phai Hut B1
11. 실버 샌드 리조트 Silver Sand Resort B1
12. 싸멧 빌라 리조트 Samed Villa Resort B1
13. 로스트 리조트 Lost Resort A1
14. 블루 베이 방갈로 Blue Bay Bungalows A2
15. 탑팀 리조트 Tubtim Resort A2
16. Noina's Mystic Mountain A2
17. Ao Cho Grandview Hideaway A2
18. 싸멧 카바나 리조트 Samed Cabana Resort A2
19. La Lune Beach Resort A2
20. 웡드안 리조트 Vong Deuan Resort A2
21. 쌩티안 비치 리조트 Sangthaian Beach Resort A2
22. 파라디 리조트 & 스파 Paradee Resort & Spa A3
23. 아오프라오 리조트 Ao Prao Resort A1
24. Kerala Coco Resort A1
25. 르 비만 코티지 & 스파 Le Vimarn Cottages & Spa A1
26. 싸멧 빅 트리 Samed Big Tree B1
27. 바바도스 테라스 Barbados Terrace B1
28. 모스맨 하우스 Mossman House B1
29. 무반 탈레 리조트 Mooban Talay Resort A1
30. 판도라 리조트 Pandora Resort A1
31. Aqua Beads Samed A1

싸왓디 코코 ★★★
Sawasdee Coco

핫 싸이깨우 해변에 있는 숙소 중에 상대적으로 저렴한 편에 속한다. 내륙을 향해 객실이 일렬로 들어서 있어 대부분의 객실에서는 바다가 보이지 않는다. 콘크리트 단층 건물이 마주보고 있어 불편할 수 있다. 객실은 화이트 톤으로 미니멀하게 꾸몄다.
Map P.230-B2 전화 08-5515-3666 요금 더블 2,100~2,800B(에어컨, 개인욕실, TV, 냉장고) 가는 방법 핫 싸이깨우 해변 북쪽에 있다.

섬머 데이 비치 리조트 ★★★☆
Summerday Beach Resort

해변을 끼고 있는 단층 건물로 객실 6개를 운영한다. 아늑한 화이트 톤으로 꾸민 객실은 벽돌과 통유리 창문으로 인해 시원스럽다. 객실 앞쪽의 테라스와 나무 그늘 아래서 여유롭게 시간을 보내기 좋다. 수영장은 없다.
Map P.230-B1 전화 08-6549-9414 홈페이지 www.summerdaybeachresort.com 요금 더블 4,200B, 패밀리 5,400B

싸이 깨우 비치 리조트 ★★★★
Sai Kaew Beach Resort

핫 싸이 깨우에서 가장 좋은 시설의 리조트다. 해변 서쪽의 넓은 부지에 정원과 수영장을 만들어 분위기가 좋다. 객실은 바다와 잘 어울리는 파란색으로 화사하게 꾸며 시원한 느낌을 준다. 일반 객실은 딜럭스 더블로 객실 크기는 30㎡로 평범하다. 코티지 딜럭스는 독립 방갈로 형태로 이루어졌다.
Map P.230-B1 전화 0-3864-4195~7 홈페이지 www.samedresorts.com 요금 딜럭스 코티지 7,900B, 프리미어 더블 8,700B

해변

아오 힌콕 Ao Hin Khok

핫 싸이 깨우 남쪽에 있으며 인어 동상을 경계로 해변이 구분된다. '돌에 둘러싸인 해안'이라는 뜻. 해변은 길지 않지만 모래가 곱고 나무 그늘이 많아 외국 여행자들에게 인기가 높다. 저렴한 숙소가 남아 있다.

아바타라 리조트 ★★★☆
Avatara Resort

아오 힌콕 해변에서 가장 유명한 숙소. 주변에 나무들이 많아서 숲 속에 들어온 느낌이 들게 한다. 수영장은 없지만 길 하나만 건너면 바다가 나오기 때문에 해변 접근성은 좋은 편이다.
Map P.230-B1 전화 08-9097-1114 홈페이지 www.avatararesort.com 요금 더블 2,600~2,800B(에어컨, 개인욕실, TV, 냉장고, 아침식사)

톡스 리틀 헛 ★★
Tok's Little Hut

시멘트로 만든 에어컨 시설의 방갈로를 운영한다. 온수 샤워가 가능한 개인 욕실이 있으며, TV, 안전 금고를 갖추고 있어 객실 시설은 비교적 무난하다. 언덕을 끼고 있어 방갈로들이 촘촘히 붙어있는 편이며, 위치에 따라 전망이 달라진다.
Map P.230-B1 전화 0-3846-4072~3 홈페이지 www.tok-littlehut.com 요금 더블 1,200~1,500B(에어컨, 개인 욕실, TV), 패밀리 1,800~2,000B(에어컨, 개인 욕실, TV, 냉장고)

인어 동상

아오 힌콕 해변

아오 파이 Ao Phai

'대나무 해안'이라는 뜻으로 아오 힌콕과 더불어 배낭족들의 거점이 되는 해변이다. 아오 힌콕에 비해 해변은 작으나, 파도가 잔잔하다. 해변 남쪽에는 가족들이 묵을 만한 경제적인 리조트가 있다.

로스트 리조트 ★★★
Lost Resort

리조트가 아니라 평범한 게스트하우스다. 해변이 아닌 내륙도로에 있다. 울창한 나무숲이 우거져 있어 한적한 느낌을 준다. 복층으로 이루어진 콘크리트 건물로 특별함은 없지만 무난한 크기의 깨끗한 객실을 운영하고 있다. 해변에서 300m 떨어져 있다.

Map P.230-A1 전화 08-9939-8976 요금 더블 800B(선풍기, 개인욕실, TV), 더블 1,200~1,500B(에어컨, 개인욕실, TV)

실버 샌드 리조트 ★★★
Silver Sand Resort

정원과 하얀색 방갈로가 잘 어울리는 숙소. 아침식사가 포함되는 중급 리조트로 객실은 TV와 냉장고를 갖추고 있다. 객실은 넓은 편으로 발코니가 딸려 있다. 리조트 규모도 크고 손님도 많기 때문에 친절한 서비스를 기대하긴 힘들다.

Map P.230-B1 전화 03-8644-300~1 홈페이지 www.silversandsamed.com 요금 가든 뷰 2,500B, 시뷰 2,800B(에어컨, TV, 냉장고, 아침식사)

싸멧 빌라 리조트 ★★★☆
Samed Villa Resort

아오 파이 해변 남쪽 끝에 있는 고급 리조트다. 해변과 접한 잘 가꾸어진 정원에 만든 빌라 형태의 숙소로 해변과 가까울수록 방 값이 비싸진다. 4명이 잘 수 있는 패밀리 룸도 있다. 비수기(5~7월)에 30% 할인된다.

Map P.230-B1 주소 89 Moo 4 Ao Phai 전화 0-3864-4094, 0-3864-4161 홈페이지 www.samedvilla.com 요금 스탠더드 방갈로 1,700~1,900B, 슈피리어 방갈로 2,600~2,900B(에어컨, TV, 개인욕실, 아침식사)

아오 풋싸 Ao Phutsa

'대추 해변'이라는 뜻의 작고 한적한 해변이다. 아오 힌콕과 아오 파이의 해변 분위기와 사뭇 다른 차분한 느낌이 든다. '석류 해변'이라는 뜻의 아오 탑팀 Ao Thapthim으로 부르기도 한다.

탑팀 리조트 ★★★
Tubtim Resort

아오 풋싸 해변의 왼쪽에 위치했다. 다양한 형태의 방갈로를 운영하며, 최대 6명까지 수용하는 큰 방갈로도 있다. 에어컨 시설의 새 방갈로는 해변쪽과 가깝다.

Map P.230-A2 전화 0-3864-4025~7 홈페이지 www.tubtimresort.com 요금 더블 800~1,300B(선풍기, 개인욕실), 더블 2,000~2,300B(에어컨, TV, 개인욕실, 아침식사)

블루 베이 방갈로 ★★★
Blue Bay Bungalows

조그마한 해변인 아오 풋싸 해변의 오른쪽에 있다. 잘 꾸며진 목조 방갈로들을 운영하며 가격에 비해 방갈로 시설이 좋다. 모두 욕실을 겸비하고 있으며 해변과 가까워 전망도 좋다.

Map P.230-A2 전화 09-8760-9979 홈페이지 www.bluebay.asia 요금 더블 1,200B(에어컨, 개인욕실, TV, 냉장고), 시뷰 더블 2,400B(에어컨, 개인욕실, TV, 냉장고)

해변

아오 누안 Ao Nuan

아오 풋싸에서 오솔길을 따라 언덕을 넘으면 나타나는 아주 작은 해변이다. 바위가 많아 수영하기에는 별로다. 하지만 열대 정글 같은 숲속이 특별한 분위기를 제공한다. 숙소도 한 곳밖에 없다.

노이나 미스틱 마운틴 ★★★
Noina's Mystic Mountain

숲속에 아담한 방갈로들이 잘 꾸며져 있다. 주변의 해변과 달리 한적하고 조용하게 지내기 좋다. 방갈로에서 운영하는 레스토랑은 저녁이 되면 가족적인 분위기를 연출해 포근하다. Map P.230-A2 전화 09-5935-1563 요금 더블 800B (선풍기, 공동욕실), 더블 1,500~2,000B(선풍기, 개인욕실)

해변

아오 웡드안 Ao Wongdeuan

꼬 싸멧 남쪽에서 가장 번화한 해변이다. 해변이 초승달 모양을 닮아 웡드안이라는 이름이 붙여졌다. 핫싸이 깨우와 비슷한 분위기로 중급 호텔들이 많다. 반떼 선착장에서 정기적으로 보트가 드나들기 때문에 바닷물은 그리 깨끗하지 않다. 밤이 되면 해변에 자리를 깔고 영업하는 바 bar들이 많이 생긴다.

싸멧 카바나 리조트 ★★★☆
Samed Cabana Resort

단독 빌라 형태로 가격에 보답하는 깨끗하고 깔끔한 시설을 자랑한다. 바다를 끼고 있는 비치프런트가 가장 비싸며, 가족을 위한 4인실도 운영한다. 야외 수영장을 갖추고 있다. Map P.230-A2 전화 0-3864-4320 홈페이지 www.samedcabana.com 요금 트윈 3,300~4,400B(에어컨, TV, 개인욕실, 아침식사)

라 룬 비치 리조트 ★★★
La Lune Beach Resort

해변 중앙에 있는 3성급 리조트. 수영장을 감싸고 두 동의 건물이 좌우로 들어서 있다. 수영장 방향으로 발코니가 달려 있는데, 맞은편 객실이 보인다. Map P.230-A2 전화 0-3864-8500 홈페이지 www.lalunebeachresort.com 요금 더블 2,600~3,600B(에어컨, 개인욕실, TV, 냉장고, 아침식사)

웡드안 리조트 ★★★☆
Vong Deuan Resort

아오 웡드안에서 가장 좋은 시설을 자랑한다. 코티지 형태의 딜럭스 룸은 넓은 정원을

아오 웡드안

아오 풋싸

끼고 만들어 자연적인 편안함을 최대로 느낄 수 있다.
Map P.230-A2 전화 0-3864-4171~4 홈페이지

www.vongdeuan.com 요금 딜럭스 트윈 2,900B(에어컨, TV, 개인욕실), 타이 하우스 4,500B(에어컨, TV, 개인욕실), 비치프런트 5,000B

해변

아오 초 Ao Cho

아노 누안 남쪽에서 다시 오솔길을 따라 5분 정도 걸어가면 나오는 해변이다. '꽃송이 해변'이라는 뜻으로 이름처럼 아름다운 바다를 간직하고 있다. 특히 나무로 만든 선착장이 운치를 더한다. 해변의 크기에 비해 조용한 편이다.

아오초 그랜드뷰 하이드어웨이
Ao Cho Grandview Hideaway ★★★☆

싸멧 그랜드뷰 리조트에서 운영한다. 현대적인 시설의 3성급 리조트로 해변을 끼고 있어 분위기가 좋다. 가든 뷰, 스위트 오션 프런트, 힐사이드 딜럭스, 그랜드 풀 빌라까지 위치에 따라 객실 크기와 전망이 다르다.
Map P.230-A2 홈페이지 www.grandviewgroup resort.com 요금 슈피리어 3,200~4,400B, 스위트 7,800~9,600B

해변

아오 프라오 Ao Phrao

꼬 싸멧 서쪽에 있는 해변이라 일몰 때가 되면 더욱 아름답다. 섬 동쪽에 비해 한적한 것이 특징으로 기다란 해변에는 고급 호텔 세 개만이 들어서 있다. 반페 선착장에서 정기적으로 보트가 드나들지만, 대부분 호텔 전용 스피드 보트를 타고 예약한 리조트를 들락거린다.

르 비만 코티지 & 스파
Le Vimarn Cottages & Spa ★★★★★

꼬 싸멧에서 야외 수영장을 갖춘 몇 안 되는 럭셔리한 리조트다. 28채의 단독 빌라로 이루어져 있다. 모든 객실에는 전용 발코니와 자쿠지 시설이 갖추어져 멀리 나가지 않고도 바다와 일몰을 감상할 수 있고, DVD 등 첨단 전자제품도 객실에 비치되어 편하고 쾌적하게 지낼 수 있다.
Map P.230-A1 전화 0-3864-4104~7 홈페이지 www.levimarncottagesandspa.com 요금 딜럭스 코티지 1만 2,100B, 스파 빌라 1만 3,900B

아오 프라오 리조트
Ao Prao Resort ★★★★

일몰이 아름다운 아오 프라오 해변의 왼쪽 숲속을 가득 메운 고급 리조트다. 자연적인 느낌을 최대한 살린 단아한 목조 방갈로와 해변을 가까이 둔 비치프런트 룸으로 구분된다. 넓은 부지와 정원이 매력적인 곳. 분위기 좋은 야외 레스토랑에서 근사한 아침식사를 제공한다.
Map P.230-A1 전화 0-3864-4100~3 홈페이지 www.samedresorts.com 요금 슈피리어 8,500B, 딜럭스 코티지 9,600B

Trat

뜨랏 ตราด

　　태국 동부의 아담한 도시로 꼬 창을 가려면 반드시 들러야 한다. 방콕에서 꼬 창까지 하루 만에 도착이 가능하기 때문에 뜨랏에 머무르는 여행자는 드물다. 하지만 저녁에 도착했다면 굳이 마지막 보트를 타려고 서두르기보다는 뜨랏에서 하루 머무르는 게 좋다. 저렴한 게스트하우스들이 많고, 매력적인 야시장도 여행자들을 반긴다.

　　도시 곳곳에 오래된 목조 가옥도 가득해 오래된 도시의 느낌도 풍긴다. 덕분에 특별히 볼거리가 있는 것도 아니면서 은근히 푸근해지는 도시다. 관광산업으로 태국적인 맛이 없어진 해안 도시와 달리 조용한 지방 소도시의 정취가 고스란히 남겨져 있다. 일부 여행자는 캄보디아로 가기 위해 뜨랏을 경유하기도 한다. 태국–캄보디아 국경인 핫렉 Hat Lek과 91㎞ 떨어져 있다.

ACCESS
뜨랏 가는 방법

방콕에서 항공과 버스가 연결된다. 버스는 동부 터미널(콘쑹 에까마이)과 북부 터미널(콘쑹 머칫)에서 출발한다. 동부 터미널에서 출발하는 버스가 많아서 편리하다. 야간 버스도 한 차례 운행된다. 일부 버스는 꼬 창 행 보트 선착장이 있는 램응옵 Laem Ngop까지 간다.

항공

방콕 에어웨이(홈페이지 www.bangkokair.com)에서 방콕(쑤완나품 공항)→뜨랏 노선을 독점 운항한다. 1일 2회 취항하며 편도 요금은 2,700B이다. 뜨랏 공항은 시내에서 40㎞ 떨어져 있어서 불편하지만, 선착장과는 16㎞ 거리로 가깝다.

버스

뜨랏 터미널에서는 방콕을 포함해 짠타부리(짠부리) Chanthaburi와 나콘 랏차씨마(코랏) Nakhon Ratchasima로 가는 버스가 출발한다. 방콕 노선은 북부 터미널(머칫)에 비해 동부 터미널(에까마이)이 운행 편이 많은데, 에어컨 버스와 미니버스가 함께 운행된다. 뜨랏 버스 터미널(버커써)는 시내 중심가에서 2㎞ 떨어져 있다.

보트

뜨랏에서 남서쪽으로 17㎞ 떨어진 램응옵에 보트 선착장이 있다. 꼬 창을 포함해 주변 섬으로 보트가 운행된다. 램응옵에서 출발하는 꼬 창 행 보트는 회사에 따라 사용하는 선착장이 다르다. 탐마찻 선착장(타르아 탐마찻) Thammachat Pier→아오 쌉빠롯 Ao Sapparot, 센터 포인트 선착장(타르아 센터포인트) Centerpoint Pier→단까오 선착장(타르아 단까오) Dan Kao Pier 노선이 있는데, 보편적으로 대형 카페리가 운행되는 센터포인트 선착장을 이용한다. 보트는 오전 6시부터 오후 7시까지 1시간 간격으로 운행되며, 편도 요금은 80B이다.

뜨랏 시내에서 센터포인트 선착장까지는 버스 터미널 또는 타논 쑤쿰윗에서 출발하는 썽태우를 합승하면 된다. 정해진 출발 시간이 없고 사람들이 모이는 대로 출발한다. 편도 요금은 50~80B으로 약 1시간 걸린다.

TRANSPORTATION
시내 교통

뜨랏 시내는 볼거리가 많지 않고, 재래시장을 중심으로 모든 것이 몰려 있어서 걸어 다니면 된다. 다만 버스 터미널에 갈 경우 썽태우(40B)를 타거나 오토바이 택시(30B)를 이용해야 한다.

뜨랏에서 출발하는 버스

노선	운행 시간	요금	소요시간
뜨랏 → 방콕 동부 터미널(에까마이)	07:00~22:30	279~319B	5시간 30분
뜨랏 → 방콕 북부 터미널(머칫)	07:30~20:30	290~319B	5시간 30분
뜨랏 → 쑤완나품 공항	10:00	288B	5시간

방콕에서 뜨랏으로 가는 버스

노선	운행 시간
방콕 동부 터미널(에까마이) → 뜨랏	에어컨 버스 07:45, 미니버스 04:30~18:30
방콕 북부 터미널(머칫) → 뜨랏	에어컨 버스 07:30, 미니버스 05:00~18:00

소도시라서 레스토랑이 다양하진 않다. 타논 타나짜런에는 외국인들이 선호하는 레스토랑이 몇 곳 있다. 이것저것 귀찮다면 숙소에서 운영하는 레스토랑을 이용하자.

야시장 ★★★
Night Market

뜨랏 최대의 볼거리인 동시에 최고의 먹을 거리를 제공한다. 매일 저녁 열리는 상설 시장으로, 다양한 태국 음식을 저렴하게 먹을 수 있다. 술과 음료도 저렴해 저녁 시간 여행자들에게 인기가 높다.

Map P.237 주소 Thanon Sukhumvit 영업 17:00~

야시장 풍경

22:00 메뉴 태국어 예산 50~80B 가는 방법 타논 쑤쿰윗의 끄룽씨 은행을 바라보고 오른쪽 골목 안쪽으로 들어간다.

끼아우 넝부아 เกี๊ยวหนองบัว ★★★☆
Kiew Nong Bua

1971년부터 영업 중인 곳으로 바미(에그 누들)와 완탕을 전문으로 한다. 간판에 영어로 Trat Original Egg Noodle & Wonton라고 적혀 있다. 완탕면, 죽, 내장탕, 돼지고기 덮밥, 볶음밥을 요리한다.

Map P.237 주소 Thanon Sukhumvit 전화 09-2988-8597 영업 06:00~21:00 메뉴 영어, 태국어 예산 80~200B 가는 방법 메인 도로(타논 쑤쿰윗)의 방콕 은행을 바라보고 오른쪽에 있다.

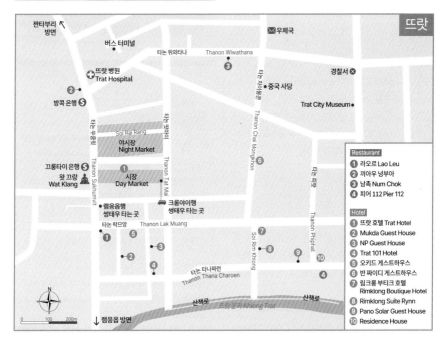

뜨랏

Restaurant
❶ 라오르 Lao Leu
❷ 끼아우 넝부아
❸ 남촉 Num Chok
❹ 피어 112 Pier 112

Hotel
❶ 뜨랏 호텔 Trat Hotel
❷ Mukda Guest House
❸ NP Guest House
❹ Trat 101 Hotel
❺ 오키드 게스트하우스
❻ 반짜이디 게스트하우스
❼ 림크롱 부티크 호텔 Rimklong Boutique Hotel
❽ Rimklong Suite Rynn
❾ Pano Solar Guest House
❿ Residence House

고급 호텔은 거의 없고, 꼬 창이나 캄보디아로 가려는 여행자들을 대상으로 한 저렴한 숙소가 대부분이다. 목조 가옥을 개조한 여행자 숙소는 타논 락므앙과 타논 타나짜런에 몰려 있다.

반 짜이디 게스트하우스 ★★★☆
Ban Jaidee Guest House

저렴하고 친절한 숙소로 홈스테이 분위기를 띤다. 객실은 모두 7개로 모든 객실은 공동욕실을 사용한다. 야시장과 가까우면서도 골목 안쪽에 있어 조용한 것도 장점이다.

Map P.237 주소 67 Thanon Chai Mongkhon 전화 0-3952-0678 요금 더블 250~300B(선풍기, 공동욕실) 가는 방법 타논 락므앙에서 왼쪽으로 연결되는 타논 차이몽콘에 있다. 야시장에서 도보 5분.

오키드 게스트하우스 ★★★
Orchid Guest House

입구는 평범한 목조 가옥이지만, 게스트하우스는 정원에 딸린 별관을 사용한다. 1층 방은 개인욕실, 2층 방은 공동욕실을 사용한다. 잘 정리된 1층 객실에 비해 2층은 다소 어수선한 편이다.

Map P.237 주소 92 Thanon Lak Muang 전화 09-2765-8400 홈페이지 www.orchidguesthousetrat. com 요금 더블 280B(선풍기, 공동욕실), 더블 350B(선풍기, 개인욕실, TV, 냉장고), 더블 450B(에어컨, 개인욕실, TV, 냉장고) 가는 방법 타논 쑤쿰윗에서 타논 락므앙 방향으로 도로를 따라 100m.

레지던스 하우스 ★★★
Residence House

거창한 이름과 달리 평범한 게스트하우스다. 말끔한 콘크리트 빌딩을 숙소로 사용한다. 모든 객실은 온수 샤워가 가능한 개인욕실과 TV가 갖추어져 있다. 일부 객실은 발코니가 딸려 있다.

Map P.237 주소 87/1-2 Thanon Thana Charoen 전화 08-9224-1866 홈페이지 www.trat-hotel-residang. com 요금 더블 380B(선풍기, 개인욕실, TV), 트윈 600~660B(에어컨, 개인욕실, TV) 가는 방법 타논 타나짜런 & 타논 피팟 삼거리 코너에 있다.

림콩 부티크 호텔 ★★★★
Rimklong Boutique Hotel

뜨랏 시내에서 있는 아늑한 호텔이다. 목조 건물 외관과 정원이 편안함을 선사한다. 객실은 부티크 호텔답게 심플하면서도 현대적으로 꾸몄다. 흰색 타일과 벽면, 흰색 침대로 이루어진 객실은 깨끗하다. 에어컨 시설에 LCD TV, 냉장고를 갖추고 있다. 아침식사는 포함되지 않는다. 아담한 카페를 함께 운영한다.

Map P.237 주소 194 Thanon Lak Muang & Soi Rim Khlong 전화 0-3952-3388, 08-1861-7181 요금 1,200~1,350B(에어컨, 개인욕실, TV, 냉장고) 가는 방법 타논 락므앙 & 쏘이 림콩 코너에 있다.

travel plus
뜨랏에서 캄보디아 가기

뜨랏에서 캄보디아 국경인 핫렉 Hat Lek(Khlong Yai Border Checkpoint)까지 90㎞ 떨어져 있습니다. 뜨랏에서 핫렉까지는 버스 터미널에서 미니밴(롯뚜)를 타고 가면 됩니다. 오전 6시부터 오후 5시까지 한 시간 간격으로 출발합니다(소요 시간 1시간 30분, 편도 요금 150B). 국경은 06:00~22:00까지 개방됩니다. 캄보디아는 비자가 필요한 나라로 국경에서 비자를 발급받아야 합니다. 30일짜리 관광 비자 신청에는 사진 한 장이 필요하며, 비자 수수료는 US$30. 캄보디아 국경에서 꼬꽁 Ko Kong까지는 8㎞ 떨어져 있다. 꼬꽁에서는 버스로 프놈펜 Phnom Penh 또는 씨하눅빌 Sihanoukville까지 갈 수 있어요.

Ko Chang

꼬 창 เกาะช้าง

    푸껫에 이어 태국에서 두 번째로 큰 섬이다. 섬은 남북으로 30㎞, 동서로 7㎞ 크기다. 섬 모양이 코끼리를 닮았다 하여 꼬 창('창'은 코끼리라는 뜻)이라고 부른다. 카오 쌀락펫 Khao Salak Phet(해발 740m)을 중심으로 섬 내륙은 폭포와 열대 정글로 뒤덮여 있다. 해변을 따라 도로가 나 있을 뿐, 섬 내부는 아직도 미지의 세계로 남아 있다. 이는 섬 전체가 국립공원으로 지정되어 있기 때문이다. 꼬 창은 주변의 51개의 작은 섬들과 함께 무 꼬 창 해양국립공원 Mu Ko Chang Marine National Park으로 보호되고 있다.

    꼬 창은 동쪽에 비해 서쪽 해변이 아름다워 개발도 많이 진행된 상태다. 개발의 여파를 타고 고급 리조트가 들어서며 '태국 동쪽의 푸껫'이라는 고급 휴양지 건설에 박차를 가하고 있다. 해변의 뒤로는 야자 수와 열대 정글이 병풍처럼 펼쳐지며 열대 섬의 풍취를 고스란히 풍긴다. 해변마다 각기 다른 분위기인데, 배낭여행자들은 저렴한 방갈로와 파티가 어우러지는 핫 타남(론리 비치) Hat Tha Nam(Lonely Beach)을 상대적으로 선호한다.

INFORMATION 여행에 필요한 정보

은행 · 환전

주요 해변에 은행이 들어서 있다. 가장 붐비는 핫 싸이카오에 은행이 많다. 방콕 은행과 까씨꼰 은행, 끄룽타이 은행이 영업 중이다. 작은 해변인 핫 타남(론리 비치)과 아오 바이란에는 은행이 없고 ATM만 설치되어 있다.

우체국

핫 싸이카오 남쪽에 있는 핫 까이묵에 우체국이 있다. 방바오 선착장의 세븐일레븐 옆에도 우편물 취급소가 있다.

병원

방콕 병원에서 운영하는 인터내셔널 클리닉 International Clinic(전화 0–3955–1555)이 가장 현대적인 시설이다. 핫 싸이카오에 있으며 24시간 응급실을 운영한다.

여행 시기

건기(11~4월)와 우기(5~10월)가 극명하게 나뉘며, 건기가 여행하기에 좋다. 최고 성수기인 12월과 1월은 방 값 인상폭이 크다.

주의사항

꼬 창에서도 기본적인 여행 안전에 주의해야 할 필요가 있다. 굴곡이 심한 해변 도로를 간직한 꼬 창은 오

토바이 사고가 빈번한 곳이다. 특히 섬의 남쪽은 산길을 오르내리고 커브길이 많아서 안전에 유의해야 한다. 경미한 사고에도 병원 진료비가 비싸기 때문에 오토바이 초보 운전자라면 썽태우를 이용하는 게 바람직하다.

해변은 수영에 적합하지만 우기인 5~9월에는 주의를 요한다. 핫 싸이카오, 아오 크롱프라오, 핫 타남(론리 비치)은 우기에 파도가 높은 편이다. 해변에 수영을 금지하는 안내판이 붙으면 잘 따르도록 하자.

ACCESS 꼬 창 가는 방법

꼬 창과 가장 가까운 육지에 있는 도시인 뜨랏에서 보트를 타고 섬을 드나든다. 보트가 출발하는 곳은 뜨랏에서 남서쪽으로 17km 떨어진 램응옵 Laem Ngop이다. 램응옵의 센터포인트 선착장(타르아 센터포인트) Centerpoint Pier에서 보트를 타면 50분 만에 꼬 창의 단까오 선착장(타르아 단까오) Dan Kao Pier에 닿는다. 꼬 창과 가장 가까운 공항도 뜨랏에 있다. 뜨랏에서 출발하는 항공과 버스 정보는 P.236 참고.

버스

방콕 동부 터미널(에까마이)과 방콕 북부 터미널(머칫)에서 뜨랏행 버스가 출발한다. 운행 편수가 많은 동부 터미널에서 버스를 타는 게 편리하다. 일부 버스는 램응옵 선착장까지 직행(방콕 출발 07:45, 편도 요금 292B)한다. 자세한 버스 출발 시간은 P.236 참고.

쑤완나품 공항에서 꼬 창까지 직행하는 교통편도 있

다. 쑤완나품 부라파 버스 Suvarnabhumi Burapa(홈페이지 www.swbbus.com)에서 운행한다. 공항 1층 8번 회전문 앞에 있는 안내 데스크에서 예약이 가능하다. 1일 2회 (07:00, 11:00) 출발하며, 편도 요금은 650~750B이다. 섬

내부의 주요 해변을 들리므로 원하는 호텔에 내릴 수 있다. 꼬 창→쑤완나품 공항으로 돌아오는 버스도 매일 2회(10:00, 13:00) 출발한다. 이때는 호텔이나 여행사에서 예약하고 정확한 픽업 시간을 확인해야 한다. 공항이 아니라 방콕까지 가려면 램응옵이나 뜨랏에서 버스를 타면 편하다(P.236 참고).

여행사 버스

카오산 로드에서 출발할 경우 여행사에서 운영하는 버스를 이용하면 편리하다. 터미널까지 갈 필요 없이 숙소 또는 여행사에서 픽업해 준다. 오전 5시에 출발하며, 편도 요금은 900B, 왕복 요금은 1,800B이다. 꼬 창까지 보트 요금과 섬 안의 숙소까지 픽업 요금 포함된다. 픽업 시간과 보트 탑승 시간을 포함해 7~8시간 정도 걸린다. 꼬 창→방콕(카오산 로드) 노선은 12:00시에 출발한다.

보트

꼬 창에서 육지로 가려면 단까오 선착장 또는 아오 쌉빠롯 Ao Sapparot에서 보트를 타면 된다. 일반적으로 단까오 선착장에서 보트를 타고 램응옵의 센터포인트 선착장으로 이동한다. 보트는 오전 6시 30분부터 오후 6시 30분까지 한 시간 간격으로 출발하며 편도 요금은 80B이다. 램응옵에서는 썽태우로 뜨랏까지 간 다음 터미널에서 버스를 타면 방콕에 갈 수 있다.

꼬 창에서 주변 섬으로 가려면 방바오 선착장(타르아 방바오) Bang Bao Pier을 이용한다. 슬로 보트(09:00 출발)와 스피드 보트(09:30, 12:00 출발)가 성수기에만 운행된다. 노선은 꼬 창→꼬 와이 Ko Wai→꼬 캄 Ko Kham→꼬 라양 Ko Rayang→꼬 막 Ko Mak→꼬 꿋 Ko Koot 방향으로 이동하며 섬마다 들러 승객을 태우

고 내린다. 보트 티켓은 여행사나 숙소에서 예매가 가능하다. 해변의 위치에 따라 픽업 요금을 받는 경우가 있으므로 예약할 때 픽업 여부를 반드시 확인하자.

보트 요금

꼬 창→꼬 와이 : 슬로 보트 400B, 스피드 보트 500B

꼬 창→꼬 캄·꼬 라양·꼬 막 : 슬로 보트 500B, 스피드 보트 900B

꼬 창→꼬 꿋 : 슬로 보트 700B, 스피드 보트 1,200B

TRANSPORTATION 시내 교통

섬이 워낙 커서 걸어서 다니는 건 불가능하다. 섬 내부에서는 수시로 돌아다니는 하얀색 썽태우를 타면 된다. '택시 Taxi'라고 커다랗게 쓰여 있어서 쉽게 구분된다. 특별한 정류장 없이 해안 도로를 따라 한 방향으로 진행하며 사람들을 태우고 내린다.

합승으로 운행되는 썽태우는 요금이 정해져 있다. 단까오 선착장을 출발 기준으로 핫 싸이카오까지 50B, 아오 크롱프라오까지 80~100B, 핫 타남(론리 비치)까지 100~150B, 방바오까지 200B이다. 해변에서 해변으로 갈 때는 100B을 요구한다. 탑승하기 전에 요금을 확인해야 한다. 썽태우는 10~12명이 탈 때까지 출발하지 않는 경우가 많기 때문에, 비수기에는 사람이 모일 때까지 오랫동안 기다리는 경우가 흔하다. 승객이 적을 경우 추가 요금을 내고 타면 된다. 숙소가 발달한 서쪽 해안과 달리 동쪽 해안은 썽태우 운행이 적어서 이동하는 데 불편하다.

자유롭게 움직이고 싶다면 오토바이를 대여하면 된다. 해변 곳곳에 오토바이 대여소가 널려 있는데 하루에 200B을 받는다. 급경사의 산길이 많아 초보 운전자라면 오토바이보다는 썽태우를 이용하는 게 좋다.

센터포인트 선착장

해변을 오가는 썽태우

꼬창 개념도

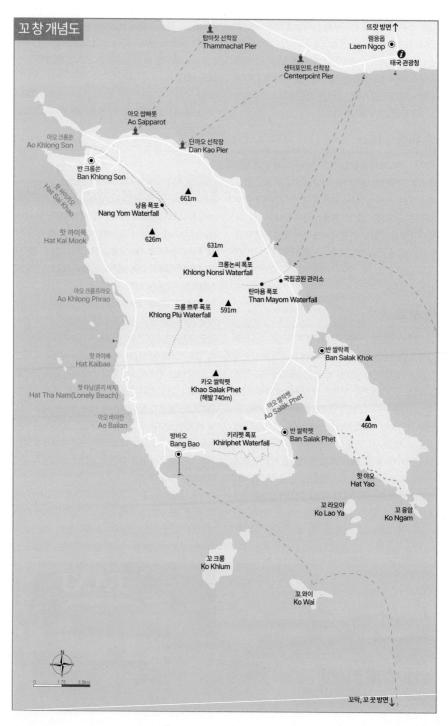

탐마찻 선착장
Thammachat Pier

센터포인트 선착장
Centerpoint Pier

뜨랏 방면 ↑

램응옵
Laem Ngop

태국 관광청

아오 쌉빠롯
Ao Sapparot

단까오 선착장
Dan Kao Pier

아오 크롱쏜
Ao Khlong Son

반 크롱쏜
Ban Khlong Son

핫 싸이카오
Hat Sai Khao

661m

낭욤 폭포
Nang Yom Waterfall

핫 까이묵
Hat Kai Mook

626m

631m

크롱논씨 폭포
Khlong Nonsi Waterfall

국립공원 관리소

탄마욤 폭포
Than Mayom Waterfall

아오 크롱프라오
Ao Khlong Phrao

크롱 쁘루 폭포
Khlong Plu Waterfall

591m

핫 까이배
Hat Kaibae

반 쌀락콕
Ban Salak Khok

핫 타남(론리 비치)
Hat Tha Nam(Lonely Beach)

카오 쌀락펫
Khao Salak Phet
(해발 740m)

아오 쌀락펫
Ao Salak Phet

아오 바이란
Ao Bailan

방바오
Bang Bao

키리펫 폭포
Khiriphet Waterfall

반 쌀락펫
Ban Salak Phet

460m

핫 야오
Hat Yao

꼬 라오야
Ko Lao Ya

꼬 응암
Ko Ngam

꼬 크룸
Ko Khlum

꼬 와이
Ko Wai

N

0   1.75   3.5km

꼬막, 꼬꿋 방면 ↓

Attraction

섬 서쪽의 해변이 가장 큰 볼거리다. 해변마다 다른 특징을 보이므로 본인의 취향과 예산에 따라 숙소를 결정하면 된다. 섬에 머무는 동안 수영, 카약, 스쿠버다이빙을 즐길 수 있다. 해변과 달리 미개발 상태인 섬 내륙 지역에는 열대 정글과 폭포가 많다. 열대 정글 깊숙이 들어가려면 여행사를 통해 전문가와 함께 트레킹(1일 850~1,200B)에 참여해야 하지만, 폭포까지는 등산로가 잘 표시되어 있어 어렵지 않게 다녀올 수 있다. 코끼리 트레킹은 1시간에 850B이다.

서쪽 해변에서는 아오 크롱프라오 해변에서 이어지는 크롱 쁘루 폭포(남똑 크롱 쁘루) Khlong Plu Waterfall 가 방문하기 가장 쉽다. 해변에서 폭포까지 600m 떨어져 있다. 다만, 국립공원으로 지정되어 외국인에게 200B이라는 엄청난 입장료를 받는다.

남국의 정취가 가득한 꼬 창

열대 정글로 우거진 꼬 창

Activity

꼬 창은 주변 섬들을 둘러보는 아일랜드 호핑 투어 Island Hopping Tour가 발달했다. 보통 꼬 와이 Ko Wai, 꼬 랑 Ko Rang, 꼬 텅랑 Ko Thonglang, 꼬 약 Ko Yak 네 개의 섬을 방문한다. 투어에는 스노클링과 카약, 점심식사가 포함된다. 슬로 보트를 이용하면 600B, 스피드 보트를 이용하면 800~1,000B이다. 모든 여행사와 숙소에서 예약을 대행해 준다. 꼬 창과 가깝고 정기적으로 보트를 운행하는 꼬 와이는 아침에 출발하는 배를 타고 가서 시간을 보내다가 오후에 보트(왕복 요금 500B)를 타고 되돌아올 수도 있다. 꼬 창과 꼬 꿋 Ko Kut 사이의 바다에서는 스쿠버다이빙도 가능하다. 해변 곳곳에 다이빙 숍들이 성행해 인기를 실감케 한다. 아직까지 한국어 강사를 보유한 다이빙 숍은 없어 한국 여행자들이 다이빙에 참여하는 경우는 드물다. 2회 다이빙이 포함된 1일 편 다이브 Fun Dive는 3,000B, 자격증을 발급받을 수 있는 오픈 워터 코스는 1만 4,500B이다.

핫 싸이 카오

아오 크롱프라오

Beach

해변마다 각기 다른 분위기를 풍기는데, 각자의 여행 성격에 따라 해변을 결정하면 된다. 핫 싸이카오는 다양한 형태의 숙소가 있어 모든 기호를 충족시킨다. 아오 크롱프라오는 긴 해변을 따라 리조트와 방갈로가 독립적으로 운영되어 조용한 해변을 즐길 수 있다. 핫 타남(론리 비치)에는 저렴한 방갈로가 몰려 있으나, 매일 밤 파티가 열리기 때문에 조용한 밤을 보내려는 가족단위 여행자들은 다소 불편할 수 있다. 방바오는 숙박보다는 어촌 마을 풍경을 배경으로 신선한 해산물을 즐기기 안성맞춤이다. 성수기와 비수기가 극명하게 구분되는 곳인 만큼 비수기(4~10월)에는 방값이 할인되고, 성수기(11~3월)에는 방값이 인상된다.

해변

핫 싸이카오(화이트 샌드 비치) Hat Sai Khao(White Sand Beach)

선착장에서 가장 가까운 해변으로 '하얀 모래 해변'이라는 뜻이다. 2.5km 길이의 해변을 따라 야자수가 일렬로 늘어서 열대 섬의 분위기가 제대로 난다. 꼬 창에서 가장 먼저 개발된 탓에 해변을 따라 숙소가 가득 늘어서 있다. 적당한 휴식과 유흥이 가능한 해변이다. 은행과 ATM, 편의점, 인터넷, 여행사, 레스토랑, 마사지, 미니 슈퍼마켓 등 온갖 시설이 밀집해 있다. 저렴한 숙소보다는 중급 리조트들이 많다.

레스토랑

대부분의 숙소에서 레스토랑을 함께 운영하기 때문에 식사에 대한 걱정을 하지 않아도 된다. 저녁이 되면 신선한 해산물을 얼음에 재워 놓고, 즉석에서 바비큐를 요리해주는 레스토랑도 많다.

비치 탱고 레스토랑 ★★★
Beach Tango Restaurant

해변에 테이블이 놓여 있는 야외 레스토랑이다. 태국식 카레, 똠얌꿍, 팟타이 등을 요리하는 태국 음식점이지만, 외국 관광객이 많이 찾는 곳인 만큼 토스트, 버거, 피자도 요리한다. 저녁시간에는 생선을 포함한 다양한 해산물을 즐길 수 있다.
Map P.245 전화 09-6565-3916 홈페이지 www.facebook.com/BeachTangoWhiteSandBeach 영업 09:00~23:00 메뉴 영어, 태국어 예산 180~490B 가는 방법 쌩아룬 방갈로 Sang Aroon Bungalow 앞의 해변에 있다.

피프틴 팜스 ★★★
15 Palms

해변 중간에 있어 찾는 사람들이 많다. 해변의 모래 위에 쿠션까지 내놓아 바닷가 정취를 만끽할 수 있다. 버거, 피자, 파스타, 스테이크, 시푸드 바비큐 같은 유럽 메뉴로 가득하다. 술과 칵테일도 다양하다. 1999년부터 같은 자리를 지키고 있다. 숙소를 함께 운영한다.
Map P.245 전화 0-3955-1095 홈페이지 www.15palms.com 영업 09:00~23:00 메뉴 영어, 태국어 예산 220~400B 가는 방법 해변 북쪽의 KC 그랑데 리조트 오른쪽에 있다.

우디스 플레이스 ★★★
Oodie's Place

핫 싸이카오에서 라이브 밴드 음악을 들을 수 있는 대표적인 곳이다. 때로는 전문가 수준의 손님들이 무대로 올라와 라이브 밴드와 협연을 벌이기도 한다. 태국 음식을 기본으로 스테이크와 프랑스 음식을 포함한 다양한 음식을 요리한다.

Map P.245 주소 7/20 Hat Sai Khao 전화 0-3955-1193 영업 16:00~24:00 메뉴 영어, 태국어 예산 메인 요리 140~450B 가는 방법 해변 북쪽의 내륙 도로.

사바이 바
Sabay Bar ★★★

해변에서 가장 큰 규모를 자랑하는 술집. 저녁때가 되면 해변에 테이블을 내놓고 울타리를 쳐서 독자적인 공간을 확보한다. 매일 저녁 전속 라이브 밴드가 음악을 연주한다. 해변에 불춤 fire dance을 공연하는 무대도 만들어진다.

Map P.245 전화 0-3955-1098 영업 14:00~24:00 메뉴 영어, 태국어 예산 200~650B 가는 방법 쿠키 호텔 오른쪽의 해변에 있다.

멜라민 방갈로 May La Mean Bungalow
록 샌드 리조트 Rock Sand Resort
단까오 선착장 방면
인디펜던트 보 Independent Bo
Star Beach Bungalow
KC 그랑데 리조트 KC Grande Resort
세븐일레븐
경찰서
Arunee Resort
피프틴 팜스 15 Palms
Oodie's Place
The Erawan Koh Chang
쿠키 호텔 Cookies Hotel
버팔로 빌(스테이크)
사바이 바 Sabay Bar
Mac Resort
세븐일레븐
비치 탱고 레스토랑
방콕 은행
Tuk Tuk Guest House
핫 싸이카오 Hat Sai Khao
Bamboo Resort
쏘이 껏마니 Soi Kert Manee
카차 리조트 Kacha Resort
Island Lodge
Ban Pu Resort
Bella Vita
Koh Chang Grand View
Makro
Chang Buri Resort
Pla Loma Cliff Resort
N
0 175 350m
인터내셔널 클리닉 International Clinic
아오 크롱프라오 방면
핫 싸이카오
●식당 ●숙소

배낭여행자들을 위한 저렴한 방갈로부터 가족들을 위한 일급 리조트까지 숙소가 다양하다. 해변 중심가와 남쪽은 수영장을 갖춘 중급 호텔과 고급 리조트가 몰려 있다. 저렴한 목조 방갈로들은 해변 북쪽 끝자락과 새롭게 형성된 내륙 도로 안쪽의 쏘이 껏마니 Soi Kert Manee에 몰려 있다. 해변을 끼고 있는 대부분의 숙소는 시설이 허름해도 성수기에 1,000B 이상을 호가한다.

인디펜던트 보
Independent Bo ★★☆

히피스러운 분위기의 여행자 숙소다. 형형색색으로 칠한 간판과 깃발이 내걸린 목조 건물이 눈길을 끈다. 해변과 접해 있지만 대부분의 목조 방갈로는 숲속 안쪽에 위치해 있다. 모두 선풍기 시설로 10개의 방갈로를 운영한다.

Map P.245 전화 08-5283-5581 홈페이지 independent-bo.business.site 요금 더블 350B(선풍기, 공동욕실), 더블 500~800B(선풍기, 개인욕실) 가는 방법 해변 북쪽의 KC 그랑데 리조트와 록 샌드 리조트 사이에 있다.

록 샌드 리조트
Rock Sand Resort ★★★

저렴한 방갈로에서 시작해 시설을 지속적으로 업그레이드했다. 수영장은 없고 바다에서부터 바위 절벽까지 건물이 들어서 있다. 선풍기 시설의 방갈로는 뒤편에 있고, 에어컨 시설의 일반 객실은 바다가 보이는 앞쪽에 배치됐다. 바다로 테라스가 나있는 레스토랑도 훌륭한 전망을 자랑한다.

Map P.245 주소 102 Moo 4 Hat Sai Khao 전화 08-4781-0550 홈페이지 www.rocksand-resort.com 요금 더블 800~1,000B(선풍기, 개인욕실), 더블 1,700~3,100B(에어컨, 개인욕실, TV, 냉장고, 아침식사) 가는 방법 KC 그랑데 리조트를 바라보고 해변을 따라 왼쪽으로 100m 떨어져 있다.

아오 크롱프라오

아일랜드 로지 ★★★
Island Lodge

저렴한 숙소가 많은 쏘이 껏마니에 있다. 방갈로와 일반 건물로 구분돼 있는데, 모두 콘크리트로 만들어 깨끗하다. 에어컨과 TV, 냉장고 유무에 따라 요금이 달라진다. 내륙에 있어 전망이 별로인 대신 요금에 비해 시설은 괜찮다.

Map P.245 주소 Soi Kert Manee 전화 0-3961-9037 홈페이지 www.islandlodge-kochang.com 요금 더블 600~1,200B(선풍기, 개인욕실), 더블 1,500~1,800B (에어컨, 개인욕실, TV) 가는 방법 내륙도로 남쪽에 있는 카차 리조트 Kacha Resort 왼쪽 골목인 쏘이 껏마니 안쪽으로 300m 떨어져 있다.

카차 리조트 ★★★★
Kacha Resort

해변 중심가에 있어 편리한 4성급 리조트로 206개 객실을 운영한다. 해변을 끼고 있으며 바닷가 쪽으로 수영장도 있어 분위기가 좋다. 도로 건너편에 신관(힐 사이드 윙)을 증축했으며, 신관에도 별도의 수영장을 갖추고 있다.

Map P.245 주소 88/1 Moo 4 Hat Sai Khao 전화 08-7001-1558 홈페이지 www.kohchangkacha.com 요금 힐 사이드 딜럭스 3,800B, 시 사이드 딜럭스 4,600B, 딜럭스 빌라 5,800B 가는 방법 해변 중심가의 애플 리조트 옆에 있다.

KC 그랑데 리조트 ★★★★
KC Grande Resort

핫 싸이카오의 대표적인 리조트. 해변과 접해 있으며 수영장과 스파 시설까지 완비하고 있다. 힐 사이드 딜럭스 룸부터 비치프런트 빌라까지 위치에 따라 객실 시설과 전망이 다르다. 핫 싸이카우에 도착하면 가장 먼저 만나게 되는 숙소로 위치도 매우 편리하다. 수영장도 여러 개 있어서 휴양하기 좋다. 비수기(5~10월)에는 객실 요금이 40% 정도 할인된다.

Map P.245 주소 1/1 Moo 4, Hat Sai Khao 전화 0-3955-2111 홈페이지 www.kckohchang.com 요금 힐 사이드 딜럭스 5,800B, 가든 뷰 딜럭스 6,700B, 비치프런트 빌라 9,600B 가는 방법 해변 북쪽의 경찰서 앞쪽 해변에 있다. 단까오 선착장에서 들어올 경우 해변이 보이는 곳에서 내리면 된다.

`해변`

아오 크롱프라오 Ao Khlong Phrao

'코코넛 운하'라는 뜻을 가진 5km에 이르는 기다란 해변이다. 파도도 잔잔하고 야자수 나무가 해변에 가득해 바다를 즐기기에 적합하다. 부드러운 모래사장으로 인해 고급 리조트들이 속속 생겨나고 있다. 해변이 길어서 특정지역에 부대시설이 몰려 있지 않다. 수영장을 갖춘 리조트들이 많아서 방갈로나 리조트마다 독립적으로 활동하는 편이다. 핫 싸이카오에 비해 차분하게 해변을 즐길 수 있다. 해변의 중간은 열대 정글을 배경으로 한 석호가 파란빛으로 반짝이며 아름다운 풍경을 선사한다.

해변을 연결하는 내륙 도로가 길어서 특정 지역이 발달해 있지는 않다. 유명 시푸드 레스토랑이 몇 곳 있으므로 저녁시간에 방문해 보자.

넝부아 시푸드 크롱프라오 ★★★☆
Nong Bua Seafood Klong Prao

1980년부터 영업을 시작했는데 세월의 힘이 더해져 근사한 레스토랑으로 변모했다. 아오 크롱프라오 해변으로 이사하면서 규모도 커지고 분위기도 좋아졌다. 신선한 해산물을 이용해 시푸드 바비큐, 뿌 팟퐁 까리, 똠얌꿍 등을 요리한다. 쏨땀, 그린 커리를 포함해 다양한 태국 음식을 곁들여 식사하기 좋다. 태국인과 외국관광객 모두에게 인기 있다.
Map P.247 전화 06-2326-0306 영업 10:00~21:30 메뉴 영어, 태국어 예산 150~550B 가는 방법 아오 크롱프라오 초입에 있는 플로라 아이 탈레 리조트 Flora i Talay Resort 지나서 오른쪽에 있다.

까띠 컬리너리 ★★★★
Kati Culinary

내륙도로에 있는 레스토랑으로 정통 태국 음식을 요리한다. 태국 카레 페이스트를 직접 만들어 사용할 정도로 태국 음식의 고유한 맛을 잘 유지한다. 맵기는 본인의 입맛에 따라 조절이 가능하다. 먹어본 음식을 직접 배워볼 수 있는 요리 강습을 함께 운영한다. 요리 강습은 5시간에 걸쳐 3가지 요리를 배우게 된다. 수강료는 1,500B이다.
Map P.247 주소 48/7 Moo 4, Khlong Phrao Beach 전화 0-3955-7252, 08-1903-0408 홈페이지 www.kati-culinary.com 영업 월~토요일 11:00~15:00, 18:00~22:00, 일요일 18:00~22:00 메뉴 영어, 태국어 예산 220~790B 가는 방법 내륙도로 남쪽의 블루 라군 리조트 Blue Laggon Resort 입구 맞은편으로 50m.

쩨이우 시푸드 เจ๊าวซีฟู้ด ★★★★
Jae Eaw Seafood

외국인보다 현지인에게 인기 있는 해산물 식당이다. 도로변에 위치해 있어 차를 끌고 오는 태국인이 많다. 바다가 보이진 않지만 각종 생선과 새우 요리 등 신선한 해산물을 맛볼 수 있다. 기본적인 찜과 볶음 요리는 물론 똠얌꿍, 태국식 매콤한 샐러드까지 메뉴가 다양하다. 볶음밥에 채소 볶음을 곁들여 먹어도 좋다. 태국인 가족이 운영하는 곳으로 향신료나 매운 정도를 태국인 입맛에 맞췄다.
Map P.247 전화 08-1982-3954 영업 10:00~22:00 메뉴 영어, 태국어 예산 160~450B 가는 방법 내륙도로에 있는 라마야나 리조트에서 동쪽으로 600m.

아오 크롱프라오

핫 싸이카오 방면
VJ 플라자 VJ Plaza
Chai Chet Resort
코코넛 플라자 Coconut Plaza
코코넛 비치 리조트
꼬 창 파라다이스 리조트
Flora i Talay Resort
넝부아 시푸드 크롱프라오
크롱프라오 리조트
Koh Chang Seafood
Phu-Talay Seafood
Iyara Seafood
아나 리조트 & 스파
롱스테이 리조트
Santhiya Tree Resort
타이거 헛
라마야나 리조트
반 림남
쩨이우 시푸드
크롱 쁘라루 폭포 방면
Barali Beach Resort
왓 크롱프라오 Wat Khlong Phrao
아오 크롱프라오 Ao Khlong Phrao
쎈타라 꼬 창 트로피카나 리조트
까띠 컬리너리
블루 라군 리조트
The Dewa Koh Chang
Vayna Boutique
에메랄드 코브 리조트
매직 리조트
촉디 리조트
핫 까이배, 핫 타남 방면
● 식당 ● 숙소

해변을 따라 고급 리조트들이 들어서 있다. 리조트들끼리 일정한 간격을 두고 있어 북적대지 않는다. 드물기는 하지만 배낭여행자들이 선호하는 저렴한 방갈로도 해변과 접하고 있어 분위기가 좋다.

블루 라군 리조트 ★★★☆
Blue Lagoon Resort

고급 리조트가 아닌 여행자들을 위한 방갈로다. 목조 방갈로와 시멘트 방갈로로 구분된다. 방갈로마다 발코니를 만들어 편하게 휴식할 수 있다. 방갈로 앞에 이름처럼 블루 라군 (파란 석호)이 아름답게 펼쳐진다.
Map P.247 전화 0-3955-7243 홈페이지 www.kohchang-bungalows-bluelagoon.com/en/ 요금 더블 700~1,200B(선풍기, 개인욕실), 더블 1,600B(에어컨, 개인욕실, 냉장고) 가는 방법 내륙 도로 남쪽의 바빌론(레스토랑) Babylon Ristorante Pizzeria을 지나서 해변으로 향하는 길을 따라 들어간다.

반림남 ★★★☆
Baan Rim Nam

물과 접해 있는 집이란 뜻으로 수상 가옥 형태로 만들어 분위기가 좋다. 주변에 어촌 마을이 있어 현지인들의 삶과 어울릴 수 있다. 객실은 에어컨 시설로 와이파이를 무료로 사용할 수 있다. 영국-태국 커플이 운영한다. 방이 5개밖에 없으므로 미리 확인하고 찾아가자.
Map P.247 전화 08-7005-8575 요금 더블 1,100~1,600B(에어컨, 개인욕실) 가는 방법 해변 중간의 빤위만 리조트 Panviman Resort의 맞은편에 입구가 있다. 내륙도로에서는 왓 크롱프라오 옆길로 들어간다.

크롱프라오 리조트 ★★★★
Klong Prao Resort

해변은 물론 파란 석호까지 리조트 품에 안은 대형 호텔이다. 복층 건물과 방갈로들로 구성되었으며 126개의 객실을 보유한다. 스탠더드 룸부터 풀 빌라까지 시설이 제각각이다.

해변과 가깝고, 객실이 많아서 단체 관광객들이 선호하는 리조트다.
Map P.247 주소 21/1 Moo 4 Ao Khlong Phrao 전화 0-3955-1115 홈페이지 www.klongpraoresort.com 요금 스탠더드 트윈 2,500~3,000B, 딜럭스 트윈 4,300B 가는 방법 해변 북쪽에 자리한 대형 리조트로 쉽게 눈에 띈다.

아나 리조트 & 스파 ★★★★☆
Aana Resort & Spa

열대 섬의 분위기를 최대한 살린 고급 리조트다. 맹그로브 숲에서 해변에 이르는 넓은 부지에 리조트를 만들어 바다와 자연을 동시에 즐길 수 있다. 객실은 호텔 형태의 딜럭스 룸과 독립 빌라로 구분된다. 수영장도 매력적이다.
Map P.247 전화 0-3955-1539 홈페이지 www.aanaresort.com 요금 딜럭스 3,300~4,500B, 빌라 6,800~7,800B 가는 방법 해변 중간의 석호를 끼고 있다.

싼티야 트리 리조트 ★★★★☆
Santhiya Tree Resort

해변 남쪽의 조용한 바닷가에 있는 4성급 리조트. 해변과 접한 수영장에서 시작해 정원을 따라 내륙으로 들어가며 여러 동의 건물이 독립적으로 들어서 있다. 태국적인 건축 양식에 원목을 이용해 객실을 꾸몄다. 객실이 넓고 조용하지만, 접근성은 떨어진다. 정원 방향의 가든 빌라와 수영장 방향의 빌라 풀 억세스로 구분된다.
Map P.247 전화 0-3961-9040 홈페이지 www.santhiya.com 요금 가든 빌라 4,800~5,200B, 빌라 풀 억세스 7,000B 가는 방법 해변 남쪽의 타이거 헛 옆에 있다.

에메랄드 코브 리조트 ★★★★★
The Emerald Cove Resort

꼬 창에서 손꼽히는 5성급 리조트다. 해변을 끼고 근사한 수영장과 객실이 호사스러움을 선사한다. 수영장은 무려 50m 길이로 해

변과 비치파라솔이 여유롭게 어우러진다. 객
실은 50~56㎡ 크기로 널찍하며 발코니도 딸
려 있다. 목재 바닥이라서 고급스럽다.
Map P.247 전화 0-3955-2000 홈페이지 www.

emeraldcovekohchang.com 요금 딜럭스 4,800~
6,200B, 딜럭스 시 뷰 6,800~8,200B 가는 방법 해변
남쪽에 있다.

해변

핫 까이배   Hat Kaibae

아오 크롱프라오 남쪽에 있는 해변으로 선착장에서
제법 멀리 떨어져 있다. 덕분에 핫 싸이카오나 아오
크롱프라오에 비해 아담한 분위기를 풍긴다. 해변은
길지 않지만 모래사장과 야자수 가득한 열대 정글
이 어우러진다. 만조 때는 모래사장 끝까지 물이 찰
랑거리지만, 밀물 때인 아침에는 50m 가까이 물이
빠지기도 한다. 단까오 선착장까지 썽태우로 40분
정도 걸리지만, 주요 해변을 드나드는 데는 크게 불
편하지 않다.

숙소

해변 입구에 중급 숙소들이 많이 몰려 있으며, 해변 오
른쪽(남쪽)으로 갈수록 저렴한 숙소가 많다. 하지만 꼬
창이 개발되면서 저렴한 방갈로들은 점점 자취를 감
추고 있다.

폰 방갈로   ★★★
Porn's Bungalow

핫 까이배에서 오랫동안 배낭여행자에게 인
기를 얻고 있는 방갈로다. 바다와 인접해 있으며
레스토랑을 함께 운영한다. 숙박하지 않더라도
편한 분위기의 레스토랑을 찾는 이들이 많다.
전화 08-0613-9266 홈페이지 www.pornsbungalows-
kohchang.com 요금 더블 600~1,300B(선풍기, 개
인욕실) 가는 방법 해변 남쪽 끝 부분의 시 뷰 리조트
Sea View Resort 옆에 있다.

K.B. 리조트   ★★★☆
KB Resort

수영장을 갖춘 중급 호텔이다. 일반 호텔
건물과 독립 방갈로를 구분해 운영한다. 모든

방갈로는 발코니가 딸려 있으며, 창문이 넓어
서 시원스럽다. 해변을 끼고 있어서, 대부분
의 방갈로에서 해변이 바라다 보인다.
전화 0-3955-7125 홈페이지 www.kbresort.com
요금 트윈 2,800~3,700B(에어컨, 개인욕실, TV, 냉장
고, 아침식사) 가는 방법 해변 북쪽에 있다. 내륙도로
에서 핫 까이배 해변으로 진입하면 바로 보인다.

가든 리조트   ★★★★
Garden Resort

바닷가에서는 떨어져 있지만 열대 정원을
갖춘 아늑한 리조트다. 잔디 정원과 야외 수
영장이 잘 갖추어져 있다. 객실은 단독 빌라
형태로 널찍하다. 대나무 틀로 짜서 만든 침
대와 대나무 의자, LCD TV, 냉장고, 안전 금
고까지 객실 설비도 좋다. 수영장을 끼고 있
는 빌라들이 분위기가 더 좋다. 해변까지는
걸어서 5분 정도 걸린다.
전화 09-9012-0299 홈페이지 www.gardenresort
kohchang.com 요금 더블 1,800~2,500B(에어컨, 개
인욕실, TV, 냉장고, 아침식사) 가는 방법 핫 까이배 해
변으로 들어가기 전의 내륙도로에 있다.

핫 타남(론리 비치) Hat Tha Nam(Lonely Beach)

핫 타남이란 이름보다 영어 명칭인 '론리 비치'로 더 유명하다. 이름과 달리 외로운 해변이 아니라 파티가 성행하는 젊은 분위기의 해변이다. 주요 해변에 비해 상업 시설이 부족해 낮에는 다소 한적해 보이지만, 밤에는 떠들썩해진다. 핫 타남이 지금처럼 파티 비치로 변모한 이유는 핫 싸이카오가 고급 리조트들로 변모하면서 비싼 물가를 피해 배낭여행자들이 한적한 해변을 찾아 남쪽으로 이주해왔기 때문이다.

1km에 이르는 고운 모래를 간직한 모래해변에서 낮시간을 보내다가, 밤에 심심하다 싶으면 파티가 열리는 바를 찾아가 음악과 춤을 즐기면 된다. 해변 북쪽은 수심이 깊기 때문에 수영할 때 주의가 필요하다. 파티가 목적이 아니라 단순히 저렴한 방갈로 때문에 핫 타남을 찾았다면, 파티가 열리는 내륙 도로 중심가의 술집 주변을 피해 숙소를 잡는 게 좋다.

레스토랑 & 나이트라이프

대부분의 숙소에서 레스토랑과 바를 함께 운영한다. 유럽인들이 많은 곳인 만큼 토스트+커피로 이루어진 아침 세트와 샌드위치, 파스타 같은 음식들이 흔하다. 해변과 접해 있는 레스토랑들은 야외 테라스 형태로 편안하다. 일몰 시간에 특히 손님들이 많다. 내륙 도로에도 레스토랑들이 많다.

많은 레스토랑들이 술을 함께 팔기 때문에 특별히 식당과 술집의 구분은 없다. 하지만 밥보다 술에 치중하는 곳들이 있기 마련인데, 바닷가를 끼고 있어 일몰을 볼 수 있는 뷰티풀 바 Beautiful Bar가 대표적이다. 해변으로 들어가는 길목에도 띵똥 바 Ting Tong Bar와 힘멜 바 Himmel Bar를 비롯해 술집들을 어렵지 않게 볼 수 있다.

숙소

모래사장이 짧아서 해변에는 숙소가 많지 않다. 해변 남쪽 내륙 도로를 따라 배낭여행자들을 염두에 둔 저렴한 방갈로들이 들어서 있다. 꼬 창에서 가장 저렴한 방을 구할 수 있지만, 개발 붐은 핫 타남도 예외가 아니어서 고급 리조트들이 점점 잠식해 들어오는 중이다. 많은 숙소에서 바를 운영하며 음악을 틀기 때문에 파도 소리를 들으며 잠자는 건 어렵다.

시플라워 리조트 ★★★
Seaflower Resort

바다와 접해 있는 방갈로 형태의 숙소다(수영하려면 해변까지 걸어가야 한다). 잔디 정원과 야자수 나무 아래 방갈로들이 촘촘히 붙어 있다. 핑크 색의 콘크리트 방갈로들로 모기장과 온수 샤워가 가능한 개인 욕실을 갖추고 있다. 바다와 가까운 방갈로들이 월등히 좋다.

Map P.251 전화 08-2213-1100 요금 더블 600~700B(선풍기, 개인욕실), 더블 900~1,200B(에어컨, 개인욕실, TV, 냉장고) 가는 방법 내륙도로의 상가 지역에서 바다로 향하는 진입로를 따라 들어가면 된다.

리틀 에덴 방갈로 ★★★☆
Little Eden Bungalows

해변과 접한 어수선한 방갈로가 아니라 섬 내륙에 있는 깔끔한 방갈로다. 견고한 목조 방갈로로 모두 개인욕실이 딸려 있다. 더운물 샤워 가능 여부에 따라 요금이 다르다. 테라스 형태의 레스토랑을 운영한다. 비수기 요금은 500B 부터.

Map P.251 전화 08-4867-7459 홈페이지 www.little edenkohchang.com 요금 더블 890~1,000B(선풍기, 개인욕실), 더블 1,400~1,750B(에어컨, 개인욕실, TV, 냉장고)

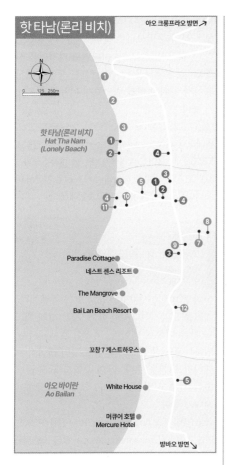

핫 타남(론리 비치)

아오 크롱프라오 방면 ↗

핫 타남(론리 비치)
Hat Tha Nam
(Lonely Beach)

아오 바이란
Ao Bailan

Paradise Cottage
네스트 센스 리조트
The Mangrove
Bai Lan Beach Resort

꼬창 7 게스트하우스

White House

머큐어 호텔
Mercure Hotel

방바오 방면 ↘

Restaurant
1. Beautiful Bar
2. The CoCo
3. Dang Seafood
4. Family Coffee
5. Bailan Restaurant

Entertainment
1. 띵똥 바 Ting Tong Bar
2. Himmel Bar
3. 매직 가든 Magic Garden
4. 더 더트 The Dirt

Hotel
1. 싸얌 비치 리조트 Siam Beach Resort
2. 네이처 비치 리조트 Nature Beach Resort
3. Bhumyama Beach Resort
4. Sunset Hut
5. 선플라워 The Sunflower
6. 시플라워 리조트 Seaflower Resort
7. 리틀 에덴 방갈로 Little Eden Bungalows
8. 오아시스 방갈로
9. Beach Jungle
10. Carpe Diem Guest House
11. 와라뿌라 리조트 Warapura Resort
12. Lazy Republique

가는 방법 해변 남쪽 내륙 도로에 형성된 상가 지역에 있는 삼거리에서 언덕길 안쪽으로 300m 들어간다. 리틀 에덴 방갈로를 지나서 골목 끝에 있다.

파라다이스 코티지 ★★★☆
Paradise Cottage

핫 타남 해변에서 멀찌감치 떨어져 있다. 방갈로 주변으로 야자수와 바나나 나무가 우거져 한적하다. 콘크리트로 만든 시 프런트(Sea front)는 바다와 접해 있다. 뒤쪽으로 갈수록 방갈로는 저렴해지는데, 목조 방갈로는 매트리스와 모기장, 개인욕실을 갖춘 간단한 구조다. Map P.251 전화 0-3955-8122 홈페이지 www. paradisecottageresort.com 요금 가든 방갈로 1,000~1,800B(선풍기, 개인욕실), 시 뷰 1,500~2,500B(에어컨, 개인욕실) 가는 방법 핫 타남의 내륙 도로를 지나서 아오 바이란으로 들어가는 초입에 있다. 해변에서 내륙 도로를 따라 도보 10분.

와라뿌라 리조트 ★★★☆
Warapura Resort

젊은 감각의 부티크한 리조트다. 아담한 수영장과 어울리는 하얀색의 빌라는 평온한 느낌을 준다. 나무 바닥 또는 시원한 시멘트 바닥으로 객실을 산뜻하게 꾸몄다. 넓은 창문과 야외 테라스까지 갖추고 있다. 바닷가와 접해 있는 야외 레스토랑도 여유롭다. 리조트 앞쪽의 바다는 바위가 많아서 수영하기는 어렵다. Map P.251 전화 08-9696-0966 홈페이지 www. warapuraresort.com 요금 코지 빌라 2,000B(에어

가는 방법 해변 남쪽 내륙 도로에 형성된 상가 지역에 있는 삼거리에서 언덕길 안쪽으로 250m 들어간다.

오아시스 방갈로 ★★★★
Oasis Bungalows

바다가 아니라 마을 중앙의 뒤쪽 언덕에 위치해 있다. 깔끔하고 시설 좋은 방갈로를 운영한다. 방갈로에 딸린 개인욕실은 개방형으로 천장이 없어서 시원하고 상쾌하다. 테라스 형태의 레스토랑에서는 멀리 바다가 보인다. 바다와 떨어진 것을 제외하면 만족스런 숙소다. Map P.251 전화 08-1721-2547 홈페이지 www.oasis-kohchang.com 요금 더블 550~850B(선풍기, 개인욕실), 더블 1,400~1,600B(에어컨, 개인욕실, TV, 냉장고)

컨, 개인욕실, TV, 냉장고, 아침식사), 시사이드 빌라 3,400B 가는 방법 해변 남쪽 끝에서 도보 8~10분. 마을 중심가까지 도보 5분.

네이처 비치 리조트 ★★★☆
Nature Beach Resort

수영장을 갖춘 숙소로 목조 방갈로를 없애고 콘크리트 빌라로 새롭게 지어졌다. 정원과 수영장 주변 빌라는 전면이 통유리로 되어있다. 객실에는 TV, 냉장고, 전기포트, 안전금고까지 갖춰져 있으며 테라스가 딸려 있다. 수영장 앞쪽의 해변까지 직행할 수도 있다. 해변을 끼고 있는 숙소 중에 가성비가 좋은 편에 속한다. 상업시설이 있는 중심가까지는 600~700m 떨어져 있다.

Map P.251 전화 08-1803-8933 홈페이지 www.facebook.com/NatureBeachKohChang 요금 더블 1,400B(에어컨, 개인욕실), 가든 빌라 1,800B(에어컨, 개인욕실, TV, 냉장고), 프론트 빌라 2,200B(에어컨, 개인욕실, TV, 냉장고) 가는 방법 핫 타남(론리 비치) 해변 북쪽에 있다.

네스트 센스 리조트 ★★★★☆
Nest Sense Resort

해변 남쪽의 한적한 곳에 있는 소규모 리조트로 18개 객실을 운영한다. 단독 빌라 형태의 시 사이드 빌라와 복층 건물에 들어선 딜럭스 룸으로 구분된다. 화이트 톤의 객실은 넓은 통창과 발코니를 갖추고 있어 시원스럽다. 부티크 리조트답게 미니멀한 디자인을 강조했다. 수영장을 갖추고 있다. 중심가에서 떨어져 있어 바다를 바라보며 여유롭게 지내기 좋다.

Map P.251 전화 09-2510-5005, 08-0668-3559 홈페이지 www.nestsenseresort.com 요금 딜럭스 3,800B, 시 사이드 빌라 4,500B, 풀 빌라 5,500~8,000B 가는 방법 핫 타남의 내륙 도로를 지나서 아오 바이란으로 내려가는 언덕길 초입에 있다.

머큐어 호텔 ★★★★
(머큐어 꼬 창 하이드어웨이)
Mercure Hotel
(Mercure Koh Chang Hideaway)

아오 바이란 해변에 있는 고급 호텔이다. 해변을 독차지하다시피 할 정도로 141개 객실을 갖춘 대형 호텔이다. 머큐어 호텔에서 운영하는 곳답게 밝고 심플한 느낌의 객실이 트렌디한 느낌을 준다. 야외 수영장과 전용 해변을 갖추고 있다. 해변은 작지만 조용하게 지내기 좋다.

Map P.251 주소 Ao Bailan(Bailan Bay) 전화 0-3961-9111 홈페이지 www.mercure.com 요금 스탠더드 3,800B, 딜럭스 시 뷰 4,800B 가는 방법 핫 타남(론리 비치) 남쪽의 아오 바이란(바이란 베이) 해변에 있다.

해변

방바오 Bang Bao

아오 바이란에서 남쪽으로 4㎞ 떨어진 꼬 창 서쪽 해안선의 최남단이다. 선착장을 중심으로 형성된 어촌 마을로 방바오 빌리지 Bang Bao Village라고도 불린다. 꼬 창 주변의 섬을 오가는 보트들과 스노클링, 스쿠버다이빙을 위해 출항하는 모든 보트가 방바오 선착장을 이용한다. 선착장을 따라 수상 가옥 형태로 만든 레스토랑들은 꼬 창에서 가장 훌륭한 시푸드 요리를 선사한다. 선착장에서 동쪽으로 2㎞ 떨어진 곳에 모래해변인 핫 방바오 Hat Bang Bao가 있다. 관광객이 모두 사라지는 저녁이 되면 조용한 어촌 마을로 되돌아온다.

선착장을 따라 시푸드 레스토랑이 경쟁적으로 영업하고 있다. 어촌 마을인 만큼 신선한 해산물로 다양한 요리를 선보인다. 대부분 바다를 향해 테라스 형태로 만들었기 때문에 전망이 좋다.

르안 타이 ★★★☆
Ruan Thai

방바오에서 가장 유명한 태국 식당이다. 각종 여행 책자와 태국 방송에 여러 차례 소개됐다. 신선한 해산물을 이용한 다양한 태국 요리가 입맛을 돋운다. 쏨땀, 모닝글로리 볶음, 타이 오믈렛, 똠얌꿍 등을 곁들여 식사하면 된다. 옆에 있는 차오레 시푸드 Chow Lay Seafood도 음식 맛과 인지도에서 결코 뒤지지 않는다.
전화 0-3951-0924 홈페이지 www.ruanthaikohchang.com 메뉴 영어, 태국어 예산 250~800B 가는 방법 상가가 형성된 선착장을 따라 들어가면 가장 먼저 나오는 레스토랑이다.

쩌퍼디 카페 ★★★☆
Jerpordee Cafe

외국 여행자들에게 사랑받았던 부다 뷰(레스토랑) Buddha View가 간판을 바꿔 달았다. 바다를 끼고 있는 수상 가옥 형태의 건물이다. 테라스 형태의 개방형 레스토랑으로 나무 바닥에 테이블과 쿠션을 놓아 편안한 분위기

방바오 선착장 끝에 있는 등대

를 연출한다. 태국 음식과 시푸드를 메인으로 요리한다. 커피와 과일 음료도 다양해 쉬어가기 좋다. 숙소를 함께 운영한다.
전화 06-2627-5591 홈페이지 www.facebook.com/Jerpordee 영업 09:00~20:00 메뉴 영어 예산 140~350B 가는 방법 방바오 딜라이트(레스토랑) Bang Bao Delight 지나서 선착장 중간에 있다.

뷰 탈레 카페 ★★★
View Talay Cafe

선착장 상가지역 끝부분에 있는 밝은 느낌의 카페. 에어컨 시설과 야외 테라스로 구분되어 있다. '탈레'는 바다라는 뜻인데, 이름처럼 바다를 보며 시원한 음료를 마시기 좋다. 커피, 밀크 티, 스무디를 포함해 태국 사람들이 선호하는 달달한 음료가 많은 편이다. 크로와상과 샌드위치도 판매한다.
전화 08-3025-7757 메뉴 영어, 태국어 예산 80~99B 가는 방법 선착장 끝자락에 있다.

선착장을 따라 수상 가옥 형태의 호텔이 많다. 어촌 마을의 가정집을 개조했으며 바다와 접하고 있어서 분위기가 좋다.

쩌퍼디 레지던스 ★★★☆
Jerpordee Residence

바다를 끼고 있는 수상 가옥 형태의 숙소. 고급 레지던스가 아니라 게스트하우스에 가깝다. 객실은 목조 건물 특유의 운치가 느껴진다. 개인 욕실은 시멘트와 타일로 되어 있다. 한적한 분위기로 테라스 형태의 레스토랑을 겸한 야외 공간에서 널브러지기 좋다. 객실이 몇 개 없어서 홈스테이처럼 지낼 수 있다.
전화 06-2627-5591 홈페이지 www.facebook.com/Jerpordee 요금 더블 850B(에어컨, 개인욕실) 가는 방법 방바오 딜라이트(레스토랑) Bang Bao Delight 지나서 선착장 중간에 있다.

Phetburi (Phetchaburi)

펫부리(펫차부리) เพชรบุรี

11세기 크메르 제국 시대부터 존재하던 오래된 도시다. 16세기부터 안다만 해협의 항구도시와 아유타야 제국을 연결하던 무역도시로 등장하며 발전했다. 중개무역로는 버마(미얀마)까지 이어졌다. 라따나꼬씬 왕조가 방콕으로 수도를 정하며 펫부리는 왕족들의 관심의 대상이 되었다. 방콕에서 남쪽으로 123km 떨어진 지리적 이점은 태국 국왕들에게 여름 휴양지로 더없이 매력적이었다. 몽꿋 왕(라마 4세, 재위 1851~1868) 때에 이르러서는 산 위에 궁전(카오 왕 Khao Wang)을 짓고 주기적으로 방문해 선선한 기후를 즐겼다.

펫부리는 볼거리가 많은데도 외국 여행자들에게 철저히 외면당하는 도시다. 기차를 타고 남부 섬으로 가기 급급한 여행자들에게 펫부리의 존재는 그리 중요하지 않다. 하지만 유럽풍의 건물이 들어선 카오 왕과 그곳에서 보이는 훌륭한 경관만으로도 펫부리를 방문할 만한 충분한 가치가 있다. 오랜 역사를 간직한 사원들도 시내에 널려 있어, 역사

도시로서의 면모도 갖추고 있다. 펫부리는 현재 짱왓 펫부리의 주도(州都)이다. 인구 4만 명의 소도시로 방콕과 전혀 다른 시골스러움이 배어 있다.

ACCESS

펫부리 가는 방법

방콕과 후아힌 중간에 있는 펫부리는 버스와 기차가
모두 연결되어 교통이 편리하다. 기차는 버스에 비해
매우 느리다.

기차

방콕의 메인 기차역이 끄룽텝 아피왓 역에서 기차가
출발한다. 하루 9편이 운행되지만 저녁 시간에 몰려
있다. 요금은 열차 등급에 따라 82~153B(좌석칸 기
준)이며, 약 3시간 걸린다. 선풍기 시설의 완행열차는
후아람퐁 역에서 출발(09:20분 출발→12:07도착)한다.
완행열차는 저렴한 대신 모든 역에 정차하기 때문에
속도가 느리다. 자세한 출발 시간은 태국의 교통수단
(P.57) 또는 태국 철도청 홈페이지(www.railway.co.th)
를 참고하면 된다.

버스

방콕↔펫부리 노선은 두 도시가 가까워 대형 버스보

펫부리→후아힌 일반버스

다 미니밴(롯뚜)이 수시로 운행된다. 방콕 남부 버스
터미널(싸이따이)에서 에어컨 버스가 출발하는데, 후
아힌과 쁘라쭈압키리칸(줄여서 쁘라쭈압) Prachuap
Khili Khan행 버스가 펫부리를 경유한다.

펫부리→후아힌은 선풍기 시설의 로컬 버스가 수시로
운행되며, 차암 Cha-Am을 거쳐 후아힌까지 운행된
다. 소요시간은 90분으로 편도 요금은 50~80B이다.
참고로 펫부리가 종점이 아닌 버스를 탈 경우 터미널
로 들어가지 않고 4번 국도(빅 시 Big C 쇼핑몰 앞)에
서 내려주기도 한다. 이때는 오토바이 택시를 타고 시
내로 들어오면 되는데, 웬만한 곳은 40~60B에 흥정
하면 된다.

미니밴(롯뚜)

지리에 익숙한 현지인들이 주로 이용하는 교통편으
로 버스보다 이동 속도가 빠르다. 미니밴은 방콕의 머
칫 미니밴 정류장(북부 버스 터미널 맞은편)과 삔까오
미니밴 터미널, 남부 버스 터미널(싸이따이) 세 곳에
서 출발한다. 04:30~20:30까지 수시로 운행되며, 편
도 요금은 140B이다. 방콕에서 펫부리까지 2시간 정
도 소요된다.

펫부리→방콕행 미니밴을 탈 경우 왓 탐 깨우 Wat
Tham Kaew와 인접한 펫부리 버스 터미널(Map
P.257-A1)을 이용하면 된다. 아담한 버스 정류장 정도
크기로 대형 버스보다는 미니밴(롯뚜)가 출발한다. 현
지어로 키우 롯뚜 빠이 끄룽텝 คิวรถตู้ กรุงเทพ-เพชรบุรีอ
라고 말하면 된다.

Best Course
Phetburi 펫부리(펫차부리)의 추천 코스 (예상 소요시간 4시간)

펫부리에서 가장 중요한 불거리인 카오 왕을 먼저 방문하고, 시내에 있는 사원들을 둘러본다. 카오 왕
은 오후 4시 이후에 방문이 불가능하므로 늦지 않도록 주의해야 한다.

1 카오 왕 (P.256) — 오토바이 택시 10분 — 2 왓 마하탓 (P.258) — 오토바이 택시 5분 — 3 왓 야이 쑤완나람 (P.257)

라따나꼬씬 왕조의 여름 별장이 위치한 카오 왕이 가장 큰 볼거리다. 산 위에서 내려다보는 펫부리 풍경과 어우러져 매력적이다. 시내에는 전형적인 태국 사원들이 가득하다.

카오 왕(프라 나콘 키리) ★★★☆
Khao Wang(Phra Nakhon Khiri)

펫부리의 서쪽 경계를 이루는 높이 92m 산의 정상에 만든 궁전이다. 펫부리를 방문한 몽꿋 왕(라마 4세)이 풍경에 매료되어 궁전 건설을 시작했다. 본래 산의 이름은 카오 키리 Khao Khiri였는데, 1860년에 궁전이 완성되면서 왕실 명에 따라 프라 나콘 키리 Phra Nakhon Khiri로 변경되었다. 20세기 초반까지도 여름이면 태국 국왕들이 내려와 생활했다.

궁전 언덕이라는 뜻의 '카오 왕'은 세 개의 언덕으로 이루어졌다. 언덕마다 구역을 나누어 왕궁, 집무실, 왕실 경호원 숙소, 사원, 쩨디 등을 다양하게 건설했다. 케이블카를 타고 산의 정상에 오르면 카오 왕의 핵심 구역이 나온다. 1859년 라마 4세가 건설한 펫팟파이롯 궁전 Phra Thi Nang Phet Phum Phairot과 쁘라못 마하이싸완 궁전 Phra Thi Nang Pramot Mahaisawan을 포함해 왕실 건물이 밀집해 있다.

유럽 양식을 가미한 궁전은 하얀색을 사용해 지중해 지방의 베란다와 창문을 만들어 이국적인 느낌이다. 궁전 건물은 프라 나콘 키리 국립 박물관 Phra Nakhon Khiri National Museum으로 용도를 변경해 공개한다. 왕실에서 쓰던 가구, 도자기와 외국 사절단이 왕실에 선물한 다양한 물건들이 전시되어 있다. 왕실 건물이라 방문할 때 노출이 심한 옷을 삼가야 한다.

궁전 앞으로는 등대처럼 생긴 천문대(호 찻짜완 위앙짜이 Ho Chatchawan Wiangchai)가 있다. 천문대의 꼭대기는 유리를 이용해 돔 모양으로 만들었다. 아마추어 천문학자이기도 했던 국왕은 1868년에 개기월식을 예언했다고 한다. 당시 천문학적 지식이 없던 태국 사람들은 전능한 사자 신이 주기적으로 해를 삼키는 것으로 여겼다고 한다. 천문대는 원형 계단을 통해 중간까지 올라갈 수 있는데, 더없이 좋은 전망대 역할을 해준다.

천문대 앞으로 보이는 또 다른 언덕 정상에는 쩨디와 사원을 세웠다. 하얀색 종 모양의 쩨디는 프라탓 쫌펫 Phra That Chom Phet이라고 불린다. 40m 높이로 쩨디 내부에는 붓다의 유해를 안치했다고 전해진다. 쩨디 동쪽 언덕에는 왓 프라깨우 Wat Phra Kaew가 있다. 방콕의 왕궁에 있는 왓 프라깨우를 축소해 만들었으며, 라마 4세와 라마 5세가 카오 왕에 머무르는 동안 왕실 사원 역할을 했다고 한다. 왓 프라깨우 옆에는 붉은색 탑(프라 쁘랑 댕 Phra Prang Daeng)을 세웠다. 크메르 양식의 탑으로 우주의 중심인 메루산을 상징한다.

Map P.257-A1 주소 Thanon Phetkasem & Thanon Bandai-It 운영 08:30~16:00 요금 230B(케이블카 80B 포함) 가는 방법 타논 펫까쌤 Thanon Phetkasem에 있는 매표소에서 케이블카를 타고 올라간다.

산 위의 카오 왕

왓 깜팽랭
Wat Kamphaeng Laeng ★★

12세기에 건설된 크메르 사원으로 펫부리에서 가장 오래된 사원이다. 왓 깜팽랭은 라테라이트 성벽에 둘러싸인 전형적인 크메르 사원으로 내부에는 사암으로 만든 다섯 개의 쁘랑(탑)을 건설했다. 세월이 흘러 태국 땅이 되면서 불교 사원으로 전환되었기 때문에 힌두 신들이 아니라 불상이 안치되어 있다. 쁘랑 앞쪽으로 전형적인 태국 양식의 대법전(우보쏫)을 새롭게 건설했다.

Map P.257-B2 주소 44 Thanon Phokarong 요금 무료 가는 방법 타논 프라쏭 & 타논 포까롱 삼거리에 있다. 왓 야이 쑤완나람에서 도보 15분.

왓 야이 쑤완나람
Wat Yai Suwannaram ★★★

아유타야 시대에 건설된 오래된 사원이다. 1760년 버마(미얀마)의 침입으로 파괴된 것을 라마 5세 때에 재건했다. 큰 사원이라는 뜻으로 '왓 야이'라 불리며 하얀 성벽에 둘러싸인 대형 사원이다.

성벽 내부에 있는 대법전(우보쏫)의 특징은

왓 야이 쑤완나람

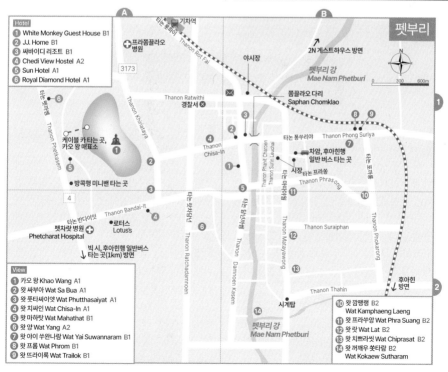

창문이 없다는 것과 300년이나 된 벽화를 간직하고 있다는 것이다. 대법전은 나무를 조각해 만든 출입문과 아유타야 시대의 벽화로 유명하다. 대법전을 둘러싼 성벽 바깥쪽에는 티크 나무로 만든 쌀라(태국식 정자)가 남아 있다. 대법전과 맞먹는 규모로 정교하게 조각된 목조 출입문을 간직하고 있다.

Map P.257-B1 주소 Thanon Phong Suriya 요금 무료 가는 방법 쭘끌라오 다리(싸판 쭘끌라오) Saphan Chomklao에서 타논 퐁쑤리야 Thanon Phong Suriya를 따라 동쪽으로 700m 떨어져 있다.

왓 마하탓 ★★
Wat Mahathat

왓 마하탓은 붓다의 신성한 유물을 모신 사원이라는 뜻으로 태국의 주요 역사 도시에서 흔하게 대할 수 있는 이름이다. 펫부리의 왓 마하탓은 1954년 라마 9세가 기증한 유물을

왓 마하탓

사원에 안치하며 붙여진 이름이다. 도시 중심에 있는 사원으로 42m 높이의 하얀색 쁘랑 때문에 멀리서도 사원이 쉽게 식별된다. 쁘랑은 중앙에 가장 높은 탑을 중심으로 4개의 탑이 주변을 감싸고 있는데, 사원에서 가장 오래된 건물로 아유타야 시대인 14세기에 건설된 것으로 여겨진다.

Map P.257-B1 주소 Thanon Damnoen Kasem 요금 무료 가는 방법 펫부리 강 동쪽의 타논 담년까쎔 Thanon Damnoen Kasem에 있다. 왓 깜팽랭에서 1㎞ 거리로 타논 프라쏭 Thanon Phrasong을 따라가다 람야이 다리(싸판 람야이) Saphan Ramyai를 건너면 된다.

Accommodation 펫부리의 숙소

카오 왕을 방문하고 방콕으로 돌아가거나 후아힌으로 내려가기 때문에 숙박시설은 많지 않다. 외국 여행자들을 위한 게스트하우스는 매우 제한적이지만 방을 구하기는 어렵지 않다.

2N 게스트하우스 ★★★★
2N Guesthouse

시내 중심가에서 떨어져 있는 것을 제외하면 펫부리에서 가장 좋은 여행자 숙소다. 2층짜리 콘크리트 건물로 잔디 정원까지 있어 여유롭다. 청결함은 기본이며 아침식사까지 제공해 준다. 전직 가이드였던 주인장 자매가 친절하다. 자전거를 무료로 사용할 수 있다. 객실이 많지 않기 때문에 빈 방 여부를 미리 확인할 것.

주소 98/3 Moo 2 Ban Kum 전화 08-5366-2451 요금 트윈 580~680B(에어컨, 개인욕실, TV, 냉장고, 아침식사) 가는 방법 기차역 뒤쪽(동쪽)으로 1㎞ 떨어져 있다. 시내 중심가까지 도보 20~30분.

화이트 멍키 게스트하우스 ★★★☆
White Monkey Guest House

시내 중심가에 있는 여행자 숙소. 주변의 오래된 숙소와 달리 콘크리트로 만든 신축 건물이다. 객실은 타일이 깔려 있어 깨끗하며 LCD TV와 냉장고가 갖추어져 있다. 자전거를 무료로 사용할 수 있다. 간단한 아침 식사도 포함된다. 저렴한 방을 찾는다면 같은 거리에 있는 싸바이디 리조트 Sabaidee Resort와 제이제이 홈 JJ. Home을 확인해 볼 것.

Map P.257-B2 주소 78/7 Thanon Khlong Kracheang 전화 09-0325-3885 요금 트윈 650B(에어컨, 공동욕실, 아침식사), 더블 700~950B(에어컨, 개인욕실, TV, 냉장고) 가는 방법 쭘끌라오 다리에서 남쪽으로 100m.

Hua Hin

후아힌 หัวหิน

후아힌은 태국에서 가장 오래된 해변 휴양지다. 19세기 중반 몽꿋 왕(라마 4세)을 시작으로 국왕과 왕족들이 사냥과 골프, 휴양을 목적으로 해변을 드나들었기 때문이다. 방콕에서 남쪽으로 195㎞ 떨어진 후아힌은 해변에 바위가 많아서 붙여진 이름이다. '후아'는 머리, '힌'은 바위를 뜻한다. 하지만 해변 북쪽을 제외하면 바위 대신 기다란 모래해변이 이어진다. 끝없이 연결된 기다란 해안선은 후아힌 북쪽의 차암 Cha-Am까지 이어지며, 해변을 따라 고급 리조트들이 여유롭게 자리하고 있다.

후아힌은 1990년대부터 개발되기 시작해 왕실 휴양지로서의 품위는 사라졌지만, 방콕과 가까워 태국 사람들에게 주말 휴양지로 인기가 높다. 방콕 동쪽의 파타야와 곧잘 비교되는 도시로 장기 체류하는 유럽인들도 많다. 파타야와 다른 점은 유흥가가 미비하다는 것이다. 나이트라이프가 목적이 아니라 바닷가에서 해산물을 즐기면서 쉬다가 가는 곳이다. 그림처럼 펼쳐진 남국의 파란 바다를 기대하면 실망스럽겠지만, 방콕의 도심을 탈출해 바닷바람을 쐬며 주말을 보낼 수 있는 건전한 휴양지로서 손색없다.

INFORMATION 여행에 필요한 정보

여행 시기

연중 무더운 기온으로 방콕과 비슷한 날씨를 보인다. 여행하기 좋은 시기는 건기에 해당하는 11~2월이다. 6~10월은 우기에 해당하며, 9월에 가장 많은 비가 내린다.

ACCESS 후아힌 가는 방법

방콕에서 항공, 철도, 버스가 모두 연결된다. 가장 빠르고 편한 교통편은 터미널에서 출발하는 미니밴(롯뚜)으로 후아힌까지 3시간 만에 주파한다. 기차역이 시내 중심가에 있어 기차 이용도 어렵지 않다.

기차

방콕 중앙역인 끄룽텝 아피왓 역 Krung Thep Aphiwat Central Terminal으로 이전하면서, 후아힌을 포함 남부행 기차도 새로운 기차역에서 출발한다. 후아힌까지는 매일 9회 운행되는데, 대부분 출발 시간에 오후에 몰려 있다. 선풍기 좌석 칸은 44~94B, 에어컨 좌석 칸은 기차 등급에 따라 280~410B으로 요금이 달라진다. 참고로 기존 기차역인 후아람퐁 역에서 매일 1회(09:20분 출발, 13:50분 도착) 완행열차가 운행되고 있다.

후아힌에서 남부 지방으로 갈 경우 춤폰 또는 쑤랏타니까지는 낮 시간에 운행하는 기차가 편리하고, 나머지 장거리 노선(뜨랑, 핫야이, 나콘 씨 탐마랏)은 밤기차를 이용하는 게 좋다. 자세한 기차 출발 시간은 태국의 교통 정보(P.57 참고) 또는 철도청 홈페이지(www.railway.co.th)를 확인하면 된다.

버스

대부분 방콕에서 후아힌을 방문하기 때문에 방콕→후아힌 버스가 쉼없이 다닌다. 버스 터미널에서 출발하는 에어컨 버스는 물론 미니밴(롯뚜)까지 운행된다. 버스보다 미니밴이 속도가 빠르다. 참고로 미니밴은 짐싣는 공간이 부족해 커다란 트렁크를 가지고 움직인다면 불편할 수 있다.

방콕 → 후아힌

후아힌을 가는 일반적인 방법은 방콕 시내에서 멀리 떨어진 방콕 남부 터미널(콘쏭 싸이 따이)에서 출발하는 에어컨 버스를 타면 된다. 남부 터미널에서 출발하는 쁘란부리(빤부리) Pranburi와 쁘라쭈압키리칸(줄여서 쁘라쭈압) Prachuap Khiri Khan행 버스가 모두 후아힌을 거친다. 새벽 4시부터 밤 10시까지 수시로 운행되며 편도 요금은 180~291B이다.

미니밴(롯뚜)은 남부 버스 터미널(싸이따이)과 머칫 미니밴 정류장(북부 버스 터미널 맞은편)에서 출발한다. 오전 4시 30분부터 오후 7시 30분까지 30분 간격으로 운행된다. 편도 요금은 180B이다.

후아힌 → 방콕

후아힌 야시장과 인접한 타논 싸쏭 Thanon Sa Song에 있는 버스 회사 사무실을 이용하면 된다. 남부 버스 터미널(싸이따이)행 에어컨 버스와 미니밴이 모두 정차한다. 방콕 머칫(북부 버스 터미널)로 갈 때는 찻차이 시장 옆의 미니밴 승차장을 이용하면 된다. 05:00~19:00까지 1시간 간격으로 운행된다. 편도 요금은 180B이다.

현지 지리에 익숙하지 않다면 후아힌 버스 터미널에서 출발하는 쏨밧 투어 버스(구글 맵 Sombat Tour Hua Hin으로 검색하면 된다)를 이용하면 된다. 후아힌→방콕(짜뚜짝, 머칫, 북부 버스 터미널) 노선을 1일 2회 운행(09:30, 13:30)하며 편도 요금은 291B이다.

쑤완나품 공항 → 후아힌

쑤완나품 공항에서 후아힌까지 직행 버스가 운행된다. 1일 9회(07:30~18:30) 출발하며 편도 요금은 325B이다. 공항 청사 1층 8번 회전문 앞의 매표소에 예약하면 된다. 후아힌→쑤완나품 공항 노선도 1일 9회 (06:00~18:00) 운영된다. 두 곳을 오가는 버스 정류장은 RRC 버스 정류장 RRC Bus Station(정류장 간판은 Bus To Suvarnabhumi Airport And Pattaya라고 적혀있다)으로 불리는데, 후아힌 시내까지 13km 떨어져 있다. 시내 주요 호텔까지 가는 미니밴을 합승할 경우 1인당 100B, 택시를 탈 경우 300B을 요구한다. 자세한 정보는 에어포트 후아힌 버스홈페이지(www.airporthuahinbus.com) 참고.

후아힌 → 파타야

에어포트 후아힌 버스(www.airporthuahinbus.com)에서 운행한다. 후아힌(RRC Bus Station)→후아힌 공항 앞→차암→파타야 버스 터미널 노선으로 1일 1회(09:00) 출발한다. 편도 요금은 473B으로, 약 5시간 정도 소요 된다.

후아힌 → 차암 → 펫부리

인접한 도시를 오가는 일반 버스다. 버스 터미널에서 출발하지만, 시내를 거쳐 가며 승객을 태우기 때문에 버스 터미널까지 갈 필요는 없다. 찻차이 시장 옆 타논 펫까쎔 & 타논 촘씬 사거리(Soi 1/68)에서 버스를 기다리면 된다. 펫부리까지 90분 걸리며 편도 요금은 50B이다.

후아힌→꼬 따오

롬프라야 보트(홈페이지 www.lomprayah.com)를 이용하면 된다. 선착장이 있는 춤폰까지 전용 버스로 이동한 다음, 보트를 갈아타고 목적지까지 가기 때문에 편리하다. 매일 1회 출발(08:45)하며, 꼬 따오까지 편도 요금은 1,250B이다. 동일한 보트가 꼬 팡안(편도 요금 1,350B)과 꼬 싸무이(편도 1,450B)까지 간다.

후아힌 → 기타 도시

후아힌 버스 터미널(버커써)은 시내에서 남쪽으로 2㎞ 떨어진 후아힌 쏘이 96 Hua Hin Soi 96에 있다. 방콕에서 출발한 버스가 후아힌을 경유해 남부 지방으로 내려가는 노선이 대부분이다. 후아힌에서 출발하는 것이 아니기 때문에 여유 좌석을 미리 확인하고 예약해 두는 게 좋다. 끄라비(18:00 출발, 편도 700B), 푸껫(19:00 출발, 편도 800B)까지 야간 버스가 운행된다.

후아힌과 카오 따끼얍을
오가는 썽태우

TRANSPORTATION 시내교통

후아힌 시내는 얼마든지 걸어서 다닐 수 있다. 기차역에서 야시장까지 8분이면 도착 가능하다. 시내에서 멀리 떨어진 카오 따끼얍이나 공항을 갈 때는 녹색 썽태우 (운행 시간 06:20~21:00)를 이용하면 된다. 야시장 중간의 타논 싸쌍 사거리(Map P.262-A2)에서 출발하며, 노선버스처럼 정해진 방향으로 움직인다. 정해진 정류장은 없고, 손을 들어 도로를 지나는 썽태우를 세워서 목적지를 말하고 타면 된다. 편도 요금은 카오 따끼얍까지 15B, 공항까지는 30B이다.

그랩 Grab을 이용할 경우 후아힌→시카다 마켓 80~90B, 후아힌→카오 따끼얍 120B 정도 예상하면 된다.

· 후아힌 → 카오 따끼얍(남부 방면)

후아힌 시내(야시장 중간 사거리)→시청 앞 사거리→메리어트 리조트 Marriott Resort→상파울루 병원 San Paulo Hospital→마켓 빌리지(쇼핑몰) Market Village→방콕 병원 Bangkok Hospital→버스 터미널→인터컨티넨탈 리조트 InterContinental Resort→블루 포트(쇼핑몰) Blu Port→마라케시 후아힌 리조트 Marrakesh Hua Hin Resort→하얏트 리젠시(리조트) Hyatt Regency 입구→시카다 마켓 Cicada Market→타마린드 야시장 Tamarind Market→아마리 후아힌(리조트) Amari Hua Hin→렛츠 시 후아힌(리조트) Let's Sea Hua Hin 입구→더 락 후아힌(리조트) The Rock Hua Hin→카오 따끼얍

· 후아힌 → 공항(북부 방면)

후아힌 시내→끄라이 깡원 궁전→후아힌 병원→공항

시내에서 떨어져 있는 후아힌 버스 터미널

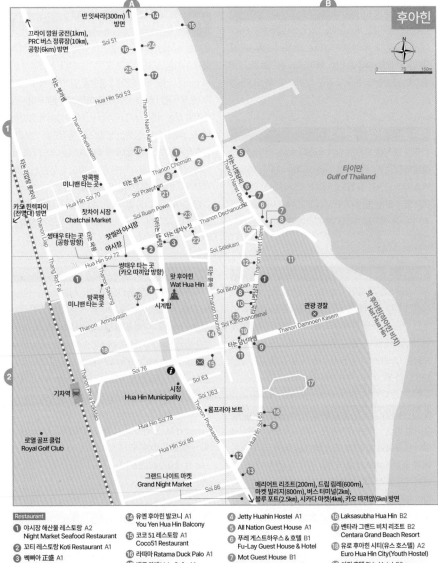

후아힌

타이만
Gulf of Thailand

Restaurant
1. 야시장 해산물 레스토랑 A2
   Night Market Seafood Restaurant
2. 꼬띠 레스토랑 Koti Restaurant A1
3. 쩽뻬아 正盛 A1
4. 스타벅스 A2
5. 짜런 포차나 시푸드 B1
   Charoen Phochana Seafood
6. La Terrasse B1
7. 차오레 시푸드 Chao Lay Seafood B1
8. Prime Steak House B2
9. 하기(일식당) Hagi B2
10. 오쏫 플레이스 Osot Place B2
11. HOC 하우스 오브 크로아상 B2
12. 짜런끄룽 키친 B2
13. 초콜릿 팩토리 B2

14. 유옌 후아힌 발코니 A1
    You Yen Hua Hin Balcony
15. 코코 51 레스토랑 A1
    Coco51 Restaurant
16. 라따마 Ratama Duck Palo A1
17. 벨로 카페 Velo Cafe A1

Entertainment
1. Hua Hin Brewing Company B2

Hotel
1. 촘씬 후아힌 호텔 A1
   Chomsin Hua Hin Hotel
2. Captain Joe Hostel A1
3. 반 타위쑥 Baan Tawee Suk A1

4. Jetty Huahin Hostel A1
5. All Nation Guest House A1
6. 푸레 게스트하우스 & 호텔 B1
   Fu-Lay Guest House & Hotel
7. Mot Guest House B1
8. Sirima Guest House B1
9. 더 스탠더드 후아힌 B2
   The Standard Hua Hin
10. 케이 플레이스 K Place B1
11. 힐튼 호텔 Hilton Hotel B2
12. 프레시 인 Fresh Inn B2
13. 티푸라이 시티 호텔 B2
    Thipurai City Hotel
14. 시티 비치 리조트 A2
    City Beach Resort
15. 쩻삐넝 호텔 Jedpeenong Hotel A2

16. Laksasubha Hua Hin B2
17. 쎈타라 그랜드 비치 리조트 B2
    Centara Grand Beach Resort
18. 유로 후아힌 시티(유스 호스텔) A2
    Euro Hua Hin City(Youth Hostel)
19. 씨린 호텔 Sirin Hotel B2
20. 마이 플레이스 앳 후아힌 호텔 A2
    My Place @ Hua-Hin Hotel
21. Chalelarn Hotel A1
22. Hua Hin Paradise Guest House A1
23. 허브 후아힌 57 호텔 A1
    Hub Hua Hin 57 Hotel
24. Verona A1
25. Putahracsa Hotel A1
26. 하이시 후아힌 호텔 A1
    Hisea Hua Hin Hotel

262

Attraction

후아힌 최대의 볼거리는 해변(핫 후아힌)이다. 해변 이외에 후아힌 기차역과 카오 따끼압 정도가 볼거리로 자리매김하고 있다. 굳이 볼거리를 찾아다니기보다는 해변을 중심으로 시간을 보내면 된다. 저녁에는 누구나 할 것 없이 야시장을 들른다.

핫 후아힌(후아힌 비치) ★★★
Hat Hua Hin(Hua Hin Beach)

후아힌에 머문다면 하루 한두 차례는 방문하게 되는 해변이다. 힐튼 호텔 앞에서 카오 따끼압까지 5km에 이르는 모래 해변으로 해변의 북쪽은 돌이 많은 편이다. 남부 섬들처럼 에메랄드 빛깔로 반짝이지 않지만, 시원한 해안선을 감상할 수 있다. 북쪽의 차암 Cha-am까지 해안선이 길게 이어진다. 해변에는 수영하기보다는 바다를 벗 삼아 휴식하는 외국인들이 대부분이다.

후아힌 해변은 왕족들을 위한 휴양지였던 탓에 승마라는 고상한 액티비티를 즐길 수도 있다. 말을 타는 요금은 15분 200B, 30분 300B, 1시간 600B으로 정해져 있다. 승마 복장을 제대로 갖추고 말을 타는 게 아니라 그다지 멋은 없다. 더불어 활동적인 사람이라면 카이트보딩 Kite Boarding에 도전해도 된다. 바람을 이용해 파도를 타는 해양스포츠로 서핑과 패러글라이딩을 접목한 형태다. 2~4월, 7~12월이 카이트보딩에 적합한 계절이다. 초보자를 위한 1일 강습은 4,000B이다.
Map P.262-B2 주소 Thanon Damnoen Kasem 요금 무료 가는 방법 후아힌 기차역에서 도보 10분.

후아힌 기차역 ★★★
Hua Hin Railway Station

왕족들의 휴양지 방문의 편의를 돕기 위해 1922년에 개통했다. 태국 최초의 기차역으로 태국에서 가장 아름다운 기차역으로 손꼽힌다. 기차역 안쪽으로 들어가면 플랫폼에 세워진 붉은색 목조건물이 왕족들을 위한 대합실이다. 나콘 빠톰에 있던 싸남찬 궁전 Sanamchan Palace 건물의 일부를 후아힌으로 옮겨와 재건축한 것이다. 후아힌 기차역은 목조건물의 우아함이 그대로 남아 있는데, 후아힌을 상징하는 아이콘이다. 현재도 방콕에서 출발한 기차가 후아힌을 거쳐 태국 남부까지 운행된다.
현지어 싸타니 롯파이 후아힌 Map P.262-A2 주소 Hua Hin Soi 76, Thanon Damnoen Kasem 운영 24시간 요금 무료 가는 방법 타논 담넌 까쎔의 서쪽 끝에 있다. 야시장에서 도보 10분.

야시장(후아힌 야시장) ★★★
Night Market

해변과 더불어 후아힌 최고의 볼거리다. 후아힌을 찾은 사람들이라면 한 번쯤 들르게 되는 곳이다. 저녁때 도로를 가득 메워 생기는 노점은 쇼핑과 식사 두 가지를 충족시킨다.

핫 후아힌

후아힌 기차역

야시장

챗씰라 야시장

저렴한 옷부터 다양한 기념품, 액세서리까지 판매한다. 후아힌을 주제로 만든 티셔츠를 판매하는 노점이 많다. 신선한 해산물을 굽거나 쪄서 파는 노점 식당들도 많아서 저렴하게 시푸드를 즐길 수 있다.

야시장 옆 골목에는 챗씰라 야시장 Chat Sila Night Market(홈페이지 www.chatsilahuahin. com)이 있다. 1950년대 분위기를 재현한 목조 건물과 작은 광장에 야시장이 형성된다. 의류와 공예품, 후아힌 관련 기념품을 판매 한다. 목조 건물 2층은 사진 전시를 겸한 갤러리로 사용된다.

Map P.262-A1 현지어 딸랏 또룽 주소 Hua Hin Soi 72, Thanon Dechanuchit 운영 17:00~24:00 요금 무료 가는 방법 타논 데차누칫 서쪽(후아힌 쏘이 72)에 있다. 해변에서 도보 10분.

시카다 마켓(씨케다 마켓) ★★★★
Cicada Market

주말(금·토·일요일)에 열리는 야시장이다. 단순히 물건을 파는 야시장이 아니라 야외무대에서 공연까지 펼쳐지는 문화·예술 야시장이다. 복잡한 도로에 형성되는 여느 야시장들과는 달리 야외 공원에 형성되기 때문에 한결 여유롭다.

노점 형태의 음식점(식사와 음료는 쿠폰을 구입해 사용해야 한다)이 가득하고, 잔디 정원에서 라이브 밴드가 음악도 연주해 준다. 기본적인 의류와 액세서리, 기념품을 비

시카다 마켓

문화·예술 야시장 시카다 마켓

타마린드 야시장

롯해 예술가들이 만든 공예품과 인테리어 소품까지 소소하게 둘러보는 재미가 있다. 바로 옆에 있는 타마린드 야시장(딸랏 탬마린) Tamarind Market과 함께 둘러보면 좋다.

Map P.262-B2 주소 Suan Sri, 83/159 Thanon Nong Kae-Khao Takiap 전화 0-3253-6606 홈페이지 www.cicadamarket.com 운영 금~일요일 16:00~22:00 요금 무료 가는 방법 후아힌 시내에서 남쪽(카오따끼얍 방향)으로 4km 떨어져 있다. 카오따끼얍행 썽태우(편도 요금 15B)를 타고 가다가 야시장 앞에서 내리면 된다.

카오 따끼얍 ★★★
Khao Takiab

'젓가락 산'이라는 뜻으로 후아힌 해변 남쪽 끝자락에 있는 야트막한 바위산이다. 산 정상에는 불교 사원인 왓 카오 랏 Wat Khao Lat 이 세워져 있고, 산 아래 바닷가에는 20m 크기의 황금 불상이 서 있다. 계단을 따라 바위

까오 따끼얍에서 바라본 후아힌

카오 따끼얍

산에 오르면 후아힌 해안선이 시원스레 펼쳐진다. 해변에 비치파라솔이 설치되어 있다. 관광객들로 북적대는 힐튼 호텔 앞쪽의 후아힌 해변보다 한적하게 바다를 즐길 수 있다.

Map P.262-B2 주소 Ban Khao Takiap 요금 무료 가는 방법 후아힌 시내에서 남쪽으로 6㎞ 떨어져 있다. 야시장 중간의 사거리에서 출발하는 녹색 썽태우(편도 15B)를 타고 종점에 내려서 왼쪽 길을 따라 300m 정도 가면 해변 끝에 있다.

끄라이 깡원 궁전 ★★
Klai Kangwon Palace

1929년 라마 7세가 건설한 라따나꼬씬 왕조(짜끄리 왕조)의 여름 별장이다. 스페인 풍이 가미된 유럽 양식의 건물로 바다를 바라보도록 설계된 궁전과 정원으로 꾸며졌다. 1950년 4월 29일 결혼한 푸미폰 국왕(라마 9세)과 씨리낏 왕비가 5일간 허니문을 보낸 곳으로 유명하다. 현재도 왕족들이 방콕에서 내려와 여름을 보내기도 한다.

끄라이 깡원은 '걱정은 멀리 있다'라는 뜻으로 직무에 시달리는 왕족들의 심신이완을 위해 건설했다. 하지만 라마 7세 때인 1932년에는 국왕에게 큰 시련을 안겼다. 여름궁전에서

골프를 즐기는 동안 방콕에서 쿠데타로 절대왕정을 폐지하고 입헌군주제로 전환하는 역사적인 사건이 일어난 것이다. 이듬해에 라마 7세는 왕정 복귀를 위한 친위 쿠데타를 계획했으나 실패로 돌아가고 1935년에 영국으로의 망명길에 올랐다(자세한 내용은 태국의 역사 P.710 참고).

안타깝게도 끄라이 깡원 궁전은 일반에게 공개하지 않기 때문에 볼거리로서의 매력은 없다. 왕족이 머물지 않은 기간에 한해 미리 허가를 받을 경우 내부 방문이 제한적으로 허용된다. 궁전 주변에는 경비대원들이 보초를 서고 있는 모습을 흔하게 볼 수 있다.

Map P.262-A1 현지어 프라 랏차왕 끄라이 깡원 주소 Hua Hin Soi 37 & Soi 35, Thanon Phetkasem 전화 0-3251-1115 가는 방법 타논 펫까쎔에서 연결되는 후아힌 쏘이 37과 쏘이 35 사이에 있다.

카오 힌렉파이(힌렉파이 전망대) ★★
เขาหินเหล็กไฟ Khao Hin Lek Fai

후아힌 기차역 뒤쪽에 보이는 해발 163m의 나지막한 산이다. 시내와 가깝고 도로가 연결되어 산 정상까지 어렵지 않게 오를 수 있다. 산 정상 부분은 공원과 전망대가 있어 가볍게 산책하게 둘러보기 좋다. 전망대는 능선을 따라 모두 5개가 있는데, 후아힌 시내와 바다 풍경이 내려다보인다.

Map P.262-A1 주소 Thanon Khao Hin Lek Fai 운영 06:00~22:00 요금 무료 가는 방법 후아힌 쏘이 70을 지나 타논 카오 힌렉파이 방향으로 정상까지 도로가 이어진다. 후아힌 시내에서 3~4㎞ 떨어져 있다.

힌렉파이 전망대

해변의 시푸드 레스토랑부터 저렴한 로컬 레스토랑까지 다양한 형태의 레스토랑이 있다. 유럽인들도 많이 묵는 곳인 만큼 피자, 스테이크, 파스타 같은 음식을 요리하는 곳도 많다.

야시장(후아힌 야시장) ★★★
Night Market

밤이 되면 길거리 양옆에 들어선 노점 형태의 식당들이 문을 연다. 꾸어이띠아우(쌀국수), 팟타이(볶음국수), 쏨땀(파파야 샐러드), 카우 만 까이(닭고기 덮밥), 로띠(팬케이크) 같은 단품 요리가 대부분이다. 야시장 중간의 사거리 위쪽 도로는 해산물 식당(예산 160~480B)이 몰려 있다. 후아힌 시푸드 Hua Hin Seafood, 룽짜 시푸드 Lung Ja Seafood, 롯파이 레스토랑 Rodfai Restaurant, 꼬 시푸드 Ko Seafood가 유명하다.

Map P.262-A1 주소 Hua Hin Soi 72, Thanon Dechanuchit 영업 17:00~24:00 메뉴 영어, 태국어 예산 60~100B 가는 방법 타논 데차누칫 서쪽(후아힌 쏘이 72)에 있다.

쩩삐아 เจ๊กเปี๊ยะ ★★★☆
Jek Piek 正盛

태국어로 작게 쓰인 간판을 하나 달았을 뿐인데, 아침저녁 할 것 없이 손님들로 북적댄다. 오래된 목조건물로 세월의 흔적이 묻어나지만, 오랜 전통만큼 음식맛이 좋다. 아침은 꾸어이띠아우, 바미, 카우 만 까이, 쪽 같은 단품 요리가 주를 이루고, 저녁에는 도로에 테이블을 내놓고 해산물을 요리한다.

Map P.262-A1 주소 51/6 Thanon Dechanuchit 영업 06:30~12:30, 17:30~19:30 메뉴 영어, 태국어 예산 80~300B 가는 방법 타논 데차누칫 & 타논 냅케핫 Thanon Naeb Khehat 사거리 코너.

꼬티 레스토랑 ★★★
Koti Restaurant

야시장 입구 사거리에 있는 중국·태국 음

식점이다. 다양한 볶음요리와 해산물 요리를 맛볼 수 있다. 도로에 테이블을 내놓고 영업하는데, 편한 분위기에서 식사를 즐길 수 있다. 관광객과 현지인들로 북적댄다.

Map P.262-A1 주소 Hua Hin Soi 57, Thanon Dechanuchit 전화 0-3251-1252 영업 12:00~16:00, 18:00~22:00 메뉴 영어, 태국어 예산 150~400B 가는 방법 야시장 입구의 타논 펫까쎔과 타논 데차누칫 사거리에 있다.

짜런끄룽 키친 ★★★★
Charoen Krung Kitchen

저렴하고 청결한 로컬 레스토랑이다. 에어컨은 없지만 부담 없는 가격에 태국 음식을 즐기기 좋다. 돼지고기와 닭고기를 이용한 볶음 요리가 많다. 식당에서 추천하는 메뉴로는 팟타이, 쑤끼 행 Stir-fried Sukiyaki, 깽키아우완 Green Curry이 있다.

Map P.262-B2 주소 87/20 Thanon Phet Kasem 영업 09:00~14:30, 17:30~20:30 메뉴 영어, 태국어 예산 70~140B 가는 방법 후아힌 쏘이 84 골목 입구 맞은편의 타논 펫까쎔(메인도로)에 있다.

라따마 ระตะมา ก๋วยเตี๋ยวเป็ดพะโล้ ★★★☆
Ratama Duck Palo

오리고기를 전문으로 하는 로컬 식당이다. 에어컨은 없지만 식당 규모도 크고 깨끗하다. 오리고기 쌀국수(꾸어이띠아우 뻿 팔로) Duck Noodle, 오리고기 덮밥(카우나 뻿) Duck with Rice, 오리고기+바질 볶음 덮밥(까프라우 뻿 랏카우) Basil Duck with Rice가 인기 메뉴다. 중국에서 이주한 할아버지에게서 배운 전통 방식대로 요리한다고 한다.

Map P.262-A1 주소 12/10 Thanon Naeb Kehat 전화

06-4169-5490 영업 07:00~16:00 메뉴 영어, 태국어,
중국어 예산 70~130B 가는 방법 타논 냅케핫의 푸타
락싸 호텔 Putahracsa Hotel을 바라보고 오른쪽으로
80m.

차오레 시푸드 ★★★☆
Chao Lay Seafood

후아힌의 대표적인 해산물 레스토랑이다.
바다 위에 만든 대형 수상식당으로 파도소리
와 바닷바람을 즐기며 식사를 할 수 있다. 신
선하고 다양한 시푸드를 기본으로 여러 가지
태국 음식을 함께 요리한다.
Map P.262-B1 주소 15 Thanon Naret Damri 전화
0-3251-3436 영업 11:00~23:00 예산 메인 요리
250~800B 가는 방법 타논 나렛담리 & 타논 데차누
칫 삼거리에 있다.

벨로 카페 ★★★☆
Velo Cafe

후아힌에서 유명한 로컬 카페. 웡나이 초이
스(태국 맛집 평가 사이트)에 선정됐다. 동네
커피 숍 분위기로 유명세에 비해 아담하다.
치앙라이에서 재배한 원두를 직접 로스팅해
사용한다. 스페셜 빈 Special Bean(에티오피
아, 콜롬비아 수입 원두)도 주문 가능하다. 테
이크아웃 커피는 알루미늄 캔에 담아준다.
Map P.262-A1 주소 43/21 Thanon Naeb Kehat
(Naebkehardt Road) 전화 06-3223-9162 홈페이지
www.facebook.com/velocafehuahin 영업 07:30~
16:30 메뉴 영어 예산 80~160B 가는 방법 타논 냅케
핫의 푸타락싸 호텔 Putahracsa Hotel을 바라보고 왼
쪽으로 80m.

HOC 하우스 오브 크로아상 ★★★☆
House Of Croissants

다양한 크로와상을 만드는 베이커리로 카
페를 겸한다. 팽오쇼콜라, 팽스위스오쇼콜라,
키슈, 잉글리쉬 머핀, 크로플, 바게트, 바나
나 케이크, 티라미수까지 빵집 순례자들의 사
랑을 받는 곳이다. 크로와상을 이용한 브런치

메뉴도 있다. 커피 종류도 다양하다. 매장 내
에서 직접 베이킹하는 모습도 볼 수 있다.
Map P.262-B2 주소 9 Thanon Damnoen Kasem 전
화 09-4642-5996 홈페이지 www.facebook.com/
houseofcroissants 영업 08:00~17:00 메뉴 영어, 태
국어 예산 플레인 크로와상 75~115B, 브런치 190~
280B 가는 방법 타논 담넌까쎔의 씨린 호텔 Silin Hotel
맞은편에 있다.

반 잇싸라 ★★★☆
Baan Itsara

시내에서 북쪽으로 한적한 바닷가 마을에
있는 시푸드 레스토랑. 목조 건물과 테라스,
야외 정원, 바다가 어우러져 분위기가 좋다.
특히 파도 소리를 들으며 식사할 수 있는 곳
이다. 인근에 있는 유옌 후아힌 발코니 You
Yen Hua Hin Balcony와 코코 51 레스토랑
Coco51 Restaurant도 유명한데, 세 곳 모두
태국 관광객에게 인기가 있다.
Map P.262-A1 주소 7 Thanon Naeb Kehat(Hua Hin
Soi 51) 전화 0-3253-0574 홈페이지 www.facebook.
com/BaanItsara 영업 11:00~23:00 메뉴 영어, 태국어
예산 220~550B 가는 방법 후아힌 쏘이 51에서 북쪽
방향으로 350m.

블루 포트 ★★★
Blu Port

대형 쇼핑몰답게 다양한 카페와 레스토랑
이 입점해 있다. 커피 클럽, 스타벅스, 트루
커피, 버거킹, 그레이하운드 카페 등의 카페,
MK 레스토랑(엠케이 쑤끼), 코카 레스토랑
(코카 쑤끼), 후지(일식당), 젠(일식당), 와인
커넥션 등 유명 레스토랑 체인들이 들어서 있
다. G층에는 푸드 코트 형태로 운영되는 푸드
홀 Food Hall(예산 100~180B)이 있다.
Map P.262-B2 주소 8/89 Soi Moo Baan Nongkae 전
화 0-3290-5111 홈페이지 www.bluporthuahin.com 영
업 10:00~21:00 메뉴 영어, 태국어 예산 180~600B
가는 방법 후아힌 시내에서 남쪽으로 3.5km. 인터컨티
넨탈 리조트 맞은편.

Shopping

후아힌의 쇼핑

야시장 외에도 대형 쇼핑몰이 있어 쇼핑하기 편리하다. 마켓 빌리지 Market Village(홈페이지 www. marketvillagehuahin.co.th)는 후아힌에 가장 먼저 생긴 대형 쇼핑몰이다. 로터스(현지어로 '로땃') Lotus's와 홈 프로 Home Pro를 중심으로 상점과 식당이 들어서 있다. 식료품과 생활 용품을 구입하기 좋고, 저렴한 푸드 코트가 들어서 있다.

블루 포트 Blu Port(홈페이지 www.bluporthuahin.com)는 방콕에나 있을법한 현대적인 쇼핑몰이다. 공식 명칭은 블루 포트 후아힌 리조트 몰 Bluport Hua Hin Resort Mall이다. 백화점과 고멧 마켓 Gourmet Market(대

형 슈퍼마켓), 레스토랑, 영화관까지 다양한 시설이 들어서 있으며, H&M, 유니클로 같은 의류 브랜드도 입점해 있다. 두 곳 모두 썽태우(P.261 참고)를 타고 갈 수 있다.

마켓 빌리지   블루 포트

Accommodation

후아힌의 숙소

해변 휴양지로 다양한 형태의 숙소가 공존한다. 게스트하우스들은 시내 중심가에 해당하는 타논 나렛담리에 많다. 바다를 끼고 있는 수상가옥 형태로 분위기는 좋은데 시설에 비해 방 값이 비싼 편이다. 도시를 벗어난 한적한 해변에는 고급 리조트가 들어서 있다. 힐튼, 소피텔, 쉐라톤, 메리어트, 하얏트, 인터컨티넨탈, 쎈타라, 두씻타니, 아마리, 아난타라 같은 세계적인 호텔 체인들을 어렵지 않게 볼 수 있다.

푸레 게스트하우스 & 호텔 ★★★
Fu-Lay Guest House & Hotel

타논 나렛담리를 사이에 두고 바닷가 쪽의 게스트하우스와 길 건너의 호텔(홈페이지 www.fulayhuahin.com)을 함께 운영한다. 수상 가옥 형태의 게스트하우스 중에서 시설이 좋은 편이다. 에어컨 룸은 TV와 더운물 샤워가 가능한 욕실이 딸려 있다. 타이 하우스라 불리는 방들은 인테리어를 태국적으로 꾸몄다.

Map P.262-B1 주소 110/1 Thanon Naret Damri 전화 0-3251-3145(게스트하우스), 0-3251-3670(호텔) 홈페이지 www.fulayhuahin.net 요금 트윈 550B(선풍기, 개인욕실), 트윈 1,100~1,450B(에어컨, 개인욕실), 트윈 2,200B(타이 하우스, 에어컨, 개인욕실) 가는 방법

타논 나렛담리 남쪽의 여행자 숙소 골목에 있다.

반 타위쑥 ★★★
Baan Tawee Suk

새롭게 만든 건물이라 시설이 깨끗하다. 객실은 작지만 TV, 냉장고, 개인욕실과 발코니까지 필요한 걸 모두 갖추고 있다. 소규모 숙소로 차분한 분위기를 유지하며 친절하다. 골목 안쪽에 있어서 조용한 편이다.

Map P.262-A1 주소 43/8 Thanon Poonsuk 전화 08-9459-2618 홈페이지 www.baantaweesukhuahin. com 요금 더블 1,000~1,300B(에어컨, 개인욕실, TV, 냉장고) 가는 방법 타논 촘씬에 있는 촘씬 후아힌 호텔 맞은편에 있는 작은 골목(타논 푼쑥) 안쪽으로 100m 들어간다.

허브 후아힌 57 호텔
Hub Hua Hin 57 Hotel ★★★☆

골목 안쪽에 있는 소규모 호텔이다. 객실을 심플하면서도 깔끔하게 꾸몄다. 낮은 층에는 전망이 별로인 슈피리어 룸이, 높은 층에는 멀리 바다가 보이는 딜럭스 시 뷰 룸이 위치해 있다. 발코니가 딸려 있으나 객실 조명은 어두운 편이다. 전 객실이 금연실로 운영된다. 아침식사가 포함되지 않는다.

Map P.262-A1 주소 36/1 Thanon Dechanuchit(Hua Hin Soi 57) 전화 0-3290-8399, 08-2363-8989 홈페이지 www.hubhuahin57.com 요금 슈피리어 1,300B(에어컨, 개인욕실, TV, 냉장고), 딜럭스 1,500B, 딜럭스 시 뷰 1,800B 가는 방법 타논 데차누칫 거리에 있는 화이트 샌드 마사지 White Sand Massage 옆 골목 안쪽에 있다.

마이 플레이스 앳 후아힌 호텔 ★★★☆
My Place @ Hua-Hin Hotel

후아힌 중심가에 있는 규모가 작은 호텔이다. 평범한 호텔 건물과 달리 부티크 호텔 느낌이 나게 현대적으로 객실을 꾸몄다. 푹신한 침대와 레인샤워가 설치된 샤워 부스도 산뜻하다. 모든 객실은 발코니가 딸려 있다. 딜럭스 스위트 룸은 주방 시설을 갖추고 있다. 옥상에 야외 수영장이 있다.

Map P.262-A2 주소 17 Thanon Amnuyasin(Hua Hin Soi 74) 전화 0-3251-4111 홈페이지 www.myplacehuahin.com 요금 비수기 스탠더드 1,800~2,300B(에어컨, 개인욕실, TV, 냉장고, 아침식사), 성수기 스탠더드 1,850~2,200B 가는 방법 기차역에서 400m 떨어진 타논 암누야씬(후아힌 쏘이 74)에 있다.

하이시 후아힌 호텔
Hisea Hua Hin Hotel ★★★☆

시내 중심가에서 살짝 떨어져 있는 3성급 호텔이다. 콘도처럼 생긴 아담한 건물에 55개 객실을 갖췄다. 객실은 화이트 톤으로 미니멀하게 꾸며 깨끗한 느낌이다. 도로 쪽으로 테라스가 난 방에서는 바다가 보이며, 옥상에 자그마한 야외 수영장을 갖췄다. 해변까지는 걸어서 10분 정도 걸린다.

Map P.262-A1 주소 62/1 Hua Hin Soi 55, Thanon Nahb Kaehat 전화 0-3251-5655, 09-4562-7555 홈페이지 www.hiseahuahin.com 요금 더블 3,000~3,800B(에어컨, 개인욕실, TV, 냉장고, 아침식사) 가는 방법 후아힌 쏘이 55에서 타논 냅케핫 북쪽으로 50m.

아씨라 부티크
Asira Boutique ★★★★

화이트 톤의 건물과 야외 수영장이 어우러진 4성급 호텔이다. 모두 32개 객실을 운영하는 소규모 부티크 호텔로 객실은 원목을 이용해 미니멀하게 꾸몄다. 37~41㎡ 크기의 객실은 전용 소파까지 갖추어져 여유롭다. 1층 객실은 수영장과 접해 있고 위층 객실은 발코니가 딸려 있어 여유롭다.

Map P.262-A1 주소 4 Soi Hua Hin 51 전화 0-3251-3933 홈페이지 www.asirahuahin.com 요금 딜럭스 2,800~3,600B(에어컨, 개인욕실, TV, 냉장고, 아침식사) 가는 방법 후아힌 쏘이 51 거리에 있다. 후아힌 기차역에서 북쪽으로 2㎞ 떨어져 있다.

푸타락싸 호텔
Putahracsa Hotel(Putahracsa Hua Hin) ★★★★☆

시내 중심가와 가까운 5성급 호텔이다. 도로를 사이에 두고 객실 등급에 따라 호텔이 나뉘어져 있다. 실크샌드 룸 Silksand Room은 도로 쪽에 있고, 오션베드 빌라 Oceanbed Villa는 해변을 끼고 있다. 각기 다른 수영장을 가지고 있다. 복층 건물이 수영장을 끼고 있다. 1층 객실은 수영장으로 직행할 수 있고, 2층 객실은 발코니가 딸려 있다. 객실은 화이트와 우드 톤으로 미니멀하게 꾸몄다.

Map P.262-A1 주소 22/65 Thanon Naeb Kehat 전화 0-3253-1470 홈페이지 www.putahracsa.com 요금 실크샌드 룸 4,600B, 오션베드 빌라 8,900B 가는 방법 시내 중심가에서 북쪽으로 연결되는 타논 냅케핫에 있다.

더 스탠더드 후아힌
The Standard Hua Hin ★★★★

방콕과 더불어 후아힌에 오픈한 신상 호텔이다. 디자인에 중점을 모던한 5성급 호텔로 시내와 가까워 접근성이 좋다. 도로에서 해변으로 이어지는 일자형 직선 구조다. 화이트 톤의 호텔 건물과 녹색의 열대 정원이 어우러진다. 객실은 밝은 색의 컬러를 과감하게 사용해 힙하게 디자인했다. 객실은 7개 카테고리로 구분했다. 발코니가 딸려 있어 높은 층의 객실이 좋다. 풀 빌라를 함께 운영한다.
Map P.262-B2 주소 59 Thanon Naret Damri(Hua Hin Soi 65) 전화 0-3253-5999 홈페이지 www.standardhotels.com 요금 스탠더드 5,800B, 슈피리어 6,500B 가는 방법 후아힌 기차역에서 800m 떨어진 타논 나렛담리에 있다.

힐튼 호텔
Hilton Hotel ★★★★★

바다와 접한 후아힌 중심가를 선점한 고급 호텔이다. 296개의 객실을 갖추고 있으며 다섯 개의 레스토랑을 운영한다. 후아힌의 대중적인 고급 호텔로 발코니에서 보이는 해안선의 전망 하나만으로도 만족스런 호텔이다. 객실도 42㎡ 크기로 넓고 발코니도 딸려 있다. 17층 건물로 대부분의 객실에서 바다가 보이도록 설계했다.
Map P.262-B2 주소 33 Thanon Naret Damri 전화 0-3253-8999 홈페이지 www.huahin.hilton.com 요금 트윈 6,200~8,500B 가는 방법 해변 중앙의 타논 나렛담리 거리에 있다.

두씻 타니
Dusit Thani ★★★★☆

태국 최고의 호텔 그룹인 두씻에서 운영한다. 해변과 접한 수영장이 최고의 매력이다. 후아힌의 어느 호텔보다도 규모가 큰 직사각형의 수영장은 야자수와 풀 사이드 바가 어우러져 열대 휴양지의 매력을 한껏 풍긴다.
객실은 36㎡ 넓이의 슈피리어 룸부터 시작

된다. 태국적인 감각으로 인테리어와 침구를 꾸몄고, 객실마다 발코니가 딸려 있다. 후아힌 시내에서 떨어져 있어서 리조트에서 온전히 휴양을 즐기기 좋다.
주소 1349 Thanon Phetkasem 전화 0-3252-0009 홈페이지 www.dusit.com/dusitthani/huahin 요금 슈피리어 6,200B(트윈), 두씻 클럽 룸 8,400B(트윈) 가는 방법 후아힌 시내에서 북쪽으로 9㎞ 떨어진 해변에 있다.

쎈타라 그랜드 비치 리조트
Centara Grand Beach Resort ★★★★★

후아힌을 찾은 왕족들이 머물기 위해 1923년에 만든 후아힌 최초의 호텔이다. 유럽풍의 콜로니얼 건축 양식이 돋보인다. 후아힌 역사 그 자체라고 해도 과언이 아닐 정도로 옛 건물을 그대로 유지해 고풍스럽고 우아하다. 넓은 호텔 부지는 바다와 정원, 우거진 숲으로 뒤덮여 있다. 4개의 수영장과 테니스 코트, 미니 골프장, 스파 시설이 있다.
Map P.262-B2 주소 1 Thanon Damnoen Kasem 전화 0-3251-2021 홈페이지 www.centarahotelsresorts.com 요금 딜럭스 7,800B, 주니어 스위트 9,800B, 풀 빌라 1만 3,000B 가는 방법 타논 담넌 까쎔 동쪽 끝의 해변과 접해 있다.

메리어트 리조트
Hua Hin Marriott Resort ★★★★☆

5성급 리조트 중에 상대적으로 시내 중심가와 가까운 리조트. 국제적인 브랜드인 메리어트에서 운영한다. 해변을 끼고 있는 대형 리조트로 넓은 부지에 여러 동의 호텔 건물이 들어서 있다. 리조트 규모에 걸맞게 수영장도 크고 정원과 조경도 잘 갖추고 있다. 객실은 39㎡ 크기로 슈피리어 룸, 풀 테라스, 풀 억세스, 딜럭스 시 뷰로 구분된다.
Map P.262-B1 주소 107/1 Thanon Phet Kasem 전화 0-3290-4666 홈페이지 www.marriott.com 요금 슈피리어 8,200B, 딜럭스 시 뷰 9,800B 가는 방법 후아힌 기차역에서 남쪽으로 1.2㎞ 떨어진 타논 펫까쎔에 있다.

태국 북동부(이싼)

Nakhon Ratchasima (Khorat)

나콘 랏차씨마(코랏) นครราชสีมา(โคราช)

아유타야 시대에 건설된 오랜 역사를 간직한 도시다. 전략적인 요충지로 견고한 성벽을 쌓아 도시를 만들었다. '국경 지방(나콘 랏차씨마)'이라는 도시 이름도 이 때문에 유래했다. 현재는 교통의 요지로 태국 북동부 지방(이싼)의 관문 도시로 여겨진다. 방콕에서 250㎞ 떨어져 있으며, 이싼 지방을 가기 위해서는 반드시 나콘 랏차씨마를 거쳐야 한다. 덕분에 도시 성장 속도가 빨라 인구 20만의 대도시로 변모했다. 태국 제2의 도시인 치앙마이와 맞먹는 규모다.

나콘 랏차씨마는 특별한 볼거리가 없다. 유명한 역사 유적도 없고 도시도 복잡해서 특별한 매력을 발견하기 힘들다. 다만 주변 지역(카오 야이 국립공원, 피마이, 파놈 룽)을 여행하기 위해 잠시 거쳐 가는 곳이다. 관광산업과 관련 없는 도시라서 외국인이 없는 태국 도시를 대할 수 있다. 공식 명칭인 나콘 랏차씨마보다는 '코랏 Khorat'이라고 부른다.

태국 관광청 TAT

나콘 랏차씨마와 부리람, 쑤린 일대를 관할하는 이싼 지방 최대의 태국 관광청이다. 나콘 랏차씨마 지도와 주변 지역 여행 정보를 얻을 수 있다. 시내에서 멀리 떨어져 있어 오가기 불편하다.

주소 2102~2104 Thanon Mittraphap 전화 0-4421-3666 운영 08:30~16:30 가는 방법 '야 모' 앞에서 6번

썽태우를 타고 씨마 타니 호텔에서 내린다.

은행 · 환전

태국의 모든 은행이 시내 곳곳에 지점을 운영한다. 시내 중심가인 '야 모 Ya Mo'와 가까운 은행은 타논 춤폰 Thanon Chumphon의 씨암 상업 은행(SCB)과 끄랑 플라자 Klang Plaza에 있는 방콕 은행이다.

교통의 요지답게 기차와 버스가 나콘 랏차씨마를 지난다. 방콕(끄룽텝 아피왓 역)에서 출발한 이싼(우본 랏차타니, 농카이) 방면 기차가 나콘 랏차씨마를 경유하고, 방콕 북부 버스 터미널(머칫)에서 출발한 이싼 지방으로 향하는 모든 버스가 나콘 랏차씨마를 거쳐 간다. 방콕과 3시간 거리로 매우 가까워 대도시이지만 항공 노선은 취항하지 않는다.

버스

버스 터미널 2

나콘 랏차씨마(코랏)에는 두 개의 버스 터미널이 있다. 시내에 있는 버스 터미널 1(버커써 능)과 도시 북쪽의 2번 국도에 있는 버스 터미널 2(버커써 썽)다. 터미널 1은 구 터미널이라는 뜻으로 '버커써 까오'라고 하며, 터미널 2는 새로운 버스 터미널로 '버커써 마이'라고 부른다. 방콕에서 출발한 대부분의 버스가 터미널 2에 도착한다. 두 터미널은 2㎞ 정도 떨어져 있다.

버스 터미널 1

'야 모'에서 서쪽으로 400m 떨어진 타논 쑤라나리

Thanon Suranari와 타논 부린 Thanon Burin 교차로에 있다. 일종의 인터-스테이트 Inter State 터미널로 나콘 랏차씨마 주(州)에 속한 소도시를 연결하는 버스가 출발한다. 카오 아이 국립공원 입구의 빡총 Pak Chong (P.281 참고)을 제외하면 여행자가 별로 이용할 일은 없다. 단, 방콕(머칫 북부 터미널)으로 직행할 경우 버스 터미널 1을 이용하는 게 편하다. 운행 편수는 버스 터미널 2가 더 많다.

버스 터미널 2

나콘 랏차씨마로 드나드는 모든 버스가 이용하는 터미널이다. 이싼 지방 최대의 도시답게 교통의 요지로 수많은 노선의 버스들이 쉼없이 오간다. 방콕행은 24시간 아무 때나 버스를 탈 수 있고 파타야행 버스도 운행 편수가 많다. 이싼 지방은 콘깬, 우돈타니, 농카이, 부리람, 쑤린, 우본 랏차타니를 포함해 전 지역으로 버스가 운행된다. 나콘 랏차씨마와 인접한 여행지인 피마이 역사공원(P.286 참고), 파놈 룽(P.293 참고)을 갈 때도 버스 터미널 2를 이용해야 한다.

북부 지방은 치앙마이(람빵 경유)와 치앙라이 두 개 노

선이 운행된다. 장거리 구간이기 때문에 야간버스를 이용하는 게 편하다.

기차

방콕의 메인 기차역이 끄룽텝 아피왓 역으로 이전했다. 나콘 랏차씨마(코랏)행 기차도 새로운 기차역에서 출발한다. 북동부(이싼) 지방으로 운행되는 7편의 기차가 모두 나콘 랏차씨마를 지난다. 나콘 랏차씨마를 기점으로 농카이와 우본 랏차타니로 가는 기차로 나뉜다.

방콕↔나콘 랏차씨마 구간은 아유타야와 빡총(카오 야이 국립공원 입구)을 경유한다. 두 도시는 기차로 4~5시간 걸린다. 가능하면 오전에 출발(06:10, 07:10, 10:35분 출발)하는 기차를 타도록 하자. 참고로 기존 기차역인 후아람퐁 역에서 나콘 랏차씨마(코랏)행 완행열차가 하루 한 번 출발(11:30출발→16:50도착)한다. 기차 노선과 요금에 관한 자세한 정보는 태국의 정보 기차편(P.57)을 참고하거나 태국 철도청 홈페이지(www.railway.co.th)에서 확인하면 된다.

버스 터미널 2에서 출발하는 버스

도착지	운행 시간	요금	소요시간
방콕	24시간(수시 운행)	232~271B	3시간
파타야	07:20, 08:20, 10:00, 14:30, 17:30	299~395B	5시간
후아힌	10:00, 14:00	388B	8~9시간
우돈타니	05:00~21:00(수시 운행)	220B	4시간 30분
농카이	10:30~14:00, 23:00~03:00(수시 운행)	300B	6시간
치앙마이	06:30, 09:45, 13:00, 15:00, 17:30, 19:30	639~746B	12시간
치앙라이	05:00, 12:00, 16:00, 19:00(VIP)	743~867B	13시간

TRANSPORTATION
시내 교통

도시가 커서 걸어 다니기는 불편하다. 볼거리가 많지 않아서 여기저기 많이 돌아다닐 일은 없다. '야 모'에서 버스 터미널 1까지 걸어서 10분 걸린다. 나콘 랏차씨마에서 가장 유용한 교통편은 노선을 정해 버스처럼 움직이는 썽태우다. 썽태우 전면에 번호가 씌어 있고, 노선은 태국어로 적혀 있다. 20여 개 노선의 썽태

우가 운행된다. 요금은 10~15B이며 탑승하기 전에 목적지를 확인하도록 하자(운영시간 06:00~20:30). 오토바이 택시와 뚝뚝은 거리에 따라 20~80B을 받는다. 야 모에서 버스 터미널 2까지 오토바이 택시로 40B, 뚝뚝으로 60B이다.

주요 썽태우 노선

1번 : 타논 욤마랏 Thanon Yommarat→타논 춤폰 Thanon Chumphon→야 모 Ya Mo→기차역→타논 씁 씨리 Thanon Seup Siri

2번 : 기차역→타논 쑤라나리 Thanon Suranari→타논 아싸당 Thanon assadang→락 므앙 Lak Muang

3번 : 야 모→아이티 플라자 IT Plaza→더 몰 백화점 The Mall→방콕-랏차씨마 병원→태국 관광청

7번 : 야 모→아이티 플라자→빅 시 쇼핑몰 Bic C→버스 터미널 2

274

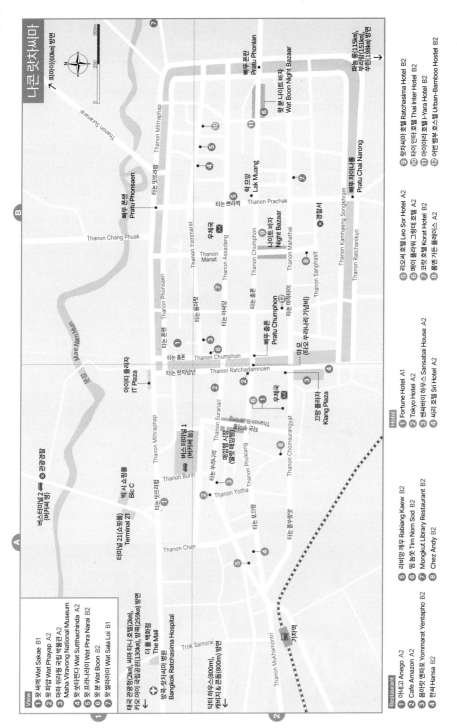

나콘 랏차씨마

View
1 왓 싸깨 Wat Sakae B1
2 왓 파얍 Wat Phayap A2
3 마하 위라웡 국립 박물관 Maha Virawong National Museum A2
4 왓 쑷타친다 Wat Sutthachinda A2
5 왓 프라 나라이 Wat Phra Narai B2
6 왓 분 Wat Boon B2
7 왓 썰라러이 Wat Sala Loi B1

타콘 관광경찰(2km), 씨마 타너 호텔(2km), 카오 야이 국립공원(130km), 방콕(259km) 방면
더 몰 백화점 The Mall
방콕 랏차씨마 병원 Bangkok Ratchasima Hospital

Restaurant
1 아네고 Anego A2
2 Cafe Amazon A2
3 욤마랏 옌타포 Yommarat Yentapho B2
4 한싸 Hansa B2

5 라비앙 깨우 Rabiang Kaew B2
6 땀 쏨쏫 Tim Nom Sod B2
7 Mongkut Library Restaurant B2
8 Chez Andy B2

Hotel
1 Fortune Hotel A1
2 Tokyo Hotel A2
3 쎈싸바이 하우스 Sansabai House A2
4 씨리 호텔 Sri Hotel A2

5 리오씨 호텔 Leo Sor Hotel A2
6 메이 플라워 그랜다 호텔 A2
7 크랏 호텔 Korat Hotel B2
8 홍연 가든 플레이스 A2

9 랏차씨마 호텔 Ratchasima Hotel B2
10 타이 인터 호텔 Thai Inter Hotel B2
11 아이아라 I-Yara Hotel B2
12 어반 뱀부 호스텔 Urban-Bamboo Hostel B2

Attraction

'야 모(타오 쑤라타니 기념비)'가 볼거리의 전부다. 아유타야 시대에 건설된 도시 성벽은 성문을 제외하고 남아 있는 게 없다. 성문도 새롭게 복원한 것이 대부분이다. 나콘 랏차씨마의 큰 볼거리는 도시에서 멀리 떨어진 카오 야이 국립공원, 피마이 역사공원, 파놈 룽 역사공원이다.

타오 쑤라나리 기념비(야 모) ยาโม ★★
Thao Suranari Monument

전설적인 영웅으로 칭송받는 타오 쑤라나리를 기념하기 위해 만들었다. 타오 쑤라나리는 나콘 랏차씨마 부지사의 부인으로, 1826년에 위앙짠(비엔티안, 현재 라오스의 수도) 왕국 Vientiane Kingdom의 군대가 침략해 왔을 때 이를 물리쳤다.

연대기 학자들의 주장에 따르면 나콘 랏차씨마로 진격한 라오스 군대에게 향연을 베푼 다음 침실로 유인해 태국 군대가 승리하도록 도왔다는 주장과, 위앙짠까지 포로로 잡혀가 경비대를 공격하고 라오스 군대가 두려움에 떨도록 해 태국 군대의 진격을 도왔다는 주장이 엇갈린다.

타오 쑤라나리 기념비는 1934년에 건립됐다. 기념비 상단에는 검은색 구리 325kg을 사용해 크기 1.85m로 제작한 동상을 세웠다. 오른손에 칼을 들고 서 있는 모습이다. 기념탑 아래에는 타오 쑤라나리의 유해를 안치했다고 한다. 태국 왕실에서 하사한 타오 쑤라나리라는 명칭보다 '야 모 Ya Mo'라는 애칭으로 통용된다. '야 모'는 모 할머니라는 뜻으로 그녀의 본명인 '쿤잉 모 Khunying Mo'에 대한 친근함의 표현이다.

현지어 아눗싸와리 타오 쑤라나리 Map P.275-A2 주소 Thanon Ratchadamnoen & Thanon Phoklang 운영 24시간 요금 무료 가는 방법 빠뚜 춤폰 앞의 타논 랏차담넌에 있다.

빠뚜 춤폰 ★
Pratu Chumphon

타오 쑤라나리 동상 뒤에 병풍처럼 받치고 있는 성문(城門)이다. 성벽과 해자에 둘러싸였던 나콘 랏차씨마 구시가의 서대문(西大門)에 해당한다. 아유타야 시대인 1656년에 완성됐으며, 도시를 출입하던 4대문 중에 유일하게 원형을 보존한 성문이다. 나머지 3개의 성문은 후대에 복원했다. 빠뚜 춤폰은 영어로 '춤폴 게이트 Chumphol Gate'라고 표기하기도 하는데, 춤폴은 춤폰의 영문 표기 오류니 혼동하지 말자.

Map P.275-B2 주소 Thanon Chumphon 운영 24시간 요금 무료 가는 방법 타오 쑤라나리 동상 뒤에 있다.

타오 쑤라나리 기념비

빠뚜 춤폰

도시 규모에 걸맞게 레스토랑도 다양하다. '야 모'와 빠뚜 춤폰 주변에는 쌀국숫집과 저렴한 식당들이 몰려 있다. 고급 레스토랑들은 타논 욤마랏 Thanon Yommarat에 밀집해 있다.

왓 분 나이트 바자 ★★
Wat Boon Night Bazaar

나콘 랏차씨마의 동대문에 해당하는 빠뚜 폰란에서 연결된 타논 춤폰에 형성된 야시장이다. 왓 분 Wat Boon 옆에 있어 왓 분 나이트 바자로 불린다. 쇼핑보다는 먹을거리에 집중된 편이다.
Map P.275-B2 주소 Thanon Chumphon 영업 18:00~22:00 메뉴 태국어 예산 50~90B 가는 방법 타논 춤폰의 아이야라 호텔 I-Yara Hotel에서 빠뚜 폰란 Pratu Phonlan(또는 Pratu Phollan)까지 야시장이 형성된다. '야 모'에서 도보 10분.

욤마랏 옌따포 ยมราชเย็นตาโฟ ★★★
Yommarat Yentapho

일명 빨간색 쌀국수라 불리는 옌따포 전문점이다. 옌따포는 일반 쌀국수 육수에 연한 두반장 소스를 풀어 만든다. 일반 쌀국수인 꾸어이 띠아우를 주문하면 어묵과 선지, 야채를 듬뿍 넣어 준다. 점심시간이 지나면 문을 닫을 준비를 한다. 간판은 태국어로만 적혀 있다. 구글 지도는 Yommarat O-Cha로 검색하면 된다.
Map P.275-B2 주소 10 Thanon Yommarat 영업 07:00~15:00 메뉴 태국어 예산 45~55B 가는 방법 타논 춤폰과 타논 욤마랏 삼거리에서 타논 욤마랏 방향으로 10m 가면 된다.

아네고 ★★★
Anego

나콘 랏차씨마에서 오래된 일식당이다. 스시와 사시미를 포함해 다양한 일식을 요리한다. 맥주와 사케를 곁들이기 좋은 단품 메뉴가 많은 편이다. 밥과 미소 된장국이 포함된 세트 메뉴도 있다. 시내 중심가에 있어 편리하다.
Map P.275-A2 주소 1F, Chao Phraya Inn, 62/1 Thanon Chomsurangyat 전화 0-4426-0530 영업 17:30~24:00 메뉴 영어, 일본어, 태국어 예산 메인 요리 250~600B 가는 방법 끄랑 프라자 Klang Plaza 왼쪽의 우체국 옆, 메이 플라워 그랑데 호텔 1층에 있다. '야 모'에서 도보 5분.

띰 놈쏫 ตี๋มนมสด ★★★
Tim Nom Sod

태국 젊은이들이 즐겨 찾는 디저트 가게. 카놈빵삥(숯불에 구운 빵) Toasted Bread은 연유, 설탕, 버터, 커스터드 잼, 초콜릿 등을 첨가해 달콤하게 만든다. 차옌(밀크 티) Thai Milk Tea 또는 우유를 곁들이면 된다. 참고로 놈쏫은 신선한 우유를 뜻한다. 주문 용지에 체크해서 직원에게 건네면 된다. 저녁에만 문을 연다.
Map P.275-D2 주소 Thanon Chumphon 영업 17:00~23:00 메뉴 영어, 태국어 예산 35~65B 가는 방법 타논 춤폰에 있다.

라비앙 깨우 ระเบียงแก้ว ★★★☆
Rabieng Kaew

나콘 랏차씨마에서 유명한 레스토랑이다. 목조 건물과 정원으로 이루어져 편안하고 자연스런 분위기다. 야외 테이블에서 식사할 수 있다. 카레, 똠얌꿍, 볶음 요리는 기본으로 해산물 요리까지 다양한 음식을 요리한다.
Map P.275-B2 주소 184/3 Thanon Yommarat 전화 0-4426-7765 영업 17:00~23:00 메뉴 영어, 태국어 예산 120~350B 가는 방법 타논 욤마랏과 타논 쁘라짝 사거리에서 오른쪽으로 150m 떨어져 있다. '야 모'에서 도보 15~20분.

쌘싸바이 하우스 ★★★☆
Sansabai House

저렴한 숙소 중에 가격 대비 시설이 좋다. 로비도 깔끔하고, 객실에 타일이 깔려 있어 깨끗하고 침대 상태도 좋다. 객실은 발코니가 딸려있다. 빈 방이 없을 경우 바로 옆에 있는 도쿄 호텔 Tokyo Hotel을 확인해보자.

Map P.275-A2 주소 335 Thanon Suranari 전화 0-4425-5144, 08-1547-3066 홈페이지 www.sansabai-korat.com 요금 싱글 400B(에어컨, 개인욕실, TV), 더블 500B(에어컨, 개인욕실, TV, 냉장고) 가는 방법 타논 쑤라나리에 있는 야마하 오토바이 대리점 맞은편에 있다. 버스 터미널 1에서 도보 6분.

어번 뱀부 호스텔 ★★★☆
Urban-Bamboo Hostel

2016년에 오픈한 호스텔로 위치나 시설이 좋다. 모두 12개 객실을 운영하는데, 젊은 감각으로 객실마다 차별화해 디자인했다. 옥상에 휴식 공간을 만들었다. 도미토리는 운영하지 않는다.

Map P.275-B2 주소 111 Thanon Vatcharasarid 전화 0-4426-8800 홈페이지 www.urban-bamboo.com 요금 더블 750~950B(에어컨, 개인욕실, TV, 아침식사) 가는 방법 '야 모'에서 500m 떨어진 타논 왓차라씨랏에 있다.

코랏 호텔 ★★★
Korat Hotel

1970년대부터 영업한 관록의 호텔. 모두 에어컨 시설로 TV, 냉장고를 갖추고 있다. 객실 크기와 욕조 유무에 따라 요금 차이가 난다. 객실을 리모델링해 관리 상태는 나쁘지 않다.

Map P.275-B2 주소 191 Thanon Assadang 전화 0-4434-1345 요금 더블 1,100~1,700B(에어컨, 개인욕실, TV, 냉장고, 아침식사) 가는 방법 빠뚜 촘폰 북쪽의 타논 아싸당 입구에서 오른쪽으로 200m.

씨리 호텔 ★★★
Siri Hotel

오래되고 저렴한 호텔이다. 객실은 넓은 편이다. 스탠더드 룸 중에 창문이 없는 방도 있다. 다른 호텔에 비해 상대적으로 조용하다.

Map P.275-A2 주소 688 Thanon Phoklang 전화 0-4434-1822~3 홈페이지 www.sirihotelkorat.com 요금 더블 660~800B(에어컨, 개인욕실, TV, 냉장고, 아침식사) 가는 방법 기차역과 '야 모' 중간쯤인 타논 포끄랑에 있다. 기차역에서 도보 10분.

리오써 호텔(롱램 리오써) ★★★☆
Leo Sor Hotel

기차역과 가까운 곳에 있는 깔끔한 호텔이다. 전형적인 3성급 호텔로 74개 객실을 운영한다. 객실은 나무 바닥과 LCD TV로 꾸며 산뜻하다. 아침식사가 포함된다. 수영장은 없다.

Map P.275-A2 주소 555 Thanon Suranari 전화 0-4427-3555, 08-8581-5050 홈페이지 www.leosor.com 요금 트윈 1,200B(에어컨, 개인욕실, TV, 냉장고, 아침식사) 가는 방법 기차역에서 900m 떨어진 타논 쑤라나리에 있다.

롬옌 가든 플레이스 ★★★★
Romyen Garden Place

시내 중심가와 가까운 3성급 호텔로 수영장을 갖추고 있다. 객실은 32㎡ 크기로 넓고 발코니도 딸려 있다. 냉장고, 전자레인지, 전기 포트 등 객실 설비도 잘 갖추어져 있다.

Map P.275-A2 주소 168/9 Thanon Chomsurangyat 전화 09-8105-7978 홈페이지 www.romyengardenplace.com 요금 더블 1,300~1,600B(에어컨, 개인욕실, TV, 냉장고, 아침식사) 가는 방법 '야 모'에서 타논 쫌쑤랑얏 방향으로 750m.

NATIONAL

Khao Yai National Park

카오 야이 국립공원 เขาใหญ่

1962년 태국에서 최초로 지정한 국립공원이다. 2005년에는 유네스코에서 세계자연유산으로 선정하여 완벽하게 보존되고 있다. 카오 야이는 '큰 산'이라는 뜻으로 카오 롬 Khao Rom(1,351m), 카오 람 Khao Lam(1,326m), 카오 키아우 Khao Khiaw(1,292m), 카오 쌈욧 Khao Sam Yot(1,142m)으로 이루어진 산들이 국립공원을 형성한다. 전체 면적이 2,168㎢으로 태국의 국립공원 중에서 두 번째로 큰 규모다. 카오 야이 국립공원은 야생 생태계를 관찰하기에 더없이 좋다. 해발 400~1,300m에 이르는 지형에 따라 초원지대, 열대 상록수림지대, 낙엽림지대가 펼쳐지고 2,000여 종의 식물, 320종의 조류와 67종의 포유류가 서식하고 있다. 폭포와 하이킹 코스도 즐비해 자연을 걸으며 맑은 공기와 상쾌한 풍경을 동시에 즐길 수 있다. 방콕에서 120㎞ 떨어져 있어 언제든지 도시를 탈출해 자연 속에서 심신의 피로를 풀게 해준다.

INFORMATION 여행에 필요한 정보

여행 안내소

국립공원 방문자 센터

국립공원 내부에 있는 방문자 센터 Visitor Center(전화 08-6092-6529, 홈페이지 www.thainationalparks.com/khao-yai-national-park, 운영 08:30~16:30)에서 국립공원에 서식하는 동식물에 관한 정보를 제공한다. 트레킹에 관한 정보와 지도도 무료로 제공해 준다. 국립공원 매표소에서 방문자 센터까지 14㎞ 떨어져 있다.

은행 · 환전

은행 시설은 빡총 Pak Chong에 몰려 있다. 버스 정류장 주변으로 방콕 은행, 까씨꼰 은행, ttb 은행이 영업을 하고 있다. 카오 야이 국립공원으로 향하는 타논 타나랏 Thanon Thanarat(Park Road)에는 옴씬 은행(GSB)과 ATM이 설치되어 있다.

기온

산악지형으로 해발고도가 높기 때문에 방콕과는 전혀 다른 기온을 보인다. 연평균 기온은 23℃다. 여름(3~4월)은 평균 기온보다 약간 높게 나타나지만 고지대로 올라가면 쾌적한 날씨를 보인다. 건기가 끝나고 우기(5~10월)가 시작되면 평균 기온보다 높지만 습하다.

겨울(11~2월)에는 밤 기온이 10℃ 아래로 내려가는 경우도 있어 스웨터 같은 따뜻한 옷이 필요하다.

여행 시기

선선한 기온과 맑은 날씨를 보이는 11월부터 2월까지 가장 많은 여행자가 방문한다. 특히 우기가 끝나는 11월은 날씨도 좋고 폭포에 물이 많아 볼 만하다. 우기에는 트레킹하기에 다소 불편하지만, 신록이 녹색으로 우거지고 웅장한 폭포수를 관람할 수 있다.

입장료

태국에서 가장 비싼 국립공원으로 입장료 400B(아동 200B)을 내야 한다. 참고로 태국인은 40B의 입장료를 받는다.

ACCESS 카오 야이 국립공원 가는 방법

카오 야이 국립공원을 가기 위해서는 빡총 Pak Chong ปากช่อง을 거쳐야 한다. 방콕↔나콘 랏차씨마(코랏)를 오가는 모든 기차와 버스가 빡총을 경유하기 때문에 교통은 편리하다. 빡총에서 카오 야이 국립공원까지 26㎞ 떨어져 있으며, 트럭을 개조한 합승 썽태우가 수시로 운행된다. 썽태우는 빡총의 쏘이 이씹엣 Soi 21(방콕에서 출발한 버스가 정차하는 메인 도로의 세븐일레븐 옆) 골목 입구에서 출발한다. 오전 7시부터 오후 4시까지 운행되며 편도 요금은 50B이다.

썽태우는 국립공원 내부까지 들어가지 못하고, 국립공원 매표소 앞에서 빡총으로 되돌아온다. 카오 야이 국립공원 주변의 호텔들은 여기저기 흩어져 있기 때문에, 대부분 호텔을 미리 예약하고 온다. 호텔마다 빡총까지 픽업 서비스를 제공하는데, 숙박과 투어를 함께 예약하면 무료로 픽업을 해준다.

기차

방콕(끄룽텝 아피왓 역)에서 나콘 랏차씨마행 기차를 타고 빡총에 내리면 된다. 빡총에서 방콕까지는 3~4시간이 소요되고, 나콘 랏차씨마까지는 1시간 걸린다. 기차는 매일 6편이 운행된다. 자세한 정보는 태국의 교통 정보(P.57) 또는 태국 철도청 홈페이지(www.railway.co.th)를 참고한다.

버스

빡총 에어컨 버스 정류장

워낙 많은 버스들이 방콕 북부 버스 터미널(머칫)→나콘 랏차씨마(코랏)→빡총 방향으로 이동 하기 때문에 교통편은 좋다. 미니밴(롯뚜)을 탈 경우 머칫 미니밴 정류장(방콕 북부 버스 터미널 맞은편)을 이용하면 된다(편도 요금 220B).

빡총은 별도의 버스 터미널이 없고 메인 도로상에서 방콕↔나콘 랏차씨마를 오가는 버스들이 잠시 정차해 승객을 내리고 태운다. 빡총→방콕(머칫)은 아침 5시부터 밤 10시 30분까지 30분 간격으로 에어컨 버스(편도 135~160B)를 운행하고, 빡총→나콘 랏차씨마는 아침 7시 30분부터 밤 9시까지 30분 간격으로 에어컨 버스(편도 74~108B) 또는 미니밴(편도 70B)이 출발한다.

TRANSPORTATION 시내 교통

국립공원 내부를 순환하는 셔틀 버스나 썽태우는 존재하지 않는다. 자가용이나 투어(P.284)로 국립공원을 둘러보는 게 일반적인 방법이다. 방문자 센터를 중심으로 도보 여행 코스가 만들어져 있으나, 다양한 볼거리를 걸어 다니면서 보기는 무리다.

Best Course
Khao Yai National Park 카오 야이 국립공원의 추천 코스 (예상 소요시간 6시간)

먼저 국립공원 방문자 센터에 들러 국립공원 내부에 서식하는 동식물에 대한 정보를 수집한다. 그다음에 농팍치 전망대를 향해 걸어가면서 다양한 수목과 조류를 관찰한다. 농팍치 전망대에서 휴식한 다음에는, 포장도로까지 걸어 나와서 자동차를 이용해 폭포 몇 곳을 방문하면 된다.

1 국립공원 매표소
차로 15분

2 방문자 센터 (P.280)
도보 2시간

3 농팍치 전망대 (P.282)
차로 10분

4 헤우쑤왓 폭포 (P.283)

Attraction
카오 야이 국립공원의 볼거리

자연과 야생동물, 폭포가 가장 큰 볼거리다. 차를 타고 둘러보기보다는 국립공원 내부의 하이킹 코스를 걸으며 다양한 자연 풍경과 야생동물을 관찰하는 게 좋다.

농팍치 전망대 ★★★
Nong Phak Chi Observation Tower

야생동물의 관찰을 돕기 위해 만든 전망대인데 하이킹을 하다가 잠시 쉬어가는 휴식처로 사랑받는다. 목조건물을 이용해 만든 높다란 전망대에 오르면 주변 풍경이 시원스레 펼쳐진다. 하이킹을 하면서 걸어 왔던 산길을 벗어난 산속에 펼쳐진 초원지대 중간에 전망대가 있어 색다른 풍경을 제공한다.

전망대에 오르면 작은 호수와 초원지대, 산림지대가 동시에 펼쳐진다. 하이킹 트레일 1번과 2번을 걷다 보면 자연스레 방문하게 된다. 국립공원 내부의 포장도로와 가까워 지름길을 이용하면 하이킹을 하지 않더라도 쉽게 방문할 수 있다. 방문자 센터에서 5.4㎞ 떨어져 있다.

카오 야이 국립공원 개념도

국립공원 매표소, 빡총 방면

트레일 1

단창
Dan Chang

전망대
View Point(30km)

농팍치 전망대
Nong Phak Chi Observation Tower

트레일 4

하이킹 코스

- - - - 트레일 1
- - - - 트레일 2
- - - - 트레일 3
- - - - 트레일 4
- - - - 트레일 5

트레일 2

왕짬삐
Wang Cham Pi

동띠우
Dong Tiew

방문자 센터
Visitor Center

국립공원 본부
National Park Headquarter

트레일 3

싸이쏜 저수지
Sai Son Reservoir

트레일 5

View
1. 콩깨우 폭포
   Khong Kaew Waterfall
2. 헤우쑤왓 폭포
   Haew Suwat Waterfall
3. 파끌루어이마이 폭포
   Pha Kluay Mai Waterfall
4. 마나우 폭포 Manaw Waterfall

Hotel
1. 국립공원 방갈로
   National Park Bungalows
2. 국립공원 본부 캠핑장
   National Park Headquarter Campsite
3. 람따콩 캠핑장
   Lam Takhong Campsite
4. 파끌루어이마이 캠핑장
   Pha Kluay Mai Campsite

헤우나룩 폭포 방면

파디아우다이 전망대
Pha Diaw Dai View Point

폭포
Waterfalls ★★★

카오 야이 국립공원 안에서 관광객이 방문 가능한 폭포는 모두 8개다. 대부분의 폭포까지 도로가 잘 닦여 있어서 하이킹을 하지 않더라도 편하게 방문할 수 있다. 가장 많은 사람들이 방문하는 폭포는 헤우쑤왓 폭포(남똑 헤우쑤왓) Haew Suwat Waterfall이다. 25m 높이의 절벽에서 떨어지는 폭포수 아래로 물웅덩이가 고여 있어 수영을 즐기는 외국인들도 많다. 대니 보일 감독의 영화 〈비치 The Beach〉에 등장해 더욱 유명해진 폭포다. 폭포 입구에는 주차장과 상점이 설치되어 있다. 헤우쑤왓 폭포와 인접한 곳에 헤우싸이 폭포(남똑 헤우싸이) Haew Sai Waterfall와 파끌

헤우쑤왓 폭포

루어이마이 폭포 Pha Kluay Mai Waterfall도 있다.

카오 야이 국립공원에서 가장 큰 폭포는 헤우나록 폭포(남똑 헤우나록) Haew Narok Waterfall이다. 국립공원 남쪽으로 연결된 도로를 따라 차를 타고 방문이 가능하다. 높이 150m에서 떨어지는 폭포는 3층으로 구성된다. 특히 우기에 절벽을 타고 층을 이루며 떨어지는 폭포수가 장관을 이룬다.

카오 야이 국립공원의 하이킹 ★★★★

카오 야이 국립공원에는 20여 개의 하이킹 코스가 있다. 짧게는 1시간짜리 코스부터 길게는 1박 2일 코스까지 다양하다. 하이킹은 험한 등산로를 걷는 건 아니지만, 산길을 걸어야 하므로 긴 옷과 신발을 착용하는 게 좋다. 우기에는 거머리 예방용 덧양말(Leech Socks)을 착용하면 도움이 된다. 충분한 양의 물을 휴대하는 것도 잊지 말자. 가이드를 동행했다면 상관없지만, 개별적으로 하이킹을 할 예정이라면 반드시 출발하기 전에 방문자 센터에 들러 코스에 대한 안내와 안전 여부를 문의하도록 하자.

카오 야이 국립공원에 서식하는 야생동물

알고 가면 좋아요

매홍쏜까지 가서 '목 긴 여인들'을 보지 않고 발길을 돌리는 것은 쉬운 결정은 아닙니다. 하지만 카얀족 마을을 방문하면 인간 동물원을 보는 것 같아 그리 유쾌하지 못할 것입니다. 입장료를 내는 대신 자유롭게 사진을 찍을 수 있지만, 난민 캠프에서 억압된 생활을 하는 카얀족들의 모습은 매우 안쓰럽기까지 합니다. 카얀족 마을에 들어서면 남자들은 온데간데없고 여자들만 보이는데, 남자들은 놋쇠 목걸이를 착용하지 않기 때문에 일부러 관광객들의 눈에 보이지 않게 격리시킨 것입니다. 그만큼 카얀족 난민촌이 관광객의 기호에 맞추어 운영되는 셈이지요.

최근에는 매홍쏜까지 가야 하는 불편함을 덜어주기 위해 치앙마이 주변에도 인위적으로 카얀족 마을을 조성했을 정도입니다. 과연 사진 한 장 찍어 남들에게 자랑하기 위해 카얀족 난민촌을 방문해야 하는지 한번쯤 생각해 볼 일입니다.

농팍치 전망대 가는 길

카오 야이 국립공원 하이킹

팍치 전망대까지 3시간 정도 걸린다. 초원지대와 숲을 지나며 다양한 야생동물을 관찰할 수 있어 인기가 있다. 3번 트레일은 2번 트레일과 거의 동일한 코스로 싸이쏜 저수지 Sai Son Reservoir를 통과한다.

4번 트레일과 5번 트레일은 헤우쑤왓 폭포로 길이 이어진다. 4번 트레일은 방문자 센터부터 헤우쑤왓 폭포까지 총 길이 8km로 비교적 먼 거리를 걸어야 한다. 야생동물이 서식하는 지역을 통과하기 때문에 가이드를 동행하는 게 좋다. 갔던 길을 걸어서 되돌아오기보다는 헤우쑤왓 폭포에서 차를 타고 방문자 센터까지 돌아오면 편리하다. 5번 트레일은 파끌루어이마이 캠핑장 Pha Kluay Mai Campsite에서 시작해 헤우쑤왓 폭포까지 총 길이 3.1km로 2시간 정도 걸린다.

가장 많이 방문하는 코스는 방문자 센터를 중심으로 한 다섯 개 코스다. 트레일(Trail) 1~3번까지는 농팍치 전망대를 경유한다. 1번 트레일은 차를 타고 '33km 표석(km, 33 Marking Stone)'까지 간 다음 하이킹을 시작하는데, 농팍치 전망대까지 3km로 2시간 정도 소요된다. 카오 야이 국립공원 내부의 수목과 야생동물을 관찰하기 좋은 코스다. 2번 트레일은 방문자 센터부터 걷는 4.5km 코스로 농

카오 야이 투어 및 여행사

travel plus

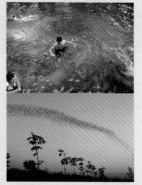

카오 야이 국립공원은 방대한 지역에 볼거리가 흩어져 있어 투어를 이용하면 편리합니다. 픽업트럭으로 국립공원 내부를 여기저기 돌아다니기 때문에 하루 동안 주요한 볼거리를 모두 섭렵할 수 있습니다. 투어 프로그램은 아침 일찍 출발해 해질 때까지 온전한 하루를 국립공원 내부에서 보내게 됩니다. 또한 하이킹이 포함되어 있어 국립공원 내부를 걸으며 야생동물과 조류를 관찰할 수 있습니다.

1일 투어 요금은 1,500~2,100B 정도로 가이드와 차량, 점심, 국립공원 입장료가 포함된 금액입니다. 야간에 진행되는 나이트 사파리는 국립공원 매표소 앞에서 매일 저녁 7시와 8시에 출발합니다. 픽업트럭을 타고 이동하며 밤에 생활하는 야생동물을 관찰하는 프로그램인데요. 국립공원 방문자 센터 옆의 숙박 담당 사무실에서 예약이 가능하며, 10명 기준으로 트럭 한 대당 500B를 받습니다.

시간적인 여유가 있다면 국립공원 외곽을 방문하는 반나절 투어 Half Day Tour(약 3시간)에 참여해도 됩니다. 야외 샘물에서 수영과 동굴 탐방으로 이루어지며, 국립공원 입장료를 낼 필요가 없기 때문에 투어 요금은 500B로 저렴합니다. 운이 좋으면 해질 무렵 동굴에서 먹이를 찾아 나서는 박쥐 떼가 이동하는 장관을 덤으로 얻을 수 있습니다. 계절에 따라 다르지만 최대 200만 마리의 박쥐가 검은 띠를 이루며 하늘을 나는 모습을 목격할 수도 있어요.

카오 야이 국립공원 주변에 있는 모든 숙소는 자체적으로 투어 프로그램을 운영합니다. 그중 개별 여행자들이 선호하는 여행사는 그린 리프 게스트하우스(P.285)에서 운영하는 그린 리프 투어 Green Leaf Tour(www.greenleaftour.com)와 빡총 시내에 있는 바비 정글 투어 Bobby's Jungle Tours(www.bobbysjungletourkhaoyai.com)이니 참고하세요.

Accommodation 카오 야이 국립공원의 숙소

국립공원 주변의 호텔들은 빡총에서 카오 야이 국립공원 매표소까지 23km에 이르는 타논 타나랏 Thanon Thanarat(2090번 국도로 국립공원으로 향하는 도로라 하여 '파크 로드 Park Road'라고 부른다)에 넓게 분포되어 있다. 보통 본인이 투숙하는 숙소에서 투어를 신청하므로 선택할 때 주의해야 한다.

앳 홈 호스텔 ★★★☆
At Home Hostel

2015년에 문을 연 호스텔로 빡총 시내에 있다. 2층 침대가 놓인 도미토리는 4인실과 6인실로 구분된다. 여성 전용 도미토리는 없고, 남녀 혼용으로 운영된다. 개인 욕실을 갖춘 더블 룸도 있다. 자체적으로 카오 야이 국립공원 투어도 진행한다.

주소 27 Soi 1, Thanon Tesaban 16 Soi 1 전화 08-1490-6601 홈페이지 www.athomehostel.com 요금 도미토리 300~320B, 더블 700B(에어컨, 공동욕실, TV), 더블 820B(에어컨, 개인욕실, TV, 냉장고) 가는 방법 카오야이 국립공원에서 26km 떨어진 빡총에 있다. 빡총 시내에 있는 타논 테싸반 16(씹혹) 쏘이 1(능) 골목 안쪽으로 50m. 빡총 기차역에서 550m.

빡총 센터 포시텔 ★★★☆
Pakchong Center Poshtel

빡총 시내에 있는 호스텔로 2020년에 문을 열었다. 트렌디한 디자인과 깨끗한 시설로 인해 인기 있다. 도미토리부터 개인욕실을 갖춘 전용 객실까지 예산에 따라 다양한 선택이 가능하다. 아침 식사가 포함되며, 카페를 함께 운영한다.

주소 594/5 Thanon Mittraphap 전화 0-4407-7790 홈페이지 www.facebook.com/pakchongcenterposhtel 요금 도미토리 350B(에어컨, 공동욕실, 아침식사), 더블 850~1,000B(에어컨, 개인욕실, TV, 냉장고, 아침식사) 가는 방법 빡총 기차역에서 500m 떨어져 있다.

그린 리프 게스트하우스 ★★★☆
Green Leaf Guest House

카오 야이 국립공원 주변에서 유일한 배낭여행자 숙소다. 태국인 가족이 운영하며 친절하다. 객실과 욕실이 매우 넓고 쾌적하다. 온수 샤워 시설이 없다. 카오 야이 관련 투어 프로그램을 알차게 잘 운영하고 있다. 투어를 함께 신청할 경우 빡총에서 숙소까지 무료로 픽업해 준다.

주소 52 Moo 6, Thanon Thanarat(7.5km) 전화 0-4493-6361, 0-4493-6373 홈페이지 www.greenleaftour.com 요금 더블 300B(선풍기, 개인욕실) 가는 방법 빡총에서 카오 야이 국립공원 입구로 향하는 타논 타나랏(파크 로드)의 7.5km 표석 옆. 세븐일레븐과 PTT 주유소 맞은편에 있다.

국립공원 캠핑장 ★★★
National Park Campsite

국립공원 내부에 있는 방갈로와 캠핑장에서 숙박이 가능하다. 방문자 센터 옆에 있는 방갈로는 2인실(800B), 4인실(3,500B), 6인실(4,500B)로 구분된다. 원칙적으로 국립공원 관리공단(전화 08-6092-6529, 홈페이지 www.khaoyainationalpark.com)에서 미리 예약해야 한다. 주중(월~목요일)에는 예약하지 않아도 방갈로를 내주기도 한다. 절차가 복잡한 방갈로와 달리 캠핑장은 예약하지 않고 누구나 이용할 수 있다. 국립공원에서 설치해 둔 상설 텐트(225B)를 이용하거나, 직접 텐트를 들고 가서 캠핑장 사용료(1인 30B)만 내도 된다.

국립공원 안에는 국립공원 본부 캠핑장 National Park Headquarter Campsite, 람타콩 캠핑장 Lam Takhong Campsite, 파끌루어이마이 캠핑장 Pha Kluay Mai Campsite 모두 세 곳이 있다. 캠핑장마다 화장실과 샤워 시설, 레스토랑, 편의점이 설치되어 있다.

Phimai

피마이 พิมาย

현재는 태국 땅이지만 과거에는 크메르 제국(현재의 캄보디아)의 땅이었던 곳이다. 길이 655m, 폭 1,033m인 직사각형 구조의 성벽 도시로 비마야푸라 Vimayapura라고 불렸다. 8~13세기까지 동남아시아 일대를 평정했던 거대한 크메르 제국 북서지방의 중요 도시로 600년 가까이 번영을 누렸다. 비마야푸라에서 240km에 이르는 직선 도로가 크메르 제국 수도였던 앙코르(현재의 씨엠리업)와 연결됐으며, 이 길은 태국 중북부와 라오스 남부 지방까지 상업과 종교를 확장시키는 중요한 역할을 했다.

피마이는 현재 태국 북동부의 조용한 마을로 전락했다. 변변한 호텔 하나 없는 시골 마을이지만, 고대 역사 유적을 고스란히 품고 있는 매력적인 곳이다. 성벽에 둘러싸인 크메르 사원은 완벽한 복원작업을 통해 피마이 역사공원으로 깔끔하게 단장했다. 황금빛으로 찬란한 태국 사원과 달리 사암으로 만든 고풍스런 크메르 사원들이 반긴다. 더불어 조용한 도시는 편안함을 선사하고, 정겨운 현지인들을 만나는 것도 여행의 즐거움이 된다.

INFORMATION 여행에 필요한 정보

은행 · 환전

방콕 은행, ttb 은행, 까씨꼰 은행이 피마이 역사공원 입구에서 100m 이내에 위치해 있다. 모두 ATM을 함께 운영한다.

축제

피마이 최대의 행사인 피마이 축제가 매년 11월 둘째 주에 열린다. 역사공원 내부에 특별 무대를 설치해 크메르 시대를 재현한 춤과 공연, 빛과 소리의 쇼가 펼쳐진다. 문 강 Mae Nam Mun에서 열리는 보트 경주 대회는 축제 분위기를 고조시킨다.

ACCESS 피마이 가는 방법

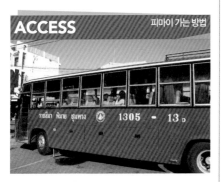

지방 소도시인 피마이로 가려면 버스를 타는 방법이 유일하다. 이싼 최대의 도시인 나콘 랏차씨마(코랏)가 피마이로 가는 거점도시 역할을 한다. 다행히도 나콘 랏차씨마까지 60km 거리로 가까워 버스는 수시로 운행된다. 피마이에서 출발하는 버스는 나콘 랏차씨마로 되돌아가는 버스와 춤푸앙 Chum Phuang으로 향하는 버스가 전부다.

피마이 버스 정류장은 마을 안쪽의 피마이 호텔 옆에 있어 편리하다. 대부분의 숙소에서 걸어서 5분 이내에 도착이 가능하다. 하지만 방콕(머칫)에서 출발한 에어컨 버스를 탔다면 마을 서쪽으로 1.5km 떨어진 206번 국도에 있는 버스 터미널에 정차한다.

나콘 랏차씨마 → 피마이

나콘 랏차씨마의 버스 터미널 2(버커써 썽)에서 피마

이행 버스가 출발한다. 오전 8시부터 오후 6시 40분까지 1시간 간격으로 운행한다. 시골 동네를 가기 때문에 선풍기만 돌아가는 일반 버스의 운행 횟수가 많다. 중간에 사람들을 내리고 태우기 때문에 90분 정도 걸린다. 편도 요금은 59B이다.

피마이 → 나콘 랏차씨마

피마이 호텔 앞에 있는 버스 정류장에서 출발한다. 오전 6시 40분부터 오후 4시 20분까지 1시간 간격으로 운행한다. 편도 요금은 59B이다. 춤푸앙 Chum Phuang에서 출발한 버스가 피마이를 들려 나콘 랏차씨마(버스 터미널 2, 버커써 썽)까지 간다.

피마이 → 콘깬, 우돈타니, 농카이

피마이에서 북쪽 도시인 콘깬, 우돈타니, 농카이로 갈 경우 굳이 나콘 랏차씨마까지 갈 필요가 없다. 피마이에서 10km 떨어진 딸랏캐 Talat Khae(2번 국도의 삼거리 마을로 반 딸랏캐 Ban Talat Khae라고도 부른다)에 내려서 버스를 갈아타면 된다. 나콘 랏차씨마를 출발한 버스가 30분 간격으로 딸랏캐를 지난다. 참고로 농카이행 에어컨 버스는 딸랏캐에서 정차하지 않기 때문에, 우돈타니까지 간 다음 버스를 갈아타야 한다.

TRANSPORTATION 시내 교통

작은 마을이므로 걸어서 10분 이내에 원하는 목적지에 도착할 수 있다. 버스 정류장에서 숙소까지도 걸어갈 수 있을 정도로 가깝다. 싸이응암에 갈 때만 오토바이 택시를 타면 된다. 방

사이클 릭샤, 쌈러

콕 은행 앞에서 납짱(오토바이 택시 기사)들이 대기 중이다. 편도 30B에 흥정하면 된다. 자전거 대여는 하루에 80B을 받는다.

Attraction

피마이의 볼거리

피마이를 가는 이유는 피마이 역사공원을 보기 위해서다. 수리야바르만 1세 King Suryavarman I (재위 1002~1050) 때 건설한 거대한 크메르 사원이다. 앙코르 와트 Angkor Wat(12세기 초 수리야바르만 2세 때 완성)보다 앞서 건설한 사원으로 앙코르 건축물의 본보기를 제공했다. 전통적인 크메르 건축 양식에 따라 종교적인 우주관을 지상에 재현했다. 피마이 역사공원은 천천히 둘러보면 2시간 정도 걸린다. 유적에 대해 좀 더 깊게 알고 싶다면 피마이 국립 박물관을 추가로 방문하자.

피마이 역사공원 ★★★★
Phimai Historical Park

피마이의 유일하게 가장 큰 볼거리다. 성벽에 둘러싸인 전형적인 크메르 건축 양식으로 만든 사원이다. 사원은 본래 쁘라쌋 힌 피마이 Prasat Hin Pmimai라고 불렸는데, 태국에서 사원을 복원하며 피마이 역사공원이라고 부른다. 사원의 정문은 남쪽을 향한다. 크메르 제국의 사원들이 해가 뜨는 동쪽을 향하는 것과는 다른 구조다. 피마이 유적 입구가 남쪽(정확히 남동쪽)을 향하는 이유는 크메르 제국의 수도였던 앙코르를 향한다는 상징적인 의미를 담고 있다.

현지어 웃타얀 쁘라왓띠싼 피마이 Map P.289 주소 Thanon Anantha Chinda 운영 07:00~18:00 요금 100B 가는 방법 방콕 은행을 바라보고 왼쪽으로 100m 가면 된다. 타논 아난타찐다에 출입구를 겸한 매표소가 있다.

고푸라
Gopura

매표소를 지나 피마이 역사공원에 들어서면 씽 singh(사자 모양의 수호신)이 좌우에 세워진 계단이 보인다. 계단을 살짝 오르면 이번에는 나가 naga(정령이 깃든 뱀)가 장식된 다리가 나온다. 십자형 테라스 구조로 된 다리는 속세와 신들이 사는 세상을 구분하는 상징물이다. 천상계로 진입하는 다리 끝에는 피마이 유적을 감싼 외벽의 첫 번째 고푸라(크메르 사원 건축의 특징인 탑처럼 생긴 출입문이다. 일반적으로 사암으로 만들며, 출입문 위쪽은 부조를 조각한 상인방을 장식한다)가 나온다. 고푸라 상단부는 무너져 내려서 흔적이 사라졌다. 고푸라를 통과해 들어가면 중앙 신전으로 향하는 진입로가 이어진다.

진입로 끝은 피마이 유적의 중앙 신전을 감싼 내벽의 출입문인 두 번째 고푸라가 있다. 두 번째 성벽은 클로이스터 Cloister라 불리는

크메르 제국의 건축재료는 사암과 라테라이트

수호신 씽과 나가

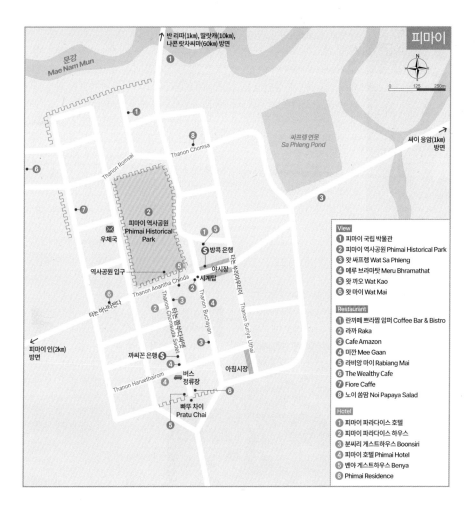

반 리따(1km), 딸랏캐(10km),
나콘 랏차씨마(60km) 방면

문강
Mae Nam Mun

피마이

싸프렝 연못
Sa Phleng Pond

싸이 응암(1km)
방면

Thanon Chomsa

Thanon Romsai

피마이 역사공원
Phimai Historical
Park

우체국

방콕 은행

역사공원 입구

아시장
시계탑

Thanon Anantha Chinda

Thanon Buchayan

Thanon Chomsuda Sadet

Thanon Surya Uthai

피마이 인(2km)
방면

티논 아난타 찐다

까씨꼰 은행

아침시장

Thanon Haruethairom

버스
정류장

빠뚜 차이
Pratu Chai

View
1 피마이 국립 박물관
2 피마이 역사공원 Phimai Historical Park
3 왓 싸프렝 Wat Sa Phleng
4 메루 브라마탓 Meru Bhramathat
5 왓 까오 Wat Kao
6 왓 마이 Wat Mai

Restaurant
1 란까페 쁘라짬 암퍼 Coffee Bar & Bistro
2 라까 Raka
3 Cafe Amazon
4 미깐 Mee Gaan
5 라비앙 마이 Rabiang Mai
6 The Wealthy Cafe
7 Fiore Caffe
8 노이 쏨땀 Noi Papaya Salad

Hotel
1 피마이 파라다이스 호텔
2 피마이 파라다이스 하우스
3 분씨리 게스트하우스 Boonsiri
4 피마이 호텔 Phimai Hotel
5 벤야 게스트하우스 Benya
6 Phimai Residence

사원의 회랑이다. 성벽을 쌓은 사암들을 조각
해 갤러리를 꾸몄는데, 안타깝게도 부조들은
많이 남아 있지 않다. 다만 고푸라 상인방을
장식한 부조만 눈길을 끈다. 상인방 부조는
일반적인 크메르 사원과 동일하게 코끼리를
붙잡고 있는 거인과 코끼리 머리 위에 올라탄
칼라 Kala(악의 신)가 조각되어 있다.

중앙 신전
Central Sanctuary

두 번째 고푸라를 통과해 들어가면 중앙 신
전이 나온다. 중앙 신전에서 가장 중요한 곳

은 중앙 성소로 '쁘랑 쁘라탄 Prang Prathan'
이라고 부른다. 사암으로 만든 거대한 쁘랑
(크메르 건축에서 흔히 볼 수 있는 첨탑 모양
의 신전)으로 보통 때는 회색빛을 띠며, 태양
이 비추면 온화한 핑크색으로 변모한다. 쁘랑
쁘라탄은 연꽃 봉오리를 형상화했으며, 우주
의 중심인 수미산(메루산)을 상징한다.

중앙 성소는 전체적으로 보면 하나의 커다
란 탑인데, 세 부분으로 구분된다. 남단은 만
다파 Mandapa로 불리는 대기실, 중앙은 작
은 연결 회랑인 안타랄라 Antarala, 그리고
북단은 탑에서 가장 중요한 공간인 가르바그

자야바르만 7세 흉상

라 Garbhagrha이다. 만다파와 가르바그라는 각각 세 방향으로 입구가 나 있으며, 입구마다 상인방에는 부조를 조각했다. 상인방 부조는 붓다와 시바(힌두교 파괴와 창조의 신), 비슈누(힌두교 유지의 신)를 주요 등장인물로 묘사했다. 비슈누의 화신인 라마의 이야기를 그린 〈라마야나 Ramayana〉의 주요 장면도 볼 수 있다.

중앙 성소에서도 가장 신성한 공간인 가르바그라에는 불상을 모셨다. 머리가 7개인 나가가 명상 중인 붓다를 보호하는 모양이다. 힌두교 건축에 불상을 본존불로 모신 이유는 간단하다. 크메르 제국이 자야바르만 7세를 기점으로 힌두교에서 대승불교로 국교를 전환했기 때문이다. 즉 피마이 유적은 수리야바르만 1세가 건설할 때는 힌두교 사원이었으나 자야바르만 7세가 사원을 증축하는 과정에서 불교 사원으로 변모한 것이다.

중앙 신전 내에는 자야바르만 7세 때 증축된 쁘랑 브라마닷 Prang Bramadat이 있다. 중앙 성소 오른쪽(중앙 신전에 해당하는 두 번째 고푸라를 들어서자마자 오른쪽에 보이는 건물)에 붉은 사암으로 만든 16m 높이의 쁘랑(탑)이다. 내부에는 가부좌를 틀고 명상에 잠긴 자야바르만 7세의 흉상이 모셔져 있다. 흉상은 붓다의 얼굴을 닮았는데 자야바르만 7세는 자신을 아발로키테스바라(관세음보살)의 화신으로 여겼다고 한다.

피마이 국립 박물관 ★★
Phimai National Museum

피마이를 포함해 이싼 지방에서 출토된 크메르 관련 유물을 전시한 박물관이다. 다양한 불상을 비롯해 크메르 보석과 장신구, 상인방

중앙 성소, 쁘랑 쁘라탄
쁘랑 브라마닷
피마이 국립 박물관

부조 등을 전시한다. 덩치가 큰 유물들은 박물관 야외에 전시되어 있다. 박물관은 본래 피마이 유적을 복원하면서 출토된 유물들을 보관하던 창고였다고 한다. 태국 정부에서 대대적인 투자를 해 1987년에 박물관으로 변모했다. 피마이 역사공원을 보고 나서 들르면 좋다.
현지어 피피타판 행찻 피마이 Map P.289 주소 Thanon Tha Songkhran 전화 0-4447-1167 홈페이지 www.thailandmuseum.com 운영 09:00~16:00 요금 100B 가는 방법 피마이 역사공원을 바라보고 오른쪽으로 100m 간 다음, 방콕 은행 앞 사거리에서 북쪽 방향으로 700m 가면 된다.

싸이 응암

싸이 응암 ★★
Sai Ngam

'아름다운 보리수나무'라는 뜻으로 태국에서 가장 큰 보리수나무 숲이다. 평균 수령 350년을 자랑하는 보리수나무들의 뿌리가 서로 엉켜서 독특한 풍경을 선사한다. 시원한 나무 그늘을 제공해 현지인들의 휴식처로 사랑받는다. 전체 면적 1만 5,000㎡로 늪지대에는 다양한 조류도 서식한다. 공원처럼 꾸며져 식당들과 기념품 가게들도 많다. 식당들은 대부분 피마이 특유의 국수 요리인 '팟미 피마이'를 요리한다.
위치 피마이에서 동쪽으로 2㎞ 운영 06:00~18:00 요금 무료 가는 방법 방콕 은행 앞에서 오토바이 택시로 5분 또는 도보 30분.

Restaurant
피마이의 레스토랑

동네가 작아서 특별한 건 없다. 현지 식당들이 간간이 보일 뿐이다. 피마이에서 유명한 음식은 '팟미 피마이'이다. 피마이 스타일의 볶음 국수로 팟타이에 비해 맛이 강하다. 대부분의 현지 식당에서 요리한다.

야시장 ★★★
Night Market

마을이 작은데다가 갈 데도 별로 없어서 저녁이 되면 으레 찾게 되는 곳이다. 방콕 은행 앞의 도로 일대에 오후 5시경부터 노점 형태의 식당이 들어선다. 저녁거리 반찬을 사러 시장에 오는 현지인들로 북적댄다. 구어이띠아우(쌀국수), 카우 만 까이(닭고기 덮밥), 무 뼁(돼지고기 꼬치구이)을 파는 노점 식당은 시계탑 남쪽에 있다.
현지어 딸랏 나잇 바싸 Map P.289 주소 Thanon Anantha Chinda 영업 16:00~20:00 메뉴 태국어 예산 40~80B 가는 방법 방콕 은행(타나칸 끄룽텝) 주변에 있다.

라비앙 마이 ระเบียงไม้ ★★★
Rabiang Mai

피마이에서 제법 규모가 큰 레스토랑이다. 넓은 야외 정원과 목조 건물에 테이블을 꾸며 넓고 여유롭다. 얌(태국식 매콤한 샐러드)과 생선 요리를 포함해 태국 사람들이 좋아하는 태국 음식들이 많다. 스테이크도 함께 요리한다. 저녁에만 영업한다.
Map P.289 주소 Thanon Samairuchi 전화 08-1760-9642 홈페이지 www.facebook.com/rabiangmai phimai 영업 17:00~23:00 메뉴 영어, 태국어 예산 120~280B 가는 방법 타논 싸마이루치에 있는 피마이 파라다이스(호텔) 맞은편에 있다.

Accommodation

동네도 작고 찾는 사람도 적어 숙소는 많지 않다. 하지만 방을 구하지 못할 상황은 발생하지 않으니 걱정하지 말자. 피마이 역사공원 앞에 저렴한 숙소가 몇 군데 있어 여행자들을 반긴다.

벤야 게스트하우스 ★★★☆
Benya Guest House

아담한 게스트하우스로 골목 안쪽에 있다. 객실은 작지만 개인욕실과 에어컨이 갖춰져 있다. 객실이 6개뿐이라 가족처럼 친절하게 대해준다. 자전거를 무료로 이용할 수 있다. Map P.289 주소 276/1 Moo 2 Thanon Anantha Chinda 전화 0-4441-7541, 08-1976-2471 요금 더블 350~450B(에어컨, 개인욕실, TV) 가는 방법 방콕 은행 옆 사거리에서 역사 공원 입구 방향으로 40m. 첫 번째 세븐일레븐 옆 골목으로 들어간다. 폰씬 게스트 하우스 Pomsilp Guest House 옆.

분씨리 게스트하우스 ★★☆
Boonsiri Guest House

오래된 여행자 숙소로 저렴한 도미토리가 있고, TV와 에어컨 시설을 갖춘 널찍한 에어컨 룸이 있다. 비수기에는 방값도 깎아준다. 친절한 태국인 가족이 운영한다. Map P.289 주소 228 Moo 2 Thanon Chomsuda Sadet 전화 0-4447-1159, 08-9424-9942 홈페이지 www.boonsiri.net 요금 도미토리 150B, 더블 400B(선

풍기, 개인욕실, TV), 트윈 450B(에어컨, 개인욕실, TV) 가는 방법 피마이 역사공원에서 200m 떨어진 타논 쫌쑤다싸뎃에 있다.

반 리따 ★★★☆
Baan Lita

2018년에 신축한 건물로 깔끔한 객실과 친절한 서비스로 인해 인기가 높다. 아담한 아파트 형태의 단독 건물로 넓은 주차장을 갖추고 있다. 타일이 깔린 객실은 넓고 깨끗하며 발코니까지 딸려 있다. 시내 중심가에서 떨어져 있어 접근성은 떨어진다. Map P.289 주소 35 Moo 19 Soi Baan Thansongkran 8 전화 08-8595-2542 요금 더블 600B(에어컨, 개인욕실, TV, 냉장고) 가는 방법 피마이 역사공원에서 북쪽으로 2km, 피마이 국립 박물관에서 북쪽으로 1km 떨어져 있다.

피마이 파라다이스 호텔 ★★★☆
Phimai Paradise Hotel

피마이 역사 공원과 가까운 곳에 있는 깔끔한 숙소다. 주변의 저렴한 게스트하우스와 달리 호텔다운 풍모를 풍긴다. 개인욕실과 에어컨은 물론 TV와 냉장고까지 갖추어져 시설이 좋다. 야외 수영장도 갖추고 있다. 시내 중심가라 위치도 무난하다. Map P.289 주소 100 Moo 2 Thanon Samairuchi 전화 0-4428-7565 홈페이지 www.phimaiparadisehotel.com 요금 더블 600~900B(에어컨, 개인욕실, TV, 냉장고) 가는 방법 피마이 역사공원 오른쪽 길인 타논 싸마이루치에 있다. 시계탑에서 도보 6분.

야시장이 들어서는 방콕 은행 거리

Phanom Rung

파놈 룽 พนมรุ้ง

피마이와 더불어 대표적인 크메르 유적으로 손꼽힌다. 크메르 제국(현재의 캄보디아)에서 건설한 전형적인 힌두 사원으로 시바 신을 모신다. 사암과 라테라이트로 건설됐으며 10세기부터 12세기 후반까지 약 200년 동안 증축됐다. 파놈 룽은 크메르 언어로 '커다란 산'이라는 뜻이다. 사원은 해발 383m의 동렉 산 Dongrek Mountain 정상에 세워져 있다. 크메르 제국의 수도였던 앙코르(현재의 씨엠리업)에서 파놈 룽을 거쳐 피마이까지 왕실 도로가 연결되었다. 피마이보다 남쪽에 치우쳐 현재의 캄보디아 국경과도 인접해 있다.

사원 건설에 가장 큰 공헌을 한 사람은 수리야바르만 2세 King Suryavarman II(재위 1113~1150)다. 그는 앙코르 와트를 건설한 크메르의 위대한 왕이기도 하다. 때문에 파놈 룽은 크메르 제국의 건축 기술이 최절정에 달했을 때 건설된 사원 가운데 하나다. 태국에 남겨진 최대의 크메르 사원으로 규모뿐만 아니라 완성도도 매우 높다. 정교한 회랑과 부조가 고스란히 남아 있어 캄보디아에 가지 않고도 크메르 건축의 정수를 느낄 수 있다.

ACCESS

파놈 룽 역사공원 주변에 마을이 없기 때문에 파놈 룽까지 직행하는 교통수단은 없다. 나콘 랏차씨마→낭롱 Nang Rong→따꼬 Tako→따삑 Ta Pek→파놈 룽 순서로 여러 번 갈아타야 한다. 대중교통이 드나드는 가장 가까운 마을은 '따꼬(마을이란 뜻의 '반'을 붙여 반 따꼬라고 부르기도 한다)'이다. 나콘 랏차씨마→쑤린을 연결하는 24번 국도의 삼거리 마을인 따꼬는 나콘 랏차씨마에서 115km, 쑤린에서 83km 떨어져 있다. 일반적으로 파놈 룽과 가장 가까운 낭롱에서 썽태우를 타고 가지만, 나콘 랏차씨마에서 출발해도 하루 만에 파놈 룽을 다녀올 수 있다.

나콘 랏차씨마 → 파놈 룽

나콘 랏차씨마의 버스 터미널 2(버커써 썽)에서 30분 간격으로 운행하는 쑤린행 버스를 타고 가다가 따꼬에서 내리면 된다. 편도 요금은 85B이며, 2시간 20분 걸린다. 따꼬에 도착했다면 12km 떨어진 파놈 룽까지 오토바이 택시를 타고 이동하자. 기다리는 시간을 포함해 왕복 요금 300B을 받는다. 인접한 므앙 땀까지 함께 갈 경우 왕복 요금은 400B이다.

나콘 랏차씨마 → 낭롱 → 파놈 룽

나콘 랏차씨마에서 낭롱까지는 오전 8시부터 오후 10시까지 미니밴이 수시로 운행된다. 편도 요금은 60B이다. 낭롱에서 파놈 룽까지는 26km 떨어져 있는데, 오토바이 택시(왕복 400B)이나 뚝뚝(왕복 600B)을 흥정해서 타고 가야 한다.

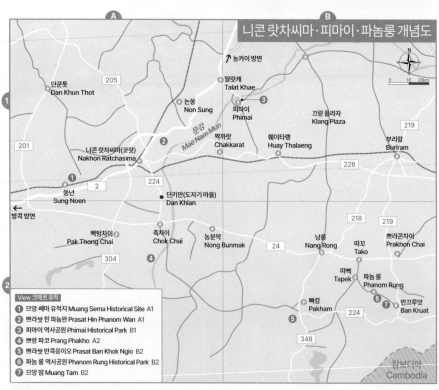

니콘 랏차씨마·피마이·파놈룽 개념도

단쿤톳 Dan Khun Thot
논쑹 Non Sung
딸랏캐 Talat Khae
농카이 방면
피마이 Phimai
끄랑 플라자 Klang Plaza
문강 Mae Nam Mun
짝까랏 Chakkarat
훼이타랭 Huay Thalaeng
부리람 Buriram
나콘 랏차씨마(코랏) Nakhon Ratchasima
쑹넌 Sung Noen
방콕 방면
단키안(도자기 마을) Dan Khian
빡텅차이 Pak Thong Chai
촉차이 Chok Chai
농분막 Nong Bunmak
낭롱 Nang Rong
따꼬 Tako
쁘라콘차이 Prakhon Chai
따삑 Tapek
파놈룽 Phanom Rung
반끄루앗 Ban Kruat
빠캄 Pakham
캄보디아 Cambodia

View 크메르유적
1 므앙 쎄마 유적지 Muang Sema Historical Site A1
2 쁘라쌋 힌 파놈완 Prasat Hin Phanom Wan A1
3 피마이 역사공원 Phimai Historical Park B1
4 쁘랑 파코 Prang Phakho A2
5 쁘라쌋 반콕응이오 Prasat Ban Khok Ngio B2
6 파놈 룽 역사공원 Phanom Rung Historical Park B2
7 므앙 땀 Muang Tam B2

파놈 룽 정상에 만들어진 쁘라쌋 힌 카오 파놈 룽 Prasat Hin Khao Phanom Rung이 가장 큰 볼거리다. 파놈 룽 역사공원(웃타얀 쁘라왓띠싼 파놈 룽)으로 깔끔하게 정비되어 있다. 파놈 룽에서 8㎞ 떨어진 므앙 땀 Muang Tam을 함께 여행하면 좋다.

쁘라쌋 힌 카오 파놈 룽 ★★★★
Prasat Hin Khao Phanom Rung

파놈 룽 정상에 세운 사원으로 태국 정부에서 새롭게 정비하면서 '쁘라쌋 힌 카오 파놈 룽'이란 공식 명칭을 얻었다. 커다란 산을 뜻하는 파놈 룽(파놈은 크메르 언어의 '프놈'이 태국식으로 변형된 발음이다)을 고유명사처럼 여겨 태국어로 산을 뜻하는 '카오'를 덧붙여 사원 명칭을 정했다. '쁘라쌋'은 탑으로 이루어진 신성한 사원, '힌'은 바위를 의미한다. Map P.294 홈페이지 www.phanomrung.com 운영 07:00~18:00 요금 100B(므앙 땀 입장권이 포함된 통합 입장권 150B)

진입로
Promenade

쁘라쌋 힌 카오 파놈 룽은 동서로 연결되는 기다란 축선을 따라 사원을 완성했다. 동서 축선은 진입로 역할을 하며, 산 정상에 만든 중앙 성소를 향하도록 설계했다. 라테라이트로 만든 진입로는 총 길이가 160m에 이른다. 폭은 7m로 진입로 양옆에는 사암으로 만든 돌기둥을 연속해서 세웠다.

중앙 신전
Main Sanctuary

중앙 신전의 입구는 동쪽을 향한다. 해가 뜨는 신성한 방향인 동시에 크메르 제국의 수도인 앙코르로 향하는 방향이기도 하다. 중앙 신전은 1050~1150년에 걸쳐 오랫동안 건축되었는데, 수리야바르만 2세 재위 기간에 대부분이 건설되었다. 성벽에 둘러싸인 전형적인 크메르 사원 구조로 각 방향에 출입문인 고푸라를 만들었다. 중앙 신전은 피마이 유적과 유사한 구조다. 하지만 방대한 양의 사암과 라테라이트를 언덕 정상까지 끌고 올라와 사원을 건설했기 때문에, 피마이 유적에 비해 더 많은 노동과 시간이 소요됐다.

중앙 신전의 정문에 해당하는 동쪽 고푸라 안으로 들어가면 중앙 성소가 나온다. 대기실 역할을 했던 만다파 Mandapa와 본존불을 모시는 가장 신성한 공간을 이루는 높다란 탑 모양의 쁘라쌋 Prasat으로 구성된다. 중앙 성소는 동쪽에서 서쪽 끝까지 모두 15개의 출입문이 연속해 있다. 내부에는 시바의 동물인 난디(황소) Nandi 조각상, 시바를 조각한 석상, 그리고 시바를 상징하는 링가 Linga를 모셨다. 시바는 힌두교에서 파괴와 재창조를 담당한 강력한 힘을 가진 신으로 여긴다.

중앙 신전에서 꼼꼼히 살펴야 하는 곳은 상인방 부조다. 중앙 신전으로 들어가는 출입문마다 부조들이 정교하게 장식되어 있다.

프라 나라이 상인방 Phra Narai Lintel

온갖 힌두 신화로 부조를 장식한 상인방 중에서 가장 훌륭한 부조로 평가받는 것이 '프라 나라이 상인방'이랍니다. 중앙 성소의 만다파 입구(진행 방향으로 볼 때 중앙 성소의 첫 번째 출입문에 해당한다)의 상단부를 장식한 부조로, 중앙 성소의 첫 번째 출입문을 장식했기 때문에 그 규모와 완성도가 매우 높답니다.

'프라 나라이'는 비슈누의 9가지 아바타(화신) 중에 하나인 나라야나 Narayana를 태국식으로 발음한 것입니다. 그러니 프라 나라이 상인방의 부조에는 비슈누가 중심인물로 등장한답니다. 나가 위에 누워서 명상에 잠긴 비슈누 조각이 중앙에 커다랗게 자리 잡고 있고, 비슈누 위에는 연꽃에 앉아 있는 브라흐마(창조의 신) 조각이, 비슈누 오른쪽에는 그의 발을 흔드는 락슈미 (비슈누의 부인)도 함께 조각되어 있지요. 상인방 위쪽의 박공벽(아치형의 조각)에는 10개의 손을 가진 시바 신이 우주를 파괴하고 재창조하는 모습이 조각되어 있습니다. 얼핏 보면 시바 신이 춤추는 것처럼 보인답니다.

프라 나라이 상인방은 정교한 부조로도 유명하지만 도굴되었던 특이한 이력 때문에 더욱 유명해졌습니다. 1961~1965년 사이에 도굴된 것으로 추정되는 프라 나라이 상인방은 1973년에 발견되었는데, 엉뚱하게도 미국 시카고 미술관에 전시되어 있었다고 합니다. 태국 정부의 노력으로 1988년에 제자리로 돌아올 수 있었는데, 프라 나라이 상인방의 시가는 25만US$였다고  하네요. 구매를 위해 미국 시민단체에서 기부금을 마련해줬다고 합니다.

Accommodation
파놈 룽의 숙소

파놈 룽과 가장 가까운 도시는 26㎞ 떨어진 낭롱 Nang Rong이다. 낭롱에서 머무르려면 어디서 묵을지 미리 결정하고 움직이는 게 좋다. 버스 터미널을 중심으로 전혀 다른 방향으로 숙소가 있기 때문이다.

피 캘리포니아 인터 호스텔 ★★★
P. California Inter Hostel

낭롱에 있는 호스텔이다. 객실 크기와 에어컨 유무에 따라 방 값이 달라진다. 태국인 가족이 운영하며 친절하다. 터미널에 도착할 경우 전화해서 픽업이 가능한지 문의할 것! 주소 59/9-11 Thanon Sangkhakrit(Sangkhakritburana Road) 전화 0-4462-2214, 08-1808-3347 홈페이지 www.pcalifornianangrong.webs.com 요금 싱글 350B(선풍기, 개인욕실), 더블 550~650B(에어컨, 개인욕실, TV, 냉장고) 가는 방법 낭롱 시내 오른쪽 끝자락에 해당하는 타논 쌍카끄릿부라나에 있다. 버스 터미널에서 2㎞ 떨어져 있다.

낭롱 호텔 ★★★
Nang Rong Hotel

낭롱 시내에서 저렴한 호텔로 현지인들이 즐겨 찾는다. 오래된 호텔이지만 객실이 넓고 깨끗하다. 모든 객실에는 개인욕실이 딸려 있고, TV와 책상, 건조대가 비치되어 있다. 주소 243 Thanon Pradit Pana, Muang Nang Rong 전화 0-4463-1014 홈페이지 www.nangronghotel.com 요금 더블 450~600B(에어컨, 개인욕실, TV) 가는 방법 낭롱 시내 중심가인 야시장 옆에 있다. 낭롱 버스 터미널에서 1.5㎞.

쏘쿨 그랜드 호텔 ★★★☆
Socool Grand Hotel

낭롱에서 보기 드문 3성급 호텔로 수영장과 피트니스를 갖추고 있다. 시내 중심가에서 조금 떨어져 있지만 객실은 밝고 깨끗하다. 딜럭스 룸은 발코니까지 딸려 있다. 3층 건물로 엘리베이터는 없다. 주소 204 Thanon Sapphakit Koson 전화 0-4463-2333 홈페이지 www.socoolgrand.com 요금 스탠더드 1,200B, 슈피리어 1,350B, 딜럭스 1,600B 가는 방법 버스 터미널에서 낭롱 시내 방향으로 2㎞ 떨어져 있다.

Nong Khai

농카이 | หนองคาย

농카이는 태국과 라오스를 연결하는 최초의 육로 국경으로 개방된 이래 라오스로 향하는 관문 역할을 하고 있다. 메콩 강을 사이에 두고 마주한 두 나라는 우정의 다리(싸판 밋뜨라팝 타이-라오) Thai-Lao Friendship Bridge를 통해 국제 버스와 국제 열차가 끊임없이 넘나든다. 농카이를 찾는 여행자들은 당연히 라오스를 염두에 둔다. 곧장 버스를 타고 태국을 빠져나가기도 하지만 메콩 강의 한적한 풍경을 즐기며 시간을 보내는 여행자들도 많다.

치앙콩, 묵다한 등 다른 국경도시에 비해 볼거리도 많고 낭만적이다. 타싸뎃 시장(딸랏 타싸뎃) Tha Sadet Market 덕분에 도시는 낮에도 생기를 띤다. 국경도시 특유의 활기는 물론 메콩 강을 따라 태국의 나른한 시골 풍경도 펼쳐진다. 도시 자체가 편안한 느낌으로 다가와서 생각보다 오래 머무르는 여행자들도 많다. 특히 연륜이 쌓인 사람들일수록 한가한 소도시 생활에 빠져든다. 농카이에 머무르는 동안 시원한 맥주로 낮술을, 메콩 강의 노을로 저녁의 낭만을, 특유의 이싼 음식으로 식도락을 즐기자.

ACCESS

농카이 가는 방법

방콕에서 기차와 버스가 드나든다. 방콕에서 멀리 떨어져 있어서 야간 기차나 밤 버스를 이용하는 승객이 많다. 기차는 하루 세 차례 운행되므로 미리 예약하는 게 좋다. 방콕 카오산 로드에서도 여행자 버스가 출발하는데, 최종 목적지는 라오스 위앙짠(비엔티안)이다.

항공

농카이에는 공항은 없다. 하지만 우돈타니 공항 Undon Thani Airport과 인접하고 있어 항공을 이용해도 큰 불편은 없다. 농카이에서 우돈타니 공항까지는 55km 떨어져 있다. 타이항공(www.thaiairways.com), 녹에어(www.nokair.com), 에어아시아(www.airasia.com), 타이라인언에어(www.lionairthai.com)에서 취항한다. 저가 항공사들은 할인 요금(편도 930B)을 내놓고 있다.

기차

농카이 기차역

방콕(끄룽텝 아피왓 역)→농카이 노선이 하루 3회 왕복한다. 10시간 이상 걸리는데, 야간기차는 수요가 많

기 때문에 미리 예약해두는 게 좋다. 방콕→농카이→라오스 위앙짠(비엔티안) Vientiane까지 운행되는 국제 열차(P.299 참고)도 있다. 국제 열차는 농카이에서 태국 출국 수속을 밟고, 비엔티안에서 라오스 입국 수속을 밟는다. 자세한 출발 시간과 요금은 태국의 교통 정보 기차편(P.60) 또는 태국 철도청 홈페이지(www.railway.co.th)를 참고하면 된다.

버스

라오스(비엔티안)행 국제버스와 태국 주요도시를 연결하는 국내버스가 운행된다. 농카이와 인접한 우돈타니와 콘깬 Khon Kaen으로 에어컨 버스가 수시로 출발한다. 방콕(머칫)행 에어컨 버스는 우돈타니, 콘깬, 나콘 랏차씨마(코랏)를 경유한다. 방콕행 버스는 이동시간을 감안해 밤 버스를 타는 게 좋다. 농카이→치앙마이 노선도 밤 버스가 운행된다. 일반 에어컨 버스는 플랫폼에서 버스표를 구입하면 되지만, 방콕행 1등 에어컨과 VIP 버스는 버스 회사마다 별도의 매표소를 운영한다.

TRANSPORTATION

시내 교통

메콩 강을 중심으로 도시가 동서로 길게 늘어져 있다. 시내 중심가의 사원들은 메콩 강 주변의 숙소에서 걸어서 다닐 수 있지만, 우정의 다리나 쌀라 깨우 꾸

농카이에서 출발하는 버스

도착지	운행 시간	요금	소요시간
방콕	19:15, 19:30, 20:20	515~571B(VIP 801B)	11시간
우돈타니	2등 에어컨 06:00~17:40(1일 20회)	2등 에어컨 60~70B	1시간
치앙마이	18:30	890B(VIP 997B)	13시간

우돈타니에서 출발하는 버스

도착지	운행 시간	요금	소요시간
므앙 러이	05:00~17:10(1시간 간격)	에어컨 98~110B	3시간
치앙마이	19:15, 19:30, 20:30	819~997B	12시간

Sala Kaew Ku에 가려면 별도의 교통편이 필요하다. 볼거리 여러 군데를 섭렵할 생각이라면 자전거(30B)나 오토바이(150B)를 대여하면 편하다. 뚝뚝을 이용할 경우 버스 터미널→왓 하이쏙 Wat Hai Sok 주변 숙소까지 30B, 버스 터미널→기차역까지 50B, 기차역→우정의 다리까지 40B 정도에 흥정하면 된다. 버스 터미널에서 상대적으로 가까운 왓 씨쿤므앙 Wat Si Khun Muang 주변의 숙소는 걸어가도 무방하다.

라오스 위앙짠(비엔티안) Vientiane 드나들기

travel plus

국경을 넘는 방법은 버스와 기차 두 가지입니다. 보트로 메콩 강을 건너는 행위는 외국인에게 허용되지 않습니다. 한국 여권 소지자는 무비자로 30일간 라오스를 여행할 수 있어 비자에 대한 걱정은 하지 않아도 됩니다. 태국 출입국 관리소에서 라오스의 수도인 위앙짠까지는 23㎞ 떨어져 있습니다. 위앙짠까지 가는 가장 편한 방법은 농카이 버스 터미널에서 국제버스를 타는 것. 하루 4차례 운행(07:30, 10:00, 15:30, 18:00, 편도 요금 60B)합니다. 국경 출입국 수속을 밟는 동안 버스가 대기해 주기 때문에 편리합니다. 국제버스의 종점은 위앙짠의 아침시장(딸랏 싸오) 버스 터미널 Talat Sao Bus Terminal입니다.

태국→라오스→중국(쿤밍)까지 철도가 연결되면서 기차 여행도 가능합니다. 농카이에서 출발하는 기차는 국경 넘어 위앙짠(비엔티안) 캄싸왓 Vientiane Khamsavath 역까지 운행됩니다. 국제기차는 하루 두 차례 왕복(농카이 역 출발 시간 08:35, 17:25)합니다. 기차 탑승 전에 출국 수속을 마쳐야 하므로, 기차 출발 시간보다 미리 도착해야 합니다. 두 역은 기차로 30분 거리로 편도 요금은 선풍기 좌석 70B, 에어컨 좌석 120B입니다. 참고로 방콕(끄룽텝 아피왓 역 21:25분 출발)→위앙짠(비엔티안) 캄싸왓 역 09:05분 도착) 국제 열차는 12시간 걸립니다.

라오스 출입국 관리소

Attraction

농카이의 볼거리

메콩 강과 국경도시 분위기 자체가 볼거리다. 메콩 강과 면한 타논 림콩 Thanon Rim Khong에서 강 건너 라오스를 바라보는 것만으로 충분하다. 걸어서 타싸뎃 국경시장을 다녀오거나 볼거리에 비중을 둔다면 쌀라 깨우 꾸 Sala Kaew Ku를 놓치지 말자.

우정의 다리 ★★
Thai-Lao Friendship Bridge

1994년에 개통한 태국과 라오스를 연결하는 다리로 총 길이는 1,137m다. 호주 정부에서 3,000만 달러를 지원해 건설했다. 때문에 개통식에는 태국 국왕과 양국의 지도자뿐만 아니라 호주 총리도 참석했다. 버스만 넘나들던 우정의 다리에 2009년 3월 철도가 놓였다. 타나랭 Thanalaeng까지 3.5㎞에 불과하지만, 향후 라오스 수도인 위앙짠(비엔티안)까지 철도가 연결될 예정이다. 그때가 되면 방콕에서 위앙짠까지 철도 여행이 가능해진다.

태국과 라오스를 연결하는 우정의 다리

현지어 싸판 밋뜨라팝 타이-라오 Map P.300 운영 24시간 요금 무료 가는 방법 왓 하이쏙에서 동쪽으로 타논 깨우워라웃 Thanon Kaew Worawut 강변 도로를 따라 2.5㎞ 떨어져 있다.

타싸뎃 시장
Tha Sadet Market ★★

'타'는 선착장을 의미하는데, 싸뎃 선착장 주변에 형성된 국경시장을 타싸뎃 시장이라 부른다. 메콩 강변에 형성된 시장으로 라오스와 이싼 지방에서 생산된 수공예품과 기념품을 비롯해 저렴한 옷, 전자 제품, 주방용품, 생활용품을 판매한다. 국경시장답게 베트남과 중국산 제품도 눈에 띈다.
현지어 딸랏 타싸뎃 Map P.300 주소

Thanon Rim Khong 운영 07:00~18:30 요금 무료 가는 방법 타 싸뎃 선착장 주변의 강변 도로에 있다.

왓 포차이
Wat Pho Chai ★★

'왓 피피우 Wat Phi Phiu'라고도 하는데 농카이에서 가장 중요한 사원이다. 라오 양식의 법전(위한)을 간직한 사원으로 순금으로 만든 신성한 불상으로 유명하다. '루앙 퍼 프라 싸

타싸뎃 시장 / 왓 포차이

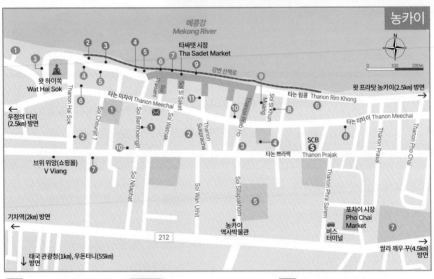

농카이 / Mekong River / 메콩강

이 Luang Pho Phra Sai'로 불리는 불상으로 라마 1세가 라오스와의 전쟁 기념으로 약탈해 온 불상이다. 얼굴 부분이 순금으로 만들어져 그 가치를 높게 평가받는다. 불상은 태국으로 가져오는 과정에서 전해지는 신비한 전설로 인해 가치가 더욱 높아졌다. 위앙짠(비엔티안)에서 약탈한 불상은 뗏목을 이용해 메콩 강을 건너다 강물에 빠뜨렸는데, 불상이 다시 수면 위로 떠올라 무사히 왓 포차이로 옮겨왔다고 전해진다. 법전 내부에 당시 상황을 자세히 기록한 벽화가 그려져 있다.

Map P.300 주소 Thanon Pho Chai 요금 무료 가는 방법 타논 쁘라짝에서 연결되는 타논 포차이에 있다. 버스 터미널 옆의 포차이 시장(딸랏 포차이)에서도 사원으로 들어가는 골목이 있다.

프라탓 농카이(프라탓 끄랑남) ★★
Phra That Nong Khai

강 중간에 있다 하여 '프라탓 끄랑남 Phrathat Klang Nam'이라고도 부른다. 15~17세기에 건설되었으며 높이는 28.5m. 오랜 세월 동안 메콩 강변이 침식하면서 1847년부터 프라탓은 메콩 강 속으로 잠겼다. 우기에는 프라탓을 볼 수 없고 강물의 수위가 낮아지는 건기에만 모습을 드러낸다. 강변에는 실제 크기로 재현한 프라탓 농카이 모형이 있다.

주소 Thanon Rim Khong 요금 무료 가는 방법 타 싸

프라탓 농카이

쌀라 깨우 꾸

뎃 선착장에서 강변 도로(타논 림콩)를 따라 동쪽으로 2.5㎞ 떨어져 있다.

쌀라 깨우 꾸 ★★★
Sala Kaew Ku

농카이에서 가장 큰 볼거리다. 1978년부터 건설된 쌀라 깨우 꾸는 일종의 조각 공원이다. 태국에서 볼 수 있는 일반적인 종교 건축물과 달리 불교와 힌두교가 공존한다. 돌과 시멘트로 만든 조각들과 힌두 사원(왓 캑 Wat Kheak)도 있어 볼거리가 다양하다.

주요 작품으로는 붓다가 출가해 불교가 아시아로 전래되는 장면, 공작새 위에 앉아 있는 붓다, 앵무새 위에 조각된 시바와 비슈누, 머리 7개의 나가가 붓다의 명상을 도와주는 25m 크기의 대형 불상 등이 있다. 쌀라 깨우 꾸의 조각들은 정교함보다는 투박함이 느껴진다. 엽기적이며 괴팍해서 오히려 재미를 선사한다.

쌀라 깨우 꾸는 불교와 힌두 브라만 사상에 심취했던 '루앙 분르아 쑤리랏 Luang Bunleua Surirat'의 작품이다. 그는 태국 출신으로 베트남에서 힌두 그루(스승)한테 사사받았으며, 라오스에서 생활하다가 라오스가 공산화되자 태국으로 와 작업을 지속했다. 라오스에 머무르는 동안 위앙짠 인근에 붓다 파크 Buddha Park(씨앙 쿠안 Xiang Khuan)를 건설했다.

위치 농카이에서 동쪽으로 4.5㎞ 운영 08:30~18:00 요금 40B 가는 방법 농카이에서 자전거로 25분. 뚝뚝으로 10분(왕복 요금 120~150B).

도시 규모에 비해 레스토랑들이 다양하다. 태국 음식은 기본이고 라오스와 베트남 음식까지 국경도시의 특징이 음식에도 잘 나타난다. 강변 도로는 메콩 강을 바라보며 식사할 수 있어 분위기가 좋다.

댕 냄느앙　★★★★
Daeng Namnuang

　농카이의 대표적인 베트남 음식 전문점이다. 냄느앙은 베트남의 대표적인 요리인 '넴느엉'의 태국식 발음이다. 다진 돼지고기를 소시지처럼 만들어 석쇠에 구운 음식이다. 야채와 허브와 함께 라이스페이퍼에 싸 먹는다. 월남쌈(뽀삐야 쏫)과 스프링 롤(뽀삐야 텃) 같은 전형적인 베트남 음식도 즐길 수 있다.
Map P.300 주소 526~527 Thanon Rim Khong 전화 0-4241-1961 홈페이지 www.daengnamnuang.net 영업 08:00~22:00 메뉴 영어, 태국어 예산 220~320B 가는 방법 왓 하이쏙과 타 싸뎃 선착장 중간의 강변 도로(타논 림콩)에 있다.

디디 포차나　ดีดีโภชนา
Dee Dee Phochana　★★★

　시내에 있는 전형적인 서민식당으로 각종 음식 재료를 걸어 놓고 장사한다. 다양한 볶음 요리와 태국 요리가 가능하다. 바로 옆에 있는 타이 타이 레스토랑과 분위기가 비슷하다. 점심 때보다는 저녁 때 손님이 더 많다. 간판은 태국어로만 쓰여 있다.
Map P.300 주소 1155/9 Thanon Prajak 전화 0-4241-1548 영업 10:00~22:00 메뉴 영어, 태국어, 중국어 예산 100~350B 가는 방법 왓 씨촘츤 뒤쪽의 타논 쁘라짝에 있다.

카페 비엣　ร้านอาหาร กาเฟเวียด　★★★☆
Ca Phe Viet

　강변 산책로에 있는 베트남·태국 음식점이다. 태국 사람들이 좋아하는 얌(매콤한 태국식 무침 요리)과 땀(매콤한 태국식 샐러드) 메뉴가 많은 편이다. 쌀국수와 베트남식 바게트 샌드위치도 있으므로 가벼운 식사도 가능하다.
Map P.300 주소 85 Moo 6 Thanon Rim Khong 전화 08-3458-8885 홈페이지 www.facebook.com/capheviet.nk 영업 08:00~18:00 메뉴 영어, 태국어 예산 커피 50~70B, 식사 80~240B 가는 방법 강변도로(타논 림콩)에 있다.

반투엇 카페　บ้านทวด
Baan Thuad Cafe　★★★☆

　시내 중심가에 있는 에어컨 시설의 카페. 콜로니얼 양식의 오래된 건물을 카페로 사용한다. 아메리카노, 더티 커피, 드립 커피까지 다양하며 가격도 저렴하다. 태국 사람이 좋아하는 달달 한 음료도 많은 편. 토스트, 와플, 덮밥 같은 간단한 식사와 디저트도 가능하다.
Map P.300 주소 Thanon Meechai 전화 09-1492-6969 영업 08:00~23:00 메뉴 영어, 태국어 예산 65~150B 가는 방법 왓 씨쿤므앙에서 150m 떨어진 타논 미차이에 있다.

땀낙 후에　ตำหนักเว้
Tamnak Huế　★★★☆

　골목 안쪽에 있는 분위기 좋은 베트남 레스토랑. 후에(훼)는 베트남의 옛 수도였던 도시다. 넴느엉 Nem Nướng, 고이꾸온 Gỏi Cuốn(월남쌈), 짜조 Chả Giò(스프링 롤), 퍼 후에 Phở Huế(후에 쌀국수), 반미 Bánh Mì(바게트 샌드위치)를 포함해 대중적인 베트남 음식을 맛 볼 수 있다.
Map P.300 주소 257/1 Soi Banthoengjit(Ban Teang Jit Alley) 전화 08-3416-3678 영업 07:00~20:00 메뉴 영어, 태국어 예산 80~229B 가는 방법 쏘이 반텅찟 골목에 있다.

Accommodation

도시의 규모에 비해 숙소가 많다. 대도시에 비해 방값이 저렴하고 동네가 조용해서 장기 체류하는 여행자들이 많은 편이다.

맛미 가든 게스트하우스 ★★★☆
Mut Mee Garden Guesthouse

농카이에서 일종의 여행자 센터 역할을 하는 곳으로 레스토랑, 디너 크루즈, 갤러리, 서점, 요가 등의 다양한 부대시설을 갖추고 있다. 저렴한 선풍기 방부터 깨끗한 에어컨 룸까지 예산에 따라 객실을 선택할 수 있다. 메콩 강변을 끼고 있으며, 야외 정원도 있어 여유롭다.

Map P.300 주소 1111/4 Thanon Kaew Worawut 전화 0-4246-0717 홈페이지 www.mutmee.com 요금 싱글 350B(선풍기, 공동욕실), 더블 400~600B(선풍기, 개인욕실), 더블 600~1,100B(에어컨, 개인욕실) 가는 방법 왓 하이쏙에서 타논 깨우워라웃을 따라 왼쪽으로 30m 떨어져 있다.

반 매림남 ★★★☆
Baan Mae Rim Nam

강변과 접한 집이란 뜻처럼 메콩 강과 접하고 있다. 깔끔한 콘크리트 건물로 복층 구조다. 모두 에어컨 시설로 깨끗하고 넓은 객실을 운영한다. 창문이 넓어서 화사하다. 강변 쪽 방은 발코니까지 딸려 있다.

Map P.300 주소 410 Thanon Rim Khong 전화 0-4242-0256, 08-1873-0636 홈페이지 www.baanmaerimnam.com 요금 더블 600~900B(에어컨, 개인욕실, TV, 냉장고) 가는 방법 메콩 강을 끼고 있는 강변 산책로에 있다.

쭘마리 게스트하우스 ★★★
Joom Malee Guest House

높다란 기둥 위에 목조건물을 올린 전통 가옥을 숙소로 사용한다. 모든 객실은 더운물 샤워가 가능한 개인욕실과 케이블 TV, 냉장고를 갖추고 있다. 강변과 가까운 골목 안쪽에 있다. 홈스테이 분위기로 주인장 아저씨가 친절하다. 자전거를 무료로 이용할 수 있다.

Map P.300 주소 419 Soi Si Khun Muang, Thanon Meechai 전화 08-5010-2540 요금 트윈 450~600B(에어컨, 개인욕실) 가는 방법 왓 씨쿤므앙 맞은편 쏘이 씨쿤므앙 골목 안쪽으로 70m.

이싼 게스트하우스 ★★★
E-San Guesthouse

조용한 주택가에 있으나 메콩 강과 시장이 가까워 편리하다. 단층짜리 목조건물을 숙소로 사용하는데, 인기가 높아지자 마당쪽에 에어컨 룸을 신설했다. 깨끗하고 조용한 것이 매력이다.

Map P.300 주소 538 Soi Si Khun Muang, Thanon Meechai 전화 0-4241-2008 요금 트윈 500~600B(에어컨, 개인욕실, TV, 냉장고) 가는 방법 왓 씨쿤므앙 앞쪽의 쏘이 씨쿤므앙 골목 안쪽으로 100m 들어간다.

나 림콩 리버 뷰 호텔 ★★★★
Na Rim Khong River View Hotel

강변 도로에 있는 호텔이다. 복층 건물이 메콩 강을 향하고 있다. 객실은 넓은 편으로 친환경 원목 가구를 이용해 현대적인 시설로 꾸몄다. 테라스가 딸린 2층 방이 전망이 가장 좋다. 타싸뎃 시장 주변, 강변 산책로에 있어 위치가 좋다. 아침 식사가 포함되며 수영장은 없다. 시설에 비해 요금은 비싼 편이다.

Map P.300 주소 Rim Khong Alley 전화 0-4241-2077 요금 더블 2,500~2,800B(에어컨, 개인욕실, TV, 냉장고, 아침식사) 홈페이지 www.narimkhong-riverview.com 가는 방법 메콩 강을 끼고 있는 강변 산책로에 있다.

Chiang Khan

치앙칸 เชียงคาน

　　치앙마이 또는 치앙콩('치앙'은 란나–태국 북부–언어로 도시를 의미한다)과 지명이 비슷해 태국 북부의 도시로 착각하기 쉽지만, 이싼 지방의 짱왓 러이 Loei에 속해 있다. 이싼 지방에서도 북서부에 치우쳐 있어 드나들기 매우 불편하다. 메콩 강을 사이에 두고 라오스와 국경을 접해 있어 더 이상 갈 곳도 없다. 치앙칸 국경은 외국인에게 개방되어 있지 않다.

　　치앙칸은 강변의 한적한 시골 마을로 도로 2개가 전부다. 메콩 강을 따라 길게 형성된 도로에는 오래된 목조 가옥이 가득하다. 과거 한 지점에서 성장이 멈춘 듯한 느낌을 준다. 잘 보존된 목조 가옥만큼이나 생활방식도 옛것과 크게 다르지 않다. 치앙칸에서는 거리를 어슬렁거리는 것이 전부다. 더군다나 밤 9시가 되면 세상은 적막 속으로 빠져든다. 세상에 무슨 일이 일어나는지 전혀 신경 쓰지 않고 메콩 강의 느린 물줄기처럼 유유자적한 시간을 보낼 수 있는 마을이다. 한마디로 평화와 고요를 만끽할 수 있다. 빠이(P.420)와 더불어 태국인들에게 인기가 높아 성수기(11~2월)에는 다소 붐빈다.

INFORMATION 여행에 필요한 정보

은행 · 환전

작은 마을이긴 하지만 주요 은행들이 지점을 운영한다. 싸얌 상업 은행 SCB, 까씨꼰 은행 K-Bank, 끄룽타이 은행에서 환전이 가능하다. ATM도 설치되어 있어 불편하지 않다.

출입국 관리소(라오스 국경)

메콩 강변에 출입국 관리소가 있지만 외국인에게는 출입국이 제한된다. 방문 허가증을 받아 국경을 넘어 갔다 올 수도 있으나, 현지인의 도움 없이 허가증을 받기는 힘들다. 외국인에게 개방된 국경은 타리 Tha Li에 있으며, 러이(므앙 러이) 버스 터미널에서 라오스 루앙프라방 Luang Prabang까지 국제버스가 매일 운행된다(오전 8시 출발, 편도 요금 700B).

ACCESS 치앙칸 가는 방법

메콩 강에 의해 도로가 막혀 있어 교통이 불편하다. 방콕과 나콘 랏차씨마(코랏)에서 치앙칸까지 버스가 드나든다. 다른 지역(치앙마이 또는 농카이)에서 치앙칸을 갈 경우 인접한 러이(므앙 러이) Loei에서 버스를 갈아타야 한다. 러이 버스 터미널에서 치앙칸까지 썽태우(트럭을 개조한 차량)가 수시로 운행된다(편도 요금 35B). 30분 간격으로 출발하며 중간 중간 정차하기 때문에 1시간 이상 걸린다. 나콘 차이 에어 Nakhon Chai Air 버스에서 운영하는 에어컨 버스는 터미널 앞쪽에 있는 별도의 버스 회사 사무실 앞에서 출발한다. 러이→치앙칸 노선은 1일 7회(06:30, 11:00, 14:00, 16:00, 17:00, 18:00, 20:00) 운행되며, 편도 요금은 40B이다.

치앙칸↔므앙 러이를 왕복하는 썽태우

참고로 러이는 행정구역과 도시 이름이 같기 때문에, 도시를 뜻하는 므앙 러이 Muang Loei로 구분해 부르기도 한다. 치앙칸에서 러이(므앙 러이)까지는 48㎞ 떨어져 있다.

버스

치앙칸에서 출발하는 버스

치앙칸에서 방콕 북부 버스터미널(머칫)까지 에어컨 버스가 운행된다. 2개 버스 회사에서 1일 3회(18:30, 19:00, 19:30) 출발한다. 버스 회사마다 별도의 예약 사무실과 버스 정류장을 운영한다. 정부 버스회사 Transport Company에서 운영하는 999 에어컨 버스가 아무래도 시설이 좋다. 1등 에어컨 버스 편도 요금은 511~596B이다. 방콕까지 9~10시간 정도 소요된다. 밤 버스표는 미리 예약해 놓는 게 좋다.

므앙 러이에서 출발하는 버스

이싼 지방과 태국 북부로 이동하려면 므앙 러이에서 버스를 갈아타야 한다. 므앙 러이에는 우돈타니와 콘깬, 나콘 랏차씨마(코랏), 치앙마이, 치앙라이, 방콕행 버스가 수시로 드나든다. 농카이를 갈 경우 직행하는 버스가 없어서 치앙칸→므앙 러이→우돈타니→농카이로 가는 버스를 갈아타야 한다. 우돈타니→므앙 러이 버스는 P.298 참고.

TRANSPORTATION 시내 교통

치앙칸은 강변 도로(타논 차이콩)와 내륙 도로(타논 씨 치앙칸)로 이루어진 작은 마을이다. 특별히 대중교통 수단이라고 할 것도 없어서 그냥 걸어서 다니면 된다. 치앙칸 외곽에 있는 깽쿳쿠를 갈 경우 자전거를 빌리면 된다. 대부분의 게스트하우스에서 하루 50B에 자전거를 대여할 수 있다.

>> **치앙칸** Chiang Khan **305**

므앙 러이에서 출발하는 버스

도착지	운행 시간	요금	소요시간
방콕	06:00~14:00, 18:30~20:30(1일 12회)	550B(VIP 734B)	11시간
치앙마이	20:30, 21:30, 22:00	VIP 832B	10시간
우돈타니	05:00~17:10(1시간 간격)	98~110B	3시간
나콘 랏차씨마(코랏)	06:30~12:30(1일 5회)	320~390B	6~7시간
루앙프라방(라오스)	08:00	700B	10시간

목조 건물이 가득한 타논 차이콩

왓 씨쿤므앙

Best Course
Chiang Khan

치앙칸의 추천 코스 (예상 소요시간 4시간)

볼거리가 많지 않아 코스를 짜는 데 특별히 고민할 일은 없다. 타논 차이콩과 메콩 강변을 걸어 다니며 시간을 보내다가 오후에 깽쿳쿠를 다녀오면 된다. 하루 정도 아침 일찍 일어나 딱밧(탁발)에 참여해도 좋다.

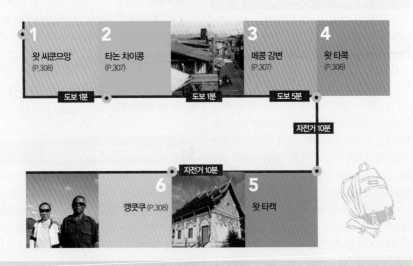

1 왓 씨쿤므앙 (P.308)

— 도보 1분 —

2 타논 차이콩 (P.307)

— 도보 1분 —

3 메콩 강변 (P.307)

— 도보 5분 —

4 왓 타콕 (P.308)

자전거 10분

자전거 10분

6 깽쿳쿠 (P.308)

자전거 10분

5 왓 타캑

한적한 동네 풍경과 메콩 강, 그리고 거리를 가득 메운 목조건물이 볼거리다. 사원은 큰 볼거리는 아니지만 동네를 걷다 보면 자연스레 들르게 된다. 오후가 되면 메콩 강을 따라 보트를 타고 깽콧쿠를 다녀오는 보트 투어가 인기 있다.

치앙칸 타운 ★★★
Chiang Khan Town

치앙칸의 밤 거리 풍경

치앙칸 타운은 메콩 강 남쪽에 형성된 마을로, 강변 도로인 타논 차이콩 Thanon Chai Khong이 동서로 2km나 이어진다. 타논 차이콩은 20여 개의 작은 골목(쏘이)들을 통해 드나들 수 있는데, 도로 양옆으로 목조건물이 가득하다. 목조건물들은 가정집으로 쓰이기도 하고 상점으로 쓰이기도 한다. 일부 건물들은 숙소나 기념품 가게로 변모했는데, 원형을 훼손하지 않아서 예스러운 분위기를 고스란히 간직하고 있다. 마을은 전체적으로 차분하고 평화롭지만 겨울 성수기에는 주말에 다소 북적대기도 한다.

마을에는 사원들이 몇 개가 있다. 크거나

화려하지 않지만 소박한 사원들은 한적한 마을 풍경과 잘 어울린다. 라오스 란쌍 왕국 Lan Xang Kingdom의 수도였던 루앙프라방 Luang Phrabang과 연관된 역사적 사실 때문인지 사원들은 란나(태국 북부) 양식보다는 라오스 양식에 가깝다. 라오스가 프랑스 식민지

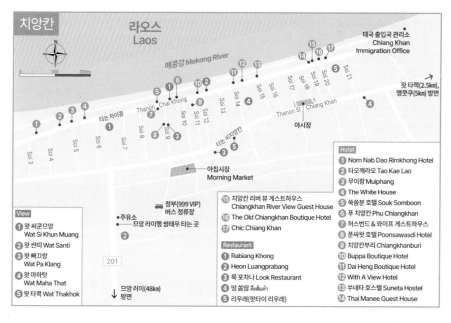

치앙칸

라오스 Laos

메콩강 Mekong River

태국 출입국 관리소 Chiang Khan Immigration Office

타논 차이콩 Thanon Chai Khong

타논 씨치앙칸

Thanon Si Chiang Khan

야시장

왓 타랙(2.5km), 깽콧쿠(5km) 방면

아침시장 Morning Market

정부(999 VIP) 버스 정류장

주유소

므앙 러이행 썽태우 타는 곳

므앙 러이(48km) 방면

View
1. 왓 씨쿤므앙 Wat Si Khun Muang
2. 왓 싼띠 Wat Santi
3. 왓 빠끄랑 Wat Pa Klang
4. 왓 마하탓 Wat Maha That
5. 왓 타콕 Wat Thakhok

Hotel
1. Norn Nab Dao Rimkhong Hotel
2. 타오깨라오 Tao Kae Lao
3. 무이팡 Muiphang
4. The White House
5. 쏙쏨분 호텔 Souk Somboon
6. 푸 치앙칸 Phu Chiangkhan
7. 허스번드 & 와이프 게스트하우스
8. 푼싸왓 호텔 Poonsawasdi Hotel
9. 치앙칸부리 Chiangkhanburi
10. Buppa Boutique Hotel
11. Dai Heng Boutique Hotel
12. With A View Hotel
13. 쑤네타 호스텔 Suneta Hostel
14. Thai Manee Guest House
15. 치앙칸 리버 뷰 게스트하우스 Chiangkhan River View Guest House
16. The Old Chiangkhan Boutique Hotel
17. Chic Chiang Khan

Restaurant
1. Rabiang Khong
2. Heon Luangprabang
3. 룩 포차나 Look Restaurant
4. 띵 쏨땀 ทิ่งส้มตำ
5. 리우래(팟타이 리우래)

딱밧(탁발의식)

깽쿳쿠

였던 탓에 동서양의 건축 양식이 혼재한 사원도 보인다.

가장 대표적인 곳이 100년의 역사를 자랑하는 왓 빠끄랑 Wat Pa Klang이다. 대법전은 새롭게 건축해 고색창연한 맛은 없으나, 유럽 건축물에서 흔히 볼 수 있는 주랑과 덧문을 출입문에 만들어 독특하다. 아담하지만 우아한 장식으로 눈길을 끄는 왓 타콕 Wat Thakhok도 프랑스 건축양식이 접목되어 있다. 왓 씨쿤므앙 Wat Si Khun Muang은 태국 사원의 정취가 남아있다. 1834년에 건설된 단아한 란나(태국 북부) 양식의 사원이다. 우보쏫(대법전)과 쩨디(불탑)로 구성되어 있다. 거인 형상의 수호신 약싸 Yaksa와 사자 모양의 수호신 씽 Sing이 눈길을 끈다. 대법전 내부에는 부처의 일대기를 그린 벽화가 남아있다.

사원의 단순한 볼거리가 종교적 행위의 중심이 되는 것을 보고 싶다면 동트는 시간에 일찍 일어나 딱밧(탁발 의식)에 참관하자. 사원들이 작아서 승려들의 행렬은 길지 않지만, 바쁜 삶을 사는 태국 대도시들과 달리 전통적인 방식으로 진행되는 딱밧을 목격할 수 있다. 신도들이 정갈히 옷매무새를 다듬고 무릎을 꿇고 앉아 지나가는 승려에게 정성스레 준비한 음식을 공양한다. 불교 국가인 태국에서 하루를 시작하는 경건한 일상을 가까이서 지켜 볼 수 있다.

Map P.307 주소 Thanon Chai Khong 운영 24시간 요금 무료 가는 방법 메콩 강변과 타논 차이콩 일대에 있다.

깽쿳쿠 ★★★
Kaeng Khut Khu

치앙칸을 흐르는 메콩 강이 굽어지며 급류로 변모하는 지점이다. '깽'은 급류를 뜻하는 태국 말이다. 깽쿳쿠는 단순히 급류가 흘러서 유명하다기보다, 급류 주변으로 형성된 지형이 아름다워 사람들의 발길이 잦다. 급류 옆은 조약돌이 가득하고 모래해변도 있어 독특한 풍경을 자아낸다.

급류가 흐르는 강을 사이에 두고 태국과 라오스의 산악지형이 동시에 펼쳐져 아름다움을 더한다. 현지인들에게 더위를 식히는 장소로 사랑받는데, 레스토랑과 기념품 가게가 많아 쉬어가기 좋다. 치앙칸 타운에서 메콩 강 보트 유람을 할 경우 반드시 들르는 유명 관광지다. 위치 치앙칸 타운에서 동쪽으로 5㎞ 요금 무료 가는 방법 왓 타캑을 지나 2㎞ 더 가면 깽쿳쿠 입구가 나온다. 자전거를 타거나 보트 투어로 다녀오면 된다.

Activity
치앙칸의 즐길 거리

한적하고 여유로운 치앙칸 풍경을 즐기기에 가장 좋은 방법은 보트 유람이다. 태국과 라오스 두 나라 사이를 흐르는 메콩 강을 따라 내려가며 아름다운 자연을 만끽할 수 있다. 강 옆으로 산들이 펼쳐져 경관이 수려하다. 깽쿳쿠까지 내려가는 코스가 가장 보편적이다. 2시간 정도 보트를 타는데, 보트 대여 요금은 1,000B(3명 기준)이다. 일몰 시간에 맞춰 한 시간 정도 메콩 강을 유람하는 선셋 투어 Sunset Tour는 700B(3명 기준)이다.

Restaurant

조용한 마을답게 서민 식당들이 많다. 강변에는 목조건물을 개조한 레스토랑이 관광객들을 맞이하지만, 아침시장을 포함해 타논 씨치앙칸에서는 저렴한 현지 식당들을 볼 수 있다.

룩 포차나 ลุก โภชนา ★★★
Look Restaurant(Luk Phochana)

평범한 태국 식당으로 볶음 요리와 얌(매콤한 태국식 샐러드), 똠얌꿍 같은 기본적인 태국 음식을 요리한다. 팟타이, 랏나, 카우팟 같은 간단한 음식과 덮밥(랏 카우)도 있어 가볍게 식사하기 좋다. 아침에는 쪽(죽)을 판매한다. Map P.307 주소 Thanon Chai Khong Soi 9 전화 0-4282-1251, 08-5098-0985 영업 07:00~21:00 메뉴 영어, 태국어 예산 50~200B 가는 방법 타논 차이 콩 쏘이 까우 Soi 9 골목 안쪽으로 20m 들어간다.

흐언 루앙프라방 ★★★☆
Heon Luangprabang

흐언(=집), 루앙프라방(=란쌍 왕조의 수도였던 라오스 도시)을 뜻한다. 라오스 전통 요리보다는 쏨땀 같은 이싼 음식이 많은 편. 카우팟(볶음밥), 팟운쎈(국수 볶음), 깽펫(태국 카레)을 포함한 기본적인 태국 음식도 가능하다. Map P.307 주소 156 Thanon Chai Khong 전화 08-9009-4345 영업 11:00~15:00, 17:00~20:30 메뉴 영어, 태국어 예산 120~380B 가는 방법 쏘이 12와 만나는 강변도로에 있다.

Accommodation

대부분 목조 건물을 개조한 소규모 숙소로 강변과 접해 있다. 태국 관광객들이 많아서 태국어 간판만 걸어 놓은 곳들이 많다. 홈스테이 분위기로 영어는 잘 통하지 않지만 친절하다. 메콩 강을 끼고 있는 방들은 비수기에 500~800B이면 묵을 수 있지만, 성수기에는 1,000~1,500B을 호가한다. 연말 성수기에는 태국 관광객들이 밀려들기 때에 방을 구하기 힘들다. 가능하면 성수기 주말을 피하는 게 좋다.

치앙칸 리버 뷰 게스트하우스 ★★★
Chiangkhan River View Guest House

강변도로와 연해 있는 전형적인 목조 가옥을 숙소로 사용한다. 홈스테이 분위기로 친절하다. 개인 욕실이 딸려 있으며 TV를 갖추고 있다. 강변 쪽에는 작은 발코니가 딸린 에어컨 방이 있다. 주변에 타이 마니 게스트하우스 Thai Manee Guest House를 포함해 강변도로에서 상대적으로 저렴한 숙소 몇 개가 붙어있다. Map P.307 주소 227 Thanon Chai Khong Soi 19 전화 08-0741-8055 홈페이지 www.facebook.com/ChiangKhanRiverView 요금 더블 600B(비수기), 더블 900~1,200B(성수기, 에어컨, 개인욕실) 가는 방법 타논 차이콩 쏘이 19 맞은편의 강변도로에 있다.

허스번드 & 와이프 게스트하우스
Husband & Wife Guest House ★★★☆

치앙칸 분위기가 전해지는 목조 건물을 숙소로 사용한다. 아기자기한 느낌의 소규모 숙소로 1층은 카페와 기념품 숍으로 운영된다. 야외 테라스와 객실, 욕실까지 정성스럽게 꾸몄다. 다락방(4인실)을 포함해 객실은 모두 6개로, 공동욕실을 사용한다. 개인욕실이 딸린 방은 단 두 개 뿐이다. Map P.307 주소 241 Moo 1, Thanon Chai Khong 전화 06-3614-6995 홈페이지 www.facebook.com/ HusbandandWifeGroup 요금 더블 800B(에어컨, 공동욕실), 더블 1,200~1,500B(에어컨, 개인욕실), 4인실 1,800B(에어컨, 공동욕실) 가는 방법 쑥쏨분 호텔 맞은 편의 타논 차이콩에 있다.

타오깨라오 เถ้าแก่ลาว ★★★☆
Tao Kae Lao

편안한 분위기의 객실은 원목 바닥에 하얀 페인트를 칠한 벽으로 인해 심플하면서 깔끔한 느낌을 준다. 강변 쪽은 트윈 룸이고, 도로 쪽은 3인실을 운영한다. 객실은 모두 4개로 가족적이다. 공동욕실을 산뜻하게 꾸몄다.
Map P.307 주소 92 Moo 1 Thanon Chai Khong 전화 08-1311-9758, 0-4282-1756 요금 트윈 800~1,000B (에어컨, 공동욕실) 가는 방법 쏘이 하 Soi 5와 쏘이 혹 Soi 6 사이에 있다.

푼싸왓 호텔 ★★★☆
Poonsawasdi Hotel(Poon Sawas Hotel)

치앙칸에서 가장 오래된 호텔로 2층 목조 건물의 운치가 잘 살아있다. 옛 건물을 그대로 살려 고풍스럽고, 객실은 빈티지하게 꾸며 분위기가 좋다. 1층 로비를 카페처럼 꾸며 아늑하다. 메콩 강을 끼고 있진 않지만, 마을 중심가에 있어 편리하다. 모두 9개 객실을 운영한다.
Map P.307 주소 251/2 Moo 1, Thanon Chiang Khong Soi 9 전화 0-4282-1114, 08-0400-8777 홈페이지 www.facebook.com/poonsawasdi 요금 800~1,000B(에어컨, 공동욕실, 아침식사) 가는 방법 타논 치앙콩 쏘이 9에 있다.

쑤네따 호스텔 ★★★☆
Suneta Hostel

호스텔이라는 간판과 달리 에어컨 시설을 갖춘 고급 숙소다. 오래된 태국 영화포스터를 장식해 복고풍으로 꾸몄다. 화사한 객실은 부티크 호텔다운 느낌을 준다. 딜럭스 룸은 강변쪽으로 발코니가 딸려 있다.
Map P.307 주소 187/1 Moo 1 Thanon Chai Khong 전

화 0-4282-1669, 08-6999-9218 홈페이지 www. suneta.net 요금 더블 1,300~2,600B(에어컨, 개인욕실, TV, 냉장고, 아침식사) 가는 방법 쏘이 씹씨 Soi 14와 쏘이 씹하 Soi 15 사이에 있다.

푸 치앙칸 ภู เชียงคาน ★★★☆
Phu Chiangkhan

호텔이라기 보단 시설 좋은 게스트하우스에 가깝다. 이층짜리 목조 건물로 마을 중심가에 있어 주변이 활기차다. 객실은 작은 편이며 1층은 타일, 2층은 나무 바닥으로 되어 있다. 스탠더드 룸은 특별한 전망이 없고, 리버 뷰 룸에 해당하는 강변 쪽 2층 방은 발코니가 딸려 있어 메콩 강과 주변 경치를 감상하기 좋다.
Map P.307 주소 299/3 Thanon Chai Khong Soi 10 전화 089-9813759 홈페이지 www.facebook.com/ Phuchiangkhan 요금 더블 1,200~2,500B(에어컨, 개인욕실, 아침식사) 가는 방법 타논 차이콩 쏘이 9와 쏘이 10 사이의 강변도로에 있다.

위드 어 뷰 호텔 ★★★☆
With A View Hotel @Chiangkhan

메콩 강을 끼고 있는 숙소로 목조 건물을 리모델링해 객실이 깔끔하다. 객실은 넓지 않지만 부티크 호텔처럼 꾸몄다. 에어컨과 LCD TV, 개인 욕실을 갖추고 있다. 객실은 도로 방향의 시티 뷰와 강변 방향을 리버 뷰로 구분된다. 1층은 카페로 운영하는데 강변 풍경과 목조 가옥이 어우러져 치앙칸 분위기를 느끼기 좋다.
Map P.307 주소 185 Moo 2, Thanon Chai Khong 전화 0-4281-0696 홈페이지 www.withaviewhotel. com 요금 슈퍼리어 1,200~1,800B(비수기), 슈퍼리어 2,000~2,600B(성수기), 리버 뷰 2,500~3,300B(성수기) 가는 방법 타논 치앙콩 쏘이 14와 쏘이 15 사이의 강변도로에 있다.

태국어로 '왕'은 빈 방이 있다는 뜻

태국 북부

Phitsanulok

핏싸눌록 พิษณุโลก

난 강 Mae Nam Nan과 쾌노이 강 Mae Nam Khwae Noi 사이에 형성된 도시로 '썽 쾌(두 개의 강) Song Khwae'라고 불렸다. 지리적으로 태국 중부 평원과 북부 산악 지역의 경계를 이룬다. 쑤코타이 시대부터 전략적인 요충지로 중요한 역할을 했으며, 현대에는 교통의 요지로 각광 받는다. 방콕과 치앙마이를 연결하는 철도가 관통하고 북동부(이싼) 지방으로 도로도 연결된다. 관광산업 측면에서 보면 도시 규모에 비해 크게 부각되지 않았는데, 유네스코 세계문화유산으로 지정된 쑤코타이에 볼거리가 집중되어 있기 때문이다. 두 도시는 56km 거리로 가깝다.

핏싸눌록은 역사 유적은 미비하지만 신성한 불상을 모신 사원인 왓 프라 씨 라따나 마하탓때문에 태국인 순례자들이 끊임없이 찾아온다. 쑤코타이 시대에 만들어져 최고의 불상으로 여기는 '프라 풋타 친나랏'을 보기 위해서다. 인구 10만이 사는 큰 도시로 친절한 현지인들을 만날 수 있는 것도 매력이다. 현지인들은 핏싸눌록을 줄여서 '필록 Philok'이라고 부른다.

ACCESS
핏싸눌록 가는 방법

교통의 요지답게 버스와 기차는 물론 항공까지 발달해 있다. 기차역을 중심으로 도시가 형성되어 버스보다는 기차가 편리하다. 치앙마이와 방콕 이외의 다른 도시로 가려면 버스를 타야 한다. 기차역과 버스 터미널은 3㎞ 떨어져 있으며 시내버스로 10분 걸린다.

항공

에어아시아(www.airasia.com)와 녹 에어(www.nokair.com)에서 방콕(돈므앙 공항) 노선을 운항한다. 매일 2~3회 운항하며 편도 요금은 860~1,290B이다. 핏싸눌록 공항은 시내에서 남쪽으로 6㎞ 떨어져 있다.

기차

방콕(끄룽텝 아피왓 역)→치앙마이를 오가는 모든 기차가 핏싸눌록에 정차한다. 두 도시 중간에 있는 람빵, 롭부리, 아유타야를 경유한다. 기차 출발 시간은 태국의 교통 정보(P.57 참고) 또는 철도청 홈페이지(www.railway.co.th)를 확인하면 된다.

기차역에는 짐 보관소가 있다. 핏싸눌록을 잠시 둘러보고 다른 도시로 이동하려면 짐 보관소(하루 10B)를 이용하면 된다. 참고로 쑤코타이까지는 철도가 연결되지 않기 때문에 버스를 타야 한다.

버스

버스 터미널 1

핏싸눌록에는 버스 터미널이 두 곳이 있다. 두 개 터미널에서 출발하는 버스 노선은 비슷하다. 버스 터미널 1('버커써 능' 또는 '버커써 까우'라고 부른다)에서도 방콕과 치앙마이((람빵 경유)행 버스를 포함해, 쑤코타이, 깜팽펫, 딱 Tak, 매쏫(미얀마 국경) Mae Sot 행 버스가 출발한다. 교통량이 증가하면서 시 외곽에 버스 터미널 2('버커써 썽' 또는 '버커써 마이'라고 부른다)를 새롭게 만들었다. 장거리 노선(방콕, 치앙마이, 치앙라이)의 야간 버스를 탈 때 편리하다. 버스 터미널 1로 먼저 가서 확인하고, 버스가 없을 경우 버스 터미널 2로 가면 된다. 참고로 핏싸눌록→쑤코타이(56㎞) 노선은 두 개 터미널에서 모두 출발한다(딱 Tak과 매쏫행 버스와 미니밴도 쑤코타이를 경유한다). 두 개의 버스 터미널을 오갈 때는 썽태우(P.314 참고)를 타거나 뚝뚝(편도 요금 80B)을 이용하면 된다.

핏싸눌록 버스 터미널 1에서 출발하는 버스

도착지	운행 시간	요금	소요시간
방콕	07:00~23:00(1일 16회)	에어컨 320B	5~6시간
치앙마이	05:40~12:40(1일 8회)	2등 에어컨 237B	6~7시간
프래(패)	05:00~18:30(1일 7회)	191B	4시간
쑤코타이	06:00~15:00(1시간 간격)	70B(미니밴 100B)	1시간
깜팽펫	05:00~18:00(1일 10회)	83~96B	2시간 30분

핏싸눌록 버스 터미널 2에서 출발하는 버스

도착지	운행 시간	요금	소요시간
방콕	08:30~22:30	1등 에어컨 320~498B	5~6시간
치앙마이	06:30, 08:00, 09:00, 11:20	1등 에어컨 340~396B	6~7시간
치앙라이	09:50, 12:50	1등 에어컨 369~414B	7~8시간
난(프래 경유)	02:00, 14:30, 15:00	에어컨 277B	6~7시간
우돈타니	09:30, 12:00, 22:50	378B	8시간
깜팽펫	05:00~18:00(1일 12회)	83~96B	2시간 30분
쑤코타이	05:20~15:00(1일 10회)	70B(미니밴 100B)	1시간

TRANSPORTATION 시내 교통

기차역(싸타니 롯파이), 버스 터미널 1(버커써 능), 버스 터미널 2(버커써 썽), 왓 야이(왓 프라 씨 라따나 마하탓), 톱 랜드 플라자 Top Land Plaza, 빅 시 Big C(쇼핑몰), 쎈탄 플라자 Central Plaza(백화점)는 버스를 타고 가면 된다. 시내버스는 오전 5시부터 오후 9시까지 20~30분 간격으로 운행된다. 기차역→버스 터미널 1↔버스 터미널 2 노선은 6번·8번·12번·14번 버스가 운행한다. 버스 터미널 1↔기차역은 1번 썽태우를 이용하면 편리하다. 버스 요금은 15~30B으로 거리에 따라 달라진다. 버스 정류장은 기차역 앞의 싸마이 니욤 호텔 Samai Niyom Hotel 앞에 있다. 뚝뚝(3명 기준) 요금은 기차역에서 왓 프라 씨 라따나 마하탓(왓 야이)

까지 60B, 공항까지 150B으로 정해져 있다.

핏싸눌록 주요 시내버스 노선

1번 기차역→경찰서→왓 야이→톱 랜드 플라자→버스 터미널 1→빅 시(쇼핑몰)

6번 버스 터미널 2→버스 터미널 1→빅 시→기차역→톱 랜드 플라자→왓 야이→쎈탄 플라자(백화점)

8번 왓 야이→기차역→빅 시→버스 터미널 1→로터스(쇼핑몰)→버스 터미널 2

12번 버스 터미널 2→버스 터미널 1

13번 버스 터미널 2→버스 터미널 1→방콕 병원→톱 랜드 플라자→왓 야이

14번 버스 터미널 2→버스 터미널 1→빅 시→기차역→쎈탄 플라자(백화점)

Attraction 핏싸눌록의 볼거리

태국에서 신성시하는 불상(프라 풋타 친나랏)을 모신 왓 프라 씨 라따나 마하탓이 최대 볼거리다. 외국인 관광객보다는 태국인 순례자들이 많이 찾는다. 1957년의 화재로 인해 목조건물들은 대부분 소실됐고, 평범한 콘크리트 건물이 도시를 가득 메우고 있다.

왓 프라 씨 라따나 마하탓(왓 야이)
Wat Phra Si Ratana Mahathat ★★★★

핏싸눌록을 방문하는 유일한 이유는 왓 프라 씨 라따나 마하탓(줄여서 왓 마하탓)을 보기 위한 것이라고 해도 과언은 아니다. 1357년 쑤코타이 왕국의 리타이 왕 King Li Thai(재위 1347~1368) 때 건설됐다. 현지인들은 '커다란

사원'이라는 뜻으로 '왓 야이 Wat Yai'라고도 부른다.

사원은 무엇보다 프라 풋타 친나랏 Phra Phuttha Chinnarat 불상으로 유명하다. 14세기에 만들어진 전형적인 쑤코타이 양식의 황동 불상이다. 승리를 거둔 왕이라는 의미로 불상의 이름을 '친나랏'이라 붙였다. 전형적인

쑤코타이 양식의 불상답게 곡선미를 최대한 살려 통통한 몸통, 둥글고 갸름한 얼굴, 기다란 손가락에 불상의 머리를 나선형의 불꽃장식으로 마무리했다.

전설에 따르면 불상은 주조 당시에 하늘에서 하얀 옷을 입은 현인이 홀연히 내려와 불

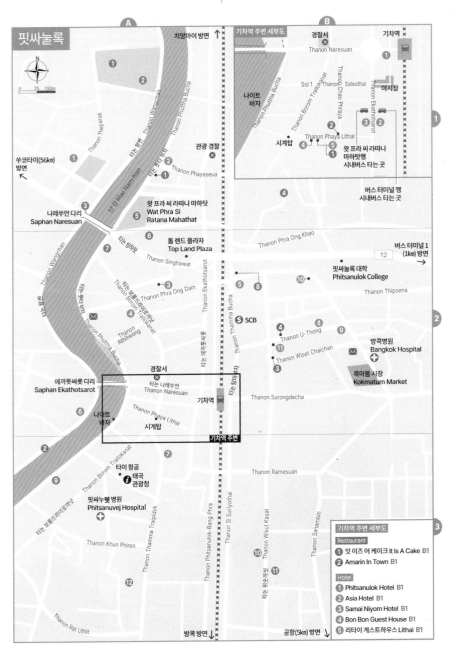

핏싸눌록

치앙마이 방면 ↑

기차역 주변 세부도

경찰서
Thanon Naresuan

기차역

쑤코타이(56km) 방면

나이트 바자

Soi 1 Thanon Saleuthai

야시장

관광 경찰

Thanon Phaya Lithai

시계탑

왓 프라 씨 라따나 마하탓행 시내버스 타는 곳

왓 프라 씨 라따나 마하탓
Wat Phra Si Ratana Mahathat

버스 터미널행 시내버스 타는 곳

나레쑤언 다리
Saphan Naresuan

톱 랜드 플라자
Top Land Plaza

Thanon Phra Ong Khao

버스 터미널 1 (1km) 방면 →

12

핏싸눌록 대학
Phitsanulok College

Thanon Thipsena

Thanon Phra Ong Dam

SCB

Thanon U-Thong

방콕병원
Bangkok Hospital

콕마툼 시장
Kokmatum Market

경찰서

타논 나레쑤언
Thanon Naresuan

기차역

에까톳싸롯 다리
Saphan Ekathotsarot

나이트 바자

Thanon Phaya Lithai

시계탑

기차역 주변

Thanon Surongdecha

Thanon Ramesuan

타이 항공

태국 관광청

핏싸누웻 병원
Phitsanuvej Hospital

Thanon Khun Phiren

방콕 방면 ↓

공항(5km) 방면 ↓

기차역 주변 세부도

Restaurant
1 잇 이즈 어 케이크 It Is A Cake B1
2 Amarin In Town B1

Hotel
1 Phitsanulok Hotel B1
2 Asia Hotel B1
3 Samai Niyom Hotel B1
4 Bon Bon Guest House B1
5 리타이 게스트하우스 Lithai B1

상 완성을 도왔다고 전해진다. 아유타야 군대가 핏싸눌록을 점령했을 때(1438년) 피 눈물을 흘렸다는 전설까지 불상의 신비감을 더한다(본래 핏싸눌록은 쑤코타이 왕국의 땅이었다. 아유타야에 합병된 후 핏싸눌록은 아유타야 왕국의 전략적 요충지로 쓰였다).

프라 풋타 친나랏은 프라깨우 Phra Kaew(방콕의 왓 프라깨우에 모신 에메랄드 불상), 프라 씽 Phra Singh(치앙마이 왓 프라씽에 모신 불상)과 더불어 국가적으로 신성시하는 불상이다. 라따나꼬씬 왕조(방콕 왕조)에서는 신성하고 아름다운 쑤코타이 불상을 방콕으로 옮겨가지 못하자 동일한 크기로 모사품을 만들어 왓 벤짜마보핏 Wat Benchamabophit(P.106 참고)에 본존불로 모셨을 정도다. 프라 풋타 친나랏과 함께 주조된 두 개의 쑤코타이 불상(프라 친나씨 Phra Chinasi와 프라 씨 쌋싸다 Phra Si Satsada)은 방콕의 왓 보원니웻 Wat Bowonniwet(P.98 참고)에 옮겨졌다. 왓 보원니웻은 태국 국왕들이 수행하는 사원으로 유명하다.

본존불(프라 풋타 친나랏)을 모신 법전(위한)은 3층 겹지붕 건물로 아유타야 시대에 건설됐다. 란나 양식을 융합해 지붕이 낮게 깔

린 것이 특징이다. 법전의 목조 기둥은 황금을 이용해 패턴을 장식해 화려하다. 출입문은 자개 장식으로 꾸몄다. 원래 목조 조각이던 출입문은 1756년에 아유타야 왕국의 보롬꼿 왕 King Boromkot(재위 1733~1758)에 의해 자개 장식으로 바뀐 것이다. 신성한 불상을 모신 곳인 만큼 법전에 들어가려면 단정한 옷차림은 필수다. 불상 사진을 찍을 때 불상보다 낮은 자세를 유지하는 것도 예의다. 태국인들은 무릎을 꿇고 불상 앞으로 다가갈 정도로 신성시 여긴다.

Map P.315-A1 주소 Thanon Phuttha Bucha 운영 06:00~21:00 요금 무료 가는 방법 기차역 앞에서 1번, 6번 시내버스 또는 버스 터미널 1(버커써 능) 앞에서 6번, 12번(빨간색 버스), 13번 시내버스로 10분.

왓 랏차부라나 ★
Wat Ratchaburana

난 강 동쪽의 강변에 만든 사원이다. 쑤코타이 시대에 건설된 오래된 사원으로 1957년의 핏싸눌록 대화재에도 피해를 입지 않아 원형을 잘 보존하고 있다. 왓 랏차부라나라고 불리기 시작한 것은 아유타야 왕국이 핏싸눌록을 통치하던 15세기부터다. 보롬뜨라이로까낫 왕 King Borom Trailokanat(재위 1431~1488) 때 핏싸눌록을 아유타야 왕국의 수도로 삼아 25년간 머물렀기 때문이다. 사원

왓 랏차부라나

내부에 적벽돌을 쌓아 만든 쩨디와 대법전(봇)의 내부 벽화가 볼 만하다. 19세기 후반에 그려진 벽화는 힌두 신화인 라마야나를 주제로 삼았다.

Map P.315-A2 주소 Thanon Singhawat & Thanon Phuttha Bucha 요금 무료 가는 방법 타논 씽하왓 & 타논 풋타 부차 교차로에 있다. 왓 프라 씨 라따나 마하 탓에서 남쪽으로 도보 2분.

짠 궁전 터

나레쑤언 대왕 동상 ★
King Naresuan the Great's Shrine

1555년 4월 25일, 핏싸눌록에서 태어난 나레쑤언 왕(1555~1605)은 태국 역사에서 위대한 영웅 가운데 한 명이다. 거대한 제국을 이루었던 아유타야 왕국이 존폐 위기에 몰렸을 때, 국가를 재건한 인물이다. 당시 패권 경쟁을 벌였던 아유타야와 버마(미얀마)의 간략한 역사는 다음과 같다.

1569년 버마의 침입으로 아유타야가 함락당하고, 왕자들은 볼모로 잡혀갔다. 그중 한 명이 나레쑤언 왕자였다. 7년간 볼모로 잡혀 있던 나레쑤언 왕자는 친누나인 쑤판깐라야 공주를 버마 국왕의 첩으로 보내는 조건으로 해방된다. 하지만 나레쑤언을 풀어 준 것은 버마에 돌이킬 수 없는 결과를 초래했다. 성장한 나레쑤언은 결국 버마 군대를 물리치고 15년 만에 독립을 되찾았다. 1590년에 왕위에 오른 나레쑤언 왕은 아유타야의 옛 영토 회복은 물론 버마와 크메르, 라오스까지 영토를 확장하며 아유타야를 동남아시아의 최강 국가로 만들었다.

나레쑤언 대왕 동상은 현재 짠 궁전(왕 짠) Chan Palace 터에 만들었다. 1961년에 실물 크기로 제작된 동상은 나레쑤언 대왕이 버마로부터 독립을 선포하는 모습을 담고 있다. 짠 궁전은 나레쑤언 대왕이 태어난 장소로 그가 유년 시절을 보냈던 곳이다. 궁전은 현재 터만 남아 있을 뿐이다. 나레쑤언 대왕의 영웅적인 행적은 태국의 차뜨리짜런 유꼰 Chatrichalern Yukon 감독에 의해 2007년에 〈나레쑤언 왕의 전설 The Legend of King Naresuan〉로 영화화되었다.

현지어 싼 쏨뎃 프라 나레쑤언 마하랏 Map P.315-A1 주소 Thanon Wangchan 요금 무료 가는 방법 왓 프라 씨 라따나 마하탓 앞의 나레쑤언 다리(싸판 나레쑤언)를 건너자마자 락 므앙 Lak Muang을 끼고 우회전한다. 강변도로(타논 왕짠)를 따라 400m 올라가면 된다. 나레쑤언 다리에서 도보 10분.

Restaurant 핏싸눌록의 레스토랑

기차역과 나이트 바자 주변에 레스토랑들이 많다. 강변을 따라 분위기 좋은 수상식당들도 있어 선택의 폭이 넓다. 저렴한 식사는 나이트 바자 주변의 노점 식당을 이용하면 된다.

꾸어이띠아우 허이 카 ★★★
ก๋วยเตี๋ยวห้อยขา

'꾸어이띠아우 허이 카'는 '다리를 매단 쌀국수'라는 뜻이다. 평상 아래로 구멍을 뚫어 다리를 내놓고 걸터앉아 쌀국수를 먹는 모습에서 연유했다. 허이카 림난 Hoikha Rimnan ก๋วยเตี๋ยวห้อยขา ริมน่าน과 썽캐우 Hoi Ka Noodle Song Kwae ก๋วยเตี๋ยวห้อยขาพิษณุโลก สองแคว 두 곳이 성업 중이다.
Map P.315-A1 주소 Thanon Phuttha Bucha 영업 09:00~16:00 메뉴 태국어 예산 50~70B 가는 방법 왓 프라 씨 라따나 마하탓 정문을 바라보고 왼쪽으로 강변 도로를 따라 200m 올라가면 국숫집 간판이 보인다.

잇 이즈 어 케이크 ★★★
It Is A Cake

단순히 베이커리가 아니라 카페를 겸한 레 스토랑이다. 단품 요리 위주의 무난한 태국 음식을 맛볼 수 있다. 관광객뿐만 아니라 현 지인도 즐겨 찾는다.
Map P.315-B1 주소 73/1-5 Thanon Phaya Lithai 전화 0-5521-9626 영업 08:00~22:00 메뉴 영어, 태국어

예산 90~200B 가는 방법 리타이 게스트하우스 1층 에 있다. 기차역에서 도보 6분.

반 마이 레스토랑 ★★★☆
Ban Mai Restaurant

현지인이 즐겨 찾는 태국 음식 전문 레스토 랑이다. 파스텔 톤의 유럽풍 건물로 내부는 고풍스런 느낌을 준다. 깽(매콤한 태국식 카 레), 남프릭(태국식 쌈장 요리), 해산물 요리 가 많은 편이다.
Map P.315-B2 주소 93/30 Thanon U-Thong (Authong Road) 전화 0-5530-3122 영업 11:00~ 22:00 메뉴 영어, 태국어 예산 150~490B 가는 방법 타논 우텅의 아이야라 그랜드 호텔 맞은편에 있다.

Accommodation 핏싸눌록의 숙소

도시 곳곳에 호텔들이 많다. 여행자 숙소들은 대부분 기차역 주변에 몰려 있다. 게스트하우스보다는 오래 된 저렴한 호텔들이 많다. 기차역 바로 앞의 호텔들은 세월의 때가 흠뻑 묻어난다.

리타이 게스트하우스 ★★★
Lithai Guest House

간판은 게스트하우지만 건물 외관이나 분 위기는 호텔이다. 객실의 크기에 따라 요금이 달라진다. 선풍기만 사용하면 방 값을 할인해 준다. 오래되긴 했지만 저렴한 방을 찾을 경 우 괜찮다.
Map P.315-B1 주소 73/1-5 Thanon Phaya Lithai 전화 0-5521-9626~9 요금 싱글 380B(에어컨, 개인욕실, TV), 더블 580B(에어컨, 개인욕실, TV, 아침식사) 가는 방법 기차역에서 도보 6분.

P1 하우스 ★★★☆
P1 House

핏싸눌록에서 보기 드문 호스텔이다. 객실이 넓고 깨끗하며, 수납장도 잘 돼 있다. 엘리베이 터와 키 카드까지 현대적인 시설이다. 도로 쪽 방들은 다소 시끄럽다. P1 카페와 반 싸비앙

Ban Sabiang(레스토랑)을 함께 운영한다.
Map P.315-B2 주소 99/15-19 Thanon Phra Ong Dam 전화 0-5521-1007~9 요금 더블 650~750B(에 어컨, 개인욕실, TV, 냉장고, 아침식사) 가는 방법 파키 스탄 모스크(이슬람 사원)를 바라보고 오른쪽 도로(타 논 프라옹담)를 따라 500m.

아이야라 그랜드 팰리스 호텔 ★★★☆
Ayara Grand Palace Hotel

2012년에 건설한 중급 호텔이다. LCD TV, 냉장고를 갖추고 있으며, 객실 등급에 따라 방 크기가 차이난다. 편안한 색감으로 객실을 꾸몄다. 작지만 야외 수영장을 갖추고 있다.
Map P.315-B2 주소 99/5 Thanon Wisut Kasat 전 화 0-5590-9999 홈페이지 www.ayaragrandpalace hotel.com 요금 슈피리어 1,500B, 딜럭스 2,000B, 딜 럭스 스위트 2,400B 가는 방법 기차역에서 철길을 가 로질러 기차역 뒤편으로 도보 10분.

Sukhothai

쑤코타이 สุโขทัย

'행복한 아침'이라는 뜻의 쑤코타이는 태국 최초의 독립 왕국이자 수도가 위치했던 곳이다. 1238년에 설립된 쑤코타이 왕국은 태국의 정체성을 만들어 낸 역사와 문화의 도시로 중요한 의미를 지닌다. 200년 남짓한 짧은 역사인데도 불교를 받아들이고, 태국 문자를 만들고, 청동 불상을 제조하고, 도자기를 생산하며 다방면에서 중요한 업적을 남겼다.

쑤코타이 왕국은 뒤를 이어 등장한 아유타야 왕국에 합병되며 잊혀졌지만, 19세기 후반에 정글 속에 묻혀 있던 람캄행 대왕의 비문이 발견되면서 태국 정부는 쑤코타이 유적 발굴과 복원에 심혈을 기울였다. 쑤코타이 시대의 성벽과 사원은 쑤코타이 역사공원으로 재탄생해 옛 모습 그대로 복원되었고, 이를 반긴 유네스코는 1991년부터 세계문화유산으로 지정해 그 가치를 높였다.

오늘날의 쑤코타이는 신시가와 구시가로 구분된다. 쑤코타이 역사공원이 위치한 구시가는 '올드 시티 Old City'라는 의미로 '므앙 까오'라 불린다. 태국 최고의 종교 · 문화 · 역사를 간직한 역사 유적 여행지다. 현대적인 빌딩이 전무한 '므앙 까오'에는 드넓은 잔디밭과 인공 연못을 배경으로 800년의 역사를 간직한 사원과 탑들이 그림처럼 펼쳐진다.

INFORMATION 여행에 필요한 정보

도시 개요

신시가 이정표 역할을 하는 까씨꼰 은행

쑤코타이 신시가는 욤 강 Mae Nam Yom을 끼고 새롭게 발달한 지역이다. 인구 2만 명으로 도시 규모는 작지만 여행자 숙소와 은행, 시장이 몰려 있어 대부분의 여행자들이 신시가에 머문다. 구시가는 성벽에 둘러싸인 옛 수도를 의미하며, 현재는 쑤코타이 역사공원으로 말끔하게 정비되어 있다. 구시가에도 숙소와 식당이 영업 중이지만, 신시가에 비해 현저하게 규모가 작다. 두 지역은 15km 떨어져 있다.

은행 · 환전

은행은 신시가에 몰려 있다. 타논 씽하왓 Thanon Singhawat에 방콕 은행, 싸얌 상업 은행(SCB), 끄룽타이 은행이 영업 중이다. 욤 강 바로 옆의 타논 짜롯 위티통 Thanon Charot Withithong에 있는 까씨꼰 은행은 여행자 숙소와 가까워 편리하다. 므앙 까오에는 은행은 없고 ATM만 설치되어 있다.

축제

쑤코타이 최대의 축제는 러이 끄라통 Loi Krathong이다. 태국 정부와 관광청에서 주관하는 행사가 거대하게 열린다. 역사 공원 내부에 특별 무대를 만들어 과거 쑤코타이 시대의 모습을 그대로 재현한다. 축제는 5일 동안 각종 공연과 행사가 열린다. 매년 11월에 열리지만 음력으로 정하기 때문에 정확한 날짜는 매년 달라진다. 축제 기간에는 숙소를 미리 예약하고 가는 게 좋다.

ACCESS 쑤코타이 가는 방법

쑤코타이와 인접한 핏싸눌록이 교통의 요지로 전국적인 버스 노선을 확보하고 있지만, 볼거리가 많은 쑤코타이로 직행하는 버스 노선도 많아서 큰 불편은 없다. 방콕과 치앙마이에서 버스가 수시로 드나든다. 철도는 쑤코타이까지 연결되지 않기 때문에 핏싸눌록에서 버스로 갈아타야 한다(P.313 참고).

항공

방콕 에어웨이 Bangkok Airways(전화 0-5563-3266, 홈페이지 www.bangkokair.com)에서 방콕(쑤완나품 공항)→쑤코타이 노선을 매일 2회 독점 운항한다. 비행시간은 80분이며 편도 요금은 1,800B이다.
공항은 쑤코타이 시내에서 북쪽으로 27km 떨어져 있다. 실질적으로 쑤코타이보다는 싸완카록 Sawankhalok과 가깝다. 비행기 도착 시간에 맞춰 호텔에서 공항까지 미니밴을 운영한다. 편도 요금은 180B이다.

쑤코타이에서 출발하는 버스

노선	운행 시간	요금	소요시간
방콕	08:45, 10:00, 10:30, 21:00, 21:30	387B(VIP 439B)	6~7시간
아유타야	08:45, 09:00, 10:00, 10:30	365B	5~6시간
람빵→치앙마이	08:15, 09:30, 10:45, 16:30, 23:30	에어컨 304~324B	5시간 30분
치앙라이	09:30	369B	9시간
매쏫	미니밴 09:15~16:15(1시간 간격 운행)	미니밴 150B	3시간
핏싸눌록	07:00~17:30(1시간 간격 운행)	70B	1시간
깜팽펫	07:00~18:00(1시간 간격 운행)	74~80B	1시간 30분

버스

쑤코타이 버스 터미널

쑤코타이 버스 터미널(버커써)은 신시가에서 북서쪽으로 3km 떨어져 있다. 방콕과 치앙마이는 물론 치앙라이, 매쏫, 콘깬 등으로 버스가 연결된다. 버스 운행 편수가 많아서 이동에 큰 불편함이 없다. 방콕행 버스는 아유타야를 경유하며, 치앙마이 행 버스는 람빵을 경유한다. 방콕행은 밤 버스도 운행하기 때문에, 낮 시간에 역사공원만 둘러보고 저녁에 떠날 예정이라면 버스표를 미리 예약해 두자. 참고로 방콕은 북부 터미널(콘쏭 머칫)을 이용하고, 치앙마이는 아케이드 터미널에 정차한다. 쑤코타이와 인접한 핏싸눌록, 깜팽펫, 딱 Tak은 매시간 버스가 운행된다. 미얀마 국경인 매쏫 Mae Sot에 갈 경우 에어컨 버스보다는 미니밴(롯뚜)을 이용하면 편리하다.

참고로 쑤코타이 역사 공원 앞에 있는 '므앙 까오'에서도 에어컨 버스를 탈 수 있다. 별도의 버스 터미널이 있는 것은 아니고 쑤코타이 버스 터미널(신시가)→쑤코타이 역사 공원(므앙 까오)→치앙마이 방향의 버스(1일 4회)가 잠시 정차했다 간다.

신시가와 구시가(므앙 까오)가 분리되어 있고, 버스 터미널도 시내에서 떨어져 있어서, 도시 규모가 작은데도 시내 교통편이 다소 복잡하게 느껴진다. 하지만 도시 내에서의 이동은 그리 어렵지 않다. 먼저 버스 터미널에서 숙소(신시가의 욤 강 주변)까지는 썽태우나 뚝뚝 또는 오토바이 택시를 타고 간다. 썽태우는 여러 명이 합승할 경우 1인당 30B이며 신시가의 재래시장까지 운행된다. 뚝뚝은 택시처럼 이용할 때 편리한데 신시가의 웬만한 숙소까지 60~100B이면 갈 수 있다.

신시가가 아니라 구시가에서 숙박할 예정이라면, 신시가로 나올 필요 없이 버스 터미널에서 에어컨 버스를 기다리면 된다. 'Old City Bus Stop'이라고 적힌 안내판 앞에서 썽태우 또는 '딱 Tak'으로 가는 에어컨 버스를 타고 쑤코타이 역사공원 앞에서 내리면 된다. 오전 7시부터 오후 5시까지 운행된다. 편도 요금은 30B이다. 썽태우는 하루 3번 운행(08:30, 14:00, 16:30)한다.

그랩 Grab을 이용할 경우 신시가에서 쑤코타이 역사공원까지 150B 정도 예상하면 된다.

신시가와 구시가를 오가는 썽태우

구시가 '므앙 까오' 가는 법

travel plus

신시가에서 구시가를 드나드는 방법은 간단하다. 욤 강 왼쪽의 타논 짜롯 위티통 Thanon Charot Withithong에서 전용 버스를 타면 된다. 'Old City'라고 목적지가 적혀 있다. 현대적인 시설의 셔틀버스가 아니라 트럭을 개조한 허름한 썽태우가 운행된다. 까씨꼰 은행(타나칸 까씨꼰)을 바라보고 오른쪽으로 100m 떨어진 세븐일레븐 옆에서 출발한다(운행시간 07:00~18:00). 20~30분 간격으로 출발하며, 약 30분 걸린다. 편도 요금은 30B이다. 일부 썽태우는 버스 터미널을 경유해 므앙 까오로 가기도 한다. 므앙 까오(쑤코타이 역사공원)에 도착하면 자전거를 빌리면 된다. 유적 입구에 자전거 대여소가 여러 군데 있다. 요금은 30B이다. 오토바이 대여료는 기종에 따라 150~250B이다.

Best Course
Sukhothai 쑤코타이의 추천 코스

쑤코타이의 볼거리는 므앙 까오(쑤코타이 역사공원)에 몰려 있다. 역사공원 입구에서 자전거를 빌려 여행하면 편하다. 하루 일정이라면 역사공원 내부의 중앙 구역과 북부 구역만 둘러봐야 한다. 중앙 구역에서 멀리 떨어진 서부 구역까지 꼼꼼히 다 보려면 이틀을 투자해야 한다(오토바이를 빌린다면 하루 만에 완전 일주도 가능하다). 쑤코타이에서 3일 동안 머무른다면 씨 쌋차날라이(P.336 참고)까지 여행할 수 있다.

핵심 유적 코스 (예상 소요시간 6시간)
쑤코타이 유적의 핵심을 둘러보는 일정이다. 쑤코타이 역사공원 매표소를 시작으로 중앙 구역(왓 마하탓, 왓 싸씨)을 먼저 여행하고, 성벽 외부에 있는 북부 구역(왓 씨춤, 왓 프라 파이 루앙)을 둘러본다.

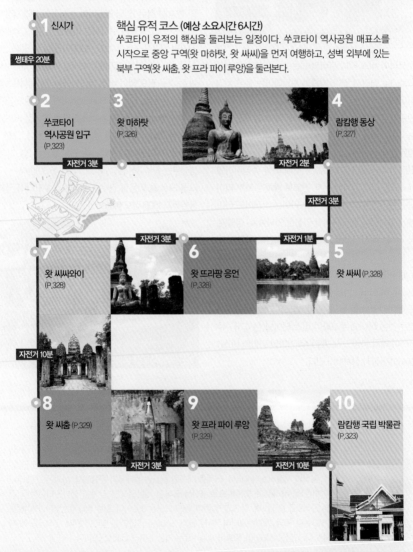

1 신시가

썽태우 20분

2 쑤코타이 역사공원 입구 (P.323)

자전거 3분

3 왓 마하탓 (P.326)

자전거 2분

4 람캄행 동상 (P.327)

자전거 3분

5 왓 싸씨 (P.328)

자전거 1분

6 왓 뜨라팡 응언 (P.328)

자전거 3분

7 왓 씨싸와이 (P.328)

자전거 10분

8 왓 씨춤 (P.329)

자전거 3분

9 왓 프라 파이 루앙 (P.329)

자전거 10분

10 람캄행 국립 박물관 (P.323)

Attraction

쑤코타이의 볼거리

신시가는 볼거리가 없고 구시가(므앙 까오)에 볼거리가 몰려 있다. 므앙 까오는 쑤코타이 역사공원을 의미하며, 공원 전체가 유네스코 세계문화유산으로 지정되어 있다. 쑤코타이 역사공원은 '웃타얀 쁘라왓띠쌋 쑤코타이'라는 정확한 명칭보다 '므앙 까오 쑤코타이'라고 불린다.

쑤코타이 역사공원
Sukhothai Historical Park

쑤코타이 왕국의 수도였던 곳으로 구시가(므앙 까오)에 해당한다. 전체 면적 70㎢로 건설 당시에는 약 30만 명의 인구가 살았다고 한다. 1900년대만 해도 야생동물이 서식하던 정글 속에 묻혀 있던 구시가는 1970년대부터 복원을 시작해 역사공원으로 탈바꿈했다.

역사 공원은 모두 126개의 유적을 갖고 있다. 성벽 안뿐만 아니라 성벽 외곽에도 사원과 유적이 산재해 있다. 역사공원은 유적을 복원시키고, 유적 주변에 살던 사람들은 신도시를 건설해 이주시켰을 정도로 철저한 계획 아래 이루어졌다. 덕분에 13세기에 건설된 유적들은 옛 모습 그대로 감상할 수 있다.

역사공원은 구역을 정해 별도의 입장료를 받는다. 입장료를 내야 하는 곳은 중앙 유적, 북부 유적, 서부 유적 세 곳이다. 각각 100B씩이며, 동일한 구역 내에서 하루 동안 자유롭게 입장이 가능하다. 상대적으로 볼거리가 떨어지는 동부와 남부 구역은 입장료가 없다.

역사공원은 워낙 넓어서 걸어 다니기 힘들다. 개별 여행자라면 숙소 주변에서 오토바이를 빌리거나 유적 입구에서 자전거를 빌려 둘러보면 된다. 차량 통행 요금은 중앙 유적에 한해 별도로 내야 한다. 자전거 10B, 오토바이 20B, 자동차 50B이다.
현지어 므앙 까오 쑤코타이 Map P.325 운영 08:00~18:00(중앙 구역 오후 8시까지 개방) 요금 중앙 구역 100B(람캄행 국립 박물관 150B 별도), 북부 구역 100B, 서부 구역 100B 가는 방법 쑤코타이 신시가에서 서쪽으로 15㎞ 떨어져 있다. 썽태우로 20분.

중앙 구역(성벽 내부)
The Central Zone

쑤코타이 역사공원의 핵심 지역이다. 도시 성벽(1,300m×1,800m)에 둘러싸여 있다. 성벽은 각 방향에 하나씩 출입문을 만들었다(역사공원으로 정비하면서 서쪽 출입문은 두 개가 됐다). 대부분 신시가지에서 연결되는 동쪽 출입문인 빠뚜 깜팽학 Pratu Kamphaeng Hak(빠뚜는 '문'이라는 뜻이다)을 통해 역사공원을 드나든다.

도시 성벽 내부에는 11개의 유적이 남아 있다. 그중 중요한 사원들을 중앙 구역으로 묶어서 관리한다. 매표소는 왓 마하탓 남쪽(왼쪽)에 있다. 티켓은 하루 동안 무제한 사용할 수 있다. 중앙 구역은 진입로마다 검표소를 만들어 출입을 철저히 관리한다. 역사공원 입구에는 게스트하우스와 상점, 레스토랑이 몰려 있다. 성벽 내부에 있으나 중앙 구역에 포함되지 않은 왓 뜨라팡 텅은 무료로 드나들 수 있지만, 람캄행 국립 박물관은 별도의 입장료를 내야 한다.

람캄행 국립 박물관 ★★☆
Ramkhamhaeng National Museum

성벽을 감싼 빠뚜 깜팽학을 통과해 들어가면 역사공원 핵심구역에 만든 현대적인 박물관이다. 쑤코타이 왕국 전역(쑤코타이, 씨 쌋차날라이, 깜팽펫)에서 발굴된 다양한 유물을 전시한다. 쑤코타이 시대의 역사, 문화, 예술을 한자리에서 둘러볼 수 있다.

전시물들은 다양한 불상과 세라믹 도자기가 주를 이룬다. 불상은 크메르 시대 불상부터 쑤코타이 시대까지 다양하다. 특히 쑤코타이 시대에 만든 청동 불상들이 많다. 태국에서 가장 아름답다고 소문난 불상들이니 유심히 살펴보자. 크메르 시대에 만든 스투코 조각들은 주로 야외 전시장에 전시된다. 람캄행 대왕의 비문은 복제품으로 방콕의 국립 박물관에 진품이 보관되어 있다.

현지어 피피타판 행찻 람캄행 Map P.325 주소 Thanon Charot Withithong, Muang Kao 전화 0-5569-7367

홈페이지 www.thailandmuseum.com 운영 09:00~16:00 요금 150B 가는 방법 므앙 까오에 도착해서 역사 공원 중앙 구역 매표소를 들어가는 길에 있다. 왓 뜨라팡 텅을 바라보고 오른쪽에 있다.

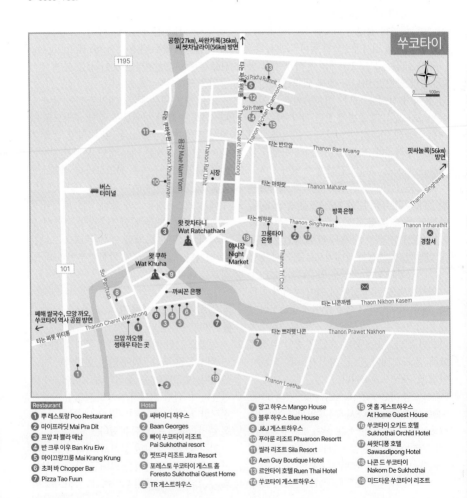

공항(27km), 싸완카록(36km),
씨 쌋차날라이(56km) 방면 ↑

쑤코타이

1195

핏싸눌록(56km) 방면

버스 터미널

왓 랏차타니 Wat Ratchathani

왓 쿠하 Wat Khuha

야시장 Night Market

므앙 까오행 썽태우 타는 곳

페페 쌀국수, 므앙 까오, 쑤코타이 역사 공원 방면

까씨꼰 은행

Restaurant
1 뿌 레스토랑 Poo Restaurant
2 마이프라딧 Mai Pra Dit
3 푸앙 파 쁠라 매남
4 반 크루 이우 Ban Kru Eiw
5 마이끄랑끄룽 Mai Krang Krung
6 초퍼 바 Chopper Bar
7 Pizza Tao Fuun

Hotel
1 싸바이디 하우스
2 Baan Georges
3 빠이 쑤코타이 리조트 Pai Sukhothai resort
4 찟뜨라 리조트 Jitra Resort
5 포레스토 쑤코타이 게스트 홈 Foresto Sukhothai Guest Home
6 TR 게스트하우스
7 망고 하우스 Mango House
8 블루 하우스 Blue House
9 J&J 게스트하우스
10 푸아룬 리조트 Phuaroon Resortt
11 씰라 리조트 Sila Resort
12 Aen Guy Boutique Hotel
13 르안타이 호텔 Ruen Thai Hotel
14 쑤코타이 게스트하우스
15 앳 홈 게스트하우스 At Home Guest House
16 쑤코타이 오키드 호텔 Sukhothai Orchid Hotel
17 싸왓디퐁 호텔 Sawasdipong Hotel
18 나콘 드 쑤코타이 Nakorn De Sukhothai
19 미드타운 쑤코타이 리조트

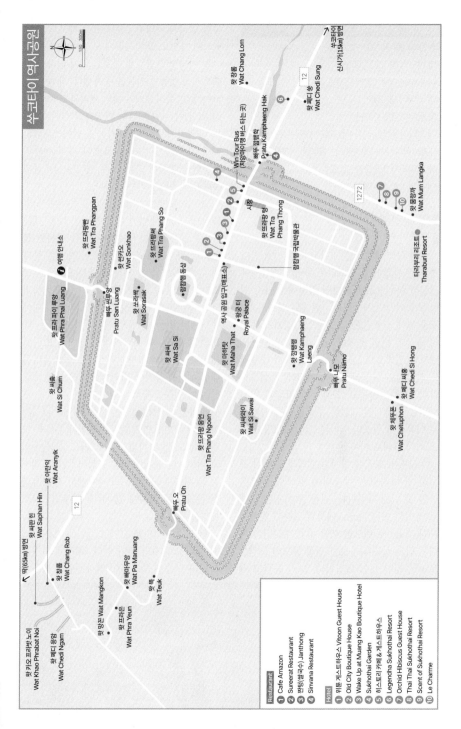

쑤코타이 역사공원

0 150 300m

왓 카오 프라밧 노이
Wat Khao Phrabat Noi

왓 쩨디 응암
Wat Chedi Ngam

왓 싸판 힌
Wat Saphan Hin

왓 아란닉
Wat Aranyik

왓 창롭
Wat Chang Rob

왓 프라 피이 루앙
Wat Phra Phai Luang

왓 뜨라 팡판
Wat Tra Phangpan

왓 창롬
Wat Chang Lom

왓 쩨디 쑹
Wat Chedi Sung

12

쑤코타이 시내
신시가(15km) 방면

윈 투어 버스
(치앙마이행 버스 타는 곳)
Win Tour Bus

쁘라뚜 깜팽학
Pratu Kamphaeng Hak

4

왓 쏜카오
Wat Sonkhao

왓 뜨라 팡소
Wat Tra Phang So

1 2

왓 뜨라팡씨
Wat Tra Phang So

3 1

4

2 5

왓 프라삔 Wat Mangkon

왓 프라 예운
Wat Pira Yeun

왓 빼마무앙
Wat Pa Manuang

왓 뜩
Wat Teuk

쁘라뚜 싼 루앙
Pratu San Luang

왓 쏘라싹
Wat Srasak

여행 안내소

깜팽행 동상

왓 씨 춤
Wat Si Chum

왓 씨씨
Wat Sa Si

왓 마하탓
Wat Maha That

역사공원 입구(매표소)

왕궁 터
Royal Palace

왓 뜨라팡 텅
Wat Tra Phang Thong

람캄행 국립박물관

1 2

3

왓 뜸라팡 응언
Wat Tra Phang Ngoen

왓 씨싸와이
Wat Si Sawai

쁘라뚜 오
Pratu Oh

왓 깜팽랭
Wat Kamphaeng Laeng

왓 뭄랑까
Wat Mum Langka

타라부리 리조트
Tharaburi Resort

1272

7

8
9
10

쁘라뚜 나모
Pratu Namo

왓 체뚜폰
Wat Chetuphon

왓 쩨디 씨홍
Wat Chedi Si Hong

12

약(65km) 방면

왓 마하탓 ★★★★
Wat Maha That

중앙 구역 매표소를 지나서 가장 먼저 만나게 되는 사원이다. 쑤코타이 왕국의 정중앙에 건설한 사원으로 쑤코타이 왕국에서 가장 신성하게 여기던 사원이다. (현재는 폐허가 된) 왕궁 옆에 건설된 왕실 사원으로 정치와 종교의 중심이 되던 곳이다. 왓 마하탓과 왕궁은 해자와 성벽으로 둘러싸여 성벽 도시 내부에 또 하나의 도시 형태로 만들어졌다. 축성도시처럼 성벽을 만들고 그 내부에 왕궁과 왕실 사원을 결합시킨 개념은 쑤코타이를 시작으로 아유타야 왕조와 라따나꼬씬 왕조(방콕 왕조)까지 그대로 이어졌다.

쑤코타이 왕국을 창시한 인타라팃 왕이 건설한 왓 마하탓은 '쑤코타이 양식'이라 부를 만한 첫 번째 사원이다. 가장 큰 특징은 크메르 양식의 쁘랑 Prang에서 쑤코타이 양식의 쩨디 Chedi로 변모한 불탑이다. 쑤코타이 쩨디는 탑의 상단부를 둥근 연꽃 봉오리 모양으로 마무리한 것이 특징이다. 또한 둥글고 갸

름한 얼굴과 기다란 손가락으로 대표되는 쑤코타이 불상도 왓 마하탓에 모셔져 있다.

왓 마하탓은 람캄행 대왕을 거쳐 러타이 왕 때까지 오랫동안 건물을 증축했다. 대를 거듭하는 동안 무려 200여 개의 쩨디와 10개의 법전(위한)이 사원을 가득 메웠다고 한다. 현재는 라테라이트로 만든 기둥만 남아 있는데, 석주 기둥이 줄지어 선 모습이 과거 사원의 웅장함을 대변해 준다. 일부 쩨디는 왕족들의 유해를 안치하게 만든 것이다.

왓 마하탓에서 가장 중요한 곳은 본존불(좌불상)을 모신 대법전 뒤로 보이는 대형 쩨디다. 쑤코타이 쩨디 양식의 원형을 제시한 불탑으로 평가되며 스리랑카에서 가져온 붓다의 유해를 모셨다. 쩨디 기단부에는 스투코 조각으로 만든 불상도 있다. 기존의 불상과 달리 걷는 모양의 불상으로 쑤코타이 시대에 유행했다고 한다. 중앙 쩨디 주변으로는 네 개의 종 모양 쩨디와 크메르 양식의 쁘랑을 세웠다. 주변의 불탑보다 크고 높게 올라간 대형 쩨디를 중앙에 세워 우주의 중심인 메루산(수미산)을 상징하고 있다.

대법전 좌우에는 있는 몬돕 Mondop(사각형 형태의 법전으로 불교 서적이나 유물을 보관한다)도 볼 만하다. 특이하게도 지붕이 없고 벽면보다 높게 올라온 불상이 입구의 벌어진 틈 사이로 보인다(쑤코타이에서 가장 유명한 몬돕은 왓 씨춤에 있다). 몬돕 주변으로도 쩨디를 세웠다.

현재 왓 마하탓을 감싸고 있던 성벽은 무너져 내리고 해자만 남아 있다. 해자에 반사된 사원의 모습은 쑤코타이 역사공원의 상징처

왕실 사원의 위용이 남아있는 왓 마하탓 | 불상과 탑이 가득한 왓 마하탓

럼 여겨진다. 특히 왓 마하탓 정면에서 바라보는 모습이 인상적이다. 아침에는 물론 일몰 때도 아름답다. 공식적인 관람 시간이 지나도 내쫓지 않으므로 노을 지는 풍경을 사진에 담을 수 있다.

람캄행 동상 ★★
King Ramkhamhaeng the Great Monument

람캄행 대왕은 쑤코타이의 위대한 왕이자 오늘날의 태국을 있게 한 주인공으로 영웅시하는 인물이다. 람캄행 동상(프라 보롬라차 아눗싸와리 람캄행 마하랏)은 1969년에 청동으로 만들었다. 쑤코타이 시대의 불상처럼 온화한 얼굴로 국왕을 묘사했다. 람캄행 대왕이 앉아 있는 왕좌는 그가 실제 통치할 때 사용하던 것을 그대로 재현한 것이다(진품은 방콕의 왓 프라깨우 박물관에 보관 중이다). 람캄행 대왕은 태국 문자를 창시한 왕답게 오른손에는 책을 들고 있고, 왼손은 무언가를 가리키는 자세를 취하고 있다.

람캄행 대왕
King Ramkhamhaeng The Great(1237~1298)
쑤코타이 왕국을 창시한 인타라팃 왕의 아들로 1237

년에 태어났다. 친형이자 쑤코타이 왕국의 두 번째 왕이던 반므앙이 사망하자 왕위에 올랐다. 람캄행 대왕은 1279년부터 1298년까지 통치하며 쑤코타이 왕국을 동남아시아 제1의 국가 반열에 올린다. 도시 국가 형태의 작은 나라였던 쑤코타이는 람캄행 대왕을 거치며 말레이반도까지 국토를 넓혔다. 치앙마이(란나 왕국의 수도) 일대를 제외하고 오늘날의 태국 영토와 비슷한 면적을 확립한 셈이다.

크메르 제국이 약해지고 몽골이 세운 원나라가 맹위를 떨칠 무렵 람캄행 대왕은 몽골 제국이 건설한 원(元)나라와 협력을 유지하며 국가를 발전시켰다. 원나라로부터 도자기 제작 기술을 받아들였고, 크메르 제국으로부터는 문자를 받아들여 독창적인 태국 문자를 창제했다. 종교적으로는 실론(스리랑카)으로부터 남방불교를 받아들이며 정치, 군사, 문화, 종교에 있어서 태국의 근간을 마련했다.

람캄행은 프라 람 캄행 Phra Ram Khamhaeng을 줄인 것으로 '라마처럼 용맹한 사람'이라는 뜻이다. 용감하게 전투에 앞장섰던 람캄행 대왕의 모습을 잘 표현한 이름이다. 특이하게도 라마는 비슈누의 화신으로 힌두교에서 우주를 유지하는 신이다(태국 왕들이 불교가 아닌 힌두교 신들의 이름에서 연유한 것이 많은 것도 람캄행 대왕 덕분이다). 람캄행을 기점으로 태국의 왕들은 신과 왕의 권위를 일치시켜 왕권을 강화했다. 20년 동안 수많은 업적을 이룩한 람캄행 대왕의 치세는 비문을 통해 확인됐다. 태국어로 쓰여진 최초의 문자 기록이기도 한 람캄행 대왕의 비문 The Ramkhamhaeng Stele의 중요한 내용은 다음과 같다. '이곳 쑤코타이는 매우 풍요롭다. 람캄행 시절에 쑤코타이는 번창했다. 강에는 고기가 넘쳐나고, 땅에는 쌀이 가득하다. 쑤코타이 국왕은 이 땅을 지나는 사람들과 상인들에게 세금을 징수하지 않으니, 교역하고 싶은 물건은 자유롭게 거래하면 된다. 코끼리를 거래하고 싶으면 코끼리를, 말을 거래하고 싶으면 말을, 금과 은을 거래하고 싶다면 그것들을 사고팔면 된다. (중략) 이 땅에 사는 누구든 불평거리가 있으면 왕이 매달아 놓은 종을 치거라. 배가 고프거나 마음이 아프거든 두려워하지 말고 왕과 통치자에게 그것을 알려라. 이 땅의 왕은 그것을 해결하기 위해 백성들에게 그 이유를 묻고 문제를 해결하려고 노력할 것이다.'

람캄행 대왕 동상에 헌화하는 순례자

왓 싸씨
Wat Sa Si
★★★

왓 마하탓과 함께 사진가들이 가장 좋아하는 사원이다. 스리랑카 양식의 둥근 쩨디가 사원을 지배하고, 대형 좌불상을 중심으로 석주 기둥이 일렬로 서 있다. 석주 기둥은 법전(위한)을 이루던 내부 기둥이다. 사원 주변으로 거대한 인공 연못을 만들었다. 마치 섬처럼 호수 가운데 떠 있어 다리를 통해 드나들어야 한다. 연못에 비친 모습이 매혹적인 사원이다. 일몰 때가 되면 그림 같은 풍경을 선사한다. 참고로 '왓 쓰라쓰리 Wat Sra Sri'라고 영문으로 표기하기도 하는데, 이는 태국어를 문자 그대로 받아 쓴 것이다. 이중자음을 짧게 발음하기 때문에 현재는 '왓 싸씨 Wat Sa Si'로 통일해 표기한다.

왓 뜨라팡 응언
Wat Tra Phang Ngoen
★★

왓 프라탓 뒤쪽(서쪽)으로 300m 떨어져 있다. 왓 프라탓과 구조는 비슷하지만 사원을 감싼 성벽은 만들지 않았다. 연꽃 봉오리 모양의 쑤코타이 양식의 쩨디가 볼 만하다. 쩨디 앞으로는 법전에 모신 좌불상이 남아 있다. 쩨디에 감실을 만들어 보관했던 불상은 잔디 공원처럼 조성된 사원 경내에 별도로 전시되어 있다. 특히 걷는 모양의 불상이 볼 만하다.

왓 프라탓 동쪽의 왓 뜨라팡 텅(황금 연못 사원)과 대칭되는 개념으로 만든 사원이다. '은빛 연못 사원'이라는 뜻처럼 사원 주변을 연못이 감싸고 있다. 쑤코타이 시대 기록에 따르면

물이 맑아서 식수로 사용했을 정도라고 한다.

왓 씨싸와이
Wat Si Sawai
★★

라테이라트 성벽에 둘러싸인 전형적인 크메르 사원이다. 쑤코타이 왕국이 성립되기 전 크메르 제국이 건설한 것으로 여겨진다. 사원에는 세 개의 쁘랑이 세워져 있다. 가장 큰 가운데 쁘랑은 높이 20m다. 시바와 비슈누 같은 힌두 신들을 모셨던 힌두 사원으로 건설했으나 쑤코타이 왕조에서 복원하는 동안 불교 사원으로 전환됐다.

왓 씨싸와이는 외관뿐만 아니라 사원 입구도 달라서 쑤코타이 시대에 건설된 사원과 극명한 차이를 보인다. 다른 사원들이 동쪽으로 출입문을 낸 반면, 왓 씨싸와이는 남쪽으로 출입구가 나 있다. 사원이 바라보는 방향은 크메르 제국의 수도였던 앙코르 Angkor(현재의 캄보디아 씨엠리업 Siem Reap)다.

왓 뜨라팡 응언

연못에 둘러싸인 왓 싸씨　왓 씨싸와이

북부 구역
The North Zone

중앙 구역을 중심으로 성벽 북쪽 외곽에 형성된 유적군이다. 중앙 구역과 더불어 쑤코타이 역사공원에서 중요한 사원인 왓 씨춤과 왓 프라 파이 루앙이 북부 구역에 속한다. 중앙 구역과 달리 특별한 출입구가 없어서 먼저 방문하는 사원에서 입장권(100B)을 구입한 다음, 나머지 사원은 미리 구입한 티켓을 보여주면 된다.

Map P.325

왓 씨춤   ★★★
Wat Si Chum

왓 씨춤은 쑤코타이에서 가장 큰 불상을 모신 사원으로 유명하다. 사원은 특이하게도 법전과 쩨디가 없고 벽돌로 만든 사각형 구조의 몬돕 mondop만 남아 있다. 아치형 입구를 통해 몬돕을 드나들 수 있는데, 벌어진 틈으로 인상적인 불상이 눈에 들어온다. 좌불상인데도 높이가 15m로 웅장하다. 청동이 아닌 벽돌과 스투코(회반죽)를 사용해 만들었다.

불상은 프라 아짜나 Phra Achana로 불린다. 람캄행 대왕이 비문에도 기록을 남길 정도로 신비한 불상이다. 프라 아짜나는 '움직이지 않는 견고한 불상'이라는 뜻인데, 쑤코타이를 침입했던 버마(미얀마) 군대가 불상을 보고 무서워 도망쳤다는 전설 같은 이야기도 전해 내려온다. 또 다른 전설에 따르면 절실한 불교 신도들에게 불상이 말을 건네기도 했다고 한

프라 아짜나

다. 쑤코타이 국왕 중에는 불상이 말하는 것을 듣기 위해 군대를 이끌고 와서 함성을 지르며 불상을 자극한 사람도 있다고 한다. 하지만 그렇게 해서 불상이 말하는 것을 들었다는 국왕은 없었다고 한다.

프라 아짜나는 전형적인 쑤코타이 양식의 불상이다. 특히 곱고 기다란 손가락은 우아한 곡선의 아름다움의 극치를 이룬다. 손가락은 황금색으로 덧칠해져 더욱 아름답게 보인다. 손가락 아래에는 불상에게 예를 표하는 순례자들의 발길이 이어진다. 프라 아짜나를 감싸고 있는 벽면은 출입구를 통해 불상의 머리 뒷부분까지 올라갈 수 있다. 보존을 이유로 1988년부터는 출입을 제한하고 있다.

성벽 외부에 있지만 방문자가 많은 사원이다. 역사공원 중앙 구역에서 북쪽문(빠뚜 싼루앙 Pratu San Luang)을 통해 성벽 밖으로 나가서 첫 번째 삼거리에서 오른쪽 길로 가면 된다.

왓 프라 파이 루앙   ★★★
Wat Phra Phai Luang

크메르 제국에서 건설한 사원으로 힌두교의 우주 사상을 지상에 재현했다. 라테라이트로 만든 쁘랑에서 보듯 주변의 다른 사원과 외형부터 다르다. 앙코르 톰 Angkor Thom을 건설한 자야바르만 7세 King Jayavarman VII(재위 1181~1217) 때 건설됐다. 당시 이곳까지 크메르 영토가 확장되었음을 상징적으로 보여준다. 쑤코타이 역사공원에서 가장 오래된 사원으로 여겨진다.

왓 프라 파이 루앙은 '위대한 바람의 사원'이라는 뜻이다. 현재는 크메르 양식의 쁘랑 세 개 중 하나만 그 형태를 갖추고 있다. 쁘랑 앞

왓 씨춤

왓 프라 파이 루앙

으로 사원이 위치해 있다. 사원 경내에는 몬 돕과 30여 개의 쩨디도 만들었다고 한다. 왓 마하탓과 견줄 만한 규모의 대형 사원이지만 복원 상태는 좋지 않다. 사원을 중심으로 사람들이 살던 크메르 마을이 존재했던 것으로 여겨진다. 사원을 감싼 거대한 해자를 통해 사원의 규모를 짐작할 수 있을 뿐이다. 왓 씨춤 오른쪽으로 500m 떨어져 있다.

서부 구역
The West Zone

중앙 구역 성벽을 뒤로하고 북서쪽으로 3km 를 더 가야 한다. 중앙 구역에서 멀리 떨어진 데다가 언덕길이라서 유적을 둘러보기 위해서는 충분한 시간과 체력을 요한다. 대부분의 사원들이 숲속에 있으며, 사원마다 별도의 진입로가 나 있다. 사원까지는 걸어서 올라가야 한다. 방문자가 적어서 오붓하게 유적을 관람하기 좋다. 서부 유적 진입로 두 곳에서 입장료(100B)를 받는다.

Map P.325

왓 싸판 힌   ★★★
Wat Saphan Hin

서부 구역에 산재한 사원 가운데 가장 중요한 역사 유적이다.

200m 높이의 언덕 정상에 세운 사원으로 거대한 불상이 남아 있다. 불상은 프라 앗타롯 Phra Attharot으로 불리며 크기는 12.5m 다. 불상은 붓다의 자비로운 모습을 형상화했는데, 도시를 감싼 언덕 정상에 세운 불상은 도시를 내려다보며 자비를 베푸는 듯하다.

'싸판 힌'은 돌계단이라는 뜻이다. 사원으로 올라가는 길을 돌계단으로 만들어 유래한 이름이다. 돌계단은 지금도 남아 있다. 사원이 위치한 언덕은 높이는 낮지만 쑤코타이 역사공원 일대가 평지에 가까워, 주변 풍경이 시원스레 내려다보인다.

왓 카오 프라밧 노이   ★★
Wat Khao Phrabat Noi

왓 싸판 힌과 더불어 중요시되는 언덕 위에 세운 사원이다. '언덕에 있는 붓다의 발자국 사원'이라는 뜻이다. 이곳에서 붓다 발자국이 새겨진 4개의 석판이 발견됐다. 석판을 보관했던 법전(위한)은 석주 기둥만 남아 있다. 석판은 현재 람캄행 국립 박물관에 전시되어 있다.

법전 뒤로는 라테라이트 기단 위에 만든 쩨디가 남아 있는데, 쑤코타이 왕국이 아닌 아유타야 시대에 건설됐다. 쩨디는 각 방향에 감실을 만들어 불상을 모셨다. 성벽의 서문(西門)에 해당하는 빠뚜 오 Pratu Oh에서 북쪽으로 2.5km 떨어져 있다. 왓 싸판 힌과는 500m 떨어져 있다.

동부 구역
The East Zone

쑤코타이 신시가에서 므앙 까오로 가다 보면 가장 먼저 지나치게 되는 유적지다. 므앙

왓 카오 프라밧 노이

왓 싸판 힌

까오의 성벽을 이루는 동문(빠뚜 깜팽학) 오른쪽의 도로변에 자그마한 사원들이 폐허인 채로 남아 있어 큰 주목을 끌지 못한다. 도로 안쪽에 숨겨진 왓 창롬과 왓 쩨디 쑹이 그나마 볼 만하다. 입장료 없이 방문이 가능하다. Map P.325

왓 창롬 ★★
Wat Chang Lom

쑤코타이 역사공원 입구에서 동쪽으로 1.5km 떨어져 있다. 사원은 길이 157m, 높이 100m로 동부 구역에서 규모가 가장 크다. 왓 창롬은 '코끼리에 둘러싸인 사원'이라는 뜻이다. 종모양의 커다란 쩨디가 남아 있으며, 쩨디 기단부는 36개의 코끼리 석상으로 둘러싸여 있다. 씨 쌋차날라이(P.340 참고)에도 동일한 이름의 사원이 있다.

왓 창롬

Restaurant
쑤코타이의 레스토랑

레스토랑들은 편의시설이 집중된 신시가에 많다. 왓 랏차타니 Wat Ratchathani 주변과 야시장에 로컬 레스토랑이 가득해 저렴하게 식사할 수 있다. 구시가(므앙 까오)에는 관광객이 많이 드나들기 때문에 레스토랑을 찾는 것은 어렵지 않다. 쑤코타이 역사공원 입구에 영어 메뉴를 갖춘 레스토랑들이 영업 중이다.

야시장(딸랏 또룽) ★★★
Night Market(To Rung Market)

쑤코타이의 상설 야시장은 '딸랏 또룽 Talat Torung'이라고 불린다. 저렴한 로컬 레스토랑들이 들어서 있으며, 외국인들도 즐겨 찾기 때문에 대부분 영어 메뉴를 갖추고 있다. 왓 랏차타니 앞에도 저녁이 되면 노점들이 들어선다. 도로에 테이블을 내놓고 영업하는 곳들로 음식 재료를 진열해 놓고 다양한 볶음요리를 선보인다.
Map P.324 주소 Thanon Nikhon Kasem 영업 16:00~23:00 메뉴 영어, 태국어 예산 60~150B 가는 방법 욤강을 건너서 오른쪽으로 타논 니콘까쎔을 따라가다가 두 번째 삼거리에서 왼쪽 골목으로 100m.

마이프라딧 ★★★
Mai Pra Dit

도시에서 만날 수 있는 전형적인 에어컨 시설의 카페로 거리 노점에 비해 쾌적하고 깨끗하다. 커피와 달달한 음료, 케이크를 곁들이며 더위를 식히기 좋다. 토스트, 샌드위치, 볶음밥, 팟타이, 단품 태국 요리, 미니 피자, 샐러드 등 기본적인 식사 메뉴도 있다.
Map P.324 주소 50~52 Thanon Singhawat 전화 06-5535-5644 영업 09:00~22:00 홈페이지 www.facebook.com/maipraditcoffeeandbistro 메뉴 영어, 태국어 예산 커피 50~75B, 메인 요리 85~200B 가는 방법 시내 중심가에 있는 타논 씽하랏에 있다. SCB 은행과 싸왓디퐁 호텔 중간.

쩨해 ก๋วยเตี๋ยว เจ๊เฮ ★★★☆
Jay Hae Sukhothai Noodles

현지인들에게 유명한 쌀국수 식당이다. 돼지 뼈로 우려낸 육수를 이용해 쑤코타이 쌀국수(꾸어이띠아우 쑤코타이)를 만든다. 고명으로 돼지고기(똠얌 무), 돼지갈비(똠얌 씨콩무뜬), 모듬(똠얌 루암밋)을 선택할 수 있다. 비빔국수는 '쎈렉행'을 주문하면 된다. 맞은편에 있는 따뿌이 누들 Ta Puy Noodle도 인기 있다. Map P.324 주소 6/10 Charot Withitong(Jarodvithithong) 전화 05-5611-901 영업 08:00~16:00 메뉴 태국어, 영어 예산 60~80B 가는 방법 신시가에서 메인 도로(타논 짜롯위티통)를 따라 므앙 까오(쑤코타이 역사공원) 방향으로 2km.

뿌 레스토랑 ★★★☆
Poo Restaurant

편안한 여행자 레스토랑으로 술집을 겸한다. 기본적인 태국 음식과 서양 음식을 골고루 요리한다. 아침 메뉴가 다양하며, 샌드위치와 스테이크, 스파게티도 가능하다. 벨기에인과 태국인 부부가 운영한다. Map P.324 주소 24/3 Thanon Charot Withithong 전화 0-5561-1735 영업 11:00~22:00 메뉴 영어, 태국어 예산 99~299B 가는 방법 타논 짜롯 위티통의 세븐일레븐을 바라보고 오른쪽으로 50m 떨어져 있다.

마이끄랑끄룽 ไม้กลางกรุง ★★★☆
Mai Krang Krung

현지인들에게 잘 알려진 맛집이다. 태국적인 정취가 가득한 목조 건물로, 전통 의상과 생활 도구들로 민속 박물관처럼 꾸몄다. 쑤코타이 쌀국수(꾸어이띠아우 쑤코타이)와 볶음국수(팟타이)가 유명하다. 기본적인 덮밥도 함께 요리한다. 음식 값이 저렴하지만 음식 양은 적다. 점심시간이 지나면 문을 닫는다. Map P.324 주소 139 Thanon Charot Withithong 전화 0-5562-1882 영업 09:00~15:00 메뉴 태국어, 영어 예산 40~60B 가는 방법 타논 짜런 위티통에 있는 왓 타이춤폰 Wat Thai Chumphon(사원)을 지나서 르안타

이 호텔로 들어가는 골목 옆에 있다.

반 크루 이우 บ้านครูอิ๋ว ★★★☆
Ban Kru Eiw

반(집), 크루(선생님), 이우(주인장 이름)가 합쳐졌다. 전직 선생님이던 '이우' 아줌마가 운영한다. 야외 정원 때문에 한적한 느낌을 준다. 에어컨 시설도 갖추고 있다. 꾸어이띠아우 쑤코타이(쌀국수), 팟타이(볶음 국수), 무 싸떼(돼지고기 꼬치구이), 냄느앙('넴느엉'으로 불리는 베트남 음식)이 인기 메뉴다. Map P.324 주소 203/25 Thanon Wichian Chamnong 전화 0-5561-2710 홈페이지 www.baankruiw.com 영업 09:00~15:30 메뉴 영어, 태국어 예산 80~130B 가는 방법 타논 위치안짬농에 있는 앳 홈 게스트하우스를 바라보고 왼쪽(북쪽)으로 150m.

프앙 파 쁠라 매남 เฟื่องฟ้าปลาแม่น้ำ ★★★☆
Fueng Fah Pla Maenam

한적한 강변을 끼고 있는 개방형 레스토랑이다. 정겨운 태국 지방 소도시 느낌이 가득하다. 1993년부터 영업 중이다. 관광객을 위한 곳이 아니므로 음식을 맵게 요리하며 향신료를 제대로 사용한다. 해산물, 특히 생선을 이용한 요리가 많은 편이다. Map P.324 주소 15 Thanon Kuha Suwan 전화 06-1284-3800 영업 11:00~22:00 메뉴 태국어 예산 150~350B 가는 방법 왓 쿠해(사원)과 J&J 게스트하우스 지나서 북쪽의 욤 강변에 있다.

피자 따오판 ★★★
Pizza Tao Fuun

여행자 숙소 밀집 지역에 있는 피자 레스토랑이다. 토핑을 많이 올린 태국식 화덕 피자를 만든다. 야외 정원에 오두막과 테이블이 놓여 있다. Map P.324 주소 3 Thanon Prawet Nakhon 전화 09-7960-0700 영업 11:00~21:00 예산 280~450B 가는 방법 까씨꼰 은행 옆의 강변도로(타논 쁘라웻나콘)를 따라서 골목 안쪽으로 150m.

Accommodation 쑤코타이의 숙소

도시 규모에 비해 여행자 숙소가 많다. 요금도 저렴하고 시설도 좋은 반면 경쟁이 심하다. 신시가 욤 강변에 여행자 숙소가 많은 편이다. 역사공원과 가까운 므앙 까오에는 자연 친화적인 숙소가 있다. 러이 끄라통 축제 기간에 쑤코타이에 머문다면 미리 예약하는 게 좋다. 방을 구하기도 힘들지만, 축제 기간에는 특별 요금이 적용되어 방 값이 인상된다.

신시가 New Sukhothai

대부분의 여행자들이 신시가지에 짐을 푼다. 욤 강을 끼고 여행자 숙소가 몰려 있다. 가격에 비해 시설이 좋은 숙소들이 많다.

▌싸바이디 하우스 ★★★☆
Sabaidee House

시내에서 멀리 떨어져 있는 홈스테이 분위기의 숙소다. 잘 가꾸어진 열대 정원에 독립 방갈로들이 들어서 있다. 콘크리트 방갈로들로 객실 내부도 화사하다. 야외 수영장도 있다. 자전거를 무료로 이용할 수 있다.
Map P.324 주소 81/7 Moo 1 Thambon Ban Kluay 전화 0-5561-6303 홈페이지 www.facebook.com/sabaideehouse 요금 더블 500~650B(에어컨, 개인욕실) 가는 방법 쑤코타이 신시가에서 타는 짜룻 위티통을 따라 서쪽으로 1㎞ 떨어져 있다.

▌TR 게스트하우스 ★★★★
TR Guest House

강변 풍경은 보이지 않지만 깨끗하고 저렴한 요금으로 인기가 있다. 깔끔한 시멘트 건물로 객실과 욕실이 청결하며 모든 객실에 욕실이 딸려 있다. 주인의 친절함을 칭찬하는 여행자들이 많다.
Map P.324 주소 27/5 Thanon Prawet Nakhon 전화 0-5561-1663 홈페이지 www.sukhothaibudgetguesthouse.com 요금 더블 500~800B(에어컨, 개인욕실, TV, 냉장고) 가는 방법 까씨꼰 은행 뒤편의 타논 쁘라웻 나콘에 있다.

▌블루 하우스 ★★★☆
Blue House

아침시장 옆 골목에 있는 깔끔한 숙소다. 파란색을 칠한 2층 집이다. 시원스런 콘크리트 건물에 깨끗한 객실을 운영한다. 타일이 깔린 객실에 견고한 침대, 온수 샤워가 가능한 개인 욕실이 딸려 있다. 모든 객실은 에어컨 시설로 넓은 편이다. 태국인 가족이 운영한다.
Map P.324 주소 295/31 Moo 7, Thanon Sirisamarang 전화 0-5561-4863, 08-0506-8402 홈페이지 www.bluehousesukhothai.com 요금 더블 650~900B(에어컨, 개인욕실, TV, 냉장고) 가는 방법 '뿌 레스토랑' 맞은편 도로로 들어간 다음, 아침시장 중간에 있는 왼쪽 골목으로 50m.

▌J&J 게스트하우스 ★★★☆
J&J Guest House

여행자 숙소가 몰려 있는 지역에 있지만, 골목 안쪽의 강변에 있어 조용하다. 티크 나무로 만든 목조 방갈로 형태의 정원에 나무가 많아서 자연적인 정취를 풍긴다. 모든 방갈로는 에어컨 시설로 목조 테라스가 딸려 있다. 소규모 숙소로 친절하다. 레스토랑을 함께 운영한다.
Map P.324 주소 12 Soi 12, Wat Kuha Suwan 전화 0-5562-0095, 08-1785-4569 홈페이지 www.facebook.com/jjguesthouse.sukhothai 요금 더블 690B(에어컨, 개인욕실, TV) 가는 방법 욤 강변의 왓 쿠하(사원) 골목에 있다.

포레스토 쑤코타이 게스트 홈 ★★★☆
Foresto Sukhothai Guest Home

중급 숙소로 넓고 쾌적한 시설을 제공한다. 게스트하우스가 아니라 '게스트 홈'이라고 간판을 달았다. 야외 수영장과 정원, 넓은 객실, 베란다가 어우러져 여유롭다. 객실은 타일과 시멘트, 목재, 벽돌, 라테라이트를 이용해 현대적으로 꾸몄다. 아침식사는 포함되지 않는다.

Map P.324 주소 16/1-3 Thanon Prawet Nakhon 전화 0-5561-1328, 08-3213-4112 홈페이지 www.forestosukhothai.com/en/ 요금 더블 1,200~1,600B(에어컨, 개인욕실, TV, 냉장고), 패밀리(4인실) 1,800B 가는 방법 까씨꼰 은행 뒤편의 타논 쁘라웻 나콘에 있다. 초퍼 바 Chopper Bar 골목으로 들어가면 된다.

빠이 쑤코타이 리조트 ★★★☆
Pai Sukhothai Resort

입구에서 보면 단순히 레스토랑처럼 보이지만 수영장을 갖춘 중급 숙소다. 객실은 두 종류로 확연히 구분된다. 2층 건물에 들어선 빠이 룸 Pai Room은 평범한 게스트하우스 시설로 공동욕실을 사용해야 한다. 방갈로 스타일의 빠이 하우스 Pai House는 수영장을 끼고 있다. 레스토랑을 함께 운영하며, 간단한 아침 식사가 포함된다.

Map P.324 주소 3 Thanon Prawet Nakhon 전화 0-5561-0346, 08-0898-8848 홈페이지 www.paisukhothai.com 요금 빠이 룸 700B(더블, 에어컨, 공동욕실), 빠이 하우스 1,250B(더블, 에어컨, 개인욕실, TV, 냉장고, 아침식사) 가는 방법 까씨꼰 은행 뒤편의 타논 쁘라웻 나콘에 있다.

망고 하우스 ★★★★
Mango House

야외 수영장은 갖춘 게스트하우스로 방갈로 형태의 목조 건물이 독립적으로 들어서 있다. 나무 계단처럼 만든 보행로가 방갈로를 연결해 자연적인 정취를 풍긴다. 객실은 나무 바닥, 욕실은 타일이 깔려 있어 깨끗하다. 중심가에서 조금 떨어져 있지만 친절하다.

Map P.324 주소 60/10 Thanon Prawet Nakhon 전화 08-1926-3748, 08-4566-3255 홈페이지 www.mangohousesukhothai.com 요금 더블 850~1,350B(에어컨, 개인욕실, TV, 냉장고, 아침식사) 가는 방법 까씨꼰 은행 옆의 강변 도로(타논 쁘라웻 나콘)를 따라 골목 안쪽으로 450m.

미드타운 쑤코타이 리조트 ★★★★
Midtown Sukhothai Resort

신시가에 있지만 메인 도로에서 안쪽으로 떨어져 있어 조용하다. 수영장을 갖춘 중급 호텔로 평화롭게 지낼 수 있다. 객실은 타일이 깔려 있고, 시멘트 프레임 위에 매트리스를 올렸다. 덕분에 객실이 시원하고 청결하다. 정원과 연못, 야자수, 망고 나무, 수영장까지 조경에서 신경을 많이 썼다.

Map P.324 주소 39/8-12 Thanon Loe Thai 전화 06-4965-1544 홈페이지 www.facebook.com/midtownsukhothai 요금 더블 950~1,200B(에어컨, 개인욕실, TV, 냉장고) 가는 방법 메인도로에서 타논 러타이 골목 안쪽으로 400m.

르안타이 호텔 ★★★★
Ruean Thai Hotel

신시가에 있는 3성급 호텔이다. 티크 나무를 이용해 만든 태국 전통 가옥 형태의 호텔이다. 목조건물에서 풍기는 아늑함이 매력이다. 야외 수영장을 중심으로 객실이 들어서 있다. 아침식사가 포함된다. 시내 중심가에서 조금 떨어진 골목 안쪽에 있다. 자전거를 무료로 이용할 수 있고, 버스 터미널까지 무료로 데려다 준다.

Map P.324 주소 181/20 Soi Pracha Ruammit, Thanon Charot Withithong 전화 0-5561-2444 홈페이지 www.rueanthaihotel.com 요금 스탠더드 1,680B, 딜럭스 2,800B(에어컨, 개인욕실, TV, 냉장고, 아침식사) 가는 방법 시내 중심가에서 북쪽으로 1.5㎞ 떨어진 쏘이 쁘라차 루암밋에 있다.

료로 이용할 수 있다. 아침식사도 포함된다.
Map P.325 주소 119 Moo 3, Thanon Sukhothai
Nakorn 1 Soi 3, Muang Kao 전화 08-4751-1533 홈페
이지 www.sukhothai-garden-th.book.direct 요금 더
블 1,000~1,500B(에어컨, 개인욕실, TV, 냉장고, 아침
식사) 가는 방법 므앙 까오에 있는 쑤코타이 역사공원
입구에서 동쪽(신시가 방향)으로 600m. 히스토리 카
페 & 게스트하우스 The History Cafe & Guesthouse
앞 골목(타논 쑤코타이나콘 1 쏘이 3) 안쪽으로 150m.

타이타이 쑤코타이 리조트 ★★★★
Thai Thai Sukhothai Resort

쑤코타이 역사 공원과 가까운 곳에 있는 수
영장을 갖춘 리조트. 일반 객실과 독립 방갈
로로 구분되는데, 티크 나무를 이용해 태국적
인 분위기로 객실을 꾸몄다. 나무 그늘과 정
원에 둘러싸여 평화롭다. 아침식사가 포함되
며, 직원들도 친절하다.
Map P.325 주소 95/8 Moo 3, Muang Kao 전화
08-4932-1006 홈페이지 www.thaithaisukhothai
resort.business.site 요금 더블 1,200~1,500B(에어컨,
개인욕실, TV, 냉장고, 아침식사) 가는 방법 쑤코타이
역사 공원 입구에서 동쪽으로 1.5 ㎞ 떨어져 있다.

타라부리 리조트 ★★★★
Tharaburi Resort

쑤코타이 역사공원과 인접한 부티크 리조
트다. 태국적인 감각으로 객실을 꾸몄으며 골
동품과 실크로 인테리어를 장식했다. 딜럭스
룸은 50㎡ 크기로, 객실마다 정원을 끼고 있
다. 가족이 함께 여행한다면 침실 두 개가 연
결된 패밀리 스위트가 적격이다. 야외 수영장
도 있다.
Map P.325 주소 321/3 Moo 3, Muang Kao 전화
0-5569-7132 홈페이지 www.tharaburiresort.com 요
금 딜럭스 2,400B, 그랜드 딜럭스 2,800B, 패밀리 스
위트 4,200B 가는 방법 성벽의 동쪽 출입문(빠뚜 깜팽
학)을 들어가기 직전에 남쪽(왼쪽)으로 연결된 1272번
국도를 따라 800m 가면 된다.

구시가(므앙 까오) Old Sukhothai

유적을 맘껏 여행하고 싶다면 역사공원 입구의 므
앙 까오에 머무는 것이 좋다. 레스토랑, 편의점 같
은 편의시설도 갖추어져 크게 불편하지 않다.

히스토리 카페 & 게스트하우스 ★★★☆
The History Cafe & Guesthouse

구시가(므앙까오)에 있는 여행자 숙소다.
티크 나무로 만든 목조 건물이 운치를 더한
다. 목조 건물이라 방음은 좋지 않다. 2층에
있는 객실까지는 나무 계단으로 연결되며, 1
층은 카페로 운영된다. 아침식사가 포함되며,
자전거를 무료로 이용할 수 있다.
Map P.325 주소 56/2 Moo 3 Thanon Charot
Withithong, Muang Kao 전화 08-8258-8962 요금 더
블 650~850B(에어컨, 개인욕실, TV, 냉장고, 아침식
사) 가는 방법 므앙 까오의 쑤코타이 역사 공원 입구
에서 동쪽(신시가 방향)으로 500m. 윈 투어 버스 Win
Tour Bus 사무실 옆.

쑤코타이 가든 ★★★★
Sukhothai Garden

므앙 까오(구시가)의 주택가 골목에 있다.
차분한 마을 풍경과 숙소가 평화롭게 어우러
진다. 잔디 정원을 중심으로 목조 건물과 콘
크리트 건물이 함께 들어서 있다. 19개 객실을
운영하는 소규모 숙소라 친절한 보살핌을 받
을 수 있다. 엘리베이터는 없고, 자전거를 무

Si Satchanalai

씨 쌋차날라이 *ศรีสัชนาลัย*

'씨쌋'으로 불리는 씨 쌋차날라이는 쑤코타이에서 북쪽으로 56㎞ 떨어져 있다. 쑤코타이 왕국을 창시한 인타라팃 왕 King Indradit(재위 1238~1270)이 쑤코타이와 함께 건설한 쌍둥이 도시다. 욤 강 Mae Nam Yom을 끼고 만든 축성도시로 자연지형을 고려해 성벽을 만들고 6개의 출입문을 냈다고 한다. 성벽 내부에는 왕궁과 28개의 사원을 만들어 쑤코타이와 대등한 위치를 누렸음을 알 수 있다. 13~15세기에 건설된 씨 쌋차날라이는 현재 역사공원으로 조성해 유적을 관리·보호하고 있다.

쑤코타이와 함께 유네스코 세계문화유산으로 지정되었는데, 두 도시는 유사하면서도 다른 느낌이다. 도시 구성과 사원의 건축 양식은 비슷하지만, 쑤코타이에 비해 산과 숲속에 사원을 건설한 씨 쌋차날라이는 도시적인 요소가 없어 무척 한적한 모습이다. 관광객의 발길도 적어 오붓하게 유적을 감상할 수 있는 것도 매력. 씨 쌋차날라이를 방문한다면 역사공원 남동쪽으로 2㎞ 떨어진 차리앙 Chaliang도 함께 여행하자.

INFORMATION 여행에 필요한 정보

도시 개요

씨 쌋차날라이는 신시가와 구시가가 완벽하게 분리되어 있다. 구시가는 씨 쌋차날라이 역사공원을 일컫는 말로 '므앙 까오'라고 불린다. 므앙 까오에서 북쪽으로 7㎞ 거리에 신시가가 형성되어 있다.

은행 · 환전

므앙 까오에는 은행이나 우체국 같은 시설이 전혀 없다. 여행 편의시설은 역사공원 입구의 여행 안내소에서 제공해주는 무료 지도뿐이다. 모든 여행자가 쑤코타이를 거점으로 삼아 관광하기 때문에 편의시설이 없는 것은 큰 문제가 안 된다.

ACCESS 씨 쌋차날라이 가는 방법

씨 쌋차날라이를 드나드는 방법은 간단하다. 쑤코타이 버스 터미널에서 출발하는 '씨쌋'행 버스를 타면 된다. 항공과 기차 노선도 있으나 이용하는 여행자는 극히 드물다.

기차

씨 쌋차날라이에서 남쪽으로 24㎞ 떨어진 싸완카록 Sawankhalok이 가장 가까운 기차역이다. 지방 소도시 간이역이라서 정차하는 기차는 많지 않다.

버스

쑤코타이 버스 터미널에서 에어컨 버스를 타면 된다. 쑤코타이↔씨 쌋차날라이를 왕복하는 직행 노선이 없기 때문에 우따라딧 Utaradit 또는 치앙라이 Chiang Rai로 향하는 에어컨 버스를 타고 가다가 '씨쌋'에서 내려야 한다. 에어컨 버스는 1일 2회(06:50, 09:30) 출발하며 싸완카록을 경유해 '씨쌋'을 지난다. 편도 요금은 49B이다. 중간 중간 사람들을 내리고 태우기 때문에 1시간 30분 정도 소요된다. 유적 관람 시간과 오고 가는 시간을 고려하면 오전 9시에 출발하는 버스를 타는 게 가장 좋다.

씨 쌋차날라이 신도시까지 갈 필요가 없기 때문에, 반드시 '므앙 까오'에서 내려달라고 기사와 차장에게 말해야 한다. 므앙 까오를 못 알아들을 경우 '왓 파빵'이라고 힘주어 말할 것. 그러면 욤 강 서쪽을 지나는 101번 국도 어딘가에 내려줄 것이다. 왓 파빵은 왓 프라 쁘랑 Wat Phra Prang을 현지인들이 줄여서 부르는 말로, 차리앙에 있는 왓 프라 씨 라따나 마하탇의 또 다른 이름이다. 버스에서 내리자마자 보이는 상점에서 자전거를 대여(50B)하면 된다. 역사공원 입구까지 자전거로 10분 걸린다. 쑤코타이로 돌아오는 막차가 오후 3시 경에 끊기므로 늦지 않도록 주의하자. 쑤코타이에서 오토바이를 대여해 다녀올 수도 있다.

TRANSPORTATION 시내 교통

므앙 까오에서는 자전거를 대여(30B)하면 된다. 역사공원 입구에 자전거 대여소가 있다. 쑤코타이에서 버스를 타고 왔다면 버스에서 내리자마자 상점에서 자전거를 대여하면 된다. 역사공원 내부는 트램(60B)을 타고 둘러봐도 된다. 역사공원 입구 매표소에서 출발한다.

Best Course
Si Satchanalai

씨 쌋차날라이의 추천 코스 (예상 소요시간 4시간)

씨 쌋차날라이 역사공원과 차리앙의 볼거리로 나뉜다. 볼거리가 적은 차리앙을 먼저 방문한 다음 씨 쌋차날라이 역사공원을 방문하는 게 가장 무난한 일정이다.

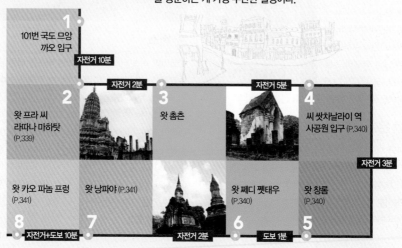

1 101번 국도 므앙 까오 입구

자전거 10분

자전거 2분

2 왓 프라 씨 라따나 마하탓 (P.339)

3 왓 촘촌

자전거 5분

4 씨 쌋차날라이 역사공원 입구 (P.340)

자전거 3분

8 왓 카오 파놈 프렁 (P.341)

7 왓 낭파야 (P.341)

6 왓 쩨디 쩻태우 (P.340)

5 왓 창롬 (P.340)

자전거+도보 10분

자전거 2분

도보 1분

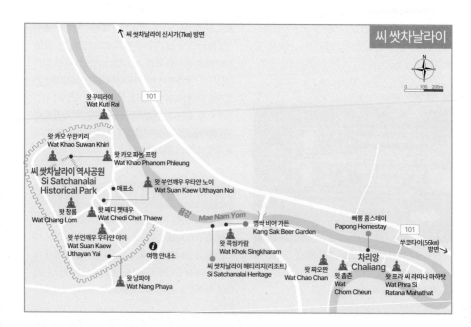

씨 쌋차날라이

↑ 씨 쌋차날라이 신시가(7km) 방면

N

0   100 200m

왓 꾸띠라이
Wat Kuti Rai

101

왓 카오 쑤완키리
Wat Khao Suwan Khiri

왓 카오 파놈 프렁
Wat Khao Phanom Phleung

씨 쌋차날라이 역사공원
Si Satchanalai
Historical Park

매표소

왓 쑤언깨우 우타얀 노이
Wat Suan Kaew Uthayan Noi

왓 창롬
Wat Chang Lom

왓 쩨디 쩻태우
Wat Chedi Chet Thaew

Mae Nam Yom

깽싹 비어 가든
Kang Sak Beer Garden

빠뽕 홈스테이
Papong Homestay

101

쑤코타이(56km) 방면

왓 쑤언깨우 우타얀 야이
Wat Suan Kaew
Uthayan Yai

ℹ️
여행 안내소

왓 콕씽카람
Wat Khok Singkharam

씨 쌋차날라이 헤리티지(리조트)
Si Satchanalai Heritage

왓 짜오짠
Wat Chao Chan

차리앙
Chaliang

왓 낭파야
Wat Nang Phaya

왓 촘촌
Wat
Chom Cheun

왓 프라 씨 라따나 마하탓
Wat Phra Si
Ratana Mahathat

신시가는 볼거리가 없고 역사공원이 형성된 구시가(므앙 까오)에 볼거리가 몰려 있다. 씨 쌋차날라이 역사공원은 유네스코 세계문화유산으로 지정되어 있다. 역사공원 남동쪽에 있는 차리앙에는 크메르 사원들이 남아 있다. 그냥 지나치기 아까울 정도로 사원의 규모가 웅장하다.

차리앙
Chaliang

씨 쌋차날라이 남동쪽으로 2km 떨어져 있으며, 쑤코타이 왕국이 성립하기 전 크메르 제국이 건설한 마을이다. 차리앙은 크메르 언어로 '기울어지다'라는 뜻이다. 마을에서 가장 큰 사원의 이름(왓 프라 씨 라따나 마하탓을 태국 사람들은 '왓 프라 쁘랑'이라고 한다)을 따서 '반 프라 쁘랑(반 파빵) Ban Phra Prang'이라고 부르기도 한다.

왓 프라 씨 라따나 마하탓 ★★★★
Wat Phra Si Ratana Mahathat

차리앙에서 가장 큰 사원으로 '왓 프라 쁘랑 Wat Phra Prang'이라고도 한다(이중 자음을 줄여 발음하는 태국인의 언어 습성 때문에 '왓 파빵'으로 발음한다). 차리앙에 남아 있는 크메르 사원 중에서 보존 상태가 가장 좋다. 길이 90m, 너비 60m 크기의 성벽에 둘러싸인 사원으로, 해 뜨는 방향인 동쪽으로 출입문을 냈다. 건설 당시 라테라이트 벽돌로 만든 성벽은 흔적만 남아 있다. 사원은 건설 초기와 달리 시대를 거듭하며 법전을 증축해 규모가 더 커졌다. 현재는 성벽 외부에 현대적으로 신축한 법전이 태국인 순례자들을 맞는다.

사원의 중심은 크메르 양식의 탑인 쁘랑이다. 쁘랑은 1448~1488년 아유타야 제국에서 건설한 것이다. 아유타야 시대에 건설한 쁘랑 중에서 가장 큰 규모라고 한다. 쁘랑은 우주의 중심을 상징하는 것으로 하늘 높이 올라간 불탑이 눈길을 끈다. 계단을 통해 탑 중간까지 올라갈 수 있다. 쁘랑 내부에는 힌두교 신인 시바를 상징하는 남근석이 세워져 있다. 쁘랑 앞에 있는 법전도 아유타야 왕국에서 건설했으나 현재는 석주 기둥만 남아 있다. 법전은 보롬 뜨라이로까낫 왕 King Borom Trailokanat(재위 1448~1488) 때 만들어졌으며, 보롬마꼿 왕 King Boromakot(재위 1733~1758)이 한 차례 증축했다. 법전 내부에는 쑤코타이 양식의 불상을 모셨다. 지붕도 없는 법전에 온화한 미소로 앉아 있는 불상은 웅장한 쁘랑과 함께 조화를 이룬다.

본존불 주변에서는 스투코 장식의 불상도 볼 수 있다. 걷는 모양의 불상으로 곡선이 아름다운 쑤코타이 시대의 불상이다. 쁘랑 왼쪽에는 종 모양의 쩨디도 세웠는데, 대부분 무너져 내리고 하단부만 남아 있다.

Map P.338 주소 Ban Phra Prang 운영 08:00~16:30 요금 20B 가는 방법 101번 국도에 내려서 자전거로 10분.

씨 쌋차날라이 역사공원
Si Satchanalai Historical Park

성벽에 둘러싸인 씨 쌋차날라이를 새롭게 정비해서 탄생한 역사공원이다. 쑤코타이 역사 공원과 마찬가지로 옛 도시라는 뜻으로 '므앙 까오'라고 불린다. 전체 면적은 45㎢에 이르며, 중요한 볼거리는 성벽 내부에 몰려 있다. 현지어 웃타얀 쁘라왓띠쌋 깜팽펫(또는 므앙 까오 씨 쌋차날라이) Map P.338 운영 08:00~16:30 요금 100B 가는 방법 쑤코타이에서 북쪽으로 56㎞ 떨어져 있다. 역사공원 입구의 101번 국도에서 자전거로 15분.

왓 창롬　　　　　　　　　★★★★
Wat Chang Lom

씨 쌋차날라이 역사공원에서 가장 신성한 사원이다. 람캄행 대왕의 비문에 기록이 남아 있을 정도로 중요시됐다. 1285년부터 1291년에 걸쳐 만들어졌으며, 복원 상태도 좋아 쑤코타이 시대의 매력적인 건축물로 손꼽힌다. 종 모양의 쩨디는 전형적인 스리랑카 양식이지만 쑤코타이 건축물답게 매끈한 곡선미를 더욱 강조했다. 50m 높이의 대형 쩨디인데 균형미가 느껴진다. 쑤코타이 초창기에 만들어져 쑤코타이 시대에 건설된 쩨디의 모델 역할을 했다고 한다. 치앙마이와 난에서도 비슷한 양식의 쩨디를 볼 수 있다.

쩨디는 라테라이트로 만든 기단 위에 세웠다. 쩨디 하단부에는 감실을 만들어 불상을 보관했다. 쩨디 주변에는 실물 크기의 코끼리 석상 39개가 탑을 따라 빙 둘러져 있다. 코끼리 석상 덕분에 사원의 이름도 '코끼리에 둘러싸인 사원'이라는 뜻인 왓 창롬이라고 한다. 남방불교에서는 코끼리를 가장 신성한 동물로 여긴다. 왓 창롬의 쩨디는 우주의 중심인 수미산을 신성한 동물인 코끼리가 떠받치는 모습을 상징적으로 표현한 것이다. 쩨디 앞에는 대법전을 만들었으나 현재는 폐허인 채로 기둥만 남아 있다.

왓 쩨디 쩻태우　　　　　　★★★★
Wat Chedi Chet Thaew

왓 창롬에서 남쪽으로 30m 떨어진 사원이다. '7개 줄로 늘어선 쩨디의 사원'이라는 뜻으로 다양한 형태의 쩨디가 사원에 가득하다. 사원 중앙에 세운 가장 큰 쩨디는 14세기 리타이 왕 때 건설됐다.

종 모양의 왓 창롬 쩨디와 달리 첨탑 모양의 쩨디로 탑 상단부가 연꽃 봉오리 모양을 형상화했다. 쑤코타이 역사공원에 있는 왓 마하탓 Wat Maha That의 쩨디와 동일한 모양이다. 쩨디는 쑤코타이 왕족들의 유골을 보관하기 위해 건설됐다고 한다. 세월을 거듭하며 추가된 쩨디는 모두 34개에 이른다.

왓 창롬

왓 쩨디 쩻태우

왓 낭파야
Wat Nang Phaya ★★

왕비의 수도원으로 알려진 사원으로 라테라이트 성벽에 둘러싸여 있다. 왓 창롬과 비슷한 종 모양의 쩨디가 사원의 대부분을 차지한다. 쩨디 옆에는 법전을 세웠다. 아유타야 왕조 때인 15세기에 건설되었으나, 다른 사원과 마찬가지로 법전은 석주 기둥만 남아 있다. 다만 법전의 서쪽 벽면만이 지지대에 의해 지탱되고 있다. 벽에 새겨진 꽃무늬 패턴의 스투코 장식을 통해 사원의 아름다움을 유추해 볼 뿐이다.

왓 카오 파놈 프렁
Wat Khao Phanom Phleung ★★★

역사공원 북쪽(오른쪽)의 낮은 언덕에 세운 사원이다. 언덕의 높이는 25m로 144개의 라테라이트 계단을 걸어 올라가야 한다. 사원에는 종 모양의 쩨디와 불상이 남아 있다. 숲속

왓 낭파야

왓 카오 파놈 프렁

에 반쯤 폐허인 채 놓여져 독특한 분위기를 연출한다. 쩨디 뒤에는 라테라이트 벽돌로 만든 사당(짜오 매 라옹 쌈리 Chao Mae Laong Samli)도 있다. 사원의 이름은 '신성한 불의 언덕'이라는 뜻으로 언덕 정상에서 씨 쌋차날라이에 살았던 유명 인사들의 화장이 행해졌다고 한다.

Restaurant
씨 쌋차날라이의 레스토랑

시골 동네라서 특별한 레스토랑은 없다. 씨 쌋차날라이 역사공원 앞에 식당 몇 군데가 들어서 있다. 관광객에게 많이 알려진 곳은 깽싹 비어 가든 Kang Sak Beer Garden이다. 욤 강변에 자리한 레스토랑으로 분위기가 좋다. 역사공원 입구에서 오른쪽으로 500m 떨어진 왓 콕씽카람 Wat Khok Singkharam 맞은편에 있다. 바로 옆에 있는 씨 쌋차날라이 헤리티지(리조트) Si Satchanalai Heritage에서 운영하는 레스토랑도 괜찮다.

Accommodation
씨 쌋차날라이의 숙소

씨 쌋차날라이에서 묵는 여행자는 거의 없어 마땅한 숙소도 없다. 하지만 쑤코타이에서 당일치기로 여행이 가능하기 때문에 아무런 문제가 안 된다. 혹시라도 유적에 심취해 막차를 놓쳤다거나, 외국인이 없는 시골 마을에서 하루를 보내고 싶다면 머물다 가면 된다. 역사공원과 가장 가까운 숙소는 씨 쌋차날라이 헤리티지 Si Satchanalai Heritage(홈페이지 www.sisatchanalaiheritage.com)다. 씨쌋 헤리티지 리조트 Sisat Heritage Resort로 알려지기도 했는데, 넓은 정원과 강변을 끼고 있어 한적하다. 방갈로 형태의 숙소(더블룸 1,000~1,400B)로, 레스토랑을 함께 운영한다.
빠뽕 홈스테이 Papong Homestay(전화0-5563-1557, 08-7313-4782)는 역사공원 입구에서 조금 떨어진 차리앙(왓 프라 씨 라따나 마하탓과 왓 촘촌 중간)에 있다. 거실을 공동으로 사용해야 하는 가정집으로 객실은 단 두 개뿐이다. 개인욕실과 에어컨이 갖춰진 방으로 요금은 500~600B이다.

Kamphaeng Phet

깜팽펫 กำแพงเพชร

쑤코타이, 씨 쌋차날라이와 더불어 쑤코타이 왕국에서 건설한 도시다. 세 곳은 모두 비슷한 역사와 도시 구조로 이루어졌다. 깜팽펫은 '다이아몬드 성벽'이라는 뜻으로 왕국의 수도였던 쑤코타이에서 남서쪽으로 77㎞ 떨어져 있다. 이름처럼 견고한 성벽에 둘러싸인 도시로 리타이 왕 King Lithai(재위 1347~1368) 때 건설됐다. 왕국의 수도 남쪽에 축성도시를 건설한 이유는 남쪽에서 세력을 확장해 오던 아유타야 제국을 견제하기 위함이었다고 한다.

뼁 강 Mae Nam Ping을 끼고 강 동쪽에 건설된 깜팽펫은 구시가와 신시가로 구분된다. 쑤코타이와 마찬가지로 구시가를 역사공원으로 단장해 유적을 보호하고 있다. '므앙 까오'라고 불리는 구시가는 1991년 유네스코 세계문화유산으로 지정되었다. 쑤코타이에 비하면 볼거리가 적고 여행자들의 발길도 뜸하다. 하지만 총 면적 400헥타르에 이르는 깜팽펫 역사공원은 쑤코타이와 달리 울창한 숲속에 유적들이 흩어져 있고, 방문자도 적어서 평화롭게 역사유적을 탐방하게 만든다. 깜팽펫의 옛 이름은 차깡라오 Chakangrao이며, 현재 인구 3만 명의 소도시로 남아 있다.

INFORMATION 여행에 필요한 정보

도시 개요

깜팽펫은 크게 두 개의 구역으로 나뉜다. 현지인들이 거주하는 신시가와 역사공원이 위치한 '므앙 까오'다. 역사공원(웃타얀 쁘라왓띠쌋 깜팽펫)은 성벽 내부와 성벽 외부로 구분된다. 역사공원 남쪽에서 신시가가 바로 연결된다. 신시가에서 역사공원 안쪽으로 도로들이 연결되기 때문에 단절된 느낌은 들지 않는다. 신시가 중심에는 림삥 시장(딸랏 림삥) Rimping Market이 있다.

은행 · 환전

신시가 중심가인 타논 짜런쑥 Thanon Charoensuk, 타논 랏차담넌 Thanon Ratchadamnoen, 타논 위찟 Thanon Wijit에 주요 은행들이 지점을 운영한다. 싸얌 상업 은행(SCB), 까씨꼰 은행, 방콕 은행, ttb 은행에서 환전소를 운영하며, 24시간 사용 가능한 ATM도 설치되어 있다.

ACCESS 깜팽펫 가는 방법

기차나 항공이 연결되지 않기 때문에 버스를 타고 가야 한다. 일반적으로 인접한 도시인 쑤코타이 또는 핏

싸눌록에서 버스를 타고 깜팽펫을 방문한다. 쑤코타이에서 출발한다면 당일치기로 깜팽펫 유적을 방문하고 쑤코타이로 되돌아와도 된다. 깜팽펫에서 쑤코타이까지 77㎞, 핏싸눌록까지 103㎞, 딱 Tak까지는 68㎞ 떨어져 있다.

버스

인접한 도시인 쑤코타이, 핏싸눌록, 딱 Tak 방면의 버스들이 수시로 오간다. 쑤코타이는 일반 버스 이외에 썽태우가 터미널에서 출발할 정도로 교통량이 많다. 매쏫까지 가는 직행버스를 놓쳤다면 '딱'까지 버스를 타고 간 다음 미니밴으로 갈아타면 된다. 장거리 노선은 방콕과 치앙마이 노선이 있으며, 치앙마이행 버스는 딱과 람빵을 경유한다.

버스 터미널(버커써)은 삥 강을 건너 시내에서 서쪽으로 2㎞ 떨어져 있다. 쑤코타이나 핏싸눌록에서 깜팽펫으로 들어올 경우 굳이 버스 터미널까지 가지 말고, 다리를 건너기 전 시계탑(깜팽펫 역사공원 입구와 가깝다) 앞에서 내리면 된다. 타논 테싸 능 Thanon Thesa 1과 타논 깜팽펫 Thanon Kamphaengphet이 교차하는 로터리로 성벽을 재현한 시계탑이 세워져 있다.

TRANSPORTATION 시내 교통

버스 터미널에서 숙소까지 가는 게 가장 어렵다. 합승 썽태우를 이용하면 강 건너 신시가 로터리까지 20B, 림삥 시장까지 30B이다. 버스 터미널에서 대부분의 호텔까지 오토바이 택시로 60B, 썽태우를 대절하면 100B 정도에 갈 수 있다. 신시가 내에서는 걸어 다녀도 무방하지만, 역사공원을 방문할 때는 별도의 교통편이 필요하다. 스리 제이 게스트하우스에서 자전거(50B)와 오토바이(200B)를 대여할 수도 있다.

깜팽펫에서 출발하는 버스

도착지	운행 시간	요금	소요시간
방콕	08:30~20:30(1시간 간격 운행)	365B	5시간
치앙마이	09:30~23:30(1시간 간격 운행)	361B	5시간
쑤코타이	09:30~18:20(1일 8회)	74~80B	1시간 30분
핏싸눌록	06:00~17:00(1일 6회)	70~80B	2시간 30분
딱	08:00~18:00(1시간 간격 운행)	60B	1시간 20분

Best Course
Kamphaeng Phet 깜팽펫의 추천 코스 (예상 소요시간 6시간)

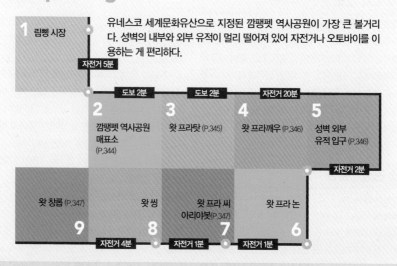

1 림뻥 시장

유네스코 세계문화유산으로 지정된 깜팽펫 역사공원이 가장 큰 볼거리다. 성벽의 내부와 외부 유적이 멀리 떨어져 있어 자전거나 오토바이를 이용하는 게 편리하다.

자전거 5분

도보 2분   도보 2분   자전거 20분

2 깜팽펫 역사공원 매표소 (P.344)

3 왓 프라탓 (P.345)

4 왓 프라깨우 (P.346)

5 성벽 외부 유적 입구 (P.346)

자전거 2분

9 왓 창롭 (P.347)

8 왓 씽

7 왓 프라 씨 아리야봇 (P.347)

6 왓 프라 논

자전거 4분   자전거 1분   자전거 1분

Attraction 깜팽펫의 볼거리

깜팽펫의 볼거리는 유네스코 세계문화유산으로 지정된 깜팽펫 역사공원에 몰려 있다. 성벽 내부 유적과 성벽 외부 유적으로 나뉜다. 성벽 내부에서는 왓 프라깨우 Wat Phra Kaew가 가장 중요한 볼거리이고, 성벽 외부에서는 왓 창롭 Wat Chang Rob이 볼 만하다.

깜팽펫 역사공원 Kamphaeng Phet Historical Park   ★★★★

깜팽펫 역사공원은 과거 왕실과 사원이 밀집했던 공간으로 반경 5㎢에 걸쳐 넓게 분포되어 있다. 성벽에 둘러싸인 중앙 구역뿐만 아니라 성벽 북쪽으로 언덕에 이르기까지 다양한 사원들이 자연 속에 산재해 있다. 깜팽펫 역사공원도 '올드 시티'라는 뜻으로 '므앙 까오'라고 부른다. 도시 구성이나 사원 구조는 쑤코타이나 씨 쌋차날라이와 비슷하다. 차이가 있다면 강 동쪽에 도시를 건설했다는 점이다.

현지어 웃타얀 쁘라왓띠쌋 깜팽펫(또는 므앙 까오 깜팽펫) Map P.345 전화 0-5571-1921 운영 08:00~17:00 요금 성벽 내부 유적 100B(국립 박물관 100B 별도), 성벽 외부 유적 100B(통합 입장권 150B)

성벽 내부
Inside the City Walls

뺑 강 오른쪽에 라테라이트로 만든 성벽 도시 내부에 건설된 사원들이다. 현재도 남아 있는 성벽은 길이 2,500m, 폭 500m의 길쭉한 타원형 구조다. 깜팽펫의 주요한 사원들과 락므앙(도시의 번영을 기원하는 기둥), 시바 사당(싼 프라 이쑤안), 국립 박물관이 성벽 내부에 위치해 있다. 신시가에서 타논 랏차담넌

을 따라 북쪽으로 600m 떨어져 있으며, 매표소는 왓 프라탓 앞에 있다. 성벽 내부는 태국어로 '켓 나이 깜팽므앙'이라고 부른다.

왓 프라탓
Wat Phra That   ★★

역사공원 매표소를 지나서 가장 먼저 만나게 되는 사원이다. 왓 프라깨우와 접하고 있다. 건설 당시에는 사원도 성벽에 둘러싸여

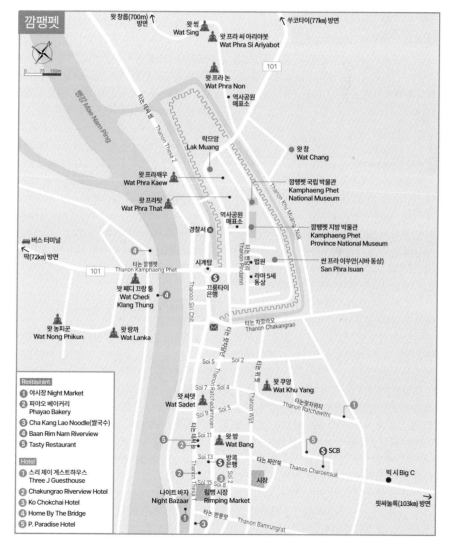

깜팽펫

왓 창롭(700m)↑ 방면
왓 씽 Wat Sing
왓 프라 씨 아리야봇 Wat Phra Si Ariyabot
쑤코타이(77km) 방면
101
뺑강 Mae Nam Ping
타논 테싸 Thanon Thesa 2
왓 프라 논 Wat Phra Non
역사공원 매표소
락므앙 Lak Muang
왓 창 Wat Chang
왓 프라깨우 Wat Phra Kaew
깜팽펫 국립 박물관 Kamphaeng Phet National Museum
타논 크무 므앙 녹 Thanon Khu Muang Nok
왓 프라탓 Wat Phra That
역사공원 매표소
깜팽펫 지방 박물관 Kamphaeng Phet Province National Museum
경찰서
타논 삔담니 Thanon Pindamni
싼 프라 이쑤안(시바 동상) San Phra Isuan
버스터미널
딱(72km) 방면
101
4
타논 깜팽펫 Thanon Kamphaeng Phet
시계탑
법원
라마 5세 동상
크룽타이 은행
왓 쩨디 끄랑 퉁 Wat Chedi Klang Thung
4
타논 씨리 찟 Thanon Siri Chit
타논 차깡라오 Thanon Chakangrao
왓 농피꾼 Wat Nong Phikun
왓 랑까 Wat Lanka
Soi 5
Soi 2
타논 랏차다먼 Thanon Ratchadamoen
Soi 5
Soi 4
왓 쿠양 Wat Khu Yang
타논 위찟 Thanon Wijit
왓 싸뎃 Wat Sadet
Soi 5
타논 랏차위티 Thanon Ratchawithi
1
5
SCB
왓 방 Wat Bang
Soi 11
방콕 은행
타논 짜런쑥 Thanon Charoensuk
빅 시 Big C
Soi 13
Soi 2
Soi 15
Soi 8
시장
나이트 바자 Night Bazaar
림핑 시장 Rimping Market
타논 밤룽랏 Thanon Bamrungrat
핏싸눌록(103km) 방면
0   75 150m

Restaurant
1 야시장 Night Market
2 파야오 베이커리 Phayao Bakery
3 Cha Kang Lao Noodle(쌀국수)
4 Baan Rim Nam Riverview
5 Tasty Restaurant

Hotel
1 스리 제이 게스트하우스 Three J Guesthouse
2 Chakungrao Riverview Hotel
3 Ko Chokchai Hotel
4 Home By The Bridge
5 P. Paradise Hotel

왓 프라탓

깜팽펫 국립 박물관

왓 프라깨우

있었다. 사원에서 중심이 되는 것은 종 모양의 쩨디로 붓다의 유해를 안치한 신성한 탑이다. 쩨디 앞으로 회랑을 간직한 법전(위한)이 있었다고 한다. 쩨디를 제외하면 사원 경내에 남아 있는 것이 없다.

왓 프라깨우 ★★★
Wat Phra Kaew

깜팽펫에서 가장 크고 중요한 사원이다. 왕실 사원으로 쓰였으며, 깜팽펫 정중앙에 위치해 있다. 사원은 쑤코타이 왕국에서 건설했으며 아유타야 왕국을 거치며 규모가 커졌다. 사원의 건축 자재는 라테라이트를 사용했는데, 성벽과 법전은 물론 불상까지도 라테라이트로 만들었다고 한다. 사원은 본래 4개의 법전으로 구성되었으나 원형을 유지한 법전이 하나도 남아 있지 않다. 대법전은 현재 라테라이트로 만든 기단부만 남아 있고, 나무로 만든 법전들은 세월의 풍파를 이겨내지 못하고 모두 사라졌다.

대법전 터 뒤로는 대형 쩨디가 남아 있다. 스리랑카 양식의 종 모양으로 기단부에 32개의 씽(신성한 사자) 조각상을 세웠고, 쩨디 중간에는 감실을 만들어 16개의 불상을 보관했다. 감실에 안치한 불상은 없어진 지 오래다. 다만 쩨디 뒤쪽에 좌불상 두 개와 와불상 한 개가 남아 있다. 참고로 프라깨우는 태국에서 가장 신성시하는 에메랄드 불상을 뜻한다. 현재 방콕의 왓 프라깨우에 모셔져 있다.

깜팽펫 국립 박물관 ★★
Kamphaeng Phet National Museum

왓 프라탓 동쪽에 있는 박물관으로 깜팽펫에서 출토된 유물을 보관한다. 1층은 깜팽펫의 역사에 관한 내용을, 2층은 깜팽펫 일대에서 발굴된 불상, 조각, 테라코타, 도자기 등을 전시한다. 깜팽펫 박물관에서 가장 볼 만한 것은 청동으로 만든 시바 Shiva다. 시바는 힌두교 파괴와 창조의 신으로 힌두교를 국교로 채택했던 크메르 제국에서 추앙받던 신이다. 깜팽펫 박물관에 보관된 시바는 특이하게도 1510년에 태국에서 제조됐다. 크메르 양식에 아유타야 양식을 혼합했기 때문에 불상처럼 보이기도 한다. 1층 전시실 안쪽 코너에 있다. 현지어 피피타판 행찻 깜팽펫 Map P.345 주소 Thanon Pindamri 전화 0-5571-1570 홈페이지 www.thailandmuseum.com 운영 수~일 09:00~16:00(휴관 월·화요일) 요금 100B 가는 방법 역사공원 매표소에서 북동쪽으로 100m 떨어져 있다.

성벽 외부
Outside the City Walls

승려들이 명상을 위해 성벽 외곽의 숲속에 만든 사원들이다. 숲속 여기저기에 사원들이 흩어져 있어 한적하고 평화롭다. 성벽 내부 유적에서 북쪽으로 1.5㎞ 떨어져 있으며, 입장료 100B을 내야 한다. 차량에 대한 요금(자전거 10B, 오토바이 20B, 자동차 50B)은 별도다. 성벽 내부 유적에 들어갈 때 통합 입장권(150B)을 구입하면 입장료를 절약할 수 있다. 사원들이 넓게 분포되어 걸어 다니기는 힘들다. 매표소에서 자전거 대여(30B)가 가능하다. 성벽 외부 사원은 숲속 지역이라는 뜻으로 '켓 아란익'이라고 부른다.

왓 프라 씨 아리야봇   왓 창롭

왓 프라 씨 아리야봇　★★
Wat Phra Si Ariyabot

왓 프라 논 북쪽에 있다. 14세기 후반에 건설되었지만 보존 상태가 양호하다. 네 가지 자세(입불, 좌불, 와불, 걷는 모양의 불상)를 취한 불상을 모신 사원이라는 뜻이다. 법전을 뒤쪽에 세운 몬돕(사각형 법전)의 4면에 각각 다른 자세의 대형 불상이 부조 형태로 조각되어 있다. 동네 사람들에게는 '입불(서 있는 불상) 사원'이라는 뜻으로 '왓 은 Wat Yeun'이라고도 알려져 있다. 네 개의 불상 가운데 서 있는 불상이 가장 인상적이다. 우연히도 현재 남아 있는 네 개의 불상 부조 중에 서 있는 불상이 가장 완벽한 형태로 보존되어 있다.

왓 창롭　★★★
Wat Chang Rob

승려들의 안거 수행을 위해 만든 사원이다. 코끼리에 둘러싸인 사원으로 쑤코타이나 씨 쌋차날라이에 있는 왓 창롬 Wat Chang Lom (P.343 참고)과 동일한 구조다. 쩨디 기단부를 빙 둘러 68개의 코끼리 조각상을 장식했다. 종 모양의 쩨디는 상단부가 무너져 내린 상태다. 계단을 통해 쩨디 중턱까지 올라갈 수 있다. 쩨디에서 내려다보는 풍경도 좋다. 사원 자체보다 주변 풍경과 어우러져 분위기가 있다. 언덕길을 올라가야 하기 때문에 온전히 유적을 느낄 수 있다. 성벽 외곽의 사원 중에서 가장 볼 만한 곳이다.

Accommodation　깜팽펫의 숙소

쑤코타이에 비해 여행자의 발길이 뜸해 게스트하우스가 적은 편이다. 지방 중소도시답게 저렴한 호텔들이 신시가에 자리해 있다. 다행히도 배낭여행자들을 반길 만한 게스트하우스가 한 곳 있어 숙박에 큰 불편함은 없다.

스리 제이 게스트하우스　★★★
Three J Guesthouse

깜팽펫에서 배낭여행자들을 위한 유일한 숙소다. 정성스레 가꾼 정원을 따라 넓고 깨끗한 통나무 방갈로들이 들어서 있다. 게스트하우스 주인인 은행원 출신 Mr. Churin과 그의 가족들이 친절해 가족적인 분위기다. 인터넷은 물론 자전거와 오토바이를 빌릴 수도 있다. 공동으로 사용하는 욕실에서는 온수 샤워가 가능하다.

Map P.345 주소 79 Thanon Ratchawithi Soi 1 전화 0-5571-0384, 08-1887-4189 홈페이지 www.threej guesthouse.com 요금 더블 350B(선풍기, 공동욕실), 더블 400B(선풍기, 개인욕실), 더블 500B(에어컨, 개인욕실, TV), 방갈로 600B(에어컨, 개인욕실, TV, 냉장고) 가는 방법 왓 쿠양 Wat Khu Yang에서 타는 랏차위티 쏘이 능 Thanon Ratchawithi Soi 1을 따라 골목 안쪽으로 400m 가면 된다.

Lampang

람빵 ลำปาง

람빵은 7세기부터 성립된 오래된 도시다. 17세기에 들어 원목(티크 나무) 수출 산업이 발달하며 발전했다. 미얀마(버마)까지 식민지를 거느린 영국인들이 미얀마 사람들을 이끌고 람빵에 정착하며 원목 수출을 주도했다. 시내 곳곳에서 미얀마 양식의 사원을 볼 수 있는 것도 바로 이런 역사적인 맥락 때문이다. 람빵은 강변을 따라 형성된 옛 거리에 목조 가옥들이 가득하다. 태국에서 유일하게 운행되는 마차를 타면 100년 전쯤으로 돌아간 느낌을 받기도 한다.

람빵은 치앙마이에 이어서 태국 북부에서 두 번째로 큰 도시이지만, 복잡함을 전혀 느낄 수 없다. 왕 강 Mae Nam Wang 북쪽의 올드 타운은 차분한 옛 도시의 정취가 그대로 전해진다. 태국 북부의 전통과 문화를 고스란히 매력적으로 간직하고 있으며 볼거리가 많지만 여행자들의 발길은 적다. 람빵을 방문했다면 왓 프라탓 람빵 루앙 Wat Phra That Lampang Luang을 반드시 들르자. 람빵 여행의 백미로, 〈방콕 포스트〉에서 태국 최고 사원으로 선정했다.

ACCESS
람빵 가는 방법

항공, 기차, 버스가 모두 람빵을 연결해 교통은 편리하다. 치앙마이와 105㎞ 떨어져 있기 때문에 치앙마이로 가는 기차와 버스가 대부분 람빵을 경유한다.

항공

치앙마이와 가까워 항공 노선은 발달하지 않았다. 방콕 에어웨이(www.bangkokair.com)에서 방콕(쑤완나품 공항)→람빵 노선을 운항한다. 편도 요금은 2,150B이다. 녹 에어(www.nokair.com)는 방콕 돈므앙 공항→람빵 노선을 취항한다. 편도 요금은 1,200B이다.

기차

치앙마이↔방콕 노선의 모든 기차가 람빵에 정차한다. 기차가 치앙마이에서 출발하기 때문에 방콕행 야간열차 침대칸은 표를 구하기가 힘들다. 출발 시간 및 요금은 태국의 교통수단(P.57) 또는 태국 철도청 홈페이지(www.railway.co.th)를 참고하면 된다.

버스

치앙마이에서 출발한 대부분의 버스들이 람빵을 경유한다. 치앙마이→방콕뿐만 아니라 치앙마이→프래 버

람빵 시내에 있는 시계탑

스도 람빵을 경유한다. 중북부 지방(쑤코타이, 핏싸눌록)과 이싼 지방(콘깬, 우돈타니) 연결편도 많다. 반면 매홍쏜, 빠이 등의 북부 지방으로 향할 경우 치앙마이(아케이드 터미널)에서 버스를 갈아타야 한다.

TRANSPORTATION
시내 교통

시내 구간은 노란색 썽태우가 수시로 운행된다. 정해진 목적지가 없으니, 손을 들고 썽태우를 세워 방향을 확인하고 탑승하면 된다. 웬만한 시내 구간은 20B에 갈 수 있다. 버스 터미널(버커써)에서 시내로 들어갈 때도 노란색 썽태우를 합승하면 된다. 사람이 모이는 대로 출발하며 타는 딸랏 까오의 숙소까지 20B를 받는다.

람빵에서 출발하는 버스

도착지	운행 시간	요금	소요시간
방콕	08:30~20:20(1일 41회)	VIP 795B, 1등 에어컨 511B	8~9시간
치앙마이	05:00~22:00(수시 운행)	미니밴 89B	1시간 30분
치앙라이	06:00~16:00(1시간 간격)	214B	5시간
쑤코타이	05:30~21:30(1시간 간격)	243B	4~5시간
프래	06:40~17:00(1일 16회)	101~157B	2시간

☑ 꼭! 알아두세요

람빵의 별명은 '므앙 롯 마 Muang Rot Ma'입니다. '마차의 도시'라는 뜻입니다. 태국에서 유일하게 마차(롯 마)가 운행되는 도시로, 과거 대중교통으로 쓰였지요. 현재는 관광객을 태우고 다니는 교통수단으로 애용됩니다. 탑승 요금은 거리에 따라 달라집니다. 재미 삼아 타보고 싶으면 시내 구간만 간략하게 도는 3㎞ 코스를 이용하면 됩니다. 15분 정도 소요되고, 요금은 300B입니다. 왓 씨롱므앙 Wat Si Rong Muang까지 다녀오는 4㎞ 코스는 400B입니다. 요금은 한 사람 기준이 아니라 마차 한 대당 요금입니다. 마차가 정차해 있는 곳은 왓 분야왓 옆과 시계탑 옆이랍니다.

Best Course
Lampang 람빵의 추천 코스 (예상 소요시간 6시간)

람빵의 볼거리는 시내의 사원과 주변 볼거리로 구분된다. 시내 볼거리는 자전거를 타면 효율적으로 볼 수 있다. 주변 볼거리는 대중교통을 이용해야 하며, 오가는 동안 차를 기다리는 여유로운 마음이 필요하다. 람빵에 딱 하루만 머문다면 오전에 왓 프라탓 람빵 루앙을 먼저 다녀오고, 오후에 시내 볼거리를 여행하면 된다.

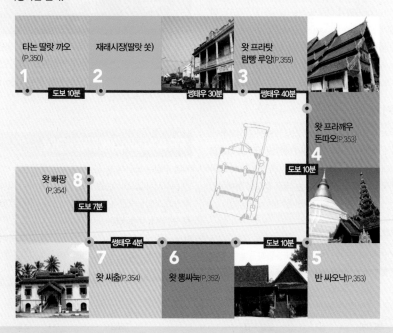

1 타논 딸랏 까오 (P.350)
도보 10분
2 재래시장(딸랏 쏫)
쌩태우 30분
3 왓 프라탓 람빵 루앙(P.355)
쌩태우 40분
4 왓 프라깨우 돈따오(P.353)
도보 10분
5 반 싸오낙(P.353)
도보 10분
6 왓 뽕싸눅(P.352)
쌩태우 4분
7 왓 씨춤(P.354)
도보 7분
8 왓 빠팡 (P.354)

Attraction 람빵의 볼거리

태국 북부도시답게 사원이 가득하다. 란나 양식의 사원과 미얀마 양식의 사원이 공존한다. 가장 중요한 사원은 왓 프라깨우 돈따오다. 사원에 관심이 많다면 왓 씨춤과 왓 씨롱므앙까지 다녀와도 된다. 주말에 람빵에 머문다면 워킹 스트리트로 변모하는 타논 딸랏 까오를 빼놓지 말자.

타논 딸랏 까오(깟꽁따) ★★★☆
Thanon Talat Kao(Kad Kong Ta)

거리 이름인 '딸랏 까오'는 구시장이라는 뜻이다. 람빵이 태국 북부의 교역도시로 번성하던 19세기에 형성된 거리다. 왕 강 Mae Nam Wang을 통해 도착하던 물건들이 대부분 이곳에 집결해 거래가 됐다. 특히 영국인들이 미얀마로 수출하던 원목들의 집하장 역할을 했다. 당시에는 태국 상인을 중심으로 중국과 미얀마는 물론 영국에서까지 온 상인들이 거

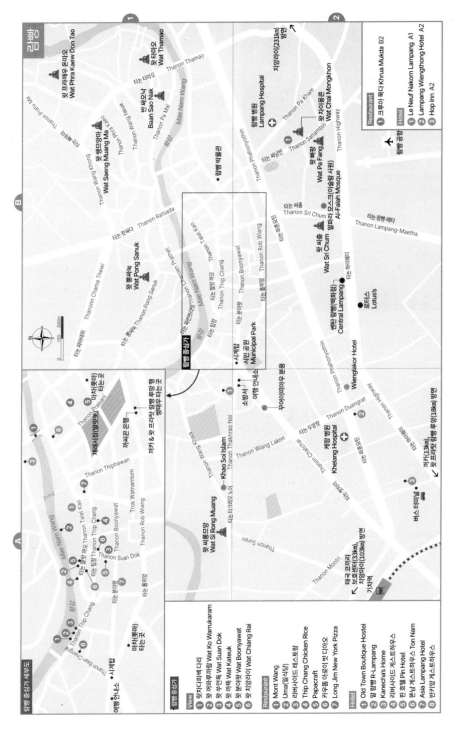

람빵 중심가

Khao Soi Islam 카오 쏘이 이슬람

람빵 중심가

람빵 중심가

View
1. 학차다피백 다리
2. 왓 까오와루까람 Wat Ko Warukaram
3. 왓 쑤언똑 Wat Suan Dok
4. 왓 까똑 Wat Kateuk
5. 왓 분야왓 Wat Boonyawat
6. 왓 차양라이 Wat Chiang Rai

Restaurant
1. Mont Wang
2. Uma(윌식당)
3. 리버사이드 레스토랑
4. Thip Chang Chicken Rice
5. Papacraft
6. 카우통 이로이 빗 디아오
7. Long Jim New York Pizza

Hotel
1. Old Town Boutique Hostel
2. 알 람빵 R-Lampang
3. Kanecha's Home
4. 리버사이드 게스트하우스
5. 핀 호텔 Pin Hotel
6. 뜬남 게스트하우스 Ton Nam
7. Asia Lampang Hotel
8. 반끼앗 게스트하우스

왓 프라깨우 돈따오 Wat Phra Kaew Don Tao
왓 타마오 Wat Thamao
반 싸오낙 Baan Sao Nak
왓 쌩므앙마 Wat Saeng Muang Ma
람빵 병원 Lampang Hospital
왓 빠팡 Wat Pa Fang
왓 차이몽콘 Wat Chai Mongkhon
알파라 모스크(이슬람 사원) Al-Falah Mosque
왓 씨춤 Wat Sri Chum
센탄 람빵(백화점) Central Lampang
로터스 Lotus's
왓 뽕싸눅 Wat Pong Sanuk
람빵 박물관
시청 공원 시민회관 Municipal Park
소방서
여행 안내소
꾸아이파이오 분용
Wienglakor Hotel
켈랑 병원 Khelang Hospital
왓 씨 롱 므앙 Wat Si Rong Muang
버스 터미널
기차역

Restaurant
1. 크루아 묵다 Khrua Mukda B2

Hotel
1. Le Neuf Nakom Lampang A1
2. Lampang Wiengthong Hotel A2
3. Hop Inn A2

옛 건물이 남아 있는 타논 딸랏 까오

랏차다피쎅 다리

왓 뽕싸눅
Wat Pong Sanuk
★★★

천년의 역사를 자랑하는 란나 양식의 사원으로 람빵의 성립과 동시에 건설됐다. 과거 람빵 통치자들과 왕실에서 종교적인 목적으로 사용할 정도로 중요시됐다. 사원은 구역에 따라 북쪽에 있는 왓 뽕싸눅 느아 Wat Pong Sanuk Neua와 남쪽에 있는 왓 뽕싸눅 따이 Wat Pong Sanuk Tai로 구성된다.

사원에서 가장 중요한 곳은 성벽에 둘러싸인 중앙 성소다. 4방향으로 연결된 나가 계단을 통해 출입해야 한다. 중앙 성소는 사원에서 가장 높은 곳에 위치해 있다. 우주의 중심인 프라 쑤메라 Phra Sumera(수미산)를 형상화했기 때문이다. 중앙 성소는 쩨디 Chedi와 위한 프라 짜오 판옹 Vihan Phra Chao Phan Ong으로 이루어졌다. 위한 프라 짜오 판옹은 사각형 구조의 몬돕 Mondop 형태이다. 3층 겹지붕이 낮게 깔린 란나 양식이다. 황동 불상을 네 방향으로 하나씩 안치해 독특한 형태를 띤다.

왓 뽕싸눅은 지방 정부에서 어떻게 사원을 원형 그대로 복원하고 관리하는지를 보여주는 모델로 꼽힌다. 철저한 고증을 통해 사원을 원형 그대로 복원해 람빵의 옛 모습을 재현했다. 2008년 유네스코에서 선정한 역사 유적 보호에 관한 상을 수상하기도 했다. 사원에서 발굴된 유물은 별도로 박물관을 만들

리를 메웠다고 한다. 시장의 원래 이름은 '깟꽁따 Kad Kong Ta'였으며, '깟'은 시장을 의미하는 태국 북부 사투리다. 또한 중국인들이 많다 하여 '딸랏 찐'으로 불리기도 했는데, 딸랏은 시장, 찐은 중국인을 뜻한다.

현재는 조용한 거리만 남았는데, 19세기에 건설된 목조 가옥들이 당시 풍경을 회상케 한다. 목조건물들은 중국, 미얀마, 유럽 양식이 혼합되어 있다. 티크 나무로 만든 건물은 태국적이지만 발코니라든지 박공지붕 장식을 통해 유럽풍을 가미했다. 도로 끝에는 왕 강을 건너는 랏차다피쎅 다리(싸판 랏차다피쎅) Saphan Ratchadaphisek가 있다. 라마 5세 때 건설된 우아한 아치형 교량이다. 90년의 역사를 자랑하며, 람빵의 상징물로 여겨진다.

타논 딸랏 까오는 주말(토~일요일) 저녁이 되면 차량이 통제되고 워킹 스트리트(타논 콘던 깟꽁따) Kad Kong Ta Walking Street로 변모한다. 차분하던 거리가 흥겹게 변모하는 거리 야시장으로 깟꽁따 야시장 Kad Kong Ta Night Market으로 불리기도 한다.

Map P.351–B1 주소 Thanon Talat Kao 가는 방법 왕 강 남쪽의 타논 딸랏 까오 일대.

왓 뽕싸눅

어 전시하고 있다. 사원 주변으로 람빵 구시
가의 평화로운 거리가 펼쳐진다.

Map P.351-B1 주소 Thanon Pong Sanuk 요금 무료
가는 방법 타논 딸랏 까오 중간에서 연결된 작은 다리
(싸판 라따나꼬씬 썽러이삐)를 건너서 직진하다가 두
번째 사거리(타논 뽕싸눅)에서 좌회전한다. 타논 딸랏
까오에서 도보 10분.

왓 프라깨우 돈따오 ★★★
Wat Phra Kaew Don Tao

람빵에서 가장 중요한 사원이다. 태국에서
가장 신성시하는 불상인 프라깨우(P.91 참고)를
모셨던 사원이다. 프라깨우는 란나 왕국의 첫
번째 수도인 치앙라이에서 두 번째 수도인 치
앙마이로 옮기던 과정에서 람빵에 32년간
(1436~1468년) 머물렀다고 한다. 신성한 불
상을 옮기던 하얀색의 코끼리가 우회도로를
따라 람빵까지 왔기 때문이라고 한다. 프라깨
우 불상을 모신 사원의 이름을 왓 프라깨우라
고 부르는 전통에 따라 람빵도 같은 사원의
이름을 쓰고 있다.

왓 프라깨우 돈따오에서 중요한 법전은 대
법전(봇)이 아니라 몬돕 mondop이다. 사각형
모양의 법전인 몬돕은 금속을 조각해 만든 9층
의 첨탑을 올렸다. 금속 첨탑은 전형적인 미
얀마 양식으로 람빵에 거주하던 미얀마 건축
가에 의해 1909년에 건설됐다. 몬돕에는 만달
레이에서 만든 불상을 안치했다. 머리에 보석
을 장식한 황동 불상으로 유독 기다란 귀를

가졌다. 몬돕은 하얀색의 쩨디와 조화를 이룬
다. 50m 높이의 쩨디는 '프라탓 돈따오 Phra
That Don Tao'라고 불린다. 붓다의 머리카락
을 안치했다고 전해진다. 사원의 대법전은
1924년에 새롭게 건설한 것이다.

Map P.351-B1 주소 Tambon Wiang Neua 운영
07:00~19:00 요금 40B 가는 방법 랏차다피쎅 다리
에서 북쪽으로 1.2km 떨어져 있다. 타논 타마오
Thanon Thamao를 따라 북쪽으로 걷다가 왓 쌩므앙
마 Wat Saeng Muang Ma 앞 삼거리에서 오른쪽 길
로 들어간다.

반 싸오낙(현재 공사중) ★★
Baan Sao Nak

태국과 미얀마의 영향을 받아 만든 대형 목
조 가옥으로 1895년에 완공됐다. 티크 나무로
만들었는데, 건물의 역사는 100년이 넘는다.
무려 116개의 티크 나무 기둥으로 이루어졌
다. 싸오낙은 북부 언어로 '기둥이 많은 집'이
라는 뜻이다. 집안의 후손에 의해 박물관으로
운영된다. 태국과 미얀마에서 수집한 고가구
와 골동품, 도자기 등을 전시한다.

Map P.351-B1 주소 6 Thanon Ratwatthana 전화
0-5422-7653 홈페이지 www.baansaonak.com 운영
10:00~17:00 요금 50B(음료 포함) 가는 방법 왕 강 북
쪽의 타논 타마오 Thanon Thamao 거리에서 북쪽으
로 두 번째 삼거리 왼쪽 골목 안으로 100m 들어간다.
골목 입구에 세워 둔 안내판을 따라가면 된다. 시내에
서 도보 15분.

왓 프라깨우 돈따오   반 싸오낙

왓 씨춤

왓 빠팡

왓 씨춤 ★★
Wat Sri Chum

19세기 람빵에서 일했던 미얀마 사람들의 재정 지원으로 만든 사원이다. 전형적인 미얀마 양식의 사원으로 1897년에 완공됐다. 태국에서 가장 큰 미얀마 양식의 대법전(우보솟)을 간직했으나 안타깝게도 1992년의 화재로 소실됐다. 람빵에서 가장 아름답고 중요한 곳이었던 만큼 화재로 소실된 대법전을 재건축해 옛 모습을 찾았다. 대법전 내부의 벽화도 미얀마 양식으로 복원했다. 단아한 황금 쩨디도 사원의 아름다움을 더해준다. 쩨디 내부에는 미얀마에서 가져온 붓다의 유해를 안치했다고 한다. 씨춤은 태국 북부 언어로 보리수나무를 의미한다.

Map P.351-B2 주소 198 Thanon Thiphawan 전화 0-5422-3769 홈페이지 www.watsrichum.com 요금 무료 가는 방법 타논 딸랏 까오 중간에서 연결된 타논 티파완을 따라 남쪽으로 600m 떨어져 있다. 시내에서 도보 15분.

왓 빠팡 ★★
Wat Pa Fang

금속 장식이 아닌 목조건물로 된 미얀마 양식의 사원이다. 층층이 이루어진 겹지붕의 법전이 남아 있다. 법전은 1906년에 건설됐으며, 미얀마 불상을 본존불로 모시고 있다. 사원에서 가장 눈길을 끄는 건 황금 쩨디다. 불탑 또한 미얀마 양식이며, 감실을 만들어 불상을 안치했다. 맞은편에는 또 다른 미얀마 사원인 왓 차이몽콘 Wat Chai Mongkhon이 있다.

Map P.351-B2 주소 Thanon Sanambin 요금 무료 가는 방법 재래시장에서 연결된 타논 싸남빈을 따라 남쪽으로 500m 떨어져 있다. 왓 씨춤에서 출발할 경우 사원 맞은편의 모스크(이슬람 사원) 옆 골목으로 들어가면 된다.

왓 씨롱므앙 ★★
Wat Si Rong Muang

원목 수출 산업에 종사하던 부유한 미얀마 상인이 건설한 사원이다. 7년의 건설 기간을 거쳐 1912년에 완공됐다. 티크 나무와 금속 장식을 사용해 만든 전형적인 미얀마 양식의 법전(위한)을 갖고 있다. 법전 내부를 장식한 화려한 유리 모자이크 장식이 볼 만하다. 사원의 본래 이름은 왓 타카 노이 Wat Thakha Noi였다.

Map P.351-A1 주소 Thanon Thakhrao Noi 요금 무료 가는 방법 타논 타크라오 노이 & 타논 쑤렌 Thanon Suren 삼거리에 있다. 시계탑 왼쪽으로 연결된 타논 타크라오 노이를 따라 도보 15분.

왓 씨롱므앙

람빵의 주변 볼거리

람빵 주변에서 가장 중요한 볼거리는 왓 프라탓 람빵 루앙 Wat Phra That Lampang Luang이다. 치앙마이의 왓 프라탓 도이 쑤텝 Wat Phra That Doi Suthep과 함께 태국 북부 최고 사원으로 꼽힌다. 사원 이외의 볼거리로는 코끼리 보호센터가 있다. 람빵에서 치앙마이로 가는 길에 들르면 된다.

왓 프라탓 람빵 루앙 ★★★☆
Wat Phra That Lampang Luang

왓 프라탓 람빵 루앙은 나지막한 언덕 위의 성벽에 둘러싸여 있다. 과거 도시 건축에서 흔히 사용되던 '위앙 Wiang'이라 불리는 축성 도시 형태다. 성벽은 하리푼차야 왕국에서 8세기에 만들었다. 당시 '위앙'을 만들 때 필수 요소였던 해자는 없어졌지만, 벽돌을 쌓아 만든 성벽은 그대로 남아 있다. 본래 람빵 주변의 위성도시로 만들었으나 15세기부터 19세기에 걸쳐 법전과 쩨디를 건설하며 사원으로 변모했다.

성벽 입구로 향하는 계단에 나가(뱀 모양의 수호신)와 씽(사자 모양의 수호신)이 조각되어 도시를 방어해 주고 있다. 계단을 따라 성벽 내부로 들어서면 대웅전에 해당하는 위한 루앙 Vihan Luang이 보인다. 전형적인 란나 양식의 법전으로 15세기에 건설됐다. 사원에서 가장 중요한 불상인 프라 짜오 란 텅 Phra Chao Lan Thong을 본존불로 모신다. 본존불은 황동 불상으로 1563년에 제작됐다. 위한 루앙의 본존불은 특이하게도 불꽃 형상의 작은 탑에 감실을 만들어 보관했다. 황금을 칠한 불꽃 형상의 작은 탑은 '꾸'라고 불리는데, 태국 북부 사원에서만 볼 수 있는 독특한 형태다. 위한 루앙에서 눈여겨봐야 할 것은 내부 벽화다. 18세기에 완성된 벽화는 붓다의 생애뿐만 아니라 당시 생활상을 세세히 묘사하고 있다. 다른 사원들과 달리 나무에 벽화를 직접 그렸다.

위한 루앙 뒤쪽에는 대형 쩨디가 눈길을 끈다. 1449년에 완성된 전형적인 란나 양식의 불탑이다. 높이 45m로 하늘 높이 올라간 쩨디는 노란색 천을 감아 놓았다. 붓다의 사리와 머리카락을 안치해 신성하게 여긴다.

위한 루앙과 쩨디를 중심으로 사원 오른쪽에는 두 개의 작은 법전인 위한 남땜 Vihan Nam Taem과 위한 톤 깨우 Vihan Ton Kaew가 있다. 16세기에 건설된 위한 남땜은 태국 북부에서 오래된 목조 건축물 중의 하나로 여겨진다. 내부에 벽화가 있으나 오랜 세월이 흐른 탓에 선명하지 않다. 쩨디를 바라보고 왼쪽에는 위한 프라풋 Vihan Phra Phut이 있다. 13세기에 건설된 법전으로 왓 프라탓 람빵 루앙에서 가장 오래된 건축물이다. 란나 양식의 단아한 겹지붕 목조 건축물로 내부에 황동 불상이 모셔져 있다.

건물의 규모가 작고 외부 치장도 단순해서 별 주목을 못 받는 호 프라 풋타밧 Ho Phra Phutthabhat도 눈여겨봐야 한다. 붓다의 발자국이 새겨진 동판을 보관하던 건물이다. 위한 프라풋의 오른쪽으로 돌아가면 보이는 계단 위에 올려진 탑처럼 보이는 하얀색 건물이다. 건물 입구에 '여성은 출입을 금함 no ladies allowed in this building'이라는 작은 안내판이 놓여 있다. 남자들이라면 건물 안에

왓 프라탓 람빵 루앙　　　　　왓 프라탓 람빵 루앙의 황금 쩨디

들어가 문을 닫고 어둠을 응시하자. 문틈을 타고 왓 프라탓 람빵 루앙의 모습이 프리즘처럼 반사된다. 마치 영사실에서 영화를 튼 것처럼 쩨디와 위한 루앙이 빛을 타고 계속해서 흐느적거리는 신비한 경험을 할 수 있다.

주소 Amphoe Ko Kha, 람빵에서 서쪽으로 18km 요금 무료 가는 방법 타논 롭위앙 Thanon Rob Wiang의 까씨꼰 은행 앞에서 꺼카 Ko Kha เกาะคา행 썽태우를 탄다. 꺼카는 왓 프라탓 람빵 루앙에서 5km 떨어져 있다. 꺼카에서 사원 입구까지 오토바이 택시나 썽태우를 별도로 대절해야 한다. 꺼카까지 썽태우 합승 요금은 1인당 20B. 돌아오는 썽태우 타기가 어렵기 때문에 람빵에서 썽태우를 대절해 왕복(300~400B)으로 다녀오면 편하다. 그랩 Grab을 이용할 경우 람빵 시내에서 편도 요금 200B 정도 예상하면 된다.

태국 코끼리 보호센터(쑨 창) ★★★☆
The Thai Elephant Conservation Center

람빵의 코끼리 보호센터는 1969년에 산림청에서 설립했다. 전체 면적 122헥타르에 이르는 거대한 규모다. 코끼리 우리는 물론 코끼리 목욕탕, 코끼리 병원, 코끼리 묘지까지 다양한 시설을 갖추고 있다. 람빵 주변에서 훈련받던 어린 코끼리들을 모아서 운영하던 것이 시초다. 벌목 산업에 코끼리 이용을 금지하면서 백수가 된 코끼리들이 늘어나자 1992년부터 정식적인 코끼리 보호센터로 변모했다. 코끼리 보호는 물론 자연 친화적인 환경 센터로 코끼리에게 새로운(?) 일자리도 제공해 일석이조의 효과를 누리고 있다. 방문자 센터에서는 태국에 서식하는 코끼리에 관한 정보도 제공한다.

코끼리 구경만 하기보다는 목욕 시간 Elephant Bathing(10:45, 13:15)과 공연 시간

왓 프라탓 람빵 루앙 대법전

Elephant Show(11:00, 13:30)에 맞추어 방문하면 좋다. 코끼리 목욕시키는 장면은 사진 찍기 매우 좋다. 목욕을 마친 코끼리는 공연장으로 이동해 통나무를 운반하는 시범을 보인다. 공연 시간에는 붓으로 그림을 그리거나 악기를 연주하는 숙련된 코끼리들이 사람들을 즐겁게 해준다. 공연과 별도로 코끼리 타기도 가능하다. 2명 기준으로 30분 500B을 받는다. 입장료 수익은 보호센터에서 운영 중인 코끼리 병원 유지에 쓰인다고 한다.

코끼리에 관심이 많다면 코끼리 조련사 양성 프로그램 Mahout Training Program에 직접 참여해도 된다. 요금은 하루 4,000B, 3일 9,000B이다. 코끼리 보호센터에서 운영하는 숙소에서 숙박과 식사가 포함된 요금이다.

현지어 쑨 아누락 창(흔히 '쑨 창'이라고 줄여서 말한다) 주소 km. 28~29 Lampang-Chiang Mai Highway 전화 0-5482-9333 홈페이지 www.thailandelephant. org 운영 08:00~16:30 요금 200B+25B(셔틀 버스 이용권) 가는 방법 람빵과 치앙마이를 오가는 완행 버스를 타고 중간에 내리면 된다. 람빵에서 37km 거리로 40분 걸린다. 운전기사에게 '쑨 창'에 간다고 말하면 입구에서 차를 세워준다. 버스에서 내려 매표소까지는 500m 정도 걸어 들어가야 한다. 코끼리 보호센터 내부는 워낙 넓기 때문에 정기적으로 운행되는 셔틀 버스를 타고 움직이면 된다.

Restaurant

람빵의 레스토랑

시내 곳곳에 레스토랑은 많다. 작은 상점 형태의 레스토랑이 많으며 저렴하다. 고급 레스토랑은 왕 강변에 몰려 있다.

카우쏘이 이슬람 ★★★
Khao Soi Islam

이슬람 사람(무슬림)이 운영하는 카우쏘이(카레 국수) 식당. 소고기와 닭고기 중에 선택하면된다. 싸떼(꼬치구이)를 추가해 식사하면 된다. 무슬림 식당이라 돼지고기가 들어간 음식은 없다. 전형적인 로컬 레스토랑으로 저렴하다. 치앙마이에도 같은 이름의 식당이 있다. Map P.351-A1 주소 Thanon Thakhrao Noi 영업 09:00~15:00 메뉴 영어, 태국어 예산 50~80B 가는 방법 왓 씨롱므앙에서 동쪽으로 350m.

꾸어이띠아우 분용 ★★★☆
Kuay Teow Boo Yong

현지인들에게 인기 있는 60년 된 쌀국수 식당이다. 고기완자를 넣은 쌀국수(꾸어이띠아우 룩친)를 만든다. 맑은 육수라서 담백하다. 타마다(보통)과 피쎗(곱빼기)로 구분해 주문하면 된다. Map P.351-A2 주소 Thanon Chatchai 영업 10:00~15:00(휴무 목요일) 메뉴 태국어 예산 40~50B 가는 방법 시계탑 로터리에서 남쪽으로 300m.

아로이 밧 디아오 อร่อยบาทเดียว ★★★☆
Aroy One Baht

티크 나무로 만든 2층 건물을 레스토랑으로 사용한다. 태국 북부의 정취가 물씬 풍긴다. 다양한 태국 음식을 요리하는데, 생선요리가 많고 볶음요리도 골고루 갖추고 있다. 밥은 카우 쏨을 곁들이면 된다. 분위기와 음식맛에 비해 요금이 저렴하다. 저녁 시간에만 문을 연다. Map P.351-A1 주소 Thanon Suan Dok & Thanon

Thip Chang 전화 08-9700-9444 영업 16:00~23:00 메뉴 영어, 태국어 예산 50~130B 가는 방법 타논 쑤언독과 타논 팁짱 사거리 코너에 있다. 핀 호텔을 등지고 왼쪽으로 20m 떨어져 있다.

크루아 묵다(묵다 카놈찐) ★★★☆
ครัวมุกดา Khrua Mukda

태국인들이 즐겨 찾는 맛집이다. 카놈찐 Kanon Jeen(카레를 얹어 먹는 국수), 까이양 Gai Yang(닭고기 숯불구이), 쏨땀(파파야 샐러드), 싸떼(카레를 발라 구운 꼬치구이), 뽀삐아텃(스프링 롤)을 맛볼 수 있다. 요금이 저렴하고 음식 맛이 좋아 현지인들로 붐빈다. 점심시간이 끝나면 문 닫는다. 묵다 카놈찐 롬까오 Mukda Kanom Jeen Lom Kao มุกดาขนมจีนหล่มเก่า라고 불리기도 한다. Map P.351-B2 주소 Thanon Sanambin 영업 08:00~15:00 메뉴 영어, 태국어 예산 60~150B 가는 방법 타논 싸남빈의 왓 빠땅 옆에 있는 세븐 일레븐과 DK 서점 중간에 있다.

리버사이드 레스토랑 ★★★
Riverside Restaurant

왕 강변에 있어 분위기가 좋고, 저녁에는 라이브 음악을 연주해 낭만적이다. 강변에 만든 테라스 형태의 레스토랑으로 편안한 느낌이다. 다양한 태국 음식과 서양 음식을 요리한다. 맥주를 마시며 시간을 보내도 된다. 대마초를 넣은 음식(피자)도 있으므로 주의할 것. Map P.351-A1 주소 328 Thanon Thip Chang 전화 0-5422-1861 영업 11:00~24:00 예산 140~370B 가는 방법 왕 강변의 타논 팁짱에 있다. 리버사이드 게스트하우스에서 도보 3분.

Accommodation

똔남 게스트하우스 ★★★☆
Ton Nam Guest House

기둥을 세워 만든 아담한 목조 건물을 숙소로 사용한다. 두 동의 건물에서 모두 8개 객실을 운영한다. 그늘지게 만든 마당은 근사한 휴식 공간으로 쓰이며, 실제 객실은 2층에 있다. 객실은 깨끗하고 침대도 큰 편이다. 온수 샤워가 가능하다. 무료로 봉지 커피와 바나나도 제공해 준다. 정원이 잘 가꾸어져 있으며, 차분하고 조용하다. 목조 건물이라 방음에 약하다.

Map P.351-A1 주소 175/2 & 175/4 Thanon Talat Kao 전화 0-5422-1175, 08-3941-7653 요금 더블 400B(선풍기, 개인욕실) 가는 방법 타논 딸랏 까오에 있는 리버사이드 게스트하우스 맞은편에 있다.

알 람빵 ★★★
R-Lampang

목조 가옥의 운치가 느껴지는 게스트하우스. 두 개의 건물에 14개의 객실을 운영한다. 객실은 밝고 화사한 색으로 복고풍의 빈티지 느낌으로 꾸몄다. 객실 위치와 발코니 유무에 따라 방 값이 달라진다. 에어컨 방이 시설이나 분위기가 좋다.

Map P.351-A1 주소 Talat Kao 전화 0-5422-5278 홈페이지 www.r-lampang.com 요금 더블 350B(선풍기, 공동욕실), 더블 650~1,250B(에어컨, 개인욕실, TV, 냉장고) 가는 방법 타논 딸랏 까오에 있다. 골목 입구에 있는 리버사이드 게스트하우스를 바라보고 오른쪽으로 80m.

리버사이드 게스트하우스 ★★★☆
Riverside Guest House

람빵을 대표하는 여행자 숙소다. 정원뿐만 아니라 강변과 접하고 있어 분위기가 좋다. 목조건물의 매력을 최대한 살려 객실도 예쁘게 꾸몄다. 저렴한 선풍기 방부터 가족을 위한 패밀리 룸까지 다양하다.

Map P.351-A1 주소 286 Thanon Talat Kao 전화 0-5422-7005 홈페이지 www.theriverside-lampang.com 요금 트윈 700B(선풍기, 개인욕실, 아침식사), 더블 1,000B(에어컨, 개인욕실, 아침식사), 슈피리어 리버사이드 1,500B(에어컨, 개인욕실) 가는 방법 타논 딸랏 까오 골목 왼쪽 끝에 있다.

반 키앙 게스트하우스 ★★★☆
Baan Kieng Guest House

타논 딸랏 까오에 있는 게스트하우스 중 비교적 최근에 생긴 숙소. 콘크리트 건물로 객실과 욕실은 타일을 깔아 깨끗하게 관리되고 있다. 도로 쪽 방은 자그마한 발코니까지 딸려있다. 게스트하우스치고 비싸지만 그만큼 시설이 좋다. 아침식사가 포함되며 주인과 직원이 친절하다.

Map P.351-A1 주소 21/22-23 Thanon Talat Kao (Talad Gao Road) 전화 08-6509-1427 요금 더블 790~890B(에어컨, 개인욕실, TV, 냉장고, 아침식사) 가는 방법 타논 딸랏 까오 오른쪽 끝에 있다. 랏차다피쎅 다리를 바라보고 왼쪽으로 60m.

카네차 홈 ★★★★
Kanecha's Home

시내 중심가와 가까우면서도 왕 강 건너편의 주택가에 있어 주변 환경이 조용하다. 정원을 간직한 평화로운 홈스테이 분위기로 객실은 부티크 호텔처럼 세련되게 꾸몄다. 노출 콘크리트와 목조 건물까지 객실에 따라 다른 분위기를 연출한다.

Map P.351-A1 주소 43 Thanon Charoen Prathet 전화 09-8793-9416 홈페이지 www.kanecha-home.com 요금 더블 1,200B(에어컨, 개인욕실, TV, 냉장고) 가는 방법 욤 강 건너편의 타논 짜런쁘라텟에 있다.

Chiang Mai

치앙마이 เชียงใหม่

태국에서 두 번째로 큰 도시로 방콕에 이어 외국인 여행자가 가장 많이 방문하는 도시다. '북부의 수도', '북부의 장미'라는 별명을 얻을 정도로 태국 북부를 대표한다. 새로운 도시라는 뜻의 치앙마이는 란나 왕국의 수도로 1296년에 성립됐다. 세월은 흘러 성벽은 무너져 내렸지만 해자 안쪽의 구시가는 700년의 흔적을 고스란히 간직하고 있다. 옛 공간 그대로 사람들이 생활하는 집들 사이로 좁은 골목들이 연결된다. 골목 사이로 란나 왕국의 사원들이 차분한 모습을 드러낸다. 생활 공간 속에 공존하는 사원들은 박물관처럼 딱딱하지 않다. 입장료도 받지 않아 길을 가다가 슬쩍 사원을 방문하면 그만이다. 그만큼 전통과 문화가 살아 숨쉬는 곳이다. 연중 다양한 축제를 개최하기 때문에 태국의 문화를 체험하기 더없이 좋다.

태국이 처음인 여행자라면 치앙마이를 찾는 이유는 산악 민족 트레킹을 위해서다. 도시에서 30분만 벗어나면 산과 자연이 반기고, 다양한 산악 민족들이 특유의 생활방식으로 삶을 꾸려 나간다. 치앙마이는 여행자들을 예정보다 오래 머물게 하는 신비한 매력을 지녔다. 과거와 현재가 공존하는 도시. 친절한 사람들, 맛있는 음식, 저렴한 물가가 몸과 마음을 넉넉하게 해주기 때문이다.

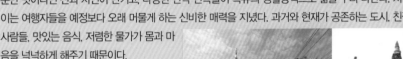

도시 개요

치앙마이 구시가 출입문 타패 게이트

치앙마이는 크게 성벽과 해자를 중심으로 구시가와 신시가로 구분된다. 여행자들이 가장 선호하는 지역은 빠뚜 타패(타패 게이트) 주변으로 성벽 안쪽의 타논 문므앙을 중심으로 게스트하우스가 몰려 있다. 빠뚜 타패에서 성벽 바깥쪽으로 타논 타패가 이어지며, 삥 강(매 삥) 조금 못 미쳐 와로롯 시장과 나이트 바자가 도로를 사이에 두고 들어서 있다. 관광지로 변모한 나이트 바자 주변에는 호텔과 레스토랑이 많다. 삥 강을 연해서는 분위기 좋은 레스토랑이 들어서 있다.

타논 님만해민은 치앙마이에서 가장 '핫'한 동네로 꼽힌다. 갤러리와 인테리어 소품 매장들로 인해 일종의 예술 거리를 형성했는데, 최근 몇 년 동안 트렌디한 카페, 레스토랑, 클럽, 부티크가 들어서면서 치앙마이의 유행을 선도하는 곳이 되었다.

은행 · 환전

치앙마이 전 지역에서 은행을 찾는 것은 어렵지 않다. 숙소가 몰려 있는 빠뚜 타패 주변과 나이트 바자 주변의 환전소들은 저녁 8시까지 문을 연다.

병원

종합 병원인 치앙마이 람 병원(롱파야반 치앙마이 람) Chiangmai Ram Hospital(홈페이지 www.chiangmairam.com)과 방콕 병원 치앙마이(롱파야반 꾸룽텝) Bangkok Hospital Chiang Mai(홈페이지 www.bangkokhospital-chiangmai.com)이 규모도 크고 시설도 좋다. 의사와 간호사들이 영어를 구사한다. 다른 병원보다 진료비는 비싸지만 체계적인 의료 서비스를 받을 수 있다.

여행 시기

딱히 여행을 가면 안 되는 계절이 있는 건 아니다. 다만 겨울이 되면 선선한 기후로 인해 치앙마이의 매력이 배가된다. 12~1월은 낮 기온이 25℃ 정도로 쾌적하고, 밤에는 12℃ 정도를 유지한다. 경우에 따라서 10℃ 아래로 내려가 쌀쌀해지므로 긴 옷을 챙겨 가면 좋다. 산에 둘러싸인 분지 지형으로 인해 건기인 3~4월에는 방콕보다 덥다. 쏭끄란이나 러이 끄라통 기간에 방문하면 축제 분위기를 만끽할 수 있다.

항공, 기차, 버스가 모두 치앙마이를 연결한다. 태국 북부 최대 도시답게 교통이 발달해 있다. 방콕은 물론 태국 북부 지역의 주요도시에서 모두 치앙마이로 버스가 운행된다. 방콕-치앙마이 기차는 침대칸 예약이 밀리기 때문에 미리 예약해 두어야 한다.

항공

태국 제2의 도시답게 방콕을 연결하는 국내선 노선이 활발하게 운행된다. 타이 항공(www.thaiairways.com)을 비롯해 에어 아시아(www.airasia.com), 방콕 에어웨이

(www.bangkokair.com), 녹 에어(www.nokair.com), 타이 라이언 에어(www.lionairthai.com), 타이 비엣젯 항공(www.vietjetair.com)이 취항한다. 오전 6시부터 오후 11시까지 1일 30편 이상 취항한다. 방콕까지 비행시

치앙마이 국제 공항

간은 1시간이다. 타이 항공과 방콕 에어웨이는 쑤완나품 공항을 이용하지만, 저가 항공사는 돈므앙 공항에 내린다. 쑤완나품 공항은 BKK, 돈므앙 공항은 DMK로 표기된다. 요금은 항공사마다 다르며, 타이 항공(편도 요금 2,100B)을 제외한 항공사들은 프로모션을 자주 시행해 1,000B 이하의 저렴한 요금을 내놓기도 한다. 방콕 이외에 푸껫, 끄라비, 쑤랏타니, 꼬 싸무이로 국내 선이 취항한다. 한국(인천)→치앙마이 직항 노선은 대한항공, 진에어, 제주항공, 이스타항공에서 운항한다. 비행시간은 약 5시간 30분 소요된다.
치앙마이 공항(싸남빈 치앙마이)의 도시코드는 CNX이며, 비행기 도착과 출발 정보는 공항 홈페이지(www.chiangmaiairportonline.com)를 통해 확인할 수 있다.

공항에서 시내로
치앙마이 공항은 시내에서 5km 떨어져 있다. 공항에서 시내로 가는 방법은 택시, 그랩(볼트), 시내버스를 타는 세 가지다. 택시는 미터 요금으로 운행한다고 적혀 있으나 공항에서 출발하는 택시는 거리와 관계없이 정해진 요금을 받는다. 기본요금은 구시가(타패 게이트 주변)까지 150B이며, 그 외 지역은 200B를 받는다. 공항 청사 내부에 마련된 택시 예약 카운터에서 돈을 미리 내고 지정해주는 탑승 장소로 이동하면 된다.
그랩을 이용할 경우 입국장에서 1번 출구로 나가면 녹색으로 표시된 Grap Pick-Up Point에서 탑승하면 된다. 시내버스에 해당하는 RTC 버스(P.364 참고)도 1번 출구 앞의 버스 정류장에서 출발한다(편도 요금 30B).

기차
치앙마이는 방콕(끄룽텝 아피왓 역)에서 출발한 북부행 기차의 종착역이다. 치앙마이 기차역(싸타니 롯파이 치앙마이) Chiang Mai Train Station(주소 Thanon Charoen Muang, 전화 0-5324-5364, 0-5324-7462)은 삥 강 건너에 있으며, 시내까지 2.5km 떨어져 있다. 치앙마이 기차역에서 출발한 모든 기차는 방콕의 끄룽텝 아피왓 역 Krung Thep Aphiwat Central Terminal (Bang Sue Grand Station)을 종점으로 한다. 남부로 내려갈 경우 끄룽텝 아피왓 역에서 열차를 갈아타야 한다. 방콕까지 소요시간은 열차편에 따라 12~15시간으로 버스보다 느리다. 하지만 침대칸 기차표는 구하기 힘들기 때문에 미리 예약하는 게 좋다. 치앙마이-방콕 기차 출발 시간과 요금은 태국의 교통편(P.57) 또는 태국 철도청 홈페이지(www.railway.co.th)를 참고하면 된다.

치앙마이 기차역

버스
치앙마이 버스 터미널은 두 곳이다. 장거리 시외버스가 출발하는 아케이드 버스 터미널(주소 Thanon Kaew Nawarat, 전화 0-5324-2664, Map P.371-C1)과 치앙마이 주(州)에 속한 소도시를 연결하는 창프악 버스 터미널(주소 Thanon Chang Pheuak, 전화 0-5321-1586, Map P.371-B1)이다. 치앙다오와 타똔을 여행할 목적이 아니라면 아케이드 버스 터미널에서 버스를 타면 된다.

아케이드 버스 터미널(콘쏭 아켓)
Arcade Bus Terminal สถานีขนส่งอาเขต
치앙마이에서 출발하는 모든 장거리 에어컨 버스가 이용하는 터미널이다. 시내에서 3km 떨어져 있다. 터

아케이드 3 터미널

터미널 건물은 길을 사이에 두고 두 개로 구분된다. 기존의 터미널 건물(아케이드 2 터미널)은 매홍쏜, 빠이, 쑤코타이행 버스가 출발한다. 새롭게 생긴 신청사(공식 명칭은 Chiang Mai Bus Terminal 3으로 아케이드 3 터미널로 불린다)에서는 방콕, 파타야, 람빵, 치앙라이, 치앙쌘, 매싸이, 난, 나콘 랏차씨마(코랏)행 버스가 출발한다. 목적지와 버스 회사에 따라 타는 곳이 달라질 뿐, 두 곳 모두 아케이드 버스 터미널(콘쏭 아켓)이라고 불리므로 걱정할 필요는 없다.

터미널에서 시내로 들어갈 때는 빨간색 썽태우를 합승하면 저렴하다. 신청사와 구청사 두 곳 모두 썽태우 정류장이 있다. 썽태우는 저렴한 대신 여러 명이 모일 때까지 기다려야 하며, 가고자 하는 목적지까지 가는지 확인하고 타야 한다. 합승 요금은 빠뚜 타패까지 30B, 타논 님만해민까지 50~60B이다. '뚝뚝 Tuk-Tuk' 또는 '택시 Taxi'라고 적힌 팻말을 들고 다가오는 기사들과는 목적지까지 요금을 흥정해야 한다.

치앙마이 → 방콕·파타야

치앙마이에서 방콕으로 가려면 야간 버스가 편리하다. 10시간이 소요되기 때문에 저녁 시간에 버스가 몰려 있다. 여러 개의 버스 회사에서 각기 다른 매표창구를 운영하므로 표를 팔기 위한 경쟁이 뜨겁다. 버스 내부에 화장실이 딸려 있는 VIP 버스나 1등 에어컨 버스(뻐 능)가 화장실이 없는 2등 에어컨 버스(뻐 썽)보다 쾌적하다. 참고로 정부버스(The Transport Co. Ltd)는 아케이드 2 터미널에서 출발하고, 나머지 버스 회사들은 아케이드 3 터미널에서 출발한다. 파타야행 버스는 나콘 차이 Nakhon Chai(홈페이지 www.nakhonchaiair.com)에서 운영한다. 나콘 차이 버스는 전용 매표소에서 예약하면 된다. 일부 버스는 방콕보다 더 먼 후아힌, 푸껫까지 운행한다.

치앙마이 → 람빵

치앙마이와 인접한 도시라 미니밴(롯뚜)이 운행된다. 아케이드 2터미널 내부에 람빵행 미니밴 예약 창구가 있다. 참고로 치앙마이 남쪽으로 가는 모든 버스가 람빵을 경유하지만, 일반버스들은 람빵이 종점이 아니라 표를 구하기 힘들다.

치앙마이 → 치앙라이, 매싸이

치앙마이 북부 지방을 연결하는 노선으로 아케이드 3 터미널에서 출발한다. 치앙라이, 매싸이, 치앙콩, 골

아케이드 버스 터미널에서 출발하는 버스

도착지	운행 시간	요금	소요시간
방콕	06:30~20:00(1일 16회)	에어컨 594~693B(VIP 924B)	10시간
파타야→라용	13:00, 17:00, 18:40, 19:30	1등 에어컨 882~956B	12시간
후아힌	08:00, 19:00, 19:30	에어컨 895B, VIP 1,193B	13시간
깐짜나부리	07:00, 18:00, 19:00	VIP 972B, 에어컨 625B	12시간
람빵	05:00~22:00(수시 운행)	미니밴 89B	2시간
치앙라이	07:00~18:00(1시간 간격)	196~305B	3시간
매싸이	08:00, 12:30, 15:00	380B	5시간
치앙콩	08:30, 09:30	1등 에어컨 311~476B	6시간 30분
매홍쏜(빠이 경유)	08:30~14:30(미니밴)	미니 밴 250B	7시간 30분
빠이	06:30~17:30(미니밴)	미니밴 150B	3~4시간
매홍쏜(매싸리앙 경유)	20:00, 21:00	에어컨 350~450B	9시간
난(프래 경유)	08:00, 10:30, 11:30, 15:00	에어컨 328~487B	7시간
쑤코타이	07:00~17:30(1일 8회)	에어컨 211~290B	5시간
우돈타니	17:00, 19:30	에어컨 819~997B	12시간

든 트라이앵글(치앙쌘)로 향하는 버스는 그린 버스 Green Bus(홈페이지 www.greenbusthailand.com)를 이용하면 된다. 같은 에어컨 버스라 하더라도 좌석 등급에 따라 요금이 달라진다. 치앙라이로 갈 경우 시내에 위치한 치앙라이 1터미널까지 가는지 확인하고 탑승 할 것. 그린 버스의 경우 치앙라이에 있는 두 곳의 터미널에 모두 정차한다(P.447 참고). 외국 여행자들이 많이 탑승하기 때문에 미리 예약해 두는 게 좋다.

치앙마이 → 프래, 난

아케이드 3터미널에서 출발한다. 파야오를 경유하는 노선과 람빵을 경유하는 노선이 있는데, 대부분 치앙마이→람빵→프래→난 방면으로 버스가 운행된다. 그린 버스 Green Bus에서 독점 운행한다.

치앙마이 → 빠이

아케이드 2터미널에서 출발한다. 쁘렘쁘라차 트랜스포트 Prempracha Transport(홈페이지 www.premprachatransports.com)에서 미니밴을 운행한다. 2터미널 바깥쪽의 11번 승차장 앞에서 탑승하면 된다(승객이 몰리면서 플랫폼 맞은편에 별도의 예약 창구를 운영하고 있다). 버스 회사 홈페이지를 통해 예약이 가능하다.

빠이행 미니밴

치앙마이 → 매홍쏜

아케이드 2터미널에서 출발한다. 매싸리앙 Mae Sariang을 경유하는 노선(치앙마이→매싸리앙→매홍쏜)과 빠이를 경유 하는 노선(치앙마이→빠이→매홍쏜)으로 구분된다. 일반적으로 여행자들은 빠이를 경유하는 1095번 국도 노선을 선호한다.

치앙마이 → 쑤코타이

아케이드 2터미널에서 출발한다. 2터미널 대합실 뒤쪽

의 윈 투어 Win Tour 전용 창구에서 표를 구입하면 된다. 같은 곳에서 핏싸눌록행 버스도 출발한다.

치앙마이 → 태국 북동부(이싼)

치앙마이에서 태국 북동부(이싼) 지방으로도 버스가 운행된다. 산길을 돌아가야 하기 때문에 거리에 비해 소요시간이 오래 걸린다. 대부분 10시간 이상 걸리는 도시들이라 야간 버스를 이용하는 게 편하다. 농카이까지 직행하는 버스가 없으므로 우돈타니까지 간 다음 버스를 갈아타면 된다.

창프악 버스 터미널(콘쏭 창프악)
Chang Pheuak Bus Terminal สถานีขนส่งช้างเผือก

치앙마이 주변의 북동부의 소도시를 운행하는 버스가 드나든다. 치앙다오 Chiang Dao, 팡 Fang, 타똔 Tha Ton, 위앙행 Wiang Haeng, 프라오 Phrao 노선이 있다. 외국인들도 더러 이용하는 치앙마이→치앙다오→팡→타똔 노선은 오전 5시 30분부터 오후 5시 30분까지 30분 간격으로 출발한다. 대부분의 버스는 팡이 종점이지만, 일부 버스는 타똔까지 간다. 편도 요금은 90~150B이다. 타똔까지 4시간 걸리는데, 미니밴을 이용하면 좀 더 빨리 도착할 수 있다.

창프악 버스 터미널

☑ 꼭! 알아두세요

여행자들이 많이 몰리는 치앙마이에서도 여행자 버스가 출발합니다. 주요 여행지에 한정되어 있지만 원하는 목적지까지 빠르게 갈 수 있지요. 가장 인기 있는 구간은 치앙마이→빠이 구간(편도 200~250B)으로 미니밴이 운행됩니다. 치앙콩까지도 미니밴(편도 380B)이 운행되는데요, 단순히 메콩 강변의 소도시를 가기 위한 것이 아니라 라오스 루앙프라방까지 보트 티켓과 연계된 형태로 판매된답니다.

TRANSPORTATION

치앙마이는 태국 제2의 도시이지만 노선버스나 미터 택시는 드물다. 썽태우 기사들의 텃세가 워낙 심해서 정부에서도 새로운 대중교통의 출현을 꺼리기 때문이다.

썽태우

치앙마이 시내를 돌아다닐 때는 빨간색 썽태우(빨간 차라 하여 '롯 댕'이라고 부른다)를 타면 된다. 정해진 노선 없이 일정한 방향으로 움직이는 썽태우를 재주껏 세워서 요금을 흥정한 다음 타면 된다(일방통행이 많아서 교통의 흐름을 이해하려면 시간이 걸린다). 여러 명이 함께 타기 때문에 중간에 돌아가는 경우도 많다. 내릴 때는 썽태우 안에 있는 벨을 누르면 된다. 기본요금은 30B이며, 이동 거리에 따라 요금이 달라진다. 구시가에서 아케이드 버스 터미널까지 40~50B, 타논 님만해민까지 30~40B 정도에 흥정하면 된다.

뚝뚝

썽태우가 합승 택시라면 뚝뚝은 전세 택시다. 방콕과 동일한 모양의 뚝뚝이 치앙마이에서도 운행된다. 2~3명이 함께 이동한다면 썽태우보다 편리하다. 정해진 요금은 없으며 탑승하기 전에 흥정해야 한다. 썽태우에 비해 바가지가 심하다. 구시가(타패 게이트) 주변 가까운 거리는 50~60B, 먼 거리는 100~150B 정도 예상하면 된다. 밤에는 가까운 거리도 기본 100B은 부른다.

시내버스

RTC 치앙마이 시티버스 RTC Chiang Mai City Bus로 불리는 시내버스가 운행된다. 08:00~21:000까지 30분 간격으로 운영한다. 1회 탑승 요금은 30B이다. 레드 라인(공항→타패게이트→창프악 버스 터미널), 그린 라인(공항→타패 게이트→치앙마이 기차역→아케이드 버스 터미널), 옐로 라인(공항→님만해민) 세 개 노선을 운영한다. 버스 노선은 홈페이지(www.rtc-citybus.com)에서 확인할 수 있다.

택시

미터 택시가 있으나 효용성은 전혀 없다. 일종의 콜택시 개념으로 미리 전화해서 불러야 한다. 택시도 별로 없고, 요금도 비싸서 인기가 없다. 공항에서 시내로 갈 경우 이용해볼 만하다.

그랩 Grab, 볼트 Bolt

동남아시아 지역에서 널리 쓰이는 콜택시 애플리케이션이다. 이용 방법은 우리의 카카오택시와 유사하다. 무료 애플리케이션을 설치하고, 현재 위치로 택시를 불러 가고자 하는 목적지까지 이동하면 된다. 볼트는 그랩보다 늦게 운영을 시작했지만, 그랩보다 저렴하다고 알려지면서 이용자가 증가하고 있다.

Best Course
Chiang Mai 치앙마이의 추천 코스

치앙마이 여행 일정은 머무르는 체류 일수에 따라 다양하다. 보통 트레킹을 염두에 두기 때문에 첫날은
치앙마이 시내를 여행하고 둘째날은 트레킹에 참여하는 것이 일반적이다. 장기 체류자들은 싼깜팽 온천,
버쌍, 위앙 꿈깜을 방문하거나 요리 강습이나 전통 안마를 배우며 시간을 보낸다면 알찬 여행을 할 수 있
을 것이다.

1 1일 코스 (예상 소요시간 6시간)
멀리 떨어진 도이 쑤텝을 먼저 다녀오고, 나머지 시간은 구시가와
나이트 바자에서 보내면 된다. 도이 쑤텝은 오토바이나 썽태우를 이
용해야 하고, 구시가는 걸어서 다니면 된다.

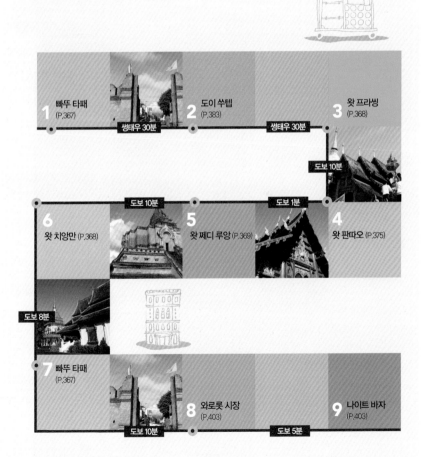

1 빠뚜 타패 (P.367) — 썽태우 30분 → 2 도이 쑤텝 (P.383) — 썽태우 30분 → 3 왓 프라씽 (P.368)

도보 10분

4 왓 판따오 (P.375) ← 도보 1분 — 5 왓 쩨디 루앙 (P.369) ← 도보 10분 — 6 왓 치앙만 (P.368)

도보 8분

7 빠뚜 타패 (P.367) — 도보 10분 → 8 와로롯 시장 (P.403) — 도보 5분 → 9 나이트 바자 (P.403)

2 2일 코스

치앙마이 주변 볼거리 한두 개를 함께 넣어서 일정을 고려하면 된다. 첫날은 구시가에서 도이 쑤텝까지 도시 서쪽의 볼거리를 관광한다. 타논 님만해민을 첫날 일정의 마지막으로 삼았으면, 개인적인 취향에 따라 나이트라이프까지 타논 님만해민에서 해결해도 된다. 둘째날은 구시가 동쪽의 볼거리를 중심으로 동선을 구성한다. 첫날 못 본 주요 사원 몇 곳을 방문하고 오후에는 치앙마이 주변 볼거리를 다녀오면 된다. 유적지에 관심이 있다면 위앙 꿈깜을, 전통 공예마을에 관심이 있다면 버쌍을, 휴식해야겠다면 싼깜팽 온천을 선택하면 된다. 저녁 시간은 깐똑 쇼를 보거나 삥 강변의 바에서 라이브 음악을 들으며 보내면 알찬 일정이 완성된다.

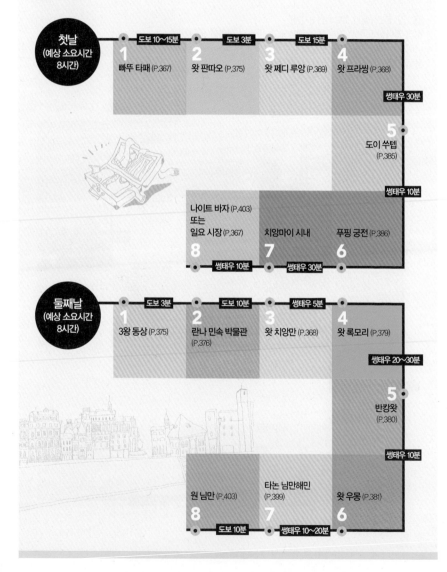

첫날 (예상 소요시간 8시간)

1 빠뚜 타패 (P.367) — 도보 10~15분 — 2 왓 판따오 (P.375) — 도보 3분 — 3 왓 쩨디 루앙 (P.369) — 도보 15분 — 4 왓 프라씽 (P.368)

쌩태우 30분

5 도이 쑤텝 (P.385)

쌩태우 10분

8 나이트 바자 (P.403) 또는 일요 시장 (P.367) — 쌩태우 10분 — 7 치앙마이 시내 — 쌩태우 30분 — 6 푸핑 궁전 (P.386)

둘째날 (예상 소요시간 8시간)

1 3왕 동상 (P.375) — 도보 3분 — 2 란나 민속 박물관 (P.376) — 도보 10분 — 3 왓 치앙만 (P.368) — 쌩태우 5분 — 4 왓 록모리 (P.379)

쌩태우 20~30분

5 반캉왓 (P.380)

쌩태우 10분

8 원 님만 (P.403) — 도보 10분 — 7 타논 님만해민 (P.399) — 쌩태우 10~20분 — 6 왓 우몽 (P.381)

치앙마이는 다양한 볼거리가 여행자를 반긴다. 성벽과 해자에 둘러싸인 구시가에 볼거리가 가장 많다. 란나 왕국 시대에 건설된 아름다운 사원들로 입장료도 받지 않아 부담 없이 발걸음을 옮기면 된다. 치앙마이 주변에도 도이 쑤텝, 위앙 꿈깜, 온천, 산악 민족 마을 같은 다양한 볼거리가 있다. 특히 도이 쑤텝은 치앙마이를 대표하는 볼거리로 도이 쑤텝에 올라가지 않고서는 치앙마이를 여행했다고 할 수 없다.

구시가 Old Town

구시가는 해자와 성벽에 둘러싸여 있다. 란나 왕조의 수도가 위치했던 곳으로 치앙마이 주요 사원들이 몰려 있다. 고즈넉한 분위기로 차량도 많지 않아서 걷거나 자전거를 이용해 둘러보기 좋다. 사람들이 사는 공간과 사원이 서로 연결되어 있어, 삶과 종교가 일치된 불교국가의 특징을 가까이서 체험하게 해준다. 꼭 봐야 할 사원으로 왓 치앙만, 왓 쩨디 루앙, 왓 프라씽을 꼽는다.

빠뚜 타패(타패 게이트) ประตู ท่าแพ
Pratu Tha Phae ★★★

치앙마이 지리를 파악할 때 가장 중요시되는 이정표다. 빠뚜 타패는 치앙마이 성벽에 둘러싸인 도시 내부를 출입하던 다섯 개의 출입문 중의 하나다. 도시의 동쪽 출입구인 탓에 다섯 개의 출입문 가운데 가장 중요시됐다. 뗏목 선착장(타패)이 출입문과 인접했기 때문에 붙여진 이름이다. 현재는 빠뚜 타패 주변에 일부만 성벽을 재현했다. 빠뚜 타패 앞 광장은 각종 행사가 열리는 장소로 활용된다.

참고로 문(門)을 의미하는 태국어의 정확한 표기는 '쁘라뚜 Pratu'이지만 발음을 짧게 하는 구어체의 특성상 '빠뚜'로 발음된다. 외국인들 입에 워낙 많이 오르내리기 때문에 '타패 게이트 Tha Phae Gate'라는 영어 명칭도 통용된다. Map P.372-B2 주소 Thanon Tha Phae & Thanon Moon Muang 운영 24시간 요금 무료 가는 방법 타논 타패와 타논 문무앙이 만나는 지점에 있다.

타논 랏차담넌 일요 시장 ★★★★
Thanon Ratchadamnoen Sunday Market

빠뚜 타패를 들어서면 직선으로 뻗는 타논 랏차담넌 Thanon Ratchadamnoen은 일요일 오후가 되면 차량을 통제하고 워킹 스트리트(타논 콘 던) Walking Street로 변모한다. 치앙마이 워킹 스트리트는 단순한 보행자 거리가 아니라 시장을 겸한다. 타논 랏차담넌의 워킹

빠뚜 타패를 통과하면 치앙마이 구시가가 반긴다

선데이 마켓

스트리트는 사원이 즐비한 구시가의 고즈넉한 길을 따라 치앙마이 주민들이 직접 만든 물건들을 내놓고 물건을 판매하는 장터 역할을 겸한다. 그래서 '선데이 마켓 Sunday Market'으로 알려졌으며, 전통과 문화가 어울린 공간으로 치앙마이의 명소로 변모했다. 현재는 타논 프라 뽁끌라오 Thanon Phra Pokklao까지 워킹 스트리트가 확장되어 일요일 저녁이면 치앙마이 구시가는 사람들의 열기로 후끈거린다.

일요 시장의 장점은 뭐니 뭐니 해도 현지인들과의 친밀감이다. 길바닥에 앉아서 물건을 파는 좌판들이 더 많기 때문에 친근하게 쇼핑할 수 있다. 워낙 많은 인파가 몰려들기 때문에 복잡하다.

Map P.372-B2 주소 Thanon Ratchadamnoen 운영 매주 일요일 16:00~23:00 요금 무료 가는 방법 빠뚜 타패에서 도보 1분.

왓 치앙만

왓 치앙만
Wat Chiang Man ★★★★

멩라이 왕이 치앙마이로 천도하면서 가장 먼저 만든 사원이다. 새로운 도시(치앙마이)가 완성될 때까지 멩라이 왕이 거주했던 곳이며, 생의 마지막을 보내기도 했다. 전형적인 란나 양식의 사원으로 단아한 겹지붕 건물이다. 사원 내부 목조 기둥을 금색으로 장식했다. 현재 모습은 18세기에 재건축한 것이다.

사원에서 가장 중요한 것은 대법전 오른쪽에 있는 작은 법전(건설 당시의 대법전에 해당한다)에 모신 두 개의 불상이다. 돌부처로 알려진 프라 씰라 Phra Sila는 인도에서 실론(스리랑카)을 거쳐 전래되었는데, 무려 2,500년 전에 만든 불상이다. 프라 씰라는 20㎝의 기단 위에 만든 30㎝ 크기의 불상으로 대리석으로 제작되었다. 란나 왕조의 불교 전래와 맞물려 중요한 불상으로 신앙의 대상이 된다. 특히 비를 불러온다는 특별한 믿음 때문에 더욱 경건하게 여긴다. 투명 유리 성분으로 만든 프라 쌔땅카마니 Phra Sae Tang Khamani는 크리스털 불상이다. 불과 10㎝

크기로 태국 중부의 롭부리에서 만들어졌으며 1281년에 멩라이 왕에 의해 치앙마이로 옮겨졌다. 란나 왕조가 하리푼차이 왕국을 정복하는 과정에서 불상을 빼앗아 온 것으로 재앙을 막아준다고 여겨진다.

대법전 왼쪽 뒤편으로는 황금으로 칠한 탑인 쩨디 창롬 Chedi Chang Lom이 있다. 절제되고 안정감 넘치는 란나 양식의 탑으로 하단부에 실물 크기로 조각된 15개의 석조 코끼리 조각상들이 탑을 받치고 있다. 왓 치앙만에서 원형 그대로 보존된 가장 오래된 건축물이다.

쩨디 창롬

Map P.372-B1 주소 Thanon Ratchaphakhinai 전화 0-5337-5368 운영 09:00~17:00 요금 무료 가는 방법 타논 랏차파키나이 북단에 있다. 빠뚜 타패에서 도보 8분.

왓 프라씽
Wat Phra Singh ★★★★

치앙마이 성벽 내부에서 가장 크고 중요한 사원이다. 캄푸 왕 King Kham Fu(재위 1328~1337)의 유해를 모시기 위해 그의 아들 파유 왕 King Pha Yu(재위 1337~1355)이 건설했다. 1345년에 건설될 때에는 왓 리치앙프라 Wat Li Chiang Phra라고 불렸으나 신성한 불상인 '프라씽 Phra Singh'이 전래되면서 사원의 이름도 바뀌었다. 프라씽은 흔히 사자 불상이라 불린다. 불상이 사자 모양은 아니고 불상의 얼굴이 통통한 것이 특징이다. 실론(스리랑카)에서 전해진 것으로 여겨지나 청동으로 만든 갸름한 불상의 모양 때문에 쑤코타이 불상으로 여겨지기도 한다. 참고로 '씽'은 태국의 유명 맥주 상표로도 유명한데, 신화 속에 등장하는 사자 형상의 신을 의미한다.(사원 입구에 보면 하얀색 '씽' 석상이 출입문 좌우에 올려져 있다.)

프라 씽을 모신 법전은 라이캄 위한 Lai Kham Vihan이라 불린다. 대법전을 끼고 왼으로 가면 하얀색의 쩨디 옆에 있는 아담한 법전이다. 건축 재료로 티크 나무를 사용했고, 기둥마다 금색을 이용한 장식을 치장했다. 법전 내부는 프라씽 불상과 함께 내부 벽화로도 유명하다. 벽화는 란나 시대의 왕실과 일반인들의 삶의 모습을 섬세하게 묘사하고 있다. 세월이 흘렀음에도 란나 전통 양식의 벽화가 어떤 것인지 잘 보여주는 걸작이다.

사원의 입구에서 보이는 대법전 오른쪽에는 도서관으로 여겨지는 호 뜨라이 Ho Trai가 있다. 불경을 보관했던 건물로 나가 계단을 따라 목조건물이 만들어졌는데, 유리 모자이크 공예가 인상적이다. 또한 스투코로 조각한 데바타 여신상도 완성도가 높다.

왓 프라씽은 평상시에도 신자들과 관광객들이 끊임없이 들락거리지만, 쏭끄란 축제기간이 되면 더욱 북적댄다. 특히 프라씽 불상이 황금 마차에 실려 도시를 순회하는 날은 도시가 들썩일 정도다. 특별한 불상이 특별한 행사를 통해 시민들에게 행운과 복을 기원해 주기 때문이다.

Map P.372-A2 주소 Thanon Singharat 전화 0-5381-4164 운영 09:00~18:00 요금 40B 가는 방법 타논 랏차담넌 서쪽 끝의 타논 씽하랏 삼거리에 있다. 빠뚜 타패에서 도보 15분.

왓 쩨디 루앙 ★★★★
Wat Chedi Luang

치앙마이 구시가의 정중앙에 위치한 사원이다. 왓 프라씽과 더불어 치앙마이 구시가에서 가장 중요한 사원이다. 커다란 쩨디로 인해 '쩨디 루앙'이라 불린다. 왓 쩨디 루앙은 란나 왕

프라씽 불상

쩨디 루앙

왓 프라씽

왓 쩨디 루앙

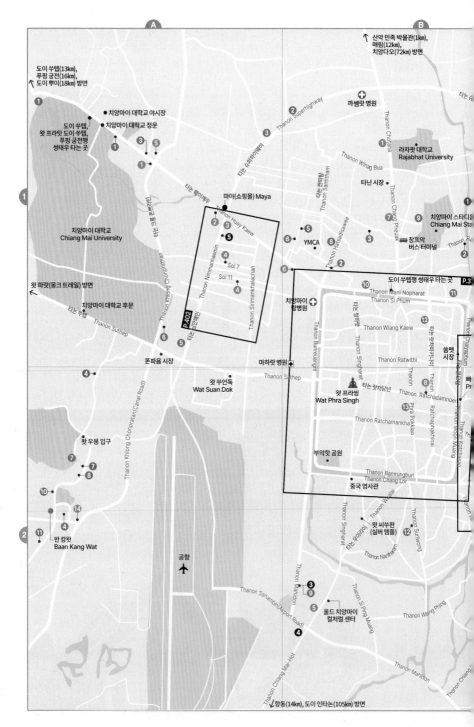

산악 민족 박물관(1km),
매림(12km),
치앙다오(72km) 방면

도이 쑤텝(13km),
푸핑 궁전(16km),
도이 뿌이(18km) 방면

치앙마이 대학교 야시장
치앙마이 대학교 정문

도이 쑤텝
왓 프라탓 도이 쑤텝,
푸핑 궁전행
썽태우 타는 곳

까쎔랏 병원

Thanon Superhighway

라차팟 대학교
Rajabhat University

타닌 시장

치앙마이 스타디움
Chiang Mai Sta

Thanon Chotana

Thanon Winag Bua

Thanon Santitham

Thanon Chiang Phueak

Thanon Ratchaphisawe

마야(쇼핑몰) Maya

Thanon Huay Kaew

YMCA

창프악
버스 터미널

치앙마이 대학교
Chiang Mai University

Thanon Nimmanhaemin

Soi 7

Soi 11

Thanon Sirimankhalachan

도이 쑤텝행 썽태우 타는 곳 P.3

Thanon Mani Nopharat

Thanon Si Phum

쏨펫
시장

빠
Pr

P-402

치앙마이
람병원

Thanon Wiang Kaew

Thanon Ratwithi

Thanon Burneuangrit

Thanon Singharat

Thanon Ratchadamnoen

Thanon Ratchaphakhinai

Thanon Moon Muang

왓 파랏(몽크 트레일) 방면

치앙마이 대학교 후문

Thanon Suthep

Thanon Khlong Choriprathan

뜬파욤 시장

마하랏 병원

Thanon Suthep

Thanon Ratchamankha

왓 프라씽
Wat Phra Singh

Phra Pokklao

왓 쑤언독
Wat Suan Dok

Thanon Ratchamankha

부악핫 공원

Thanon Bamrungburi
Thanon Chang Lor

중국 영사관

왓 우몽 입구

Thanon Khlong Choriprathan(Canal Road)

반 캉왓
Baan Kang Wat

공항

Thanon Mahidol

Thanon Singharat

왓 씨쑤판
(실버 템플)

Thanon Wualai

Thanon Suriwong

Thanon Nantharam

Thanon Sanambin(Airport Road)

올드 치앙마이
컬처럴 센터

Thanon Si Ping Muang

Thanon Wang Phing

Thanon Chiang Mai-Hot

Thanon Mahidol

항동(14km), 도이 인타논(105km) 방면

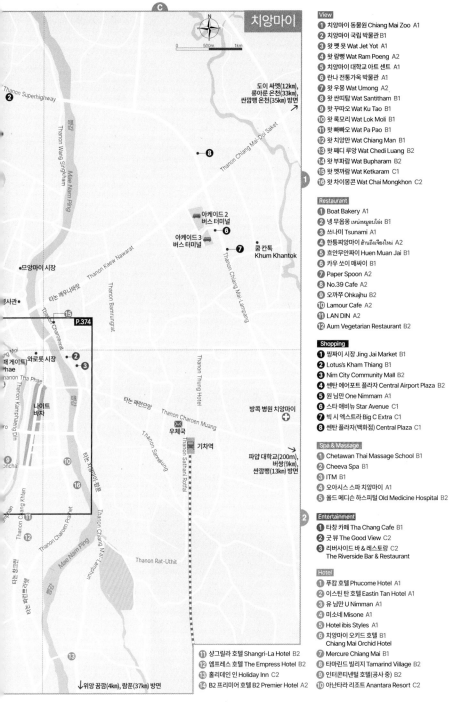

치앙마이

0 500m 1km

도이 싸껫(12km),
룽아룬 온천(33km),
싼깜팽 온천(35km) 방면

아케이드 2
버스터미널

아케이드 3
버스터미널

쿰 칸톡
Khum Khantok

므앙마이 시장

영사관

P.374

타 패 게이트)
와로롯 시장
hae

anon Tha Phae

나이트
바자

방콕 병원 치앙마이

우체국

기차역

파얍 대학교(200m),
버쌍(9km),
싼깜팽(13km) 방면

Thanon Rat-Uthit

⑪ 샹그릴라 호텔 Shangri-La Hotel B2
⑫ 엠프레스 호텔 The Empress Hotel B2
⑬ 홀리데인 인 Holiday Inn C2
⑭ B2 프리미어 호텔 B2 Premier Hotel A2

↓위앙 꿈깜(4km), 람푼(37km) 방면

View
① 치앙마이 동물원 Chiang Mai Zoo A1
② 치앙마이 국립 박물관 B1
③ 왓 쩻 욧 Wat Jet Yot A1
④ 왓 람뺑 Wat Ram Peong A2
⑤ 치앙마이 대학교 아트 센트 A1
⑥ 란나 전통가옥 박물관 A1
⑦ 왓 우몽 Wat Umong A2
⑧ 왓 싼띠팀 Wat Santitham B1
⑨ 왓 꾸따오 Wat Ku Tao B1
⑩ 왓 록모리 Wat Lok Moli B1
⑪ 왓 빠빠오 Wat Pa Pao B1
⑫ 왓 치앙만 Wat Chiang Man B1
⑬ 왓 쩨디 루앙 Wat Chedi Luang B2
⑭ 왓 부파람 Wat Bupharam B2
⑮ 왓 껫까람 Wat Ketkaram C1
⑯ 왓 차이몽콘 Wat Chai Mongkhon C2

Restaurant
① Boat Bakery A1
② 넹 무옴옹 เหน่งหมูอบโอ่ง B1
③ 쓰나미 Tsunami A1
④ 한틍찌앙마이 ฮ่านตึงเชียงใหม่ A2
⑤ 흐안무안짜이 Huen Muan Jai B1
⑥ 카우 쏘이 매싸이 B1
⑦ Paper Spoon A2
⑧ No.39 Cafe A2
⑨ 오까쭈 Ohkajhu B2
⑩ Lamour Cafe A2
⑪ LAN DIN A2
⑫ Aum Vegetarian Restaurant B2

Shopping
① 찡짜이 시장 Jing Jai Market B1
② Lotus's Kham Thiang B1
③ Nim City Community Mall B2
④ 쎈탄 에어포트 플라자 Central Airport Plaza B2
⑤ 원 님만 One Nimmam A1
⑥ 스타 애비뉴 Star Avenue C1
⑦ 빅 시 엑스트라 Big C Extra C1
⑧ 쎈탄 플라자(백화점) Central Plaza C1

Spa & Massage
① Chetawan Thai Massage School B1
② Cheeva Spa B1
③ ITM B1
④ 오아시스 스파 치앙마이 A1
⑤ 올드 메디슨 하스피털 Old Medicine Hospital B2

Entertainment
① 타창 카페 Tha Chang Cafe B1
② 굿 뷰 The Good View C2
③ 리버사이드 바&레스토랑 C2
The Riverside Bar & Restaurant

Hotel
① 푸캄 호텔 Phucome Hotel A1
② 이스틴 탄 호텔 Eastin Tan Hotel A1
③ 유 님만 U Nimman A1
④ 미소네 Misone A1
⑤ Hotel ibis Styles A1
⑥ 치앙마이 오키드 호텔 B1
Chiang Mai Orchid Hotel
⑦ Mercure Chiang Mai B1
⑧ 타마린드 빌리지 Tamarind Village B2
⑨ 인터콘티넨털 호텔(공사 중) B2
⑩ 아난타라 리조트 Anantara Resort C2

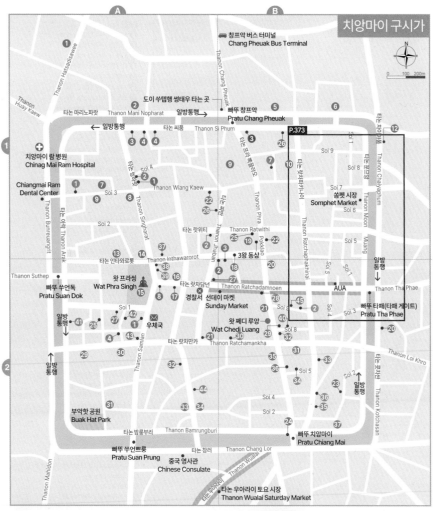

치앙마이 구시가

창프악 버스 터미널
Chang Pheuak Bus Terminal

도이 쑤텝행 썽태우 타는 곳

타논 마리노파랏
Thanon Mani Nopharat

일방통행

빠뚜 창프악
Pratu Chang Pheuak

← 일방통행

타논 씨품
Thanon Si Phum

치앙마이 람 병원
Chinag Mai Ram Hospital

Chiangmai Ram
Dental Center

쏨펫 시장
Somphet Market

빠뚜 쑤언독
Pratu Suan Dok

왓 프라씽
Wat Phra Singh

타논 인타와로롯
Thanon Inthawararot

3왕 동상

경찰서 선데이 마켓
Sunday Market

빠뚜 타패(타패 게이트)
Pratu Tha Phae

AUA

왓 쩨디 루앙
Wat Chedi Luang

타논 랏차마카
Thanon Ratchamankha

우체국

부악핫 공원
Buak Hat Park

타논 빔룽부리
Thanon Bamrungburi

빠뚜 치앙마이
Pratu Chiang Mai

빠뚜 쑤언쁘룽
Pratu Suan Prung

중국 영사관
Chinese Consulate

타논 우아라이 토요 시장
Thanon Wualai Saturday Market

Cooking Class
1. 아시아 시닉 타이 쿠킹 P.373
2. 반 타이 Baan Thai B2
3. 타이 팜 쿠킹 스쿨 P.373
4. 치앙마이 타이 쿠커리 스쿨 P.373

Spa & Massage
1. 오아시스 스파 란나
   Oasis Spa Lanna A2
2. 치앙마이 여성 재소자 마사지 A1
3. 렛츠 릴렉스(2호점) P.373
4. Makkha Health & Spa A2
5. Zira Spa P.373
6. Sense Massage Somphet P.373

Entertainment
1. 유엔 아이리시 펍 UN Irish Pub P.373
2. Zoe in Yellow P.373
3. 노스 게이트 재즈 코업 B1
   The North Gate Jazz Co-Op

빠뚜 타패 주변 세부도

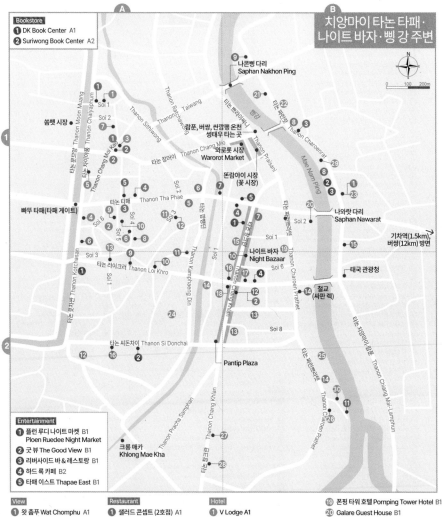

B
치앙마이 타논 타패·
나이트 바자·삥강 주변

Bookstore
1. DK Book Center A1
2. Suriwong Book Center A2

0 100 200m

나콘삥 다리
Saphan Nakhon Ping

쏨펫 시장

람푼, 버쌍, 싼깜팽 온천
썽태우 타는 곳

와로롯 시장
Warorot Market

똔람야이 시장
(꽃 시장)

빠뚜 타패(타패 게이트)

나와랏 다리
Saphan Nawarat

기차역(1.5km),
버쌍(12km) 방면

나이트 바자
Night Bazaar

태국 관광청

철교
(싸판 렉)

Pantip Plaza

크롱 매카
Khlong Mae Kha

Entertainment
1. 플런 루디 나이트 마켓 B1
   Ploen Ruedee Night Market
2. 굿 뷰 The Good View B1
3. 리버사이드 바 & 레스토랑 B1
4. 하드록 카페 B2
5. 타패 이스트 Thapae East B1

View
1. 왓 촘푸 Wat Chomphu A1
2. 왓 우아싸이캄 A1
   Wat U-Saikham
3. 왓 마하완 Wat Mahawan A1
4. 왓 체따완 Wat Chetawan A1
5. 왓 부파람 Wat Bupharam A1
6. 왓 쌘팡 Wat Saen Fang A1
7. 왓 우빠쿳 Wat Upakhut B1
8. 왓 껫까람 Wat Ketkaram A1
9. 왓 판텅 Wat Phantong A2
10. 왓 러이크로 Wat Loi Khro A2
11. 왓 창콩 Wat Chang Khong A2
12. 왓 푸악창 A2
    Wat Phuak Chang
13. 왓 씨돈차이 Wat Si Donchai B2
14. 왓 차이몽콘 B2
    Wat Chai Mongkhon

Restaurant
1. 샐러드 콘셉트 (2호점) A1
   Salad Concept A1
2. Brewginning Coffee A1
3. 우 카페 Woo Cafe B1
4. 끼띠 파닛 Kiti Panit B1
5. 라따나 키친 Ratana's Kitchen A1
6. 아룬 라이 레스토랑 A1
   Arun Rai Restaurant A1
7. 라밍 티 하우스 A1
8. The Gallery Restaurant B1
9. 쌈쎈 빌라 Samsen Villa B1
10. 깔래 푸드코트 B2
    Galare Food Court
11. 나카라 쟈뎅 Nakara Jardin B2
12. 맥도날드 McDonald's B2
13. 아누싼 시장 Anusan Market B2
14. 에까짠 Ekachan,
    차이트 로스터 Zeit Roaster B2
15. 브이티(위티) 냄느앙 B1
    VT Nam Nueng
16. 빠꼰 키친 Pakorn's Kitchen A2

Hotel
1. V Lodge A1
2. Away Chiang Mai Thapae Resort A1
3. 까린팁 빌리지 Karinthip Village A1
4. Imm Hotel Tha Phae A1
5. 아모라 호텔 Amora Hotel A1
6. De Chai The Colonial A1
7. Pao Come Guest House A1
8. Viang Tha Phae Resort A1
9. Thaphae Boutique House A1
10. Chiang Mai Thai House A1
11. Tha Phae Place Hotel A1
12. 반타이 빌리지 Baan Thai Village A1
13. 라밍 로지 호텔 Raming Lodge Hotel A2
14. 두앙딴와 호텔 Duang Tawan Hotel A2
15. 두씻 D2 Dusit D2 B2
16. 르 메르디앙 Le Meridien B2
17. 로열 란나 호텔 Royal Lanna Hotel B2
18. 뫼벤픽 쑤리웡 호텔 B2
    Mövenpick Suriwongse Hotel

19. 폰핑 타워 호텔 Pornping Tower Hotel B1
20. Galare Guest House B1
21. Hotel des Artists Ping Silhouette B1
22. 반 오라핀 Baan Orapin B1
23. 라린찐다 웰니스 스파 리조트 B1
    RarinJinda Wellness Spa Resort
24. 인터콘티넨털 호텔 (공사 중) A2
25. 아난타라 리조트 Anantara Resort B2
26. 삥나카라 호텔 Ping Nakara Hotel B2
27. 샹그릴라 호텔 Shangri-La Hotel B2
28. 엠프레스 호텔 Empress Hotel A2
29. 쌀라 란나 Sala Lanna B1
30. Na Nirand Romantic Boutique B2

Spa & Massage
1. Rarin Jinda Wellness Spa B1
2. 렛츠 릴랙스 Let's Relax B2

374

국의 7번째 통치자인 쌘므앙마 왕 King Saen Muang Ma(재위 1385~1401)이 만들었다. 자신의 아버지이자 선왕인 꾸나 왕 King Ku Na(재위 1355~1385)의 유해를 안치하기 위해 1391년에 건설했다.

왓 쩨디 루앙에서 가장 유명한 것은 대법전(봇)이 아니라 대형 불탑(쩨디)이다. 쩨디는 띠록까랏 왕 때인 1441년에 완성되었다. 그 후 1475~1478년까지 증축되면서 높이 90m에 이르렀다. 1545년에 발생한 지진으로 인해 상단부가 무너져 내려 현재는 높이가 60m로 낮아졌다. 쩨디는 붕괴된 부분을 제외하고 원형 그대로 복원되었다. 기단부의 나가 모양의 계단, 쩨디 중간에 장식된 코끼리 석상, 그리고 감실에 모신 황동 불상까지 옛 모습 그대로 웅장한 모습을 감상할 수 있다. 쩨디는 각 방면에 감실을 만들어 불상을 보관했다. 쩨디 오른쪽 감실에는 태국에서 가장 신성시하는 불상인 프라 깨우 Phra Kaew를 80년 동안이나 모셨다고 한다.

사원 경내에서 관심을 끄는 또 다른 상징물은 락 므앙 Lak Muang이다. 대법전 왼쪽에 모신 락 므앙은 도시의 안녕을 상징하는 기둥이다. 따라서 치앙마이 시민들에게 경건한 장소로 여겨진다. 락 므앙 옆에는 나무 하나가 하늘 높이 자라고 있는데, 치앙마이 시민들은 나무가 계속 자라는 한 도시가 안전하게 보호된다고 여긴다고 한다.

Map P.372-B2 주소 Thanon Phra Pokklao 전화 0-5327-8595 운영 06:00~22:00 요금 50B 가는 방법 타논 랏차담넌 & 타논 프라 뽁끌라오 삼거리에 있는 왓 판따오 옆에 있다. 빠뚜 타패에서 600m.

왓 판따오 ★★★
Wat Pan Tao

왓 쩨디 루앙 옆에 있는 사원으로 1391년에 건설되었다. 왓 쩨디 루앙에서 사용한 불상을 제조하던 사원으로 여겨진다. '천 개의 가마'라는 뜻의 사원 명칭에서 보듯 당시에는 엄청난 양의 불상을 제조했던 것으로 보인다.

왓 판따오

하지만 란나 왕국이 다 망해가던 19세기에 들어서는 궁전의 일부로 쓰였다. 짜오 마하웡 Chao Mahawong(재위 1846~1854) 때는 왕궁 부속 건물 중의 하나인 호캄 Ho Kham이었다. '반짝이는 건물'이라는 뜻의 호캄은 왕의 거처로 쓰였다. 치앙마이에 유일하게 남아 있는 란나 왕국의 왕실 건물이다. 호캄은 현재 왓 판따오의 대법전으로 쓰인다. 우아한 목조건물에 세월의 흔적이 더해져 매우 이채롭다.

대법전에서 관심을 가져야 할 곳은 입구 상단부를 장식한 박공 조각이다. 유리 모자이크 공예로 만든 커다란 황금 공작새가 화려하게 장식되어 있다. 이는 통치자를 상징하는 것이며, 공작새 아래에는 잠자고 있는 개가 함께 조각되어 있다. 개는 짜오 마하웡이 탄생한 해를 상징하는 동물로 대법전이 왕궁 건물이었음을 상징적으로 보여준다.

Map P.372-B2 주소 Thanon Phra Pokklao 전화 0-5381-4689 운영 08:00~18:00 요금 무료 가는 방법 타논 랏차담넌 & 타논 프라 뽁끌라오 삼거리에 있다. 왓 쩨디 루앙을 바라보고 오른쪽이다.

3왕 동상(아눗싸와리 쌈 깟쌋) ★★
아눗싸와리 쌈 까삿싸이
Three King Monument

태국 중북부 지방을 통치하던 3개 왕국의 국왕을 모신 동상이다. 전형적인 14세기 왕실 복장을 착용하고 있다. 중간에 있는 인물이 란나

치앙마이 문화 예술 센터와 3왕 동상

란나 민속 박물관 ★★★☆
Lanna Folklife Museum

란나(태국 북부) 지방의 생활양식을 잘 보여주는 박물관이다. 과거 법원으로 쓰이던 콜로니얼 양식의 건물을 리모델링했다. 1층은 불교가 삶의 중심인 곳답게 종교에 관한 내용으로 꾸몄다. 란나 양식의 불상·조각과 사원 건축 양식, 사원 벽화까지 재현해 놓았다. 2층은 민속박물관 본연의 주제에 집중했다. 도자기와 바구니, 악기, 전통 의상 등이 주요 소장품이다. 전시물이 많은 것은 아니지만 정성스럽게 꾸몄다. 치앙마이를 본격적으로 여행하기 전에 잠시 둘러볼 만하다.

Map P.372-B1 주소 Thanon Phra Pokklao 전화 0-5321-7793 홈페이지 www.cmocity.com 운영 화~일 08:30~17:00(휴무 월요일) 요금 90B(아동 40B) 가는 방법 3왕 동상 맞은편의 타논 프라 뽁끌라오에 있다.

왕국의 멩라이 왕이다. 동상 앞에는 향을 피우며 왕들에게 존경을 표하는 현지인들을 볼 수 있다. 소원을 비는 현지인들은 세 명의 왕처럼 권력과 힘을 갖기를 기원하기도 한다. 3왕 동상은 태국말로 '쌈깟쌋'이라고 줄여서 부른다. 태국인들의 독특한 영어 발음 때문에 '트리 킹 Tree King'으로 들리기도 하니 당황하지 말 것. 3왕 동상 뒤쪽에 있는 건물은 치앙마이 문화 예술 센터 Chiang Mai City Arts & Cultural Center(P.377)다.

현지어 아눗싸와리 쌈깟쌋 Map P.372-B1 주소 Thanon Phra Pokklao 요금 무료 가는 방법 타논 프라 뽁끌라오의 치앙 마이 문화 예술 센터 앞에 있다. 빠뚜 타패에서 800m.

란나 민속 박물관

알고 가면 좋아요

남의 나라 왕비와 사랑에 빠진 람캄행 대왕

13세기 후반 태국 중북부에는 중요한 왕국이 세 개가 있었답니다. 비슷한 시기에 탄생한 란나 왕국, 쑤코타이 왕국, 파야오 왕국인데요. 서로 견제와 균형을 통해 세력을 확장하고 있었습니다. 그중 가장 강력한 나라였던 쑤코타이 왕국의 람캄행 대왕(P.327 참고)은 파야오 왕국의 응암므앙 왕 King Ngam Meuang의 접견을 받습니다. 응암므앙 왕은 왕비와 함께 쑤코타이 왕국을 찾아왔는데요, 람캄행 대왕은 파야오 왕국의 왕비를 보자마자 사랑에 빠지게 됩니다. 이를 알게 된 응암므앙 왕은 람캄행 대왕과의 일전을 불사하며 일촉즉발의 상황으로 치닫게 됩니다.

이때 란나 왕국의 멩라이 왕이 중재자를 자처하고 나섭니다. 중간에서 현명하게 조율한 멩라이 왕 덕분에 세 나라는 평화를 지속할 수 있었습니다. 람캄행 대왕은 사죄의 의미로 응암므앙 왕에게 99만 9,000개의 자패(옛날 화폐로 사용된 조가비)를 선물했다고 합니다. 화해 기념으로 세 나라의 왕은 삥 강변에서 우정을 약속했습니다. 그 징표로 자신의 손가락의 피를 받아 넣은 강물을 함께 마셨다고 합니다. 과거 태국 북부지방에서는 혈서를 그렇게 대신했나 봅니다.

3왕 동상

치앙마이 문화 예술 센터 ★★★
หอศิลปวัฒนธรรมเมืองเชียงใหม่
Chiang Mai City Arts & Cultural Center

1924년에 건설된 콜로니얼 양식의 건물이다. 옛 도청으로 사용되던 건물을 리모델링해 1999년부터 치앙마이 문화 예술 센터로 사용하고 있다. 치앙마이의 역사뿐만 아니라 지역 문화와 생활방식까지 살펴 볼 수 있는 박물관으로 두 개 층에 걸쳐 15개 전시실로 구분되어 있다. 치앙마이 지역의 문명 발생 과정, 란나 왕국의 성립과 통치자, 해자와 성벽에 둘러싸인 치앙마이의 건설, 싸얌(오늘날의 태국)과의 합병, 방콕에서 치앙마이까지의 기차 연결 등을 포함해 과거부터 현재까지의 치앙마이 주요 역사를 사진과 모형, 시청각 자료를 이용해 보여준다. 종교(불교)와 사원 관련 내용, 란나 지방 사람들의 생활상, 산악 민족에 관한 내용도 전시되어 있다.

Map P.372-B1 주소 Thanon Phra Pokklao 전화 0-5321-7793 홈페이지 www.cmocity.com 운영 수~일 08:30~16:30(휴무 월~화요일) 요금 90B 가는 방법 3왕 동상 뒤쪽에 있다. 빠뚜 타패(타패 게이트)에서 동쪽으로 800m.

왓 인타킨 ★★★
Wat Inthakhin

3왕 동상 옆 도로에 있는 자그마한 사원이다. 치앙마이 구시가 정중앙에 위치한 유서 깊은 사원으로 13세기 후반에 건설됐다. '도시의 배꼽 사원'이란 뜻으로 왓 싸드므앙 Wat Sadue Muang이라고 불리기도 한다. 과거 도시 탄생과 번영을 기원하기 위해 만든 락므앙

Lak Muang(싸오 인타킨 Sao Inthakhin)이 있던 곳으로 란나 왕국에서 중요시했던 사원이다. 현재는 도로 중앙에 법전(위한)과 탑(쩨디)만 남아 있다. 티크 나무로 만든 단아한 법전은 황금색으로 치장되어 반짝거린다.

Map P.372-B1 주소 13 Thanon Intha Warorot 운영 08:00~18:00 요금 무료 가는 방법 3왕 동상을 바라보고 왼쪽 도로(타논 인타와로롯)에 있다.

캄 빌리지 ★★★☆
Kalm Village

구시가 남쪽의 조용한 골목에 있는 아트·수공예·문화 센터. 전통 공예 박물관으로 사용되는 뮤지엄 오브 메이커 Museum of Makers(MOM), 실크, 직물, 티셔츠, 토트백, 그릇 등을 판매하는 라이프스타일 스토어 Lifestyle Store와 레스토랑, 카페, 갤러리, 도서관까지 다양한 시설이 들어서 있다. 평화로운 분위기에서 태국 북부 전통 예술 작품을 감상하기 좋다.

Map P.372-B2 주소 Thanon Phra Pokklao Soi 4 홈페이지 www.kalmvillage.com 영업 09:30~18:30(휴무 수요일) 요금 무료 가는 방법 타논 프라 뽁끌라오 쏘이 4 골목에 있다.

왓 랏차 몬티안 ★★
Wat Ratcha Monthian(Wat Rajamontean)

구시가의 북쪽을 연하고 있는 해자와 접해 있는 사원이다. 15세기에 건설된 사원이지만 대부분 건물들이 재건축한 것이라 고색창연한 느낌은 들지 않는다. 대형 불상이 사원 밖으로 노출되어 있어 멀리서도 눈에 띈다.

Map P.372-A1 주소 Thanon Si Phum 운영 06:00~17:00 요금 무료 가는 방법 빠뚜 창프악(창프악 게이트)에서 서쪽으로 400m 떨어진 타논 씨품에 있다.

성벽 외부

성벽과 해자를 경계로 도시 곳곳에도 사원이 산재해 있다. 사원들끼리 멀리 떨어져 있어서 오토바이나 자전거를 이용하면 편리하다. 뚝뚝을 대절해 주요 사원을 일주해도 된다. 중요한 사원으로 왓 쩻욧, 왓 쑤언독, 왓 우몽을 꼽는다.

타논 우아라이 토요 시장 ★★★☆
Thanon Wualai Saturday Market

타논 랏차담넌 일요 시장의 성공에 힘입어 등장한 또 하나의 워킹 스트리트(타논 콘 던) Walking Street다. 타논 우아라이 Thanon Wualai는 은공예로 유명한 거리로 구시가 남쪽 출입문인 빠뚜 치앙마이 Pratu Chiang Mai에서 길이 연결된다. 판매되는 물건은 일요 시장과 비슷하나, 먹을거리 노점이 많고 중간 중간 전통 공연을 펼치는 무대도 만들었다. 타논 우아라이의 특성상 은공예품 상점들도 많이 보인다. 타논 랏차담넌에 비해 인파가 적어서 걸어 다니기 수월하다. 사원보다는 오래된 건물들이 많아서 고풍스런 정취도 풍긴다.

Map P.372–A2 주소 Thanon Wualai 운영 매주 토요일 16:00~23:00 요금 무료 가는 방법 빠뚜 치앙마이(치앙마이 게이트) 앞 쪽의 타논 우아라이에 야시장이 형성된다. 빠뚜 타패(타패 게이트)에서 남쪽으로 1㎞ 떨어져 있다.

므앙마이 시장(딸랏 므앙마이) ★★☆
Talat Muang Mai

치앙마이의 농산물 도매 시장이다. 두리안, 망고, 망고스틴, 바나나, 파인애플, 수박 등 다양한 열대 과일을 한자리서 만날 수 있다. 각종 채소와 육류·해산물도 거래하기 때문에 식재료 구하기 좋은 곳이다. 도매시장답게 대량으로 매매하는 경향이 있고, 가격이 꽤나 저렴하다. 관광객보다는 현지인들이 주로 방문한다.

Map P.371–B1 주소 Thanon Wichayanon Soi 1 영업 24시간 가는 방법 미국 영사관 북쪽의 타논 위차야논 쏘이 1에 있다.

왓 부파람 ★★
Wat Bupharam

빠뚜 타패에서 구시가를 나와서 타논 타패를 걷다 보면 눈에 가장 잘 띄는 사원이다. 1497년에 세운 오래된 사원으로 란나 양식의 법전(위한)과 미얀마(버마) 양식의 쩨디가 남아 있다. 법전은 큰 것(위한 야이 Vihan Yai)과 작은 것(위한 렉 Vihan Lek) 두 개다. 모두 전

타논 우아라이 토요 시장

왓 부파람

형적인 란나 양식의 목조건물이다. 위한 렉은 왓 부파람에서 300년 이상된 가장 오래된 건물이다.

사원에 들어서면 정면에 보이는 대법전은 1996년에 새롭게 신축했다. 10년에 걸쳐 완성되었는데, 태국에서 현대적인 사원을 어떻게 건축하는지 단박에 알 수 있다. 대법전 내부에 그려진 벽화도 새것답게 색상이 선명하다. 벽화는 붓다의 일대기와 현지 생활상을 묘사했다.

Map P.374-A1 주소 Thanon Tha Phae 요금 20B 가는 방법 빠뚜 타패에서 타논 타패를 따라 도보 5분.

왓 씨쑤판(실버 템플) ★★★
Wat Sri Suphan(Silver Temple)

1502년에 건설된 오래된 사원이지만 본래 모습은 거의 남아있지 않다. 현재의 모습은 2016년에 재건축한 것인데, 은을 이용해 법전(우보쏫)을 만들었던 데서 실버 템플 Silver Temple이라는 별칭으로도 불린다. 타논 우아라이(우아라이 거리)는 과거부터 은세공으로 유명했던 지역이었다. 자연히 치앙마이에서 유명한 은세공 장인들이 모여 사원 재건축에 참여했다. 일일이 수작업으로 만들었기 때문에 완공되기까지 무려 12년이 걸렸다고 한다. 지붕과 외벽뿐만 아니라 법전 내부와 바닥까지 온통 은으로 치장되어 있다. 사원 경내에는 은세공을 하는 공방도 볼 수 있다. 법전(우보쏫) 내부는 여성들의 출입이 금지된다. 여성들은 바깥에서만 봐야 한다.

Map P.370-B1 주소 100 Thanon Wualai 전화 0-5327-3919 운영 08:00~18:00(토요일 08:00~23:00) 요금 50B 가는 방법 우아라이 부티크 호텔 Wualai Boutique Hotel 지나서 타논 우아라이 쏘이 2 Thanon Wualai Soi 2으로 들어가면 된다.

왓 록모리 ★★★☆
Wat Lok Moli(Wat Lok Molee)

14세기에 건설된 사원으로, 치앙마이에서 보기 드물게 대형 불탑을 갖고 있다. 란나 왕조 6대 국왕인 프라야 끄나(끄나 왕) King Kue Na(재위 1355~1385)이 건설해 왕실 사원으로 관리했다고 한다. 1527년에 건설된 불탑(마하 쩨디 Maha Chedi)은 감실을 만들어 불상을 모시고 왕족의 유해를 안치하기도 했다. 대법전을 포함해 사원의 상당 부분이 버마 왕국(오늘날의 미얀마)의 침략으로 피해를 입었다. 한동안 방치되어 있던 사원은 2003년에 재건축되면서 예전의 모습을 되찾았다. 나지막이 내려앉은 란나 양식의 법전(우보쏫)이 볼 만한데, 티크 나무 원목에 겹 지붕을 올려 만든 법전은 모자이크 유리 공예로 내부를 장식했다. 단아한 법전(우보쏫)과 불탑이 조화롭게 어울린다.

Map P.372-A1 주소 298/1 Thanon Mani Nopharat (Manee Nopparat Road) 홈페이지 www.watlokmolee.com 요금 무료 가는 방법 구시가를 감싸고 있는 해자 북쪽의 타논 마니 노파랏에 있다. 빠뚜 창프악에서 서쪽으로 400m.

왓 씨쑤판

왓 록모리

왓 껫까람
Wat Ketkaram
★★☆

15세기에 건설된 사원으로 삥 강변에 위치하고 있다. 부처의 유해를 안치한 쩨디(프라탓 껫깨우쭐라마니 Phra That Ket Kaew Chula Mani) 때문에 '왓 프라탓 껫깨우쭐라마니'라고 불리기도 했다. 쩨디는 지상에 존재하는 천국을 형상화한 것으로 현재 모습은 1985년에 새롭게 복원한 것이다.

왓 껫까람

태국 사람들은 쩨디를 사후에 영혼이 휴식을 취하는 공간으로 여기며, 쩨디마다 각기 다른 12지신을 상징한다고 여긴다. 왓 껫까람의 쩨디는 개띠를 상징하기 때문에, 개의 해에 태어난 사람들은 쩨디를 돌며 사후에 영혼이 편안히 잠들기를 소망한다.

왓 껫까람을 방문했다면 빼놓지 말고 박물관을 방문하자. 여느 사설 박물관에 못지 않은 다양한 전시물이 눈길을 끈다. 사원 장식에 쓰였던 목조 장식들을 포함해 도자기와 악기, 치앙마이 옛 모습을 담은 사진들을 가득 전시하고 있다. 오래된 불경과 팜 트리에 글을 써서 만든 패엽경도 눈길을 끈다.

Map P.374–B1 주소 Thanon Charoenrat 요금 무료 가는 방법 삥 강 동쪽에 잇달아 있는 타논 짜런랏에 있다. 굿 뷰를 지나서 북쪽으로 300m 정도 간다.

왓 쑤언독
Wat Suan Dok
★★★

란나 왕국의 꾸나 왕 King Ku Na이 1371년에 만든 유서 깊은 사원이다. 실론(스리랑카)으로부터 불교를 전래한 위대한 승려 쑤마나 테라 Sumana Thera를 위해 건설했다. 쑤마나 테라는 원래 쑤코타이 왕국에서 설법을 베풀었는데, 란나 왕국에서 어렵게 모셔온 고승의 수행을 돕기 위해 사원 경내를 꽃으로 조경했다고 한다. 그래서 꽃 정원의 사원이라는 뜻

왓 쑤언독

으로 왓 쑤언독이라고 부른다. 왕실에서 특별히 만든 사원인 만큼 성벽을 둘러 도시(현재의 치앙마이 구시가) 외곽에 또 다른 작은 사원의 도시를 만들었다고 한다. 현재 성벽은 전혀 남아 있지 않고, 사원 터를 가로질러 도로가 나 있다.

왓 쑤언독의 위한(법전)은 1930년에 복원된 것이며, 우보솟(승려들의 출가 의식을 행하는 법전)에는 500년이나 된 불상을 본존불로 모셨다. 위한 뒤쪽에는 수십 개의 쩨디가 세워져 있다. 가장 큰 황금색 쩨디에는 붓다의 사리를 모셨고, 나머지 흰색 쩨디에는 란나 왕국 왕족들의 사리를 보관하고 있다. 쑤마나 테라 승려는 치앙마이로 오면서 붓다의 사리를 함께 가져왔다고 한다. 사리는 치앙마이로 오는 도중 두 조각이 났는데, 그중 하나는 왓 쑤언독에 쩨디를 만들어 보관하고, 다른 하나는 왓 프라탓 도이 쑤텝에 보관했다고 전해진다. 왓 쑤언독은 불교대학을 함께 운영해 젊은 승려들을 많이 볼 수 있다.

Map P.370–A2 주소 Thanon Suthep 전화 0–5327–8967 요금 무료(대법전 입장료 20B 별도) 가는 방법 성벽 서쪽 출입문인 빠뚜 쑤언독 Pratu Suan Dok 앞으로 연결된 타논 쑤텝을 따라 도보 10분. 빠뚜 타패에서는 썽태우로 10분.

반캉왓 บ้านข้างวัด
Baan Kang Wat
★★★★

'사원 앞 마을'이란 뜻으로 예술가들이 모여 만든 마을이다. 잔디밭과 야외 광장을 중심으로 10여개의 목조 건물이 둘러싸고 있다. 시멘트와 목재를 이용해 만든 복층 건물들은 운치가 가득하다. 각각의 건물들은 공방과 스튜

예술가 마을로 알려진 반캉왓

디오, 아티스트 숍, 카페로 사용된다. 예술가들이 직접 디자인해 만든 공예품과 도자기, 소품을 구입할 수 있다. 쇼핑이 아니더라도 도심을 벗어나 나들이하기 좋다. 타논 님만해민에서 차로 10분, 구시가에서 차로 20분 정도 떨어져 있다.

Map P.370-A2 주소 191~197 Soi Wat Umong 홈페이지 www.facebook.com/BannKangWat 영업 11:00~17:30(휴무 월요일) 가는 방법 ①일반적으로 치앙마이 후문 쪽에서 연결되는 왓 우몽(사원) Wat Umong을 거쳐 반캉왓으로 간다. 왓 우몽 입구에서 왼쪽 방향으로 1㎞ 떨어져 있다. 뚝뚝이나 썽태우를 타고 갈 경우 타논 님만해민에서 100~150B 정도에 흥정하면 된다. ②운하를 끼고 있는 타논 크롱촌쁘라탄 Thanon Khlong Chonpratan(Canal Road)에 있는 B2 프리미어 호텔 B2 Premier Hotel을 바라보고 왼쪽 길로 들어갈 경우, 왓 람뺑(사원) Wat Ram Poeng을 지나면 된다.

왓 우몽 ★★★
Wat Umong

도시가 아니라 산속에 위치한 사원이다. 숨막히는 도시를 탈출해 산사(山寺)에 들어간 기분을 느낄 수 있다. 왓 쑤언독과 마찬가지로 꾸나 왕이 1371년에 건설했다. 쑤코타이에서 초빙한 또 다른 고승 테라짠 Therachan을 위해 만든 사원이다. 본래 성벽 안쪽에 왓 우몽을 만들었는데, 테라짠 승려가 수행에 어려움을 호소하자 산속에 사원을 새롭게 만들어 준 것이다.

산속에 위치한 왓 우몽은 조용한 숲속 길을 따라 사원으로 길이 이어진다. 사원으로 향하는 길 자체가 명상 분위기로 경내에는 나무마다 불

교 경구들을 적어 놓았다. 15세기 후반에 사원이 폐쇄되며 약탈당해 사원 내부에는 여기저기 흩어진 불상들이 보인다. 사원이 복구되어 다시 기능을 수행한 것은 1948년부터다.

사원의 끝자락 언덕에는 종 모양의 쩨디가 있다. 쩨디를 이루는 언덕의 아랫부분은 인공으로 동굴을 파서 만든 암자가 있다. 태국의 일반적인 사원과 달리 암자에서 안거 수행을 했다고 한다. 동굴 내부에는 불상은 물론 벽화까지 그렸는데, 태국에서 오래된 벽화 중의 하나지만 안타깝게도 벽화는 남아 있지 않다.

Map P.370-A2 주소 Soi Wat Umong, Thanon Khlong Chonprathan 전화 0-5327-3990 요금 무료 가는 방법 치앙마이 대학교 후문 주변의 타논 쑤텝에서 사원으로 향하는 여러 갈래 길들이 연결된다. 치앙마이 대학교 후문에서 1.5㎞, 빠뚜 타패(타패 게이트)에서 7㎞ 떨어져 있다.

왓 우몽

왓 우몽

란나 전통가옥 박물관　　★★☆
Lanna Traditional House Museum

　치앙마이 대학교에서 관리하는 오픈 뮤지엄. 란나(태국 북부 지방) 양식의 전통 가옥을 야외 부지에 전시해 박물관으로 만들었다. 대표적인 북부 양식인 깔래 하우스 Kalae House, 타이르 소수민족 하우스 Tai-Lue House, 목조 곡루(쌀 창고) Long-Khao(Rice Granary)를 포함해 각기 다른 양식의 건물 14채가 있다. 녹음이 우거져 도심 속의 공원처럼 산책하며 둘러볼 수 있다(물론 덥다).

Map P.370-A1 주소 Thanon Khlong Chonprathan 전화 0-5394-3626 홈페이지 www.art-culture.cmu.ac.th 운영 화~일 08:00~16:30(휴무 월요일) 요금 100B 가는 방법 치앙마이 대학교 농과대학 맞은편, 운하 건너편(타논 롭위앙)에 있다. 님만해민에서 1.5km 떨어져 있다.

크롱 매카　คลองแม่ข่า　　★★★
Khlong Mae Kha

　도시 재정비 일환으로 만든 워킹 스트리트(산책로)로 야시장을 겸한다. 운하(크롱=운하라는 뜻) 주변으로 들어섰던 무허가 주택을 정비하면서 관광지로 변모했다. 하천을 정비했지만 수질은 개선되지 않아 냄새가 난다. 750m

에 이르는 산책로를 따라 자그마한 카페와 상점, 식당이 들어서 있다. 일본풍으로 꾸민 것이 특징이다. 식사나 쇼핑보다 산책 삼아 잠시 다녀오면 된다. 참고로 크롱 매카는 전체 길이 30km로, 그 중 11km가 도시 구간을 지난다.

Map P.374-A2 주소 Mae Kha Rakaeng Bridge, Thanon Rakaeng 운영 15:00~22:00 요금 무료 가는 방법 타논 라깽에 있는 싸판 매카라깽(매카라깽 다리) สะพานแม่ข่าระแกง 앞쪽으로 운하를 따라 산책로가 형성되어 있다.

왓 파랏(몽크 트레일)　　★★★☆
Wat Pha Lat(Monk's Trail)

　도이 쑤텝(쑤텝 산) 중턱에 있는 산 속의 사원이다. 스님들이 사원들 드나들 때 걸었던 길이라고 해서 몽크 트레일 Monk's Trail이라고 불리기도 한다. 왓 파랏은 '경사진 바위에 있는 사원'이란 뜻이다. 실제로 바위를 흐르는 작은 물줄기를 지나면 사원 입구에 해당하는 나가(신화에 등장하는 뱀)를 장식한 계단이 나온다.

　란나 왕국의 6번째 국왕이던 끄나 왕 King Kuena(재위 1355~1385년) 시절에 건설된 사원이다. 왓 프라탓 도이 쑤텝(P.385)으로 향하던 왕실 행차 길에 동행한 코끼리가 쉬어 갔던

란나 전통가옥 박물관

승려들이 걸었던 몽크 트레일

크롱 매카

고요한 산 속에 있는 왓 파랏

곳에 건설한 사원이다. 과거에는 왓 프라탓 도이 쑤텝으로 순례를 가던 승려들이 휴식처로 사용되기도 했다. 새로운 도로가 포장되면서 왓 파랏은 정글 속에 숨겨진 사원으로 변모했고, 덕분에 명상 수행을 위해 승려들이 찾는다. 웅장한 사원은 아니지만 불상과 신들의 조각상, 오래된 석탑이 고요한 산 속에 흩어져 있어 신비감을 준다.

Map P.370-A1 주소 Monk's Trail, Cheong Doi Soi 10 운영 08:00~18:00 요금 무료 가는 방법 치앙마이 대학 후문을 지나 타논 쑤텝(쑤텝 거리) 끝에 있는 청도이 쏘이 10 Cheong Doi Soi 10 골목에서 우회전해서 올라간다. 1km를 올라가면 포장도로가 끝나고 등산로가 시작된다. 포장도로가 끝나는 곳에서 사원까지 걸어서 30분 정도 걸린다.

왓 쩻욧 ★★★☆
Wat Jet Yot

치앙마이에서 특이하게도 인도 양식의 불탑을 안치한 사원이다. 띠록까랏 왕 때인 1455년에 건설됐다. 쩻욧은 '7개의 첨탑'이라는 뜻으로 사각형의 라테라이트로 만든 기단 위에 7개의 첨탑을 올렸다. 첨탑 모양의 불탑은 인도 보드가야 Bodhgaya의 마하보디 스투파 Mahabodhi Stupa의 모양을 축소한 형상이다. 7개의 첨탑은 붓다가 보드가야에서 득도한 후 그곳에서 7주간 머문 것을 상징한다. 라테라이트로 만든 탑의 기단부에는 스투코(회반죽) 조각으로 만든 불상과 압사라(천상의 무희)들로 회랑을 꾸몄다. 스투코 조각은 본래 황금으로 치장되어 있었는데, 1566년에 있었던 버마(미얀마)의 침략으로 인해

왓 쩻욧

상당부분 약탈당했다.

왓 쩻욧은 도시 외곽에 떨어져 있고 나무와 잔디가 많아서 한적한 면모를 보이지만, 건설 당시에는 여러 개의 법전과 쩨디로 구성된 커다란 사원이었다. 사원의 중요성은 불교 탄생 2,000주년을 기념하는 세계 불교 총회가 왓 쩻욧에서 성대하게 열렸던 것에서 짐작해볼 수 있다.

Map P.370-A1 주소 Thanon Superhighway 전화 0-5322-1947 요금 무료 가는 방법 빠뚜 타패에서 뚝뚝으로 10분.

치앙마이 국립 박물관 ★★
Chiang Mai National Museum

란나 양식으로 건축된 박물관은 1973년에 개관했다. 치앙마이뿐만 아니라 람푼, 치앙쌘, 난 지방에서 발굴된 유물을 보관한 박물관이다. 모두 여섯 개 섹션으로 구분해 1층은 란나 왕조의 역사, 2층은 란나 왕조의 생활상과 불상, 도자기, 수공예품 등을 전시한다.

현지어 피피타판 행찻 치앙마이 Map P.370-B1 주소 451 Thanon Superhighway 전화 0-5322-1308 홈페이지 www.thailandmuseum.com 운영 09:00~16:00(휴관 월·화요일) 요금 100B 가는 방법 타논 슈퍼하이웨이에 있는 왓 쩻욧에서 동쪽으로 500m 떨어져 있다.

치앙마이 국립 박물관

산악 민족 박물관(고산족 박물관)
พิพิธภัณฑ์เรียนรู้ราษฎรบนพื้นที่สูง ★★☆
Highland People Discovery Museum

1965년에 만들어진 오래된 박물관으로 도심을 벗어난 한적한 자연 속에 있다. 박물관

외관은 란나 양식의 쩨디 모양을 형상화했고, 내부에는 태국 북부에 거주하는 소수민족들에 관한 전문적인 내용을 전시한다. 모두 10개의 산악 민족(몽족, 카렌족, 미엔족, 아카족, 리수족, 라후족, 라우족, 틴족, 카무족, 마브리족)을 소개하고 있다. 박물관은 전체 3층으로 구별된다. 1층은 의복, 장신구, 농사기구, 악기, 전통의상을 전시하고, 2층에서는 태국 정부에서 실시한 산악 민족들의 교육과 정착에 관한 노력과 결과들을 설명한다. 시내에서 멀리 떨어진데다가 무료로 개방하기 때문에 관리 상태가 다소 소홀한 것이 흠이다. 산악 민족 박물관 주변으로는 호수를 중심으로 넓은 공원을 만들었다. 호수에는 수상 레스토랑이 가득하다. 현지인들이 즐겨 찾지만, 태국적인 분위기를 느끼고 싶다면 대나무로 만든 평상에 앉아 맥주를 곁들여 태국 음식에 도전해도 좋다.

현지어 피피타판 차우카오 Map P.370-B1 주소 Lanna Rama 9 Park, Thanon Chotana 전화 0-5321-0872, 0-5322-1933 운영 월~금 08:00~16:30(휴관 토·일·공휴일) 요금 무료(기부금으로 운영) 가는 방법 타논 초따나 Thanon Chotana의 란나 라마 9세 공원 Lanna Rama 9 Park สวนล้านนาร.๙ 내부에 있다. 시내에서 북쪽으로 4km 떨어져 있기 때문에 뚝뚝(또는 그램)을 타고 가는 게 좋다.

치앙마이 대학교 ★★
มหาวิทยาลัยเชียงใหม่
Chiang Mai University

1964년에 설립된 지방 최초의 대학이다. 치앙마이를 포함해 태국 북부지방 최고 대학으로 꼽힌다. 의대를 포함해 3만 8,000명이 공부한다. 대학의 정문은 타논 훼이까우 Thanon Huay Kaew에 있다. 캠퍼스 내에는 앙깨우 저수지 Ang Kaeo Reservoir 주변으로 산책로도 형성되어 있다. 전동차를 타고 캠퍼스를 둘러보는 투어 CMU Patrol(요금 100B)도 운영한다. 대학 정문 앞 큰 길을 건너편에 치앙마이 대학교 야시장(깟랏 깟나머) Kad Na Mor Market도 생긴다. 참고로 치앙마이 대학교는 현지어로 줄여서 '머처', 영어로는 CMU라고 부른다. 대학 후문 쪽으로 가려면 '랑머'라고 말하면 된다.

현지어 마하윗타얄라이 치앙마이 Map P.370-A1 주소 Thanon Huay Kaew & Thanon Suthep 전화 0-5384-4821 홈페이지 www.chiangmai.ac.th 운영 08:00~18:00 요금 무료(투어 100B) 가는 방법 빠뚜 타패(타패 게이트)에서 북동쪽으로 6km 떨어져 있다. 빨간색 썽태우 합승 요금은 40~50B.

산악 민족 박물관

란나 라마 9세 공원과 산악 민족 박물관

치앙마이 대학교 정문

치앙마이의 주변 볼거리

치앙마이 주변에도 볼거리가 산재해 있다. 가장 인기 있는 곳은 도이 쑤텝으로 치앙마이를 방문한 사람이라면 빼놓지 말고 들러야 하는 곳이다.

도이 쑤텝 & 왓 프라탓 도이 쑤텝 ★★★★★
Doi Suthep & Wat Phra That Doi Suthep

치앙마이 주변 볼거리 중에서 가장 많은 사람들이 찾는 곳이다. 도이 쑤텝은 해발 1,676m 높이의 산으로 치앙마이 서쪽 경계를 이룬다. 도이 쑤텝은 태국 북부에서 가장 신성시되는 사원인 왓 프라탓 도이 쑤텝으로 유명하다. '도이 Doi'는 태국 북부 언어로 '산(山)'이라는 뜻이다. 표준 태국어로는 산을 '카오'라고 한다.

왓 프라탓 도이 쑤텝은 산중턱인 해발 1,053m에 위치하고 있다. 산허리를 굽이굽이 돌아가는 잘 닦인 포장도로가 있어 사원을 방문하는 것은 어렵지 않다. 사원 입구에 도착하면 나가(신화에 등장하는 뱀)가 양옆을 호위하고 있는 계단이 이어진다. 계단은 무려 304개로 천천히 계단을 오르다 보면 신성한 사원으로 들어가는 경건한 기분을 느낄 수 있다. 걷는 게 귀찮은 여행자들은 매표소 오른

도이 쑤텝에서 내려다 본 치앙마이 전경

왓 프라탓 도이 쑤텝

쪽에 있는 엘리베이터를 타고 사원으로 직행하기도 한다.

왓 프라탓 도이 쑤텝은 붓다의 사리를 싣고 오던 하얀 코끼리가 산에서 사망했는데, 꾸나 왕이 역사적인 장소를 찾아 이곳에 신성한 불탑(쩨디)을 건설한 것이 사원의 효시가 되었다고 한다. 하얀 코끼리가 사망하기 전 붓다의 사리를 보관할 장소라는 것을 암시하기 위해 크게 원을 세 번 그렸다고 전해진다. 황금을 입힌 쩨디의 높이는 24m로 쩨디를 중심으로 불상들이 빼곡히 채워져 있다. 순례자들은 두 손을 모으고 쩨디를 따라 시계 방향으로 돌며 붓다의 뜻을 기린다. 쩨디 옆에는 코너마다 하나씩 네 개의 황금 파라솔을 세웠다. 황금 파라솔은 왕실을 상징하는 표식으로 란나 양식의 사원에서 흔히 볼 수 있는 장식이다. 쩨디보다 황금 파라솔을 작게 만든 것이 특징이다. 쩨디 주변에는 여러 개의 법전(위한)을 세웠으며, 란나 양식의 청동 불상들을 법전마다 모시고 있다.

왓 프라탓 도이 쑤텝은 신성한 곳이므로 경박한 옷차림은 삼가야 한다. 무릎이 노출되는 옷을 입었을 경우 사원 입구에서 기다란 치마를 대여하면 된다. 신성한 곳이므로 신발을 벗고 들어가는 것도 예의다. 쩨디 오른쪽에는 전망대가 있는데, 이곳에서 치앙마이 시내가 훤히 내려다보인다.

Map P.370-A1 위치 치앙마이 대학교에서 도이 쑤텝 산길을 따라 13km 요금 30B(엘리베이터 20B 별도) 가는 방법 ①치앙마이 동물원(치앙마이 대학교 정문) 앞에서 도이 쑤텝으로 향하는 빨간색 썽태우가 출발한다. 보통 10명이 모이면 출발하며 1인당 요금은 50B이다. 사람이 적게 모이면 돈을 더 내라고 한다. ②성수기에는 빠뚜 창프악(창프악 게이트) 앞 해자를 건너면 삼거리 코너에서도 빨간색 썽태우가 출발한다. 10명이 모이면 출발

하며 편도 요금은 1인당 60B이다. ③그랩 Grab은 편도 350~400B 정도 예상하면 된다. ④도이 쑤텝에서 내려가는 썽태우는 치앙마이 대학교 50B, 빠뚜 타패(타패 게이트)까지 100B.

푸핑 궁전(현재 공사중) ★★
Phu Phing Palace

왓 프라탓 도이 쑤텝에서 산길을 따라 북으로 3km를 더 올라가야 한다. 라마 9세를 위해 건설한 궁전으로 왕족들이 치앙마이를 방문하면 머무르는 별장이다. 보통 겨울(12~2월)에 방문해 겨울 별장으로 불린다. 궁전 주변은 장미류의 꽃들과 양치류 식물들이 가득한 정원으로 꾸몄는데, 왕족이 머무르는 기간을 제외하고 일반에게 개방된다. 물론 궁전 건물 내부는 개방되지 않는다. 국왕이 거주하는 곳이니 방문할 때 복장에 주의해야 한다.
현지어 프라 땀낙 푸핑 Map P.370-A1 위치 치앙마이 대학교에서 도이 쑤텝 산길을 따라 16km 홈페이지 www.bhubingpalace.org 운영 08:30~11:30, 13:00~15:30 요금 50B 가는 방법 치앙마이 동물원(치앙마이 대학교 정문) 앞에서 빨간색 썽태우가 출발한다. 도이 쑤텝과 동일한 방향으로 왓 프라탓 도이 쑤텝을 거쳐 푸핑 궁전까지 간다. 보통 6명이 모이면 출발하며 1인당 편도 요금은 70B이다.

버쌍 บ่อสร้าง ★★☆
Bo Sang

치앙마이 주변의 대표적인 전통 공예마을이다. 치앙마이에서 남동쪽으로 10km 떨어진 버쌍은 종이우산을 제작하는 마을로 잘 알려져 있다. 대나무 가지에 종이를 붙이고 그 위에 채색하는 버쌍 우산은 화려하기로 유명하다. 특히 실크로 만든 우산은 색감뿐만 아니라 질감도 화사해 고가에 판매된다. 종이우산 이외에 부채 제작, 닥종이 제작 과정 등을 견학할 수 있다. 현재는 우산 제조공장들이 대형화·기계화되면서 동일한 제작과정을 반복하는 인부들만이 분주하게 움직인다. 1월에는 3일간 버쌍 우산 축제(텟싸깐 롬) Bo Sang Umbrella Festival가 개최된다.

주소 Bo Sang 요금 무료 가는 방법 와로롯 시장(딸랏 와로롯)과 가까운 꽃시장(깟 독마이) 앞의 타논 쁘라이 싸니 Thanon Praisani에서 썽태우를 타면 된다. 삥 강변의 육교 옆에서 대기 중인 썽태우들 중에 흰색 썽태우가 30분 간격으로 버쌍(편도 요금 30B)을 오간다.

싼깜팽 온천 น้ำพุร้อน สันกำแพง ★★★
San Kamphaeng Hot Springs

치앙마이에서 동쪽으로 35km 떨어진 유황 온천이다. 온천수 105℃의 간헐온천이다. 온천수에 유황 성분이 많아 피부에 좋다고 한다. 온천 입구에 10m 높이로 치솟는 온천수를 볼 수 있다. 태국 정부에서 관리하며 온천 주변을 정원으로 꾸몄다. 온천 입장료로는 공원 시설 이용만 가능하고, 실제 온천을 즐기려면 별도의 돈을 내야 한다. 온천은 미네랄 수영장(100B)과 개별 온천탕(1인 65B)에서 가능하다. 수건은 대여(20B)할 수 있지만 기본적인 목욕용품은 챙겨가는 게 좋다. 온천은 방갈로를 운영한다. 개인욕실은 온천수를 끌어들여 방갈로에서 온천을 즐길 수 있도록 했다.

싼깜팽 온천에서 1.2km 떨어진 룽아룬 온

버쌍 우산 축제

싼깜팽 온천

천(남푸런 룽아룬) Roong Aroon Hot Spring 은 스파 리조트(www.chiangmaihotspring. com)를 함께 운영한다.

현지어 남푸런 싼깜팽 주소 타논 싼깜팽-매온 Thanon San Kamphaeng-Maeon 전화 0-5303-7101 운영 07:00~18:00 요금 성인 100B, 아동 50B 가는 방법 ① 치앙마이에서 출발하는 노란색 썽태우는 와로롯 시장(딸랏 와로롯) Warorot Market 옆의 삥 강변에서 출발한다. 썽태우 정류장에서 사람들에게 '남푸런 Hot Spring'이라고 물어보면 타는 곳을 알려준다. 합승 썽태우는 오전 7시 45분부터 오후 4시까지 40~50분 간격으로 출발한다. 편도 요금은 55B이다. 온천에서 치앙마이로 돌아오는 막차는 오후 4시경에 끊긴다. ②와로롯 시장 옆의 꽃 시장 맞은편 강변에 있는 미니버스 정류장에서 미니밴(홈페이지 www.facebook.com/Van.Hotsprings)도 운행된다. 1일 4회(07:40, 11:40, 14:30, 15:30) 출발하며, 편도 요금은 40B이다.

위앙 꿈깜 เวียงกุมกาม ★★★
Wiang Kum Kam

위앙 꿈깜은 본래 몬족이 건설한 도시로, 멩라이 왕이 치앙마이(새로운 도시라는 뜻)로 천도하기 전 15년간(1281~1296년) 란나 왕국의 수도로 삼았던 곳이다. 당시 하리푼차이 왕국 Hariphunchai Kingdom의 북방 경계에 해당하는데, 람푼 Lamphun(하리푼차이 왕국의 수도)의 위성도시 개념으로 11~12세기에 건설됐다. 1281년에 위앙 꿈깜을 정복한 멩라이 왕은 확장된 영토를 효과적으로 통치하기 위해 이곳으로 수도를 옮기고 도시를 재건했다. 하지만 삥 강변에 위치한 위앙 꿈깜은 잦은 범람으로 인해 수도로 적합하지 못했다. 결국 멩라이 왕은 1296년에 치앙마이를 새롭게 건설하면서 위앙 꿈깜의 짧은 번영도 끝을 맺게 된다(란나 왕국의 수도가 치앙라이→위앙 꿈깜→치앙마

이로 옮겨졌다). 위앙 꿈깜은 18세기까지 명맥을 유지하다가 미얀마(버마)의 침략으로 폐허가 되었으며, 그 후 강물의 범람으로 퇴적층이 쌓이면서 도시는 땅속에 묻히고 말았다.

위앙 꿈깜이 다시 세상에 알려진 것은 1984년이다. 발굴 작업을 통해 확인된 도시의 규모는 3km 크기의 정사각형 형태로 27개의 사원이 존재했다. 발굴 과정에서 출토된 석판들과 불상은 치앙마이 국립 박물관에 전시 중이다. 위앙 꿈깜에서 가장 큰 볼거리는 왓 쩨디 리암 Wat Chedi Liam이다. 위앙 꿈깜의 이정표 역할을 하는 사원으로 복원된 이후에는 승려들이 수행을 시작하면서 사원의 제 기능을 회복한 상태다. 사원에서 가장 중요한 곳은 쩨디(불탑)로, 몬족이 건설했던 탑을 멩라이 왕이 그의 부인을 추모하기 위해 새롭게 만들었다고 한다.

또 다른 볼거리는 왓 쩨디 리암에서 2km 떨어진 왓 깐 똠 Wat Kan Tom이다. 몬족이 건설한 사원(왓 창캄 Wat Chang Kham)이었으나 멩라이 왕이 재건축하며 사원의 이름도 바뀌었다. 역사 속에서만 존재했던 위앙 꿈깜의 모습이 실존하고 있음을 가장 먼저 알려준 사원이다. 쩨디는 18m 높이로 15세기에 세워졌으며, 대법전에 모신 본존불은 멩라이 왕 때부터 신앙의 대상으로 여겨지고 있다.

Map P.371-C2 주소 Tha Wang Tan, Amphoe Saraphi 운영 08:00~17:00 요금 무료 가는 방법 치앙마이 남쪽으로 5km 떨어져 있다. 삥 강을 끼고 형성된 타논 치앙마이-람푼 Thanon Chiang Mai-Lamphun을 따라 내려가면 된다.

위앙 꿈깜

치앙다오 เชียงดาว ★★★
Chiang Dao

치앙다오는 별의 도시라는 뜻으로 치앙마이에서 북쪽으로 72km 떨어져 있다. 이름과 달리 작은 시골 마을로 해발 2,195m의 산(도이 치앙다오 Doi Chiang Dao)이 배경처럼 펼쳐져 있어 경관이 수려하다. 가장 큰 볼거리는 동굴(탐 치앙다오) Chiang Dao Cave이다. 이곳을 찾는 진정한 목적은 한적한 자연을 느끼기 위함이다. 107번 국도에서 멀찌감치 떨어진 자연친화적인 숙소들은 도시의 소음을 완전히 잊게 해준다.

주소 Amphoe Chiang Dao 가는 방법 치앙마이 창프악 터미널에서 출발하는 팡 Fang과 타똔 Tha Ton 행 버스가 치앙다오를 지난다. 06:00~17:30분까지 30분 간격으로 출발한다. 편도 요금은 83B이다. 참고로 미얀마 국경과 가까워 버스 탑승 전에 여권을 확인한다.

치앙다오

몬짬(먼짬) ม่อนแจ่ม ★★★
Mon Cham(Mon Jam)

치앙마이에서 북쪽으로 40km 떨어진 산악 지역이다. 고산족의 생활을 개선하기 위해 왕실에서 지원하는 로열 프로젝트의 일환으로 개발됐다. 해발 1,400m에 위치한 곳으로 선선한 기후를 활용해 고랭지 작물을 재배하기

©태국관광청 먼짬

시작했는데, 이 때문에 만들어진 다랑논(계단식 논)이 독특한 풍경을 선사한다. 덕분에 몽족이 생활하는 오지마을에서 인기 관광지로 변모했다. 꽃 농장을 만들어 입장료를 받고 있고, 경관이 좋은 곳에는 카페가 들어서 있다. 최근 몇 년 사이 캠핑 리조트가 속속 문을 열어 자연을 훼손할 정도에 이르렀다. 청명한 날씨를 보이는 건기(겨울)에 방문하는 게 좋다.

주소 Mon Cham, Amphoe Mae Rim 가는 방법 와로롯 시장 옆 강변에 있는 정류장에서 미니밴(홈페이지 www.facebook.com/Van.Hotsprings)을 타면 된다. 1일 3회(08:00, 11:30, 15:00) 출발한다. 편도 요금은 150B이다. 돌아오는 막차는 오후 4시 40분에 있다.

람푼 ลำพูน ★★☆
Lamphun

치앙마이에서 남쪽으로 26km 떨어져 있는 도시다. 660년 몬족이 건설한 하리푼차이 왕국 Hariphunchai Kingdom의 수도였던 곳이다. 13세기까지 독립을 이루었지만 멩라이 왕의 공격을 받아 1281년에 수도가 함락되면서 란나 왕국에 편입됐다. 왓 프라탓 하리푼차이 Wat Phra That Hariphunchai과 왓 짜마테위 Wat Chama Thewi 사원이 남아있다. 역사에 관심이 많다면 하리푼차이 국립 박물관(입장료 100B)까지 관람하자.

주소 Muang Lamphun 가는 방법 창프악 버스 터미널과 와로롯 시장 옆 강변 정류장에서 미니밴이 출발한다. 07:00~17:30분까지 20분 간격으로 운행한다(편도 35B). 치앙마이 기차역에서 출발하는 완행열차를 이용해도 된다.

람푼

과거에는 치앙마이에서 트레킹만 하면 되었지만, 현재는 태국 문화를 체험할 수 있는 다양한 강좌가 생겨났다. 요리 강습, 타이 마사지 자격증 따기, 태국어 배우기 등 개인적인 관심과 시간에 따라 할 수 있는 것들이 많다. 그중 가장 인기 있는 것은 뭐니 뭐니 해도 요리 강습이다.

요리 강습
Cooking Class

태국을 여행하며 맛보기만 했던 음식을 직접 배워보는 코스다. 반나절에서 하루 일정으로 진행되어 많은 시간을 투자하지 않아도 된다. 투자한 시간은 적지만 무언가 배웠다는 뿌듯함을 선사한다. 재래시장을 방문해(타이 팜 쿠킹 스쿨은 자체 운영하는 농장으로 데리고 간다) 요리에 필요한 태국 향신료에 대해서 공부한 다음 본격적으로 요리를 배우게 된다. 하루 코스로 배울 수 있는 요리는 보통 4~7가지다. 볶음요리, 태국 카레, 똠얌꿍, 팟타이 같은 주요 음식을 어떤 향신료로 어떻게 요리하는지 공부할 수 있다. 직접 만든 음식을 다 함께 먹으며 요리 강습이 마무리된다. 배운 요리를 잊어버리지 않도록 요리 책자를 덤으로 준다. 요리 강습은 하루 코스가 1,000~1,800B이다. 여행사나 게스트하우스에서도 신청이 가능하다. 픽업 여부를 확인할 것.

• **타이 팜 쿠킹 스쿨** Thai Farm Cooking School
Map P.373 주소 38 Thanon Moon Muang Soi 9
전화 08-1288-5989
홈페이지 www.thaifarmcooking.net
• **반 타이** Baan Thai Cookery School
Map P.372-B2 주소 9 Thanon Phra Pokklao Soi 9
전화 0-5335-7339 홈페이지 www.cookinthai.com
• **치앙마이 타이 쿠커리 스쿨**
Chiang Mai Thai Cookery School
Map P.373 주소 47/2 Thanon Moon Muang
전화 0-5320-6388, 0-5320-6315
홈페이지 www.thaicookeryschool.com
• **아시아 시닉 타이 쿠킹** Asia Scenic Thai Cooking
Map P.373 주소 31 Thanon Ratchadamnoen Soi 5
전화 0-5341-8675 홈페이지 www.asiascenic.com

트레킹
Trekking

너무도 상업화하고 규격화되긴 했지만 트레킹은 변함없이 치앙마이의 대표 상품으로 자리하고 있다. 문명과 단절되어 살아 온 산악 민족 마을을 걸어서 방문해 그들의 생활을 간접 체험할 수 있어서 인기가 높았던 트레킹이지만, 현재는 그 모든 것들의 맛보기 수준에 그치고 있다. 도로가 포장되면서 문명 세상과 가까워진 탓도 있고, 트레킹 투어의 일정 때문에 비교적 낮은 지대에 사는 산악 민족 마을을 방문하는 것도 특별한 체험을 방해하는 요소다. 여행사마다 동일한 코스를 반복하다 보니 외국인을 매일 만나게 되는 산악 민족들도 상업화했다. 또한 돈의 힘을 확인한 산악 민족들이 도시로 내려와 장사를 하기 때문에 신비감이 사라진 것도 만족도를 떨어뜨리는 주요인 중의 하나다.

트레킹은 대부분 비슷한 일정으로 진행된다. 치앙마이에서 한 시간 거리인 매땅 Mae Tang 또는 매왕 Mae Wang까지 차로 이동한 다음 래프팅을 먼저하고 산길을 가볍게 걸은 다음에 코끼리를 탄다. 그리고 차를 타고 돌아오는 길에 폭포를 들르거나 인위적으로 조성한 산악 민족 마을(그들은 기념품을 팔고 있다)을 들른다. 산악오토바이(ATV) 타기나 집라인 Zipline을 결합한 투어도 있다. 트레킹을 할 때는 등산복은 필요 없고 걷기 편한 옷이면 충분하다. 래프팅할 때 옷이 젖기 때문에 갈아입을 옷을 준비해야 한다. 겨울에는 생각보다 춥기 때문에 겉옷도 챙겨 가야한다. 자외선 차단제와 모기 퇴치제는 필수. 산악 민족에 관한 정보는 P.416 참고.

트레킹 Trekking

travel plus

트레킹 하면 일반적으로 산을 걸으면서 풍경을 관망하는 것이지만, 태국에서 트레킹이라고 하면 산악 민족 마을(고산족)을 방문하는 것을 의미합니다. 산악 민족 트레킹은 태국 북부에서 가장 중요한 여행 업무 중의 하나입니다. 규격화되고 상업화된 느낌도 있으나 태국 여행에서 특별한 경험임에 틀림없습니다.

1. 트레킹은 며칠이 적당한가요?

태국 북부에서 실시하는 트레킹 투어는 짧게는 하루에서 길게는 열흘 정도 일정으로 꾸며진다. 대도시와 가까울수록 상업화한 산악 민족 마을을 방문하게 된다. 일반적인 여행자라면 1박 2일을 가장 선호한다. 하루 정도 산악 민족 마을에서 숙박하면서 그들의 문화를 체험할 수 있기 때문이다. 일반적으로 1박 2일 투어는 1,200~1,400B, 2박 3일 투어는 1,500~2,000B 정도다.

2. 트레킹은 어떻게 구성되나요?

트레킹은 기본적으로 여행사마다 정해진 코스를 따라 움직인다. 썽태우를 타고 도시 외곽으로 이동한 다음, 트레킹에 앞서 재래시장에 들러 필요한 물건을 구입한 후에 본격적인 트레킹이 시작된다. 산만 걷다 보면 지루하기 때문에 재미를 주기 위해 코끼리 타기와 뗏목 타기가 덤으로 추가된다. 산악 민족 마을에서 잠을 자게 되는데, 일행들과 함께 한 방을 쓰는 경우가 대부분이다. 점심은 준비해 간 도시락을 먹기도 하지만 저녁은 산악 민족 마을에서 가이드가 직접 요리를 해준다. 출발하기 전에 걷는 시간과 어떤 음식이 제공되는지 미리 확인해두면 좋다.

3. 코끼리를 돌보는 트레킹도 있다고요?

코끼리 보호소를 방문해 코끼리를 돌보는 엘리펀트 케어 Elephant Care 프로그램에 참여할 수도 있습니다. 코끼리와의 교감은 물론 목욕까지 시켜줄 수 있어 색다른 경험이 된답니다. 매림 엘리펀트 생추어리 Maerim Elephant Sanctuary(홈페이지 www.maerimelephant sanctuary.com), 타이 엘리펀트 케어 센터 Thai Elephant Care Center(홈페이지 www.thaielephant carecenter. com), 엘리펀트 네이처 파크 Elephant Nature Park(홈페이지 www.elephantnaturepark.org)가 유명합니다. 1일 투어는 2,500B, 1박 2일 투어는 3,000~5,000B 정도 예상하면 됩니다.

4. 가이드가 필요한가요?

산악 마을을 방문하기 때문에 지리에 익숙한 가이드를 동반하는 건 필수 조건이다. 트레킹 도중에 방문하게 되는 산악 민족 언어를 구사하는 가이드와 동행하는 게 좋다.

5. 에티켓은 어떤 것이 있나요?

산악 민족 마을을 방문할 때 신성시하는 물건을 만지면 안 된다. 특히 아카족 마을에서는 마을 입구의 출입문이나 그네를 만지지 않도록 주의해야 한다. 사진은 촬영해도 괜찮은지 먼저 확인해야 한다. 사진이 찍히면 영혼이 빠져나간다는 믿음을 갖고 있는 산악 민족들이 많기 때문이다.

치앙마이의 레스토랑은 다양한데다 요금까지 착하다. 피자, 스파게티, 스테이크 같은 인터내셔널한 음식도 흔하지만, 다른 도시에서 맛보기 힘든 태국 북부 음식만 전문으로 하는 곳도 많다. 젊은 취향의 트렌디한 카페와 푸드코트, 야시장까지 예산과 취향에 따라 취사선택이 가능하다.

구시가 Old Town

여행자 숙소가 몰려 있어 대부분의 레스토랑이 태국 음식과 서양 음식을 함께 요리한다. 오래된 건물들이 많아 소규모 레스토랑이 많다. 음식값도 적당하고 편안해서 여행자들이 좋아하는 레스토랑이 많다.

빠뚜 치앙마이 야시장 ★★★
Pratu Chiang Mai Night Market

빠뚜 치앙마이(치앙마이 게이트) 주변으로 저녁에 형성되는 야시장이다. 쌀국수, 볶음요리, 덮밥, 디저트까지 다양하다. 공간이 넓어 다른 노점보다 테이블이 많아서 현지인들이 즐겨 찾는다. 야시장 맞은편에는 상설 시장인 빠뚜 치앙마이 시장(딸랏 빠뚜 치앙마이)이 있다.
Map P.372-B2 주소 Chiang Mai Gate, Thanon Bamrungburi 영업 18:00~24:00 메뉴 태국어 예산 60~180B 가는 방법 타논 밤룽부리의 빠뚜 치앙마이 Pratu Chiang Mai 오른편에 형성된다. 빠뚜 타페에서 도보 10분.

끼앗오차 เกียรติโอชา ★★★
Kiat Ocha

1957년부터 영업 중인 현지 식당이다. 현지인들에게 꽤 유명한 카우만까이(닭고기덮밥) 전문점이다. 닭고기가 부드러운 것이 특징이다. 양이 적어 한 끼 식사로는 부족하다. '무 싸떼(카레를 발라 구운 돼지고기 숯불구이)'를 곁들이면 부족한 양을 채울 수 있다. 간판은 태국어로만 쓰여 있으나 한자로 發靑이 병기되어 있다. 준비한 닭고기가 다 떨어지면 문을 닫는다.
Map P.372-B2 주소 41 Thanon Inthawarorot 영업

06:00~15:00 메뉴 태국어 예산 50~150B 가는 방법 3왕 동상(쌈깟쌋)을 바라보고 왼쪽 골목인 타논 인타와로롯 안쪽으로 100m 들어간다.

카우 쏘이 쿤야이 ★★★☆
ข้าวซอย คุณยาย
Khao Soi Khun Yai

구시가에서 인기 있는 카우 쏘이 식당이다. 점심시간에만 장사하는 자그마한 노점 식당으로 에어컨은 없다. 카우 쏘이(북부 지방 카레 쌀국수)와 꾸어이띠아우(일반 쌀국수) 두 종류를 요리한다. 고명으로 닭고기(까이), 돼지고기(무), 소고기(느아) 중 선택해 주문하면 된다.
Map P.372-A1 주소 Thanon Si Phum(Sripoom Road) Soi 8 영업 월~토 10:00~14:00(휴무 일요일) 메뉴 영어, 태국어 예산 60~70B 가는 방법 타논 씨품 쏘이 8 골목이 보이면 골목 안쪽으로 들어가지 말고, 골목 옆 첫 번째 건물 안쪽 공터에 있다. 간판이 작아서 유심히 살펴야 한다.

림라오응오우 ลิ้มเหล่าโหงว ★★★☆
Lim Lao Ngow Fishball Noodle

방콕(차이나타운)에 있는 유명한 어묵 쌀국수 식당의 치앙마이 지점이다. 직접 만든 어묵을 이용해 쌀국수를 만들어 준다. 네 종류의 쌀국수가 있는데, 국물 없이 비빔국수로 먹는 '바미 행' Dried Special Egg Noodle이 유명하다. 점심시간이 지나면 문을 닫는다.
Map P.372-B2 주소 Thanon Inthawarorot 전화 0-5332-7304 영업 09:00~14:30 메뉴 영어, 태국어 예산 쌀국수 60B 가는 방법 3왕 동상을 바라보고 왼쪽에 있는 도로(타논 인타와로롯)를 따라 200m.

치앙마이는 음식도 다르다

travel plus

태국 중부와 나라가 달랐듯이 태국 북부는 음식도 다릅니다. 중부 지방의 음식이 인도와 중국의 영향을 받았다면, 북부 지방의 음식은 지형적으로 인접한 중국·미얀마 음식의 영향을 받았습니다. 중부 지방에 비해 덜 맵고, 카레를 이용한 음식이 많습니다. 치앙마이를 방문했다면 최소한 '카우 쏘이' 한 그릇은 맛보도록 합시다.

▶카우 쏘이 Khao Soy ข้าวซอย

대표적인 태국 북부 음식이다. 중부 지방의 꾸어이띠아우(쌀국수)처럼 북부 지방에서 흔하게 먹는 국수 요리다. 카레와 코코넛 밀크를 이용해 국물을 낸다. 국수 면발도 하얀색의 쌀국수가 아닌 노란색의 바미(달걀을 넣어 반죽한 밀가루 국수)를 넣는다. 양파와 라임, 배추절임을 함께 곁들여 먹는다. 닭고기를 넣으면 '카우 쏘이 까이', 쇠고기를 넣으면 '카우 쏘이 느아'가 된다.

▶깽항레 Kaeng Hang Leh แกงฮังเล

태국 북부를 대표하는 카레 요리다. 일반적인 태국 카레에 비해 맛이 부드럽다. 음식의 주재료인 닭고기나 돼지고기를 심황, 달짝지근한 검정콩 소스에 20~30분 정도 재워둔다. 기름을 두르고 카레 파우더를 센 불에 볶은 다음 재워 둔 고기를 넣는다. 일반적인 태국 카레와 달리 코코넛 밀크를 사용하지 않고, 야채를 삶아 만든 육수나 생수를 이용해 요리한다. 마늘과 생강, 설탕, 생선 소스, 타마린드 소스를 넣고 간을 맞춘다. 닭고기보다는 돼지고기를 넣은 '깽항레 무'가 보편적이다.

▶카놈찐 남응이아우 Khanom Jeen Nam Ngiaw ขนมจีนน้ำเงี้ยว

돼지고기 또는 돼지 갈비, 선지, 토마토를 넣고 끓인 매콤한 육수(남응이아우)에 소면과 비슷한 쌀국수 생면(카놈찐)을 넣은 국수다.

▶남프릭 엉 Namphrik Ong น้ำพริกอ่อง

돼지고기와 토마토를 갈아서 만든 디핑 소스다. 샬롯, 레몬그라스, 마늘을 함께 썰어서 넣고 후추, 소금, 새우 소스와 물을 넣어 약한 불에 10분 정도 끓이면 된다. 돼지고기와 토마토가 뒤섞여 독특한 맛을 낸다. 한국으로 치면 일종의 쌈장으로 각종 야채를 찍어서 먹는다. 쌀밥보다는 찰밥인 카우 니아우를 곁들이면 더 좋다.

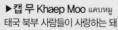

▶싸이 우아 Sai Ua(Sai Oua) ไส้อั่ว

태국 북부 지방에서 흔히 볼 수 있는 돼지고기로 만든 소시지다. 허브와 스파이스를 듬뿍 넣어 매콤함과 향긋한 맛을 동시에 선사한다. 대부분 그릴에 구워서 먹는다.

▶캡 무 Khaep Moo แคบหมู

태국 북부 사람들이 사랑하는 돼지껍데기 튀김이다. 너무 얇게 썰어 튀겨서 언뜻 봐서는 전혀 돼지고기란 생각이 들지 않는다. 바삭거리는 맛이 일품으로 쌀국수는 물론 다양한 음식에 고명으로 첨가된다. 치앙마이를 방문한 방콕 사람들이 재래시장에 들러 대량 구매할 정도로 인기가 있는 특산품이다.

블루 누들 ก๋วยเตี๋ยว สีฟ้า ★★★☆
Blue Noodle

해자 안쪽의 구시가에서 인기 있는 쌀국수 식당이다. 소고기 쌀국수와 돼지고기 쌀국수 두 종류를 요리한다. 소고기를 푹 고아서 만든 '꾸어이띠아우 느아뚠' Noodle Soup with Stewed Beef이 가장 유명하다. 면발의 종류를 선택해 주문하면 된다. 참고로 면발은 쎈미→쎈렉→쎈야이 순서로 굵어진다. 위치가 좋은데다가 워낙 유명해서 식사시간에 대기해야 하는 경우가 많다.

Map P.373 주소 99 Thanon Ratchapakhinai 영업 10:00~18:00 메뉴 영어, 중국어, 태국어 예산 70~90B 가는 방법 타논 랏차파카나이 & 타논 랏차담넌 사거리에서 남쪽(타논 랏차파카나이) 방향으로 50m.

쪽 쏨펫 โจ๊กสมเพชร ★★★
Jok Somphet

구시가에 있는 죽 집으로 1989년부터 영업하고 있다. 24시간 운영하는 곳이라 간단한 아침식사나 야식을 즐기기 위해 찾는 사람들이 많다. '쪽'은 쪼우(粥)로 알려진 중국식 쌀죽의 태국식 버전이다. 메뉴판에 영어로 콘지 Congee라고 적혀 있다. 카우쏘이, 볶음면, 볶음밥 등도 함께 요리한다. 딤섬을 곁들여 식사해도 좋다.

Map P.372~B1 주소 59/3 Thanon Si Phum(Sri Poom Road) 전화 053-210-649 영업 24시간 메뉴 영어, 태국어 예산 45~120B 가는 방법 빠뚜 창프악(창프악 게이트)에서 동쪽으로 350m 떨어진 타논 씨품에 있다.

싸이롬쩌이 ★★★
Sailomjoy

테이블 몇 개가 전부인 로컬 레스토랑인데도 항상 사람들로 붐빈다. 쌀국수와 팟타이 같은 간단한 음식을 요리하던 식당인데, 입소문이 퍼져 외국인들도 즐겨 찾는다. 외국인들이 찾아오면서 서양식 아침 메뉴세트를 선보여 이 또한 인기를 끌고 있다.

Map P.373 주소 Thanon Ratchadamnoen 영업 07:30~16:00 메뉴 영어, 태국어 예산 태국 요리 70~180B 가는 방법 빠뚜 타패 안쪽에서 타논 랏차담넌 방향으로 10m.

럿롯(릭로스) เลิศรส (임시 휴업중) ★★★
Lert Ros

이싼 음식(P.699 참고) 전문점이긴 하지만 대중적인 맛으로 외국인 여행자들을 만족시킨다. 민물 생선 소금구이(쁠라 파오) Grill Fish가 유명하며, 생선이 부담된다면 양념 돼지고기 구이(무양) Grill Pork를 주문하면 된다. 입구는 화덕에 생선을 굽는 사람들로 항상 분주하다. 주변에 여행자 숙소가 많아 외국인들에게 특히 인기 있다. 저녁시간에는 줄 서서 기다려야하는 경우도 흔하다.

Map P.373 주소 Thanon Ratchadamnoen Soi 1 영업 12:00~21:00 메뉴 영어, 한국어, 중국어, 태국어 예산 돼지고기 구이 50B, 생선 구이 150~180B 가는 방법 빠뚜 타패(타패 게이트) 안쪽의 구시가, 타논 랏차담넌 쏘이 1 골목 안쪽으로 120m.

흐언펜 เฮือนเพ็ญ ★★★☆
Huen Phen

치앙마이 구시가에 있는 대표적인 태국 음식점이다. '카우 쏘이'를 비롯해 '남프릭 엉'까지 태국 북부 음식이 유명하다. 왓 프라씽과도 가깝고, 차분하고 조용한 치앙마이 옛 거리 풍경도 고스란히 전해진다. 점심시간에는 간단히 식사할 수 있는 단품 메뉴로 구성되며, 태국 관광객들로 붐빈다.

Map P.372~A2 주소 112 Thanon Ratchamankha 전화 0-5381-4548 영업 08:30~15:00, 17:00~22:00 메뉴 영어, 태국어 예산 80~220B 가는 방법 타논 랏차만카의 아노닷 호텔 Anodard Hotel을 바라보고 오른쪽으로 200m 떨어져 있다.

에스피 치킨 ★★★☆
SP Chicken

왓 프라씽 사원 옆 골목에 있는 태국식 통닭집(까이양)이다. 숯불을 이용해 구운 통닭이라 부드럽고 마늘을 첨가해 한국인 입맛에도 잘 맞는다. 통닭은 한 마리 또는 반 마리로 주문 받는다. 쏨땀(파파야 샐러드)과 카우니아우(찰밥)을 곁들이면 좋다. 주문 용지에 원하는 음식을 체크해야 하는데, 영어 메뉴판이 있어 불편함이 없다.

Map P.372-A2 주소 9/1 Thanon Samlan(Sam Larn Road) Soi 1 전화 08-0500-5035 영업 10:00~17:00 메뉴 영어, 태국어, 일본어 예산 통닭 반 마리 105B, 통닭 한 마리 190B 가는 방법 왓 프라씽 사원 정문을 바라보고 왼쪽 골목(타논 쌈란 쏘이 1) 안쪽으로 150m.

아룬 라이 레스토랑 ★★★
Aroon Rai Restaurant

치앙마이에서 62년째 영업 중인 태국 음식점이다. 에어컨도 없는 서민 식당으로 부담 없는 가격에 태국 북부 음식을 맛 볼 수 있다. 대표적인 북부 카레 요리인 '깽항레'는 외국인이 먹기에도 맵지 않고 부드러워 인기가 있다. 기본적인 음식은 진열대에서 직접 보고 주문하면 된다.

Map P.374-A1 주소 45 Thanon Kotchasan 전화 0-5327-6947 영업 11:30~21:30 메뉴 영어, 태국어 예

산 65~150B 가는 방법 빠뚜 타패를 나와서 타논 콧차싼 따라 100m 내려간다.

카페 1985 ★★★
Kafe 1985

타논 문무앙의 대표적인 여행자 카페다. 카페와 레스토랑을 겸하며, 에어컨이 나오는 실내에는 포켓볼과 TV가 설치되어 있다. 도로에도 테이블을 몇 개 내놓고 있어 야외에서 자유롭게 식사도 가능하다. 태국 음식과 서양 음식을 요리하며 커피와 맥주도 판다. 저녁 시간에 거리 풍경을 바라보며 맥주 마시기 좋다.

Map P.373 주소 127/9 Thanon Moon Muang 전화 0-5321-2717 영업 09:00~24:00(휴무 목요일) 메뉴 영어, 태국어 예산 100~230B 가는 방법 타논 문무앙 쏘이 하 Soi 5 입구에 있다. 빠뚜 타패에서 도보 4분.

블루 다이아몬드 ★★★☆
Blue Diamond

직접 만든 신선한 빵으로 다양한 식단을 꾸린다. 브렉퍼스트 클럽 The Breakfast Club 이란 부제처럼 40여 종에 이르는 아침 세트 메뉴가 있다. 태국 음식도 잘 갖추어져 있으

칸똑 쇼 감상하기 Khantoke Dinner

travel plus

치앙마이에서는 좀 더 '치앙마이스런 경험'을 해보세요. '칸똑 쇼'라 불리는 전통 공연을 관람하는 것입니다. 똑같은 얼굴의 무희들이 전통 복장만 갈아입고 춤을 춘다면 식상하겠지만, 칸똑 쇼는 산악 민족들의 의상을 입고 춤을 추며 다양하게 어우러집니다. 칸똑 쇼의 또 다른 재미는 밥상입니다. 칸똑은 칸(그릇)과 똑(밥상)이 합쳐진 말로, 태국 북부 음식이 골고루 갖추어진 밥상을 받게 됩니다. 대나무 밥상에 내오기 때문에 바닥에 앉아서 식사를 해야 합니다.

현대적 시설의 대형 공연장을 선호한다면 쿰 칸똑이 좋고, 좀 더 예스런 분위기를 좋아한다면 올드 치앙마이 컬처럴 센터가 좋습니다. 두 곳 모두 교통편이 불편하기 때문에 여행사를 통해서 예약하는 게 편리합니다. 요금은 590~790B으로 픽업이 포함되며 공연은 오후 7시 30분에 시작됩니다.

- **쿰 칸똑 Khum Khantoke**
  Map P.371-C1 주소 139 Moo 4 Nong Pakrung 전화 0-5330-4121 홈페이지 www.khumkhantoke.com
- **올드 치앙마이 컬처럴 센터 Old Chiang Mai Cultural Center**
  Map P.370-B2 주소 185/3 Thanon Wualai 전화 0-5320-2993~5 홈페이지 www.oldchiangmai.com

며 양도 많다. 음식은 채식 위주로 구성했으며 화학조미료(MSG)를 사용하지 않아 자극적이지 않고 건강한 맛이다. 주변에 게스트하우스가 많아 외국인 여행자들에게 인기 있다.

Map P.373 주소 35 Thanon Moon Muang Soi 9 전화 0-5321-7120 영업 07:00~21:00(휴무 일요일) 메뉴 영어, 태국어 예산 130~260B 가는 방법 타논 문무앙 쏘이 까우 Soi 9 중간에 있다.

■ 쿤 깨 주스 바 ★★★☆
Khun Kae's Juice Bar

구시가 골목에 있는 자그마한 주스 가게로 '깨' 아줌마가 운영한다. 신선하고 당도 높은 열대 과일을 이용해 즉석에서 스무디와 과일 주스를 만들어 준다. 유기농 채소와 과일을 결합한 음료와 스무디 볼 Smoothie Bowl까지 다양하다. 건강한 주스 가게를 표방하는 곳으로 무엇보다 가성비가 좋다.

Map P.373 주소 19/3 Thanon Moon Muang Soi 7 전화 084-378-3738, 081-022-9292 홈페이지 www.facebook.com/khunkaejuicebar 영업 09:00~19:30 메뉴 영어 예산 50~90B 가는 방법 타논 문무앙 쏘이 7 골목에 있다.

■ 갤러리 드립 커피 ★★★★
Gallery Drip Coffee

방콕 아트 & 컬처 센터(P.110)에 있는 갤러리 드립 커피의 치앙마이 지점이다. 치앙마이 문화 예술 센터 내부에 카페가 들어서 있다. 태국(치앙마이, 치앙라이)에서 재배한 원두를 이용해 드립 커피를 내려준다. 카페 자체는 아담하지만 박물관 뒤뜰의 중정에 야외 테이블이 놓여 분위기가 좋다. 박물관 입장권 없이 카페만 방문할 수 있다.

Map P.372-B1 주소 Chiang Mai City Art & Cultural Center, Thanon Ratwithi(Ratvithi Road) 전화 08-2545-6392 홈페이지 www.facebook.com/GallerydripCMI 영업 수~일 09:00~17:00(휴무 월~화요일) 예산 드립 커피 85~140B 가는 방법 치앙마이 문화 예술 센터 후문(매표소 반대편)에 있다. 타논 랏위티 방향으로 들어가면 된다.

■ 아카 아마 커피(프라씽 지점) ★★★★
Akha Ama Coffee

치앙마이에서 요즘 잘 나가는 카페다. 본점은 '산띠탐'에 있는데 초행길 여행자들이 찾아가긴 불편하고, 왓 프라씽 Wat Phra Sing 앞쪽에 분점이 찾아가기 좋다. 붉은 벽돌을 이용해 인테리어를 꾸민 카페는 복층 건물로 분위기도 좋다.

태국에 거주하는 산악 민족인 아카족 젊은이들이 운영한다. '아카 아마'는 아카 어머니('아마'는 아카족 언어로 어머니라는 뜻)이다. 가족이 운영하는 커피 농장에서 커피를 재배하고 직접 로스팅해 핸드 드립으로 커피를 내려준다.

Map P.372-A2 주소 175/1 Thanon Ratchadamnoen 전화 08-6915-8600 홈페이지 www.akhaamacoffee.com 영업 08:00~17:30 예산 커피 70~120B 가는 방법 왓 프라씽(사원)을 등지고 서서, 앞에 보이는 삼거리 정면(타논 랏차담넌) 방향으로 50m. 끄룽타이 은행 Krung Thai Bank 옆에 있다.

■ 파타라 커피 ★★★☆
Fahtara Coffee

파 란나 스파 Fah Lanna Spa에서 운영하는 카페를 겸한 레스토랑. 도로 안쪽에 살짝 숨겨져 있다. 나무 바닥과 나무 그늘, 물레방아가 어우러져 자연 속의 한적한 느낌을 선사하며, 종이 파라솔과 산악 민족이 만든 쿠션 등이 란나(태국 북부 지방) 분위기를 자아낸다. 브런치부터 팟타이, 파스타, 스테이크까지 취향껏 식사도 가능하다. 차분하게 커피 마시거나 디저트를 즐기기 좋다.

Map P.372-A1 주소 57 Thanon Wiang Kaew 전화 08-4623-5999 홈페이지 www.fahtara.coffee 영업 08:00~20:00 메뉴 영어, 태국어 예산 커피 70~120B, 메인 요리 160~480B 가는 방법 타논 위앙깨우 & 타논 짜반 사거리 코너에 있다. 파 란나 스파 Fah Lanna Spa 옆.

펀 포레스트 카페 ★★★☆
Fern Forest Cafe

치앙마이 구시가를 벗어나지 않고 야외 카페에서 차분한 시간을 보낼 수 있는 곳이다. 양치류 식물이 가득한 야외 정원이 잘 가꾸어져 있어 도심 속의 여유를 선사한다. 커피와 차, 케이크, 아이스크림을 즐기며 차분한 시간을 보내기 좋다. 샌드위치와 팬케이크, 아침 메뉴는 물론 파스타와 기본적인 태국 음식도 요리한다.

Map P.372-A1 주소 Thanon Singharat Soi 4 전화 0-5341-6204 영업 08:30~18:00 메뉴 영어, 태국어 예산 커피 90~120B, 메인 요리 175~395B 가는 방법 타논 씽하랏 쏘이 4 골목 입구에 있다. 왓 프라씽을 바라보고 오른쪽(북쪽)으로 600m.

버드 네스트 카페 ★★★
Birds Nest Cafe

새가 둥지를 틀듯 작고 아늑한 카페. 치앙마이 구시가에 있는 작은 목조 건물을 개조했다. 협소한 공간이지만 벽면에 그림을 그려 분위기를 업시켰다. '슬로 트래블'에 어울리는 곳으로 쿠션에 몸을 기대고 널브러져 멍 때리기 좋다. 커피와 샌드위치, 서양식 아침 메뉴와 샐러드를 요리한다.

Map P.372-A1 주소 11 Thanon Singharat Soi 3 전화 0-5341-6880 홈페이지 www.facebook.com/birdsnestcafe 영업 09:00~18:00 메뉴 영어 예산 95~220B 가는 방법 타논 씽하랏 쏘이 3 골목 안쪽으로 200m 들어간다. 왓 프라씽에서 도보 8분.

유엔 아이리시 펍 ★★★☆
UN Irish Pub

전통 아이리시 펍이라기보단 여행자들을 위한 카페 & 레스토랑에 가깝다. 2층 건물이라 실내가 널찍하다. 건물 뒤쪽 마당에는 야외 테이블도 있다. 단순히 맥주만 파는 게 아니라 아침식사부터 태국 음식, 피자, 스테이크를 함께 요리한다. 프리미어 축구 중계를 시청하며 맥주를 마시는 여행자들도 많다.

Map P.373 주소 24/1 Thanon Ratwithi 전화 0-5321-4554 홈페이지 www.unirishpub.com 운영 10:00~23:00 메뉴 영어, 태국어 예산 160~350B 가는 방법 타논 랏위티 쏘이 2 골목 입구 오른쪽에 있다.

대시 레스토랑 ★★★☆
Dash Restaurant

구시가 안쪽에서 분위기 있게 식사할 수 있는 레스토랑이다. 티크 나무로 만든 전통 가옥과 야외 정원이 어우러진다. 팟타이, 카우 쏘이, 똠얌꿍, 태국 카레, 생선 요리까지 무난한 태국 음식이 많다. 매운 음식을 못 먹는 서양인을 위해 파스타 메뉴도 갖췄다. 음식 값은 비싼 편이나 특히 외국인 관광객이 많이 찾는다.

Map P.372-B2 주소 38/2 Thanon Moon Maung Soi 2 전화 08-5347-7445 홈페이지 www.dashchiangmai.com 영업 10:00~14:00, 17:30~21:30 메뉴 영어, 태국어 예산 180B~550B 가는 방법 타논 문무앙 쏘이 2 또는 타논 문무앙 쏘이 1 골목으로 들어간다.

더 하우스 바이 진저 ★★★★
The House by Ginger

1960년대에 지은 우아한 건물을 레스토랑으로 개조해 고급 호텔 레스토랑과 맞먹는 분위기다. 건물의 원래 주인은 치앙마이로 망명했던 미얀마(버마) 왕자였다고 한다. 신선한 해산물과 수입한 쇠고기를 이용한 그릴 요리와 주요한 태국 음식을 요리한다. 진저 & 카페 Ginger & Kafe를 함께 운영한다.

Map P.373 주소 199 Thanon Moon Muang 전화 0-5341-9011~3 홈페이지 www.thehousebygingercm.com 영업 11:00~22:00 예산 260~590B (+10% Tax) 가는 방법 타논 문무앙 쏘이 쩻 Soi 7과 쏘이 뺏 Soi 8 사이에 있다.

삥 강 & 나이트 바자
Mae Nam Ping & Night Bazaar

삥 강 주변은 강을 끼고 있어 낭만적인 레스토랑이 많다. 치앙마이의 유명한 태국 음식점들이 대거 몰려 있어 현지인들이 즐겨 찾는다. 밤이 되면 수준급의 라이브 밴드를 무대에 세워 흥을 돋우기도 한다. 리버사이드 바 & 레스토랑(P.406 참고)과 굿 뷰(P.406 참고)가 대표적인 곳이다.

나이트 바자 주변은 시장통이라 어수선하다. 외국인들이 쇼핑하려고 찾는 곳인 만큼 유럽 음식점과 패스트푸드, 카페가 많다. 다양한 푸드코트는 나이트 바자의 활기를 느낄 수 있다.

넹 무옵옹 เหน่งหมูอบโอ่ง
Neng Earthen Jar Roast Pork ★★★★

커다란 항아리에 숯불을 넣어 고기를 요리하는 로컬 식당. 바삭한 돼지고기 구이인 '무끄롭(무꼽)' Crispy Pork이 유명하다. 닭고기 구이(까이옵옹 Chicken Op Ong)도 항아리를 이용해 만든다. 밑반찬으로 쏨땀(파파야 샐러드)을 곁들여 식사하면 된다. 영어 메뉴판이 있으며 외국 관광객에 친절한 편이다.

Map P.370-B1 주소 3 Thanon Rattanakosin 전화 08-2766-4330 영업 10:30~20:00 메뉴 영어, 태국어 예산 70~200B 가는 방법 구시가 북쪽의 타논 라따나꼬씬에 있다. 빠뚜 타패(타패 게이트)에서 북쪽으로 2km.

빠꼰 키친
Pakorn's Kitchen ★★★☆

관광지가 아닌 거리에 있음에도 불구하고 유독 외국 관광객에게 인기 있는 태국 음식점이다. 에어컨 없는 전형적인 로컬 식당이지만 깔끔하게 관리되고 있다. 시그니처 메뉴는 마싸만 카레 Massaman Curry다. 카우쏘이, 똠얌꿍, 각종 볶음 요리, 태국 카레, 쏨땀, 덮밥까지 다양하게 요리한다. 영어가 통하고 친절한 것도 관광객을 끌어들이는 요인 중 하나다.

Map P.372-B2 주소 20/7 Thanon Si Donchai(Sridonchai Road) 전화 06-2375-1641 홈페이지 pakorns-kitchen.business.site 영업 일~금 11:00~23:00(휴무 토요일) 메뉴 영어, 태국어, 중국어 예산 단품 메뉴 50~80B, 메인 요리 150~380B 가는 방법 구시가를 둘러싼 해자 동남쪽 코너에서 타논 씨돈차이 방향으로 200m.

옴(란아한 옴 망싸위랏) ★★★☆
Aum Vegetarian Restaurant

치앙마이에서 유명한 채식 전문 레스토랑으로 1982년부터 영업하고 있다. 골목 안쪽에 있는 편안한 분위기의 2층 집으로 에어컨은 없다. 바닥에 쿠션이 깔려 있는 좌식 테이블로 신발을 벗고 드나들어야 한다. 버섯, 두부, 감자 등을 주재료로 한 태국 음식을 요리한다. 스프링롤, 완탕 수프, 쏨땀, 팟타이, 볶음밥, 태국 카레는 물론 카우 쏘이 같은 북부지방 쌀국수도 맛 볼 수 있다.

Map P.370-B2 주소 1/4 Soi Suriyawong 전화 053-278-315 홈페이지 www.facebook.com/AumVegetarianRestaurant 영업 11:00~20:00 메뉴 영어, 태국어 예산 80~165B 가는 방법 빠뚜 치앙마이(치앙마이 게이트)에서 남쪽으로 400m 떨어진 타논 쑤리야웡에 있다.

라밍 티 하우스 ★★★☆
Raming Tea House

티크 나무로 만든 콜로니얼 양식의 건물이다. 우아한 실내 공간을 지나면 평화로운 정원이 뒷마당을 장식하고 있다. 높은 천장과 테라스를 장식한 섬세한 목조 세공 기술, 동양의 정취가 가득한 도자기가 로맨틱한 분위기를 연출한다. 다양한 차는 기본이고 태국 음식부터 파스타까지 외국인을 위한 메뉴도 골고루 갖추고 있다. 셀라돈 도자기를 판매하는 싸얌 셀라돈 Siam Celadon에서 운영한다. 각종 그릇과 다기를 판매하는 상점과 레스토랑이 결합되어 있다.

Map P.374-A1 주소 158 Thanon Tha Phae 전화 0-5323-4518 영업 09:30~18:00 메뉴 영어, 태국어 예산 125~450B(+10% Tax) 가는 방법 빠뚜 타패(타패 게이트)에서 타논 타패를 따라 700m 직진한다.

끼띠 파닛 กิติพานิช
Kiti Panit ★★★★

빈티지한 느낌의 고급 타이 레스토랑이다. 빠뚜 타패(타패 게이트) 앞쪽으로 이어지는 구

도심 한복판에 있다. 130년 된 건물(1988년에 문을 열었던 치앙마이 최초의 종합 상점)을 리모델링한 것이 매력이다. 깽헝레, 카우쏘이 같은 란나 음식(태국 북부 전통 음식)을 요리한다. 분위기에 걸맞게 음식 값은 비싸다.
Map P.374-B1 주소 19 Thanon Tha Phae 전화 08-0191-7996 홈페이지 www.kitipanit.com 영업 월, 수~일 11:30~15:00, 17:00~21:00(휴무 화요일) 메뉴 영어, 태국어 예산 메인 요리 260~420B(+10% Tax) 가는 방법 빠뚜 타패(타패 게이트)를 등지고 정면(타논 타패 방향)으로 750m.

에까찬 เอกฉันท์ ★★★★☆
Ekachan

분위기와 맛 모두를 충족시키는 태국 레스토랑이다. 강변의 옛 전통가옥(반 보란) 옆에 있는데, 자그마한 공간을 모던한 인테리어로 산뜻하게 꾸몄다. 젊은 셰프들이 요리하는 매력적인 태국 음식을 맛볼 수 있다. 태국 음식에 익숙하다면 카레 종류를, 태국 음식에 익숙하지 않다면 볶음 요리 위주로 주문하면 된다. 비싸지 않은 가격에 파인 다이닝을 즐길 수 있다. 예약하고 가는 게 좋다.
Map P.374-B2 주소 Ancient House Chiang Mai, 95 Thanon Charoen Prathet 전화 09-7962-6445 홈페이지 www.facebook.com/ekachan.ethnicthaicuisine 영업 화~일 10:00~22:00(휴무 월요일) 메뉴 영어, 태국어 예산 179~450B 가는 방법 타논 짜런쁘라텟에 있는 '반 보란 치앙마이' บ้านโบราณเชียงใหม่(영어로 Ancient House Chiang Mai) 내부에 있다. 전통 가옥을 바라보고 왼쪽에 일렬로 들어선 식당들 중간에 있다.

차이트 로스터 ★★★★
Zeit Roaster

브루잉 랩 카페 Brewing Lab Cafe를 표방하는 자그마한 카페. 매장에 로스팅 기계가 떡하니 자리 잡고 있어 전문적인 커피숍임을 알 수 있다. 자체 운영하는 커피 농장에서 재배한 신선한 원두를 매장에서 로스팅해서 드립 커피로 내려준다. 수입 원두(자메이카, 에티오피아,

혼두라스, 콜롬비아, 파푸아뉴기니)도 선택할 수 있다. 커피 농장 투어도 운영한다.
Map P.374-B2 주소 Ancient House Chiang Mai, 95 Thanon Charoen Prathet 전화 06-2198-009 영업 월~토 09:00~17:00(휴무 일요일) 메뉴 영어 예산 태국 원두 80~90B, 수입 원두 120~350B 가는 방법 타논 짜런쁘라텟에 있는 '반보란' Ancient House Chiang Mai 내부에 있다. 전통 가옥을 바라보고 왼쪽에 일렬로 들어선 식당들 중에 강변 방향으로 맨 끝집.

우 카페 ★★★☆
Woo Cafe

카페와 아트 갤러리, 라이프스타일 숍 Lifestyle Shop이 결합된 복합 공간이다. 나무와 타일이 깔린 바닥과 높은 천장, 야외 테라스가 평화롭게 어우러져 있다. 꽃과 화초, 화분, 전등으로 인테리어를 꾸며 식물원처럼 쾌적하다. 커피와 차(茶), 케이크를 곁들여 한가한 시간을 보내기 좋다. 샌드위치, 볶음밥, 스파게티 같은 식사도 가능하다. 부티크 숍에서는 그릇과 도자기, 액세서리, 숄더백, 소품을 판매한다.
Map P.374-B1 주소 80 Thanon Charoenrat(Charoenraj Road) 전화 0-5200-3717 홈페이지 www.woo chiangmai.com 영업 10:00~22:00 메뉴 영어 예산 음료 80~150B, 메인 요리 180~350B 가는 방법 삥 강을 끼고 있는 타논 짜런랏에 있다. 위앙쭘언 티 하우스 Vieng Joom On Tea House 맞은편에 있다.

브이티(위티) 냄느앙 วีที แหนมเนือง
VT Nam Nueng ★★★☆

현지인들이 즐겨 찾는 베트남 음식점. 2층 규모로 에어컨이 갖춰져 있다. 대표 메뉴인 냄느앙 Nam Nueng은 미트볼 모양의 고기구이로 각종 채소, 허브와 함께 라이스페이퍼에 싸서 먹는다. 다진 새우 살을 사탕수수 줄기에 감싸 구운 짜오똠 Chao Tom(태국어로 꿍판어이 กุ้งพันอ้อย)도 인기 메뉴다. 월남쌈으로 알려진 고이꾸온 Goi Cuon을 비롯해 향긋한 허브가 첨가된 음식이 많다. 향신료에 익숙하지 않은 사

람들에게는 추천하지 않는다.

Map P.374-B1 주소 49/9 Thanon Chiang Mai-Lam Phun 전화 0-5326-6111 홈페이지 www.facebook. com/VTMeechok 영업 09:00~21:00(휴무 화요일) 메뉴 영어, 태국어 예산 150~270B 가는 방법 삥 강 오른쪽 편의 타논 치앙마이-람푼 거리에 있다.

나카라 쟈뎅 ★★★★
Nakara Jardin

한적한 삥 강변의 카페 겸 레스토랑이다. 열대 식물이 가득한 정원과 강변 풍경이 평화롭게 어우러진다. 강변의 야외 테라스에서 애프터눈 티를 마시며 담소 나누는 사람들로 활기가 넘친다. 프랑스 · 이탈리아 음식을 메인으로 요리한다. 커피 또는 차(茶)와 함께 곁들이기 좋은 달달한 디저트도 다양하게 마련한다. 3단 접시로 구성된 2인용 애프터눈 티 세트(1,190B)도 인기 있다.

Map P.374-B2 주소 11 Thanon Charoen Prathet Soi 9 전화 0-5381-8977 홈페이지 www.pingnakara. com/nakara_jardin 영업 11:00~19:00(휴무 수요일) 메뉴 영어, 태국어 예산 음료 100~160B, 메인 요리 550~890B(+7% Tax) 가는 방법 타논 짜런쁘라텟 쏘이 9 안쪽의 골목길을 따라 들어가면 길 끝에 있다. 삥 나카라 호텔 옆(오른쪽) 골목으로 들어가도 된다.

타논 님만해민& 치앙마이 대학교 주변
Thanon Nimmanhaemin & Chiang Mai University

빠뚜 타패 주변이 여행자들을 위한 거리라면, 타논 님만해민은 태국 젊은이들을 위한 거리다. 최근 몇 년 사이 타논 님만해민의 골목골목은 카페, 레스토랑, 펍으로 채워지고 있다. 치앙마이의 선남선녀들이 모이는 곳인 만큼 트렌디하다.

카우 쏘이 매사이 ร้านข้าวซอยแม่สาย
Khao Soi Mae Sai ★★★☆

치앙마이에서 인기 있는 쌀국수 식당 중 하나다. 항상 붐비기 때문에 합석해야 하는 경우도 있다. 메뉴는 다섯 가지로 단출한데, 닭고기를 넣은 '카우 쏘이 까이'가 특히 유명하다.

선지가 들어간 매콤한 국수 '카놈찐 남응이아우'도 있다. 사진이 들어간 영어 메뉴판이 갖춰져 있다.

Map P.370-B1 주소 29/1 Soi Ratchaphuek 전화 0-5321-3284 홈페이지 www.facebook.com/khaosoi. maesai.chiangmai 영업 08:00~16:00 메뉴 영어, 태국어 예산 55~60B 가는 방법 YMVA 뒤쪽의 쏘이 랏차프룩에 있다.

까이양 위치안부리 ★★★☆
ไก่ย่างวิเชียรบุรี(นิมมาน 11)
Kai Yang Wichian Buri

타논 님만해민에서 유명한 '까이 양'(숯불 통닭구이) 식당이다. 노점 형태의 허름한 식당으로 에어컨 같은 건 없다. 슬레이트 지붕 아래에 테이블이 놓여 있다. 식당 입구에서 굽고 있는 통닭의 개수를 보면 얼마나 장사가 잘되는지 금방 알 수 있을 정도다. 쏨땀(파파야 샐러드)과 카우니아우(찰밥)을 함께 곁들이면 된다. 하루치 준비한 통닭이 다 팔리면 문을 닫으니 너무 늦게 가지 말 것.

Map P.402 주소 Thanon Nimmanhaemin Soi 11 영업 화~일 09:00~15:00(휴무 월요일) 메뉴 영어, 태국어 예산 60~180B 가는 방법 타논 님만해민 쏘이 11 끝자락에 있다.

꼬이 카우만까이(꼬이 치킨 라이스)
ข้าวมันไก่ โกยี
Koyi Chicken Rice ★★★☆

태국인 가족이 운영하는 닭고기덮밥(치킨라이스) 식당이다. 일반적으로 카우만까이(삶은 닭고기덮밥)를 주문하지만, 카우만까이텃(닭튀김 덮밥)도 가능하다. 음식 양도 선택할 수 있는데 보통 크기는 '타마마', 곱빼기는 '피쎗'을 달라고 하면 된다. 현지인들이 간단하게 식사하기 위해 찾는 곳으로 점심시간에는 대기 손님이 있을 정도로 유명하다.

Map P.402 주소 69/3 Thanon Sirimangkhalachan(Siri Mangkalajarn Road) 영업 08:00~14:30 메뉴 영어, 태국어 예산 50~120B 가는 방법 타논 씨리망카라짠 쏘

이 11과 쏘이 13 사이에 있다.

카우 쏘이 님만 ★★★☆
Kao Soy Nimman

님만해민 지역에 있는 카우 쏘이 식당 중에 가장 유명하다. 노점 식당에 비해 시설이 좋고 규모도 크다. 인기의 비결을 카우 쏘이에 들어가는 고명을 다양화해서 선택의 폭을 넓혔다는 것이다. 해산물과 닭다리를 함께 넣은 모듬 메뉴(카우 쏘이 슈퍼 볼 Kao Soy Super Bowl)도 있다.

Map P.402 주소 22 Thanon Nimmanhaemin Soi 7 전화 0-5389-4881 홈페이지 www.facebook.com/KAOSOYNIMMANCNX 영업 11:00~20:00 메뉴 영어, 태국어, 중국어 예산 90~195B 가는 방법 타논 님만해민 쏘이 7에 있다.

까이양 청도이 ไก่ย่างเชิงดอย ★★★★
Cherng Doi Roast Chicken

한적한 목조 가옥 분위기의 이싼 음식(쏨땀을 포함한 태국 북동부 지방 음식) 전문 레스토랑이다. 추천 메뉴는 까이양 낭끄롭(로스트 치킨) Kai Yang Nang Krob, 스테이크 째우(태국식 돼지고기 스테이크) Staek Jaew, 쏨땀 타이(파파야 샐러드) Som Tam Thai, 쏨땀팃(파파야 튀김+쏨땀 소스) Thai Crispy Papaya Salad이다.

Map P.402 주소 2/8 Thanon Suk Kasem 전화 08-1881-1407 영업 화~일요일 11:00~22:00(휴무 월요일) 메뉴 영어, 태국어 예산 80~100B 가는 방법 타논 님만해민의 SCB 은행 맞은편에 있는 타논 쑥까쎔에 있다.

떵뗌또 ★★★☆
Tong Tem Toh

님만해민 지역에서 인기 있는 태국 북부 음식점이다. 옛 모습을 간직한 목조 건물과 마당에 놓인 소박한 테이블은 고급화되고 있는 님만해민과 꽤 대조적인 분위기를 이룬다. 깽항레, 남프릭 같은 북부 지방 전통 요리부터 생선 요리까지 메뉴가 다양하다. 숯불구이도 유명한데, 그릴드 Grilled 중에서 선택하면 된다.

Map P.402 주소 11 Thanon Nimmanhaemin Soi 13 전화 0-5385-4701 홈페이지 www.facebook.com/TongTemToh 영업 07:00~22:00 메뉴 영어, 태국어, 중국어 예산 117~237B 가는 방법 님만해민 쏘이 13에 있다.

팅크 파크(띵팍) ธิงค์พาร์ค ★★★☆
Think Park

공원을 연상케 하는 작은 야외 공간을 활용해 만들었다. 로컬 아티스트들의 창작 활동을 돕기 위한 만든 곳인데, 현재는 일본풍의 레스토랑들로 채워져 있다. 비어 가든과 라이브 바 The Camellia Cafe & Music Bar도 있어 흥겹다. 수·목·금요일에는 저녁에는 야시장 Think Park Night Market도 생긴다.

Map P.402 주소 165 Thanon Huay Kaew 영업 09:00~23:00 메뉴 영어, 태국어 예산 100~455B 가는 방법 타논 훼이깨우 & 타논 님만해민 사거리 코너에 있다. 마야 쇼핑몰 맞은편, 이스틴 탄 호텔 앞에 있다.

샐러드 콘셉트 ★★★☆
Salad Concept

아담한 카페 스타일의 레스토랑이다. 유기농 채소와 과일을 이용해 신선한 샐러드를 맛볼 수 있다. 어떤 음식에도 조미료를 사용하지 않으며, 드레싱도 직접 만들어 건강한 음식을 제공한다. 20대 젊은이들과 유럽인들이 즐겨 찾는다.

인기가 높아져서 타논 차이야품 Thanon Chaiyaphum(Map P.374-A1)에 지점을 열었다. 2호점은 구시가의 여행자 숙소와 가깝다.

Map P.402 주소 Thanon Nimmanhaemin Soi 13 전화 0-5389-4455 홈페이지 www.thesaladconcept.com 영업 10:00~22:00 메뉴 영어, 태국어 예산 135~270B 가는 방법 타논 님만해민 쏘이 13 입구에 있다.

그라프 카페(그라운드 지점) ★★★★
Graph Cafe(Graph Ground)

치앙마이의 대표적인 스페셜티 커피 전문점이다. 에스프레소와 콜드 브루를 기본으로 창의적인 커피를 만들어 낸다. 마그마 Magma, 로스트 가든 Lost Garden, 쏨펫 Sompetch 같은 독창적인 커피를 맛볼 수 있다. 님만해민 지역에 그라프 쿼터 Graph Quarter와 그라프 원 님만 Graph One Nimman을 함께 운영한다. 구시가에 머문다면 랏위티 거리 Graph Cafe Ratvithi Road에 있는 1호점을 방문하자. 정감 어린 구시가 골목길 사이에 자리한 아담한 카페다.

Map P.402 주소 41/1 Thanon Siri Mangkhalachan 홈페이지 www.graphcoffeeco.com 영업 09:00~17:00 메뉴 영어 예산 120~220B 가는 방법 님만해민 남쪽의 타논 씨리망카라짠에 있다.

리스트레토(본점)
Ristr8to ★★★★

2017년 월드 라테 아트 챔피언에 등극한 바리스타가 운영하는 카페. 커피를 직접 블랜딩하고 로스팅하며, 에스프레소와 핸드드립 방식으로 구분해 커피를 내린다. '라테' 종류가 시그니처 커피인데, 커피 배합과 라테 장식에 따라 종류가 다양하다. 한 가지 커피 맛을 원한다면 수입 원두 위주로 구성된 싱글 오리진 중에서 선택하면 된다. 리스트레토 랩 Ristr8to LAB(주소 Nimmanhaemin Soi 3)과 플래그십 스토어 Roast8ry Coffee Flagship Store(주소 Nimmanhaemin Soi 17)를 함께 운영한다.

Map P.402 주소 15/3 Thanon Nimmanhemin 전화 0-5321-5278 홈페이지 www.ristr8to.com 영업 07:00~17:00 메뉴 영어 예산 88~158B 가는 방법 님만해민 쏘이 3과 쏘이 5 사이의 메인 도로에 있다.

미소네
Misone ★★★

한국인들뿐만 아니라 태국인, 일본인, 유럽인들도 즐겨 찾는 한국 식당이다. 타논 님만해민의 중심가에 위치해 있다. 삼계탕, 닭갈비, 김치찌개, 제육덮밥, 고등어 구이, 오징어 볶음까지 메뉴가 다양하다. 점심시간에는 199B짜리 뷔페를 운영한다. 저녁에는 고기 뷔페(299~329B)를 이용할 수 있다. 숙소와 여행사를 함께 운영한다.

Map P.402 주소 Thanon Nimmanhaemin Soi 11 전화 0-5389-4989, 08-4045-7361 카카오톡 cmisone 홈페이지 http://cafe.daum.net/ChiangMai 영업 10:00~21:00 메뉴 한국어, 영어 예산 190~550B 가는 방법 타논 님만해민 쏘이 11(씹엣)에 있다. '란아한 까올리 미소네'라고 말하면 된다.

안찬 누들(꾸어이띠아우 안찬) ★★★
Anchan Noodle

안찬(파란색 나비완두콩 꽃잎 Butterfly Pea Flower)을 이용해 요리한 파란색 국수로 유명하다. 돼지고기와 양념장을 곁들여 비빔국수처럼 먹는다. 안찬을 넣은 밥으로 푸른 빛의 덮밥도 선보인다. 사진을 보고 메뉴를 주문할 수 있다. 밥값은 저렴하지만, 음식 양 또한 그만큼 적다.

Map P.402 주소 19/1 Thanon Siri Mangkhalachan Soi 9 전화 084-949-2828 영업 09:00~16:00 메뉴 태국어 예산 50~60B 가는 방법 님만해민 남쪽의 타논 씨리망카라짠 쏘이 9에 있다.

흐안무안짜이 เฮือนม่วนใจ๋ ★★★☆
Huen Muan Jai

미쉐린 가이드에 선정된 태국 북부 요리 전문 레스토랑이다. 전통 음식점답게 티크 나무로 만든 목조 가옥과 정원이 어우러진다. 카우 쏘이, 깽항레, 남프릭 같은 기본 요리에 충실하다. 북부 음식을 골고루 담아 쟁반에 내어주는 '어덥므앙' Or Derp Muang도 있다.

Map P.370-B1 주소 24 Soi Ratchaphuek 홈페이지 www.huenmuanjai2554.com 영업 11:00~15:00, 17:00~21:00(휴무 수요일) 메뉴 영어, 태국어, 일본어 예산 100~290B 가는 방법 쌘띠땀 지역의 쏘이 랏차프륵에 있다.

진저 팜 키친
Ginger Farm Kitchen
★★★☆

원 님만 쇼핑몰에 있는 대형 레스토랑이다. 직접 운영하는 농장(진저 팜)에서 재배한 유기농 식자재를 이용해 요리해 준다. 쇼핑몰에 있지만 독립적인 공간으로 빈티지하게 꾸몄다. 층고가 높고 붉은 벽돌과 원목 테이블, 녹색 식물이 가득해 자연적인 정취를 느끼게 해준다. 채식 전문 레스토랑은 아니고 고기와 해산물을 이용해 다양한 태국 음식을 요리한다.

Map P.402 주소 One Nimman, 1 Thanon Nimman haemin 전화 0-5208-0928 홈페이지 www.gingerfarm kitchen.com 영업 11:00~22:00 메뉴 영어, 태국어 예산 195~450B(+10% Tax) 가는 방법 타논 님만해민 초입에 있는 원 님만(쇼핑몰)에 있다.

오까쭈(님 시티 지점)
Ohkajhu(Nim City)
★★★★

유기농 채소를 재배하는 오까주 농장에서 직접 운영하는 레스토랑이다. 푸릇푸릇한 채소, 아보카도, 곡물을 조합해 기호에 맞게 샐러드를 주문할 수 있다. 연어, 스테이크, 갈비, 양고기, 닭고기, 소시지, 파스타를 이용한 요리까지 선보인다. 팜 투 테이블 Farm to Table을 모토로 하는 만큼 농장에서 재배한 시선한 채소가 식탁에 올라온다.

참고로 치앙마이 농대를 졸업한 세 명의 젊은 창업주가 만들었는데, 식당 로고에 세 명의 캐릭터가 그려져 있다.

Map P.370-C2 주소 Nim City Community Mall, 119/9 Thanon Mahidon 전화 0-5208-0744 홈페이지 www. ohkajhuorganic.com 영업 09:30~21:30 메뉴 영어, 태국어 예산 165~495B 가는 방법 공항에서 2km 떨어진 님 시티 커뮤니티 몰 Nim City Community Mall에 있다.

치앙마이 대학교 정문(1km), 도이 수텝(9km) 방면
왓 쩻욧 Wat Jet Yot
Thanon Superhighway
Thanon Huay Kaew
마야(쇼핑몰) Maya
팅크 파크 Think Park
원 님만 One Nimmam
Thanon Suk Kasem
Soi 2
Soi 1
Soi 3
Soi 4
Soi 5
Soi 3
맥도널드
Soi 7
Soi 9
Soi 6
Soi 11
Soi 13
Soi 3
Soi 8
Soi 10
곤충 박물관
Thanon Nimmanhaemin
Soi 15
Thanon Sirimankhalachan
Soi 12
Soi 17
Soi 9
Soi Sai Nampheung
Soi 13
Soi 13
치앙마이 대학교 미술관 CMU Art Museum
치앙마이 대학교 컨벤션 홀 CMU Convention Hall
돈파욤 시장(딸랏 돈파욤) Tonphayom Market
치앙마이 약대
Thanon Suthep
타논 수텝
타논 님만해민
왓 쑤언독 Wat Suan Dok
빠뚜 쑤언독(600m) 방면

Restaurant
1 땡땜또 Tong Tem Toh
2 샐러드 콘셉트 Salad Concept
3 쿤 머 퀴진 Khun Mor Cuisine
4 Kao Soi Nimman
5 Sia Fish Noodles
6 닌자 라멘 Ninja Ramen
7 진저 팜 키친
8 까이양 청도이 ไก่ย่างเชิงดอย
9 안찬 누들 Anchan Noodle
10 Aunt Aoi Kitchen
11 크레이지 누들 Crazy Noodle
12 Koyi Chicken Rice
13 까이양 위치안부리 ไก่ย่างวิเชียรบุรี

Cafe
1 리스트레토(본점) Ristr8to
2 리스트레토 랩 Ristr8to LAB
3 와위 커피(본점) Wawee Coffee
4 몬(토스트 카페) Mont
5 스타벅스 커피 Starbucks Coffee
6 그라프 카페 Graph Cafe

Hotel
1 이스틴 탄 호텔 Eastin Tan Hotel
2 U Nimman Chiang Mai
3 Art Mai? Gallery Hotel
4 The Say La Hotel
5 미소네(한인업소) Misone
6 ALEXA Hostel
7 Akyra Manor Hotel
8 Artel Nimman
9 ibis Chiang Mai Nimman
10 BED Nimman
11 Yesterday Hotel

Shopping
1 Gong Dee Gallery

Entertainment
1 따완댕 Tawan Daeng
2 님만 힐 Nimman Hill
3 윔업 카페 Warm Up Cafe
4 Infinity Club

Spa & Massage
1 Oasis Spa At Nimman

치앙마이는 태국 북부의 전통을 물씬 살린 태국적인 물건들을 사기 좋은 곳이다. 산악 민족들이 전통 복장에 사용하는 패턴과 문양을 주제로 디자인한 창의적인 물건들도 많다. 창의적인 아이템은 타논 님만해민 Thanon Nimmanhaemin의 부티크 숍들에 많고, 가벼운 소품 위주의 기념품은 나이트 바자와 타논 랏차담넌 일요 시장(Map P.368)에서 흔히 볼 수 있다.

나이트 바자 ★★★
Night Bazaar

타논 창크란 일대를 점령한 나이트 바자는 대형 상점들과 노점들이 거리를 가득 메운다. 낮에도 영업을 하지만 해가 질 무렵부터 분주해지기 시작한다. 산악 민족 물품, 수공예품, 목각 공예, 주석, 그림, 가방, 티셔츠, 신발까지 모든 물건들이 거래된다. 외국인에게는 비싸게 부르기 때문에 반드시 흥정을 해야 한다.

현지어 나잇 바싸 Map P.374-B2 주소 Thanon Chang Khlan 영업 16:00~23:00 가는 방법 타논 타패를 따라가다가 삥 강 조금 못미쳐 타논 창크란 방향으로 내려가면 된다. 빠뚜 타패에서 도보 10분.

와로롯 시장(깟 루앙) ตลาดวโรรส ★★★
Warorot Market

외국인보다는 현지인들이 즐겨 찾는 재래시장이다. 현지인들은 큰 시장이라는 뜻으로 '깟 루앙'이라고 부른다. 타논 타패 북쪽에서 삥 강변에 이르는 넓은 지역으로 생필품과 식료품, 과일이 거래된다. 저렴한 옷과 가방, 신발, 면직류를 판매하는데, 외국인 눈에는 아무래도 다양한 향신료와 식재료가 눈길을 끈다.

현지어 딸랏 와로롯 Map P.374-B1 주소 Thanon Chang Moi & Thanon Praisani 영업 06:00~18:00 가는 방법 타논 창머이 & 타논 쁘라이싸니 일대에 있다. 빠뚜 타패에서 도보 10분.

찡짜이 시장(딸랏 찡짜이) ตลาดจริงใจ
Jing Jai Market ★★★☆

16헥타르 크기로 야외에 만든 상설 시장이다. 티크 나무 가옥과 나무들이 가득해 전원 풍경이 느껴진다. 기념품, 액세서리, 의류, 가방, 홈 데코, 주방 용품, 소품 매장, 카페까지 입점해 있다. 주말(토~일요일 06:30~14:00)에는 수공예품을 판매하는 러스틱 마켓 Rustic Market과 지역 농산물을 판매하는 파머스 마켓 Farmers Market까지 열려 활기 넘친다. 참고로 '찡짜이'는 진실하다는 뜻이다.

Map P.371-B1 주소 45 Thanon Assadathon 전화 0-5323-1520 홈페이지 www.jingjaimarketchiangmai. com 운영 08:00~20:00 가는 방법 빠뚜 타패(타패 게이트)에서 북쪽으로 2㎞ 떨어진 타논 앗싸다톤에 있다.

원 님만 ★★★☆
One Nimmam

님만해민에 있는 쇼핑몰을 겸한 예술·문화 공간. 시계탑과 광장을 중심으로 유럽풍의 건물을 건설해 분위기를 더했다. 1층은 카페와 레스토랑 위주로 채워졌고, 2층은 쇼핑몰이 들어서 있다. All One Sky Avenue로 불리는 쇼핑몰은 특이하게도 입구에서 출구까지 한 방향으로 길을 따라가며 쇼핑하도록 되어 있다. 쇼핑보다 사진 찍기 좋은 장소로 잠시 들려 시간 보내기는 좋다. 그라프 카페 Graph Cafe, 몬순 티 Monsoon Tea 등 젊은이들에게 인기 있는 트렌디한 카페와 렛츠 릴렉스(마사지) Let's Realx 지점이 입점해있다.

Map P.402 주소 1 Thanon Nimmanhaemin Soi 1 전화

원 님만 쇼핑몰

0-5208-0900 홈페이지 www.onenimman.com 운영 11:00~22:00 가는 방법 타논 님만해민 쏘이 1과 접해 있다.

마야(메야) ★★★
MAYA Lifestyle Shopping Center

2014년에 오픈한 현대적인 쇼핑몰이다. 트렌디한 디자인으로 공간을 구성했다. 패션, 의류, 전자 제품 매장을 포함해 레스토랑과 영화관이 들어서 있다. 6층에는 야외 테라스와 전망대가 있다. 지하 1층에 있는 림삥 슈퍼마켓 Rimping Supermarket 은 식료품을 구입하기 좋다. 넓고 쾌적해서 여유롭게 둘러볼 수 있지만 쇼핑 아이템은 대형 백화점에 비해 떨어진다.

Map P.370-A1 주소 55 Thanon Huay Kaew 홈페이지 www.mayashoppingcenter.com 영업 10:00~22:00

가는 방법 타논 님만해민과 타논 훼이깨우 사거리에 있다.

쎈탄 에어포트 플라자 ★★★
Central Airport Plaza

두 개의 백화점과 영화관이 접목된 대형 쇼핑몰이다. 한쪽은 로빈싼 백화점이고 나머지는 쎈탄 백화점과 쇼핑몰로 채워졌다. 현대적인 대형 백화점으로 유명 브랜드가 모두 입점해 있다. 2층의 노던 빌리지 Northern Village에 란나(태국 북부) 양식을 잘 살린 독특한 물건들이 가득하다.

Map P.370-B2 주소 2 Thanon Mahidon 전화 0-5399-9199 홈페이지 www.centralplaza.co.th 영업 10:00~21:30 가는 방법 치앙마이 공항과 인접한 타논 마히돈에 있다.

Spa & Massage 치앙마이의 스파 & 마사지

최근 몇 년 사이 방콕 못지않게 치앙마이에도 스파 산업이 급성장했다. 도심을 조금만 벗어나면 전원을 간직한 여유로운 공간이 많아 스파 시설이 매우 좋다. 일부 유명한 스파 & 마사지 업소는 치앙마이에서 성공을 기반으로 방콕으로 사업을 확장했을 정도다.

치앙마이 여성 재소자 마사지 ★★★☆
Chiang Mai Women's Prison Massage Centre

치앙마이 여자 교도소 재활센터 Chiang Mai Women's Correctional Institution에서 운영한다. 재소자들의 사회 적응을 돕는 재활 프로그램 중의 하나다. 출소를 6개월 남긴 재소자들이 타이 마사지를 시술한다. 전통 양식의 목조 건물로 커다란 방에 20여개의 매트리스가 일렬로 놓여있다. 관광객들에게 인기가 많아서 차례를 기다려야 하는 경우가 흔하다. 오후 3시 30분 이전에 들어가야 마사지를 받을 수 있다(재소자들은 오후 6시까지 교도소로 복귀해야 한다). 마당에 레스토랑인 크루아 추안촘 Khrua Chuan Chom을 함께 운영한다.

Map P.372-A1 주소 100 Thanon Ratwithi(Rachawithee Road) 영업 08:00~16:30 요금 타이 마사지 60분

250B 가는 방법 치앙마이 여자 교도소 정문 맞은편에 있다. 타논 랏위티 & 타논 짜반 사거리 코너에 있다.

센스 마사지 쏨펫 ★★★★
Sense Massage Somphet

깔끔한 에어컨 시설에 부담스럽지 않은 가격의 마사지 업소. 여행자 숙소가 몰려 있는 구시가에 있다. 몸의 피로를 풀기 위해 찾는 마사지 숍답게 화이트 톤과 원목을 이용해 차분하게 인테리어를 꾸몄다. 타이 마사지는 60분을 기본으로 하는데, 발 마사지 또는 오일 마사지와 결합한 90분짜리 프로그램은 할인해 준다.

Map P.373 주소 191/2-3 Thanon Moon Muang 전화 09-0320-2778 홈페이지 www.sense-massage-somphet.business.site 영업 11:00~22:00 요금 타이 마사지(60분) 350B 가는 방법 쏨펫 시장과 타논 문므앙

쏘이 7 골목 사이에 있다.

막카 헬스 & 스파 ★★★★
Makkha Health & Spa

사원이 가득한 치앙마이 고즈넉한 분위기와 잘 어울리는 스파 업소. '막카'는 팔정도는 뜻하는 불교 용어(팔리어)다. 전통적인 느낌의 에인션트 하우스 Ancient House와 현대적인 느낌의 콜로니얼 가든 Colonial Gardens으로 구분되어 있다. 지역에서 재배한 천연제품으로 자체 제작한 스파 용품을 사용해 마사지 효과를 높였다. 픽업 서비스도 제공해 준다.

Map P.372-A2 주소 ①에인션트 하우스 지점 38/1 Thanon Ratchamankha Soi 8 ②콜로니얼 가든 지점 4 Thanon Samlan Soi 2 홈페이지 www.makkhahealth andspa.com 영업 10:00~22:00 요금 타이 마사지(60분) 790B, 아로마 오일 마사지(60분) 1,390B 가는 방법 왓 프라씽 남쪽으로 300m.

렛츠 릴랙스 ★★★★
Let's Relax

요금에 비해 시설이 좋고 수준 높은 마사지를 받을 수 있다. 전통 타이 마사지와 기본적인 스파 프로그램을 함께 운영한다. 2~3시간짜리 스파 패키지도 잘 갖추어졌다. 빠뚜 타패(타패 게이트) 안쪽의 구시가에 2호점(주소 97/2-5

Thanon Ratchadamnoen, 전화 0-5208-7335, Map P.372-B2)을 운영한다. 3호점은 원 님만(쇼핑몰) One Nimmam(P.403) 내부에 있다.

Map P.374-B2 주소 145/27-37 Thanon Chang Khlan 전화 0-5381-8498 홈페이지 www.letsrelaxspa.com 영업 10:00~24:00 요금 타이 마사지(120분) 1,200B, 아로마테라피(60분) 1,300B 가는 방법 나이트 바자 중심가 치앙마이 파빌리온 Chiang Mai Pavilion 빌딩 2층에 있다.

오아시스 스파 ★★★★
The Oasis Spa

치앙마이의 대표적인 럭셔리 스파 업소다. 2003년부터 시작해 현재는 방콕과 파타야까지 지점을 운영하고 있다. 트렌디한 거리에 있는 타논 님만해민 지점은 유럽풍의 고급스런 저택에서 마사지를 받을 수 있다. 왓 프라씽 옆에 오아시스 스파 란나 Oasis Spa Lanna(Map P.372-A2, 주소 4 Thanon Samlan)를 별도로 운영한다. 구시가의 한적한 골목에 있어서 좀 더 자연적인 정취를 느낄 수 있다.

Map P.402 주소 11 Thanon Nimmanhaemin Soi 7 전화 0-5392-0111 영업 10:00~22:00 홈페이지 www. oasisspa.net 요금 타이 마사지(120분) 1,700B, 스파 패키지(3시간) 4,600~5,700B(+Tax 17%) 가는 방법 타논 님만해민 쏘이 7에 있다.

NightLife 치앙마이의 나이트라이프

유명한 클럽들은 삥 강변과 타논 님만해민에 몰려 있다. 삥 강변에서는 수준급의 라이브 밴드 연주를 즐길 수 있고, 타논 님만해민에는 태국 젊은이들이 즐겨가는 술집이 몰려 있다. 빠뚜 타패 안쪽의 타논 문므앙과 나이트 바자 주변에는 배낭여행자와 외국인들이 즐겨가는 펍과 바가 많다.

플런 루디 나이트 마켓 ★★★★
Ploen Ruedee Night Market

나이트 바자에 새롭게 조성된 먹거리 야시장. 야외 광장에서는 라이브 밴드가 연주를 한다. 푸드 트럭 형태의 노점 음식점과 칵테일 바

가 광장을 둘러싸고 있다. 맥주와 칵테일 (120~180B)에 쌀국수, 태국 음식, 바비큐를 곁들이며 밤 시간을 즐기기 좋다.

Map P.374-B1 주소 Thanon Chang Klan 홈페이지 www.facebook.com/ploenrudeenightmarket 영업 월

~토 18:00~24:00(휴무 일요일) 메뉴 영어, 태국어 예산 120~399B 가는 방법 나이트 바자 초입에 있다. 타논 타패에서 타논 창크란을 따라 나이트 바자 방향으로 150m.

노스 게이트 재즈 코업 ★★★★
The North Gate Jazz Co-Op
구시가 북문에 해당하는 빠뚜 창프악(창프악 게이트) 안쪽에 있는 자그마한 재즈 바. 허름한 소극장 분위기로 실내가 아담하다. 도로에도 테이블이 놓여있고 자유롭게 술 마시며 라이브 음악을 즐길 수 있다. 주변에 저렴한 숙소가 많아 외국인 여행자들에게 특히 인기다. Map P.372-B1 주소 91/1-2 Thanon Si Phum 전화 08-1765-5246 홈페이지 www.facebook.com/northgate.jazzcoop 영업 19:30~24:00 메뉴 영어 예산 맥주 100~240B 가는 방법 빠뚜 창프악 안쪽의 타논 씨품에 있다. 씨라 부티크 호텔 Sira Boutique Hotel을 바라보고 오른쪽에 위치.

타패 이스트 ★★★★
Thapae East
빠뚜 타패(타패 게이트) 오른쪽 거리에 있는 예술 공간 한 켠에 마련된 재즈 바. 철골 구조물과 벽돌 건물이 야외 정원이 어우러진다. 라이브 음악은 빨간색 벽돌 건물 안에서 연주된다. 실내는 아담한 소극장 분위기로 매일 저녁 8시(비수기는 저녁 9시)부터 재즈, 블루스, 올드 팝을 연주해 준다. Map P.374-B1 주소 88 Thanon Tha Phae 전화 09-7974-5911 홈페이지 www.thapaeeast.com 영업 17:00~24:00 예산 120~280B 가는 방법 빠뚜 타패(타패 게이트)에서 동쪽(나이트 바자 방향)으로 800m 떨어진 골목 안쪽에 있다. 마데 슬로 피시 키친 Maadae Slow Fish Kitchen 간판을 보고 골목 안쪽을 들어가면 된다.

조 인 옐로우 ★★★
Zoe in Yellow
배낭 여행자들이 즐겨 찾는 곳으로 술집을 겸

한 클럽이다. 구시가의 작은 골목 안쪽에 있는데, 늦은 밤이 되면 외국인들로 북적댄다. 이른 저녁엔 펍에서 맥주 한 잔하는 느슨한 분위기인데, 밤 10시가 넘어가면 클럽으로 변모한다. 구시가 안쪽이라서 자정이 되면 문을 닫는다. Map P.373 주소 40/12 Ratwithi(Ratchavithi Road) 전화 0-5341-8471 홈페이지 www.facebook.com/yellowbarchiangmai 영업 18:00~24:00 메뉴 영어, 태국어 예산 100~160B 가는 방법 구시가 안쪽의 타논 랏위티(랏차위티)에 있다.

리버사이드 바 & 레스토랑 ★★★★
The Riverside Bar & Restaurant
치앙마이 나이트라이프를 설명할 때 절대로 빠져서는 안 되는 업소다. 엄청난 단골들을 보유한 유명한 클럽으로 강변에 있어 분위기가 더욱 좋다. 저녁 8시부터 시작하는 흥겨운 라이브 음악이 인기의 비결이다. 주말 저녁에는 앉을 자리가 없을 정도로 손님들로 가득하다. Map P.374-B1 주소 9-11 Thanon Charoenrat 전화 0-5324-3239 홈페이지 www.theriversidechiangmai.com 영업 15:00~01:00(휴무 일요일) 메뉴 영어, 태국어 예산 160~550B 가는 방법 삥 강변의 나와랏 다리(싸판 나와랏) Saphan Nawarat를 건너서 북쪽(타논 짜런랏)으로 100m 떨어져 있다.

굿 뷰 ★★★☆
The Good View
강변의 대형 레스토랑이다. 태국 요리가 주요 메뉴이지만 스시 바를 별도로 운영할 정도로 방대한 종류의 음식을 요리한다. 음악보다는 식사가 주가 되는 곳으로 강변의 야경과 어우러져 로맨틱하다. 라이브 밴드가 경쾌한 음악을 연주한다. Map P.374-B1 주소 13 Thanon Charoenrat 전화 0-5324-1866 홈페이지 www.goodview.co.th 영업 17:00~24:00 메뉴 영어, 태국어 예산 메인 요리 180~460B 가는 방법 삥 강변의 나와랏 다리(싸판 나와랏)를 건너서 북쪽(타논 짜런랏)으로 150m 떨어져 있다.

빠뚜 타패에서 삥 강에 이르기까지 치앙마이 호텔은 넓은 지역에 분포되어 있다. 특히 빠뚜 타패(타패 게이트) 안쪽의 타논 문므앙 Thanon Moon Muang에는 저렴한 숙소가 밀집해 있다. 상대적으로 번화한 나이트 바자 주변에는 대형 호텔들이 많다.

저렴한 숙소(1,000B 이내)

커먼 호스텔 ★★★☆
The Common Hostel

호스텔 바이 베드 Hostel By Bed에서 커먼 호스텔로 간판을 바꿔 달았다. 인더스트리얼하게 꾸민 현대적인 숙소로 배낭 여행자를 위한 도미토리를 운영한다. 붙박이 2층 침대가 놓여있고, 침대마다 커튼이 설치되어 있다. 신축한 곳답게 시설이 좋다. 아침식사가 제공되며 엘리베이터는 없다.

Map P.372-A1 주소 54/2 Thanon Singharat 전화 0-5321-7215 홈페이지 www.thecommonhostel.com 요금 도미토리 400~450B(에어컨, 공동욕실, 아침식사), 더블 1,250B(에어컨, 개인욕실, TV, 아침식사) 가는 방법 타논 씽하랏의 펀 포레스트 카페 옆. 왓 프라씽(사원)에서 북쪽으로 600m.

리브라 게스트하우스 ★★★☆
Libra Guesthouse

저렴한 요금으로 인해 인기 있는 숙소다. 야외 정원도 있어 분위기가 좋다. 객실을 늘리면서 선택 기준이 좀 더 다양해졌다. 객실은 기본적인 시설이지만 깨끗하다. 오랫동안 인기를 누리는 여행자 숙소로 여행사를 함께 운영한다.

Map P.373 주소 28 Thanon Moon Muang Soi 9 전화 0-5321-0687 홈페이지 www.librahousechiangmai. com 요금 더블 400B(선풍기, 개인욕실), 더블 600B(에어컨, 개인욕실, TV) 가는 방법 타논 문므앙 쏘이 까우 Soi 9 골목 안쪽으로 50m 들어간다. 빠뚜 타패에서 도보 10분.

유어 하우스 ★★★
Your House

티크 나무로 지은 전통 가옥을 개조해 영업을 시작했으나, 현재는 길 건너로 콘크리트 건물까지 신축하며 규모가 커졌다. 세 개의 게스트하우스가 골목을 사이에 두고 마주보고 있다. 목조 건물인 유어 하우스 1보다 콘크리트 건물이 유어 하우스 3이 시설이 월등히 좋다. 에어컨과 TV, 발코니까지 갖춰져 있고 쾌적하다.

Map P.373 주소 8 Thanon Ratwithi Soi 2 전화 0-5321-7492 홈페이지 www.yourhouseguesthouse. com 요금 더블 450~500B(유어 하우스 1, 선풍기, 개인욕실), 더블 750~990B(유어 하우스 3, 에어컨, 개인욕실, TV, 냉장고) 가는 방법 타논 랏위티 쏘이 썽 Soi 2 골목 안쪽으로 50m.

랑데뷰 게스트하우스 ★★★
Rendezvous Guest House

빠뚜 타패 주변에서 인기 있는 숙소 중 하나다. 오래된 숙소임에도 불구하고 객실 관리 상태가 좋다. 개인 욕실은 물론 책상, 냉장고, TV가 비치되어 있다. 구시가 안쪽의 여행자 숙소가 밀집한 골목에 있는데, 외국 여행자들을 위한 편의 시설이 주변에 많다. 일요시장도 가깝다. 비수기(5~9월)에 요금이 할인된다.

Map P.373 주소 3/1 Thanon Ratchadamnoen Soi 5 전화 0-5321-3763 홈페이지 www.rendezvouscm. com 요금 더블 650B(선풍기, 개인욕실, TV, 냉장고, 아침식사), 더블 800B(에어컨, 개인욕실, TV, 냉장고, 아침식사) 가는 방법 타논 랏차담넌의 AUA 지나서 쏘이 하 Soi 5 골목 안쪽으로 50m.

에드 호스텔
Ed Hostel
★★★☆

빠뚜 타패(타패 게이트) 안쪽의 구시가에 있는 호스텔이다. 비교적 새롭게 생긴 숙소로 위치가 좋다. 소규모 숙소로 저렴한 방은 공동욕실을 사용한다. 키 카드를 이용해 출입하기 때문에 보안에도 신경 썼다. 공동으로 사용할 수 있는 부엌과 세탁기(유료)도 설치되어 있다.

Map P.373 주소 2 Thanon Ratchadamnoen Soi 1 전화 09-8482-9669 홈페이지 www.edhostel.com 요금 트윈 650B(에어컨, 공동욕실, 냉장고), 트윈 1,150B(에어컨, 개인욕실, TV, 냉장고) 가는 방법 타논 랏차담넌 쏘이 1 골목에 있다.

트리공 레지던스
Tri Gong Residence
★★★☆

건물 자체가 주는 특별함은 없지만 요금에 비해 시설 좋은 객실을 얻을 수 있다. 넓고 깨끗한 에어컨 방은 더운물 샤워가 가능한 개인욕실과 TV, 냉장고, 옷장을 갖추고 모든 객실을 금연실로 지정해 쾌적하다. 키 카드를 이용해 출입하기 때문에 보안 상태도 좋다.

Map P.373 주소 8 Thanon Si Phum Soi 1 전화 0-5321-4754, 0-5322-7367, 08-9755-1385 홈페이지 www.trigong.com 요금 더블 800~1,200B(에어컨, 개인욕실, TV, 냉장고) 가는 방법 타논 씨품 쏘이 능 Soi 1 골목 안쪽에 있다. 빠뚜 타패에서 도보 10분.

미소네
Misone
★★★☆

한국인이 운영하는 여행자 숙소다. 치앙마이에서 20년 넘는 시간 동안 여행자들의 보금자리 역할을 하고 있다. 남만해민 지역에 있는데, 객실이 넓고 깨끗하다. 한 방에 4명까지 숙박 가능하다. 2명 이상이 묵을 경우 추가 요금을 내면 된다. 1층에 여행사와 레스토랑을 운영한다. 카카오톡(cmisone)으로 문의하면 된다.

Map P.402 주소 Thanon Nimmanhaemin Soi 11 전화 0-5389-4989, 08-4045-7361 홈페이지 http://cafe.daum.net/ChiangMai 요금 트윈 1,000~1,200B(에어컨, 개인욕실, 아침식사) 가는 방법 타논 님만해민 쏘이 11(씹엣)에 있다.

람푸 하우스 치앙마이
Lamphu House Chiang Mai
★★★★

방콕 카오산 로드에 있던 인기 여행자 숙소인 람푸 하우스에서 운영한다. 구시가 안쪽의 조용한 골목에 있다. 객실은 콘크리트 바닥으로 되어 있고, 창문도 커서 시원하다. 게스트하우스치고 제법 큰 야외 수영장을 갖추고 있어 분위기가 좋다. 객실은 수영장 방향으로 향하고 있으며 발코니도 딸려 있다. 객실에 냉장고가 없는 게 흠이다. 4~10월까지는 방값이 할인된다. 아침식사 포함 여부는 예약할 때 선택할 수 있다.

Map P.372-B2 주소 Thanon Phra Pokklao Soi 9 전화 0-5327-4965, 0-5327-4966 홈페이지 www.lamphuhousechiangmai.com 요금 더블 950~1,150B(에어컨, 개인욕실, TV), 디럭스 더블 1,350B(에어컨, 개인욕실, TV) 가는 방법 왓 쩨디 루앙 옆에 있는 왓 판 따오 맞은편 골목(타논 프라뽁끌라오 쏘이 9) 안쪽으로 100m.

슬립 게스트하우스
Sleep Guest House
★★★★

구시가 여행자 골목에서 인기 있는 여행자 숙소다. 외관과 리셉션부터 시원시원해서 눈길을 끈다. 최근의 트렌드를 반영해 심플하면서도 현대적으로 객실을 꾸몄다. 침구와 옷장, LCD TV, 냉장고, 샤워 시설, 와이파이까지 잘 갖추고 있다. 층 마다 공동으로 사용할 수 있는 발코니가 딸려 있다. 작은 마당에 휴식 공간도 있다. 아침식사가 포함되며, 주인장과 직원들도 친절하다. 네덜란드-태국인 커플이 운영한다.

Map P.373 주소 26/1 Thanon Moon Muang Soi 7 전화 0-5328-9561, 08-9635-9750 홈페이지 www.sleepguesthouse.com 요금 더블 990~1,090B(에어컨, 개인욕실, TV, 냉장고, 아침식사) 가는 방법 타논 문므앙 쏘이 7 골목 안쪽으로 200m.

중급 게스트하우스 & 호텔

트웬티 로지
The Twenty Lodge
★★★★

구시가 안쪽의 조용한 골목에 있다. 열대 정원이 잘 가꾸어진 숙소로 야외 수영장도 있다. 이름처럼 객실이 20개뿐이다. 1층 객실은 정원을 끼고 있고, 2층 객실은 아무래도 채광이 좋다. 규모가 작아서 홈스테이 분위기도 느껴진다. 오래되긴 했지만 관리 상태가 좋다. 야외 정원에서 제공되는 아침 식사도 여유롭다.

Map P.373 주소 8/3 Thanon Singharat Soi 3 전화 0-5332-6233 홈페이지 www.the20lodge.com 요금 더블 1,300~1,900B(에어컨, 개인욕실, TV, 냉장고, 아침식사) 가는 방법 타논 씽하랏 쏘이 3 골목에 있다. 왓 프라씽에서 북쪽으로 700m.

차다 만트라 호텔
Chada Mantra Hotel
★★★☆

구시가 안쪽의 정겨운 골목 코너에 있다. 주변에 유명한 카페와 레스토랑이 많고, 걸어 다니며 치앙마이 분위기를 느끼기 좋은 위치다. 콘크리트 건물이지만 목재를 가미해 편안하게 꾸몄다. 잔디 정원과 야외 수영장도 있다. 객실은 20㎡ 크기로 넓진 않다. 도로 쪽 방(슈피리어룸)은 발코니가 딸려 있다.

Map P.373 주소 18 Moon Muang Soi 6 전화 09-6984-7578 요금 더블 1,500~2,000B(에어컨, 개인욕실, TV, 냉장고) 가는 방법 타논 문무앙 쏘이 6 골목에 있다. 빠뚜 타패(타패 게이트)에서 650m 떨어져 있다.

쑤밋따야 호텔
Sumittaya Chiang Mai Hotel
★★★☆

구시가 중앙부에 있는 호텔로 위치가 좋다. 오래된 중국계 호텔을 리모델링해 깔끔한 호텔로 재탄생했다. 객실은 20㎡ 크기로 심플하고 깨끗하다. LCD TV, 냉장고, 전기포트, 안전 금고 등 기본적인 객실 시설도 괜찮다. 7층 건물로 엘리베이터를 갖추고 있다. 3성급 호텔이라고 광고하지만 수영장은 없다. 아침 식사 포함 여부는 추가 요금을 내고 선택해야 한다.

Map P.373 주소 198 Thanon Ratchaphakhinai 전화 0-5321-9696 홈페이지 www.sumittayachiangmai.com 요금 슈피리어 1,500~1,800B, 딜럭스 2,500B 가는 방법 왓 치앙만에서 남쪽으로 200m 떨어진 타논 랏차파키나이에 있다. 빠뚜 타패(타패 게이트)에서 800m.

코지텔
Cozytel
★★★☆

구시가 안쪽에 있지만 여행자 숙소가 몰려 있는 곳이 아니라서 상대적으로 차분하다. 타일이 깔린 객실은 LCD TV, 냉장고를 갖추고 있다. 자그마한 발코니도 딸려 있다. 태국인 화가들의 작품을 인테리어로 장식했다. 작지만 수영장도 있다. 아침식사 포함 여부는 선택할 수 있다.

Map P.372-A1 주소 23/1 Thanon Jhaban 전화 0-5332-7099 홈페이지 www.cozytelchiangmai.com 요금 더블 1,300~1,500B(에어컨, 개인욕실, TV, 냉장고) 가는 방법 3왕 동상 뒤쪽(서쪽)으로 한 블록 떨어진 타논 짜반에 있다.

씨팟 게스트하우스
Sri-Pat Guest House
★★★☆

깔끔한 건물 외관처럼 깔끔한 객실을 운영한다. 메인 건물은 에어컨 방으로 TV, 냉장고는 물론 전기포트와 헤어드라이어까지 비치되어 있다. 침대와 침구가 깨끗해 쾌적하다. 나무 바닥이 깔린 딜럭스 룸은 발코니까지 딸려 있다. 야외 수영장도 있어서 분위기가 좋다. 구시가 안에 있는 중급 게스트하우스 가운데 인기가 높은 편이다.

Map P.373 주소 16 Thanon Moon Muang Soi 7 전화 0-5321-8716 홈페이지 www.sri-patguesthouse.com 요금 트윈 1,250~1,500B(에어컨, 개인욕실, TV, 냉장고), 딜럭스 1,600~2,000B(에어컨, 개인욕실, TV, 냉장고) 가는 방법 타논 문무앙 쏘이 7 골목 안쪽으로 100m 들어간다.

반 하니바
Baan Hanibah
★★★☆

건물의 역사는 1957년으로 거슬러 올라간다. 티크 나무로 만든 전형적인 란나 양식의 전통가옥이다. 정원, 주방, 응접실, 서재는 그대로 살리고 나머지 방들은 숙소로 개조했다. 모두 12개의 객실을 운영해 규모가 작은 대신 가족적인 분위기를 느낄 수 있다. 객실은 깨끗하고 깔끔한 침구와 욕실 용품이 비치되어 있다. 마당과 정원이 있어 한결 여유롭다.

Map P.373 주소 6 Thanon Moon Muang Soi 8 전화 0-5328-7524 홈페이지 www.baanhanibah.com 요금 싱글 1,100B(에어컨, 개인욕실, TV, 아침식사), 더블 1,800B, 패밀리 2,800B 가는 방법 쏨펫 시장 지나서 타논 문므앙 쏘이 8 골목 안쪽으로 100m.

호텔 엠
Hotel M
★★★

오래된 호텔로 몬뜨리 호텔 Montri Hotel을 리노베이션 하면서 '호텔 엠'으로 간판도 바꿨다. 빠뚜 타패(타패 게이트)를 들어서자마자 보이는 5층짜리 호텔이다. 관광이 목적인 사람에게 호텔 위치는 그 어떤 곳보다 좋다. 객실은 작은 편이지만 새롭게 단장해서 깨끗하다. 작지만 수영장도 있다. 도로를 끼고 있는 방들은 차량 소음 때문에 피하는 게 좋다.

Map P.373 주소 2-6 Thanon Ratchadamnoen 전화 0-5321-1070 홈페이지 www.hotelmchiangmai.com 요금 슈피리어 1,800~2,300B(에어컨, 개인욕실, TV, 냉장고, 아침식사) 가는 방법 빠뚜 타패(타패 게이트)에서 구시가로 들어서면 정면에 보인다. 타논 랏차담넌 & 타논 문므앙 삼거리 오른쪽 코너에 있다.

스리 시스 호텔
The 3 Sis Hotel
★★★☆

침대와 아침이 포함된 B&B 스타일의 숙소. 세 자매의 친절한 보살핌으로 호평이 자자하다. 가족적인 분위기에서 쾌적하고 조용하게 지낼 수 있다. 산뜻한 객실의 침대 상태는 물론 욕실도 넓고 깨끗하다.

Map P.372-B2 주소 150 Thanon Phra Pokklao 전화 0-5327-3243 홈페이지 www.facebook.com/The3sischiangmai 요금 더블 1,500~2,100B(에어컨, 개인욕실, TV, 냉장고, 아침식사) 가는 방법 왓 쩨디 루앙 맞은편의 타논 프라 뽁끌라오 쏘이 뺏 Soi 8 입구에 있다.

퍼 타패 게이트
POR Thapae Gate
★★★★

빠뚜 타패(타패 게이트) 안쪽 구시가에 있는 3성급 호텔이다. 골목 안쪽에 있어 시끄럽지 않고 수영장도 갖추고 있다. 신축한 호텔로 깨끗하게 관리되고 있다. 객실은 20㎡ 크기로 타일이 깔려 있고 발코니도 딸려 있다. 뷔페 아침식사가 포함된다. 생수, 커피, 과일은 24시간 무료로 제공해 준다. 자전거도 무료로 사용 가능하다. 소규모 호텔로 친절하다.

Map P.373 주소 9 Thanon Ratchadamneon Soi 3 전화 0-5311-1707 홈페이지 www.porthapaegate.com 요금 2,000~2,500B(에어컨, 개인욕실, TV, 냉장고, 아침식사) 가는 방법 타논 랏차담넌 쏘이 3 골목에 있다.

고급 호텔 & 럭셔리 리조트

베드 프라씽
BED Phrasingh
★★★★

왓 프라씽 사원 옆쪽의 조용한 골목에 있다. 3성급 호텔로 29개의 객실이 운영된다. 미니멀하고 현대적인 디자인과 친절한 서비스로 인기를 얻고 있다. 아침식사는 물론 무료로 제공되는 생수와 커피, 과일까지 세심함이 엿보인다. 수영장을 갖추고 있으며 자전거도 무료로 대여해준다. 같은 이름의 호텔이 네 곳 있으므로 예약하기 전에 위치를 확인하자.

Map P.372-A2 주소 Thanon Ratchamankha Soi 8(Thanon Samlan Soi 1) 전화 0-5327-1009, 09-4636-6171 홈페이지 www.bed.co.th 요금 더블

2,250~2,950B(에어컨, 개인욕실, TV, 냉장고, 아침식사) 가는 방법 왓 프라쌍을 바라보고 왼쪽 첫 번째 골목(타논 쌈란 쏘이 1) 안쪽으로 100m 들어가서, 왼쪽에 있는 타논 랏차만카 쏘이 8에 있다.

위앙 만트라 호텔 ★★★☆
Vieng Mantra Hotel

게스트하우스 밀집 지역에 있지만 수영장을 갖춘 호텔이다(겨울에 수영하긴 물이 차다). 란나(태국 북부) 양식을 가미해 부티크 스타일로 꾸몄다. 객실은 아담한 편이다. 수영장 방향으로 발코니가 딸려 있는 슈피리어 룸이 분위기가 좋다. 아침식사가 포함된다. 3층 건물로 엘리베이터는 없다. 모두 20개의 객실을 운영한다.

Map P.373 주소 9 Thanon Ratchadamnoen Soi 1 전화 0-5332-6640~2 홈페이지 www.viengmantra. com 요금 더블 2,500~3,200B(에어컨, 개인욕실, TV, 냉장고, 아침식사) 가는 방법 타논 랏차담넌 쏘이 1 골목 안쪽에 있다. 빠뚜 타패(타패 게이트)에서 도보 5분.

드 란나 호텔 ★★★☆
De Lanna Hotel

치앙마이 구시가에 있는 란나 양식의 부티크 호텔이다. 차분하고 아늑한 야외 정원과 수영장을 갖춘 고급 호텔이다. LCD TV를 비롯해 현대적인 객실 설비를 보유하고 있다. 객실마다 발코니가 딸려 있다. 수영장과 정원을 바라볼 수 있는 위층에 있는 방들이 분위기가 더 좋다.

Map P.372-A1 주소 44 Thanon Intawarorot 전화 0-5332-6278~9 홈페이지 www.delannahotel.com 요금 슈피리어 2,500~2,800B(에어컨, 개인욕실, TV, 냉장고, 아침식사), 딜럭스 2,900~3,600B 가는 방법 왓 프라씽을 바라보고 오른쪽(북쪽) 방향에 있는 첫 번째 사거리(타논 인타와로롯)에서 우회전한다.

반 오라핀 ★★★★
Baan Orapin

1914년부터 가족들이 거주하던 티크 나무로

지은 우아한 목조건물을 개조해 부티크 호텔처럼 꾸몄다. 모두 15개의 객실로 구성되며 나무 가득한 널따란 정원에 둘러싸여 있다. 야외 수영장도 숲속에 들어온 기분을 낸다.

Map P.374-B1 주소 150 Thanon Charoenrat 전화 0-5324-3677 홈페이지 www.baanorapin.com 요금 더블 2,300~3,500B(에어컨, 개인욕실, TV, 아침식사) 가는 방법 삥 강변 오른쪽의 타논 짜런랏에 있다. 왓 껫까람을 바라보고 사원 왼쪽 골목 안쪽에 있다.

뫼벤픽 쑤리웡 호텔 ★★★☆
Mövenpick Suriwongse Hotel Chiang Mai

나이트 바자 주변에 있는 일급 호텔이다. 쑤리웡 호텔(롱램 쑤리웡)로 더 많이 알려진 오래된 호텔이다. 최근 뫼벤픽 호텔에서 인수해 리모델링한 후 객실 상태가 업그레이드되었다. 객실은 30~32㎡ 크기로 무난한 편이고 옥상에 야외 수영장이 있다. 뷔페식 아침식사가 포함되며 할인된 요금에 예약할 수 있다면 가격 대비 나쁘지 않은 곳이다.

Map P.374-B2 주소 110 Thanon Chang Khlan 전화 0-5327-0051 홈페이지 www.movenpick.com 요금 슈피리어 2,400~3,000B 가는 방법 나이트 바자 중간의 타논 창크란에 있다. 르 메르디앙(호텔) 옆의 사거리 코너에 위치.

이스틴 탄 호텔 ★★★★
Eastin Tan Hotel

태국 호텔 체인인 이스틴 호텔에서 운영하는 4성급 호텔이다. 마야 쇼핑 몰, 팅크 파크, 님만해민이 인접해 있어 주변 상권이 발달해 있다. 객실 크기는 34㎡로 무난하며, 창문이 넓어서 상쾌하다. 앞쪽 방은 님만해민 쪽의 도심 풍경이, 뒤쪽 방은 도이 수텝 쪽의 산 풍경이 보인다. 수영장을 갖추고 있으며, 뷔페 아침식사가 포함된다.

Map P.402 주소 165 Thanon Huay Kaew 전화 0-5200-1999 홈페이지 www.eastinhotelsresidences. com/eastintanchiangmai/ 요금 슈피리어 2,600~3,000B, 딜럭스 3,200~3,700B 가는 방법 타논 훼이

깨우 & 타논 님만해민 사거리에 있는 마야(쇼핑 몰) 맞은편에 있다. 타논 님만해민 방향에서는 팅크 파크 Think Park 뒤쪽에 있다.

엠프레스 호텔 ★★★☆
The Empress Hotel

개별 여행자와 단체 관광객 모두에게 인기 있는 고급 호텔이다. 375개의 객실을 운영하는 대형 호텔이며 태국적인 감각으로 객실을 꾸몄다. 수영장, 피트니스, 사우나, 레스토랑과 연회실을 부대시설로 운영한다. 나이트 바자와 가까워 편리하다.

Map P.374-A2 주소 199/42 Thanon Chang Khlan 전화 0-5327-0240, 0-5325-3199 홈페이지 www.empresshotels.com 요금 더블 2,400B(슈피리어), 더블 2,800B(딜럭스) 가는 방법 나이트 바자 남쪽의 타논 창크란에 있다. 나이트 바자까지 도보 5분.

라린찐다 웰니스 스파 리조트 ★★★☆
RarinJinda Wellness Spa Resort

전문 스파 리조트를 표방하는 5급급 호텔이다. 로비에 들어서는 순간 차분함이 느껴지는 곳으로 평화롭고 아늑한 시간을 보낼 수 있다. 수영장을 감싸고 객실이 들어서 있다. 객실과 욕실이 넓고 수영장 쪽으로 발코니까지 딸려 있어 여유롭다. 1층 객실은 수영장으로 직행할 수 있도록 구성했다. 강변에 야외 레스토랑을 함께 운영한다.

Map P.374-B1 주소 14 Thanon Charoenrat 전화 0-5330-3030 홈페이지 www.rarinjinda.com 요금 딜럭스 4,500~6,200B 가는 방법 나와랏 다리를 건너서 타논 짜런랏 방향으로 도보 3분.

삥 나카라 호텔 ★★★★★
Ping Nakara Hotel

티크 나무 산업이 번성했던 1900년대 목조 건물이 얼마나 아름다웠는지를 보여주는 부티크 호텔이다. 온통 흰색으로 이루어진 건물은 레이스를 장식하듯 나무를 조각해 발코니와 창문을 만들었다. 유럽 양식이 가미된 콜로니얼 양식의

건물로 우아함이 넘쳐나며, 수제작한 침대와 가구, 소파를 배치해 품격을 높였다. 수영장, 도서관, 스파 시설을 운영한다.

Map P.374-B2 주소 135/9 Thanon Charoen Prathet 전화 0-5325-2999 홈페이지 www.pingnakara.com 요금 딜럭스 5,600~7,400B 가는 방법 타논 짜런쁘라텟의 왓 차이몽콘 Wat Chai Mongkhon 옆에 있다.

타마린드 빌리지 ★★★★★
Tamarind Village

치앙마이 구시가에 있는 부티크 리조트다. 대나무가 늘어선 호텔 진입로를 따라 들어가면, 전통 가득한 호텔 건물이 나온다. 320년 된 타마린드 나무를 중심으로 넓게 조성된 정원에 란나 양식으로 꾸민 건물이 들어서 있다. 객실은 원목 가구와 북부 고유 문양들로 인테리어를 꾸미며 차분함을 유지했다. 야외 수영장까지 있어 평온하다.

Map P.373 주소 50/1 Thanon Ratchadamnoen 전화 0-5341-8896~9 홈페이지 www.tamarindvillage.com 요금 딜럭스 5,200~6,800B(에어컨, 개인욕실, TV, 아침식사) 가는 방법 구시가 안쪽의 타논 랏차담넌 & 타논 프라 뽁끌라오 사거리에 있다.

라차만카 호텔 ★★★★★
Rachamankha Hotel

우아함으로 무장한 럭셔리 리조트다. 모두 25개의 객실을 보유해 북적대지 않고 프라이버시와 수준급의 서비스를 누릴 수 있다. 호텔의 전체적인 조경은 물론 정원, 수영장, 레스토랑, 도서관까지 예술적인 감각으로 꾸몄다. 태국 북부 사원을 모델로 삼아 호텔을 건축한 걸로 유명하다. 구시가 안쪽의 조용한 골목에 위치해 있다.

참고로 12세 아동은 숙박이 불가능하기 때문에, 가족 여행객들에게는 어울리지 않는다.

Map P.372-A2 주소 6 Thanon Rachamankha 전화 0-5390-4111 홈페이지 www.rachamankha.com 요금 슈피리어 7,500B, 딜럭스 9,500B 가는 방법 왓 프라씽을 바라보고 왼쪽 골목 안쪽으로 350m 들어간다.

치앙마이의 역사

치앙마이 역사는 1296년 4월 12일로 거슬러 올라간다. 란나 왕조를 창시한 멩라이 왕(재위 1259~1317)이 람푼 Lamphun(몬족이 건설한 하리푼차이 왕국의 수도)을 점령하며 확장된 영토를 효과적으로 통치하기 위해 왕국의 중심부로 수도를 옮긴 것이 치앙마이의 시작이다. (멩라이 왕은 치앙마이로 천도하기 전 위앙 꿈깜(P.385)을 15년간 수도로 삼았다.) '새로운 도시'라는 뜻의 치앙마이는 서쪽으로는 도이 쑤텝 산이, 오른쪽으로는 삥 강이 흘러 자연적으로 도시 방어에 필요한 조건을 갖추었다. 당시 도시 건축의 기본에 해당하던 해자와 성벽을 만들면서 치앙마이는 완성되었다. 도시 성벽은 붉은 벽돌을 이용해 2km × 1.8km 크기로 만들었다. 성벽 앞은 너비 18m의 해자가 둘러싸고 있다.

치앙마이 주변은 해발 2,000~2,500m의 산악지역에 둘러싸인 넓은 분지 지역으로 이루어졌다. 넓은 분지는 비옥한 농지를 제공해주었다. '란나'는 '백만의 농경지'라는 뜻으로 국가의 풍족함을 표현한 말이다. 란나 왕조는 람빵, 매홍쏜, 난, 치앙룽 Chiang Lung까지 영토를 거느린 태국 북부의 강대국으로 성장했다. 란나 왕조의 북쪽 경계선이었던 치앙룽은 오늘날의 징훙(景洪)으로 중국 윈난성에 속해 있다. 멩라이 왕 때 란나 왕국은 람캄행 대왕 King Ramkhamhaeng(재위 1279~1298)이 이끄는 쑤코타이 왕국과 친분 관계를 유지하며 힘의 균형을 이뤘다. 쑤코타이와 마찬가지로 실론(스리랑카)에서 남방 불교를 받아들여 국교로 삼았다.

띠록까랏 왕 King Tilokkarat(재위 1441~1487) 때는 태국 중부 평야지대를 놓고 아유타야 왕국과의 오랜 전쟁이 이어졌다. 이를 계기로 15세기 후반부터 란나 왕국은 쇠퇴하기 시작해 1556년부터 220년간 버마(미얀마)의 지배를 받았다. 란나 왕국과 버마의 관계는 1767년을 기점으로 큰 변화를 맞았다. 버마가 태국 중부 지방의 아유타야 왕국까지 점령하자 이에 대한 반발로 아유타야 왕국의 프라야 딱신 Phraya Taksin 장군이 세력을 재집결시켜 버마를 축출했다. 프라야 딱신 장군은 1774년에 치앙마이까지 진격해 올라가 란나 왕국에 독립을 선물했다. 하지만 란나 왕국이 다시 강성해지기에는 국가가 너무 피폐해져 있었다. 1775년부터 아유타야 왕국에 뒤이어 등장한 톤부리 왕조와 라따나꼬씬(방콕) 왕조의 간접적인 통치를 받다가, 1939년에 완전히 라따나꼬씬 왕조에 편입되었다.

하지만 치앙마이라는 도시 자체가 사라진 것은 아니다. 성벽을 제외하고는 19세기 들어 대부분의 사원들이 복원되면서 옛 모습을 고스란히 간직한 매력적인 도시로 재탄생했다. 방콕과 치앙마이를 연결하는 철도가 개통되면서 치앙마이는 더욱 발전하기 시작해, 태국 제2의 도시로 성장해 오늘에 이르렀다. 1996년에 탄생 700주년을 맞은 치앙마이의 인구는 약 20만 명(비공식 인구는 약 40만 명)으로 추산된다.

란나 왕조는 싸얌 Siam(태국의 옛 이름으로 쑤코타이→아유타야→톤부리→라따나꼬씬 왕조로 이어진다)과는 별도의 국가 체계와 언어를 유지했다. 음식까지도 달라서 독특한 문화를 이루었다. 태국에 통합된 이후 중부 지방과 구분하기 위해 '란나 타이 Lanna Thai'라는 호칭을 즐겨 사용한다.

치앙마이의 축제 Chiang Mai Festivals

치앙마이는 축제가 끊이지 않는 도시다. 불교 행사와 관련한 축제부터 겨울의 꽃 축제까지 다양한 행사가 열린다. 란나 왕국의 오랜 전통을 잘 간직하고 있으며 화려함을 겸비해 보는 재미가 쏠쏠하다. 가장 대표적인 축제로 신년 축제인 쏭끄란 Songkran과 연꽃 모양의 통을 강물에 띄워 보내며 소원을 비는 러이 끄라통 Loi Krathong 축제가 있다.

쏭끄란
Songkran

태국의 설날인 쏭끄란은 단순히 물 뿌리고 난리치는 날이 아니다. 한 해를 보내고 한 해를 새롭게 맞이하는 날답게 차분하고 경건한 행사들도 곳곳에서 열린다. 쏭끄란은 가족들과 재회하는 날이기도 해서, 대부분의 사람들이 고향으로 발걸음을 옮긴다. 때문에 텅 빈 방콕보다는 지방 도시들에서 전통적인 분위기를 더욱

강하게 느낄 수 있다. 태국 북부에서 시작된 쏭끄란 축제를 직접 체험하기 가장 좋은 곳은 치앙마이다. 사원 경내에 모래로 탑을 만든다든지, 경건한 불상이 마을을 한 바퀴 돌면서 한 해의 복을 기원한다든지, 가족들이 함께 모여 연장자로부터 덕담을 듣는 전통적인 모습이 그대로 남아 있기 때문이다.

치앙마이에서 열리는 쏭끄란 축제는 한 해를 보내고(4월 13일로 '완 쌍깐런'이라 부른다), 새해를 맞이하고(4월 14일로 '완 다'라 부른다), 조상의 공덕을 기리는 날(4월 15일로 '완 파야 완'이라 부른다)로 이어진 3일간의 연휴 동안 다양한 프로그램과 축제로 채워진다. 가장 중요한 행사는 '프라씽'을 사원에서 꺼내 퍼레이드를 벌이는 4월 13일이다. 나가 장식을 한 황금마차에 프라씽 불상을 싣고 치앙마이 구시가를 행진하는 동안, 사람들이 나와서 불상을 향해 물을 뿌리며 행운을 기원한다. 전통 복장을

물 축제로 변모한 현재의 쏭끄란

프라씽이 행운을 가져다 주는
전통적인 쏭끄란

입은 무희들은 퍼레이드를 이끌고, 옛 모습 그
대로 재현된 제사장이 프라씽 불상을 호위하는
장면은 마치 700년 전의 란나 왕조 시대로 돌
아간 착각이 들게 한다.

빠뚜 타패 앞의 야외무대에서는 정부가 주
관하는 공식 오프닝 행사(4월 13일), 종이우산
미인 선발대회(4월 13일), 쏭끄란 미인 선발
대회(4월 14일)를 포함해 다양한 공연이 펼쳐
진다. 빠뚜 타패 앞의 타논 타패 삼거리 일대
는 물놀이하기 적합한 장소다. 썽태우와 오토
바이에 물을 싣고 다니며 서로 물싸움하느라
3일 내내 도로가 정체되기 일쑤다. 또한 타논
훼이깨우의 깟 쑤언깨우(쎈탄 백화점) 앞에는
태국 연예인들과 밴드들이 총출동해 야외무
대를 꾸민다. 시원한 물대포를 맞으며 라이브
밴드의 열정적인 음악에 맞춰 대낮부터 춤추
며 흥겨워하는 젊은이들을 대할 수 있다.

러이 끄라통
Loi Krathong

러이 끄라통은 음력 11월 대보름에 열린다.
연꽃 모양의 끄라통을 만들어 강물에 띄워 보
내는 날이다. 쑤코타이에서 시작된 러이 끄라
통 전통이 가장 잘 남아 있는 곳은 쑤코타이다.
하지만 치앙마이에서도 쑤코타이와 견주어 손
색없는 화려한 축제가 펼쳐진다. 치앙마이에서
는 러이 끄라통 축제를 '이뼁 축제 Yi Peng
Festival'라고 부른다. 3일간 펼쳐지는 이뼁 축
제는 일종의 연등 축제다. 빠뚜 타패 앞에 연등
을 매단 커다란 나무가 세워지고, 강변에서는
끄라통을 띄워 보내는 행사가 이어진다. 끄라
통을 띄워 보내는 것은 한 해 동안 행한 악한 행
동을 멀리 보낸다는 의미를 갖고 있다. 물론 한
해의 소망도 함께 기원한다.

치앙마이에서 끄라통을 띄워 보내는 장소는
뼁 강이다. 강변에는 무대를 만들어 다양한 행
사가 열린다. 가장 중요한 행사는 거리 퍼레이
드다. 란나 시대의 전통 복장으로 단장한 행렬
이 길게 이어진다. 이뼁 축제의 하이라이트는
풍등(風燈)을 하늘로 올려 보내는 밤이다. '콤

쏭끄란 축제

이뼁 축제

러이 끄라통

로이'라 불리는 풍등은 비닐로 만든 작은 열기
구다. 끄라통과 마찬가지로 그동안 행했던 악
행을 하늘로 올려 보내며 새로운 소망을 다짐
한다. 뼁 강변에서 올려 보내는 콤로이는 마치
은하수처럼 밤하늘을 아름답게 수놓는다.

치앙마이의 산악 민족(차우 카오) Hill Tribes

태국으로 소수민족들이 이주한 것은 주변 국가의 공산화(중국 1949년, 미얀마 1962년, 라오스 1975년)와 관계가 깊다. 멀게는 티베트 고원에서 가깝게는 미얀마까지, 살던 곳도 제각각인 민족들이 새로운 삶의 터전을 찾아 남하하면서 현재는 태국에 정착했다. 산에 사는 사람들이라 하여 태국말로 '차우 카오'라 부른다. 산악 민족들은 대부분 해발 600~1,200m의 산악지대에 거주한다. 산악 민족은 80만 명 정도로 3,500개의 산악 마을에 분산되어 생활한다.

태국 내에 거주하는 산악 민족은 20여 개 종족인데 카렌족, 몽족, 라후족, 아카족, 미엔족, 리수족의 6개 종족이 대부분을 차지한다. 태국 땅에 정착했는데도 태국인처럼 살기보다는 고유의 전통과 문화를 유지하며 생활한다. 종족마다 고유의 언어와 종교, 복장, 생활방식을 갖고 있다. 산악 민족은 태국에만 정착한 게 아니라 라오스와 베트남 북부 지방에도 대거 정착해 생활한다. 동일한 종족끼리 같은 언어와 생활 풍습을 보이기 때문에, 정치적 국경에 의한 국적보다는 어떤 종족인가가 그들의 정체성을 좌우하는 요소가 된다. 즉, 몽족이라면 태국에 살든, 라오스에 살든, 베트남에 살든 국적에 관계없이 몽족 공통의 전통 복장과 언어를 사용

하는 것이다.

태국에 정착한 산악 민족들은 중앙 정부와 단절된 채 아편 재배 등을 통해 수입을 올리기도 했다. 1970년대 이후 태국 정부는 산악 민족의 지위를 인정하며 태국에 편입시키려는 노력을 지속하고 있다. 특히 왕실 주도 아래 산악 민족 지원 프로그램을 시행하며 산악 민족의 생활수준도 많이 향상된 편이다. 덕분에 아편 재배는 현저하게 줄어들었다.

카렌족
Karen

태국에 정착한 전체 산악 민족 인구의 45%를 차지하는 태국 최대의 산악 민족이다. 중국과 미얀마(버마)에서 태국으로 이주한 민족으로 50만 명 정도가 태국에서 생활하고 있다. 미얀마에서 넘어온 난민들이 주를 이루기 때문에 태국-미얀마 국경지대(매홍쏜, 매쌋, 깐짜나부리, 치앙라이)에 카렌족 마을이 몰려 있다. 태국에서는 까리앙 Kaliang 또는 양 Yang이라고 부른다.

카렌족은 산악 민족 중에는 비교적 저지대인 해발 약 600m에 거주한다. 농경에 의존하는 민족으로 거주하는 마을 내에서 일정한 경작지를 번갈아 경작한다. 코끼리를 보유한 사

람들도 많은데, 이는 코끼리 트레킹에 사용되면서 카렌족들에게 수익 창출의 중요한 부분이 됐다. 카렌족은 지면에서 높게 기둥을 세우고 그 위에 대나무나 나무를 이용해 집을 짓고 생활한다. 종교적으로는 무속신앙의 일종인 정령신앙을 믿는다. 농경에 의존하기 때문에 땅과 물에 대한 숭배가 강하다. 하지만 태국으로 지속적으로 편입되면서 불교 신자가 증가하는 추세다. 또한 유럽 선교사에 의해 기독교로 개종한 카렌족도 많다고 한다.

카렌족은 네 개 종족으로 구분된다. 스카우족 Skaw Karen(White Karen), 푸오족 Pwo Karen, 파오족 Pao Karen(Black Karen), 카야족 Kayah Karen(Red Karen)으로 분류된다. 그중 스카우족이 80%로 가장 많다. 스카우족의 전통 복장은 흰색 원피스이기 때문에 백(白) 카렌 White Karen으로 알려져 있다. 흰색 복장은 미혼 여성 전용이며, 결혼한 후에는 싸롱(기다란 치마)에 짧은 윗도리를 입는다. 기혼 여성은 미혼 여성보다 진한 색의 옷을 입는다.

몽족
Hmong

태국에 거주하는 산악 민족 가운데 두 번째로 인구가 많다. 자유로운 사람들이라는 뜻의 '몽'은 태국에서는 야만인이라는 뜻인 '메오'로 불린다. 몽족의 기원은 명확하지 않지만, 몽족들 스스로는 추운 지방에서 이주한 민족이라고 주장한다. 중국 중부와 몽골 지방에서 남하하기 시작해 1850년대에 라오스에 거주하다가,

그중 일부가 19세기 후반에 태국 북부까지 내려온 것으로 여겨진다. 태국에 거주하는 몽족은 약 15만 명으로 치앙마이, 치앙라이, 난, 딱 지방에 주로 거주한다. 몽족은 중국 남부에도 다수 거주하는데, 중국에서는 '먀오족(苗族)'이라고 부른다.

고산지대에서 생활하는 몽족은 아편 재배로 생활하던 민족이다. 덕분에 직접 태국 정부의 관리를 받았다. 현재는 정부의 노력으로 아편 재배가 현저히 줄어들었다. 아편 재배 이외에는 농경에 의존하는데, 화전민 형태로 경작지가 쓸모없어지면 다른 경작지를 찾아 이주한다. 몽족의 전통가옥은 나무나 대나무로 만드는데 지붕이 낮은 것이 특징이다. 거실과 방 두세 개로 이루어지며 대가족이 한곳에서 생활한다. 최고 연장자가 집안의 어른 노릇을 한다.

몽족은 크게 두 종족으로 분류된다. 전통의상의 색깔에 따라 파란 몽족 Blue Hmong과 흰 몽족 White Hmong으로 구분된다. 파란 몽족의 전통 의상은 남색 염료를 이용한 무늬 염색으로 유명하다. 특히 바티크로 만든 치마는 빨간색, 핑크색, 파란색, 하얀색을 수평으로 수를 놓아 화려한 색과 패턴으로 유명하다. 검정 새틴으로 만든 상의는 오렌지색, 노란색을 사용해 소매와 옷깃에 수를 놓았다. 몽족 여성의 뛰어난 자수 실력과 바느질 솜씨는 수공예품과 전통 의상 등 다방면에서 유용하게 쓰인다. 손재주가 좋아 몽족이 만든 가방, 모자, 지갑 등은 산악 민족 물건 중에 인기 상품으로 자리 잡았다. 흰 몽족 의상은 파란 몽족에 비해 단순하다.

몽족은 전통 의상과 더불어 부와 행복한 삶을 상징하는 은으로 만든 장신구를 걸친다. 여성들은 장신구를 매일 착용하고, 남성들은 특별한 목적이 있을 경우에만 착용한다. 몽족들이 은제품을 선호하는 이유는 은이 영혼을 붙잡아 둔다는 믿음 때문이며, 무거운 은 목걸이를 하면 영혼이 몸속으로 내려간다고 믿기 때문이라고 한다.

라후족
Lahu

티베트 고원에서 생활하다 중국 남부, 미얀마, 라오스로 100년 전에 이주한 민족이다. 라후족이 태국으로 이주한 것은 19세기 말로 비교적 최근의 일이다. 태국에서는 '무써 Mussur'라고 부른다.  무써는 사냥꾼이라는 뜻으로 미얀마에서 라후족들을 부르던 말이다. 태국에 거주하는 라후족은 10만 명으로 치앙라이, 치앙마이 북부, 매홍쏜 지방의 미얀마 국경지대에서 생활한다.

해발 1,200m의 고산지대에 살던 라후족들은 현재는 저지대로 내려와 농업에 종사하며 생활한다. 벼농사 이외에 과수원, 차, 커피, 면화 재배로 수익을 올리기도 한다. 태국 정부의 지속적인 노력으로 아편 재배는 현저히 줄어들었다. 라후족은 산악 민족 중에서 기독교로 개종한 비율이 가장 높다. 영국의 식민지였던 미얀마(버마)에 진출한 선교사들의 영향 때문으로 라후족 전체 인구의 3분의 1이 기독교 신자다. 나머지는 전통 신앙인 정령사상을 믿는다. 일종의 무속신앙으로 마을을 지켜준다고 믿는 정령을 숭배한다. 보통 마을 중앙에 사당을 만든다.

라후족은 크게 세 부족으로 나뉘지만, 하위 부족들이 너무도 다양해 하나의 특징적인 의복을 설명하기 힘들다. 대체적으로 파란색과 검은색 계열의 옷을 입으며, 자수와 아플리케로 옷 가장자리를 치장하기도 한다.

아카족
Akha

태국에 사는 산악 민족 중에 가장 가난한 민족이다. 아카족은 200년 전 티베트에서 중국 윈난으로 이주한 민족으로 1910년경부터 태국까지 내려와 생활하고 있다. 태국말로 '이꺼 Ekaw'라 불리며 치앙라이, 치앙마이, 람빵, 프래 지역에 거주한다. 4개 주의 250개 마을에 흩어져 생활하는 아카족의 전체 인구는 약 7만 명이다. 그중 치앙라이에 가장 많은 아카족들이 생활하고 있다. 아카족들은 미얀마, 라오스는 물론 중국 윈난에서도 생활한다.

아카족은 해발 1,000~1,400m의 고산 지역에서 농경 생활을 하며 쌀과 야채를 주로 재배한다. 아카족은 다른 산악 민족들과 달리 태국에 편입되지 않고 전통을 유지하며 생활한다. 아카족들의 생활방식은 '아카장 Akhazang'이라 부른다. 조상들의 혼령을 숭배하고, 모든 물건에 영혼이 존재한다는 믿음이 아카족 신앙의 핵심이다. 집마다 제사용 사당을 만들고 특별한 날이면 음식을 바치며 조상을 기린다. 아카족은 마을 입구에 신성시하는 출입문을 세운다. 출입문에는 인간의 행위를 묘사한 조각들을 장식하는데, 인간만이 신성한 땅을 출입할 수 있다는 믿음 때문이다. 마을의 출입문은 1년에 한 번씩 새롭게 만들어 신성함을 강조한다. 아카족 마을을 출입할 때는 신성한 문에 매단 조각들을 건드리지 않도록 주의해야 한다.

아카족 전통 복장은 머리 장신구 때문에 쉽게 구분된다. 아카족 여성이 매일 착용하고 다니는 머리 장신구는 은동전과 은구슬, 보석을 이용해 장식한다. 전통 복장은 검정 치마에 검정 상의인데, 종아리 부분에 튜브처럼 생긴 각반을 착용한다. 검정 상의와 치마 사이에는 구슬을 장식한 허리띠를 착용한다.

리수족
Lisu

동부 티베트에서 중국 윈난성을 거쳐 1921년부터 태국에 정착하기 시작했다. 태국에서는 '리써 Lisaw'로 불리며 5만 5,000명 정도가 생활하고 있다. 치앙마이와 매홍쏜 일대에 대부분 거주하며, 치앙라이와 파야오 지방에도 소수 정착했다.

산악 민족들이 마을의 연장자나 샤먼에 의해 유지되는 것과 달리 리수족은 씨족에 의해 운영된다. 따라서 경쟁관계인 씨족끼리 공개적인 다툼이 발생하기도 한다. 저지대에 사는 리수족은 쌀과 야채를 재배하며 생활하고 해발 1,500m 이상의 고지대에 사는 리수족은 아편 재배에 종사한다. 하지만 태국 정부의 아편 재배 금지와 산악 민족 정착 지원으로 인해 아편 재배는 현저하게 줄어들었다. 종교적으로는 정령 신앙을 믿는다. 조상, 숲, 나무, 해, 달 같은 모든 물건에 혼령이 있다고 여긴다. 리수족은 마을마다 마을을 수호하는 신성한 정령을 모시는 사당을 만든다. 사당은 마을 위쪽에 만든다. 높은 곳을 신성시하기 때문에 사당의 지붕에는 여성의 출입을 금지한다.

리수족 전통 복장은 다른 산악 민족들보다 화려하다. 여자는 무릎까지 오는 겉옷에 밝은 파란색 바지를 입는다. 상의는 붉은색 옷감을 사용한다. 남자 복장도 다른 산악 민족들보다 화려하다. 파란색 겉옷에 녹색, 핑크색 또는 노란색의 헐렁한 바지를 입는다. 설날(중국의 음력 설날과 같은 날을 사용한다) 같은 특별한 행사 때는 여성들의 복장이 더욱 화려해진다. 조끼와 은장식으로 치장한 허리 벨트를 기본으로 은구슬이 주렁주렁 달린 목걸이와 여러 가지 색으로 장식된 터번 형태의 모자를 착용한다.

미엔족
Mien

©태국관광청

산악 민족 중에 스스로를 귀족층이라 생각하는 민족이다. 중국의 쓰촨성, 구이저우성에서 생활하던 미엔족은 한족 황제와 결혼했을 정도로 중국 주류에 편입됐던 민족이다. 하지만 중국의 소수 민족 탄압이 심해지자 중국 남부, 베트남, 라오스, 태국으로 이주해 생활하고 있다. 태국-라오스 국경 지역인 난, 파야오, 치앙라이 지방에 약 4만 5,000명이 거주하고 있다. 태국에서는 '야오 Yao'라고 부른다.

산악 민족 중에서 유일하게 문자를 사용하며, 중국에서 생활했던 탓에 도교를 주종교로 믿는다. 하지만 태국에 정착하면서 기독교와 불교로 개종한 사람들도 많다. 다른 산악 민족에 비해 상대적으로 태국 사회에 융합된 민족이지만 전통 문화와 생활방식은 유지하고 있다. 얼굴 생김새도 화교(중국인)들과 비슷하다. 농경에 의존하는 미엔족은 자수 제품, 종교용 걸개그림, 중국풍의 그림을 판매해 부수입을 올린다.

미엔족 의상은 주홍색 털실로 만든 옷깃 때문에 쉽게 구분된다. 검은색이나 감색 상의에 붉은 계통의 옷깃을 장식한다. 바지는 화려한 자수를 놓는다. 화려하고 정교한 자수를 놓은 바지를 만들기 위해 2년씩 시간을 투자하기도 한다. 머리에 쓰는 검정 스카프에도 자수를 놓는데, 바지에 비해 자수 장식은 단순하다.

Pai

빠이 ปาย

6,500명이 사는 시골 마을이지만 태국의 대표적인 여행지로 손꼽힌다. 빠이는 하나의 신드롬으로 불릴 만큼 관광명소가 됐다. 특히 겨울이 되면 선선한 기후를 체험하려는 태국인들로 몸살을 앓는다. 연말·연시에는 몰려드는 인파로 인해 어깨를 부딪치며 다녀할 정도로 북적댄다. 빠이를 유명하게 만든 것은 흐드러진 자연이다. 도시를 이탈한 아티스트들과 히피 여행자들도 빠이의 특별함에 한몫을 더했다. 마을 주변의 산악 민족까지 어울린 독특함으로 인해 온갖 여행 프로그램에 빼놓지 않고 등장할 정도다.

강이 마을을 유유히 흐르고, 평화로운 자연 속에는 여유로움 가득한 방갈로들이 전원 풍경과 조화를 이룬다. 마을 주변은 폭포와 온천이 눈과 몸을 즐겁게 해주고, 산악 민족 마을도 가까워 트레킹 포인트로 손색없다. 반나절이면 모든 걸 섭렵할 수 있는 작은 마을이지만, 떠나지 못하고 한 달씩 머무르는 장기 여행자들도 수두룩하다. 빠이가 아무리 상업화했다 해도 자연만은 변함없다. 세상만사 다 제쳐두고 아득한 자연 속에서 며칠 머물러보자. 빠이에서 할 수 있는 최대의 미덕은 '아무것도 하지 않는 것'이다.

INFORMATION 여행에 필요한 정보

여행 시기

선선한 기온(15~20℃)을 유지하는 건기(11~2월)가 최대 성수기다. 비도 오지 않고 쾌적하다. 겨울에는 밤에 다소 쌀쌀하므로 긴 옷을 준비해야 한다. 최고 성수기인 연말·연시는 가능하면 피하는 게 좋다. 방값이 천정부지로 오르는데다가 방을 구하기도 힘들고, 방콕의 카오산 로드를 연상시킬 만큼 넘쳐나는 인파로 인해 차분함은 찾아보기 어렵다. 비수기(5~10월)는 성수기와 대조적으로 너무 한산하다. 비오는 날이 많지만, 리조트들이 할인 경쟁을 하기 때문에 좋은 숙소를 저렴하게 구할 수 있다.

은행·환전

작은 마을임에도 은행과 환전소가 많아 환전에 큰 불편함이 없다. 버스 정류장과 세븐일레븐 주변에 끄룽타이 은행, 옴씬 은행, 방콕 은행, 끄룽씨 은행이 들어서 있다.

ACCESS 빠이 가는 방법

치앙마이와 매홍쏜 중간에 위치해 있어 버스를 타고 가는 게 가장 편리하다. 느린 일반 버스 이외에 에어컨 시설의 미니밴(롯뚜)까지 운행해 버스 편은 많다. 치앙마이 아케이드 버스 터미널에서 일반 버스와 미니밴이 모두 출발한다. 치앙마이→빠이 교통편 정보는 P.363 참고.

항공

마을 북쪽에 공터로 남아 있던 활주로가 경비행기를 맞이한다. 칸 에어 Kan Air(홈페이지 www.kanairlines.com)에서 치앙마이↔빠이 노선을 취항한다. 비행시간 30분으로 가까운 거리지만 편도 요금은 2,000B으로 비싸다. 코로나 팬데믹 이후 운항이 중단된 상태다.

버스

빠이에서 갈 수 있는 도시는 치앙마이와 매홍쏜 두 곳뿐이다. 치앙마이에서 출발한 버스가 1095번 국도를 따라 빠이→쏩뽕(빵마파) Soppong(Pangmapha)을 거쳐 매홍쏜까지 간다. 산길을 올라가야 하기 때문에 거리에 비해 이동 시간이 느리다. 치앙마이 행 미니밴(편도 150B)은 오전 7시부터 오후 5시까지, 매홍쏜 행 미니밴(편도 150B)은 오전 8시 30분에 출발한다. 미니밴은 쁘렘쁘라차 트랜스포트(홈페이지 www.premprachatransports.com)에서 운영하며, 성수기에는 좌석을 미리 예약해 두는 게 좋다. 버스 회사 홈페이지를 통해 예약 및 자리 지정이 가능하다.
정해진 노선 이외의 지역은 여행사를 겸하는 아야 서비스 Aya Service(주소 Thanon Chaisongkhram, 전화 0-5369-9888, 홈페이지 www.ayaservice.com)에서 담당한다. 치앙마이까지 가는 미니밴을 포함해 치앙라이(6시간 소요, 편도 600B), 치앙콩(10시간 소요, 편도 800B)으로 가는 자체 미니밴을 운행한다. 치앙콩은 라오스 루앙프라방까지 보트를 연계한 투어 형태로 운영된다.

빠이에서 출발하는 미니밴

도착지	출발 시간	요금	소요시간
치앙마이	07:00~17:00(1일 11회)	150B	3시간
매홍쏜(쏩뽕 경유)	08:30(미니밴)	150B	4시간

TRANSPORTATION 시내 교통

마을이 작아서 얼마든지 걸어서 다닐 수 있다. 하지만 마을 외곽을 다니려면 별도의 교통편이 필요하다. 오토바이를 빌리면 가장 편리하다. 초보 운전자는 가급적 오토바이 사용을 자제할 것. 오토바이 사고가 빈번하게 발생한다. 산길이라 경사가 심해 자전거를 탈 경우 상당한 체력을 요한다.

자전거와 오토바이 대여는 버스 정류장 주변과 일부 게스트하우스에서 가능하다. 자전거 대여료는 50B, 오토바이는 기종에 따라 100~150B이다. 버스 정류장 옆에 대기 중인 오토바이 택시는 반 남후 Ban Namhoo 까지 40B, 커피 인 러브 Coffee In Love 까지 40B, 타빠이 온천 Tha Pai Hot Springs까지 100B을 받는다.

Best Course
Pai

빠이의 추천 코스 (예상 소요시간 5~6시간)

빠이에서는 특별한 추천 코스는 없다. 마을에서 시간을 보내다 무료하면 오토바이를 빌려서 주변 지역을 돌아다니면 된다. 빠이를 중심으로 어느 방향으로 둘러볼 것인지 결정해서 길 따라 한 바퀴 돌고 오면 된다. 오토바이를 못 타는 여행자라면 여행사에서 운영하는 반나절 투어(500B)를 이용하면 된다.

북쪽 방향을 택한다면

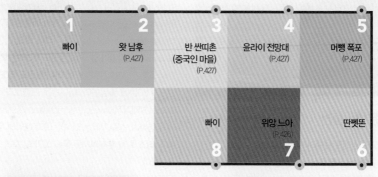

| 1 빠이 | 2 왓 남후 (P.427) | 3 반 싼띠촌 (중국인 마을) (P.427) | 4 윤라이 전망대 (P.427) | 5 머빵 폭포 (P.427) |
| | | 8 빠이 | 7 위앙 느아 (P.426) | 6 딴쩻똔 |

남쪽 방향을 택한다면

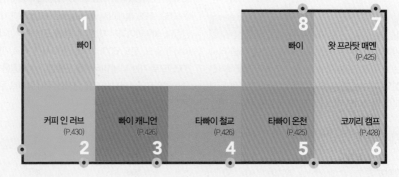

| 1 빠이 | | | 8 빠이 | 7 왓 프라탓 매옌 (P.425) |
| 2 커피 인 러브 (P.430) | 3 빠이 캐니언 (P.426) | 4 타빠이 철교 (P.426) | 5 타빠이 온천 (P.425) | 6 코끼리 캠프 (P.428) |

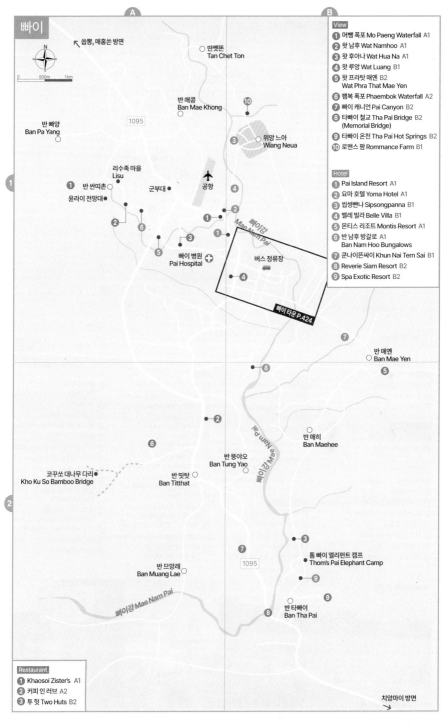

빠이

← 쏨뽕, 매홍쏜 방면

딴쩻똔
Tan Chet Ton

반 매콩
Ban Mae Khong

1095

반 빠양
Ban Pa Yang

리수족 마을
Lisu

① 반 싼띠촌
윤라이 전망대

군부대

공항

위양 느아
Wiang Neua

③

반 매양
Ban Pa Yang

④

②

① ②

①

⑥

⑤

③

빠이 병원
Pai Hospital

버스 정류장

⑩

빠이강 Mae Nam Pai

④

빠이 타운 P.424

⑦

반 매옌
Ban Mae Yen

⑤

⑧

②

반 매히
Ban Maehee

⑥

코꾸쏘 대나무 다리
Kho Ku So Bamboo Bridge

반 뚱야오
Ban Tung Yao

반 띳탓
Ban Titthat

빠이강 Mae Nam Pai

③

톰 빠이 엘리펀트 캠프
Thom's Pai Elephant Camp

⑦ 1095

반 므앙래
Ban Muang Lae

⑨

⑨

빠이강 Mae Nam Pai

⑧

반 타빠이
Ban Tha Pai

치앙마이 방면 →

View
① 머뺑 폭포 Mo Paeng Waterfall A1
② 왓 남후 Wat Namhoo A1
③ 왓 후아나 Wat Hua Na A1
④ 왓 루앙 Wat Luang B1
⑤ 왓 프라탓 매옌 B2
　 Wat Phra That Mae Yen
⑥ 팸복 폭포 Phaembok Waterfall A2
⑦ 빠이 캐니언 Pai Canyon B2
⑧ 타빠이 철교 Tha Pai Bridge B2
　 (Memorial Bridge)
⑨ 타빠이 온천 Tha Pai Hot Springs B2
⑩ 로맨스 팜 Rommance Farm B1

Hotel
① Pai Island Resort A1
② 요마 호텔 Yoma Hotel A1
③ 씹썽빤나 Sipsongpanna B1
④ 벨레 빌라 Belle Villa B1
⑤ 몬티스 리조트 Montis Resort A1
⑥ 반 남후 방갈로 A1
　 Ban Nam Hoo Bungalows
⑦ 쿤나이뜬싸이 Khun Nai Tern Sai B1
⑧ Reverie Siam Resort B2
⑨ Spa Exotic Resort B2

Restaurant
① Khaosoi Zister's A1
② 커피 인 러브 A2
③ 투 헛 Two Huts B2

빠이 타운

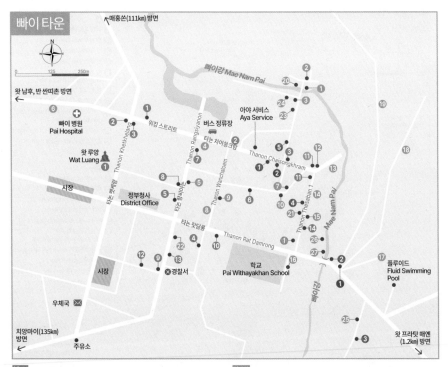

매홍쏜(111km) 방면

빠이강 Mae Nam Pai

왓 남후, 반 싼띠촌 방면

빠이 병원
Pai Hospital

워킹 스트리트

버스 정류장
타노 차이쏭크람

아야 서비스
Aya Service

왓 루앙
Wat Luang

시장

정부청사
District Office

Thanon Chaisongkhram

Thanon Rangsiyanon

Thanon Wanchaloem

Thanon Khettkelang

Thanon Rat Damrong

시장

경찰서

학교
Pai Withayakhan School

우체국

치앙마이(135km)
방면

주유소

플루이드
Fluid Swimming
Pool

왓 프라탓 매옌
(1.2km) 방면

View
1. 왓 루앙 Wat Luang
2. 왓 끄랑 Wat Klang
3. 왓 빠캄 Wat Pa Kahm

Travel Agency
1. 타이 어드벤처 래프팅
2. 빠이 어드벤처 투어

Restaurant
1. 에스프레소 바 Espresso Bar
2. The Pedlar
3. 넝 비아 레스토랑 Nong Beer Restaurant
4. 옴 가든 카페 Om Garden Cafe
5. Coffee Stains
6. 아트 인 짜이 Art In Chai
7. 반 빠이 Baan Pai
8. 케이크 꼬오 Cake go "O"

9. 제임스 카우만까이
10. 나스 키친 Na's Kitchen
11. 위칭 웰 Witching Well
12. 자삼제 Chew Xin Jai
13. 찰리 & 렉 Charlie & Lek
14. Maya Burger Queen

Spa & Massage
1. 빠이 트래디셔널 타이 마사지
Pai Traditional Thai Massage

Entertainment
1. 와이 낫 바 Why Not Bar
2. 돈 크라이 Don't Cry
3. 선셋 바 Sunset Bar
4. 붐 바 Boom Bar
5. 재즈 하우스 The Jazz House

Hotel
1. 빠이 나이 판 Pai-Nai-Fun
2. 빠이 컨트리 헛 Pai Country Hut
3. 브리즈 오브 빠이 Breeze of Pai
4. 두앙 게스트하우스
Duang Guest House
5. 찰리 게스트 하우스
Charlie's Guest House
6. 쿼터 The Quarter
7. Pai Cherkaew Boutique House
8. 에버그린 게스트하우스
Ever Green Guesthouse
9. 쁘라위 하우스 Pravee's House
10. 미스터 짠 게스타하우스
Mr Jan's Guest House
11. 림빠이 코티지 Rim-Pai Cottage
12. 호텔 데 아티스트 Hotel Des Artist
13. 빠이 리버 코너 리조트
Pai River Corner Resort

14. 빠이 빌리지 부티크 리조트
Pai Village Boutique Resort
15. Yotaka@Pai
16. 반 따완 Baan Tawan
17. 빠이 짠 코티지 Pai Chan Cottage
18. 빠이라다이스 Pairadise
19. 컨트리사이드 The Countryside
20. 카나리 게스트하우스 Canary
21. The Elephant Guestel
22. 리루 호텔 Li Lu Hotel
23. 실바나(씨라와나) 빠이
The Sylvana Pai
24. 패밀리 하우스 앳 빠이
Family House @ Pai
25. 이아 리조트 The Oia Resort
26. Pai Viman Resort
27. Revolution Hostel

빠이 강변 풍경

왓 끄랑

424

사원이나 유적지가 아니라 빠이를 둘러싼 자연 자체가 볼거리다. 마을 주변으로 몇 가지 볼거리가 있는데 굳이 멀리 나가지 않고도 방갈로에서 전원생활을 만끽할 수 있다.

빠이 타운 ★★★☆
Pai Town

행정구역상 '암퍼 빠이 땀본 위앙따이' อำเภอ ปาย ตำบล เวียงใต้에 속한다. 사원은 왓 루앙 Wat Luang, 왓 끄랑 Wat Klang, 왓 빠캄 Wat Pa Kham 세 개가 있다. 사원 규모가 작아서 오다가다 들르면 된다. 마을 앞으로는 빠이 강 Pai River이 잔잔하게 흐른다. 저녁에 버스터미널 주변 거리(타논 차이쏭크람)에 야시장이 생기면, 차량이 통제되고 노점이 들어서면서 워킹 스트리트 Walking Street로 활기차게 바뀐다.

왓 프라탓 매옌 ★★★
Wat Phra That Mae Yen

빠이 동쪽의 반 매옌 Ban Mae Yen 마을의 오른쪽 언덕 정상에 있다. 사원으로 가기 위해

빠이 마을 풍경

왓 프라탓 매옌에서 바라본 풍경

서는 350개의 계단을 올라야 한다. 사원 뒤쪽으로 연결된 계단을 오르면 하얀색 불상(화이트 부다) White Buddha을 만날 수 있다. 사원보다는 주변 경관을 보기 위해 찾는다. 안개가 밀려오기 전의 아침이나 노을이 드리운 오후에 방문하면 좋다. 빠이 주변 풍경이 시원스레 펼쳐진다.

Map P.423-B2 주소 Ban Mae Yen 운영 07:00~19:00 요금 무료 가는 방법 빠이 중심가에서 동쪽으로 1.2km 떨어져 있다. 반 매옌을 지나면 사원 입구가 보인다.

타빠이 온천 ★★
Tha Pai Hot Springs

훼이남당 국립공원 Huai Nam Dang National Park에 있는 노상온천이다. 태국에서 가장 높은 곳에 있는 야외 온천으로 온천수는 80℃를 유지한다. 개인용 온천탕은 없고 온천수가 개울처럼 흘러내린다. 온천수를 즐기려면 적정 온도를 유지하는 아래쪽이 좋다. 국립공원 경관과 어우러져 산책하기 좋은 나들이 코스였으나, 관광객이 증가하면서 입장료를 부과해 인기가 떨어졌다.

현지어 남푸런 타빠이 Map P.423-B2 운영 08:00~17:30 요금 300B 가는 방법 빠이에서 남동쪽으로 10km

타빠이 온천

떨어져 있다. 반 매옌을 지나서 코끼리 캠프를 지나치면 온천 입구가 나온다. 빠이에서 오토바이로 15분.

빠이 캐니언(빠이 협곡) ★★☆
Pai Canyon

인접한 빠이 강의 침식으로 생긴 협곡이다. 규모는 크지 않지만 V자 협곡을 따라 걸어 다닐 수 있다. 붉은 황토색 협곡과 파란 하늘이 잘 어울린다. 그랜드 캐니언 같은 웅장한 협곡은 아니지만 기념사진을 찍을 겸 들를 만하다. 여행사에서 운영하는 선셋 투어(요금 100B)를 이용해 다녀와도 된다.

현지어 껭랜 Map P.423-B2 운영 07:00~19:00 요금 무료 가는 방법 1095번 국도를 따라 치앙마이 방향으로 8㎞ 떨어져 있다. 협곡 입구에 세워진 안내판에서 100m 언덕길을 올라가야 한다.

타빠이 철교 ★★
Tha Pai Bridge(Memorial Bridge)

빠이 강을 지나는 철교다. 폐허로 방치됐던

빠이 캐니언

타빠이 철교

철교는 관광객들이 증가하면서 2007년에 복원됐다. 태국 관광객들이 빠이 방문 기념으로 사진 촬영을 하러 오는 명소다. 일본이 건설한 2차 세계대전 다리 The World War Ⅱ Bridge라고 태국인들 사이에 알려져 있다. 영국이 점령한 미얀마(버마)를 공격하기 위해 1941년에 건설했다. 1946년 전쟁에 패한 일본군이 퇴각하면서 다리를 태워버렸다고 한다. 다리는 1976년에 새롭게 건설되면서 철교로 변모했다. 치앙마이 삥 강에 만든 나라왓 철교 Nawarat Bridge를 보수하면서, 오래된 철근 구조물을 빠이로 옮겨와 타빠이 철교 건설에 사용했다고 한다.

현지어 싸판 타빠이 Map P.423-B2 요금 무료 가는 방법 빠이 캐니언 입구에서 치앙마이 방향으로 1㎞ 떨어져 있다. 타빠이 온천과는 2㎞ 떨어져 있다.

위앙 느아 ★★
Wiang Neua(Viang Nua)

위앙 느아는 빠이에서 가장 오래된 마을이다. 1251년에 미얀마(버마) 북동부 지방의 샨 족(타이 야이 Thai Yai)들이 이주해와 정착했다. 위앙 느아는 성벽과 해자에 둘러싸인 전형적인 고대도시 형태를 띠었다. 성벽은 없어졌지만, 도시를 출입하던 성문(빠뚜 위앙 루앙 Pratu Wiang Luang)은 원래 위치에 그대로 남아 있다. 위앙 느아의 볼거리는 두 개의 사원이다. 란나 양식의 사원인 왓 씨돈차이 Wat Sri Donchai와 샨 양식의 사원인 왓 뽕

위앙 느아

Wat Pong이다. 서로 다른 양식의 사원이 공존하는 이유는 15세기부터 치앙마이(란나 왕국) 영토에 편입되었기 때문이다.

Map P.423-B1 주소 Ban Wiang Neua 요금 무료 가는 방법 빠이 공항 앞 삼거리에서 오른쪽 길로 1.5㎞를 더 들어간다. 빠이 타운에서 북쪽으로 3㎞ 떨어져 있다.

왓 남후 ★★
Wat Namhoo

법전(위한)과 쩨디가 있는 란나 양식의 평범한 사원이다. 프라 운므앙 Phra Un Muang을 본존불로 모시고 있는데, 500년 전에 만든 란나 양식의 불상이다. 불상은 신기하게도 머리 꼭대기 부분이 열린다. 불상 머리 부분에는 항상 물이 스며들어 고여 있는데, 태국 사람들은 이를 성수(聖水)로 여긴다. 사원을 찾는 이유도 바로 성수를 받기 위해서다.

Map P.423-A1 주소 Ban Namhoo 요금 무료 가는 방법 버스 정류장에서 북쪽으로 4㎞ 떨어져 있다.

반 싼띠촌 ★★★
Ban Santichon(Santichon Village)

빠이 주변에 정착한 중국인 마을이다. 중국 공산화의 영향으로 태국에서 본국 탈환 명령을 기다리던 국민당 후손들이 생활한다. 대부분 윈난(운남)성 사람들로 중국어가 흔하게 통용된다. 중국 마을답게 찻집과 기념품 가게, 중국 식당도 있다. 윈난 국수인 윈난탕멘(雲南湯麵)을 맛 볼 수 있다. 싼띠촌은 '산띠촌

山地村'의 태국식 발음이다.

반 싼띠촌에서 북서쪽으로 1.5㎞ 더 올라가면 윤라이 전망대 Yun Lai Viewpoint(입장료 20B)가 나온다. 일교차가 커지는 겨울에 운해를 볼 수 있어서 탈레목 윤라이 ทะเลหมอก หยุนไหล라고 부르기도 한다. 탈레목=운해, 윤라이=운래(雲來)라는 뜻이다.

Map P.423-A1 주소 Ban Santichon 요금 무료 가는 방법 왓 남후에서 북쪽으로 1㎞ 떨어져 있다.

머빵 폭포 ★★
Mo Paeng Waterfall

대단한 볼거리가 아니라 더위를 식히기 위해 물놀이하러 가는 곳이다. 폭포는 낙차가 크지 않고 바위 사이로 떨어지기 때문에 미끄럼 타며 놀기 좋다. 폭포 물이 고인 곳에서 수영도 가능하다. 건기에는 폭포수가 현저하게 줄어든다. 가는 길에 중국인 마을과 산족 마을, 리수족 마을을 들를 수 있다.

현지어 남똑 머빵 Map P.423-A1 주소 Ban Mo Paeng 운영 08:00~17:00 요금 무료 가는 방법 빠이 북서쪽으로 10㎞ 떨어진 반 머빵 Ban Mo Paeng에 있다. 왓 남후를 지나 리수족 마을을 벗어나면 나오는 삼거리에서 도로 왼쪽으로 가면 된다.

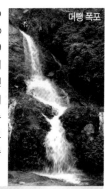
머빵 폭포

왓 남후

반 싼띠촌

Activity

빠이 주변에도 산악 민족들이 거주하기 때문에 트레킹이 가능하다. 비교적 마을과 가까운 곳에 산악 민족들이 생활하고 있어서 트레킹 일정은 짧은 편이다. 빠이 강을 따라 매홍쏜까지 내려가는 래프팅 투어도 가능하다.

플루이드
Fluid Swimming Pool ★★★

플루이드 야외 수영장

외국 여행자들이 즐겨 찾는 야외 수영장이다. 25m 길이의 수영장 주변으로 잔디를 깔아 공원처럼 휴식할 수 있도록 했다. 입장료만 내면 누구나 이용이 가능하다. 레스토랑과 바 bar를 함께 운영한다. 샌드위치나 버거, 셰이크, 맥주, 칵테일을 마시며 시간을 보내면 된다. 우기(7~10월)에는 문을 닫는다.
Map P.424 주소 Ban Mae Yen 전화 08-7186-5320 홈페이지 www.fluidswimmingpoolpai.com 영업 09:00~18:00 요금 100B 가는 방법 다리를 건너서 동쪽으로 600m. 도로 왼쪽으로 연결되는 비포장 길로 올라가면 된다. 입구에 안내판이 있다.

트레킹
Trekking

빠이 주변에는 카렌족, 리수족, 라후족 마을이 많다. 빠이 주변 경관이 아름답고 다채로워서 트레킹에 적합하다. 정글, 대나무 숲, 언덕, 평평한 분지와 폭포, 온천까지 다양하게 체험할 수 있다. 최소 출발 인원은 2명이며, 보통 4~6명 정도로 팀을 꾸려 출발한다.

고산족 마을이 빠이에서 가까워 1박 2일이면 적당한 코스가 많고, 1일 트레킹도 괜찮다. 전문적인 트레킹을 하고 싶다면 매홍쏜으로 향하는 5~7일 프로그램도 가능하다. 1일 트레킹은 1,000~1,600B 정도이며 코끼리 타기와 뗏목 타기를 포함하면 요금이 인상된다. 여행사마다 트레킹 출발 확정일과 지역을 공지하니, 본인이 원하는 날짜에 신청하면 된다. 코끼리 타기(1,000B)만 하고 싶다면 톰 빠이 엘리펀트 캠프로 직접 가면 된다. 타빠이 온천 가는 길에 있다. 코끼리 목욕을 포함한 엘리펀트 케어 프로그램(2시간 2,000~2,400B)도 운영한다.
톰 빠이 엘리펀트 캠프 Thom's Pai Elephant Camp Map P.423-B2 전화 0-5369-9286
홈페이지 www.thomelephant.com

래프팅
Rafting

빠른 물살을 가르며 강을 타고 내려가는 전문 래프팅이다. 빠이 강의 협곡을 가르며 매홍쏜까지 내려간다. 가이드가 동행하지만 기본적인 래프팅 경험이 있어야 하는 어드벤처 여행이다. 우기에는 수영 실력도 필요하다. 중간에 폭포와 온천도 방문하며, 강변에 만든 정글 캠프에서 하루 숙박한다. 래프팅은 7~1월 사이에 가능한데, 우기 중에서도 8~9월에 물살이 가장 빠르다. 래프팅은 일정에 따라 45~70km 코스로 진행된다. 일반적으로 1박 2

©태국관광청

일(4,400B)로 진행하지만 1일 래프팅(2,200B)도 가능하다.

타이 어드벤처 래프팅 Thai Adventure Rafting
주소 Thanon Rat Damrong 전화 0-5369-9111

홈페이지 www.thairafting.com

빠이 어드벤처 투어 Pai Adventure Tours
주소 Thanon Chaisongkhram 전화 0-5369-9326
홈페이지 www.paiadventures.com

Restaurant

버스 정류장 주변에 레스토랑이 몰려 있다. 분위기도 비슷하고 메뉴도 큰 차이가 없다. 저렴한 식사는 아침시장과 저녁시장을 이용하자.

넝 비아 레스토랑 ★★★
Nong Beer Restaurant

본래 현지인들을 위한 레스토랑이었으나, 고만고만한 여행자 식당에 질린 외국인도 즐겨 찾는다. 볶음밥, 팟타이 같은 간단한 식사를 하기 적합하다. 대표적인 태국 북부 음식인 '카우 쏘이'가 유명하다.
Map P.424 주소 Thanon Chaisongkhram 전화 0-5369-9103 영업 08:00~23:00 메뉴 영어, 태국어 예산 60~200B 가는 방법 버스 정류장을 바라보고 오른쪽으로 100m 떨어져 있다.

나스 키친 ★★★☆
Na's Kitchen

오랫동안 여행자들에게 사랑받아 온 태국음식점이다. 주인장 '나' 아줌마가 부엌을 들락거리며 음식을 요리해낸다. 북부 음식과 생선요리까지 있어 다양한 태국음식을 선택할 수 있다. 레스토랑 규모가 작아서 항상 붐빈다.
Map P.424 주소 Thanon Rat Damrong 영업 17:00~22:00 메뉴 영어, 태국어 예산 80~220B 가는 방법 타논 랏담롱과 타논 랑씨야논 사거리 코너에서 학교 방향으로 30m.

제임스 카우만까이(제임스 국수) ★★★
James Noodle & Rice

길거리 모퉁이에 있는 로컬 레스토랑으로

저녁에만 장사한다. 저렴하고 간단하게 식사하기 좋은 닭고기덮밥(카우만까이)과 쌀국수를 요리한다. 돼지등뼈국 Pork Bone Soup은 쌀국수와 공깃밥을 추가해 주문 가능하다.
Map P.424 영업 16:00~23:30(휴무 일요일) 메뉴 영어, 태국어 예산 40~60B 가는 방법 경찰서 앞 삼거리 코너에 있다.

카우쏘이 씨스터(카우쏘이 피닝) ★★★☆
Khaosoi Zister's

타운 중심가에서 외각으로 빠지는 한적한 도로에 있다. 에어컨은 없지만 목조 건물과 아늑한 실내 공간이 주는 편안함이 좋다. 카우쏘이가 메인이며, 팟타이도 즉석에서 요리해 준다. 카우쏘이는 고명으로 들어가는 두부, 닭고기, 돼지고기, 소고기, 시푸드 중에서 고르면 된다. 거리 풍경을 바라보며 식사할 수 있다.
Map P.423-A1 주소 58/2 Wiang Tai 전화 09-9269-2244 홈페이지 www.facebook.com/KhaosoiZisters 영업 09:00~15:00 메뉴 영어, 태국어 예산 75~150B 가는 방법 빠이 타운에서 북쪽(공항 방향)으로 빠지는 요마 호텔 맞은편에 있다. 버스 터미널에서 1㎞ 떨어져 있다.

찰리 & 렉 ★★★☆
Charlie & Lek

외국 관광객에게 인기 있는 태국 음식점 중한 곳이다. 스프링 롤, 볶음밥, 새우튀김, 팟

>> 빠이 Pai **429**

타이, 볶음 국수, 카우쏘이, 마싸만 카레 등 기본적인 태국 음식을 맛 볼 수 있다. 메뉴 구성에서 알 수 있듯 무난하게 식사하기 좋다.
Map P.424 주소 Thanon Rungsiyanon 영업 월~토 10:30~20:30(휴무 일요일) 메뉴 영어, 태국어 예산 95~220B 가는 방법 메디오 드 빠이(호텔) Medio De Pai 맞은편에 있다. 경찰서를 바라보고 왼쪽으로 100m.

옴 가든 카페 ★★★☆
Om Garden Cafe

야외 정원에 만든 평화로운 느낌의 레스토랑. 에어컨이 없는 개방형 공간이다. 외국인 여행자들이 좋아하는 곳답게 버거와 샐러드를 포함해 아침 메뉴(토스트, 오믈렛, 베이컨, 크레페, 후무스 Hummus)를 제공한다. 상큼한 과일을 이용한 셰이크와 디저트도 다양하다.
Map P.424 주소 60/4 Wiang Tai 전화 08-2 451-5930 영업 화~일 8:30~16:30(휴무 월요일) 메뉴 영어 예산 95~150B 가는 방법 나스 키친(레스토랑) 옆길 안쪽으로 100m.

에스프레소 바 ★★★
Espresso Bar by Prathom 1

빠이 중심가에 있는 오래된 목조 가옥을 카페로 사용한다. 동네 예술가들의 그림과 사진으로 가게 인테리어를 꾸몄다. 에어컨은 없고 한적한 시골 분위기가 느껴진다. 신선한 원두를 이용해 에스프레소 기계에서 커피를 뽑아준다.
Map P.424 주소 100/1 Thanon Chaisongkhram 전화 08-1316-5609 영업 12:00~22:00 메뉴 영어, 태국어

예산 60~80B 가는 방법 버스 정류장을 등지고 오른쪽으로 200m 떨어져 있다.

커피 인 러브 ★★★
Coffee In Love

치앙마이에서 빠이로 들어오는 마지막 언덕에 있다. 빨간색의 'Coffee In Love' 간판 때문에 눈에 쉽게 띈다. 카페는 전원주택처럼 생겼는데, 탁 트인 발코니에서 주변 경관이 시원스럽게 보인다.
Map P.423-A2 위치 빠이에서 1095번 국도를 따라 치앙마이 방향으로 3km 지점 전화 08-3207-2501 메뉴 영어, 태국어 예산 커피 50~90B 가는 방법 빠이에서 치앙마이로 가다 보면 도로에 세운 국도 표지에 95km 라고 적힌 지점이다.

투 헛 ★★★★
Two Huts

빠이 타운을 벗어난 한적한 자연 속에 있다. 넓은 잔디밭에 오두막 두 개가 있어서 '투 헛'이었는데 지금은 규모가 커졌다. 식당 앞으로 논과 산 풍경이 막힘없이 펼쳐진다. 산 너머로 해지는 풍경을 보기 위해 찾아오는 관광객이 많다. 여행사에서 선셋 투어 상품을 만들어 운영할 정도다. 성수기에는 어쿠스틱 밴드가 라이브 음악을 연주해준다.
Map P.423-B2 주소 194 Moo 2, Pai 전화 09-2982-1547 영업 12:00~20:00 메뉴 영어 예산 65~100B 가는 방법 빠이 터미널에서 남동쪽(타빠이 온천 방향)으로 5km 떨어져 있다.

Shopping

워킹 스트리트 Walking Street로 알려진 타논 차이쏭크람에 기념품 상점들이 많다. 빠이를 주제로 한 사진과 엽서, 소품을 제작해 판매한다. 직접 디자인한 티셔츠도 독특하다. 저녁때에는 버스 정류장 주변에 산악 민족들(리수족들이 가장 많다)이 직접 만든 수공예품을 들고 와 좌판을 벌인다.

NightLife

대도시에 비교하면 초라하지만, 정감어린 술집들이 많다. 성수기와 비수기의 유동인구가 현저히 차이가 나기 때문에, 비수기에는 문을 닫는 곳들도 많다. 하지만 성수기에는 빠이의 작은 골목들이 '작은 카오산 로드'로 변모한다. 마을 중심가에 있는 와이 낫 바 Why Not Bar와 붐 바 Boom Bar가 유명하다. 다리 건너에 있는 돈 크라이 바 Don't Cry Bar는 밤늦은 시간에 붐빈다. 편하고 저렴하게 술 한 잔 하고 싶다면 저녁 때 버스 정류장 주변에 생기는 칵테일 바를 이용하자.

재즈 하우스 ★★★☆
The Jazz House

빠이에서는 흔치 않게 라이브로 재즈를 들을 수 있는 곳이다. 아담한 정원과 목조 건물이 선사하는 분위기가 매력적이다. 마루 평상에 쿠션을 놓아 자연적인 정취를 만끽할 수 있다. 커피, 맥주, 팟타이, 피자를 포함해 기본적인 음료와 식사 메뉴를 갖추고 있다. 자그마한 무대에서 매일 저녁 7시 30분부터 라이브 음악을 연주한다.

Map P.424 주소 Thanon Chaisongkhram 전화 06-1923-6689 홈페이지 www.facebook.com/JazzHousePai 영업 18:00~ 23:00 메뉴 영어 예산 90~200B 가는 방법 타논 차이쏭크람에 있는 왓 빠깜 Wat Pa Kham 옆 골목 안쪽으로 50m.

Accommodation

마을 규모에 비해 숙소가 많다. 버스 정류장을 중심으로 빠이 강 주변에 숙소들이 많은 편이며, 마을 외곽으로도 다양한 숙소가 있어 선택의 폭이 넓다. 빠이는 성수기와 비수기가 엄격하게 구분되는 만큼 저렴한 게스트하우스들조차도 성수기가 되면 방값을 인상한다. 연말에는 방값이 10배 이상 오르기도 한다. 텐트가 등장해 부족한 객실을 보충할 정도다. 빠이의 숙소들은 요금 변동이 워낙 심하므로 미리 요금을 확인하자.

빠이 타운

미스터 짠 게스트하우스 ★★★
Mr Jan's Guest House

방갈로는 단순하고 저렴하지만, 정원에서 허브를 재배해 향기롭다. 시멘트 방갈로들로 넓은 방과 발코니가 딸려 있다. 침대와 모기장, 더운물 샤워가 가능한 욕실을 갖췄다. 대체적으로 방이 어둡다. 큰 침대가 두 개 놓인 방갈로는 4명까지 잘 수 있다.

Map P.424 주소 Thanon Wanchaloem 전화 0-5369-9554 요금 더블 300~400B(비수기, 선풍기, 개인욕실),

더블 600~800B(성수기, 선풍기, 개인욕실) 가는 방법 버스 정류장 오른쪽으로 이어진 타논 차이쏭크람 남쪽에서 연결되는 타논 완짜럼 골목 안쪽으로 들어간다.

에버그린 게스트하우스 ★★★
Evergreen Guest House

빠이 타운에 있는 오래된 여행자 숙소 중의 한 곳이다. 마당에 목조 방갈로가 들어서 있다. 저렴한 숙소답게 선풍기 시설로 온수 샤워 가능한 욕실이 딸려 있다. 건물의 특성 상 방음이 잘 안 되는 건 어쩔 수 없다. 마을 중심가 골목에 있어 위치가 좋다.

Map P.424 주소 Thanon Wanchaloem 전화 08-1288-

3544 요금 더블 500~700B(선풍기, 개인욕실) 가는 방법 타논 완짤럼의 넘버 8 빠이 No. 8 Pai 옆에 있다.

빠이 컨트리 헛 ★★★
Pai Country Hut

마을 중심가와 가깝지만 강 건너편에 있어 조용하다. 잔디가 깔린 정원이 있어 평화롭다. 전형적인 여행자 숙소로 에어컨 같은 건 없다. 대나무 방갈로에 선풍기와 침대, 모기장이 있을 뿐이다. 방갈로마다 발코니가 있고 해먹이 걸려 있다. 저렴한 방갈로는 공동욕실을 사용한다. 간단한 아침 식사가 포함된다.
Map P.424 주소 140 Moo 1 전화 08-7779-6541, 08-8261-2760 홈페이지 www.paicountryhut.com 요금 더블 450B(선풍기, 공동욕실), 더블 800B(선풍기, 개인욕실) 가는 방법 버스 터미널 남쪽으로 내려가다가 왓 빠캄(사원)을 끼고 좌회전해서 골목으로 들어간다. 골목 끝에 있는 대나무 다리를 건너면 보이는 빠이 나이 판 Pai-Nai-Fun 뒤쪽 길에 있다.

카나리 게스트하우스 ★★★☆
Canary Guest House

마을 중심가와 가까우면서 강 건너편에 있어 한적한 분위기다. 방갈로 형태의 숙소에서 화이트 톤의 콘크리트 건물을 신축해 시설을 업그레이드했다. 객실이 넓고 깨끗하며 에어컨, 냉장고, 전기포트 등의 객실 설비도 완비하고 있다. 넓은 정원과 강변 풍경 덕분에 여유롭다.
Map P.424 전화 09-9894-3376 요금 더블 600~850B(선풍기, 개인욕실) 가는 방법 버스 터미널 남쪽으로 내려가다가 왓 빠캄(사원)을 끼고 좌회전해서 골목으로 들어간다. 골목 끝에 있는 대나무 다리를 건너면 보이는 빠이 나이 판 Pai-Nai-Fun 왼쪽에 있다.

빠이 처깨우 부티크 하우스 ★★★★
Pai Cherkaew Boutique House

마을 중심가에 있는 3성급 부티크 호텔이다. 하얀색의 3층짜리 콘크리트 건물로 현대적인 느낌이 강하게 느껴진다. 야외 수영장도 갖추고 있어 시설도 괜찮다. 부티크 호텔답게 미니멀하

면서도 밝은 색감으로 객실을 꾸며 화사하다.
Map P.424 주소 Thanon Wanchaloem(Wanchalerm Road) 전화 0-5369-9050 홈페이지 www.facebook.com/paicherkaew 요금 더블 1,600~2,200B(에어컨, 개인욕실, TV, 냉장고, 아침식사), 딜럭스 2,600~2,900B(에어컨, 개인욕실, TV, 냉장고, 아침식사) 가는 방법 버스 터미널 남쪽으로 연결되는 타논 완짤럼 골목 안쪽으로 들어간다.

실바나 빠이 ★★★☆
The Sylvana Pai

마을 중심가와 빠이 강변 모두와 가까운 거리에 위치해 접근성이 좋다. 정원을 끼고 있는 방갈로 형태의 숙소로 가격 대비 무난한 시설이다. 잔디 정원과 나무들 덕분에 한적한 분위기를 즐길 수 있다. 작지만 수영장도 있다. 객실은 크기에 따라 4가지 요금으로 구분된다.
Map P.424 주소 96 Moo 3 Thanon Chaisongkhram 전화 08-5529-5430 요금 더블 1,500~2,500B(에어컨, 개인욕실, TV, 냉장고) 가는 방법 버스 터미널 남쪽으로 내려가다가 왓 빠캄(사원)을 끼고 좌회전해서 골목으로 들어간다. 골목 끝에 있는 대나무 다리를 건너기 전에 왼쪽에 있다.

빠이 빌리지 부티크 리조트 ★★★☆
Pai Village Boutique Resort

티크 나무와 대나무를 이용해 만든 방갈로를 운영한다. 방갈로 크기가 넓은 편으로 커다란 유리문을 통해 방에서 밖을 볼 수 있게 했다. 발코니도 딸려 있어 한결 여유롭다. 모두 38개 방갈로를 운영하는데, 정원이 잘 가꾸어져 자연 속에서 휴식하는 느낌을 들게 한다. 마을 중심가도 가까워 편리하다.
Map P.424 주소 88 Moo 3. Thanon Thesaban 1 전화 0-5369-8152 홈페이지 www.paivillage.com 요금 더블 2,400~3,600B(에어컨, 개인욕실, 아침식사) 가는 방법 버스 정류장을 바라보고 오른쪽 길인 타논 차이쏭크람으로 내려가다 삼거리가 나오면 블루 레스토랑을 끼고 우회전하면 된다. 타논 테싸반 1 초입에 있다.

반 따완
Baan Tawan ★★★☆

잘 가꾸어진 정원을 중심으로 강변에 방갈로가 있다. 정원을 끼고 있는 가든 룸 Garden Room과 강변에 위치한 림 빠이 룸 Rim Pai Room으로 구분된다. 티크 나무 방갈로들은 오래되었지만 건물 자체가 매력적이다. 새롭게 신축한 복층 건물은 시멘트를 사용했기 때문에 깔끔하다.

Map P.424 주소 117 Moo 4 Thanon Rat Damrong 전화 0-5369-8116 홈페이지 www.baantawanpai.com 요금 가든 룸 더블 1,200~1,800B(선풍기, 개인욕실, TV, 아침식사), 방갈로 더블 2,000~3,000B(에어컨, 개인욕실, TV, 아침식사) 가는 방법 타논 랏담롱에 있는 학교를 지나서 빠이 강을 건너기 전 오른쪽 골목 안쪽으로 20m 들어간다.

리루 호텔
Li Lu Hotel ★★★☆

마을 중심가와 가까운 부티크 호텔이다. 리셉션으로 쓰이는 목조 건물이 도로와 접해 있다. 객실은 콘크리트 건물이라서 깔끔하다. 슈피리어 룸은 객실 크기가 작은 편이다. 미니 스위트룸은 침실과 거실이 파티션으로 구분되어 있다. 강변에 있는 리조트에 비해 전망은 떨어지지만 조용하고 쾌적하게 지낼 수 있다.

Map P.424 주소 13 Moo 4 Thanon Rungsiyanon 전화 0-5306-4351~2 홈페이지 www.liluhotel.com 요금 슈피리어 1,400~2,600B(에어컨, 개인욕실, TV, 냉장고, 아침식사) 미니 스위트 1,900~3,000B 가는 방법 방콕 은행을 지나서 신호등이 있는 사거리가 나오면, 직진해서 50m 더 가면 도로 왼쪽 편에 있다.

패밀리 하우스 앳 빠이
Family House @ Pai ★★★☆

빠이 강변에 있는 중급 숙소로 수영장을 갖추고 있다. 시멘트로 만든 13개의 코티지가 독립적으로 들어서 있다. 객실은 에어컨 시설로, 심플하면서도 깔끔하다. LCD TV, 전기포트, 헤어드라이어를 갖추고 있다. 냉장고가 없는 게 흠이다. 아침식사가 포함된다. 정원이 잘 가꾸어져 있어 여유롭다.

Map P.424 주소 55 Moo 3, Tambon Vieng Tai 전화 0-5306-4337, 08-1164-2200 홈페이지 www.family housepai.com 요금 2,400~3,600B(에어컨, 개인욕실, TV, 아침식사) 가는 방법 버스 터미널 남쪽으로 내려가다가 왓 빠캄(사원)을 끼고 좌회전해서 골목으로 들어간다. 골목 끝에 있는 대나무 다리가 보이면, 다리를 건너지 말고 강변으로 따라가면 왼쪽에 있다.

림빠이 코티지
Rim-Pai Cottage ★★★★

빠이 중심가의 대표적인 고급 방갈로다. 우거진 열대 정원과 넓은 부지, 강변 풍경까지 합세해 분위기가 좋다. 티크 나무 방갈로부터 타이 스타일 고급 빌라까지 객실 형태가 다양하다. 최근 몇 년 사이 객실 요금이 너무 부풀려진 게 흠이다. 비수기에는 방값이 할인되는 대신 아침식사가 포함되지 않는다.

Map P.424 주소 99/1 Moo 3 Thanon Chiasongkhram 전화 0-5369-9133 홈페이지 www.rimpaicottage.com 요금 가든 뷰 2,000~2,500B, 슈피리어 더블 2,800~3,500B 가는 방법 버스 정류장을 바라보고 오른쪽으로 250m 떨어져 있다. 호텔 데 아티스트 옆에 있다.

빠이 외곽

반 남후 방갈로
Ban Nam Hoo Bungalows ★★★☆

빠이가 내려다보이는 경사면에 위치해 경관이 훌륭하다. 밝고 활달한 태국인 두 명이 운영한다. 주방까지 직접 챙겨 맛난 음식도 요리해준다. 넓은 정원과 야외에 오두막을 만들어 휴식 공간이 많다. 빠이 중심가에서 떨어져 있어 평화롭게 시간 보내기 좋다. 미리 전화하면 버스 터미널까지 픽업을 나오기도 한다. 반 남후 홈스테이 Ban Numhoo Home Stay와 전혀 다른 곳이니 혼동하지 말 것!

Map P.423-A1 주소 Ban Namhoo 전화 0-5369-8172 홈페이지 www.bannamhoo.com 요금 더블 600~ 800B(선풍기, 개인욕실), 4인실 1,000~1,700B 가는 방법 빠이 서쪽으로 3㎞ 떨어진 반 남후 마을의 왓 남후(사원) Wat Namhoo 앞으로 150m.

빠이라다이스
Pairadise ★★★★

빠이와 파라다이스를 합성한 특이한 이름을 가졌다. 빠이 마을을 살짝 벗어난 위치에 있다. 독립 방갈로들이 자연 속에서 하나의 풍경처럼 아름답게 펼쳐진다. 중앙에 연못을 만들어 로맨틱한 분위기를 살렸다.
Map P.424 주소 98 Moo 1 Ban Maehee 전화 08-9431-3511 홈페이지 www.pairadise.com 요금 더블 1,500~2,500B(에어컨, 개인욕실) 가는 방법 타논 랏담롱에 있는 학교 옆의 다리를 건너면 나오는 갈림길인 오거리에서 왼쪽 길을 택한다. 갈림길에서 400m 더 가면 된다.

컨트리사이드
The Countryside ★★★☆

산과 논에 둘러싸인 독립 방갈로들이 그림처럼 어울린다. 오두막처럼 생긴 방갈로들은 지붕을 평평하게 만들어 별도의 휴식공간을 만들었다. 계단을 통해 방갈로 옥상에 올라가도록 설계했다. 연못과 수영장이 있어 유유자적한 분위기다.
Map P.424 주소 90/2 Moo 1 Ban Maehee 전화 08-7172-6632 홈페이지 www.thecountrysidepai.net 요금 더블 800~1,300B(선풍기, 개인욕실, 아침식사), 더블 1,200~1,800B(에어컨, 개인욕실, 아침식사) 가는 방법 학교 옆 다리를 건너면 나오는 갈림길에서 두 번째 언덕길을 택한다. 갈림길에서 300m 떨어져 있다.

씹썽빤나
Sipsongpanna(12,000 Rice Fields) ★★★☆

빠이가 번성하기 전부터 마을 외곽에 터를 잡은 유명한 숙소다. 최신 경향을 반영하듯 방갈로가 고급스러워졌다. 유유자적 흐르는 강과 흐드러진 자연 풍경이 넓은 방갈로 창문을 통해 여과 없이 펼쳐진다. 레스토랑에서는 태국 요리 강습을 실시한다.
Map P.423-B1 주소 60 Moo 5 Wiang Neua 전화 0-5369-8259 요금 더블 1,500B(선풍기, 개인욕실) 가는 방법 공항 앞 삼거리에서 오른쪽 길로 1㎞를 더 들어가면 위앙 느아 마을 초입에 있다. 빠이에서 2㎞ 떨어져 있다.

요마 호텔
Yoma Hotel ★★★☆

빠이 타운과 가까운 3성급 호텔이다. 마을 중심가에서 살짝 벗어났을 뿐인데, 호텔 부지 앞쪽으로 흐드러진 자연이 펼쳐진다. 넓은 잔디 정원과 야외 수영장까지 조경이 잘 되어 있다. 아침 식사도 뷔페로 제공된다. 타운 중심가까지 무료로 셔틀 차량을 운행한다.
Map P.423-A1 주소 59 Wiang Tai 전화 0-5306-4348 홈페이지 www.yoma-hotel.com 요금 더블 1,200~1,600B(비수기, 에어컨, 개인욕실, TV, 냉장고, 아침식사), 더블 2,500B(성수기) 가는 방법 빠이 타운에서 북쪽(공항 방향)으로 빠지는 도로에 있다. 버스 터미널에서 1㎞.

레버리 싸얌(레브리 시암) 리조트
Reverie Siam Resort ★★★★☆

마을 외곽에 있는 4성급 리조트다. 한적한 강변을 끼고 있으며 야외 수영장과 넓은 정원을 갖추고 있어 여유롭게 지내기 좋다. 여러 채의 복층 건물이 들어서 있다. 정원을 끼고 있는 1층 객실은 야외 테라스가, 주변 풍경이 보이는 2층 객실은 발코니가 딸려 있다. 객실은 48㎡ 크기로 넓고 직원들도 친절하다. 마을 중심가까지 무료 셔틀 버스(뚝뚝)가 수시로 운행된다.
Map P.423-B2 주소 476 Moo 8, Wiang Tai 전화 0-5369-9870 홈페이지 www.reveriesiam.com 요금 딜럭스 더블 4,500~5,900B(에어컨, 개인욕실, TV, 냉장고, 아침식사) 가는 방법 마을 중심가에서 1.5㎞ 떨어져 있다. 경찰서 옆 골목으로 들어가서 1㎞ 더 내려가면 된다.

Mae Hong Son

매홍쏜 แม่ฮ่องสอน

          짱왓 매홍쏜의 주도(州都)로 태국 최북단에 위치한 변방지역이다. 굽이굽이 이어지는 산과 계곡으로 인해 아름다운 자연을 간직하고 있다. 45도 이상의 경사를 이루는 산등성이가 전체 면적의 80%를 차지하고, 우거진 산림과 고원의 호수 등으로 인해 '태국의 스위스'라는 그럴듯한 별명도 얻었다. 지리적으로 미얀마와 국경이 막혀 있고, 대도시와 한참 떨어져 오지다운 면모를 풍긴다.

          산길을 돌아 매홍쏜에 도착하면 아담한 쫑캄 호수 Jong Kham Lake가 반긴다. 샨족(타이 야이 Thai Yai)이 건설한 미얀마 양식의 사원들로 인해 이국적인 풍경도 선사한다. 산 깊고 물 깊은 분지에 형성된 탓에 도시가 안개에 휩싸이면 신비함을 더한다. 도시를 살짝 벗어나면 산악 민족 마을들이 가득하다. 놋쇠로 만든 고리를 목에 차고 생활하는 카얀족(빠동족)까지 합세해 다양한 소수민족을 만날 수도 있다. 4~5월은 지독히 덥고, 6~10월은 비가 자주 내리지만, 11~2월에는 청명하고 선선한 날씨가 이어진다. 때를 기다렸다는 듯 성수기(11~2월)에는 한적했던 산골 도시가 관광객으로 활기를 띤다.

ACCESS

매홍쏜 가는 방법

지리적으로 인접한 치앙마이가 매홍쏜에 가기 가장 편리한 도시다. 산길을 돌아가야 하기 때문에 거리에 비해 소요시간은 오래 걸린다. 항공은 치앙마이를 오가는 정규 노선이 운행되며, 철도는 연결되어 있지 않다.

항공

태국 변방에 위치해 있어 항공 노선은 발달하지 않았다. 방콕 에어웨이(www.bangkokair.com)에서 방콕(쑤완나품 공항)→람빵(경유)→매홍쏜 노선을 주 3회 운항한다. 편도 요금은 방콕→매홍쏜 3,120B, 람빵→매홍쏜 1,680B이다. 방콕 에어웨이에서 운항하던 치앙마이↔매홍쏜 노선과 녹에어(www.nokair.com)에서 운항하던 방콕↔매홍쏜 직항 노선은 현재 운항 중단된 상태다.

버스

매홍쏜 버스 터미널

지리적인 위치 때문에 매홍쏜에서 출발한 버스는 대부분 치앙마이까지 운행된다. 매홍쏜↔치앙마이로 가는 길은 2개다. 여행자들이 일반적으로 이용하는 길은 빠이를 경유하는 1095번 국도다. 매홍쏜 남쪽으로 연결된 108번 국도는 매싸리앙 Mae Sariang을 경유한다. 매홍쏜↔빠이↔치앙마이 노선은 미니밴(롯뚜)이 운행된다. 일반 버스에 비해 속도가 빠르고 에어컨이 나오

도이 꽁무 산 정상에서 바라 본 매홍쏜 주변 풍경

는 대신 요금이 2배 비싸다. 탑승 인원이 제한적이라 원하는 시간에 타려면 미리 예약해야 한다. 1095번 국도는 치앙마이까지 270㎞, 108번 국도는 치앙마이까지 368㎞ 거리다. 치앙마이 아케이드 버스 터미널에서 출발하는 교통편 정보는 P.363 참고.

버스 터미널이 시 외곽으로 이동하면서 드나들기가 불편해졌다. 버스 터미널은 시내 중심가에서 남서쪽으로 2㎞ 떨어져 있다. 쫑캄 호수 주변 숙소까지 요금은 오토바이 택시 40B, 뚝뚝 60B으로 정해져 있다.

TRANSPORTATION
시내 교통

매홍쏜의 도시 규모는 크지 않아서 시내에서는 걸어 다니면 된다. 왓 프라탓 도이 꽁무까지 걸어가기 힘들다면 오토바이 택시(편도 50B)를 타면 된다. 매홍쏜 주변을 여행할 때는 대중교통보다는 오토바이를 대여(1일 150B)하는 것이 편하다. 매홍쏜 주변 볼거리를 편하게 여행하려면 여행사에서 운영하는 트레킹과 연계된 투어를 이용하면 된다.

매홍쏜에서 출발하는 버스

도착지	출발 시간	요금	소요시간
방콕	VIP 16:30	VIP 1,263B	16시간
	1등 에어컨 16:00, 17:00	812~947B	
매싸리앙→치앙마이	에어컨 20:00	에어컨 350~450B	8시간
빠이→치앙마이(미니밴)	07:00~17:00(1시간 간격)	빠이 150B, 치앙마이 250B	6시간

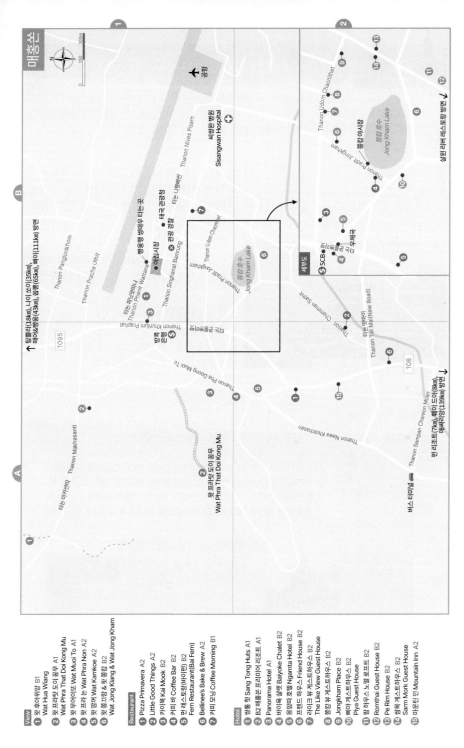

View
1. 왓 후아위앙 B1
   Wat Hua Wiang
2. 왓 프라탓 도이꽁무 A1
   Wat Phra That Doi Kong Mu
3. 왓 프라이또 Wat Muoi To A1
4. 왓 프라 논 Wat Phra Non A2
5. 왓 깜꺼 Wat Kamkoe A2
6. 왓 쫑끄랑 & 왓 쫑캄 B2
   Wat Jong Klang & Wat Jong Kham

Restaurant
1. Pizza Primavera A2
2. Little Good Things A2
3. 까이묵 Kai Mook B2
4. 커피 바 Coffee Bar B2
5. 펀 레스토랑(바이펀) B2
   Fern Restaurant(Bai Fern)
6. Bellinee's Bake & Brew A2
7. 커피 모닝 Coffee Morning B1

Hotel
1. 쌩통 헛 Sang Tong Huts A1
2. B2 매홍쏜 프리미어 리조트 A1
3. Panorama Hotel A1
4. 바이욕 샬렛 Baiyoke Chalet B2
5. 응암따 호텔 Nganta Hotel B2
6. 프렌드 하우스 Friend House B2
7. 라이크 뷰 게스트하우스 B2
   The Like View Guest House
8. 쫑캄 뷰 게스트하우스 B2
9. Jongkham Place B2
10. 삐야 게스트하우스 B2
    Piya Guest House
11. 롬타이 게스트 하우스 B2
    Romthai Guest House B2
12. Pe Rim House B2
13. 쌈먹 게스트하우스 B2
    Sarm Mork Guest House
14. 마운틴 인 Mountain Inn A2

>> 매홍쏜 Mae Hong Son **437**

Attraction

매홍쏜의 볼거리

태국 북부 도시들과 마찬가지로 도시 내에는 사원들이 많다. 다른 점이라면 미얀마 사원이 많다는 것. 미얀마와 국경을 접하고 있는 데다가 과거부터 샨족이 살던 지역이라 자연스레 미얀마 사원이 많아졌다. 현지인은 물론 여행자들에게 편한 휴식을 선사하는 쫑캄 호수가 도시 중심에 있다.

왓 후아위앙 ★★
Wat Hua Wiang

아침시장 옆에 있는 미얀마 양식의 사원이다. 오래된 목조건물은 세월의 흔적이 묻어나

왓 후아위앙

지만 유럽의 성당처럼 우아하다. 새롭게 만든 법전(위한)은 짜오 프라라캥 Chao Phra Lakhaeng을 안치하기 위해 만들었다. 법전에 모신 청동 불상은 모사품이며, 진품은 미얀마 만달레이의 사원에 모셔져 있다.

Map P.437-B1 주소 Thanon Phanit Wattana 요금 무료 가는 방법 타논 파닛왓따나의 아침시장 옆에 있다.

쫑캄 호수 หนองจองคำ ★★★
Jong Kham Lake

매홍쏜을 소개하는 엽서에 빼놓지 않고 등장하는 호수다. 도심에 위치해 수시로 드나들

Best Course
Mae Hong Son 매홍쏜의 추천 코스 (예상 소요시간 6시간)

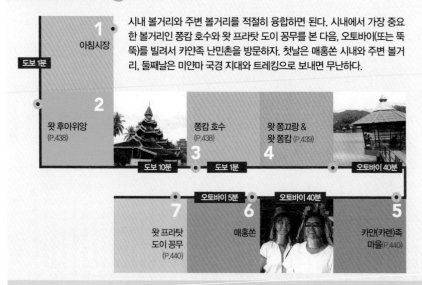

시내 볼거리와 주변 볼거리를 적절히 융합하면 된다. 시내에서 가장 중요한 볼거리인 쫑캄 호수와 왓 프라탓 도이 꽁무를 본 다음, 오토바이(또는 뚝뚝)를 빌려서 카얀족 난민촌을 방문하자. 첫날은 매홍쏜 시내와 주변 볼거리, 둘째날은 미얀마 국경 지대와 트레킹으로 보내면 무난하다.

1 아침시장

도보 1분

2 왓 후아위앙 (P.438)

도보 10분

3 쫑캄 호수 (P.438)

도보 1분

4 왓 쫑끄랑 & 왓 쫑캄 (P.439)

오토바이 40분

5 카얀(카렌)족 마을(P.440)

오토바이 40분

6 매홍쏜

오토바이 5분

7 왓 프라탓 도이 꽁무 (P.440)

438

쫑캄 호수

수 있어 좋다. 원래는 코끼리를 목욕시키던 장소였으나 도시가 성장하면서 현재는 지역 주민들의 휴식공간으로 변모했다. 저녁 시간이 되면 먹을거리 노점과 산악 민족들이 만든 수공예품 노점이 들어선다.
현지어 농 쫑캄 Map P.437-B2 운영 24시간 요금 무료 가는 방법 왓 쫑끄랑 & 왓 쫑캄 앞에 있다. 우체국에서 도보 3분.

왓 쫑끄랑 & 왓 쫑캄 ★★★
Wat Jong Klang & Wat Jong Kham

쫑캄 호수 남쪽에 있는 두 개의 미얀마(버마) 사원이다. 특별한 경계 없이 서로 맞닿아 있는 자매 사원이다. 1867년부터 1871년까지 매홍쏜 일대에 거주하던 샨족이 건설한 사원이라 법전(위한)은 물론 쩨디까지도 전형적인 미얀마 양식을 취하고 있다.

사원을 바라보고 오른쪽에 있는 것이 왓 쫑끄랑이다. 금속으로 만든 녹색 겹지붕과 황금을 입혀 치장한 쩨디가 눈길을 끈다. 본존불로 1857년에 미얀마에서 제작된 불상을 모셨다. 대법전에는 작은 박물관을 별실(운영

08:00~18:00, 요금 무료)처럼 운영한다. 유리에 그린 탱화와 목각 인형을 전시한다. 유리 그림 탱화는 미얀마 만달레이 출신의 화가가 그렸다. 모두 200여 점으로 붓다의 전생과 생애를 묘사했다. 미얀마에서 만든 목각 인형(뚜까따)은 모두 50개로 티크 나무를 조각해 만들었다. 미얀마의 불교 사회를 모델로 해서 다양한 사람들의 모습을 조각했다.

왓 쫑캄은 1827년에 건설된 오래된 사원이다. 샨족이 매홍쏜 인구의 50% 이상을 차지하던 시기에 세워졌다. 본존불로 신성한 불상인 루앙 퍼또 Luang Pho To를 모셨다. 대법전의 지붕을 7층으로 쌓아올린 첨탑도 인상적이다. 현재의 모습은 화재로 소실된 것을 1970년에 복원한 것이다.
Map P.437-B2 위치 쫑캄 호수 남단 요금 무료 가는 방법 쫑캄 호수 남단에 있다.

왓 쫑끄랑 & 왓 쫑캄

✓꼭! 알아두세요

샨족은 타이족의 일종으로 미얀마 북동부, 태국 북부, 중국 윈난성 지역에 주로 거주합니다. 14~16세기에는 독립 왕국을 이루었으나, 현재는 미얀마(버마)가 영국으로 독립하는 과정에서 자치권을 확보하지 못하고 미얀마에 통합되었지요. 미얀마의 소수 민족으로 전락했지만, 전체 인구의 9%나 차지하기 때문에 독립을 위한 노력이 끊이지 않고 있답니다.
샨족은 4가지 종족으로 구분되는데, 그중 주류를 형성하는 종족은 타이 야이(Tai Yai)족입니다. 그래서 타이 야이족과 샨족은 같은 의미로 쓰입니다. 샨족은 소승불교를 믿으며 고유의 언어를 갖고 있는데, 타이족 계통이기 때문에 태국어, 특히 태국 북부 란나의 문자와 유사합니다. 태국 내에 거주하는 샨족은 매홍쏜에 가장 많은데요, 한때 전체 인구의 50% 이상을 샨족이 차지하기도 했답니다. 샨족이 매홍쏜이라는 도시를 건설했기 때문에 이곳에 샨족이 세운 미얀마 양식의 사원이 많습니다. 란나 양식과 달리 금속을 이용해 사원을 치장한 것이 특징입니다.

왓 프라탓 도이 꽁무 ★★★
Wat Phra That Doi Kong Mu

매홍쏜 마을 서쪽에 있는 도이 꽁무 Doi Kong Mu 정상에 세운 사원이다. 해발 1,500m인 산 정상에 만들었기 때문에 도시 어디에서나 사원이 올려다보인다. 왓 프라탓 도이 꽁무는 샨족이 건설한 미얀마 양식의 사원이다. 샨족 출신인 고승의 사리를 안치하기 위해 만들었다. 1860년에 건설되었으며, 사원 경내에 세운 두 개의 하얀 쩨디가 눈길을 끈다. 법전(위한)은 특이하게도 하얀 대리석으로 만든 불상을 본존불로 모셨다.

쩨디 앞에는 전망대가 있다. 쫑캄 호수를 중심에 둔 매홍쏜 시내를 포함해 주변의 산세가 거침없이 펼쳐진다. 법전 뒤쪽으로도 산길이

왓 프라탓 도이 꽁무

연결된다. 산 정상 부분에서는 서쪽으로 미얀마 땅이 시야에 들어온다.

Map P.437-A1 위치 도이 꽁무 Doi Kong Mu 정상 요금 무료 가는 방법 타논 파동무어이또 Thanon Pha Doong Muoi To에서 사원으로 오르는 계단이 있다. 오토바이나 뚝뚝을 타고 포장된 우회도로를 따라 정상에 올라간 다음 내려올 때 계단을 이용한다.

매홍쏜의 주변 볼거리

태국의 알프스라 불리는 매홍쏜은 주변에 산과 강이 가득하다. 45도 이상의 경사를 이루는 산악 지형으로 경관이 아름답다. 매홍쏜 주변에서 가장 관심을 끄는 것은 '긴 목 여인들'로 알려진 카얀(카렌)족 마을 Kayan Village(Long Neck Karen Village)이다.

반 나이쏘이 카얀(카렌)족 마을 ★★
Ban Nai Soi(Long Neck Karen Village)

매홍쏜에서 북서쪽으로 35km 떨어진 카얀족 마을(무반 까리앙 반 나이쏘이) หมู่บ้านกะเหรี่ยงบ้านในสอย이다. 매홍쏜 지역에 형성된 최초의 카얀족 마을로 규모도 가장 크다. 일종의 난민촌으로 이동과 정착의 자유 없이 태국 정부의 통제를 받으며 생활한다. 카얀

놋쇠 목걸이를 차고 즐거워하는 관광객과 카얀족

족 특유의 문화를 체험할 수는 없고, 단지 생계를 위해 기념품을 팔며 관광객과 사진을 찍는 인간 동물원을 구경하게 될 뿐이다.

나이 쏘이 이외에 카얀족 마을은 반 훼이쓰아타오 Ban Huay Seua Thao와 훼이뿌깽 Huay Pu Keng이 있다. 반 훼이쓰아타오는 매홍쏜 남서쪽으로 12km 떨어져 있는데, 접근성이 좋아 관광객이 가장 많이 방문한다. 훼이뿌깽을 보트를 타고 가야한다. 세 곳 모두 입장료를 받는다.

요금 250B 운영 08:00~17:00 가는 방법 1095번 국도를 따라 북쪽 빠이 방향으로 2km 지점의 삼거리에서 좌회전한다. 빠이 강을 지나는 다리를 건너서 다음에 나오는 마을인 반 쏩쏘이 Ban Sop Soi에서 좌회전해 길을 따라 15km를 더 가면 된다. 여행사 투어 요금은 입장료를 포함해 800~1,000B이다.

인간 동물원을 꼭 봐야 할 것인가?

매홍쏜까지 가서 '목 긴 여인들'을 보지 않고 발길을 돌리는 것은 쉬운 결정은 아닙니다. 하지만 카얀족 마을을 방문하면 인간 동물원을 보는 것 같아 그리 유쾌하지 못할 것입니다. 입장료를 내는 대신 자유롭게 사진을 찍을 수 있지만, 난민 캠프에서 억압된 생활을 하는 카얀족들의 모습은 매우 안쓰럽기까지 합니다. 카얀족 마을에 들어서면 남자들은 온데간데없고 여자들만 보이는데, 남자들은 놋쇠 목걸이를 착용하지 않기 때문에

일부러 관광객들의 눈에 보이지 않게 격리시킨 것입니다. 그만큼 카얀족 난민촌이 관광객의 기호에 맞추어 운영되는 셈이지요.

최근에는 매홍쏜까지 가야 하는 불편함을 덜어주기 위해 치앙마이 주변에도 인위적으로 카얀족 마을을 조성했을 정도입니다. 과연 사진 한 장 찍어 남들에게 자랑하기 위해 카얀족 난민촌을 방문해야 하는지 한번쯤 생각해 볼 일입니다.

☑ 꼭! 알아두세요

목이 길어서 슬픈 여인들

매홍쏜을 유명하게 만든 것은 뭐니 뭐니 해도 목이 긴 여인들로 알려진 '롱 넥 카얀 Long Neck Kayan'입니다. 태국을 소개하는 엽서나 책자에 빠짐없이 등장해 마치 태국의 대표적인 소수민족처럼 인식될 정도지요.

목이 긴 여인들은 엄밀히 말해 카렌족의 분파로 버마(미얀마)에서 태국으로 넘어온 난민들이랍니다. 1948년 카레니 주(州) Karenni State(1951년 버마 정부에 의해 카야 주 Kayah State로 개명됐다)가 버마 군부에 의해 강압적으로 버마 영토로 통합되면서, 고향을 떠나온 피난민들입니다. 카얀족은 '빠동 Padong(또는 빠다웅 Padaung)'이라는 이름으로 더 많이 알려졌는데, 카레니 지방을 점령한 버마 군대가 카얀족을 낮춰 부르던 '빠동'이라는 말이 와전된 것이랍니다. 참고로 태국에서는 목이 길다는 뜻으로 '까리양 커야 กะเหรี่ยงคอยาว'라고 부릅니다.

카얀족들이 관심을 끄는 것은 정치적인 상황 때문이 아니라 단순히 외모 때문인데요, 놋쇠로 만든 고리를 착용해 목이 길게 늘어난 것이 특징입니다. 평균적인 놋쇠 고리의 무게는 5kg(심할 경우 25kg)이랍니다. 다섯 살 때부터 착용하는 무거운 놋쇠 고리로 인해 성장하는 동안 목을 늘어나게 만든답니다. 목이 길어지면 길수록 놋쇠 고리의 숫자도 증가하게 되지요. 덕분에 목 길이가 30cm나 되는 여성도 있다고 합니다. 카얀족 여인들이 놋쇠 고리를 착용하는 이유는 아름답게 보이기 위해서입니다. 하지만 그 기원에 대해서는 명확하지 않다고 합니다. 호랑이의 공격으로부터 목을 보호하기 위해서라는 설도 있고, 버마 사람들의 첩이나 매춘부로 팔려가는 것을 방지하기 위해 카얀족 여인임을 공개적으로 표현한 것이라는 이야기도 있습니다.

태국으로 넘어 온 카얀족들의 숫자가 증가하자, 태국 정부에서는 일정한 거주 지역을 정해서 다른 지역으로 이동하지 못하도록 통제하고 있습니다. 난민 정착촌을 만들어 관리하는 셈인데, 독특한 외형 때문에 언론의 주목을 받자 태국 정부는 관광 상품으로 만들어 인기를 누리고 있답니다. 매홍쏜 주변에는 3개의 정착촌이 있는데, 입장료(250B)만 내면 누구나 방문할 수 있습니다. 관광객이 낸 돈의 절반은 카레니 진보당 Karenni National Progressive Party (KNPP, 미얀마 정부에 대항하여 카레니 주의 독립을 위해 투쟁하는 정당)으로 들어가고 나머지 절반은 태국 정부에서 챙긴답니다.

난민 캠프에서 살아야 하는 카얀족들은 목에 목걸이를 차고 생활하는 것으로 일정한 돈을 보조받을 뿐인데요, 어른의 경우 한 달에 500B, 아동은 1,500B를 받는다고 합니다. 그래서 관광객이 없으면 목걸이를 빼놓고 편하게(?) 생활하는 모습을 목격할 수도 있지요. 일부 카얀족들은 태국 정부에 항의해 놋쇠 고리 착용을 거부하는 운동을 벌이기도 했습니다. 카얀족은 이동의 자유가 없기 때문에 태국의 산악 민족에 비해 생활 여건이 매우 불리합니다. 대부분의 카얀족들은 카레니 지역이 독립하거나 평화가 정착되면 태국을 떠나 고향으로 돌아가기를 희망하고 있습니다.

훼이 드아 선착장

©태국 관광청
매어(반 락타이)

빵웅(반 루암 타이)

훼이 드아 ท่าเรือ บ้านห้วยเดือ ★★
Huay Deua

매홍쏜 왼쪽을 흐르는 빠이 강 Mae Nam Pai을 끼고 형성된 마을이다. 보트 선착장이 있어 '타르아 훼이 드아 Boat Landing Huay Deua'라고도 불린다. 마을에 볼거리는 없지만 보트를 타기 위해 여행자들이 찾는다. 가장 인기 있는 보트 코스는 카얀족 마을이 있는 훼이 뿌깽 Huay Pu Keng 마을(반 남피앙딘 Ban Nam Phiang Din으로 불리기도 한다)이다. 보트 요금은 600B(왕복 요금)으로, 선착장에서 빠이 강을 따라 20〜30분 정도 내려가면 된다. 보트는 매홍쏜과 가까운 반 타뽕댕 Ban Tha Pong Daeng ท่าเรือบ้านท่าโปงแดง 마을에서 탈 수도 있다. 참고로 훼이뿌깽까지는 매홍쏜에서 20km 떨어져 있다.

주소 Ban Huay Deua 가는 방법 매홍쏜에서 남서쪽으로 8km 떨어져 있다. 아침시장 앞에서 오토바이 택시나 뚝뚝을 타고 가면 된다.

빵웅 & 매어(반 락 타이) ★★★
ปางอุ๋ง (บ้านรวมไทย) & แม่ออ(บ้านรักไทย)
Pang Ung & Mae Aw

매홍쏜 북서쪽으로 43km 떨어진 산간 오지 마을이다. 미얀마와 국경을 접한 마을로 샨족, 몽족, 중국인(국민당 후손들)이 거주한다. 빵웅과 매어는 산악 정글 지역으로 가는 동안 아름다운 경관이 펼쳐진다. 울창한 산림지대와 폭포, 산속의 호수까지 풍경도 다채롭다. 두 마을

은 모두 반 나빠빽에서 6km 떨어져 있으며 미얀마와 국경을 접하고 있다.

빵웅은 호수를 중심으로 한 한적한 마을이다. 인공 호수 주변은 숲이 우거졌고, 다랑논까지 있어 목가적인 풍경을 연출한다. 호수에 안개라도 끼면 왜 매홍쏜이 태국의 알프스라 불리는지 수긍하게 될 정도다. 빵웅의 공식 명칭은 태국에 섞여 있는 마을이라는 뜻의 '반 루암 타이 Ban Ruam Thai'다.

매어에는 중국이 공산화한 후 태국에 정착한 국민당 후손들이 산다. 한때(1983년)는 아편왕으로 군림하던 쿤사 Khun Sa가 거주하면서 태국과 긴장관계를 유지했다. 쿤사를 제거하기 위해 태국 군대와 국민당 군대가 연합해 교전을 벌이기도 했다. 현재는 평화로운 국경 마을로 변모했으며, 고산 지역의 선선한 기후를 이용해 차 농장과 찻집을 운영하는 중국인들을 심심치 않게 볼 수 있다. 특히 호수 주변에는 한자 간판이 적힌 찻집과 식당이 많다. 식당에서는 중국 윈난 음식을 요리한다. 태국 정부에서 새롭게 개명한 매어의 공식 명칭은 태국을 사랑하는 마을이라는 뜻의 '반 락타이 Ban Rak Thai'다.

가는 방법 매홍쏜에서 투어를 이용하는 방법이 가장 편리하다. 투어는 카얀족 마을인 나이 쏘이와 묶어서 하루 일정(800〜1,000B)으로 진행된다.

치앙마이, 치앙라이와 더불어 트레킹이 발달한 지역이다. 우기인 여름보다는 건기인 겨울이 트레킹에 적합하다. 트레킹을 하면서 산악 민족(리수족, 메오족, 라후족, 카렌족) 마을과 동굴을 방문한다. 투어 형식으로 진행할 경우 카얀족 난민촌이나 빵웅도 들를 수 있다. 치앙마이에 비해 소규모 인원(보통 4~6명)으로 진행된다. 가장 기본적인 1일 트레킹은 800~1,000B이다. 코끼리 타기, 뗏목 타기, 보트 투어, 카얀족 마을 방문 등 투어 내용에 따라 1,200~1,500B으로 인상된다.

시내 곳곳에 레스토랑이 많다. 여행자들을 겨냥한 곳부터 저렴한 현지 식당까지 선택의 폭도 넓다. 저렴한 식사는 저녁때 쫑캄 호수 주변에 생기는 야시장을 이용하면 된다.

워킹 스트리트(쫑캄 야시장) ★★★
Mae Hong Son Walking Street

저녁 시간이 되면 쫑캄 호수 주변으로 생기는 일종의 야시장이다. 여느 도시에서나 볼 수 있는 전형적인 야시장이지만 호수를 바라보며 저녁 시간을 보낼 수 있어 여유롭다. 건기(성수기)에는 돗자리를 깔고 식사할 수 있도록 야외 테이블도 마련해 놓는다.
Map P.437-B2 주소 Thanon Pradit Jongkham 영업 17:00~22:00 메뉴 영어, 태국어 예산 50~150B 가는 방법 쫑캄 호수 왼쪽 도로(타논 쁘라딧쫑캄)에 있다.

커피 모닝 ★★★
Coffee Morning

티크 나무로 만든 전통 가옥이 주는 빈티지한 감성이 매력적인 곳이다. 옛 건물 내부를 책과 그림, 소품을 이용해 아기자기하게 꾸몄다. 에어컨은 없지만 동네 풍경 감상하며 시간 보내기 좋다. 태국 사람들이 많이 찾는 카페라서 달달한 음료가 많은 편이다.
Map P.437-B1 주소 78 Thanon Singhanat Bamrung 전화 0-5361-2234 홈페이지 https://cafe-20840.business.site 영업 08:00~18:00 메뉴 영어, 태국어 예산 55~65B 가는 방법 쫑캄 호수에서 북쪽으로 500m 떨어진 타논 씽하낫밤룽에 있다.

리틀 굿 띵스 ★★★☆
Little Good Things

마을 남쪽에 있는 비건 카페로 목조 건물과 정원이 어우러져 평화롭다. 재배한 채소와 과일을 이용해 건강한 음식을 만든다. 팬케이크, 아보카도 토스트, 샐러드, 스무디 볼 같은 브런치 메뉴가 있다. 베이키리를 겸하고 있어 케이크와 파이, 타르트도 직접 만든다. 평상시에는 수~일요일만 문을 열고, 비수기(7~9월)에는 문을 닫는다.
Map P.437-A2 주소 40 Thanon Chamnan Satit 전화 06-2274-3805 홈페이지 www.facebook.com/littlegoodthings 영업 09:00~17:00(휴무 화요일) 메뉴 영어 예산 70~90B 가는 방법 쫑캄 호수 남쪽으로 이어지는 도로를 따라 450m.

카이묵 ★★★
Kai Mook

매홍쏜에서 유명한 태국 음식점이다. 현지인에게 인기 있는 식당인데, 유명세로 인해 외국인들도 즐겨 찾는다. 다양한 태국 음식을 요리하며, 맛이 좋다. 음식량에 따라 요금이 달라진다.
Map P.437-B1 주소 Thanon Udom Chaonithet 전화 0-5361-2092 영업 10:00~14:00, 17:00~22:00 예산

120~280B 가는 방법 타논 쿤룸쁘라팟의 KFC를 지나 사거리에서 우회전해 10m 정도 간다.

펀 레스토랑(바이 펀) ★★★☆
Fern Restaurant(Bai Fern)

매홍쏜의 대표적인 투어리스트 레스토랑으로 외국 여행자들 사이에 유명하다. 목조건물과 깔끔하게 세팅된 테이블이 분위기를 돋운다. 저녁때는 라이브 음악을 연주한다. 다양한 태국 음식과 파스타 메뉴도 함께 요리한다. 태국어 간판은 바이펀 ไบเฟิร์น이라고 적혀있다.
Map P.437-A2 주소 87 Thanon Khunlum Praphat 전화 0-5361-1374 영업 11:00~14:00, 17:00~21:00 메뉴 영어, 태국어 예산 메인 요리 120~330B 가는 방법 타논 쿤룸쁘라팟의 우체국을 바라보고 오른쪽으로 30m.

살윈 리버 레스토랑 ★★★☆
Salween River Restaurant

매홍쏜에서 유명한 레스토랑이다. 외각으로 이전하면서 접근성이 떨어졌지만, 대나무와 평상 테이블이 한적한 시골 풍경과 잘 어울린다. 샨족 로컬 음식 Local Shan Food부터 태국 음식, 샐러드, 햄버거, 치킨 슈니첼, 스파게티까지 메뉴가 다양하다. 참고로 살윈 강 Salween River은 미얀마(버마)에서 가장 긴 강의 이름이다.
Map P.437-B2 주소 117/1 Thanon Chulumprakria 전화 08-4687-8891 홈페이지 www.facebook.com/salween riverrestaurant 영업 09:00~21:00(휴무 화요일) 메뉴 영어, 태국어 예산 100~280B 가는 방법 쫑캄 호수에서 동쪽으로 2㎞ 떨어져 있다.

Accommodation 매홍쏜의 숙소

도시 규모에 비해 여행자 숙소가 많다. 고급 리조트보다는 평범한 디자인의 게스트하우스들이 대부분이다. 저렴한 숙소들은 쫑캄 호수를 끼고 있어 시내를 드나들기 편리하다. 성수기인 12월부터 2월까지는 요금을 인상하는 게스트하우스도 있다. 비수기에는 한적하므로 할인 가능 여부를 문의해 볼 것.

프렌드 하우스 ★★★
Friend House

매홍쏜에서 인기 있는 배낭여행자 숙소. 쫑캄 호수 초입에 있어 지리적으로 편리하며, 트레킹 투어를 전문으로 하는 여행사를 함께 운영한다. 객실은 깨끗하지만 저렴한 만큼 방 크기는 작다. 매트리스와 선풍기가 시설의 전부다.
Map P.437-B1 주소 20 Thanon Pradit Jongkham 전화 0-5362-0119 요금 더블 200B(선풍기, 공동욕실), 더블 300B(선풍기, 개인욕실) 가는 방법 쫑캄 호수 서쪽의 커피 바를 바라보고 오른쪽으로 150m 떨어져 있다.

쫑캄 뷰 게스트하우스 ★★★☆
Jongkham View Guest House

쫑캄 호수 주변에 있는 게스트하우스 중 한 곳이다. 주변의 오래되고 저렴한 숙소에 비해 시설이 좋은 편이다. 잔디 정원을 사이에 두고 호수 방향으로 콘크리트 단층 건물이 들어서 있다. 개인욕실을 갖추고 있으며 테라스도 딸려 있다. 토스트와 커피 위주의 간단한 아침 식사가 포함된다.
Map P.437-B2 주소 7 Thanon Udom Chaonithet 전화 0-5204-1422 요금 더블 750~850B(에어컨, 개인욕실, TV, 냉장고, 아침식사) 가는 방법 쫑캄 호수 북쪽 도로인 타논 우돔짜오니텟에 있다.

쌈목 게스트하우스 ★★★
Sarm Mork Guest House

새롭게 생긴 게스트하우로 일반 객실과 방갈로로 구분된다. 객실은 밝고 깨끗하게 관리되고 있다. 온수 샤워 가능한 욕실과 냉장고를 갖추고 있다. 방이 6개밖에 없어서 조용하게 지낼 수 있다. 다른 여행자들과 화기애애하게 어울리는 게스트하우스 분위기는 아니다.
Map P.437-B2 주소 16/1 Thanon Chamnansatit (Charm-naan Satit) 전화 053-612122, 082-1922488 홈페이지 www.sarmmorkguesthouse.com 요금 더블 500~600B(에어컨, 개인욕실, 냉장고) 가는 방법 쫑깜 호수 오른쪽 길에 해당하는 타논 참난싸띳에 있다.

팜 하우스 노멀 로프트 ★★★
Palm House Nomal Loft

쫑캄 호수 주변의 오래된 게스트하우스에 비하면 다분히 현대적인 숙소다. 객실은 넓고 깨끗하며 바닥에 타일까지 깔아 시원한 느낌을 준다. 모든 방이 킹사이즈 침대를 갖추고 있고, 더운물 샤워가 가능하다.
Map P.437-B2 주소 22/1 Thanon Chamnan Sathit 전화 08-5969-0989 요금 더블 650~750B(에어컨, 개인욕실, TV, 냉장고) 가는 방법 왓 쫑끄랑을 지난 다음 삼거리의 타논 참난싸띳에서 우회전해 10m.

삐야 게스트하우스 ★★★☆
Piya Guest House

오랫동안 인기를 얻고 있는 여행자 숙소로 관리 상태가 좋다. 쫑캄 호수와 접하고 중심 도로와도 가까워 지리적으로 매우 유용하다. 좋은 시설의 게스트하우스로 모든 방이 에어컨과 TV를 갖추고 있다. 같은 요금의 더블 룸이라 하더라도 크기가 다르므로 가능하면 큰 방을 달라고 하자. 야외 수영장과 정원이 있어 여유롭다.
Map P.437-B2 주소 1/1 Thanon Khunlum Praphat Soi 3 전화 0-5361-1260 요금 더블 700B(에어컨, 개인욕실, TV, 냉장고) 가는 방법 쫑캄 호수 초입에 있다. 왓 쫑캄(사원)을 바라보고 오른쪽으로 100m.

B2 매홍쏜 프리미어 리조트 ★★★★
B2 Mae Hong Son Premier Resort

태국 주요 도시에서 볼 수 있는 B2 호텔의 매홍쏜 지점이다. 콘크리트로 만든 도시형 호텔이라 매홍쏜의 특징이 잘 드러나진 않지만, 3성급 호텔로 쾌적하게 지낼 수 있다. 객실 바닥은 노출 시멘트로 마감해 깨끗하다. 복층 건물로 객실마다 발코니가 딸려 있다. 도시 중심가에서 떨어져 있으며 야외 수영장을 갖추고 있다.
Map P.437-A1 주소 11 Thanon Siri Mongkol 전화 0-5204-0205 홈페이지 www.b2hotel.com 요금 더블 850~1,200B(에어컨, 개인욕실, TV, 냉장고) 가는 방법 쫑캄 호수에서 북쪽으로 1㎞ 떨어진 타논 씨리몽콘에 있다.

쌍통 헛 ★★★☆
Sang Tong Huts

매홍쏜 시내를 살짝 벗어난 전원 속에 위치한 숙소다. 자연을 최대한 살려 방갈로를 배치했다. 넓고 쾌적한 목조 방갈로들로 꾸며져 있으며, 방갈로마다 크기와 시설이 다르다. 수영장을 신설해 분위기가 더욱 좋아졌다. 매홍쏜 시내에 떨어져 있어 조용하게 지내기 좋다.
Map P.437-A1 주소 Moo 11 Thanon Makhasanti 전화 0-5362-0680 홈페이지 www.sangtonghuts.org 요금 비수기 1,000~1,200B, 성수기 1,300~1,600B(선풍기, 개인욕실) 가는 방법 타논 마카싼띠의 골든 헛 리조트 옆골목 안쪽으로 100m 들어간다. 매홍쏜 시내(쫑캄 호수)까지 1.5㎞ 떨어져 있다.

바이욕 샬렛 ★★★
Baiyoke Chalet

오래된 호텔이지만 시내 중심가에 있어 관광하기 편리한 위치다. 에어컨과 TV, 냉장고가 갖춰진 전형적인 호텔이다. 수영장은 없고 아침식사가 포함된다. 3층 건물에 들어선 객실 위치와 크기에 따라 방 타입은 세 가지로 구분된다. 요금을 인상하는 성수기는 시설에 비해 조금 비싼 편이다.
Map P.437-B2 주소 90 Thanon Khunlum Praphat 전화 0-5361-1862~3 요금 스탠더드 1,000B, 슈피리어 1,300~1,800B, 딜럭스 1,600~2,000B 가는 방법 타논 쿤룸쁘라팟의 우체국 앞 삼거리에 있다.

Chiang Rai

치앙라이 เชียงราย

　　태국 최북단에 위치한 행정구역인 짱왓 치앙라이의 주도(州都)인 치앙라이는 1262년에 건설된 도시다. 란나 왕조를 창시한 멩라이 왕이 치앙마이로 천도하기 전까지 수도 역할을 했다. 수도로서의 수명은 짧았지만 신성한 불상을 보관했던 사원들을 건설하며 정치·종교적으로 중요한 역할을 했다. 치앙라이는 꼭 강(매남 꼭) Mae Nam Kok 남쪽에 형성됐다. 현재 인구 7만 명으로 전형적인 지방의 중소도시다. 치앙라이는 새로운 사원 건축의 각축장이라도 되는 듯 특이한 사원이 많다. 왓 롱쿤(화이트 템플), 왓 롱쓰아뗀(블루 템플), 반 담(블랙 템플)이 유명하다.

　　치앙라이의 진정한 매력은 도시가 아니라 주변의 아름다운 자연경관이다. 여행자들은 치앙라이를 거점으로 삼아 미얀마와 라오스 국경지대(매싸롱, 쏩루악 & 골든 트라이앵글, 매싸이, 치앙쌘)를 여행한다. 더불어 다양한 산악 민족들이 생활하기 때문에 트레킹 투어도 활발하게 진행된다. 치앙라이를 떠나면 도시다운 도시는 더 이상 나오지 않는다. 산악 마을로 떠나기 전 도시가 주는 편안함을 만끽하자.

ACCESS 치앙라이 가는 방법

항공

타이 스마일 항공, 에어 아시아, 방콕 에어웨이, 녹에어, 타이 비엣젯 항공이 취항한다. 방콕까지 비행시간은 1시간 15분이며, 요금은 항공사와 시즌에 따라 1,320~3,400B으로 변동이 심하다. 치앙라이 공항(싸남빈 치앙라이)은 시내에서 북쪽으로 8㎞ 떨어져 있다.

버스

치앙라이의 버스 터미널은 두 곳이다. 시내에 있는 1터미널(버커써 까오)은 일반 선풍기 버스가 출발하고, 시내 외곽에 떨어진 2터미널(버커써 마이)은 에어컨 버스가 출발한다. 동일한 목적지를 가더라도 버스 종류에 따라 터미널이 달라지므로 주의가 필요하다. 두 터미널을 오갈 때는 수시로 운행되는 합승 썽태우를 이용하면 된다. 편도 요금은 40B이다. 두 터미널은 6㎞ 떨어져 있다. 그린 버스 Green Bus는 두 개 터미널에 모두 정차하므로, 치앙라이 시내로 갈 예정이라면 1터미널에 정차하는지 미리 확인하자.

1터미널 Old Bus Terminal

일반적으로 '버커써 까오'('오래된 터미널'이라는 뜻)로 불린다. 1터미널에서는 치앙라이 주(州)에 속한 소도시

치앙라이 1터미널

를 오가는 일반 버스(롯 탐마다)와 미니밴(롯뚜)이 출발한다. 치앙라이와 가까운 매짠, 매싸롱, 매싸이, 치앙쌘, 치앙콩을 갈 때 이용하면 된다. 난 Nan으로 가는 버스는 장거리 버스인데도 1터미널에서 출발한다. 매싸이와 치앙쌘으로 가는 모든 버스가 매짠 Mae Chan을 경유한다. 매싸롱으로 갈 경우 매싸이행 버스를 타고 반빠쌍 Ban Pasang에 내려서 썽태우로 갈아타야 한다.

2터미널 New Bus Terminal

치앙라이 2터미널 Chiang Rai Bus Terminal 2이라는 공식 표현보다 새로운 터미널이라는 뜻의 '버커써 마이'로 통용된다. 치앙마이와 방콕을 포함해 주요 도시를

치앙라이 2터미널

1터미널에서 출발하는 버스

노선	운행 시간	요금	소요시간
치앙라이→매싸이	06:40~18:00(30분 간격)	74B(미니밴 90B)	1시간 30분
치앙라이→치앙쌘	08:40~17:30(1시간 간격)	59B	1시간 30분
치앙라이→치앙콩	07:30~16:30(1일 8회)	90B	2시간 30분
치앙라이→난	09:30(매주 수요일 제외)	250B	7시간

2터미널에서 출발하는 버스

도착지	출발 시간 및 요금	요금	소요시간
방콕	07:00~19:00(1일 25회)	VIP 1,084B, 1등 에어컨 686~816B	13시간
치앙마이	07:30~18:00(1일 16회)	VIP 305B, 에어컨 196~275B	3시간
프래	07:00~18:00(1시간 간격)	에어컨 202~223B	4시간
쑤코타이	07:30, 08:30, 09:30, 10:30, 12:00	에어컨 369B	7시간
파타야→라용	VIP 16:15, 17:00, 1등 에어컨 16:10	VIP 1,043B, 에어컨 903B	14시간
나콘 랏차씨마	06:30, 13:15, 15:30, 17:30, 19:20	VIP 811B, 에어컨 695B	12시간

오가는 에어컨 버스와 VIP 버스를 탈 때 이용하면 된다. 2터미널에서 출발하는 치앙마이행 에어컨 버스는 1 터미널에서 미리 예약이 가능하다. 매싸이와 치앙쌘(골든 트라이앵글)행 에어컨 버스는 치앙마이에서 출발한 버스가 경유하기 때문에 자리 구하기가 어렵다.

치앙라이 시내에 있는 시계탑

라오스행 국제버스

치앙라이(2터미널)→라오스 훼이싸이(보깨우) Huay Xai(Bokeo)→루앙프라방 Luang Prabang으로 운행되는 국제버스는 겨울 성수기에만 운행된다. 주 4회(월·수·금·토) 13:00에 출발하며, 루앙프라방까지 편도 요금 950B이다.

복잡하긴 하지만 로컬 버스를 타고 가는 방법도 있다. 치앙라이 1터미널에서 일반버스(빨간색 선풍기 버스)를 타고 치앙콩까지 간 다음, 썽태우(합승 요금 50~60B)을 타고 태국–라오스 국경인 우정의 다리 Friendship Bridge까지 가면된다.

보트

꼭 강이 흐르는 치앙라이는 보트를 타고 여행할 수 있다. 보트 노선은 타똔 Tha Ton까지 강을 거슬러 올라가는 노선이 유일하다. 오전 10시 30분에 하루 한 대가 출발한다. 타똔까지 편도 요금은 400B이며, 카렌족 마을인 반 루암밋 Ban Ruammit(트레킹 투어 P.454 참고)까지는 100B이다. 보트 선착장 C.R. Pier(타르아 치앙라이, 전화 0–5375–0009)은 꼭 강에 연결된 매파루앙 다리(싸판 매파루앙) Saphan Mae Fa Luang를 건너자마자 오른쪽에 있다.

TRANSPORTATION   시내교통

2터미널에 내린다면 시내까지 들어가는 별도의 교통편이 필요하다. 일반적으로 2터미널 플랫폼 끝부분(화장실 앞)에 대기 중인 합승 썽태우(40B)를 타고 1터미널로 간다. 보라색 시내버스인 CR Bus도 운행을 시작했다. 2터미널→1터미널→치앙라이 시내→공항을 오간다. 06:00~20:40까지 40분 간격으로 운행되며 편도 요금은 50B이다.

Best Course
Chiang Rai   치앙라이의 추천 코스 (예상 소요시간 6~8시간)

대국 북부 도시가 그렇듯 사원이 많다. 중요한 사원들이 도심에서 멀리 떨어져 있어 대중교통으로 방문하기 불편하다. 저녁 시간에는 나이트 바자에서 시간을 보내자.

1 1터미널 — 버스 30분 — **2** 왓 롱쿤 (P.451) — 버스 30분 — **3** 1터미널 — 버스 40분 — **4** 반 담 박물관 (P.453) — 버스 25분 — **5** 왓 롱쓰아뗀 (P.452) — 버스 15분 — **6** 1터미널 — 도보 1분 — **7** 나이트 바자 (P.451)

독특한 디자인의 사원과 주변 경관이 어우러져 아름답다. 치앙라이 시내에 있는 볼거리보다, 주변에 흩어져 있는 사원들이 더 유명하다.

멩라이 왕 동상 ★
King Mengrai Monument

1262년 치앙라이를 건설함과 동시에 란나 왕조를 창시한 멩라이 왕(1239~1317)을 기리는 동상이다. 방콕에 있는 라마 5세(짜끄리 왕조의 가장 위대한 왕) 동상처럼, 멩라이 왕 동상 앞에는 그를 기리는 순례자들의 발길이 지속적으로 이어진다. 태국인들은 치앙라이에 방문한 기념으로 가장 먼저 들르지만, 역사에 관심 없는 외국인들은 그리 중요하게 여기지 않는다.

현지어 아눗싸와리 퍼쿤 멩라이 Map P.450-B2 주소 Thanon Singkhlai & Thanon Utarakit 운영 24시간 요금 무료 가는 방법 타논 씽크라이와 타논 우따라낏이 만나는 삼거리에 있다. 동상을 중심으로 작은 공원이 조성되어 있다. 시계탑에서 자전거로 5분.

왓 프라씽 ★★☆
Wat Phra Sing

1385년에 건설된 전형적인 란나 양식의 사원이다. 왓 프라씽은 남방 불교에서 중요시하는 불상인 프라씽(P.368 참고)을 보관했던 사원으로 유명하다. 프라씽은 현재 치앙마이의 동일한 이름의 사원에 보관되어 있다. 치앙라이의 왓 프라씽에 모셔진 불상은 모사품이다.

멩라이 왕 동상

왓 프라씽

Map P.450-A1 주소 Thanon Singkhlai 운영 24시간 요금 무료 가는 방법 타논 씽크라이에 있다. 재래시장(딸랏 쏫)에서 도보 5분.

왓 프라깨우 ★★★
Wat Phra Kaew

치앙라이 시내에서 가장 중요한 사원이다. 13세기에 건설된 당시에는 왓 빠야 Wat Pa Yia (대나무 숲의 사원)라고 불렸다. 왓 프라깨우라는 이름을 쓴 것은 1434년부터다. 쩨디가 번개에 맞아 부서지면서 그 안에서 프라깨우 Phra Kaew(에메랄드 불상)가 발견되었기 때문이다. 프라깨우는 태국에서 가장 신성시하는 불상으로 현재 방콕의 왕실 사원인 왓 프라깨우에 안치되어 있다.

치앙라이 왓 프라깨우는 입구 계단을 나가로 장식한 전형적인 란나 양식의 대법전과 쩨디로 구성된다. 프라깨우 진품을 방콕에 보관한 탓에 치앙라이에는 모사품을 안치했다. 모사품도 워낙 중요한 불상이므로 별도의 건물을 만들어 보관하고 있다. 대법전을 끼고 오른쪽으로 돌아가면 뒤쪽에 보이는 호 프라 욕

왓 프라깨우

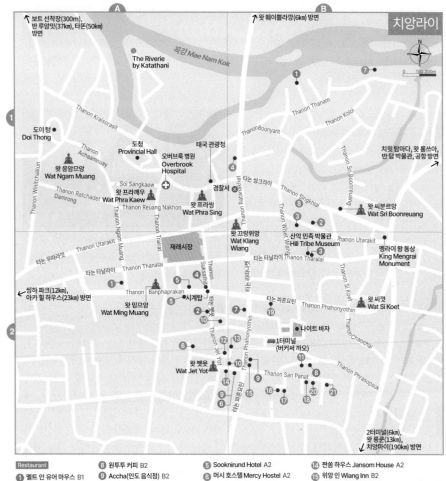

치앙라이

보트 선착장(300m),
반 루암밋(37km), 타톤(50km)
방면

왓 훼이쁠라깡(6km) 방면

꼭강 Mae Nam Kok

The Riverie
by Katathani

Thanon Kraisorasit

도이텅
Doi Thong

Thanon Achaamnuay

도청
Provincial Hall

오버브룩 병원
Overbrook
Hospital

태국 관광청

왓 응암므앙
Wat Ngam Muang

Thanon Ratchadet
Damrong

Thanon Winitchaikun

Thanon Ngam Muang

Thanon Trairat

Soi Sangkaew

왓 프라깨우
Wat Phra Kaew

Thanon Reuang Nakhon

경찰서

왓 프라씽
Wat Phra Sing

Thanon Ratanakhet

타논 씽크라이

Thanon Boonyarit

Thanon Thanam

Thanon Koloi

Thanon Singkhlai

Thanon Wiset Wiang

왓 씨분르앙
Wat Sri Boonreuang

치윗 탐마다, 왓 롱쓰아,
반담 박물관, 공항 방면

Thanon Sri Boonreuang

재래시장

왓 끄랑위앙
Wat Klang
Wiang

산악 민족 박물관
Hill Tribe Museum

Thanon Utarakit

멩라이 왕 동상
King Mengrai
Monument

타논 우따라낏

타논 타날라이 Thanon Thanalai

Thanon Suksathit

타논 타날라이 Thanon Tharalai

Thanon Si Koet

씽하 파크(12km),
아카 힐 하우스(23km) 방면

Thanon Banphaprakan

왓 밍므앙
Wat Ming Muang

시계탑

타논 파혼요틴

타논 파쭌요틴

Thanon Phahonyothin

나이트 바자

왓 씨껏
Wat Si Koet

Le Patta Hotel

1터미널
(버커써 까오)

왓 쩻욧
Wat Jet Yot

Thanon San Panat

Thanon Phrasopsuk

Thanon Chaochai

2터미널(6km),
왓 롱쿤(13km),
치앙마이(190km) 방면

Restaurant

1 멜튼 인 유어 마우스 B1
2 퍼짜이(쌀국수) A2
3 캐비지 & 콘돔 B2
　Cabbages & Condoms
4 카우만까이 짜끄라팟 A2
5 로컬 식당 밀집 지역 A2
6 바랍 Barrab B2
7 나콘 빠똠 B2
　Nakhon Patom

8 원투투 커피 B2
9 Accha(인도 음식점) B2
10 서울 식당(한식당) B2

Hotel

1 B2 Chiang Rai Hotel A2
2 Mora Boutique Hotel B1
3 낙 나카라 호텔 B1
　Nak Nakara Hotel
4 아카 리버 하우스 B1
　Akha River House

5 Sooknirund Hotel A2
6 머시 호스텔 Mercy Hostel A2
7 The Legend Chiang Rai B1
8 문 & 선 호텔 Moon & Sun Hotel B1
9 BED Friends Poshtel B2
10 왕캄 호텔 Wangcome Hotel A2
11 슬리피 하우스 Sleepy House B2
12 오키드 게스트하우스 A2
　Orchids Guest House
13 반 부아 게스트하우스 B2
　Baan Bua Guest House

14 짠쏨 하우스 Jansom House A2
15 위앙 인 Wiang Inn B2
16 그랜드마 깨우 하우스 B2
　Grandma Kaew House
17 나-락-오 리조트 Na-Rak-O Resort B2
18 반 바라미 Baan Baramee B2
19 Le Patta Hotel B2
20 반 말라이 게스트하우스 B2
　Baan Malai Guest House
21 다이아몬드 파크 인 Diamond Park Inn B2

Ho Phra Yok이다.

　1990년에 새롭게 만든 에메랄드 불상은 프
라 욕 치앙라이 Phra Yok Chiang Rai라고 불
린다. 중국에서 수입한 300kg짜리 옥(玉)으로
만들었는데, 진품과 차별하기 위해 0.1cm 작
게 만들었다고 한다. 진품의 크기는 66cm이

다. 대법전 왼쪽에는 사원에서 발굴한 유물들
을 전시하는 박물관(09:00~17:00)을 별도로
운영한다.

Map P.450-A1 주소 Thanon Trairat 운영 24시간 요금
무료 가는 방법 타논 뜨라이랏 & 타논 르앙나콘 교차
로에 있다. 재래시장에서 도보 5분.

산악 민족 박물관 · 나이트 바자 · 워킹 스트리트

산악 민족 박물관 ★★
Hill Tribe Museum

태국에서 유명한 NGO 단체인 PDA(The Population and Development Association)에서 운영한다. PDA는 가족계획과 에이즈 예방 활동을 벌이는 단체로 치앙마이 일대에서는 산악 민족들의 수입 증대와 생활 개선을 위한 활동도 겸하고 있다. 치앙라이 산악 민족 박물관은 치앙마이에 비해 아담하다. 주요 산악 민족들의 전통 의상과 생활 도구, 아편 관련 내용을 전시한다. 비디오와 오디오를 통한 안내도 받을 수 있는데, 태국어, 영어, 프랑스어, 일본어만 지원된다. 박물관 내부에는 PDA에서 직접 운영하는 여행사 PDA Tour & Travel(전화 0-5374-0088, 홈페이지 www.pdacr.org)이 있다.

현지어 피피타판 차우카오 Map P.450-B2 주소 620/25 Thanon Thanalai 전화 0-5374-0088 운영 월~금 08:30~18:00, 토~일 10:00~18:00 요금 50B 가는 방법 타논 타날라이 Thanon Thanalai에 있다. 1터미널에서 도보 15분, 멩라이 왕 동상에서 도보 10분.

나이트 바자 ★★☆
Night Bazaar

치앙마이와 비슷하지만 규모는 작다. 제1터미널 주변에 형성된 야시장으로 기념품과 식당들이 가득하다. 산악 민족 전통 복장, 지갑, 가방, 액세서리, 티셔츠, 기념품 등을 판매한다. 산악 민족들이 직접 물건을 들고 와 판매하기도 한다. 상설 무대 두 곳에서 정기적으로 공연도 펼쳐진다. 특별히 살 것이 없어도 저녁 시간 현지인과 외국인들이 모이는 곳이므로 한 번쯤 발걸음을 옮겨보자.

현지어 나잇 바싸 Map P.450-B2 위치 1터미널 주변 운영 17:00~23:00 요금 무료 가는 방법 1터미널 바로 앞에 있다. 타논 파혼요틴의 타이 항공 사무실을 바라보고 오른쪽 골목으로 들어간다.

워킹 스트리트(토요 야시장) ★★★
Walking Street

토요일 저녁에 생기는 야시장이다. 타논 타날라이의 방콕 은행에서 산악 민족 박물관까지 길게 시장이 형성된다. 상업화한 나이트 바자와 달리 동네 사람들의 축제처럼 저마다 들고 온 물건들을 거래한다. 차량 통행을 제한하기 때문에 걸어 다니며 쇼핑이 가능하다. 특별히 살 게 없더라도 먹을거리가 많아서 돌아다니며 군것질하기도 좋다.

현지어 타논 콘 던 Map P.450-B2 주소 Thanon Thanalai 운영 토요일 17:00~22:00 요금 무료 가는 방법 재래시장과 연결되는 타논 타날라이에 형성된다.

왓 롱쿤(화이트 템플) ★★★★
Wat Rong Khun(White Temple)

기존의 사원들과는 확연히 차이가 나는 특별한 사원이다. 1997년부터 건설된 짧은 역사를 간직한 사원이지만 수백 년의 역사를 자랑하는 고색창연한 사원들과 어깨를 나란히 한다. 왓 롱쿤이 이목을 끄는 이유는 독특한 건축 양식 때문이다. 일반적인 사원과 달리 유리 거울을 이용해 대법전(봇)을 만들어 흰색 사원 White Temple이라는 애칭으로 불린다. 일부는 눈꽃 사원이라는 멋진 이름을 붙이기도 한다. 흰색은 붓다의 순수함을 상징하고, 거울 유리는 붓다의 지혜를 상징한다. 유리가 반짝이듯 붓다의 지혜가 온 세상을 비춘다는 뜻이다.

왓 롱쿤

왓 롱쿤 사원 입구

모두 9개의 건물로 구성된 사원은 치앙라이 출신의 화가이자 건축가인 짜럼차이 꼬씻피팟 Chalermchai Kositphiphat의 작품이다. 정부의 지원 없이 개인 자산으로 10년 넘게 사원을 건축했다고 한다. 사원의 중심이 되는 대법전으로 가기 위해서는 다리를 건넌다. 윤회의 사슬을 끊고 붓다의 세상으로 들어감을 의미한다.

주소 Amphoe Pa Odon Chai 전화 0-5367-3579 홈페이지 www.watrongkhun.org 운영 08:00~17:00 요금 100B 가는 방법 치앙라이 시내에서 13km 떨어져 있다. 1터미널에서 화이트 템플 White Temple이라 적힌 파란색 완행버스를 타고 사원 입구(편도 요금 25B)에서 내린다. 08:00~16:20까지 약 1시간 간격으로 운행된다.

왓 훼이쁠라깡(훼이빠깡) ★★★☆
Wat Huay Plakang

26층 높이의 관세음보살

훼이쁠라깡 마을에 있는 불교 사원. 멀리서도 보이는 거대한 규모로 9층탑과 대형 불

왓 훼이쁠라깡

상을 모신 중국풍의 사원이다. 2001년부터 공사를 시작해 2017년에 완공됐다. 언덕 꼭대기에 세워진 관세음보살 불상은 내부 엘리베이터(요금 40B)를 타고 올라가 창문으로 주변 풍경을 내려다볼 수 있다. 엘리베이터는 불상의 눈높이인 25층까지 운행되고, 계단을 통해 26층까지 올라갈 수도 있다.

주소 553 Moo 3, Tambon Rim Kok, Amphoe Mueang Chiang Rai 전화 0-5315-0274 홈페이지 www.wathyuaplakang.org 요금 무료 가는 방법 치앙라이 시내에서 북쪽으로 6km. 대중 교통편이 없어서 치앙라이 시내에서 뚝뚝을 대절해 다녀와야 한다. 왕복 요금 200~300B 정도에 흥정하면 된다.

왓 롱쓰아뗀(블루 템플) ★★★☆
Wat Rong Suea Ten(Blue Temple)

매 꼭(꼭 강) Kok River 강변에 있는 '롱쓰아뗀' 마을의 사원이다. '쓰아뗀'은 강을 뛰어넘는 호랑이이 모습이 춤을 추는 것 같다고 하여 유래된 명칭이다. 파란색으로 지어진 사원은 블루 템플로도 불린다. 파란색은 불교에서 다르마를 상징하는 색이며, 다르마는 불·법·승에서 '법'에 해당한다.

2005년부터 건설을 시작해 2016년 1월에 완공됐다. 대법전 내부도 파란색으로 장식했으며, 하얀 대리석으로 만든 본존불을 안치했다. 화이트 템플로 불리는 왓 롱쿤과 유사한 면이 있는데, 왓 롱쿤을 만든 건축가의 제자(풋타 깝깨우 Phuttha Kabkaew)가 지었기 때문이다.

주소 306 Moo 2, Tambon Rim Kok, Amphoe Mueang Chiang Rai 운영 07:00~20:00 요금 무료 가는 방법 치앙라이 시내에서 동쪽으로 3km. 뚝뚝을 이용할 경우 왕

블루 템플로 불리는 왓 롱쓰아뗀

복 200B 정도에 흥정하면 된다. 대중교통을 이용할 경우 치앙라이 시내에 있는 1터미널에서 녹색 완행버스(매싸이행)를 타고 시내를 벗어나 첫 번째 다리를 지나자마자 내려서, 메인 도로 왼쪽으로 연결되는 타논 매꼭 Thanon Maekon 거리를 따라 300m 들어간다. 같은 버스가 '반 담'도 연결하므로 두 곳을 같이 둘러보면 좋다.

반 담 박물관(블랙 템플) ★★★☆
Baan Dam Museum(Black Temple)

화이트 템플(왓 롱쿤), 블루 템플(왓 롱쓰아뗀)과 더불어 독특한 건축 디자인이 돋보이는 곳이다. '반'은 집, '담' 검다라는 뜻으로 블랙하우스 Black House 또는 블랙 템플 Black Temple로 알려지기도 했다. 불교 사원은 아니고 40개 건물로 구성된 박물관이다. 하얀색의 스투파(둥근 모양의 탑)을 제외하고 대부분의 건물을 검정색 또는 진한 갈색 티크 나무를 이용해 만들었다. 악어 가죽, 뱀 가죽, 물소 뿔, 동물 뼈, 남성 성기 등으로 인테리어를 장식해 음산한 기운도 느껴진다. 검정색이 죽음 또는 지옥을 상징한다는 이유로 대부분의 건물들은 서쪽을 향해 입구가 나있다. 한적한 시골 마을의 숲 속에 위치하고 있지만 단체 관광객들(특히 중국 패키지)이 몰리면서 인기 관광지로 변모했다.

치앙라이 태생의 타완 닷차니 Thawan Duchanee(1939~2014)가 자신의 고향에 자비를 들여 50년 가까운 기간 동안 '반 담'을 만들었다고 한다. 그는 태국의 대표적인 현대 미술가로 2001년에는 태국 내셔널 아티스트로 선정되기도 했다.

주소 414 Moo 13, Tambon Nanglae, Amphoe Mueang Chiang Rai 전화 0-5370-5834, 0-5377-6633 홈페이지 www.thawan-duchanee.com 운영 09:00~12:00, 13:00~17:00 요금 80B 가는 방법 치앙라이 시내에서 북쪽으로 10km. 대중교통을 이용할 경우 치앙라이 시내에 있는 1터미널에서 녹색 완행버스(매싸이행)를 타고 가다가, 방콕 병원 Bangkok Hospital에서 내려, 방콕 병원을 지나 왼쪽 도로를 따라 800m 걸어 들어가야 한다. 완행버스 편도 요금은 20B이고, 뚝뚝을 이용할 경우 왕복 300B 정도에 흥정하면 된다.

씽하 파크(씽 빡) ★★★
Singha Park

태국 최대의 맥주 회사인 '싱하 맥주' Singha Beer(정확한 태국어 발음은 '씽')에서 운영하는 농장을 겸한 야외 공원. 입구에 들어서면 맥주 회사를 상징하는 사자 동상이 눈길을 끈다. 12.8km²에 이르는 거대한 부지에 차 농장과 호수, 동물원, 리조트, 캠핑장, 짚라인 시설이 들어서 있다. 입장료 없이 일반에게 개방해 시설을 즐길 수 있도록 했다.

공원 내부는 트램 투어(150B)를 이용하거나 자전거(1시간 200B)를 빌려서 둘러볼 수 있지만 워낙 넓어서 1시간으로는 빠듯하다. 태국 북부의 독특한 날씨와 풍경 및 해발 450m 높이의 구릉지대를 경험하려는 태국 관광객에게 인기 있다. 특히 선선한 날씨를 보이는 겨울(11월 중반~1월 말)에 방문하면 좋다.

주소 99 Moo 1, Mae Korn, Amphoe Mueang Chiang Rai 전화 06-2594-2862, 06-1387-7592, 09-1890-7394 홈페이지 www.singhapark.com 운영 09:00~18:00 요금 50B 가는 방법 치앙라이 시내에서 남서쪽으로 12km. 뚝뚝 기사와 흥정해 왕복 300~400B 정도에 다녀올 수 있다.

블랙 하우스로 알려진 반 담 박물관

씽하 파크의 사자 동상

Activity

치앙라이의 즐길 거리

치앙라이에서 매싸롱에 이르는 산악지역은 산악 민족이 정착한 마을들이 많다. 덕분에 치앙라이도 산악 민족 트레킹을 위한 거점 도시로 유명하다.

트레킹
Trekking

치앙라이에서 매싸롱에 이르는 산악지역에는 산악 민족이 정착한 마을들이 많다. 덕분에 치앙라이도 산악 민족 트레킹을 위한 거점 도시로 유명하다. 치앙라이에서 출발한 트레킹은 꼭 강('매남 꼭' 또는 '매 꼭') Mae Nam Kok을 따라 대나무 뗏목 타기, 코끼리 타기가 곁들여진다. 트레킹 중에 방문하게 되는 산악 민족 마을은 주로 아카족, 미엔족, 라후족 마을이다.

산악 민족 마을 중에는 치앙라이에서 보트로 1시간 거리인 반 루암밋 Ban Ruammit이 가장 상업화했다. 반 루암밋에 있는 카렌족 마을에서 홈스테이가 가능하다.

트레킹 투어 신청은 모든 여행사와 숙소에서 가능하다. 치앙마이에 비해 소규모로 움직이는 것이 특징으로 보통 4명(최대 10명)이 한 팀이다. 1인당 요금은 1일 트레킹 1,500B, 1박 2일 트레킹 2,500B 정도다.

Restaurant

치앙라이의 레스토랑

터미널 주변에는 외국인들을 위한 레스토랑이 많고, 시계탑 주변에는 현지인들이 즐겨가는 레스토랑이 몰려 있다. 저녁 시간에는 나이트 바자에 음식점들이 가득 들어선다.

카우만까이 짜끄라팟 ข้าวมันไก่จักรพรรดิ
Chakrapad Chicken Rice ★★★☆

시내 중심가에 있는 로컬 레스토랑이다. 현지인들이 간편식으로 즐겨 먹는 카우만까이(닭고기덮밥)를 요리한다. 카우만까이텃(닭튀김 덮밥)을 주문해도 된다. 에어컨은 없지만 청결하고 친절해서 인기 있다.
Map P.450-A2 주소 429/7-8 Thanon Banphaprakan 전화 09-0963-9962 영업 월~토 06:30~22:00(휴무 월요일) 메뉴 영어, 태국어 예산 45~55B 가는 방법 황금 시계탑 로터리 코너에 있다.

퍼짜이 พอใจ ★★★
Pho Chai

왓 쩻욧 주변 여행자 거리에 위치한 로컬 레스토랑이다. 남응이아우 무(선지와 돼지고기가

들어간 매콤한 국수)와 카우 쏘이(카레 코코넛 쌀국수), 두 종류의 북부 지방 쌀국수를 즉석에서 요리해 준다. 음식 양은 다소 적은 편.
Map P.450-A2 주소 1023/3 Thanon Jet Yot(Jetyod Road) 전화 0-5371-2935 영업 08:00~16:00 메뉴 영어, 태국어 예산 40B 가는 방법 왓 쩻욧 정문을 바라보고 북쪽으로 300m. 시계탑 로터리에서 타논 쩻욧 방향으로 100m.

바랍 บาลาบ ★★★☆
Barrab

외국인 관광객에게 인기 있는 태국 북부 음식점이다. 바랍(다진 돼지고기 볶음 샐러드), 깽항레(북부 지방 카레), 카우 쏘이(북부 지방 쌀국수)를 메인으로 요리한다. 팟타이와 볶음밥 같은 기본 메뉴도 무난하다. 게다가 유창한

영어로 음식을 설명해 주고, 친절한 서비스를 베푼다.

Map P.450-B2 주소 897/60 Thanon Phahonyothin 전화 09-4812-6670 영업 월~화, 목~일 11:00~20:00(휴무 수요일) 메뉴 영어, 태국어, 중국어 예산 100~250B 가는 방법 왓 쩻욧 앞의 베드 프렌즈 포시텔 Bed Friends Poshtel 옆에 있다.

캐비지 & 콘돔 ★★★
Cabbages & Condoms

가족 계획과 에이즈 예방 활동을 벌이는 NGO 단체인 PDA에서 운영한다. 씨&씨 레스토랑 C&C Restaurant으로 불리기도 한다. 독특한 이름과 달리 태국 음식 전문점으로 잘 알려져 있다. 에어컨 나오는 시원한 실내에서 정갈한 태국 음식을 맛볼 수 있다. 북부 전통음식도 많다.

Map P.450-B2 주소 620/25 Thanon Thanalai 전화 0-5374-0657 홈페이지 www.cabbagesandcondoms. net/restaurant.htm 영업 10:00~23:00 메뉴 영어, 태국어 예산 150~350B 가는 방법 타논 타날라이에 있는 산악 민족 박물관 1층에 있다.

나이트 바자 ★★★
Night Bazaar

다양한 음식점들이 야외무대를 중심으로 가득 입점해 있다. 쿠폰을 구입할 필요 없이 원하는 음식점에서 직접 음식을 고르면 된다. 맥주를 마시며 야외무대에서 펼쳐지는 무료 공연을 보는 사람도 많다.

Map P.450-B2 위치 1터미널 주변 영업 18:00~24:00 메뉴 영어, 태국어 예산 80~250B 가는 방법 1터미널 바로 옆에 있다.

원투투 커피(웨어하우스 지점) ★★★☆
1:2 Chiangrai Brew Warehouse

창고를 개조해 미니멀하게 만든 카페. 치앙라이에서 재배한 신선한 원두를 이용해 커피를 만든다. 중간 공정을 줄여서 저렴한 가격에 맛 좋은 커피를 제공한다. 라이트, 미디엄,

다크 세 종류의 원두 중에 선택하면 된다. 수입 원두(에티오피아, 브라질)는 20B을 추가로 받는다.

Map P.450-B2 주소 25/1 Moo 18 Soi San Panat (Sanpanard Alley) 전화 08-0684-4143 영업 08:00~17:00 메뉴 영어 예산 45~80B 가는 방법 1터미널에서 350m 떨어진 쏘이 싼빠낫 골목에 있다.

멜트 인 유어 마우스 ★★★☆
Melt In Your Mouth

시내와 가깝지만 골목 깊숙이 숨어 있어 전원 풍경을 만끽할 수 있다. 강변의 한적한 분위기도 매력적이다. 담쟁이 넝쿨 가득한 벽돌 건물이 운치를 더한다. 기본적인 태국 음식과 피자, 파스타, 버거 등을 선보인다. 브런치와 달콤한 디저트, 음료 메뉴도 다양하다.

Map P.450-B1 주소 Thanon Thanam 전화 0-5202-0549 홈페이지 www.facebook.com/meltinyourmouth chiangrai 영업 09:30~20:30 메뉴 영어, 태국어 예산 커피 95~150B, 메인 요리 245~590B 가는 방법 경찰서 앞 사거리에서 북쪽으로 한 블록 떨어진 다리를 건너기 전 오른쪽 골목(타논 타남)으로 600m.

치윗 탐마다 ★★★★
Chivit Thamma Da

시내에서 조금 떨어져 있지만, 강변을 끼고 있어 분위기가 운치 있다. 유럽풍의 빈티지한 건물과 야외 정원이 근사한 조화를 이룬다. 태국 음식도 가능하지만, 브런치나 케이크를 곁들여 커피나 차를 마시기 좋은 곳이다. 치윗 탐마다는 '심플 라이프'라는 뜻인데, 유명세 덕분에 관광객들로 북적인다. 왓 롱쓰아뗀(블루 템플) 다녀오는 길에 방문하면 좋다.

Map P.450-B1 주소 179 Moo 2, Rim Kok, Thanon Bannrongseartean Soi 3 전화 08-1984-2925 홈페이지 www.chivitthammada.com 영업 09:00~21:00 메뉴 영어, 태국어 예산 커피 120~220B, 메인 요리 270~950B 가는 방법 왓 롱쓰아뗀(블루 템플)과 가까운 꼭 강변의 타논 반롱쓰아뗀 쏘이 3에 위치한다. 시내에서 3km 떨어져 있다.

Accommodation

도시 규모는 작지만 여행자 숙소는 많다. 저렴한 숙소들은 왓 쩻욧 주변에 많다. 위앙 인(호텔) Wiang Inn 옆 골목에는 새롭게 생긴 중급 숙소들이 몰려 있다.

머시 호스텔 ★★★☆
Mercy Hostel

2015년에 오픈한 수영장을 갖춘 호스텔이다. 수영장을 중심으로 단층 건물이 들어서 있다. 8인실 도미토리는 에어컨 시설로 2층 침대가 놓여 있다. 여성 전용 도미토리도 있다.
Map P.450-A2 주소 1005/22 Thanon Jet Yot(Jet Yord Road) Soi 1 전화 0-5371-1075 홈페이지 www.mercyhostelchiangrai.com 요금 도미토리 300~400B, 더블 900~1,200B(에어컨, 개인욕실, TV, 냉장고, 아침 식사) 가는 방법 왓 쩻욧(사원)을 바라보고 오른쪽 골목(타논 쩻욧 쏘이 1) 안쪽으로 300m. 골목 끝에서 오른쪽에 호스텔이 보인다.

베드 프렌즈 포시텔 ★★★☆
BED Friends Poshtel

2019년에 오픈한 호스텔로 깨끗하고 시설도 좋다. 도미토리, 싱글 룸, 더블 룸, 패밀리 룸까지 기호와 예산에 따라 선택하면 된다. 대부분의 객실은 공동욕실을 사용한다. 카페, 루프 톱 바, 휴식공간까지 부대시설도 다양하다. 1터미널과 가까운 시내 중심가라 위치도 괜찮다.
Map P.450-B2 주소 897/20-25 Thanon Jet Yot(Jetyod Road) 전화 0-5360-2691 홈페이지 www.facebook.com/BEDFriendsPoshtel 요금 도미토리 350B(에어컨, 공동욕실), 싱글 450B(에어컨, 공동욕실), 더블 550~650B(에어컨, 공동욕실) 가는 방법 왓 쩻욧 앞쪽의 타논 쩻욧에 있다.

반 부아 게스트하우스 ★★★
Baan Bua Guest House

시내 중심가와 가까우면서도 골목 안쪽에 있어 조용하다. '연꽃의 집'이라는 뜻인 반 부아는 무엇보다 넓은 야외 정원이 매력이다. 객실은 롱 하우스 형태로 단층 건물이 정원을 따라 길게 연결되어 있다.
Map P.450-B2 주소 879/2 Thanon Jet Yot 전화 0-5371-8880 홈페이지 www.baanbuaguesthouse.com 요금 더블 450~550B(에어컨, 개인욕실) 가는 방법 왓 쩻욧을 바라보고 오른쪽의 타논 쩻욧을 따라 10m 정도 올라가면 골목 입구에 간판이 보인다. 오키드 게스트하우스와 같은 골목이다.

오키드 게스트하우스 ★★★☆
Orchids Guest House

인기 숙소 중의 한 곳이다. 왓 쩻욧과 인접한 시내 중심가에 있어 편리하다. 객실이 넓고 깨끗하다. 침대 시트 또한 깔끔하고 욕실도 잘 정리되어 있다. 더블 룸과 트윈 룸 중에 하나를 선택할 수 있다. 모든 방에는 에어컨과 TV가 설치되어 있다.
Map P.450-A2 주소 1012/3 Thanon Jet Yot 전화 0-5371-8361 홈페이지 www.orchidsguesthouse-cr.com 요금 더블 500B(에어컨, 개인욕실, TV) 가는 방법 왓 쩻욧을 바라보고 오른쪽의 타논 쩻욧을 따라 10m 떨어져 있다. 반 부아 게스트하우스와 같은 골목에 있다.

반 말라이 게스트하우스 ★★★☆
Baan Malai Guest House

호텔처럼 깔끔한 건물에 쾌적한 객실, 친절한 주인을 만날 수 있다. 타일이 깔린 객실은 넓은 편으로 방 청소도 매일 해준다. 에어컨, LCD TV, 냉장고, 와이파이 시설을 모두 갖추고 있어 편리하다. 토스트, 커피, 바나나가 준비된 아침식사는 셀프 서비스로 즐기면 된다.
Map P.450-B2 주소 32/2 Moo 18 Thanon San Panat (Sanpanard Road) 전화 08-1289-2769, 08-4500-6669 홈페이지 www.facebook.com/baan.malai 요금

더블 700~900B(에어컨, 개인욕실, TV, 냉장고, 아침식사) 가는 방법 위앙 인 Wiang Inn 옆길(타논 싼빠낫)로 200m 들어간다. 반 와라보디 Baan Warabordee 맞은편에 있다.

그랜드마 깨우 하우스 ★★★☆
Grandma Kaew House

영국-태국인 노부부가 운영하며 친절한 숙소다. 객실에는 LCD TV와 냉장고, 커피포트가 갖추어져 있다. 공동으로 사용할 수 있는 전자레인지와 접시도 있어 편리하다. 골목 안쪽에 있어 조용하게 지내기 좋다. 밤에 골목길이 어둑한 것이 단점이다.

Map P.450-B2 주소 78 Thanon San Panat (Sanpanard Road) Soi 2/1 전화 08-1859-9858 요금 더블 550~700B(에어컨, 개인욕실, TV, 냉장고, 아침식사) 가는 방법 위앙 인 Wiang Inn 옆길에서 연결되는 싼빠낫 쏘이 2/1 San Panat(Sanpanard Road) Soi 2/1 골목 안쪽에 있다.

나-락-오 리조트 ★★★☆
Na-Rak-O Resort

고급 리조트는 아니지만 스타일리시하게 꾸몄다. 시멘트 외벽을 노출시켰으며 흰색, 파란색, 오렌지색, 보라색 등의 원색을 이용해 객실을 꾸며 산뜻하다. 시멘트 바닥 위에 매트리스가 놓인 구조다. LCD TV가 설치되어 있으나 냉장고는 없다.

Map P.450-B2 주소 56 Thanon San Panat (Sanpanard Road) Soi 2/1 전화 08-1951-7801 홈페이지 www.facebook.com/narakoresort 요금 더블 600~800B(에어컨, 개인욕실, TV, 아침식사) 가는 방법 위앙 인 Wiang Inn 옆길에서 연결되는 싼빠낫 쏘이 2/1 San Panat(Sanpanard Road) Soi 2/1 골목 안쪽에 있다.

슬리피 하우스 ★★★★
Sleepy House

1터미널과 가까운 주택가 골목에 있다. 시내 중심가와 가까우면서도 조용하다. 신축한 건물답게 화이트 톤의 건물과 객실이 깨끗하다. 객실은 타일과 목재, 노출 시멘트를 이용해 모던하게 꾸몄다. 2층에 발코니 딸린 방이 더 여유롭다. 소규모 숙소로 친절하다. 아침 식사도 포함된다.

Map P.450-B2 주소 90/5 Moo 18 Soi San Panat (Sanpanard Alley) 전화 06-4114-9919 홈페이지 www.facebook.com/sleepyhouse.cr 요금 1,200~1,400B(에어컨, 개인욕실, TV, 냉장고, 아침식사) 가는 방법 1터미널 남쪽으로 400m 떨어진 쏘이 싼빠낫 골목에 있다.

낙 나카라 호텔 ★★★★
Nak Nakara Hotel

시내 중심가에 있는 3성급 호텔이다. 야외 수영장을 중심으로 3층 건물이 둘러싸여 있으며 모두 70개 객실을 운영한다. 객실은 란나 양식을 가미해 고풍스런 느낌으로 인테리어를 꾸몄다. 직원들이 친절하며 무료 픽업 서비스도 제공된다.

Map P.450-B1 주소 661 Thanon Uttarakit 전화 0-5371-7700 요금 더블 1,900~2,500B(에어컨, 개인욕실, TV, 냉장고, 아침식사) 가는 방법 시내에 있는 버스 터미널에서 북북으로 1km 떨어진 타논 우따라낏에 있다.

모라 부티크 호텔 ★★★★☆
Mora Boutique Hotel

시내 중심가에 있는 현대적인 시설의 부티크 호텔이다. 객실은 45㎡ 크기로 널찍하고 화이트 톤의 객실은 깔끔하다. 25개 객실을 운영하는 소규모 호텔로 친절한 직원들이 투숙객을 살핀다. 야외 수영장과 스파, 피트니스까지 부대시설로 잘 갖추어져 있다. 전용 차량을 이용해 시내 주요 지역(버스 터미널 포함)을 무료로 데려다준다.

Map P.450-B1 주소 648/6 Thanon Uttarakit 전화 0-5371-7702, 0-5371-7703 홈페이지 www.moraboutiquehotel.com 요금 스탠더드 3,000B, 딜럭스 3,600B 가는 방법 시내에 있는 버스 터미널에서 북쪽으로 1km 떨어진 타논 우따라낏에 있다.

Mae Salong

매싸롱 แม่สลอง

    해발 1,300m의 선선한 기후와 물결치는 산등성이, 거리에 널려 있는 중국어 간판, 그리고 녹색의 바다를 연상시키는 차 농장까지. 굽이굽이 산길을 올라 매싸롱에 도착하면 풍경이 바뀐다. 태국이 아니라 중국 남방의 어느 산골 마을에라도 온 것 같은 착각이 들 정도다.

    매싸롱이 중국적인 색채로 변모한 것은 중국의 공산화 영향이다. 공산당과 내전을 벌였던 국민당 군대가 매싸롱 일대에 은신하며 본국 공격 명령을 기다리다 결국 정착했기 때문이다. 중국인들이 정착한 지 60년밖에 안됐기에 매싸롱에서는 아직도 중국어가 통용된다. 중국 식당과 찻집도 심심치 않게 보인다. 또한 인근에 거주하는 산악 민족까지 합세해 '태국에서 가장 태국답지 못한 마을'로 변모했다. 태국 북부 산악지대의 아름다운 자연 때문에 산골 마을임에도 방문객들이 많다. 치앙라이에서 1일 투어로 스치듯 지나가기보다는 하루 정도 머물자. 가볍게 걸으며 산악 민족 마을 방문도 가능하고, 단체 관광객이 빠져나간 저녁이 되면 산속 마을의 고요를 느낄 수 있다. 겨울에는 영상 3도까지 떨어져 '태국에서 느껴보는 겨울'이란 색다른 재미도 선사한다.

INFORMATION 여행에 필요한 정보

여행 안내소

마을 서쪽 끝에 있는 학교 옆에 여행 안내소(월~금요일 08:30~16:30)가 있다. 씬쌔 게스트하우스와 매싸롱 리틀 홈 게스트하우스에서는 자체 제작한 트레킹 지도를 무료로 얻을 수 있다.

여행 시기 및 복장

우기보다는 건기에 해당하는 11~2월이 여행하기에 적합한 시기다. 선선한 날씨와 청명한 기후를 보이는 12월부터 1월까지 가장 많은 관광객들이 찾아온다. 고산 지대에 속하므로 평지에 비해 기온이 낮다. 여름에는 에어컨 없이 지낼 수 있으나, 겨울에는 기온이 많이 떨어져 밤에 쌀쌀하다. 난방 시설이 없기 때문에 스웨터와 양말 정도는 챙겨가는 게 좋다. 두꺼운 옷이 없다면 숙소에서 이불을 충분히 달라고 하자.

ACCESS 매싸롱 가는 방법

보통 치앙라이에서 출발해 매싸롱을 방문한다. 직행하는 버스는 없고 중간에서 썽태우로 갈아타야 한다. 매짠 Mae Chan แม่จัน을 경유하거나 반 빠쌍 Ban Pasang บ้าน ปาซาง을 경유하는 두 가지 방법이 있다. 매짠에서 정해진 시간에 출발하는 썽태우를 타는 게 좋다. 당일치기로 다녀올 경우 치앙라이에서 출발하는 1일 투어를 이용하면 된다.

치앙라이 → 매짠 → 끼우싸따이 → 매싸롱

치앙라이 시내에 있는 1터미널에서 매싸이 Mae Sai행 버스를 타고 가다가 '매짠'에서 내린다. 터미널이 없고 마을 중심가에 있는 녹색 썽태우 타는 곳(썽태우 씨키아우 빠이 매싸롱) รถสองแถว แม่จันแม่สลอง에 내리면 된다. 매짠→끼우싸따이 Kiw Satai บ้าน กิ่วสะไต→매싸롱 방향으로 썽태우가 운행되는데, 출발

시간이 정해져 있다. 1일 2회(09:00, 13:00) 출발하며 편도 요금은 100B이다. 승객이 적을 경우 끼우싸따이에 내려서 썽태우를 갈아타야 하는 경우도 있다. 오후에는 썽태우 운행이 줄어들기 때문에 오전에 출발하는 게 좋다.

치앙라이 → 반 빠쌍 → 매싸롱

치앙라이 시내에 있는 1터미널(버커써 까오)에서 매싸이 행 버스(06:40~18:00, 30분 간격)를 타고 반 빠쌍(편도 25B)에서 내린다. 매싸롱에 간다고 하면 버스 차장들이 내리는 곳을 알려준다. 반 빠쌍은 삼거리에 형성된 작은 마을이다. 매싸롱행 썽태우는 삼거리 코너에서 출발한다. 정확한 출발 시간은 정해져 있지 않으며, 최소 승객 8명이 되면 출발한다. 요금은 1인당 60B이다. 인원에 관계없이 500B를 내면 언제든지 원하는 시간에 출발한다. 오전에 가야 동행을 구하기 쉽다. 비수기에는 승객이 없어 장시간 기다려야 하는 경우가 많다.

매싸롱 → 반빠쌍, 매짠, 타똔

매싸롱에서는 마을 오른쪽에 있는 세븐일레븐 또는 씬쌘 게스트하우스 앞에서 썽태우가 출발한다. 매싸롱→매짠 노선은 녹색 썽태우가 1일 3회(07:30, 11:00, 15:00) 출발하며 편도 요금은 100B이다. 매싸롱→반 빠쌍 노선은 오전 7시부터 오후 4시까지 수시로 출발한다(승객 8명이 모이는 대로 출발한다). 정해진 시간에 출발하는 매짠행 버스가 편리하다. 매짠에서는 치앙라이, 치앙콩, 치앙쌘, 매싸이행 버스를 탈 수 있다.

매싸롱→끼우싸따이→타똔 Tha Ton 구간은 노란색 썽태우가 1일 4회(08:00, 10:00, 12:00, 14:00) 출발하며 편도 요금은 80B이다. 타똔에서는 팡 Fang→치앙다오 Chiang Dao→치앙마이(창프악 버스 터미널) 방향으로 로컬 버스가 운행된다.

TRANSPORTATION 시내 교통

대중교통은 존재하지 않는다. 걸어서 다니는 방법이 최선이며, 세븐일레븐 앞에서 오토바이 택시를 타고 가까운 산악 민족마을을 방문할 수도 있다. 오토바이 택시는 거리에 따라 30~50B에 흥정하면 된다.

Best Course
Mae Salong
매싸롱의 추천 코스 (예상 소요시간 4~6시간)

매싸롱은 특별한 추천 코스가 없다. 프라 보롬마탓 쩨디를 제외하고는 시간이 허락하는 범위 안에서 주변 마을과 차 농장을 다녀오면 된다.

1 아침시장 (P.461)

도보 20분

2 프라 보롬마탓 쩨디 (P.461)

도보 1시간 20분

3 중국인 희생자 추모 박물관 (P.461)

오토바이 10분

4 매싸롱 주변 차 농장 (P.462)

매싸롱 개념도

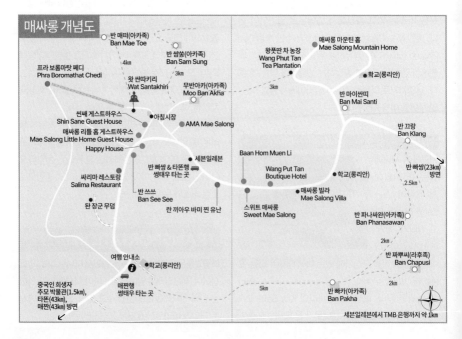

반 매떠(아카족) Ban Mae Toe

반 쌈쑹(아카족) Ban Sam Sung

매싸롱 마운틴 홈 Mae Salong Mountain Home

왕풋딴 차 농장 Wang Phut Tan Tea Plantation

프라 보롬마탓 쩨디 Phra Boromathat Chedi

왓 싼따키리 Wat Santakhiri

무반아카(아카족) Moo Ban Akha

학교(롱리안)

반 마이싼띠 Ban Mai Santi

씬쌔 게스트하우스 Shin Sane Guest House

아침시장

반 끄랑 Ban Klang

매싸롱 리틀 홈 게스트하우스 Mae Salong Little Home Guest House

AMA Mae Salong

Happy House

Baan Hom Muen Li

반 빠쌍(23km) 방면

싸리마 레스토랑 Salima Restaurant

세븐일레븐

Wang Put Tan Boutique Hotel

학교(롱리안)

2.5km

반 빠쌍 & 타똔행 썽태우 타는 곳

매싸롱 빌라 Mae Salong Villa

된 장군 무덤

반 쓰쓰 Ban See See

스위트 매싸롱 Sweet Mae Salong

반 파나싸완(아카족) Ban Phanasawan

란 끼아우 바미 찐 유난

2km

여행 안내소

학교(롱리안)

반 짜뿌씨(라후족) Ban Chapusi

중국인 희생자 추모 박물관(1.5km), 타똔(43km), 매짠(43km) 방면

매짠행 썽태우 타는 곳

5km

반 빠카(아카족) Ban Pakha

2km

N

세븐일레븐에서 TMB 은행까지 약 1km

460

Attraction

매싸롱의 최대 볼거리는 자연이다. 산등성이를 따라 이어진 차밭만으로도 눈을 즐겁게 한다. 매싸롱 일대의 수려한 경관을 한눈에 보려면 마을 뒤편의 프라 보롬마탓 쩨디로 향하자. 주변 풍경 이외의 볼거리들은 매싸롱에 정착한 중국 국민당과 연관되어 있다. 마을 곳곳에는 매싸롱에서 재배한 차를 판매하는 도매상이 많이 있어, 상점에 들러 다양한 차를 시음해 보는 것도 매싸롱 여행의 재미를 더한다.

아침시장 ★★
Morning Market

새벽에 운영(05:00~07:00)하던 시장이지만 현재는 상설시장으로 변모했다. 일부 상인들은 오후 5시까지 자리를 지키기도 한다. 동네 주민들에게 필요한 생필품이 거래된다. 주변 마을의 산악 민족들까지 합세해 시장 풍경이 매우 독특하다. 아무래도 아침시간이 활기를 띤다. 시장 한 켠에 간식당도 있다. 중국인들의 아침식사가 궁금하다면 자리를 잡고 밀가루 튀김(빠똥꼬)과 따뜻한 두유(남 따후)를 주문하자. 저렴(30B)하고 따뜻한 아침식사를 할 수 있다. 현지어 딸랏 차오 Map P.460 운영 05:00~12:00 가는 방법 세븐일레븐에서 북쪽으로 200m 떨어져 있다. 씬쌔 게스트하우스 바로 옆이다.

프라 보롬마탓 쩨디 ★★★★
Phra Boromathat Chedi

매싸롱 최대의 볼거리다. 마을 뒷산에 있어 사원에서 바라보는 풍경이 환상적이다. 아침 시장을 지나 왼쪽 길로 올라간다. 중국 대승불교 사원인 왓 싼따키리 Wat Santakhiri를 지나 쩨디까지 718개의 계단이 이어진다. 프라 보롬마탓 쩨디는 전형적인 태국 양식의 불탑으로 감실을 만들어 불상을 보관했다. 태국 북부 지역 개발을 위해 헌신한 씨 나카린 Sri Nakharin(1900~1995)을

기리기 위해 만들었다. 씨 나카린은 현재 태국 국왕인 라마 9세와 그의 형인 라마 8세의 어머니다. 태국인들의 존경을 한몸에 받는 인물로 '프린세스 마더 Princess Mother'라고 불린다. 쩨디 옆에는 십자형 구조의 태국식 건물을 함께 세웠다.
Map P.460 운영 06:00~19:00 요금 무료 가는 방법 걸어갈 경우 아침시장 뒤편으로 이어진 계단을 이용하고, 자동차나 오토바이로 갈 경우 마을 서쪽 끝에서 연결된 포장도로를 이용한다. 아침시장에서 도보 20~30분.

중국인 희생자 추모 박물관 ★★
泰北義民文史館
Chinese Martyrs Memorial Museum

마을 서쪽 가장자리에 만든 커다란 건물로 타이완 정부의 후원으로 건설되었다. 거대한 중국 사원처럼 생겼는데 노란색 기와를 이용한 겹지붕으로 황제들이 사용하던 궁전 분위기를 풍긴다. 모두 세 동의 건물로 구분되며 다양한 사진과 군사 지도를 통해 중국 국민당 후손들이 매싸롱에 정착하게 된 과정을 소개한다.

가운데 있는 건물은 영렬기념관(英烈紀念館)으로 전쟁 중에 사망한 국민당 군인들의 위패를 모셨다. 왼쪽 건물은 전사진열관(戰史陳列館)이다. 중국 남부(윈난)에서 벌어졌던 중국 공산당과 국민당 간의 전투에 관한 내용으로 꾸몄다. 매싸롱에 정착한 국민당 군

아침시장 / 프라 보롬마탓 쩨디

중국인 희생자 추모박물관

딴 장군 무덤

왕풋딴 차 농장

대가 태국 정부군과 합작해 펫차분 일대에 은거한 태국 공산당을 타진하는 내용도 소개한다. 오른쪽 건물은 애심진열관(愛心陳列館)으로 매싸롱 개발에 관한 사진이 전시되어 있다. 왕실 지원 아래 이루어진 매싸롱 평화 정착에 관한 내용이 주를 이룬다. 큰 볼거리는 아니지만 역사에 관심 있는 사람이라면 들러볼 만하다. 사진 설명은 대부분 태국어와 중국어로 되어 있다.

현지어 쑤싼 위라촌 Map P.460 운영 08:00~17:00 요금 50B 가는 방법 마을 서쪽 끝에서 매짠 방향으로 1km 떨어져 있다.

딴 장군 무덤 段將軍陵園 ★
Tomb of General Tuan

중국 윈난에서 남쪽으로 남하한 국민당 군대 중 5군 병력 1,800명을 지휘한 딴시원(段希文) 장군의 무덤이다. 5군은 매싸롱에 주둔한 최초의 국민당으로 딴시원은 오늘날의 매싸롱을 있게 한 주인공인 셈이다. 매싸롱에 거주한 국민당 후손들이 무덤과 기념관을 건설했기에 모든 것이 중국어로 쓰여 있다. 딴(段)의 태국식 발음이 '뚜안'이기 때문에 영어 표기가 Tuan

으로 되어 있다.

현지어 쑤싼 나이폰 뚜안 Map P.460 요금 무료 가는 방법 마을 서쪽의 학교 앞 삼거리에서 쿤나이폰 레스토랑 The General Cafe and Restaurant 옆길로 550m 더 올라간다.

차 농장 ★★★
Tea Plantation

매싸롱 주변은 차밭이 흔하다. 국민당 후손들이니 타이완과 연관된 탓에 우롱차를 주로 재배한다. 도로 곳곳에 차를 판매하는 상점이 많아 어디서나 시음해 볼 수 있다. 차 농장은 매싸롱 동쪽에 많다(세븐일레븐을 등지고 오른쪽으로 내려간다). 차 농장에서 딴 찻잎을 건조하고 가공하는 모습도 쉽게 볼 수 있다. 매싸롱의 차 농장 중에 규모가 가장 큰 곳은 왕풋딴 차 농장 Wang Phut Tan Tea Plantation이다. 세븐일레븐에서 동쪽으로 약 2.5km 떨어져 있다.

현지어 라이 차 Map P.460 요금 무료 가는 방법 매싸롱 동쪽의 언덕 일대에 가득하다.

Activity
매싸롱의 즐길 거리

매싸롱 주변은 가이드를 동반하지 않더라도 트레킹이 가능하다. 숙소에서 제공하는 지도를 참고해 마을 주변의 산악 민족 마을을 방문하면 된다. 아카족 마을이 가장 많으며 리수족, 미엔족, 라후족 마을도 간간이 보인다. 가장 가까운 산악 민족 마을은 아침시장에서 500m 떨어져 있으며, 반나절 정도 일정으로 대부분의 산악 민족 마을 방문이 가능하다.

전문적인 트레킹을 원한다면 게스트하우스에서 운영하는 프로그램에 참여하면 된다. 말을 타고 트레킹에 참여할 수도 있다. 말 트레킹 Horse Trekking은 500B(약 4시간)으로 아카족과 라후족 마을을 방문한다.

매싸롱에 무슨 일이 있었던 것일까?

공산당과 국민당 사이의 중국 내전은 마오쩌둥(毛澤東, 1893~1976)의 승리로 1949년에 막을 내립니다. 국민당의 주력부대를 이끄는 장제스(蔣介石, 1887~1975)는 타이완으로 건너가 새로운 정부를 꾸리고 역전의 기회를 꿈꾸고, 중국 윈난성(雲南省)에 주둔하던 국민당 군대는 중국 공산화 이후 국경을 넘어 미얀마 북부로 내려와 조직을 재정비했습니다. 미얀마에 주둔하던 국민당 93연대는 타이완의 국민당은 물론 미국 CIA의 지원을 받아 중국 윈난 지역에 재투입되어 비밀 군사작전을 수행했습니다(미국은 국민당 잔류 부대를 통해 태국까지 공산화가 확산되는 것을 막으려 했는데요, 당시는 중국을 시작으로 라오스, 베트남 등 인도차이나가 공산화 도미노 현상을 보이던 때였습니다. 실제로 국민당 군대는 태국 군대와 연합해 태국 공산당 토벌 작전에 투입되어 큰 성과를 거두기도 했지요). 하지만 중국 본토를 수복하기에는 역부족이었어요. 군사작전의 효용가치도 떨어지자 1961년에 타이완 정부는 잔류 병력의 철수를 결정했고, 때마침 미얀마 정부도 국민당 군대의 주둔을 더 이상 허용하지 않기로 방침을 정했습니다. 중국 본토 수복을 염원했던 국민당 군대는 그렇게 가망 없는 전쟁에 종지부를 찍었던 것이죠.

1만 4,000명에 달했던 국민당 군대가 모두 본국 귀환 명령에 따랐던 것은 아닙니다. 일부 군대(약 3,000명)는 철수 명령을 거부하고 미얀마를 떠나 또다시 국경을 넘었습니다. 이번에는 태국 북부에 주둔하기 시작했고, 태국에 잔류한 국민당 군대는 매싸롱을 포함해 40개 마을에 흩어졌습니다(치앙라이와 매홍쏜 지역의 지도에 보면 'KMT'라고 표시한 마을이 국민당 후손들이 정착한 마을입니다. KMT는 국민당의 중국 발음을 영어로 표기한 Kuomintang을 줄여서 표기한 것입니다). 그중 일부는 생활 타개 방책으로 아편 거래에 손을 댑니다.

매싸롱은 미얀마와 국경을 접한 산악지역으로 아편 밀매가 공공연히 성행하던 지역입니다. 돈 버는 일에 남다른 능력을 지녔던 중국인들이니 아편 거래에도 탁월한 능력을 보였습니다(베트남 전쟁을 수행하던 미국은

모르핀 생산을 위해 아편 재배를 묵인했고, CIA와 결탁한 국민당 군대는 중간 거래책으로 더없이 유용했겠지요). 골든트라이앵글 일대의 아편 거래를 장악한 국민당 후손들은 한때(1967년) 태국에서 거래되는 아편의 90%를 유통시켰다고 합니다. 1970년대도 상황은 별반 다르지 않았는데요, 특히 아편의 제왕으로 알려진 쿤사 Khun Sa(P.476 참고)와 마약을 거래하며 지속적인 수입원을 확보했다고 합니다. 쿤사는 군사조직(산 연합군 Shan United Army)까지 거느리고 미얀마와 태국 국경을 넘나들며 1980년대까지 아편 무역의 주도권을 쥐고 있던 인물입니다.

태국 정부는 골칫거리인 아편 거래 단절과 국민당 후손들의 태국 정착을 위해 노력을 아끼지 않았습니다. 결국 1983년에 쿤사가 태국 군대의 추격을 받자 미얀마로 도망가면서 매싸롱도 안정을 찾기 시작했습니다. 이를 계기로 '평화의 언덕'이라는 뜻인 '싼띠키리 Santikhiri'라는 새로운 이름을 부여했습니다(하지만 사람들은 옛 이름인 매싸롱으로 부르기를 선호했어요). 현재는 마약 재배가 근절되고 평화로운 모습을 되찾은 상태입니다. 매싸롱의 평화 정착은 부유해진 타이완 국민당 정부로부터의 재정 지원과 친인척을 만나기 위한 고향사람들의 방문에 힘입어 경제적인 안정도 이루게 됐습니다. 아편 경작지들은 차 농장으로 변모한지 오래고, 무법천지였던 산간오지는 중국인적 색채를 간직한 태국 마을로 변모했습니다. 거리 곳곳에 중국어 간판이 보이고, 중국어가 통용됩니다. 매싸롱에 거주하는 중국인들을 '찐 호(말에 물건을 싣고 이동하는 중국인)'라고 부릅니다. 과거 말을 이용해 물건을 교역하던 중국 윈난성의 카라반 상인들을 부르던 말입니다. 하지만 매싸롱에 거주하는 중국인들은 '찐 호'라고 불리는 것을 그다지 좋아하지 않습니다. '호'는 엄밀해 말해 한족(漢族)을 낮춰 부르는 말입니다. '찐 호' 대신 '차오 한'이라고 불러줍니다.

매싸롱은 독특한 매력을 갖고 있음에도 특수한 상황 때문에 개발이 제한되고 있습니다. 미얀마와 국경을 접하고 있고 군부 세력이 마을 통제권을 확보하고 있기 때문에, 외부인의 토지 구매와 건물 신축이 금지되어 있고요, 덕분에 30년 전과 크게 다르지 않은 도로와 한적함을 유지하고 있습니다.

관광산업에 종사하고 있는 현지인의 우스갯소리처럼 외부 자본이 유입되어 개발되었다면 매싸롱도 '빠이'처럼 되었을 것이 분명합니다. 매싸롱을 한자로 쓰면 미사락 美斯樂(중국어 발음으로 '메이스러')으로 '아름다워서 즐겁다'라는 뜻입니다.

Restaurant

매싸롱의 레스토랑

대형 레스토랑보다는 소규모 음식점들이 많다. 특히 중국 음식을 파는 곳들이 많다. 윈난 국수는 어디서나 흔하게 맛볼 수 있다. 윈난 국수는 밀가루와 달걀을 넣어 반죽한 노란 면발(태국식 발음은 바미 유난)을 주로 사용한다. 중국 음식을 제대로 즐기려면 밥보다는 만토우(밀가루 반죽으로 만든 맨 빵)를 곁들이자.

란 끼아우 바미 찐 유난(운남 국수집)
ร้าน เกี๋ยว บะหมี่จีนยูนนาน
Yunnan Noodle Shop ★★★☆

전형적인 국숫집이다. 세 종류의 국수 면발에 준비된 고명 몇 개가 전부다. 면발 종류를 고르면 즉석에서 국수를 말아준다. 그중 윈난멘(雲南麵)이 가장 맛있고 양도 많다. 완탕(만두)을 넣은 완탕멘도 가능하다. 파오차이(김치와 비슷한 절인 배추)를 함께 내준다.

국민당 후손이 운영하기 때문에 모든 것이 중국스럽다. 메뉴는 없고 영어보다는 중국어로 대화하는 게 편리하다. 중국식 명칭은 '운남면교관 雲南麵餃館'이다.

Map P.460 영업 07:00~17:00 **예산** 50~100B **가는 방법** 세븐일레븐 아래쪽으로 10m 떨어져 있다. 간판이 작아서 유심히 살펴야 한다.

매싸롱 리틀 홈
Mae Salong Little Home ★★★

볶음밥과 단품 요리를 포함해 기본적인 윈난 음식을 맛볼 수 있다. 김치볶음밥과 비슷한 '카우팟 윈난'도 있다. 사진 메뉴가 잘되어 있어 음식 선택이 그리 어렵지 않다. 음식은 맵지 않고 깔끔하다. 따뜻한 차를 무료로 제공해 준다. 게스트하우스에 딸린 곳이라 테이블은 많지 않다. 가족이 운영하는 곳으로 친절한 서비스를 기대해도 좋다.

Map P.460 전화 0-5376-5389 **홈페이지** www.maesalonglittlehome.com **영업** 07:00~22:00 **메뉴** 영어, 태국어 **예산** 70~100B **가는 방법** 매싸롱 리틀 홈 게스트하우스 1층에 있다. 아침시장 입구에 있는 씬쌔 게스트하우스 옆에 있다.

싸리마 레스토랑
Salima Restaurant ★★★

매싸롱에서 가장 유명한 레스토랑이다. 매싸롱에 정착한 국민당 후손이 운영하는 대형 중국 식당이다. 음식의 양에 따라 요금이 달라지며, 원탁 테이블까지 매우 중국적이다. 매싸롱 일대에서 채취한 야생 버섯 요리도 맛볼 수 있다. 쌀국수와 단품 요리도 많다. 주인이 이슬람 신자이기 때문에 돼지고기 요리는 하지 않는다.

Map P.460 주소 500 Moo 1, Mae Salong **전화** 0-5376-5088 **영업** 08:00~21:00 **메뉴** 영어, 태국어 **예산** 80~250B **가는 방법** 씬쌔 게스트하우스 앞에서 마을 서쪽 방향으로 400m 떨어져 있다.

스위트 매싸롱
Sweet Mae Salong ★★★

매싸롱에서 흔하지 않은 카페. 지극히 외지인(투어리스트)을 위한 공간이다. 커피, 케이크, 그리고 코코넛 밀크가 들어간 카레까지 달콤한 음식들이 모두 있다. 카페는 기와지붕을 얹어 색다른 느낌으로 야외 테라스에서는 멋진 풍경을 감상할 수 있다.

Map P.460 전화 08-1855-4000 **홈페이지** www.facebook.com/sweetmaesalong **영업** 07:00~22:00 **메뉴** 영어, 태국어 **예산** 커피 65~100B, 브런치 175~220B **가는 방법** 세븐일레븐을 등지고 오른쪽으로 500m 떨어져 있다. 반홈믄리 호텔 Baan Hom Muen Li 맞은편.

Accommodation

숙소는 많지 않지만 여행자들을 위한 게스트하우스는 충분하다. 아침시장 옆에 게스트하우스가 옹기종기 모여 있다. 대부분 숙소에서 매싸롱 주변 트레킹 지도를 무료로 제공해 준다.

씬쌔 게스트하우스 ★★★
Shin Sane Guest House

매싸롱에서 가장 오래된 숙소로 1970년부터 영업하고 있다. 목조 건물을 사용하는 저렴한 객실은 공동욕실을 사용해야한다. 신관을 건설해 시설을 업그레이드했다. 정원 안쪽에 있는 시멘트 방갈로가 있다. 레스토랑을 함께 운영한다. 중국식 명칭은 '신생여관 新生旅館'이다.
Map P.460 전화 0-5376-5026 홈페이지 www.shin saneguesthouse.com 요금 더블 250B(선풍기, 공동욕실), 더블 500~600B(방갈로, 선풍기, TV, 개인욕실) 가는 방법 세븐일레븐에서 북쪽으로 200m 떨어져 있다.

매싸롱 리틀 홈 게스트하우스 ★★★☆
Mae Salong Little Home Guest House

여행자 숙소가 옹기종기 모여 있는 매싸롱에서 눈에 띄는 노란색 건물이다. 독립된 방갈로는 객실이 넓고 에어컨과 냉장고를 갖추고 있다. 친절한 가족이 운영해 집처럼 포근하다. 한자 간판은 소옥여사(小屋旅社)라고 적혀있다.
Map P.460 전화 0-5376-5389, 08-5724-0626 요금 더블 600B(비수기), 더블 1,000~1,300B(성수기, 에어컨, 개인욕실, TV, 냉장고) 가는 방법 아침시장 입구에 있는 씬쌔 게스트하우스 옆에 있다.

반 쓰쓰 ★★★
Baan See See

도로 쪽에 새로 만든 콘크리트 건물과 산자락 경사면을 따라 만든 방갈로로 구분된다. 일반 객실은 계곡 방향으로 발코니가 딸려 있다. 방갈로는 한 동마다 객실이 2개씩 들어서 있다.

한자 간판은 사사반점 絲絲飯店이라고 적혀 있다.
Map P.460 주소 18/3 Moo 1 Mae Salong 전화 0-5376-5053, 08-1882-8463 홈페이지 www.baanseesee.com 요금 더블 600~1,000B(선풍기, 개인욕실, TV) 가는 방법 매싸롱 리틀 홈 게스트하우스를 바라보고 왼쪽으로 100m 떨어져 있다.

매싸롱 마운틴 홈 ★★★☆
Mae Salong Mountain Home

매싸롱 동쪽으로 2.5km 떨어진 자연 속의 숙소다. 숙소 주변으로 차밭이 가득하다. 모든 방갈로는 발코니가 있어 풍경을 바라보며 휴식할 수 있다. 마을 중심가까지 걸어 다니기엔 멀다.
Map P.460 주소 9 Moo 12, Mae Salong Nok 전화 08-4611-9508 홈페이지 www.maesalongmountain home.com 요금 더블 1,200~2,000B(선풍기, 개인욕실) 가는 방법 세븐일레븐에서 동쪽으로 2km 지점에 반 마이싼띠 Ban Mai Santi로 향하는 삼거리가 나온다. 삼거리에서 왼쪽으로 길을 따라 500m.

왕풋딴 부티크 호텔 ★★★☆
Wang Put Tan Boutique Hotel

찻집과 레스토랑을 함께 운영하는 중국풍의 호텔이다. 붉은색 페인트와 노출 콘크리트를 이용해 인테리어를 꾸몄다. 계곡 방향으로 만든 건물이라 전망이 좋다. 마을에서 멀리 떨어져 있는 왕풋딴 차 농장과 혼동하지 말 것.
Map P.460 주소 7/1 Moo 12 Mae Salong 전화 08-9995-4066 요금 더블 750~1,000B(비수기, 에어컨, 개인욕실, TV, 냉장고), 1,500~1,800B(성수기) 가는 방법 세븐일레븐에서 남쪽(동쪽)으로 600m 떨어져 있다.

Mae Sai

매싸이 แม่สาย

태국과 미안마를 연결하는 국경도시다. 치앙라이에서 62㎞, 방콕에서 891㎞ 떨어져 있다. 매싸이로 가는 도로가 좋아지면서 태국 최북단의 도시라는 말이 무색할 정도로 도시가 활기를 띤다. 도시 전체가 국경시장이라고 해도 과언이 아닐 정도로 골목마다 상점들로 가득 메워져 있다. 합법적이든 불법적이든 중국과 미안마를 통해서 유입되는 다양한 물건들을 국경시장에서 만날 수 있다.

매싸이의 첫인상은 남북으로 곧게 뻗은 직선 도로다. 도로의 끝에는 태국 출입국 관리소가 있고, 다리를 건너면 미안마 땅이 나온다. 외국인에게도 개방된 육로 국경으로 여권만 있으면 자유롭게 출입국이 가능하다. 군부 통치로 인해 세상과 단절됐던 미안마 땅을 걸어서 들어갈 수 있는 특별한 곳이다. 치앙라이(멀게는 치앙마이)에서 출발해 골든 트라이앵글(P.475)과 묶어서 1일 투어로 다녀가는 관광객들도 많다. 매싸이는 대단한 볼거리가 있는 곳은 아니지만 태국 사람들에게는 조국의 최북단에 발을 디뎠다는 뿌듯함을, 외국인에게는 국경도시의 생소함을 선사한다.

INFORMATION 여행에 필요한 정보

출입국 관리소

타논 파훈요틴 Thanon Phahonyothin이 시작되는 곳에 태국 출입국 관리소 Mai Sai Border Checkpoint가 있다. 매일 오전 7시부터 오후 6시 30분까지 육로 국경을 출입(P.469 참고)할 수 있다.

은행 · 환전

방콕 은행을 비롯한 주요 은행이 타논 파훈요틴에 지점을 운영한다. 모든 은행은 환전 업무가 가능하며, 24시간 ATM을 운영한다.

매싸이에서 바라 본 미얀마 따찌렉

ACCESS 매싸이 가는 방법

기차와 항공은 매싸이까지 연결되지 않고, 다만 버스가 운행된다. 태국 최북단 도시이지만 태국 주요 도시를 연결하는 다양한 에어컨 버스가 출발한다. 치앙마이, 치앙라이는 물론 방콕, 라용, 매쏫, 나콘 랏차씨마(코랏)에서도 매싸이행 버스가 운행된다.

버스

매싸이에는 아무래도 가까운 치앙라이행 버스가 가장 많다. 매싸이→치앙라이는 에어컨 버스와 일반 버스가 30분 간격으로 출발한다. 치앙마이행 에어컨 버스는 그린 버스 Green Bus에서 독점 운영한다. 매진되는 경우가 허다하므로 미리 예약해 두도록 하자.

골든 트라이앵글(쏩루악)과 치앙쌘으로 갈 경우 타논 파훈요틴의 두 번째 세븐일레븐 옆(타논 테싸반 혹 Thanon Thesaban 6과 타논 테싸반 뺏 Thanon Thesaban 8 사이)에서 파란색 썽태우를 타야 한다. 매일 오전 8시부터 오후 2시까지 40분 간격으로 출발(편도 요금 50B)한다.

TRANSPORTATION 시내 교통

매싸이 버스 터미널(버커써 매싸이)은 국경(차이댄 타이-파마)에서 4㎞ 떨어져 있다. 국경까지는 썽태우를 이용(편도 요금 15B)한다. 빨간색 썽태우가 타논 파훈요틴을 따라 버스 터미널과 국경 사이를 수시로 오간다. 국경 주변의 볼거리와 국경시장은 모두 걸어서 다닐 수 있다.

매싸이와 골든 트라이앵글을 오가는 썽태우

매싸이에서 출발하는 버스

도착지	운행 시간	요금	소요시간
방콕	16:00, 16:30, 17:00, 17:30	VIP 1,086B, 에어컨 698~815B	12~13시간
치앙라이	06:00~17:00(30분 간격)	74B(미니밴 90B)	1시간 30분
치앙마이	07:00, 09:30, 15:00	에어컨 384B	5시간
파타야→라용	14:00	VIP 1,077B, 에어컨 823B	16시간 30분

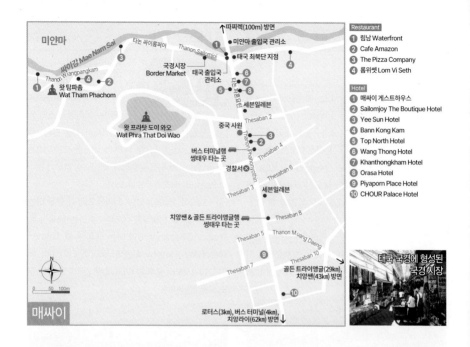

미얀마
싸이강 Mae Nam Sai
타는 싸이홈삐어
Thanon Sailomjoi
따찌렉(100m) 방면
미얀마 출입국 관리소
태국 최북단 지점
국경시장
Border Market
태국 출입국 관리소
Thanon Wiangpangkam
Thanon
왓 탐파촘
Wat Tham Phachom
왓 프라탓 도이 와오
Wat Phra That Doi Wao
중국 사원
Thesaban 2
버스 터미널행
썽태우 타는 곳
경찰서
Thanon Phahonyothin
Thesaban 4
Thesaban 6
세븐일레븐
Thesaban 3
치앙쌘 & 골든 트라이앵글행
썽태우 타는 곳
Thesaban 8
Thesaban 5
Thanon Muang Daeng
Thesaban 10
골든 트라이앵글(29km),
치앙쌘(43km) 방면
Thesaban 7
로터스(3km), 버스 터미널(4km),
치앙라이(62km) 방면
매싸이

Restaurant
1 림남 Waterfront
2 Cafe Amazon
3 The Pizza Company
4 롬위쎗 Lom Vi Seth

Hotel
1 매싸이 게스트하우스
2 Sailomjoy The Boutique Hotel
3 Yee Sun Hotel
4 Bann Kong Kam
5 Top North Hotel
6 Wang Thong Hotel
7 Khanthongkham Hotel
8 Orasa Hotel
9 Piyaporn Place Hotel
10 CHOUR Palace Hotel

태국 국경에 형성된 국경 시장

Attraction
매싸이의 볼거리

국경 시장을 제외하고는 큰 볼거리가 없다. 대부분의 여행자들이 국경을 기념 삼아 사진 찍고, 쇼핑을 한 후에 골든 트라이앵글이나 매싸롱을 들렀다가 치앙라이로 돌아간다.

태국 최북단 지점(쯧 느아쑷 나이 싸얌)
The Northern Most Of Thailand ★★

태국 최북단을 표시한 곳. 두 나라 출입국을 위해 건너야 하는 다리 옆에 세운 자그마한 기념 표식이다. 태국 관광객들은 이곳을 빼놓지 않고 들러 기념사진을 찍고 간다. 국경을 건너는 사람들과 강 건너 미얀마가 훤히 보인다. Map P.468 **가는 방법** 태국 국경(출입국 관리소)을 끼고 오른쪽 옆 골목으로 들어가면, 태국-미얀마 국경을 이루는 강변에 있다.

국경시장
Border Market ★★

매싸이 국경 옆으로 형성된 상설시장이다. 의류, 기념품, 전자 제품, CD, DVD 등이 거래

된다. 전자 제품과 CD는 중국에서 제작된 것들이 대부분으로 저렴하나 수준은 떨어진다. 기념우표와 화폐를 포함해 미얀마 기념품들이 눈에 많이 띈다. 국경 너머 미얀마 땅에서도 비슷한 규모의 국경시장이 형성되어 있다.

태국 출입국 관리소 오른쪽에 있는 태국 최북단 지점 표식

현지어 딸랏 차이댄 Map P.468 **위치** 태국 출입국 관리소 일대 **운영** 07:00~18:00 **가는 방법** 출입국 관리소를 사이에 두고 두 나라에 국경시장이 형성된다.

왓 프라탓 도이 와오 ★★
Wat Phra That Doi Wao

부처의 유해를 모신 신성한 탑(프라탓)을 모신 사원이다. 란나(태국 북부 지방) 언어로 '도이'는 산, '와오'는 전갈을 뜻한다. 뱀 모양의 나가naga가 장식된 계단을 따라 사원에 오르면 란나 양식의 자그마한 황금 쩨디가 세워져 있다. 전갈 동상과 미얀마 양식의 불상도 볼 수 있다. 사원 앞쪽으로 전망대 역할을 하는 스카이 워크 Sky Walk(입장료 50B)가 있다. 미얀마를 포함한 국경 풍경이 시원스럽게 내려다보인다.

Map P.468 주소 Thanon Phahonyothin 운영 08:00∼18:00 요금 무료 가는 방법 사원 입구는 타논 파혼요틴의 톱 노스 호텔 Top North Hotel 뒤쪽의 작은 언덕에 있다.

따찌렉 ★★
Tachilek

태국 국경을 넘으면 나오는 미얀마 샨 주(州) Shan State에 속한 도시다. 따찌렉을 찾는 가장 큰 이유는 국경시장을 방문하기 위해서다. 다리를 건너자마자 오른쪽에 대형 시장이 형성되어 있다. 매싸이의 국경시장과 거래되는 물건은 비슷한데 시장 규모가 크다. 볼거리에 치중하는 편이라면 쉐다곤 파고다 Shwedagon Pagoda를 방문하자. 쉐다곤 파고다는 미얀마의 상징으로 수도인 양곤에 세워진 황금 탑이다. 미얀마 땅임을 상징하기 위해 따찌렉에도 동일한 이름의 탑을 세웠다. 양곤에 비해 신성함은 떨어지지만, 언덕 위에 탑을 세워 따찌렉 주변 풍경을 덤으로 감상할 수 있다. 쉐다곤 파고다까지는 국경에서 약 2㎞ 떨어져 있다.

Map P.468 위치 태국 국경 너머 미얀마 지역 요금 무료 가는 방법 매싸이에서 태국 국경을 통과해 다리를 건너면 따찌렉이 나온다.

☑ 꼭! 알아두세요

태국과 미얀마는 싸이 강 Mae Nam Sai을 사이에 두고 국경이 나뉩니다. 두 나라 국경은 오전 7시부터 오후 6시까지 개방됩니다. 태국 이민국에서는 여권과 여권 사본, 태국 입국 스탬프가 찍힌 여권 페이지 사본을 제출해야 합니다. 육로 국경을 통해 비자를 연장하는 장기 체류자(무비자로 체류할 수 있는 90일을 다 채웠을 경우)들을 제재하기 위해 왕복 항공권을 요구하는 경우도 있으니 참고하세요(순수한 여행이 목적이라면 큰 문제없이 출입국이 가능합니다). 출국 스탬프에 도장이 찍히면, 여권을 받고 국경을 걸어서 넘으면 됩니다. 미얀마 이민국(입국 심사)은 국경을 이루는 다리 오른쪽에 있습니다. 미얀마 입국 심사는 간단합니다. 이민국 직원이 웹캠으로 사진을 찍어서 서류를 작성해 줍니다. 입국 서류가 완성되면 여권을 함께 제출해야 합니다. 미얀마는 공식적인 비자 없이 잠깐 방문하는 것이기 때문에, 여권에 스탬프를 찍어주는 대신 수수료를 내야 합니다. 태국 화폐로 500B를 요구합니다. 미국 달러로 내면 US$10로 더 저렴합니다(달러로 낼 때는 거스름돈이 없다고 하는 경우가 많으니 US$10짜리 지폐 한 장을 미리 준비하는 게 좋습니다). 참고로 쿠데타로 군부가 재집권하면서 미얀마 정치 상황이 수시로 변하고 있습니다. 2023년 7월 1일부터 외국인의 미얀마 입국을 금지하고 있으니, 여행 전에 반드시 미얀마 입국 관련 사항을 확인해야 합니다.
따찌렉에서 숙박할 생각이 아니라면 국경이 닫히기 전에 태국으로 돌아와야 합니다. 이때 여권에 미얀마 출입국 기록 스탬프가 찍혔는지 반드시 확인해야 합니다. 미얀마 출국 절차가 끝나면 다리를 다시 건너 태국 국경으로 돌아오면 됩니다.

Restaurant 매싸이의 레스토랑

림남 ★★☆
Waterfront Restaurant

강변(Riverside)이란 뜻처럼 싸이 강을 끼고 있다. 식당 바로 앞으로 미얀마 땅이 보인다. 다양한 태국 음식과 시푸드를 요리한다. 간단하게 식사하고 싶다면 쌀국수, 볶음밥, 덮밥 같은 단품 요리를 주문하자.

Map P.468 주소 Thanon Sailomjoi 영업 08:00~20:00 전화 0-5373-1207 메뉴 영어, 태국어 예산 60~180B 가는 방법 국경을 연결하는 다리 아래 왼쪽편에 있다. 태국 출입국 관리소를 끼고 왼쪽으로 들어가면 된다.

로터스(로땃 매싸이) ★★★
Lotus's Mae Sai

전국 주요 도시에서 볼 수 있는 대형 할인 마트 로터스(로땃) 매싸이 지점이다. 저렴한 푸드 코트를 비롯해 MK 쑤끼, 피자 헛, KFC, 스웬센 아이스크림 등이 입점해 있다. 버스 터미널을 오갈 때 들리기 좋다.

Map P.468 주소 156 Moo 5 Thanon Phahonyothin 영업 09:00~21:00 메뉴 영어, 태국어 예산 푸드 코트 55~100B 가는 방법 버스 터미널에서 600m. 태국 출입국 관리소(미얀마 국경)에서 4km.

Accommodation 매싸이의 숙소

매싸이 게스트하우스 ★★★
Mae Sai Guesthouse

매싸이의 가장 대표적인 게스트하우스다. 강을 사이에 두고 미얀마와 국경을 접한 태국 최북단에 위치해 있다. 객실은 방갈로 형태로 구성되며 기본적인 침구와 화장실이 갖추어져 있다.

Map P.468 주소 668 Thanon Wiangpangkam 전화 0-5373-2021 요금 더블 400~600B(선풍기, 개인욕실) 가는 방법 타논 싸이롬쩌이 Thanon Sailomjoi를 따라 도로 끝까지 간 다음, 경찰 검문소를 지나서 강변을 따라 100m 더 들어가면 골목 끝에 있다.

오라싸 호텔 ★★★
Orasa Hotel

국경과 인접한 메인 도로에 있는 호텔. 주변 지역에 있는 오래된 호텔에 비해 시설이 좋은 편이다. 엘리베이터를 갖추고 있으며 객실은 TV, 냉장고, 안전금고, 전기포트가 구비

되어 있다. 1층에 카페 Orasa Coffee를 함께 운영한다.

Map P.468 주소 29/1 Thanon Phahonyothin 전화 0-5373-3999 홈페이지 www.facebook.com/byorasahotel 예산 더블 1,200~1,500B(에어컨, 개인욕실, TV, 냉장고, 아침식사) 가는 방법 국경에서 남쪽으로 200m.

삐야폰 플레이스 호텔 ★★★☆
Piyaporn Place Hotel

매싸이 메인 도로에 있는 중급 호텔로 시설이 좋다. 넓고 깨끗한 것은 기본이고 침구 상태도 양호하다. 객실 바닥을 목재로 만들어 시원스럽고 쾌적하다.

Map P.468 주소 77/1 Thanon Phahonyothin 전화 0-5373-4511~4 요금 트윈 800~1,200B(에어컨, 개인욕실, TV, 냉장고, 아침식사) 가는 방법 국경에서 남쪽으로 500m 떨어져 있다. 쏘이 7(Soi 7) 입구의 옴씬 은행 옆에 있다.

Chiang Saen

치앙쌘 |เชียงแสน

　　메콩 강을 끼고 있는 태국 북부의 한적한 도시다. 메인 도로 하나가 전부인 것 같은 작은 도시이지만 치앙쌘 왕국의 수도였던 역사도시다. 성벽에 둘러싸인 전형적인 고대 도시국가 형태다. 천혜의 자연인 메콩 강을 이용해 동쪽을 방어했기 때문에 성벽은 세 방향에만 연결됐다. 1328년에 건립된 치앙쌘 왕국은 무려 700년의 역사를 지녔다. 전성기에는 성벽 내부에 76개, 성벽 외곽에 63개의 사원을 거느렸다고 한다. 하지만 란나 왕조와 달리 도시국가 형태를 탈피하지 못한 채 16세기에 미얀마의 속국으로 전락했다. 치앙쌘이 다시 태국의 영토로 편입된 것은 라마 1세 때인 1804년이다.

　　현재의 치앙쌘은 골든 트라이앵글을 가는 길목에 있는 작은 도시에 불과하다. 덕분에 단체관광객을 태운 관광버스들로 낮 시간이 분주하다. 하지만 저녁이 되면 메콩 강변의 조용한 마을로 변모해 안정을 되찾는다. 관광 산업과 별도로 중국과 수상교역이 증가해 상업도시로 성장하는 중이다.

ACCESS
치앙쌘 가는 방법

치앙라이와 치앙마이는 버스로 연결되고, 쏩루악(골든 트라이앵글)과 매싸이에는 썽태우가 다닌다.

치앙쌘 → 치앙라이, 치앙마이

치앙쌘에서 주요 도시로 가려면 일단 치앙라이로 가야 한다. 선풍기 시설의 일반 버스와 미니밴(롯뚜)이 매짠을 경유해 치앙라이(1 터미널)까지 운행된다. 타는 파혼요틴 동쪽 끝자락에 있는 버스 회사 사무실 앞에서 타면 된다. 오전 6시부터 오후 2시 30분까지 1시간

치앙쌘 → 쏩루악(골든 트라이앵글) → 매싸이

파란색 썽태우가 타는 파혼요틴의 세븐일레븐 맞은편에서 출발한다. 'Bus Stop'이라고 영어 간판도 적혀 있다. 비교적 먼 거리(37㎞)인 매싸이행 썽태우는 오전(07:00~11:40)에 일찍 끊기지만, 쏩루악행 썽태우는 오후 늦게(07:20~16:00)까지 운행된다. 매싸이행 썽태우는 모두 쏩루악을 경유한다. 편도 요금은 쏩루악 30B, 매싸이 50B이다. 코로나 팬데믹 이후 수요가 감소하면서 썽태우 운행이 일시 중단된 상태다.

Attraction
치앙쌘의 볼거리

치앙쌘 자체보다도 골든 트라이앵글(P.475 참고)이 주목적이다. 대부분 치앙라이에서 출발해 치앙쌘에 잠시 들러 사원 한두 곳을 방문한 다음 골든 트라이앵글로 향한다.

왓 빠싹 ★★★
Wat Pa Sak

치앙쌘에서 가장 오래된 건축물로 1295년에 건설된 것으로 여겨진다. 치앙쌘에 있는 사원 중에 보존 상태가 가장 좋다. 왓 빠싹은 인도에서 가져 온 붓다의 유해를 모시기 위해 만든 쩨디를 중심으로 사원을 만들었다. 사원 건설 당시 쩨디 주변에 300여 그루의 티크 나무를 심었기 때문에 '티크 나무숲의 사원'이라고 명명했다.

쩨디는 태국에서 보기 드문 피라미드 형태로 8m 너비의 기단 위에 21m 높이로 만들었다. 쩨디 하단부에는 감실을 만들어 데바타(천상의 여신)와 다양한 불상을 안치했는데, 세월이 흐르며 도굴과 도난으로 중요한 불상은 사라진지 오래다. 사원에서 발굴된 일부 유물은 치앙쌘 국립 박물관에 보관 중이다. 왓 빠싹은 현재 1,000여 그루의 티크 나무로 둘러싸인 공원처럼 조성되어 있다.
Map P.473 운영 08:00~16:00 요금 50B 가는 방법 치앙쌘 성벽 바깥으로 200m 떨어져 있다.

왓 프라탓 쩨디 루앙 ★★☆
Wat Phra That Chedi Luang

치앙쌘 도시 성벽에 들어서면 가장 먼저 보이는 사원이다. 쌘푸 왕 King Saen Phu 때인 1331년에 건설됐다. 치앙쌘에서 가장 신성시했던 사원으로 60m 높이의 쩨디를 세워 상징성을 부각시켰다. 쩨디는 8각형 기단에 종 모양의 전형적인 란나 양식이다. 오랜 세월 동

왓 빠싹

왓 프라탓 쩨디 루앙

치앙쌘

↑ 골든 트라이앵글(11km), 매싸이(37km) 방면

1290

라오스
Laos

Mekong River 매콩강

타논 롭위앙 Thanon Rop Wiang

Thanon Sai 1

Thanon Sai 2

타논 농뭇 ThanonNongmut

쏨루악(골든 트라이앵글), 매싸이 행 쌍태우 정류장

경찰서

쏨루악(골든 트라이앵글)행 보트 선착장

Thanon Phahonyothin

치앙라이, 치앙마이행 버스 정류장

타논 파혼요틴

치앙쌘 병원
Chinag Saen Hospital

씬쏨분 시장
Sinsombun Market

Rim Krong

매짠(31km), 치앙라이(60km) 방면

1016

Thanon Thapman

Thanon Sukaphansai

중국(징홍)행 화물 여객선 착장

Thanon Rop Wiang

Thanon Rop Wiang

타논 롭위앙

1129

치앙콩(53km) 방면 ↓

View
1. 왓 프라탓 쭘낏띠 Wat Phra That Chom Kitti
2. 왓 촘창 Wat Chom Chang
3. 왓 빠싹 Wat Pa Sak
4. 왓 마하탓 Wat Mahathat
5. 국립 박물관 National Museum
6. 왓 프라탓 쩨디 루앙 Wat Phra That Chedi Luang
7. 왓 프라부앗 Wat Phra Buat
8. 왓 프라짜오 란통 Wat Phra Chao Lanthong
9. 왓 체따완 Wat Chetawan
10. 왓 파카오판 Wat Pha Khao Pan
11. 왓 뽕싸눅 Wat Pong Sanuk

Hotel
1. 타타 호스텔 Tata Hostel
2. 치앙쌘 게스트하우스 Chiang Saen Guesthouse
3. 암파이 호텔 Amphai Hotel
4. Chiang Saen Goldenland Resort
5. 반 싸바이디 Baan Sabaidee
6. 팍핑콩 Pak Ping Rim Khong
7. Honey Hotel
8. Gin's Greenery Resort

Restaurant
1. 쌈잉 레스토랑 Sam Ying Restaurant
2. 강변 식당 Evening Food Vendors
3. 카페 몽두남 Cafe Mong Doo Nam

국립 박물관

안 쩨디는 무너져 내려 현재는 18m 높이로 규모가 현격히 축소됐다. 쩨디 옆으로는 신성한 불상을 모신 법전(위한)이 남아 있다. 줄여서 '왓 쩨디 루앙'이라고도 부른다.
Map P.473 주소 Thanon Phahonyothin 운영 08:00~16:00 요금 무료 가는 방법 타논 파혼요틴의 국립 박물관 옆에 있다.

국립 박물관 ★★
National Museum

왓 프라탓 쩨디 루앙 왼쪽에 있는 작은 규모의 국립 박물관이다. 중앙의 정원을 중심으로 3개의 전시실로 구분된다. 첫 번째 전시실은 치앙쌘의 건설에 관한 내용과 왓 빠싹에서 발견된 불상을 전시한다. 두 번째 전시실은 치앙쌘과 주변 지역에서 발굴된 유물을 전시한다. 세 번째 전시실은 태국 북부의 생활상에 관한 내용이다.
현지어 피피타판 행찻 Map P.473 주소 702 Thanon Phahonyothin 전화 0-5377-7102 홈페이지 www.thailandmuseum.com 운영 수~일요일 09:00~16:00 (휴관 월, 화, 공휴일) 요금 100B 가는 방법 타논 파혼요틴의 왓 프라탓 쩨디 루앙 옆에 있다.

왓 프라탓 쭘낏띠 ★☆
Wat Phra That Chom Kitti

성벽 외곽의 북서쪽에 있다. 나지막한 언덕 위에 세운 사원으로 383개의 계단을 올라가야 한다. 감실을 만들어 불상을 모신 쩨디를 제외하고 사원의 법전은 모두 새롭게 건설됐다. 사원 자체 볼거리보다 사원 앞으로 펼쳐진 메콩 강 풍경이 더욱 눈길을 끈다. 왓 프라탓 쫌낏띠 맞은편에는 왓 촘창 Wat Chom Chang이 있다.

Map P.473 운영 08:00~16:00 요금 무료 가는 방법 왓 빠싹에서 자전거로 10분.

왓 프라탓 쫌낏띠

Restaurant
치앙쌘의 레스토랑

메인 도로인 타논 파혼요틴에 레스토랑이 있지만 그리 다양하지 못하다. 세븐일레븐 옆의 씬쏨분 시장(딸랏 씬쏨분) Sinsombun Market과 강변 도로(타논 림콩)에 저녁때 생기는 노점에서 저렴한 먹을거리를 제공한다. 쌈잉 레스토랑 Sam Ying Restaurant은 카우 쏘이(태국 북부의 카레 국수)를 포함해 다양한 태국 음식을 요리한다. 강변도로에 있는 카페 몽두남 Cafe Mong Doo Nam은 메콩 강을 바라보며 쉬어가기 좋다.

Accommodation
치앙쌘의 숙소

치앙쌘의 숙소는 매우 한정적이다. 치앙라이에 머물며 1일 투어로 치앙쌘을 방문하는 여행자가 많기 때문이다. 메콩 강변의 소도시 분위기와 어울리는 소규모 숙소들이 대부분이다.

암파이 호텔 ★★★☆
Amphai Hotel

주차장을 겸한 마당을 사이에 두고 구관과 신관이 마주보고 있다. 에어컨 시설의 저렴한 방을 원한다면, 가격 대비 괜찮은 방을 얻을 수 있다. 골목 안쪽에 있어 조용하다.

Map P.473 주소 118/2 Moo 2, Thanon Nongmut 전화 09-2892-9561 요금 더블 400B(구관, 에어컨, 개인욕실), 더블 600B(신관, 에어컨, 개인욕실, TV, 냉장고) 가는 방법 왓 파카오빤 옆 골목(타논 농뭇) 안쪽으로 150m.

팍핑림콩 ★★★★
Pak Ping Rim Khong

메콩 강변도로에 있는 중급 숙소로 시내 중심가와도 멀지 않다. 두 동의 복층 건물이 작은 정원을 끼고 있다. 객실을 넓고 깨끗하며

발코니도 딸려 있다.

Map P.473 주소 Moo 2, 484 Thanon Rim Khong 전화 0-5365-0151 요금 더블 800~1,000B(에어컨, 개인욕실, TV, 냉장고, 아침식사) 가는 방법 강변도로에 있는 경찰서에서 북쪽으로 1km.

진스 그리너리 리조트 ★★★★
Gin's Greenery Resort

치앙쌘 시내를 살짝 벗어난 메콩 강변에 있다. 자연과 어우러진 평화로운 분위기로 야외 수영장까지 갖추고 있다. 새롭게 건설한 리조트라 객실이 넓고 깨끗하다.

Map P.473 주소 225 Moo 8 Thanon Rim Khong 전화 0-5365-0847 홈페이지 www.ginmaekhongview. com 요금 더블 1,500~2,000B(에어컨, 개인욕실, TV, 냉장고, 아침식사), 방갈로 2,400~3,000B 가는 방법 치앙쌘 중심가에서 강변도로를 따라 북쪽으로 500m.

Sop Ruak
(Golden Triangle)

쏩루악(골든 트라이앵글) สบรวก(สามเหลียมทองคำ)

치앙쌘에서 북쪽으로 11㎞ 떨어진 쏩루악 일대를 골든 트라이앵글이라 칭한다. 메콩 강을 사이에 두고 태국, 라오스, 미얀마 세 나라의 국경이 맞닿아 있다. 과거 골든 트라이앵글은 마약과 아편 재배지로 악명이 높았다. 정부의 통제가 불가능한 미얀마와 라오스의 오지에서 경작된 마약과 아편은 치앙마이에서 방콕을 거쳐 서방세계로 퍼져나갔다. 골든 트라이앵글의 명성은 영화나 소설로 가공되면서, 제3세계를 대표하는 신비한 지역의 대명사가 되었을 정도다.

세계가 하나의 네트워크로 연결된 21세기의 골든 트라이앵글은 신비함이 사라진 지 오래다. 관광 산업의 발달은 골든 트라이앵글을 유명 관광지로 변모시켰다. 치앙라이와 치앙마이에서 하루에 방문이 가능하다. 세 나라의 국경이 보이는 메콩 강 일대는 어디나 '골든 트라이앵글'이라고 적힌 안내판을 세워놓고 관광객을 끌어들인다.

작은 마을이라 버스 터미널은 없다. 주요 도시로 가려면 인접한 치앙쌘이나 매싸이로 가면 된다. 두 도시를 연결하는 쌩태우가 쏩루악을 수시로 지나친다. 자세한 정보는 치앙쌘(P.472)과 매싸이(P.467) 교통편 참고.

도시라고 할 수 없는 삼거리를 중심으로 한 작은 마을이다. 쏩루악까지 가는 교통편이 불편하지만 도착해서는 걸어 다니면서 주요한 볼거리를 보면 된다. 단, 아편의 전당을 갈 경우 별도의 교통편이 필요한데, 매싸이행 쌩태우가 아편의 전당 앞을 지나간다.
작은 마을인데도 은행과 환전소가 있다. 아편 박물관 주변에 싸얌 상업 은행(SCB)과 방콕 은행에서 환전이 가능하다.

알고 가면 좋아요

마약은 패가망신의 지름길?

지중해 연안에서 재배된 아편은 7세기부터 아랍 상인을 통해 아시아(중국)로 전래됐습니다. 900년 이상 약용으로 사용되던 아편은 인도를 거쳐 미얀마, 태국 북부까지 생산이 확대됐죠. 두 차례의 아편 전쟁을 벌이면서까지 중국으로 아편을 수출해 재정을 확보하려던 영국은 그들의 식민지가 된 미얀마 지역으로까지 아편을 생산해 아편 독점을 확대했습니다. 1886년부터 미얀마에서 재배되기 시작한 아편의 원료인 양귀비는 1940년대를 거치면서 번창하기 시작했습니다. 양귀비는 산악 민족들이 생활 타개책으로 공공연히 재배했던 품목입니다.

아편이 마약으로 변질되고 이로 인한 피해가 급증하면서 태국 정부는 1959년부터 양귀비 재배를 법으로 금지했습니다. 하지만 정부의 눈길을 피해 태국과 국경을 둔 미얀마와 라오스 지역으로 옮겨 갔습니다. 1960~1970년대 외신을 통해 양귀비꽃이 만발한 벌판이 소개되면서 골든 트라이앵글은 마약 재배의 근원지로 명성을 얻기 시작했습니다.

특히 아편 왕 King of Opium으로 불리는 미얀마의 쿤사 Khun Sa(1934~2007)는 전 세계 아편 생산의 50%를 점유하며 군사조직을 대동하고 치외법권을 누렸습니다. 베트남 전쟁 기간에 미군이 모르핀 제조를 위해 양귀비 재배를 묵인한 것도 쿤사의 힘을 키운 원동력이 되었어요. 1975년 사이공 함락(베트남 통일) 이후 모르핀 수요가 줄면서 아편뿐만 아니라 정제된 헤로인까지 생산해냈는데, 미국에 밀반출된 헤로인의 60%가 골든 트라이앵글 지역에서 생산됐다고 합니다. 쿤사는 1995년까지 연간 2,500톤의 아편을 생산하며 세계 최대의 아편 제조업자가 됐습니다.

미비하기만 했던 미국과 태국 정부의 마약 퇴치 노력은 1980년대 초반까지만 해도 지지부진했습니다. 하지만 1980년 들어서면서 태국의 공산화 위협이 완전히 사라지고 사회주의 국가인 중국, 미얀마, 라오스와의 관계도 개선되면서 상황이 호전됐습니다. 특히 1996년에 쿤사가 미얀마 정부에 투항한 일을 계기로 마약 소굴이던 골든 트라이앵글 지역은 한적한 시골 마을로 변모하기 시작했습니다. 산악 민족들도 양귀비 재배 대신 농경과 수공예품 생산을 통해 생계를 유지하도록 한 태국 정부의 정책도 효과를 거두었습니다.

그렇다고 해서 태국에서 마약 밀매가 근절된 것은 아닙니다. 눈에 쉽게 띄는 양귀비보다 헤로인은 여전히 골칫거리로 남아 있습니다. 특히 알약처럼 만든 '야바'는 유통이 편리해 여전히 큰돈을 만지려는 밀매조직들의 주된 거래 품목으로 인기를 얻고 있습니다. 미친 약이라는 뜻의 야바는 일종의 각성제로 중독성이 심각해 사회적인 문제를 일으켰습니다. 탁신 정부 시절 마약과의 전쟁을 선포하기도 했던 태국 정부는 1993년 한 해 동안 마약사범으로 5만 명을 체포했을 정도니까요.

태국 북부 지역을 여행하다 보면 곳곳에서 검문소를 만날 수 있습니다. 불법 이민자 단속이 아니라 마약 검사를 위해 설치한 검문소입니다(탈북자들이 방콕으로 향하는 루트이기도 해서, 종종 불법 이민 단속이 행해지기도 합니다). 마약 단속 경찰들이 버스에 올라와 신분증은 물론 소지품까지 검사하니, 낭패를 볼 생각이 아니라면 마약과 관련된 일에 연루되지 말기를 바랍니다.

쿤사

Attraction

메콩 강을 사이에 두고 세 나라의 국경이 형성된 골든 트라이앵글이 최대의 볼거리다. 골든 트라이앵글 간판을 배경삼아 기념사진을 찍고, 아편 박물관을 방문해 아편 재배와 관련한 역사 공부를 하면 된다. 좀 더 전문적인 역사 공부를 원한다면 아편의 전당을 방문하자. 보통 치앙쌘에서 출발해 쏩루악을 거쳐 매싸이로 이동하거나, 치앙라이에서 1일 투어로 다녀간다.

■ 골든 트라이앵글 ★★★
Golden Triangle

치앙라이에서 70㎞, 매싸이에서 35㎞, 치앙쌘에서 11㎞ 떨어진 메콩 강 지역을 일컫는다. 강을 사이에 두고 태국, 미얀마, 라오스가 국경을 접한다. 1960~1980년대 전 세계적으로 악명을 떨치던 아편 재배지역으로 마약 밀매가 성행하던 곳이다. 하지만 현재는 평화로운 강변 마을로 전락했다. 골든 트라이앵글은 그 이름을 팔아 돈을 벌려는 장사치들과 단체 관광객을 실어 나르는 대형 버스들로 인해 신비스러운 분위기는 사라진지 오래다. 더없이 좋은 관광자원이 된 골든 트라이앵글 주변에는 고급 리조트와 카지노까지 들어섰다.

골든 트라이앵글을 둘러보는 보트 요금은 500~600B이다. 보트를 타고 40분 정도 국경 지대를 여행한다. 라오스 땅에 속한 메콩 강 사이의 섬인 돈 싸오 Don Sao에 내릴 경우 세금 명목으로 20B을 별도로 내야 한다.

현지어 쌈리양 텅캄 **요금** 무료 **가는 방법** 치앙쌘이나 매싸이에서 썽태우를 타면 된다.

■ 나와란뜨 불상 ★★
Phra Phuttha Nawa Lan Tue

메콩 강을 바라보게 만든 대형 황금 불상이다. 나와란뜨 불상은 본래 메콩 강에 존재하던 섬인 꼬 돈텐 Ko Don Then의 왓 프라 짜오 텅팁 Wat Phra Chao Thong Thip에 있던 불상이라고 한다. 불상의 이름인 '란'은 백만을 의미하고, '뜨'는 무게를 나타내는 단위라고 한다. 청동으로 만들어졌던 나와란뜨 불상은 홍수로 인해 섬과 함께 메콩 강에 침몰되었다고 전해진다. 황금 불상으로 새롭게 태어났는데 크기가 16m로 무게가 69톤에 이른다. **현지어** 프라 풋타 나와란뜨 **요금** 무료 **가는 방법** 싸얌 상업 은행 (SCB) 맞은편에 있다. 골든 트라이앵글 이정표 바로 앞이다.

■ 왓 프라탓 푸 카오 ★☆
Wat Phra That Phu Khao

쏩루악 마을 오른쪽 언덕에 만든 사원이다. 사원의 규모는 작지만 1,200년이나 된 오랜 역사를 자랑한다. 사원에서는 메콩 강과 루악 강을 경계로 나뉘는 미얀마와 라오스 땅이 선명하게 보인다.

운영 08:00~18:00 **요금** 무료 **가는 방법** 싸얌 상업 은

행 오른쪽에 사원 입구가 있다. 입구에서 250m 올라
가면 전망대가 나온다.

아편의 집(박물관) พิพิธภัณฑ์บ้านฝิ่น
212 House of Opium(Museum) ★★☆

쏩루악 마을 중심에 있어 방문자가 많다.
아편 재배와 흡연 관련 장비들이 주된 전시물
이다. 아편을 보관하던 상자, 무게를 재던 저
울, 아편을 피우는 담뱃대도 함께 전시한다.
아편 관련 설명을 그림을 통해 묘사했다. 아
편 왕으로 불리는 쿤사 Khun Sa에 관한 내용
도 있다.

주소 212 Moo 1 Ban Sop Ruak 현지어 피피타판 반 핀
전화 0-5378-4060 운영 07:00~17:00 요금 50B 가
는 방법 쏩루악의 방콕 은행 옆에 있다. 나와란뜨 불상
에서 치앙쌘 방향으로 도보 3분.

아편의 전당 หอฝิ่นอุทยานสามเหลี่ยมทองคำ
Hall of Opium ★★★

태국 왕실에서 고산족 지원을 위해 만든 단

체인 매파루앙 재단 Mae Fa Luang Foun-
dation의 후원으로 건설된 박물관이다. 총 4
억B(약 150억 원)을 투자해 9년에 걸쳐 완성
했다. 5,000년 이상의 역사를 자랑하는 아편
재배, 유럽에서 아시아로의 아편 전래, 중국
과 영국의 아편 전쟁, 아편 복용으로 인한 피
해 등을 상세한 연구와 자료를 통해 설명해
준다. 사진 이외에 디오라마, 게임, 시청각 자
료를 통해 체험학습도 가능하게 했다. 특히
19세기 태국에서 사용한 아편굴도 생생하게
재현해 놓았다.

현지어 호 핀 전화 0-5378-4444 홈페이지 www.
maefahluang.org 운영 월~토 08:30~15:30(휴무 일요
일) 요금 200B 가는 방법 골든 트라이앵글에서 매싸
이 방향으로 2㎞ 떨어져 있다. 아난타라 골든 트라이
앵글 리조트 Anantara Golden Triangle Resort 맞은편
에 있다.

☑ 꼭 알아두세요

태국 북부에서 라오스 가기

쏩루악에도 출입국 관리소 Golden Triangle Thailand Laos Border
Crossing Point(치앙쌘 이민국 Chiang Saen Immigration)가 있습니다.
여권만 있으면 외국인도 배(편도 요금 70B)를 타고 메콩 강을 건너 라
오스를 갔다 올 수 있답니다.

라오스에서 바라 본 태국 치앙콩

하지만 라오스 여행을 계획하고 있다면 태국-라오스 육로 국경인 치앙
콩 Chiang Khong으로 가야합니다. 메콩 강을 사이에 두고 라오스의 훼
이싸이 Huay Xai와 국경을 접하고 있는데, 2013년 12월에 개통된 우정의 다리(싸판 밋뜨라팝) Friendship Bride를 통
해 두 나라가 연결됩니다. 국경(출입국 관리소) 개방 시간은 오전 6시부터 오후 10시까지입니다. 국경을 넘은 대부분
의 여행자들은 라오스의 루앙프라방 Luang Phrabang까지 이동합니다. 라오스는 비자 없이 30일간 여행이 가능합
니다.

Phrae

프래(패) แพร่

　　태국 북부에서 흔하게 볼 수 있는 성벽과 해자에 둘러싸인 도시다. 치앙마이, 람빵과 비슷한 구조이지만 도시 규모는 작다. 프래는 욤 강 Mae Nam Yom 남쪽에 형성됐다. 도시가 최초로 건설된 것은 828년으로 므앙 폰 Muang Phon이라고 불렸다. 현재의 도시 모습은 12세기에 갖추어졌다. 세월은 흘러 성벽의 흔적은 희미해졌고, 도시의 출입문인 빠뚜 차이(승리의 문)는 사라졌지만 구시가는 옛 모습 그대로 남아 있다. 구시가의 가늘고 길게 이어진 골목들 사이로 사원들이 가득하다.

　　프래는 람빵과 더불어 티크 나무 수출을 담당했던 도시다. 목조건물이 많은 것도 이 때문이다. 태국에서 목조건물이 가장 잘 보존된 도시로 손꼽힌다. 거리를 걷다 보면 사원과 티크 나무 건물들이 어우러져 고즈넉한 분위기를 자아낸다. 한적한 거리 사이로는 변함없이 느린 삶을 사는 그들의 일상이 자연스레 펼쳐진다. 외부 세상에 크게 영향을 받지 않아 전통을 유지하며 생활한다. 프래는 많은 사람들이 방문하는 유명 여행지는 아니다. 다만, 여유롭고 평화로운 현지인들의 소박함이 함께 할 뿐이다.

ACCESS 프래 가는 방법

국내선 항공 노선은 방콕(돈므앙 공항)→프래가 유일하다. 녹 에어(홈페이지 www.nokair.com)에서 매일 1회 운항한다. 편도 요금은 1,200B이다. 버스는 치앙마이, 람빵, 핏싸눌록, 난 방향으로 수시로 운행된다. 참고로 난까지 가는 모든 버스는 프래를 경유한다. 프래까지 기차는 들어오지 않지만 23㎞ 떨어진 덴차이 Denchai에 가면 기차를 탈 수 있다. 프래↔덴차이는 오전 6시 부터 오후 5시 30분까지 한 시간 간격으로 버스가 운행(편도 60B)된다.

프래에서 출발하는 버스

도착지	출발 시간	요금	소요시간
방콕	09:30~21:00(1일 14회)	에어컨 546~728B	8시간
치앙마이	09:00, 11:00	에어컨 332B	5시간
치앙라이	06:00~17:30(2시간 간격)	미니밴 189B	4시간
람빵	06:00~17:00(1일 16회)	에어컨 100B	2시간
난	06:00~17:00(1시간 간격)	미니밴 120B	2시간

TRANSPORTATION 시내 교통

프래는 구시가와 신시가로 분리된다. 신시가와 구시가는 합승 썽태우를 타고 갈 수 있는데, 거리에 따라 다르지만 50B 이내에서 웬만한 곳을 갈 수 있다. 프래 버스 터미널(버커써)은 구시가에서 1.5㎞ 떨어져 있다. 버스 터미널에서 시내까지 합승 썽태우로 20~30B에 갈 수 있다.

Best Course
Phrae 프래의 추천 코스 (예상 소요시간 6시간)

주요 볼거리들이 떨어져 있어 도보와 썽태우를 적절히 이용해야 한다. 구시가 내에서는 걸어서 다니고, 나머지 지역은 썽태우를 타자. 가능하면 프래에 도착한 오후에 시내 볼거리를 먼저 섭렵하고, 다음날 오전에는 왓 프라탓 초해만 다녀오자. 추천 일정은 프래에서 온전히 하루를 보내는 일정으로 구성했다.

도보 5분
도보 5분
도보 5분

1 빠뚜 차이
2 쿰 짜오 루앙
3 왓 씨춤
4 왓 루앙 (P.482)

8 왓 쫌싸완 (P.483)
7 왓 프라탓 초해 (P.483)
6 반 웡부리 (P.481)
5 왓 퐁쑤난

썽태우 25분
썽태우 30분
도보 1분
도보 2분

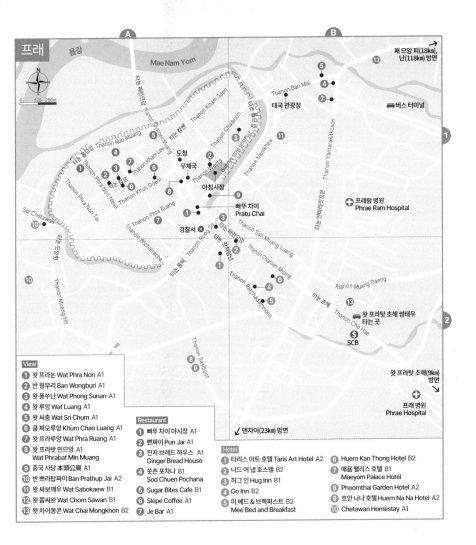

프래

Mae Nam Yom

태국 관광청

파 므앙 피(18km),
난(118km) 방면

버스 터미널

프래람 병원
Phrae Ram Hospital

빠뚜 차이
Pratu Chai

왓 프라탓 초해 썽태우
타는 곳

SCB

왓 프라탓 초해(9km)
방면

프래 병원
Phrae Hospital

덴차이(23km) 방면

View
1. 왓 프라논 Wat Phra Non A1
2. 반 웡부리 Ban Wongburi A1
3. 왓 퐁쑤난 Wat Phong Sunan A1
4. 왓 루앙 Wat Luang A1
5. 왓 씨쑴 Wat Sri Chum A1
6. 쿰 짜오루앙 Khum Chao Luang A1
7. 왓 프라루앙 Wat Phra Ruang A1
8. 왓 프라밧 민므앙 A1
   Wat Phrabat Min Muang
9. 중국 사당 本頭公廟 A1
10. 반 쁘라탑짜이 Ban Prathup Jai A2
11. 왓 싸보깨우 Wat Sabokaew B1
12. 왓 쫌싸완 Wat Chom Sawan B1
13. 왓 차이몽콘 Wat Chai Mongkhon B2

Restaurant
1. 빠뚜 차이 야시장 A1
2. 뻔짜이 Pun Jai A1
3. 진저 브레드 하우스 A1
   Ginger Bread House
4. 쏫촌 포차나 B1
   Sod Chuen Pochana
5. Sugar Bites Cafe B1
6. Slope Coffee A1
7. Je Bar A1

Hotel
1. 타리스 아트 호텔 Taris Art Hotel A2
2. 니드 어 냅 호스텔 B2
3. 허그 인 Hug Inn B1
4. Go Inn B2
5. 미 베드 & 브렉퍼스트 B2
   Mee Bed and Breakfast
6. Huern Kan Thong Hotel B2
7. 매욤 팰리스 호텔 B1
   Maeyom Palace Hotel
8. Phoomthai Garden Hotel A2
9. 흐안 나나 호텔 Huern Na Na Hotel A2
10. Chetawan Homestay A1

Attraction
프래의 볼거리

주요 볼거리들은 구시가에 몰려 있다. 구시가에서 가장 중요한 볼거리는 왓 루앙과 반 웡부리다. 구시가를 벗어나면 산족이 건설한 왓 쫌싸완과 프래에서 가장 신성한 사원인 왓 프라탓 초해가 있다.

반 웡부리(쿰 웡부리 박물관) ★★★☆
Ban Wongburi(Khum Vongburi Museum)

1897년에 완공된 티크 나무 건물인데 정교한 목조 세공 기술로 아름답게 치장했다. 유럽 풍이 가미됐으며 흰색과 핑크색으로 채색해 우아하다. 반 웡부리는 웡부리(짜오 쑤난따 웡부리 Chao Sunanta Wongburi)와 그녀의 남편 루앙 퐁피분 Luang Phong Phibun(프래 왕조의 왕자)이 살던 집이다. 도시 형태의 국가에 불과 했지만 프래 왕조의 왕족들이 살던 곳인 만큼 곳곳에 정성들인 흔적이 역력하다. 중국 광동에서 이주한 화교가 총 책임을 맡았고, 현지인들이 목공 기술을 담당했다고 한다. 남서 방향으로 여름에 덥지 않고 바람이 잘 통하도록 설계했다.

반 윙부리는 2층 건물로 수를 놓듯 정교한 목조 조각들이 건물을 가득 메운다. 출입문과 창문은 물론 박공, 처마, 베란다까지 우아하게 나무를 깎아 꾸몄다. 건물 내부는 박물관으로 사용된다. 당시 사용하던 물건들이 그대로 전시되어 있다. 침실, 거실, 응접실로 구분되며 가구, 소파, 은제품, 질그릇, 중요 서류(노예 거래 문서 등)와 영국을 방문한 옛날 사진이 걸려 있다.

토요일 오후가 되면 반 윙부리(쿰 윙부리 박물관) 앞쪽으로 타논 캄르를 따라 야시장 Saturday Night Market(현지어로 깟껑까우 ตลาดกองเก่า)이 생긴다. 오래된 거리의 목조 건물과 카페, 노점 식당들이 어우러져 분위기가 좋다.
Map P.481-A1 주소 50 Thanon Kham Leu & Thanon Phra Non Neua 전화 0-5462-0153 운영 09:00~16:00 요금 30B 가는 방법 타논 캄르 & 타논 프라논 느아 사거리에 있다. 빠뚜 차이에서 도보 10분.

왓 루앙
Wat Luang ★★

12세기에 건설된 프래에서 가장 오래된 사원이다. 사원 출입문은 붉은 벽돌로 만든 빠뚜 콩 Pratu Khong이다. 사원 건설과 동일한 시기에 만들어져 도시 출입문으로 쓰였다고 한다. 빠뚜 콩은 원형 그대로 잘 보존되어 있지만 성

벽은 일부만 남아 있다. 빠뚜 콩은 현재 일반 출입이 금지되었고, 문 안쪽에 작은 사당을 만들어 란나 왕국의 초기 통치자였던 짜오 푸 Chao Pu 동상을 모시고 있다.

빠뚜 콩 앞은 본존불을 모신 법전(위한)이다. 나가 장식의 입구 계단과 나지막한 겹지붕이 전형적인 란나 양식을 취한다. 라테라이트로 만들었던 법전은 현대적인 시설로 재건축되어 고즈넉한 느낌은 없다. 법전 뒤쪽에는 8각형의 쩨디를 세웠다. 쩨디 또한 전형적인 란나 양식으로 기단부의 4개 코너에 코끼리 상을 조각했고, 감실을 만들어 불상을 안치했다. 쩨디는 코끼리 조각 때문에 프라탓 창캄 Phra That Chang Kham이라고 불린다.
Map P.481-A1 주소 Thanon Kham Leu Soi 1 요금 무료 가는 방법 반 윙부리를 바라보고 오른쪽 길인 타논 캄르 쏘이 1 안쪽으로 50m 떨어져 있다. 골목 입구의 왓 퐁쑤난 Wat Phong Sunan을 끼고 돌면 된다.

쿰 짜오루앙 คุ้มเจ้าหลวงเมือง
Khum Chao Luang ★★☆

1892년에 건설된 프래 지방 영주의 궁전이다. 프래의 마지막 통치자였던 피리야차이 텝파웡 Phiriyachai Thepphawong 왕자가 거주했다. 당시 유행하던 유럽 양식을 가미한 건물로, 티크 나무를 이용해 장식했다. 특히 72개나 되는 창문의 목공 조각이 아름답다. 현재는 박물관으로 변모해 일반인의 입장이 가능하다. 내부에는 왕족의 사진과 침대, 가구, 생활 용품 등이 전시되어 있다. 건물 지하에는 어두컴컴한 감옥이 남아 있는데, 당시 죄수와 노예를 가두던 곳이라고 한다. 궁전 지하에 감옥을 만들었기 때문에 호기심 어린 태국 관광객들이 많

반 윙부리   왓 루앙

쿰 짜오루앙

왓 프라탓 초해 본존불

왓 쫌싸완   왓 프라탓 초해

이 찾아온다.

Map P.481-A1 주소 Thanon Khun Doem 전화 0-5452-4158 운영 08:30~16:30 요금 무료 가는 방법 구시가 중앙에 있는 타논 쿤덤에 있다.

왓 쫌싸완 ★★
Wat Chom Sawan

구시가에서 보던 란나 양식의 사원과 확연히 구분된다. 라테라이트나 붉은 벽돌이 아닌 티크 나무로 만들어 차분함이 느껴진다. 사원이 구시가에서 떨어져 있고, 구시가와도 전혀 다른 건축자재를 사용한 이유는 샨족(P.439 참고)이 건설했기 때문이다. 티크 나무 수출을 위해 프래에 머물던 샨족들이 건설했다.

라마 5세 때인 1884년에 완성했으며, 미얀마 만달레이에서 볼 수 있는 사원과 흡사한 구조다. 층을 이루며 탑처럼 만든 법전(위한)은 목조건물의 정교함을 엿볼 수 있다. 사원 주변은 공원처럼 꾸며 아늑하다.

Map P.481-B1 주소 Thanon Ban Mai 요금 무료 가는 방법 버스 터미널 앞의 타논 얀따라깃꼬쏜을 따라 올라가다 삼거리(타논 반마이)에서 우회전해서 200m 정도 간다. 버스 터미널에서 도보 12분.

왓 프라탓 초해 ★★★★
Wat Phra That Cho Hae

도시 외곽에 성벽을 쌓아 만든 사원으로 붓다의 유해를 안치한 쩨디가 사원의 중심이 된다. 사원은 나지막한 산 정상에 있어 나가가 장식된 계단을 걸어 올라가야 한다. 성문처럼 만든 사원 입구를 들어서면 황금빛으로 반짝이는 쩨디가 보인다. 팔각형 구조의 쩨디는 높이 33m다.

초해는 새틴의 한 종류로 노란색 천으로 쩨디를 감싼 것에서 사원의 이름이 유래했다. 대법전(우보쏫)에는 프라 짜오탄짜이 Phra Chao Than Chai 불상이 모셔져 있다. 쑤코타이 양식의 불상으로 풍요와 다산을 의미한다. 매년 4월에는 노란색 천으로 쩨디를 감싸는 의식이 재현된다.

주소 Ban Cho Hae 요금 무료 가는 방법 프래 시내에서 9km 떨어져 있다. 타논 초해 Thanon Cho Hae의 왓 차이몽콘 Wat Chai Mongkhon 옆에서 썽태우(합승 편도 요금 50B)를 타면 사원 입구에 닿는다. 시내로 돌아오는 썽태우는 자주 운행하지 않는다. 가능하면 썽태우를 대절해 다녀오는 게 좋다. 왕복 요금 400B 정도에 흥정하면 된다.

Restaurant

지방 소도시답게 저렴한 로컬 레스토랑이 대부분이다. 커피와 디저트는 슬로프 커피 Slope Coffee(홈페이지 www.facebook.com/baanbaew)와 진저 브레드 하우스 Ginger Bread House(홈페이지 www.facebook.com/GingerbreadPhrae)가 인기 있다. 빤짜이 레스토랑 Pun Jai Restaurant(홈페이지 www.facebook.com/PunjaiPhrae)은 카놈찐과 쏨땀이 유명하다. 빠뚜 차이 Pratu Chai 주변에는 저녁시간 야시장 노점이 들어선다. 토요일에는 반 웡부리(쿰 웡부리 박물관) 주변으로 야시장(깟껑까우) Saturday Night Market이 생긴다.

Accommodation

니드 어 냅 호스텔 ★★★★
Need A Nap Hostel

오래된 건물을 리모델링해서 깨끗하고 미니멀한 숙소로 재탄생했다. 개인 욕실이 딸린 더블 룸과 패밀리 룸(복층 형태의 4인실)이 있다. 공용 주방, 세탁기, 휴식 공간도 잘 갖추고 있다. Map P.481-A1 주소 118 Thanon Charoen Mueang 전화 0-5406-0554 홈페이지 www.facebook.com/NeedANapPhrae 요금 더블 890B(에어컨, 개인욕실, TV, 아침식사), 패밀리 1,590B(에어컨, 개인욕실, TV, 아침식사) 가는 방법 구시가로 들어가는 타논 짜런므앙에 있다.

허그 인 ★★★★
Hug Inn

조용한 골목에 신축한 3성급 호텔이다. 12개 객실을 운영하는 소규모 호텔로 친절한 태국인 가족이 운영한다. 객실은 붉은 벽돌과 노출 콘크리트를 이용해 현대적으로 꾸몄다. 아침식사가 포함되며 자전거도 무료로 사용할 수 있다. Map P.481-B1 주소 6/1 Thanon Tesaban 2 전화 06-2572-0077 홈페이지 www.huginnphraehotel.com 요금 트윈 900B(에어컨, 개인욕실, TV, 냉장고, 아침식사), 딜럭스 더블 1,000B(에어컨, 개인욕실, TV, 냉장고, 아침식사) 가는 방법 타논 롭므앙에서 연결되는 타논 테싸반 2 골목에 있다.

미 베드 & 블랙퍼스트 ★★★★
Mee Bed and Breakfast

아침식사가 포함된 B&B 형태의 숙소. 벽돌과 시멘트를 이용해 객실마다 디자인을 조금씩 달리했다. 깨끗하게 관리되고 있으며 방 크기도 넓다. TV, 냉장고, 와이파이도 잘 갖춰져 있으며, 자전거도 무료로 이용할 수 있다. Map P.481-B2 주소 16/5 Ratchadamnoen 전화 0-5406-1073, 09-1851-4476 홈페이지 www.facebook.com/meebedandbreakfast 요금 더블 750B(에어컨, 개인욕실, TV, 냉장고, 아침식사) 가는 방법 타논 랏차담넌 거리 끝자락에 있다.

품타이 가든 호텔 ★★★☆
Phoomthai Garden Hotel

잘 가꾼 정원이 매력적인 호텔이다. 넓은 에어컨 객실은 발코니가 딸려 있다. 침구와 객실 배치는 현대적인 느낌이지만, 란나 양식의 그림을 걸어서 태국 북부 분위기를 살리려 했다. 야외 수영장을 갖추고 있다. Map P.481-A2 주소 31 Thanon Sasiboot 전화 0-5462-7359 홈페이지 www.phoomthaigarden.com 요금 더블 1,200~1,700B(에어컨, 개인욕실, TV, 아침식사) 가는 방법 타논 므앙힛의 나콘 프래 타워 호텔 Nakhon Phrae Tower Hotel을 지나서 타논 싸씨붓 Thanon Sasiboot 방향으로 50m.

난 น่าน

'난'이란 이름은 태국을 한두 차례 다녀간 한국 여행자들 사이에 아직도 어색한 이름이다. 태국 북부의 작은 도시인 난은 주변 도시와 동떨어진 환경 때문에 큰맘을 먹어야만 방문이 가능하다. 해발 2,000m의 산들에 둘러싸인 분지에 형성된 난은 1931년까지 태국 중앙정부에 편입되지 않고 독자적인 문화를 유지했다. 14세기부터 독립 왕국을 이루며 건설한 매력적인 사원들이 여행자들을 반긴다. 난 주변의 산악지역은 무려 6곳이 국립공원으로 지정될 만큼 아름답다. 라오스와 국경을 접하고 있어 태국 내에서도 소수를 이루는 소수민족인 타이르족과 마브리족이 생활하는 지역이기도 하다.

'난'은 태국을 전문적으로 여행한 '꾼'들이 추천하는 여행지다. 태국 북부의 다른 도시에 비해 볼거리가 많은데도 교통이 불편해 관광객들의 유입은 제한적이다. 하지만 관광산업으로 신음하는 유명 관광지에 비해 상업화하지 않고 순박함을 유지한다. 덕분에 현지인들은 드문드문 만나는 외국인들에게 친절하고 호의적이다. 어쩌면 치앙마이의 수십 년 전의 모습이 아닐까 싶을 정도로 모든 것이 정겹다.

ACCESS
난 가는 방법

항공

에어 아시아(www.airasia.com)와 녹 에어(www.nokair.
com)에서 방콕(돈므앙 공항)→난 노선을 매일 취항한
다. 편도 요금은 1,300B이다. 공항은 시내에서 북쪽으
로 2㎞ 떨어져 있다.

버스

방콕에서 668㎞, 치앙마이에서 318㎞, 치앙라이에서
239㎞ 떨어져 있다. 태국 북동부 끝자락에 있으나 도
로가 발달해 이동하는 데 불편함은 없다. 인접한 도시
인 프래행 버스가 가장 많다. 람빵, 치앙마이, 핏싸눌
록, 방콕행 버스도 하루 5~6회 운행한다. 난에서 북쪽

으로 연결되는 노선은 치앙라이가 유일하다. 하루 한
차례 운행하며 산길을 돌아가기 때문에 느리지만 풍
경은 아름답다. 버스 터미널(버커써)은 왓 푸민에서 남
서쪽으로 500m 떨어져 있다.

TRANSPORTATION
시내 교통

주요 볼거리가 몰려 있어 시내에서는 도보 여행이 가
능하다. 도시 외곽의 사원을 둘러볼 때는 자전거를 타
면 좋다. 자전거 도로가 잘 발달되어 있다. 자전거 대
여는 대부분의 게스트 하우스에서 가능하다. 대여료
는 24시간 기준으로 자전거는 80B이다. 시내를 돌아
다니는 썽태우를 합승할 경우 거리에 따라 20~30B
이며, 오토바이 택시는 시내에서 40~50B 정도에 흥
정하면 된다.

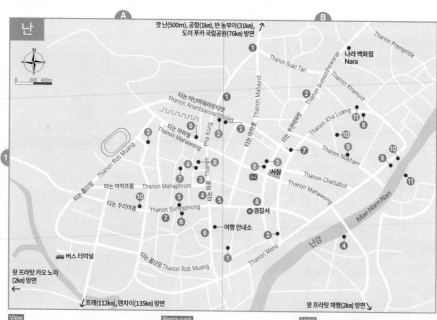

View	Restaurant	Hotel
① 왓 쑤언딴 Wat Suan Tan B1	① 야시장 Night Market B1	① 쿰 민므앙 부티크 호텔 B1 Khum Muang Min Boutique Hotel
② 왓 후아위앙 따이 Wat Hua Winag Tai B1	② 뽐 쌈 Poom 3 B1	② 쑥까쎔 호텔 Sukkasem Hotel A1
③ 왓 후아쿠앙 Wat Hua Khuang A1	③ Wanda Curry and Rice B1	③ Banban Nannan Library A1
④ 국립 박물관 National Museum A1	④ Wevari Heritage B1	④ 난 란나 호텔 Nan Lanna Hotel A1
⑤ 왓 프라탓 창캄 A1 Wat Phra That Chang Kham	⑤ 흐안 홈 Huen Horm A1	⑤ 푸카 난파 호텔 Pukha Nanfa Hotel B1
⑥ 왓 푸민 Wat Phumin A1	⑥ 핫 브레드 Hot Bread A1	⑥ 테와랏 호텔 Dhevaraj Hotel B1
⑦ 왓 민므앙 Wat Min Muang A1	⑦ 크레이지 누들 B1	⑦ 난 게스트하우스 Nan Guest House A1
⑧ 왓 꾸깜 Wat Kukham B1	⑧ 흐안 푸카 Huan Phuka B1	⑧ 흐안 쿠앙 난 게스트하우스 A1 Huen Kuang Nan Guest House
⑨ 왓 몽콘 Wat Mongkol A1	⑨ 굿 뷰 Good View B1	⑨ 씨누안 로지 Srinual Lodge B1
⑩ 왓 씨판똔 Wat Sri Panton A1	⑩ 세이 바 Say Bar B1	⑩ 반 난 호텔 Baan Nan Hotel B1
	⑪ 흐언 짜오낭 Huen Chao Nang B1	⑪ 난 부티크 호텔 Nan Boutique Hotel B1

난에서 출발하는 버스

도착지	운행 시간	요금	소요시간
방콕	08:00, 09:00, 10:00, 17:30, 18:30, 19:00	에어컨 567~726B	11시간
치앙마이(프래, 람빵 경유)	07:30, 08:30, 12:00, 16:00	에어컨 328~467B	7시간
치앙라이	09:00	250B	7~8시간
프래--덴차이	06:00~17:00(1시간 간격)	100~120B	3시간
파타야	16:45, 18:15	760B	13시간

Best Course

Nan   난의 추천 코스 (예상 소요시간 6시간)

자전거를 타고 사원을 순례하면 된다. 오전에는 시내 중심가의 사원들을 둘러보고, 오후에는 외곽의 사원들을 방문하자. 더 좋은 방법은 아침 일찍 왓 프라탓 카오 노이에 올라 난 전경을 바라본 후에 일정을 시작하는 것이다. 난에 이틀을 머문다면 둘째날은 반 농부아를 여행하면 된다.

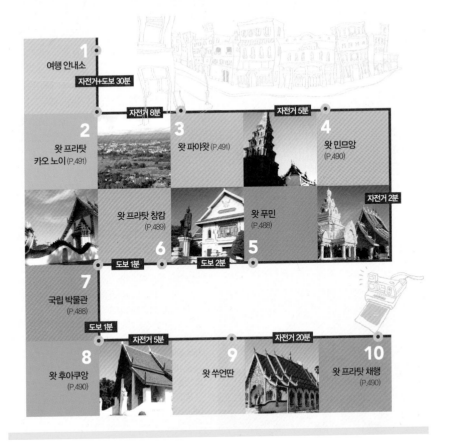

1 여행 안내소

자전거+도보 30분

2 왓 프라탓 카오 노이 (P.491)

자전거 8분

3 왓 파야왓 (P.491)

자전거 5분

4 왓 민므앙 (P.490)

왓 프라탓 창캄 (P.489)

왓 푸민 (P.488)

자전거 2분

6

5

도보 1분

도보 2분

7 국립 박물관 (P.488)

도보 1분

8 왓 후아쿠앙 (P.490)

자전거 5분

9 왓 쑤언딴

자전거 20분

10 왓 프라탓 채행 (P.490)

Attraction

태국 북부도시답게 사원이 가득하다. 가장 유명한 사원은 왓 푸민이며, 도시 외곽의 왓 프라탓 채행도 신성시한다. 왓 푸민은 태국인들이 조사한 추천 여행지 9위에 꼽힐 정도로 유명하다. 왓 푸민은 도시 외곽에 있는 왓 농부아와 더불어 사원 내부 벽화가 아름답기로 소문났다.

국립 박물관 ★★★
National Museum

유럽 양식이 가미된 태국 북부 양식의 목조 건축물이다. 1903년에 건설될 당시에는 '호 캄 Ho Kham'으로 불렸으며, 난 왕국의 왕궁으로 사용되었다. 난의 마지막 왕이었던 프라 짜오 쑤리야퐁 파릿뎃 Phra Chao Suriyaphong Pharitdet의 즉위식이 행해지기도 했다. 호 캄은 1932년부터 난 최초의 시청으로 사용되었고, 1974년부터 박물관으로 개조해 일반에게 공개되었다.

마치 왕족의 가정집을 방문하는 듯한 국립 박물관으로 2층으로 구성된다. 1층은 모두 6개 전시실로 구분해 현지인의 생활상을 소개한다. 소수민족(타이르 Thai Leu, 띤 Htin, 카무 Khamu)과 산악 민족(마브리 Mabri, 몽 Hmong, 미엔 Mien) 관련 내용으로 채워져 있다. 2층에는 난의 역사와 관련된 불상, 악기, 도자기, 무기 등을 전시한다. 박물관에서 가장 중요한 전시품은 검은색 코끼리 엄니(응아 창 담) Black Elephant Tusk다. 가루다(독수리 모양의 힌두 신)가 받들고 있는 코끼리 엄니는 길이 97㎝에 무게 18kg이다. 난 왕족들에게 신비한 힘을 가져다준다고 여겨져 신성시하는 물건이다.

현지어 피피타판 행찻 Map P.486-A1 주소 Thanon Pha Kong & Thanon Suriyaphong 전화 0-5477-2777 운영 수~일 09:00~16:00(휴무 월·화요일) 요금 100B 가는 방법 타논 파꽁 & 타논 쑤리야퐁 교차로에 있다. 왓 프라탓 창캄 맞은편이다.

왓 푸민 ★★★★★
Wat Phumin

1596년에 건설되었으며 난에서 가장 중요한 사원이다. 〈방콕 포스트〉가 선정한 태국 추천 여행지 9위에 올랐을 정도다. 사원의 대법전은 십자형 구조로 어느 방향에서 보아도 외관이 동일하게 보인다. 동서남북 방향 모두 입구를 냈는데, 북쪽 입구는 거대한 나가 장식으로 계단을 꾸몄다. 사원의 구조가 파격적인 만큼 본존불도 각 방향을 바라보도록 네 개를 안치했다. 본존불 주변에는 대법전을 받치고 있는 12개의 티크 나무 기둥을 세웠다. 목조 기둥은 황

✓ 꼭! 알아두세요

난은 태국 북동부의 자그마한 분지를 통치하던 왕조였습니다. 라오스와 불과 50㎞ 떨어져 있는 난은 태국 중부와 라오스를 연결하는 교역로로 가치가 높았지요. 1282년부터 라오스에서 이주한 정착민들에 의해 독립 왕조를 형성했는데 1368년에 도시 형태의 독립국가인 '므앙 Muang'으로 성장했습니다. 태국 중부의 쑤코타이 왕조와 협력해서 독립을 유지하던 난 왕조는 15세기에 들어 란나 왕조에 의해 주권을 상실하게 됩니다. 그 후 버마, 라오스, 씨얌으로 이어지는 주변 강대국들의 영향력 아래 놓이게 되며 결국 1788년 씨얌의 짜끄리 왕조에 점령되었으나 자치권은 인정받을 수 있었습니다. 난은 1931년에 온전하게 태국의 행정구역에 편입되어 오늘날에 이르고 있습니다.

국립 박물관

왓 푸민

왓 푸민 벽화

왓 푸민 벽화

금색을 이용해 정교한 패턴으로 치장했다.

왓 푸민을 유명하게 만든 것은 사원 내부 벽화다. 1893년에 완성된 벽화는 태국 사원에서 흔히 볼 수 있는 짜까따(붓다의 일대기를 그린 그림)와 더불어 당시 태국 북부의 생활상을 생생히 묘사한 그림들로 가득하다. 천연 재료로 채득한 물감을 사용해 색감이 화려하고, 인물 묘사가 생동감 넘친다. 전통복장을 착용한 여성들의 치마를 보면 화려하고 정교함이 확연히 드러난다. 벽화를 자세히 들여다 보면 사냥, 낚시, 농사, 악기 연주, 코끼리 타기 등 다양한 내용이 담겨져 있음을 알 수 있다. 또한 수염을 기른 유럽인, 로마 가톨릭 선교사들도 묘사되어 당시 유럽인들이 드나들었음을 유추하게 만든다.

벽화 중에 가장 인상적인 장면은 전통복장을 입은 여인들에게 말을 건네는 문신한 남자들의 모습으로 사원 내부 서쪽 벽면 하단부를 장식하고 있다. 왓 푸민 벽화의 유명한 장면들은 치앙마이나 방콕의 기념품 가게에서도 흔하게 볼 수 있다. 특히 프린팅한 옷이나 나무 걸개 장식에 주로 사용된다.

주말(금~일요일) 오후가 되면 왓 푸민 주변으로 야시장(타논 콘던 깡큰 난 ถนนคนเดินกลางคืนน่าน) Nan Night Food Market이 생긴다. 노점 식당도 많은데 사원 앞 광장에 돗자리를 깔고 식사하는 정겨운 분위기다.

Map P.486-A1 주소 Thanon Suriyaphong & Thanon Pha Kong 요금 무료 가는 방법 타논 쑤리야퐁을 사이에 두고 국립 박물관과 마주보고 있다.

왓 프라탓 창캄 ★★★
Wat Phra That Chang Kham

1406년에 건설된 난 왕국의 왕실 사원이다. 도시 외곽에 있는 왓 프라탓 채행과 더불어 신성시된다. 사원 입구에서 보면 왼쪽 건물이 본존불을 모신 법전(위한)이다. 전형적인 쑤코타이 양식의 황동 불상을 본존불로 모신다. 법전 내부에는 승려들이 예불을 드릴 때 사용하는 의자(탐맛)가 가지런히 놓여 있다.

왓 푸민과 마찬가지로 법전 내부는 벽화를 그렸으나 세월이 흘러 희미한 흔적만 간간이 보일 뿐이다. 법전 뒤뜰에 세운 쩨디도 쑤코타이 양식이다. 둥근 종 모양의 황금 쩨디

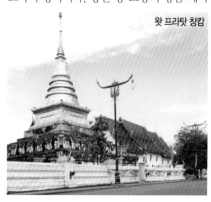

왓 프라탓 창캄

로 24개의 코끼리 석상이 기단을 받치고 있다. 씨 쌋 차날라이의 왓 창롬 Wat Chang Lom(P.340 참고)과 비슷한 구조다.

Map P.486-A1 주소 Thanon Suriyaphong & Thanon Pha Kong 요금 무료 가는 방법 타논 파꽁을 사이에 두고 국립 박물관과 마주보고 있다.

왓 후아쿠앙 ★★
Wat Hua Khuang

유명한 사원들이 많아서 다른 사원에 비해 크게 주목받지 못하는 사원이다. 후아쿠앙은 '열린 공간'이라는 뜻이다. 국립 박물관을 왕궁으로 사용할 때 널따란 왕궁 부지에 딸려 있었기 때문에 붙여진 이름이다. 정확한 건축 연대는 확인되지 않았지만 400년 가까운 역사를 간직한 것으로 여겨진다.

사원 입구를 지키는 두 마리의 씽(사자)과 대법전의 출입문으로 통하는 계단을 장식한 나가가 인상적이다. 대법전 뒤쪽에는 쩨디와 호뜨라이 Ho Trai가 있다. 쩨디는 란나와 란쌍(라오스) 양식이 적절히 융합되었으며, 각 방면에 감실을 만들어 불상을 보관했다. 쩨디 바로 옆의 호뜨라이는 신성한 불교 경전을 보관하던 일종의 도서관이다. 보물 상자처럼 아름답게 조각된 아담한 목조건물이다.

Map P.486-A1 주소 Thanon Mahaphrom 요금 무료 가는 방법 타논 마하프롬을 사이에 두고 국립 박물관과 마주보고 있다.

왓 민므앙 ★★
Wat Min Muang

비교적 최근인 1855년에 세운 사원이다. 사

원 전체를 스투코(회반죽 부조)로 치장해 다른 사원들과 확연히 구분된다. 법전(위한) 내부 벽면에는 일반 사람들의 생활상을 그린 벽화로 꾸며졌다. 법전 앞에는 사당을 만들어 락 므앙을 모셨다. 락 므앙은 도시의 탄생을 기념하고 번영을 기원하는 기둥이다.

Map P.486-A1 주소 Thanon Suriyaphong 요금 무료 가는 방법 국립 박물관과 왓 푸민 사이의 타논 쑤리야퐁에 있다. 왓 푸민을 바라보고 오른쪽으로 300m 떨어져 있다.

왓 프라탓 채행 ★★★★
Wat Phra That Chae Haeng

난 일대에서 가장 신성한 사원이다. 난 왕국을 통치하던 짜오프라야 깐므앙 Chao Phraya Kan Muang이 1358년에 건설했다. 사원은 본래 난 왕국의 최초 수도였던 뿌아 Pua에 세웠는데, 몇 년 후 난으로 천도하며 사원도 함께 옮겨왔다고 한다. 사원에 가려면 난 강 Mae Nam Nan을 건너야 하는데, 가는 길이 아름답다. 산들에 둘러싸인 분지로 벼농사가 한창인 평원을 지나게 된다.

사원에 도착하면 커다란 나가가 눈에 띈다. 사원 입구까지 나가 뱀 꼬리가 길게 연결된다. 사원은 성벽에 둘러싸여 도시 형태를 띤다. 사원 출입문 앞에는 보리수나무가 서 있다. 왓 프라탓 채행이 신성한 이유는 붓다의 유해를 안치한 쩨디 때문이다. 멀리서도 한눈에 보이는 55m 쩨디는 황금을 입혀 반짝거린다. 쩨디는 황금 우산과 종루 장식, 스투코 사자 조각을 장식했다. 쩨디 옆의 법전(위한)은 전형적인 라오스 양식으로 겹지붕이 지면을

왓 후아쿠앙　　　왓 민므앙

왓 프라탓 채행 가는 길

왓 프라탓 채행

향해 낮게 깔려 있다. 난 지방에서 중요한 종교 행사가 열리는 사원으로 음력 4월 보름에 가장 성대한 예불이 행해진다.

Map P.486-B1 주소 Amphoe Phu Phiang 운영 06:00~18:00 요금 무료 가는 방법 난에서 남서쪽으로 3㎞ 떨어져 있다. 난 강의 다리(싸판 파나나 팍느아)를 건너서 길을 따라 직진한다.

왓 파야왓 ★★
Wat Phayawat

현재는 시내에서 남쪽으로 떨어져 있지만, 난이 건설될 당시에는 도시 정중앙에 해당하던 사원이다. 아담한 법전(위한)에는 본존불로 프라짜오 싸이폰 Phra Chao Sai Fon을 안치했다. 난 왕국에서 만든 가장 오래된 불상이다. 비를 불러오는 신성한 힘을 갖고 있어 불상 이름이 '싸이폰'이 됐다. 법전 뒤에 있는

왓 파야왓

쩨디는 라테라이트로 만들어 이채롭다. 모두 5층으로 감실을 만들고, 모든 감실에 불상을 안치했다.

주소 Ban Phayawat 요금 무료 가는 방법 버스 터미널 남쪽으로 다리를 건너자마자 나오는 삼거리에서 오른쪽 길인 1025번 국도로 400m 정도 간다. 왓 프라탓 카오 노이 가는 길에 있다.

왓 프라탓 카오 노이 ★★
Wat Phra That Khao Noi

시내 중심가에서 남서쪽으로 2㎞ 떨어진 도이 카오 노이 Doi Khao Noi 산 정상부분에 세운 사원이다. 1487년에 만든 오래된 사원이지만 규모는 작다. 법전(위한)보다는 사원에서 보이는 주변 풍경이 멋지다. 난 지방 일대의 분지가 한눈에 들어온다. 전망대에는 대형 불상을 세웠다. 라마 9세의 72세 생일(십이지가 6번 반복해 중요한 의미를 지닌다)을 기념해 건설했다. 걷는 모양의 대형 불상(높이 9m)으로 산 아래 도시를 향해 축복을 내리는 형상이다. 아침 일찍 또는 늦은 오후에 가면 좋다.

주소 Tambon Chai Sathan 요금 무료 가는 방법 왓 파야왓을 지나 1.5㎞를 더 가면 된다. 입구에서 사원까지 303개의 계단이 연결된다. 오토바이를 타고 가면 포장된 길을 따라 사원까지 직행할 수 있다.

왓 프라탓 카오 노이에서 바라본 '난' 주변 풍경

난의 주변 볼거리

난 주변에는 소수민족 마을과 국립공원이 여럿 있다. 난 주변에서 가장 쉽고 편하게 방문할 수 있는 곳은 반 농부아다. 타이르족이 거주하는 마을로 벽화로 유명한 왓 농부아가 있다. 난에서 멀리 떨어진 도이 푸카 국립공원(Doi Phukha National Park)은 대중교통이 불편해 트레킹과 연계된 여행사 투어로 다녀오면 편리하다.

반 농부아 บ้านหนองบัว ★★
Ban Nong Bua

난에서 북쪽으로 31㎞ 떨어진 타이르족이 거주하는 마을이다. 타이르족은 18세기 후반에 중국 윈난성 남부 시쌍반나에서 태국 북부로 이주한 소수민족(중국에 25만 명, 미얀마에 20만 명, 태국에 13만 명 거주)이다. 반 농부아는 난에서 가장 가까운 타이르족 마을이다. 한적한 시골 마을로 전통을 유지하며 생활하는 타이르족을 만날 수 있다. 타이르족 여성에게 가장 중요한 것은 직접 천을 짜서 만든 기다란 치마(파라이 남라이 Pha Lai Nam Lai)이다. 타이르족 여성들의 일상복으로 사원 벽화에 자주 등장할 정도다.

가는 방법 난 버스 터미널에서 타왕파 & 뿌아 Tha Wang Pha & Pua행 일반 버스를 타고, 타왕파 못미쳐 롱봄 Longbom 삼거리(현지어로 '쌈액 롱봄'이라고 한다)에서 내린다. 삼거리에서 서쪽(차량 진행 방향으로 볼 때 왼쪽)으로 난 강을 건너서 2㎞를 더 들어가야 한다(삼거리에서 반 농부아까지 총 거리는 3㎞). 난→타왕파 일반 버스는 오전 6시부터 오후 6시까지 1시간 간격으로 운행(편도 50B)한다.

왓 농부아 วัดหนองบัว ★★★☆
Wat Nong Bua

난에서 북쪽으로 40㎞ 떨어진 반 농 부아에 있다. 아담한 법전(위한) 하나가 전부인 란나 양식의 사원으로 1862년에 건설되었다. 사원의 규모는 작지만 왓 푸민과 쌍벽을 이루는 벽화로 유명하다. 4면을 가득 메운 벽화의 주된 내용은 붓다의 생애와 태국 북부의 생활상이다. 장면 하나하나를 생생하게 묘사했으며, 왓 푸민에 비해 해학적인 요소가 강하다. 붓다의 생애를 그린 벽화는 찬타캇 짜따까(Chanthakhat Jataka)다. 붓다의 전생에 관한 이야기 중의 하나로 찬타캇이라는 영웅을 소재로 하고 있다. 생활상을 그린 벽화 중에는 남자가 여자에게 농을 건네는 위트 가득한 장면이 볼 만하다. 특히 타이르 여성들의 의복이 상세하게 묘사되어 있다. 한 가지 안타까운 점은 2006년의 홍수로 인해 사원이 피해를 입었다. 사원의 4분의 1 정도가 침수되었는데, 물이 빠지면서 진흙으로 인해 벽화도 훼손되었다고 한다. 정부와 사원에서는 훼손된 벽화를 복원하는 대신 시멘트로 발라버려 원작에 치명타를 입혔다.

주소 Ban Nong Bua 요금 무료 가는 방법 반 농부아 마을 중앙에 있다.

왓 농부아

대형 레스토랑보다는 소규모 식당들이 많다. 시내 중심가인 타논 쑤몬테와랏과 타논 아난따워라릿티뎃에 레스토랑이 많다. 저렴한 식사는 저녁 때 타논 파꽁에 형성되는 야시장을 이용하면 된다.

크레지이 누들 ก๋วยเตี๋ยวไส้เทียมทาน ★★★
(꾸어이띠아우 라이티암 탄)
Crazy Noodle

돼지 등갈비 뼈를 넣은 쌀국수로 유명하다. 면 종류는 꾸어이띠아우(하얀색의 일반 쌀국수)와 바미(계란으로 반죽한 노란색 국수) 중에 선택하면 된다. 매콤한 육수를 원하면 '똠얌'으로 주문하면 된다. 노란 국수+등갈비+똠얌 육수를 넣은 바미둑얌 บะหมี่ลูกย่าง이 가장 인기 있다. 고명을 모두 넣을 경우 '루암툭양'이라고 하면 된다.

Map P.486-B1 주소 28/6 Thanon Kha Luang 영업 09:00~16:30(휴무 수요일) 메뉴 태국어 예산 50~70B 가는 방법 타논 카루앙 & 타논 아난따워라릿티뎃 사거리 코너에 있다.

핫 브레드 ★★★☆
Hot Bread

신선한 빵으로 든든한 아침세트와 샌드위치를 만들어 낸다. 다양한 커피와 차, 음료는 기본이다. 쌀국수, 볶음요리 위주의 태국 음식도 많다. 카우 쏘이(카레 국수)를 주문하면 바로 옆집인 카우 쏘이 똔남 Khao Soi Ton Nam에서 가져다준다.

Map P.486-A1 주소 38 Thanon Suriyaphong 영업 07:00~15:00 메뉴 영어, 태국어 예산 140~350B 가는 방법 왓 푸민을 바라보고 오른쪽 길인 타논 쑤리야퐁으로 300m 가면 된다.

흐안 홈 เฮือนฮอม ★★★
Huen Horm

태국 관광객들에게 인기 있는 레스토랑이다. 목조 건물의 여유로움과 태국 북부 지방 특산 요리가 조화를 이룬다. 카우 쏘이, 깽항레, 남프릭 엉(P.392 참고)뿐만 아니라 팟타이, 똠얌꿍 같은 일반적인 태국 음식도 맛볼 수 있다. 주변에 유명 관광지가 몰려 있어서 성수기에는 식사시간에 붐빈다.

Map P.486-A1 주소 11/12 Thanon Suriyaphong 전화 0-5475-1122, 08-1961-7711 영업 09:00~17:00 메뉴 영어, 태국어 예산 90~350B 가는 방법 핫 브레드(레스토랑) 옆에 있는 세븐일레븐 맞은편에 있다.

흐안 푸카 ★★★★
Huan Phuka

중심가에서 조금 떨어져 있지만 현지인에게 인기 있는 전통 음식점이다. 북부 분위기가 한껏 느껴지는 목조 건물로 분위기도 좋다. 깽항레, 싸이우아, 남프릭눔을 포함해 10종류의 시그니처 메뉴가 유명하다. 돼지갈비(씨콩무텃마쾐) Fried Pork Ribs Ma-Kwaen도 인기 있다. 생선을 이용한 음식도 많다.

Map P.486-B1 주소 13/2 Thanon Kha Luang 전화 08-4614-4662 영업 09:00~21:00 메뉴 영어, 태국어 예산 150~480B 가는 방법 타논 쿠루앙에 있는 난 부티크 호텔 맞은편에 있다.

강변 레스토랑 ★★★

강변에 만든 레스토랑이다. 한적한 태국 북부 지방 분위기가 물씬 풍긴다. 해질 무렵에 평화로운 풍경을 감상하며 식사하기 좋다. 굿 뷰 Good View, 흐언짜오낭 Huen Chao Nang, 위와리 헤리티지 Wevari Heritage(Wevari Bistro)가 인기 있다.

Map P.486-B1 주소 Thanon Mano 영업 11:00~23:00 메뉴 영어, 태국어 예산 145~350B 가는 방법 난 강 주변 강변도로에 있다.

난 게스트하우스 ★★★☆
Nan Guest House

시내 중심가에 있는 인기 여행자 숙소다. 1층 객실은 공동욕실을 사용하고, 2층 객실은 에어컨 시설로 개인욕실이 딸려 있다. 객실은 깨끗하고, 숙소 주변은 조용하다. 주인이 친절하다. Map P.486-A1 주소 57/16 Thanon Mahaphrom Soi 2 홈페이지 www.nanguesthouse.net 전화 0-5477-1849 요금 더블 400B(선풍기, 공동욕실), 더블 500B(선풍기, 개인욕실), 더블 700~1,000B(에어컨, 개인욕실, TV, 냉장고) 가는 방법 타논 마하프롬 쏘이 2 골목 안쪽으로 50m.

난 란나 호텔 ★★★☆
Nan Lanna Hotel

사원이 몰려 있는 시내 중심가 골목 안쪽에 있다. 목조 장식을 이용해 란나 양식을 살짝 가미했지만, 전체적으로 콘크리트 건물로 바닥은 타일이 깔려 있다. 공용 발코니가 있는 2층 객실이 좋다. 1층 객실 앞에는 호텔 주차장이 있다. Map P.486-A1 주소 75/25 Thanon Mahaphrom 전화 0-5477-2720 요금 더블 700~900B(에어컨, 개인욕실, TV, 냉장고) 가는 방법 타논 마하프롬에 있는 왓 후아쿠앙 옆 골목으로 들어간다.

난 부티크 호텔 ★★★★
Nan Boutique Hotel

럭셔리한 부티크 호텔은 아니지만 3성급 호텔로 가성비가 좋다. 넓은 야외 정원을 갖추고 있으며 편안하게 휴식하기 좋다. 객실은 32개뿐이라 북적대지 않는 편이고 수영장은 없다. Map P.486-B1 주소 1/11 Thanon Kha Luang 전화 0-5477-5532, 08-4617-7913 홈페이지 www.nanboutique.com 요금 더블 1,800~2,400B(에어컨, 개인욕실, TV, 냉장고, 아침식사) 가는 방법 타논 카루앙 거리에 있다.

흐안 쿠앙 난 게스트하우스 ★★★☆
Huen Kuang Nan Guest House

사원 뒤쪽의 조용한 골목에 있다. 깨끗한 시멘트 건물로 외관만큼이나 객실이 잘 정리되어 있다. 정갈한 침대, LCD TV, 냉장고, 에어컨, 온수 샤워까지 갖추고 있다. 골목 안쪽에 있어서 찾기 힘든 것이 단점이지만, 주요 볼거리들이 가까이에 있어 크게 문제될 건 없다. Map P.486-A1 주소 14/1 Trok Monthian 전화 0-5477-2028, 08-4611-6306 요금 더블 650~900B(에어컨, 개인욕실, TV, 냉장고) 가는 방법 왓 후아쿠앙 뒷골목(뜨록 몬티안) 안쪽으로 200m. 난 란나 호텔 Nan Lanna Hotel을 끼고 오른쪽 길로 들어간다.

씨누안 로지 ★★★☆
Srinual Lodge

붉은 벽돌로 만든 2층 건물과 넓은 정원이 눈길을 끄는 숙소다. 객실은 목재를 이용해 꾸몄고, 공예품을 인테리어로 장식해 분위기를 더했다. 젊은 감각의 디자인과 빈티지 느낌을 동시에 충족시킨다. Map P.486-B1 주소 40/5 Thanon Nokham 전화 0-5471-0174 요금 스탠더드 680~980B(에어컨, 개인욕실, TV), 빈티지 룸 1,400B 가는 방법 타논 노캄에 있다.

푸카 난파 호텔 ★★★★
Pukha Nanfa Hotel

시내 중심가에 있는 부티크 호텔이다. 티크 나무로 만든 오래된 목조 건물이라 태국 북부 느낌이 고스란히 전해진다. 객실은 나무 바닥과 란나 양식의 인테리어로 현대적으로 꾸몄다. 수영장은 없다. Map P.486-B1 주소 369 Thanon Sumonthewarat 전화 0-5477-1111 홈페이지 www.pukhananfahotel.co.th 더블 2,600~3,600B(에어컨, 개인욕실, TV, 냉장고, 아침식사) 가는 방법 타논 쑤몬테와랏의 테와랏 호텔 Dhevaraj Hotel 옆에 있다.

태국 남부

Chumphon

춤폰 ชุมพร

　　방콕에서 남쪽으로 498㎞ 떨어진 춤폰은 태국 남부의 관문 도시다. 방콕 남쪽의 해변 휴양지는 차암–후아힌부터 시작되지만, 춤폰을 기점으로 본격적인 남부 풍광이 펼쳐진다. 버스와 철도가 춤폰을 관통해 교통도 편리하다. 도로는 춤폰을 분기점으로 삼아 4번 국도가 안다만해를 따라 푸껫을 지나고, 41번 국도는 타이만을 따라 쑤랏타니까지 이어진다.

　　춤폰은 '축복받다'라는 뜻의 춤눔폰이란 단어에서 유래했다. 태국의 중부 평원을 차지하거나, 말레이반도로 영토를 확장하기 위해 진군하던 군사 행렬이 춤폰에 도착해 신에게 승리의 축복을 기원하는 의식을 행했기 때문이다. 춤폰은 현재 인구 5만 명의 지방 소도시다. 특별한 볼거리가 있는 곳은 아니지만 수많은 여행자들이 춤폰을 스치듯 지나친다. 최종 목적지인 꼬 따오를 가기 위해 기차에서 내려 보트로 갈아타기 바쁘다. 춤폰에 일부러 찾아와 묵는 여행자는 거의 없고, 꼬 따오로 가는 마지막 보트를 놓칠 경우 하루 정도 머물다 간다.

방콕, 푸껫, 쑤랏타니에서 버스가 드나든다. 기차는 방콕, 쑤랏타니, 뜨랑, 핫야이, 나콘 씨 탐마랏을 연결한다. 푸껫으로 갈 경우 철도가 연결되지 않기 때문에 버스를 타야 한다. 춤폰에서 출발한 보트는 꼬 따오를 거쳐 꼬 싸무이까지 운행된다.

기차

방콕(끄룽텝 아피왓 역)에서 출발한 남부 행 기차가 모두 춤폰을 경유한다. 하루 11편의 기차가 춤폰을 통과한다. 밤 시간에 운행되는 기차 편이 많기 때문에, 침대칸 기차표를 구하기는 쉽지 않다. 쑤랏타니와 후아힌을 갈 경우 낮 시간에 출발하는 이용하는 열차를 이용하면 된다. 춤폰→쑤랏타니 1일 3회(출발 시간 06:15, 14:05, 16:05), 춤폰→후아힌 1일 2회(출발 시간 07:50, 11:18) 열차가 추가로 운행된다. 기차역은 야시장과 가까우며, 웬만한 숙소까지 걸어서 10분이면 갈 수 있다. 기차 출발 시간과 요금에 관해서는 태국의 교통정보 기차편(P.57) 또는 태국 철도청 홈페이지(www.railway.co.th)를 참고하자.

춤폰 기차역

버스

춤폰 버스 터미널(버커써)은 시내에서 13km나 떨어져 있다. 방콕과 태국 남부(푸껫, 라농, 쑤랏타니, 끄라비, 뜨랑, 핫야이)를 오가는 모든 에어컨 버스가 4번 국도에 있는 버스 터미널을 이용한다. 춤폰을 기점으로 하는 촉아난 투어 Choke Anan Tour(주소 121/16 Thanon Pracha-Uthit, 홈페이지 www.chokeanantour.com) 버스는 시내에 있는 별도의 버스 정류장에서 출발한다. 현재 춤폰↔방콕 노선(출발 시간 09:00, 10:00, 11:30,

촉아난 투어

12:00, 13:00, 21:10, 편도 요금 1등 에어컨 400B, VIP 버스 620B) 한 개만 운행 중이다. 시 외곽에 있는 버스 터미널에 내렸을 경우 합승 미니밴(편도 50B)이나 택시(편도 200B)를 타고 시내로 들어가면 된다. 시내로 들어갈 때는 태국말로 '나이 므앙'이라고 하면 된다.

보트

춤폰은 꼬 따오와 가장 가까운 육지에 있는 도시다. 보트 선착장은 총 세 곳으로 보트 회사에 따라 각각 다른 선착장을 이용한다. 춤폰에서 7km 떨어진 타양 선

롬프라야 보트 선착장

춤폰→꼬 따오를 운행하는 보트

보트 회사	출발 시간	요금	소요시간
롬프라야 Lomprayah	07:00, 13:00	750B	1시간 45분
야간 카페리	23:00	500B	6시간

착장 Tha Yang Pier이 가장 가깝고, 27㎞ 떨어져 있는 퉁마캄 선착장 Thung Makham Pier이 가장 멀다. 보트 회사마다 선착장까지 픽업 서비스를 제공하므로 걱정할 필요는 없다. 꼬 따오까지 가장 빠른 보트는 롬프라야 보트이며, 가장 느린 보트는 야간 보트다.

춤폰에서 출발한 보트는 꼬 따오를 거쳐 꼬 팡안, 꼬 싸무이까지 운행된다. 꼬 싸무이로 직행할 예정이라면 춤폰보다는 쑤랏타니(P.547)에서 보트를 타는 게 빠르다.

Attraction

춤폰에는 볼거리가 없다. 유명 여행지에서 잠시 벗어나고 싶다면 춤폰 주변의 해변을 들르면 된다. 춤폰에서 동쪽으로 21㎞ 떨어진 핫 싸이리 Hat Sairi가 가장 인기 있는 해변이다. 주말이면 현지인들이 즐겨 찾는 해변으로 시푸드 레스토랑이 많다. 해변 앞에는 작은 섬인 꼬 마프라오 Ko Maphrao 덕분에 경관도 아름답다. 롬프라야 보트 선착장이 위치한 아오 퉁마캄 Ao Thung Makham도 기다란 모래해변이 이어진다.

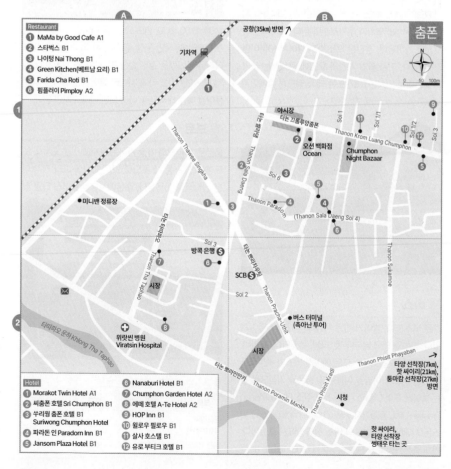

Restaurant
1 MaMa by Good Cafe A1
2 스타벅스 B1
3 나이텅 Nai Thong B1
4 Green Kitchen(베트남 요리) B1
5 Farida Cha Roti B1
6 핌플러이 Pimploy A2

Hotel
1 Morakot Twin Hotel A1
2 씨춤폰 호텔 Sri Chumphon B1
3 쑤리웡 춤폰 호텔 B1 Suriwong Chumphon Hotel
4 파라돈 인 Paradorn Inn B1
5 Jansom Plaza Hotel B1
6 Nanaburi Hotel B1
7 Chumphon Garden Hotel A2
8 에떼 호텔 A-Te Hotel A2
9 HOP Inn B1
10 윌로우 필로우 B1
11 살사 호스텔 B1
12 유로 부티크 호텔 B1

Restaurant

오션 백화점 앞에 있는 야시장을 포함해 시내 곳곳에 저렴한 현지 식당이 많다. 로띠와 무슬림 음식은 파리다차 로띠 Farida Cha Roti(영업 11:00~22:00), 베트남 음식점으로 그린 치킨 Green Kitchen(영업 10:00~22:00)이 유명하다. 덮밥이나 쌀국수 같은 간단한 식사는 핌플러이 Pimploy(영업 07:30~20:00)에서 해결하면 된다. 오션 백화점 내부에 MK 레스토랑, 피자 컴퍼니, KFC 등이 입점해 있다.

Accomodation

저렴한 호텔들이 타논 쌀라댕에 많다. 평범한 콘크리트 건물의 오래된 호텔들이 대부분이다. 꼬 따오를 오가는 여행자들이 많아서 게스트하우스도 몇 군데 있다.

살사 호스텔
Salsa Hostel
★★★★

춤폰 시내 중심가에 있는 호스텔이다. 배낭여행자들을 위한 도미토리를 갖추고 있다. 도미토리는 4인실, 6인실, 7인실로 구분되며, 에어컨 시설로 깨끗하다. 간단한 아침식사가 포함된다. 밤 버스나 밤기차를 기다리는 여행자들을 위한 4시간짜리 데이 유스 레이트(150B)도 있다.

Map P.498-B1 주소 25/42 Thanon Krom Luang Chumphon(=Krommaluang Soi 1/1) 전화 0-7750-5005 홈페이지 www.salsachumphon.com 요금 도미토리 300~350B(에어컨, 아침식사), 더블 800~1,000B(에어컨, 개인욕실, TV, 냉장고, 아침식사) 가는 방법 끄롬마루앙 쏘이 능 탑 능 Krommaluang Soi 1/1에 있다.

윌로우 필로우
Willow Pillow Guest House
★★★☆

야시장 주변에 있는 소규모 숙소. 3층 콘크리트 건물로 시설이 깨끗하다. 대부분의 객실은 공동욕실을 사용한다. 저렴한 객실은 2층 침대가 놓여 있다.

Map P.498-B1 주소 69 Thanon Krom Luang Chumphon 전화 09-2395-9391 요금 도미토리 300B(에어컨, 공동욕실), 더블 500~600B(에어컨, 공동욕실) 가는 방법 기차역에서 900m 떨어진 타논 끄롬루앙춤폰에 있다.

유로 부티크 호텔
Euro Boutique Hotel
★★★☆

춤폰에서 인기 있는 여행자 숙소다. 다른 곳보다 최근에 생긴 호텔이라서 깨끗한 것이 장점이다. 평범한 콘크리트 건물로 객실은 타일이 깔려 있다. LCD TV와 냉장고를 갖추고 있으며, 작지만 발코니도 딸려 있다.

Map P.498-B1 주소 73/3 Thanon Krom Luang Chumphon(Kromluang Road) 전화 0-7750-2300 홈페이지 www.euroboutique-hotel.com 요금 더블 590B, 트윈 690B(에어컨, 개인욕실, TV, 냉장고) 가는 방법 기차역에서 1km 떨어진 타논 끄롬루앙춤폰에 있다.

에떼 호텔
A-Te Hotel
★★★★

춤폰 시내에 있는 3성급 호텔이다. 수영장을 중심으로 호텔 건물이 들어서 있다. 객실은 28㎡ 크기로 넓은 편이다. 1층에 있는 풀 억세스 딜럭스 룸은 창문을 열면 수영장으로 직행할 수 있다. 아침 식사가 포함된다.

Map P.498-A2 주소 36 Thanon Tha Taphao 전화 0-7750-3222 홈페이지 www.atechumphon.com 요금 더블 1,400~1,800B(에어컨, 개인욕실, TV, 냉장고, 아침식사), 딜럭스 2,800B 가는 방법 춤폰 기차역에서 남쪽으로 850m 떨어진 시장(딸랏 테싸반) Municipality Market 옆에 있다.

Ko Tao

꼬 따오 เกาะเต่า

　　'꼬'는 섬, '따오'는 거북이를 뜻하는 말로 섬이 거북이 모양을 닮아서 꼬 따오라고 부른다. 섬 모양을 자세히 보면 남쪽에 있는 꼬 팡안을 향해 거북이가 기어가는 형상이다. 크기는 21㎢로 섬 내부는 열대 정글로 뒤덮여 있다. 짱왓 쑤랏타니의 꼬 싸무이 군도에 속해 있으나, 74㎞ 떨어진 춤폰과 지리적으로 가깝다.

　　꼬 따오의 아름다운 해변과 바닷속이 세상에 알려지며, 다이빙 천국으로 변모하는 데는 그리 오랜 시간이 걸리지 않았다. 자그마한 섬에는 50여 개의 다이빙 숍이 빼곡히 들어서 있다. 호주 케언스에 이어 세계 두 번째로 큰 규모다. 꼬 따오는 육지와의 접근성이 떨어져 개발이 더디다. 하지만 방콕에서 연결된 조인트 티켓은 젊은 여행자들을 쉼없이 실어 나른다. 덕분에 여행자들의 거점인 핫 싸이리는 방갈로와 레스토랑, 바, 카페가 밀집해 외딴 섬이란 말이 무색할 정도로 화려하다. 꼬 따오 앞 바다에는 세 개의 섬이 하나의 해변을 공유하는 꼬 낭유안 Ko Nang Yuan이 있다. 주변은 스노클링 포인트로 각광받는데, 주변 섬에서 스피드 보트를 이용해 다녀가는 스노클링 투어로 인해 낮에는 여행객들이 북적거린다.

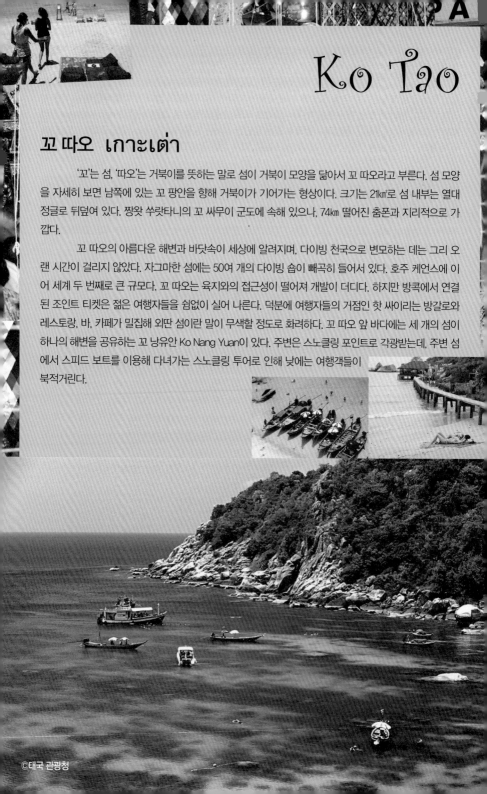

©태국 관광청

INFORMATION 여행에 필요한 정보

선착장 이용료

롬프라야 보트

꼬 따오에 발을 들여 놓는 순간 선착장에서 입도비 명목으로 20B을 받는다.

은행 · 환전

선착장이 위치한 매햇에 방콕 은행, 싸얌 상업 은행(SCB)이 지점을 운영한다. 핫 싸이리를 포함한 주요 해변에는 환전소와 ATM이 있다.

우체국

우체국(전화 0-7745-6170)도 매햇에 있다. 월~금요일 오전 9시부터 오후 3시까지 운영한다. 토요일은 오전에만 운영하고, 일요일은 문을 닫는다.

ACCESS 꼬 따오 가는 방법

섬의 특성상 보트를 타고 드나들어야 한다. 꼬 따오의 선착장은 매햇 Mae Hat에 있다. 춤폰, 꼬 팡안, 꼬 싸무이 행 보트가 모두 매햇 선착장에서 출발한다. 보트 요금은 보트 회사에 따라 조금씩 차이를 보인다. 롬프라야 보트 Lomprayah Boat가 가장 비싼 대신 속도가 빠르고 쾌적하다. 쏭썸 보트 Songserm Boat는 저렴한 대신 속도가 느리다. 씨트란 디스커버리 Seatran Discovery는 꼬 싸무이→꼬 팡안→꼬 따오 노선을 운행한다.

방콕에서 출발할 경우 버스 또는 기차표가 포함된 조인트 티켓을 이용하면 편하다. 카오산 로드의 여행사에서 예약이 가능하며, 버스는 터미널이 아니라 카오산 로드에서 출발한다.

홈페이지
롬프라야 보트 www.lomprayah.com
쏭썸 보트 www.songserm.com
씨트란 디스커버리 www.seatrandiscovery.com

꼬 따오 → 춤폰, 후아힌, 방콕

조인트 티켓은 버스 또는 기차와 연계되며, 춤폰에서 교통편을 갈아타게 된다. 가장 선호하는 티켓은 기차에 비해 예약이 편리한 버스+보트 조인트 티켓이다. 더군다나 카오산 로드까지 직행하기 때문에 배낭여행자들에게 편리하다.

롬프라야 보트(10:15 출발→20:30 도착, 14:45 출발→00:45 도착)를 이용하면 출발한 당일 밤에 카오산 로드에 도착한다. 편도 요금은 1,250B이다. 동일한 노선의 보트+버스가 춤폰(편도 요금 750B)과 후아힌(편도 요금 1,250B)을 경유한다.

보트+기차 조인트 티켓을 예매할 때는 출발하기 전에 기차표와 영수증을 함께 받아두어야 한다. 예약 확인 영수증만 받았을 경우 춤폰에 도착해서 기차표를 교환받지 못하는 사고가 종종 발생한다. 춤폰→방콕행 기차표는 성수기에 구하기 어려우므로 미리 예약하는 게 좋다. 춤폰→꼬 따오 교통편은 P.497 참고.

꼬 따오 → 꼬 팡안, 꼬 싸무이, 쑤랏타니

세 개의 보트 회사에서 보트를 운행한다. 일반적으로 춤폰에서 출발해 꼬 따오(매햇)→꼬 팡안(통쌀라)→꼬 싸무이 방향으로 이동하면서 승객을 내리고 태운다. 보트 회사마다 꼬 싸무이 선착장이 다르기 때문에 예약할 때 목적지를 확인해 두어야 한다. 롬프라야 보트는 나톤 선착장과 매남 선착장으로 두개의 노선을 운영한다. 씨트란 디스커버리는 방락 선착장, 쏭썸 보트는 나톤 선착장을 이용한다.

꼬 따오→쑤랏타니는 야간 보트(21:00시 출발, 편도 요금 600B)도 운행된다. 선실에 침대 또는 매트리스가 놓인 기본적인 구조다.

꼬 따오(매핫)에서 출발하는 보트

노선	출발 시간	요금	소요시간
매핫→춤폰	10:15, 14:45	750B	2~3시간
매핫→춤폰(야간 보트)	22:00	450B	6시간
*매핫→꼬 팡안(통쌀라)	09:00, 09:30, 10:00, 15:30, 17:00	500~600B	1시간 30분
*매핫→꼬 싸무이		600~700B	2~3시간

*매핫에서 출발하는 꼬 팡안, 꼬 싸무이행 보트는 같은 보트다. 꼬 팡안을 거쳐 꼬 싸무이까지 운행하며, 요금이 다를 뿐이다.

TRANSPORTATION 시내 교통

매핫 선착장에서 꼬 따오 최대 해변인 핫 싸이리까지는 북쪽으로 약 1.5㎞ 떨어져 있다. 선착장에서 썽태우, 택시 보트, 오토바이를 이용해 이동해야 한다.

가장 일반적인 교통수단은 썽태우. 선착장에 대기 중인 썽태우를 합승(3명까지 탑승 가능)해서 타고 가면 편하다. 1인당 요금은 80~100B. 하지만 보트 도착 시간을 제외하고는 합승하기가 어렵다. 썽태우를 택시처럼 전세 낼 경우 핫 싸이리→매핫까지는 300B, 핫 싸이리→아오 짜록 반까오까지는 350~400B을 요구한다.

매핫에서 멀리 떨어진 해변은 긴 꼬리 배 모양의 택시 보트를 이용한다. 아오 마무앙까지는 900B, 아오 륵까지는 1,000B이다. 인원에 따라 요금이 달라지므로 출발하기 전에 반드시 요금을 협상해야 한다.

오토바이 대여료는 하루 200~350B 정도다. 섬의 내륙은 비포장 정글이라 오토바이를 탈 때 각별히 주의해야 한다. 오토바이가 조금이라도 긁힌 경우 트집을 잡아 엄청난 수리비를 요구하기 때문이다. 대여할 때 반드시 상태를 확인하는 게 좋다.

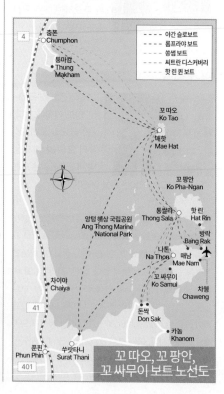

꼬 따오, 꼬 팡안, 꼬 싸무이 보트 노선도

스쿠버다이빙을 하지 않으면 오히려 할 일이 없을 정도로 꼬 따오를 찾는 많은 이들이 스쿠버다이빙을 즐긴다. 아오 마무앙(망고 베이)과 꼬 낭유안을 방문하는 스노클링 투어도 인기가 높다.

꼬 따오가 다이빙의 메카로 등장한 이유는 바로 섬 가까이에 다이빙 포인트가 몰려 있기 때문이다. 섬 주변에는 25개의 다이빙 포인트가 있는데, 시계 35m까지 내려다보이는 파란 바다와 잔잔한 파도가 안전한 다이빙을 돕는다.

섬 북쪽의 아오 마무앙 Ao Mamuang(망고 베이 Mango Bay)과 꼬 낭유안 인근의 재패니즈 가든 Japanese Garden이 상대적으로 가깝다. 두 곳은 수심 10~16m까지 내려가 다이빙을 하기 때문에 초보 다이버들에게 적합하다. 꼬 따오에서 13㎞ 떨어진 춤폰 피나클 Chumphon Pinackle은 수심 40m, 꼬 따오와 꼬 팡안 중간에 있는 세일 록 Sail Rock은 수심 45m까지 내려간다. 어드밴스 이상의 다이버에게 적합하다.

다이빙은 연중 가능하지만 우기가 끝나는 11월에는 시야가 제약을 받는다. 4~7월, 9~10월이 다이빙에 적합한 시기다.

동남아시아 최대의 스쿠버 교육장답게 다이빙 숍이 가득하다. 많은 여행자들이 체험 다이빙보다는 오픈워터 코스를 이수해 자격증을 취득한다. 4일 과정으로 진행되는 오픈워터는 이론 교육, 수영장 실습, 바다에서 다이빙 4회가 포함된다. 수강료는 1만 2,000B으로 모든 업소가 동일하다. 오픈 워터 자격증 이후 진행되는 어드밴스 다이빙(중급 과정)은 수심 30m까지 스쿠버 다이빙이 가능하다. 이틀 동안 5회 다이빙(1만 1,000B)이 진행된다. 자격증 없이 다이빙 강사와 함께하는 체험 다이빙도 가능하다. 수심 12m 이내에서 진행되는데, 하루 동안 진행되는 2회 다이빙 비용은 3,500B이다.

꼬 따오 섬을 일주하는 스노클링 투어는 900~1,200B으로 점심과 스노클링 장비가 포함된다. 꼬 낭유안까지 포함할 경우 투어 요금은 인상된다. 긴 꼬리 배의 대여료는 하루 2,500~3,000B으로 인원과 일정에 따라 조금씩 차이가 난다. 몇 시간 동안 어디를 갔다 올 것인지 명확히 한 후에 보트를 빌리자.

꼬 따오의 다이빙 숍(한인업소)

● 다이브 원 Dive One
주소 핫 싸이리 워킹 스트리트 전화 09-4578-8374
홈페이지 www.diveone-academy.com
● 반스 다이빙 Bans Diving
주소 핫 싸이리 반스 다이빙 리조트
전화 08-7266-6484
홈페이지 https://bansdivingkorea.modoo.at

Beach

선착장이 있는 매핫은 꼬 따오의 시작이다. 섬의 상업 중심지역으로 드나드는 긴 꼬리 배가 정박해 있어 번잡하다. 꼬 따오 최대의 해변은 핫 싸이리다. 여행자들이 선호하는 방갈로와 리조트, 레스토랑, 스쿠버다이빙 숍이 핫 싸이리에 몰려 있다. 조용한 해변에서 휴식을 원한다면 섬 동쪽에 있는 아오 록이나 아오 힌 웡이 좋고, 스노클링이나 다이빙 등 액티비티를 원한다면 섬 북쪽의 아오 마무앙이 좋다. 북서쪽에는 개인 소유의 작은 섬인 꼬 낭유안이 있다.

매핫 중심가

매핫 선착장과 해변

Restaurant
1. 카페 델솔 Cafe del Sol B1
2. Gemini Dumplings & Noodles B1
3. 제스트 커피 하우스 B1
   Zest Coffee House
4. 뺌 쏨땀 Pom Somtam B1
5. Bro & Sis Bar A1
6. 매핫 시푸드 Mae Hat Seafood A1
7. Coconut Monkey A1
8. 빠핌 레스토랑 B2
   Papim Restaurant
9. Greasy Spoon B2

Hotel
1. DD Hut Bungalow B1
2. Koh Tao Montra Resort B1
3. Koh Tao Regal Resort B1
4. 아난다 빌라 Ananda Villa B1
5. 세이브 방갈로 A2
   Save Bungalow
6. 꼬 따오 로열 리조트 A2
   Koh Tao Royal Resort
7. 쎈씨 파라다이스 비치 리조트 A2
   Sensi Paradise Beach Resort
8. Port Station B1
9. 꼬 따오 로프트 호스텔 B1
   Koh Tao Loft Hostel
10. Infinity Koh Tao B1
11. Nirvana Guest House B1
12. Neptune Guest House A1
13. AVA Hostel A1
14. White Jail Hostel B2
15. Eight Koh Tao B2
16. The Earth House B2

핫 싸이리(200m) 방면

경찰서
학교
왓 꼬따오
Wat Ko Tao

세븐일레븐

방콕 은행

롬프라야 보트

싸얌 상업 은행
(SCB)

아오 짜록 반까오
(1.5km) 방면

매핫 Mae Hat(Mae Haad)

꼬 따오를 드나들기 위해 반드시 거쳐야 하는 선착장이 위치해 있다. 섬에서 가장 큰 마을로, 각종 편의시설이 밀집해 꼬 따오의 파워하우스 역할을 한다. 해변을 향해 뻗은 두 개의 도로를 따라 레스토랑, 베이커리, 다이빙 숍, 여행사, 서점, 미니마트, 은행, 우체국이 가득 들어서 있다. 선착장을 중심으로 둥근 만(灣)을 따라 모래해변이 이어진다.

레스토랑

꼬 따오의 주요 시설이 집중된 곳인 만큼 레스토랑도 많다. 선착장 주변의 레스토랑은 보트가 모두 빠져나간 늦은 오후부터 일몰시간과 겹쳐 분위기가 좋아진다. 카페 스타일의 레스토랑은 카페 델 솔 Cafe del Sol, 제스트 커피 하우스 Zest Coffee House가 유명하다. 유명 레스토랑들이 핫 싸이리에 분점을 운영하기 때문에 식사를 위해 매핫을 찾는 여행자들은 줄어들었다.

빠핌 레스토랑 ★★★
Papim Restaurant

쌀국수와 미리 요리된 음식 몇 가지를 진열해 놓은 로컬 레스토랑이다. 평범한 시설에 메뉴도 간단하지만 음식맛은 훌륭하다. 깽 마싸만(마싸만 카레)과 깽 파냉(파냉 카레) 중에 하나를 골라 밥과 함께 주문하면 된다. 기본적인 덮밥과 팟타이도 가능하다.
Map P.504-B2 영업 07:00~17:00 메뉴 영어, 태국어 예산 80~120B 가는 방법 매핫 내륙 도로에 있는 싸얌 상업 은행(SCB)에서 아오 짜록 반까오 방향으로 200m 떨어져 있다. 그리시 레스토랑 Greasy Spoon 옆에 있다.

코코넛 멍키 ★★★☆
Coconut Monkey

선착장 옆 해변에 있는 카페를 겸한 레스토랑이다. 외국(유럽) 여행자들이 많이 찾는 브런치 레스토랑이다. 퀘사디아 Quesadilla, 팔라펠 Falafel, 후무스 Hummus 같은 멕시코·중동 음식도 맛볼 수 있다. 케이크도 직접 만든다.
Map P.504-A1 주소 25/92 Moo 2, Mae Hat(Mae Haad) 전화 09-3640-4522 홈페이지 www.facebook.com/CoconutMonkeyKohTao 영업 08:00~17:00 예산 메인 요리 150~350B 가는 방법 매핫 선착장 남쪽에 있다.

숙소

선착장과 상업시설 때문에 해변에는 숙소가 많지 않다. 선착장 남쪽에 고급 리조트가 들어서 있고, 선착장 북쪽에서 핫 싸이리로 넘어가는 길에 호스텔과 게스트하우스가 있다.

너바나 게스트하우스 ★★★☆
Nirvana Guest House

도미토리를 운영하는 호스텔을 겸한 게스트하우스. 콘크리트 건물이지만 무난한 가격의 깨끗한 객실을 얻을 수 있다. 중심가에서 조금 떨어져 있어 시끄럽지 않게 지낼 수 있다. 발코니가 딸린 방도 있지만 특별한 전망을 기대하진 말 것.
Map P.504-B1 주소 2/53 Moo 2, Mae Hat(Mae Haad) 전화 0-7745-6569 요금 도미토리 300~350B(에어컨, 공동욕실), 더블 800~1,000B(에어컨, 개인욕실, TV, 냉장고) 가는 방법 선착장에서 내륙 쪽으로 올라가는 언덕길에 있다. 선착장에서 400m 떨어져 있다.

아난다 빌라 ★★★
Ananda Villa

매핫 선착장과 가깝고 바다와 접해 있는 저렴한 숙소다. 말끔한 2층짜리 시멘트 건물은 에어컨 시설로 TV, 냉장고를 갖추고 있다. 객실마다 발코니가 딸려 있는데, 일부 객실에서 바다가 보인다. 저렴한 방갈로는 선풍기 시설에 개인 욕실이 딸려 있다. 바닷가를 끼고 있는 브리즈 꼬 따오(레스토랑) Breeze Koh Tao을 함께 운영한다.

Map P.504-B1 주소 9/1 Moo 2 Mae Hat 전화 0-7745-6478, 08-1893-9070 홈페이지 www.anandavilla.com 요금 더블 800~1,000B(선풍기, 개인 욕실), 더블 1,800~2,500B(에어컨, 개인욕실, TV, 냉장고) 가는 방법 매핫 선착장 북쪽에 있는 크리스털 다이브 리조트 옆에 있다.

쎈씨 파라다이스 비치 리조트 ★★★★
Sensi Paradise Beach Resort

매핫 선착장 남쪽에 있는 고급 리조트다. 독립가옥과 빌라 형태로 꾸며져 있다. 바다에서부터 언덕을 따라 완벽하게 가꿔진 울창한 정원에 객실이 위치해 자연스러움이 묻어난다.

Map P.504-A2 주소 27 Moo 2 Mae Hat 전화 0-7745-6244 홈페이지 www.sensiparadiseresort.com 요금 슈피리어 하우스 3,300B, 딜럭스 하우스 4,300B 가는 방법 매핫 해변 남쪽 끝에 있다.

해변

핫 싸이리 Hat Sai Ree

매핫 북쪽에 있는 꼬 따오 최고의 해변이다. 1.7㎞에 이르는 고운 모래해변을 간직하고 있다. 해변은 모래사장과 야자수 나무가 조화를 이루고, 바다 앞으로는 꼬 낭유안이 보인다. 단점은 오후가 되면 물이 많이 빠져서 수영을 할 수 없다는 것이다. 해변을 따라서 리조트가 많이 들어서 있고, 내륙 도로를 따라서는 편의점과 레스토랑이 가득하다. 대부분의 여행자들이 핫 싸이리에 묵으면서 다이빙을 배우고 파티를 즐긴다.

레스토랑

꼬 따오에서 가장 발달한 해변답게 레스토랑도 풍부하다. 해변과 접한 리조트들은 바다를 바라보도록 설계되어 있다. 내륙 도로에도 레스토랑들은 흔하며, 외국인들이 많이 찾는 만큼 태국 음식보다는 인터내셔널한 메뉴들도 채워져 있다. 육지에서 식자재를 가져와야 하기 때문에 음식값은 비싸다.

995 로스트 덕 ★★★☆
995 Roast Duck

육지에서는 흔하지만 꼬 따오에서는 희귀한 쌀국수 식당이다. 오리고기를 푹 고아 만든 육수로 요리한 쌀국수(꾸어이띠아우 뻿얏)가 유명하다. 밥을 원할 경우 오리구이 덮밥(카우 나 뻿얏)을 주문하면 된다.

Map P.507-A1 영업 09:00~21:00 메뉴 영어, 태국어 예산 80~100B 가는 방법 내륙 도로 중간의 사거리에 있는 세븐일레븐을 등지고 정면으로 뻗은 도로(산쪽

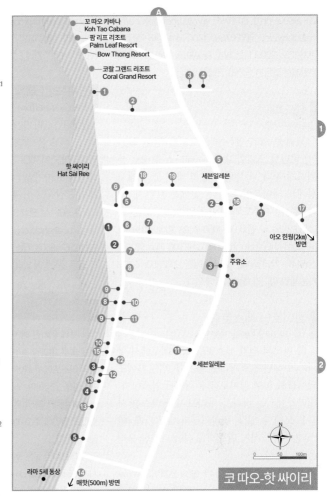

Restaurant
1. 995 Roasted Duck(쌀국수) A1
2. 쑤 칠리 Su Chilli A1
3. Blue Shark Brunch Cafe A2
4. Hippo Burger Bistro A2
5. 바라쿠다 루프 톱 레스토랑 A1
6. 뉴 헤븐 카페 New Heaven Cafe A1
7. Zest Bakery & Coffee A1
8. 차콜 베이 Charcoal Bay A2
9. 블루 워터 Blue Water A2
10. 화이트닝 레스토랑 A2
11. 팩토리 카페 A2
12. 샌드바 Sandbar A2
13. 패밀리 키친 A2

Entertainment
1. Fizz Beach Lounge A1
2. 로터스 바 Lotus Bar A1
3. Fishbowl Beach Bar A2
4. AC Bar Beach Club A2
5. Maya Beach Club A2

Hotel
1. 빅 블루 다이빙 리조트 A1
   Big Blue Diving Resort
2. Sairee Hut Resort A1
3. 와이 호텔 Wyh Hotel A1
4. Living Chilled Ko Tao A1
5. Simple Life Resort A1
6. Silver Sand Resort A1
7. 로터스 리조트 Lotus Resort A1
8. 시 셸리스트 Seashell Resort A1
9. 싸이리 코티지 Sairee Cottage A2
10. Prick Thai Resort A2
11. Savage Hostel A2
12. 반스 다이빙 리조트 A2
    Ban's Diving Resort
13. AC2 Resort A2
14. 인터치 리조트 In Touch Resort A2
15. Blue Tao Beach Hotel A2
16. Sairee Sairee Guest House A1
17. Asia Resort A1
18. 인디 호스텔 Indie Hostel A1
19. 타랏싸 호텔 Thalassa Hotel A1

코 따오-핫 싸이리

방향)를 따라 100m 정도 간다. 영어 간판은 '995 Roast Duck'이라 적혀 있다.

패밀리 키친
Family Kitchen ★★★☆

해변을 끼고 있는 테라스 형태의 타이 레스토랑. 외국 관광객을 위한 투어리스트 레스토랑이긴 하지만 볶음 요리, 태국식 카레, 해산물 요리까지 다양하다. 쏨땀(파파야 샐러드)을 포함한 이싼 음식도 맛볼 수 있다. 친절한 태국인 가족이 운영한다.

Map P.507-A2 영업 09:00~21:00 메뉴 영어, 태국어 예산 100~300B 가는 방법 싸이리 해변 남쪽에 있다.

팩토리 카페
The Factory Cafe ★★★☆

바다가 보이는 것은 아니지만 시원한 에어컨 시설의 카페라서 인기 있다. 외국 여행자를 대상으로 한 전형적인 브런치 카페. 건강한 식단을 추구하는 곳으로 비건 음식도 가능하다.

Map P.507-A2 주소 9/284 Sairee Beach 전화

09-6690-6611 홈페이지 www.facebook.com/thefactorycafeth 영업 07:30~17:00 메뉴 영어 예산 브런치 120~200B 가는 방법 핫 싸이리 내륙도로의 세븐일레븐 맞은편 삼거리 코너에 있다.

샌드바 ★★★☆
Sandbar

해변을 끼고 있는 레스토랑을 겸한 와인 바. 바다를 조망할 수 있는 테라스 형태로 분위기가 좋다. 독특한 모양의 바위 옆 모래사장에도 테이블이 놓인다. 낮에는 브런치, 저녁 메뉴는 시푸드와 바비큐 위주로 구성된다.
Map P.507-A2 전화 08-1090-4523 홈페이지 www.sandbarkohtao.com 영업 09:00~23:00 메뉴 영어 예산 맥주·칵테일 140~260B, 메인 요리 250~950B 가는 방법 싸이리 해변 남쪽에 있다.

화이트닝 레스토랑 ★★★★
Whitening Restaurant

꼬 따오의 인기 레스토랑으로 매핫에서 핫싸이리 해변으로 자리를 옮겼다. 바닷가에도 테이블이 놓여 감미로운 분위기를 연출한다. 테라스에서는 바다를 바라보며 릴렉스한 시간을 보낼 수 있다. 팟타이부터 태국 카레, 파스타, 시푸드까지 관광객을 위한 다양한 음식을 요리한다.
Map P.507-A2 전화 0-7745-6199 홈페이지 www.facebook.com/Whiteningkohtao 영업 11:00~24:00 메뉴 영어 예산 260~690B 가는 방법 반스 다이빙 리조트 맞은편의 해변에 있다.

차콜 베이 ★★★★
Charcoal Bay

테라스 형태의 개방형 레스토랑으로 해변을 끼고 있어 분위기가 좋다. 해산물을 이용한 그릴 요리(시푸드 바비큐)를 메인으로 요리한다. 스테이크, 탄두리 치킨, 바비큐 립, 타파스 스큐어(안주용 꼬치구이)도 있다. 해피 아워(오후 3시~7시)에는 칵테일을 할인해 준다.
Map P.507-A2 전화 06-3874-1646 홈페이지 www.

facebook.com/charcoalbaykohtao 영업 11:30~24:00 메뉴 영어 예산 메인 요리 350~790B 가는 방법 핫싸이리 해변 중간에 있다.

바라쿠다 루프 톱 레스토랑 ★★★★
Barracuda Roof Top Restaurant

2009년부터 영업하고 있는 유명 레스토랑이다. 루프 톱 형태라 바다를 보며 식사할 수 있다. 영국인 쉐프가 요리하는 곳으로 신선한 해산물 요리가 많다. 타파스 메뉴와 와인, 칵테일도 잘 갖추어져 있다.
Map P.507-A1 전화 08-0146-3267 홈페이지 www.barracudakohtao.com 영업 16:00~23:00 메뉴 영어 예산 290~950B 가는 방법 싸이리 해변 워킹 스트리트 골목 끝자락에 있다.

나이트라이프

섬 서쪽에 위치한 해변이라 노을을 보며 술 한잔하는 것은 하루 일과를 마무리하는 일처럼 여겨진다. 대부분의 리조트에서 해변에 테라스 형태의 바를 겸한 레스토랑을 운영하며, 해질 무렵이 되면 모래 위까지 쿠션들이 채워진다. 이른 저녁에는 해피 아워라고 해서 술값을 할인해 주고, 해가 지면 파티를 개최해 손님을 끌어모은다.
가장 대표적인 곳은 로터스 바 Lotus Bar와 피시볼 비치 바 Fishbowl Beach Bar로 매일 저녁 불춤을 선보이며, 월요일 밤에는 DJ를 초빙해 파티를 연다. 로터스 바 바로 옆에 있는 피즈 비치 라운지 Fizz Beach Lounge는 트렌디한 분위기로 라운지 바를 연상시킨다.

숙소

인기를 반영하듯 꼬 따오에서 가장 많은 숙소가 몰려 있다. 해변을 따라 빈틈없이 방갈로와 리조트가 들어서 있다. 대부분의 여행자들이 핫 싸이리에 묵으려 하기 때문에 방을 구하기가 힘든 편이다. 겨울 성수기는 말할 것도 없고 풀문 파티가 끝난 다음에도 꼬 팡안에서 여행자들이 대거 몰려오기 때문에 방들이 일찍 동난다. 해변 남쪽에 있는 숙소들은 클럽이 많아서 밤잠이 많은 사람들은 피하는 게 좋다.

새비지 호스텔 ★★★☆
Savage Hostel

도미토리를 운영하는 호스텔임에도 불구하고 해변 도로를 끼고 있다. 옥상(루프톱)에 수영장까지 만들었다. 도미토리는 에어컨 시설로 노출 콘크리트로 만들어 시원한 느낌을 준다. 붙박이 형태의 침대가 위아래로 고정되어 있다.

Map P.507-A2 전화 08-0096-6889 홈페이지 www.savagekohtao.com 요금 도미토리 550B(에어컨, 공동욕실), 더블 1,900B(에어컨, 개인욕실, 냉장고) 가는 방법 해변 도로의 블루 워터(레스토랑) 맞은편에 있다.

와이 호텔 ★★★☆
Wyh Hotel

내륙 쪽에 있는 경제적인 호텔로 18개 객실을 운영한다. 콘크리트 3층 건물로 모든 객실은 에어컨 시설이다. 목재 프레임 위에 매트리스를 올렸으며, 객실은 타일이 깔려 있어 깨끗하다. 이코노미 룸보다는 발코니가 딸려 있는 트윈 룸이 시설이 좋다. 스튜디오 룸은 4인실로 사용된다.

Map P.507-A1 전화 09-6286-3244 홈페이지 www.facebook.com/wyhhotels 요금 더블 1,500~2,200B(에어컨, 개인욕실, TV, 냉장고), 스튜디오(4인실) 3,500B

인터치 리조트 ★★★☆
In Touch Resort

꼬 따오에서 꽤나 유명한 여행자 숙소로 싸이리 해변 남쪽에 있다. 방갈로 형태의 숙소가 독립적으로 들어서 있다. 에어컨 방갈로는 시멘트와 타일을 이용해 만들어 깨끗하다. 낮 시간에는 해변의 레스토랑에서 한가한 시간을 보내고 저녁에는 흥겨운 파티가 이어진다.

Map P.507-A2 전화 0-7745-6514 홈페이지 www.intouchresort.com 요금 더블 950B(선풍기, 개인욕실), 트윈 1,600~2,400B(에어컨, 개인욕실)

싸이리 코티지 ★★★☆
Sairee Cottage

핫 싸이리 해변에서 잘 알려진 숙소다. 스쿠버 다이빙 강습을 운영하면서 시설이 업그레이드 됐다. 해변에서 정원까지 방갈로가 놓여 있고, 수영장 주변에는 호텔 객실이 들어서 있다. 선풍기 시설의 목조 방갈로가 남아 있다.

Map P.507-A2 전화 0-7745-6374 홈페이지 www.saireecottagediving.com 요금 더블 700~1,200B(선풍기, 개인욕실), 가든 방갈로 트윈 1,700~2,800B(에어컨, TV, 냉장고, 개인욕실), 풀 사이드 룸 3,500B

반스 다이빙 리조트 ★★★★
Bans Diving Resort

핫 싸이리 해변의 대표적인 다이빙 리조트로 야외 수영장을 갖추고 있다. 60여 개의 객실을 운영하는데 요금만큼이나 시설이 다양하다. 일반 에어컨 룸은 TV와 온수 샤워가 가능한 기본 시설이다. 언덕 꼭대기에는 호텔처럼 꾸민 힐 탑 스위트 룸 Hill Top Suite Room이 있다. 저렴한 방들은 다이빙 강습생에게 우선적으로 배정하고, 다이빙 강습을 받을 경우 방 값을 할인해 준다.

Map P.507-A2 전화 0-7745-6466, 09-2447-2200 홈페이지 www.bansdivingresortkohtao.com 요금 트윈 800B(선풍기, 개인욕실), 트윈 2,000B(에어컨, 개인욕실, TV, 냉장고), 딜럭스 트윈 3,000B, 힐 탑 스위트 트윈 4,000B

리빙 칠드 ★★★☆
Living Chilled Ko Tao

해변 중심가 북쪽의 내륙 도로에 있다. 콘크리트 4층 건물로 깨끗하다. 비슷한 가격대의 숙소에 비해 객실이 넓은 편이며, 발코니도 딸려 있다. 객실은 에어컨 시설에 실링팬까지 설치되어 있다. 엘리베이터가 없는 건 단점이다.

Map P.507-A1 전화 09-1825-9889 홈페이지 www.livingchilledkohtao.thailandhotels.site 요금 더블 1,800B, 트리플 2,400B(에어컨, 개인욕실, TV, 냉장고)

블루 따오 비치 호텔 ★★★★
Blue Tao Beach Hotel

바닷가와 맞닿아 있는 3성급 호텔이다. 2021년에 신축한 건물이라 깔끔하다. 복층 건물로 20개 객실을 운영한다. 화이트 톤의 객실은 캐주얼하게 꾸몄다. 발코니가 딸려 있는 시 뷰 룸에서는 바다가 시원스레 보인다. 슈피리어 룸은 18㎡ 크기, 시 뷰 룸은 24㎡ 크기로 넓진 않다. 수영장은 없으며 아침 식사가 포함된다.

Map P.507-A2 전화 09-2678-9925 홈페이지 www.bluetaobeachhotel.com 요금 슈피리어 시티 뷰 2,800~3,700B, 시 뷰 4,500~6,400B 가는 방법 싸이리 해변 중간의 반스 다이빙 리조트 옆에 있다.

팜 리프 리조트 ★★★★
Palm Leaf Resort

해변 북쪽에 자리한 리조트. 해변을 끼고 있으며 야자수와 열대 정원이 가꿔져 있어 여유롭다. 방갈로와 복층 빌라 형태로 구분되며 모두 35개 객실을 운영한다. 방갈로는 위치에 따라 시설과 전망이 다르다. 일반 객실을 원할 경우 딜럭스 빌라 룸 Deluxe Villa Room을 이

용하면 된다. 해변에서 멀리 떨어진 스탠더드 방갈로는 가격에 비해 시설이 떨어진다.

Map P.507-A1 전화 0-7745-6731, 08-1644-4040 홈페이지 www.palmleafkohtao.com 요금 스탠더드 방갈로 2,000~2,500B(에어컨, 개인욕실, 냉장고), 슈피리어 방갈로 2,800~3,500B(에어컨, 개인욕실, TV, 냉장고), 딜럭스 빌라 룸 3,500~4,500B(에어컨, 개인욕실, TV, 냉장고)

꼬 따오 카바나 ★★★★
Koh Tao Cabana

핫 싸이리 해변 북쪽에 있는 고급 리조트. 야자수 울창한 숲 속에 39동의 독립된 빌라들이 여유롭게 들어서 있다. 위치와 시설에 따라 15가지 카테고리로 구분된다. 개인 수영장이 딸린 풀 빌라도 있다. 바다와 가까울수록 시설이 좋다. 야외 수영장과 바다와 접해 있는 레스토랑까지 분위기가 좋다.

Map P.507-A1 전화 0-7745-6504 홈페이지 www.kohtaocabana.com 요금 코티지 빌라 5,000~5,800B, 파티오 빌라 5,200~6,100B, 허니문 코티지 빌라 8,100~9,200B, 스위트 빌라 9,600~1만 2,000B, 투 베드 룸 풀 빌라 1만 4,600~1만 6,700B

해변

아오 짜록 반까오   Ao Chalok Ban Kao

매핫 선착장 남쪽으로 2㎞ 떨어진 해변이다. 핫 싸이리, 매핫에 이어 꼬 따오에서 세 번째로 발달한 해변이다. 하지만 해변의 길이가 짧고 해변 뒤쪽이 언덕으로 가로막혀 개발의 속도는 더디다. 해변은 바닷물이 얕고 오후에 물이 많이 빠진다. 수영보다는 일광욕을 즐기기 좋다. 핫 싸이리와 마찬가지로 대부분의 숙소에서 다이빙 숍을 운영한다.

아오 짜록 반까오 오른쪽 언덕 너머에는 수영에 적합한 해변인 아오 티안억 Ao Thian Ok이 있다. 두 해변을 오가려면 언덕 길을 넘어야 하는데, 언덕에서 내려다보이는 풍경이 아름답기로 유명하다. 좀 더 스펙터클한 전망을 원한다면 존-수완 뷰포인트 John-Suwan View Point까지 방문하자. 아오 짜록 반까오 남쪽의 프리덤 비치 방갈로를 지나서 20분 더 산길을 올라가야 한다. 경사가 심해서 오르는 길은 만만치 않지만 전망은 뛰어나다. 아오 짜록 반까오와 아오 티안억 해변이 동시에 보이는데, 주변의 산들과 어울려 마치 새가 날개를 편 모양을 하고 있다.

해변과 연결된 내륙 도로가 짧기 때문에, 매핫 선착장에서 아오 짜록 반까오로 향하는 도로에도 레스토랑이 많다. 해변에 들어선 대부분의 리조트에서 레스토랑을 함께 운영한다. 해변 서쪽 끝에서 이어지는 보행로를 따라가보면 전망좋은 식당들이 기다리고 있다.

뚝따 타이 푸드(크루아 뚝따) ★★★★
Tukta Thai Food

매핫에서 아오 짜록 반까오로 넘어가는 내륙 도로에 있다. 현지인 가족이 운영하는 태국 식당으로 가정집 정원을 레스토랑으로 운영한다. 오리지널 태국 음식을 요리하는데 얌탈레, 팟퐁까리, 깽마싸만, 똠얌꿍 같은 정통 요리가 일품이다. 무카따(돼지고기 바비큐)도 인기 있다. 해변에서 걸어가기에는 조금 멀다.
전화 0-7745-6109 영업 11:00~22:00 메뉴 영어, 태국어 예산 80~230B

꼬삐 ★★★
Koppee Espresso Bar

해변을 끼고 있는 아담한 카페. 바다와 수영장을 끼고 있어 해변 분위기를 즐길 수 있다. 신선한 빵을 이용한 샌드위치와 아침 세트가 주 메뉴다. 뉴 헤븐 다이빙 스쿨 New Heaven Diving School 옆에 있다.
전화 0-7745-6587 영업 09:00~21:00 메뉴 영어 예산 커피 90~140B, 브런치 180~290B

해변을 따라 숙소들이 촘촘히 들어서 있다. 대체적으로 해변 서쪽에는 저렴한 방갈로가, 동쪽에는 고급 리조트가 있다.

아사바 다이브 리조트 ★★★☆
Assava Dive Resort

다이빙 강습을 함께 운영하는 여행자 숙소. 해변을 접하고 있으나 대부분의 방갈로는 정원을 끼고 있다. 참고로 일반 객실은 복층 건물로 찬물 샤워만 가능하다. 객실은 위치와 시설에 따라 요금이 다르다.
전화 0-7745-6593 홈페이지 www.assavadiveresort.com 요금 도미토리 400B(선풍기, 공동욕실), 스탠더드 700~900B(선풍기, 개인욕실), 슈피리어 방갈로 1,700~2,000B(에어컨, 개인욕실, 냉장고), 딜럭스 가든 1,900~2,300B(에어컨, 개인욕실, 냉장고), 비치프런트 방갈로 2,600~2,800B(에어컨, 개인욕실, 냉장고)

꼬 따오 리조트 ★★★★
Ko Tao Resort

아오 짜록 반 까오 해변에서 가장 좋은 시설의 리조트다. 해변을 끼고 있으며 고급 리조트답게 야외 수영장을 갖추고 있다. 침대와 침구, 인테리어까지 시설이 좋다. 해변 쪽은 비치 존 Beach Zone, 전망 좋은 언덕 쪽은 파라다이스 존 Paradise Zone으로 구분된다.
전화 0-7745-6133 홈페이지 www.kotaoresort.com 요금 스탠더드 2,200~2,700B, 딜럭스 2,800~3,200B, 비치 프런트 4,800B

뷰포인트 리조트 ★★★★☆
Viewpoint Resort

태국의 유명한 건축가가 설계한 리조트다. 널찍한 코티지들은 해안선과 접해 180도에 이르는 탁 트인 전망을 제공한다. 개별 수영장을 갖고 있는 풀 빌라 Pool Villa도 운영한다. 아오 짜록 반까오 해변 서쪽의 핫 싼차오에 있다.
주소 Hat San Chao 전화 0-7745-6444 홈페이지 www.viewpointresortkohtao.com 요금 코티지 3,000~4,500B(에어컨, 개인욕실, TV, 냉장고, 아침식사), 풀 빌라 1만 2,000B(에어컨, 개인욕실, TV, 냉장고, 아침식사)

아오 티안억　Ao Thian Ok

아오 짜록 반까오 동쪽에 있는 자그마한 해변이다. 수영에 적합한 고운 모래와 파란 바다가 조화를 이룬다. 해변 앞에서 스노클링도 가능하다. 아오 티안억은 바다에 암초 상어들이 서식해 '샤크 베이 Shark Bay'라고 불린다. 상어들은 인간에게 해를 입히지 않으니 걱정하지 않아도 된다. 인접한 아오 짜록 반까오에 비해 조용하고, 리조트도 별로 없어서 오붓하게 해변을 즐길 수 있다.

숙소

해변에는 세 개의 리조트가 있으나 저렴한 여행자 숙소는 존재하지 않는다. 해변 중앙은 핫 띠안 비치 리조트 Haad Tien Beach Resort가 차지하고 있으며, 바다가 보이는 언덕에 전망 좋은 리조트들이 들어서 있다.

핫 띠안 비치 리조트 ★★★★
Haad Tien Beach Resort

　해변을 독차지하고 있다고 해도 과언이 아닌 고급 리조트. 해변부터 열대 정글까지 70채의 단독 빌라가 여유롭게 들어서 있다. 자연을 최대한 활용해 리조트를 건설했다. 목재를 이용해 빌라를 건설하고 야자수 나무도 가득하다. 야외 수영장은 자연의 일부처럼 끌어들였다. 객실은 40㎡ 크기를 기본으로 하며, 82㎡ 크기의 럭셔리한 풀 빌라도 운영한다.
전화 0-7745-6580, 09-1035-1529 홈페이지 www.haadtien.com 요금 하이드웨이 빌라 7,300B, 게이트웨이 빌라 8,600B, 풀 빌라 1만 5,000B

자마끼리 스파 & 리조트 ★★★★★
Jamahkiri Spa & Resort

　꼬 따오에서 손꼽히는 고급 리조트다. 아오 티안억 동쪽의 언덕을 조경해 만들었다. 호텔 건물은 발코니에서 바다를 볼 수 있고, 빌라는 커튼만 젖히면 넓은 통유리를 통해 바다가 보인다. 수영장도 넓고 아늑하며, 럭셔리 리조트답게 스파 시설을 함께 운영한다.
전화 0-7745-6400 홈페이지 www.jamahkiri.com 요금 딜럭스 더블 7,400B, 슈피리어 파빌리온 더블 9,400B, 딜럭스 스위트 더블 1만 1,400B

travel plus
꼬 낭유안 Ko Nang Yuan

꼬 따오 북서쪽으로 1㎞ 떨어진 개인이 소유한 섬입니다. 세 개의 바위섬을 연결해 생기는 모래해변이 그림 같은 풍경을 선사하는데요. 태국 남부를 소개하는 방송에 빠짐없이 등장할 정도로 아름다움에 관해서는 정평이 나 있는 곳입니다. 옥빛 바다와 하얀 모래사장은 수영과 스노클링에 더없이 좋기는 하지만 유명세 덕분에 작은 바위섬은 수없이 드나드는 보트와 관광객들로 신음하고 있습니다. 환경보호를 위해 캔이나 플라스틱 병을 들고 들어갈 수 없습니다.
섬에는 단 하나의 리조트가 있습니다. 스쿠버 다이빙을 전문으로 하는 낭유안 아일랜드 다이브 리조트 Nang Yuan Island Dive Resort(홈페이지 www.nangyuan.com입니다. 방갈로들은 해변과 바위 언덕, 숲속 등 자연환경을 최대한 이용해 여유롭게 만들었습니다. 꼬 낭유안은 개인 섬이지만 리조트 손님이 아니어도 방문(오전 10시부터 오후 3시까지)할 수 있습니다. 대신 섬에 발을 들이는 순간 입장료로 250B를 내야 합니다. 전망대 Koh Nang Yuan Viewpoint에 오르면 세 개의 섬이 모래 해변에 연결된 풍경이 내려다보인다. 긴 꼬리 배를 대여하거나 스노클링 투어를 이용해 다녀오면 됩니다.

©태국 관광청

Ko Pha-Ngan

꼬 팡안 เกาะพะงัน

태국에서 다섯 번째로 큰 섬으로 꼬 싸무이에서 북쪽으로 20㎞ 떨어져 있다. 꼬 팡안은 태국에 첫 발을 디딘 젊은 여행자들에게 방콕의 카오산 로드 다음으로 중요한 공간이다. 그 이유는 핫 린에서 열리는 풀문 파티 Full Moon Party 때문이다. 매달 1만 명 이상이 운집하는 풀문 파티는 세계적인 파티로 자리매김하고 있다. 젊은 여행자들이 모이는 섬이라 풀문 때가 아니더라도 늘 해변에서 파티가 열린다.

태국의 문화를 체험하기 위해 꼬 팡안을 찾는 외국인은 없다. 그렇다고 파티 마니아들만이 꼬 팡안을 찾는 것도 아니다. 섬은 카오 라 Khao Ra(해발 627m)를 중심으로 열대 정글로 뒤덮여 있다. 도로 건설에 취약한 산악지형 덕분에 개발이 더디며, 자그마한 해변들은 산들이 병풍처럼 둘러싸 아름다움을 더한다. 크리스털빛으로 반짝이는 해변은 20개가 넘는다. 보트를 타야만 접근이 가능한 해변이 많아서 숨겨진 비경을 만끽할 수 있다.

우체국

꼬 팡안의 중앙 우체국은 통쌀라에 있다. 매일 오전 8시 30분부터 오후 4시 30분까지 운영한다.

병원

꼬 팡안의 병원들은 사설 병원이라 진료비가 비싼 편이다. 통쌀라 남쪽으로 3㎞ 떨어진 팡안 국제 병원 Phangan International Hospital(전화 0-7733-2848, 0-7742-9559)이 그나마 시설이 좋다. 핫 린에는 선착장 인근에 반돈 인터 클리닉 Bandon Inter Clinic(전화 0-7737-5471~2)이 있다.

여행 시기

덥지만 건기에 해당하는 1~4월이 여행하기 가장 좋은 시기다. 우기에 해당하는 5~9월이 비수기이며, 10~12월에도 비가 내리고 바람 부는 날이 많다. 여행 시즌에 관계없이 풀문 파티가 열릴 때면 섬은 북적거린다.

인접한 섬인 꼬 싸무이와 꼬 따오에서 보트가 수시로 드나든다. 메인 선착장은 통쌀라에 있다. 핫 린 선착장에서는 꼬 싸무이의 방락으로 보트가 오간다.

꼬 팡안 → 방콕

방콕의 카오산 로드까지 갈 경우 조인트 티켓을 구입해야 하며, 보트 회사에 따라 요금도 다르고 출발 시간도 다르다. 저렴한 방법은 돈싹 선착장→쑤랏타니를 경유해 방콕까지 가는 것으로 편도 요금은 1,000B이다. 꼬 따오→춤폰을 거칠 경우 1,350~1,650B으로 요금이 훌쩍 뛴다. 조인트 티켓은 여행사나 호텔에서 예약이 가능하며, 해변의 위치에 따라 통쌀라 선착장까지 가는 픽업 요금이 다르게 추가된다.

꼬 팡안 → 쑤랏타니, 푸껫

통쌀라 선착장에서 쑤랏타니 돈싹 선착장까지 카페리로 이동한 다음, 버스로 갈아타고 목적지(쑤랏타니 시내·기차역·공항)까지 이동한다. 라차 페리(홈페이지

풀문 파티 이것만은 알고 가자

travel plus

풀문 파티가 시작된 것은 1987년입니다. 보름달이 바다를 비추던 어느 날 핫 린의 파라다이스 방갈로에서 누군가의 생일파티가 열렸는데, 그날의 파티를 기억하는 사람들이 다음 달 보름날에도 같은 장소에 모여 파티를 이어 나갔습니다. 그렇게 시간이 흐른 지금 풀문 파티는 세계적인 행사로 변모했습니다. 풀문 때가 되면 꼬 팡안 여기저기서 핫 린까지 심야택시가 운행되고, 꼬 싸무이에서도 야간에 셔틀보트가 운행됩니다. 비수기에는 8,000명, 성수기에는 3만 명 이상이 하룻밤새 해변에 몰려듭니다. 풀문 파티 입장료는 200B입니다.

다음은 안전한 파티를 위한 몇 가지 수칙입니다. 가능하면 혼자 가지 말고 동료들과 함께 참여할 것, 흩어졌을 때를 대비해 만날 장소를 미리 정해 둘 것. 핫 린 이외의 지역에서 파티에 참여한다면 풀문을 기해 운영되는 셔틀 보트나 택시를 이용할 것. 귀중품을 휴대하지 말 것(여권은 복사한 종이만 챙길 것). 필요한 경비만 적당히 챙겨서 파티에 참여할 것. 신발이나 샌들을 신을 것(맨발은 깨진 병 유리조각에 취약하다). 술과 음료를 자신의 관찰 범위에서 벗어나게 하지 말 것(본인이 모르는 사이 술에 약을 탈 수도 있다). 모르는 사람이 권하는 술도 받아 마시지 말 것(성추행 사고가 보고되고 있다). 마약으로부터 멀찌감치 떨어질 것(엑스터시 종류의 '야바'는 정신 이상을 동반하는 후유증을 유발하기도 한다. 어쭙잖은 호기심은 5만B의 벌금형 또는 6주간 구속을 당하게 한다. 정복 경찰뿐만 아니라 사복 경찰이 곳곳에 배치되어 있음을 상기하자). 자신의 주량을 과시하지 말 것(풀문 파티는 술 마시기 대회가 아니다. 위스키를 섞은 양동이 칵테일은 강력한 폭탄주다). 음주 후에 절대로 오토바이 운전을 하지 말 것(매년 사망 사고가 발생했다). 즐겁게 파티를 즐길 것(풀문 파티에 참여하는 주목적이다).

풀문 파티 기념비

www.rajaferryport.com)와 씨트란 디스커버리(홈페이지 www.seatrandisovery.com)에서 05:00~17:30까지 1~2시간 간격으로 출발한다. 편도 요금은 390B이다. 롬프라야 보트(홈페이지 www.lomprayah.com)는 꼬 싸무이를 경유하며, 편도 요금 850~950B이다. 푸껫 까지 가는 보트+버스 조인트 티켓은 1,400B이다.

꼬 팡안 → 꼬 따오

메인 선착장인 통쌀라에서 꼬 따오 매핫 선착장까지 보트가 운행된다. 가장 빠른 롬프라야 보트로 1시간 걸린다. 쏭썸 보트(12:30분 출발) 500B, 롬프라야 보트 (08:30, 13:00, 16:00분 출발) 600B.

꼬 팡안 → 꼬 싸무이

거리도 가깝고 관광객도 많아서 두 섬을 오가는 보트는 다양하다. 보트 회사에 따라 출발하는 선착장과 도착하는 선착장이 다르다. 두 섬은 15km 떨어져 있으며, 가장 빠른 보트로 25분 만에 도착 가능하다. 배낭 여행자들은 핫 린 퀸 페리 Haad Rin Queen Ferry(홈페이지 www.haadrinqueen.com)에서 운영하는 핫 린→방락(빅 부다) 노선을 선호한다.

통쌀라 선착장에서 출발하는 롬프라야 보트

꼬 싸무이 방락(빅 부다) 해변을 오가는 핫 린 퀸 페리

꼬 팡안→꼬 싸무이까지 운행하는 보트

노선(보트 회사)	출발 시간	요금	소요시간
통쌀라~나톤(롬프라야)	08:00, 11:00	350B	30분
통쌀라~나톤(쏭썸)	07:00, 12:00	250B	45분
통쌀라~매남(롬프라야)	08:00, 11:00, 12:30, 17:00	350B	25분
통쌀라~방락(씨트란 디스커버리)	10:30, 16:00	350B	30분
핫 린~방락(핫 린 퀸)	09:30, 12:30, 16:00	200B(스피드 보트 500B)	50분

TRANSPORTATION 시내 교통

섬도 크고 도로도 미비해 섬 내부를 돌아다니려면 불편하다. 그나마 도로가 포장된 서부 해안을 따라 썽태우가 주기적으로 움직인다. 선착장이 위치한 통쌀라와 여행자 숙소가 밀집한 핫 린 노선이 가장 빈번하다. 합승 요금은 1인당 100B, 여러 명이 모이면 출발한다. 섬의 동쪽 해변을 오갈 때는 보트 도착 시간에 맞춰 출발하는 썽태우나 미니밴을 이용해야 한다. 통쌀라~통나이빤·핫 쿠엇까지 300B이다. 숙소나 여행사에서 운영하는 차량을 이용해도 된다. 오토바이 대여는 하루 150~250B으로 해변 곳곳에서 가능하다. 하지만 경사가 심한 산길에 비포장 구간이 많아서 초보 운전자에게 적합하지 않다. 사고를 당하지 않도록 안전운행에 유의하자. 음주운전은 금물!

택시 보트

섬 남쪽의 핫 린이 가장 유명하지만 아름다운 해변은 섬의 동쪽에 몰려 있다. 열대 정글에 둘러싸인 통나이빤과 핫 쿠엇(보틀 비치)이 인기가 높다. 북서쪽 해변인 아오 매핫은 바다를 가로질러 모래톱 길이 '꼬 마 Ko Ma'까지 이어져 독특한 풍경을 선사한다. 산호와 열대어가 많아서 스노클링과 다이빙 포인트로도 각광 받고 있다. 섬 최남단에 있는 핫 씨깐땅(릴라 비치)은 핫 린을 대체할 만한 새로운 해변으로 부각되고 있다. 핫 린과 걸어서 15분 거리인데도 전혀 개발되지 않은 매혹적인 해변이 남아 있다.

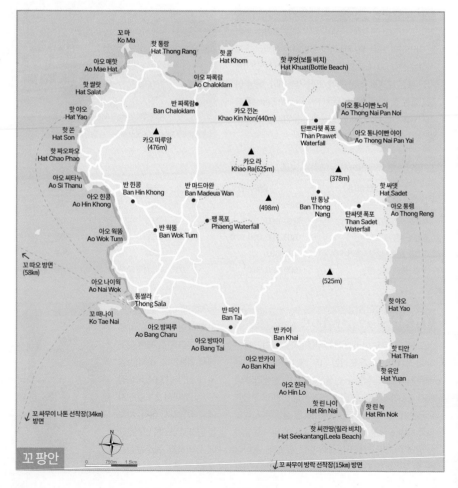

꼬마
Ko Ma

핫 통랑
Hat Thong Rang

핫 콤
Hat Khom

핫 쿠엇(보틀 비치)
Hat Khuat(Bottle Beach)

아오 매핫
Ao Mae Hat

아오 짜록람
Ao Chaloklam

핫 쌀랏
Hat Salat

핫 야오
Hat Yao

반 짜록람
Ban Chaloklam

카오 낀논
Khao Kin Non(440m)

아오 통나이빤 노이
Ao Thong Nai Pan Noi

핫 쏜
Hat Son

탄쁘라웻 폭포
Than Prawet Waterfall

아오 통나이빤 야이
Ao Thong Nai Pan Yai

카오 따루앙
(476m)

핫 짜오파오
Hat Chao Phao

카오 라
Khao Ra(625m)

아오 씨타누
Ao Si Thanu

(378m)

핫 싸뎃
Hat Sadet

반 힌콩
Ban Hin Khong

반 마드아완
Ban Madeua Wan

(498m)

반 통낭
Ban Thong Nang

아오 통렝
Ao Thong Reng

아오 힌콩
Ao Hin Khong

탄싸뎃 폭포
Than Sadet Waterfall

아오 웍뚬
Ao Wok Tum

반 웍뚬
Ban Wok Tum

팽 폭포
Phaeng Waterfall

(525m)

꼬 따오 방면
(58km)

아오 나이윅
Ao Nai Wok

통쌀라
Thong Sala

핫 야오
Hat Yao

꼬 때나이
Ko Tae Nai

반 따이
Ban Tai

아오 방짜루
Ao Bang Charu

반 카이
Ban Khai

핫 티안
Hat Thian

아오 방따이
Ao Bang Tai

아오 반카이
Ao Ban Khai

핫 유안
Hat Yuan

아오 힌러
Ao Hin Lo

핫 린 나이
Hat Rin Nai

핫 린 녹
Hat Rin Nok

꼬 싸무이 나톤 선착장(34km) 방면

핫 씨깐땅(릴라 비치)
Hat Seekantang(Leela Beach)

N

0   750m   1.5km

꼬 팡안

꼬 싸무이 방락 선착장(15km) 방면

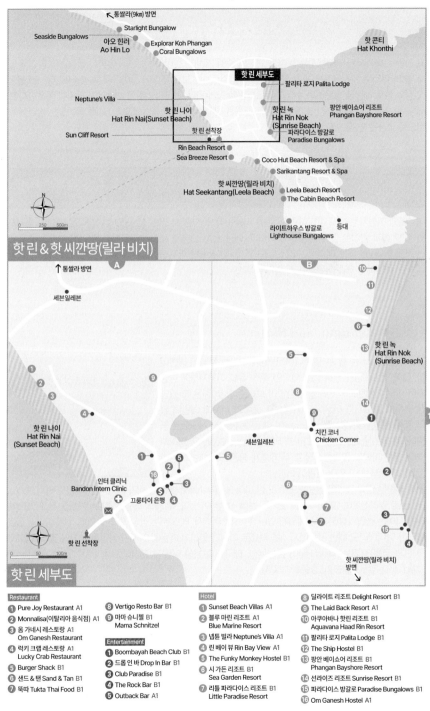

핫 린 & 핫 씨깐땅(릴라 비치)

핫 린 세부도

Restaurant
1. Pure Joy Restaurant A1
2. Monnalisa(이탈리아 음식점) A1
3. 옴 가네시 레스토랑 A1 Om Ganesh Restaurant
4. 럭키 크랩 레스토랑 A1 Lucky Crab Restaurant
5. Burger Shack B1
6. 샌드 & 탠 Sand & Tan B1
7. 뚝따 Tukta Thai Food B1
8. Vertigo Resto Bar B1
9. 마마 슈니첼 B1 Mama Schnitzel

Entertainment
1. Boombayah Beach Club B1
2. 드롭 인 바 Drop In Bar B1
3. Club Paradise B1
4. The Rock Bar B1
5. Outback Bar A1

Hotel
1. Sunset Beach Villas A1
2. 블루 마린 리조트 A1 Blue Marine Resort
3. 넵튠 빌라 Neptune's Villa A1
4. 린 베이 뷰 Rin Bay View A1
5. The Funky Monkey Hostel B1
6. 시 가든 리조트 B1 Sea Garden Resort
7. 리틀 파라다이스 리조트 B1 Little Paradise Resort
8. 딜라이트 리조트 Delight Resort B1
9. The Laid Back Resort A1
10. 아쿠아바나 핫린 리조트 B1 Aquavana Haad Rin Resort
11. 팔리타 로지 Palita Lodge B1
12. The Ship Hostel B1
13. 팡안 베이쇼어 리조트 B1 Phangan Bayshore Resort
14. 선라이즈 리조트 Sunrise Resort B1
15. 파라다이스 방갈로 Paradise Bungalows B1
16. Om Ganesh Hostel A1

Activity

꼬 팡안의 즐길 거리

꼬 팡안은 여기저기서 행해지는 파티가 최고의 즐길 거리다. 핫 린 녹 해변에 유명한 클럽들이 밀집해 있다. 술과 파티로 시간을 탕진하기 아깝다면 섬을 일주하는 보트 투어에 참여하자. 차를 타고 다니기 불편한 섬의 동쪽 해변을 방문하며 수영과 스노클링을 하게 된다. 일반적으로 핫 싸뎃에서 탄싸뎃 폭포까지 트레킹, 핫 쿠엇에서 자유시간, 꼬 마에서 스노클링을 한다. 낮 12시에 출발해 오후 6시에 돌아오는 반나절 일정으로 요금은 1인당 800~1,000B이다.

Beach

꼬 팡안의 해변

대부분의 여행자들이 꼬 팡안하면 핫 린을 떠올린다. 하지만 꼬 팡안 섬 곳곳에 아름다운 해변이 숨겨져 있다. 핫 린과 인접한 핫 씨깐땅(릴라 비치)이 배낭여행자들에게 새롭게 부각되고 있으며, 섬 북동쪽에 있는 아오 통나이빤에는 매력적인 리조트들이 가득하다. 해변까지 드나드는 교통이 불편하기 때문에, 본인이 묵는 해변에서 오래 머무르는 게 일반적이다.

해변

핫 린 Hat Rin(Haad Rin)

가장 아름답다고는 할 수 없으나 꼬 팡안에서 가장 유명한 해변이다. 태국적인 느낌은 전혀 없고 외국인, 특히 유럽 여행자들에게 점령되어 파티 아일랜드의 면모를 유감없이 보여준다. 핫 린은 꼬 팡안 섬 남쪽에 반도처럼 이루어진 지형으로 동쪽과 서쪽에 해변이 있다. 동쪽 해변은 바깥쪽 해변이라 하여 핫 린 녹 Hat Rin Nok으로 불린다. 해가 뜨는 해변이라 선라이즈 비치 Sunrise Beach로 알려져 있다. 풀문 파티가 열리는 장소로 유명하며, 둥근 모래해변과 완만한 바다를 간직하고 있어 경관이 아름답다.

서쪽 해변은 안쪽 해변이라는 뜻으로 핫 린 나이 Hat Rin Nai로 불린다. 해가 지기 때문에 선셋 비치 Sunset Beach로 알려졌으며, 꼬 싸무이를 오가는 보트 선착장이 있다. 두 개의 해변은 400m 거리를 두고 있으며, 해변 사이는 상업시설로 가득 메워져 있다. 편의점, 여행사, 레스토랑, 상점, 인터넷 카페가 빼곡하다. 풀문 파티가 아니더라도 해변 곳곳에서 상습적으로 파티가 열리기 때문에 24시간 영업하는 곳도 많다. 참고로 핫 린의 영문 표기는 Haad Rin이 혼용된다. 태국어 발음을 어떻게 표기하느냐의 차이일 뿐 Hat Rin과 Haad Rin은 같은 해변이니 혼동하지 말자.

레스토랑

외국인들, 특히 유럽 여행자들이 많아서 음식이 국제적이다. 정통 태국 음식점보다 샌드위치나 햄버거 같은 간편한 테이크아웃 식당들이 많다. 오리지널 태국 음식은 기대하지 말 것. 외국인 입맛에 맞게 변형되어 있다. 대부분의 숙소에서 레스토랑을 함께 운영한다.

치킨 코너 ★★★
Chicken Corner

닭고기 구이를 넣은 샌드위치를 파는 식당이 몰려있는 사거리 골목이다. 물가가 비싼 해변에서 간편하게 식사할 수 있어 외국인 여행자들이 즐겨 찾는다. 코너를 사이에 두고 식당들이 마주보고 있다. 마마 슈니첼 Mama Schnitzel이 가장 유명하다. 치킨 코너 Chicken Korner, 코너 레스토랑 Corner Restaurant도 인기 있다.

Map P.517-B1 영업 24시간 메뉴 영어 예산 100~370B 가는 방법 핫 린 녹 해변으로 들어가는 골목에 있다.

옴 가네쉬 레스토랑 ★★★
Om Ganesh Restaurant

1997년부터 운영 중인 인도 음식점으로 카레, 마살라, 탄두리를 비롯해 다양한 인도 요리를 만든다. 여러 음식을 맛 볼 수 있는 탈리 Thali(인도 정식 세트) 메뉴도 있다. 정통 인도 음식에 비해 향이 자극적이거나 맵지 않다.

Map P.517-A1 전화 08-6063-2903 영업 08:00~23:30 메뉴 영어 요금 160~270B 가는 방법 핫린 선착장에서 동쪽으로 100m.

뚝따 ★★★★
Tukta Thai Food

핫 린에서 오랫동안 영업 중인 태국 음식점이다. '뚝따'는 주인장의 이름이다. 부담 없이 먹을 만한 가벼운 태국 음식으로 위주로 구성되어 있다. 웍을 이용한 볶음 요리가 많은 편이다. 돼지고기+바질 볶음 덮밥, 돼지고기+마늘 볶음 덮밥, 팟타이, 파냉 카레가 추천 메뉴다.

Map P.517-B1 주소 130/28 Moo 6 Hat Rin(Haad Rin) 전화 08-9288-1763 홈페이지 www.facebook.com/tuktathaifood 영업 10:00~22:00 메뉴 영어 예산 120~200B 가는 방법 핫 린 중심가에서 남쪽으로 내려가는 골목에 있다.

퓨어 조이 ★★★☆
Pure Joy Restaurant

핫 린 나이(선셋 비치) 방향의 마을 중심가에 있는 태국 음식점이다. 비싼 물가 때문에 저렴하게 식사하려는 관광객에게 인기 있다. 볶음밥, 팟타이, 태국식 오믈렛, 태국 카레, 똠얌꿍

을 요리한다. 음식 재료로 두부, 닭고기, 돼지고기, 해산물 중에서 선택할 수 있다.

Map P.517-A1 주소 94/93 Hat Rin 전화 08-8168-6323 영업 11:00~22:00 메뉴 영어 예산 120~180B 가는 방법 OM Ganesh Hostel을 바라보고 오른쪽 골목에 있다. 핫 린 선착장에서 200m.

샌드 & 탠 ★★★☆
Sand & Tan

팡안 베이쇼어 리조트에서 운영하는 비치 라운지 형태의 레스토랑이다. 해변을 끼고 있어 해변 풍경을 고스란히 느낄 수 있다. 모던한 분위기로 카페를 겸한다. 태국 요리, 브런치, 피자, 버거, 파스타까지 메뉴도 다양하다.

Map P.517-B1 주소 Phangan Bayshore Resort, Hat Rin Nok 전화 07-7375-224 홈페이지 www.phanganbayshore.com 영업 08:00~21:00 메뉴 영어 예산 180~650B 가는 방법 핫 린 녹(선라이즈 비치)의 팡안 베이쇼어 리조트 옆에 있다.

엔터테인먼트

풀문 파티가 열리는 곳인 만큼 평상시에도 곳곳에서 파티가 열린다. 핫 린 녹 해변은 밤이 되면 해변에 술집이 생긴다. 가장 대표적인 곳은 드롭 인 바 Drop In Bar다. 플라스틱 양동이에 칵테일 도구를 잔뜩 진열해 놓고 손님들을 끌어 모은다. 풀문 기간에는 오늘날의 핫 린 해변을 만들어 낸 '원조집'인 클럽 파라다이스 Club Paradise가 북적댄다.

숙소

풀문 파티가 열리는 핫 린 녹의 저렴한 방갈로는 거의 자취를 감추었고, 고급 리조트들로 변모했다. 밤마다 해변의 술집에서 음악이 흘러나오기 때문에 저녁 일찍 잠들기 힘들다. 대부분의 숙소들이 풀문 파티를 전후해 5박 이상 숙박을 강요하며 방 값을 2~3배 인상한다. 선착장이 위치한 핫 린 나이에는 저렴한 방갈로가 남아 있지만, 수영을 즐기기에는 해변이 만족스럽지 못한 단점이 있다.

딜라이트 리조트 ★★★
Delight Resort

해변 뒤쪽으로 살짝 빗겨난 위치에 있다. 모든 객실은 에어컨 시설을 갖추고 더운물 샤워가 가능하다. 딜럭스 룸부터는 TV와 냉장고가 포함된다. 적당한 크기의 수영장도 운영한다. Map P.517-B1 주소 140 Hat Rin Nok 전화 0-7737-5527 홈페이지 www.delightresort.com 요금 트윈 1,400~2,800B(에어컨, 개인욕실, 아침식사)

아쿠아바나 핫린 리조트 ★★★☆
Aquavana Haad Rin Resort

해변 북쪽에 있는 중급 리조트다. 소규모 리조트로 2018년에 오픈했다. 22개 객실을 운영한다. 수영장은 없지만 해변에서 시작해 정원을 따라 견고한 콘크리트 방갈로들이 연속해서 들어서 있다. 객실이 넓은 편으로 타일이 깔려 있어 심플하면서도 깨끗하다. Map P.517 주소 Hadd Rin Nok 전화 06-2414-4299 홈페이지 www.facebook.com/aquavanaresort 요금 딜럭스 1,500~1,800B(에어컨, 개인욕실, TV, 냉장고)

팔리타 로지 ★★★☆
Palita Lodge

해변 북쪽에 있는 중급 리조트다. 해변은 물론 정원과 야자수가 가득해 편안한 느낌을 준다. 바다가 코앞에 있는데도 매력적인 수영장을 운영한다. 풀문 기간과 연말 연휴 기간에는 의무적으로 갈라 디너를 추가해야 한다. Map P.517-B1 주소 119 Moo 6 Hat Rin Nok 전화 0-7737-5170~2 홈페이지 www.palitalodge.com 요금 가든 뷰 2,500~3,000B, 풀 뷰 3,900~6,400B

팡안 베이쇼어 리조트 ★★★☆
Phangan Bay Shore Resort

해변 중앙에 있는 대형 리조트로 140개 객실을 운영한다. 야외 수영장을 중심으로 호텔 건물이 있다. 해변 쪽에는 딜럭스 비치 프런트가 있고, 정원 쪽으로 가든 방갈로가 놓여 있다. 객실은 28㎡, 방갈로는 36㎡ 크기로 넓다. 해변은 물론 파티를 즐기기 좋은 위치라 인기가 있다. Map P.517-B1 전화 0-7737-5227 홈페이지 www.phanganbayshore.com 요금 스탠더드 2,600~3,700B, 가든 뷰 방갈로 2,800~4,400B, 슈피리어 3,900~5,000

양동이 칵테일 만들기

travel plus

태국 남부 섬들을 여행하다 보면 플라스틱 양동이에 무언가 병들을 얹어 놓은 것들을 볼 수 있는데요, 다름 아닌 양동이 위스키입니다. 영어로 위스키 버킷 Whisky Bucket이라고 적혀 있습니다. 간간이 마니아들 사이에서 즐겨 마시던 일종의 폭탄주로, 과거 탁신 정부 시절 심야 영업시간을 새벽 2시로 단속하며 술을 판매할 수 있는 시간이 제한을 받자 음료수로 가장하기 위해 얼음을 담던 양동이에 술을 섞어 마시면서 대중적인 인기를 누리기 시작했습니다.

양동이 칵테일을 제조하는 방법은 간단합니다. 얼음이 담긴 양동이에 위스키 작은 병 하나, 콜라, 소다, 끄라틴댕(Red Bull, 태국 박카스)을 동시에 부어 넣고 휘저으면 됩니다. 저렴하게 마시고 싶은 경우 쌩쏨(태국 럼주)이 좋고요, 독하게 마시려면 보드카를 이용하면 됩니다. 양동이 칵테일이 제조되면 빨대를 꽂아서 빨아 마시면 됩니다.

주의해야 할 사항은 끄라틴댕 향이 워낙 강해서 술이 약하게 느껴진다는 거지요. 하지만 독한 술을 섞었기 때문에 생각보다 빨리 취기가 올라옵니다. 과음은 절대로 금물인 셈이지요. 파티 아일랜드 Party Island로 알려진 꼬 피피 Ko Phi Phi나 꼬 팡안 Ko Pha-Ngan의 술집에 가장 보편적인 음료가 바로 양동이 칵테일입니다. 어떤 위스키를 넣느냐에 따라 250~400B 정도랍니다.

선클리프 리조트 ★★★
Sun Cliff Resort

선착장 남쪽의 잔디와 나무들이 가득한 언덕 위에 있어 경관이 좋다. 꼬 팡안 남쪽 해안선은 물론 꼬 싸무이까지 보인다. 다양한 요금의 방갈로가 있어 본인의 예산에 맞게 객실을 선택할 수 있다. 자그마한 야외 수영장이 있다. 내륙 도로 중간에서 리조트로 향하는 길이 이어진다.

Map P.517 전화 0-7737-5134 홈페이지 www.facebook.com/SuncliffResort 요금 더블 1,000B(선풍기, 개인욕실), 더블 1,500~2,000B (에어컨, 개인욕실, TV)

넵튠 빌라 ★★★☆
Neptune's Villa

핫 린 나이의 대표적인 중급 호텔이다. 모두 에어컨 시설을 갖춘 방갈로와 일반 호텔 건물로 구분된다. 해변과 접해 있으며 야외 수영장을 갖추고 있다. 선착장은 물론 핫 린의 주요 시설과도 인접해 있다.

Map P.517 주소 110/6 Hat Rin Nai 전화 0-7737-5251 홈페이지 www.buri-beach-resort.com 요금 스탠더드 1,000~1,600B, 슈피리어 가든 1,800~3,100B(에어컨, 개인욕실), 딜럭스 시 뷰 4,000~5,500B(에어컨, 개인욕실, TV, 냉장고)

익스플로러 꼬 팡안 ★★★★☆
Explorar Koh Phangan

핫 린에서 손꼽히는 고급 리조트. 내륙 도로에서 해변까지 숲길로 이루어진 언덕을 내려가며 객실이 들어서 있다. 일반 객실은 복층 건물로 1층은 딜럭스 룸, 2층은 슈피리어 룸으로 이루어졌다. 해변과 접한 야외 수영장과 전용 해변의 선 베드까지 시설이 좋다.

Map P.517 주소 117/21 Moo 6, Hat Rin Nai 전화 07-7951-567 홈페이지 www.explorarhotels.com/koh-phangan 요금 슈피리어 4,000~4,800B, 딜럭스 5,400~8,400B

핫 씨깐땅(릴라 비치) Hat Seekantang(Leela Beach)

핫 린에서 언덕을 하나 사이에 두고 있는데, 분위기는 전혀 다르다. 곱고 하얀 모래해변을 따라 평화로운 풍경이 펼쳐진다. 수심이 낮고 잔잔한 바다는 열대 해변의 아름다움을 고스란히 간직하고 있다. 숙소도 많지 않고 적당한 거리를 유지하고 있어 차분하다. 핫 린까지 걸어서 15~20분 거리이고 핫 린에서 풀문 파티를 즐기고 돌아오는 데 큰 문제가 되지 않는다.

숙소

해변에 숙소가 5개뿐이어서 여유롭다. 럭셔리 리조트가 들어설 법한 훌륭한 해변과 경관을 가지고 있는데도 아직까지는 고급 리조트가 미비하고 개별 여행자들이 선호하는 숙소가 들어서 있다.

코코 헛 비치 리조트 & 스파 ★★★★
Coco Hut Beach Resort & Spa

매력적인 해변만큼이나 매력적인 리조트다. 해변에서 시작해 언덕 중턱까지 객실을 여유롭게 배치했다. 조명, 인테리어, 침구, 욕실, 서비스 모두 만족할 만하다. 수영장은 물론 스파 시설도 고급스럽다.

Map P.517 전화 0-7737-5368 홈페이지 www.cocohut.

com 요금 더블 2,800~5,500B(에어컨, TV, 냉장고, 개인욕실, 아침식사), 풀 빌라 8,000~1만 2,000B

싸리깐땅 리조트 & 스파 ★★★★
Sarikantang Resort & Spa

고급 리조트를 지향하는 곳으로 객실 등급을 10개로 구분해 운영한다. 에어컨 시설로 아침 식사가 포함되지만 객실 등급과 위치에 따라 시설도 차이를 보인다. 단독 빌라는 스위트룸으로 구성된다. 수영장과 스파 시설을 갖추고 있다.

Map P.517 전화 0-7737-5055~6 홈페이지 www.sarikantang.com 요금 스탠더드 방갈로 2,500~2,800B, 딜럭스 3,200~3,800B, 원 베드룸 빌라 4,500~5,500B

해변
아오 통나이빤 Ao Thong Nai Pan

꼬 팡안 북동쪽에 있는 아름다운 해변이다. 풀문 파티와 핫 린이 꼬 팡안의 전부가 아니라는 것을 단박에 증명해 주는 매력적인 공간.

아오 통나이빤은 바위 언덕을 경계로 아오 통나이빤 야이 Ao Thong Nai Pan Yai와 아오 통나이빤 노이 Ao Thong Nai Pan Noi로 나뉜다. '야이'는 크다는 뜻이고, '노이'는 작다는 뜻이다. 이름처럼 아오 통나이빤 야이가 기다란 해변을 갖고 있으며, 저렴한 방갈로들이 많다. 아오 통나이빤 노이는 해변이 짧은 대신 경관이 수려하다. 두 해변은 언덕에 가로막혀 있어 내륙으로 연결된 도로를 따라 돌아가야 한다.

아오 통나이빤은 통쌀라 선착장으로부터 17km 떨어져 있다. 비포장 산길을 따라 섬을 가로질러야 하기 때문에 가는 길이 고생스럽다. 통쌀라 선착장과 핫 린 선착장에서 보트 도착 시간에 맞춰 미니밴이 운행된다. 성수기에는 아오 통나이빤→핫 싸뎃→핫 린 방향으로 동쪽 해변을 따라 보트가 운행된다.

아오 통나이빤

핫 쿠엇(5km) 방면

탄쁘라웻 폭포
Than Prawet Waterfall

통쌀라(17km) 방면

아오 통나이빤 노이
Ao Thong Nai Pan Noi

핫 싸뎃(4km) 방면

왓 통나이빤
Wat Thong Nai Pan

아오 통나이빤 야이
Ao Thong Nai Pan Yai

Restaurant
1. 라스타 베이비 Rasta Baby
2. 루나 레스토랑 Luna Restaurant
3. 투씨 바 2C Bar

Hotel
1. 싼티야 리조트 Santhiya Resort
2. 텅따빤 리조트 Thongtapan Resort
3. 아난타라 라싸난다 꼬 팡안 빌라 리조트 Anantara Rasananda Koh Phangan Villa Resort
4. 부리라싸 빌리지 Buri Rasa Village
5. 빤위만 리조트 Panviman Resort
6. 뱀부 방갈로 Bamboo Bungalows
7. 드림랜드 리조트 Dreamland Resort
8. 핑짠 리조트 Pingchan Resort
9. 펜 방갈로 Pen's Bungalows
10. Thong Nai Pan Beach Resort
11. Starlight Resort
12. 나이스 비치 리조트 Nice Beach Resort
13. Limelight Village
14. 하바나 비치 리조트 Havana Beach Resort
15. 돌핀 방갈로 Dolphin Bungalows
16. 롱테일 비치 리조트 Longtail Beach Resort

아오 통나이빤 노이의 숙소

아오 통나이빤 북쪽에 있는 작은 해변이다. 반원형의 둥근 해안선을 따라 곱고 하얀 모래가 가득하다. 잔잔한 옥빛 바다를 울창한 산악지대가 병풍처럼 감싸고 있다. 해변이 워낙 아름다운 데다가 접근성이 낮은 점을 이용해 고급 리조트들이 터를 잡았다. 꼬 팡안에서 최고급 리조트로 꼽히는 싼티야 리조트 Santhiya Resort (홈페이지 www.santhiya.com), 아난타라 라싸난다 꼬 팡안 빌라 리조트 Anantara Rasananda Koh Phangan Villa Resort(홈페이지 http://phangan-rasananda.anantara.com), 부리라싸 빌리지 Buri Rasa Village(홈페이지 www.burirasa.com), 빤위만 리조트 Panviman Resort(홈페이지 www.panvimanresortkohphangan.com)가 있다.

아오 통나이빤 야이의 숙소

북적대지 않을 만큼 해변에 숙소가 들어서 있다. 북쪽에는 리조트들이 남쪽에는 방갈로들이 많다. 수영장을 갖춘 고급 리조트보다는 저렴한 목조 방갈로들이 많은 편이다. 가족여행자나 배낭여행자 모두에 적합하다. 편의점, 카페, ATM, 우체국, 여행사까지 편의시설도 적당히 갖추어져 있다.

뱀부 방갈로 ★★★
Bamboo Bungalows

아오 통나이빤 야이에서 가장 저렴한 숙소다. 전형적인 배낭여행자 숙소로 개인욕실이 딸린 기본적인 시설의 방갈로를 운영한다. 해변까지 걸어서 1분 걸린다. 펜 방갈로 Pen's Bungalows 옆길로 드나들면 된다.
Map P.522 전화 0-7744-5018, 0-7723-8540 요금 더블 500~600B(선풍기, 개인욕실)

돌핀 방갈로 ★★★☆
Dolphin Bungalows

인기 숙소로 해변 남쪽에 있다. 팜 트리로 우거진 정원에 견고한 방갈로가 한가롭게 들어서

있다. 방갈로는 넓고 깨끗하며 개인욕실과 모기장을 갖추고 있다.
Map P.522 전화 0-7723-8968 요금 더블 800B (선풍기, 개인욕실), 더블 1,200~1,800B(에어컨, 개인욕실)

롱테일 비치 리조트 ★★★☆
Longtail Beach Resort

해변 남쪽 끝에 있다. 야외 수영장을 만들면서 시설을 업그레이드했다. 해변에서부터 정원 방향으로 네 줄의 방갈로가 일렬로 들어서 있다. 모두 49개의 방갈로를 운영하며, 3인실, 4인실, 5인실까지 다양하다.
Map P.522 전화 0-7744-5018 홈페이지 www.longtailbeachresort.com 요금 더블 900~1,050B(선풍기, 개인욕실), 더블 1,200~1,850B(에어컨, 개인욕실)

하바나 비치 리조트 ★★★☆
Havana Beach Resort

해변을 끼고 있는 숙소로 야외 수영장을 갖추고 있다. 콘크리트 복층 건물로 호텔스럽다. 객실은 나무 바닥으로 되어 있고, 발코니가 딸려 있다. 1층 보다는 2층 객실이 좋다. 수영장 덕분에 가족단위 관광객이 많은 편이다.
Map P.522 전화 0-7744-5162, 08-1432-4601 홈페이지 www.phanganhavana.com 요금 더블 2,500~2,700B, 비치 사이드 딜럭스 3,300B(에어컨, 개인욕실, TV, 냉장고, 아침식사)

핑짠 리조트 ★★★★
Pingchan Resort

해변 중간에 있는 3성급 리조트로 수영장을 갖추고 있다. 독립적인 빌라들이 해변에서부터 세 줄로 연속해 들어서 있다. 앞쪽은 비치 프론트 빌라, 뒤쪽은 딜럭스 빌라로 구성되어 있다. 객실 크기는 32㎡로 테라스도 딸려 있어 여유롭게 지낼 수 있다. 시설에 비해 방 값은 비싼 편이다.
Map P.522 전화 08-1889-9330 홈페이지 www.pingchanbeachresort.com 요금 딜럭스 빌라 4,800~5,400B, 딜럭스 빌라 시 뷰 6,200~7,500B

핫 쿠엇(보틀 비치) Hat Khuat(Bottle Beach)

꼬 팡안 북쪽 해변 중에 가장 아름다운 곳이다. 산과 열대 정글에 둘러싸인 해변으로 잔잔하고 투명한 바다를 간직하고 있다. 온전히 수영과 휴식을 즐기기 적합하다. 차가 아닌 보트를 타고 드나들어야 하는 불편함에도 불구하고 여행자들은 이곳을 끊임없이 찾아온다. 핫 린의 소란스러움에 지친 배낭여행자들이 선호한다.

'쿠엇'은 병을 뜻하는데, 태국어 발음에 서툰 외국인들이 보틀 비치라고 발음하면서 현재는 영어 지명이 공용어가 되었을 정도로 외부에 잘 알려져 있다. 섬을 일주하는 투어 보트들도 빼놓지 않고 방문한다.

선착장에서 멀리 떨어진 곳이라서 핫 쿠엇(보틀 비치)을 오가는 정기적인 교통편은 없다. 보트 도착 시간에 맞춰 통쌀라 선착장→핫 쿠엇(편도 300B)과 핫 린 선착장→핫 쿠엇(편도 300B) 방향으로 썽태우가 출발한다. 성수기에는 섬 북부지역에서 가장 큰 해변인 아오 짜록람 Ao Chaloklam에서 핫 쿠엇까지 보트가 운행(편도 200B)된다. 예약한 숙소에 픽업 가능 여부를 미리 확인하는 게 좋다.

숙소

해변에 전부 4개의 숙소가 있다. 럭셔리한 리조트는 없고, 방갈로 형태의 무난한 숙소들이 대부분이다. 모든 숙소가 레스토랑을 함께 운영한다.

스마일 방갈로 ★★★
Smile Bungalows

해변 서쪽 끝의 언덕에 있다. 다른 숙소들로부터 떨어져 한적하고 여유롭게 시간을 보낼 수 있다. 저렴한 방갈로로 배낭여행자들이 선호한다. 전화 08-5429-4995, 08-9954-9164 홈페이지 www.smilebungalows.com 요금 더블 520~920B(선풍기, 개인욕실)

핫 쿠엇 리조트 ★★★
Haad Khuad Resort

핫 쿠엇의 대표적인 숙소인 보틀 비치 방갈로에서 운영한다. 보틀 비치 3이라고도 한다. 다른 두 곳에 비해 시설이 좋은 중급 리조트다.

복층 건물의 일반 호텔 빌딩, 해변과 접한 목조 방갈로, 정원을 끼고 있는 콘크리트 방갈로로 구분된다. 전화 0-7744-5153~4 홈페이지 www.haadkhuadresort.com 요금 가든 뷰 방갈로 500~700B(선풍기, 개인욕실), 오션 뷰 방갈로 900~1,200B(선풍기, 개인욕실), 시뷰 룸 1,500~2,000B(에어컨, 개인욕실)

보틀 비치 1 리조트 ★★★
Bottle Beach 1 Resort

핫 쿠엇의 대표적인 숙소로 수영장까지 갖추었다. 해변과 가까운 곳에 오래된 방갈로가 있다. 타일이 깔린 방갈로와 나무 바닥으로 마감한 방갈로로 구분된다. 조금 싼 방을 찾는다면 해변 동쪽에 있는 보틀 비치 2 방갈로(전화 08-1537-3833, 요금 500~800B)를 이용하자. 전화 0-7795-4141, 09-3350-7488 홈페이지 www.bottlebeach1resort.com 요금 더블 800~1,000B(선풍기, 개인욕실, 아침식사), 더블 1,600~2,500B(에어컨, 개인욕실, TV, 아침식사)

Ko Samui

꼬 싸무이 | เกาะสมุย

쑤랏타니에서 80㎞ 떨어진 타이만에 있는 섬이다. 태국에서 세 번째로 큰 섬으로 안다만해의 푸껫과 더불어 태국의 대표적인 휴양지로 꼽힌다. 고급 리조트들로 점철된 푸껫과 비슷한 분위기이지만, 아직까지는 저렴한 방갈로가 남아 있어 배낭여행자들의 발길도 이어진다. 푸껫에 비해 볼거리나 놀거리가 제한적이다. 즉, 바삐 움직여야 하는 단체 여행객들에게는 심심한 섬이라 하겠다. 동양인보다는 유럽인들에게 인기가 높은데, 연간 방문하는 250만 명의 관광객 가운데 80% 이상이 유럽인이다. 꼬 싸무이는 4㎞ 이상 되는 기다란 해변들이 많은 것이 특징이다. 개인적인 취향과 예산에 따라 해변을 선택하고 휴가를 보내면 된다. 고급 리조트에 머물면서 파티를 즐기고 싶다면 차웽을, 평화로운 해변을 원한다면 매남을, 트렌디한 카페와 레스토랑이 목적이라면 보풋을 거점으로 삼으면 된다.

꼬 싸무이는 주변의 80개 섬을 아우르는 꼬 싸무이 군도의 큰 형님에 해당한다. 풀문 파티가 열리는 꼬 팡안도 가깝고, 다이빙 포인트로 유명한 꼬 따오도 1일 투어로 방문 가능한 위치에 있다. 무인도로 이루어진 앙텅 해상 국립공원도 꼬 싸무이의 아름다움에 명성을 더해 준다.

은행 · 환전

주요 해변 곳곳에 은행이 있어 환전에 대한 어려움은 없다. 섬에서 가장 큰 마을이 형성된 나톤에 주요 은행이 모두 들어서 있고, 상업 시설이 발달한 차웽과 라마이도 해변 도로에 은행과 환전소가 가득하다. 보풋, 매남, 방락에도 은행이 있어 굳이 환전 때문에 다른 해변까지 다닐 필요는 없다.

여행 시기

여행하기 가장 좋은 시기는 비도 내리지 않고 태양이 온전하게 내리쬐는 2~4월이다. 유럽인들의 여름 휴가철인 7~8월에도 많은 인파가 몰린다. 전체적으로 10월까지 여행하는 데 큰 문제가 되지 않는다. 대신 안다만해의 섬들과 달리 11~12월 초에는 바람이 강하게 불고 비가 자주 내린다. 계절과 상관없이 연말 · 연시는 최고 성수기라고 할 수 있다.

주의사항

최대의 주의사항은 오토바이다. 매년 오토바이로 인한 사망사고가 발생한다. 커다란 섬의 규모와 대중교통의 미비로 오토바이를 빌려 돌아다니는 외국인이 많기 때문에 사고는 어쩔 수 없다. 산길은 물론 도로 포장 상태가 좋지 않은 곳들을 지날 때 주의를 요한다. 헬멧 착용은 기본이다.

버스나 기차를 이용해 쑤랏타니까지 간 다음 보트로 꼬 싸무이까지 가는 방법이 단연코 인기다. 항공 노선은 방콕 에어웨이가 독점 운행했으나, 타이 항공도 국내선을 취항하며 다소 여유가 생겼다.

항공

방콕(쑤완나품 공항)↔꼬 싸무이 노선은 방콕 에어웨이(홈페이지 www.bangkokair.com)에서 취항한다. 방콕 에어웨이는 1일 20회 이상 취항하며, 편도 요금은 2,850B이다. 꼬 싸무이↔푸껫 노선은 방콕 에어웨이에서 1일 3회 운항하며, 편도 요금은 2,460B이다. 성수기에는 항공 요금이 인상되지만 예약이 밀리는 편이므로 미리 예약하자. 인접한 도시인 쑤랏타니까지 비행기로 간 다음 조인트 티켓(버스+보트)을 이용하면 요금을 절약할 수 있다(P.547 참고).

기차

당연히 섬까지는 기차가 연결되지 않지만, 인접한 쑤랏타니에 기차역이 있다. 방콕을 오갈 때 이용하는 여행자들이 많다. 기차 정보는 P.57 참고.

버스

꼬 싸무이에서 가장 큰 마을인 나톤 Na Thon에 버스터미널(버커써)이 있다. 공식 명칭은 꼬 싸무이 버스터미널 Koh Samui Bus Terminal이다. 나톤 선착장에서 남쪽으로 2.2km 떨어져 있다. 카페리에 버스를 싣고 육지로 이동하기 때문에 차를 갈아타는 번거로움을 해소 할 수 있다. 방콕행 버스는 1일 3회(15:30, 16:35, 19:00) 출발하며, 편도 요금은 722B(VIP 버스 963B)이다. 방콕을 제외한 다른 도시는 여행사에서 운영하는 조인트 티켓(보트+버스 또는 미니밴)을 이용하면 편리하다.

조인트 티켓

방콕의 카오산 로드까지 갈 경우 보트와 버스가 연계된 조인트 티켓을 이용하면 된다. 편도 요금은 1,450~1,750B으로 어떤 보트를 이용하느냐에 따라 요금이 달라진다. 방콕 이외에 푸껫(편도 640~1,300B), 끄라비(편도 600~1,100B) 같은 남부 주요 여행지까지도 조인트 티켓을 판매한다. 여행사에서 예약할 경우 선착장까지의 픽업 요금을 반드시 확인해야 한다.

보트

꼬 싸무이 보트 선착장은 보트 회사와 노선에 따라 제각각이다. 쑤랏타니와 꼬 팡안을 드나드는 대형 카페리는 나톤 선착장을 이용한다.

꼬 싸무이 → 쑤랏타니

나톤 선착장에서 1시간 간격으로 보트가 출발한다. 운행시간은 아침 5시부터 저녁 7시까지고 돈싹 선착장 Don Sak Pier까지만 운행된다. 선착장에서 68km 떨어진 쑤랏타니 시내까지 가는 버스가 포함된 티켓을 구입하는 게 좋다. 씨트란 카페리(홈페이지 www.seatranferry.com)를 이용할 경우 쑤랏타니 시내까지 편도 요금 320B, 쑤랏타니 공항까지 편도 요금 510B이다. 나톤 선착장에서 돈싹 선착장까지 1시간 30분, 돈싹 선착장에서 쑤랏타니 시내까지 1시간이 걸린다.

꼬 싸무이 → 꼬 팡안, 꼬 따오

꼬 싸무이에서 북쪽으로 15km 떨어진 꼬 팡안까지는 다양한 보트와 노선이 있다. 나톤 선착장(꼬 싸무이)에서 통쌀라 선착장(꼬 팡안)까지 가는 보트가 가장 일반적이다. 출발 시간은 10:30, 12:15, 16:00, 16:30 편도 요금은 250~350B이다. 롬프라야 보트(홈페이지 www.lomprayah.com)에서 매남 선착장(프라란 선착장)→통쌀라 선착장(출발 시간 08:00, 12:30, 편도 요금 350B), 씨트란 디스커버리(홈페이지 www.seatrandiscovery.com)에서 방락 선착장→통쌀라 선착장(출발 시간 09:30, 14:30, 편도 요금 350B) 노선을 추가로 운행한다. 배낭 여행자들은 방락(빅 부다) 선착장→꼬 팡안 핫 린 선착장으로 운행되는 슬로 보트를 선호한다. 핫 린 퀸 페리 Haad Rin Queen Ferry(홈페이지 www.haadrinqueen.com)에서 매일 3회(10:30, 11:20, 17:00) 운행하며, 편도 요금은 200B(스피드 보트 500B)이다. 일부 보트는 꼬 팡안(통쌀라 선착장)을 경유해 꼬 따오(매핫 선착장)까지 운행된다(편도 600~700B). 여행사에서 예약할 경우 픽업 요금이 포함되며, 해변의 위치에 따라 요금이 달라진다.

나톤 선착장

TRANSPORTATION

섬 내부를 순환하는 4169번 국도를 따라 썽태우가 운행된다. 썽태우는 나톤 선착장을 기준으로 시계 방향으로 순환하는 노선과 시계 반대 방향으로 순환하는 노선, 총 두 개 노선이다. 썽태우 기사들이 정해진 노선만 순환하는 게 아니므로 돈을 조금 더 주면 원하는 곳까지 데려다 준다. 썽태우는 탑승하기 전에 가고자 하는 목적지를 말하고 요금을 확인한 후에 타도록 하자. 일반적으로 나톤 선착장에서 매남·보풋까지 50~80B, 라마이·차웽까지 70~100B을 받는다.

방콕과 동일한 택시도 운행되지만 미터 요금을 받는 기사는 없다. 나톤 선착장에서 차웽까지 600B으로 공시되어 있으나, 탑승 전에 미리 요금을 흥정해야 한다. 주요 해변에서는 콜택시 애플리케이션인 그랩 Grab 또는 볼트 Bolt를 이용해도 된다. 정해진 요금을 미리 확인할 수 있어 편리하다. 오토바이 대여는 기종에 따라 200~300B을 받는다. 오토바이 운전할 때는 항상 안전에 유의해야 한다.

썽태우

Attraction

섬의 크기에 비해 볼거리는 많지 않다. 남녀 성기를 닮은 바위인 힌따 & 힌야이와 거대한 불상인 빅 부다 (프라 야이) Big Buddha(Phra Yai) 정도가 그나마 시간을 내서 찾아가 볼 만하다. 꼬 싸무이를 찾는 많은 여행자들은 해변에서의 휴식과 감미로운 저녁식사에 비중을 두기 때문에 볼거리가 없다고 불평하는 사람은 드물다.

해변 ★★★★
Beaches

섬 전체 둘레가 100km나 되는 거대한 섬이다. 덕분에 기다란 모래해변들을 많이 간직하고 있다. 상대적으로 동쪽 해변이 발달했는데, 차웽 Chaweng이 가장 아름다운 해변으로 알려져 있다. 차웽 남쪽의 라마이 Lamai도 고운 모래와 기다란 해변으로 인해 인기가 있다. 섬의 북쪽은 매남 Mae Nam, 보풋 Bo Phut, 방락 Bang Rak이 유명하다. 매남은 한적한 해변 풍경이 남아 있고, 보풋은 어촌 마을과 부티크 호텔이 어울려 낭만적이다. 방락은 꼬 팡안을 드나드는 선착장을 제외하면 아직까지는 평화롭다.

힌따 & 힌야이 ★★☆
Hin Ta & Hin Yai

라마이 해변 남쪽에 있는 독특한 모양의 바위다. 힌따는 남자 성기를 닮았고, 힌야이는 여자 성기를 닮았다. 특이하게도 같은 공간에 두 개의 바위가 쌍으로 존재해 사람들의 이목을 집중시키고 있다. 민망한 모양새 때문인지 태국인들은 얌전한 이름을 붙였는데, 힌따는 할아버지 바위, 힌야이는 할머니 바위라는 뜻이다.

꼬 싸무이 최대의 볼거리답게 연일 관광객을 태운 버스들이 쉼없이 드나든다. 입구에는 상가가 형성되어 있으며, 힌야이 왼쪽으로 라마이 해변이 시원스레 내려다보이는 전망대가 있다. 전망대는 출입구를 만들어 별도의 입장료(10B)를 받는다.

빅 부다(프라 야이) ★★☆
Big Buddha(Phra Yai)

방락 해변 끝자락에 있는 대형 황동 불상이다.

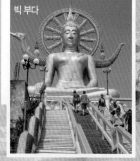
빅 부다

힌따

라마이 해변

힌야이

528

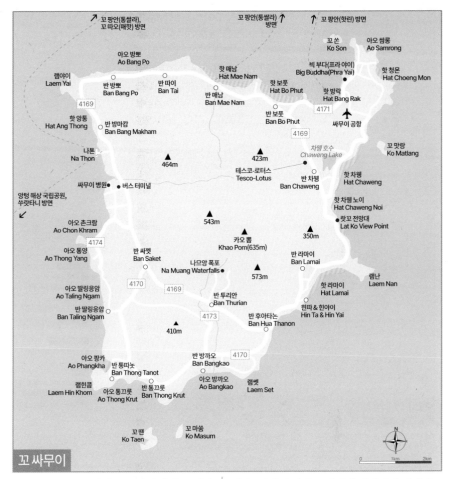

꼬 팡안(통쌀라), 꼬 따오(매핫) 방면

꼬 팡안(통쌀라) 방면

꼬 팡안(핫린) 방면

아오 방뽀
Ao Bang Po

핫 매남
Hat Mae Nam

꼬 쏜
Ko Son

아오 쌈롱
Ao Samrong

램야이
Laem Yai

반 방뽀
Ban Bang Po

반 따이
Ban Tai

빅 부다(프라 야이)
Big Buddha(Phra Yai)

핫 청몬
Hat Choeng Mon

반 매남
Ban Mae Nam

핫 보풋
Hat Bo Phut

핫 방락
Hat Bang Rak

핫 앙통
Hat Ang Thong

반 방마캄
Ban Bang Makham

4169

반 보풋
Ban Bo Phut

4171

나톤
Na Thon

464m

423m

차웽 호수
Chaweng Lake

싸무이 공항
싸무이 공항

4169

꼬 맛랑
Ko Matlang

앙텅 해상 국립공원,
쑤랏타니 방면

싸무이 병원 · 버스 터미널

테스코-로터스
Tesco-Lotus

반 차웽
Ban Chaweng

핫 차웽
Hat Chaweng

아오 촌크람
Ao Chon Khram

543m

카오 뽐
Khao Pom(635m)

350m

핫 차웽 노이
Hat Chaweng Noi

랏꼬 전망대
Lat Ko View Point

4174

아오 통양
Ao Thong Yang

반 싸켓
Ban Saket

나무앙 폭포
Na Muang Waterfalls

573m

반 라마이
Ban Lamai

램난
Laem Nan

아오 딸링응암
Ao Taling Ngam

4170

4169

반 투리안
Ban Thurian

핫 라마이
Hat Lamai

반 딸링응암
Ban Taling Ngam

410m

4173

반 후아타논
Ban Hua Thanon

힌따 & 힌야이
Hin Ta & Hin Yai

아오 팡카
Ao Phangkha

반 통따놋
Ban Thong Tanot

반 방까오
Ban Bangkao

4170

램힌콤
Laem Hin Khom

아오 통끄룻
Ao Thong Krut

반 통끄룻
Ban Thong Krut

아오 방까오
Ao Bangkao

램쌧
Laem Set

꼬 땐
Ko Taen

꼬 마쑴
Ko Masum

N

0   1km   2km

꼬 싸무이

높이 15m의 좌불상으로 불상까지는 계단이 연결된다. 불상 뒤로는 방락을 포함해 매남까지 이어지는 기다란 해안선과 꼬 팡안 풍경까지 시원스레 펼쳐진다. 빅 부다 덕분에 방락 해변은 '빅 부다 비치 Big Buddha Beach'라고 불린다. 방락 선착장에서는 풀문 파티가 열리는 꼬 팡안의 핫린까지 직행하는 보트가 출발한다.

랏꼬 전망대 ★★
Lat Ko View Point

라마이에서 차웽으로 넘어가는 언덕에 있다. 전망대에서는 섬의 동쪽 해안선이 끝없이 펼쳐

진다. 전망대 아래로 계단이 바다까지 이어진다. 전망대 주변으로 분위기 좋은 레스토랑들도 들어서 있다.

랏꼬 전망대

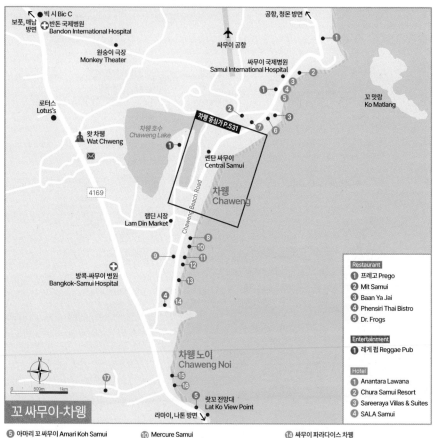

보롯, 매남 방면
빅 시 Bic C
반돈 국제병원 Bandon International Hospital
공항, 청몬 방면
싸무이 공항
원숭이 극장 Monkey Theater
싸무이 국제병원 Samui International Hospital
꼬 맛랑 Ko Matlang
로터스 Lotus's
왓 차웽 Wat Chweng
차웽 호수 Chaweng Lake
차웽 중심가 P.531
쎈탄 싸무이 Central Samui
4169
차웽 Chaweng
램딘 시장 Lam Din Market
Chaweng Beach Road
방콕-싸무이 병원 Bangkok-Samui Hospital
차웽 노이 Chaweng Noi
N
0 500m 1km
꼬 싸무이-차웽
라마이, 나톤 방면
랏꼬 전망대 Lat Ko View Point

Restaurant
1 프레고 Prego
2 Mit Samui
3 Baan Ya Jai
4 Phensiri Thai Bistro
5 Dr. Frogs

Entertainment
1 레게 펍 Reggae Pub

Hotel
1 Anantara Lawana
2 Chura Samui Resort
3 Sareeraya Villas & Suites
4 SALA Samui

5 아마리 꼬 싸무이 Amari Koh Samui
6 Muang Samui Resort
7 차웽 빌라위 호텔 Chaweng Villawee Hotel
8 쎈타라 리저브 Centara Reserve
9 차웽 버짓 호텔 Chaweng Budget Hotel

10 Mercure Samui
11 차웽 코브 리조텔 Chaweng Cove Resotel
12 Anavana Beach Resort
13 Samui Resotel Beach Resort

14 싸무이 파라다이스 차웽 Samui Paradise Chaweng
15 New Star Beach Resort
16 임피아나 리조트 Impiana Resort
17 정글 클럽 Jungle Club

차웽 비치   보롯 비치

Beach

꼬 싸무이에서는 어떤 해변에 묵느냐에 따라 여행의 성격이 결정된다.
시끌벅적함을 좋아한다면 차웽을, 차분함을 좋아한다면 매남을 택하면
된다. 차웽의 비싼 물가가 부담된다면 라마이 해변을 택해도 된다. 유럽
풍의 부티크 호텔과 카페가 가득한 보풋을 선호하는 여행자도 많다.

차웽 중심가

Chaweng

차웽 호수
Chaweng Lake

Green Mango

일방통행

SCB

쎈탄 싸무이
Central Samui

일방통행

일방통행

Restaurant

1. 그린 버드 레스토랑 A1
2. Onion 2 Restaurant A1
3. ZeZe(지중해 음식점) A1
4. Duomo(이탈리아 음식점) A1
5. Top Ten BBQ A1
6. Sapore Italian Kitchen A1
7. Galanga Restaurant A1
8. Onion Restaurant A2
9. 카우 끄롱 Khaw Glong A1
10. 누리 인디아 레스토랑 A2
    Noori India Restaurant
11. 피자 컴퍼니, 맥도날드, 버거킹 A2
12. 페이지 레스토랑 The Page Restaurant A2
13. 카오산 레스토랑 Khaosan A2
14. Stacked Samui A2

Entertainment

1. 엘리펀트 비치 클럽 A1
2. 아크 바 Ark Bar A1
3. 그린 망고 클럽 Green Mango Club A1
4. Ice Bar Samui A1
5. Bondi Aussie Bar A1
6. 레게 펍 Reggae Pub A2
7. 트로피컬 머피 Tropical Murphy's A2
8. The Duke Pub A2

Hotel

1. Chaweng Regent Beach Resort A1
2. Montien House A1
3. 랍디 Lub D A1
4. 아크 바 리조트 Ark Bar Resort A1
5. 반 차웽 비치 리조트 A1
   Baan Chaweng Beach Resort
6. 차웽 부리 리조트 Chaweng Buri Resort A2
7. 라이브러리 The Library A2
8. 킹스 가든 리조트 King's Garden Resort A2
9. 오쏘 차웽 싸무이 OZO Chaweng Samui A2
10. 부리라싸 빌리지 Buri Rasa Village A2
11. 바나나 팬시 비치 리조트 A2
    Banana Fan Sea Resort
12. Synergy Samui Resort A2
13. Avani Chaweng Samui Hotel A2
14. 알스 리조트 Al's Resort A1
15. COSI Samui Chaweng Beach A2

차웽 Chaweng

꼬 싸무이를 대표하는 해변이다. 꼬 싸무이에서 가장 길고 아름다운 해변인 덕분에 가장 먼저 개발되어 고급 휴양지로 변모했다. 6km에 이르는 고운 모래해변과 깨끗한 바다가 인기의 비결. 리조트들이 빼곡히 들어서 있어 인기를 실감케 한다. 해변은 이른 아침부터 덱 체어가 놓이고, 제트스키로 인해 분주하게 느껴진다.

해변 도로는 차웽이 얼마나 번화한지 단적으로 보여준다. 편안한 휴식을 제공하기 위해 리조트들이 자기들만의 공간을 갖고 있다면, 해변 도로는 차웽을 드나드는 모든 이들을 위한 식사와 쇼핑, 놀거리를 제공한다. 무더운 낮시간의 해변 도로는 신기하다 싶을 정도로 썰렁하다. 하지만 저녁이 되면 유흥업소들이 활기를 띠기 시작해 자정을 전후해 절정을 이룬다. 차웽은 휴양과 놀이를 동시에 즐기기 적합하지만, 다른 해변과 달리 저렴한 숙소가 없기 때문에 충분한 예산이 필요하다. 물론 소란스러운 것을 싫어하는 사람은 애초부터 다른 해변에 터를 잡는다. 차웽 해변 남쪽에는 작지만 한적한 차웽 노이 Chaweng Noi가 있다.

레스토랑

태국 음식을 비롯해 이탈리아, 멕시코, 브라질, 러시아 음식까지 국제적인 음식 문화를 자랑한다. 고급 리조트들이 많아 그에 부응하는 시설 좋고 분위기 만점의 레스토랑이 가득하다. 해변 도로에도 레스토랑이 가득하지만 리조트마다 자체 레스토랑을 운영해 결코 부족함이 없다. 대신 전문 타이 레스토랑은 드문 편이다. 맥도날드와 스타벅스 커피 간판이 오히려 어색하지 않다.

그린 버드 레스토랑 ★★★☆
Green Bird Restaurant

차웽 해변에서 흔치 않은 평범한 태국 식당이다. 위치도 눈에 잘 띄지 않는 상가 안쪽 골목에 있다. 입소문으로 유명해진 곳으로 팟타이부터 뿌팟퐁까리까지 웬만한 태국 음식을 요리해낸다. 저렴하게 즐길 수 있는 덮밥 형태의 단품 요리도 많다. Map P.531-A1 주소 166/21 Chaweng Beach Road, Central Chaweng 전화 08-6906-4638 영업 11:00~22:00 메뉴 영어, 태국어 예산 150~490B 가는 방법 해변 도로 중심가에 있는 몬티엔 하우스 Montien House 입구 맞은편의 상가 골목 안쪽에 있다. 차웽 빌라위 호텔 Chaweng Villawee Hotel 옆 골목으로 입구

에 간판이 세워져 있다.

카우 끄롱 ★★★☆
Khaw Glong

차웽에서 유명한 태국 음식점. 골목 안쪽에 있고 규모도 작지만 음식 맛 덕분에 외국인 관광객에게 엄청난 인기를 누린다. MSG를 사용하지 않고 신선한 식재료를 이용해 요리한다. 식당 규모가 작고 손님이 많아서 요리하는데 시간이 걸리는 편이다. 수요일에는 문을 닫는다. Map P.531-A1 주소 200/12 Moo 2, Chaweng Beach Road 전화 09-2446-5919 홈페이지 www.khawglong.com 영업 15:00~22:00(휴무 수요일) 메뉴 영어, 태국어 예산 260~650B 가는 방법 센탄 싸무이(쇼핑몰)과 가까운 알스 리조트 Al's Resort로 들어가는 골목 안쪽.

펜씨리 타이 비스트로 ★★★☆
Phensiri Thai Bistro

외국인 관광객이 추천하는 태국 음식점. 북적대지 않는 차웽 해변 남쪽의 내륙 도로에 있다. 비스트로 분위기로 깔끔하게 꾸몄으며 오픈 키친이라 청결하게 요리한다. 신선한 식재료와 향긋한 허브가 잘 어울린다. 쏨땀, 팟타이, 마싸만 카레, 똠얌꿍 같은 익숙한 태국 음식을 요리

한다. 요리 강습(쿠킹 클라스)도 운영한다.
Map P.530 주소 Thanon Suan Uthit 전화 0-7794-5151 영업 12:00~22:00 메뉴 태국어, 영어 예산 250~790B 가는 방법 차웽 해변 남쪽의 내륙 도로(타논 쑤언 우팃)에 있는 뉴 빌라 The New Villa 맞은편에 있다.

반 야 짜이
Baan Ya Jai ★★★★

태국인 가족이 운영하는 아담한 레스토랑이다. 깔끔한 식당 내부만큼이나 정갈한 태국 음식을 맛 볼 수 있다. 관광지답게 외국인이 선호하는 태국 음식 위주로 선별해 요리한다. 예약은 받지 않고 먼저 오는 대로 자리를 만들어 준다.
Map P.530 주소 161/10 Moo 2, Thanon Choengmon 전화 09-9479-0707 홈페이지 www.baanyajai.com 영업 월~목, 토~일 13:00~22:00(휴무 금요일) 메뉴 영어, 태국어 예산 180~590B 가는 방법 차웽 해변 북쪽의 므앙 싸무이 리조트 지나서 오른쪽 골목 안쪽에 있다.

밋 싸무이
Mit Samui Restaurant ★★★☆

차웽에서 가장 큰 태국 식당이라고 광고하는 곳. 해변에서 떨어져 있지만 규모가 커서 찾아오는 손님들이 많다. 에어컨 없는 로컬 레스토랑으로 다양한 시푸드와 이싼 음식을 요리한다. 쏨땀, 팟타이, 똠얌꿍, 호이라이 팍 프릭(조개 볶음), 뿌팟퐁까리(게 카레)까지 웬만한 태국 음식을 전부 요리한다.
Map P.530 주소 184/27 Moo 2, Chaweng 전화 08-9727-2034 홈페이지 www.facebook.com/Mitsamuirestaurant 영업 11:00~23:00 메뉴 영어, 태국어, 중국어 예산 150~450B 가는 방법 차웽 해변 북쪽의 내륙 도로에 있다.

쎈탄 싸무이
Central Samui ★★★

태국의 대표적인 백화점 기업인 쎈탄(센트럴)에서 운영하는 대형 쇼핑 몰이다. 푸드 파크 Food Park, 더 키친 The Kitchen, 비치 잇츠 Beach Eats, 씨 바 C Bar, 케이에프씨 KFC, 엠케이 레스토랑 MK Restaurant, 샤부시 Shabushi, 후지 레스토랑 Fuji Restaurant을 포함해 다양한 카페와 레스토랑이 들어서 있다. 차웽 해변 중심가에 있어 드나들기 편리하다.
Map P.531-A2 주소 209 Moo 2 Chaweng Beach Road 전화 0-7796-2777 홈페이지 www.centralsamui.com 영업 11:00~23:00 메뉴 영어, 태국어 예산 180~890B 가는 방법 해변 도로 중심가에 있다.

프레고
Prego ★★★★

차웽의 럭셔리 리조트인 아마리 꼬 싸무이(P.536 참고)에서 운영하는 이탈리아 레스토랑이다. 이탈리아 밀라노 출신의 주방장이 직접 요리를 선보인다. 파스타와 피자는 말할 것도 없고 리소토까지 맛이 훌륭하다. 식재료로 쓰는 허브까지 이탈리아에서 공수해올 정도다.
Map P.530 전화 0-7730-0317, 0-7730-0306 홈페이지 www.prego-samui.com 영업 11:00~23:00 메뉴 영어, 이탈리아어 예산 360~960B 가는 방법 해변 북쪽의 아마리 꼬 싸무이(리조트) 맞은편에 있다. 해변과 접한 호텔 건물이 아니라 해변 도로에 있다.

나이트라이프

푸껫에 빠똥이 있다면 꼬 싸무이에는 차웽이 있다. 밤 시간 차웽 최대의 번화가는 해변 도로 중심가에 있는 쏘이 그린 망고 Soi Green Mango다. U자형 골목을 따라 클럽과 술집이 가득하다. 유럽인들이 많은 곳인 만큼 노천 바도 성업 중이다. 가볍게 맥주 한 잔 하는 건 괜찮지만, 노천 바에서 일하는 호스티스들의 호객행위에 주의하자. 차웽 밤 문화를 즐길 때 유의할 사항은 오토바이를 몰고 가지 말 것. 매년 음주로 인한 오토바이 사망사고가 발생함을 상기해야 한다.

아크 바
Ark Bar ★★★☆

아크 바 리조트 Ark Bar Resort에서 운영하는 클럽. 모래사장 위에 누울 수 있는 기다란 평상을 가득 배치한 해변의 술집이다. 비치 파티 Beach Party를 주도하는 곳으로 젊은 여행자들이 많이 모여든다. 낮에도 야외 수영장에서 파티가 이어진다. 밤 9시에는 해변에서 불 쇼를 선보인다.

Map P.531-A1 주소 159/75 Moo 2 Chaweng Baech 전화 0-7742-2047 홈페이지 www.ark-bar.com 메뉴 영어, 태국어 예산 140~380B 가는 방법 쏘이 그린 망고 지나서 해변 도로에 있는 맥도널드 옆, 탑텐 비비큐 Top Ten BBQ 옆 골목으로 들어가도 된다.

엘리펀트 비치 클럽 ★★★☆
Elephant Beach Club

해변을 끼고 있는 레스토랑을 겸한 클럽이다. 낮에는 야외 테라스와 해변 덱체어에서 식사하며 시간을 보내다가, 저녁이 되면 클럽으로 변모한다. 밤이 되면 해변에서 불 쇼도 펼쳐진다. 덱체어를 이용할 경우 400B 이상 식사를 해야 한다. 수영장 이용도 가능하다.

Map P.531-A1 주소 159 Moo 2, Chaweng 전화 09-1034-5261 홈페이지 www.elephantbeachclub.com 영업 10:00~01:00 메뉴 영어 예산 맥주 160~280B, 메인 요리 360~800B 가는 방법 차웽 해변 북쪽에 있다. 랍디(호텔) 랍디 Lub D에서 운영하는 트로피컬 비치 클럽 Tropics Beach Club 옆에 있다.

트로피컬 머피 ★★★
Tropical Murphy's Irish Pub

전형적인 아이리시 펍으로 레스토랑을 겸한다. 아침세트 메뉴, 스파게티, 버거, 피시&칩스, 스테이크 같은 음식을 요리한다. 기네스, 킬케니를 포함해 다양한 맥주를 보유하고 있다. 스포츠 중계를 보면서 시간을 보내는 유럽인 관광객들이 많다.

Map P.531-A2 주소 14/40 Moo 2 Chaweng Beach Road 전화 0-7741-3614 홈페이지 www.tropicalmurphys.com 영업 15:00~24:00 메뉴 영어 예산 맥주 150~290B, 식사 235~595B 가는 방법 해변도로 중앙의 맥도널드 와 피자 컴퍼니 Pizza Company 맞은편에 있다.

레게 펍 ★★★
Reggae Pub

밥 말리 추종자가 아니더라도 꼬 싸무이를 찾는 많은 이에게 즐거운 밤 시간을 선사하는 곳이다. 35년의 역사를 자랑한다. 차웽에서 가장 오래되었는데도 인기는 변함없다. 포켓볼 경연이나 댄스 홀 파티 등 다양한 이벤트도 열린다.

Map P.531-A2 주소 3/3 Moo 2, Soi Reggae 전화 0-7742-2331 홈페이지 www.reggaepubkohsamui.com 영업 18:00~02:00 예산 150~300B 가는 방법 차웽 호수 남단에 있다.

그린 망고 클럽 ★★★
Green Mango Club

레게 펍과 함께 양대 산맥을 이루는 클럽. 워낙 유명해서 클럽으로 들어가는 골목이 쏘이 그린 망고로 불릴 정도다. 공장 창고처럼 생긴 입구와 달리 실내는 넓다. 힙합과 테크노 음악이 주를 이룬다. 같은 골목에 바와 클럽이 몰려 있다.

Map P.531-A1 주소 195 Moo 2 Chaweng Beach Road 전화 0-7730-0672 홈페이지 www.thegreenmango club.com 영업 18:00~03:00 예산 120~500B 가는 방법 쏘이 그린 망고 Soi Green Mango 골목 안쪽에 있다. 본다이 오지 바 Bondi Aussie Bar 옆 골목으로 들어가면 된다.

숙소

1,000B 이하의 숙소는 해변 도로 안쪽에 몇 군데 있으나 시설은 단순하다. 꼬 싸무이를 찾는 관광객들이 가장 선호하는 해변인 만큼 다른 해변의 동급 호텔에 비해 요금이 비싸다. 다음 소개한 모든 숙소는 성수기 요금을 기준으로 했으며, 피크 시즌(12월 10일~1월 10일)에는 요금을 추가로 인상한다.

정글 클럽 ★★★★
Jungle Club

차웽 노이 해변에 있어 접근이 불편하지만

체크인하고 나면 생각이 바뀐다. 자연과 자연스럽게 조화를 이루는 11동의 방갈로는 깔끔하다. 부엌을 갖춘 4~5인실인 정글 빌라도 운영한다. 내륙의 언덕에 있어 꼬 싸무이 해안선이 시원스레 내려다보인다. 특히 수영장에서 바라보는 풍경이 뛰어나다.

Map P.530 주소 Chaweng Noi Beach 전화 08-1894-2327, 08-1891-8263 홈페이지 www.jungleclubsamui.com 요금 정글 방갈로 1,800B, 정글 하우스 2,700B, 정글 로지 3,700B, 정글 스위트 4,700B 가는 방법 차웽 해변 남쪽의 작은 해변인 차웽 노이 해변 쉐라톤 싸무이 리조트 Sheraton Samui Resort 입구 맞은편의 언덕길로 2km 올라가야 한다.

랍디
Lub D Koh Samui Chaweng Beach ★★★★

방콕과 푸껫에서 인기 있는 여행자 숙소인 '랍디'의 꼬 싸무이 지점이다. 젊고 밝은 취향의 숙소로 도미토리를 운영하는 특징이다. 해변을 끼고 있는 리조트처럼 꾸몄으며 수영장도 갖추고 있다. 신축 건물이라 깨끗하다. 트로피컬 비치 클럽 Tropics Beach Club을 함께 운영한다.

Map P.531-A1 주소 159/99 Moo 2, Chaweng Beach 전화 0-7723-0333 홈페이지 www.lubd.com 요금 도미토리 750B(에어컨, 공동욕실), 더블 2,200~3,800B(에어컨, 개인욕실, TV, 냉장고, 아침식사) 가는 방법 해변 북쪽의 끄룽타이 은행 Krungthai Bank 옆 골목 안쪽에 있다.

코씨 싸무이 차웽 비치(롱램 코씨)
COSI Samui Chaweng Beach ★★★☆

쎈타라 호텔(5성급 호텔을 운영하는 태국 호텔 업체)에서 운영하는 3성급 호텔이다. 밝고 캐주얼한 느낌의 호텔이다. 쎈탄 싸무이(쇼핑 몰) 옆에 위치가 좋다. 화이트 톤의 객실은 미니멀하게 꾸몄다. 객실은 18㎡ 크기로 아담하다. 옥상에 수영장이 있다.

Map P.531-A2 주소 209/1-2 Moo 2, Chaweng 전화 0-7743-0123 홈페이지 www.centarahotelsresorts.com 요금 더블 1,200~1,600B(에어컨, 개인욕실, TV, 냉장고)

가는 방법 해변 도로 중심가인 쎈탄 싸무이(쇼핑 몰) 옆에 있다.

차웽 빌라위 호텔
Chaweng Villawee Hotel ★★★★

해변과는 조금 떨어져 있지만 차웽에서 가성비 좋은 호텔이다. 수영장을 갖춘 3성급 호텔이다. 객실은 24㎡ 크기로 평범하다. 수영장이 보이는 객실(Superior Pool View)과 수영장으로 직행할 수 있는 1층 객실(Deluxe Pool Access)이 더 비 싸고 시설도 좋다. 직원이 친절하며 깨끗하게 관리되고 있다. 공항과 가까워 비행기 소음이 들리기도 한다.

Map P.530 주소 174 Moo.2, Chaweng 전화 0-7733-2999 홈페이지 www.chawengvillawee.com 요금 슈피리어 2,000B, 딜럭스 2,600B 가는 방법 해변 도로 북쪽의 체스 싸무이 호텔 The Chess Samui Hotel 맞은편 골목에 있다.

차웽 코브 리조텔(차웽 코브 비치 리조트)
Chaweng Cove Resotel ★★★★

차웽의 고급 호텔로 가격에 합당한 객실을 운영한다. 호텔과 단독 빌라로 구분된다. 정원과 수영장 주변의 빌라는 딜럭스 시설이다. 빌라들이 서로 가깝게 붙어 있는 게 단점이지만 시설과 서비스는 좋다. 해변과 접한 수영장은 3단으로 이루어져 독특하다.

Map P.530 주소 17/4 Moo 3 Chaweng Beach 전화 0-7742-2509 홈페이지 www.chawengcove.com 요금 슈피리어 3,400B, 슈피리어 방갈로 4,200B, 풀 사이드 방갈로 4,600B 가는 방법 해변 남쪽의 포피스 리조트 옆에 있다.

오쏘 차웽 싸무이
OZO Chaweng Samui ★★★★

트렌디한 느낌을 강조한 젊은 감각의 현대적인 호텔이다. 해변과 접해 있고 야외 수영장을 갖추고 있다. 객실은 슬립 룸부터 드림 비치까지 객실의 위치에 따라 구분해 요금을 다르게 받는다. 객실 크기는 25㎡로 작은 편이다. 개인욕실에는 샤워 부스가 설치되어 있다. 밝고 경쾌한 느낌을 주는 3성급 호텔로 208개의 객실을 운영한다.

Map P.531-A2 주소 Chaweng Beach 전화 0-7733-4300 홈페이지 www.ozohotels.com/chaweng-samui 요금 슬립 룸 4,600B, 드림 오션 5,700B, 드림 비치 7,800B 가는 방법 해변 중간의 부리라싸 리조트를 지나서 차웽 워크 Chaweng Walk 골목 옆에 있다.

아바니 차웽 싸무이 호텔 ★★★★
Avani Chaweng Samui Hotel

태국의 주요 도시와 해변에 5성급 호텔을 운영하는 아바니 호텔에서 운영한다. 차웽 해변 지점은 해변을 끼고 있으며 넓은 야외 수영장을 갖추고 있다. 화이트 톤의 3층 건물로 모던한 객실에 발코니가 딸려 있다.

Map P.531-A2 주소 209/10 Moo 2, Chaweng Beach 전화 0-7795-6808 홈페이지 www.avanihotels.com 요금 쿨 풀 뷰 룸 4,200~4,800B, 스위트 시 브리즈 룸 5,000~5,600B 가는 방법 차웽 해변 남쪽에 있다.

바나나 팬시 리조트 ★★★★
Banana Fan Sea Resort

차웽 해변의 인기 리조트 가운데 하나다. 마룻바닥을 깔고 티크목 가구를 배치해 태국적인 느낌을 살렸다. 객실은 20~24㎡ 크기로 3성급 호텔 수준이다. 객실 수준에 비해 방 값은 약간 비싸지만 쾌적하고 현대적인 시설이라 손님들이 많다. 직원들의 서비스도 수준급이다.

Map P.531-A2 주소 201 Moo 2 Chaweng Beach 전화 0-7741-3483~6 홈페이지 www.bananafansea.com 요금 슈피리어 5,400B, 딜럭스 6,200~8,900B 가는 방법 해변 중앙의 부리라싸 리조트 옆에 있다.

반 차웽 비치 리조트 ★★★★
Baan Chaweng Beach Resort

3성급 리조트이지만 시설이 좋다. 잘 가꾼 정원에 공간 구성이 여유롭고 넓고 깨끗한 객실을 운영한다. 모두 94개의 객실로 일반 룸은 복층 건물을 사용하고, 딜럭스 이상은 단독 방

갈로들로 정원이나 해변을 끼고 있다.

Map P.531-A1 주소 90/1 Moo 2 Chaweng Beach 전화 0-7730-0564~6 홈페이지 www.baanchawengbeachresort.com 요금 슈피리어 4,800B, 딜럭스 5,600~7,400B 가는 방법 해변 중앙에 있다. 해변 도로 중심가의 방콕 은행 앞에서 해변으로 들어가면 된다.

부리라싸 빌리지 ★★★★☆
Buri Rasa Village

'빌리지'라는 이름을 붙일 만큼 독자적인 공간을 구성하고 있다. 차웽뿐만 아니라 꼬 싸무이의 대표적인 부티크 리조트다. 목조건물이 가미된 고급스런 빌라 형태로 태국적인 감각으로 우아하게 객실을 꾸몄다. 정원에서 연결된 보행로도 부티크한 느낌이 들 정도로 아늑하다.

Map P.531-A2 주소 11/2 Moo 2 Chaweng Beach 전화 0-7723-0222 홈페이지 www.burirasa.com 요금 딜럭스 8,500B 가는 방법 해변 중간의 바나나 팬시 리조트 옆에 있다.

아나바나 비치 리조트 ★★★★☆
Anavana Beach Resort

오랫동안 변함없이 인기를 누리는 고급 리조트. 태국 전통 건축 양식을 그대로 살려 코티지 형태로 건설했다. 우아하고 낭만적인 느낌과 현대적인 객실 시설을 동시에 느낄 수 있다. 24개의 독립 건물들이 열대 정원이 들어서 있어 평화롭다. 숙박 인원이 적은 만큼 직원들의 친절한 서비스를 받을 수 있다. 해변을 끼고 있으며 야외 수영장과 스파 시설을 갖추고 있다.

Map P.530 주소 28/1 Moo 3 Chaweng Beach 전화 0-7742-2419 홈페이지 www.anavanagroup.com 요금 딜럭스 코티지 7,500~1만 2,500B 가는 방법 해변 남쪽의 차웽 코브 리조텔 옆에 있다.

아마리 꼬 싸무이 ★★★★★
Amari Koh Samui

태국을 대표하는 호텔인 아마리에서 운영한다. 5성급 고급 리조트로 그에 걸맞은 럭셔리함과 최상의 서비스를 받을 수 있다. 가장 작은 객

실인 슈피리어 룸 크기가 32㎡나 된다. 태국적인 디자인과 현대적인 시설을 동시에 즐길 수 있다. Map P.530 주소 14/3 Chaweng Beach Road 전화 0-7730-0306~09 홈페이지 www.amari.com/koh-samui/ 요금 슈피리어 6,200~8,500B, 딜럭스 7,800~1만 1,000B 가는 방법 해변 북쪽에 있다.

쎈타라 리저브
Centara Reserve
★★★★★

태국의 대표적인 호텔인 쎈타라에서 운영한다. 2023년 아시아 태평양 지역 럭셔리 리조트로 선정되기도 했다. 203개의 객실을 갖춘 5성급 호텔로 현대적인 건물이 바다를 향하고 있다. 객실은 발코니에서 해변을 바라보도록 설계됐다. 객실이 많은 만큼 호텔 부지도 넓고 수영장도 크다. 럭셔리한 풀 빌라도 있다. 스파, 피트니스와 6개의 부속 레스토랑을 함께 운영한다.
Map P.530 주소 38/2 Moo 3 Chaweng Beach 전화 0-7723-0500 홈페이지 www.centarahotelsresorts.com 요금 딜럭스 9,000~1만 2,000B(비수기 4,650B) 가는 방법 해변 남쪽에 있다.

라이브러리
The Library
★★★★★

디자인에 정성을 가득들인 매혹적인 부티크 호텔이다. 단순함을 지상의 과제로 삼아 럭셔리하게 꾸몄다. 화이트 톤으로 말끔하게 꾸며진 객실에는 42인치 평면 TV와 DVD, 아이맥 컴퓨터까지 비치되어 있다. 모든 객실은 복층 구조로 아래층은 스튜디오, 위층은 스위트룸으로 쓰인다. 방 번호는 Page 1부터 Page 26으로 붙여졌고, 수영장과 가장 가까운 방은 북마크 Bookmark라고 불린다. 흰색의 건물에 붉은색으로 수영장을 만들어 대비를 이룬다.
Map P.531-A2 주소 14/1 Moo 2 Chaweng Beach 전화 0-7742-2767~8 홈페이지 www.thelibrary.co.th 요금 스튜디오 1만 3,500~1만 6,000B, 스위트 1만 8,000~2만 2,000B 가는 방법 해변 중앙의 반 싸무이 리조트 Baan Samui Resort 옆에 있다.

해변

라마이 Lamai

꼬 싸무이에서 차웽 다음으로 유명한 해변으로 4㎞에 이르는 기다란 모래해변을 갖고 있다. 해변은 길지만 차웽에 비해 아름다움은 떨어진다. 차웽이 고급 리조트들의 각축장이 되면서 경제적인 숙소를 원하는 여행자들이 차웽 대안으로 라마이를 찾아온다. 나이트라이프도 차웽에 비해 조용한 편이라 적당한 휴식과 유흥을 즐길 수 있다.
해변 도로 중심가는 라마이의 다운타운으로 각종 편의시설이 몰려 있다. 해변 북쪽은 어촌 마을로 인해 개발이 더뎌 한적한 편이고, 해변 중앙에 고급 리조트가 있다. 해변 남쪽 끝은 꼬 싸무이를 대표하는 볼거리인 힌따 & 힌야이 Hin Ta & Hin Yai가 있다.

숙소

쌀라타이 레스토랑
Sala Thai Restaurant
★★★☆

라마이 해변의 터줏대감 같은 레스토랑이다. 티크 나무를 이용해 태국 전통 양식으로 만들었다. 단순히 태국 음식만 요리하는 것이 아니라 시푸드, 그릴 요리, 스테이크, 피자, 폭 립, 슈니첼까지 메뉴가 다양하다.
Map P.539-A1 주소 124/115 Moo 3, Lamai 전화 08-8760-7125 홈페이지 www.facebook.com/Salathairestaurant 영업 13:30~20:30 메뉴 영어, 태국어 예산 200~800B 가는 방법 해변 도로 중심가인 라마이 나이트 플라자 옆에 있다.

바오밥 싸무이
Baobab Samui
★★★☆

라마이 해변을 끼고 있는 레스토랑이다. 모래사장 위에 놓인 테이블과 파라솔 덕분에 열대 섬의 해변 분위기가 물씬 풍긴다. 바게트 샌드위치, 파스타, 피자, 샐러드, 태국 음식까지 외국 여행자들이 좋아할 만한 음식을 골고루 요리한다. 편안하고 여유로운 분위기로 인해 인기가 있다.

Map P.539-B2 주소 Lamai Beach 전화 08-4838-3040 영업 09:00~18:00 메뉴 영어 예산 250~480B 가는 방법 힌따 & 힌야이와 가까운 해변 남쪽의 빌 리조트 옆에 있다. 내륙에서 들어갈 경우 암마따라 뿌라 풀 빌라 Ammatara Pura Pool Villas를 지나서 바닷가 쪽으로 내려가면 된다.

싸비앙레
Sabieng Lae
★★★☆

태국 음식과 해산물을 전문으로 하는데, 다른 곳과 달리 태국 음식 본래의 맛과 향을 잘 유지하고 있다. 차나 오토바이를 타고 힌따·힌야이를 방문하는 현지인들이 즐겨 찾던 곳이었으나, 입소문이 퍼져 외국인들도 많이 찾아온다.

Map P.539-B2 전화 0-7723-2651 홈페이지 www.sabienglae.com 영업 10:00~22:00 메뉴 영어, 태국어 예산 220~770B 가는 방법 힌따 & 힌야이 입구를 바라보고 오른쪽으로 200m 떨어진 해변에 있다.

스파 & 마사지

타마린드 스프링
Tamarind Springs
★★★★

해변이 아니라 숲속에 자리한 웰니스 센터다. 커다란 바위와 수영장은 조경 자체가 명상을 가능케 한다. 바위 동굴을 이용해 만든 허벌 스팀 사우나가 유명하다. 단독 빌라로 구성된 타마린드 스프링 빌라를 함께 운영한다. 최소 3박을 숙박해야 한다.

Map P.539-A1 전화 08-5926-4626 홈페이지 www.

tamarindsprings.com 영업 10:00~20:00 요금 스팀 & 드림(90분) 1,500B, 스파 패키지(4시간) 5,500B(+17% Tax) 가는 방법 해변 북쪽의 스파 리조트 맞은편 언덕에 있다.

숙소

차웽에 비해 저렴한 방갈로들이 제법 남아 있어, 개별 여행자들이 많이 묵는 편이다. 해변 중앙은 리조트들이 들어서면서 점점 고급화되고 있다. 저렴한 방갈로들은 해변 남쪽의 힌따 & 힌야이 주변에 몰려 있다.

뉴 헛 방갈로
New Hut Bungalows
★★★

오랫동안 저렴한 요금으로 배낭여행자들을 유혹하는 숙소다. 해변을 끼고 야자수 그늘 아래 텐트처럼 생긴 아담한 방갈로가 연속해 있다. 저렴한 방갈로는 선풍기 시설로 공동욕실을 사용해야 한다.

Map P.539-A1 전화 0-7723-0437 요금 더블 400B(선풍기, 공동욕실), 더블 600B(선풍기, 개인욕실), 더블 800~1,000B(에어컨, 개인욕실) 가는 방법 해변 북쪽의 쑤랏 팜 리조트 Surat Palm Resort 옆에 있다.

그린 빌라
Green Villa
★★★

해변으로부터 200m 떨어져 있으며, 열대식물과 나무로 그늘진 넓은 정원을 갖고 있다. 아늑한 잔디 정원에 방갈로가 여유롭게 배치되어 있다. 저렴한 요금인데도 수영장 시설을 갖추고 있다.

Map P.539-B2 전화 0-7742-4296, 08-6686-0943 요금 더블 650~800B(선풍기, 개인욕실), 더블 1,200~1,600B(에어컨, TV, 냉장고, 개인욕실) 가는 방법 해변 남쪽의 힌따 & 힌야이와 가깝다. 내륙 도로에 있는 세븐일레븐에서 아미티 방갈로 방향으로 진입하면 된다.

라문 라마이
Lamoon Lamai
★★★

해변을 접하고 있지는 않지만 스마트한 건

라마이

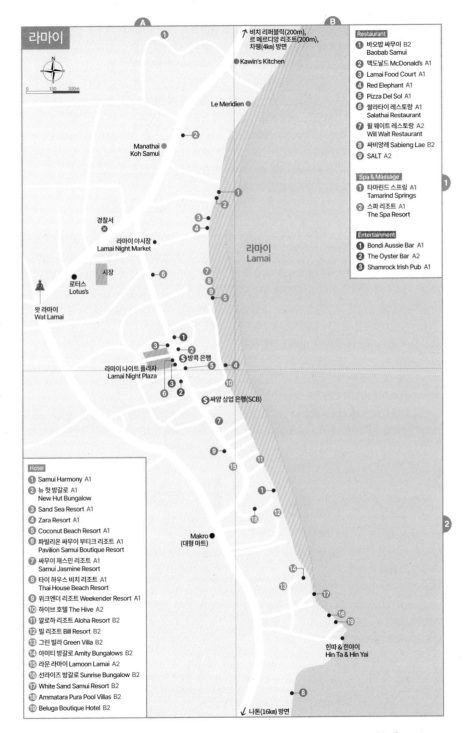

Kawin's Kitchen

비치 리퍼블릭(200m),
르 메르디앙 리조트(200m),
차웽(4km) 방면

Le Meridien

Manathai
Koh Samui

경찰서

라마이 야시장
Lamai Night Market

시장

로터스
Lotus's

왓 라마이
Wat Lamai

방콕 은행

라마이 나이트 플라자
Lamai Night Plaza

싸얌 상업 은행(SCB)

라마이
Lamai

Makro
(대형 마트)

힌따 & 힌야이
Hin Ta & Hin Yai

나톤(16km) 방면

Restaurant
1. 바오밥 싸무이 B2 Baobab Samui
2. 맥도날드 McDonald's A1
3. Lamai Food Court A1
4. Red Elephant A1
5. Pizza Del Sol A1
6. 쌀라타이 레스토랑 A1 Salathai Restaurant
7. 윌 웨이트 레스토랑 A2 Will Wait Restaurant
8. 싸비양레 Sabieng Lae B2
9. SALT A2

Spa & Massage
1. 타마린드 스프링 A1 Tamarind Springs
2. 스파 리조트 A1 The Spa Resort

Entertainment
1. Bondi Aussie Bar A1
2. The Oyster Bar A2
3. Shamrock Irish Pub A1

Hotel
1. Samui Harmony A1
2. 뉴 헛 방갈로 A1 New Hut Bungalow
3. Sand Sea Resort A1
4. Zara Resort A1
5. Coconut Beach Resort A1
6. 파빌리온 싸무이 부티크 리조트 A1 Pavilion Samui Boutique Resort
7. 싸무이 재스민 리조트 A1 Samui Jasmine Resort
8. 타이 하우스 비치 리조트 A1 Thai House Beach Resort
9. 위크엔더 리조트 Weekender Resort A1
10. 하이브 호텔 The Hive A2
11. 알로하 리조트 Aloha Resort B2
12. 빌 리조트 Bill Resort B2
13. 그린 빌라 Green Villa B2
14. 아미티 방갈로 Amity Bungalows B2
15. 라문 라마이 Lamoon Lamai A2
16. 선라이즈 방갈로 Sunrise Bungalow B2
17. White Sand Samui Resort B2
18. Ammatara Pura Pool Villas B2
19. Beluga Boutique Hotel B2

물과 깨끗한 객실을 운영한다. 새로운 호텔답게 현대적인 시설과 편안한 잠자리를 제공한다. 1층은 상가 건물로 쓰이고, 본관 뒤쪽으로 방갈로를 함께 운영한다. 길 하나만 건너면 바다가 나와서 크게 불편하지 않다.

Map P.539-A2 주소 128/18 Moo 3, Lamai Beach 전화 0-7741-8424 홈페이지 www.lamoonlamaisamui.com 요금 더블 700~900B(방갈로, 선풍기, 개인욕실), 더블 1,100~1,350B(에어컨, 개인욕실, TV, 냉장고) 가는 방법 해변 남쪽에 있는 알로하 리조트 입구 맞은 편의 내륙도로에 있다.

선라이즈 방갈로 ★★★
Sunrise Bungalow

라마이 남쪽에 멀찌감치 떨어져 있어 조용하다. 야자수와 팜나무 가득한 정원에 방갈로가 놓여 있다. 선풍기 시설의 방갈로는 간단한 구조이지만, 에어컨 시설의 방갈로는 TV와 냉장고를 비롯해 더운물 샤워가 가능한 개인욕실이 딸려 있다.

Map P.539-B2 전화 0-7742-4433 홈페이지 www.sunrisebungalow.com 요금 더블 750~980B(선풍기, 개인욕실), 더블 1,600~3,500B(에어컨, TV, 냉장고, 개인욕실) 가는 방법 해변 남쪽의 힌따 & 힌야이 옆에 있다.

벨루가 부티크 호텔 ★★★★
Beluga Boutique Hotel

해변 남쪽 끝자락에 있는 3성급 호텔이다. 수영장을 중심으로 복층 건물이 들어서 있어 리조트 분위기를 풍긴다. 객실은 20㎡ 크기로 넓지는 않지만, 부티크 호텔답게 화이트 톤의 객실을 모던하게 꾸몄다.

Map P.539-B2 전화 0-7731-0710 홈페이지 www.belugaboutiquehotel.com 요금 더블 3,500~4,800B(에어컨, 개인욕실, TV, 냉장고, 아침식사) 가는 방법 해변 남쪽 끝자락의 선라이즈 방갈로 옆에 있다.

하이브 호텔 ★★★★
The Hive Hotel

합당한 요금에 시설 좋은 객실을 제공한다. 깔끔하고 쾌적하며 객실 내부 시설도 현대적이다. 스탠더드 룸은 크기가 30㎡로 넓다. 복층 구조의 딜럭스 룸은 발코니에서 평화로운 정원과 나무들이 바라다보인다. 해변과 접한 수영장이 리조트의 매력을 배가시킨다.

Map P.539-A2 전화 0-7742-4550 홈페이지 www.hivehotelsamui.com 요금 스탠더드 3,400B, 딜럭스 5,200B 가는 방법 해변 중앙에 있다. 해변 도로 중심가와 인접해 있다.

싸무이 재스민 리조트 ★★★★
Samui Jasmine Resort

해변을 끼고 있는 4성급 리조트. 해변과 인접한 곳에 야외 수영장이 있고, 단독 빌라와 일반 호텔 건물이 차례대로 들어서 있다. 가든 뷰와 시 뷰로 구분된다. 일반 객실이 바다와 거리를 두고 있기 때문에 시 뷰라고 해서 전망이 특별할 건 없다. 딜럭스 빌라는 개인욕실에 자쿠지 시설을 갖추고 있다. 객실이 모두 35개로 북적대지 않는다.

Map P.539-A1 주소 131/8 Moo 3 Lamai Beach 전화 0-7723-2446~9 홈페이지 www.samuijasmineresort.com 요금 딜럭스 가든 뷰 4,800B, 딜럭스 시 뷰 5,300B, 딜럭스 빌라 5,800B 가는 방법 해변 북쪽의 타이 하우스 비치 리조트 옆에 있다.

타이 하우스 비치 리조트 ★★★★
Thai House Beach Resort

60개의 빌라를 운영하는 고급 리조트다. 단독 빌라는 태국 중부 지방의 전통 가옥 양식으로 지어졌으나 객실 내부는 현대적인 감각으로 꾸몄다.

40㎡ 가든 빌라는 공간이 넉넉하고, 흠잡을 데 없이 깨끗하다. 수영장의 덱체어와 해변, 쌀라(태국 양식의 정자)에서 마사지 받으며 충분한 휴식을 즐길 수 있다.

Map P.539-A1 전화 0-7741-8005 홈페이지 www.thaihousebeach-resort.com 요금 딜럭스 4,000B, 가든 빌라 6,000B 가는 방법 해변 중앙의 싸무이 자스민 리조트 Samui Jasmine Resort 옆에 있다.

보풋 Bo Phut

꼬 싸무이 해변 중에서 보풋만큼 독특한 캐릭터를 가진 곳은 없다. 섬의 북쪽에 자리한 해변으로 예스런 어촌 마을과 모던한 부티크 호텔들이 절묘하게 조화를 이룬다. 해변만 놓고 보면 꼬 싸무이 최고라 칭하기에는 역부족이지만, 어부들과 화교들이 살던 목조건물 가득한 골목과 지중해풍으로 꾸민 리조트들이 조화롭게 어울려 낭만적인 모습을 선사한다. 한껏 멋을 부린 트렌디한 레스토랑과 카페도 많다. 외국인들에게는 보풋보다 피셔맨 빌리지 Fisherman's Village라는 영어 명칭이 더욱 익숙하다. 프랑스인들이 대거 거주해 꼬 싸무이의 작은 프랑스로 여겨지기도 한다. 매주 금요일 저녁(17:30~23:00)에는 해변 도로가 '워킹 스트리트 Walking Street'로 변모하는데, 다양한 노점이 들어서 정겨운 야시장을 연출한다.

보풋의 레스토랑

보풋 선착장을 중심으로 해변을 따라 시크한 레스토랑이 가득하다. 유럽인들이 대거 거주하는 곳이라 메뉴는 인터내셔널하다.

치킨 런 ★★★★
Chicken Run

까이 양(로스트 치킨)을 현대적으로 재해석한 레스토랑이다. 전기 오븐으로 닭고기를 굽고 감자튀김, 감자 샐러드, 디핑 소스를 결합해 세트 메뉴를 선보인다. 디핑 소스를 13가지로 다양화했다. 치킨 버거, 치킨 샐러드, 샌드위치도 가능하다.
Map P.542-B2 주소 47 Moo 1 Bophut 전화 09-8196-0915 홈페이지 www.samuichickenrun.com 영업 화~일 11:30~21:00(휴무 월요일) 메뉴 영어 예산 250~690B 가는 방법 메인 도로에서 보풋 해변으로 들어가는 길목에 있다.

카마수트라 ★★★★
Kama Sutra

동서양이 융합된 레스토랑의 전형적인 모습을 보여주는 곳으로 오래된 목조 가옥을 모던한 장식물로 꾸몄다. 진한 향의 커피는 물론 파스타와 타이 음식까지 메뉴는 인터내셔널하다. 카페, 바, 레스토랑이 접목된 공간으로 프랑스인이 운영한다.
Map P.542-B2 전화 0-7742-5198 홈페이지 www.karmasutrasamui.com 영업 08:00~23:00 메뉴 영어 예산 메인 요리 330~920B 가는 방법 해변 중심가 삼거리 코너에 있다.

해피 엘리펀트 레스토랑 ★★★
Happy Elephant Restaurant

보풋의 대표적인 시푸드 레스토랑으로 태국인이 운영한다. 해변과 접하고 있으며 테라스 형태라 분위기가 좋다. 해산물은 100g 단위로 무게를 재서 가격을 책정한다. 분위기에 걸맞게 음식 값이 비싸다. 저녁시간에는 해변에도 테이블이 놓인다.
Map P.542-B2 전화 0-7724-5347 영업 11:00~22:30 메뉴 영어, 태국어 예산 295~600B 가는 방법 보풋 해변 중심가 삼거리에서 왼쪽으로 150m.

라이스 드 피어 ★★★☆
Rice x De Pier

보풋 선착장이 있던 자리에 만든 레스토랑으로 오션 뷰가 일품이다. 이탈리아·지중해 음식점으로 피자, 파스타, 시푸드, 스테이크를 메인으로 요리한다. 기본적인 태국 음식도 함께 요리한다.
Map P.542-B2 전화 0-7743-0680 홈페이지 www.ricexdepier.com 영업 10:00~23:00 메뉴 영어 메인 요

리 360~960B(+10% Tax) 가는 방법 메인도로에서 보풋 해변 방향으로 들어오면 삼거리 코너에 있다.

코코탐
Cocotam's ★★★★

열대 해변을 즐기기 좋은 카페와 바를 겸한 레스토랑. 공간을 개방해 탁 트인 바다를 볼 수 있으며, 해 질 무렵에는 해변에 놓인 쿠션에 앉아 여유롭게 시간을 보낼 수 있다. 방콕의 유명 피자 가게인 페피나 Peppina와 협업해 음식을 제공한다. 특히 칵테일 종류가 다양하며 밤 9시부터는 불 쇼도 공연한다.

Map P.542-B2 전화 09-1915-5664 홈페이지 www.facebook.com/CoCoTams 영업 13:00~01:00 메뉴 영어 예산 칵테일 260~320B 가는 방법 와프 싸무이(쇼핑몰) 앞쪽의 해변에 있다.

와프 워킹 스트리트(야시장)
The Wharf Walking Street ★★★

와프 The Wharf 커뮤니티 쇼핑 몰이 있었던 곳에 들어서는 워킹 스트리트 형태의 야시장이다. 금요 야시장으로 문을 열었는데 인기가 늘면서 현재는 주 4일 야시장이 들어선다. 꼬치구이, 팟타이, 볶음밥, 망고 찰밥, 팬케이크, 바비큐, 맥주, 칵테일 노점까지 들어서 흥겹다. 저렴한 옷과 티셔츠, 액세서리, 수공예품, 기념품을 판매하는 노점도 들어서 있다. 금요일 저녁에 가장 붐빈다.

Map P.542-A2 영업 월·수·금·일요일 16:30~23:00 메뉴 영어, 태국어 예산 100~200B 가는 방법 내륙 도로에 있는 PTT 주유소 맞은편.

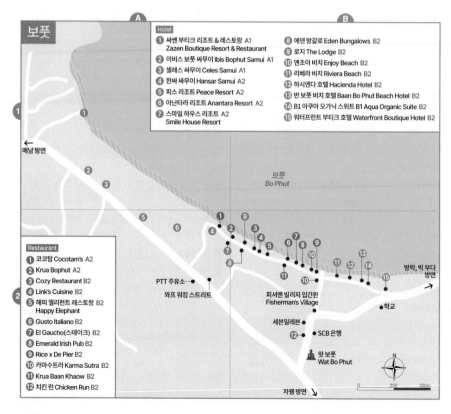

보풋

Hotel
1 싸쎈 부티크 리조트 & 레스토랑 A1
Zazen Boutique Resort & Restaurant
2 이비스 보풋 싸무이 Ibis Bophut Samui A1
3 셀레스 싸무이 Celes Samui A1
4 한싸 싸무이 Hansar Samui A2
5 피스 리조트 Peace Resort A2
6 아난타라 리조트 Anantara Resort A2
7 스마일 하우스 리조트 A2
Smile House Resort
8 에덴 방갈로 Eden Bungalows B2
9 로지 The Lodge B2
10 엔조이 비치 Enjoy Beach B2
11 리베라 비치 Riviera Beach B2
12 하시엔다 호텔 Hacienda Hotel B2
13 반 보풋 비치 호텔 Baan Bo Phut Beach Hotel B2
14 B1 아쿠아 오가닉 스위트 B1 Aqua Organic Suite B2
15 워터프런트 부티크 호텔 Waterfront Boutique Hotel B2

보풋
Bo Phut

매남 방면

Restaurant
1 코코탐 Cocotam's A2
2 Krua Bophut A2
3 Cozy Restaurant B2
4 Link's Cuisine B2
5 해피 엘리펀트 레스토랑 B2
Happy Elephant
6 Gusto Italiano B2
7 El Gaucho(스테이크) B2
8 Emerald Irish Pub B2
9 Rice x De Pier B2
10 카마수트라 Karma Sutra B2
11 Krua Baan Khaow B2
12 치킨 런 Chicken Run B2

PTT 주유소
와프 워킹 스트리트

피셔맨 빌리지 입간판
Fisherman's Village

세븐일레븐

학교

방락, 빅 부다 방면

SCB 은행

왓 보풋
Wat Bo Phut

차웽 방면

보풋에 머무르는 이유는 숙소 때문이라고 해도 과언이 아니다. 저렴한 배낭여행자 숙소는 거의 없지만, 매력적인 부티크 호텔들이 많다. 호텔마다 제각기 개성을 충분히 드러내 숙소를 둘러보는 재미도 쏠쏠하다. 꼬 싸무이에서 '핫'한 해변인 만큼 최고급 리조트도 어렵지 않게 볼 수 있다. 아난타라 리조트 Anantara Resort, 한싸 싸무이 Hansar Samui, 싸쎈 부티크 리조트 Zazen Boutique Resort, 보풋 리조트 Bo Phut Resort, 반다라 리조트 Bandara Resort 등이 해변 북쪽에 자리하고 있다.

에덴 방갈로 ★★★☆
Eden Bungalows

프랑스 부부가 운영하는 중급 숙소다. 바다와 접하진 않았지만, 보풋 해변과 도로 하나를 사이에 두고 있다. 방갈로는 모두 에어컨 시설로 인테리어가 깔끔하다. 방갈로 주변으로 정원을 꾸며 조경에도 신경을 썼다. 적당한 크기의 야외 수영장도 있다. 아침식사는 불포함이다.

Map P.542-B2 전화 0-7742-7645 홈페이지 www.edenbungalows.com 요금 스탠더드 1,900~2,200B, 딜럭스 2,300~2,600B, 패밀리 3,500B 가는 방법 해변 중심가 삼거리에서 왼쪽으로 150m.

하시엔다 호텔 ★★★☆
Hacienda Hotel

보풋에서 인기 있는 숙소 중 하나로 프랑스인이 운영한다. 지중해풍의 하얀색 외관이 인상적인 부티크 호텔이다. 해변과 접하고 있기

숨겨진 비경, 앙텅 해상 국립공원 Ang Thong Marine National Park

travel plus

ⓒ태국 관광청

꼬 싸무이 서쪽으로 31km 떨어진 앙텅 해상 국립공원은 42개의 작은 섬으로 이루어졌습니다. 석회암 카르스트 지형으로 침식작용에 의해 형성되었으며, 전체 면적은 102km²입니다. 해발 10~450m의 바위섬들은 열대 우림으로 뒤덮여 있습니다. 섬들은 저마다 독특한 모양으로 눈길을 끕니다. 앙텅 해상 국립공원은 무인도로 1980년 11월부터 국립공원으로 지정되어 철저히 보호되고 있습니다. 그만큼 아름다운 경관을 자랑합니다.

국립공원에서 가장 큰 섬은 '잠자는 물소 섬'이라는 뜻의 꼬 우아딸랍 Ko Wua Talap입니다. 고운 모래해변을 간직하고 있으며 국립공원 관리소가 위치해 있습니다. 해발 430m 높이의 섬 정상에는 전망대가 설치되어 있는데, 앙텅 해상 국립공원의 전경을 볼 수 있는 곳입니다. 에메랄드빛으로 잔잔하게 빛나는 바다에 떠 있는 자그마한 섬들이 매혹적인 풍경을 선사해 줍니다.

앙텅 국립공원의 또 다른 볼거리는 탈레 나이 Thale Nai입니다. 꼬 우아딸랍 북쪽에 있는 꼬 매꼬 Ko Mae Ko에 자연적으로 형성된 염수 호수입니다. 앙텅 해상 국립공원에서 가장 인기 있는 장소입니다. 호수 모양이 마치 '황금 사발'을 닮았다 하여 이곳에서 국립공원의 이름인 앙텅이 유래했습니다. 석회암 산에 둘러싸인 호수로 옅은 초록빛을 띱니다. 호수는 넓이 250m²로 석회암 지반이 가라앉으면서 형성되어 바닷물과 연결됩니다. 때문에 안쪽에 있는 바다라는 뜻으로 탈레 나이라고 불립니다. 탈레 나이까지는 인공으로 만든 계단을 따라 올라가야 합니다. 호수를 지나 계단을 조금 더 오르면 전망대가 나오는데, 역시 앙텅 해상 국립공원의 훌륭한 전망을 조망할 수 있습니다.

앙텅 해상 국립공원을 방문하기 좋은 시기는 2~4월입니다. 건기라 무척 덥지만 파도가 잔잔해 보트 접근이 용이합니다. 비가 많이 내리고 파도가 높은 11월 1일부터 12월 23일까지 국립공원은 공식적으로 문을 닫습니다. 꼬 싸무이나 쑤랏타니에서 운행되는 정규 노선 보트는 없습니다. 오로지 투어 보트를 이용해야 방문이 가능합니다. 스피드 보트를 이용할 경우 카약과 스노클링이 포함된 1일 투어가 2,100~2,500B 정도입니다. 호텔 픽업, 국립공원 입장료(300B), 점심식사가 포함됩니다. 꼬 팡안에서도 비슷한 내용의 투어가 출발합니다.

때문에 바다와 접한 방들이 전망이나 시설이 좋다. 수영장은 옥상에 있으며, 아침식사는 불포함이다.

Map P.542-B2 전화 0-7724-5943 홈페이지 www.samui-hacienda.com 요금 트윈 2,200~2,900B(에어컨, TV, 냉장고), 딜럭스 3,900B(에어컨, TV, 냉장고) 가는 방법 해변 중심가 삼거리에서 오른쪽으로 100m.

반 보풋 비치 호텔 ★★★★
Baan Bo Phut Beach Hotel

보풋 해변의 리조트들이 그러하듯 소규모를 지향한다. 모두 11개의 객실로 바다를 향해 발코니를 냈다. 해변과 접한 잔디 정원에 야외 수영장을 만들어 전체적인 분위기도 좋다. 관리 상태가 좋고 서비스도 친절하다.

Map P.542-B2 주소 0-7724-5733 홈페이지 www.

baanbophut.com 요금 스탠더드 3,500~4,300B 가는 방법 해변 중심가 삼거리에서 오른쪽으로 150m.

아난타라 리조트 ★★★★
Anantara Bophut Koh Samui Resort

태국의 5성급 리조트 회사인 아난타라에서 운영한다. 해변 휴양지의 특징이 잘 느껴지는 리조트로 자연적인 정취를 살렸다. 야자수 가득한 정원과 수영장, 연꽃 연못이 어우러진다. 스탠더드 룸에 해당하는 가든 뷰는 32~36㎡, 스위트 룸으로 꾸민 시 뷰는 65㎡ 크기다. 해변과 접해 있고 중심가와도 가까워 입지 조건도 좋다.

Map P.542-A2 전화 0-7742-8300 홈페이지 www.anantara.com 요금 가든 뷰 6,200~6,800B, 시 뷰 스위트 1만 3,000B 가는 방법 보풋 해변 중간에 있다.

해변

매남 Mae Nam

꼬 싸무이 북부 해안선의 중앙에 위치한 매남은 기다란 해변에도 불구하고 아직까지 조용하다. 차웽처럼 곱고 하얀 모래는 아니지만, 5km에 이르는 모래해변이 바다와 어우러진다. 내륙 도로가 해변에서 적당히 떨어져 있어 차량 소음도 덜하고, 소란스런 클럽도 거의 없어서 차분하게 열대 해변에서 휴식하기 좋다. 해변 서쪽에는 롬프라야 보트 선착장(프라란 선착장 Pralarn Pier)이 있고, 해변 중앙에는 현지인들이 거주하는 자그마한 어촌 마을인 반 매남 Ban Mae Nam이 형성되어 있다.

숙소

해변이 긴 데다가 숙소들이 여유롭게 배치되어 그다지 북적대지 않는다. 아직까지는 에어컨 시설을 갖춘 2,000B 이내의 중급 숙소들이 많다. 저렴한 목조 방갈로들도 남아 있는데 특히 해변의 동쪽 끝과 서쪽 끝의 숙소가 저렴하다.

해리 방갈로 ★★★☆
Harry's Bungalows

로비와 레스토랑만 보면 초일류 리조트를 연상시킨다. 넓고 깨끗한 방갈로들은 정원을 끼고 있으며 쾌적한 시설로 에어컨과 TV, 냉장고를 갖추었다. 방갈로 주변으로 열대 정원이 잘

가꾸어졌고 수영장 시설도 좋다.

Map P.545 주소 26/9 Moo 4 Mae Nam Beach 전화 0-7742-5447, 08-9668-2307 홈페이지 www.harrys-samui.com 요금 스탠더드 1,200B, 슈피리어 3인실 1,600B 가는 방법 해변 서쪽 끝자락의 왓 나프라란 Wat Na Phra Lan 옆에 있다.

매남 리조트 ★★★☆
Maenam Resort

매남 해변에서 유명한 중급 리조트로 야자나무 가득한 정원을 끼고 있다. 넓고 깔끔한 방갈로들로 개인욕실과 베란다가 딸려 있다. 요금에 비해 방갈로 시설은 좋은데, 차분함을 유지하기 위해 TV를 없앴다.

Map P.545 주소 1/3 Moo 4 Maenam Beach 전화 0-7724-7287 홈페이지 www.maenamresort.com 요금 더블 1,600~2,200B(에어컨, 냉장고, 개인욕실) 가는 방법 해변 서쪽의 싼티부리 리조트 Santiburi Resort 옆.

에스케이프 비치 리조트 ★★★☆
Escape Beach Resort

해변 동쪽 끝자락에 있는 수영장을 갖춘 3성급 리조트다. 해변과 접해 있어 한적한 바닷가 풍경을 즐길 수 있는 것이 매력으로 조용하게 지내기 좋다. 화이트 톤의 객실이 깨끗하고 모던하다. 전용 테라스가 딸려 있는 방갈로가 일반 객실에 비해 넓다. 메인 도로에서 숙소까지 1㎞ 떨어져 있어 접근성은 떨어진다.
Map P.545 전화 0-7742-5405 홈페이지 www.escapesamui.com 요금 더블 1,600B, 방갈로 2,300B 가는 방법 해변 동쪽 끝에 있다.

코코팜 비치 리조트 ★★★★
Coco Palm Beach Resort

매남 해변에서 수영장을 갖춘 중급 리조트다. 모두 80개의 방갈로를 운영하며 방갈로와 빌라 형태로 구분된다. 적당한 편안함을 원하는 가족단위 여행객들이 즐겨 찾는다.
Map P.545 주소 26/4 Moo 4 Mae Nam Beach 전화 0-7744-7211 홈페이지 www.cocopalmbeachresort.com 요금 슈피리어 2,000B, 딜럭스 3,000B, 빌라 5,000B 가는 방법 해변의 서쪽 끝에 있다. 롬프라야 보트 선착장 옆이다.

파라다이스 비치 리조트 ★★★★
Paradise Beach Resort

95개의 객실을 보유한 고급 리조트다. 복층 구조의 일반 호텔 시설로 동일한 요금의 차웽 해변 리조트에 비해 객실이 넓은 편이다. 타일이 깔린 객실은 36㎡ 크기로 발코니가 딸려 있다. 해변 쪽에는 방갈로가 들어서 있다. 야외 수영장과 정원도 잘 갖추어져 있다.
Map P.545 주소 18/8 Mae Nam Beach 전화 0-7724-7227 홈페이지 www.samuiparadisebeach.com 요금 스탠더드 3,400B, 프리미엄 4,400B 가는 방법 해변 동쪽에 있다. 내륙도로의 우체국 옆 골목 안쪽.

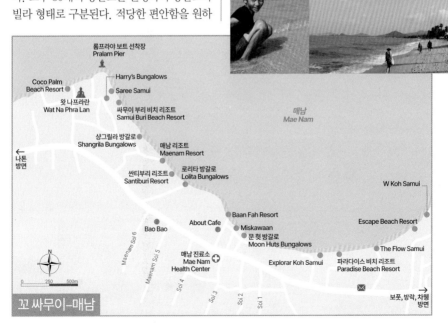

꼬 싸무이-매남

Surat Thani

쑤랏타니 สุราษฎร์ธานี

태국 남부의 주요 도시로 따삐 강 Mae Nam Tapi 남쪽에 형성되었다. 과거에는 선착장 주변에 형성된 작은 마을인 반 돈 Ban Don이 전부였다. 고무와 코코넛 산업이 경제의 중심을 이루며 현재는 인구 13만의 도시로 성장했다. 해상 교역에 종사하던 화교들이 대거 정착한 것이 특징이다. 옛 모습을 간직한 선착장 주변은 아직도 재래시장과 상점들로 인해 어수선하다. 하지만 활기 넘치는 사람 사는 냄새가 그대로 전해진다.

짱왓 쑤랏타니의 주도(州都)이지만 여행자들에게는 큰 의미를 지니는 곳은 아니다. 단순히 타이만(灣) Gulf of Thailand에 있는 섬으로 가기 위해 잠시 스쳐갈 뿐이다. 특히 꼬 싸무이로 가려면 반드시 거쳐야 하는 곳이다. 도시는 큰 볼거리가 없고 배낭여행자들을 위한 숙소도 미비해 쑤랏타니에서 머무르는 외국인은 극히 드물다. 하지만 태국 남부의 평범한 사람들이 사는 도시를 만날 수 있다. 유럽인들에게 점령된 관광지로 변모한 태국 섬들에 지쳤다면 잠시 머물며 태국을 느껴도 좋을 곳이다. 쑤랏타니는 좋은 사람들이 사는 도시라는 뜻이다. 흔히 줄여서 '쑤랏'이라고도 부른다. 꼬 싸무이, 꼬 팡안, 꼬 따오는 짱왓 쑤랏타니에 속해 있다.

미니밴이 출발하는 딸랏 까쎗 2터미널

INFORMATION 여행에 필요한 정보

판팁 트래블(Phantip Travel)

시내에 있는 여행사로 꼬 싸무이행 보트 티켓을 믿고 예약할 수 있다. 항공권 예약, 기차표 발권은 물론 쑤랏타니 공항, 푸껫, 끄라비, 카오쏙 국립공원까지 자체적으로 버스도 운행한다. 참고로 버스를 탈 때 20인치 이상의 트렁크를 실으면 추가 요금(300B)을 받는다. 주소 Thanon Talat Mai Soi 8 & Soi 10 전화 0-7727-2230 홈페이지 www.phantiptravel.com 영업 09:00~17:00 가는 방법 딸랏 까쎗 2 터미널과 딸랏 까쎗 1 터미널 사이의 타논 딸랏 마이에 있다.

ACCESS 쑤랏타니 가는 방법

태국 남부의 교통의 요지로 항공, 기차, 버스가 모두 연결된다. 방콕, 후아힌, 춤폰에서는 버스뿐만 아니라 기차가 연결된다. 안다만해의 푸껫이나 끄라비까지는 버스 노선이 잘 발달해 있다. 돈싹 선착장에서는 꼬 싸무이와 꼬 팡안으로 가는 보트를 운행한다.

항공

방콕(돈무앙 공항)↔쑤랏타니 노선을 에어 아시아(홈페이지 www.airasia.com), 타이 라이언 에어(www.lionairthai.com), 녹 에어(www.nokair.com)에서 취항한다. 편도 요금은 910~1,750B으로 시즌에 따라 달라진다. 방콕↔꼬 싸무이 항공 요금이 비싸기 때문에 쑤랏타니까지 비행기로 와서 보트로 갈아타는 여행자도 있다. 치앙마이↔쑤랏타니 직항 노선은 에어 아시아에서 취항한다(편도 요금 1,850B). 공항은 시내에서 북쪽으로 27km 떨어져 있다.

기차

쑤랏타니 기차역은 시내에서 서쪽으로 14km 떨어진 푼핀 Phun Phin에 있다. 태국 남부에서 출발해 방콕으로 향하는 모든 기차가 쑤랏타니를 경유한다. 방콕으로 갈 경우 야간 기차를 이용하면 편리하다. 방콕 행 기차표를 구하기가 힘들기 때문에 특히 성수기에는 미리 예약해 두는 게 좋다. 쑤랏타니 남쪽으로는 나콘

씨 탐마랏, 뜨랑, 핫야이까지 철도가 연결된다. 자세한 출발 시간과 요금은 태국의 교통정보 기차편(P.57 참고) 또는 태국 철도청 홈페이지(www.railway.co.th)를 참고하면 된다.

쑤랏타니 → 방콕 기차 요금

1등 에어컨 침대 1,132~1,332B, 2등 에어컨 침대 658~848B, 2등 선풍기 침대 484~554B

버스

쑤랏타니에는 버스 터미널이 3개나 있다. 목적지에 따라 버스 타는 곳이 다르다. 시내에 있는 터미널은 까쎗 시장(딸랏 까쎗)을 끼고 있으며 도로(타논 딸랏 마이 Thanon Talat Mai) 하나를 사이에 두고 마주하고 있다. 딸랏 까쎗 능 터미널 Talat Kaset 1 Terminal은 푼핀(쑤랏타니 기차역)을 오가는 일반 버스가 출발하고, 딸랏 까쎗 썽 터미널 Talat Kaset 2 Terminal은 장거리 에어컨 버스와 미니밴이 출발한다. 푸껫, 끄라비, 뜨랑, 핫야이, 춤폰, 카오쏙 국립공원을 갈 때 이용하면 된다. 참고로 매표소가 여러 곳에 분산되어 있는데, 보라색의 Ticket이라는 인증 마크가 찍혀 있는 곳을 이용하면 된다. 다른 곳은 수수료를 받고 예약을 대행해주기 때문에 비싸다.

쑤랏타니의 메인 버스 터미널(버커쎄)은 시내에서 서쪽으로 4km 떨어져 있다. 방콕행 버스가 출발하는데, 이동 시간이 길어서 밤 버스를 타는 게 좋다. 오후 6시~7시 사이에 출발하며, 방콕까지 12시간 걸린다. 편도 요금은 VIP 868B, 에어컨 651B이다.

보트

쑤랏타니를 방문하는 목적은 꼬 싸무이로 가기 위해서다. 대부분 조인트 티켓을 구입해 시내에 들르지 않고 선착장으로 직행한다. 선착장은 쑤랏타니에서 동

으로 68㎞ 떨어진 돈싹 Don Sak에 있다. 돈싹 선착장(타르아 돈싹)에서 출발한 보트는 꼬 싸무이의 나톤 선착장(타르아 나톤) Nathon Pier에 도착한다. 보트는 오전 6시부터 오후 7시까지 1시간 간격으로 출발한다. 쑤랏타니에서 꼬 싸무이까지 3~4시간 소요된다. 보트 티켓은 돈싹 선착장보다 쑤랏타니에서 구입하는 게 편하다. 꼬 싸무이까지 320B, 꼬 팡안까지 390~440B이다. 꼬 싸무이까지는 씨트란 카페리(홈페이지 www.seatranferry.com)를, 꼬 팡안까지는 라차 페리(홈페이지 www.rajaferryport.com)를 이용하면 편하다. 가장 빠른 롬프라야 보트(홈페이지 www.lomprayah.com)는 따삐 선착장 Tapee Pier를 이용하며, 꼬 싸무이까지 750B, 꼬 팡안까지 850B이다.

쑤랏타니 시내에 있는 반돈 선착장 Ban Don Pier에서도 보트가 출발한다. 화물선을 겸한 야간 보트인데 밤 10시에 출발한다. 꼬 싸무이까지 400B, 꼬 팡안까지 500B, 꼬 따오까지 650B이다. 티켓은 반돈 선착장에서 예매하면 된다.

TRANSPORTATION 시내 교통

볼거리가 미비하고 중심가가 몰려 있는 쑤랏타니는 걸어서 다니면 된다. 시내에 있는 딸랏 까쎗 터미널에서 대부분의 숙소까지 걸어서 10~15분 걸린다. 시내에서 멀리 떨어진 기차역과 메인 버스 터미널(버커써)은 푼핀 행 일반 버스를 타고 간다. 딸랏 까쎗 1 터미널에서

Shopping
❶ 콜리세움 Coliseum

Restaurant
❶ Milano(피자)
❷ Sweet Kitchen
❸ Keo Pla(쌀국수)

Hotel
❶ 반돈 호텔 Ban Don Hotel
❷ CBD 호텔 CBD Hotel
❸ 따삐 호텔 Tapee Hotel
❹ 마이 플레이스 My Place
❺ Harbour Front Hotel
❻ 랏타니 호텔 Raj Thani Hotel
❼ Thai Rungruang Hotel
❽ CBD 2 Hotel
❾ Sabye D Resort
❿ 포트 호스텔 The Port Hostel

쑤랏타니

Thanon Talat Luang
따삐강
Mae Nam Tapi
타논 땀랏루앙
타논 나무앙
타논 나무앙
Thanon Namuang
탁씬 병원
Thaksin Hospital
왓 프라욕
Wat Phra Yok
돈싹 선착장(68km) 방면
Thanon Si Phunphin
Thanon Buncha
Thanon Talat Mai
Thanon Ton Pho
Thanon Rungruang
왓 싸이
Wat Sai
야시장
Thanon Mit Kasem
❶
딸랏 까쎗 1 터미널
Thanon Withithat
❻
판팁 트래블
Phantip Travel
딸랏 까쎗 2 터미널
반돈 선착장
Thanon Ban Don
❶
❷
❺
Soi 3
Thanon Nok Khao
Thanon Thathong
❷
타논 나무앙
❸
왓 탐마부차
Wat Thammabucha
Thanon Anuson
❽
재래시장 (딸랏 쏫)
❿
Soi 21
Thanon Talat Mai
Thanon Surichok
Thanon Chonkesem
❾
타논 땀랏 마이
씨트란 페리
Thanon Karunarat
경찰서
락므앙
City Pillar
Thanon Thachana
Thanon Don Nok
태국 관광청(200m),
메인 버스터미널(4km),
기차역(14km),
공항(27km) 방면

548

출발하며 타논 딸랏 마이→쎈탄 플라자(백화점)→버스 터미널(버커써)→쑤랏타니 기차역(싸타니 롯파이)을 왕복한다. '트레인 스테이션 Train Station'보다는 기차역이 위치한 마을 이름인 푼핀이라고 해야 현지인들이 쉽게 알아듣는다. 운행 시간은 오전 5시 30분부터 오후 7시 30분까지이며 10~20분 간격으로 출발한다. 편도 요금은 20B이다. 기차역에서 시내까지 택시를 대절할 경우 200B을 받는다.

기차역(푼핀)을 오가는 로컬 버스

딸랏 까쎗 2 터미널에서 출발하는 버스

도착지	운행 시간	요금	소요시간
푸껫	06:40, 08:30, 09:40, 11:40, 13:00, 14:00	220B	5~6시간
끄라비	09:00~16:30(1시간 30분 간격)	200~250B	3~4시간
카오쏙 국립공원(미니밴)	07:00~17:00(1시간 간격)	200~280B	1시간 30분
뜨랑	07:00~17:00(1시간 간격)	180B(미니밴)	3시간
핫야이	08:00~15:00(2시간 간격)	290B(미니밴)	4~5시간

Restaurant
쑤랏타니의 레스토랑

반돈 선착장 주변과 타논 나므앙 주변에 저렴한 식당들이 많다. 화교가 운영하는 오래된 레스토랑이 많은 편이다. 낮에는 재래시장(딸랏 쏫)과 까쎗 시장(딸랏 까쎗)에서 쌀국수와 덮밥으로 간단한 식사를 할 수 있다. 저녁에는 왓 싸이 Wat Sai 주변에 형성되는 야시장에 다양한 노점 식당이 생긴다. 콜리세움 Coliseum 백화점 내부에는 쑤끼 전문점 MK 레스토랑, 일식당 Yayoi, 피자 헛, KFC 등 체인 레스토랑이 입점해 있다.

Accommodation
쑤랏타니의 숙소

게스트하우스보다는 화교가 운영하는 오래된 호텔들이 많고, 버스 터미널 주변에 특히 저렴한 호텔들이 많은 편이다.

마이 플레이스 ★★★
My Place

건물 외관은 오래된 호텔처럼 보이지만 로비에 들어서면 분위기가 확 바뀐다. 깔끔한 느낌의 객실로 새롭게 리노베이션했다. 저렴한 방들은 엘리베이터가 없는 호텔 꼭대기 층인 4층에 있으며, 공동욕실을 사용해야 한다. Map P.548 주소 247/5 Thanon Na Muang 전화 0-7727-2288 홈페이지 www.myplacesurat.com 요금 트윈300B(선풍기, 공동욕실, TV), 트윈 390B(선풍기, 개인욕실, TV), 트윈 490~550B(에어컨, 개인욕실, TV, 냉장고) 가는 방법 타논 나므앙 & 타논 위티랏 삼거리 코너에 있다.

랏타니 호텔(랏차타니 호텔) ★★★☆
Rajthani Hotel

시내 중심가에 있고 버스 터미널과도 가까워 편리하다. 오래된 호텔이지만 객실을 리모델링해 산뜻해졌다. 침구를 비롯해 객실 설비도 새롭게 교체되었다. 참고로 3인실은 싱글 침대가 세 개 놓여있다. Map P.548 주소 293/96 Thanon Na Muang 전화 0-7720-3141, 0-7720-3142 홈페이지 www.rajthanihotel.com 요금 더블 690B(에어컨, 개인욕실, TV, 냉장고), 3인실 890B(에어컨, 개인욕실, TV, 냉장고) 가는 방법 타논 나므앙에 있는 콜리세움 백화점 맞은편 사거리 코너에 있다.

Khao Sok National Park

카오쏙 국립공원 เขาสก

　　카오쏙 국립공원은 태국 남부 해안을 가득 메운 에메랄드빛 바다가 아니라 내륙에 위치한 열대 우림 지역이다. 1억 6,000만 년 전에 형성된 레인포레스트는 세계에서 가장 오래된 열대우림 지역 가운데 하나다. 단순히 울창한 원시림을 보유했다면 크게 주목을 받지 못했을 테지만, 석회암 카르스트 지형이 어우러져 수려한 풍광을 자랑한다.

　　평균 해발 400m, 최고 해발 960m의 산들이 병풍처럼 감싸고 있고 수많은 폭포와 동식물군은 인간의 손길이 닿지 않은 천혜의 자연 그대로 보존되어 있다. 국립공원 내에는 200여 종의 식물군, 311종의 조류, 48종류의 포유류, 38종의 박쥐가 서식한다. 옥빛으로 잔잔하게 반짝이는 호수와 산들을 휘감아 흐르는 아침 안개는 태국의 계림이라는 말이 결코 허황된 과장이 아님을 증명해 준다.

　　카오쏙 국립공원은 총 면적 739㎢로 1980년부터 국립공원으로 지정되었다. 행정구역상 쌍왓 쑤랏타니에 속해 있으나, 지리적으로는 타이만이 아니라 안다만해와 접해 있다. 태국 남부를 여행하는 동안 바다에 지쳤다거나 액티브한 활동을 하고 싶다면, 카오쏙 국립공원을 방문해 보자. 트레킹은 물론 자연 속에서 평화로운 시간을 만끽할 수 있다.

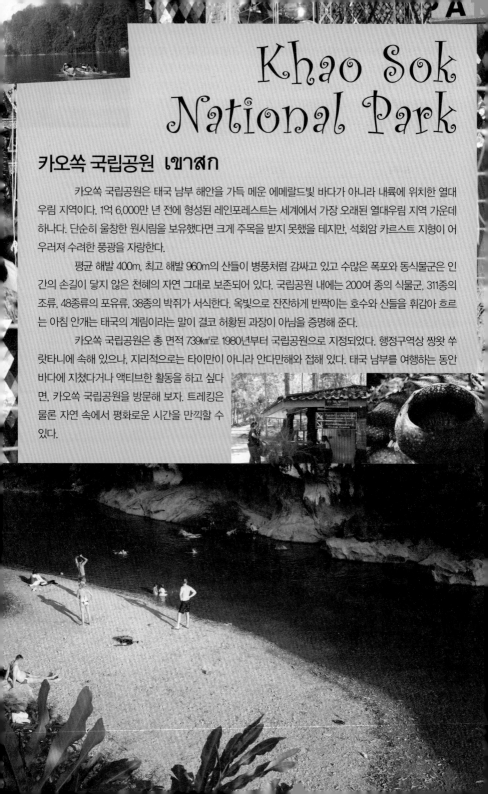

INFORMATION 여행에 필요한 정보

여행 안내소

카오쏙 국립공원 내부에 방문자 센터 Visitor Center(전화 0-7739-5154~5)가 있다. 사진을 통해 국립공원 내부의 지형과 볼거리에 관한 소개를 하고 있다. 트레킹 코스에 대한 안내도 받을 수 있다.

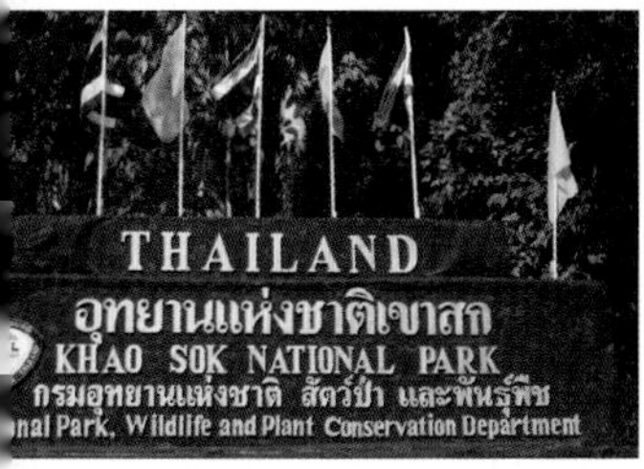
THAILAND
อุทยานแห่งชาติเขาสก
KHAO SOK NATIONAL PARK
กรมอุทยานแห่งชาติ สัตว์ป่า และพันธุ์พืช
nal Park, Wildlife and Plant Conservation Department

은행 · 환전

국립공원 입구에 형성된 투어리스트 빌리지에 ATM이 하나 설치되어 있을 뿐이다. 은행은 아직까지 들어서 있지 않으며, 일부 호텔에서 환전이 가능하다.

여행 시기

카오쏙 국립공원은 안다만해와 타이만 사이에 있어 우기의 영향을 강하게 받는다. 태국에서 비가 가장 많이 내리는 지역으로 연강우량이 3,500mm에 달한다. 5~11월까지 비가 내리며, 12~4월까지는 건기에 해당한다. 건기에 여행자들이 몰리고 여행하기도 좋다.

입장료

국립공원이 두 곳으로 나뉘어져 있어 별도의 입장료를 받는다. 카오쏙 국립공원은 입장료 200B, 치아우란 호수는 입장료 300B이다.

ACCESS 카오쏙 국립공원 가는 방법

카오쏙 국립공원에 가려면 쑤랏타니 또는 푸껫을 거치는 것이 가장 편리하다. 버스뿐만 아니라 미니밴(롯뚜)도 운행된다. 버스는 쑤랏타니의 딸랏 까쎗 2 터미널에서 05:30~14:00까지 1일 8회 출발(편도 요금 200~250B)한다. 미니밴은 오전 6시 30분부터 오후 5시 30분까지 한 시간 간격(편도 요금 200B)으로 출발한다. 쑤랏타니→푸껫행 버스도 카오쏙 국립공원 입구를 지난다. 푸껫에서 출발할 경우 쑤랏타니행 버스(06:00~13:40까지 1일 6회, 편도 190B)를 타고 카오쏙

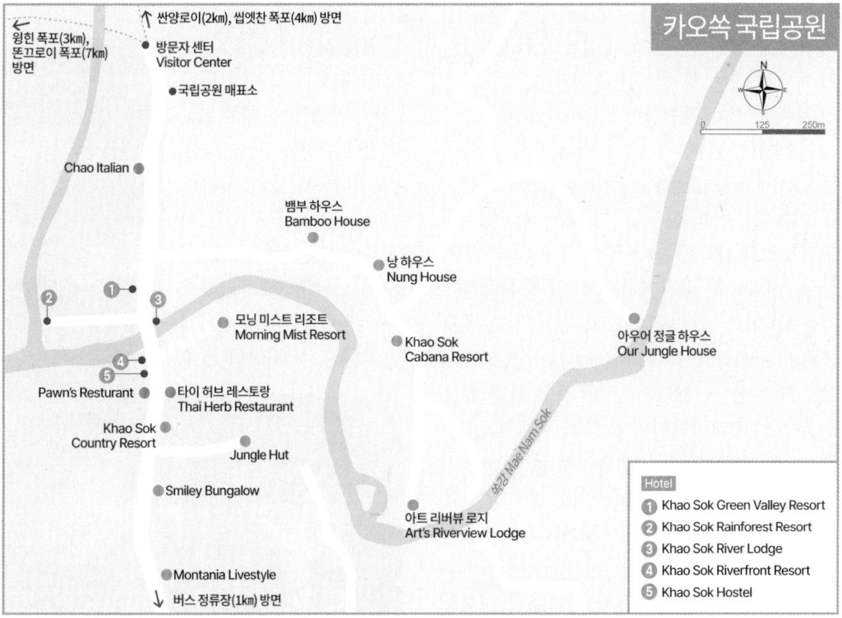
카오쏙 국립공원
싼양로이(2km), 씹엣찬 폭포(4km) 방면
윙힌 폭포(3km), 똔끄로이 폭포(7km) 방면
방문자 센터 Visitor Center
국립공원 매표소
N
W
E
S
0
125
250m
Chao Italian
뱀부 하우스 Bamboo House
낭 하우스 Nung House
모닝 미스트 리조트 Morning Mist Resort
Khao Sok Cabana Resort
아우어 정글 하우스 Our Jungle House
Pawn's Resturant
타이 허브 레스토랑 Thai Herb Restaurant
Khao Sok Country Resort
Jungle Hut
Smiley Bungalow
쏙강 Mae Nam Sok
아트 리버뷰 로지 Art's Riverview Lodge
Montania Livestyle
버스 정류장(1km) 방면
Hotel
1 Khao Sok Green Valley Resort
2 Khao Sok Rainforest Resort
3 Khao Sok River Lodge
4 Khao Sok Riverfront Resort
5 Khao Sok Hostel

국립공원 입구에서 내리면 된다.

라농에서 내려갈 때는 카오쏙 국립공원까지 직행하는 버스가 없다. 이때는 푸껫까지 가지 말고, 따꾸아빠 Takua Pa에서 버스를 갈아타면 된다. 따꾸아빠에서 카오쏙 국립공원까지는 41km 떨어져 있다.

TRANSPORTATION 시내 교통

카오쏙 국립공원으로 오가는 버스들은 401번 국도 상에 정차하는데, 숙소가 몰려 있는 국립공원 매표소까지 2km 떨어져 있다. 대부분의 숙소에서 미리 예약하면 무료로 픽업을 해준다. 카오쏙 국립공원에서 치아우란 호수까지는 대중교통이 연결되지 않는다.

Attraction 카오쏙 국립공원의 볼거리

볼거리이자 즐길 거리는 크게 두 가지로 나뉜다. 하나는 카오쏙 국립공원에 들어가서 트레킹을 하는 것이고, 다른 하나는 보트를 타고 치아우란 호수의 경관을 감상하는 것이다. 치아우란 호수는 태국의 계림으로 불릴 정도로 경관이 수려하다. 트레킹은 혼자서도 가능하지만, 호수는 교통이 불편하므로 투어로 다녀오는 게 좋다.

카오쏙 국립공원 ★★★
Khao Sok National Park

카오쏙 국립공원은 트레킹 코스가 잘 만들어져 있다. 방문자 센터를 중심으로 서쪽 코스와 북쪽 코스로 나뉜다.

서쪽 코스는 쏙 강 Mae Nam Sok을 따라 똔끄로이 폭포 Ton Kloi Waterfall까지 총 7km 거리다. 초반 3km는 차가 다닐 수 있는 비포장도로로 대나무 숲들을 지나게 된다. 특별한 볼거리는 못 되지만 힘들지 않게 산책하듯 걸을 수 있다. 간이 휴게소가 있는 윙힌 폭포 Wing Hin Waterfall부터는 본격적인 트레킹 코스가 나온다. 계곡을 옆에 두고 완만한 능선을 오르락내리락하며 폭포를 지나게 된다. 윙힌 폭포(3km 지점), 방후아랫 폭포(3km 지점) Bang Hua Raet Waterfall, 방리압남 폭포(4.5km 지점) Bang Liap Nam Waterfall를 차례대로 거친다. 웅장한 규모가 아니라 바위들 사이로 미세한 물줄기가 흘러내리는 정도다. 하지만 사람의 발길이 전혀 닿지 않은 깨끗한 물웅덩이가 가득해 시원한 계곡물에서 더위를 식히기 좋다.

마지막 목적지인 똔끄로이 폭포에 못미쳐 6km 지점에는 땅남 Tang Nam이 있다. 쏙 강과 협곡이 만나는 위치에 물이 고여 경관이 아름답다. 땅남까지는 오가기 먼 거리라서 대부분 방리압남 폭포까지 방문한다. 방리압남 폭포도 바위들에 둘러싸인 물웅덩이가 더없이 좋은 수영장 역할을 해준다.

북쪽 코스는 씹엣찬 폭포 Sipet Chan Waterfall까지 4km다. 산길을 올라가야 해서 제법 등산하는 기분을 낸다. '씹엣찬'은 11층이란 이름처럼 폭포수가 11개 층을 이룬다. 씹엣찬 폭포까지 왕복 6시간이 걸리기 때문에, 힘들게 산길을 걷는 여행자는 드물다. 2km 지점인 싼양로이 San Yang Roi까지는 계단을 만들어 비교적 쉽게 산길을 걸을 수 있다. 하늘 가득 뒤덮은 나무들로 인해 열대우림지대에 들어온 실감이 난다. 중간중간 전망대를 만들어 산림을 관찰할 수 있도록 했다. 싼양로이 코스는 둥글게 원을 그리기 때문에 계단을 따라가다 보면 출발한 지점으로 되돌아오게 된다.

트레킹 코스마다 안내판이 잘 설치되어 있어 혼자 걸어도 크게 문제될 건 없다. 가이드를 동반할 경우 1일 트레킹은 1,200B이며, 정글에서 야영하는 1박 2일 트레킹은 2,500B이다. 저녁에 야생동물을 관찰할 수 있는 나이트 사파리 Night Safari도 가능한데 3시간에 700B를 받는다. 참고로 국립공원 내에는 마땅히 식사할 곳이 없으므로 장기간 걸을 예정이라면 충분한 물과 간단한 식사를 챙겨가는 게 좋다. 식당은 방문자 센터 뒤쪽에 한 곳뿐이며, 윙힌 폭포 입구 휴게소에서는 음료만 판매한다.

치아우란 호수(랏차쁘라파 댐) ★★★★
Chiaw Lan Lake(Ratchaprapha Dam)

1982년에 크롱쌩 강 Mae Nam Khlong Saeng을 막아 댐을 건설하며 형성된 인공 호수다. 길이 28km, 넓이 165km²의 호수에 열대우림지대가 물에 잠기면서 100여 개의 작은 섬이 만들어졌고, 다양한 조류가 서식하며 생태계를 변화시켰다. 무엇보다 옥빛으로 잔잔하게 빛나는 호수를 감싼 카르스트 지형으로 인해 뛰어난 경관을 제공한다. 태국의 계림으로 불릴 정도로 아름답다. 석회암으로 이루어진 겹겹의 웅장한 산들은 해발 960m 높이로 아침이면 안개가 산허리를 휘감으며 멋을 더한다. 아오 팡응아 해상 국립공원(P.607 참고)을 육지로 옮겨왔다고 생각하면 된다.

호수는 긴 꼬리 배나 카약을 타고 둘러보면 된다. 호수 남서쪽 가장 자리에서 탐 날탈루 Tham Nam Thalu 동굴과 탐 씨루 Tham Si Ru 동굴까지는 트레킹이 가능하다. 탐 씨루는 1975~1982년 사이 태국 공산당들의 은거지로 사용됐다고 한다. 동굴 내부는 어둡고 물이 흘러 미끄럽기 때문에 반드시 전문 가이드를 동행해야 한다. 탐 남탈루는 동굴 내부의 수위가 높거나 파도가 세면 진입을 통제하기도 한다.

치아우란 호수에서는 숙박도 가능하다. 물 위

©태국 관광청

에 떠 있는 수상 가옥 형태의 방갈로 숙소 Raft House로 카르스트 지형을 맘껏 감상하며 머물 수 있다. 대부분 선착장 Cheow Lan Lake Pier(Ratchaprapha Pier)에서 보트를 타고 한 시간 정도 들어간 호수 가장 자리에 위치해 있다. 판와리 더 그리너리 Panvaree The Greenery(홈페이지 www.thegreenery panvaree.com)와 500 라이 플로팅 리조트 500 Rai Floating Resort(홈페이지 www.500rai.com)가 시설이 좋다. 1박 2일 투어를 이용할 경우 여행사에서 정한 숙소로 알아서 데리고 가므로 어디서 잘지 걱정할 필요는 없다.

치아우란 호수는 카오쏙 국립공원에서 65km 떨어져 있으며 차로 1시간 걸린다. 대중교통으로 방문이 불가능하기 때문에 대부분 투어를 이용한다. 카오쏙 국립공원 입구에 있는 숙소에서 예약하면 된다. 호수만 방문하는 1일 투어는 1,500B, 뗏목 하우스(패똔떠이)에서 숙박하는 1박 2일 투어는 2,500B이다. 소그룹 투어는 3,500~4,500B으로 인상된다. 3성급 호텔에 머물 경우 투어 요금은 8,500B을 넘는다.

Accommodation 카오쏙 국립공원의 숙소

국립공원 입구에 방갈로와 리조트가 들어서 일종의 투어리스트 빌리지를 형성한다. 고급 리조트는 없지만 주변 경관만으로 충분히 매력적인 숙소가 많다.

낭 하우스 ★★★
Nung House

넓은 정원을 사이에 두고 방갈로들이 배치되어 있다. 목조 방갈로보다 타일이 깔린 콘크리트 방갈로가 넓은 편이다. 배낭여행자들이 선호하는 숙소 중 하나다.
Map P.551 전화 0-7739-5147 홈페이지 www.nung house.com 요금 더블 500~800B(선풍기, 개인욕실)

몬타니아 라이브스타일 ★★★★
Montania Livestyle

넓은 정원과 야외 수영장이 매력적인 3성급 호텔이다. 복층 건물들이 일정한 간격을 두고 들어서 있어 북적대지 않고 여유롭다. 티크 나무로 만든 전통 가옥 형태의 방갈로도 있다. 카르스트 석회암 지형에 둘러싸여 있어 주변 경관을 감상하며 시간 보내기 좋다.
Map P.551 전화 09-4565-9442 홈페이지 www. montanialifestyle.com 요금 더블 1,800~2,500B(에어컨, 개인욕실, TV, 냉장고, 아침식사)

아트 리버뷰 로지 ★★★☆
Art's Riverview Lodge

카오쏙 국립공원 입구에 있으나 다른 숙소들로부터 멀찌감치 떨어져 있다. 울창한 정글과 숲속에 방갈로를 만들어 멀리 가지 않고도 자연을 마음껏 누릴 수 있다. 숙소 앞으로 강이 흐르고, 작은 모래사장이 있다.
Map P.551 전화 09-0167-6818, 08-1489-8489 홈페이지 www.artsriverviewlodge.com 요금 더블 1,500~2,500B(선풍기, 개인욕실, 아침식사)

모닝 미스트 리조트 ★★★☆
Morning Mist Resort

산과 정원, 수영장이 어우러진 매력적인 숙소다. 널찍하고 시설 좋은 방갈로들은 위치에 따라 리버 뷰, 가든 뷰, 마운틴 뷰로 구분된다. 카르스트 지형이 방갈로 주변에 가득하다.
Map P.551 전화 0-7885-6185, 09-5356-3466 홈페이지 www.morningmistresort.com 요금 더블 800~1,000B(선풍기, 개인욕실), 더블 1,400~1,600B (에어컨, 개인욕실)

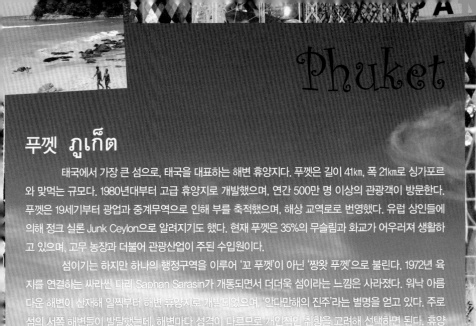

Phuket

푸껫 ภูเก็ต

태국에서 가장 큰 섬으로, 태국을 대표하는 해변 휴양지다. 푸껫은 길이 41km, 폭 21km로 싱가포르와 맞먹는 규모다. 1980년대부터 고급 휴양지로 개발했으며, 연간 500만 명 이상의 관광객이 방문한다. 푸껫은 19세기부터 광업과 중계무역으로 인해 부를 축적했으며, 해상 교역로로 번영했다. 유럽 상인들에 의해 정크 실론 Junk Ceylon으로 알려지기도 했다. 현재 푸껫은 35%의 무슬림과 화교가 어우러져 생활하고 있으며, 고무 농장과 더불어 관광산업이 주된 수입원이다.

섬이기는 하지만 하나의 행정구역을 이루어 '꼬 푸껫'이 아닌 '짱왓 푸껫'으로 불린다. 1972년 육지를 연결하는 싸라씬 다리 Saphan Sarasin가 개통되면서 더더욱 섬이라는 느낌은 사라졌다. 워낙 아름다운 해변이 산재해 일찍부터 해변 휴양지로 개발되었으며, '안다만해의 진주'라는 별명을 얻고 있다. 주로 섬의 서쪽 해변들이 발달했는데, 해변마다 성격이 다르므로 개인적인 취향을 고려해 선택하면 된다. 휴양과 유흥을 동시에 충족시키고 싶다면 빠똥 Patong, 적당한 편의시설이 어우러진 해변을 원한다면 까론 Karon과 까따 Kata, 고급 리조트에서 평화로운 해변을 즐기고 싶다면 쑤린 Surin과 방타오 Bang Thao, 무난한 호텔과 차분한 해변을 원한다면 까말라 Kamala가 적당하다.

푸껫 주변에는 스노클링과 다이빙 포인트도 산재해 있다. 푸껫 남쪽에 있는 꼬 라야 Ko Raya와 동쪽의 꼬 카이 Ko Khai가 대표적이며, 해상 국립공원으로 지정되어 환상적인 경관을 자랑하는 꼬 씨밀란 Ko Similan은 비싼 돈을 들인 보람을 느끼게 해준다. 푸껫은 분명 단체 패키지 여행이나 허니문 커플이 선호하는 여행지다. 배낭여행자들을 위한 저렴한 숙소는 미비하지만, 중급 호텔들도 많아서 자유여행자들도 즐겨 찾는다.

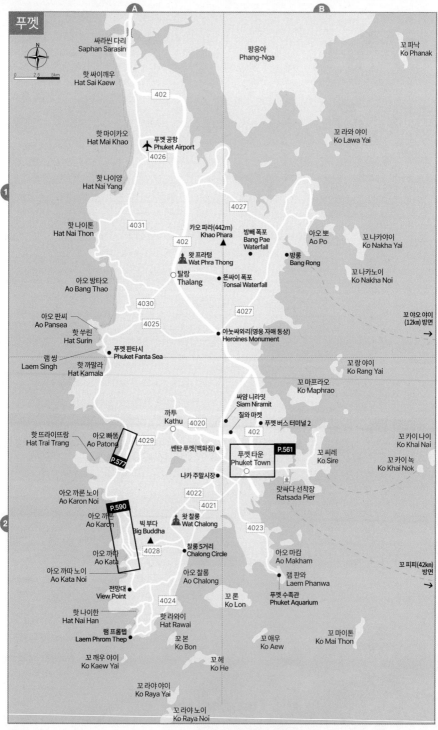

푸껫

Phuket Town

푸껫 타운 เมืองภูเก็ต

태국에서 가장 큰 섬인 푸껫의 행정 중심지로 '므앙 푸껫'이라 불린다. 외국 관광객들에게 큰 영향을 받지 않고 태국적인 삶을 영위하는 도시다. 유럽인들의 휴양지로 변모한 해변과 달리 태국인들이 사는 지극히 태국적인 곳이다. 도시는 16세기경부터 해상 무역에 종사하던 화교들이 정착하며 형성되었다. 19세기에는 유럽과 아랍, 인도, 중국 상인들까지 드나들었다고 한다. 고무와 주석을 수출하며 부를 축적했는데, 방콕보다 빨리 도로가 포장되었을 정도였다. 당시 건설한 유럽과 중국 양식이 혼합된 시노–포르투갈 건물들은 현재도 푸껫 타운에 가득하다.

대부분의 여행자들은 해변으로 가기 위해 푸껫 타운에 잠시 들른다. 하지만 단순한 경유지로 삼기에는 아쉬움이 남는다. 평범한 태국의 중소도시지만 인상적인 시노–포르투갈 건축물이 산재해 있기 때문이다. 해변의 노천 바와 호객꾼들에게 지친 몸과 마음을 누그러뜨리기에도 더없이 좋다. 해변에 머문다 해도 반나절쯤 시간을 내서 방문할 만한 가치를 충분히 지닌 곳이다.

철도는 연결되지 않았지만, 버스와 항공 노선이 발달해 푸껫을 드나드는 데는 아무런 문제가 없다. 육지와 다리가 연결되어 버스를 타도 불편하지 않다. 항공은 방콕 노선이 가장 발달해 있고, 꼬 싸무이와 치앙마이, 우돈타니로도 국내선이 취항한다.

항공

푸껫 공항(싸남빈 푸껫)은 방콕, 치앙마이와 더불어 대표적인 국제공항으로 국내선 청사와 국제선 청사로 구분된다. 타이 항공(홈페이지 www.thaiairways.com), 타이 스마일 항공(홈페이지 www.thaismileair.com), 에어 아시아(홈페이지 www.airasia.com), 타이 라이언 에어(www.lionairthai.com), 방콕 에어웨이(홈페이지 www.bangkokair.com), 녹 에어(홈페이지 www.nokair.com) 등에서 하루 30회 이상 취항한다. 저가 항공사들은 1,200B 이하로 프로모션 요금을 내놓기도 한다. 타이 항공은 방콕 쑤완나품 공항을, 저가 항공사들은 방콕 돈므앙 공항을 이용한다.

국제선은 쿠알라룸푸르, 싱가포르, 자카르타, 베이징, 상하이, 홍콩 같은 주변 국가로 한정되어 있다. 참고로 한국(인천 공항)→푸껫 직항 노선은 대한항공과 아시아나항공에서 운항한다.

푸껫 공항에서 시내로 가기

푸껫 공항은 섬 북쪽에 치우쳐 있다. 공항버스(홈페이지 www.airportbusphuket.com)는 시내 중심가에 해당하는 푸껫 타운까지만 운행된다. 08:30~20:30까지 약 1시간 간격(1일 12회)으로 운행되며, 편도 요금은 100B이다. 푸껫 타운까지 32km 떨어져 있으며, 버스로 1시간 30분 정도 소요된다.

푸껫 공항에서 해변으로 갈 경우 푸껫 스마트 버스 Phuket Smart Bus(홈페이지 www.phuketsmartbus.com)를 이용하면 된다. 푸껫 공항→쑤린→까말라→빠똥→까론→까따→라와이 방향으로 서쪽 해안선을 따라 이동한다. 08:15~23:30분까지 약 1시간 간격(1일 20회)으로 운행된다. 편도 요금은 거리에 상관없이 한번 탑승에 100B이다(1일 탑승권 299B, 3일 탑승권 499B).

원하는 목적지까지 직행하려면 공항에 마련된 택시 카운터에서 안내를 받으면 된다. 택시 요금은 푸껫 타운까지 650B, 빠똥까지 800B, 까론 · 까따까지 1,000B이다.

버스

푸껫은 버스 터미널이 두 곳으로 나뉘어져 있다. 푸껫 타운 시내에는 푸껫 버스 터미널 1(버커써 능)

푸껫 버스 터미널 1

Phuket Bus Terminal 1(구 터미널 Old Bus Terminal 이란 뜻으로 '버커써 까우'라고 부르기도 한다)에서는 남부 도시를 오가는 미니밴(롯뚜)이 출발한다. 끄라비(06:40~18:00, 편도 160B), 팡응아(06:20~17:00, 편도 100B), 쑤랏타니(07:00~16:0, 편도 220B)를 갈 경우 1 터미널을 이용하면 된다.

푸껫 타운 외곽에 위치한 푸껫 버스 터미널 2(버커써 썽) Phuket Bus Terminal 2에서는 주요 도시를 연결하는 에어컨 버스와 미니밴(롯뚜)이 출발한다. 방콕, 끄라비, 쑤랏타니, 핫야이를 포함해 멀게는 치앙마이, 치앙라이, 농카이행 버스까지 운행된다. 방콕행 버스는 남부 버스 터미널(싸이따이 Sai Tai)과 북부 버스 터미널(머칫 Mochit)으로 구분된다.

두 개의 터미널은 핑크색 썽태우(노선 번호 2번)가 셔틀 버스처럼 운행된다. 오전 6시 30분부터 오후 8시까지 운행되며 약 20~30분 정도 소요된다. 편도 요금은 15B 이다. 푸껫 버스 터미널 2에서 택시를 탈 경우 푸껫 타운까지 200B, 빠똥까지 500B, 까론 · 까따까지 600B이다.

푸껫 버스 터미널 2

보트

푸껫에서 꼬 피피로 가려면 보트를 타야 한다. 푸껫 타운에서 남동쪽으로 5km 떨어진 랏싸다 선착장(타르아 랏싸다) Ratsada Pier에서 출발한다. 6개 보트 회사에서 정기 노선을 운행하는데, 출발 시간(08:30, 11:00, 13:30)은 거의 비슷하다. 소요시간은 2시간이며 보트 요금은 450~650B(스피드 보트 850~1,050B)이다. 성수기에는 아오 낭 노선(08:30, 13:30 출발, 600B)이 추가된다. 보트 티켓은 여행사와 숙소에서 예약이 가능하다. 보통 선착장까지 픽업을 포함해 요금을 책정한다. 랏싸다 선착장에서 멀수록 픽업 요금(푸껫 타

랏싸다 선착장

운 100B, 빠똥·까론·까따 200B, 방타오·쑤린·까말라 250B)이 비싸진다.

푸껫 버스 터미널 2에서 출발하는 버스

도착지	운행 시간	요금	소요시간
방콕	VIP 17:20, 18:30, 19:00 에어컨 15:30~19:00(수시 운행)	VIP 1,112B, 1등 에어컨 715B	13시간
끄라비	07:15~18:15(수시 운행)	160~250B	3시간 30분
쑤랏타니	05:00~14:00(13회 운행)	220~250B	5~6시간
춤폰	05:30, 08:10, 10:10, 11:50, 14:30	370B	8시간
꼬 싸무이	08:00	650B	7~8시간
뜨랑	06:20~18:30(14회 운행)	279~340B	5시간
핫야이	06:40~20:50(20회 운행)	396~440B	7시간

TRANSPORTATION

시내 교통

푸껫 타운은 시내가 크지 않다. 대부분 걸어서 다닐 수 있다. 쎈탄 페스티벌(백화점), 빅 시 Big C(쇼핑몰), 테스코 로터스 같은 백화점들은 시내에서 북서쪽으로 떨어져 있으므로 타운을 순회하는 핑크색 썽태우(편도 15B)를 타야 한다. 버스 노선처럼 운행되는 썽태우는 모두 3개 노선으로 탑승 전에 목적지를 확인해야 한다. 콜택시 애플리케이션인 그랩 Grab 또는 볼트 Bolt를 이용해도 된다. 정해진 요금을 미리 확인할 수 있어 편리하지만, 교통 혼잡도와 수요에 따라 요금이 변동된다.
해변을 오가는 썽태우는 타논 라농 Thanon Ranong에 있는 재래시장 옆(Map P.561-A2)에서 기다리면 된다. 빠똥, 까론, 까따, 쑤린, 까말라, 나이한 등 주요 해변을 연결하는 썽태우(운행 시간 07:30~17:00)가 모두 이곳에서 출발한다.

빠똥 해변으로 가는 썽태우

Attraction

100년 이상된 시노–포르투갈 건축물이 가득한 올드 타운이 최고의 볼거리다. 천천히 걸어 다니며 거리와 건물들을 구경하면 된다.

올드 타운
Old Town ★★★★

푸껫 타운에서 가장 흥미진진한 곳으로 타논 탈랑 Thanon Thalang, 타논 야왈랏 Thanon Yaowarat, 타논 팡응아 Thanon Phag–Nga, 타논 끄라비 Thanon Krabi, 쏘이 로마니 Soi Romanee 일대를 의미한다. 페낭(피낭) Penang, 멜라카(믈라카) Melaka, 싱가포르를 오가던 중국 상인들이 정착하며 형성된 지역이다. 대부분 주민들이 생활하는 상점이나 가정집이라 내부를 공개하지는 않지만, 일부 건물들은 카페, 레스토랑, 갤러리 등으로 용도를 변경해 외부인을 맞이도 한다. 대부분의 건물들은 100년 이상의 역사를 자랑하는 시노–포르투갈 건축물 Sino-Portuguese Architecture들이다. 건물마다 유럽풍의 요소를 가미해 멋스럽다. 아치형 창문과 발코니, 파스텔톤의 색상과 한자가 쓰인 현판이 어우러진다.

대표적인 건물은 옛 경찰서 Old Police Station(시계탑이 멋지게 장식된 건물로 올드 타운의 상징처럼 여겨진다. 타논 팡응아와 타논 푸껫 사거리에 있다. 스탠다드차타드 은행 Standard Chartered Bank(푸껫 최초의 은행이자, 푸껫 최초의 석조 건축물로 평가받는다. 타논 팡응아의 옛 경찰서 맞은편에 있다. 현재는 푸껫 박

옛 경찰서(좌)와 스탠다드차타드 은행(우)

Best Course
Phuket Town 푸껫 타운의 추천 코스 (예상 소요시간 4~6시간)

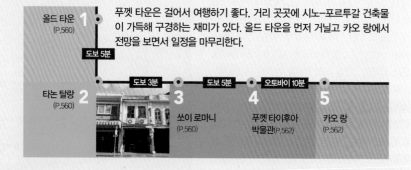

올드 타운 **1**
(P.560)

푸껫 타운은 걸어서 여행하기 좋다. 거리 곳곳에 시노–포르투갈 건축물이 가득해 구경하는 재미가 있다. 올드 타운을 먼저 거닐고 카오 랑에서 전망을 보면서 일정을 마무리한다.

도보 5분

타논 탈랑 **2**
(P.560)

도보 3분

3
쏘이 로마니
(P.560)

도보 5분

4
푸껫 타이후아 박물관(P.562)

오토바이 10분

5
카오 랑
(P.562)

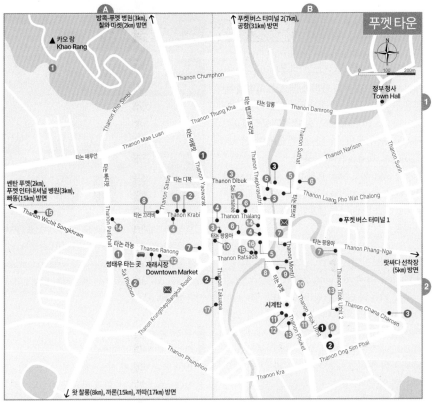

푸껫 타운

시노-포르투갈 건축물이 가득한
올드 타운의 타논 탈랑

왓 찰롱

쏘이 로마니

View
1. 쭈이 뚜이 사원(斗母宮) Wat Chui Tui A2
2. 푸껫 타이후아 박물관 A2
   Phuket Thaihua Museum
3. 왓 풋타몽콘(사원) Wat Phuttha Mongkhon B1
4. 구 스탠다드차타드 은행 건물 B2
5. 구 경찰서 건물 B2
6. 푸껫 타운 워킹 스트리트(선데이 마켓) B2
7. Phuket Trickeye Museum B2

Entertainment
1. 팀버 헛 Timber Hut A1
2. 비밥 Bebop B2
3. Sound Phuket B2

Shopping
1. 오션 쇼핑몰 Ocean Shopping Mall B2
2. 로빈싼 백화점 Robinson Department Store B2
3. 라임라이트 애비뉴 Limelight Avenue B1

Restaurant
1. 퉁카 카페 Tung-ka Cafe A1
2. 내추럴 레스토랑 Natural Restaurant A2
3. 완쭌 One Chun B1
4. 꼬삐띠얌 바이 윌라이 Kopitiam by Willai B2
5. 라야 Raya B1
6. 쿤찟 욧팍 Khun Jeed Yod Pak B2
7. 푸껫틱 Phuketique A2

8. 블루 엘리펀트 레스토랑 A2
9. 꼬삐 더 푸껫 Kopi De Phuket B2
10. 뚜깝카우 Tu Kab Khao A2
11. 미똔포 Mee Ton Poe B2
12. 쏨찟 Som Chit B2
13. Ko Ang Seafood B2
14. 고 벤즈 Go Benz A2
15. 무깝 푸껫 찌헝 A2

Hotel
1. Shunli Hotel A2
2. 99 올드 타운 부티크 게스트하우스 B2
3. 메모리 앳 온온 호텔 B2
   The Memory at On On Hotel
4. The Besavana Phuket A2
5. 반 쑤완타위 Baan Suwantawe B1
6. 시노 하우스 Sino House B1
7. Royal Phuket City Hotel B2
8. 펄 호텔 Pearl Hotel B2
9. Ibis Styles Phuket City B2
10. Courtyard by Marriott B2
11. 푸껫 크리스털 인 Phuket Crystal Inn B2
12. 치노텔 Chinotel A2
13. Novotel Phuket Phokeethra B2
14. 카사블랑카 부티크 호텔 B2
15. 풀필 푸껫 호스텔 Fulfill Phuket Hostel B2
16. 보바붐 Borbaboom B2
17. Vapa Hotel B2

물관 Phuket Museum으로 사용된다).

올드 타운에서 관광객이 가장 많이 찾는 곳은 타논 탈랑 Thanon Thalang(Thalang Road)이다. 시노-포르투갈 건축물이 도로 전체를 메우고 있는데, 화려한 색으로 치장해 눈길을 끈다. 타논 탈랑 중간에서 연결되는 쏘이 로마니 Soi Romanee도 함께 둘러보면 된다. 타논 팡응아에 있는 온온 호텔 On On Hotel(P.568)도 기념사진 찍기 좋다.

현지어 므앙 까오 Map P.561-B2 주소 Thanon Thalang & Thanon Phag-Nga 운영 24시간 요금 무료 가는 방법 썽태우 정류장이 있는 재래 시장에서 도보 10분.

푸껫 타운 선데이 마켓

푸껫 타이후아 박물관

▌푸껫 타운 워킹 스트리트(선데이 마켓)
Phuket Town Walking Street ★★★★

푸껫 타운의 타논 탈랑(탈랑 거리) Thanon Thalang에 형성되는 야시장이다. 일요일 오후에 차량이 통제되면 사람들이 걸어 다니는 워킹 스트리트로 변모한다. 350m에 이르는 도로에 좌판이 깔리고 노점이 들어선다. 거리 좌우에 유럽 양식의 시노-포르투갈 건축물이 가득해 색다른 분위기를 연출한다. 먹을거리 노점도 많아서 군것질하며 밤거리를 거닐기 좋다. 현지어로는 큰 시장이란 뜻인 '랏야이 일요시장 Lard Yai'라고 불린다.

Map P.561-B2 주소 Thanon Thalong(Thalang Road) 운영 일요일 16:00~22:00 홈페이지 www.phuketwalk ingstreet.com 요금 무료 가는 방법 타논 탈랑에 야시장이 형성된다.

▌푸껫 타이후아 박물관
Phuket Thaihua Museum ★★

1934년에 건설된 시노-포르투갈 양식의 건물이다. 푸껫 최초의 화교 학교로 건설되었다. 아치형 입구와 높다란 천장으로 이루어진 전형적인 유럽 양식의 건물로 2009년부터 박물관으로 사용하고 있다. 푸껫에 정착한 화교들의 역사와 생활상을 소개한다. 참고로 타이후

---

travel plus

푸껫 채식주의자 축제(응안 낀 쩨) Phuket Vegetarian Festival

푸껫 타운에서 열리는 가장 중요한 행사입니다. 화교들이 주축이 되는 축제로 매년 음력 9월(양력으로 9월 말에서 10월 초·중순)에 개최되는데요, 10일간의 채식주의자 축제 기간에는 육식을 삼가고 야채로 된 음식만 먹으면서 생활합니다. 채식을 통해 영혼을 깨끗이 하고 행운을 만든다고 여깁니다. 축제 기간에는 몸과 마음을 깨끗이 하기 위해 술과 성행위도 금합니다. 순결을 상징하기 위해 축제에 참여한 사람들이 하얀 옷을 입는 것도 같은 맥락입니다. 종교적으로는 중국 사원이나 사당을 찾아 향을 피우고 공양을 합니다.
채식주의자 축제의 하이라이트는 성대한 퍼레이드인데요, 각종 홍등과 한자가 쓰인 붉은색 걸개로 치장된 거리는 수행자들의 거리 행진과 폭죽으로 소란스러워집니다. 퍼레이드를 이끄는 것은 '마쏭'. 신이 그들의 몸속으로 들어와 초인적인 힘을 발휘한다고 여겨지는 마쏭들은 입이나 볼, 혀에 커다란 침과 바늘을 꽂고 다니며 신비한 힘을 표출합니다. 푸껫 채식주의자 축제는 1825년부터 매년 열리고 있습니다.

아(泰華)는 태국에 사는 화교를 뜻한다.
현지어 피피타판 푸껫 타이후아 Map P.561-A2 주소
28 Thanon Krabi 전화 0-7621-1224 홈페이지 www.
thaihuamuseum.com 운영 09:00~17:00 요금 200B 가
는 방법 타논 끄라비 중간에 있다.

카오 랑에서 바라 본 푸껫 풍경

카오 랑(푸껫 힐) ★★☆
Khao Rang(Phuket Hill)

푸껫 타운 북서쪽에 있는 나지막한 언덕이
다. 언덕 정상에서 푸껫 타운 일대를 조망할 수
있다. 전망대를 갖춘 공원으로 꾸몄고, 분위기
좋은 레스토랑이 들어서 있어 주민들의 휴식
공간으로 사랑받는다.

푸껫의 어원은 말레이어 '부낏 Bukit'에서 온
것으로 여긴다. 부낏은 '언덕'이라는 뜻인데, 카
오 랑을 보고 '부낏'이라고 부르던 것이 오늘날
의 푸껫이 된 셈이다. 그런 이유 때문인지 카오
랑의 영문 표기가 '푸껫 힐 Phuket Hill'이다.
Map P.561-A1 주소 Thanon Kho Simbi 운영 24시간 요
금 무료 가는 방법 푸껫 타운 시내에서 북쪽으로 3km 떨
어져 있다.

왓 찰롱 ★★★
Wat Chalong

푸껫에서 가장 중요한 사원으로 푸껫에 있
는 29개의 불교 사원 중에 규모가 가장 크다.
사원의 공식 이름은 왕실에서 하사한 왓 차이
타라람 Wat Chaithararam이다. 하지만 축제
를 의미하는 찰롱으로 더 많이 불린다.

왓 찰롱은 건축적인 면보다는 푸껫의 역사
와 관련해 유명하다. 1876년에 발생한 중국인
광부들의 폭동을 진압한 곳이기 때문이다. 주
석의 국제시가가 두 배로 높아지자 태국 정부
가 푸껫의 주석 광산으로부터 세금을 확대하려
하자 이에 반발해 폭동이 일어났다. 약 2,000
명의 중국인 광부가 참여한 폭동은 엉뚱하게도
왓 찰롱의 주지스님이었던 루앙퍼 챔 Luang
Pho Chaem 때문에 진압이 가능했다. 폭동 사
태가 심각해지자 사원으로 피신한 주민들에게
용기를 북돋아 폭동을 진압한 것이다. 루앙퍼

챔 스님은 의학적인 식견도 높아서 폭동 때 다
친 사람들을 치료해줬다고 한다.

법전 오른쪽에는 프라 마하탓 쩨디 Phra
Mahathat Chedi라 불리는 대형 쩨디가 이목
을 집중시킨다. 특이하게도 인도와 이싼(태국
북동부) 양식을 혼합해 만들었으며, 계단을 이
용해 3층까지 올라갈 수 있다.
Map P.556-A2 위치 푸껫 타운과 아오 찰롱 Ao Chalong
사이의 4022번 국도 운영 06:00~18:00 요금 무료 가
는 방법 푸껫 타운 남쪽으로 8km, 아오 찰롱 입구의 짜
롱 5거리(하역 찰롱) Chalong Circle에서 북쪽으로 2km
떨어져 있다.

칠와 마켓(딸랏 칠와) ★★★☆
Chillva Market

평일에 열리는 활기 넘치는 야시장이다. 푸
껫 타운과 비교적 가까워 현지인들이 즐겨 찾
는다. 특히 태국 젊은이들이 많이 찾아온다. 중
국 관광객도 제법 많다. 의류, 신발, 가방, 액세
서리가 주로 판매된다. 야시장 안쪽으로 들어
가면 빈티지한 목조 건물도 있다. 음식을 파는
노점과 야외 공간에 식사할 수 있는 테이블도
마련되어 있다. 중앙의 무대에서 라이브 밴드
가 음악도 연주해 준다. 일요일은 문을 열지 않
는다.

칠와 마켓(딸랏 칠와)

Map P.556-B2 주소 141/2 Thanon Yaowarat 홈페이지 www.facebook.com/Chillvamarket 운영 월~토 17:00~23:00(휴무 일요일) 가는 방법 푸껫 타운에서 북쪽으로 3.5km 떨어져 있다.

나카 주말시장(딸랏 나카) ★★★☆
Naka Weekend Market

나카 주말시장(딸랏 나카)

토요일과 일요일에만 열리는 주말시장이다. 로컬 시장 분위기가 느껴지는 곳으로 푸껫 타운에서 가장 큰 시장이다. 저렴한 옷이 주를 이루지만 가방, 신발, 시계, 선글라스, 라탄 가방, 기념품, 액세서리, 잡화까지 온갖 종류의 물건이 판매된다. 저녁에만 여는 야시장답게 먹거리 노점도 즐비하다. 각종 반찬, 꼬치구이, 튀김, 케밥, 닭고기, 돼지갈비, 시푸드 식당까지 다양하다. 현지인과 관광객까지 어우러져 붐비는 편이다.

Map P.556-A2 주소 Thanon Wirat Hong Yok 운영 토~일요일 16:00~22:00 가는 방법 푸껫 타운에서 서쪽으로 3km 떨어져 있다.

Restaurant 푸껫 타운의 레스토랑

유럽인들을 위한 고급 레스토랑보다는 현지인들이 즐겨가는 저렴한 태국 레스토랑이 많다. 화교가 운영하는 오래된 식당도 많은 편이다.

쿤찟 욧팍 คุณจีดยอดผัก ★★★☆
Khun Jeed Yod Pak

화교가 운영하는 볶음 국수 전문 식당이다. 대부분의 손님들은 '랏나(울면과 비슷한 볶음 국수)'를 맛보기 위해 찾아온다. 싸떼(카레를 발라 구운 돼지 꼬치구이)를 곁들이면 좋다.

Map P.561-B2 주소 Thanon Phang-Nga 영업 10:00~22:00 메뉴 영어, 태국어 예산 60~80B 가는 방법 타논 팡응아의 메모리 앳 온온 호텔을 바라보고 오른쪽으로 50m 정도 간다.

미똔포 หมี่ต้นโพธิ์ ★★★☆
Mee Ton Poe

호끼안(오늘날의 중국 푸젠성) 출신의 화교가 운영하는 식당이다. 1946년부터 영업하고 있다. 계란으로 반죽한 노란색의 밀가루 면을 이용한 볶음 국수인 푸젠차오몐(福建炒麵)을 맛볼 수 있다. 태국어로 '미 팟 호끼안 Mee Pad Hokkien'이라고 부른다. 식당은 허름하지만 맛집으로 통한다.

Map P.561-B2 주소 Thanon Phuket & Soi Taling Chan 전화 0-7621-6293 영업 10:00~17:00(휴무 일요일) 메뉴 영어, 태국어 예산 70~120B 가는 방법 타논 푸껫 시계탑 로터리 코너에 있다.

쏨찟(미 쏨찟) หมี่สมจิตร ★★★☆
Som Chit(Mhee Som Chit)

작고 허름한 현지 식당이지만 각종 언론에 소개된 맛집이다. 쏨찟 국수집이라는 의미로 '미 쏨찟'이라 불리기도 한다. 중국 남부 지방에서 이주해온 화교 집안에서 4대째 장사하고 있다. 특히 계란을 반죽해 만든 노란색 면이 들어간 국수 '미 호끼안' Hokkien Noodle Soup'이 유명하다. 건새우로 육수를 낸 시원한 국물과 탱글탱글한 면발이 잘 어우러진다.

Map P.561-B2 주소 Thanon Phuket 전화 08-1693-

7705 영업 08:00~17:00 메뉴 영어, 한국어, 태국어 예산 55~85B 가는 방법 시계탑 로터리에 있는 미똔포 (레스토랑)를 바라보고 왼쪽.

고 벤즈(꼬 벤 까우똠행) ★★★☆
Go Benz Rice Porridge

현지인들이 즐겨 찾는 야식집. 국물 없이 죽과 돼지고기를 올려주는 '카우똠행' Dry Boiled Rice이 유명하다. 국물을 원할 경우 With Soup으로 주문하면 된다. 돼지 갈비탕 Boiled Pork Rip과 삼겹살 튀김(무끄롭) Crispy Pork도 인기 있다.

Map P.561-A2 주소 163 Thanon Patiphat-Krabi 영업 19:00~01:00 메뉴 영어, 태국어, 중국어 예산 70~150B 가는 방법 타논 빠띠팟 & 타논 끄라비 사거리 코너에 있다.

무껍 푸껫 찌헝 ร้านหมูกรอบภูเก็ต จี่ฮ้อง
Crispy Pork Ji Hong ★★★★

전형적인 로컬 식당으로 덮밥 형태의 간단한 식사가 가능하다. 카우무끄롭(바삭한 돼지고기 덮밥), 카우만까이(닭고기덮밥), 카우카무(돼지족발덮밥)가 있다. 두 세 종류의 고기를 섞어서 주문해도 된다. 점심시간이 지나면 문을 닫는다. 간판은 태국어로만 쓰여 있다.

Map P.561-A1 주소 66/6 Thanon Wichit Songkhram(Vichitsongkram Road) 전화 09-1825-6868 영업 06:00~14:00 메뉴 영어, 태국어 예산 60~80B 가는 방법 푸껫 타운 서쪽의 타논 위칫쏭크람에 있다.

꼬삐띠암 바이 윌라이 ★★★★
Kopitiam by Wilai

푸껫의 올드 타운 분위기를 잘 보여주는 레스토랑이다. 시노-포르투갈 건물에 중국풍의 인테리어가 주는 예스런 느낌이 편안함까지 선사한다. '호끼안 미(볶음 국수) Hokkien Mee'를 포함해 다양한 면 요리와 태국 음식을 요리한다. 커피숍이란 의미를 갖고 있는 꼬삐띠암답게 커피는 기본이다.

Map P.561-B2 주소 18 Thanon Thalang 영업 11:00~22:00(휴무 일요일) 메뉴 영어, 태국어 예산 135~200B 가는 방법 타논 탈랑의 탈랑 게스트하우스 맞은편의 차이나 인 카페 China Inn Cafe 옆에 있다.

내추럴 레스토랑(크루아 탐마찻) ★★★☆
Natural Restaurant

태국 전통가옥 형태의 개방형으로 이름처럼 자연적인 느낌의 분위기와 깔끔한 음식으로 인기가 높다. 태국 요리 전문으로 국수 볶음부터 시푸드 요리까지 메뉴가 다양하다. 신선한 음식재료를 사용하고 화학조미료를 쓰지 않아 건강에도 좋다.

Map P.561-A2 주소 62/5 Soi Phuthon, Thanon Krungthep(Bangkok Road) 전화 0-7622-4287, 0-7621-4037 홈페이지 www.naturalrestaurantphuket. com 영업 10:30~23:00 메뉴 영어, 태국어 예산 150~390B 가는 방법 타논 끄룽텝에서 연결되는 쏘이 푸톤에 있다.

완짠 วันจันทร ★★★★
One Chun

인접한 '라야'와 더불어 남부 음식을 요리하는 대표적인 레스토랑이다. 파스텔 톤의 콜로니얼 건물과 빈티지한 인테리어가 푸껫 타운의 분위기와 잘 어울린다. 대표음식은 메뉴판에 인기 메뉴라고해서 추천하고 있다. '완짠'은 월요일이란 뜻이다.

Map P.561-B1 주소 48/1 Thanon Thep Krasattri 전화 07-6355-909 홈페이지 www.facebook.com/ OneChunPhuket 영업 10:00~22:00 메뉴 영어, 태국어 예산 180~370B 가는 방법 타논 텝까쌋뜨리 & 타논 디북 교차로 코너에 있다.

라야 ★★★☆
Raya

20세기 초반에 건설된 시노-포르투갈 건축물을 레스토랑으로 꾸몄다. 모자이크 타일, 나무 계단과 창문 등 옛 건물의 모습을 그대로 간직해 복고풍의 정취가 가득하다. 팟타이, 똠얌꿍 같은 대중적인 태국 음식도 있지만, 무 홍 Moo Hong(마늘과 후추를 넣은 돼지고기 찜) 같은 푸껫 특선 요리도 맛 볼 수 있다.

Map P.561-B1 주소 48 Thanon Dibuk 전화 0-7621-8155 영업 10:00~22:00 메뉴 영어, 태국어 예산 250~650B 가는 방법 타논 디북에 있는 라임라이트 애비뉴(쇼핑몰)를 바라보고 왼쪽으로 100m.

뚜깝카우 ★★★☆
Tu Kab Khao

푸껫 타운에서 만날 수 있는 트렌디한 레스토랑. 120년이나 된 콜로니얼 양식의 건물을 부티크하게 꾸몄다. 볶음 쌀국수는 기본이고 얌(매콤한 태국식 샐러드), 남프릭(태국식 새우젓 쌈장), 깽쏨(매콤시큼한 태국식 찌개), 무홍(돼지고기 찜), 생선 요리까지 메뉴가 다양하다.

Map P.561-B2 주소 8 Thanon Phang-Nga 전화 0-7660-8888 홈페이지 www.facebook.com/tukabkhao 영업 11:00~22:00 메뉴 영어, 태국어 예산 220~550B 가는 방법 타논 팡응아에 있는 까씨꼰 은행 Kasikorn Bank 옆.

블루 엘리펀트 레스토랑 ★★★★
Blue Elephant Restaurant

푸껫 타운을 대표하는 고급 태국 음식 전문 식당이다. 1903년에 건설된 콜로니얼 양식의 저택과 드넓은 야외 정원만으로도 품격이 고스란히 전해진다. 분위기에 걸맞게 음식 값이 비싸다. 점심시간에 제공되는 세트 메뉴가 상대적으로 저렴하다. 요리 강습(쿠킹 클래스 Cooking Class)도 운영한다.

Map P.561-A2 주소 96 Thanon Krabi 전화 0-7635-4355~7 홈페이지 www.blueelephant.com 영업 11:30~14:30, 18:30~22:30 메뉴 영어, 태국어 예산 메인요리 480~1,850B, 런치 세트 890B, 디너 세트 2,000~2,600B(+17% Tax) 가는 방법 타논 끄라비 & 타논 싸뚠이 만나는 삼거리에 있다.

퉁카 카페 ★★★☆
Tung-ka Cafe

푸껫 타운이 시원스럽게 내려다보이는 카오 랑(P.562) 정상에 있어 전망이 좋다. 푸껫 타운이 불을 밝히기 시작하는 초저녁에 가장 아름답다. 낮 시간에 찾아간다면 시원한 커피나 맥주, 아이스크림으로 더위를 식힐 수 있다. 카오 랑 전망대 주변에 카오 랑 브리즈 레스토랑 Kao Rang Breeze Restaurant도 있다.

Map P.561-A1 주소 Thanon Kho Simbi 전화 0-7621-1500 영업 11:00~22:30 메뉴 영어, 태국어 예산 160~330B 가는 방법 카오 랑 정상에 있다.

NightLife 푸껫 타운의 나이트라이프

빠똥에 비하면 푸껫 타운의 나이트라이프는 조용하다. 외국인들을 위한 노천 바나 화려한 워킹 스트리트 대신 현지인들이 즐겨 찾는 라이브 음악을 곁들인 클럽이 몇 군데 있다.

비밥 ★★★★
Bebop

푸껫 타운에서 맥주 마시며 편하게 라이브 음악을 들을 수 있는 곳이다. 붉은색으로 치장한 실내는 소극장 분위기로 무대와 테이블이 가깝다. 재즈와 소울, 블루스 음악이 주를 이룬다. 태국인 보컬과 외국인 연주가가 합세해 잼 세션을 여는 경우도 많다. 라이브 음악은 저녁 9시부터 시작된다.

Map P.561-B2 주소 24 Thanon Takuapa 전화 08-9591-4611 영업 18:30~24:00 메뉴 영어 예산 맥주·칵테일 120~300B 가는 방법 타논 따꾸아빠의 더 칼럼 The Column 옆에 있다.

싸얌 니라밋
Siam Niramit ★★★

태국의 역사와 문화, 축제를 간접 체험할 수 있는 대규모 공연장이다. 방콕에 이어 푸껫에도 문을 열었다. 니라밋은 상상이라는 뜻의 태국 말로 화려한 의상과 무대 장치가 볼거리다. 크게 3부로 구성해 70분간 공연된다. 입장료는 좌석의 위치와 저녁 식사 포함 여부에 따라 차이가 난다. 푸껫 판타시(P.573 참고) 공연과 비슷하므로 둘 중 하나를 선택해 관람하면 된다. Map P.556-B2 주소 55/81 Moo 5 Thanon Chalerm-prakiat(Bypass) 전화 0-7633-5000(문의), 0-7633-5001~2(예약) 홈페이지 www.siamniramit.com 공연 시간 20:30(휴무 화요일) 요금 1,800~2,200B(공연 관

©Siam Niramit

람) 가는 방법 푸껫 타운에서 북쪽으로 7km 떨어져 있는 테스코 로터스(대형 마트) 앞 사거리를 지나서 타논 짜럼쁘라끼얏에 있다. 여행사에서 왕복 교통편이 포함된 투어를 예약하는 게 편리하다.

Accommodation
푸껫 타운의 숙소

해변의 숙소에 비하면 푸껫 타운의 호텔은 시설에 비해 매우 저렴하다. 성수기라고 해서 요금을 인상하는 것도 아니어서 저렴한 숙소를 찾는 배낭여행자들에게 매력적인 곳이다.

보바붐
Borbaboom ★★★☆

오래된 건물을 깨끗하게 리모델링한 호스텔. 침대마다 커튼이 설치된 도미토리를 운영한다. 도미토리는 6인실과 8인실이며 남성·여성·혼성용으로 구분된다. 공동으로 사용할 수 있는 주방 시설이 있고, 특히 옥상에 야외 수영장을 만들어 다른 호스텔과 차별화했다. Map P.561-B2 주소 73/1 Thanon Ratsada 전화 09-6694-5025 홈페이지 www.facebook.com/borbaboomphuket 요금 도미토리 350B(에어컨, 공동욕실), 더블 1,200B(에어컨, 개인욕실) 가는 방법 타논 랏싸다의 풀필 푸껫 호스텔 옆.

99 올드 타운 부티크 게스트하우스
99 Old Town Boutique Guesthouse ★★★

시노-포르투갈 양식의 건물을 숙소로 사용한다. 중국과 유럽 양식이 혼재한 건물이 가득한 거리에 있어 푸껫 타운의 옛 정취를 고스란히 느낄 수 있다. 객실은 작지만 부티크 게스트하우스답게 객실 설비는 모던하다. 한자 간판은 고옥여사 古屋旅社라고 적혀 있다. Map P.561-B2 주소 99 Thanon Thalang 전화 0-7622-3800 홈페이지 www.99oldtownguesthouse.com 요금 더블 900~1,200B(에어컨, 개인욕실, TV, 냉장고) 가는 방법 타논 탈랑 & 쏘이 로마니 삼거리 입구에서 오른쪽(동쪽)으로 20m.

더 비싸와나(더 베사바나)
The Besavana Phuket ★★★★

올드 타운에서 보기 드문 수영장을 갖춘 3성급 호텔이다. 콘크리트 건물로 빈티지한 감성은 없지만 깨끗한 객실에서 쾌적하게 지낼 수 있다. 딜럭스 룸은 발코니가 딸려 있다. 푸껫 타운을 걸어 다닐 수 있는 위치도 매력이다. 4층 건물로 엘리베이터는 없다.

Map P.561-A2 주소 63/3 Thanon Krabi 전화 09-1042-2330 홈페이지 www.thebesavanaphuket.com 요금 딜럭스 1,500B~1,800B 가는 방법 타논 끄라비의 푸껫 타이후아 박물관을 바라보고 왼쪽으로 80m.

메모리 앳 온온 호텔 ★★★☆
The Memory at On On Hotel

1929년 푸껫에 최초로 문을 연 호텔이다. 콜로니얼 건축 양식으로 푸껫 타운의 전통을 대변한다. 영화 '비치 Beach'에 등장했을 정도다. 노후한 시설을 전면 보수해 트렌디한 호텔로 변모했다. 콜로니얼 양식의 외관과 안마당이 그대로 남아있다. 객실은 스타일리시하게 꾸몄지만, 방 크기는 작은 편이다. 수영장은 없으며, 아침식사가 포함된다.

Map P.561-B2 주소 19 Thanon Phang-Nga 전화 0-7636-3700 홈페이지 www.thememoryhotel.com 요금 슈피리어 1,800B~2,000B(에어컨, 개인욕실, TV, 냉장고, 아침식사), 딜럭스 2,400B~2,800B(에어컨, 개인욕실, TV, 냉장고, 아침식사) 가는 방법 타논 팡응아(팡응아 거리) 중간의 방콕 은행 맞은편에 있다.

반 쑤완타위 ★★★★
Baan Suwantawe

한 달 이상 머무르는 사람들을 위한 아파트 형태의 숙소이지만 단기 투숙자를 위한 호텔도 겸한다. 객실이 넓고 쾌적해 편한 잠자리를 제공해 준다. 수영장도 갖추어져 있어 요금에 비해 매우 만족스럽다.

Map P.561-B1 주소 1/10 Thanon Dibuk 전화 0-7621-2879 홈페이지 www.baansuwantawe.co.th 요금 스탠더드 1,400B~1,700B, 스위트 2,500B 가는 방법 타논 디북 & 타논 몬뜨리 사거리에서 타논 디북 방향으로 50m 정도 간다.

시노 하우스 ★★★★
Sino House

시노-포르투갈 건물을 아늑한 호텔로 변모시켰다. 동양과 서양의 요소를 절묘하게 가미해 고급스런 느낌을 준다. 동양인에게는 모던함을, 서양인에게는 오리엔탈리즘을 동시에 자극시킨다. 상하이 룸과 베이징 룸으로 구분해 객실을 꾸몄다.

Map P.561-B1 주소 1 Thanon Montri 전화 0-7623-2494~5 홈페이지 www.sinohousephuket.com 요금 딜럭스 2,300B, 스위트 2,900B 가는 방법 타논 몬뜨리와 타논 나리쏜 Thanon Narison 삼거리에 있다.

카사블랑카 부티크 호텔 ★★★★
Casa Blanca Boutique Hotel

매력적인 콜로니얼 양식의 부티크 호텔이다. 아치형 주랑을 간직한 순백의 시노-포르투갈 건축물을 예술적인 감각을 가미해 꾸몄다. 샹들리에가 걸려 있는 로비, 건물 안쪽의 아담한 정원, 여성스런 취향으로 꾸민 객실까지 우아한 느낌을 준다. 야외 수영장도 있다.

Map P.561-B2 주소 26 Thanon Phuket(Phuket Road) 전화 0-7621-9019 홈페이지 www.casablancaphuket.com 요금 슈피리어 더블 2,300B(에어컨, 개인욕실, TV, 냉장고, 아침식사), 딜럭스 트윈 2,800B, 패밀리 스위트 5,500B 가는 방법 타논 팡응아 & 타논 푸껫 사거리에서 타논 푸껫 방향으로 50m.

코트야드 바이 메리어트 ★★★★
Courtyard by Marriott

푸껫 타운의 랜드마크 같았던 오래된 메트로폴 호텔 The Metropole Hotel을 메리어트에서 인수해 4성급 호텔로 리모델링했다. 수영장을 갖추고 있으며 객실은 화이트 톤으로 모던하게 꾸몄다. 객실은 30㎡ 크기로 높은 층의 객실일수록 전망이 좋아진다. 뷔페 아침 식사가 포함된다. 대형 호텔이지만 직원들도 친절하고 체계적으로 관리되고 있다. 18층 규모로 248개 객실을 운영한다. 푸껫 타운 시내 중심가에 있어 관광하기도 좋은 위치다.

Map P.561-B2 주소 1 Soi Surin 전화 0-7664-3555 홈페이지 www.marriott.com 요금 딜럭스 2,900B, 프리미엄 3,500B 가는 방법 푸껫 타운의 이정표 역할을 하는 시계탑 로터리에 있다.

쑤린 หาดสุรินทร์

　　까말라 북쪽에 있는 1㎞ 남짓한 작은 해변이다. 까론과 더불어 푸껫에서 아름다운 해변으로 손꼽힌다. 모래사장을 가득 메운 비치파라솔은 쑤린 해변의 인기를 실감케 한다. 쑤린의 특징은 크리스털빛의 바다와 고급 리조트들이다. 빠똥이 무제한적으로 개발된 전례를 거울삼아, 쑤린은 지형적인 요소를 고려해 해변 경관을 해치지 않을 만큼만 개발이 이루어졌다. 푸껫의 다른 해변들과 달리 호텔과 유흥업소는 바다에서 멀찌감치 떨어져 건설했다.

　　쑤린 북쪽에는 아오 판씨 Ao Pansea(또는 Ao Phansi)가 있다. 쑤린보다 아름답다는 해변으로 푸껫의 대표적인 슈퍼 럭셔리 리조트가 독점하고 있다. 딱 두 개의 리조트 손님들을 위한 해변이다. 쑤린 남쪽의 까말라로 가는 언덕에 숨겨진 비경인 램씽 Laem Singh은 모두에게 개방되어 있다.

은행 · 환전

은행은 많지 않지만 해변 입구에 환전소가 있어서 불편함은 없다. 타논 핫쑤린 쏘이 8 Thanon Hat Surin Soi 8 코너, 플라자 쑤린 Plaza Surin에 환전소가 있다. ATM은 편의점을 포함해 여러 곳에서 발견할 수 있다.

여행 시기

안다만해의 다른 섬들과 마찬가지로 건기인 11~4월이 여행하기 좋다. 우기인 5~10월에는 비가 많이 내린다. 쑤린은 까말라와 더불어 우기에는 파도가 높다. 수영 금지를 알리는 빨간 깃발이 나부끼는 날에는 수영을 삼가자. 매년 익사사고가 발생했음을 명심하자.

ACCESS 쑤린 가는 방법

푸껫 타운에서 썽태우가 낮 시간(07:30~17:00)에만 운행된다. 타논 라농의 재래 시장(Map P.561-A2) 앞에서 출발한다. 썽태우는 푸껫 타운→402번 국도→아눗싸와리(영웅 자매 동상 Heroines Monument)→4025번 국도→테스코 로터스(방타오 입구)→쑤린→램씽→까말라까지 운행된다. 썽태우가 푸껫 타운에서 쑤린을 최단거리로 주파하지 않고 섬을 반 바퀴 돌기 때문에 24㎞를 가는 데 1시간 이상 걸린다. 썽태우는 40분 간격으로 운행되며 편도 요금은 50B이다. 뚝뚝을 탈 경우 푸껫 타운까지 700B이며, 상대적으로 가까운 빠똥까지는 600B이다.

해변과 해변을 이동할 때는 푸껫 스마트 버스 Phuket Smart Bus(홈페이지 www.phuketsmartbus.com)를 이용하면 된다. 푸껫 공항→쑤린→까말라→빠똥→까론→까따→라와이 방향으로 서쪽 해안선을 따라 이동한다. 쑤린의 경우 해변 입구 삼거리에서 버스가 정차한다. 편도 요금은 푸껫 공항까지 100B, 빠똥 · 까론 · 까따까지 100B이다. 08:15~23:30분까지 약 1시간 간격(1일 20회) 운행된다.

Restaurant 쑤린의 레스토랑

2016년부터 해변을 무단 점유한 상업 시설에 대한 철거가 진행됐다. 이로 인해 쑤린 해변의 모래사장에 있던 식당들도 대부분 영업을 중단한 상태다.

쿤야 시푸드 ★★★☆
Khunya (Khun Yaa) Seafood

내륙도로에 있는 태국 레스토랑이다. 에어컨 없는 전형적인 로컬 레스토랑으로 규모는 큰 편이다. 중국 · 태국 음식을 요리하는데 해산물을 포함해 볶음 요리가 많다. 쏨땀, 팟타이, 모닝글로리 볶음, 파인애플 볶음밥, 똠얌꿍, 뿌팟퐁까리까지 다양한 음식을 요리한다. 종이에 적어 계산하는데 영수증을 확인하는 게 좋다.

주소 24 Moo 3 Choeng Thale(Cherngtalay), Hat Surin Soi 6 영업 10:00~22:00 메뉴 영어, 태국어, 중국어 예산 120~250B 가는 방법 핫쑤린 쏘이 6 골목 입구와 접한 메인 도로에 있다. 해변에서 500m.

뚝따 푸드(미앙쁠라 란힌) ★★★☆
Tukta Food & Drink

특별할게 없지만 바다를 끼고 있어 분위기는 좋다. 당연히 해질 때 분위기가 좋다. 저녁 시간이면 해변에도 테이블이 놓인다. 시푸드를 메인으로 요리하지만 쏨땀, 덮밥, 팟타이 같은 간단한 식사도 가능하다. 현지어 간판은 미앙쁠라 란힌 เมี่ยงปลา ลานหิน이라고 적혀 있다.

주소 Surin Beach 전화 08-7280-4145 홈페이지 www.

facebook.com/miangplalanhin 메뉴 영어, 태국어 예산 120~300B 가는 방법 해변(바다를 바라보고) 오른쪽 끝 자락에 있다.

오리엔탈 스푼 ★★★★
Oriental Spoon

트윈 팜 푸껫 리조트에서 운영하는 레스토 랑이다. 럭셔리 리조트의 부대시설답게 모던하 고 트렌디하다. 태국 음식을 기본으로 파스타, 그릴 & 스테이크도 함께 요리한다. 태국 요리 에 제공되는 밥은 네 가지 쌀 중에 하나를 선택 할 수 있다. 아침 시간에는 호텔 투숙객 조식 식당으로 이용된다.

주소 106/46 Moo 3 Surin Beach Road 전화 0-7631-6577 홈페이지 www.twinpalmshotelsresorts.com 영업 16:00~22:00 메뉴 영어, 태국어 예산 350~1,290B (+17% Tax) 가는 방법 해변 도로에 있는 트윈 팜 푸껫 리조트 내부에 있다.

Accommodation 쑤린의 숙소

푸껫에서 아름다운 해변 중 하나인 쑤린답게 고급 리조트들이 점령하고 있다. 특히 아오 판씨를 끼고 만든 쑤린 푸껫 The Surin Phuket과 아만푸리 리조트 Amanpuri Resort는 럭셔리함의 극치를 보여준다. 저렴한 여행자 숙소는 거의 없는데, 바다에서 멀리 떨어질수록 호텔 요금이 저렴하다.

쑤린 베이 인 ★★★
Surin Bay Inn

해변 도로 초입에 있는 중급 호텔이다. 모든 객실은 에어컨 시설로 온수 샤워가 가능한 개 인욕실, TV, 냉장고, 안전금고가 갖추어졌다. 발코니가 딸린 도로 쪽 방들은 해변이 바라다 보인다. 1층에 레스토랑을 운영한다.

주소 106/11 Moo 3 Thanon Hat Surin 전화 0-7627-1601, 0-7632-5815 홈페이지 www.surinbayinn.com 요금 스탠더드 1,800B, 딜럭스 2,500B 가는 방법 해변 도로(타논 핫쑤린 쏘이 8)로 들어와 길을 따라 오른쪽으로 100m.

쑤린 푸껫 ★★★★★
The Surin Phuket

전용 해변을 갖고 있는 럭셔리 리조트다. 안 다만해에서 이어진 나지막한 언덕에 108동의 독립 코티지를 운영한다. 원 베드 룸은 34㎡, 투 베드 룸은 55㎡ 크기다. 리조트 주변에 흐드 러진 열대 해변과 열대 정원이 어우러진다. 야 외 수영장과 해변, 푸른 바다가 충분한 휴식을 제공해 준다.

주소 Ao Pansea 전화 0-7631-6400, 0-7662-1580 홈페이지 www.thesurinphuket.com 요금 원 베드룸 힐 사이드 코티지 1만 3,200B, 원 베드룸 슈피리어 코티 지 1만 7,000B 가는 방법 쑤린 해변 북쪽의 아오 판씨 에 있다.

트윈 팜 푸껫 리조트 ★★★★★
Twin Palm Phuket Resort

단순함을 최고의 미덕으로 삼은 매혹적인 부티크 리조트다. 쑤린의 럭셔리 리조트들과 어깨를 나란히 하는데, 다른 곳들과 달리 모든 치장을 들어내고 절제된 인테리어로 객실을 꾸 몄다.

주소 106/46 Moo 3 Thanon Hat Surin(Surin Beach Road) 전화 0-7631-6500 홈페이지 www. twinpalmshotelsresorts.com 요금 딜럭스 9,300B~1만 1,500B, 원 베드룸 스위트 1만 4,400~2만 3,800B 가 는 방법 해변 도로 중간에 있다.

Kamala

까말라 หาดกมลา

빠똥 북쪽으로 8㎞ 떨어진 해변이다. 다른 해변들과 달리 고층 호텔 건물이나 럭셔리 리조트가 적어 상대적으로 개발 속도가 더딘 해변이다. 해변 남쪽은 타논 림핫(해변과 접한 도로라는 뜻의 해안 도로) Thanon Rim Hat에 호텔과 레스토랑이 집중되어 있을 뿐, 전체적으로 고급 휴양지보다는 태국 마을 분위기를 풍긴다. 해변 북쪽은 무슬림들의 묘지가 있어서 개발이 제한적이다. 해변 남쪽의 언덕은 수려한 전망을 자랑하는 럭셔리 리조트들로 채워지고 있어, 푸껫의 마지막 남은 노른자 땅으로 여겨진다.

까말라는 2㎞에 이르는 둥글게 휘어진 모래해변을 간직하고 있다. 해변에는 비치파라솔보다 카수아리나 소나무가 가득하다. 수영은 물론 휴식에 적합한 해변으로 푸껫의 다른 해변에 비해 관광객들이 북적대지 않는다. 파도가 높아지는 우기에는 물놀이를 즐기는 사람이 현저히 줄어들고 서핑을 즐기는 서퍼들이 늘어난다. 전체적으로 차분한 분위기로 인해 장기 체류자들이 많다. 해변 북쪽에 트렌디한 비치 클럽이 오픈하면서 변화를 꾀하고 있다. 까말라 북쪽에 있는 쑤린 해변으로 넘어가는 언덕에는 숨겨진 비경인 램씽 Laem Singh이 기다리고 있다.

ACCESS

까말라 가는 방법

푸껫 타운에서 출발하는 썽태우가 쑤린 해변을 지나 까말라 해변 남단까지 간다(P.570 쑤린 가는 방법 참고). 낮 시간(07:30~17:00)에만 운행되며 40분 간격으로 출발한다. 편도 요금은 50~60B이다.

해변과 해변을 이동할 때는 푸껫 스마트 버스 Phuket Smart Bus(홈페이지 www.phuketsmartbus.com)를 이용하면 된다. 푸껫 공항→쑤린→까말라→빠똥→까론→까따→라와이 방향으로 서쪽 해안선을 따라 이동한다. 까말라 해변 앞쪽의 푸껫 판타시 Phuket Fantasea에 버스가 정차한다. 편도 요금은 거리에 상관없이 100B이다. 08:15~23:30분까지 약 1시간 간격(1일 20회) 운행된다. 인접한 빠똥까지 뚝뚝을 탈 경우 400~500B 정도에 흥정하면 된다.

NightLife

까말라의 나이트라이프

까말라 나이트라이프의 핵심은 뭐니 뭐니 해도 푸껫 판타시. 대형 문화 공연장으로 25년 넘도록 성황을 이루고 있다. 푸껫 판타시 옆에는 테마 파크인 카니발 매직 Carnival Magic도 있다.

푸껫 판타시 ★★★
Phuket Fanta Sea

푸껫을 방문한 외국인 관광객에게 태국의 문화와 역사를 알려주기 위해 계획된 대형 문화 공연장이다. 1998년 12월부터 시작한 아시아 최장기 공연으로 400여 명의 배우와 스태프는 물론 44마리의 코끼리와 3마리의 호랑이도 출연한다. 화려한 의상과 조명, 비주얼로 가득한 공연의 주된 내용은 태국의 역사와 문화, 신화, 축제에 관한 것으로 이루어졌다. 현재 주 3회 (화·금·일) 정기 공연이 진행되고 있다. 17:30분부터 입장이 가능하다. 공연장 내부는 촬영이 금지된다.

Map P.556-A1 주소 99 Moo 3 Thanon Rim Hat 전화 0-7638-5000, 0-7638-5111(예약) 홈페이지 www. phuketfantasea.fun 공연 화·금·일요일 21:00 요금 1,800B(저녁 뷔페 포함 2,200B) 가는 방법 까말라 북쪽의 내륙 도로에 있다. 다른 해변에 묵는다면 여행사에서 픽업이 포함된 투어 상품을 예약하면 된다.

travel plus
푸껫의 숨겨진 비경, 램씽 Laem Sing แหลมสิงห์

램씽은 까말라와 쑤린 중간에 있는 작은 해변입니다. 산길을 넘어가는 길 중간에 있는데, 도로에서는 해변이 보이지 않기 때문에 숨겨진 비경처럼 여겨집니다. 해변까지는 비포장 언덕길을 걸어 내려가야 합니다. 램씽은 '사자 곶'이라는 뜻으로 두 개의 곶 사이에 곱디고운 모래해변과 옥빛 바다가 투명하게 반짝입니다. 해변이 작고, 해변 뒤로 산이 막아서고 있어 호텔을 건설할 수 없는 특별한 지형요인으로 인해 개발이 안되고 있습니다. 하지만 해변의 아름다움 때문에 찾아오는 사람들이 많습니다. 낮에는 해변에 레스토랑이 문을 열고 비치 파라솔이 놓여 활기를 띱니다. 해변은 불과 150m로 바위가 많지만 수영하는 데는 전혀 불편하지 않습니다.

Restaurant

해변 북쪽에 분위기 좋은 비치 클럽이 있다. 카페 델 마 Cafe Del Mar(홈페이지 www.phuket. cafedelmar.com, 영업 12:00~24:00, 메인 요리 510~1,890B)는 수영장이 갖춰져 있으며 규모도 크다. 선 베드에서 휴식하며 식사를 즐길 수도 있다. 인터컨티넨탈 리조트에서 운영하는 333 앳 더 비치 333 At The Beach(홈페이지 www.facebook. com/333atthebeach, 영업 10:00~21:00, 메인 요리 440~1,750B)는 라운지 레스토랑으로 해질 무렵 맥주나 칵테일 마시며 시간 보내기 좋다.

카페 델 마

Accommodation

다른 해변에 비해 유독 장기 체류하는 외국인들이 많다. 고급 리조트보다는 중급 호텔들이 많은 편이다. 비수기(4월~10월)에는 방 값이 50%까지 할인된다.

사비나 게스트하우스 ★★★
Sabina Guest House

해변을 접하고 있진 않지만 친절해 장기 투숙자가 많은 곳이다. 객실은 위치에 따라 조금씩 다르다. 기본적으로 에어컨과 개인욕실, TV, 냉장고를 갖추고 있다. 발코니 또는 거실이 딸려 있는 방도 있다.
주소 86/11 Moo 3 Thanon Rim Hat 전화 0-7627-9544 요금 더블 1,000~1,400B(에어컨, 개인욕실, TV, 냉장고, 아침식사), 패밀리 2,600B(에어컨, 개인욕실, TV, 냉장고, 아침식사) 가는 방법 4233번 국도와 타논 림핫이 만나는 삼거리에서 해변 방향으로 50m 들어간다. 해변까지 도보 5분.

까말라 드림 ★★★☆
Kamala Dreams

까말라 해변의 대표적인 중급 호텔이다. 복층 구조의 건물로 스튜디오 형태의 객실을 운영한다. 객실은 넓고 깔끔하며, 넓은 창문과 발코니도 딸려 있다. 'L'자 형태의 건물이라 가장 자리에 위치한 비치 스튜디오 Beach Studio가 가장 좋다. 1층의 객실은 수영장으로 연결된다. 주소 74/1 Thanon Rim Hat 전화 0-7627-9131 홈페이지 www.kamalabeach.net 요금 스탠더드 스튜디오 2,800B, 비치 스튜디오 3,700B 가는 방법 해변 도로 중간에 있다.

까말라 비치 리조트 ★★★★
(선프라임 리조트)
Kamala Beach Resort(Sunprime Resort)

까말라 해변에 350개의 객실을 운영하는 대형 호텔. 두 개의 수영장과 한 개의 아동용 수영장을 갖고 있다. 해변과 접하고 있어 휴양에도 적합하다. 객실은 수영장을 중심으로 두 동의 건물로 구분된다. 정원을 끼고 있는 1층보다는 바다 전망을 간직한 2~4층의 딜럭스 룸이 좋다.
주소 96/42-3 Moo 3 Kamala Beach 전화 0-7620-1800 홈페이지 www.kamalabeach.com 요금 딜럭스 4,200~5,200B 가는 방법 해변 중간에 있다.

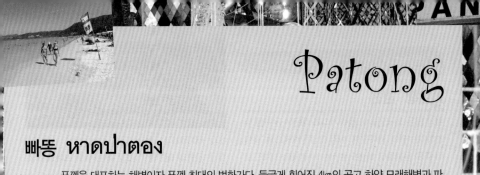

Patong

빠똥 หาดป่าตอง

      푸껫을 대표하는 해변이자 푸껫 최대의 번화가다. 둥글게 휘어진 4㎞의 곱고 하얀 모래해변과 파란 바다로 인해 연중 사람들이 찾아온다. 빠똥은 '바나나 농원'이라는 뜻이 무색할 정도로 거대한 관광산업의 선봉에 서 있다. 빠똥의 모든 도로는 호텔, 리조트, 백화점, 레스토랑, 상점, 여행사, 마사지 숍, 술집들로 가득 메워져 있다. 밤의 유흥을 위한 나이트라이프까지 가득하다. 고고 바와 노천 바가 밀집한 타논 방라는 밤까지 문전성시를 이루며 관광객을 끌어들인다. 대형 쇼핑몰까지 오픈하면서 푸껫 타운으로 빠져 나가던 유동인구마저 잠식해버렸다. 한마디로 모든 것이 빠똥에서 해결 가능해졌다.

      태국 남부의 다른 섬들과 달리 고급 리조트 해변으로 개발된 탓에 배낭여행자들을 위한 저렴한 숙소는 거의 없다. 하지만 겨울 성수기가 되면 천정부지로 오르는 방값에도 불구하고 방을 구하기가 힘들다. 빠똥 비치의 인기를 방증하는 결과다. 휴양과 유흥을 적절히 결합하고 싶은 사람들에게 매력적인 곳이지만, 조용하고 한적한 해변을 찾는다면 빠똥에서 멀리 떨어진 해변을 찾아가는 것이 낫다.

INFORMATION 여행에 필요한 정보

은행 · 환전

워낙 많은 외국인들이 들락거리기 때문에 은행을 발견하기는 쉽다. 방콕은행, 싸얌 상업은행(SCD)을 포함해 주요 은행들이 해변도로(타논 타위웡)과 내륙도로(타논 랏우팃 썽러이삐)에 지점을 운영한다. 환전소와 ATM도 곳곳에 설치되어 있다.

여행 시기

안다만해의 다른 섬들과 마찬가지로 건기인 11~4월까지가 여행하기 좋다. 우기인 5~10월에는 비가 많이 내리고 파도가 높은 편이다. 대신 우기에는 호텔 요금이 할인된다.

ACCESS 빠똥 가는 방법

푸껫 타운↔빠똥 해변을 오갈 때는 트럭을 개조한 썽태우를 타면 된다. 썽태우는 낮 시간(07:00~17:00)에만 운행된다. 푸껫 타운에서는 타논 라농에 있는 재래시장(Map P.561-A2) 옆에서 출발하고, 빠똥에서는 해변도로(타논 타위웡) 남쪽 끝(Map P.577-A2)에서 출발한다. 중간 중간 사람들을 태우고 내리므로 타논 타위웡(해변 도로) 아무데서나 기다렸다가 썽태우를 타면 된다. 푸껫 타운에서 빠똥까지 편도 요금은 40B이다. 일방통행 구간으로 인해 썽태우가 빠똥으로 들어올 때는 타논 랏우팃 썽러이삐(내륙 도로)를 관통하고, 되돌아 나갈 때는 타논 타위웡(해변 도로)만 지나간다. 푸껫 타운으로 되돌아갈 예정이라면 어두워지기 전에 서둘러 돌아가자. 푸껫 타운까지 뚝뚝 요금은

빠똥과 푸껫 타운을 오가는 썽태우

공항과 해변을 연결하는 푸껫 스마트 버스

500~600B이다.

푸껫 공항과 해변을 이동할 때는 푸껫 스마트 버스 Phuket Smart Bus(홈페이지 www.phuketsmartbus.com)를 이용하면 된다. 푸껫 공항→쑤린→까말라→빠똥→까론→까따→라와이 방향으로 서쪽 해안선을 따라 이동한다. 편도 요금은 거리에 상관없이 1회 탑승에 100B이다(1일 탑승권 229B, 3일 탑승권 499B). 08:15~23:30분까지 약 1시간 간격(1일 20회)으로 운행된다. 빠똥 해변이 일방통행이라 버스 타는 곳도 목적지에 따라 다르다. 빠똥→까론 · 까따 노선은 정실론에서 남쪽으로 150m 떨어진 빠똥 지방 전력공사 Patong Provincial Electricity Authority 앞(Map P.577-A2)에서 버스를 타면 된다. 빠똥→까말라 · 쑤린→푸껫 공항으로 갈 경우 타논 방라 앞의 해변 도로에 있는 방라 파출소 Bangla Police Box 앞(Map P.577-A2)에서 버스를 타면 된다.

택시(그랩 Grab 또는 볼트 Bolt)를 이용할 경우 까말라까지 500B, 까론까지 400B, 까따까지 500B 정도에 예상하면 된다.

TRANSPORTATION 시내 교통

빠똥은 해변이 길기 때문에 전 구간을 걸어 다니기는 벅차다. 빠똥 내에서 뚝뚝을 탈 경우 기본요금으로 200B을 요구한다. 워낙 바가지요금이 심한 지역이므로 흥정할 때 마음을 굳게 다져야 한다. 해가 지고 나면 요금이 심하게 인상된다.

바가지 요금이 심한 빠똥의 택시

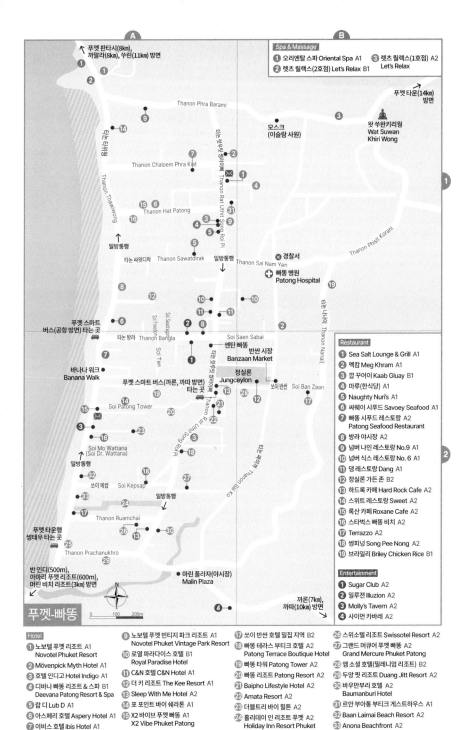

↖ 푸껫 판타시(8km),
까말라(8km), 쑤린(11km) 방면

푸껫 타운(14km)
방면 ↗

왓 쑤완키리웡
Wat Suwan
Khiri Wong

Thanon Phra Barami

모스크
(이슬람 사원)

Thanon Chaloem Phra Kiat

Thanon Hat Patong

Thanon Sawatdirak

타논 싸왓디락

일방통행

Thanon Sai Nam Yen

경찰서

빠똥 병원
Patong Hospital

Thanon Phisit Korani

Thanon Thawwong

타논 타윗웡

일방통행

타논 방라
Thanon Bangla

쎈탄 빠똥
반싼 시장
Banzaan Market

정실론
Jungceylon

쏘이 반 싼
Soi Ban Zaan

푸껫 스마트
버스(공항 방면) 타는 곳

바나나 워크
Banana Walk

푸껫 스마트 버스(까론, 까따 방면)
타는 곳

Soi Mo Wattana
(Soi Dr. Wattana)

일방통행

Soi Kepsap
쏘이 께쌉

Soi Patong Tower

Thanon Ruamchai

Thanon Prachanukhro

반 인디(500m),
아마리 푸껫 리조트(600m),
머린 비치 리조트(3km) 방면

푸껫 타운행
썜태우 타는 곳

푸껫-빠똥

0 100 200m

마린 플라자(야시장)
Malin Plaza

까론(7km),
까따(10km) 방면 ↘

Spa & Massage

1 오리엔탈 스파 Oriental Spa A1
2 렛츠 릴랙스(2호점) Let's Relax B1
3 렛츠 릴랙스(1호점) A2
   Let's Relax

Restaurant

1 Sea Salt Lounge & Grill A1
2 멕캄 Meg Khram A1
3 깝 꾸어이 Kaab Gluay B1
4 마루(한식당) A1
5 Naughty Nuri's A1
6 싸웨이 시푸드 Savoey Seafood A1
7 빠똥 시푸드 레스토랑 A1
   Patong Seafood Restaurant
8 방라 야시장 A2
9 넘버 나인 레스토랑 No.9 A1
10 넘버 식스 레스토랑 No. 6 A1
11 댕 레스토랑 Dang A1
12 정실론 가든존 B2
13 하드록 카페 Hard Rock Cafe A2
14 스위트 레스토랑 Sweet A2
15 록산 카페 Roxane Cafe A2
16 스타벅스 빠똥 비치 A2
17 Terrazzo A2
18 쌩피넝 Song Pee Nong A2
19 브라일리 Briley Chicken Rice B1

Entertainment

1 Sugar Club A2
2 일루젼 Illuzion A2
3 Molly's Tavern A2
4 사이먼 카바레 A2

Hotel

1 노보텔 푸껫 리조트 A1
   Novotel Phuket Resort
2 Mövenpick Myth Hotel A1
3 호텔 인디고 Hotel Indigo A1
4 디바나 빠똥 리조트 & 스파 B1
   Deevana Patong Resort & Spa
5 랍 디 Lub D A1
6 아스페리 호텔 Aspery Hotel A1
7 이비스 호텔 ibis Hotel A1
8 호텔 클로버 Hotel Clover A1

9 노보텔 푸껫 빈티지 파크 리조트 A1
   Novotel Phuket Vintage Park Resort
10 로열 파라다이스 호텔 B1
    Royal Paradise Hotel
11 C&N 호텔 C&N Hotel A1
12 더 키 리조트 The Kee Resort A1
13 포 포인트 바이 쉐라톤 A2
   Sleep With Me Hotel A2
14 X2 바이브 푸껫 빠똥 B1
   X2 Vibe Phuket Patong
15 홀리데이 인 익스프레스 A1
   Holiday Inn Express

17 쏘이 반싼 호텔 밀집 지역 B2
18 빠똥 테라스 부티크 호텔 A2
   Patong Terrace Boutique Hotel
19 빠똥 타워 Patong Tower A2
20 빠똥 리조트 Patong Resort A2
21 Baipho Lifestyle Hotel A2
22 Amata Resort A2
23 더블트리 바이 힐튼 A2
24 홀리데이 인 리조트 푸껫 A2
   Holiday Inn Resort Phuket
25 코트야드 바이 메리어트 A2

26 스위소텔 리조트 Swissotel Resort A2
27 그랜드 머큐어 푸껫 빠똥 A2
   Grand Mercure Phuket Patong
28 엠 소셜 호텔(밀레니엄 리조트) B2
29 두앙 찟 리조트 Duang Jitt Resort A2
30 바우만부리 호텔 A2
   Baumanburi Hotel
31 르안 부아롱 부티크 게스트하우스 A1
32 Baan Laimai Beach Resort A2
33 Anona Beachfront A2

>> 빠똥 Patong 577

Activity

푸껫은 단순히 해변에서의 휴양뿐만 아니라 주변 섬들을 여행하기 좋은 장소다. 가깝게는 영화 〈비치〉의 촬영지인 꼬 피피(P.634 참고)와 제임스 본드 섬으로 알려진 아오 팡응아 해상 국립공원(P.607 참고)부터, 멀게는 태국 최고의 다이빙 포인트로 알려진 꼬 씨밀란(P.599 참고)까지 방문할 수 있다. 투어 예약 및 신청은 빠똥뿐만 아니라 푸껫 전 지역 어디서나 가능하다. 동일한 투어라 할지라도 보트 종류와 인원에 따라 요금 차이가 많이 난다. 스노클링, 카약 등 선택 사항 포함 여부를 잘 살필 것. 섬을 방문하는 스노클링 투어는 계절적인 영향을 받으며, 우기에는 투어가 중단되기도 한다. 참고로 싸얌 니라밋(P.567 참고)과 사이먼 카바레 Simon Cabaret (P.583 참고) 같은 공연도 여행사를 통해 예약하는 게 편하다.

Restaurant

유명 관광지인 만큼 레스토랑이 산재해 있다. 해산물을 전시해 놓고 손님을 끌어모으는 대형 시푸드 레스토랑은 빠똥의 즐거움 가운데 하나다. 리조트들마다 저마다 고급 레스토랑을 운영하며, 대형 쇼핑몰에도 깔끔한 레스토랑이 많아 선택의 폭이 넓다.

방라 야시장 ★★★
Bangla Night Market

유흥가인 타논 방라에 있는 야시장이다. 자그마한 골목 양옆으로 노점 식당이 있고, 중앙에 테이블이 놓여 있는 형태다. 빠똥에 처음 온 관광객을 대상으로 하는 곳인 만큼 호객이 심한 편이다. 해산물은 무게를 재서 판다. 주문할 때 가격을 꼼꼼히 확인해야 한다. 주변의 술집과 클럽까지 어우러져 시끌벅적하다. 가족 단위 관광객에 어울리는 곳은 아니다.
Map P.577-A1 주소 Thanon Bangla 영업 18:00~02:00 메뉴 영어, 태국어, 중국어 예산 단품 메뉴 150~300B 가는 방법 타논 방라 북쪽 끝에 있다.

브라일리 ข้าวมันไก่ไบรเล่ย์ ★★★
Briley Chicken Rice

빠똥에서 가장 유명한 카우만 까이(닭고기 덮밥) Hainanese Chicken on Rice 식당이다. 1997년부터 영업을 시작해 현재까지 인기에 변함이 없다. 돼지족발 덮밥 Stewed Pork Leg on Rice과 돼지고기 덮밥 Crispy Pork on Rice도 있는데, 타마다(보통) 또는 피쎗(곱빼기) 중에 선택하면 된다. 저렴하고 간단하게 식사하기 좋다. 접근성은 떨어진다.
Map P.577-B1 주소 17 Thanon Nanai 영업 24시간 메뉴 영어, 태국어 예산 60~100B 가는 방법 타논 나나이 거리 초입에 있다.

넘버 식스 레스토랑 ★★★☆
No. 6 Restaurant

빠똥 중심가에 있는 현지 식당이다. 저렴하고 부담 없는 맛 때문에 외국 관광객에게 인기 있다. 팟타이를 포함해 태국 음식과 해산물 요리를 맛 볼 수 있다. 기본적인 덮밥과 단품 요리, 볶음 요리를 곁들여 간편한 식사가 가능하다.
Map P.577-A1 주소 186 Thanon Rat Uthit Song Roi Pi 영업 08:30~24:00 메뉴 영어, 태국어 예산 100~420B 가는 방법 타논 방라 & 타논 랏우팃 썽러이삐

사거리와 인접한 C&N Hotel 맞은편에 있다.

댕 레스토랑 ★★★★
Dang Restaurant

넘버 식스 레스토랑과 더불어 관광객에게 인기 있는 태국 레스토랑이다. 1982년부터 영업 중이다. 로컬 레스토랑 분위기로 에어컨은 없다. 모닝글로리 볶음, 팟타이, 쏨땀, 볶음밥, 덮밥, 해산물, 망고 찰밥까지 관광객이 좋아할만한 메뉴가 많다. 줄서는 옆집에 비해 대기가 적은 편이다.

Map P.577-A1 주소 188 Thanon Rat Uthit Song Roi Pi 전화 08-9010-4554 영업 10:00~23:30 메뉴 영어, 태국어, 중국어 예산 150~600B 가는 방법 타논 썽러이삐의 넘버 식스 레스토랑을 바라보고 왼쪽에 있다. C&N Hotel 맞은편.

썽피넝 ★★★☆
Song Pee Nong

썽피넝은 '두 명의 자매'라는 뜻이다. 평범한 현지 식당이지만 오히려 평범해서 인기가 높다. 해산물을 포함해 다양한 태국 음식을 요리한다. 메뉴판에 음식 사진이 있어 메뉴 선택에 도움이 된다. 인기가 높아지자 타논 랏우팃 썽러이삐에 2호점도 오픈했다.

Map P.577-A2 주소 Soi Kepsap 전화 08-1968-0887 영업 10:00~23:00 메뉴 영어, 태국어 예산 150~450B 가는 방법 타논 랏우팃 썽러이삐 남쪽에서 연결되는 쏘이 껩쌉 안쪽에 있다.

스위트 레스토랑 ★★★☆
Sweet Restaurant

1991년부터 이어온 태국 음식점으로 호주·태국인 부부가 운영한다. 영어가 잘 통하기 때문에 외국인 여행자들도 즐겨 찾는다. 골목 안쪽에 있어 찾아가기 불편하지만, 차가 다니지 않는 도로에 야외 테이블이 놓여 있는 편안한 분위기다. 무난한 가격대에 다양한 태국 음식을 맛볼 수 있다.

Map P.577-A2 주소 Soi Patong Tower 전화 08-0534-6102 홈페이지 www.thesweetrestaurant.com 영업 10:30~23:00 메뉴 영어 예산 140~380B 가는 방법 해변 도로에서 빠똥 타워 Patong Tower 호텔로 들어가는 골목(쏘이 빠똥 타워) 안쪽.

마루 ★★★★
Maru Korean BBQ

2013년부터 영업 중인 빠똥의 대표적인 한식당이다. 중심가에 있어 위치가 좋다. 외국 관광객에게도 잘 알려진 곳으로 한식이 당길 때 방문하면 된다. 삼겹살, 돼지갈비, LA 양념갈비, 등심, 불고기, 닭갈비, 각종 찌개, 김치전, 비빔밥, 냉면, 떡뽁이까지 메뉴가 다양하다.

Map P.577-A1 주소 124 Thanon Rat Uthit Song Roi Pi Soi 1 전화 0-7636-6219 영업 12:00~22:00 메뉴 한국어, 영어, 태국어, 중국어 예산 280~590B 가는 방법 타논 랏우팃썽러이삐의 호텔 인디고 Hotel Indigo Hotel Indigo Phuket Patong 1층 상가에 있다.

정실론 가든 존 ★★★☆
The Garden Zone

정실론에서 운영하는 레스토랑 구역이다. 쇼핑 몰 외부에 별도의 구역을 정해 유명 레스토랑이 들어선 식당가를 조성했다. 유럽의 노천 카페처럼 야외에도 테이블이 놓여 있다. 맥도널드, KFC, 스타벅스, 팀 호턴스 Tim Hortons, 록산 카페 Roxane Cafe, 어번 푸드 Urban Food, 와인 커넥션 Wine Connection, 아이리시 타임스 Irish Times까지 다양한 음식을 선택해 즐길 수 있다.

Map P.577-B2 주소 181 Thanon Rat Uthit Song Roi Pi 홈페이지 www.jungceylon.com 영업 10:00~24:00 메뉴 영어, 태국어 예산 120~890B 가는 방법 정실론 내부로 들어와서 후문(타논 싸이꺼) 방향으로 가다보면 레스토랑 구역이 나온다.

넘버 나인 레스토랑 ★★★☆
No. 9 Restaurant

쏨땀, 팟타이부터 해산물 요리까지 태국 음식을 만드는 평범한 식당으로 빠통 초입의 도로변에 있다. 넘버 6 레스토랑과 더불어 외국인 관광객에게 인기 있다. 규모가 작고 유명해서 저녁 시간에는 붐비는 편이다. 같은 거리에 2호점인 넘버 나인 세컨드 레스토랑 No. 9 2nd Restaurant(주소 143 Thanon Thanon Phra Barami, 전화 07-6624-445)을 함께 운영한다. Map P.577-A1 주소 209 Thanon Phra Barami (Prabaramee Road) 전화 0-7634-1575 영업 12:00~22:00 메뉴 영어, 태국어 예산 150~520B 가는 방법 빠똥 해변 북쪽에서 연결되는 타논 프라바라미 거리에 있다.

깝 꾸어이 ★★★☆
Kaab Gluay Thai Restaurant

해변에서 멀리 떨어져 있는 규모가 큰 태국 레스토랑이다. 위치에 알 수 있듯 조금 더 현지 음식에 가깝게 요리한다. 각종 볶음 요리, 태국 카레, 이싼 음식, 해산물까지 다양하게 요리한다. 참고로 깝꾸어이는 바나나 잎줄기란 뜻인데, 과거에 음식을 싸줄 때 사용했다.
Map P.577-B1 주소 58/3 Phra Barami(Phrabaramee Road) 전화 0-7634-6832 홈페이지 www.facebook. com/kaabgluaypatong 영업 11:00~22:30 메뉴 영어, 태국어 예산 150~380B 가는 방법 해변으로 들어오는 큰길(타논 프라바라미)에 있다. 타논 방라에서 2㎞ 떨어져 있다.

록산 카페 ★★★☆
Roxane Cafe & Restaurant

해변 도로에 있는 카페를 겸한 레스토랑이다. 외국 여행자를 겨냥한 전형적인 브런치 레스토랑이다. 에그 베네딕트, 아보카도 토스트, 스무디 볼, 샌드위치, 버거 등을 요리한다. 건강한 식단을 추구하는 곳으로 비건 메뉴도 있다. 2층은 폴딩 도어를 열어 놓고, 3층은 에어컨 시설로 통유리로 되어 있어 길 건너 바다가 보인다. 저녁에는 루프 톱 바를 운영한다.
Map P.577-A2 주소 104 Thanon Thawiwong (Thawiewong Road) 전화 06-6042-0979 홈페이지 www.roxanephuket.com 영업 08:00~24:00 메뉴 영어

예산 커피 90~160B, 브런치 250~590B(+5% Tax) 가는 방법 해변 도로(타논 타위웡)에 있는 맥도널드를 바라보고 왼쪽으로 50m.

너티 누리스 ★★★☆
Naughty Nuri's

인도네시아 발리에 본점을 둔 레스토랑의 푸껫 체인점이다. 번잡한 빠똥 중심가에 있지만, 넓은 부지와 야외 공간이 어우러져 답답하지 않다. 시그니처 메뉴는 바비큐 돼지 갈비 BBQ Spare Rib가 대표 음식이다. 나시 고렝(인도네시아 볶음밥)과 미고렝(인도네시아 볶음국수), 아얌 베투투(발리식 닭고기 요리) 등의 인도네시아 음식도 요리한다.
Map P.577-A1 주소 122 Thanon Rat Uthit Song Roi Pi 전화 0-7634-0308 홈페이지 www.facebook.com/ nnphuket 영업 12:00~24:00 메뉴 영어, 한국어, 태국어 예산 메인 요리 250~500B(+10% Tax) 가는 방법 타논 랏우팃 쎙로이삐의 호텔 인디고 옆에 있다.

멕캄 ★★★★
Meg Khram the Sunshine Restaurant

한때 유명했던 반림파 레스토랑 자리에 만든 고급스런 분위기의 태국 레스토랑이다. 해변 북쪽의 바위 꼭대기에 있어 바다를 바라보며 식사할 수 있다. 특히 해질녘에 아름답다. 해변 전망으로 인해 로맨틱하고 잔잔한 색소폰 선율이 라이브로 흘러나온다. 바닷가 쪽 테라스 자리는 미리 예약해야 한다. 팟타이, 미앙 캄, 마싸만 카레, 시푸드 플래터, 스테이크까지 메뉴는 다양하다. 외국 관광객을 배려해 맵지 않게 요리한다. 음식 값은 비싸다. 참고로 멕캄은 쪽빛 구름을 뜻한다.
Map P.577-A1 주소 223 Thanon Phrabarami 전화 08-2693-2426 홈페이지 www.megkhramthesunshine. com 영업 16:00~24:00 메뉴 영어, 중국어, 태국어 예산 메인 요리 350~680B, 시푸드 플래터 1,990~2,990B (+17% Tax) 가는 방법 빠똥에서 핫 까림(까림 비치)으로 넘어가는 해변 북단에 있다.

Shopping

관광객이 몰리는 푸껫 최대의 해변답게 쇼핑 몰과 야시장이 다양하게 들어서 있다. 푸껫 타운까지 나가지 않고도 쇼핑과 기념품 구입이 가능하다.

정실론
Jungceylon ★★★★

빠똥 비치의 쇼핑 문화를 단번에 바꿔놓은 대형 쇼핑몰이다. 푸껫 타운으로 들락거리던 유동인구를 빠똥에 온전히 정착시키려고 '작정' 하고 만들었다. 로빈싼 백화점 Robinson을 중심으로 거대한 쇼핑몰이 형성되어 있다. 대형 마트인 빅 시 엑스트라 Big C Extra에서는 다양한 식료품, 과일, 라면, 과자, 각종 소스, 음료, 술을 저렴하게 판매한다. 외국 관광객이 기념품을 찾는 물건들은 별도의 섹션으로 구분해 진열하고 있다. 총 4개 구역으로 구분해 쇼핑몰, 식당가, 영화관, 레저 공간이 밀집해 있다. Map P.577-B2 주소 181 Thanon Rat Uthit Song Roi Pi 전화 0-7660-0111 홈페이지 www.jungceylon.com 영업 11:00~22:00 가는 방법 타논 랏우팃 썽러이삐 & 타논 방라 사거리에서 타논 랏우팃 썽러이삐를 따라 남쪽으로 100m 정도 간다. 타논 싸이꺼 Thanon Sai Ko 방향에서도 출입이 가능하다.

쎈탄(센트럴) 빠똥
Central Patong ★★★☆

태국의 대표적인 백화점인 쎈탄(센트럴)에서 운영한다. 대도시의 쎈탄 백화점에 비해 작은 규모지만 의류, 화장품, 스포츠 용품, 식료품점, 푸드 코트, 카페까지 있을 건 다 있다. 지하 1층에 있는 푸드 코트는 작은 편이다. Map P.577-A2 주소 198/9 Thanon Rat Uthit Song Roi Pi 영업 10:30~22:30 가는 방법 타논 방라 북쪽 끝에 있다. 정실론 맞은편.

반싼 시장(딸랏 반싼)
Banzaan Fresh Market ★★★

식료품을 전문으로 거래하는 도매시장이다. 각종 야채, 향신료, 건어물, 과일, 꽃, 해산물을 한자리에서 판매한다. 수많은 업소가 입점해 있으나 구역별로 정리해 동일한 물건을 팔기 때문에 그리 혼란스럽지 않다. 2층에는 푸드 코트가 들어서 있다. 직접 요리를 해주는 식당도 있는데, 1층에서 해산물을 구입해서 2층에 있는 식당에서 돈을 내고 요리를 부탁하면 된다.

현지어 딸랏 반싼 Map P.577-B2 주소 Soi Banzaan 영업 08:00~20:00 가는 방법 타논 싸이꺼 Thanon Sai Ko에서 타논 나나이 Thanon Na Nai로 빠지는 쏘이 반싼 삼거리에 있다.

마린 플라자(야시장)
Malin Plaza ★★★☆

도시에서라면 흔하디흔한 야시장이겠지만 물가가 비싼 빠똥이라는 특수성 때문에 관광객들에게 인기 있다. 입구 쪽에는 먹거리 노점이

정실론
반싼 시장

있고, 안쪽으로는 옷과 기념품을 판매하는 상점이 들어서 있다. 야외에 식사할 수 있는 테이블이 있다. 낮에도 문을 여는데, 아무래도 덜 더운 저녁에 찾아가는 게 좋다. 방라 야시장에 비해 규모가 큰 편이다.

Map P.577-A2 주소 162/51-52 Thanon Prachanukhro 홈페이지 www.facebook.com/MalinPlaza.Patong 운영 11:00~24:00 가는 방법 해변 남쪽 끝자락에서 내륙으로 넘어가는 도로에 있다. 타논 방라에서 남쪽으로 1.5 km.

Spa & Massage　빠똥의 스파 & 마사지

상업화한 관광지 어디서나 스파와 마사지 숍이 흔하듯 빠똥에도 수많은 업소들이 산재해 있다. 에어컨 시설을 갖춘 곳들은 일반적으로 타이 마사지 1시간에 300B이 보편적인 요금이다.

오리엔탈 스파　★★★☆
Oriental Spa

고급 시설의 전문 스파 업소. 타이 마사지 이외에도 페이셜 트리트먼트와 네일 케어까지 다양한 프로그램이 있다. 두 종류의 마사지를 동시에 받을 수 있는 2시간짜리 패키지 프로그램이 인기가 높다.

Map P.577-A1 주소 49/145 Thanon Rat Uthit Song Roi Pi 전화 0-7629-0387 홈페이지 www.orientalspa. com 영업 11:00~22:00 요금 타이 마사지(60분) 600B, 아로마 마사지(60분) 1,500B 가는 방법 타논 랏우팃 썽러이삐 북쪽의 우체국 옆에 있다. 디바나 빠똥 리조트 & 스파 입구에 있다.

렛츠 릴랙스　★★★☆
Let's Relax

브랜드 이름만으로도 믿을 만한 업소로 기본적인 타이 마사지부터 스파 패키지까지 잘 갖추어져 있다. 럭셔리 스파를 고집하지 않는다면 무난한 선택이다. 정실론(쇼핑몰) 후문과 가까운 곳에 2호점(주소 184/14 Thanon Sai Ko, Map P.577-B1)을 운영한다.

Map P.577-A2 주소 209/22-24 Thanon Rat Uthit Song Roi Pi 전화 0-7634-6080 홈페이지 www. letsrelaxspa.com/phuket 영업 10:00~23:00 요금 타이 마사지(120분) 1,200B, 아로마테라피(60분) 1,600B 가는 방법 타논 랏우팃 썽러이삐 남쪽의 라마이 인 Lamai Inn 옆에 있다.

NightLife　빠똥의 나이트라이프

푸껫에서 가장 화려한 나이트라이프를 간직한 해변이다. 인접한 까론·까따가 전형적인 휴양을 위한 해변이라면, 빠똥에서는 휴양과 유흥을 동시에 즐길 수 있다. 약간은 퇴폐적인 성향이 강한 방라를 중심으로 다양한 클럽과 술집이 곳곳에 산재해 있다.

타논 방라(방라 로드)　★★★☆
Thanon Bangla(Bangla Road)

빠똥의 밤은 '방라 Bangla'로 집약된다. 해

변에서 연결되는 타논 방라는 방콕의 팟퐁 Patpong(P.152), 파타야의 워킹 스트리트 Walking Street(P.223)와 더불어 태국을 대표하는 유흥가다. 저녁 6시부터 차량이 통제되고, 거리를 가득 메운 술집이 불을 밝히기 시작한다. 400m 정도 되는 도로를 따라 헤아릴 수 없이 많은 술집과 클럽이 불야성을 이룬다. 환락가답게 대마초를 파는 상점(Cannabis 또는 Weed라고 적힌 간판이 있는 곳)도 어렵지 않게 볼 수 있다. 대마초 흡연 및 소지는 한국에서 처벌 대상이 되므로 관심을 기울이지 말 것(P. 67 참고).

큰 길(방라 메인 도로)에는 일루전 Illuzion, 슈가 클럽 Sugar Club 등 유명 클럽이 자리하고 있다. 골목 안쪽에는 노천 바(노천에 만든 개방형 술집으로 테이블 안쪽에 여자들이 앉아서 손님들과 대화를 하거나 게임을 하면서 술을 판다)와 고고 바(미니스커트나 수영복을 입고 무대에 올라 철봉 춤을 추는 여자들이 있는 술집)가 몰려 있다.

타논 방라에는 메인 도로에서 연결되는 좁은 골목인 '쏘이 Soi'들이 가득하다. 가장 긴 골목인 쏘이 시드래곤 Soi Seadragon에는 고고 바가 몰려있다. 고고 바 중에는 레이디보이로 알려진 '까터이'(트랜스젠더를 이르는 태국어)가 무대에서 춤추는 곳도 있다. 쏘이 프리덤 Soi Freedom(쏘이 에릭 Soi Eric에서 골목 이름이 바뀌었다)에는 밴드가 라이브 음악을 연주하는 노천 바가 많고 그 옆에는 자그마한 쏘이 곤조 Soi Gonzo가 있다. 고고 바 관련 주의 사항은 P.152을 참고하자.

타논 방라의 술집은 대부분 입장료가 없고 맥주는 120~180B 수준이다. 남자들, 특히 유럽 아저씨들이 주된 고객이지만 커플끼리 방문한다 해도 그리 문제되지 않는다. 하지만 노천 바와 고고 바에 고용된 여성들은 부수입을 올리기 위해 성매매를 목적으로 하니, 너무 지나친 호기심은 삼가는 게 좋다.

Map P.577-A2 주소 Thanon Bangla 영업 18:00~04:00 메뉴 영어, 태국어 예산 맥주 120~180B 가는 방법 타논 타워윙과 타논 랏우팃 썽러이삐 중간에 타논 방라가 있다.

사이먼 카바레 ★★★
Simon Cabaret

태국에서 제3의 성으로 인정받는 트랜스젠더들이 펼치는 버라이어티 쇼다. 파타야의 알카자 쇼 Alcazar Show(P.223 참고)가 가장 유명하지만, 푸껫을 찾은 외국 여행자들은 사이먼 쇼를 관람하며 호기심을 채운다. 화려한 조명과 무대 의상을 바꾸어가며 다양한 춤과 노래를 단막극 형태로 보여준다. 중간 중간 코믹한 내용을 삽입해 재미도 더했다. 공연이 끝나면 출연진들과 사진 촬영이 가능한데, 사진 찍을 때 팁으로 100B을 요구한다.

Map P.577-B2 주소 8 Thanon Sirirat 전화 08-7888-6888 홈페이지 www.simoncabaretphuket.com 공연 시간 18:00, 19:30, 21:00 요금 일반석 800B, VIP석 1,000B 가는 방법 빠똥 남쪽의 타논 씨리랏에 있다.

몰리스 태번 ★★★
Molly's Tavern

해변 도로에 있는 전형적인 아이리시 펍이

빠똥의 대표적인 유흥가 '방라'

타논 방라의 노천 바

다. 각종 스포츠 중계를 생방송으로 보여주고, 저녁 9시 30분부터는 라이브 밴드가 음악을 연주한다. 모든 아이리시 펍이 그러하듯 기네스와 킬케니 생맥주를 맛볼 수 있다.

Map P.577-A2 주소 94/1 Thanon Thawiwong 전화 08-6911-6194 홈페이지 www.mollysphuket.com 영업 10:00~02:00 예산 맥주 140~325B(+17% Tax) 가는 방법 타논 타위웡의 우체국 옆에 있는 맥도날드와 스타벅스 사이에 있다.

일루전 ★★★☆
Illuzion

빠똥 해변에서 '핫'한 클럽이다. 4,500명을 수용할 수 있는 규모로, LED 조명과 최상의 사운드 시스템을 이용해 화려한 무대를 꾸민다. DJ들의 디제잉은 물론 라이브 밴드와 러시아 출신의 댄서까지 다양한 무대 공연이 펼쳐진다. 원칙적으로 입장료는 없으나, 입구에서 800B짜리 드링크 패스(10시부터 3시간 동안 칵테일을 무제한 리필해준다)를 구입하라고 권유한다.

Map P.577-A2 주소 31 Thanon Bangla 전화 0-7668-3030 홈페이지 www.illuzionphuket.com 영업 22:00~04:00 예산 맥주 220~300B, 위스키 1병 5,000B 가는 방법 타논 방라 중심가에 있다. 방라 야시장 입구를 바라보고 왼쪽에 있다.

Accommodation   빠똥의 숙소

고급 리조트들이 밀집한 빠똥 비치에서 1,000B 이하의 방을 구하기는 어렵다. 그나마 비수기(6~10월)인 우기에는 방 값을 내려서 적당한 요금의 호텔을 구할 수 있다. 호텔마다 세 가지 또는 다섯 가지 시즌으로 구분해 각기 다른 요금을 부과한다. 12~1월이 최고 성수기로 예약을 하지 않으면 방을 구하기가 힘들다.

랍 디 ★★★★
Lub D

방콕에서 유명한 호스텔 '랍 디'의 푸껫 지점이다. 모던한 시설을 갖춘 트렌디한 여행자 숙소로 호평을 받고 있다. 야외 수영장과 다양한 부대시설도 갖추고 있다. 4인실 도미토리는 혼성과 여성 전용으로 구분해 운영되며, 개인욕실을 갖춘 일반 객실은 객실 크기와 시설에 따라 요금 차이가 있다. 참고로 스탠더드 룸은 객실이 작고 냉장고가 없다. 호스텔 치고는 규모가 큰 편으로 187개 객실이 운영된다.

Map P.577-A1 주소 5/5 Thanon Sawatdirak 전화 0-7653-0100 홈페이지 www.lubd.com 요금 도미토리 580~760B(에어컨, 공동욕실, 아침식사), 스탠더드 더블 3,200~3,600B(에어컨, 개인욕실, TV, 아침식사), 딜럭스 4,200~4,800B(에어컨, 개인욕실, TV, 냉장고, 아침식사) 가는 방법 타논 싸왓디락의 로열 판와디 빌리지 Royal Phawadee Village Hotel 호텔 옆.

르안 부아통 부티크 게스트하우스
Ruen Buathong Boutique Guest House ★★★☆

빠똥 중심가 골목 안쪽에 있는 게스트하우스로 시설이 괜찮다. 하얀색의 건물 외관처럼 하얀색 타일과 페인트가 칠해진 객실도 깨끗하다. LCD TV와 냉장고를 갖추고 있으며 간단한 아침식사가 포함된다. 딜럭스 룸에는 소파가 있으며 발코니가 딸려 있다. 16개의 객실을 운영하는 소규모 숙소라 친절하다. 엘리베이터와 수영장은 없다.

Map P.577-A1 주소 77/1 Thanon Rat Uthit Song Roi Pi 전화 0-7634-1638 홈페이지 www.ruenbuathong.com 요금 스탠더드 1,800~2,000B(에어컨, 개인욕실, TV, 냉장고, 아침식사), 딜럭스 2,100~2,600B 가는 방법 타논 랏우팃 쏭로이삐에 있는 디바나 빠똥 리조트 & 스파 입구에서 오른쪽으로 두 번째 옆 골목(SCB 은행 오른쪽 골목) 안쪽에 있다.

쏘이 반싼 호텔 밀집지역 ★★★
Soi Banzaan Hotel

정실론 쇼핑몰 뒤쪽에 있는 저렴한 숙소 밀집지역이다. 쏘이 반싼과 타논 나나이 삼거리를 중심으로 게스트하우스와 호텔들이 연속해 있는데, 시설도 비슷하고 요금도 큰 차이가 없다. 대부분 에어컨 시설과 와이파이 사용이 가능하다. 유 싸바이 리빙 호텔(홈페이지 www.usabailivinghotel.com), 더 하우스 빠똥The House Patong, 센데렐라 레지던스 Cinderella Residence가 인기 있다.

Map P.577-B2 주소 Soi Banzaan & Thanon Nanai 요금 더블 900~1,600B(성수기, 에어컨, 개인욕실, TV) 가는 방법 딸랏 반싼 오른쪽 골목인 쏘이 반싼과 타논 나나이 삼거리 주변에 있다.

바이포 라이프스타일 호텔 ★★★☆
Baipho Lifestyle Hotel

화사하게 꾸민 28개의 객실을 운영한다. 나무로 마룻바닥을 깔고 객실은 현대적으로 꾸몄다. 부티크 호텔처럼 세세한 곳까지 신경을 쓴 흔적이 보인다. 부엌이 딸린 스튜디오 룸도 운영한다. 아침식사가 포함된다.

Map P.577-A2 주소 205/12~13 Thanon Rat Uthit Song Roi Pi 전화 0-7629-2074 홈페이지 www.baipho.com 요금 딜럭스 1,900~2,700B, 스튜디오 2,500~3,600B 가는 방법 타논 랏우팃 썽러이삐에 크리스틴 마사지 Christin Massage 맞은편 골목 안쪽에 있다.

빠똥 테라스 부티크 호텔 ★★★★
Patong Terrace Boutique Hotel

빠똥 중심가에 있는 경제적인 호텔이다. 럭셔리한 느낌은 없지만 객실과 침구, 개인 욕실까지 깨끗하고 쾌적하다. 딜럭스 룸에는 테라스가 딸려 있다. 수영장은 없지만 가격 대비 시설과 만족도가 높다.

Map P.577-A2 주소 209/12~13 Thanon Rat Uthit Song Roi Pi 전화 0-7629-2159 홈페이지 www.patongterrace.com 요금 스탠더드 1,600~1,800B, 딜럭스 2,000~2,900B 가는 방법 타논 랏우팃 썽로이삐에서

정실론을 바라보고 오른쪽(남쪽)으로 도보 10분.

호텔 클로버 ★★★★
Hotel Clover

빠똥 중심가 해변과 가까운 곳에 있는 3성급 호텔이다. 밝고 캐주얼한 호텔로 감각적인 색상으로 인테리어를 꾸몄다. 객실은 26㎡ 크기로 발코니가 딸려 있다. 수영장은 루프 톱(옥상)에 있다. 해변까지 100m 떨어져 있다.

Map P.577-A1 주소 162/8-11 Thanon Thawiwong 전화 0-7668-5088 홈페이지 www.patongphuket.hotelclover.com 요금 슈피리어 3,400B, 프리미엄 4,000B, 딜럭스 4,600B 가는 방법 해변 도로 중간의 타논 타위웡에 있다.

디바나 빠똥 리조트 & 스파 ★★★☆
Deevana Patong Resort & Spa

빠똥에서 인기 있는 일급 호텔 중의 하나다. 4만 8,562㎡에 이르는 넓은 부지에 232개의 객실을 보유한 3성급 호텔이다. 가든 윙은 정원 전망이 좋고, 스파 윙은 수영장을 끼고 있다. 모두 3개의 야외 수영장을 보유하고 있으며, 스파 시설을 함께 운영한다. 같은 거리에 4성급 시설의 디바나 플라자 푸껫 빠똥 Deevana Plaza Phuket Patong(홈페이지 www.deevanaplazaphuket.com)을 함께 운영한다.

Map P.577-B1 주소 43/1 Thanon Rat Uthit Song Roi Pi 전화 0-7634-1414 홈페이지 www.deevanapatong.com 요금 슈피리어 가든 윙 3,900B, 딜럭스 4,300B, 스파 윙 4,800B 가는 방법 타논 랏우팃 썽러이삐 북쪽의 우체국 옆 오리엔탈 스파 Oriental Spa 골목 안쪽에 있다.

그랜드 머큐어 푸껫 빠똥 ★★★★
Grand Mercure Phuket Patong

새롭게 문을 연 호텔로 시설이 좋다. 프랑스 호텔 그룹인 아코르에서 운영한다. 전 세계적인 호텔 체인망을 갖춘 일류 호텔로 서비스와 관리에 관해서 오랫동안 검증 받은 호텔이다. 현대적인 감각의 객실과 수영장이 매력적이다. 해변에서 멀리 떨어져 있기 때문에, 수영장이

보이도록 객실을 설계했다. 모두 314개 객실을 운영한다.

Map P.577-A2 주소 1 Soi Ratuthit, Thanon Rat Uthit Song Roi Pi 전화 0-7623-1999 홈페이지 www. grandmercurephuketpatong.com 요금 슈피리어 4,900~5,700B, 딜럭스 7,200~8,400B 가는 방법 타논 랏우팃 썽러이삐 남쪽 끝자락에 있는 빠똥 오똡 쇼핑 파라다이스 Patong OTOP Shopping Paridese를 바라보고 왼쪽 골목으로 들어간다. 같은 골목에 있는 넘버 원 마사지 Number One Massage 옆에 있다.

빠똥 리조트 ★★★
Patong Resort

총 325개의 객실을 보유한 대형 호텔이다. 빠똥 비치에서 오랫동안 인기를 누리는 고급 호텔 중에 하나다. 스탠더드 룸은 복층 건물로 정원을 끼고 있으며, 딜럭스 룸은 8층 건물로 수영장을 끼고 있다. 25m 길이의 야외 수영장, 아동용 수영장, 테니스 코트, 피트니스, 사우나, 자쿠지, 마사지와 레스토랑까지 다양한 부대시설을 운영한다.

Map P.577-A2 주소 208 Thanon Rat Uthit Song Roi Pi 전화 0-7634-0551~4 홈페이지 www.patong resorthotel.com 요금 스탠더드 4,500B, 딜럭스 5,300B 가는 방법 타논 랏우팃 썽러이삐 중간에서 빠똥 타워 방향의 골목 안쪽에 있다.

X2 바이브 푸껫 빠똥 ★★★★☆
X2 Vibe Phuket Patong

화이트와 블루를 이용해 시크하게 꾸민 4성급 호텔이다. 심플함과 모던함을 충족시키는 고급 호텔의 트렌드에 충실하다. 침대와 베개가 푹신하고, LCD TV와 소파, 개인 욕실까지 넓고 시설이 좋다. 객실에 딸린 테라스에 별도의 휴식 공간을 만들어 더욱 넓게 느껴진다. 야외 수영장, 피트니스, 스파 시설을 운영한다.

Map P.577-A1 주소 5/55 Thanon Hat Patong Road 전화 0-7634-3111 홈페이지 www.x2vibephuketpatong. com 요금 슈피리어 5,200B, 딜럭스 6,300B 가는 방법 타논 핫 빠똥의 아스페리 호텔 옆에 있다.

코트야드 바이 메리어트 ★★★★
Courtyard by Marriott Patong Beach

빠똥 비치에서 인기 높은 4성급 호텔이다. 빠똥 머린 호텔 Patong Merlin Hotel을 메리어트에서 인수해 리모델링했다. 해변 남쪽에 위치한 고급 호텔로 해변과 길하나 사이에 있어 편리하다. 열대 정원처럼 꾸민 3개의 수영장을 중심으로 객실이 위치한다. 객실 발코니에서 수영장이 내려다보인다. 전체적으로 연인들보다는 가족들이 머물기 좋은 호텔이다.

Map P.577-A2 주소 44 Thanon Thawiwong 전화 0-7634-9887 홈페이지 www.marriott.com 요금 스탠더드 4,800B, 프리미어 5,500~6,800B 가는 방법 해변 도로(타논 타위웡) 남쪽에 있다. 내륙 도로(하드록 카페 옆) 방향으로 드나들어도 된다.

포 포인트 바이 쉐라톤 ★★★★☆
Four Points by Sheraton Phuket Patong Beach Resort

쉐라톤 호텔에서 운영하는 4성급 호텔로 2020년에 오픈했다. 해변 도로에 있어 바닷가 접근성이 좋다. 600여개 객실을 운영하는 대형 호텔로 기다란 수영장이 건물을 둘러싸고 있다. 객실은 27㎡ 크기로 침대와 소파가 놓여 있다. 딜럭스 룸은 발코니까지 딸려 있다. 중심까지 걸어 다니기 먼 편이다. 투숙객이 많을 경우 체크인할 때 시간이 오래 걸리는 단점이 있다.

Map P.577-A1 주소 198/8-9 Thanon Thawiwong 전화 0-7664-5999 홈페이지 www.fourpointsphuketpatong. com 요금 스탠더드 더블 4,800~5,300B, 풀 억세스 더블 6,800~7,500B 가는 방법 빠똥 비치 북쪽 끝자락의 해변 도로에 있다. 타논 방라까지 1.5㎞ 떨어져 있다.

호텔 인디고 ★★★★☆
Hotel Indigo Phuket Patong

방콕에 이어 푸껫에도 문을 연 인디고 호텔의 체인이다. 해변을 끼고 있지는 않지만 빠똥 중심가 도로에 있어 편리하다. 4성급 호텔로 신축한 건물이라 깨끗하다. 부티크 호텔답게 밝은 컬러로 트렌디하게 객실을 꾸민 것이 특징이다. 객실은 발코니가 딸려 있다. 일반 수영장은 옥상에 있는데, 대형 리조트에 비하면 수영장은 작은 편이다. 2층 객실은 풀 억세스 룸으로 별도의 수영장과 연결된다. 1층에 한식당(마루)를 포함해 편의시설이 많은 것도 장점이다.

Map P.577-A1 주소 124 Thanon Rat Uthit Song Roi Pi 전화 0-7660-9999 홈페이지 www.phuketpatong. hotelindigo.com 요금 스탠더드 더블 5,400~6,400B 가는 방법 내륙 도로에 있는 노보텔 푸껫 빈티지 파크 리조트 맞은편에 있다.

홀리데이 인 리조트 푸껫 ★★★★★
Holiday Inn Resort Phuket

전 세계적인 호텔 체인망을 갖춘 홀리데이 인에서 운영한다. 빠똥 비치의 대표적인 고급 호텔로 현대적인 시설을 자랑한다. 260개의 객실을 보유한 메인 윙 Main Wing과 140개의 스튜디오와 빌라로 꾸며진 부싸꼰 윙 Busakorn Wing으로 구분된다. 건물마다 수영장을 만들었고, 아동을 위한 수영장도 별도로 운영한다.

Map P.577-A2 주소 86/11 Thanon Thawiwong 전화 0-7634-0608 홈페이지 www.phuket.holiday-inn.com 요금 슈피리어 트윈 6,400~9,400B(성수기), 스튜디오 풀 빌라 트윈 8,000~1만 1,400B(부싸꼰 윙) 가는 방법 타논 타위웡 & 타논 루암짜이 Thanon Ruamchai 삼거리 코너에 있다. 타논 랏우팃 썽러이삐(내륙 도로)에도 입구가 있다.

더블트리 바이 힐튼 ★★★★
Double Tree by Hilton Phuket Banthai Resort

힐튼 호텔 계열의 4성급 호텔이다. 반타이 리조트를 인수해 리모델링했다. 그래서인지 호텔 건물 자체는 오래된 느낌이 든다. 높지 않은 호텔 건물들이 수영장을 끼고 있다. 건물마다 별도의 수영장을 갖추고 있다. 화이트 톤의 건물과 객실이 차분한 느낌을 준다. 수영장 쪽으로 발코니도 딸려 있다. 1층은 풀 억세스 룸으로 수영장을 직행할 수 있다. 해변까지 100m 떨어져 있다.

Map P.577-A2 주소 94 Thanon Thawiwong 전화 0-7634-0850 홈페이지 www.DoubleTreePhuket Banthai.com 요금 프리미엄 더블 6,200~6,800B, 딜럭스 더블 7,800B 가는 방법 해변 도로(타논 타위웡)에 있는 맥도널드와 스타벅스 사이 골목으로 들어가면 된다.

엠 소셜 호텔(밀레니엄 리조트) ★★★★
M Social Hotel

정실론 옆에 있는 밀레니엄 리조트를 리모델링했다. 비치 사이드 윙과 레이크 사이드 윙으로 구분되며, 모두 418개의 객실을 보유한 대형 리조트다. 모던한 리조트로 5성급 호텔이 제공하는 럭셔리함에는 다소 못 미치지만 고급 리조트로 인기가 높다. 해변까지 도보 10분 거리로, 객실에서 바다가 보이진 않는다. 정실론과 접하고 있어 위치에 관한 한 빠똥 최고로 친다.

Map P.577-B2 주소 199 Thanon Rat Uthit Song Roi Pi 전화 0-7660-1999 홈페이지 www.msocial.com 요금 슈피리어 5,300B, 딜럭스 6,300~7,100B 가는 방법 타논 랏우팃 썽러이삐에 있는 정실론 옆에 있다.

아마리 푸껫 리조트 ★★★★★
Amari Phuket Resort

빠똥 남단에 위치한 최고급 리조트다. 태국의 대표적인 호텔 그룹인 아마리에서 운영한다. 현대적인 시설과 태국적인 인테리어가 매력적인 호텔이다. 모든 객실은 바다를 향하고 있어서 전망이 좋다. 두 개의 수영장, 피트니스, 테니스 코트, 럭셔리 스파와 레스토랑까지 모든 것이 고급스럽다. 빠똥 비치로 자주 드나들지 않고 유흥보다는 휴양에 목적을 둔 사람들에게 더없이 좋은 호텔이다.

Map P.577-A2 주소 104 Thanon Trai Trang 전화 0-7634-0106~14 홈페이지 www.amari.com/Phuket 요금 슈피리어 트윈 7,300B(성수기), 딜럭스 트윈 8,900B(성수기), 원 베드룸 스위트 9,500B 가는 방법 빠똥 남쪽 끝의 해안선에 있다.

Karon

까론 หาดกะรน

　　푸껫에서 빠똥 다음으로 유명한 해변이지만 상대적으로 조용하다. 3㎞에 이르는 곱고 하얀 모래 해변을 갖고 있다. 파란 바다는 바라만 봐도 아름답다. 덕분에 해양스포츠보다는 해변에서 휴식을 취하며 일광욕을 즐기는 사람들이 많다. 해변을 연해 해변 도로가 길게 뻗어 있지만 북적대지 않는다. 대형 리조트 몇 개가 목 좋은 자리를 독차지했기 때문이다. 덕분에 해변 중심가는 오히려 한적하다. 까론 비치는 해변 북쪽과 남쪽이 발달해 있다. 까론의 상업지역은 해변 북쪽이다. 내륙 도로와 해변 도로가 만나는 로터리(까론 서클 Karon Circle)를 중심으로 은행, 편의점, 호텔이 몰려 있다. 장기 체류하는 북유럽 여행자들이 많은 것이 특징이다.

　　까론은 파티와 유흥보다는 휴양에 목적을 둔 사람들이 즐겨 찾는다. 빠똥 비치의 번잡함에 질렸거나, 중급 호텔에 머물며 푸껫을 즐기려는 여행객들에게 적당한 해변이다. 단점이라면 6~10월에는 파도가 높아서 수영을 하기에 적합하지 않다. 빠똥 비치에서 6㎞, 푸껫 타운에서 15㎞ 떨어져 있다.

ACCESS 까론 가는 방법

푸껫 타운에서 썽태우가 낮에만 운행(07:30~17:00)된다. 푸껫 타운의 타논 라농에서 출발해 내륙 도로(타논 빠딱)를 거쳐 까론 서클에서 해변 도로(타논 까론)를 지난다. 썽태우는 까따 해변 Kata Beach까지 운행되며,

갔던 길을 그대로 되돌아 나가기 때문에 해변 도로 아무데서나 기다렸다가 썽태우를 타면 된다. 낮에는 썽태우가 30분 간격으로 운행되며 편도 요금은 40B이다. 푸껫 타운까지 뚝뚝을 타고 갈 경우 550B을 요구한다. 해변과 해변을 연결하는 푸껫 스마트 버스 Phuket Smart Bus에 관한 내용은 P.593 참고.

Restaurant 까론의 레스토랑

빠똥이나 푸껫 타운에 비하면 유명한 레스토랑은 드물다. 해변 북쪽의 까론 서클 주변에 유럽인들, 특히 북유럽 사람들이 운영하는 레스토랑이 많다.

팟타이 숍(란 팟타이 까론) ★★★☆
The Pad Thai Shop

해변에서 멀리 떨어져 있는 노점 식당. 도로 옆에 있는 자그마한 식당으로 팟타이를 요리해준다. 쌀국수(꾸어이띠아우 까이뚠)와 볶음밥, 덮밥 같은 간편한 식사도 가능하다. 관광객들에게도 알려져 식사 시간에는 붐빈다.
Map P.590-A1 주소 Thanon Patak 영업 08:00~17:00 (휴무 일요일) 메뉴 영어, 태국어, 중국어 예산 60~120B 가는 방법 내륙 도로(타논 빠딱)에 있다. 타논 빠딱 쏘이 12 Thanon Patak Soi 12를 지나서, 큰 길에 있는 반 까론 리조트 Baan Karon Resort 맞은편.

시푸드 레스토랑 ★★★
Seafood Restaurants

까론 해변 남쪽 끝자락에 있는 식당 밀집 지역. 도로변에 고만고만한 레스토랑들이 경쟁하듯 붙어있다. 무난한 가격에 다양한 해산물 요리를 즐길 수 있다. 바운티 시푸드 Bounty Seafood, 더 트윈스 레스토랑 The Twins Restaurant, 라밋 레스토랑 Lamit Restaurant을 비롯해 6개 레스토랑이 영업한다.
Map P.590-A2 주소 Thanon Karon 영업 10:00~23:00 메뉴 영어, 태국어 예산 120~540B 가는 방법 해변 남쪽의 파출소 Police Box와 까론 운동장(싸남낄라) Karon Stadium 사이에 있다.

키리(까론 지점) ★★★
KIRI

외국 관광객을 겨냥한 퓨전 레스토랑이다. 브런치를 포함해 아시아 음식과 유럽 음식을 골고루 요리한다. 그릴 치킨, 탄두리 치킨, 바비큐 포크는 샐러드나 반찬을 곁들여 담아준다. 수제 버거, 파스타, 팟타이, 볶음밥도 가능하다.
Map P.590-A1 주소 542/1 Thanon Patak 전화 0-7639-6611 홈페이지 www.kiriphuket.com 영업 10:00~22:00 메뉴 영어 예산 250~550B 가는 방법 까론 서클(로터리)과 가까운 내륙 도로 초입에 있다.

까론 야시장 ★★☆
Karon Night Market(Karon Temple Market)

사원 경내에 생기는 야시장으로 까론 템플 마켓 Karon Temple Market으로 불리기도 한다. 자그마한 로컬 야시장으로 1주일에 이틀만 야시장이 생긴다. 쏨땀, 팟타이, 돼지족발 덮밥, 생선구이, 꼬치구이 등 먹거리 노점이 들어서 있다.
Map P.590-A1 주소 77/4 Thanon Patak 운영 화·금요일 16:00~22:00 메뉴 태국어 예산 60~200B 가는 방법 해변 초입 로터리(까론 서클)에서 내륙 도로를 따라 550m 떨어진 왓 쑤완키리켓(사원) Wat Suwan Khirikhet 내부에 있다.

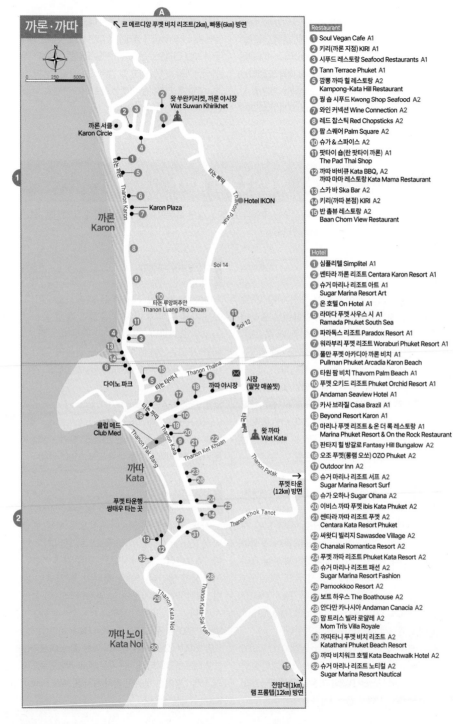

까론·까따

르 메르디앙 푸껫 비치 리조트(2km), 빠똥(6km) 방면

N

0 250 500m

까론 Karon

- 까론 서클 Karon Circle
- 왓 쑤완키리켓, 까론 야시장 Wat Suwan Khirikhet
- Karon Plaza
- Thanon Karon
- Thanon Patak
- Hotel IKON
- Soi 14
- 타논 루앙퍼추안 Thanon Luang Pho Chuan
- Soi 12
- 다이노 파크
- Thanon Thaina
- 까따 야시장
- 시장 (딸랏 매쏨찟)
- 클럽 메드 Club Med
- Thanon Pak Bang
- Thanon Kata
- Thanon Ket Khuan
- Thanon Patak
- 왓 까따 Wat Kata
- 푸껫 타운 (12km) 방면

까따 Kata

- 푸껫 타운행 썽태우 타는 곳
- Thanon Khok Tanot

까따 노이 Kata Noi

- Thanon Kata Noi
- Thanon Kata-Sai Yuan

전망대(1km), 램 프롬텝(12km) 방면

Restaurant

1. Soul Vegan Cafe A1
2. 키리(까론 지점) KIRI A1
3. 시푸드 레스토랑 Seafood Restaurants A1
4. Tann Terrace Phuket A1
5. 깜뽕 까따 힐 레스토랑 A2
   Kampong-Kata Hill Restaurant
6. 꿩 숍 시푸드 Kwong Shop Seafood A2
7. 와인 커넥션 Wine Connection A2
8. 레드 찹스틱 Red Chopsticks A2
9. 팜 스퀘어 Palm Square A2
10. 슈가 & 스파이스 A2
11. 팟타이 숍(란 팟타이 까론) A1
    The Pad Thai Shop
12. 까따 바비큐 Kata BBQ, A2
    까따 마마 레스토랑 Kata Mama Restaurant
13. 스카 바 Ska Bar A2
14. 키리(까따 본점) KIRI A2
15. 반 촘뷰 레스토랑 A2
    Baan Chom View Restaurant

Hotel

1. 심플리텔 Simplitel A1
2. 쎈타라 까론 리조트 Centara Karon Resort A1
3. 슈거 마리나 리조트 아트 A1
   Sugar Marina Resort Art
4. 온 호텔 On Hotel A1
5. 라마다 푸껫 사우스 시 A1
   Ramada Phuket South Sea
6. 파라독스 리조트 Paradox Resort A1
7. 워라부리 푸껫 리조트 Woraburi Phuket Resort A1
8. 풀만 푸껫 아카디아 까론 비치 A1
   Pullman Phuket Arcadia Karon Beach
9. 타원 팜 비치 Thavorn Palm Beach A1
10. 푸껫 오키드 리조트 Phuket Orchid Resort A1
11. Andaman Seaview Hotel A1
12. 카사 브라질 Casa Brazil A1
13. Beyond Resort Karon A1
14. 마리나 푸껫 리조트 & 온 더 록 레스토랑 A1
    Marina Phuket Resort & On the Rock Restaurant
15. 판타지 힐 방갈로 Fantasy Hill Bungalow A2
16. 오조 푸껫(롱램 오쏘) OZO Phuket A2
17. Outdoor Inn A2
18. 슈거 마리나 리조트 서프 A2
    Sugar Marina Resort Surf
19. 슈가 오하나 Sugar Ohana A2
20. 이비스 까따 푸껫 ibis Kata Phuket A2
21. 쎈타라 까따 리조트 푸껫 A2
    Centara Kata Resort Phuket
22. 싸왓디 빌리지 Sawasdee Village A2
23. Chanalai Romantica Resort A2
24. 푸껫 까따 리조트 Phuket Kata Resort A2
25. 슈거 마리나 리조트 패션 A2
    Sugar Marina Resort Fashion
26. Pamookkoo Resort A2
27. 보트 하우스 The Boathouse A2
28. 안다만 카나시아 Andaman Canacia A2
29. 맘 트리스 빌라 로얄레 A2
    Mom Tri's Villa Royale
30. 까따타니 푸껫 비치 리조트 A2
    Katathani Phuket Beach Resort
31. 까따 비치워크 호텔 Kata Beachwalk Hotel A2
32. 슈거 마리나 리조트 노티컬 A2
    Sugar Marina Resort Nautical

까론의 숙소는 크게 두 지역으로 구분된다. 해변 북단에 해당하는 까론 서클 Karon Circle 주변과 해변 남쪽에 있는 타논 루앙퍼추안 Thanon Luang Pho Chuan이다. 타논 루앙퍼추안에는 상대적으로 게스트하우스가 많다. 해변 도로에는 고급 호텔과 리조트들이 들어서 있다. 비수기에는 대부분 40~50% 할인된다.

카사 브라질 ★★★★
Casa Brazil

한마디로 재미있고 재치가 있는 숙소다. 여행자들을 위한 객실과 다양한 편의 시설을 제공한다. 객실은 17개의 에어컨 룸과 4개의 선풍기 방으로 구성되어 있다. 모두 아침식사가 포함된다. Map P.590-A1 주소 9 Thanon Luang Pho Chuan Soi 1 전화 0-7639-6317 홈페이지 www.phukethomestay. com 요금 더블 1,000~1,200B(선풍기, 성수기), 트윈 1,200~1,500B(에어컨, 성수기) 가는 방법 타논 루앙퍼추안 중간에서 오른쪽으로 갈라지는 삼거리 안쪽으로 50m 들어간다.

심플리텔 ★★★☆
Simplitel

해변에서 떨어진 덕분에 가격 대비 시설 좋은 방을 얻을 수 있다. 화이트 톤으로 꾸민 건물과 창문이 시원한 느낌을 준다. 새롭게 생긴 호텔이라 청결함은 기본이다. 객실마다 발코니가 딸려 있다. 수영장은 없다. Map P.590-A1 주소 470/4 Thanon Patak 전화 0-7639-6531~5 홈페이지 www.simplitelphuket.com 요금 더블 1,800~2,400B(에어컨, 개인욕실, TV, 냉장고) 가는 방법 까론 서클에서 왓 쑤완키리켓 방향으로 500m 떨어져 있다.

슈거 마리나 리조트 아트 ★★★★
Sugar Marina Resort Art

슈거 마리나 리조트에서 운영한다. 밝고 젊은 분위기의 호텔이다. 푸껫에 있는 다른 지점에 비해 예술적인 요소를 가미해 리조트를 꾸몄다. 수영장을 중심으로 4층 건물이 들어서 있다. 수영장을 끼고 있는 방들이 분위기가 좋다. Map P.590-A1 주소 542/1 Thanon Patak 전화 0-7639-6611~5 홈페이지 www.sugarmarina-art.com 요금 슈피리어 3,000~4,000B, 딜럭스 풀 액세스 4,300~5,600B 가는 방법 까론 서클에 있는 타나찻 은행 옆 골목 안쪽에 있다.

파라독스 리조트 ★★★★
Paradox Resort

뫼벤픽 리조트가 파라독스 리조트로 바뀌었다. 객실을 리모델링해 5성급 수준을 유지하고 있다. 넓은 부지에 자연 친화적인 조경이 어우러진다. 해변 쪽으로 나가는 길과 내륙 도로로 나가는 출입문도 따로 있다. 250개의 객실과 113동의 빌라로 이루어져 있으며, 각기 다른 구역마다 별도의 수영장이 있다. Map P.590-A1 주소 509 Thanon Patak 전화 0-7668-3350 홈페이지 www.paradoxhotels.com/phuket 요금 가든 빌라 5,800~6,500B 가는 방법 까론 해변 북쪽에 있다.

풀만 푸껫 아카디아 까론 비치 ★★★★☆
Pullman Phuket Arcadia Karon Beach

해변 도로 정중앙에 있는 대형 리조트다. 힐튼 리조트를 풀만 리조트에서 인수하면서 간판이 바뀌었다. 전체 면적 30만㎡ 크기로 석호(라군)와 열대 정원에 둘러싸여 있다. 네 동의 호텔 건물과 3개의 야외 수영장, 665개 객실을 운영한다. 호텔 바로 앞이 바다지만 호텔을 떠나지 않고도 휴양하며 시간을 보내기 좋다. Map P.590-A1 주소 333 Thanon Karon 전화 0-7639-6433 홈페이지 www.pullmanphuketkaron. com 요금 딜럭스 6,700~7,400B 가는 방법 해변 도로 중간에 있다.

Kata

까따 หาดกะตะ

　　까론과 언덕 하나를 사이에 두고 붙어 있는 해변이다. 빠똥이 고급 리조트와 유흥가로 발전했다면, 까따는 중저가 호텔과 게스트하우스가 들어선 개별 여행자들을 위한 해변이다. 수영장을 갖춘 중급 호텔들도 많아 가족단위 여행자들에게도 적합하다. 까따의 가장 큰 특징은 빠똥에 비해 쾌적하고 까론에 비해 활기가 넘친다는 것이다.

　　까따는 두 개의 해변을 갖고 있다. 북쪽 해변은 까따 야이 Kata Yai, 남쪽 해변은 까따 노이 Kata Noi라고 부른다. 야이는 크다. 노이는 작다라는 뜻이다. 까따 야이는 해변 도로에 리조트와 편의 시설이 몰려 있고, 타논 타이나 Thanon Thaina에 저렴한 여행자 숙소가 들어서 있다. 해변은 모래가 곱고 물이 깨끗하다. 일광욕을 즐기며 휴식하는 사람들과 함께 서핑을 즐기는 '비치 보이 Beach Boy'들도 흔하게 보인다. 까따 노이는 대형 리조트인 까따타니 푸껫 비치 리조트에 의해 점령되어 있다. 상업시설은 빈약한 편으로 주변과 격리된 독립 해변의 분위기이다. 다른 해변들에 비해 상대적으로 조용하다.

INFORMATION 여행에 필요한 정보

■ 은행 · 환전

해변 북쪽에는 태국 군인 은행(TMB), 해변 남쪽에는 싸 얌 상업 은행(SCB)이 있다. 해변 도로 중간 중간에 ATM 도 설치되어 있다.

■ 여행 시기

안다만해의 다른 섬들과 마찬가지로 건기인 11~4월이 여행하기에 좋다. 우기인 5~10월에는 비가 많이 내린다.

ACCESS 까따 가는 방법

푸껫 타운에서 썽태우가 낮시간(07:30~17:00)에 운행 된다. 푸껫 타운의 타논 라농에서 출발해 내륙 도로(타 논 빠딱)→까론 서클(까론 북부 중심가)→까론 해변 도 로→까따 야이 해변 도로를 지난다. 썽태우의 종점은 까따 야이 해변 남쪽 끝에 있는 삼거리 코너(Map

까따 해변, 까론 해변, 푸껫 타운을 연결하는 썽태우

P.590-A2)다. 까따 야이에서 푸껫 타운으로 갈 때는 왔 던 길을 거꾸로 되돌아 나간다. 썽태우는 06:00~16:40 분까지 30분 간격으로 운행되며 편도 요금은 40B이다. 푸껫 타운에서 17km 떨어져 있다.

푸껫 공항과 해변을 이동할 때는 푸껫 스마트 버스 Phuket Smart Bus(홈페이지 www.phuketsmartbus. com)를 이용하면 된다. 푸껫 공항→쑤린→까말라→빠 똥→까론→까따→라와이 방향으로 서쪽 해안선을 따라 이동한다. 편도 요금은 거리에 상관없이 한번 탑승에 100B이다(1일 탑승권 299B, 3일 탑승권 499B). 08:15~ 23:30분까지 약 1시간 간격으로 운행된다.

Activity 까따의 즐길 거리

까따 야이 해변 남쪽은 서핑하기에 적합하다. 서핑은 태국에서 접하기 힘든 해양스포 츠라 다소 생소하게 느껴질 수도 있다. 우기인 5~10월이 서핑에 적합한 시기다. 서핑 교육은 4시간 기본교육이 3,000B이며, 2시간씩 배우는 4일 코스는 6,500B이다.

Attraction 까따의 볼거리

까따 야이와 까따 노이 두 개의 해변을 제외하고 볼거리가 몇 개 있다. 해안선이 시원스럽게 펼쳐지는 전 망대다. 대중교통이 운행되지 않기 때문에 뚝뚝을 타거나 오토바이를 빌려야 하는 불편함이 따른다.

■ 전망대
View Point ★★★☆

푸껫 해안선을 따라 형성된 해변이 어떤 모 습인지를 파노라마로 볼 수 있다. 까따 노이를

시작으로 까따 야이와 까론까지 세 개의 해변이 시원스럽게 펼쳐진다. 까따 야이 해변 남쪽에서 언덕길을 타고 올라가야 한다. 전망대의 공식적 인 이름은 까론 전망대 Karon View Point(쯧

>> 까따 Kata 593

전망대에서 바라 본 까론과 까따   램 프롬텝의 일몰

춤위우)이다. 오토바이를 빌려서 가야 하기 때문에 초보 운전자들은 주의해야 한다.

램 프롬텝 ★★★
Laem Phrom Thep

까따 야이에서 남쪽으로 10㎞ 떨어진 핫 나이한 Hat Nai Han 남쪽에 있다. '프롬텝 곶'으로 푸껫 섬의 남서쪽 코너에 해당한다. 바다를 향해 길에 늘어진 언덕과 해안선이 어우러진다. '프롬'은 힌두교에서 창조의 신인 브라흐마를 뜻하고, '텝'은 천사를 의미한다. 섬을 오가는 선박들에게 이정표를 제공했던 곳인 만큼 선박의 안전을 기원하는 의미를 담아 곶의 이름을 프롬텝이라 붙였다.

일몰이 아름다운 장소로 해지는 오후가 되면 관광객들로 북적댄다. 주변에 레스토랑과 등대, 브라흐마 신전도 있다. 대중교통이 운행되지 않기 때문에 오토바이를 빌려서 가야 한다. 단체 투어에 참여하면 당연히 들르게 된다.

Restaurant
까따의 레스토랑

빠똥만큼 레스토랑이 다양하지는 않지만 까론에 비하면 폭넓은 선택을 할 수 있다. 저렴한 식당부터 럭셔리 레스토랑까지 예산을 고려해 선택하면 된다. 유럽인들이 많은 곳이므로 스테이크, 피자, 파스타를 요리하는 곳이 흔하다. 저렴한 숙소가 많은 타논 타이나에 평범한 태국 식당이 몰려 있다.

까따 야시장(딸랏낫 까따) ★★★
Kata Night Market

상점과 노점이 결합한 전형적인 태국의 야시장이다. 노점 식당에서 꼬치구이, 로띠, 망고 찰밥, 태국 음식을 요리한다. 관광객을 위한 곳이므로 로컬 시장에 비하면 비싼 편이다. 여느 야시장과 큰 차이가 없으므로 근처에 머문다면 잠시 다녀오면 된다.
Map P.590-A2 주소 Thanon Patak 영업 15:00~23:00 메뉴 영어, 중국어, 태국어 예산 100~350B 가는 방법 해변에서 타논 빠딱(내륙 도로)으로 넘어가는 도로에 있다.

슈가 & 스파이스 ★★★☆
Sugar and Spice Restaurant

외국 관광객에게 인기 있는 태국 레스토랑이다. 에어컨은 없지만 밝은 색감과 랜턴(홍등)으로 인해 나름 분위기가 좋다. 쏨땀, 태국 카레, 해산물까지 태국 요리에 충실하다. 피자, 파스타, 폭찹, 바비큐 립도 요리한다.
Map P.590-A2 주소 98/7 Thanon Kata 홈페이지 www.facebook.com/sugarandspicephuket 영업 09:00~23:00 메뉴 영어, 태국어, 중국어, 러시아어 예산 150~320B 가는 방법 해변 도로에서 까따 야시장 방향으로 20m.

꿩 숍 시푸드(란아한 꿩) ★★★☆
Kwong Shop Seafood

여행자들이 즐겨 찾는 태국 음식점 가운데 하나다. 주변에 저렴한 숙소가 많아서 오가기도 쉽고, 음식 값도 부담없어 여행자들이 좋아한다. 인테리어보다는 친절함과 음식맛이 손님을 끌어모으는 비결이다. 다양한 태국 요리가 가능하다.

Map P.590-A2 주소 65 Thanon Thaina 영업 10:00~23:00 메뉴 영어, 태국어 예산 120~350B 가는 방법 타논 타이나의 로즈 인을 지나서 세븐일레븐 맞은편에 있다.

깜뽕 까따 힐 레스토랑 ★★★★
Kampong-Kata Hill Restaurant

까따 해변에서 인기 있는 정통 태국 음식점 가운데 하나다. 정통 타이 카레와 시푸드 음식을 맛볼 수 있다. 언덕에 있어 레스토랑까지 이어진 계단을 오르는 게 힘들지만 태국 · 중국적인 스타일로 꾸민 레스토랑은 아늑하다.

Map P.590-A2 주소 112/2 Moo 4 Thanon Kata 전화 0-7633-0103 영업 11:00~23:00 예산 250~1,500B 가는 방법 까론에서 까따로 넘어가는 언덕에 있는 스타벅스를 바라보고 왼쪽. 타논 타이나 방향에서는 세븐일레븐을 바라보고 왼쪽 계단을 올라가면 된다.

레드 찹스틱 ★★★☆
Red Chopsticks

마리나 푸껫 리조트에서 운영하는 레스토랑. 대로변에 있어 리조트를 통하지 않고도 레스토랑을 이용할 수 있다. 원목을 이용해 개방형으로 꾸몄으며, 주방도 오픈되어있다. 태국 음식과 시푸드, 스테이크를 메인으로 요리하며, 중국식 오리 요리, 싱가포르 치킨라이스 같은 대표 아시아 요리도 맛볼 수 있다. 외국인 관광객에게도 거부감 없는 맛으로 깔끔하게 요리한다.

Map P.590-A1 주소 492/1 Thanon Patak 전화 0-7639-8264 홈페이지 www.redchopsticksthailand.com 영업 12:00~22:00 메뉴 영어, 태국어 예산 230~899B 가는 방법 까론 해변에서 까따 해변으로 넘

어가는 언덕길에 있다. 마리나 푸껫 리조트 Marina Phuket Resort와 다이노 파크 Dino Park 사이.

팜 스퀘어 ★★★
Palm Square

해변도로에 있는 도시형 커뮤니티 몰이다. 지역 주민들을 위한 레스토랑과 카페가 몰려 있다. 오호 카페 O-Ho Cafe, 팜 커피 Palm Coffee, 말리 칙 레스토랑 Mali Chic Restaurant 등이 들어서 있다. 커피, 버거, 피자, 스테이크, 태국 요리까지 원하는 레스토랑에서 음식 선택이 가능하다. 중앙 광장에 있는 무대에서는 저녁 8시부터 라이브 음악 공연과 각종 행사가 열린다.

Map P.590-A2 주소 88/29-30 Thanon Kata 홈페이지 www.facebook.com/PalmSquareKata 영업 10:00~24:00 메뉴 영어, 태국어 예산 200~390B 가는 방법 해변 도로(타논 까따)에 있는 이비스 까따 푸껫 Ibis Phuket Kata(호텔) 옆에 있다.

키리(까따 본점) ★★★☆
KIRI

규모가 큰 개방형 레스토랑으로 카페를 겸한다. 버거, 샐러드, 그릴 치킨, 탄두리 치킨, 바비큐 포크, 파스타, 팟타이, 볶음밥까지 다양한 퓨전 음식을 요리한다. 까론 해변에 지점(P.589)을 운영한다.

Map 590-A2 주소 20/10 Thanon Kata 전화 06-3323-1480 홈페이지 www.kiriphuket.com 영업 08:00~22:00 메뉴 영어 예산 250~550B 가는 방법 까따 해변 내륙 도로 끝자락 삼거리 코너에 있다.

까따 바비큐 ★★★☆
Kata BBQ

까따 해변 남쪽에 있는 해산물 전문 레스토랑이다. 막힘없이 탁 트인 바다를 볼 수 있다. 다양한 시푸드를 기본으로 태국 음식과 피자, 스파게티 같은 서양 음식이 모두 가능하다. 바로 옆에 있는 까따 마마 레스토랑 Kata Mama Restaurant도 관광객에게 인기 있다.

Map P.590-A2 주소 186/6 Thanon Kata 전화 0-7633-0989 영업 09:00~23:00 메뉴 영어, 태국어 예산 180~650B 가는 방법 까따 해변 남단에 있다. 트로피컬 가든 리조트 맞은편의 좁은 골목으로 들어가면 된다.

반 촘뷰 레스토랑 ★★★☆
Baan Chom View Restaurant

전망에 관한 한 여느 고급 호텔보다 월등히 뛰어나다. 야외 테라스 형태의 레스토랑이라 탁 트인 전망을 제공한다. 특히 일몰 시간에 분위기가 좋다. 비슷한 분위기의 애프터 비치 바 & 레스토랑 After Beach Bar & Restaurant이 옆에 있다. 트렌디한 카페 분위기를 선호한다면 아래쪽에 있는 선데크 푸껫 The Sundeck Phuket(홈페이지 www.thesundeckphuket.com)을 이용하면 된다.

Map P.590-A2 주소 Thanon Kata-Sai Yuan 전화 09-5352-5836 영업 11:00~23:00 메뉴 영어, 태국어 예산 180~350B 가는 방법 까따 노이 해변 뒤편의 산 중턱에 있다. 까따 야이 해변 남단에서 전망대로 향하는 언덕길을 따라 4km 정도 간다.

다이노 파크 ★★★
Dino Park

공룡이 살던 시대를 주제로 꾸민 테마 파크다. 미니 골프 코스와 레스토랑을 함께 운영한다. 태국음식과 시푸드, 스파게티, 피자, 햄버거 등의 일반적인 메뉴를 골고루 갖추었다. 은은한 조명을 밝힌 저녁에는 나름 분위기가 느껴진다. 다양한 조형물을 함께 만들어 사진 찍으러 방문하는 가족 여행자들도 많다.

Map P.590-A2 주소 Thanon Karon 전화 0-7633-0625 홈페이지 www.dinopark.com 운영 10:00~24:00 요금 250~580B 가는 방법 까론에서 까따로 넘어가는 언덕의 마리나 푸껫 리조트 Marina Phuket Resort 옆에 있다.

온 더 록 레스토랑 ★★★★
On the Rock Restaurant

해안가의 언덕에 있는데 주변에 바위가 많

아서 자연스레 '온 더 록'이 돼버렸다. 나무로 만든 테라스 형태의 야외 레스토랑이 주변의 자연적인 분위기와 잘 어울린다. 까론 비치의 굽어진 해안선도 한눈에 들어온다. 메인 요리는 시푸드와 태국 음식이다. 다양한 와인을 보유하고 있다.

Map P.590-A2 주소 47 Thanon Karon 전화 0-7633-0625 홈페이지 www.marinaphuket.com 영업 12:00~22:00 메뉴 영어, 태국어 예산 340~1,380B 가는 방법 까론에서 까따로 넘어가는 언덕길에 있는 마리나 푸껫 리조트 Marina Phuket Resort 내부에 있다.

보트 하우스 레스토랑 ★★★★
The Boathouse Restaurant

고급 부티크 리조트인 보트 하우스에서 운영한다. 해변과 접하고 있어 분위기가 좋다. 그릴과 스테이크 이외에 프랑스 · 지중해 요리와 태국 요리가 가능하다. 신선한 해산물을 이용한 요리가 많지만 고베 스테이크까지 맛있는 음식을 골고루 갖추고 있다.

Map P.590-A2 주소 182 Thanon Khok Tanot 전화 0-7633-0015~7 홈페이지 www.boathouse-phuket.com 영업 12:00~15:00, 17:00~22:00 메뉴 영어 예산 메인 요리 420~1,750B(+17% Tax) 가는 방법 까따 야이에서 까따 노이로 넘어가는 언덕에 있다.

스카 바 ★★★
Ska Bar

까따 해변 남단에 있어 한가하고 평화롭다. 바위와 자연을 그대로 이용해 바를 만들었기 때문에 분위기가 독특하다. 오후에는 시원한 맥주를 마시거나 일몰을 바라보기 적합하다. 성수기 저녁에는 불춤을 공연하거나 라이브 음악을 연주한다.

Map P.590-A2 주소 186/12 Thanon Khok Tanot 전화 08-1797-0559 홈페이지 www.skabar-phuket.com 영업 13:00~01:00 메뉴 영어, 태국어 예산 맥주 · 칵테일 100~220B, 메인 요리 150~500B 가는 방법 까따 해변 남쪽 끝에 있다. 까따 마마 레스토랑 옆이다.

Accommodation

까따의 숙소

빠똥이나 까론에 비해 상대적으로 개별 여행자들을 위한 저렴한 숙소가 많다. 해변을 끼고 고급 리조트가 들어서 있으나, 타논 타이나 Thanon Thaina에는 게스트하우스를 비롯한 중급 호텔들이 몰려 있다. 푸껫의 다른 해변과 마찬가지로 성수기와 비수기 요금이 현저한 차이를 보인다.

판타지 힐 방갈로 ★★★
Fantasy Hill Bungalow

까론 해변에서 까따 해변으로 넘어가는 언덕에 위치해 있다. 콘크리트로 지은 단아한 방갈로는 저렴하고 관리가 잘되어 여행자들에게 인기 있다. 모든 방갈로에는 발코니가 딸려 있다. 여러 동의 건물이 분산되어 있으나, 정원이 있어서 한적한 시간을 보낼 수 있다.
Map P.590-A2 주소 8/1 Thanon Karon 전화 0-7633-0106 요금 더블 500~700B(선풍기, 개인욕실), 더블 900~1,500B(에어컨, 개인욕실, TV, 냉장고) 가는 방법 까론에서 까따로 넘어가는 언덕의 안다만 커피 컴퍼니 맞은편에 있다.

슈가 오하나 ★★★☆
Sugar Ohana

해변 도로 중간에 있는 중급 숙소로 평범한 콘크리트 건물이다. 스튜디오 형태의 객실을 운영하는데 시설 좋은 게스트하우스로 생각하면 된다. 화이트 톤의 타일이 깔린 객실과 넓은 창문 덕분에 밝게 깨끗하게 느껴진다. 도로 쪽 방은 발코니까지 딸려 있다.
Map P.590-A2 주소 88/5 Thanon Kata 전화 08-3696-9697 홈페이지 www.facebook.com/sugarohana.phuket 예산 더블 1,300~1,500B(에어컨, 개인욕실, TV, 냉장고, 아침식사) 가는 방법 해변 도로에 있는 이비스 호텔 입구 옆에 있다.

까따 비치 워크 호텔 ★★★☆
Kata Beach Walk Hotel

해변 남쪽 끝의 내륙 도로에 있는 중급 호텔이다. 소규모 호텔로 가격 대비 시설이 괜찮다. 넓고 깨끗한 객실을 기본으로 에어컨과 LCD TV, 냉장고, 무선 인터넷 같은 필요한 시설을 모두 갖추고 있다. 꼭대기 층의 객실에서는 바다가 보인다.
Map P.590-A2 주소 227/3 Thanon Koktanod 전화 0-7633-0910 홈페이지 www.katabeachwalkhotel.com 요금 더블 900~1,000B(비수기), 더블 1,650~2,650B(성수기, 에어컨, 개인욕실, TV, 냉장고) 가는 방법 해변 남쪽 끝에 있는 투 쉐프 Two Chef 레스토랑 옆에 있다.

슈거 마리나 리조트 노티컬 ★★★☆
Sugar Marina Resort Nautical

젊은 감각의 부티크 호텔이다. 배 모양을 형상화해 밝고 경쾌하게 꾸몄다. 객실은 심플하면서도 트렌디하다. 모든 객실에 발코니가 있다. 1층에 있는 객실은 발코니에서 수영장으로 직행하도록 설계했다. 수영장은 작은 편이다. 아침식사는 평범하다. 같은 해변에 있는 슈거 마리나 리조트 패션 Sugar Marina Resort Fashion(홈페이지 www.sugarmarina-fashion.com)과 슈거 마리나 리조트 서프 Sugar Marina Resort Surf(홈페이지 www.sugarmarina-surf.com)를 함께 운영한다.
Map P.590-A2 주소 2/4 Thanon Kata Noi 전화 0-7633-3051~2 홈페이지 www.sugarmarina-nautical.com 요금 딜럭스 더블 3,600~5,500B(성수기) 가는 방법 까따 해변에서 까따 노이 해변으로 넘어가는 길에 있다.

오조 푸껫(롱램 오쏘) ★★★★☆
OZO Phuket

까따 해변 초입에 있는 4성급 호텔이다. 2019년에 오픈한 호텔로 밝고 심플한 컬러로 객실을 디자인했다. 객실은 25㎡ 크기로 작은

>> 까따 Kata **597**

편이다. 침대와 소파 베드가 구비되어 있다. 딜럭스 룸에는 발코니가 딸려 있다. 수영장은 성인용과 아동용으로 구분되어 있다.
Map P.590-A2 주소 99 Thanon Kata 전화 0-7656-3600 홈페이지 www.ozohotels.com 요금 슈피리어 5,300B, 딜럭스 6,200B 가는 방법 까따 해변 초입에 있다. 해변까지 150m 떨어져 있다.

까따 팜 리조트 ★★★★
Kata Palm Resort

까따 해변 도로에 있는 3성급 리조트. 잘 가꾸어진 열대 정원과 야외 수영장을 갖추고 있다. 로비에서 느껴지듯 태국적인 디자인을 가미해 객실을 꾸몄다. 대부분의 객실에 발코니가 딸려 있으며, 수영장이 바라보이도록 설계해 분위기가 좋다. 아이들을 위한 수영장과 키즈 클럽을 운영하고 있다. 비수기에는 50% 가까이 방값이 할인된다.
Map P.590-A2 주소 60 Thanon Kata 전화 0-7628-4334~8 홈페이지 www.katapalmresort.com 요금 슈피리어 3,700~4,900B, 그랜드 딜럭스 5,400~6,600B(성수기) 가는 방법 해변 도로 중심가에 있는 찬날라이 로맨티카 리조트 Chanalai Romantica Resort 옆에 있다.

쎈타라 까따 리조트 ★★★★☆
Centara Kata Resort Phuket

까따 비치 중심가에 있는 고급 호텔이다. 태국의 대표적인 고급 호텔 체인인 쎈타라 Centara에서 운영한다. 2~3층의 나지막한 건물에 현대적이면서 태국적인 감각을 유지한 깔끔한 객실을 운영한다. 스탠더드 룸이 30㎡ 크기다. 3개의 수영장, 피트니스, 키즈 클럽을 운영한다. 가족 단위 손님들이 즐겨 묵는 호텔이다.
Map P.590-A2 주소 54 Thanon Ket Khuan 전화 0-7637-0300 홈페이지 www.centarahotelsresorts.com/centara/ckt/ 요금 딜럭스 트윈 5,600~6,800B(성수기) 가는 방법 클럽 메드 Club Med 뒤편의 타논 까따 & 타논 껫쿠완 삼거리에 있다.

싸왓디 빌리지 ★★★★☆
Sawasdee Village

푸껫의 아트 리조트 Art Resort라고 광고하는 곳이다. 태국적인 감각과 디자인으로 무장해 고풍스럽고 우아하다. 원목과 태국 실크, 가구를 이용해 고급스런 느낌을 최대한 살렸다. 로비와 정원, 수영장 주변에 태국 전통가옥이 가득해 중후한 멋을 더한다.
Map P.590-A2 주소 38 Thanon Ket Khuan 전화 0-7633-0979 홈페이지 www.phuketsawasdee.com 요금 가든 딜럭스 5,400~8,500B 가는 방법 타논 껫쿠안 도로 안쪽으로 150m.

까따타니 푸껫 비치 리조트 ★★★★★
Katathani Phuket Beach Resort

까따 노이 해변의 3분의 2를 차지하는 대형 리조트다. 리조트 앞으로 이어진 해변의 길이만 850m에 이른다. 나지막한 3층 건물이라 리조트 자체는 여유로워 보이지만 객실은 479개나 된다. 다년간 태국 투어리즘 어워즈를 수상한 호텔로 수영장과 스파까지 부대시설이 잘되어 있다.
Map P.590-A2 주소 14 Thanon Kata Noi 전화 0-7633-0124 홈페이지 www.katathani.com 요금 슈피리어 6,750B, 딜럭스 7,500~1만 2,000B 가는 방법 까따 노이 해변 중앙에 있다.

보트 하우스 ★★★★★
The Boathouse

까따 야이 해변 남쪽과 접한 럭셔리 부티크 리조트다. 모든 객실은 바다를 향하고 있으며 우아한 태국적인 디자인으로 꾸며 멋스럽다. 맘 트리스 보트하우스가 마음에 들지 않는다면 더욱 격화된 럭셔리 리조트인 맘 트리스 빌라 로얄레 Mom Tri's Villa Royale(www.villaroyalephuket.com)를 이용하자. 세계적으로 손꼽히는 해변 리조트로 정평이 나 있다.
Map P.590-A2 주소 Thanon Khok Tanot 전화 0-7633-0015~7 홈페이지 www.boathouse-phuket.com 요금 딜럭스 트윈 8,900~1만 1,500B(성수기) 가는 방법 까따 야이에서 까따 노이로 넘어가는 언덕에 있다.

Ko Similan

꼬 씨밀란 เกาะสิมิลัน

　　푸껫이 안다만해의 진주라면, 꼬 씨밀란은 안다만해의 보석이다. 카오락에서 서쪽으로 50㎞, 푸껫에서 북서쪽으로 120㎞ 떨어진 꼬 씨밀란은 섬 전체가 해상 국립공원으로 지정되어 있다. 공식적인 명칭은 무 꼬 씨밀란 해상 국립공원 Mu Ko Similan Marine National Park이다. 총 면적은 140㎢로 14개의 섬으로 이루어졌다. 무 꼬 씨밀란은 '씨밀란 군도'라는 뜻이다. 엄밀히 말해 꼬 씨밀란은 9개의 섬으로 구성된다. 국립공원 관리소를 제외하고 사람이 살지 않는 무인도다. 씨밀란은 '9'를 의미하는 말레이어인 '쎔비란 Sembilan'에서 유래했다. 섬은 남쪽부터 번호를 매겨 북쪽의 9번 섬까지 길게 흩어져 있다.

　　꼬 씨밀란은 화강암 바위와 곱고 흰 모래사장, 태양빛에 반사되어 반짝이는 크리스탈빛의 바다가 엽서의 한 장면처럼 아름답게 펼쳐진다. 섬 주변은 산호와 열대어가 가득해 스노클링과 다이빙에 더없이 좋다. 덕분에 태국 최고의 다이빙 포인트로 각광받고 있으며, 세계 10대 다이빙 포인트로 선정되기도 했다. 섬 전체가 국립공원으로 지정되어 있지만, 성수기가 되면 푸껫에서 스피드 보트를 타고 몰려드는 관광객들로 인해 북적인다. 참고로 파도가 높아지는 우기에서 섬 출입이 통제된다.

©태국 관광청

INFORMATION

은행 · 환전

은행이나 환전소가 없어 육지에서 필요한 현금을 충분히 준비해가야 한다.

국립공원 관리소

4번 섬과 8번 섬에 국립공원 관리소가 있다. 국립공원 방문 규정이나 숙박에 관한 정보는 홈페이지(www.thainationalparks.com/mu-ko-similan-national-park) 또는 전화(0-7645-3272)로 문의가 가능하다.

여행 시기

국립공원으로 철저히 보호되는 꼬 씨밀란은 10월 15일부터 5월 15일까지만 방문이 가능하다. 이때는 건기에 해당하는 시기로 여행하기도 좋다. 섬 방문 시간은 오전 8시부터 오후 4시까지로 제한된다. 오후 4시

꼬 씨밀란 (지도)

- 꼬 본 Ko Bon
- 꼬 바응우(9번 섬) Ko Ba-Ngu
- 꼬 씨밀란(8번 섬) Ko Similan
- 꼬 힌뿌싸(7번 섬) Ko Hin Pusa
- 카오락(50km) 방면 →
- 꼬 빠유(6번 섬) Ko Payu
- 꼬 하(5번 섬) Ko Ha
- 꼬 미앙(4번 섬) Ko Miang
- 꼬 빠얀(3번 섬) Ko Payan
- 꼬 빠양(2번 섬) Ko Payang
- 푸껫(120km) 방면 →
- 꼬 후용(1번 섬) Ko Huyong

가 되면 모든 투어 보트는 섬을 떠나야 한다. 우기에는 비도 많이 오고 파도가 높아 선박의 안전을 이유로 국립공원 방문 자체를 금지한다. 참고로 국립공원 생태계 보호를 위해 2019년부터 섬 내부 출입 인원을 하루 3,325명으로 제한하고 있다. 1회용 플라스틱, 포장용기, 비닐봉지는 반입하지 말 것.

국립공원 입장료

외국인 입장료는 성인 500B, 아동 300B이다. 스쿠버 다이빙을 할 경우 입장료를 포함해 700B을 받는다.

ACCESS

꼬 씨밀란을 오가는 보트는 탑라무 선착장 Thaplamu Pier(타르아 탑라무)을 이용한다. 카오락 Khao Lak에서 남쪽으로 20km, 푸껫에서 북쪽으로 105km 떨어져 있다. 안타깝게도 탑라무 선착장에서 출발하는 정규 보트 노선은 없고, 여행사에서 운영하는 투어보트를 이용해야 한다. 투어보트는 당일날 돌아오지만, 섬에서 며칠 묵을 경우 돌아오는 날짜를 별도로 지정하면 된다. 선착장에서 꼬 씨밀란까지 스피드 보트로 1시간 30분 걸린다. 투어에 관한 내용은 꼬 씨밀란의 즐길 거리 참고.

TRANSPORTATION

정기적으로 섬 내부를 일주하는 보트 노선은 없다. 숙박이 가능하던 시절에는 4번 섬과 8번 섬을 오가거나, 스노클링 포인트를 방문하는 긴 꼬리 배를 운영(편도 요금 1인당 200~300B)하기도 했다. 현재는 여행사 투어를 이용해야 한다. 참고로 4번 섬에서 8번 섬까지는 11.5km 떨어져 있다.

©태국 관광청

Attraction

곱고 투명한 해변을 간직한 섬들이 볼거리다. 꼬 씨밀란의 섬들은 남쪽부터 북쪽까지 1~9번으로 번호를 붙였다. 9개의 섬 중에 가장 큰 섬인 8번 섬이 섬 전체 이름과 동일한 꼬 씨밀란이다. 나머지 섬들은 꼬 후용 Ko Huyong(1번 섬), 꼬 빠양 Ko Payang(2번 섬), 꼬 빠얀 Ko Payan(3번 섬), 꼬 미앙 Ko Miang(4번 섬), 꼬 하 Ko Ha(5번 섬), 꼬 빠유 Ko Payu(6번 섬), 꼬 힌뿌싸 Ko Hin Pusa(7번 섬, Elephant Rock), 꼬 바응우 Ko Ba-Ngu(9번 섬)라고 불린다. 엄밀히 말해 꼬 씨밀란은 아니지만 해상 국립공원으로 함께 지정된 꼬 본 Ko Bon과 꼬 따차이 Ko Tachai가 9번 섬 북쪽에 있다. 꼬 씨밀란의 모든 섬을 마음대로 드나들 수 있는 것은 아니다. 4번 섬과 8번 섬만 해변에 발을 들여놓을 수 있다. 4번 섬은 전망대까지 걸어갈 수 있으며, 공주가 사용하는 왕실 별장이 있다. 다른 섬들은 섬 주변에서 스노클링만 가능하다.

Activity

꼬 씨밀란을 방문하는 이유는 스노클링과 다이빙 때문이라고 해도 과언이 아니다. 푸껫이나 카오락, 멀게는 꼬 란따에서 꼬 씨밀란 투어를 운영한다. 섬이 육지에서 멀리 떨어져 있고, 선착장까지 가는 시간도 있기 때문에 아침 일찍 투어가 출발한다. 탑라무 선착장에서 스피드 보트가 오전 9시에 출발하는데, 이 시간에 맞추기 위해 픽업 시간(카오락은 오전 8시, 푸껫 빠똥은 오전 6시)도 달라진다. 1일 스노클링 투어는 꼬 씨밀란의 3~4개 섬에 들러 스노클링을 하며, 4번 섬에서 점심식사를 한다. 오후 4시 경에 투어가 끝나면 다시 정해진 차량을 타고 숙소로 돌아간다. 오가는 시간이 많이 걸리기 때문에 1일 일정은 다소 빠듯하다.

©태국 관광청

2018년 10월부터 섬 내에서 숙박이 금지되면서, 여행사 투어는 1일 투어로 제한된다. 1일 투어 요금은 2,800~3,800B이다. 다이빙 투어는 1일 펀 다이브 5,500B, 1박 2일 펀 다이브 1만 3000B이다. 숙박 시설을 갖춘 선박에서 묵으면서 다이빙을 즐기는 리브어보드 Live-aboard도 가능하다.

Restaurant & Accommodation

섬 내부의 편의 시설은 레스토랑 한 곳이 유일하다. 4번 섬(꼬 미앙)에 있는 레스토랑은 오전 8시부터 오후 2시까지 운영한다. 국립공원에서 운영하는 캠핑 시설은 4번과 8번 섬에 있다. 텐트 사용료는 하루에 450~570B이다. 방갈로는 4번 섬에만 있는데, 선풍기 방갈로는 1,000B, 에어컨 방갈로는 2,000B이다. 단체 관광객이 급증하고 해양 생태계가 심각하게 위협을 받으면서, 2018년 10월부터 섬 내에서의 숙박이 전면 금지된 상태다.

Ko Surin

꼬 쑤린 เกาะสุรินทร์

　　짱왓 팡응아에 속해 있는 안다만해의 섬이다. 미얀마 해상국경과 불과 5㎞ 거리를 두고 있어 태국 섬들 중에는 오지에 속한다. 꼬 쑤린은 북섬인 꼬 쑤린 느아 Ko Surin Nuea와 남섬인 꼬 쑤린 따이 Ko Surin Tai로 이루어졌다. 주변의 작은 섬인 꼬 리 Ko Ri,　꼬 빠쭘빠 Ko Pachumpa(중간 섬이란 의미로 꼬 끄랑 Ko Klang이라고도 부른다), 꼬 카이 Ko Khai와 함께 쑤린 군도를 이룬다. 다섯 개 섬을 포함해 141㎢에 이르는 해양 지역이 무 꼬 쑤린 국립공원 Mu Ko Surin National Park으로 지정되어 있다.

　　꼬 쑤린 주변의 수심이 낮고 투명한 바다는 다양한 열대어와 산호초가 가득해 태국 최고의 스노클링 포인트로 알려져 있다. 투어를 이용해야만 방문이 가능한 꼬 씨밀란과 달리 육지에서 정기적으로 보트가 드나들어 개별적으로도 방문이 가능하다. 건기(11~4월)에만 출입이 가능하고 육지에서 멀고 교통도 불편하며 편의시설도 열악하다. 전기는 발전기를 사용해 밤 10시까지만 제공된다. 하지만 쪽빛 바다와 모래해변, 레인포레스트를 간직한 원시의 섬을 갈망하는 마니아들에게 환영받는 섬이다.

INFORMATION 여행에 필요한 정보

은행 · 환전

은행이나 환전소는 존재하지 않는다. 육지에서 필요한 현금을 충분히 조달해 와야 한다.

국립공원 관리소

가장 큰 섬인 꼬 쑤린 느아의 아오 총캇 Ao Chonhkhat에 국립공원 관리소가 있다. 선착장이 있는 쿠라부리에도 국립공원 관리소(전화 0-7647-2146, 이메일 mukosurin_np@hotmail.com)가 있다.

여행 시기

국건기에만 출입이 가능하다. 일반적으로 11월 1일부터 다음 해 4월 30일까지 개방된다. 파도가 높은 우기에는 보트 운행이 전면 중단된다.

국립공원 입장료

외국인 입장료는 성인 500B, 아동 250B이다.

ACCESS 꼬 쑤린 가는 방법

꼬 쑤린을 가려면 섬에서 60km 떨어진 쿠라부리 Khuraburi에서 보트를 타야 한다. 짱왓 팡응아의 주도인 라농 Ranong 남쪽으로 110km 떨어진 작은 마을이다. 쿠라부리까지는 방콕 남부 터미널에서 버스로 10시간, 푸껫에서 버스로 3시간 30분 걸린다. 방콕↔따꾸아빠 Takua Pa 또는 방콕↔푸껫을 오가는 버스를 타고 가다가 쿠라부리에서 내리면 된다. 쿠라부리 버스 정류장에서 선착장까지는 8km 떨어져 있으며, 버스 정류장에서 보트 티켓을 예약하면 선착장까지 무료 픽업이 포함된다. 쿠라부리 선착장(타르아 쿠라부리) Khuraburi Pier에서 꼬 쑤린까지 스피드 보트로 1시간 걸린다. 섬으로 들어가는 보트는 오전 9시에 출발하고, 육지로 나오는 보트는 오후 4시에 출발한다. 스피드 보트로 1시간 정도 걸리며, 왕복 요금은 1,800B이다. 꼬 쑤린은 선착장이 없기 때문에 긴 꼬리 배로 갈아타고 섬으로 들어가야 한다. 숙박 시설이 있는 아오 총캇과 아오 마이응암 중에 목적지를 말하면 원하는 해변으로 갈 수 있다. 해변 분위기는 아오 마이응암이 더 좋다.

Activity 꼬 쑤린의 즐길 거리

꼬 쑤린을 방문하는 이유는 스노클링 때문이라도 해도 과언이 아니다. 섬에 머물면서 국립공원 관리소에서 운영하는 긴 꼬리 배를 타고 스노클링에 참여하면 된다. 오전(09:00시)과 오후(14:00시)에 한 번씩 출발하며 보트 운행 노선과 출발 시간은 조금씩 변동된다. 스노클링 투어 요금은 1인당 200B이다. 긴 꼬리 배를 통째로 빌리면 하루에 3,000B이다. 푸껫이나 카오락에서는 투어를 이용해도 된다. 국립공원 입장료와 스노클링 장비, 점심식사가 포함되며 푸껫 출발 요금은 3,900B, 카오락 출발 요금은 3,500B이다.

Restaurant & Accommodation 꼬 쑤린의 레스토랑&숙소

섬 전체가 국립공원으로 묶여 철저하게 관리되기 때문에, 편의시설이 제한적이다. 캠핑장, 식당, 매점이 있을 뿐이다. 숙박은 꼬 쑤린 느아의 아오 총캇과 아오 마이응암에서 가능하다. 텐트 사용료는 450~650B(침구 대여료 60B 별도)이다. 아오 총캇에는 방갈로(2인실 2,000B, 4인실 3,000B)가 있는데 시설에 비해 요금이 비싸며, 일찍 예약하지 않으면 방을 구하기가 어렵다. 예약은 국립공원 관리공단 홈페이지(www.nps.dnp.go.th)를 통해 가능하다.

Phang Nga Town

팡응아 타운 เมืองพังงา

　　푸껫과 끄라비 사이에 있는 팡응아 타운(므앙 팡응아)은 자그마한 지방 소도시다. 짱왓 팡응아의 주도이지만 인구는 1만 명에 불과하다. 도시보다는 아오 팡응아 해상 국립공원 Ao Phang-Nga Marine National Park이 유명하다. 안다만해를 따라 가득하게 펼쳐지는 카르스트 지형은 작은 계림이란 착각을 불러일으킬 정도다. 바다인지 강인지 가늠하기 힘든 독특한 지형에는 제각각 모양을 달리하는 바위섬들이 불쑥불쑥 솟아올라 아름다운 경관을 펼친다. 영화 〈007 황금 총을 가진 사나이〉의 촬영지로 등장해 더욱 유명해졌다.

　　팡응아 타운까지 들어와 시간을 보내는 여행자들은 극소수에 불과하다. 푸껫과 가까워 푸껫에서 1일 투어로 아오 팡응아 해상 국립공원만 둘러보고 되돌아가는 여행자들이 대부분이다. 그래서인지 유수의 관광지를 보유했는데도 도시는 평화롭기만 하다. 팡응아 타운 주변에도 카르스트 지형이 가득해 풍경이 아름답다. 고급 리조트가 들어선 푸껫의 물가가 부담된다면 팡응아 타운에 머물며 아오 팡응아 해상 국립공원을 방문하자. 방 값은 물론 투어 요금도 푸껫에 비해 월등히 저렴하다. 단체 관광객이 몰려드는 푸껫에 비해 상대적으로 개별 여행자들을 위한 투어가 발달해 있다.

공항은 없으며, 기차도 연결되지 않기 때문에 버스가 유일한 교통수단이다. 푸껫에서 태국 남부로 가는 모든 버스들이 팡응아 타운을 경유하기 때문에, 이동하는 데 그닥 불편하지는 않다. 인접한 푸껫과 끄라비에서 드나드는 버스가 상대적으로 가장 많다. 참고로 푸껫까지는 87km, 방콕까지는 788km 떨어져 있다.

버스 터미널(버커써)은 시내에서 서쪽으로 4km 떨어져

있다. 버스 터미널에서 시내('나이 므앙'이라고 말하면 된다)까지는 썽태우를 타면 된다(편도 200B, 합승 요금 60B). 시내에서 터미널로 갈 때는 재래시장(딸랏 텟싸반 므앙) 앞에서 썽태우를 기다리면 된다.

팡응아 버스 터미널

팡응아에서 출발하는 버스

도착지	운행 시간	요금	소요시간
방콕	08:30, 15:00, 17:00, 18:00	675~715B	12~13시간
푸껫	05:40~17:20(40분 간격)	100B(미니밴)	1시간 30분
끄라비	08:00~19:00(45분 간격)	80~100B	2시간
뜨랑	06:30~19:30(1시간 간격)	215B	4~5시간
핫야이	08:30~17:30(1시간 간격)	230B	6~7시간
쑤랏타니	08:00, 13:00	200B	4시간

아오 팡응아 해상 국립공원의 투어를 이용하세요

travel plus

아오 팡응아 해상 국립공원은 팡응아 타운에서 12km 떨어져 있습니다. 일반적으로 팡응아 타운에서 서쪽으로 10km 떨어진 타 단 Tha Dan에서 긴 꼬리 배를 타고 섬들을 둘러보게 됩니다. 보트는 선착장에서 직접 빌릴 경우 인원에 따라 1,500~3,500B입니다. 하지만 요금과 코스를 흥정해야 하는 불편함 때문에 팡응아 타운에서 투어를 신청하는 게 일반적입니다. 투어 요금도 저렴하고 알차서 오히려 아오 팡응아 해상 국립공원을 둘러보는 데 효과적인 방법입니다.

타 단 선착장

투어는 반나절과 하루 일정으로 구분됩니다. 반나절 투어는 맹그로브 숲을 지나 꼬 피앙깐 & 카오 따뿌, 꼬 빤이를 둘러본 다음 팡응아 타운으로 돌아오는 일정이고, 1일 투어는 꼬 홍 Ko Hong과 꼬 파낙 Ko Phanak을 추가로 들릅니다. 반나절 투어는 950B, 1일 투어는 1,250B입니다. 모두 국립공원 입장료(300B)가 포함되며, 카약 투어를 포함할 경우 요금이 인상됩니다.
투어 신청은 시내에 있는 싸얀 투어 Sayan Tour(Map P.606-A2, 전화 0-7463-0348, 홈페이지 www.sayantour. com)를 이용하면 됩니다. 동일한 내용의 투어는 푸껫에서도 출발하며, 점심시간에는 북적대기 때문에 가능하면 팡응아에서는 아침에 출발하는 투어를 이용하는 게 좋습니다.

Best Course
Phang Nga Town 팡응아 타운의 추천 코스 (예상 소요시간 4~6시간)

아오 팡응아 해상 국립공원이 가장 큰 볼거리다. 투어를 이용해 다녀오면 된다. 투어 일정에 따라 반나절과 하루 일정으로 구분된다. 오후에 출발해 무슬림(muslim) 어촌 마을에서 1박을 하고 다음 날 오전에 돌아오는 투어도 있다.

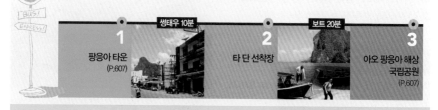

1	썽태우 10분	2	보트 20분	3
팡응아 타운 (P.607)		타 단 선착장		아오 팡응아 해상 국립공원 (P.607)

팡응아 타운

따꾸아빠(65km) 방면

왓 쁘라춤요티
Wat Prachum Yothi

중국 사당
(싼짜오 마쩌뽀)

Soi Phunsin Uthit

끄룽타이 은행

방콕 은행

시장(딸랏 텟싸반)

끄룽씨 은행

Soi Sitkao Dibuk

Soi Prachum Mongkhon

왓 몽콘쑤타왓
Wat Mongkhon Suthawat

Thanon Talat Khwuang

Thanon Phetkasem

Thanon Borirak Bamrung

Soi Bamrungrat

Soi Samakkhi

Soi Langkhai

싸얀 투어 Sayan Tour

Soi Chumnumrat

Thanon Rongreua

Soi Klang Muang

버스 터미널(4km), 카오 창 Khao Chang(4km),
아오 팡응아 해상 국립공원(12km),
푸껫(87km) 방면 ↓

Soi Lohakit

Restaurant
1. 바미 딸랏 쿠앙(쌀국수) A1
   Talat Khwang Noodle
2. 두앙 레스토랑 Duang Restuarant A1
3. Er-gu Cafe เอร์กูคาเฟ่ A2
4. 무 싸떼 쿤팁 Khun Thip A2
   Mueang Phang-nga Pork Satay
5. 카놈찐(카레 비빔국수) 식당 A1
   ขนมจีนหน้าศาลเจ้า

Hotel
1. 타위쑥 호텔 Thawisuk Hotel A1
2. 팡응아 게스트하우스 A1
   Phang Nga Guest House
3. 반 팡응아 Baan Phang Nga A1
4. Blue Mountain Phangnga Resort A2
5. 팡응아 인 Phang Nga Inn A2
6. 홈 팡응아 게스트하우스 A2
   Home Phang-nga Guest House
7. Phang-nga Cottage A2
8. Pranee Home A2
9. The Sleep Phang-nga A2
10. Phang Nga Origin Hotel B2

팡응아 타운보다는 안다만해에 펼쳐진 아오 팡응아 해상 국립공원이 큰 볼거리다. 긴 꼬리 배를 타고 섬들을 둘러보면 된다.

팡응아 타운　　★★
Phang-Nga Town

도시 주변에도 카르스트 지형을 이루는 석회암 산들이 가득하지만, 특별한 볼거리는 없다. 동서로 길게 뻗은 타논 펫까쎔을 어슬렁거리며 시간을 보내는 방법이 유일하다. 심심하다면 쏨뎃 프라씨 나까린 공원 Somdet Phra Si Nakarin Park(현지어로 줄여서 '쑤언 쏨뎃'이라고 부른다)을 방문하거나 카오 창 Khao Chang을 다녀오자. 코끼리 모양을 닮은 산인 카오 창에는 석회암 동굴인 탐 풍창 Tham Phung Chang이 있다.

아오 팡응아 해상 국립공원　　★★★★
Ao Phang-Nga Marine National Park

석회암 카르스트 지형의 전형적인 모습을 보여주는 이곳은 바다의 계림으로 불리는 하롱 베이의 축소판이다. 400㎢에 이르는 해상 국립공원에는 40여 개의 섬들이 저마다 수려한 모습을 뽐내며 바다를 수놓는다. 아오는 만(灣)을 뜻하는 태국어인데, 한국에는 '팡아만'이란 잘못된 명칭으로 더 많이 알려졌다.

아오 팡응아 해상 국립공원은 맹그로브 숲도 유명하다. 육지와 연결된 다양한 수로들에 의해 해상에 거대한 맹그로브 숲이 형성되었는데, 태국에서 가장 큰 규모라고 한다. 강인지 바다인지 가늠하기 힘든 굽이굽이 이어지는 수로를 따라가며 맹그로브 지대를 관찰할 수 있다.

맹그로브 숲을 벗어나면 잔잔한 바다에 카르스트 지형이 제 모습을 드러내기 시작한다. 오랜 침식작용으로 형성된 섬들은 기암절벽으로 이루어진 바위산부터 해발 300m나 되는 석회암산까지 모습도 다양하다. 바위섬을 관통하는 동굴들도 있어 배를 타고 유람하는 재미를 더한다. 뱃놀이를 하는 동안 펼쳐지는 아름다운 풍경이 결코 지루하지 않게 느껴진다. 국립공원 입장료는 300B이다. 대부분 여행사 투어 요금에 입장료가 포함되어있다.

꼬 피앙깐 & 카오 따뿌　　★★★
Ko Phiang Kan & Khao Tapu

아오 팡응아 해상 국립공원에서 가장 유명한 곳이다. 꼬 피앙깐은 '기울어진 섬'이라는 뜻으로 절벽을 이루는 바위가 두 개로 갈라져 서로 기대고 있기 때문에 붙여진 이름이다.

섬에는 작은 모래해변 앞으로 독특한 모양의 바위산인 카오 따뿌가 있다. 마치 콜라병을 뒤집어 놓은 듯한 형상으로 하나의 바위가 바다 위에 솟아올라 있다. 카오 따뿌는

꼬 피앙깐

까오 따뿌

아오 팡응아 해상 국립공원

팡응아 타운

〈007 황금 총을 가진 사나이〉에 등장해 '제임스 본드 섬 James Bond Island'이라고도 불린다. 유명세 덕분에 낮에는 푸껫에서 몰려온 단체 관광객들로 북적댄다.

꼬 빤이 ★★
Ko Panyi(Koh Panyee)

무슬림들이 정착해 생활하는 섬으로 200여 가구가 거주한다. 석회암 바위산을 배경으로 모스크와 어촌 마을이 형성되어 있다. 시멘트로 선착장과 도로를 만들고 수상가옥을 지었

꼬 빤이

다. 무슬림 어촌 마을을 방문한다는 명목 아래 투어 보트들이 빠짐없이 들르기 때문에 상업화됐다. 모든 가정에서 기념품을 판매한다.

Accommodation 팡응아 타운의 숙소

대부분 푸껫에서 1일 투어를 이용해 팡응아를 다녀가기 때문에 호텔들은 많지 않다. 하지만 여행자 숙소들이 들어서 있어 숙박에 전혀 불편하지 않다.

타위쑥 호텔 ★★★
Thawisuk Hotel

100년이 넘은 옛 건물을 리모델링했다. 오래된 호텔이지만 객실이 깔끔하게 관리되고 있다. 나무 바닥이 깔린 객실은 운치 있고, 창문도 넓은 편이다. 선풍기만 사용하면 방 값이 할인된다.
Map P.606-A1 주소 79 Thanon Phetkasem 전화 0-7641-2100 홈페이지 www.thaweesuk.com 요금 더블 500~800B(에어컨, 개인욕실, TV) 가는 방법 팡응아 타운 북쪽 끝자락의 타논 펫까쎔에 있다.

홈 팡응아 게스트하우스 ★★★★
Home Phang-nga Guest House

팡응아 타운에서 시설 좋은 게스트하우스. 객실 시설과 설비가 산뜻하고 쾌적하다. 카르스트 지형을 배경으로 숙소를 만들었기 때문에 주변 경관이 좋다. 마을 중심가에서 살짝 떨어져 있지만 자연친화적인 숙소로 평화롭게 지낼 수 있다.

Map P.606-A2 주소 Soi Klang Muang, Thanon Phetkasem 홈페이지 www.phangnga-guesthouse.com 요금 트윈 900~1,500B(에어컨, 개인욕실, TV, 냉장고, 아침식사) 가는 방법 쏘이 끄랑므앙 골목 안쪽 끝에 있다.

팡응아 오리진 호텔 ★★★★
Phang Nga Origin Hotel

2022년에 신축한 호텔로 객실 시설이 깨끗하다. 화이트 톤의 건물은 목재를 적절히 이용해 인테리어를 꾸몄다. 중심가에서 살짝 벗어난 곳이라 주변 환경이 평화롭다. 1층 방은 정원을 끼고 있고, 2층 방은 발코니가 딸려 있다. 객실 위치에 따라 카르스트 지형의 주변 산 풍경이 보이는 방도 있다.
Map P.606-B2 주소 127 Thanon Borirak Bamrung 전화 09-8597-5353 홈페이지 www.facebook.com/phangngaorigin 요금 더블 1,500~1,900B(에어컨, 개인욕실, TV, 냉장고) 가는 방법 메인 도로에서 한 블록 동쪽에 있는 타논 보리랏밤룽에 있다.

Krabi Town

끄라비 타운 เมืองกระบี่

짱왓 끄라비(끄라비 주州)의 주도로 끄라비 강을 끼고 형성된 도시다. 현지어로 '므앙 끄라비'라고 한다. 타운을 흐르는 끄라비 강에는 맹그로브 숲이 울창하고, 보트를 타고 조금만 나가면 석회암 카르스트 지형이 해안선을 따라 가득하다. 꼬 피피, 꼬 란따, 라일레, 아오 낭, 아오 프라낭 같은 유명한 섬과 해변이 산재해 있다. 태국 남부의 교통요지답게 버스와 보트가 주변 섬들을 연결한다.

끄라비 타운에는 특별한 볼거리가 없는데도 오래 머무르는 여행자들이 많다. 도시는 아담하지만 관광산업이 발달해 호텔과 여행사가 많다. 특히 저렴한 게스트하우스와 카페로 인해 태국 남부 여행의 베이스캠프로 각광받는다. 끄라비 타운의 최대의 미덕은 저렴한 물가다. 시설 좋은 게스트하우스들이 몰려 있고, 성수기에도 방 값이 크게 변하지 않아 여행자들에게 반가운 도시다. 백화점과 야시장 같은 도시에서 누릴 수 있는 편의시설도 갖추고 있어 편리하다.

INFORMATION ^{여행에 필요한 정보}

은행 · 환전

타논 우따라깟 Thanon Utarakit에 은행이 몰려 있다. ATM은 은행 이외에 백화점과 편의점 주변에도 설치되어 있어 편리하다.

병원

시내에서 북쪽으로 1km 떨어진 타논 우따라깟에 끄라비 병원(롱파야반 끄라비) Krabi Hospital(전화 0- 7561- 1210)이 있다.

ACCESS ^{끄라비 타운 가는 방법}

기차는 연결되지 않지만 항공, 버스, 보트가 발달해 있다. 방콕은 물론 푸껫, 쑤랏타니 등 주요 도시에서 버스가 드나든다. 꼬 피피와 꼬 란따까지는 정기적으로 운행하는 보트를 타면 되고, 라일레까지는 수시로 운행되는 긴 꼬리 배를 타면 된다.

항공

모두 5개의 항공사가 방콕↔끄라비 노선을 운항한다. 타이 항공 Thai Airways(www.thaiairways.com)은 1일 3회 운항하며 편도 요금은 2,400B이다. 태국의 대표적인 저가 항공사인 에어 아시아 Air Asia(www.airasia. com)는 1일 8회 취항한다. 프로모션 요금을 이용할 경우 편도 1,000B 이하에 탑승이 가능하다. 타이 항공은 방콕 쑤완나품 공항(BKK)을 이용하고, 저가 항공사들은 돈므앙 공항(DMK)을 이용한다. 비행시간은 1시간 20분이다.

에어 아시아에서 1일 3회 방콕을 거치지 않고 치앙마이까지 직항 노선을 운항한다. 비행시간은 2시간이며, 프로모션 편도 요금은 1,650B이다. 끄라비↔꼬 싸무이 노선은 방콕 에어웨이 Bangkok Airways(www. bangkokair.com)에서 독점 운항한다. 비행시간 50분으로 짧은 거리지만 편도 요금은 2,900B으로 비싸다. 끄라비 공항 Krabi Airport(싸남빈 끄라비)은 시내에서 북동쪽으로 16km 떨어져 있다. 비행기 출발 시간과 도착 시간에 맞춰 공항버스가 운행된다. 공항버스는 공항→테스코 로터스 Tesco-Lotus→빅 시 Big C 쇼핑몰→버스 터미널→끄라비 타운→아오 낭을 순환하며, 편도 요금은 끄라비 타운까지 100B, 아오 낭까지 150B이다.

버스

끄라비 타운 버스 터미널

끄라비 버스 터미널(버커써)은 시내에서 북쪽으로 4km 떨어져 있다. 푸껫, 쑤랏타니, 끄라비를 포함해 태국 남부 주요 도시로 에어컨 버스가 운행된다. 방콕(남부 터미널)으로 갈 경우 야간 버스를 이용하면 편리하다. 핫야이와 꼬 란따로 갈 경우 미니 밴(롯뚜)이 빠르고 편리하다. 시내에서 버스 터미널까지는 수시로 운행되는 썽태우를 타면 된다(편도 요금 30B).

끄라비 타운 → 쑤랏타니 → 꼬 싸무이 · 꼬 팡안 노선은 판팁 트래블 Phantip Travel(홈페이지 www.phantip travel.com)에서 운영한다. 버스 터미널에서 출발하며, 섬까지 들어가는 보트 요금이 포함된다. 꼬 싸무이(출발 시간 10:00, 13:30)까지 610B, 꼬 팡안(출발 시간 10:00, 13:30)까지 680B이다.

여행사 버스

배낭여행자들이 많이 몰리기 때문에 여행사 버스도 잘 발달해 있다. 여행사 버스는 해당 목적지까지 버스, 기차, 보트를 연계하는 일종의 조인트 티켓을 이용한다. 방콕의 카오산 로드(16:30 출발, 편도 1,000B)로 직행하거나 남부 주요도시(뜨랑, 핫야이)를 거쳐 말레이시아(페낭, 랑카위)로 갈 때 유용하다. 대중교통을 이용할 경우 여러 번 갈아타야 하는 꼬 싸무이(11:30 출발, 편도 800B)로 갈 때도 편리하다. 숙소에서 픽업해 주기 때문에 편리하지만, 중간 경유지마다 여행자들을 내리고 태우기 때문에 속도는 느리다. 모든 여행사와 숙소에서 예약이 가능하다.

끄라비 타운에서 출발하는 버스

도착지	운행 시간	요금	소요시간
방콕	16:00, 17:00	1등 에어컨 675~700B	12시간
푸껫	06:20~16:20(1시간 간격)	160~220B	3시간 30분
꼬 란따	07:00~17:00(1시간 간격)	미니밴 350B	1시간 30분
뜨랑	06:00~17:00(1시간 간격)	125~150B	2시간
핫야이	07:00~17:00(1시간 간격)	260B	5시간
쑤랏타니	07:30~16:30(1시간 간격)	200B	3시간

▥ 보트

짱왓 끄라비에 속한 꼬 피피와 꼬 란따로 보트가 출발한다. 꼬 피피 행 보트는 1년 내내 운행되지만, 보트 출발 시간은 시즌에 따라 변동된다. 일반적으로 성수기에 1일 4회, 비수기에 1일 2회 운행된다. 꼬 란따행 보트는 성수기(10~4월)까지만 운행된다. 푸껫으로 갈 경우 꼬 피피를 거치거나 성수기에만 운행되는 푸껫 직행 익스프레스 보트를 타면 된다. 푸껫이나 꼬 란따로 갈 경우에는 보트보다 버스 요금이 월등히 저렴하다. 이동 시간도 별 차이가 없어서 굳이 보트를 탈 필요는 없다.

모든 보트는 끄라비 타운에서 3㎞ 떨어진 크롱 찌랏 선착장 Khlong Chilat Pier(타르아 크롱 찌랏)에서 출발한다. 구 선착장에 해당하는 콩카 선착장 Khongkha Pier(타르아 콩카)에는 보트 회사의 예약 사무실만 운영한다. 보트 티켓은 모든 여행사와 숙소에서 예약이 가능하다. 일반적으로 선착장까지 픽업이 포함되어 있다.

크롱 찌랏 선착장

TRANSPORTATION 시내 교통

노선 버스처럼 움직이는 썽태우

끄라비 타운은 규모가 작아서 얼마든지 걸어서 다닐 수 있다. 끄라비 타운을 벗어날 경우 썽태우를 타면 된다. 썽태우는 크게 두 가지 노선으로 움직인다. 버스 터미널→끄라비 타운→아오 낭 노선과 끄라비 타운→버스 터미널→왓 탐 쓰아 입구→빅 시 Big C(쇼핑몰)→테스코 로터스(할인매장)→공항 노선이다. 편도 요금은 버스 터미널→끄라비 타운 30B, 끄라비 타운→아오 낭 50B, 끄라비 타운→공항 100B이다. 오후 6시 이후에는 요금이 인상되며 막차는 저녁 8시에 끊긴다.

☑ 꼭! 알아두세요

라일레 Rai Leh(Railay) 해변(P.628 참고)으로 가려면 썽태우가 아니라 긴 꼬리 배(르아 항 야오) Long Tail Boat를 타야 합니다. 시내에 있는 콩카 선착장을 바라보고 왼쪽에 별도의 선착장이 있습니다. 타논 짜오파에서 끄라비 강쪽으로 내려가면 강변에 보입니다. 길을 걷다 보면 보트를 타라는 호객꾼들을 쉽게 만날 수 있습니다. 끄라비 타운→라일레 노선은 정해진 시간 없이 8명이 모이는 대로 출발합니다. 편도 요금은 150B입니다. 여행사에서 정해진 시간(08:30, 10:00, 12:30)에 출발한다고 승객을 모으는 곳도 있으니 가까운 여행사나 숙소에 문의해도 됩니다.

끄라비 타운에서 출발하는 보트

도착지	출발 시간	요금	소요시간
꼬 피피	09:00, 10:30, 13:30, 15:00	450B(스피드 보트 900B)	1시간 30분
꼬 란따	10:30, 14:00	550B	2시간

Attraction

끄라비 타운의 볼거리

끄라비 타운에는 특별한 볼거리가 없다. 라일레나 주변 섬들을 방문하기 위해 끄라비를 찾는다고 해도 과언이 아니다. 끄라비 타운 일대의 경관이 궁금하다면 시간을 내서 왓 탐 쓰아를 다녀오자.

끄라비 타운 ★★
Krabi Town

화교와 무슬림이 어우러진 도시로 친절한 사람들을 만날 수 있는 것이 매력이다. 끄라비 강을 따라 산책로가 형성되어 강변 풍경을 벗삼아 산책할 수도 있다. 저녁에 형성되는 두 개의 야시장(P.615)은 여행자들에게도 반가운 장소다.

워킹 스트리트(주말 야시장) ★★★
Walking Street(Weekend Night Market)

주말(금~일요일 17:00~23:00) 저녁이 되면 끄라비 타운 시내에 생기는 야시장이다. 보그 백화점(현지어로 '항 웍') 뒤편에 해당하는 타논 마하랏 쏘이 8 Thanon Maharat Soi 8 일대의 차량이 통제되고 워킹 스트리트(보행자 전용 도로)로 변모한다. 끄라비 관련 티셔츠와 기념품, 공예품이 판매되며, 먹거리 노점도 빼곡히 들어선다. 시원한 맥주도 마시고 야외무대에서 펼쳐지는 공연도 보면서 밤 시간을 보내기 좋다. 현지어로 '타논 콘 던' ถนนคนเดิน이라고 부른다.

끄라비 강 ★★
Mae Nam Krabi

끄라비 타운에 머무르는 게 심심하다면 선착장에서 긴 꼬리 배를 빌려 끄라비 강을 유람해도 된다. 맹그로브 숲을 포함해 주변의 석회암 지대와 어촌 마을을 함께 방문한다. 보트 대여료는 1시간에 300B, 3시간에 500B 정도에 흥정하면 된다. 가장 많이 방문하는 곳은 카오 카납 남 Khao Khanap Nam이다. 끄라비 타운에서 북쪽 방향으로 보이는 두 개의 봉우리다. 끄라비 강을 사이에 두고 생긴 산(태국어로 '카오'는 산이라는 뜻)으로 석회암 동굴을 간직하고 있다. 산의 높이는 100m에 불과하지만 맹그로브와 어울려 색다른 풍경을 자아낸다.

강변도로 타논 우따라깃
끄라비 강과 카오 카납 남

주말에 열리는 워킹 스트리트 야시장

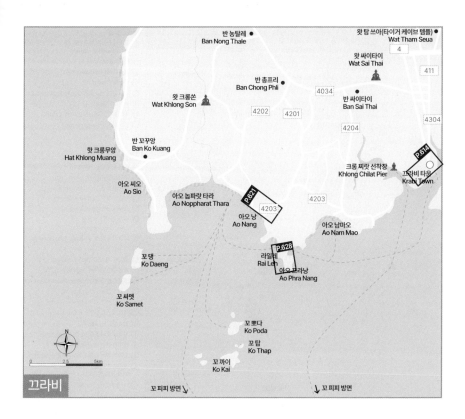

반 농탈레 • Ban Nong Thale

왓 탐 쓰아(타이거 케이브 템플) Wat Tham Seua

4

왓 싸이타이 Wat Sai Thai

411

반 총프리 Ban Chong Phli

4034

왓 크롱쏜 Wat Khlong Son

4202

4201

반 싸이타이 Ban Sai Thai

4204

4304

반 꼬꾸앙 Ban Ko Kuang

핫 크롱무앙 Hat Khlong Muang

크롱 찌랏 선착장 Khlong Chilat Pier

P.614

아오 씨오 Ao Sio

꼬라비 타운 Krabi Town

아오 놉파랏 타라 Ao Noppharat Thara

P.621 4203

4203

아오 낭 Ao Nang

아오 남마오 Ao Nam Mao

꼬 댕 Ko Daeng

P.628 라일레 Rai Len

아오 프라낭 Ao Phra Nang

꼬 싸멧 Ko Samet

꼬 뽀다 Ko Poda

꼬 탑 Ko Thap

꼬 까이 Ko Kai

N

0 2.5 5km

꼬라비

꼬 피피 방면 ↓

↓ 꼬 피피 방면

왓 탐 쓰아(타이거 케이브 템플) ★★★☆
Wat Tham Seua(Tiger Cave Temple)

끄라비 타운에서 북동쪽으로 10㎞ 떨어진 사원이다. '탐 쓰아'는 호랑이 동굴이라는 뜻으로, 동굴 내부에서 승려들이 명상 수행을 했다고 한다. 사원은 카르스트 지형을 따라 건설했는데, 석회암으로 이루어진 산 초입의 동굴 내부에 불상과 작은 법전을 만들었다. 왓 탐 쓰아를 제대로 보려면 산 정상까지 올라가야 한다. 해발 278m 높이로 1,237개의 가파른 계단이 끝없이 이어진다. 산 정상에는 황금 쩨디(탑)와 대형 불상을 모셨다. 정상에 서면 스펙터클한 경관이 막힘없이 펼쳐진다. 가쁜 숨을 고르고 땀을 흘리며 올라온 보람을 느끼게 해준다. 중간에 매점이 없으니 생수를 챙겨가는 게 좋다. 계단 주변으로 돌아다니는 야생 원숭이에게 먹이 주는 것도 삼갈 것.

신성시하는 공간인 만큼 복장에 신경 써야 한다. 수영복을 그대로 착용하고 간다거나 노출이 심한 옷도 삼가야한다.

왓 탐 쓰아까지는 여행사에서 운영하는 교통편을 이용하는 게 좋다. 정해진 시간에 1일 5회 출발(07:00, 09:00, 11:00, 13:00, 15:00, 17:00)하며 왕복 요금은 200B이다. 대중교통

왓 탐쓰아 정상에 있는 대형 쩨디와 불상

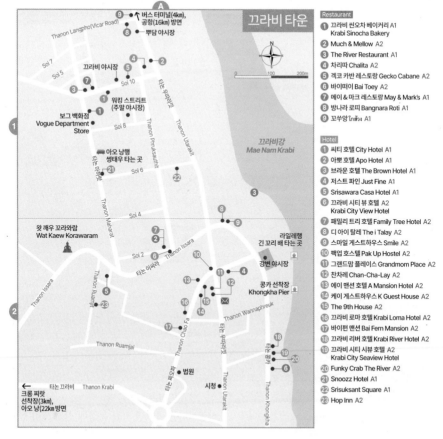

끄라비 타운

N

0   100   200m

끄라비강
Mae Nam Krabi

9 → 버스 터미널(4km),
공항(16km) 방면
8 → 뿌담 야시장

Thanon Langpho(Vicar Road)

Soi 7

Soi 5

끄라비 야시장
5
7
3
Soi 10

워킹 스트리트
(주말 야시장)
보그 백화점
Vogue Department
Store
Soi 8

타논 위셋까짓

Thanon Pruksauthit

Thanon Utarakit

아오 낭행
썽태우 타는 곳
Soi 6
21
22

타논 마하랏

Thanon Maharat
Soi 4
8
9

왓 깨우 꼬라와람
Wat Kaew Korawaram

라일레행
긴 꼬리 배 타는 곳

7
2
Soi 2
Thanon Issara
타논 이싸라
10

강변 야시장
11
13
12
콩카 선착장
Khongkha Pier
5
23
16
15
14
The 9th House
17
18
19
20
6

Thanon Chao Fa
타논 짜우파

Thanon Ruamjai

Thanon Ruamjai

Thanon Wannaphreuk
타논 완나프르

타논 콩카

Thanon Khongkha

← 타논 끄라비 Thanon Krabi
크롱 찌랏
선착장(3km),
아오 낭(22km) 방면

법원

시청

Thanon Utarakit

Restaurant
1 끄라비 씬오차 베이커리 A1
Krabi Sinocha Bakery
2 Much & Mellow A2
3 The River Restaurant A1
4 차리따 Chalita A2
5 겍코 카반 레스토랑 Gecko Cabane A2
6 바이떠이 Bai Toey A2
7 메이 & 마크 레스토랑 May & Mark's A1
8 방나라 로띠 Bangnara Roti A1
9 꼬쑤앙 โกซวง A1

Hotel
1 씨티 호텔 City Hotel A1
2 아뽀 호텔 Apo Hotel A1
3 브라운 호텔 The Brown Hotel A1
4 저스트 파인 Just Fine A1
5 Srisawara Casa Hotel A1
6 끄라비 시티 뷰 호텔 A2
Krabi City View Hotel
7 패밀리 트리 호텔 Family Tree Hotel A2
8 디 아이 탈레 The i Talay A2
9 스마일 게스트하우스 Smile A2
10 팩업 호스텔 Pak Up Hostel A2
11 그랜드맘 플레이스 Grandmom Place A2
12 찬차레 Chan-Cha-Lay A2
13 에이 맨션 호텔 A Mansion Hotel A2
14 케이 게스트하우스 K Guest House A2
15 The 9th House A2
16 끄라비 로마 호텔 Krabi Loma Hotel A2
17 바이펀 맨션 Bai Fern Mansion A2
18 끄라비 리버 호텔 Krabi River Hotel A2
19 끄라비 시티 시뷰 호텔 A2
Krabi City Seaview Hotel
20 Funky Crab The River A2
21 Snoozz Hotel A1
22 Srisuksant Square A1
23 Hop Inn A2

(썽태우)을 이용할 경우 끄라비 타운에서 빅 시(쇼핑몰) Big C행 썽태우(편도 요금 30B)를 타고, 빅 시 조금 못 미쳐 사원 입구 삼거리에서 내린다. 삼거리에서 사원까지는 2km 걸어 들어가거나 대기 중인 오토바이 택시(30B)를 타면 된다. 제법 많은 외국인들이 방문하는 곳이라 썽태우에도 영어로 'Tiger Cave Temple'이라고 목적지를 적어 놓았다. 돌아올 때는 큰 길까지 나와서 지나가는 썽태우를 잡아 타야하기 때문에 불편하다.

정상에서 바라본 풍경

왓 탐 쓰아

Activity

끄라비 타운을 찾은 여행자들은 대부분 라일레 해변을 다녀온다. 라일레 해변은 긴 꼬리 배가 수시로 운행되기 때문에 방문하는 데 편리하다. 아오 낭도 썽태우를 타고 다녀올 수 있다. 대중교통이 연결되지 않는 섬들은 투어를 이용해야 한다. 가장 대표적인 투어는 포 아일랜드 투어 4 Islands Tour로 꼬 까이 Ko Kai, 꼬 뽀다 Ko Poda, 꼬 탑 Ko Thap(Ko Tup), 아오 프라낭 Ao Phra Nang을 방문한다. 스노클링과 픽업, 국립공원 입장료, 점심이 포함된 투어 요금은 800B이다. 동일한 투어라도 스피드 보트를 이용하면 1,800B까지 인상된다.

꼬 탑

섬 투어와 달리 내륙 지방을 여행하는 정글 투어 Jungle Tour도 있다. 끄라비 타운에서 4번 국도를 따라 남으로 45㎞ 떨어진 크롱 톰 Khlong Thom 주변의 열대우림 지역을 방문한다. 싸 모라꼿 Sa Marakot이라 불리는 크리스털 석호 Crystal Pool가 가장 큰 볼거리다. 정글 속에 옥빛으로 빛나는 천연 수영장이다. 35~45℃ 정도의 온천수가 흐르는 폭포(남똑 런)도 함께 방문하며, 돌아오는 길에 왓 탐 쓰아를 들른다. 투어 요금은 1,200~1,500B 정도다.

Restaurant

태국 남부에서 상당히 매력적인 먹을거리를 간직한 동네다. 여행자들을 위한 카페도 많고, 현지인들이 운영하는 저렴한 식당도 많다. 야시장도 세 곳이나 있다.

🍴 야시장 ★★★
Night Market

저렴하게 식사하고 싶다면 야시장만한 곳이 없다. 끄라비 타운에는 세 개의 야시장이 있다. ①시내 중심가에 해당하는 타논 마하랏 야시장(끄라비 야시장) Krabi City Night Market은 일종의 반찬시장이다. 현지인들이 과일과 저녁거리를 사가기 위해 찾아온다. ②뿌담 야시장(딸랏 뿌담) Poo Dam Night Market은 저렴한 간식과 먹을거리가 많다. 검은 게 기념비('뿌'는 게, '담'은 검다는 뜻으로 머드 크랩 Mud Crab을 의미한다) 맞은편에 있다. ③강변(콩카 선착장 옆)에 형성된 짜오파 야시장 Chao Fah Night Market은 노점 식당이 들어선다. 팟타이, 쌀국수, 볶음밥, 로띠, 쏨땀 같은 대중적인 음식을 요리한다. 야시장은 대부분 오후 5시쯤 장사를 시작해서 밤 10시쯤 문을 닫는다. 단품 메뉴는 60~150B 정도 예상하면 된다.

🍴 방나라 로띠 ★★★☆
Bangnara Roti

현지인들이 즐겨 찾는 무슬림 레스토랑. 로띠 Roti를 곁들여 간단하게 식사하기 좋다. 로띠+카레 Roti and Curry가 기본이다. 식사용으로 만드는 로띠는 연유를 뿌려주지 않는다. 디저트를 원한다면 바나나 로띠를 주문하면 된다. 카레 덮밥도 가능하다. 무슬림이 운영하는 곳이라 돼지고기는 없다.

Map P.614-A1 주소 92/27 Thanon Langpho(Vicar

Road) 영업 06:30~14:00 메뉴 영어, 태국어 예산 45~80B 가는 방법 뿌담 야시장 지나서 타논 랑퍼에 있다.

꼬쑤앙 โกสวง
Ko Suang ★★★☆

현지인들이 즐겨 찾는 저렴한 밥집이다. 에어컨은 없지만 식당 규모도 크고 깨끗한 편이다. 카우만까이(닭고기 덮밥) Chicken Rice, 카우무댕(돼지고기 덮밥) BBQ Red Pork with Rice, 카우무끄롭(바삭한 돼지고기 덮밥) Crispy Pork with Rice을 메인으로 요리한다. 두 세 종류의 고기를 섞어서 주문할 수 있다. 쌀국수도 있는데 '바미 남' Egg Noodle Soup이 인기 있다. 간판은 태국어로만 쓰여 있다.

Map P.614-A1 주소 92/27 Thanon Utarakit & Thanon Sanong 전화 0-7561-2550 영업 07:00~14:30 메뉴 영어, 태국어 예산 50~80B 가는 방법 뿌담 야시장 지나서 강변도로와 타논 싸농이 만나는 삼거리 코너에 있다.

머치 & 멜로우
Much & Mellow ★★★☆

끄라비 타운에서 현지인과 여행자 모두에게 인기 있는 카페. 부티크 호텔 1층에 있어 카페 분위기가 좋다. 낮에는 스페셜티 커피 & 베이커리, 밤에는 바를 겸한 레스토랑으로 운영된다. 직접 만든 빵과 케이크, 샌드위치, 햄버거, 브런치, 스무디 볼, 돈가스, 일본 카레, 김치 볶음밥, 샌드위치, 햄버거까지 식사 메뉴도 다양하다.

Map P.614-A2 주소 6 Thanon Maharat Soi 2(Soi Maharaj 2) 홈페이지 www.facebook.com/muchandmellow 영업 08:00~18:00 메뉴 영어, 태국어 예산 커피 85~145B, 메인 요리 195~385B 가는 방법 타논 마하랏 쏘이 2에 있는 패밀리 트리 호텔 Family Tree Hotel 1층에 있다.

리버 레스토랑
The River Restaurant ★★★☆

끄라비 강에 떠 있는 레스토랑이다. 야시장과 가까운 시내 중심가지만 수상 가옥 형태의 건물이라 분위기가 독특하다. 강바람을 쐬며 식사하기 적합하다. 다양한 태국 요리와 해산물 요리가 갖추어져 있다. 오후에는 음료나 맥주를 마셔도 무방하다.

Map P.614-A1 주소 256/1 Thanon Utarakit 홈페이지 www.facebook.com/theriverkbv19 영업 11:00~24:00 메뉴 영어, 태국어 예산 160~450B 가는 방법 강변 야시장에서 강변 산책로를 따라 북쪽으로 150m.

겍코 카반 레스토랑
Gecko Cabane Restaurant ★★★☆

골목 안쪽에 있는 아담한 레스토랑으로 녹색 식물과 빈티지한 실내가 어우러진다. 가정집의 응접실과 다이닝 룸에 들어온 듯 포근하다.

프랑스 · 태국 부부가 운영하는 곳으로 태국 음식과 유럽 음식을 모두 맛볼 수 있다. 팟타이, 마싸만 카레, 생선 · 새우 요리, 스테이크까지 외국인 여행자들 입맛에도 잘 맞는다.

Map P.614-A2 주소 1/36 Soi Ruamjit 전화 08-1958-5945 홈페이지 www.facebook.com/GeckoCabane Restaurant 영업 11:00~14:30, 17:00~23:30 메뉴 영어 예산 250~800B 가는 방법 타논 마하랏 초입에서 연결되는 쏘이 루암찟에 있다. 야마하 오토바이 대리점 옆 골목 안쪽으로 40m.

바이떠이
Bai Toey ★★★☆

1988년부터 영업 중인 끄라비 맛집 중 한 곳이다. 도심에서 살짝 떨어진 강변에 위치한 레스토랑이다. 태국 요리와 해산물을 전문으로 취급한다. 야외에 테라스 형태로 만들어 해질 무렵에 가면 분위기가 좋다.

Map P.614-A2 주소 79 Kongkha 전화 0-7561-1509 홈페이지 www.baitoey.com 주소 Thanon Khongkha 영업 11:00~22:00(화요일 16:00~22:00) 메뉴 영어, 태국어 예산 165~350B 가는 방법 강변도로에 있는 타 타라 리버(호텔) Tha Tara River 옆에 있다.

끄라비 타운의 숙소

워낙 많은 여행자들이 들락거리기 때문에 도시 규모에 비해 숙소가 많은 편이다. 게스트하우스라 하더라도 겨울 성수기에는 요금을 인상하는데, 해변에 비해 인상폭은 크지 않다.

팩업 호스텔 ★★★
Pak Up Hostel

끄라비 타운에서 인기 있는 호스텔이다. 여러 명이 함께 숙박하는 도미토리를 운영하지만, 부티크 호텔 느낌이 들 정도로 시설이 깨끗하고 좋다. 2층 침대가 놓인 도미토리는 10인실과 8인실로 구분된다. 다양한 국적의 젊은 여행자들과 어울리기 좋다.

Map P.614-A2 주소 87 Thanon Utarakit 전화 0-7561-1955 홈페이지 www.pakuphostel.com 요금 도미토리 380~410B 가는 방법 타논 우따라낏 & 타논 짜오파 삼거리 코너에 있다.

스마일 게스트하우스 ★★★
Smile Guest House

침대와 선풍기를 갖춘 전형적인 게스트하우스다. 대부분의 객실이 공동욕실을 사용한다. 객실과 창문의 크기에 따라 방 값이 달라진다. 도로 쪽 방보다 건물 안쪽에 있는 방이 조용하다. 옥상 테라스에서 끄라비 강과 주변 풍경이 보인다.

Map P.614-A1 주소 13 Thanon Kongkha 전화 0-7562-4015 홈페이지 www.smile-guesthouse.com 요금 더블 300~350B(선풍기, 공동욕실), 더블 550~650B(선풍기, 개인욕실) 가는 방법 타논 콩카의 디 아이 탈레(게스트하우스)와 넘버 7 게스트하우스 옆에 있다.

케이 게스트하우스 ★★★
K. Guest House

끄라비 타운에서 오래된 여행자 숙소 중 한 곳이다. 특이하게도 목조건물을 개조해 만든 숙소다. 티크 나무 건물이라는 희소성 때문에 찾는 사람들도 많다. 고급화되는 여행자의 기호에 걸맞게 에어컨 룸을 신설했다.

Map P.614-A2 주소 15-25 Thanon Chao Fa 전화 0-7562-3166 요금 더블 500B(선풍기, 개인욕실), 더블 600B(에어컨, 개인욕실) 가는 방법 타논 짜오파 골목 안쪽으로 100m 들어간다.

찬차레 ★★★★
Chan-Cha-Lay

끄라비 타운에서 인기 있는 게스트하우스. 다른 숙소에서 볼 수 없는 화사한 색으로 숙소를 장식해 기분을 좋게 한다. 넓고 깨끗한 객실은 블루 계통의 색으로 꾸며 바닷가에 온 기분이 들게 할 정도다. 객실 조건이 다양하다. 저렴한 방은 공동욕실을 사용한다.

Map P.614-A2 주소 55 Thanon Utarakit 전화 0-7562-0952 홈페이지 www.lovechanchalay.com 요금 더블 380B(선풍기, 공동욕실), 더블 600B(선풍기, 개인욕실), 더블 800~900B(에어컨, 개인욕실) 가는 방법 타논 우따라낏의 우체국 맞은편에 있다.

그랜드맘 플레이스 ★★★☆
Grandmom Place

할머니 집치고는 세련되고 현대적인 느낌을 준다. 건물 외관에서 보듯 산뜻한 시설을 자랑한다. 객실에는 LCD TV와 냉장고가 갖추어져 있다. 무엇보다 발코니 덕분에 객실이 넓고 시원스러워 보인다.

Map P.614-A2 주소 67 Thanon Uttarakit 전화 08-5186-6633, 08-9652-1496 홈페이지 www.grandmomplace.wix.com/krabi 요금 더블 700~800B(비수기, 에어컨, 개인욕실, TV, 냉장고), 더블 1,000~1,200B(성수기) 가는 방법 타논 우따라낏의 유 레지던스(호텔) U Residence 옆에 있다.

나인스 하우스
The 9th House ★★★★

친절한 태국인 가족이 운영하는 아파트 형태의 숙소다. 3층짜리 건물로 모두 9개 객실을 운영한다. 타일이 깔린 객실은 기본적인 시설이지만 넓고 깨끗하다. 창문이 크고 발코니도 딸려 있어 답답하지 않다. 신발을 벗고 드나들어야 하며, 엘리베이터는 없다.

Map P.614-A2 주소 9/9 Thanon Choa Fa 전화 0-7565-6485 홈페이지 www.facebook.com/the9house9 요금 더블 900~1,100B(에어컨, 개인욕실, TV, 냉장고) 가는 방법 여행자 숙소가 몰려 있는 타논 짜오파 초입에 있다.

씨싸와라 카사 호텔
Srisawara Casa Hotel ★★★☆

끄라비 야시장 옆에 있는 중급 호텔. 시설 좋은 여행자 숙소 중의 한 곳으로 시내 중심가에 있다. 객실이 깨끗하고 발코니도 딸려 있다. 창문 옆으로 소파 베드가 추가로 놓여있다. 일부 객실에서는 강이 보인다.

Map P.614-A1 주소 Thanon Maharat Soi 전화 07-5612-069 홈페이지 www.facebook.com/srisawaracasakrabi 요금 더블 1,100~1,500B(에어컨, 개인욕실, TV, 냉장고) 가는 방법 타논 마하랏 쏘이 10에 있다.

끄라비 시티 뷰 호텔
Krabi City View Hotel ★★★☆

끄라비 시내 길 모퉁이에 있는 중급 호텔이다. 오래된 건물을 보수해 새롭게 만들었다. 에어컨, LCD TV, 냉장고, 커피포트가 객실에 비치되어 있다. 넓고 깨끗한 객실에 비해 욕실 시설이 조금 떨어진다. 발코니가 딸린 방이 시설이 좋다. 비수기에 방 값이 600B까지 떨어진다.

Map P.614-A2 주소 1-3 Thanon Maharat Soi 2 전화 0-7563-0112~3 홈페이지 www.krabicityview.com 요금 더블 1,100~1,500B(에어컨, 개인욕실, TV, 냉장고) 가는 방법 타논 마하랏 쏘이 2 도로 코너에 있다.

저스트 파인
Just Fine ★★★☆

이름처럼 '그냥 괜찮은' 호텔이다. 객실 12개를 운영하는 미니 호텔이다. 강변도로에 있는 비슷한 시설의 숙소에 비해 전망만 없다뿐이지 가격 대비 시설은 더 좋다. 객실이 넓은 편으로 객실마다 다른 디자인으로 산뜻하게 꾸몄다.

Map P.614-A1 주소 2/8 Thanon Maharat Soi 10 전화 0-7561-1655, 09-4580-1555 홈페이지 www.justfinehotelkrabi.com 요금 더블 1,300~1,700B(에어컨, 개인욕실, TV, 냉장고, 아침식사) 가는 방법 타논 마하랏 쏘이 10에 있는 야시장 옆 골목 안쪽에 있다.

브라운 호텔
The Brown Hotel ★★★★

끄라비 타운 중심가인 야시장 옆에 있어 위치가 좋다. 2019년에 리모델링한 호텔로 침구 포함 객실 시설이 깨끗하다. 객실은 모던하고 화사하게 꾸몄으며, 안전 금고와 캡슐 커피 머신까지 갖추고 있다.

Map P.614-A1 주소 10/50-52 Thanon Maharat 전화 09-2554-8778 홈페이지 www.the-brown.allkrabihotels.com 요금 1,400~1,700B(에어컨, 개인욕실, TV, 냉장고) 가는 방법 타논 마하랏 야시장(끄라비 야시장) Krabi City Night Market에서 왼쪽으로 100m.

패밀리 트리 호텔
Family Tree Hotel ★★★★

시내 중심가에 있는 3성급 호텔이다. 2017년에 오픈한 호텔로 깨끗하게 관리되고 있다. 부티크 호텔을 표방하는데 객실은 원목을 이용해 스타일리시하게 꾸몄다. 욕실도 넓고 현대적이다. 객실에는 드립 커피 도구와 원두를 비치했다. 1층에 있는 카페에서 아침식사를 제공한다. 엘리베이터는 없다.

Map P.614-A2 주소 6 Thanon Maharat Soi 2 전화 0-7561-2562 홈페이지 www.facebook.com/familytreekrabi 요금 더블 1,800~2,600B(에어컨, 개인욕실, TV, 냉장고, 아침식사) 가는 방법 타논 마하랏 쏘이 2에 있다.

Ao Nang

아오 낭 อ่าวนาง

끄라비 타운에서 20km 떨어진 해변이다. 유럽의 해안 도시처럼 갈 가꾸어진 해변 도로를 따라 기다란 모래해변이 이어진다. 해변에는 긴 꼬리 배들이 가득 정박해 있고, 해변 동쪽으로 카르스트 기암절벽이 우뚝 솟아 있어 독특한 풍광을 연출한다. 아오 낭의 매력과 육지와 섬의 매력이 적당히 공존한다는 것. 끄라비 타운에 비해 해변을 끼고 있어 남국의 정취가 살아 있고, 주변의 섬들에 비해 내륙에 있어 편의시설을 이용하기 편리하다. 마음만 먹으면 얼마든지 보트를 타고 라일레와 주변 섬들을 드나들 수 있다.

아오 낭은 무분별하게 개발되는 태국의 해변에 비해 도로와 상가가 깔끔하게 정비되어 차분함을 유지한다. 내륙 도로를 따라 호텔과 상가가 뻗어 나가고 있는 실정이지만 아직까지는 흉악한 모습으로 변질되지 않았다. 배낭족들이 저렴한 숙소를 찾아 끄라비 타운에 머물듯, 무난한 호텔을 선호하는 개별 여행자들이 아오 낭에 머문다. 다만, 끄라비 타운에 비해 성수기와 비수기의 구분이 확실하다. 비오는 비수기에는 한적하지만 방 값이 두 배로 인상되는 성수기가 되면 활기를 띤다.

관광청이나 여행 안내소는 없다. 한인 여행사 끄라비 스토리(홈페이지 https://cafe.naver.com/rakthai)에서 투어 및 공항 픽업 예약이 가능하다. 은행은 내륙 도로인 타논 아오낭에 위치한다. 방콕 은행과 싸얌 상업 은행(SCB), 끄룽타이 은행, ttb 은행이 일정한 거리를 두고 영업 중이다. ATM은 해변 도로 곳곳에 설치되어 있다.

ACCESS 아오 낭 가는 방법

끄라비 타운에서 썽태우를 타고 드나드는 게 가장 일반적인 방법이다. 성수기에는 주변 섬으로 보트가 운행된다. 주요 도시로 이동하려면 끄라비 타운을 거쳐야 한다.

버스

아오 낭에는 버스 터미널이 없다. 다른 도시로 이동하려면 끄라비 타운에 있는 버스 터미널(버커써 므앙 끄라비)을 이용해야 한다. 여행사에서 운영하는 조인트 티켓을 이용해도 된다. 방콕(카오산 로드), 푸껫, 꼬 싸무

이 등등 원하는 곳까지 기차, 버스, 보트를 연계해 준다. 자세한 내용은 끄라비 타운 교통 정보 P.610 참고.

보트

아오 낭에서 꼬 피피, 꼬 란따, 푸껫까지 보트가 운행된다. 10월부터 5월까지 성수기에는 운행 편수가 늘어난다. 보트 티켓은 여행사나 숙소에서 예약하면 된다. 티켓을 예약할 때 픽업 여부를 확인할 것. 굳이 아오 낭이 아니더라도 끄라비 타운에 가면 다양한 노선의 보트가 운행된다. 자세한 정보는 P.611 참고.

아오 낭에서 출발하는 보트

도착지	출발 시간	요금	소요시간
꼬 피피	09:30, 10:30, 15:30	500B(스피드 보트 900B)	1시간 30분
꼬 란따	10:30	550B	2시간 20분
푸껫	11:00, 12:00, 14:00	750B(스피드 보트 1,200B)	3시간

TRANSPORTATION 시내 교통

아오 낭은 해변 도로 하나가 전부이므로 걸어서 다니면 된다. 해변에서 멀리 떨어진 숙소로 갈 경우 뚝뚝을 이용하자. 거리에 따라 40~80B를 받는다. 끄라비 타운을 갈 경우 정기적으로 운행되는 썽태우를 타야 한다. 일부 썽태우는 버스 터미널까지 간다. 편도 요금은 끄라비 타운까지 50B, 버스 터미널까지 60B이다. 해가 지는 오후 6시 이후부터는 80B으로 인상된다. 특별한 정류장 없이 아무데서나 원하는 방향의 썽태우를 세우고 타면 된다. 막차는 밤 10시에 끊긴다. 아오 낭에서 끄라비 타운을 경유해 공항까지 가는 공항버스는 편도 요금 150B(택시 요금 500B)이다.

주변 섬과 해변으로 갈 때는 긴 꼬리 배(르아 항 야오) Long Tail Boat를 타면 된다. 아오 낭→라일레 Railay 노선은 08:00~18:00시까지 8명이 모이는 대로 출발한다. 편도 요금은 100B이며, 오후 6시 이후 150B으로 인상된다. 아오 낭→꼬 뽀다 Poda lasland까지는 왕복 요금 300B(최소 출발 인원 7명)이다. 긴 꼬리 배 요금은 해변 도로에 마련된 티켓 판매소에서 내면 된다. 해변 도로 동쪽과 서쪽 끝에 각각 한 개씩 매표소가 있다. 보트를 빌릴 경우 반나절 2,000~2,500B, 하루 4,500B이다.

긴 꼬리 배 매표소

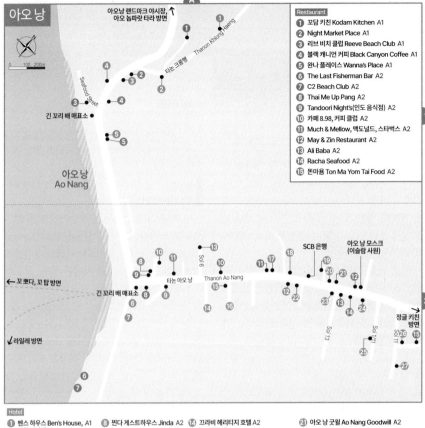

아오 낭

아오낭 랜드마크 야시장,
아오 놉파랏 타라 방면

Thanon Khlong Haeng

타논 크롱행

Seafood Street

아오 낭
Ao Nang

긴 꼬리 배 매표소

SCB 은행

아오 낭 모스크
(이슬람 사원)

← 꼬 뿌다, 꼬 탑 방면

긴 꼬리 배 매표소

타논 아오 낭
Thanon Ao Nang

Soi 6

Soi 13

Soi 12

Soi 11

정글 키친
방면

↗ 라일레 방면

Restaurant
1. 꼬담 키친 Kodam Kitchen A1
2. Night Market Place A1
3. 리브 비치 클럽 Reeve Beach Club A1
4. 블랙 캐니언 커피 Black Canyon Coffee A1
5. 완나 플레이스 Wanna's Place A1
6. The Last Fisherman Bar A2
7. C2 Beach Club A2
8. Thai Me Up Pang A2
9. Tandoori Night's(인도 음식점) A2
10. 카페 8.98, 커피 클럽 A2
11. Much & Mellow, 맥도널드, 스타벅스 A2
12. May & Zin Restaurant A2
13. Ali Baba A2
14. Racha Seafood A2
15. 똔마욤 Ton Ma Yom Tai Food A2

Hotel
1. 벤스 하우스 Ben's House, A1
   로열 나카라 Royal Nakara
2. 빠까싸이 리조트 Pakasai A1
3. Ao Nang Sunset Hotel A1
4. 끄라비 리조트 Krabi Resort A1
5. 더 엘 리조트 The L Resort A1
6. 프라 낭 인 Phra Nang Inn A2
7. 아오 낭 빌라 리조트 A2
   Ao Nang Villa Resort
8. 찐다 게스트하우스 Jinda A2
9. Ao Nang Orchid Resort A2
10. 제이 맨션 J Mansion A2
11. 웨이크 업 아오낭 호텔 A2
    Wake Up Aonang Hotel
12. Ava Sea Resort A2
13. 아나윈 방갈로 A2
    Anawin Bungalows
14. 끄라비 헤리티지 호텔 A2
    Krabi Heritage
15. 베란다 호텔 The Verandah Hotel A2
16. Peace Laguna Resort A2
17. 아바니 아오낭 클리프 리조트 A2
18. Holiday Inn Resort A2
19. 미니 하우스 아오 낭 A2
20. 슈거 마리나 리조트 클리프행어 A2
    Sugar Marina Resort
21. 아오 낭 굿윌 Ao Nang Goodwill A2
22. 블루쏘텔 Bluesotel A2
23. 모노텔 Monotel A2
24. Ibis Styles A2
25. 끌러 호스텔 Glur Hostel A2
26. Ao Nang Miti Resort A2
27. Centra by Centara Phu Pano Resort A2

Attraction

아오 낭의 볼거리

아오 낭과 라일레 해변의 카르스트 지형이 볼만하다. 주변 섬은 스노클링 투어로 다녀오면 된다.

아오 놉파랏 타라 ★★
Ao Noppharat Thara

아오 낭에서 왼쪽(서쪽)으로 2km 떨어져 있다. 아오 낭보다 해안선이 길지만 국립공원으로 묶여 개발이 제한되어 있다. 해변 도로는 아직까지 한적하지만 내륙 방향으로 점차 개발되는 추세다. 외국인보다는 나무 그늘 아래서 휴식을 즐기는 현지인들이 많다. 썰물 때인 오후에는 물이 너무 빠져서 수영에 적합하지 않다.

꼬 뽀다 ©태국 관광청

꼬 뽀다 ★★★
Ko Poda

아오 낭에서 정면에 보이는 가장 가까운 섬이다. 주변 세 개의 섬 가운데 가장 크고 모래사장도 가장 길다. 방갈로와 레스토랑을 운영할 정도다. 투어가 아니더라도 아오 낭 해변 도로에서 출발하는 긴 꼬리 배(왕복 요금 300B)를 타고 방문이 가능하다.

아오 낭 앞 쪽의 4개 섬(꼬 뽀다, 꼬 까이, 꼬 탑, 꼬 머)은 국립공원으로 지정되어 입장료를 받는다. 입장료는 성인 400B, 아동 200B이다. 하루 동안 4개 섬을 방문할 경우 입장료는 한 번만 내면 된다.

꼬 까이(치킨 아일랜드) ★★★
Ko Kai(Chicken Island)

섬의 모양이 닭을 닮았다고 해서 붙여진 이름이다. 배를 타고 섬에서 멀리 떨어져야만 섬의 전체가 눈에 들어온다. 해수욕보다 섬 주변에서 스노클링을 하기 위해 방문하는 섬이다. 영어로 '치킨 아일랜드 Chicken Island'라고 표기한다.

꼬 탑 ★★★★
Ko Thap(Tup Island)

세 개의 섬 중에 가장 작은 섬이다. 영문 표기가 'Ko Tup'으로 혼용되어 쓰인다. 바위산처럼 생긴 작은 섬에 제법 큰 모래사장이 딸려 있다. 섬 가장자리 전체가 완만한 바닷물로 인해 옥빛으로 반짝인다. 잔잔한 바다 때문에 스노클링에도 적합하다. 오후에 밀물 때가 되면 꼬 탑 앞의 바위섬까지 바닷길이 열린다. 섬들이 모래해변으로 연결되는 독특한 광경을 볼 수 있

다. 이 때문에 '기적의 해변 Miracle Beach'이라는 뜻인 '탈레 왝 Thale Waek'이라고 불린다.

꼬 홍 ★★★
Ko Hong(Hong Island)

아오 낭(끄라비)에서 17km 떨어진 작은 섬으로 탄복코라니 국립공원 Than Bok Khorani National Park에 속해 있다. 석회암 바위산에 둘러싸인 독특한 풍경과 기다란 해변, 석호가 어우러져 아름다운 경관을 자랑한다. 바위산 절벽 사이로 형성된 석호(홍 라군 Hong Lagoon)는 탈레 나이 Thale Nai(안쪽 바다라는 뜻)라고 불린다. 해변 끝쪽에는 전망대 Hong Island Viewpoint가 있다. 419개의 계단을 오르면 주변 풍경이 시원스레 펼쳐진다. 아오 낭 또는 끄라비 타운에서 출발하는 스노클링 투어(800~1,200B)를 이용해 다녀오면 된다. 국립공원 입장료는 300B이다.

꼬 탑
바위 섬까지 바닷길이 열리는 탈래 왝 ©태국관광청

아오 낭은 해변 도로 앞으로 해안선이 발달해 있지만 더 좋은 환경을 즐기기 위해서는 보트를 타고 바다로 나가야 한다. 아오 낭에서 출발하는 대표적인 보트 투어는 포 아일랜드 투어 4 Islands Tour다. 꼬 뽀다, 꼬 까이, 꼬 탑, 아오 프라낭을 방문한다. 1일 투어 요금은 800~1,400B으로 국립공원 입장료와 스노클링, 점심식사가 포함된다. 꼬 피피 1일 투어(1,300~1,800B)도 가능하다. 보트 투어는 긴 꼬리 배와 스피드 보트 이용에 따라 요금이 달라진다. 투어 예약할 때 국립공원 입장료 포함 여부를 반드시 확인할 것.

해변 휴양지라 다양한 음식점이 골고루 갖춰져 있다. 외국 관광객을 상대하는 곳이 대부분이라 정통 태국 음식을 기대하긴 힘들다.

메이 & 진 레스토랑 ★★★
May & Zin Restaurant

이슬람 사원 옆에 있는 로컬 식당이다. 무슬림 식당이라서 돼지고기가 들어간 음식은 요리하지 않는다. 술도 팔지 않는다. 전형적인 태국 음식점으로 각종 볶음 요리를 포함해 팟타이, 쏨땀, 똠얌꿍, 시푸드 등을 요리한다.

Map P.621-A2 주소 Ao Nang Mosque(Masjid Al-Munawarah), Thanon Ao Nang 영업 일~금 11:00~21:00(휴무 토요일) 메뉴 영어, 태국어, 중국어 예산 100~300B 가는 방법 해변에서 내륙으로 1km 떨어진 아오낭 모스크(이슬람 사원)을 바라보고 왼쪽에 있다.

카페 8.98 ★★★☆
Cafe 8.98

아오 낭에서 보기 드문 도회적인 느낌의 카페다. 노출 콘크리트로 꾸미고 넓은 창문을 냈다. 브런치 뿐만 아니라 샐러드, 스무디 볼, 파스타, 버거, 디저트까지 식사 메뉴가 다양하다.

Map P.621-A2 주소 143/7-8, Moo 2, Thanon Ao Nang 전화 0-7565-6980 홈페이지 www.cafe898.com 영업 10:00~23:00 메뉴 영어, 태국어 예산 커피 80~140B, 메인 요리 280~490B 가는 방법 해변에서 내륙도로 방향으로 300m. 코코텔(호텔) Kokotel 1층에 있다.

머치 & 멜로우 ★★★☆
Much & Mellow

에어컨 시설의 카페 스타일의 레스토랑. 끄라비 타운에 있는 머치 & 멜로우의 아오 낭 지점이다. 직접 만든 빵과 케이크, 브런치, 스무디 볼, 그릭 샐러드, 후무스, 피자, 파스타, 멕시코 요리까지 다양하다.

Map P.621-A2 주소 328/2 Thanon Ao Nang 홈페이지 www.facebook.com/mmbreadbrunchaonang 영업 08:00~21:30 메뉴 영어 예산 커피 90~145B, 메인 요리 230~425B(7% Tax) 가는 방법 해변에서 타논 아오낭 거리를 따라 내륙 방향으로 400m.

라스트 피셔맨 바 ★★★☆
The Last Fisherman Bar

해변 가장자리에 있어 평화롭게 바다를 바라보며 시간을 보낼 수 있다. 모래사장과 나무 그늘 아래 테이블이 놓여있다. 낮에도 영업하는 곳으로 시푸드는 물론 각종 태국 음식을 요리한다. 맥주를 즐기는 사람도 많다.

Map P.621-A2 주소 Ao Nang Beach 전화 08-1458-0170 홈페이지 www.thelastfishermanbar.com 영업 12:00~23:00 메뉴 영어, 태국어 예산 170~500B 가는 방법 아오 낭 해변 동쪽(바다를 바라보고 왼쪽) 끝자락에 있다.

아오낭 랜드마크 야시장 ★★★
Ao Nang Landmark Night Market

이름과 달리 아오 놉파랏 타라 해변 도로에 있다. 다양한 노점 식당이 들어서 있어 맥주 마시며 저녁시간 보내기 좋다. 야외무대에서 라이브 음악, 무에타이, 전통 무용, 불 쇼도 공연해 준다. 또 다른 야시장인 나이트 마켓 플레이스 Night Market Place와 혼동하지 말 것.

Map P.621-A1 주소 Ao Noppharat Thara 홈페이지 www.aonanglandmark.com 영업 16:00~23:00 메뉴 영어, 태국어 예산 100~300B 가는 방법 아오 놉파랏 타라 해변 중간에 있다. 아오 낭에서 서쪽으로 2km 떨어져 있다.

정글 키친 ★★★☆
D&E's Jungle Kitchen

아오 낭 해변에서 멀찌감치 떨어져 있지만 맛집으로 알려져 있다. 팟타이와 각종 볶음 요리, 태국식 카레, 해산물 요리까지 다양한 태국 요리를 즐길 수 있다. 대나무로 만든 평상 오두막에서 식사하기 때문에 한적한 정취가 느껴진다.

Map P.621-A2 주소 33 Moo 2, Ban Ao Nang 전화 09-3762-7486 영업 월~토 09:00~14:30, 17:00~22:00(휴무 일요일) 메뉴 영어 예산 120~400B 가는 방법 해변에서 타논 아오 낭을 따라 북쪽(내륙 방향)으로 1.8km 떨어져 있다. 모스크(이슬람 사원)를 지나서 600m 더 가야 한다.

똔마욤 ★★★☆
Ton Ma Yom Tai Food

해변에서 멀리 떨어진 골목 안쪽의 자그마한 태국 음식점이다. 주로 현지인을 위한 식당이었으나, 외국 관광객들에게 알려지면서 투어리스트 레스토랑으로 변모했다. 쏨땀, 팟타이, 마싸만 카레, 뿌팟퐁까리를 비롯해 해산물 요리까지 다양한 태국 음식을 만든다.

Map P.621-A2 주소 Thanon Ao Nang Soi 11, Leela Valley 전화 0-7569-5058, 08-9735-0605 홈페이지 www.facebook.com/TonMaYomRestaurant 메뉴 영어, 태국어 영업 화~일 08:00~14:00, 17:00~21:30(휴무 월요일) 예산 100~390B 가는 방법 해변에서 2km 떨어진 타논 아오 낭 쏘이 11 골목에 있다.

꼬담 키친 ★★★★
Kodam Kitchen

해변에서 멀리 떨어진 불편한 위치에 있지만 관광객들로부터 후한 점수를 받고 있는 레스토랑이다. 야외 공간을 열대 지방 분위기가 느껴지게 꾸몄다. 쏨땀, 똠얌꿍, 마싸만 카레, 싸떼 Sate, 남프릭 Namprik, 랍 무 Laab Moo, 깽쏨 Gaeng Som, 쿠아끄링 Kua Kling을 포함해 이싼 지방과 남부 지방 음식까지 다양하게 요리한다. 미리 예약하면 픽업·샌딩 서비스도 무료로 해준다.

Map P.621-A1 주소 155/17 Soi Khlong Hang 4 전화 06-2723-1234 홈페이지 www.kodamkitchen.com 영업 11:00~22:00 메뉴 영어, 태국어, 중국어 예산 메인 요리 140~380B 가는 방법 해변 도로에서 아오 놉파랏 타라로 넘어가는 언덕 길에 연결되는 크롱행 쏘이 4 골목 안쪽으로 300m.

리브 비치 클럽 ★★★★
Reeve Beach Club

아오낭 해변 서쪽 끝자락에 있는 레스토랑을 겸한 비치 클럽이다. 카페와 칵테일 바를 겸한다. 해변을 끼고 있는 고급스런 분위기로 바다를 조망할 수 있도록 만들었다. 일몰 시간에는 로맨틱하고, 밤 시간에는 라이브 음악을 연주한다. 해변에서 불 쇼도 펼쳐진다. 피자, 파스타, 스테이크, 시푸드, 일본 음식, 태국 음식을 요리한다. 커피, 수제 맥주, 칵테일, 와인도 구비하고 있다.

Map P.621-A1 주소 31/1 Moo 2 Ao Nang 전화 09-3631-7599 홈페이지 www.facebook.com/reevebeachclubkrabi 영업 08:00~24:00 메뉴 영어, 태국어 예산 커피 100~180B, 칵테일 290~320B, 메인요리 390~950B 가는 방법 아오 낭 해변도로로 서쪽(바다를 바라보고 오른쪽) 끝에 있다.

Accommodation 아오 낭의 숙소

해변 도로는 중급 호텔과 고급 리조트들로 가득하다. 내륙 도로에 간간이 1,000B 이하의 숙소가 있으나 그마저도 성수기에는 터무니없이 인상된다. 비수기(5~10월)에 해당하는 우기에는 50% 이상 할인된다.

끌러 호스텔 ★★★☆
Glur Hostel

아오 낭에서 인기 있는 호스텔이다. 해변과 상당한 거리를 두고 있지만 스타일리시하게 잘 만들었다. 자연과 어우러진 야외 정원과 수영장이 매력이다. 2층 침대가 놓인 도미토리는 4인실과 8인실로 구분된다. 여성 전용 도미토리도 있다. 일반 객실도 2층 침대가 놓여있다. '끌러'는 친구라는 뜻이다.

Map P.621-A2 주소 591 Moo 2, Thanon Ao Nang Soi 1/11 전화 0-7569-5297, 08-9001-3343 홈페이지 www.krabiglurhostel.com 요금 도미토리 600B(성수기, 에어컨, 공동욕실, 아침식사), 도미토리 350B(비수기), 트윈 1,500B(성수기, 에어컨, 개인욕실, TV, 아침식사) 가는 방법 해변에서 북쪽으로 1.6km 떨어진 아오 낭 쏘이 1/11 골목 안쪽에 있다.

아나윈 방갈로 ★★★☆
Anawin Bungalows

타논 아오 낭 쏘이 6의 대표적인 여행자 숙소다. 콘크리트로 만든 방갈로들이 정원에 일정한 간격을 두고 들어서 있다. 발코니가 딸린 객실은 무난한 크기다. 모든 객실은 개인욕실을 갖추고 있으며 TV와 냉장고 유무에 따라 요금이 달라진다.

Map P.621-A2 주소 263/1 Thanon Ao Nang Soi 6 전화 0-7563-7664, 08-1677-9632 요금 더블 700~800B(선풍기, 개인욕실), 더블 1,300~1,600B(에어컨, 개인욕실) 가는 방법 타논 아오낭 쏘이 6 골목 끝에 있다.

아오 낭 굿윌 ★★★☆
Ao Nang Goodwill

해변과는 거리가 있지만 가격 대비 쾌적한 객실을 운영한다. 평범한 콘크리트 건물이지만 객실은 넓고 깨끗하다. TV, 냉장고, 테이블, 안전금고, 전기포트까지 갖추어져 있다. 도로 쪽 방은 발코니가 딸려 있다. 4층 건물로 엘리베이터는 없다. 아오 낭 에코 인 Aonang Eco Inn(www.aonang-ecoinn.com), 하베스트 하우스 Harvest House(www.harvesthouse krabi.com), 하리바 선샤인 호텔 Haleeva Sunshine Hotel(www.haleevasunshine hotel.com) 등 비슷한 시설의 호텔들이 주변에 몰려있다.

Map P.621-A2 주소 420/22 Moo 2, Thanon Ao Nang 전화 0-7569-5601 홈페이지 www.aonanggoodwill.com 요금 더블 1,200~1,700B(에어컨, 개인욕실, TV, 냉장고) 가는 방법 해변에서 내륙 도로를 따라 1km 떨어져 있다. 끄룽타이 은행 Krung Thai Bank을 바라보고 오른쪽에 있다.

모노텔 ★★★★
Monotel

2019년에 만든 4층 규모의 자그마한 호텔로 18개 객실을 운영한다. 화이트 톤의 건물과 객실이 심플하면서도 깨끗하다. 딜럭스 룸은 욕조가 겸비되어 있다. TV, 냉장고, 안전금고, 전기포트 등 기본적인 객실 설비도 잘 갖추어져 있다. 내륙도로에 있어 탁 트인 전망은 아니지만 아무래도 발코니 딸린 방이 넓고 좋다. 수영장과 엘리베이터는 없다.

Map P.421-A2 주소 1189 Moo 2, Ao Nang 전화 0-7560-1189 홈페이지 www.facebook.com/Monotelaonang 요금 더블 1,300~1,700B(에어컨, 개인욕실, TV, 냉장고) 가는 방법 해변에서 내륙 도로 방향으로 900m 떨어져 있다.

>> 아오 낭 Ao Nang **625**

미니 하우스 아오 낭 ★★★★
Mini House Ao Nang

소규모로 운영되는 부티크 호텔로 '미니멀 (간결한)' 디자인을 강조했다. 복층 건물에 들어선 객실은 단순함을 강조하면서도 현대적으로 꾸몄다. 목재 프레임과 테이블을 배치해 자연스러움을 더했다. 넓은 창문과 발코니가 있어 시원스럽다. 아침식사가 포함된다.

Map P.621-A2 주소 675 Moo 2, Thanon Ao Nang 전화 0-7581-0678, 08-9473-1704 홈페이지 www.minihouseaonang.com 요금 스튜디오(에어컨, 개인욕실, TV, 냉장고, 아침식사) 1,850~2,150B, 패밀리(3인실) 2,500~3,000B 가는 방법 해변에서 내륙 도로를 따라 800m. K.L. 하우스(호텔) 옆 골목에 있다.

아바 시 리조트 ★★★★
Ava Sea Resort

2016년에 오픈한 3성급 호텔이다. 위치나 시설 모두 무난하며 수영장을 갖추고 있다. 객실은 32㎡ 크기로 발코니도 딸려 있다. 높은 층의 딜럭스 룸에서는 바다가 살짝 보인다.

Map P.621-A2 주소 834 Moo 2, Ao Nang 전화 0-7581-7456 홈페이지 www.avaseakrabi.com 요금 슈피리어 1,500B(비수기), 슈피리어 3,600B(성수기) 가는 방법 해변에서 내륙 도로 방향으로 500m 떨어져 있다.

슈거 마리나 리조트 클리프행어
Sugar Marina Resort ★★★★

내륙 도로에 있는 4성급 호텔로 신축한 건물이라 시설이 깨끗하다. 객실은 32㎡ 크기로 넓진 않지만, 미니멀하게 꾸며져 깔끔해 보인다. 경사면을 깎아서 만들었기 때문에, 발코니가 딸려 있는 도로 쪽 방들이 훨씬 좋다. 모두 75개의 객실이 운영되며, 야외 수영장이 갖춰져 있다.

Map P.621-A2 주소 873 Moo 2, Thanon Ao Nang 전화 0-7569-5271, 0-7569-5272 홈페이지 www.sugarmarina-cliffhanger.com 요금 더블 3,000~4,800B(에어컨, 개인욕실, TV, 냉장고, 아침식사) 가는 방법 해변에서 내륙으로 1km.

아바니 아오낭 클리프 리조트 ★★★★
Avani Aonang Cliff Beach Resort

내륙 도로 중심가에 있는 4성급 호텔로 160개 객실을 갖춘 대형 호텔이다. 언덕 경사면을 따라 호텔 건물이 들어서 있어, 객실은 물론 인피니티 수영장에서 내려다보는 풍경이 좋다. 기본 객실은 48㎡ 크기로 발코니까지 있어 넓고, 스위트 룸은 발코니에 자쿠지 욕조가 설치되어있다.

Map P.621-A2 주소 328 Moo 2, Thanon Ao Nang 전화 0-7562-6888 홈페이지 www.avanihotels.com 요금 딜럭스 5,300~6,500B 가는 방법 해변에서 내륙 도로 방향으로 500m. 맥도널드 옆에 호텔 입구가 있다.

아오 낭 빌라 리조트 ★★★★
Ao Nang Villa Resort

아오 낭 해변 도로에 있어 길 하나를 사이에 두고 바다와 접해 있다. 건물 가운데 커다란 두 개의 야외 수영장을 만들어 리조트 내에서 충분한 휴식을 즐길 수 있다. 대부분의 객실은 바다가 아닌 수영장이 바라다보인다. 스탠더드 룸이 36㎡로 넓다.

Map P.621-A2 주소 113 Thanon Ao Nang 전화 0-7563-7271~4 홈페이지 www.aonangvilla.com 요금 슈피리어 5,200~8,400B 가는 방법 아오 낭 해변 오른쪽의 프라 낭 인 Phra Nang Inn 옆.

쎈타라 그랜드 비치 호텔 ★★★★
Centara Grand Beach Resort

쎈타라 호텔에서 운영하는 5성급 리조트다. 해변 하나를 독차지해 넓은 부지에 건설한 럭셔리 리조트다. 리조트 뒤쪽은 카르스트 지형이 병풍처럼 들어서 있고, 리조트 앞쪽 푸른 바다가 수영장과 조화를 이룬다.

주소 334 Moo 2 Ao Phai Plong 전화 0-7563-7789 홈페이지 www.centarahotelsresorts.com/centaragrand/ckbr/ 요금 딜럭스 8,800B, 스파 딜럭스 9,400~1만 3,600B, 풀 빌라 2만 2,000B 가는 방법 아오 낭 오른쪽의 아오 파이쁘롱에 있다.

Rai Leh (Railay)

라일레 ไร่เลย์

　　끄라비에서 가장 유명한 해변이다. 영문 표기의 오류 때문에 '라일레이 Railay'로 알려지기도 했다. 라일레는 석회암 카르스트 지형과 천혜의 파란 바다가 접점을 이루며 환상적인 경관을 자랑한다. 곱고 기다란 모래해변을 기암절벽이 막아선 형국이다. 육지에 있으나 특수한 지형으로 인해 섬처럼 보트를 타고 들어가야 한다. 해안선을 따라 펼쳐진 수려한 풍광 덕분에 최근 몇 년간 인기가 급상승했다. 해변은 수영, 스노클링, 카약을 즐기기에 더없이 좋다. 기암절벽은 세계적으로 손꼽히는 암벽 등반 코스로 사랑받는다. 휴양과 레저를 동시에 만족시킨다.

　　반도처럼 생긴 라일레는 모두 4개의 해변으로 구분된다. 중급 리조트가 들어선 라일레 서쪽 해변이 중심이 된다. 라일레 동쪽 해변은 수영에 적합하지 않아 상대적으로 저렴한 숙소가 몰려 있다. 반도의 남쪽은 아오 프라낭 Ao Phra Nang이 자리한다. 석회암 동굴과 크리스털빛 바다로 인해 세계에서 가장 아름다운 10대 해변으로 선정되기도 했다. 아오 똔싸이 Ao Tonsai는 다른 해변들로부터 격리되어 배낭여행자들의 은신처 역할을 해준다.

INFORMATION 여행에 필요한 정보

은행 · 환전

은행은 존재하지 않는다. 육지와 가깝기 때문에 은행이나 환전소가 없다 해도 그리 문제될 건 없다. 현금이 필요하다면 라일레 동쪽 해변에서 서쪽 해변으로 가는 길에 있는 편의점에 설치된 ATM을 이용해야 한다.

여행 시기

우기(5~10월)에는 비수기로 한산하다. 비오는 우중충한 해변은 볼품없기 때문이다. 11월부터 4월까지는 건조하고 화창한 날씨를 보여 해변이 활기를 띤다. 연말 성수기에는 방을 구하기가 힘들다.

ACCESS 라일레 & 아오 똔싸이 가는 방법

산과 절벽으로 막혀서 차가 드나들지 못한다. 긴 꼬리 배 Long Tail Boat를 타고 해변을 드나들어야 한다. 사람들의 왕래가 많은 곳은 라일레 서쪽 해변 Railay West→아오 낭 Ao Nag 노선이다. 정해진 시간 없이 8명이 모이는 대로 출발한다. 편도 요금은 100B이며, 오후 6시 이후에는 150B으로 인상된다.

라일레 동쪽 해변 Railay East→아오 남마오 Ao Nam Mao 노선은 6명이 모이면 출발한다(편도 요금 100B). 라일레 동쪽 해변→끄라비 타운 Krabi Town(Chao Fah Park Pier)으로 향하는 보트는 낮 시간에 10명이 모이는 대로 출발한다. 편도 요금은 150B이다.

아오 똔싸이로 직행할 예정이라면 아오 낭에서 출발

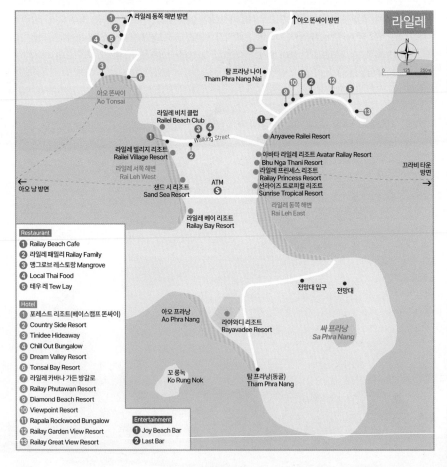

라일레

Restaurant
1 Railay Beach Cafe
2 라일레 패밀리 Railay Family
3 맹그로브 레스토랑 Mangrove
4 Local Thai Food
5 테우 레 Tew Lay

Hotel
1 포레스트 리조트(베이스캠프 똔싸이)
2 Country Side Resort
3 Tinidee Hideaway
4 Chill Out Bungalow
5 Dream Valley Resort
6 Tonsai Bay Resort
7 라일레 카바나 가든 방갈로
8 Railay Phutawan Resort
9 Diamond Beach Resort
10 Viewpoint Resort
11 Rapala Rockwood Bungalow
12 Railay Garden View Resort
13 Railay Great View Resort

Entertainment
1 Joy Beach Bar
2 Last Bar

하는 긴 꼬리 배를 타면 된다(편도 요금 100B). 배를 탈 때 목적지를 말하면 아오 뜬싸이에 먼저 내려주고 라일레 서쪽 해변까지 간다(P.620 참고). 성수기에는 라일레 서쪽 해변↔아오 뜬싸이를 오가는 긴 꼬리 배가 추가로 운행된다. 정해진 시간 없이 4명 이상 모일 시 출발하며, 1인 편도 요금은 50B이다.

꼬 피피(출발 시간 09:45, 편도 500B, 스피드 보트 1,000B), 푸껫(출발 시간 15:15, 편도 700B, 스피드 보트 1,200B), 꼬 란따(출발 시간 10:45, 편도 600B)까지 페리가 정기적으로 운행된다. 엄밀히 말해 라일레에서 출발하는 게 아니고 아오 낭에서 출발한다(P.620 참고). 아오 낭에서 출발한 보트 시간에 맞춰 긴 꼬리 배를 이용해 보트까지 데려다 준다.

Attraction 라일레의 볼거리

4개의 해변이 볼거리다. 수영에 적합한 해변은 라일레 서쪽 해변과 아오 프라낭이다. 주변 섬(꼬 뽀다, 꼬 까이, 꼬 탑)들은 보트 투어로 다녀오면 된다(P.622 참고).

라일레
Rai Leh ★★★★

라일레는 두 개의 해변으로 구분된다. 서쪽 해변이 모래가 곱고 수영에 적합하다. 인기를 반영하듯 아침부터 긴 꼬리 배가 수없이 들락거린다. 수심이 깊지 않고 잔잔한 파도가 이어진다. 오후가 되면 물이 많이 빠져서 수영하기는 불편하다. 대신 아름다운 일몰이 바다를 물들인다. 라일레 동쪽 해변은 맹그로브 숲과 진흙으로 뒤덮여 수영에 적합하지 않다. 썰물 때 도착한다면 볼품없는 해변을 목격하게 된다. 그렇다 해도 실망하지 말기를. 반대 방향으로 조금만 걸어가면 아름다운 해변이 당신을 반긴다.

전망대
View Point ★★★

라일레 동쪽 해변에서 아오 프라낭으로 넘어가는 길에 있다. 등산로가 설치된 게 아니고 밧줄을 잡고 800m 가량 절벽을 기어올라가야 한다. 경사가 심하므로 오르고 내릴 때 안전에 유의해야 한다. 특히 우기에는 미끄러지지 않도록 각별히 신경 써야 한다. 전망대에 오르면 두 개의 라일레 해변과 카르스트 지형이 시원스레 펼쳐진다. 전망대에서 반대편 방향으로 800m를 더 가면 석회암 사이에 형성된 라군 Lagoon이 나온다. 현지어로 싸 프라낭 Sa Phra Nang이라 불리는데, 프린세스 라군 Princess Lagoon이라는 뜻이다. 등산로 입구에서 45분 걸린다. 전망대 가는 길보다 더 험하다.

라일레 서쪽 해변

전망대에서 바라본 풍경

아오 프라낭
Ao Pra Nang ★★★★

반도 모양의 라일레 남쪽에 있는 해변이다. 곱고 하얀 모래해변으로 유명하다. 초일류 리조트인 라야와디 리조트가 해변과 접해 있다. 리조트를 제외하면 자연 그대로 방치된 해변으로 해수욕과 일광욕을 즐기기에 적합하다. 해변 끝에는 석회암 동굴인 탐 프라낭 Tham Phra Nang이 있다. 해변 앞의 꼬 룽녹 Ko Rung Nok 주변은 스노클링에 적합하다. 카약을 빌려 잔잔한 바다를 즐겨도 된다. 참고로 프라낭은 '숭배하는 여성'이라는 뜻이다. 이곳을 드나들던 어부들이 바다의 풍요를 관장하는 여인이 살았던 곳이라는 믿음 때문에 생긴 이름이다.

아오 똔싸이
Ao Tonsai(Tonsai Bay) ★★

라일레 서쪽 해변에서 북쪽에 있다. 바다에 의해 서로 단절되어 긴 꼬리 배를 타고 드나들어야 한다. 아오 똔싸이는 다른 해변에 상대적으로 처진다. 곱고 하얀 모래해변을 갖고 있으나 바위가 많고 조수간만의 차가 심해 수영에 적합지 않다. 덕분에(?) 저렴한 방갈로가 남아있다. 해변 안쪽의 정글에 있는 방갈로들은 세상과 단절된 느낌이 강하게 든다. 아오 똔싸이 내륙에서 이어진 산길을 넘어가면 라일레 동쪽 해변이 나온다. 물이 빠지는 오후가 되면 해안선의 바위를 통해 라일레 서쪽 해변까지 걸어 다닐 수 있다.

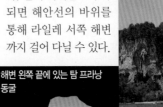
이오 똔싸이

해변 왼쪽 끝에 있는 탐 프라낭 동굴

아오 프라낭

아오 프라낭 앞쪽으로 보이는 꼬 룽녹 · 꼬 까이 섬

Activity
라일레의 즐길 거리

라일레 최대의 액티비티는 암벽 등반이다. 카르스트 지형이 만들어내는 직벽에 가까운 절벽들이 곳곳에 산재해 있다. 아오 프라낭과 아오 똔싸이까지 합치면 암벽 등반이 가능한 곳은 모두 700여 개로 암벽 높이는 18m부터 68m까지 다양하다. 세계적으로 알려진 암벽 등반 코스로 대부분의 여행사에서 암벽 등반 강습을 실시한다. 핫 록 클라이밍 스쿨 Hot Rock Climbing School(홈페이지 www.railayadventure. com), 킹 클라이머 King Climbers(홈페이지 www.king-climbers.com), 스파이더 락 클라이밍 Spider Rock Climbing(홈페이지 www.railayclimb.com)이 유명하다. 강습료는 반나절 코스 1,500B, 1일 코스 2,600B, 2일 코스 6,500B이다.

Restaurant

육지에서 멀리 떨어진 지형적인 문제로 다양한 음식이나 저렴한 식사를 기대해서는 안 된다. 라일레 서쪽 해변은 라일레 비치 카페 Railay Beach Cafe 옆 골목 안쪽의 워킹 스트리트 Walking Street에 레스토랑이 몰려있다. 섬 내륙으로 이어진 비포장 길을 따라 로컬 타이 푸드 Local Thai Food, 라일레 패밀리 Railay Family, 맹그로브 레스토랑 Mangrove Restaurant 등 비슷한 시설의 식당 10여 곳이 영업 중이다. 라일레 동쪽 해변은 조이 비치 바 Joy Beach Bar 주변에 식당이 몇 곳 있다. 해변 끝자락에 있는 테우레 Tew Lay는 한적한 바다 풍경을 감상하기 좋다.

Accommodation

라일레 호텔들도 태국 남부 해변들과 마찬가지로 고급화되고 있다. 아무래도 수영하기 적합한 라일레 서쪽 해변에 고급 숙소가 몰려 있다. 라일레 동쪽 해변에는 여행자 숙소 몇 개가 남아 있을 뿐이다. 비싸진 물가를 대신해 배낭여행자들은 아오 똔싸이 Ao TonSai(Tonsai Bay)에 터를 잡고 있다. 대부분의 숙소가 비수기인 5~10월까지 요금을 50% 이상 할인해 준다.

라일레 서쪽 해변 Rai Leh West(Railay West Beach)

샌드 시 리조트 ★★★☆
Sand Sea Resort

라일레 서쪽 해변의 대표적인 리조트다. 넓은 정원 부지를 중심으로 코티지와 방갈로들이 들어서 있다. 수영장을 갖춘 숙소로 모든 객실은 아침식사가 포함된다. 해변과 접한 것이 매력이지만, 전체적으로 시설에 비해 요금이 비싼 편이다.
Map P.628 전화 0-7581-9463~4 홈페이지 www. krabisandsea.com 요금 슈피리어 4,600B, 딜럭스 6,200B 가는 방법 라일레 서쪽 해변 중간에 있다.

라일레 베이 리조트 ★★★☆
Railay Bay Resort

라일레 서쪽 해변을 끼고 있는 큰 규모의 리조트다. 수영장을 갖추고 있으며 정원을 따라 방갈로가 배열해 있다. 딜럭스 더블, 코티지, 풀 빌라로 구분된다. 주변의 다른 숙소와 마찬가지로 성수기에 요금이 너무 올라 가격적인 매력이 떨어진다.
Map P.628 전화 0-7581-9401~3 홈페이지 www. krabi-railaybay.com 요금 딜럭스 코티지 5,200~6,300B 가는 방법 라일레 서쪽 해변 남쪽에 있다.

라일레 빌리지 리조트 ★★★★
Railay Village Resort

라일레 서쪽 해변에 있는 고급 리조트다. 해변과 접해 있으며 야외 수영장을 갖추고 있다. 복층 건물에 딜럭스 룸이 들어서 있으며 수영장을 바라보도록 설계했다. 객실은 44㎡ 크기로 널찍하며 정원과 어우러져 아늑하다.
Map P.628 전화 0-7581-9412~3 홈페이지 www. railayvillagekrabi.com 요금 딜럭스 5,600B 자쿠지 빌라 6,500~7,400B 가는 방법 라일레 서쪽 해변 중간에 있다.

라일레 동쪽 해변 Rai Leh East(Railay East Beach)

라일레 가든 뷰 리조트 ★★★
Railay Garden View Resort

이름은 리조트지만 선풍기 시설의 방갈로를 운영한다. 해변에서 멀리 떨어져 오가기 불편하지만 조용하다. 입구에서 나무 계단을 따라 올라가면 방갈로들이 울창한 숲 속에 둘러싸여 있다. 목재와 대나무를 이용해 만든 견고하고 넓은 방갈로들로 개인욕실이 딸려 있다. 침대에 모기장이 설치되어 있다. 비수기(5월~10월)에는 아침식사가 포함되지 않는다.

Map P.628 전화 08-5888-5143, 08-8767-0484 홈페이지 www.railaygardenview.com 요금 더블 1,550~1,950B(선풍기, 개인욕실, 아침식사) 가는 방법 라일레 동쪽 해변 끝자락에 있다. 해변 중심가에서 10~15분.

라일레 푸따완 리조트 ★★★☆
Railay Phutawan Resort

해변이 아니라 산 중턱에 있다. 대표적인 여행자 숙소에서 수영장을 갖춘 중급 리조트로 변모했다. 넓은 부지에 여러 개의 건물이 흩어져 있다. 에어컨 시설로 새롭게 단장해 깨끗하다. 해변에서 멀리 떨어져 있어 불편하지만 자체 조경이 뛰어나 운치 있다.

Map P.628 홈페이지 www.railayphutawan.com 요금 스탠더드 2,500~3,000B(에어컨, 개인욕실, TV, 냉장고, 아침식사) 슈피리어 3,500B 가는 방법 라일레 해변 북쪽에서 연결되는 언덕길을 따라 도보 10~15분.

선라이즈 트로피컬 리조트 ★★★★
Sunrise Tropical Resort

라일레 동쪽 해변에 있는 일급 리조트다. 복층으로 이루어진 일반 객실과 딜럭스에 해당하는 독립 빌라로 구분된다. 모두 에어컨 시설로 객실이 밝고 화사하다. 인테리어는 태국적인 감각으로 꾸몄다. 수영장을 보유하고 있다.

Map P.628 전화 0-7581-9418~20 홈페이지 www.sunrisetropical.com 요금 더블 3,000~3,900B(에어컨, 개인욕실, TV, 냉장고, 아침식사), 트로피컬 빌라 4,500~5,600B 가는 방법 라일레 동쪽 해변의 남쪽에 있다.

아바타 라일레 리조트 ★★★★
Avatar Railay Resort

3성급 호텔로 다른 곳보다 최근에 생겨서 비교적 시설이 좋다. 수영장을 사이에 두고 3층 건물이 마주 보고 있다. 모두 48개 객실을 보유하고 있으며, 부티크 스타일로 심플하게 꾸몄다. 참고로 1층 방은 테라스에서 수영장으로 직행할 수 있다.

Map P.628 전화 0-7581-8333, 08-63329-555 홈페이지 www.avatarrailay.com 요금 딜럭스 3,600~4,800B, 딜럭스 풀 억세스 4,800~6,000B, 풀 빌라 7,200~8,400B 가는 방법 라일레 동쪽 해변의 부응아타니 리조트 옆.

부응아타니 리조트 ★★★★
Bhu Nga Thani Resort

라일레 동쪽 해변 중심가에 위치해 있다. 근사한 야외 수영장을 갖춘 고급 리조트로 스파 시설을 함께 운영한다. 가장 작은 딜럭스 룸의 방 크기가 47㎡로 널찍하다. 개인 수영장을 갖춘 풀 빌라는 132㎡ 크기로 럭셔리하다. 리조트 앞으로 펼쳐진 해변은 수영하기에는 적합하지 않다.

Map P.628 전화 0-7581-9451~3 홈페이지 www.bhungathani.com 요금 딜럭스 6,800B, 풀 빌라 1만 4,500B 가는 방법 라일레 동쪽 해변 중간에 있다.

아오 프라낭 Ao Phra Nang

라야와디 리조트 ★★★★★
Rayavadee Resort

아오 프라낭을 독차지한 대형 리조트다. 호화스럽게 꾸민 단독 방갈로들은 복층 구조로 거실과 침실이 구분된다. 수영장과 레스토랑은 기본으로 럭셔리한 스파 시설까지 운영한다. 10헥타르에 이르는 호텔 부지는 호사스런 열대 정원처럼 꾸며져 있다. 투숙객들의 프리미엄을 높이기 위해 일반인들은 리조트 출입은 물론 부대시설 이용이 제한된다.

Map P.628 전화 0-7562-0740~3 홈페이지 www.rayavadee.com 요금 트윈 2만 2,300B(딜럭스 파빌리온), 트윈 3만 7,000B(스파 파빌리온) 가는 방법 아오 프라낭 해변에 걸쳐 있다.

아오 똔싸이 Ao Tonsai(Tonsai Bay)

포레스트 리조트(베이스캠프 똔싸이) ★★
The Forest Resort(Base Camp Tonsai)

해변에서 멀리 떨어진 숙소다. 목조 방갈로들이 정글 속에 흩어져 있다. 선풍기 시설로 찬물 샤워만 가능하다. 도미토리부터 더블 데커까지 방갈로 시설에 따라 6가지로 구분된다. 암벽 등반 강습을 운영하는 베이스캠프 똔싸이에서 운영한다.

Map P.628 전화 08-1149-9745 홈페이지 www.basecamptonsai.com 요금 도미토리 250B(선풍기, 공동욕실), 더블 600~1,000B(선풍기, 개인욕실), 더블 데커 1,400B(선풍기, 개인욕실) 가는 방법 해변에서 북쪽으로 500m.

드림 밸리 리조트 ★★★☆
Dream Valley Resort

아오 똔싸이에서 흔치 않은 수영장을 갖춘 숙소다. 수영장 주변으로 복층 건물이 들어서 있고, 숲 안쪽으로는 목조 방갈로가 배치되어 있다. 타일이 깔린 객실은 LCD TV와 냉장고 등 일반적인 호텔 구조로 되어 있다.

Map P.628 전화 0-7581-9810~2 홈페이지 www.dreamvalleykrabi.com 요금 스탠더드 더블 1,600B, 슈피리어 더블 2,000~2,500B, 방갈로 1,800B 가는 방법 해변 뒤쪽의 오솔길 중간에 있다. 해변까지 도보 5분.

똔싸이 베이 리조트 ★★★★
Tonsai Bay Resort

아오 똔싸이에서 시설이 좋은 호텔 중 한 곳이다. 복층으로 된 호텔 건물과 독립적으로 만들어진 빌라(방갈로) 형태의 숙소로 구분된다. 정원을 끼고 있는 단독 빌라가 넓고 여유롭다. 호텔에 머무르며 암벽 등반을 포함한 다양한 액티비티를 즐길 수 있다.

Map P.628 전화 06-1565-1792 요금 더블 1,800~2,500B, 빌라 3,200~4,000B(에어컨, 개인욕실, TV, 냉장고, 아침식사) 가는 방법 아오 똔싸이 해변 서쪽에 있다.

티니디 하이드어웨이 ★★★★☆
Tinidee Hideaway

해변 중간에 있는 3성급 호텔로 수영장을 갖추고 있다. 넓은 잔디 정원과 야자수 나무가 바다 풍경과 어우러진다. 기둥을 세워 만든 고상식 가옥 형태의 숙소로 발코니도 딸려 있어 여유롭다.

Map P.628 전화 0-7562-8042 홈페이지 www.tinideekrabiresort.com 요금 발코니 빌라 3,200~4,200B(에어컨, 개인욕실, TV, 냉장고, 아침식사) 가는 방법 아오 똔싸이 해변에 도착하면 정면에 보인다.

Ko Phi Phi

꼬 피피 เกาะพีพี

    1990년대까지만 해도 많은 사람들이 꼬 피피의 아름다움을 찬양했다. 태국 남부의 파라다이스로 여겨질 정도로 섬과 해변은 완벽함을 갖추었다. 석회암 절벽과 산으로 이루어진 섬 중간은 두 개의 해안선이 길게 이어진다. 둥글게 휘어진 만(灣)에는 하얀 모래사장이 옥빛 바다와 어울린다. 파도는 거의 없고 잔잔한 물속에는 산호들과 노란 줄무늬의 열대어들이 들여다보인다. 보트를 타고 꼬 피피로 들어가는 동안 눈에 보이는 풍경만으로도 많은 이들의 가슴을 뛰게 했을 정도였다.

    관광산업이 거대해지면서 꼬 피피는 무분별하게 개발되기 시작했다. 2000년에 개봉된 영화 〈비치 The Beach〉는 개발의 정점을 찍는 계기가 되었다. 자동차도 다니지 못하는 작은 섬은 빈 공간이 없을 정도로 포화상태에 이르렀다. 2004년에 발생한 쓰나미로 모든 것을 잃었다. 2,000여 명의 생명뿐만 아니라 70%에 달하는 상업시설이 모조리 파도와 함께 사라졌다. 시간은 다시 흘러 꼬 피피는 옛 모습을 완벽하게 회복한 상태. 섬 내부는 여전히 어수선하지만 환상적인 자연만은 그대로다. 달라진 게 있다면 예전보다 더 북적대고 물가가 비싸졌다는 것.

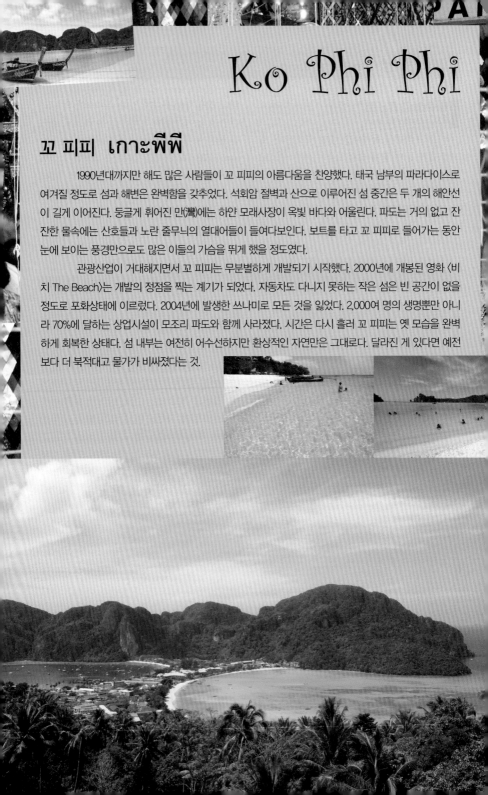

INFORMATION 여행에 필요한 정보

입장료

섬의 관리와 국립공원 관리를 위해 입장료를 받는다. 꼬 피피 돈은 선착장에서, 꼬피피 레는 아오 마야(마야 베이)에서 입장료를 내면 된다.

입장료

꼬피피 돈 20B

꼬 피피 레(마야 베이) 400B

은행 · 환전

공식 은행은 두 개가 있다. 선착장 입구의 싸얌 상업 은행(SCB)과 상가 중심가에 위치한 끄룽씨 은행 Krungsri Bank이다. 은행 이외에도 ATM은 여러 곳에 설치되어 있다.

편의점

육지와 달리 꼬 피피에서 편의점은 매우 유용하다. 어딜 가나 비싼 물가에 시달려야 하는 배낭여행자들에게 더없이 반가운 존재다. 인기를 증명하듯 작은 섬에 세븐일레븐이 선착장 주변과 상가 중심가에 세 곳 영업하고 있다. 하지만 섬 자체의 전기 요금이 워낙 비싸기 때문에 육지에 비해 비싼 가격을 받는다.

여행 시기

일반적으로 건기에 해당하는 11~4월이 여행 시기다. 청명한 하늘과 파란 바다가 매일 펼쳐진다. 크리스마스와 연말에는 섬 전체에 빈 방이 없을 확률이 높다. 이때는 경찰서가 임시 대피소 역할을 해준다.

ACCESS 꼬 피피 가는 방법

끄라비 타운에서 42km, 푸껫에서 48km, 꼬 란따에서 31km 떨어져 있다. 섬의 특성상 보트를 타고 드나들어야 한다. 끄라비와 푸껫은 연중 매일 2~4회 운행되는 정기 노선이다. 11~5월에는 꼬 란따와 아오 낭 노선이 추가 운행된다. 꼬 피피→푸껫 노선은 스피드 보트도 운행되므로 시간과 예산에 따라 선호하는 배편을 예약하면 된다.

비수기에는 무조건 끄라비 타운에서 3km 떨어진 크롱 찌랏 선착장(타르아 크롱 찌랏) Khlong Chilat Pier까지 간 다음, 선착장에서 썽태우로 갈아타야 한다. 푸껫으로 갈 경우 랏싸다 선착장(타르아 랏싸다) Ratsada Pier에서 미니밴을 타고 푸껫 타운 또는 주요 해변까지 가면 된다.

꼬 피피 선착장은 아오 똔싸이 해변에 있다. 보트 티켓은 선착장이 아니더라도 여행사와 게스트하우스에서 예매가 가능하다. 보트 회사마다 출발 시간과 요금이 다르다.

호텔과 상업시설로 가득하다

꼬 피피 선착장

꼬 피피에서 출발하는 보트

도착지	출발 시간	요금	소요시간
푸껫	09:00, 11:00, 14:30, 15:30	600B(스피드 보트 850B)	1시간 30분
끄라비	09:00, 10:30, 13:30, 15:30	500B(스피드 보트 1,000B)	1시간 30분
아오 낭	15:30	500B(스피드 보트 1,000B)	1시간 30분
꼬 란따	11:30, 15:00	550B(스피드 보트 700B)	1시간 30분

TRANSPORTATION 시내 교통

섬 내부는 차량과 오토바이 운행이 금지되어 있다. 걸어서 다니는 방법밖에 없다. 선착장에서 상가를 지나 전망대 입구의 숙소까지 걸어서 10~15분 걸린다. 아오 똔싸이에서 떨어져 있는 핫 야오(롱 비치)는 선착장에서 수시로 출발하는 긴 꼬리 배를 이용한다. 편도 요금은 1인당 150~200B이다. 아오 똔싸이에서 오른쪽으로 해변을 따라 핫 야오까지 걸어가면 30분 정도 걸린다. 핫 란띠까지는 전망대를 지나서 산길을 걸어가야 한다. 전망대에서부터 20분 걸린다.

Attraction 꼬 피피의 볼거리

꼬 피피는 두 개의 섬으로 구분된다. 그중 사람이 사는 꼬 피피 돈 Ko Phi Phi Don에 모든 시설이 집중되어 있다. 아오 똔싸이, 아오 로달람, 핫 야오(롱 비치) 같은 유명한 해변이 꼬 피피 돈에 몰려 있다. 무인도인 꼬 피피 레 Ko Phi Phi Leh는 영화 〈비치〉의 촬영지로 유명하다. 섬 전체가 해상 국립공원으로 묶여 있으나 보존이라는 말이 무색할 정도로 관광객들로 넘쳐난다.

아오 똔싸이 ★★
Ao Tonsai

꼬 피피에 도착해서 가장 먼저 만나는 해변이다. 정박해 있는 보트로 인해 약간 어수선하다. 상업 중심지로 도로를 따라 레스토랑, 편의점, 여행사, 다이빙 숍이 밀집해 있다. 저녁에는 해변의 유명한 클럽에서 파티가 열린다. 수영이 가능한 곳은 해변 서쪽 끝이다. 석회암 기암절벽과 어울린다.

아오 로달람 ★★★
Ao Lo Dalam

아오 똔싸이 반대쪽 해변이다. 두 해변은 폭 300m의 상가를 사이에 두고 나뉘어 있다. 둥근 만(灣)을 따라 기다란 모래해변이 이어진다. 해변 양옆을 산이 감싸고 있는 형상으로 잔잔하고 수심 낮은 바다가 길게 펼쳐진다. 2004년의 쓰나미로 인해 해변의 모든 시설이 피해를 입었다. 현재는 개발을 제한한 상태로 호텔이 아니라 비치파라솔이 해변에 길게 늘어 있다. 해변 동쪽은 바 bar들이 몰려 있다.

아오 똔싸이

아오 로달람

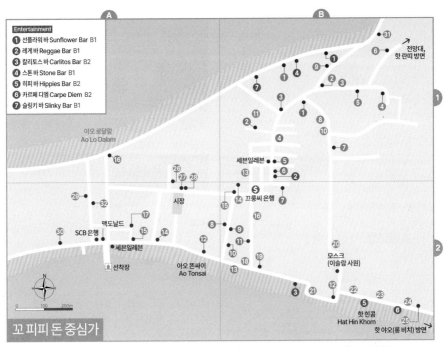

Entertainment
1 선플라워 바 Sunflower Bar B1
2 레게 바 Reggae Bar B1
3 칼리토스 바 Carlitos Bar B2
4 스톤 바 Stone Bar B1
5 히피 바 Hippies Bar B2
6 카르페 디엠 Carpe Diem B2
7 슬링키 바 Slinky Bar B1

아오 로달람
Ao Lo Dalam

세븐일레븐

시장

끄룽씨 은행

맥도날드
SCB 은행
세븐일레븐

선착장

아오 똔싸이
Ao Tonsai

모스크
(이슬람 사원)

핫 힌콤
Hat Hin Khom

핫 야오(롱 비치) 방면

전망대,
핫 란띠 방면

꼬 피피 돈 중심가

Restaurant
1 빠킷 Pa-Jit B1
2 온리 누들스 B1
3 갈릭 1992 레스토랑 B1
   Garlic 1992 Restaurant
4 카푸 라떼 Capu Latte B1
5 마담 레스트로 Madame Restro B1
6 브레이커스 바 & 그릴 B1
   Breakers Bar & Grill
7 파파야 레스토랑 Papaya Restaurant B2
8 Efe(지중해 음식점) B2
9 ACQUA Restaurant B2
10 아톰 레스토 Atom Resto B2
11 코스믹 레스토랑 Cosmic B2
12 Patcharee Bakery A2
13 똔싸이 시푸드 Tonsai Seafood B2
14 이탈리아노 Italiano A2

15 The Mango Garden A2
16 Rom Mai A1

Hotel
1 Ibiza House B1
2 피피 카시따 PP Casita B1
3 피타롬 피피 리조트 B1
   Phitharom PP Resort
4 가든 홈 방갈로 B1
   Garden Home Bungalows
5 피피 드림 게스트하우스 B1
   Phi Phi Dream Guest House
6 Phi Phi Arboreal Resort B1
7 Phi Phi Chang Grand Resort B1
8 제이 제이 방갈로 J. J. Bungalows B1
9 Voyagers Hostel B1
10 추닛 하우스 Chunut House B1

11 피피 찰리 비치 리조트 B1
   PP Charlie Beach Resort
12 Phi Phi Rimlay Cottage B2
13 파이럿 하우스 Pirate House B1
14 팜 트리 리조트 Palm Tree Resort B2
15 빤마니 호텔 Panmanee Hotel B2
16 P2 Wood Loft B2
17 피피 호텔 Phi Phi Hotel A2
18 반얀 빌라 Banyan Villa B2
19 차오 꼬 피피 Chaokoh Phi Phi B2
20 집시 시 뷰 리조트 B2
   Gypsy Sea View Resort
21 피피 돈 추킷 리조트 B2
   Phi Phi Don Chukit Resort
22 피피 안다만 라가시 B2
   Phi Phi Andaman Legacy
23 피피 빌라 리조트 B2
   Phi Phi Villa Resort

24 안다만 비치 리조트 B2
   Andaman Beach Resort
25 베이 뷰 리조트 B2
   Bay View Resort
26 제이제이 레지던스 A1
   JJ Residence
27 아이보리 Ivory A2
28 피피 인슐라 PP Insula A2
29 피피 하버 뷰 호텔 A2
   Phi Phi Harbour View Hotel
30 Phi Phi Island Cabana Hotel B2
31 Phi Phi View Point Resort B1
32 The Pier 519 Hostel A2

전망대
View Point ★★★

애써 찾아가야 하는 꼬 피피에서 유일한 볼거리다. 상가를 지나면 전망대로 오르는 가파른 계단이 있다. 입구에서 20~30분 걸어 올라가야 한다. 전망대(입장료 50B)는 순서대로 뷰포인트 1, 뷰포인트 2, 뷰포인트 3으로 구분된다. 해발 186m의 뷰포인트 2가 가장 전망이 좋다. 아오 똔싸이와 아오 로달람 두 개 해변

전망대

전망대

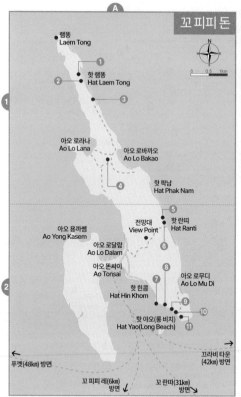

꼬 피피 돈

N

0   0.5   1km

램뚱
Laem Tong

핫 램뚱
Hat Laem Tong

아오 로라나
Ao Lo Lana

아오 로바까오
Ao Lo Bakao

핫 팍남
Hat Phak Nam

아오 용까쎔
Ao Yong Kasem

전망대
View Point

핫 란띠
Hat Ranti

아오 로달람
Ao Lo Dalam

아오 똔싸이
Ao Tonsai

핫 힌콤
Hat Hin Khom

아오 로무디
Ao Lo Mu Di

핫 야오(롱 비치)
Hat Yao(Long Beach)

푸껫(48km) 방면

끄라비 타운
(42km) 방면

꼬 피피 레(6km)
방면

꼬 란따(31km)
방면

Hotel

1 지볼라 Zeavola A1
2 피피 내추럴 리조트 A1
  Phi Phi Natural Resort
3 홀리데이 인 Holiday Inn A1
4 피피 아일랜드 빌리지 A1
  Phi Phi Island Village
5 더 코브 피피 The Cove Phi Phi A2
6 란띠 클리프 비치 리조트 A2
  Rantee Cliff Beach Resort

7 바이킹 네이처 리조트 A2
  Viking Nature Resort
8 파라다이스 펄 방갈로 A2
  Paradise Pearl Bungalow
9 피피 블루 스카이 리조트 A2
  P.P. Blue Sky Resort
10 Paradise Resort A2
11 피피 더 비치 리조트 A2
  Phi Phi The Beach Resort

아오 마야   ©태국 관광청

핫 야오(롱 비치)

스노클링에도 더없이 좋다. 최근 들어 중급 리조트들이 들어서면서 개발의 흐름을 타기 시작했다. 점심시간이면 아오 똔싸이에서 긴 꼬리 배를 타고 몰려온 사람들로 인해 북적댄다.

꼬 피피 레(마야 베이) ★★★☆
Ko Phi Phi Leh(Maya Bay)

꼬 피피 돈에서 남쪽으로 6km 떨어진 무인도다. 크기는 꼬 피피 돈의 4분의 1에 불과하다. 해상 국립공원(입장료 400B)으로 묶여 개발도 철저히 제한된다. 하지만 아름다운 절경을 간직한 아오 마야(마야 베이) Ao Maya (Maya Bay)를 사람들이 가만히 내버려 둘 리가 만무하다. 카르스트 지형이 감싸는 둥근 만에 형성된 잔잔하고 파란 바다가 일품이다. 대니 보일 감독과 레오나르도 디카프리오 주연의 영화 〈비치 The Beach〉가 개봉된 이후 인기는 최고조에 달했다. 대형 보트를 이용해 푸껫에서 실어 나르는 1일 투어 단체 관광객까지 합세해 무인도라는 말이 무색할 정도로 관광객들로 붐빈다.

마이 베이에는 보트가 정박할 수 없어, 별도의 선착장에 내려서 해변까지 걸어가야 한다. 해변에서 수영이 금지되며 사진 촬영만

을 포함해 꼬 피피 전경이 내려다보인다. 전망대 옆의 작은 상점에서 음료와 과일 주스, 커피를 판매한다. 뷰포인트 2를 지나면 뷰포인트 3과 핫 란띠로 넘어가는 산길이 이어진다.

핫 야오(롱 비치) ★★★☆
Hat Yao(Long Beach)

기다란 모래해변으로 인해 롱 비치로 알려져 있다. 아오 똔싸이와 전혀 다른 한적한 열대 섬의 풍경이 펼쳐진다. 해변은 수영에 적합하고, 바다로 20m만 나가면 산호가 가득해

가능하다. 투어에 참여할 경우 관련 내용을 미리 확인하자. 관광 산업으로 인한 생태계 파괴를 막기 위해 일정한 기간을 정해 해변을 폐쇄한다. 보통 비수기에 해당하는 8월~9월에 입장을 금지한다.

바다인지 석호 Lagoon인지 가늠하기 힘든 아오 피레 Ao Phi Leh도 긴 꼬리 배가 쉼없이 드나든다. 터키색으로 찬란하게 빛나는 잔잔한 파도 사이로 점점이 산호가 들여다보인다. 아오 피레와 가까운 바이킹 동굴(탐 와이낑)

은 제비집 채취 장소로 유명하다.

꼬 피피 레는 아오 똔싸이에서 긴 꼬리 배로 20분 거리에 있다. 정기적으로 운행되는 보트는 없다. 긴 꼬리 배의 대여료는 반나절(4시간 기준)에 2,500B, 하루(6시간 기준)에 3,500B이다. 단체 투어가 밀려드는 점심시간을 피해 아침 일찍 방문하는 게 좋다. 개별 여행자라면 여행사에서 운영하는 스노클링 투어를 이용하면 된다. 국립공원 입장료는 포함되지 않는다.

Activity 꼬 피피의 즐길 거리

꼬 피피 섬의 대표적인 즐길 거리는 스노클링과 스쿠버다이빙이다. 스노클링 투어는 반나절 일정으로 진행되는데, 꼬 피피 레(마야 베이)는 물론 꼬 파이 Ko Phai(Bamboo Island)까지 모두 다녀올 수 있다. 투어 요금은 롱테일 보트 이용할 경우 700~1,000B(스피드 보트 이용 1,600B)이다. 꼬 따오(P.500)와 더불어 유명한 다이빙 포인트가 섬 주변에 산재해 있어 스쿠버다이빙도 인기 있다. 오픈 워터 Open Water 과정이 1만 3,800B이며, 자격증을 따지 않고도 가능한 체험 다이빙은

3,400B이다. 한국인 강사가 있는 곳은 팅하이 스쿠버 다이빙 Ting Hai Scuba Diving(홈페이지 www.facebook.comFreeDivingandScubaDivingPhiPhi)이다.

Restaurant 꼬 피피의 레스토랑

▌온리 누들스 ★★★☆
Only Noodles

꼬 피피에서 외국 여행자들이 즐겨가는 팟타이 식당이다. 간판에 팟타이 온 피피 Pad Thai On Phi Phi라는 부제목이 붙어 있다. 팟타이에 들어가는 음식 재료(달걀, 닭고기, 새우, 오징어, 시푸드)와 면 종류(팟타이 누들, 에그 누들, 글라스 누들, 빅 누들)를 선택해서 주문하면 된다.

Map P.637-B1 영업 10:30~22:30 메뉴 영어, 태국어, 중국어 예산 80~150B 가는 방법 카푸 라테(카페) Capu Latte 맞은편의 상가 골목 안쪽에 있다.

▌파파야 레스토랑 ★★★☆
Papaya Restaurant

꼬 피피의 대표적인 여행자 레스토랑이다. 다른 곳과 달리 태국 음식에 치중한다. 쌀국수, 볶음밥, 팟타이, 카레 같은 기본적인 태국

요리를 선보인다. 무엇보다 양이 많아서 좋다.

Map P.637-B2 영업 10:00~22:00 메뉴 영어, 태국어 예산 150~350B 가는 방법 상가 중심가의 끄룽씨 은행 다음 골목에서 오른쪽으로 50m 정도 간다. 레게 바 옆 골목 안쪽.

갈릭 1992 레스토랑 ★★★
Garlic 1992 Restaurant

오랫동안 여행자들의 벗이 되어준 레스토랑이다. 태국 음식 위주로 요리하지만 샌드위치 같은 메뉴도 있다. 해산물 요리는 물론 생선 스테이크도 요리한다.

Map P.637-B1 영업 10:00~23:00 메뉴 영어, 태국어 예산 120~250B 가는 방법 상가 중심가에 있는 끄룽씨 은행을 지나서 200m. 아오 로달람으로 향하는 삼거리 코너에 있다.

빠찟 ★★★
Pa-Jit

섬 내륙의 도로 변에 있는 평범한 태국 음식점이다. 물가가 비싼 꼬 피피에서 상대적으로 저렴한 가격에 식사가 가능하다. 쌀국수, 쏨땀, 팟타이, 볶음밥, 덮밥, 똠얌꿍, 태국 카레, 생선 요리까지 다양한 음식을 요리한다.

Map P.637-B1 영업 10:00~24:00 메뉴 영어, 태국어 단품 메뉴 100~350B 가는 방법 섬 내륙 도로 끝자락 삼거리에 있는 록 레스토랑 The Rock Restaurant 지나서 오른쪽에 있다.

팟차리 베이커리 ★★★☆
Patcharee Bakery

외국 여행자들이 즐겨 찾는 카페를 겸한 베이커리. 서양식 아침식사와 브런치를 메인으로 요리한다. 스무디 볼과 고기를 넣지 않은 비건 음식도 있다. 선착장과 가까워 오다가다 들리기 좋다. 같은 골목에 있던 경쟁 업소인 피피 베이커리가 문을 닫은 이후에 별다른 경쟁자가 없는 상태다.

Map P.637-A2 영업 08:00~17:00 메뉴 영어 예산

150~335B 가는 방법 선착장에서 섬 안쪽으로 들어가는 골목을 따라 150m 떨어져 있다.

아톰 레스토 ★★★★
Atom Resto

에어컨 시설의 깔끔한 이탈리안 레스토랑이다. 피자와 파스타를 메인으로 요리한다. 피자 종류만 25가지에 달한다. 기본적인 태국 음식도 함께 요리한다. 고만고만한 태국 음식점에 질렸다면 가볼만하다. 인기 레스토랑으로 저녁 시간에는 붐비는 편이다.

Map P.637-B2 전화 09-5241-9366 홈페이지 www.facebook.com/atomrestophiphi 영업 09:00~22:30 메뉴 영어 예산 240~380B 가는 방법 피피 반얀 빌라 옆 골목에 있다.

망고 가든 ★★★☆
The Mango Garden

도시에 있을법한 에어컨 시설의 디저트 카페. 망고와 와플, 찰밥을 이용한 달달한 디저트 메뉴가 주를 이룬다. 토스트와 오믈렛 위주의 브런치도 있다. 시원한 생과일 스무디를 즐기며 더위를 피하기 좋다.

Map P.637-A2 전화 09-5250-3954 홈페이지 www.facebook.com/themangogarden 영업 10:00~22:00 메뉴 영어 예산 195~345B 가는 방법 선착장 앞 세븐일레븐에서 오른쪽으로 50m.

에페 ★★★☆
Efe Mediterranean Cuisine

외국 관광객에 인기 있는 터키·지중해 음식점. 케밥 Kebab, 카부르마 Kavurma, 터키 피자 Traditional Turkish Pizza, 샥슈카 Saksuka, 파히타 Fajita, 후무스 Hummus, 팔라펠 Falafel 등을 요리한다.

Map P.637-B2 전화 09-5150-4434 홈페이지 www.facebook.com/eferestaurant 영업 11:30~22:00(휴무 월요일) 메뉴 영어 예산 260~740B 가는 방법 피피 반얀 빌라 옆 골목에 있다.

NightLife

꼬 팡안과 더불어 태국의 대표적인 파티 아일랜드다. 대형 클럽보다는 해변의 바를 중심으로 나이트라이프가 이루어진다. 아오 똔싸이에서는 칼리토스 바 Carlitos Bar, 레게 바 Reggae Bar가 오랜 역사만큼이나 변함없는 인기를 누리고 있다. 아로 로달람은 선플라워 바 Sunflower Bar, 스톤 바 Stone's Bar, 슬링키 바 Slinky Bar가 유명하다. 핫 힌콤에 머문다면 히피 바 Hippies Bar와 카르페 디엠 Carpe Diem을 가면 된다. 낮에는 한적한 해변의 카페 분위기를 풍기다가, 저녁이 되면 불쇼를 선보이거나 파티를 개최해 사람들을 끌어 모은다. 꼬 피피에서 인기 있는 칵테일은 다름 아닌 양동이 칵테일 Whisky Bucket(P.520 참고)이다. 위스키를 섞은 폭탄주이기 때문에 과음하지 않도록 주의해야 한다.

Accommodation

작은 섬이지만 숙소는 지천에 널려 있다. 시설에 비해 요금이 비싼 것이 특징이다. 방 값이 아무리 비싸도 11월부터 1월까지는 방 구하기 힘든 편이다. 소개한 숙소들은 성수기 요금을 기본으로 삼았다. 비수기 (5~10월)에는 책정된 요금에서 40~50% 정도 할인된다.

해변

아오 똔싸이 & 아오 로달람 Ao Tonsai & Ao Lo Dalam

고급 호텔들은 해변을 끼고 있다. 작은 섬에 숙소들이 촘촘히 붙어 있기 때문에 수영장을 갖춘 대형 리조트는 많지 않다. 저렴한 숙소는 두 해변을 연결하는 상가 지역을 지나 전망대 입구에 몰려 있다. 해변에서 멀리 떨어질수록 방값이 싸진다. 게스트하우스라고 해도 성수기와 비수기 구분해 방값을 받는다. 개인욕실이 딸린 선풍기 방은 성수기에 800B, 에어컨 방은 성수기에 1,200B 이상을 요구한다. 전체적으로 요금에 비해 객실 시설이 많이 떨어진다.

▌피피 드림 게스트하우스 ★★☆
▌Phi Phi Dream Guest House

전망대 입구에 있는 저렴한 게스트하우스. 복층 건물로 객실이 다닥다닥 붙어 있어 방음은 취약하다. 침대와 TV, 안전금고, 자그마한 욕실을 갖춘 기본적인 시설이다. 시설에 비해 방 값은 비싸지만, 꼬 피피의 비싼 물가를 감안하면 상대적으로 나쁘지 않다. 주변에 있는 하모니 하우스 Harmony House(www. harmonyhousephiphi.com)와 코코 게스트하우스 Coco's Guest House(www.ppcocos. com)도 시설과 요금이 비슷하다.
Map P.637-B1 요금 더블 600~800B(선풍기, 개인욕실), 더블 800~1,000B(에어컨, 개인욕실) 가는 방법 전망대로 올라가는 계단 입구에 있다.

▌피어 519 호스텔 ★★★☆
▌The Pier 519 Hostel

선착장 바로 앞에 있는 호스텔이다. 견고한 콘크리트 건물로 신축한 건물이다. 싸고 허름한 호스텔에 비해 시설이 좋은 편. 도미토리는 에어컨 시설로 2층 침대가 연속해서 놓여 있다. 침대마다 커튼과 개인사물함을 갖추고 있다. 샤워는 공동욕실을 사용한다.
Map P.637-A2 전화 09-3598-1095 요금 도미토리 500B(에어컨, 공동욕실) 가는 방법 피피 하버 뷰 호텔 맞은편. 선착장 앞으로 100m 떨어져 있다.

추낫 하우스 ★★★
Chunut House

상가에서 멀찌감치 떨어진 언덕에 있다. 견고한 목조 방갈로들로 아기자기하게 잘 꾸몄다. 복층 규모의 콘크리트 건물을 신축하면서 수영장도 만들어 시설을 업그레이드했다. 우거진 숲속에 있어 그늘도 많고, 술집들로부터 떨어져 조용하다.

Map P.637-B1 전화 0-7560-1227 홈페이지 www.chunuthouse.com 요금 더블 1,800~2,600B(에어컨, 개인욕실, TV, 냉장고) 가는 방법 상가 끝자락에서 핫 힌콤으로 넘어가는 삼거리 안쪽으로 300m 떨어져 있다.

빤마니 호텔 ★★★☆
Panmanee Hotel

재래시장 골목 안쪽에 있는 기본적인 시설의 호텔이다. 선착장과 가깝고 가격이 적당해서 인기 있다. 객실 구성은 큰 차이가 없고 더블 룸과 트윈 룸으로 구분된다. 방갈로에 비해 깔끔한 것이 장점이다. 저렴한 호텔이라 특별한 부대시설은 없다.

Map P.637-A2 전화 0-7581-9379 홈페이지 www.panmaneehotel.com 요금 더블 1,500~1,900B(에어컨, 개인욕실, TV, 냉장고) 가는 방법 선착장에서 200m 떨어진 재래시장 골목 안쪽에 있다.

P2 우드 로프트 ★★★★
P2 Wood Loft

섬 중심가에 있는 소규모 호텔이다. 견고한 콘크리트 건물로 객실은 우드 톤으로 꾸몄다. 객실과 욕실은 크지 않다. 옥상 휴식 공간에는 해먹이 걸려 있다. 수영장은 없다.

Map P.637-B2 전화 08-8634-7912 홈페이지 www.facebook.com/P2WoodLoft 요금 더블 2,200~2,500B(에어컨, 개인욕실, TV, 냉장고) 가는 방법 해변에서 전망대로 넘어가는 상가 중심가에 있다.

피피 카시타 ★★★☆
P.P. Casita

아오 로달람에서 100m 떨어진 중급 호텔이다. 여행자 숙소가 밀집한 전망대 입구와 가깝다. 해변으로 가다 보면 수영장 때문에 금방 눈에 띈다. 넓은 부지에 86채의 방갈로와 36개의 일반객실을 운영한다. 엑스트라 베드를 추가할 수 없어서 모든 방은 2명 이상 숙박할 수 없다.

Map P.637-B1 전화 0-7560-1214~5 홈페이지 www.ppcasita.com 요금 더블 2,600~4,500B(에어컨, 개인욕실, TV, 냉장고, 아침식사) 가는 방법 상가를 지나서 전망대로 향하는 길에 있다. 아오 로달람까지 도보 3분, 아오 똔싸이까지 도보 10분.

피피 인술라 ★★★☆
PP Insula

섬 내륙의 중심가에 있다. 좋은 전망이나 수영장 시설은 없지만 콘크리트 건물로 깨끗하게 관리되고 있다. 에어컨과 TV, 냉장고, 안전금고, 작은 발코니를 갖춘 중급 호텔이다. 요금은 동일하며 트윈 룸과 더블 룸 중에 하나를 선택하면 된다. 청결 유지를 위해 건물을 드나들 때는 신발을 벗어야 하며, 객실 청소도 매일 해준다.

Map P.637-A2 전화 0-7560-1205 홈페이지 www.ppinsula.com 요금 더블 1,700~2,500B(에어컨, 개인욕실, TV, 냉장고) 가는 방법 시장 옆 골목에 있는 세븐일레븐과 아이보리(호텔) 사이에 있다.

아이보리 ★★★
Ivory

섬 내부의 상가 밀집 지역에 있다. 도시에서 볼 수 있는 평범한 숙소다. 견고한 콘크리트 건물로 무난한 객실을 운영한다. 객실 크기는 작지만 타일이 깔려 있어 깨끗하다. 모두 10개 객실을 운영한다. 저렴한 에어컨 방에는 냉장고가 없다.

Map P.637-A2 전화 0-7560-1149 홈페이지 www.ivoryphiphi.com 요금 더블 1,750~2,400B(에어컨, 개인욕실, TV, 냉장고) 가는 방법 시장 옆 골목과 인접한 피피 인술라 PP Insula(호텔) 옆에 있다.

피피 호텔
Phi Phi Hotel ★★★

선착장에 내려서 섬으로 들어가다 보면 눈에 가장 잘 띄는 위치에 있다. 높다란 건물의 중급 호텔로 작은 수영장을 함께 운영한다. 높은 층의 딜럭스 룸은 전망이 좋다.

Map P.637-B2 전화 0-7560-1023, 08-1892-6242 홈페이지 www.phiphihotelgroup.com 요금 슈피리어 3,000~3,800B, 시 뷰 4,300~5,200B 가는 방법 선착장 앞 세븐일레븐에서 오른쪽으로 50m 이동하면 왼쪽으로 보이는 골목의 안쪽에 있다.

팜 트리 리조트
Palm Tree Resort ★★★

피피 호텔에서 운영하는 고급 호텔이다. 중앙에 수영장을 두고 3층 건물이 들어서 있다. 현대적인 설비가 갖추어진 65개의 객실을 운영한다. 수영장 쪽으로 발코니가 딸려 있다. 1층은 풀 억세스 룸으로 객실에서 수영장으로 직행할 수 있다.

Map P.637-B1 전화 0-7560-1023 홈페이지 www.pppalmtree.com 요금 트윈 4,100~4,900B(에어컨, 개인욕실, TV, 냉장고, 아침식사) 가는 방법 상가 중심가의 끄룽씨 은행 왼쪽 골목으로 30m 들어간다.

피피 하버 뷰 호텔
Phi Phi Harbour View Hotel ★★★☆

비교적 최근에 오픈한 호텔이라 깨끗하다. 선착장과 가깝고 아오 로달람 해변과 접해 있어 위치가 좋다. 수영장을 사이에 두고 두 동의 건물이 마주보고 있으며, 객실 위치에 따라 바다가 보이기도 한다. 1층 객실은 수영장으로 직행할 수 있는 풀 액세스 룸이며, 프라이버시가 신경 쓰인다면 2·3층에 있는 방이 적합하다.

Map P.637-A2 전화 0-7560-1314, 0-7560-1316 홈페이지 www.phiphi-harbourview.com 요금 더블 5,400~6,600B(에어컨, 개인욕실, TV, 냉장고, 아침식사) 가는 방법 선착장 앞의 맥도널드와 SCB 은행 옆에 있다.

피피 아일랜드 카바나 호텔
Phi Phi Island Cabana Hotel ★★★★

두 개의 해변에 걸쳐 있는 대형 호텔이다. 콘크리트 빌딩이 여느 리조트와 선명하게 대비된다. 호텔 로비는 선착장과 가까운 아오 똔싸이 해변 쪽에 있고, 야외 수영장은 건물 뒤편인 아오 로달람 해변과 접해 있다. 오래된 호텔이라 트렌디한 느낌은 없다. 모두 162개 객실을 운영한다. 선착장과 가까워 편리하다. 가격 대비 시설은 떨어진다.

Map P.637-A2 전화 0-7560-1170~7 홈페이지 www.phiphi-cabana.com 요금 딜럭스 4,600~7,000B 가는 방법 선착장 앞의 맥도널드를 바라보고 왼쪽으로 150m. 피피 하버 뷰 호텔 옆에 있다.

해변

핫 힌콤 Hat Hin Khom(Hin Khom Beach)

아오 똔싸이에서 오른쪽의 나지막한 언덕을 넘으면 나오는 작은 해변이다. 아오 똔싸이와 가깝지만 번잡하지 않아 중급 리조트들이 몰려 있다.

안다만 비치 리조트
Andaman Beach Resort ★★★

잔디 정원을 따라 다양한 시설의 객실을 운영한다. 일반 호텔 건물과 방갈로로 구분된다. 방갈로는 더블 룸뿐만 아니라 3, 4, 5인실까지 다양하다. 모두 개인욕실과 TV, 냉장고가 딸려 있고 아침식사가 포함된다. 중급 리조트지만 수영장을 전면에 배치해 고급스러움을 강조했다.

Map P.637-B2 전화 0-7560-1077, 08-7063-3159 홈페이지 www.andamanbeachresort.com 요금 딜럭스 더블 3,000~3,500B, 패밀리 방갈로(4인실) 4,600~5,500B 가는 방법 핫 힌콤 해변 오른쪽에 있다.

베이 뷰 리조트 ★★★☆
Bay View Resort

선착장에서 멀리 떨어진 대신 전망이 뛰어

나다. 핫 힌콤 해변 끝자락에서 시작해 언덕을 따라 숲 속 방갈로가 들어서 있다. 객실은 24㎡~34㎡ 크기로 발코니가 딸려 있다. 수영장과 전용 해변을 갖추고 있다. 선착장에서 20분 정도 걸어가야 한다.

Map P.637-B2 전화 0-7650-1127, 08-1892-7510 홈페이지 www.phiphibayview.com 요금 트윈 4,000~5,500B(에어컨, 개인욕실, TV, 냉장고, 아침식사) 가는 방법 안다만 비치 리조트를 지나서 해변 끝에 있다.

해변

핫 야오(롱 비치) Hat Yao(Long Beach)

나이트라이프보다는 바다를 즐기려는 사람들이 선택하는 해변이다. 고운 모래해변을 따라 숙소들이 들어서 있으나 아직까지 북적대지는 않는다. 선착장에서 보트를 타고 이동해야 한다.

파라다이스 펄 방갈로 ★★★☆
Paradise Pearl Bungalow

핫 야오 해변 서쪽을 차지하는 중급 리조트다. 넓은 부지에 35채의 독립 방갈로를 운영해 공간도 여유롭다. 또한 태국 중부 지방 전통 가옥 양식의 타이 하우스 객실도 갖추고 있다. 수영장은 없지만 바다가 바로 앞에 펼쳐져 있다.

Map P.638 전화 0-7635-5356 홈페이지 www.phiphiparadisepearl.com 요금 슈피리어 3,000~3,500B, 비치 프런트 4,500~6,000B 가는 방법 핫 야오 해변 서쪽에 있다.

피피 블루 스카이 리조트 ★★★☆
P.P. Blue Sky Resort

수영장이 없어서 고급 리조트라고 칭하긴 어렵지만, 화이트와 블루 톤의 견고한 목조 방갈로가 해변과 잘 어우러진다. 방갈로는 43㎡~60㎡ 크기로 넓고, TV, 냉장고가 갖춰져 있다. 참고로 해변과 가까울수록 방갈로도 크고 전망도 좋다. 객실이 15개뿐인 소규모 숙소로 친절하다.

Map P.638-A2 전화 09-2872-2554 홈페이지 www.

ppblueskyresort.com 요금 가든 방갈로 3,600B, 비치 프런트 방갈로 4,600B 가는 방법 해변 서쪽의 파라다이스 펄 방갈로 옆에 있다.

피피 더 비치 리조트 ★★★★
Phi Phi The Beach Resort

숲이 우거진 언덕을 따라 45채의 독립 빌라가 들어서 있다. 3성급 리조트로 슈피리어 빌라 30㎡, 딜럭스 빌라 55㎡ 크기다. 각각의 객실은 훌륭한 전망을 제공한다. 방갈로 내부는 고급 목재로 꾸몄으며 해변쪽에 수영장이 있다.

Map P.638 전화 06-2191-4945, 06-2161-4965 홈페이지 www.phiphithebeach.com 요금 슈피리어 4,800~5,800B, 시 뷰 딜럭스 8,000~9,800B 가는 방법 핫 야오 해변 동쪽의 언덕에 있다.

Ko Lanta

꼬 란따 เกาะลันตา

　　인접한 꼬 피피나 라일레에 비하면 꼬 란따는 여전히 여행자들에게 익숙하지 않은 이름이다. 같은 짱왓 끄라비에 속해 있는데도 해안선을 따라 펼쳐지는 환상적인 카르스트 지형을 공유하지 못하는 것이 결정적인 이유다. 하지만 끄라비에서 가장 긴 모래해변을 간직한 섬으로 해안선 길이가 25㎞에 이른다. 천정부지로 물가가 치솟은 주변 섬들에 비해 무난한 가격대의 방갈로와 리조트들이 가득해 다양한 여행자들이 이 섬을 찾는다.

　　꼬 란따는 큰 섬인 꼬 란따 야이 Ko Lanta Yai와 작은 섬인 꼬 란따 노이 Ko Lanta Noi로 구분된다. 꼬 란따는 일반적으로 꼬 란따 야이를 칭하는 말로, 섬의 서쪽 해변이 개발되어 있다. 저마다 고운 모래 해변과 잔잔한 파도로 인해 안전하게 수영을 즐길 수 있다. 해변을 가득 메운 파라솔도 없고, 제트스키나 긴 꼬리 배로 인한 소음도 없어 오붓하게 해변을 즐길 수 있다. 한마디로 화려한 아름다움보다는 차분함을 간직한 섬이다. 무엇보다 일몰이 아름다운 섬으로, 해질 무렵에 섬은 더욱 낭만적으로 변모한다.

INFORMATION 여행에 필요한 정보

은행 · 환전

선착장이 위치한 반 쌀라단을 포함해 주요 해변에 은행과 ATM이 설치되어 있다. 아무래도 꼬 란따에서 가장 큰 타운을 형성하는 반 쌀라단이 환전하기 편리하다. ATM은 해변 곳곳에 설치되어 있으며 24시간 현금 인출이 가능하다.

여행 시기

안다만해의 다른 섬들과 마찬가지로 성수기와 비수기로 극명하게 구분된다. 건기에 해당하는 11~4월이 성수기로 여행하기에 가장 좋다. 대부분의 리조트와 방갈로가 12~1월까지 최고 성수기라고 해서 요금을 추가로 인상한다.

ACCESS 꼬 란따 가는 방법

꼬 란따를 드나드는 방법은 보트를 타거나 미니밴을 타거나 둘 중 하나다. 꼬 란따와 가장 인접한 공항은 끄라비 공항이다.

미니밴(롯뚜)

꼬 란따는 버스 터미널도 없고 주요 도시로 연결하는 고속버스도 드나들지 않는다. 미니밴을 타면 끄라비 타운과 뜨랑으로 편하고 빠르게 갈 수 있다. 보트보다 저렴하고 운행 횟수가 많아서 섬으로 들어가는 교통편으로 사랑받는다.

꼬 란따→끄라비 타운 행은 오전 7시부터 오후 3시까지 운행되며 편도 요금은 350~400B이다. 끄라비 공항과 끄라비 버스 터미널을 경유한다. 꼬 란따→뜨랑 행은 오전 8시부터 오후 2시까지 운행되며 편도 요금은 350~400B이다. 미니밴은 여행사나 숙소에서 예약이 가능하다. 해변의 위치에 따라 픽업 요금이 달라지므로 예약할 때 확인해야 한다.

보트

반 쌀라단의 선착장에서 모든 보트가 출발하며, 성수기(10월 중순~5월 중순)에만 운행된다. 적어도 하루 한 편 이상의 보트가 끄라비 타운, 라일레, 꼬 피피, 푸껫으로 출발한다. 끄라비 타운을 오가는 보트는 꼬 쭘 Ko Jum을 경유한다. 푸껫행 일반 보트는 꼬 피피를 경유하기 때문에 불편하며, 스피드 보트(편도 요금 1,500B)가 꼬 란따→푸껫을 논스톱으로 2시간 만에 연결한다.

꼬 란따 남쪽의 섬들을 연결하는 보트는 꼬 응아이(650B)→꼬 끄라단(900B)→꼬 묵(900B)을 거쳐 꼬 리뻬(1,500B)까지 운행된다. 오전 9시에 출발하며 노선을 따라 섬들을 들러 승객을 내리고 태운다. 급한 여행자라면 오후 1시에 운행하는 스피드 보트를 이용해도 된다. 꼬 리뻬까지 3시간 만에 주파하며 편도 요금은 1,900B이다.

꼬 란따에서 출발하는 보트

도착지	출발 시간	요금	소요시간
끄라비 타운	08:00, 11:30	450B (스피드 보트 700B)	2시간 30분
라일레 & 아오 낭	13:30	550B	2시간
꼬 피피	08:00, 09:00, 13:00	450B (스피드 보트 800B)	1시간 30분

TRANSPORTATION 시내 교통

섬이 큰데다가 정기적으로 운행하는 버스나 썽태우 노선이 없어서 섬 내에서의 대중교통은 불편하다. 섬을 돌아다니는 가장 보편적인 방법은 오토바이 택시를 타는 것이다. 운전사 뒤에 타야 하는 일반적인 오토바이 택시와 달리 오토바이 옆으로 좌석을 만들어 2~3명이 동시에 탑승할 수 있다. 반 쌀라단에서 핫 크롱다오까지 100B, 핫 프라애(롱 비치)까지 200B, 아오 깐띠양까지 400~500B 정도 예상하면 된다. 탑승 인원에 따라 요금이 달라지며, 요금도 미리 흥정해야 한다. 선착장에서 출발할 때 비싸게 부르는 편이다. 오토바이 대여는 하루 250~300B으로 해변 어디서나 가능하다. 오토바이를 운전할 때 안전에 유의해야 한다.

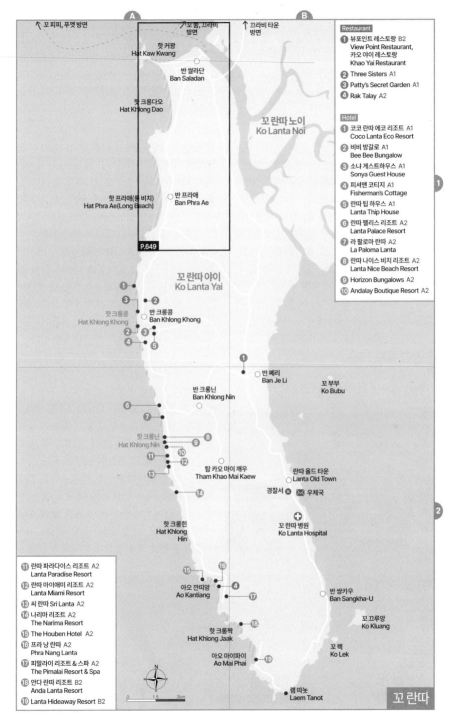

꼬 피피, 푸껫 방면

꼬돔, 끄라비 방면

끄라비 타운 방면

핫 커꽝
Hat Kaw Kwang

반 쌀라단
Ban Saladan

핫 크롱다오
Hat Khlong Dao

꼬 란따 노이
Ko Lanta Noi

핫 프라애(롱 비치)
Hat Phra Ae(Long Beach)

반 프라애
Ban Phra Ae

P.649

꼬 란따 야이
Ko Lanta Yai

1

3

2

핫 크롱콩
Hat Khlong Khong

반 크롱콩
Ban Khlong Khong

2 **3**

4 **5**

1

반 페리
Ban Je Li

꼬 부부
Ko Bubu

반 크롱닌
Ban Khlong Nin

6

7

핫 크롱닌
Hat Khlong Nin

8

9

10

11 **12**

13

탐 카오 마이 깨우
Tham Khao Mai Kaew

란따 올드 타운
Lanta Old Town

경찰서 ⊗ ✉ 우체국

14

꼬 란따 병원
Ko Lanta Hospital

핫 크롱힌
Hat Khlong Hin

15 **16**

아오 깐띠앙
Ao Kantiang

4

17

반 쌍카우
Ban Sangkha-U

꼬 끄루앙
Ko Kluang

18

핫 크롱짝
Hat Khlong Jaak

꼬 렉
Ko Lek

아오 마이파이
Ao Mai Phai

19

램 따놋
Laem Tanot

N

0   1.5   3km

꼬 란따

Attraction

안다만해의 섬들이 그러하듯 꼬 란따도 볼거리보다는 해변을 즐기려는 관광객들이 찾는다. 해변 이외의 볼거리로는 꼬 란따에서 가장 번화한 반 쌀라단과 꼬 란따에서 가장 오래된 마을인 란따 올드 타운이다.

반 쌀라단 ★★
Ban Sala Dan

꼬 란따에서 가장 번화한 곳이다. 끄라비 타운과 꼬 피피에서 드나드는 보트 선착장이 위치해 있다. 섬의 북단에 해당하며 해안선을 끼고 목조 수상 가옥들이 줄지어 있다. T자 형태의 삼거리를 중심으로 레스토랑, 여행사, 다이빙 숍, 은행, 편의점, 시장이 몰려 있다. 반 쌀라단에도 숙소가 있지만 잠자리보다는 식사를 위해 찾는 여행자들이 많다. 분위기 좋은 시푸드 레스토랑이 대거 포진해 있다.

란따 올드 타운 ★★★
Lanta Old Town

섬의 동쪽에 위치한 꼬 란따에서 가장 오래

된 마을로 해변을 빼고 가장 큰 볼거리다. 공식적인 이름은 반 씨라야 Ban Si Raya이지만 '올드 타운'이라는 뜻인 '므앙 까오'로 불린다. 중국과 푸껫, 페낭을 오가던 상인들이 정착하면서 형성된 마을로 1901년부터 1998년까지 꼬 란따의 경제와 행정 중심지 역할을 했다.

하지만 꼬 란따 노이로 정부청사가 이전되고, 반 쌀라단이 항구 역할을 대체하면서 성장이 멈췄다. 덕분에 평화로운 마을로 전락했는데, 100년 이상된 목조 가옥이 옛 모습 그대로 남아 있어 멋을 더한다. 유럽인들이 가득한 해변만 거닐다가 올드 타운을 방문했다면, 마치 다른 나라에 온 듯한 착각이 들게 할 정도로 중국풍의 상점과 화교들이 가득하다. 과거 상업의 중심을 이루던 선착장이 그대로 남아 있고, 마을은 포장된 도로를 따라 기념품 가게와 시푸드 레스토랑이 호기심 어린 눈빛 가득한 여행자들을 맞이한다. 일부 건물은 숙소를 운영하는데, 고풍스런 느낌이 좋다.

올드 타운에 다녀오려면 대중교통이 없어서 오토바이 택시(편도 400~500B)를 타야 한다. 주요 해변에서 멀리 떨어진 탓에 요금이 만만치 않은 것이 단점. 오토바이를 빌려서 직접 운전할 경우 안전에 유의해야 한다.

반 쌀라단 선착장

반 쌀라단 중심가 / 란따 올드 타운

Beach

꼬 란따는 섬의 서쪽에 해변이 몰려 있다. 해안선을 따라 고운 모래해변이 8개나 이어진다. 섬의 중심이 되는 반 쌀라단에서 가까운 핫 크롱다오 Hat Khlong Dao와 핫 프라애(롱 비치) Hat Phra Ae(Long Beach)가 가장 발달해 있다. 저렴한 방갈로는 핫 프라애와 핫 크롱콩에 많은 편이다.

해변

핫 크롱다오 Hat Khlong Dao

꼬 란따 서쪽 해안에서 만나는 첫 번째 해변이다. 섬의 서쪽을 장식한 수많은 해변 중에 가장 북쪽에 있으며, 선착장이 위치한 반 쌀라단과 걸어서 20분 거리로 가깝다. 덕분에 가장 먼저 개발되었으나, 해변이 길어서 그다지 북적대는 느낌은 들지 않는다. 해변은 완만한 해안선을 따라 2.5km에 이르는 모래사장이 이어진다. 모래사장의 폭이 넓고 바다가 잔잔하다. 수영하기에 안전한 해변으로 아동을 동반한 가족 여행자들이 즐겨 찾는다.

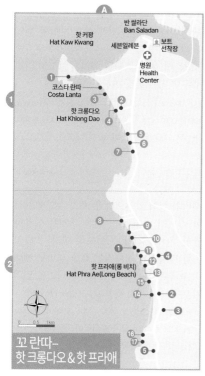

Restaurant
1. Funky Fish Bar, O-Zone Beach Bar A2
2. The Irish Embassy, Mays kitchen A2
3. 리빙 룸 Living Room A2
4. 쿡 까이 Cook Kai A2
5. Yawee Restaurant, Kindee Restaurant A2

Hotel
1. 아바니 플러스 Avani Plus Koh Lanta Krabi Resort A1
2. 헤이 비치 호스텔 Hey Beach Hostel A1
3. 트윈 로터스 Twin Lotus A1
4. 로열 란따 리조트 Royal Lanta Resort A1
5. 란따 빌라 리조트 Lanta Villa Resort A1
6. Southern Lanta Resort A1
7. Cha-Ba Lanta Resort & Bungalows A1
8. 사양 비치 리조트 Sayang Beach Resort A1
9. 란따 샌드 시 리조트 Lanta Sand Sea Resort A2
10. 블루 스카이 방갈로 Blue Sky Bungalows A2
11. 썸웨어 엘스 Somwhere Else A2
12. Nakara Long Beach Resort A2
13. 라야나 리조트 Layana Resort A2
14. 란따 캐스트어웨이 비치 리조트 Lanta Castaway Beach Resort A2
15. 롱 비치 샬렛 Long Beach Chalet A2
16. 노틸러스 리조트 Nautilus Resort A2
17. 란따 마리나 리조트 Lanta Marina Resort A2

방갈로부터 고급 리조트까지 다양한 숙소가 들어서 있다. 아무래도 가족단위 여행자들이 즐겨 찾기 때문에 수영장을 갖춘 중급 리조트들이 많다. 숙소 요금은 성수기 기준이며, 비수기(5~10월)에는 방값을 50% 할인하는 프로모션을 시행한다.

차바 란따 리조트 & 방갈로 ★★★
Cha-Ba Lanta Resort & Bungalows

해변을 접하고 있는 오래된 여행자 숙소 중 한 곳이다. 수영장을 만들면서 시설도 업그레이드 했다. 방갈로 형태의 숙소로 화려한 색감으로 객실을 꾸몄다. 그림과 조각 등으로 치장해 갤러리를 모방한 느낌도 든다. 레스토랑을 함께 운영한다.

Map P.649-A2 전화 0-7568-4823 홈페이지 www.facebook.com/chababungalows.krabi 요금 슈피리어 2,000B, 딜럭스 2,500B

란따 빌라 리조트 ★★★☆
Lanta Villa Resort

꼬 란따의 대표적인 중급 리조트다. 해변과 인접해 야외 수영장을 새롭게 만들고, 수영장부터 안쪽의 정원까지 방갈로를 가지런히 배치했다. 오래되긴 했지만 방갈로가 널찍하고 관리 상태도 좋다.

Map P.649-A1 전화 0-7568-4129 홈페이지 www.lantavillaresort.com 요금 더블 1,900~2,400B(에어컨, 개인욕실, TV, 냉장고, 아침식사)

아바니 플러스 ★★★★☆
Avani Plus Koh Lanta Krabi Resort

태국 리조트 회사인 아바니(아와니)에서 운영하는 4성급 리조트. 크롱다오 해변 북쪽 반도 모양의 숲속에 있어서 평화롭다. 넓은 부지에 91개 객실이 여유롭게 들어서 있어 경관을 즐기며 휴식하기 좋다. 객실은 50㎡ 크기로 넓다. 수영장과 전용 해변을 갖추고 있다. 1층 객실은 수영장으로 직행할 수 있는 풀 억세스 룸이다.

Map P.649-A1 홈페이지 www.avanihotels.com 요금 풀 뷰 3,800~5,600B, 풀 억세스 5,800~7,600B

로열 란따 리조트 ★★★★
Royal Lanta Resort

핫 크롱다오의 해변 중간에 있는 3성급 리조트다. 태국 전통가옥 양식을 가미해 건설한 단독 빌라들로 구성된다. 넓은 실내와 깔끔한 인테리어로 꾸민 건물들이 정원과 수영장 주변에 배치되어 있다.

Map P.649-A1 주소 222 Moo 3 Hat Khlong Dao 전화 0-7568-4361, 0-7568-4363 홈페이지 www.royallanta.com 요금 슈피리어 4,500B, 딜럭스 5,700B

코스타 란따 ★★★★☆
Costa Lanta

해변 북단의 9만㎡ 부지에 40개의 빌라와 코티지를 운영한다. 태국의 유명 건축가가 현대적인 디자인과 태국적인 감각을 잘 조화시켜 만들었다. 해변과 접해 있으며 야외 수영장도 갖춰져 있다. 객실은 정원에 여유롭게 배치했는데, 자연 경관을 해치지 않고 미니멀하게 꾸민 것이 특징이다.

Map P.649-A1 전화 0-7566-8186 홈페이지 www.costalanta.com 요금 뱀부 코티지 4,800~5,200B, 슈피리어 가든 뷰 7,400~8,800B, 비치프론트 9,700~1만 1,200B

트윈 로터스 ★★★★☆
Twin Lotus

해변과 접하고 있으며 두 개의 수영장을 보유한 럭셔리 리조트다. 넓은 부지를 이용해 편안한 휴식을 취할 수 있도록 했다. 스타일리시한 디자인과 현대적인 객실 설비도 매력이다. 독립된 빌라들은 객실과 테라스를 연결시켜 야외 공간까지 활용할 수 있도록 했다.

Map P.649-A1 전화 0-7560-7000 홈페이지 www.twinlotusresort.com 요금 슈피리어 7,500B, 딜럭스 9,000B, 비치프런트 빌라 1만 3,000B

핫 프라애(롱 비치) Hat Phra Ae (Long Beach)

핫 크롱다오 남쪽에 있는 꼬 란따 서쪽 해안의 두 번째 해변이다. 꼬 란따에서 가장 아름답고 가장 기다란 해안선을 간직하고 있다. 4km에 이르는 기다란 해변 때문에 롱 비치라고도 부른다. 곱고 하얀 모래해변은 크리스털빛의 잔잔한 바다와 어울리고, 카수아리나 소나무가 가득해 그늘 아래서 책을 보며 휴식하기도 좋다. 저렴한 방갈로들도 더러 있으나 해변의 중심은  고급 리조트들로 메워져 있다. 커플, 가족 여행자, 배낭여행자 모두에게 적합한 해변이다. 꼬 란따에서 유명한 바와 클럽도 들어서 있어서 밤에도 즐거운 시간을 보낼 수 있다.

해변을 따라 리조트가 가득하지만 해변이 길어서 그리 북적대지는 않는다. 해변 중심부는 고급 리조트들이 많고, 해변 북쪽과 남쪽에는 여행자들이 선호하는 중저가 방갈로가 남아 있다. 저렴한 방갈로라 할지라도 성수기와 비수기 요금이 극명하게 차이를 보인다.

블루 스카이 방갈로 ★★★
Blue Sky Bungalows

해변 북쪽에 있는 여행자들을 위한 방갈로다. 해변에서 잔디 정원을 따라 내륙쪽으로 방갈로가 두 줄로 마주보고 있다. 방갈로의 크기가 넓어서 가격에 비해 시설이 좋은 편이다. 다만 주변에 유명한 레스토랑과 바가 몰려 있어서 성수기에는 밤에 소란스럽다.
Map P.649-A2 전화 0-7568-4871, 08-1906-7577 홈페이지 www.blueskylanta.com 요금 더블 600~800B(선풍기, 개인욕실), 더블 1,300~1,800B(에어컨, 개인욕실, 냉장고)

란따 캐스트어웨이 비치 리조트
Lanta Castaway Beach Resort ★★★★

에어컨과 TV, 냉장고를 갖춘 방갈로 형태의 리조트다. 해변과 접하고 있으나 비치프런트 방갈로를 제외하면 대부분 정원을 끼고 있다. 나무랄 데 없이 깔끔한 방갈로들은 넓은 객실과 테라스를 갖추고 있다. 수영장은 없다. 아침식사가 포함된다.
Map P.649-A2 전화 0-7568-4851 홈페이지 www.lantacastaway.com 요금 트로피컬 더블 3,300B, 코지 방갈로 4,000B, 비치프런트 방갈로 5,700B

노틸러스 리조트 ★★★☆
Nautilus Resort

가족들이 좋아할 만한 넓은 크기의 방갈로를 운영한다. 방갈로는 벽돌과 콘크리트로 만들었으며 창문이 넓어서 시원하다. 개방형 욕실과 야외 테라스가 딸려 있다. 해변 남쪽 끝에 있어 한적하고 오붓하게 해변을 즐길 수 있다. 모두 15개의 방갈로를 운영한다. 수영장은 없다.
Map P.649-A2 전화 09-0985-6322, 08-5984-4466 홈페이지 www.nautilusresort.net 요금 더블 2,500~4,000B(에어컨, 개인욕실, 냉장고, 아침식사)

란따 마리나 리조트 ★★★☆
Lanta Marina Resort

리조트가 아니라 방갈로 형태의 숙소다. 자연친화적인 대나무 방갈로로 야자수 잎을 엮어 지붕을 이었다. 객실은 물론 욕실까지 자연적인 느낌을 최대한 살렸다. 해변을 접한 건 아니지만 앞줄의 방갈로에서는 바다가 보인다. 해변 남쪽 끝에 있어 한적한 느낌을 준다. 앞줄과 뒷줄, 성수기와 비수기에 따라 방값이 차이가 난다.

Map P.649-A2 주소 147 Moo 2 Hat Phra Ae 전화 0-7568-4168, 08-9729-7378 홈페이지 www.lantamarina.com 요금 더블 1,000~1,600B(선풍기, 개인욕실)

사양 비치 리조트 ★★★☆
Sayang Beach Resort

핫 프라애의 매력적인 중급 리조트다. 야자수 가득한 넓은 부지에 쾌적한 방갈로를 운영한다. 방갈로는 크기와 위치에 따라 요금이 다르다. 가든 뷰와 비치 프런트로 구분되며, 태국 스타일의 침구로 객실을 꾸몄다. 최소 2박을 해야 한다. 가족이 운영해 친절하다. 수영장은 없으나 해변과 접해 있어 불편하지 않다.

Map P.649-A2 전화 0-7568-4156 홈페이지 www.sayangbeachbungalows.com 요금 슈피리어 가든 2,850B, 딜럭스 3,000B, 비치프런트 6,000B(에어컨, 개인욕실, TV, 아침식사)

롱 비치 샬렛 ★★★★☆
Long Beach Chalet

해변을 접하고 있어 넓은 정원과 야외 수영장까지 갖추고 있어 해변 리조트 분위기가 잘 느껴진다. 해변과 가까운 쪽은 스파 욕조를 갖추고 있는 비치프런트 빌라가, 해변에서 200m 떨어진 정원 쪽에는 가든 로프트가 들어서 있다.

Map P.649-A2 전화 0-7568-4805 홈페이지 www.longbeachchalet.net 요금 가든 로프트 2,400B, 시사이드 파빌리온 5,400B

라야나 리조트 ★★★★★
Layana Resort

꼬 란따를 대표하는 럭셔리 리조트라고 해도 과언이 아니다. 해변의 비치파라솔, 바다를 조망하는 매혹적인 수영장, 잔디와 야자수 가득한 정원이 그림처럼 어우러진다.

독립된 건물들이 일정한 간격을 두고 있어 답답한 느낌은 전혀 들지 않는다. 한 개의 건물에 4개의 객실이 들어서 있는데, 객실 크기도 49㎡로 큼직하다. 오션 딜럭스 스위트는 88㎡ 크기로 바다와 접해 있다.

Map P.649-A2 전화 0-7560-7100 홈페이지 www.layanaresort.com 요금 가든 파빌리온 1만 4,300B, 오션 딜럭스 스위트 2만 3,500B

해변
핫 크롱콩 Hat Khlong Khong

꼬 란따의 세 번째 해변으로 3km에 이르는 해변을 따라 야자수가 가득하다. 저렴한 숙소도 많아 여행자들이 즐겨 찾는 해변 중의 하나이다. 해변은 다른 곳에 비해 수준이 떨어진다. 기다란 모래해변을 간직하고 있으나, 조수간만의 차가 커서 썰물 때는 바위들이 가득히 모습을 드러낸다.

숙소

수영장을 갖춘 대형 리조트보다는 방갈로 형태의 여행자 숙소가 많다. 단출한 해변을 만끽하는 듯 방갈로마다 독특한 감각으로 특색 있게 꾸몄다.

소냐 게스트하우스 ★★★
Sonya Guest House

친절하고 가족적인 여행자 숙소다. 도미토리부터 에어컨 방갈로까지 시설이 다양하다. 목조 건물이 주는 운치도 있다. 새롭게 만든 방갈로는 온수 샤워 가능한 개인 욕실을 갖추고 있다. 함께 운영하는 레스토랑도 인기 있다.

Map P.647-A1 전화 0-7566-7055, 09-2124-5451 홈페이지 www.facebook.com/SonyaHomeKohLanta 요금 도미토리 200B(선풍기, 공동욕실), 더블 500B(선풍기, 공동욕실), 방갈로 600~1,000B(선풍기, 공동욕실), 방갈로 1,200~2,000B(에어컨, 개인욕실, 냉장고)

란따 팁 하우스 ★★★★
Lanta Thip House

핫 크롱콩 남쪽의 내륙 도로에 있어, 해변과의 접근성은 떨어진다. 그러나 불편한 위치 때문에 시설이 비해 저렴한 방을 구할 수 있다. 콘크리트 건물에 객실은 넓고 깨끗하다. 야외 수영장도 갖춰져 있다. 친절한 직원들을 만날 수 있다.

Map P.647-A1 전화 0-7566-7111, 09-8828-2265 홈페이지 www.lantathiphouse.com 요금 더블 1,800~2,250B(에어컨, 개인욕실, TV, 냉장고)

피셔맨스 코티지 ★★★☆
Fisherman's Cottage

모두 11개의 방갈로를 운영하는데, 방갈로마다 이름도 다르고 인테리어도 다르다. 밝고 경쾌한 느낌으로 꾸며 분위기가 좋다. 모두 선풍기 시설이라서 고급스럽다고는 할 수 없으나 독창적인 매력을 지닌다. 주인과 직원들이 친절해 가족처럼 대해 준다. 11월에서 6월까지만 문을 연다. 시즌에 따라 요금이 변동된다.

Map P.647-A1 전화 08-1476-1529 홈페이지 www.fishermanscottage.biz 요금 더블 1,200~2,000B(선풍기, 개인욕실)

코코 란따 에코 리조트 ★★★★
Coco Lanta Eco Resort

해변 북쪽에 있는 가성비 좋은 리조트로 수영장을 갖추고 있다. 콘크리트와 벽돌을 이용해 만든 방갈로들이 독립적으로 들어서 있다. 에코 방갈로는 20㎡ 크기로 작은 편이다. 패밀리 방갈로는 더블 침대+2층 침대로 구성되어 있다. 한적한 바닷가를 끼고 있다.

Map P.647-A2 전화 0-7566-7175 홈페이지 www.facebook.com/cocolantaresort 요금 에코 방갈로 1,700~2,200B, 패밀리 방갈로 3,400~3,800B

해변

핫 크롱닌 Hat Khlong Nin

핫 크롱콩 남쪽으로 4㎞ 떨어진 해변이다. 꼬 란따 서쪽 해안선의 가운데에 해당한다. 고운 모래해변이 길게 이어지며, 리조트들이 적당한 간격을 두고 있어 평화로운 분위기다. 나이트라이프보다는 해변 풍경을 즐기며 수영과 휴식에 적합하다. 핫 크롱닌 북쪽에는 작은 해변인 핫 크롱똡 Hat Khlong Tob(Hat Khlong Toab이라고도 표기한다)이 있다. 두 해변은 50m 거리로 가깝고 특별한 경계도 없어 거의 같은 해변처럼 여겨진다.

숙소

바위가 많은 해변 북쪽보다는 고운 모래사장을 간직한 해변 중앙에 숙소가 많다. 최근 들어 개발의 영향을 받고 있으나 핫 프라애에 비하면 아직까지는 한적하다. 저렴한 방갈로보다는 가족 여행자들이 선호하는 중급 리조트들이 많다.

호라이즌 방갈로 ★★★☆
Horizon Bungalows

저렴한 방을 찾는 배낭여행자들을 위한 게스트하우스와 해변에서 휴식을 원하는 사람들을 위한 비치 방갈로를 함께 운영한다. 게스트하우스는 목조 건물로 선풍기 시설에 공동욕실을 사용한다. 비치 방갈로를 에어컨 시설에 넓은 창문과 테라스를 있어 쾌적하다.

Map P.647-A2 전화 08-9736-3485, 08-7626-4493 홈페이지 www.lantahorizon.com 요금 더블 600~800B(선풍기, 공동욕실), 더블 1,800B(에어컨, 개인욕실, 냉장고), 비치 방갈로 2,500B(에어컨, 개인욕실, TV, 냉장고, 아침식사)

란따 마이애미 리조트 ★★★☆
Lanta Miami Resort

인기 숙소 중의 한 곳이다. 시설을 지속적으로 업그레이드하면서 현재는 수영장을 갖춘 중급 숙소가 됐다. 시멘트로 만든 크고 견고한 방갈로를 운영한다. 방갈로가 촘촘히 붙어 있는 것은 단점이다. 해변과 접해 있다. Map P.647-A2 전화 0-7566-2559, 0-7566-2556 홈페이지 www.lantamiami.com 요금 슈피리어 방갈로 2,200∼2,950B, 비치프런트 방갈로 3,700∼5,300B

씨 란따 ★★★☆
Sri Lanta

해변 남쪽에 있는 고급 리조트다. 해변과 접해 있으며 인피니티 풀까지 여유롭다. 5만㎡에 이르는 넓은 부지에 독립 빌라들이 들어서 있다. 빌라는 크기에 따라 베란다 Veranda, 스타 파스 Star Path, 만다라 Mandara로 구분된다. 숲과 정원으로 둘러싸여 있어 자연의 정취를 느낄 수 있다. Map P.647-A2 전화 0-7566-2688 홈페이지 www.srilanta.com 요금 베란다 빌라 4,500∼5,200B, 스타 패스 6,900∼7,600B

해변

아오 깐띠앙 Ao Kantiang

핫 크롱닌에서 남쪽으로 8㎞ 내려간 꼬 란따 남단에 위치한 해변이다. 해변은 1.5㎞로 길지 않지만 곱고 하얀 모래와 청명한 바다로 인해 아름답게 빛난다. 해변 뒤로는 국립공원으로 지정된 꼬 란따 내륙의 산들이 병풍처럼 들어서 있다. 반 쌀라단에서 워낙 멀리 떨어져 있고, 도로가 포장된 것도 불과 몇 년 전이어서 한적한 열대 해변의 정취가 고스란히 남아 있다.

숙소

해변이 아름답고 주변으로부터 격리되었기 때문에 고급 리조트들이 선점해 들어왔다. 해변에는 호화스런 리조트 몇 개만이 들어서 있을 뿐이다.

프라 낭 란따 ★★★★
Phra Nang Lanta

아오 깐띠앙 해변의 중앙에 위치한 부티크 리조트다. 전 객실의 인테리어는 지중해풍인데, 객실마다 다른 톤으로 꾸몄다. 단순하면서도 아늑하고 모던한 감각이 돋보인다. 야외 수영장이 해변과 접해 있다. Map P.647-A2 전화 0-7566-5025 홈페이지 www.phrananglanta.vacationvillage.co.th 요금 비치프런트 6,000∼8,500B

피말라이 리조트 & 스파 ★★★★★
The Pimalai Resort & Spa

아오 깐띠앙 최고의 숙소로 꼬 란따를 통틀어 가장 호사스럽다. 해변에서 언덕을 타고 올라가며 건설된 럭셔리 리조트는 더없이 훌륭한 전망과 편안한 잠자리를 제공한다. 모든 객실은 딜럭스급 이상으로 꾸몄으며, 개인 수영장을 갖춘 풀 빌라까지 완비되어 있다. Map P.647-A2 전화 0-7560-7999 홈페이지 www.pimalai.com 요금 딜럭스 1만 2,000∼1만 7,500B, 풀 빌라(투 베드 룸) 3만 8,000B

뜨랑 ตรัง

꾸라비 남쪽의 안다만해에 접해 있는 짱왓 뜨랑(뜨랑 주州)의 주도다. 꾸라비와 마찬가지로 해안선을 따라 석회암 카르스트 지형이 펼쳐지기 때문에 경관이 수려하다. 안다만해의 푸르디푸른 섬과 해변도 산재해 있다. 꼬 묵, 꼬 꾸라단, 꼬 응아이가 대표적인 섬이다. 하지만 관광산업으로 번창하는 꾸라비에 비해 아직까지는 조용하다. 거대한 관광산업의 소용돌이에 휘말리지 않고 차분하게 해변을 즐길 수 있다. 바다와 섬들의 아름다움은 결코 꾸라비에 뒤지지 않는다.

뜨랑에는 화교들이 많이 정착해 생활하고 있다. 태국 남부 도시들이 무슬림 색채가 강한 것과 달리 중국적인 풍경이 가득하다. 때문에 '꼬삐', '무앙', '카놈찐' 같은 중국 영향을 받은 음식들이 뜨랑 특산물처럼 인식되고 있다. 기차역을 중심으로 도시가 발달했는데, 큰 볼거리가 있는 건 아니다. 단지 주변 섬들을 가기 위해 잠시 스쳐간다. 뜨랑에 머물게 된다면 진한 꼬삐(필터 커피)를 한잔 마시자. 한자 간판에 대리석 테이블이 놓인 중국식 차관에서 즐기는 꼬삐는 뜨랑의 정취를 가장 잘 느끼게 해준다. 더불어 나른한 오후를 보내는 데 더없이 좋은 방법이다.

INFORMATION

태국 관광청 TAT

뜨랑과 주변 섬에 관한 정보를 얻을 수 있다. 지도와 간단한 영어 안내서가 비치되어 있다.

주소 Thanon Wisetkul Soi 1 전화 0-7521-5867 운영 08:30~18:30 가는 방법 시계탑에서 오른쪽으로 타논 위쎗꿀을 따라 도보 10분.

은행 · 환전

기차역에서 직선으로 뻗은 타논 팔람 혹 Thanon Phra Ram 6(Rama VI Road)에 은행들이 많다. 뜨랑 주변의 섬에는 은행과 ATM이 없으므로, 섬으로 들어가기 전에 현금을 충분히 준비해야 한다.

여행사

뜨랑에서는 여행사의 도움을 받는 게 편리하다. 주변 섬으로 들어갈 때 미니밴과 보트를 연계한 티켓을 손쉽게 구할 수 있다. 또한 꼬 란따와 꼬 리뻬로 가는 미니밴도 운행해 편리하다. 대부분의 여행사들은 기차역 앞에 몰려 있으며, 경쟁적으로 배낭여행자들에게 손길을 보낸다. 주변 섬에 있는 리조트들도 기차역 주변에 사무실을 운영한다. 정해 둔 숙소가 있다면 리조트까지 직행하는 보트 편과 묶어서 방을 미리 예약하면 편리하다.

ACCESS
뜨랑 가는 방법

방콕(끄룽텝 아피왓 역)에서 기차가 연결되어 편리하다. 버스는 인접한 끄라비, 푸껫, 핫야이 등에서 수시로 오간다. 방콕에서 출발할 경우 장거리를 이동해야 하기 때문에 버스보다 기차를 선호한다.

항공

에어 아시아(www.airasia.com), 타이 라이언 에어(www.lionairthai.com), 녹 에어(www.nokair.com)에서 방콕(돈므앙 공항)→뜨랑 노선을 운영한다. 소요 시간은 1시간 20분이며, 편도 요금은 1,300B이다. 공항은 시내에서 남쪽으로 4km 떨어져 있다. 공항에서 시내까지는 비행기 도착 시간에 맞춰 운행되는 미니버스(편도 100B)를 타면 된다.

기차

뜨랑에서는 방콕까지 두 편의 기차가 매일 출발한다. 한 편은 뜨랑에서 출발하고, 다른 한 편은 깐땅 Kantang에서 출발하는 기차가 뜨랑을 경유한다. 두 편 모두 밤기차를 운행하므로 침대칸을 이용하는 게 편리하다.

• 방콕 ↔ 뜨랑 기차 요금
2등 침대칸(선풍기) 550~620B, 2등 침대칸(에어컨) 760~830B, 1등 침대칸(에어컨) 1,280~1,480B

버스

뜨랑 버스 터미널은 시내(기차역)에서 북동쪽으로 9km 떨어져 있다. 시내 외곽에 있는 로빈싼 백화점 Robinson Department Store과 인접해 있다. 새로운 터미널이란 뜻으로 '버커쓰 마이'라고 불린다. 방콕, 푸껫, 끄라비, 핫야이, 꼬 란따를 포함해 주요 도시를 연결하는 버스를 탈 수 있다. 방콕행 버스는 남부터미널(싸이따이)과 북부터미널(머칫)으로 구분된다. 참고로 버스 터미널까지 갈 필요 없이 기차역 주변 여행사에서 미니밴(롯뚜)을 탈 수도 있다.

뜨랑 ↔ 방콕을 운행하는 기차 노선

기차 번호	노선	출발 시간	도착 시간
168(급행)	뜨랑→방콕	14:45	05:10
84(익스프레스)	뜨랑→방콕	17:00	07:05
167(급행)	방콕→뜨랑	18:50	08:15
83(익스프레스)	방콕→뜨랑	20:30	11:00

버스 터미널에서 시내로 들어갈 때는 버스 터미널에 대기 중인 썽태우 또는 시내버스(노선번호 9번)를 타면 된다. 15분 간격으로 운행되며 편도 요금은 40B이다.

미니밴(롯뚜)

인접한 도시로 갈 때 이용하는 교통편이다. 빡맹 Pak Meng, 핫야이, 쑤랏타니, 꼬 란따, 빡바라 노선이 운행된다. 목적지마다 미니밴 정류장이 다르기 때문에 현지인이 아니라면 다소 불편하다. 여행자들이 즐겨가는 노선은 여행사에서 미니밴을 운영하므로 특별한

문제는 안 된다.

꼬 란따와 빡바라 Pakbara (꼬 리뻬행 보트 선착장)로 갈 경우 기차역 앞의 여행사에서 운영하는 미니밴을 타면 된다.

꼬 란따까지 1일 6회(09:30, 10:50, 12:20, 13:45, 15:10, 16:30) 출발하며, 보트를 갈아탈 필요 없이 미니밴이 섬까지 직행한다(편도 요금 350B). 빡바라까지는 편

뜨랑에서 출발하는 버스

도착지	운행 시간	요금	소요시간
방콕	09:30, 15:15, 17:00	1등 에어컨 779~986B	12시간
푸껫	05:30~18:30(1시간 간격)	1등 에어컨 279~339B	5시간
끄라비	06:00~19:00(1시간 간격)	에어컨 150B, 미니밴 130B	2시간

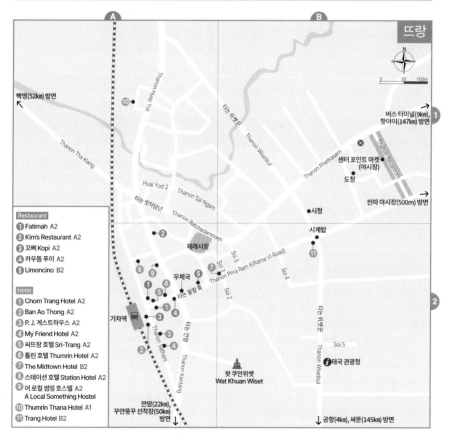

Restaurant
1 Fatimah A2
2 Kim's Restaurant A2
3 꼬뻬 Kopi A2
4 카우뚬 푸이 A2
5 Limoncino B2

Hotel
1 Chom Trang Hotel A2
2 Ban Ao Thong A2
3 P. J. 게스트하우스 A2
4 My Friend Hotel A2
5 씨뜨랑 호텔 Sri-Trang A2
6 툼린 호텔 Thumrin Hotel A2
7 The Midtown Hotel B2
8 스테이션 호텔 Station Hotel A2
9 어로컬 썸띵 호스텔 A2
   A Local Something Hostel
10 Thumrin Thana Hotel A1
11 Trang Hotel B2

도 250B으로 선착장에서 꼬 리뻬와 꼬 따루따오 행 보트로 갈아타면 된다.

마이)→로빈싼 백화점→기차역(싸티니 롯파이)→공항 (싸남빈)을 왕복한다. 편도 요금은 12B이다. 기차역에서 버스 터미널을 갈 경우 기차역 앞에 대기 중인 썽 태우를 타면 된다. 썽태우는 오전 5시 40분부터 오후 7시 30분까지 운행된다(편도 요금 12B). 뜨랑 시내는 도시 규모가 작고 기차역 주변에 호텔과 레스토랑이 몰려 있어서 걸어 다닐 만하다.

TRANSPORTATION 시내 교통

버스 터미널이 시 외곽으로 이전하면서 시내버스도 운행을 시작했다. 9번 시내버스가 버스 터미널(버커써

Restaurant 뜨랑의 레스토랑

기차역 주변과 타논 팔람 6 Thanon Phra Ram 6을 따라 레스토랑이 많다. 매일 저녁에는 야시장이 들어선다. 거리 노점 형태의 야시장인 센터 포인트 마켓 Center Point Market과 일본풍을 가미해 만든 씬따 야시장(딸랏 씬따) Cinta Trang Market이 있다. 주말(금 · 토 · 일요일) 저녁에는 기차역 앞에까지 야시장이 더 생긴다.

꼬삐(란아한 꼬삐) ร้านโกปี๊ ★★★
Kopi

뜨랑 타운에서 무척 유명한 카페를 겸한 레스토랑이다. 기차역과 가까워 오가다 들리기 좋다. 진하고 구수한 '꼬삐'를 마시며 시간을 보내는 현지인들로 가득하다. 아침 메뉴가 다양하다. 덮밥 위주의 기본적인 태국 요리와 샌드위치를 맛 볼 수 있다.
Map P.657-A2 주소 25 Thanon Sathani 전화 0-7521-4225 영업 07:00~17:00 메뉴 영어, 태국어 예산 음료 30~50B, 식사 60~100B 가는 방법 기차역을 바라보고 왼쪽으로 50m.

카우똠 푸이 ข้าวต้มพุ้ย ★★★
Phui Congee(Kao Tom Pui)

뜨랑 타운에서 저녁 때 인기 높은 레스토랑이다. 화교가 운영하는 중국-태국 음식점이다. 식당 입구에 음식 재료들이 잔뜩 진열되어 있다. 똠얌꿍을 비롯해 다양한 볶음요리, 생선요리가 가능하다. 저녁에만 문을 연다.
Map P.657-A2 주소 Thanon Phra Ram 6 Soi 1 전화 0-7521-0127 영업 18:00~24:00 메뉴 영어, 태국어 예산 80~200B 가는 방법 툼린 호텔 맞은편 사거리 코너에 있다. 기차역에서 150m.

알고 가면 좋아요

뜨랑에서는 중국식 '꼬삐'를 맛보자

화교가 많이 거주하는 뜨랑에는 독특한 커피 문화가 있습니다. 우리가 일반적으로 생각하는 에스프레소 기계가 아니라 체에 걸러서 커피를 만든답니다. 덕분에 진한 커피를 마실 수 있지요. 이렇게 만든 커피는 '까페'(커피의 태국식 발음)가 아니라 '꼬삐 Kopi'라고 부릅니다. 꼬삐는 중국 남동부 지방에서 커피를 만드는 방법인데 뜨랑까지 건너왔다고 합니다. 그 이유는 푸젠성(福建省)에서 이주한 화교들이 뜨랑에 많이 정착했기 때문입니다. 뜨랑뿐만 아니라 태국 남쪽에서는 화교가 정착한 도시 어디서나 '꼬삐'를 맛볼 수 있지요.
진하게 꼬삐를 마시고 싶다면 '꼬삐 담', 시원하게 마시고 싶다면 '꼬삐 옌'을 주문하면 됩니다. '담'은 검다, '옌'은 차다라는 뜻입니다.

Accommodation

대부분의 숙소는 기차역과 시계탑 주변에 몰려 있다. 지방 중소도시라 럭셔리 호텔이나 대형 호텔은 찾기 어렵다. 화교가 운영하는 저렴한 호텔들이 많다. 하지만 방을 구하기는 어렵지 않다.

어 로컬 썸띵 호스텔 ★★★☆
A Local Something Hostel

트렌디한 디자인이 돋보이는 호스텔이다. 도미토리는 혼성 4인실, 6인실, 10인실과 여성 전용 8인실로 구분된다. 에어컨이 갖춰져 있고 아침식사도 제공된다. 참고로 루프톱에는 레스토랑이 운영된다.
Map P.657-A2 주소 88 Thanon Kan Tang 전화 0-7582-0088, 09-1043-4237 홈페이지 www.facebook.com/alocalsomethinghostel 요금 도미토리 390~490B(에어컨, 공동욕실, 아침식사) 가는 방법 기차역 앞의 첫 번째 사거리에서 좌회전해서 타논 깐땅을 따라 150m. SCB 은행과 끄룽씨 은행 사이에 있다.

스테이션 호텔 ★★★
Station Hotel

오래된 아파트처럼 생긴 저렴한 가격대의 호텔이다. 기차역과도 가깝고 무엇보다 엘리베이터가 있어 편리하다. 객실은 작은 편으로 TV와 냉장고가 갖춰져 있다. 더블 룸과 트윈 룸 구분 없이 방 값은 동일하다. 에어컨을 사용하지 않을 경우 100B이 할인된다.
Map P.657-A2 주소 118 Thanon Sathani 전화 0-7521-1385, 09-1825-4250 홈페이지 www.facebook.com/station.hotel.trang 요금 더블 360B(선풍기, 개인욕실, TV, 냉장고), 더블 460B(에어컨, 개인욕실, TV, 냉장고) 가는 방법 기차역을 바라보고 오른쪽으로 200m 떨어진 삼거리 코너에 있다.

마이 프렌드 ★★★
My Friend

기차역과 가까운 여행자 숙소다. 상태가 좋은 침대와 아기자기하게 꾸민 객실은 깔끔하다. 모든 방은 에어컨과 TV, 냉장고를 갖추고 있다. 일부 객실은 창문이 없으므로 확인하고 체크인해야 한다. 기차역 바로 옆에 있는 반 아오통 Ban Ao Thong(요금 750~ 890B) 을 함께 운영한다.
Map P.657-A2 주소 25/17-20 Thanon Sathani 전화 0-7522-5447, 0-7522-5984 요금 더블 600~650B(에어컨, 개인욕실, TV, 냉장고) 가는 방법 기차역을 바라보고 왼쪽으로 250m.

씨뜨랑 호텔 ★★★
Sri-Trang Hotel

뜨랑에서 기차역과 가장 가까운 호텔이다. 1952년부터 영업을 시작했으나 리노베이션을 통해 근사한 중급 호텔로 변모했다. 목조건물에 깔끔한 객실을 운영한다. 에어컨과 냉장고까지 갖추어져 편하게 지낼 수 있다. 방 값에 따라 방 크기가 다르다.
Map P.657-A2 주소 22-26 Thanon Sathani 전화 0-7521-8122 홈페이지 www.sritranghotel.com 요금 더블 640~840B(에어컨, 개인욕실, TV, 냉장고) 가는 방법 기차역 앞으로 30m.

촘 뜨랑 호텔 ★★★☆
Chom Trang Hotel

기차역 앞에 있는 중급 호텔이다. 2016년에 오픈한 호텔로 깨끗하게 관리되고 있다. LCD TV, 냉장고, 온수 샤워 가능한 개인욕실은 기본이고 작은 발코니도 딸려 있다. 4층 건물에 모두 12개 객실이 운영되며 엘리베이터는 없다.
Map P.657-A2 주소 27 Thanon Sathani 전화 0-7529-0424, 08-1981-9939 요금 700~850B(에어컨, 개인욕실, TV, 냉장고, 아침식사) 가는 방법 기차역 앞쪽으로 50m.

Ko Mook

꼬 묵 เกาะมุก

뜨랑에서 보트로 30분이면 도착하는 육지와 가장 가까운 섬이다. 뜨랑 주변의 섬들 중에 규모도 가장 크고 육지와 인접해 주변 섬들의 허브 섬으로 여겨진다. 드나들기 불편한 꼬 끄라단 Ko Kradan이나 고급 리조트가 발달한 꼬 응아이 Ko Ngai에 비해 상대적으로 배낭여행자들이 많이 묵는다. 섬의 중심이 되는 곳은 선착장을 중심으로 한 동쪽 해변이다. 조수간만의 차가 심해서 수영에는 적합하지 않지만, 소박하고 친절한 현지인들을 만날 수 있다. 또한 육지의 해안선을 따라 이어지는 카르스트 지형이 아름다움을 더한다.

외국인들이 선호하는 곳은 섬의 서쪽 해변인 핫 팔랑 Hat Farang(Farang Beach)이다. 고운 모래 사장을 간직한 곳으로 해변은 물론 고무농장과 어울려 자연적인 정취를 풍긴다. 꼬 묵을 유명하게 만드는 건 해변이 아니라 탐 모라꼿(에메랄드 동굴) Tham Morakot(Emerald Cave)이다. 바다에서 연결된 동굴로 어둠을 뚫고 수영해 들어가면 상상하지 못한 비경을 만나게 된다.

INFORMATION 여행에 필요한 정보

은행 · 환전

섬에는 은행이나 환전소가 없고 ATM만 설치되어 있다. 필요한 만큼의 돈을 미리 환전해 가는 게 좋다.

여행 시기

우기인 5~10월에는 보트도 운행하지 않고, 방갈로들도 대부분 문을 닫는다. 건기가 시작하는 11월부터 활기를 띠기 시작해 12~4월까지 성수기를 이룬다.

ACCESS 꼬묵 가는 방법

꼬묵으로 가려면 뜨랑에서 서쪽으로 50km 떨어진 꾸안뚱꾸 선착장(타르아 꾸안뚱꾸) Kuantungku Pier에서 보트를 타야 한다. 섬 주민들을 태우고 오가는 긴 꼬리 배가 출발한다. 낮 12시를 전후해 출발하는 편이다. 편도 요금은 100B으로 섬까지 30분 걸린다(뜨랑 시내에서 출발하는 미니밴과 연계할 경우 편도 요금 250B).

선착장까지 가야 하는 교통편도 불편해 대부분의 여행자들은 뜨랑 기차역 앞의 여행사에서 미니밴과 보트 티켓을 함께 구입한다. 성수기에 한해 오전 11시, 오후 1시 30분에 출발한다. 꼬묵까지 편도 요금은 350B이다. 참고로 동일한 보트가 꼬 끄라단(450B)까지 오간다. 고급 리조트에 묵을 경우 자체적으로 운행하는 보트를 함께 예약하면 된다. 꼬묵에서 나오는 보트는 오전 7시 30분과 9시, 오후 1시에 출발한다.

꼬묵에서 육지로 나오지 않고 안다만해의 섬으로 직행하는 보트를 탈 수도 있다. 꼬 란따↔꼬 응아이↔꼬 묵↔꼬 리뻬 노선으로 성수기에 보트가 운행된다. 매일 오전 11시에 출발하며, 편도 요금은 꼬 란따까지 900B, 꼬 리뻬까지 1,400B이다. 보트 티켓은 꼬 묵의 모든 숙소에서 예약이 가능하다.

TRANSPORTATION 시내 교통

섬에서는 걸어 다니는 게 보편적이다. 선착장에서 핫 팔랑까지는 2.5km 떨어져 있는데 걸어서 30분 정도 걸린다. 오토바이 택시(편도 50B)를 타도 된다.

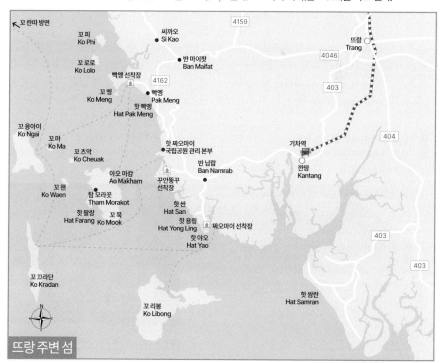

뜨랑 주변 섬

해변에서 시간을 보내거나 긴 꼬리 배를 대여해 주변 섬들을 둘러보면 된다. 스노클링 투어에 관심이 없다면 보트를 빌려서 탐 모라꼿을 다녀오자.

해변
Beaches ★★★

꼬 묵에서 가장 좋은 해변은 섬 서쪽에 있는 핫 팔랑 Hat Farang이다. 영어로 가넷 비치 Garnet Beach 또는 찰리 비치 Charlie Beach로 불리기도 한다. 고운 모래 해변이 둥근 만을 따라 이어지며, 일몰이 아름답기로 유명하다. 해변 안쪽으로는 고무나무 농장이 가득해 열대 섬의 이국적인 풍취를 풍긴다.

동쪽 해변인 아오 마캄 Ao Makham은 섬의 해안선과 육지의 해안선이 겹을 이루어 경관이 아름답다. 관광산업에 물들지 않은 소박한 어촌 마을 풍경도 남아 있다. 하지만 조수 간만의 차가 심하고, 수심이 워낙 낮아 수영하는데 적합하지 않다. 썰물 때가 되면 진흙과 맹그로브로가 훤히 들여다보인다. 그나마 선착장 남쪽의 씨왈라이 비치 리조트 주변이 고운 모래해변으로 수영하는 데 적합하다. 리조트 앞쪽의 곶처럼 돌출된 해변은 핫 카아묵(펄 비치 Pearl Beach)으로 불린다.

탐 모라꼿(에메랄드 동굴)
Tham Morakot(Emerald Cave) ★★★★

섬의 서쪽에 있는 동굴로 꼬 묵 최대의 볼거리다. 동굴까지는 섬 내륙으로 이어진 길이 없어서 보트를 타고 가야 한다. 동굴 입구는 바다와 접해 있으며, 동굴 내부로 들어가려면 반드시 수영을 해야 한다. 100m 정도 되는 동굴 입구는 태양이 비치지 않기 때문에 어둡다. 반드시 랜턴을 휴대하고 들어가야 한다.

방향 감각을 상실한 암흑 속의 동굴에서 수영하는 동안은 가슴 철렁한 느낌도 든다. 하지만 어둠을 뚫고 들어가면 생각지 못한 아름다움을 만나게 된다. 특이하게도 동굴 내부는 숨겨진 모래해변을 간직하고 있다. 자연적으로 형성된 커다란 구멍이 하늘까지 뻥 뚫려 신비함을 더한다. 태양이 동굴 내부를 비추며 물색이 에메랄드빛으로 반짝인다. 그래서 '에메랄드 동굴'이라는 뜻의 탐 모라꼿으로 불린다.

탐 모라꼿은 핫 짜오마이 국립공원 Hat Chao Mai National Park(입장료 200B)에 속해 있는데, 유명세 때문에 많은 인파로 북적댄다. 특히 뜨랑에서 출발한 투어 보트가 밀려드는 낮 시간에는 소란스럽기까지 하다. 하지만 투어 보트가 도착하기 전인 이른 아침에 탐 모라꼿을 방문할 수 있다면, 온전히 숨겨진 비경을 독차지하며 감탄하게 될 것이다.

섬 서쪽의 핫 팔랑 Garnet Beach(Charlie Beach) | 동굴 내부에 숨겨진 모래해변, 탐 모라꼿

꼬 츠악 & 꼬 마 ★★★
Ko Cheuak & Ko Ma

꼬 묵과 꼬 응아이 사이에 있는 무인도다. 두 개의 바위섬이 서로 마주보고 있는 형태다. 스노클링 포인트로 유명하며, 물살이 빨라서 로프를 잡고 스노클링을 하는 독특한 모습을 볼 수 있다. 꼬 츠악 남쪽에는 카르스트 석회암으로 이루어진 꼬 왠 Ko Waen이 있다. 해

상 국립공원으로 지정된 지역이라 스노클링하러 온 관광객에게 입장료(200B)를 받으러 다니는 관리인을 만나더라도 당황하지 말 것.

꼬 츠악

Activity
꼬 묵의 즐길 거리

꼬 묵에서는 주변 섬들을 둘러보는 보트 투어가 활발하게 진행된다. 일반적으로 탐 모라꽂을 방문하고 꼬 츠악 Ko Cheuak과 꼬 마 Ko Ma 주변에서 스노클링을 한다. 꼬 끄라단 Ko Kradan과 꼬 응아이 Ko Ngai를 함께 방문하는 투어도 있다. 대부분의 숙소에서 스노클링 투어를 운영하는데, 인원에 따라 요금이 달라진다. 일반적으로 탐 모라꽂을 포함한 반나절 투어는 500B 정도다. 자유롭게 주변 섬을 둘러보고 싶다면 긴 꼬리 배를 직접 빌리면 된다. 보트 대여료는 4명 기준으로 반나절에 1,400~1,800B이다. 선착장 주변에 머물 경우 미스터 용 투어 Mr. Yong Tour(홈페이지 www.facebook.com/Kohmook)에 문의하면 된다.

Restaurant
꼬 묵의 레스토랑

모든 방갈로와 리조트에서 레스토랑을 함께 운영한다. 대부분 본인이 묵는 숙소에서 식사를 해결하게 된다. 좋고 나쁘고 없이 비슷한 수준이며, 섬답게 해산물을 이용한 요리가 많다. 서쪽 해변(핫 팔랑) 끝자락에 있는 몽 바 Mong Bar는 일몰 시간에 맥주 한 잔하기 좋다.

매요 타이 키친 ★★★
Mayow Thai Kitchen

타이 키친이라는 이름에서 보듯 태국 음식 위주로 요리한다. 깽 펫(Red Curry), 깽 마싸만(Massaman Curry), 깽 파냉(Panang Curry)을 포함한 태국 카레가 유명하다. 생선과 해산물 요리도 다양한 편이다. 바다는 보이지 않지만 울창한 숲속에 있어 자연친화적이다. 방갈로를 함께 운영한다.

주소 Hat Farang 영업 08:00~22:00 메뉴 영어, 태국어 예산 100~250B 가는 방법 핫 팔랑에서 내륙으로 100m 떨어진 러버 트리 방갈로로 맞은편에 있다.

힐 탑 레스토랑 ★★★
Hilltop Restaurant

태국인 가족이 운영하는 친절한 태국 음식점으로 섬 내륙의 숲 속에 있다. '싸면서 다르게 Cheap Cheap But Different'라고 적힌 안내판을 내걸고 있다. 시푸드, 태국 카레, 이싼 음식까지 다양한 태국 음식을 요리하며 양도 푸짐하게 내어준다.

주소 Inland 전화 08-4847-9133 영업 09:00~22:00 메뉴 영어, 태국어 예산 120~300B 가는 방법 핫 파랑 해변에서 섬 반대편으로 넘어가는 산길 중간에 있다. 해변에서 도보 10분.

기다란 모래해변을 간직한 핫 팔랑(팔랑 비치)과 해변 뒤쪽의 산길을 따라 고무 농장 주변까지 숙소가 몰려 있다. 저렴한 방갈로는 섬 동쪽의 선착장 주변에 있다.

매요 타이 키친(매요 방갈로) ★★★
Mayow Thai Kitchen

태국 음식점인 매요 타이 키친에서 운영한다. 식당 뒤쪽에 9채의 저렴한 방갈로를 운영한다. 기본적인 시설로 침대와 모기장, 선풍기가 놓여있다. 친절한 태국인 가족을 만날 수 있다. 비수기에는 문을 닫는다.
전화 08-7885-7582, 08-0865-0937 요금 더블 500B~600(선풍기, 개인욕실), 더블 1,000B(에어컨, 개인욕실) 가는 방법 핫 팔랑에서 내륙으로 200m 떨어진 러버 트리 방갈로 맞은편에 있다.

무키스 방갈로 ★★★
Mookies Bungalow

꼬 묵에서 가장 저렴한 숙소였는데, 콘크리트 방갈로를 신축하면서 인기 여행자 숙소가 됐다. 잔디 정원을 끼고 있으며 에어컨 시설로 널찍하다. 저렴한 목조 방갈로는 침대와 모기장, 선풍기가 설치된 기본적인 시설이다.
전화 08-7494-1719 요금 방갈로 800~1,000B(선풍기, 개인욕실) 가는 방법 핫 팔랑 해변에서 내륙으로 300m 떨어져 있다.

네이처 힐 ★★★☆
Nature Hill

핫 파랑(서쪽 해변)에서 내륙 방향의 언덕길에 있는 방갈로 형태의 숙소다. 고무나무가 우거진 숲 속에 둘러 싸여 있어 자연적인 정취가 가득하다. 견고한 목조 방갈로는 방이 넓고 창문도 크다. 방갈로마다 발코니가 딸려 있고 모기장도 설치되어 있다.
전화 08-9014-1614 홈페이지 www.naturehillkohmook.com 요금 더블 800~1,500B(선풍기, 개인욕실, 냉장고) 가는 방법 핫 파랑 해변에서 내륙으로 300m.

꼬묵 너스 하우스 ★★★★
Koh Mook Nurse House

주인장이 보건소에서 근무하기 때문에 너스 하우스라고 간판을 달았다. 에어컨 시설을 널찍한 목조 방갈로들이 정원과 텃밭을 끼고 들어서 있다. 태국인 가족이 운영하며 홈스테이처럼 친절하게 손님을 대해준다.
전화 09-4315-4114 요금 더블 1,600~1,800B(에어컨, 개인욕실, 아침식사) 가는 방법 선착장을 등지고 오른쪽(바다를 바라보고 왼쪽)으로 700m.

묵 몬뜨라 리조트 시프론트 ★★★☆
Mook Montra Resort Sea Front

선착장 주변의 바닷가를 끼고 있다. 열대 정원에 방갈로들이 배치되어 있다. 콘크리트+목조 방갈로는 창문과 발코니가 넓고, 대나무 방갈로는 발코니에 해먹이 걸려 있다. 수영장은 없다.
전화 09-0958-2820 홈페이지 www.facebook.com/MookmontraResort 요금 시뷰 코티지 1,400B, 딜럭스 방갈로 1,700~1,900B(에어컨, 개인욕실, TV, 냉장고) 가는 방법 선착장을 등지고 오른쪽(바다를 바라보고 왼쪽)으로 500m.

씨왈라이 비치 리조트 ★★★★☆
Sivalai Beach Resort

수영장을 갖춘 고급 리조트다. 5.6㎢에 이르는 넓은 부지에 48동의 독립 빌라가 들어서 있다. 리조트를 끼고 양옆으로 드넓은 모래사장 해변이 펼쳐져 있어 분위기가 좋다.
전화 08-6479-6780, 08-6478-2471 홈페이지 www.komooksivalai.com 요금 더블 5,500~8,500B(슈피리어 빌라) 가는 방법 섬 동쪽 아오 캄 Ao Kham 해변 최남단에 있다. 선착장에서 서쪽으로 도보 10분.

Ko Kradan

꼬 끄라단 เกาะกระดาน

꼬 묵에서 남서쪽으로 6㎞ 떨어진 섬이다. 뜨랑 주변의 섬들 중에서 가장 외진 곳에 있지만 해변은 터키 빛깔의 파란색으로 무척 빛난다. 섬은 대부분 정글로 뒤덮여 개발이 제한적이고, 핫 짜오마이 국립공원 Hat Chao Mai National Park으로 지정되어 보호받고 있다. 섬의 동쪽 해안선을 따라 고운 모래를 간직한 해변이 길게 이어질 뿐이다.

꼬 끄라단은 주변 섬들로부터 떨어져 있어 숙박 시설도 미비하다. 2000년대 초반까지 방갈로 하나가 전부였으나, 현재는 숙소가 9개로 늘어난 상태다. 불편한 편의시설 때문에 섬에서 묵는 사람은 적지만, 선명하게 빛나는 바다를 만끽하기 위해 많은 보트들이 드나든다. 멀게는 꼬 란따에서 달려온 보트도 있다. 대부분 점심시간에 맞춰 방문하기 때문에, 일시적으로 붐빌 뿐 보트들이 떠나면 본래의 한적한 모습으로 되돌아간다.

맑고 투명한 꼬 끄라단 해변

INFORMATION 여행에 필요한 정보

여행 시기

우기인 5~10월에는 보트도 운행하지 않고, 방갈로들도 대부분 문을 닫는다. 건기가 시작하는 11월부터 활기를 띠기 시작해 12~4월까지 성수기를 이룬다.

국립공원 입장료

인접한 꼬 묵과 더불어 핫 짜오마이 국립공원 Hat Chao Mai National Park에 속해 있다. 입장료는 외국인 200B, 내국인(태국인) 40B이다.

ACCESS 꼬 끄라단 가는 방법

꼬 묵과 마찬가지로 뜨랑의 꾸안뚱꾸 선착장(타르아 꾸안뚱꾸) Kuantungku Pier에서 보트를 타면 된다. 선착장에서 꼬 끄라단까지 보트로 50분 걸린다. 뜨랑 기차역 앞의 여행사에서 미니밴과 연계된 보트 티켓(편도 요금 450B)을 구입하거나, 예약한 숙소에서 제공하는 교통편을 이용하는 게 편리하다. 뜨랑 기차역 앞 여행사에서 오전 11시에 출발하며, 꼬 묵으로 가는 승객과 함께 태워 이동한다. 성수기에는 꼬 묵→꼬 끄라단→꼬 응아이→꼬 란따로 이동하며 승객을 내리고 태우는 보트가 추가로 운행된다(P.661 참고).

Accommodation 꼬 끄라단의 숙소

국립공원으로 지정되어 있어 숙소는 제한적이다. 섬의 동쪽 해변을 따라 방갈로와 리조트가 있다.

파라다이스 로스트 ★★★
Paradise Lost

해변이 아니라 섬 중간의 열대 정글 속에 있다. 전형적인 여행자 숙소로 시설은 간단하지만 방갈로는 무척 넓다. 꼬 끄라단 동쪽 해변에서 반대쪽 해변으로 건너가는 중간쯤에 있다. 해변에서 400m 떨어져 있다.
전화 08-9587-2409 요금 더블 700~800B(선풍기, 공동욕실), 더블 1,200~1,600B(선풍기, 개인욕실)

리프 리조트 ★★★
The Reef Resort

해변 동쪽에 있는 수영장을 갖춘 리조트. 정원과 해변을 사이에 두고 18개 객실이 들어서 있다. 콘크리트 건물로 통유리와 테라스를 통해 자연 정취를 가까이서 느낄 수 있도록 했다.
전화 09-0067-4400 홈페이지 www.reefresortkradan.com 요금 더블 3,800~5,600B(에어컨, 개인욕실, 냉장고, 아침식사)

세븐 시 리조트 ★★★★
Seven Seas Resort

해양 국립공원에 묶여 개발이 제한되던 꼬 끄라단에 등장한 고급 리조트다. 현대적인 시설로 쾌적한 독립 빌라를 운영한다. 해변과 접하고 있음에도 수영장까지 만들어 고급 리조트의 필수 조건을 충족시켰다.
전화 08-2490-2442, 08-2490-2552 홈페이지 www.sevenseasresorts.com 요금 가든 빌라 8,100B, 비치 프런트 빌라 1만 5,000B

Ko Ngai

꼬 응아이 เกาะไหง

꼬 묵에서 북서쪽으로 8㎞, 빡멩에서 서쪽으로 16㎞ 떨어진 섬이다. '꼬 하이 Ko Hai'라고도 한다. 지리적으로 짱왓 끄라비에 속해 있으며, 무 꼬 란따 해양 국립공원 Moo Ko Lanta Marine National Park으로 지정되어 보호되고 있다. 뜨랑 주변의 섬들과 가깝고, 보트가 뜨랑의 빡멩에서 출발하기 때문에 뜨랑에 속한 섬처럼 여겨진다.

꼬 응아이는 환상적인 모래해변과 크리스털빛의 바다를 간직하고 있다. 수심이 낮고 잔잔한 바다는 산호로 뒤덮여 스노클링도 가능하다. 투명한 물색을 자랑하는 해변을 따라 카르스트 지형이 펼쳐져 아름다움을 더한다. 2㎞에 이르는 섬 동쪽 해변은 열대 정글과 어우러진 남국의 풍경을 고스란히 보여준다. 뜨랑 주변의 섬 가운데 가장 많이 개발된 섬이지만, 끄라비의 섬들과는 비교할 수 없을 정도로 차분하다. 꼬 묵과 달리 고급 리조트들이 들어서 커플들과 가족단위 여행자들이 즐겨 찾는다.

섬을 둘러볼 때 유용한 긴 꼬리 배

INFORMATION 여행에 필요한 정보

은행 · 환전

섬에는 은행이나 환전소가 없기 때문에 필요한 돈을 미리 환전해 가는 게 좋다.

여행 시기

우기인 5~10월에는 보트도 운행하지 않고, 방갈로들도 대부분 문을 닫는다. 건기가 시작하는 11월부터 활기를 띠기 시작해 12~4월까지 성수기를 이룬다.

ACTIVITY 꼬 응아이의 즐길 거리

섬의 동쪽 해변과 남쪽 해변이 투명하고 산호가 많아서 멀리 가지 않고도 스노클링이 가능하다. 꼬 묵의 탐 모라꼿(P.662 참고)을 포함해 주변 섬을 방문하는 스노클링 투어는 1인당 800~1,000B 정도다.

ACCESS 꼬 응아이 가는 방법

꼬 응아이로 가는 가장 편리한 방법은 뜨랑 기차역 앞의 여행사에서 운영하는 미니밴과 연계된 보트 조인트 티켓(09:30분 출발, 편도 요금 550B)을 구입하는 것이다. 조인트 티켓으로 원하는 목적지까지 데려다 주기 때문에 편리하다. 고급 리조트들은 전용 보트를 이용하므로 예약할 때 교통편을 함께 예약하면 된다. 경우에 따라 꾸안뚱꾸 선착장(타르아 꾸안뚱꾸) Kuantungku Pier에서 보트를 타고 꼬 묵→꼬 끄라단→꼬 응아이를 차례로 방문하며 승객들을 내려주기도 한다.

꼬 응아이에서 육지로 나오지 않고 안다만해의 섬으로 직행하는 보트를 탈 수도 있다. 꼬 란따↔꼬 응아이↔꼬 묵↔꼬 리뻬 노선의 스피드 보트가 성수기에만 운행된다. 편도 요금은 꼬 란따까지 650B, 꼬 리뻬까지 1,600B이다. 보트 티켓은 모든 숙소에서 문의 및 예약이 가능하다.

Attraction 꼬 응아이의 볼거리

곱고 기다란 모래해변을 간직한 섬의 동쪽 해변이 가장 큰 볼거리다. 2km에 이르는 매혹적인 해변 앞으로 꼬 마 Ko Ma를 포함해 빡멩 Pak Meng까지 카르스트 지형이 겹겹이 펼쳐져 아름답다. 섬 남쪽의 아오 꼬똥 Ao Kotong 주변은 아름다운 산호와 열대어가 가득해 스노클링 포인트로 인기 있다.

꼬 응아이에서 바라본 안다만해   스노클링 포인트가 몰려있는 아오 꼬똥

Accommodation

꼬 응아이의 숙소

섬의 동쪽 해변에 숙소가 몰려 있다. 저렴한 방갈로는 없고 고급 리조트들이 대부분이다. 수영장과 스파 시설까지 갖춘 럭셔리 리조트도 들어서 있다. 성수기에는 요금이 2배 이상 오르기 때문에 1,000B 이하에서 숙박은 거의 불가능하다.

탑와린 리조트　★★★★
Thapwarin Resort

매력적인 방갈로와 코티지가 해변을 끼고 있다. 모던하고 럭셔리한 시설의 독립 방갈로들로 침구나 욕실은 고급스런 재료들을 이용해 꾸몄다. 욕실을 개방형으로 꾸며 자연적인 느낌을 더욱 강조했다.

위치 동쪽 해변 북단 전화 08-1894-3585 홈페이지 www.thapwarin.com 요금 와린 코티지 3,800~4,600B, 비치 프런트 6,500B

코코 코티지　★★★★
Coco Cottage

코코넛 나무 아래 가지런히 늘어선 단아한 코티지가 깔끔한 인상을 준다. 야자나무를 엮어 지붕을 만들어 자연적인 느낌을 주고, 객실은 심플하면서도 현대적인 감각을 유지한다. 창문을 많이 만들어 커튼을 젖히면 바다가 보이도록 설계된 것도 장점이다.

위치 동쪽 해변 북단의 탑와린 리조트 왼쪽 전화 08-9724-9225 홈페이지 www.coco-cottage.com 요금 더블 3,500~4,600B(에어컨, 개인욕실, 아침식사), 시 사이드 코티지 5,700B

탄야 리조트　★★★★
Thanya Resort

해변과 접한 커다란 야외 수영장이 매력적인 곳으로 덱체어에 누워 아름다운 경관을 감상하며 시간을 보내기 좋다. 객실은 독립 빌라 형태로 태국적인 감각으로 인테리어를 꾸몄다.

위치 동쪽 해변 북쪽 전화 0-7520-6967, 08-6950-7355 홈페이지 www.kohngaithanyaresort.com 요금 가든 방갈로 3,800B, 시 뷰 방갈로 4,800~5,300B

꼬 하이 판타지 리조트　★★★☆
Koh Hai Fantasy Resort

수영장에 스파 시설까지 갖춘 종합 리조트다. 다이빙 투어를 운영할 정도로 해양 스포츠와 보트 투어 프로그램이 다양하다. 비치 프런트 방갈로와 가든 빌라를 운영한다.

위치 동쪽 해변 남쪽 전화 0-7520-6923 홈페이지 www.kohhai.com 요금 스탠더드 2,600B, 딜럭스 3,800B, 비치프런트 5,200B

마야레이(마야레) 비치 리조트　★★★☆
Mayalay Beach Resort

19개의 독립 방갈로를 운영하는 소규모 숙소. 원목과 대나무 등 자연 소재를 이용해 자연친화적으로 꾸몄다. 해변에서 안쪽으로 방갈로가 들어서 있다. 방갈로마다 야외 테라스가 딸려있으며, 해변과 가까울수록 전망이 좋고 방값이 비싸다.

위치 해변 가운데 전화 0-7559-0376, 08-1894-3585 홈페이지 www.mayalaybeachresort.com 요금 가든 방갈로 3,000B(에어컨, 개인욕실, 냉장고, 아침식사), 시 뷰 방갈로 4,500B(에어컨, 개인욕실, 냉장고, 아침식사)

꼬 하이 시푸드　★★★
Koh Hai Sea Food

해변에 있는 시푸드 레스토랑 뒤쪽으로 방갈로를 운영한다. 시멘트 바닥에 목조로 만든 방갈로들이 잔디 정원에 들어서 있다. 선풍기 시설에 침대마다 모기장이 설치되어 있다. 참고로 앞쪽 방갈로에서는 바다가 보인다. 비수기에는 문을 닫는다.

위치 동쪽 해변 가운데 전화 09-5014-1853, 08-5043-4099 요금 더블 1,200~1,700B(선풍기, 개인욕실)

>> 꼬응아이 Ko Ngai **669**

Hat Yai

핫야이 핫야이 หาดใหญ่

    태국에서 말레이시아를 연결하는 관문 도시다. 방콕 남쪽에서 만나게 되는 가장 큰 도시로 인구 19만 명이 거주한다. 태국 남부지방답게 화교와 무슬림이 어울려 살며 거리 곳곳에 중국어 간판과 히잡 (hijab, 머리를 감싼 스카프)을 쓴 이슬람 여성들을 어렵지 않게 만날 수 있다. 핫야이는 관광산업보다 상업과 교통의 중심지로 발달했다. 남쪽으로 60㎞ 정도 떨어진 말레이시아는 물론 싱가포르도 가깝기 때문에, 물가도 싸고 종교적으로 자유로운 태국으로 쇼핑과 유흥을 위해 찾아온다. 더군다나 화교들이 핫야이 상권을 장악했기 때문에 말레이시아와 싱가포르에서 온 화교들이 중국어로 대화를 주고받을 수 있는 것도 매력이다.

    하지만 외국인 여행자들에게 핫야이는 단순한 경유지에 불과하다. 말레이시아로 넘어가는 국제버스를 타거나, 싸뚠의 주변 섬(꼬 따루따오, 꼬 리뻬)으로 가기 위해 잠시 거칠 뿐이다. 버스와 기차는 물론 항공까지 발달해 원하는 지역까지 불편 없이 이동할 수 있다. 핫야이는 '커다란 해변 Big Beach'이라는 뜻이다. 하지만 도시에는 고층 빌딩만 가득할 뿐 바다를 접하고 있지는 않다.

ACCESS 핫야이 가는 방법

교통의 요지답게 항공, 기차, 버스가 모두 발달해 있다. 태국–말레이시아를 연결하는 국제 열차는 물론이고 다양한 국제버스도 운행된다.

항공

태국 남부 최대의 도시답게 태국의 주요 항공사가 모두 취항한다. 4개 항공사에서 1일 20회 이상 핫야이↔방콕 노선을 취항한다. 에어 아시아(www.airasia.com)와 타이 라이언 에어(www.lionairthai.com)가 편도 요금 950~1,250B으로 저렴하며, 비행시간은 1시간 30분이다. 저가 항공사는 방콕의 돈므앙 공항을 이용한다.

기차

핫야이에서 방콕까지 하루 4편의 기차가 운행된다. 밤기차 침대칸은 인기가 높아 미리 예약하는 게 좋다. 핫야이 기차역 내에 예매 창구와 수하물 보관소가 있다. 자세한 출발 시간과 요금은 태국의 교통정보 기차편(P.62 참고) 또는 태국 철도청 홈페이지(www.railway.co.th)를 참고한다.

버스

방콕과 태국 남부 지방으로 버스가 운행된다. 푸껫, 끄라비, 뜨랑, 쑤랏타니 방향으로 버스가 활발하게 운행된다. 인접한 도시인 쏭크라 Songkhla, 싸뚠 Satun, 싸다오 Sadao(말레이시아 국경)로 갈 경우 버스 터미널에 출발하는 미니밴(롯뚜)을 이용하면 된다. 빡바라 Pakbara까지는 딸랏 까쎗 미니밴 정류장 Talat Kaset Minivan Station(키우 롯뚜 딸랏 까쎗)에서 출발한다. 시내에서 5km 떨어져 있기 때문에, 시내에 있는 여행사에서 미니밴을 예약하는 게 편리하다(P.676 참고). 말레이시아로 갈 경우 여행사를 통해 국제버스표를 예약하면 된다.

TRANSPORTATION 시내 교통

시내에서 버스 터미널까지 썽태우 합승 요금은 60~80B이다. 핫야이 공항으로 갈 경우 시내에 있는 여행사에서 운영하는 미니밴(편도 100B)을 이용하면 된다. 그랩 Grab을 이용할 경우 공항까지 200~250B정도 예상하면 된다.

핫야이에서 출발하는 버스

도착지	운행 시간	요금	소요시간
방콕	07:30, 09:00, 14:00, 16:30	VIP 1,086B 1등 에어컨 785~850B	14시간
푸껫	08:00~21:00(1일 13회)	390~462B	7~8시간
끄라비	07:30~17:00	296B	5시간
뜨랑	06:00~18:00(1시간 간격)	130B(미니밴)	3~4시간

---

travel plus

핫야이에서 꼬 따루따오, 꼬 리뻬 가기

짱왓 싸뚠에 속해 있는 꼬 따루따오와 꼬 리뻬를 가기 가장 편리한 도시는 핫야이입니다. 항공, 기차, 버스가 모두 연결되어 있어 다른 도시에서 접근하기 편리하기 때문이죠. 꼬 따루따오와 꼬 리뻬로 가는 보트는 빡바라 선착장 Pakbara Pier에서 출발합니다. 핫야이에서 빡바라까지는 버스가 아니라 미니밴을 이용해야 합니다. 미니밴은 시내 여행사에서 예약하면 픽업을 해주므로 그리 염려할 필요는 없습니다. 미니밴은 오전 7~11시까지 한 시간 간격으로 출발하며, 편도 요금은 150B입니다. 꼬 리뻬까지 가는 미니밴+보트 티켓을 구입하면 편리합니다. 보트 회사에 따라 요금이 다르긴 하지만 850B 정도에 예약이 가능합니다. 핫야이 공항에서 꼬 리뻬까지 직행할 경우 미니밴+보트 편도 요금은 900~1,000B입니다. 미니밴은 대부분 보트 시간에 맞추기 위해 오전 일찍 출발하는 편입니다.

Attraction

핫야이의 볼거리는 도시 전체를 뒤덮은 시장이다. 특히 타논 니팟우팃 능(싸이 능) Thanon Niphat Uthit 1, 타논 니팟우팃 썽(싸이 썽) Thanon Niphat Uthit 2, 나논 니팟우팃 쌈(싸이 쌈) Thanon Niphat Uthit 3에 시장이 가득하다. 도로와 골목을 소규모 상점이 가득 메워, 방콕의 차이나타운처럼 복잡하고 시끌벅적하다. 식료품, 건어물, 의류, 가방, 면직, 과자, 불법 복제 CD, DVD 등 다양한 물건을 판매한다. 삭스핀과 제비집, 해산물 식당까지 전체적으로 방콕의 차이나타운을 닮았다. 하지만 방콕과 달리 화교들과 함께 이슬람 상인들이 어울려 국경도시다운 면모를 풍긴다.

전통적인 재래시장 분위기를 느끼고 싶다면 낌용 시장(딸랏 낌용, 金榮百貨) Kimyong Market을 방문하자. 타논 니팟우팃 2와 타논 쑤파싼랑싼 Thanon Suphasanrangsan 사거리에 있다. 낮에만 문을 여는 상설시장으로 한 평 남짓한 작은 상점들이 좁은 통로를 사이에 두고 끝없이 이어진다. 쾌적한 쇼핑을 원한다면 쎈탄 백화점과 로빈싼 백화점이 최고다.

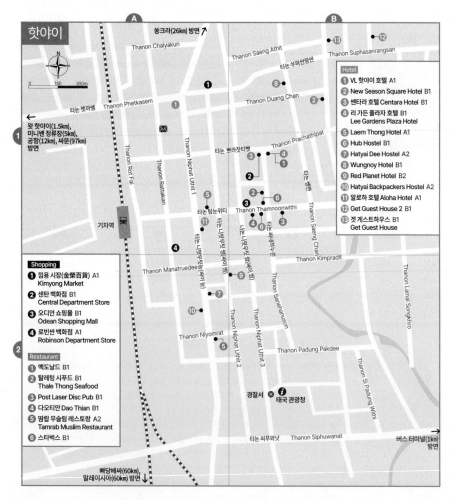

Restaurant

화교들이 대거 정착해 살고, 남부의 무슬림들까지 어울려 다양한 먹을거리를 제공한다. 특히 타논 니팟우 팃 2와 타논 니팟우팃 3 사이의 시장통은 화교들이 운영하는 중국 식당들이 흔하다. 정통 해산물 요리가 아니더라도 음식 진열대에서 반찬 한두 개를 골라 저렴하게 식사할 수 있다. 리 가든 플라자 호텔 Lee Garden Plaza Hotel에 딸린 쇼핑몰 내부에는 맥도널드를 비롯해 유명 체인 레스토랑이 많다.

Accommodation

상업도시로 교통요지답게 도시 규모에 비해 호텔이 많다. 모두 106개의 호텔이 성업 중이다. 따라서 예산과 기호에 따라 호텔을 선택할 수 있다. 기차역 주변의 호텔들이 교통은 물론 쇼핑하기 편리해 인기가 높다.

허브 호스텔 ★★★☆
Hub Hostel

기차역과 가까운 시내 중심가에 있는 호스텔이다. 에어컨 시설의 10인실 도미토리를 운영하며 공동욕실을 사용한다. 4명이 묵을 수 있는 패밀리 룸도 공동욕실을 사용해야 한다. 주변에 시장과 편의 시설이 몰려 있어 편리하다.

Map P.672-B1 주소 79/21 Thanon Thamnoonwithi 전화 08-2765-4445 요금 도미토리 420B(에어컨, 공동욕실) 가는 방법 기차역 앞쪽의 타논 탐눈위티 방향으로 400m.

레드 플래닛 호텔 ★★★☆
Red Planet Hat Yai

핫야이의 대표적인 중저가 호텔. 툰 호텔 Tune Hotel에서 레드 플래닛 호텔로 이름이 바뀌었다. 객실은 작지만 깨끗하고 저렴하다. 생수, 비누, 샴푸 등의 어매니티가 없으므로 직접 준비해야 한다.

Map P.672-B2 주소 152-156 Thanon Niphat Uthit 2 전화 0-7426-1011~3 홈페이지 www.redplanethotels. com 요금 스탠더드 900B(에어컨, 개인욕실, TV), 슈피리어 1,300B(에어컨, 개인욕실, TV, 냉장고) 가는 방법 타논 니팟우팃 2 거리에 있다. 기차역에서 500m.

겟 게스트하우스 ★★★☆
Get Guest House

객실이 6개뿐인 아담한 숙소. 객실은 작지만 에어컨, TV, 냉장고, 전기포트까지 필요한 것들을 갖추고 있다. 트윈 룸은 2층 침대가 놓여있다. 시설이 더 좋은 겟 게스트하우스 2(더블 룸 750~890B)를 함께 운영한다. 소규모로 운영되는 곳인 만큼 친절하다.

Map P.672-B1 주소 1/11 Thanon Pracharak 전화 09-2362-5987 홈페이지 www.facebook.com/ GetGuestHouse 요금 트윈 550B, 더블 650~790B(에어컨, 개인욕실, TV, 냉장고) 가는 방법 기차역에서 1km 떨어진 타논 쁘라차락에 있다.

쎈타라 호텔 ★★★★
Centara Hotel

핫야이 시내에서 인기 있는 호텔이다. 객실 인테리어도 흠잡을 데 없이 꾸몄다. 수영장과 피트니스, 레스토랑 같은 부대시설도 갈 갖추어져 있다. 호텔 바로 옆은 쎈탄 백화점과 시장이 형성되어 쇼핑하기에도 최적.

Map P.672-B1 주소 3 Thanon Sanehanuson 전화 0-7435-2222 요금 슈피리어 2,400B, 딜럭스 3,400B 가는 방법 타논 쁘라차티빳 & 타논 싸네하누쏜 삼거리에 있다.

Ko Tarutao

꼬 따루따오 เกาะตะรุเตา

　　태국 안다만해의 최남단에 위치한 섬이다. 말레이시아 랑카위 섬 Pulau Langkawi을 사이에 두고 해상 국경이 나뉜다. 꼬 따루따오는 주변의 51개 섬을 묶어 따루따오 해상 국립공원 Tarutao Marine National Park으로 보호되고 있다. 따루따오 해상 국립공원에서 가장 큰 섬으로 길이 26.5km, 너비 11km다. 대부분 산악지역(최고 높이 708m)인데 열대 우림으로 뒤덮여 있다. 섬의 서쪽 해안선에 해변이 많고, 섬의 내부에서는 석회암 동굴과 맹그로브 늪지대도 볼 수 있다.

　　따루따오는 말레이어로 '원시의' 또는 '오래된'이라는 뜻이다. 섬의 이름처럼 문명 세계와 격리된 상태로 평화롭고 한적한 섬이다. 전기도 한정적으로만 공급되며, 발전기가 작동을 중단하는 밤 10시가 되면 그야말로 파도소리만 들리는 고요함이 유지된다. 꼬 따루따오는 국립공원 관리소가 위치한 만큼 섬 전체가 체계적으로 관리·보호되고 있다. 기다란 모래해변을 다수 보유하고 있는데도 숙소는 단 두 개에 불과하다. 방갈로도 국립공원 관리공단에서 관리한다. 안다만해의 다른 섬들과 달리 한적한 해변을 발견해낼 수 있는 미지의 섬이다.

INFORMATION 여행에 필요한 정보

국립공원 안내소

보트가 도착하는 아오 빤떼 Ao Pante에 국립공원 안내소(운영 08:00~17:00, 전화 0-7478-3485, 0-7478-3597, 홈페이지 www.thainationalparks.com/tarutao-national-marine-park)가 있다. 섬의 숙박 시설 예약과 차량 섭외를 해준다.

은행 · 환전

꼬 따루따오 내에는 은행이나 ATM 시설이 없다. 섬에 도착하기 전에 필요한 만큼 충분히 환전해 두어야 한다.

여행 시기

안다만해의 다른 섬들과 마찬가지로 건기(12~4월)가 여행에 적합하다. 우기인 5~11월까지는 보트가 결항되기도 하므로 출발하기 전에 확인해야 한다. 우기에는 파도도 높고 비가 많이 오기 때문에 청명한 바다를 기대하기는 힘들다.

국립공원 입장료

꼬 따루따오를 방문하는 모든 사람은 국립공원 입장료(성인 200B, 아동 100B)를 내야 한다. 빡바라 선착장에서 보트 탑승 전에 입장료를 미리 받으며, 아오 빤떼 Ao Pante에 있는 꼬 따루따오 선착장에서 표를 검사한다. 꼬 따루따오 해상 국립공원 티켓 하나로 주변 섬들을 모두 방문할 수 있으므로 분실하지 않도록 주의해야 한다.

ACCESS 꼬 따루따오 가는 방법

빡바라 선착장(타르아 빡바라) Pakbara Pier에서 꼬 따루따오로 가는 보트가 출발한다(빡바라 선착장 이용료 20B). 출발 시간은 성수기와 비수기에 따라 변경되므로 빡바라로 향하기 전에 핫야이나 뜨랑에서 보트 시간을 미리 확인해 두자.

스피드 보트는 꼬 따루따오를 경유해 꼬 리뻬까지 운행된다. 빡바라→꼬 따루따오→꼬 리뻬까지 오픈티켓(출발 날짜를 지정하지 않고, 원하는 날짜에 티켓을 사용하는 방식) 형태로 구입하면 요금이 할인된다.

빡바라 선착장에서 출발하는 보트

노선(보트 종류)	출발 시간	편도 요금
빡바라→꼬 따루따오	11:30	450B
꼬 따루따오→꼬 리뻬	12:00	500B
꼬 리뻬→꼬 따루따오→빡바라	09:30	700B
빡바라→꼬 부론레	12:30	500B

꼬 리뻬를 오가는 스피드 보트가 꼬 따루따오에 잠시 들른다.

TRANSPORTATION 시내 교통

섬이 커서 걸어서 다닐 수는 없다. 아오 빤떼에서 아오 모래까지가 걸어갈 만한 거리다. 섬을 전체적으로 둘러보고 싶다면 방문자 센터에서 자전거를 빌리면 된다. 자전거 대여료는 하루에 250B이다. 국립공원에서 운영하는 트럭 버스가 있는데, 아오 딸로와우 Ao Taloh Wow를 갈 경우 이용할 수 있다. 인원에 관계없이 왕복 요금 600B이다.

☑꼭! 알아두세요

빡바라 선착장 가기

핫야이, 뜨랑, 싸뚠에서 빡바라 선착장까지 미니밴이 운행됩니다. 운행편수가 가장 많은 도시는 핫야이입니다. 핫야이 기차역 앞에서 미니밴이 출발하며, 여행사를 통해서 쉽게 예약이 가능합니다. 미니밴은 오전 7~11시 사이에 한 시간 간격으로 출발하며, 편도 요금은 200B입니다. 뜨랑에서 출발할 경우 기차역 앞의 여행사에서 예약하면 됩니다. 오전 9시 30분에 출발하며, 편도 요금은 250B입니다. 대부분 보트 티켓과 연계해 티켓을 판매합니다. 대중교통을 이용할 경우 싸뚠↔뜨랑을 오가는 버스를 타고 라응우 La-Ngu에서 내린 다음 빡바라로 가는 버스로 갈아타야 합니다.

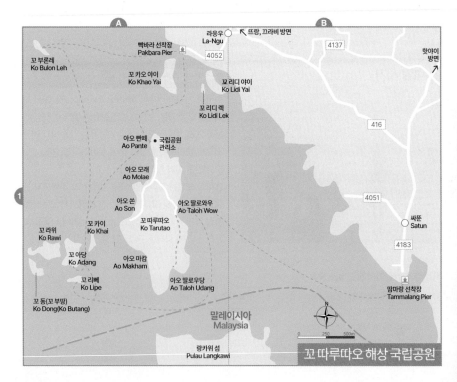

꼬 따루따오 해상 국립공원

해변 자체가 가장 큰 볼거리이지만, 섬의 규모가 크고 국립공원으로 보호되어 다양한 야생동물도 볼 수 있다. 100여 종의 새가 서식해 조류관찰 여행지로도 손색없다. 섬의 남쪽에는 정치범 수용소를 따라 만든 역사 산책로도 있다.

해변
Beaches　　★★★☆

꼬 따루따오는 서쪽 해안선이 발달해 있다. 보트가 도착하고 국립공원 관리소가 위치한 아오 빤떼 Ao Pante(아오 빤떼 마라까 Ao Pante Malaka라고도 한다)를 시작으로 곱고 기다란 모래해변을 간직한 해변이 곳곳에 있다. 아오 빤떼 해변 끝자락과 연결되는 아오 짝 Ao Chak은 해안 끝의 절벽으로 인해 서로 단절된 느낌이다. 아오 빤떼에서 걸어서 30분 걸리는 아오 모래 Ao Molae는 하얀 모래사장으로 유명하다. 야자수 나무가 가득하며 아오 빤떼에 비해 한적한 풍경이다. 아오 모래에도 국립공원에서 운영하는 방갈로가 있다.

아오 쏜 Ao Son은 해변에 카수아리나 나무가 가득해 '쏜' 만(灣)이라 불리는데, 아오 빤떼에서 남쪽으로 8㎞ 떨어져 있다.

파또부
Fah Toboo　　★★☆

아오 빤떼에 있는 국립공원 관리소 뒤쪽의 바위산 정상에 있는 전망대다. 해변에서 500m 떨어져 있으며, 걸어서 20분 정도 걸린다. 전망대에서는 꼬 따루따오 주변의 꼬 리뻬와 꼬 아당까지 멀리 바라다보인다. 일몰 시간에 방문하는 사람들이 많다. 해가 지면 금방 어두워지므로 서둘러 내려와야 한다.

탐 짜라케
Tham Charakhe　　★★

동굴에 악어가 서식한다 하여 악어 동굴('탐'은 동굴, '짜라케'는 악어를 뜻한다) Crocodile Cave이라고 부른다. 아오 빤떼의 보트 선착장 쪽에서 연결된 수로를 따라 2㎞를 거슬러 올라가야 한다. 이름과 달리 동굴에는 악어가 서식하지 않지만 맹그로브 늪지대를 지나는 동안 다양한 조류를 관찰할 수 있다. 걸어서 갈 수 없기 때문에 보트를 대여해야 한다. 보트 투어는 1시간 30분 소요되며, 요금은 보트 1대에 500B이다. 예약은 국립공원 관리소에 문의하면 된다.

아오 빤떼

파또부 일몰

탐 짜라케 입구

아오 딸로와우 ★★★
Ao Taloh Wow

꼬 따루따오 동쪽에 있는 만(灣)으로 국립공원 관리소에서 16km 떨어져 있다. 방콕에서 멀리 떨어진 꼬 따루따오 섬 내에서도 외진 곳에 있기 때문에 과거 유배지로 더없이 좋은 역할을 했다. 1938년부터는 정치범을 수용하기 위해 감옥을 만들어 운영했다. 반정부 활동을 했거나 쿠데타를 주도했던 고위 관료들을 수감했다고 한다. 라마 7세의 손자인 바원뎃 왕자 Prince Bawondet도 정치범으로 잡혀 복권되기 전까지 이 섬에 갇혀 있었다고 한다.

공식적으로 정치범 수용소는 1948년에 폐쇄되었다. 슬픈 역사를 간직한 아오 딸로와우는 역사교육 장소로 활용된다. 감옥을 포함한 죄수들이 사용하던 식당, 병원 시설들이 지금도 남아 있는데, 국립공원 관리소에서 만든 역사 산책로 Ao Taloh Waw Historical Trail를 따라가며 둘러볼 수 있다. 주요 시설마다 친절하게 안내판을 설치해 이해를 돕는다. 2km에 이르는 역사 산책로는 숲이 우거진 열대 우림 지역을 걷기 때문에 삼림욕하는 기분이 든다.

아오 딸로와우까지는 아오 빤떼의 국립공원 관리소에서 운영하는 트럭을 개조한 차량을 타야 한다. 정해진 출발 시간은 없으며, 인원에 관계없이 차량 한 대에 왕복 600B이다.

Restaurant   꼬 따루따오의 레스토랑

국립공원 관리소에서 운영하는 레스토랑이 유일하다. 방갈로가 있는 아오 빤떼와 아오 모래에 레스토랑(영업 08:00~14:00, 17:30~20:30, 예산 150~300B)이 있다. 레스토랑이 문을 닫으면 딱히 식사할 곳이 없기 때문에 식사시간을 잘 맞추어야 한다. 물이나 필요한 물건들은 국립공원 관리소 옆의 매점에서 구입하면 된다.

Accommodation   꼬 따루따오의 숙소

꼬 따루따오의 숙소는 딱 두 곳으로 국립공원에서 운영·관리한다. 대부분의 여행자들은 국립공원 관리소가 위치한 아오 빤떼에서 묵는다. 아오 빤떼에서 4km 떨어진 아오 모래에도 방갈로가 있다. 두 곳 모두 국립공원 관리소에서 예약해야 한다. 아오 모래에 묵을 경우 국립공원 관리소에서 운영하는 셔틀버스(편도 50B)를 타고 가야 한다.

국립공원 방갈로 ★★★
National Park Bungalows

롱하우스와 독립 방갈로로 구분된다. 공동욕실을 사용하는 롱하우스는 객실이 쭉 붙어 있는 단층 건물이다. 방마다 침대가 4개씩 놓여 있는데, 인원에 관계없이 동일한 요금(500B)을 받는다.

독립 방갈로는 개인욕실이 딸려 있으며 2인실과 4인실로 구분된다. 해변과 가까운 방갈로가 더 비싼데, 방도 넓고 콘크리트로 만들어 깔끔하다. 혼자라거나 저렴한 숙박을 원한다면 캠핑을 하면 된다. 텐트(대여료 250B)는 국립공원 관리소에서 빌릴 수 있다.

주소 Ao Pante 전화 0-7478-3485(꼬 따루따오), 0-7478-3597(빡바라) 요금 롱하우스 500B(선풍기, 공동욕실), 트윈 600~800B(선풍기, 개인욕실), 4인실 1,200B(선풍기, 개인욕실) 가는 방법 국립공원 관리소에 문의하면 된다.

Ko Lipe

꼬 리뻬 เกาะหลีเป๊ะ

태국 안다만해의 최남단에 있는 섬이다. 말레이시아와 해상 국경을 이룬다. 태국 정부에서 '태국의 몰디브'라고 홍보하는 곳으로 푸른빛이 감도는 투명한 바다가 태양빛에 반짝인다. 섬 전체를 걸어 다닐 수 있을 정도로 작지만, 3면에 곱고 기다란 모래 해변을 갖고 있다. 완만하고 잔잔한 바다는 수영과 스노클링에 더 없이 좋다. 꼬 리뻬 주변으로 꼬 아당 Ko Adang, 꼬 라위 Ko Rawi 같은 매혹적인 섬들이 산재해 아름다움을 더한다.

섬 전체가 꼬 따루따오 해상 국립공원 Ko Tarutao Marine National Park으로 묶여 있다. 하지만 최근 몇 년 사이 관광산업이 급속도로 팽창하면서 수영장을 갖춘 고급 리조트들이 속속 등장하고 있다. 정글로 남아 있던 섬 내륙까지 개발되면서 섬의 원주민인 차오레 Chao Lay(바다의 유목민)들의 생활환경마저 변화시켰다. 방콕과 푸껫에서 멀리 떨어져 있는 곳인 만큼 아름다운 풍경과 어울리는 감미로운 분위기는 여전하다.

은행 · 환전

최근 들어 리조트들이 부쩍 많이 건설되고, 여행자들도 많이 찾아오지만 아직까지는 은행이나 환전소는 없다. 다행이도 ATM 기계가 있어 현금 인출은 가능하다. 워킹 스트리트에 있는 세븐일레븐에 설치된 끄룽씨 은행 ATM을 이용하면 된다.

여행 시기

안다만해의 다른 섬들과 마찬가지로 건기인 12~4월까지가 여행에 적합한 시기다. 우기인 5~11월까지는 보트가 결항하기도 하므로 출발하기 전에 확인해야 한다. 우기에는 파도도 높고 비가 많이 오기 때문에 청명한 바다를 기대하기는 힘들다.

국립공원 입장료

해상 국립공원으로 지정되어 있어 국립공원 입장료 200B를 내야 한다. 빡바라 선착장(선착장 이용료 20B 별도)에서 보트 탑승 전에 입장료를 미리 내야 한다. 다른 섬에서 왔을 경우 꼬 리뻬에 도착하면 입장료를 받는다(꼬 따루따오에서 왔을 경우 미리 구입한 국립공원 입장권을 보여주면 된다).

꼬 리뻬의 즐길 거리

꼬 리뻬는 스노클링과 다이빙이 매력적인 장소다. 꼬 리뻬 주변의 섬들은 다양한 해양 동물을 관찰하기 적합한 곳이다. 전 세계에서 볼 수 있는 열대어의 25%가 꼬 리뻬 주변에서 서식한다. 꼬 짜방, 꼬 힌 응암, 꼬 라위, 꼬 아당 주변의 바다는 수심이 낮고 깨끗해 스노클링 마스크만 끼고도 바다 깊숙이 들여다볼 수 있다. 정해진 루트를 도는 투어를 이용할 경우 1인당 600~800B이며, 긴 꼬리 배를 빌릴 경우 반나절에 1,800~2,000B 정도에 흥정하면 된다.

싸뚠 빡바라 스피드보트 Satun Pakbara Speed Boat Club(홈페이지 www.spcthailand.com), 플러이싸얌 스피드 보트 Ploysiam Speed Boat(홈페이지 www.ploysiamspeedboat.com), 반다야 스피드보트 Bundhaya Speed Boat(홈페이지 www.bundhayaspeedboat.com), 타이거라인 페리 Tigerline Ferry(홈페이지 www.tigerlinetravel.com) 네 개 보트 회사에서 매일 2~3회 운행된다. 성수기 기준으로 09:30, 11:30, 13:30분에 출발한다. 편도 요금 700~800B, 왕복 요금 1,400~1,600B이다. 일부 보트 회사는 꼬 따루따오에 잠시 들러 승객을 내리고 태운 다음 꼬 리뻬까지 간다. 스피드 보트로 90분 걸린다.

꼬 리뻬가 인기가 높아지면서 육지를 거치지 않는 보트 노선도 새롭게 선보였다. 꼬 리뻬→꼬 부론→꼬 묵→꼬 응아이→꼬 란따를 연결하는 보트도 하루 1회(09:00) 출발한다. 요금은 꼬 부론까지 600B, 꼬 묵까지 1,400B 꼬 란따까지 1,900B이다. 꼬 리뻬에서 말레이시아 랑카위 섬으로 가는 보트는 1일 2회(11:00, 15:00) 출발하며, 편도 요금은 1,400~1,500B이다. 보트 티켓은 여행사나 숙소에서 예약을 대행해 준다.

섬이 작아서 걸어 다니면 된다. 워킹 스트리트라 불리는 내륙 도로를 제외하면 마땅한 도로도 없기 때문에 걷는 게 가장 좋은 방법이다. 섬을 한 바퀴 도는 데 1시간 정도가 걸리고, 핫 파타야에서 선셋 비치로 직행하면 15분 정도 소요된다. 오토바이 택시를 이용할 경우 50B을 받는다.

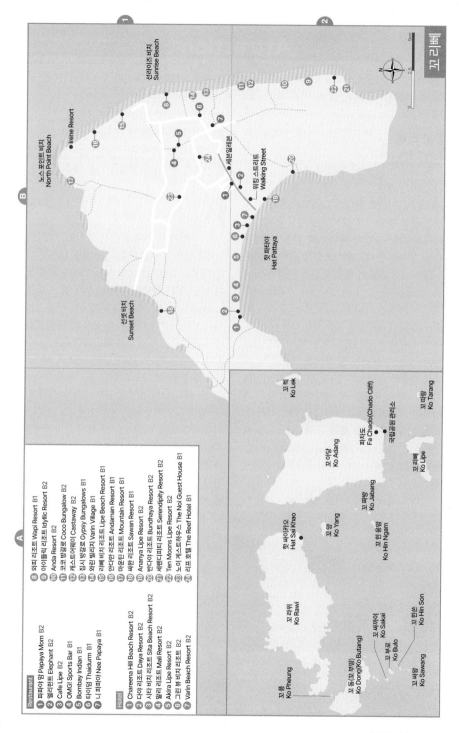

꼬리뻬

Restaurant
1. 파파야 맘 Papaya Mom B2
2. 엘리펀트 Elephant B2
3. Cafe Lipe B2
4. OMG! Sports Bar B1
5. Bombay Indian B1
6. 타이덤 Thaidurm B1
7. 니 파파야 Nee Papaya B1
8. 위피 리조트 Wapi Resort B1
9. 아이들릭 리조트 Idyllic Resort B2
10. Anda Resort B2
11. 코코 방갈로 Coco Bungalow B2
12. 캐스트어웨이 Castaway B2
13. 집시 방갈로 Gypsy Bungalows B1
14. 와린 빌리지 Varin Village B1

Hotel
1. Chareena Hill Beach Resort B2
2. 다야 리조트 Daya Resort B2
3. 시타 비치 리조트 Sita Beach Resort B2
4. 말리 리조트 Mali Resort B2
5. Akira Lipe Resort B2
6. 그린 뷰 비치 리조트 B2
7. Varin Beach Resort B2
15. 리뻬 비치 리조트 Lipe Beach Resort B1
16. 안다만 리조트 Andaman Resort B1
17. 마운틴 리조트 Mountain Resort B1
18. 싸완 리조트 Sawan Resort B1
19. Ananya Lipe Resort B2
20. 번다야 리조트 Bundhaya Resort B2
21. 세렌디피티 리조트 Serendipity Resort B2
22. Ten Moons Lipe Resort B2
23. 노이 게스트하우스 The Noi Guest House B1
24. 리프 호텔 The Reef Hotel B1

노스 포인트 비치 North Point Beach
선라이즈 비치 Sunrise Beach
Irene Resort
세븐일레븐
워킹 스트리트 Walking Street
핫 파타야 Hat Pattaya
선셋 비치 Sunset Beach

꼬렉 Ko Lek
꼬아당 Ko Adang
파차도 Fa Chado(Chado Cliff)
국립공원 관리소
꼬따랑 Ko Tarang
꼬리뻬 Ko Lipe
꼬쟈방 Ko Jabang
꼬양 Ko Yang
꼬힌응암 Ko Hin Ngam
핫 싸이카오 Hat Sai Khao
꼬라위 Ko Rawi
꼬싸까이 Ko Sakai
꼬동(꼬부땅) Ko Dong(Ko Butang)
꼬불로 Ko Bulo
꼬힌썬 Ko Hin Son
꼬펑 Ko Pheung
꼬싸왕 Ko Sawang

섬의 크기는 작지만 숙소가 많아서 주변 섬들을 여행하기 위한 거점으로 여겨진다. 꼬 리뻬와 인접한 꼬 아당을 포함해 주변 섬들은 꼬 따루따오 해상 국립공원으로 지정되어 보호되고 있다.

꼬 리뻬 ★★★★
Ko Lipe

꼬 리뻬는 크게 세 개의 해변으로 나뉜다. 섬 남쪽의 해안선을 이루는 핫 파타야 Hat Pattaya(또는 핫 반다야 Hat Bundhaya)가 가장 곱고 완만한 모래해변을 이룬다. 꼬 리뻬에서 가장 발달한 해변으로 긴 꼬리 배가 가득 정박해 있다. 해변 오른쪽 끝에는 해군 부대가 있어 개발이 제한된 탓에 한적한 바다와 스노클링을 즐길 수 있다. 섬 동쪽의 선라이즈 비치 Sunrise Beach(또는 핫 차오레 Hat Chao Leh)는 한적한 분위기를 풍긴다. 선셋 비치 Sunset Beach(또는 핫 프라몽 Hat Pramong)라 불리는 섬 북서쪽 해변은 말 그대로 일몰을 관람하기 좋다. 선라이즈 비치와 선셋 비치 앞으로는 꼬 아당을 포함한 주변 섬들이 어우러져 매혹적인 풍경을 선사한다. 특히 선라이즈 비치 북쪽 끝에 있는 노스 포인트 비치 North Point Beach에서 바라보는 풍경은 꼬 리뻬가 얼마나 아름다운지 실감케 해준다.

섬의 남쪽에서 북쪽으로 넘어가는 내륙 도로는 워킹 스트리트 Walking Street라 불린다. 여행사, 다이빙 숍, 카페, 미니마트, 기념품 가게가 포장도로 양옆을 가득 메우고 있다.

꼬 아당 ★★★
Ko Adang

꼬 리뻬와 마주보고 있는 섬이다. 울창한 열대우림으로 뒤덮여 있고, 국립공원의 일부라 개발이 전혀 안 되어 있다. 꼬 아당의 중심이 되는 곳은 국립공원 관리소가 있는 램쏜 Laem Son이다. 소나무가 가득한 해안선을 따라 모래사장이 이어지는 곳으로, 국립공원에서 운영하는 방갈로와 레스토랑을 만날 수 있다.

국립공원 관리소 뒤쪽으로 파차도 Fa Chado(Chado Cliff)로 올라가는 산길이 있다. 암벽으로 이루어진 절벽인 파차도는 일종의 전망대로 꼬 아당과 꼬 리뻬가 안다만해를 사이에 두고 그림처럼 펼쳐진다. 높이에 따라 뷰포인트 1, 뷰포인트 2, 뷰포인트 3으로 구분된다. 뷰포인트 3은 파차도의 정상에 해당하며 국립공원 관리소로부터 걸어서 1시간 걸린다. 굳이 뷰포인트 3까지 올라가지 더라도 뷰포인트 1에서도 충분히 고생한 보람을 느낄 수 있다.

꼬 아당은 국립공원 관리소에서 운영하는

꼬 리뻬
섬 북쪽 노스 포인트 비치

파차도 전망대

꼬 라위

꼬 카이

꼬 힌 응암

방갈로와 텐트에서 숙박이 가능하다. 롱하우스 형태의 숙소로 더블 룸 기준 1,500B이다. 모두 선풍기 시설로 개인욕실이 딸려 있다. 텐트 대여료는 하루에 340B이다. 레스토랑은 오전 7시부터 오후 9시까지만 운영된다. 꼬 리뻬보다 더 조용하고 고요한 밤을 보낼 수 있다.

꼬 리뻬에서 출발한 스노클링 투어는 꼬 아당의 서쪽 해변에 잠시 정박해 스노클링을 하고 돌아간다. 램쏜이나 파차도를 가기 위해서는 꼬 리뻬에서 별도로 배를 빌려 섬을 방문해야 한다. 꼬 리뻬의 선라이즈 비치에서 램쏜까지 왕복 요금은 200B 정도다.

꼬 라위 ★★★★
Ko Rawi

꼬 리뻬 서쪽으로 11㎞ 떨어져 있다. 곱고 고운 모래해변과 쪽빛 바다가 환상적인 경관을 제공한다. 일반적으로 섬의 동쪽 해변인 핫 싸이카오 Hat Sai Khao에 정박해 시간을 보낸다. 핫 싸이카오는 화이트 샌드 비치 White Sand Beach라는 이름처럼 하얀 모래해변 앞으로 꼬 아당이 펼쳐진다. 핫 싸이카오에서는 국립공원 입장료(200B)를 받는다. 빡바라 선착장에서 구입한 국립공원 티켓을 보여주면 된다. 섬 전체가 열대우림으로 뒤덮인 원시의 섬이다. 숙박 시설은 없지만, 국립공원 관리소에서 미리 허가를 받으면 캠핑이 가능하다.

꼬 힌 응암 ★★★
Ko Hin Ngam

꼬 아당과 꼬 라위 사이에 있는 작은 섬이다. '아름다운 돌섬'이라는 뜻으로 섬의 해안에 매끈한 돌들이 가득해 붙여진 이름이다. 하얀 모래해변이 아닌 검은색 자갈들이 가득한 해변을 갖고 있다. 섬에서 돌을 가져가면 불운이 닥친다고 여기며, 돌탑을 쌓아놓고 소원을 비는 사람들도 종종 볼 수 있다. 섬의 주변은 스노클링 포인트로 인기가 높다.

꼬 카이 ★★★
Ko Khai

꼬 리뻬와 꼬 따루따오 사이에 있는 무인도다. 자연적으로 형성된 아치 모양의 터널과 하얀 모래해변으로 유명하다. 독특한 모양 때문에 꼬 따루따오 국립공원의 상징물처럼 여겨진다. 하지만 꼬 리뻬에서 워낙 멀리 떨어져 있어서 보트 투어 프로그램에서 대부분 제외되어 있다. 꼬 따루따오에서 꼬 리뻬로 들어올 때 꼬 카이 앞에서 잠시 속도를 늦춰주는 보트도 있다.

Restaurant

작은 섬이기 때문에 독립적으로 운영하는 레스토랑보다 숙소에 딸린 레스토랑이 많다. 태국 음식을 위주로 요리하지만 외국인들이 많아 유럽 음식도 어디서나 가능하다. 섬 주민들이 운영하는 평범한 레스토랑들은 섬의 내륙 도로인 워킹 스트리트에 몰려 있다.

파파야 맘 ★★★
Papaya Mom

2012년 자그마한 식당에서 시작해 현재는 꼬 리뻬의 대표적인 태국 음식점으로 변모했다. 쏨땀(파파야 샐러드)를 포함한 이싼 음식(P.699 참고)부터 해산물까지 다양한 태국 음식을 요리한다. 식당 입구에 해산물을 진열해 놓고 있으며, 다양한 숯불 꼬치구이도 즉석에서 만들어 준다.
Map P.681-B1 전화 06-2365-6195 영업 09:00~22:00 메뉴 영어, 태국어 예산 160~650B 가는 방법 워킹 스트리트 끝자락에 있다.

타이덤 ★★★☆
Thaidurm

해변의 비싼 레스토랑에 비해 상대적으로 무난한 가격에 식사가 가능하다. 쏨땀, 저렴한 덮밥, 각종 볶음 요리, 태국 카레 등을 요리한다. 매운 남부식 태국 음식을 요리해 태국 관광객들도 많이 찾아온다.
Map P.681-B1 전화 09-6797-2895 홈페이지 www.facebook.com/thaidurm 영업 11:00~23:00 메뉴 영어, 태국어 예산 단품 메뉴 100~150B, 메인 요리 200~500B 가는 방법 워킹 스트리트 끝에서 선라이즈 비치로 넘어가는 길에 있다.

니 파파야 ★★★
Nee Papaya

섬 내륙에 있는 무난한 태국 식당. 외국 여행자에게 인기 있는 식당 중 한 곳이다. 쏨땀(파파야 샐러드), 팟타이, 볶음국수, 채소 볶음, 생선·새우 요리 등 기본적인 태국 음식을 만든다. 해산물은 무게를 재서 가격을 책정한다. 참고로 성수기 저녁에는 붐비는 편이다.
Map P.681-B1 영업 09:00~23:00 메뉴 영어, 중국어, 태국어 예산 150~300B 가는 방법 워킹 스트리트에서 선라이즈 비치로 넘어가는 골목에 있다.

엘리펀트 ★★★
Elephant

워킹 스트리트에 있는 유명한 카페. 오랫동안 외국 여행자의 사랑을 받고 있다. 서양식 아침 식사, 브런치, 버거, 피자, 팔라펠 Falafel, 후무스 Humus를 메인으로 요리한다. 비건 메뉴도 갖추고 있다.
Map P.681-B2 주소 358 Walking Street 홈페이지 www.facebook.com/ElephantKohLipe 영업 07:00~22:00 메뉴 영어 예산 220~400B 가는 방법 워킹 스트리트 초입에 있다.

Accommodation

섬의 크기에 비해 숙소는 많다. 관광객이 급증하면서 숙소가 고급화되고 있다. 육지에서 멀리 떨어진 섬이라 시설에 비해 방 값이 비싸다. 비수기에 문을 닫는 대신 겨울 성수기에는 대목을 노려 방 값이 대폭 인상된다. 성수기에는 1,000B 이하의 숙소는 거의 없고, 선풍기 시설에 개인욕실을 갖춘 평범한 목조 방갈로가 2,000B 정도 예상해야 한다. 성수기에는 방을 구하기 힘들어 미리 예약하는 게 좋다. 요금은 성수기 기준이며, 비수기(5~10월)에는 할인된다.

핫 파타야 Hat Pattaya

그린 뷰 비치 리조트 ★★★
Green View Beach Resort

거창한 이름과 달리 깔끔한 대나무 방갈로를 운영하는 중급 숙소다. 해변과 접하고 있으며, 넓은 정원도 보유하고 있다. 방갈로들은 넓고 깨끗하다. 여유롭고 평화로운 풍경을 제공해 주지만 성수기에 요금 인상이 심해서 가격적인 매력은 떨어진다.
Map P.681-B2 전화 08-2830-3843, 08-4521-7969 홈페이지 www.greenviewkohlipe.com 요금 더블 1,200~1,800B(선풍기, 개인욕실)

말리 리조트 ★★★★
Mali Resort

파타야 해변에 있는 고급 리조트 중 한 곳이다. 잘 가꾸어진 잔디 정원과 야자수 주변으로 독립된 방갈로가 들어서 있어 여유롭다. 에어컨 시설의 방갈로는 티크 나무와 넓은 창문 덕분에 분위기가 좋고 일부 방갈로는 콘크리트로 지어졌다. 참고로 반대쪽 해변에 수영장을 갖춘 말리 리조트 선라이즈 비치 Mali Resort Sunrise Beach를 함께 운영한다.
Map P.681-B2 전화 09-1979-4600 홈페이지 www.maliresorts.com 요금 가든 방갈로 4,300~5,300B(에어컨, 개인욕실, TV, 아침식사), 오션 빌라 7,300~9,300B(에어컨, 개인욕실, TV, 냉장고, 아침식사) 가는 방법 파파탸 비치 중간에 있다.

선라이즈 비치 Sunrise Beach

집시 리조트 ★★★
Gipsy Resort

오래된 여행자 숙소로 한적한 열대 해변 분위기와 잘 어울리는 방갈로를 운영한다. 해변과 접하고 있으나 대부분의 방갈로에서 바다는 보이지 않는다. 저렴한 대나무 방갈로는 선풍기 시설로 모기장이 설치되어 있다. 에어컨 시설의 콘크리트 빌라를 신설하면서 고급화를 꾀하고 있다.
Map P.681-B1 전화 08-9739-8201 홈페이지 www.gipsyresort.com 요금 더블 1,150~1,600B(선풍기, 개인욕실), 더블 1,900~2,300B(에어컨, 개인욕실)

리뻬 비치 리조트 ★★★☆
Lipe Beach Resort

시설이 업그레이드되면서 가격이 인상됐다. 선풍기 시설의 목조 방갈로가 대부분으로, 에어컨 시설의 비치프런트 방갈로도 있다. 모든 방갈로는 TV는 없고 냉장고만 있다. 아침식사가 포함된다. 해변을 끼고 있으면서도 한적한 느낌을 준다.
Map P.681-B1 전화 09-9265-0808 홈페이지 www.lipebeachresort.com 요금 가든 방갈로 1,500~2,300B(선풍기, 개인욕실, 아침식사), 시브리즈 방갈로 2,600~3,100B(선풍기, 개인욕실, 아침식사), 비치프런트 4,000~5,600B(에어컨, 개인욕실, 냉장고, 아침식사)

와피 리조트 ★★★☆
Wapi Resort

해변과 접해 있는 중급 리조트로 새로이 리모델링해 객실 시설이 좋은 편이다. 방갈로마다 테라스가 딸려 있고 개인욕실은 온수 샤워가 가능하다. 해변에서 떨어져 있는 가든 방갈로는 객실에 냉장고가 없다. 럭셔리한 곳은 아니지만 비슷한 가격대 숙소 대비 시설이 좋은 편이다. 비수기 요금은 1,600B

부터 시작된다.

Map P.681-B1 전화 08-0037-6150, 08-9464-5854 홈페이지 www.wapiresortkohlipe.com 요금 가든 방갈로 3,000B(에어컨, 개인욕실, TV, 아침식사), 시 뷰 코티지 5,000B(에어컨, 개인욕실, TV, 냉장고, 아침식사) 가는 방법 선라이즈 비치 북쪽에 있다.

마운틴 리조트 ★★★☆
Mountain Resort

해변 끝자락의 언덕에 자리한 리조트로 섬과 바다 풍경이 일품이다. 꼬 리뻬 바로 앞의 꼬 아당이 손에 잡힐 듯 가깝게 보인다. 방갈로 형태의 숙소로 바닷가와 가까울수록 전망과 시설이 좋다. 가든 방갈로는 산 중턱에 있어 한적한 느낌을 준다. 수영장을 갖추고 있으며 아침식사가 포함된다.

Map P.681-B1 전화 0-7475-0917, 08-1540-4163 홈페이지 www.mountainresortkohlipe.com 요금 딜럭스 가든 방갈로 3,400B(에어컨, 개인욕실, TV, 냉장고, 아침식사), 그랜드 가든 5,000B, 그랜드 시 뷰 7,000B

캐스트어웨이 ★★★★
Castaway

해변과 정원에 배치된 목조 방갈로를 운영한다. 방갈로는 넓고 아늑하며, 테라스와 해먹이 있어 여유롭다. 침구는 산악 민족인 몽족이 만든 수공예품으로 꾸몄다. 딜럭스 방갈로는 복층으로 이루어져 공간 활용이 여유롭다. 스파와 다이빙 숍을 함께 운영한다.

Map P.681-B2 전화 08-3138-7472 홈페이지 www.kohlipe.castaway-resorts.com 요금 더블 3,500~5,900B(선풍기, 개인욕실)

아이딜릭 콘셉트 리조트 ★★★★
Idyllic Concept Resort

모던하게 꾸민 부티크 리조트로 수영장과 해변, 정원이 함께 어우러져 분위기가 좋다. 화이트 톤으로 객실을 꾸몄는데, 객실과 침구 상태가 무척 깔끔하다. 개인욕실은 개방형으로 만들었고, 넓은 창문과 테라스까지 있어 한결 여유롭다.

전화 08-8227-5389 홈페이지 www.idyllicresort.com 요금 가든 빌라 6,600B, 시 뷰 빌라 7,200~7,800B

섬 내륙 지역 Inland & Walking Street

노이 게스트하우스 ★★★☆
The Noi Guest House

섬 내륙에 있는 숙소로 콘크리트 건물을 신축해 깨끗하다. 객실은 에어컨 시설로 TV, 냉장고, 전기포트, 온수가 나오는 개인욕실을 갖추고 있다. 모두 10개 객실을 운영하며 아침식사가 제공된다. 태국인 주인 가족이 함께 거주하며 운영한다.

Map P.681-B1 전화 09-4495-4953, 09-9159-1600 홈페이지 www.facebook.com/noiguesthouse 요금 더블 1,500~2,700B(에어컨, 개인욕실, TV, 냉장고, 아침식사) 가는 방법 워킹 스트리트에서 선셋 비치로 넘어가는 섬 내륙 지점에 있다. 워킹 스트리트까지 도보 5분. 해변까지 도보 10~15분.

리프 호텔 ★★★☆
The Reef Hotel

깔끔한 시설과 합리적인 가격을 자랑하는 호텔이다. 콘크리트 건물로 21개 객실을 운영한다. 에어컨 시설에 TV, 냉장고, 안전금고를 갖추고 있으며 아침 식사가 포함된다. 2층 건물로 발코니가 딸린 객실도 있다. 복층 구조로 된 패밀리 룸도 운영한다. 직원이 친절하다.

Map P.681-B1 전화 08-2733-7034, 08-1079-7672 홈페이지 www.thereefkohlipe.com 요금 더블 1,900~2,500B(에어컨, 개인욕실, TV, 냉장고), 패밀리(4인실) 4,700B 가는 방법 워킹 스트리트에서 선라이즈 비치로 넘어가는 길에 있다.

태국의 음식

태국은 단순히 먹을거리만 찾아다니는 식도락 여행을 해도 손색없는 곳이다. 태국 음식이 발달한 까닭은 지역적인 특수성이 크다. 인도와 중국의 교역로 상에 있었기에 자연스레 문화와 문명이 교류하며 음식에도 영향을 끼쳤다. 특히 중국 남부에서 태국으로 이주한 화교들의 영향을 받은 음식들이 많다. 인도 영향을 받아 등장한 것이 카레 종류라면, 중국의 영향을 받아 등장한 것은 다양한 볶음과 시푸드 요리이다.

짜오프라야 강을 끼고 있는 중부 평원의 비옥한 땅과 1년 내내 무제한으로 제공되는 신선한 야채도 태국 음식을 발전시킨 중요한 요인이다. 풍족한 음식 재료는 풍부한 음식 문화로 발전했다. 길을 걷다 보면 시도 때도 없이 거리 노점(롯 켄)에 앉아서 무언가를 먹으며 즐거워하는 태국 사람들을 발견하는 일은 그리 어렵지 않다.

태국에서 '먹는 일'은 분명 문화체험이다. 음식을 잘 먹으면 여행도 잘한다는 말처럼 새로운 음식에 대한 호기심을 가지고 도전하는 일을 게을리하지 말자. 때로는 괴팍한 향신료에 곤욕스럽기도 하겠지만 예상치 못한 맛을 발견할 때마다 감탄하게 될 것이다.

01 레스토랑 이용법

식사 에티켓

태국은 전통적으로 손으로 음식을 집어먹던 민족이었으나, 1900년대에 들어서야 식생활이 바뀌기 시작했다. 오랫동안 유럽과 교류한 탓인지 젓가락 대신 수저와 포크가 식사 도구로 테이블에 올려지면서 젓가락을 사용하는 동북아시아와는 전혀 다른 모습으로 변모했다.

태국에서 밥을 수저와 포크로 먹어야 하는 결정적인 이유는 '공깃밥'이 아니라 '접시 밥'을 내주기 때문이다. 더군다나 찰지지 못한 안남미라 젓가락으로 밥을 먹기에는 무척 곤혹스럽다. 젓가락을 사용하는 곳은 꾸어이띠아우(쌀국수) 식당이 전부다.

❶ 모든 반찬은 하나씩 주문해야 한다

한국처럼 식사를 주문하면 반찬을 제공하지 않는다. 쌀이 아무리 흔하다고 해도 공깃밥도 별도로 계산된다. 두세 명이 간다면 반찬 종류 2개, 수프 종류 1개를 함께 시키는 게 일반적이다.

식사 예절은 반찬을 적당히 덜어 개인 접시에 담아 밥과 함께 먹는 것. 똠얌꿍 같은 수프도 개인 그릇에 담아 먹도록 하자.

❷ 물도 사먹어야 한다

태국 식당에서는 한국처럼 물을 공짜로 서비스하지 않는다. 일반 식당에는 테이블에 물이 올려져 있고, 고급 레스토랑에는 식사 주문과 함께 음료수 주문을 받는다. 테이블에 놓인 물을 마시면 계산서에 함께 청구된다. 물수건도 돈을 받을 정도로 태국 레스토랑에는 공짜가 없다고 보면 된다. 너무 야속하다고 생각하지 마시길. 단지 식사 습관이 다를 뿐이다.

❸ 맛있다는 인사를 건네자
식사를 다 하고 난 다음에는 '아로이 막~'(너무 맛있어요!)이란 인사말을 건네는 것도 잊어서는 안 된다.

예산
어떤 것을 먹느냐보다 어디서 먹느냐에 따라 예산은 천차만별이다. 현지인처럼 저렴하게 식사한다면 한 끼에 60~80B이면 충분하다. 쌀국수나 덮밥 종류의 간단한 식사 정도가 가능하다. 단, 에어컨도 없는 현지 식당을 이용할 때만 가능.
일반 레스토랑에서 식사할 경우 250~350B 정도가 요하다. 볶음밥 하나에 80B 이상, 카레 같은 메인 요리는 120~200B 선을 유지한다.

태국음식에 쓰이는 대표적인 향신료 팍치

고급 레스토랑을 간다면 500B 이상으로 예산이 훌쩍 뛴다. 팟타이(볶음 국수)도 150B은 보통이며 메인 요리 하나가 240~360B 정도다. 두 명이 술을 곁들인다면 1,000B으로 부족한 곳도 많다. 고급 레스토랑은 세금 7%와 봉사료 10%가 별도로 추가되는 곳이 많다.

영업 시간
식당에 따라 다르지만 대부분의 타이 음식점은 오전 10시에 문을 열어 밤 11시에 문을 닫는다. 일류 레스토랑은 점심시간(11:00~14:30)과 저녁시간(18:00~22:30)으로 한정해 영업한다.

식당에서 알아두면 유용한 태국어

travel plus

각종 음식 재료의 태국어 명칭과 조리 방법을 알아두세요. 발음이 어렵겠지만 잘 알아두면 요령껏 음식을 주문할 수 있습니다.

음식 재료
까이(닭고기 chicken), 무(돼지고기 pork), 느아(쇠고기 beef), 뻿(오리고기 roast duck), 탈레(시푸드 seafood), 쁠라(생선 fish), 쁠라묵(오징어 cuttlefish), 꿍(새우 prawn/shrimp), 뿌(게 crab), 카이(달걀 egg), 팍(야채 vegetable)

요리 방법
팟(볶음 stir-fried), 똠(끓임 boiled), 텃(튀김 deep-fried), 양(구이 grilled), 능(스팀 steamed), 딥(생으로 fresh), 얌(샐러드 salad)

야채 종류
헷(버섯 mushroom), 마크아(가지 eggplant), 마크아텟(토마토 tomato), 만파랑(감자 potato), 따오푸(두부 tofu), 투아쁜(땅콩 peanuts), 투아룽(콩 bean), 땡꽈(오이 cucumber), 끄라티얌(마늘 garlic), 똔홈(양파 onion)

향신료
끄르아(소금 salt), 남딴(설탕 sugar), 프릭(고추 chilli), 프릭끼누(쥐똥고추 thai chilli), 팍치(고수 coriander), 싸라내(민트 mint), 따크라이(레몬그라스 lemongrass), 마나오(라임 lime), 킹(생강 ginger), 남쁠라(생선 소스 fish sauce), 남씨이우(간장 soy sauce), 남쏨 싸이추(식초 vinegar)

음료
까패 론(뜨거운 커피 hot coffee), 까패 옌(차가운 커피 ice coffee), 차 론(뜨거운 차 hot tea), 차 옌(차가운 차 ice tea), 차 남옌(연유를 넣은 차가운 차 ice milk tea), 차 마나오(레몬 아이스 티 lemon ice tea), 크름(음료수 drink), 남(물 water), 남빠오(마시는 물 mineral water), 남캥(얼음 ice), 남쏨(오렌지 주스 orange juice), 남따오후(두유 soy milk), 놈쯧(우유 milk), 비아(맥주 beer), 콕(콜라 coke), 깨우(잔 glass), 꾸엇(병 bottle), 투어이(컵 cup)

밤에만 영업하는 식당은 오후 6시경부터 장사를 준비해 새벽 2시 정도에 마지막 주문을 받는다. 하지만 새벽 2시 심야 영업 시간 제한에도 불구하고 새벽 5시까지 영업하는 업소도 있으니 마음만 먹으면 언제든지 식사가 가능하다.

예약

방콕 레스토랑은 원칙적으로 예약이 필요 없다. 장사가 잘되는 레스토랑이라 하더라도 자리 잡는 건 그리 어렵지 않다. 다만 고급 레스토랑이나 호텔 레스토랑의 경우 예약을 하는 게 좋다. 특히 주말 저녁시간은 예약이 필수인 경우가 많다. 예약하지 않고 갔더라도 내쫓지는 않으니 걱정 말자.

팁

태국 식당에서 팁은 강제적이지 않다. 서민 식당에서 팁은 필요 없고, 에어컨 나오는 레스토랑의 경우 거스름돈으로 남은 동전을 테이블에 남기면 된다. 거스름돈이 없으면 보통 20B짜리 지폐 한 장을 남긴다. 고급 레스토랑과 호텔 레스토랑은 봉사료 10%와 세금 7%가 계산서에 추가된다.

참고로 태국 식당은 카운터에 가서 직접 돈을 내지 않고, 종업원에게 계산서를 부탁해 계산하면 된다. 일처리가 느리더라도 화내지 말고 웃으면서 기다리는 것도 예의다.

02 주요 음식

쌀 Rice

태국인들의 주식은 쌀이다. 중부 평야지대에서 생산되는 쌀은 넘쳐나기 때문에 밥값은 싸다. 태국 사람들의 인사가 '낀 카우 르 양?(밥 먹었어?)' 인 걸 보면 밥 먹는 게 일상생활에서 매우 중요한 일임이 틀림없다.

식당에서 밥을 주문할 때는 '카우 쑤어이'라고 한다. 쌀밥이라는 의미로 쓰이지만 정확한 뜻은 '아름다운 쌀'이다. 쌀은 아침에 쪽(죽)이나 카우 똠(쌀을 끓여 만든 수프)으로 먹기도 하며, 태국 북동부 지방은 카우 니야우(찰밥)를 즐겨 먹는다.

01-카우 팟 02-카우 똠
03-쪽 04-카우 랏

쌀을 이용한 주요 요리

01 카우 팟 Fried Rice

가장 단순한 요리인 볶음밥. 새우를 넣은 카우팟 꿍 Fried Rice with Prawns, 닭고기를 넣은 카우팟 까이 Fried Rice with Chicken, 게살을 넣은 카우팟 뿌 Fried Rice with Crab, 해산물을 넣은 카우팟 탈레 Fried Rice with Seafood, 달걀을 넣은 카우팟 카이 Fried Rice with Egg 등으로 세분된다.

05-카우 만 까이
07-카우 무 댕
06-카우 나 뻿
08-카우 카 무
09-카우 옵 싸빠롯

② 카우 똠 Rice Soup
밥을 넣고 끓인 수프로 새우(카우 똠 꿍)를 넣거나, 해산물(카우 똠 탈레)을 넣는다.

③ 쪽 Jok
한국의 죽과 비슷하다. 다진 돼지고기를 넣은 '쪽 무'가 유명하다.

④ 카우 랏 Rice With
태국식 덮밥. 밥과 요리 하나를 한 접시에 담아주는 음식을 통칭한다. 카우 랏 까이(굴 소스 닭고기 볶음 덮밥), 카우 랏 까프라우 무쌉(다진 돼지고기와 바질 볶음 덮밥), 카우 랏 깽펫(붉은색의 매운 카레 덮밥)이 대표적이다.

⑤ 카우 만 까이
Slices of Chicken Over Marinated Rice
대표적인 단품 요리. 푹 고아 삶은 닭고기 살을 잘게 썰어 기름진 밥에 얹어 준다. 레스토랑보다는 거리 노점에서 흔하다.

⑥ 카우 나 뻿
Slice of Roast Duck Over Marinated Rice
닭고기 대신 오리구이를 잘게 썰어 밥에 얹어 주는 단품 요리. 주로 화교들이 운영하는 식당에서 볼 수 있다.

⑦ 카우 무 댕 Slice of Red Pork Over Rice
붉은색을 띠는 돼지고기 훈제(무 댕)를 밥에 얹은 단품 요리. 카우만 까이와 더불어 서민들이 사랑하는 대중적인 음식이다.

⑧ 카우 카 무
Slice of Boiled Pork Leg Over Marinated Rice
간장 국물에 끓인 돼지고기 족발을 잘게 썰어 밥에 얹은 단품 요리. 달걀 장조림을 추가할 경우 '카우 카 무 싸이 카이'라고 말하면 된다.

⑨ 카우 옵 싸빠롯 Fried Rice in Pineapple
볶음밥을 파인애플에 담아주는 음식. 전형적인 여행자 메뉴로 맛이 달콤하다.

국수 Noodle

쌀과 더불어 태국인들이 가장 즐기는 음식이다. 중국에서 건너온 것이지만 풍족한 태국 쌀로 만든 쌀국수들은 다양하고 맛도 좋다. 쫄깃한 맛을 내는 면발과 시원한 국물로 인해 사랑을 한몸에 받는 음식. 출출하다 싶으면 아무 때나 먹을 수 있다.

국수를 이용한 주요 요리

① 꾸어이띠아우 Noodle Soup

우리가 흔히 말하는 쌀국수를 일컫는다. 면발의 굵기에 따라 쎈야이 sen yai, 쎈렉 sen lek, 쎈미 sen mi 세 가지로 구분된다. 쎈야이가 면발이 굵고, 쎈미가 면발이 가장 얇다. 일반인들이 가장 선호하는 면발은 5mm 정도 굵기의 쎈렉. 쌀국수는 면발을 골랐으면 다음으로 조리 방법을 선택해야 한다. 물국수는 '꾸어이띠아우 남 kuaytiaw nam', 비빔국수는 '꾸어이띠아우 행 kuaytiaw haeng'이라고 주문한다. '남 nam'은 '물', '행 haeng'은 '마른'이라는 뜻이다. 조리 방법까지 골랐다면 어떤 재료를 넣을 건지를 선택해야 한다. 돼지고기(무), 쇠고기(느아), 어묵(룩친) 중에 하나를 고르거나 전부 다 넣어 달라고(싸이 툭 양) 해도 된다.

보통의 쌀국숫집은 '꾸어이띠아우 남'을 요리하기 때문에 면발의 종류만 선택하면 알아서 원하는 쌀국수를 내온다. 즉, '쎈렉'이라고만 해도 '꾸어이띠아우 남 쎈렉'을 내올 것이다.

② 바미 Ba-mi(Yellow Noodle)

꾸어이띠아우 다음으로 인기 있는 국수 종류. 쌀이 아닌 밀가루 국수로 달걀을 넣어 반죽해 노란색을 띤다. 흔히 돼지고기 훈제를 넣은 '바미 무 댕'을 가장 즐겨 먹는다. 꾸어이띠아우에 비해 면발이 쫄깃해 비빔면인 '바미 행 Ba-mi Haeng'도 인기가 높다.

③ 옌따포 Yen Ta Po

중국 광둥 · 푸젠 지방 두부 요리인 양두부 醸豆腐에서 유래했다. 태국에서는 쌀국수 고명으로 두부보다 주로 어묵을 넣어준다. 붉은색 두부장을 넣어 국물도 붉은색을 띤다.

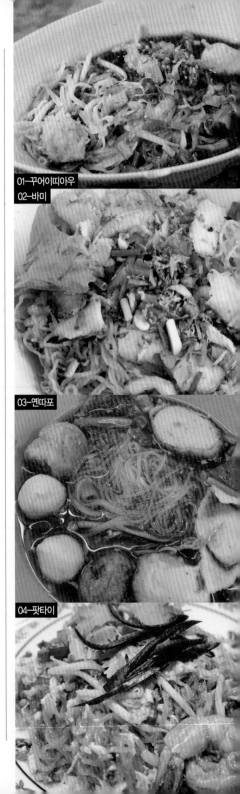

01—꾸어이띠아우
02—바미
03—옌따포
04—팟타이

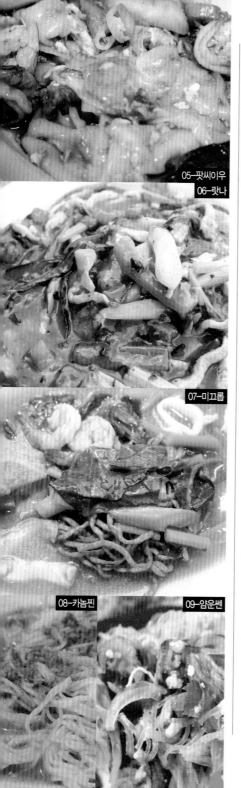

05-팟씨이우
06-랏나
07-미끄롭
08-카놈찐
09-얌운쎈

04 팟타이 Phat Thai

태국식 볶음면. 꾸어이띠아우 팟타이를 줄여서 부르는 말로 외국인들에게 태국 음식을 대표하는 것처럼 여겨진다. 약간 달고 신맛 나는 소스로 쌀국수를 볶은 것인데 두부, 달걀, 말린 새우를 넣어 전체적으로 단맛을 낸다. 건실한 왕새우를 넣은 '팟타이 꿍'이 가장 좋다.

05 팟씨이우 Phat See Ew

팟타이와 비슷하지만 간장과 굴 소스, 야채만 넣어 요리한다. 대체적으로 굵은 면발의 쎈아이를 이용한다.

06 랏나 Rat Na

꾸어이띠아우 랏나를 줄여서 부른 말. 넓적한 면발을 굴 소스와 야채, 고기를 넣어 함께 볶아 울면처럼 만든 것. 다른 볶음면에 비해 물기가 많고 면발이 부드럽다.

07 미끄롭(미꼽) Mi Krop

바미를 라면처럼 한 번 튀긴 국수. 정확한 명칭은 바미 끄롭이지만 줄여서 미끄롭이라고 부른다. 음식을 만들어 면 위에 부으면 음식 열기에 의해 미끄롭이 녹으면서 요리가 완성된다.

08 카놈찐 Khanom Jin

한국의 소면과 비슷한 국수 면발을 이용한 요리. 부드러운 국수에 각종 카레를 얹어 먹는다. 카레에 따라 향이 강하므로 태국 음식 초보자에게는 다소 무리가 따를 수 있다. 주식보다는 간식의 개념이 강하다.

09 운쎈 Wunsen

가는 면발의 투명한 국수로 당면과 비슷하다. 매콤한 태국식 샐러드인 '얌 yam'에 이용된다. 당면 냉채 샐러드 정도로 생각하면 되는 얌운쎈 Yam Wunsen은 허브와 매운 고추가 운쎈과 버무려져 애피타이저나 술안주로 인기가 있다.

01-미앙 캄

02-텃만 꿍

03-뽀삐아 텃

04-싸떼
얌 느아

05-까이 호 바이 떠이
얌 탈레

애피타이저

태국 음식은 딱히 애피타이저, 메인 요리, 디저트로 코스 요리를 즐기지는 않는다. 레스토랑에서는 가벼운 음식들을 위주로 애피타이저를 따로 구성하기도 한다.

주요 애피타이저

01 미앙 캄 Miang Kham
태국인들이 입맛을 돋우기 위해 식사 전에 먹는다. 상큼한 향의 식용 찻잎에 말린 새우 또는 멸치 튀김, 라임, 코코넛, 생강, 땅콩을 적당히 올린 다음 타마린드 소스를 얹어 먹는다.

02 텃만 꿍 Deep Fried Shrimp Cake
새우 살만을 골라 둥글게 다져서 튀긴 요리. 생선을 이용한 텃만 쁠라 Deep Fried Fish Cake도 있다. 달콤한 칠리소스에 찍어 먹는다.

03 뽀삐아 텃 Spring Roll
춘권, 즉 스프링 롤이다. 야채와 당면, 고기를 넣고 튀긴 음식. 정통 태국 음식으로 보기에는 무리가 따른다.

04 싸떼 Satay
코코넛 크림을 넣은 노란색의 카레 소스를 발라 숯불에 구운 꼬치구이. 주로 돼지고기(싸떼 무)를 이용하며, 땅콩 소스에 찍어 먹는다.

05 까이 호 바이 떠이
Grilled Chicken Wrapped with Pandanus Leaf
닭고기를 적당한 크기로 잘라 판다누스 잎에 감싸 숯불에 구운 요리. 판다누스 잎의 향기가 음식에 배어 닭고기도 부드럽고 향도 좋다.

얌(태국식 샐러드)

생선 소스, 식초, 라임, 고추를 버무려 만든 태국식 샐러드를 '얌'이라 부른다. 매운맛과 생선 소스 특유의 향이 조화를 이루는 것이 특징. 드레싱을 얹

01–깽 펫

02–깽 파냉

03–깽 키아우 완

04–깽 빠

05–깽 마싸만
06–깽 까리 까이

는 유럽의 샐러드와는 전혀 다른 형태이지만 음식 재료의 신선한 맛은 그대로 즐길 수 있다.

쇠고기를 넣으면 얌 느아 Yam Neua, 오징어를 넣으면 얌 쁠라믁(얌 빠믁) Yam Plaameuk, 해산물을 넣으면 얌 탈레 Yam Thale가 된다. 열대과일 포멜로로 만든 얌 쏨오 Yam Som—o도 있다. 얌운쎈 Yam Wunsen도 같은 조리 방법으로 당면처럼 가는 면을 주재료로 사용한다.

카레 Curry

태국 카레는 태국말로 '깽 Kaeng'이라 부른다. 카레 가루 대신에 장처럼 만든 카레 반죽을 사용한다. 물 대신 코코넛 밀크로 간을 조절하기 때문에 첫맛은 맵고 뒷맛은 달콤한 것이 특징이다.

태국 카레는 열대 지방에서만 자라는 다양한 향신료를 사용한다. 팍치(고수)를 비롯해 따크라이(레몬그라스), 킹(생강), 마끗(라임 잎), 호라파(바질) 등을 첨가해 향을 낸다. 주재료는 돼지고기(무), 쇠고기(느아), 닭고기(까이), 새우(꿍), 시푸드(탈레) 중에 하나를 고르면 된다.

카레를 이용한 주요 요리

❶ 깽 펫 Kaeng Phet
가장 일반적인 태국 카레로 매운 카레라는 뜻이다. 고추를 주재료로 만들어 카레 색깔이 붉다. 붉은 카레라는 뜻의 '깽 댕 Kaeng Daeng'이라고도 불리며, 영어로는 '레드 커리 Red Curry'로 표기한다.

❷ 깽 파냉 Kaeng Phanaeng
깽 펫에 비해 매운맛이 덜하다. 다른 카레에 비해 땅콩 가루를 많이 넣는 것이 특징이다.

❸ 깽 키아우 완 Kaeng Khiaw Wan
파란 고추를 주재료 만들기 때문에 녹색을 띤다. 달콤한 녹색 카레라는 뜻이며, 영어로는 '그린 커리 Green Curry'로 표기한다. 주로 커민 씨와 가지를 넣어 요리하며, 코코넛 크림을 듬뿍 넣어 국물이 많다.

04 깽 빠 Kaeng Paa

가장 매운맛. 코코넛 밀크를 거의 사용하지 않기 때문에 카레 본래의 매운맛이 가장 잘 살아 있다. 영어 명칭은 '정글 커리 Jungle Curry'.

05 깽 마싸만 Kaeng Massaman

태국 남부에 사는 무슬림들이 즐기는 카레다. 한국인이 생각하는 카레와 비슷한 맛으로 감자와 닭고기를 넣은 '깽 마싸만 까이'를 주로 요리한다. 밥과 먹기도 하지만 로띠(팬케이크)를 곁들이는 사람들이 더 많다.

06 깽 까리 까이 Kaeng Kari Kai

카레 분말과 달걀, 코코넛 밀크를 섞어 '까리' 소스로 만든다. 태국 카레에 비해 부드럽고 단맛이 강하다.

볶음요리 & 튀김요리

중국 영향을 받은 가장 보편적인 태국 음식. 커다란 프라이팬 하나면 무엇이든 요리가 가능하다. 볶음요리는 '팟 phat', 튀김요리는 '텃 thot'으로 불리며 어떤 재료와 어떤 소스를 이용하느냐에 따라 방대한 음식이 만들어진다. 향신료가 강하지 않아 태국 음식 초보자들에게 부담이 덜한 편이다. 참고로 튀김요리는 주로 해산물을 이용하기 때문에 시푸드 요리편에서 자세히 다룬다.

주요 볶음요리

01 팟 남만 호이
Stir Fried with Oyster Sauce

굴소스를 이용해 만든 볶음요리. 가장 흔하고 맛이 부담 없어 누구나 즐긴다. 그중에서도 쇠고기와 버섯을 넣은 느아 팟 남만 호이 헷 Stir Fried Beef and Mushroom with Oyster Sauce이 가장 무난하다. 새우와 버섯을 넣은 꿍 팟 남만 호이 헷 Stir Fried Prawn and Mushroom with Oyster Sauce도 좋다.

02 까이 팟 멧 마무앙 히마판
Stir Fried Chicken and Cashew Nuts

전형적인 중국 요리로 부드러운 닭고기와 달콤한 캐슈 트, 말린 고추를 함께 볶은 음식.

01–팟 남만 호이

02–까이 팟 멧 마무앙 히마판

03–팟 까프라우
04–팟 프릭 끄라띠얌

05-팟 쁘리아우 완
06-팟 팍
07-무 텃 끄라띠암
08-팟 펫
09-팟 팍 깔람

⑬ 팟 까프라우 Fried Basil

태국 사람들이 가장 좋아하는 볶음요리다. 바질을 잔뜩 넣어 특유의 허브향이 입맛을 돋운다. 으깬 고춧가루를 함께 넣기 때문에 매콤함도 동시에 즐길 수 있다. 다진 돼지고기를 넣은 '팟 까프라우 무 쌉 Fried Basil with Minced Pork'이나 닭고기를 넣은 '팟 까프라우 까이 Fried Basil with Chicken'가 좋다.

⑭ 팟 프릭 끄라띠암 Phat Prik Kratiam

마늘과 고추를 넣어 함께 볶기 때문에 요리할 때부터 매운맛이 코를 진동시킨다. 돼지고기를 넣은 '팟 프릭 끄라띠암 무 Fried Pork with Garlic and Thai Chilli' 또는 쇠고기를 넣은 '팟 프릭 끄라띠암 느아 Fried Beef with Garlic and Thai Chilli'가 좋다.

⑮ 팟 쁘리아우 완 Fried Sweet & Sour Sauce

새콤달콤한 소스로 요리한 음식, 즉 태국식 탕수육이다. 미리 제조한 탕수육 소스를 사용하기 때문에 당분은 많지 않다. 돼지고기를 넣은 팟 쁘리아우 완 무를 주로 먹는다.

⑯ 팟 팍 Fried Vegetable with Oyster Sauce

굴소스를 이용한 야채 볶음. 닭고기가 들어가면 팟 팍 까이 Fried Vegetable and Chicken with Oyster Sauce, 쇠고기가 들어가면 팟 팍 느아 Fried Vegetable and Beef with Oyster Sauce, 돼지고기가 들어가면 팟 팍 무 Fried Vegetable and Pork with Oyster Sauce가 된다.

☑ 알아두세요

카이 다오 두어이

태국에서는 달걀 프라이를 '카이 다오'라고 합니다. 카이는 달걀, 다오는 별이란 뜻인데요, 프라이한 달걀노른자가 마치 별처럼 보인다고 해서 붙여진 이름입니다. 볶음밥이나 덮밥 요리를 먹을 때 달걀 프라이를 곁들이고 싶다면 '카이 다오 두어이'라고 부탁하면 됩니다. '달걀 프라이도 함께'라는 뜻으로 보통 10B을 추가로 더 받습니다. 달걀을 이용한 요리로는 오믈렛도 있답니다. '카이 찌아오'라고 부르는데 다진 돼지고기(카이 찌아오 무쌉)나 소시지(카이 찌아우 넴)를 넣으면 맛이 더 좋습니다. 밥과 함께 아주 간단한 한 끼 식사가 될 수 있는데요, '남쁠라'라는 매운 고추를 다져 넣은 생선 소스를 뿌려 먹으면 더 좋습니다.

⑦ 무 텃 끄라띠암
Deep Fried Pork with Garlic
돼지고기 마늘 볶음으로 바삭한 돼지고기와 마늘 맛
이 잘 어울린다. 고추를 함께 넣을 경우 '무 텃 끄라띠
암 프릭'이라 부른다. 새우를 넣은 꿍 텃 끄라띠암
Deep Fried Prawn with Garlic도 맛이 좋다.

⑧ 팟 펫 Fried Red Curry
매운 카레 볶음. 깽 펫을 바질과 함께 볶은 것. 돼지고
기(무), 닭고기(까이), 새우(꿍), 해산물(탈레) 등 모든 음
식 재료와 잘 어울린다.

⑨ 팟 팍 깔람
Fried Cauliflower with Oyster Sauce
굴소스로 요리한 콜리플라워 볶음. 돼지고기(무)나 쇠
고기(느아)와 잘 어울린다.

⑩ 팟 팍 카나
Fried Green Vegetable with Oyster Sauce
굴소스로 요리한 청경채 볶음. 돼지 고기(무)나 돼지고
기 튀김(무끄롭)과 잘 어울린다.

⑪ 팟 팍붕 파이댕
Fried Morning Glory with Oyster Sauce
미나리 줄기 볶음. 마늘과 고추를 넣어 매콤함도 느껴
진다. 밥반찬으로 인기가 좋다.

⑫ 팟 팍 루암 밋
Fried Mixed Vegetables with Oyster Sauce
각종 야채를 넣고 볶은 야채 볶음. 밥반찬으로 가장 무
난하다.

국 & 찌개

태국 요리에서 수프 종류는 많지 않다. 하지만 태
국 요리를 대표하는 똠얌꿍 Tom Yam Kung이 새
로운 미각에 눈뜨게 만든다. 이름만큼이나 독특한
똠얌꿍은 처음 맛본 사람에게 아주 괴팍한 음식이
되겠지만, 차츰 맛을 들이기 시작하면 가장 그리
운 태국 음식이 될 것이다.

10-팟 팍 카나
11-팟 팍붕 파이댕
12-팟 팍 루암 밋
01-똠얌꿍
02-깽쯧
03-똠카 까이

01-쏨땀 타이

01-쏨땀 뿌
01-땀 땡

02-남똑

01 똠얌꿍 Tom Yam Kung

똠얌 소스에 새우를 넣어 끓인 수프. 똠얌은 맵고 시고 짜고 단맛을 동시에 내는 음식으로 세계적으로 유명하다. 레몬그라스, 라임, 팍치, 생강 같은 다양한 향신료를 넣기 때문에 주방장의 솜씨에 따라 맛이 천차만별이다. 보통 새우를 넣지만 닭고기를 넣은 '똠얌 까이', 해산물을 넣은 '똠얌 탈레' 등도 즐길 수 있다.

02 깽쯧 Kaeng Jeut

'싱거운 국'이라는 뜻으로 국물이 맑아 영어로 '클리어 수프 Clear Soup'라고도 한다. 향신료를 거의 사용하지 않고 생선 소스, 간장, 후추로 간을 낸다. 미역과 당면에 연두부를 넣을 경우 '깽쯧 떠후'가 되고, 다진 돼지고기를 넣으면 '깽쯧 무쌉'이 된다.

03 똠카 까이 Chicken Coconut Soup

코코넛 밀크를 잔뜩 넣고 끓여 매운맛이 전혀 없다. 고추, 라임, 레몬그라스, 생강 등 기본적인 향신료를 넣으며 다른 고기보다는 닭고기를 넣는 게 거의 공식화되어 있다.

이싼 음식 Isan Food

이싼은 태국에서 가장 낙후된 북동부 지방을 일컫는 말이다. 라오스와 국경을 접하고 있어 라오스 음식과 비슷하며, 메콩강을 끼고 있어 민물고기를 이용한 요리도 많다.
방콕에도 이싼 음식점은 흔하다. 돈벌이를 위해 방콕으로 이주한 이싼 사람들이 많기 때문. 방콕 서민들에게도 사랑 받는 별미 음식으로 모든 이싼 음식은 찰밥인 '카우 니야우'와 함께 먹는다.

이싼 음식의 종류

01 쏨땀 Somtam

태국을 여행하며 똠얌꿍과 더불어 한번쯤은 먹어봐야 하는 음식. 맵고 신맛이 일품이다. 똠얌꿍에 비해 처음부터 거부감 없이 접근할 수 있으며, 김치 대용으로 한국 사람들에게도 사랑받는 음식이다. 실제로 갓 버무린 무채와 맛이 비슷하다. 쏨땀은 한마디로 파파야 샐

러드다. 설익은 파파야를 야채처럼 잘게 썰어 라임, 생
선소스, 쥐똥 고추, 땅콩을 넣고 함께 작은 절구에 넣
어 방망이로 빻아 만든다.

쏨땀은 인기를 반영하듯 쏨땀 전문점이 등장할 정도이
며, 재료에 따라 다양하게 변형된다. 가장 기본적인 '쏨
땀 타이'는 파파야 샐러드에 땅콩과 마른 새우를 넣어
달달한 편이고 게를 넣으면 '쏨땀 뿌'가 된다. 파파야
대신 설익은 망고를 넣은 '땀 마무앙', 오이를 넣은 '땀
땡', 쏨땀에 소면을 함께 넣은 '땀 쑤아' 등도 인기다.

02 남똑 Namtok

쏨땀과 더불어 대표적인 이싼 음식. 고기를 편육처럼
썰어 매콤한 향신료, 쌀가루와 함께 살짝 데쳐서 만든
다. 남똑은 폭포라는 뜻인데, 요리하다 보면 자연스레
고기 육즙이 배어나오기 때문에 붙여진 이름이다. 돼
지고기를 넣은 '남똑 무'가 가장 흔하다.

03 랍 Laap

고기를 잘게 썰어 허브, 향신료, 쌀가루와 함께 무친
음식. 전형적인 라오스 음식으로 메콩강 주변 지역에
서는 생선을 넣은 '랍 쁠라'를 즐긴다. 하지만 도시에
서는 돼지고기를 넣은 '랍 무'가 가장 보편적이다.

04 무 양 Grilled Marinated Pork

마늘과 레몬 향에 절인 돼지고기 숯불구이. 생선소스,
마늘, 설탕, 식초, 말린 고춧가루를 넣어 만든 '남 쁠라
찜'이라 부르는 소스에 찍어 먹는다.

05 까이 양 Grilled Marinated Chicken

마늘과 레몬 향에 절인 닭고기 숯불구이. 통닭구이와
비슷하다. 역시 남 쁠라 찜 소스에 찍어 먹는다.

06 찜쭘 Isan Style Suki

쑤끼와 비슷하지만 맛이나 조리 방법이 좀더 투박하
다. 약재와 향신료를 넣은 육수에 고기나 야채를 직접
넣어 끓여 먹어야 한다. 현대적인 전열 조리기구 대신
여전히 시골스런 화덕과 진흙 뚝배기를 사용한다.

03-랍

04-무 양
05-까이 양
06-찜쭘

01-뿌 팟 퐁 까리

02—쁠라 텃 쌈롯

03—쁠라 텃 랏 프릭

04—꿍 텃 끄라띠암
06—쁠라 깽쏨 빼싸

05—쁠라 능 마나오

07—꿍 파우

08—꿍 팟 프릭 빠우

시푸드

시푸드는 대부분 중국에서 이주한 광둥 사람들에
의해 태국에 전래된 탓에 한국인도 부담 없이 즐
길 수 있다. 기다란 해안선을 갖고 있는 태국은 신
선하고 다양한 해산물을 저렴하게 맛볼 수 있는
최적의 장소다.

시푸드를 이용한 주요 요리
① 뿌 팟 퐁 까리
Fried Crab with Yellow Curry Powder
가장 대표적인 해산물 요리. 싱싱한 게 한 마리를 통째
로 넣고 카레 소스로 볶은 것. 카레는 특유의 달걀 반
죽과 쌀가루가 어우러져 부드럽고 단맛을 낸다.

② 쁠라 텃 쌈롯 Deep Fried Fish with Three
Different Sauce
튀긴 생선에 세 가지 맛을 내는 소스를 얹은 것. 맵고
달콤한 맛의 소스가 생선과 잘 어울린다. 생선 대신 튀
긴 새우를 이용한 '꿍 텃 쌈롯'도 맛이 좋다.

③ 쁠라 텃 랏 프릭
Deep Fried Fish with Chilli Sauce
생선 튀김에 칠리소스를 얹은 것. '쌈롯'과 비슷하나
단맛보다는 매콤한 맛이 더 강하다.

④ 쁠라 텃 끄라띠암
Deep Fried Fish with Garlic
생선 마늘 튀김. 향신료가 없고 맛이 담백하다. 새우로
요리할 경우 꿍 텃 끄라띠암 Deep Fried Prawn with
Garlic이 된다.

⑤ 쁠라 능 마나오
Steamed Fish with Chilli and Lime Sauce
라임과 마늘, 고추를 잘게 썰어 생선을 넣고 끓인 음식.
보통 생선 모양의 냄비에 담아 직접 끓여 먹도록 해준다.

⑥ 쁠라 깽쏨 빼싸
Steamed Fish with Sour Sauce
깽쏨이라는 시고 매운맛의 소스에 튀긴 생선을 넣고

끓인 음식. 태국식 매운탕으로 생각하면 된다. 쁠라 능마나오와 마찬가지로 생선 모양의 냄비에 직접 끓여 먹도록 해준다. 각종 야채와 육수를 추가로 준다.

07 꿍 파우 Grilled Shrimp
가장 흔한 해산물 요리로 새우 숯불구이를 의미한다. 보통 킬로그램 단위로 요금이 책정된다.

08 꿍 팟 프릭 빠우 Fried Prawns with Chilli Sauce
다진 고추와 칠리소스를 넣고 볶은 새우 요리. 매콤한 맛이 새우와 잘 어울린다.

09 꿍 텃 남프릭 마나오
Deep Fried Prawn with Chilli and Lime Paste
튀긴 새우에 다진 고추와 라임 소스를 함께 얹은 것.

10 꿍 채 마나오
Fresh Prawn with Garlic, Lime and Fish Sauce
날 새우에 마늘, 라임, 향신료, 소스를 곁들여 먹는다. 향신료는 주로 라임을 사용하며, 소스를 날 새우에 얹으면 자연스레 새우가 숙성된다.

11 호이 텃 Omelette Stuffed with Mussels
홍합 튀김인데 숙주나물과 쌀가루를 넣어 만든 부침이다. 달콤한 칠리소스에 찍어 먹는다.

12 호이 랑남 쏫 Fresh Oyster
신선한 굴로 마늘 튀김, 라임, 칠리소스를 곁들여 날로 먹는다.

13 꿍 옵 운쎈
Steamed Prawn with Glass Noodles in Clay Pot
새우와 운쎈(당면), 생강, 마늘을 함께 넣어 찐 음식. 게를 넣은 '뿌 옵 운쎈'도 즐겨 먹는다.

14 호이라이 팟 프릭
Fried Mussels with Basil and Chilli
조개와 고추, 바질을 함께 볶은 요리. 매우면서도 바질의 독특한 향이 잘 어울린다.

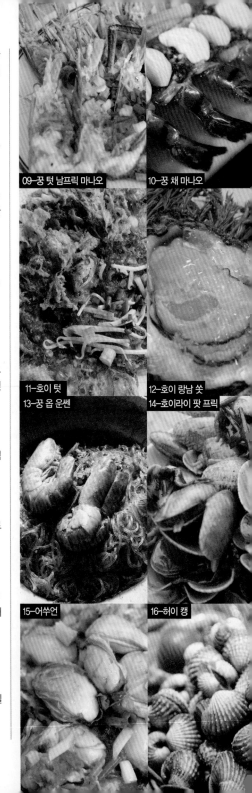

09-꿍 텃 남프릭 마나오

10-꿍 채 마나오

11-호이 텃

12-호이 랑남 쏫

13-꿍 옵 운쎈

14-호이라이 팟 프릭

15-어쑤언

16-허이 캥

17-호목 탈레

01-마무앙 카우니아우

02-팍통 츠암

03-끌루어이 츠암

04-카놈 크록

05-싸쿠

06-끌루어이 뼹

⓯ 어쑤언 Fried Oyster

전형적인 광둥 지방의 굴 볶음요리다. 생굴, 달걀, 쌀가루를 함께 볶는다. 달콤한 칠리소스에 찍어 먹는다.

⓰ 허이 캥 Steamed Mussels

꼬막 스팀. 매콤한 시푸드 소스와 찍어 먹는다. 태국인에게 술안주로 사랑받는 음식 중의 하나다.

⓱ 호목 탈레

Steamed Seafood with Curry and Coconut Milk

태국식 해산물 찜. 생선, 새우, 게를 잘게 으깨 코코넛 밀크를 넣고 찐 것. 해산물 식당이 아닌 일반 태국 음식점에서 요리한다. 향신료가 강해 초보자에게 다소 어려운 음식이다.

디저트

음식이 맵기 때문에 디저트는 무조건 달다. 풍부한 과일과 아이스크림이 많아 다양한 디저트를 즐길 수 있다.

디저트의 종류

⓵ 마무앙 카우니아우

찰밥에 망고를 썰어 얹어 주는 아주 간단한 음식. 망고와 코코넛 크림이 어울려 단맛을 낸다. 망고 시즌에만 맛볼 수 있다.

⓶ 팍통 츠암

설탕 시럽으로 끓인 호박.

⓷ 끌루어이 츠암

설탕 시럽으로 끓인 바나나.

⓸ 카놈 크록

코코넛 크림으로 만든 태국식 푸딩.

⓹ 싸쿠

태국식 떡. 땅콩, 설탕, 코코넛을 넣으며, 다진 돼지고기를 넣기도 한다.

06 끌루어이 삥(꾸어이 삥)
껍질을 벗기지 않은 바나나를 숯불에 구운 것.

07 끌루어이 탑(꾸어이 탑)
껍질을 벗겨 구운 바나나를 납작하게 누른 것. 시럽을 뿌리기도 한다.

08 카놈 끌루어이(카놈 꾸어이)
카놈 완의 한 종류로 바나나를 판다누스 잎에 싸서 만든 태국식 스위트.

09 카놈 팍통
카놈 완의 한 종류로 호박을 넣어 만든다.

10 카우 똠 맛
카놈 완의 한 종류로 찹쌀과 땅콩을 넣어 만든다.

11 카놈 브앙
달걀흰자를 이용해 만든 팬케이크.

12 끌루어이 부앗치
바나나를 코코넛 크림에 넣고 끓인 디저트. 같은 종류로 검정 단팥을 넣은 투아담, 호박을 넣은 팍통 부앗이 있다.

13 탑팀끄럽
바삭거리는 붉은색의 콩을 얼음이나 코코넛 크림에 넣어 먹는다. 과일 등을 섞을 경우 탑팀끄럽 루암밋이 된다.

14 따오틍
각종 과일, 호박, 팥 등 미리 준비된 재료를 서너개 골라 남야이와 설탕으로 만든 시럽에 넣어 먹는다. 보통 얼음을 넣어 차갑게(따오틍 옌) 먹지만, 따뜻한 시럽(따오틍 론)에 넣어 먹기도 한다.

15 남캥 싸이
따오틍과 동일하나 코코넛 크림에 원하는 재료를 넣어 먹는다. 남캥 싸이는 '얼음을 넣다'라는 뜻으로 코코넛 크림에 항상 얼음을 넣는다.

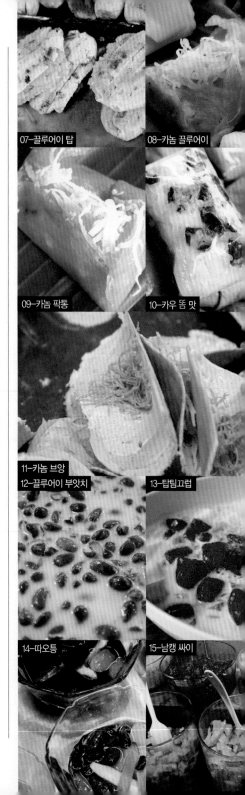

07-끌루어이 탑
08-카놈 끌루어이
09-카놈 팍통
10-카우 똠 맛
11-카놈 브앙
12-끌루어이 부앗치
13-탑팀끄럽
14-따오틍
15-남캥 싸이

03 과일

태국에는 열대지방에서만 볼 수 있는 독특한 과일들이 많다. 바나나(끌루어이), 파인애플(쌉빠롯), 수박(땡모), 코코넛(마프라오), 파파야(마라까), 오렌지(쏨), 구아바(팔랑) 같은 과일은 1년 내내 어디서나 쉽게 구할 수 있지만, 망고(마무앙), 람부탄(응어), 망고스틴(망쿳), 두리안(투리안), 로즈 애플(촘푸) 같은 과일은 계절 과일로 제철에 찾아가야 제맛을 즐길 수 있다. 태국에서 과일은 디저트로 애용된다. 고급 레스토랑에서 식사 후 신선한 과일을 서비스로 내오는 것은 물론, 꾸어이띠아우 집 옆에는 과일을 적당한 크기로 잘라 얼음에 재워서 파는 노점들이 많다. 태국 사람들은 과일을 먹을 때 과일 맛을 증가시키기 위해 소금, 설탕, 고춧가루를 섞은 양념에 찍어 먹는다.

코코넛
망고
파파야
망고스틴
람부탄

마프라오(코코넛) Coconut

야자수 열매로 밋밋한 맛을 낸다. 시원하게 먹어야 제맛을 느낄 수 있다. 포도당 성분이 많아 영양 섭취에 좋으니 땀을 많이 흘렸다면 코코넛 음료를 한 통씩 마셔두자. 코코넛을 칼로 쪼개 하얀 과일을 함께 먹는다. 말린 코코넛은 음식 재료로 사용된다.

마무앙(망고) Mango

열대과일 중에 가장 사랑받는 과일이다. 5월부터 더운 여름에 주로 생산된다. 외국인들은 노란색의 잘 익은 망고를 선호하지만 태국인들은 파란색의 신맛 나는 덜 익은 망고를 선호한다. 망고를 이용한 디저트, '마무앙 카우니야우'도 인기다. 찰밥에 망고와 코코넛 크림을 얹은 것인데, 밥과 과일의 달콤함이 환상의 조화를 이룬다.

마라까(파파야) Papaya

파파야는 두 가지 용도로 사용된다. 안 익은 파란색 파파야는 쏨땀(파파야 샐러드)을 만드는 음식 재료로, 잘 익은 오렌지색 파파야는 과일처럼 먹는다. 파파야 특유의 냄새가 약하게 나지만 과일 맛은 부드럽고 달다.

망쿳(망고스틴) Mangosteen

자주색 껍데기에 하얀 열매를 갖고 있는 망고스틴. 딱딱한 겉모습과 달리 부드러운 과일로 가장 사랑받는 열대 과일이다. 5월부터 9월까지가 제철이며 생산이 시작되는 5월에 가장 맛이 좋다.

응어(람부탄) Rambutan

성게처럼 털 달린 빨간색 과일. 보기에 우스꽝스럽지만 껍질을 까면 물기 가득한 하얀 알맹이가 단맛을 낸다. 과도로 가운데를 살짝 칼집을 내면 쉽게 껍질을 깔 수 있다. 7~9월 사이에 흔하게 먹을 수 있으며, 살짝 얼려 먹어도 맛있다.

투리안(두리안) Durian

열대 과일의 제왕이란 칭호를 얻었지만 냄새 때문에 선뜻 시도하지 못하는 과일이다. 도깨비 방망이처럼 생김새도 요상하다. 껍질을 까면 노란색의 과일이 나오는데 입맛을 들이면 중독성이 강해 헤어나기 힘들다. 고약한 냄새로 인해 반입을 금지하는 건물들이 많다.

람야이(용안) Longan

용의 눈이란 독특한 이름을 가진 과일. 줄기에 알맹이가 대롱대롱 매달려 있다. 갈색 모양으로 맛은 람부탄과 비슷한데 단맛이 더 강하다. 살짝 얼려 먹으면 좋다. 7~10월에 생산된다.

촘푸(로즈 애플) Rose Apple

이름처럼 보기 좋은 과일이다. 빨간색과 연한 초록색 두 가지 종류가 있다. 단맛은 강하지 않지만 향기가 좋다. 차게 먹을수록 맛이 좋다. 4~7월에 생산된다.

팔랑(구아바) Guava

태국인들은 완전히 익지 않은 구아바를 선호한다. 떨떠름한 맛을 내기 때문에 소금, 고춧가루 양념에 찍어 먹는다. 팔랑은 태국 사람들이 서양인을 빗대어 부르는 말이기도 하다.

쏨오(포멜로) Pomelo

수박만한 오렌지. 껍질이 두꺼워 손으로 까기 힘들다. 오렌지보다 크고 토실토실한 알맹이가 씹히는 맛이 좋다. 일부 식당에서는 쏨오를 이용해 만든 매콤한 샐러드인 '얌 쏨오'도 선보인다.

깨우만꼰(드래곤 프루트) Dragon Fruit

선인장 열매로 모양이 독특하다. 빨갛고 둥근 모양으로 껍질을 벗기면 깨 같은 검은 점들이 박힌 하얀색 알맹이가 나온다. 맛은 심심한 편이다.

카눈(잭 프루트) Jack Fruit

두리안과 비슷하게 생겼지만, 더 크고 껍데기가 부드럽다. 껍질을 까면 노란색 과일이 나온다. 향은 강하지만 맛은 부드럽다.

두리안

용안
구아바

로즈 애플
포멜로

드래곤 프루트

잭 프루트

04 음료

신선한 과일이 지천에 널려 있는 탓에 과일 주스나 과일 셰이크가 흔하다. 술을 사랑하는 태국 민족답게 어디서나 얼음 탄 맥주를 마실 수 있다.

생수

태국에서는 마음 놓고 수돗물을 받아 마실 수 없다. 석회질 성분이 많아 정수된 물을 마셔야 한다. 식당에서 물을 공짜로 제공하지 않는 이유도 물을 사먹어야 하기 때문이다.

과일 음료

신선한 과일이 많기 때문에 과일 음료도 풍부하다. 과일 주스 중에는 남쏨(오렌지 주스), 남오이(사탕수수 주스)가 인기가 있다. 과일 셰이크는 '폰라마이 빤'이라고 한다. 셰이크 중에는 끌루어이 빤(바나나 셰이크), 땡모 빤(수박 셰이크), 마무앙 빤(망고 셰이크)이 흔하다.

에너지 드링크

태국인들은 박카스를 사랑한다. 택시 기사, 노동자 할 것 없이 몸이 찌뿌듯하다 싶으면 박카스 한 병씩을 들이킨다. 그중 가장 대표적인 브랜드가 레드 불 Red Bull로 잘 알려진 '끄라틴댕 Kratin Daeng'이다. 한국을 포함해 세계 여러 나라에 수출되는 끄라틴댕은 태국 10대 기업에 속할 정도로 엄청난 판매량을 자랑한다. 그밖에 엠로이하씹 M150도 인기가 있다. 한국 박카스에 비해 카페인 함량이 높으므로 중독되지 않도록 유의하자.

맥주

태국을 대표하는 맥주는 '씽 Singha'이다. 1934년부터 생산되기 시작한 태국 최초의 맥주로 세월이 흘러도 태국 맥주 시장 점유율 70% 이상을 차지한다. 태국을 방문한 외국인들도 가장 선호하는 맥주로 알코올 도수는 6%. 영어로 싱하 비어 Singha Beer라 표기되어 있지만 정확한 발음은 '씽'. 맥주 로고로 그려진 수호

신 역할을 하는 사자를 뜻한다. 주문할 때 '비아 씽'이라고 하자. 씽 다음으로 인기 있는 맥주는 '창 Chang'이다. 창은 코끼리를 뜻한다. 비아 씽과의 경쟁으로 가격을 낮게 책정하는 것이 특징이다. 두 개의 유명 맥주 이외에 레오 맥주 Beer Leo와 타이 맥주 Beer Thai, 치어스 맥주 Cheers Beer 등이 최근 새로이 시장에 뛰어들었다. 저렴한 것이 특징이지만 비아 씽과 비아 창에 비해 인기가 없다.

위스키

태국 위스키들은 쌀로 만들어 보통 위스키보다 달다. 쌩쏨 Sang Som으로 대표되며 알코올 35%를 함유한다. 저렴한 것이 매력으로 태국 서민들이 즐겨 마신다. 쌩쏨 이외에 메콩 Mekong도 있으나 술집에서는 거의 판매하지 않고 슈퍼마켓에서 구입이 가능하다. 쌩쏨보다 싼 대신 독하다. 브랜디 위스키는 조니 워커 Johnnie Walker가 가장 일반적이다. 태국에서 자체 생산한 저렴한 브랜드로 스페이 로열 Spey Royal, 헌드레드 파이퍼 100 Pipers가 유명하다. 태국 사람들은 스트레이트로 마시는 것보다 섞어 마신다(심지어 맥주를 주문해도 얼음을 가져온다). 소다와 얼음을 기본으로 콜라를 섞는 것이 보편적이다.

01 태국 프로파일

개관

- 국가 명칭 태국(쁘라텟 타이) Kingdom of Thialand
- 국가 원수 국왕(라마 10세 마하 와치라롱꼰)
- 정부 수반 총리(패텅탄 치나왓)
- 정치 체제 입헌군주제. 다수당 대표가 총리를 역임하는 의원내각제
- 의회 형태 상하원 양원제. 4년 임기의 하원은 직접 선거로 선출
- 집권당 프아타이당
- 공식 언어 태국어
- 화폐 단위 밧(Baht, THB)
- 수도 방콕(끄룽텝)

국기

다섯 개의 가로줄에 파란색, 하얀색, 붉은색의 세 가지 색으로 구성되어 있다. 라마 6세 때 디자인되어 1917년 9월부터 공식 사용됐다. 파란색은 국왕, 하얀색은 불교, 붉은색은 국민의 피를 상징한다. 중앙의 파란색, 즉 국왕을 중심으로 불교와 국민이 함께 어우러져 사는 사회를 국기에 표현한 것.

면적

총면적 51만 3115㎢로 한국보다 5배 크다. 남북 길이 1,645㎞, 동서 길이 785㎞로 북위 6~21°, 동경 97~106° 사이에 위치한다. 동남아시아 대륙의 중심에 위치해 남쪽으로 말레이시아, 북쪽으로는 미얀마와 라오스, 서쪽으로 미얀마, 동쪽으로 캄보디아와 국경을 접한다.

인구 및 인구 증가율

인구는 약 6,979만 명(2023년 3월 기준)이고, 인구 증가율은 0.2%다.

인종

타이족이 75%로 절대 다수를 차지한다. 화교는 14%로 비율은 적지만 정치·경제에 지대한 영향력을 행사한다. 소수민족으로 북부 산악 지역에 고산족(카렌족, 몽족, 아카족, 라후족, 리수족)이 거주하며, 남부 말레이 국경 지역에 말레이족이 거주한다.

종교

전형적인 남방불교 국가로 전 국민의 95%가 불교를 믿는다. 말레이시아와 국경을 접한 남부 지역에는 이슬람교도가 많지만 태국 전체 인구의 3.8%에 불과하다. 종교의 자유는 인정되지만 모태 신앙으로 불교가 생활의 중심이 된다.

언어

전 국민이 태국어를 사용한다. 북부 산악 지역의 소수민족들만이 고유 언어를 사용할 뿐이다.

문자 해독률

어려워 보이는 태국 문자인데도 92.5%로 문자 해독률이 높다.

02 태국 일기 예보

아열대 몬순기후에 속하는 태국은 우리나라와 달리 1년 내내 덥다. 온도 변화 없이 연중 30℃를 웃도는 무더운 날씨. 최고 더운 4월에는 낮 기온이 38℃를 훌쩍 넘긴다. 일교차마저 거의 없어서 낮과 밤이 별 차이가 없다. 다만 건기(12~2월) 사이에 밤 기온이 20℃ 아래로 잠시 내려갈 뿐이다. 더운 나라인 탓에 대부분의 건물에서는 시원한 에어컨을 켜고 있다.

가장 쾌적한 11~2월
1년 중에서 가장 쾌적한 시기로 태국을 여행하기 가장 좋은 계절이다. 비는 전혀 내리지 않고 태국 북부에서 선선한 바람이 불어와 밤 기온이 20℃ 아래로 내려간다. 북부 산간 지방은 영상 10℃ 아래로 내려가는 매서운 추위(?)가 오기도 한다. 이 기간에는 현지인들이 목도리까지 두르고 다니는 진풍경을 종종 볼 수 있다. 에어컨 버스를 타고 태국 북부 지방을 야간에 이동해보면 추위가 어떤 건지 직접 경험할 수 있다.

가장 무더운 3~5월
태국의 여름이다. 동남아시아 아열대 기후를 제대로 경험할 수 있는 시기. 비도 내리지 않기 때문에 가만히 서 있어도 땀이 날 정도로 덥다. 방콕과 남부 지방은 말할 것도 없고, 북부 지방까지 낮 기온이 40℃에 육박한다.

한낮의 빗줄기 5~10월
5월부터 비가 오는 날이 급증하며 10월까지 우기가 이어진다. 한국의 장마나 태풍처럼 며칠씩 계속해서 비가 내리지 않는다. 다만 대기가 불안정해 스콜성 강우가 하루 한두 차례 내릴 뿐이다. 보통 30분에서 1시간 정도 집중호우가 내린 다음 거짓말처럼 해가 다시 나온다. 무더위를 잠시 식혀주는 효과가 있다.

태국 남부는 지리적 위치에 따라 몬순 기간이 달라진다. 푸껫을 포함한 안다만해의 섬들은 5~10월까지 비가 내리고 파도가 높아져서 보트 운행이 중단되기도 한다. 하지만 꼬 싸무이를 포함한 타이만의 섬들은 11~12월에 가장 많은 비가 내린다.

강우량
건기와 우기로 극명하게 구분된다. 건기에는 몇 달 동안 비가 내리지 않다가 우기가 되면 하루에 한 번씩 비가 내린다. 우기 동안 월평균 강우량은 200~300㎜이며, 연평균 강우량은 1,600㎜이다.

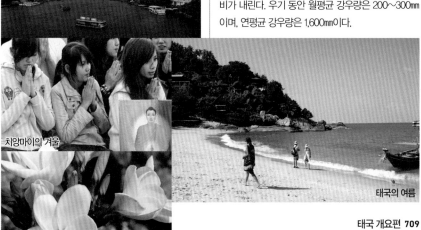

더위를 식혀주는 스콜

치앙마이의 겨울

태국의 여름

03 태국의 역사

태국 역사는 완전한 독립을 최초로 이룩한 쑤코타이에서 시작됐다. 람캄행 대왕 때 스리랑카로부터 불교를 받아들이며 싸얌 Saim이라는 국호를 사용했다. 하지만 태국 사람들은 싸얌이라는 이름 대신 각 왕조별로 분리해 자신의 나라 이름을 부른다. 싸얌은 1939년부터 자유의 나라라는 뜻의 '쁘라텟 타이 Prathet Thai', 즉 타일랜드 Thailand로 불리고 있다.

쑤코타이 Sukhothai(1238~1360)
쑤코타이는 짜오프라야 강 일대의 태국 중부 평원에 성립된 태국 최초의 독립왕조. 크메르 제국 Khmer Kingdom(오늘날의 캄보디아)이 약해진 틈을 타서 인드라딧야 왕자 Prince Indraditya가 이끄는 군대가 독립을 쟁취한 것이다.

쑤코타이 초기에는 도시 국가 형태의 작은 나라였으나 람캄행 대왕 King Ramkhamhaeng(재위 1279~1298)을 기점으로 성장해 라오스의 루앙프라방을 포함해 태국 중부 지역을 완전히 장악했다. 람캄행 대왕은 영토 확장은 물론 주변 국가와도 유대를 강화했다. 또한 태국 문자를 창시해 문화, 교육, 예술의 발전에 지대한 영향을 미쳤으며, 남방 불교(소승 불교)를 받아들이며 왕과 신을 일치시키는 신왕사상(데바라자 Devaraja)의 근본을 만들었다.

쑤코타이는 람캄행 대왕 이후 뚜렷한 발전을 보이지 못하고, 그의 손자 리타이 왕 King Li Thai(1347~1368)을 거치면서 태국 중부에서 성장한 아유타야 왕국에 흡수되며, 지방의 소도시로 전락했다.

란나 왕국
Lanna Kingdom(1259~1558)
태국 북부에 형성됐던 독립 왕국. 란나 왕조는 멩라이 왕 King Mengrai(1259~1317)이 건설한 나라로 치앙쌘

Chiang Saen→치앙라이 Chiang Rai→치앙마이 Chiang Mai로 천도했다.

새로운 도시, 치앙마이를 건설하며 란나 왕국은 260년간 번영을 이루었다. 쑤코타이는 물론 버마(미얀마)의 파간 Pagan 왕조와 유대를 강화하며 라오스 중북부까지 아우르는 주요 국가로 성장했다. 띨록까랏 왕 King Tilok Karat(1441~1487) 때는 람푼 왕국 Lamphun Kimdom을 점령하기도 했으나 급성장한 버마의 공격으로 패망하고 만다. 버마 속국으로 200년간이나 지배를 받다가 18세기에 잠시 독립의 영광을 맛보기도 했으나 독자적인 세력으로 발전하지 못했다. 그 후 라따나꼬씬 왕조(짜끄리 왕조)의 통치를 받다가 1939년 태국에 완전히 편입돼 현재에 이른다.

아유타야 Ayuthaya(1350~1767)
태국 역사에서 가장 번성했던 아유타야 왕조는 짜오프라야 강의 비옥한 중부 평원을 끼고 형성된 나라다. 버마의 파간 왕국도 몽골의 위협으로 약해지고, 쑤코타이도 람캄행 대왕의 사망으로 큰 영향력을 발휘하지 못하자 자연스럽게 등장한 아유타야는 우텅 왕 King U-Thong(1350~1369)을 시작으로 생긴 태국의 두 번째 왕조다.

400년간 34명의 왕을 배출하며 동남아시아의 절대 패권자를 차지했다. 현재의 태국과 비슷한 영토로 확장

쑤코타이
©태국관광청

란나 왕국

했을 정도. 우텅 왕의 대를 이은 라마티보디 왕 King Ramathibodi 때 소승 불교를 국교화했고, 그의 아들 라마쑤언 왕 King Ramasuen(1388~1395) 때는 쑤코타이를 시작으로 치앙마이까지 점령했다. 그 후 1431년에는 동쪽으로 영토 확장을 시작해 크메르 제국의 본거지 앙코르를 공격해 승리를 이루었다(태국은 1906년까지 앙코르 와트를 점령하고 있었다).

하지만 아유타야의 번영은 항상 완벽했던 것만은 아니다. 버마의 흥망에 따라 위협을 받았으며, 1569년부터 15년간 지배당하는 치욕을 당했다. 아유타야를 다시 살린 것은 나레쑤언 왕 King Naresuan(1590~1605)으로 제2의 전성기를 구가했다. 나라이 대왕 King Narai(1656~1688)을 거치며 절정을 이루었다. 당시 중국과 인도를 연결하는 주요 국가로 성장해 포르투갈, 네덜란드, 영국 등의 유럽 국가와 무역은 물론 외교관계도 수립할 정도였다.

나라이 대왕을 기점으로 아유타야는 별다른 특징을 보이지 못하다가 1766년부터 시작된 버마와의 전면전 끝에 1767년 수도가 함락되면서 왕족은 인질로 잡혀가고, 나라는 멸망했다. 그 후 아유타야는 정글 속에 남겨진 폐허로 방치됐다.

톤부리 Thonburi(1767~1782)

버마에 망한 아유타야의 명예를 회복하는 일은 힘들기만 했다. 중국계 태국인 장군 프라야 딱씬 Phraya Taksin이 군대를 조직해 아유타야를 일시적으로 수복했지만 버마 군대를 두려워한 나머지 짜오프라야 강 남쪽의 톤부리로 옮겨와 새로운 왕조를 건설했다.

해 뜨는 새벽에 도착한 새벽 사원(왓 아룬)에 왕궁과 왕실 사원을 건설했으나 톤부리 왕조는 오래가지 못하고 단 한 명의 왕으로 단명하고 만다. 정신 질환까지 보이던 괴팍한 프라야 딱씬 장군은 그의 수하 장수였던 짜끄리 장군 General Chakri에 의해 비참한 최후를 맞았다. 짜끄리 장군은 자신이 라마 1세라 칭하고 짜오프라야 강 건너 라따나꼬씬에 새로운 도시를 건설하며 방콕 시대를 열었다.

라따나꼬씬(짜끄리 왕조)
Ratanakosin(1782~현재)

라따나꼬씬 왕조는 1782년부터 시작된 220년 이상의 역사를 간직한 태국의 네 번째 왕조다. 프라야 짜끄리 장군에 의해 시작되어 짜끄리 왕조라고도 불린다. 현재는 방콕의 일부에 해당하는 라따나꼬씬은 강과 운하에 둘러싸인 인공으로 만든 섬 모양으로 성벽에 둘러싸인 도시였다. 수도를 강 오른쪽으로 옮겨와 당시에 강력한 힘을 구축했던 버마(미얀마)의 공격으로부터 도시를 방어하도록 했던 것이다.

라따나꼬씬 왕조 초기

짜끄리 장군은 라마티보디 Ramathibodi (1782~1809)로 이름을 바꾸며 라마 1세로 등극했다. 아유타야 왕조와 아무런 혈연관계가 없었던 그는 데바라자 Devaraja(신왕사상) 대신 담마라자 Dhammaraja(불교 법륜에 입각한 법왕) 시스템을 도입하며 왕권을 유지했다.

라마 2세(1809~1824)와 라마 3세(1824~1851)는 방콕의 주요 사원들과 건물을 완성하며 견고한 국가 기반과 새로운 문명을 창조하는데 앞장섰다. 라마 3세를

아유타야

톤부리 왕조를 상징하는 왓 아룬

라따나꼬씬

거치면서 방콕은 수상 무역의 중심지로 변모했다. 중국과의 교역은 물론 유럽의 선박도 드나들 정도였다.

태국의 현대화

27년 동안 승려로 수행을 했던 라마 4세, 몽꿋 왕 King Mongkut(1851~1868)은 과학과 라틴어, 영어를 공부하는 등 유럽 문명에 관심을 가졌다. 태국 최초로 도로를 건설하고 유럽과의 무역도 확대했다. 태국의 근대화를 이끄는 견인차 역할을 했던 왕으로 서양과의 지속적인 교역은 물론 태국의 교육과 법제도를 정비하는 데 노력을 아끼지 않았다.

☑️알아두세요

라따나꼬씬 왕조 연대표

라마 1세 프라야 짜끄리 Phraya Chakri(1782~1809)
라마 2세 풋타래띠아 Phutthalaetia(1809~1824)
라마 3세 낭끄라오 Nangklao(1824~1851)
라마 4세 몽꿋 Mongkut(1851~1868)
라마 5세 쭐라롱껀 Chulalongkon(1868~1910)
라마 6세 와찌라웃 Vajiravudh(1910~1925)
라마 7세 쁘라짜티뽁 Prajadhipok(1925~1935)
라마 8세 아난타 마히돈 Ananda Mahidol(1935~1946)
라마 9세 푸미폰 아둔야뎃(1946~2016)
라마 10세 마하 와치라롱꼰(2016~현재)

몽꿋 왕의 뒤를 이은 라마 5세, 쭐라롱껀 대왕 King Chulalongkon(1868~1910)은 그의 아버지의 업적을 따라 태국의 현대화에 앞장섰다. 태국 최초의 병원, 우체국, 전신소 등을 건설했다. 태국 왕 최초로 유럽을 방문하고 돌아와 유럽풍의 신도시, 두씻 Dusit을 건설했다. 가장 큰 업적은 노예제도를 폐지한 것이며, 프랑스와 영국의 식민지배에 맞서 태국의 독립을 지켜낸 인물로 짜끄리 왕조의 가장 위대한 국왕으로 칭송받는다.

영국에서 유학한 쭐라롱껀 대왕의 아들인 라마 6세(1910~1925)는 기본 교육을 의무화하고 최초의 대학을 설립했다. 그러나 현대화의 진행은 태국 군부 세력으로부터 왕정을 폐지하려는 첫 번째 쿠데타 시도가 그의 재위 기간인 1912년에 발생했다.

절대 왕정 붕괴

라마 6세의 동생이자 쭐라롱껀 대왕의 아들 중에 막내였던 쁘라짜티뽁 왕자 Prince Prajadhipok가 라마 7세로 즉위한 것은 1925년. 그는 짜끄리 왕조의 마지막 담마라자(법왕)로 절대 왕정을 폐지하고 1932년에 입헌민주주의 정부가 들어서도록 서명한 비운의 주인공이 됐다. 10년이란 짧은 즉위 기간 중에 민주 정부를 갈망하는 학생들의 지원에 힘입은 군부의 무혈 쿠데타로 실각했다. 국왕은 통치에 관여하지 못하고 상징적인 존재로 남게 된 것이다. 쿠데타 당시 후아힌 Hua Hin의 왕실 별장에서 골프를 즐기고 있었던 라마 7세는 1933년에 역 쿠데타를 도모해 왕정 복귀를 노렸으나 실패하고 1935년에 영국으로 망명길에 올랐다.

공석이 된 국왕 자리는 독일에서 태어나고 스위스에서 유학 중이던 10살의 아난타 마히돈 Ananda Mahidol 왕자를 국왕에 추대했다. 어린 나이에 국왕에 즉위한 라마 8세(1935~1946)는 왕궁의 침실에서 총격에 의해 암살당했다. 국왕의 죽음은 의문만 가득 남기고 미해결인 채로 종결되어, 그의 동생 푸미폰 아둔야뎃 Bhumibol Adulyadej에게 왕위가 계승됐다.

라마 8세가 허수아비 국왕 노릇을 하는 동안 군부 실세인 피분 쏭크람 Pibun Songkhram (1897~1964) 장군이 1938년부터 실질적인 통치를 수행했고, 국가 명칭도 싸얌 Siam에서 태국 Thailand으로 1939년 개명하는 특단의 조치를 취했다.

푸미폰 국왕(라마 9세)

친형인 라마 8세가 의문의 죽음을 당해 우여곡절 끝에 짜끄리 왕조 아홉 번째 국왕으로 즉위했다. 라마 9세로 알려진 푸미폰 국왕의 본명은 푸미폰 아둔야뎃 Bhumibol Adulyadej(1946~2016)이다. 하버드 의대를 다니던 마히돈 왕자의 아들로 1927년 12월 5일 미국 매사추세츠에서 태어났다. 태국어를 포함해 영어, 프랑스어, 독일어를 구사하는 푸미폰 국왕은 즉위 당시 스위스 로잔 대학의 학생이었으며, 재즈 작곡자이자 색소폰 연주자로서도 유명했다.

라마 9세, 푸미폰 국왕

쭐라롱껀 대왕(라마 5세)과 더불어 위대한 왕으로 칭송 받는 푸미폰 국왕은 태국 왕실의 권위를 회복한 왕으로 평가받는다. 정치적인 실권은 없지만 국왕의 언행은 실정법을 뛰어 넘어 강력한 영향력을 행사한다. 1973년과 1992년의 유혈 쿠데타를 주도한 장군들을 권력에서 물러나게 했을 뿐 아니라 2007년 초에 발생한 무혈 쿠데타도 국왕의 구두 승인으로 인해 평화롭게 마무리됐을 정도다. 또한 국왕 생일날 국가 지도자를 불러 놓고 열리는 국민 축사에서 언급된 말들은 국가 정책의 잣대가 되고 있다.

20세의 나이(1946년)에 국왕의 자리에 올랐던 푸미폰 국왕은 2016년 10월 13일 건강 악화로 인해 88세의 나이로 씨리랏 병원에서 서거했다. 세계 최장수 국왕으로 알려졌던 푸미폰 국왕은 70년 126일 동안 국왕 자리를 지켰다. 태국 국민들은 한 평생을 바쳐 궂은일을 마다하지 않았던 국왕에 대해 존경심과 신뢰를 표현한다. 집집마다 국왕의 사진을 걸어 놓고 있고, 국경일로 지정된 국왕 생일은 아버지의 날로 불릴 정도다.

태국 민주주의

라마 9세가 즉위하던 시기는 제2차 세계대전으로 인한 혼돈의 시기였다. 군부 실세로 국정을 장악한 피분 쏭크람 장군은 선거를 통한 정권 연장을 꾀하며 1957년에 실시된 선거에서 승리했다. 하지만 지독한 부정 선거를 자행한 탓에 군부 반대파 싸릿 타나랏 Sarit Thanarat 장군이 정권을 전복시키고 왕정 복귀를 통한 경제 안정을 꾀했다. 하지만 1963년 싸릿 장군의 사망으로 태국 정치는 다시 혼란에 빠져들었다.

1960~1970년대는 중국의 공산화로 시작된 동남아시아의 공산화 열풍이 불던 시기다. 인도차이나의 공산화를 막으려고 베트남 전쟁을 시작한 미국은 군수 기지 건설을 위해 태국과 협력했다. 독재 정권인데도 미국은 타놈 끼띠까촌 Thanom Kitikachorn 정권을 전폭 지지했다. 미국의 경제 지원에도 불구하고 타놈 정권은 더욱 부패했고, 결국 민주주의를 요구하는 학생들의 시위에 직면하게 됐다. 1970년대를 거치면서 태국의 민주주의는 학생 시위와 군부 내부의 연속적인 쿠데타와 반 쿠데타가 1990년대 초반까지 이어졌다.

대규모 반정부 시위는 1973년 탐마쌋 대학교를 중심으로 50만 명이 참가했다. 탱크까지 동원해 무력 진압한 결과 350명 이상의 사망자를 냈다. 푸미폰 국왕이 직접 나서서 시민과 군부의 중재자 역할을 했다. 타놈 끼띠까촌 장군과 쁘라팟 짤루싸티안 Praphat Charusathien 장군을 왕실로 불러들여 국왕 앞에서 무릎을 꿇린 것. 이를 계기로 선거에 의한 민주정부가 다시 들어섰다. 하지만 망명을 떠났던 타놈 장군이 승려로 위장해 1976년 태국에 입국하면서 학생 시위가 재발했고, 국정 불안을 이유로 군부가 다시 정권을 장악하는 악순환이 이어졌다.

결국 1992년에 대규모 민주화 시위에 힘입어 같은 해 9월 선거에 의한 민주정부가 들어섰다. 하지만 군부가 정치에 지속적으로 개입하자 다시 학생 시위로 이어졌다. 50만 이상이 무력 진압으로 사망하자 당시 방콕 시장을 지내던 청백리의 상징 짬롱 씨므앙 Chamlong Srimuang 시장은 푸미폰 국왕을 알현해 중재를 촉구했다. 결국 국왕의 힘은 다시금 군부 세력을 제압하게 되었다. 이로써 16차례나 반복됐던 군사 쿠데타가 종료하고 선거에 의해 정권 교체가 이루어지는 민주 정부가 들어설 수 있었다.

태국의 민주화 시위

IMF

1992년 선거는 민주당의 승리로 돌아갔다. 원칙주의자이자 법률가인 추안 릭파이 Chuan Leekphai 총리는 경제 성장을 이루며 민주주의를 회복하는 데 성공적인 역할을 수행했지만 1995년과 1996년도 선거에서 모두 패배했다. 태국 역사상 최대의 부정부패가 자행된 선거는 차와릿 용차이윳 Chavalit Yongchaiyudh이 이끄는 군 장군 출신의 민주정부를 탄생시켰다.

1980년대의 두 자릿수 경제 성장에 안주했던 차와릿 총리는 국내와 국외에서 제기되는 경제 위기를 관리하지 못하고 태국 화폐 밧(Baht)의 환율 방어에 실패했다. 태국의 국제 부채에 기인한 경제 위기는 1달러 대비 25B를 유지하던 태국 화폐가 57B까지 폭락하면서 태국 발 아시아 경제 위기를 초래했다.

1997년의 IMF 구제 금융은 태국 정치 지형도 변화시켰다. 차와릿 총리가 결국 실각하고 민주당의 추안 릭파이 총리가 재집권하면서 경제 위기를 극복하기 시작했다. 1998년에는 환율을 40B대로 끌어 올렸고, 구제 금융도 모두 청산했다. 하지만 그의 곧고 청렴한 이미지는 오히려 태국 사람들에게 심심한 이미지를 선사하며 2001년 총선에서 결국 패배하고 만다.

탁신 치나왓

태국 현대정치의 풍운아, 탁신 치나왓 Thaksin Shinawatra. 치앙마이의 평범한 집안에서 태어나 경찰 간부를 지내고 통신 산업에 진출해 태국 최고의 갑부 자리에 오른 인물. '타이 락 타이당 Thai Rak Thai Party'(태국 사람이 사랑하는 태국 정당)을 만들며 정치에 입문한 2001년 총선에서 과반수 이상의 의석을 차지해 총리가 되었다. 탁신 총리는 재력을 바탕으로 농촌의 개발과 의료 혜택의 개선을 약속한다. 낙후한 지역에 발전 기금으로 100만 B씩 경제지원, 30B 의료정책 등 가난한 사람들을 위한 정책을 입안한 것. 또한 심야 영업시간 단속, 마약과의 전쟁 등을 주도하며 깨끗한 국가를 건설하기 위한 노력도 아끼지 않았다.

탁신 총리는 인기 정책과 함께 자신의 부를 축적하는 일도 게을리 하지 않았다. 태국 최대의 통신 회사인 친 주식회사(Shin Corp.)는 휴대폰 회사인 AIS를 바탕으로 타이 에어 아시아(Thai Air Asia), ITV 방송국을 차례로 인수하며 거대한 탁신 제국을 세웠던 것. 대학에 다니던 그의 아들과 딸이 태국 주식 소유 랭킹 5위 안에 들어 있었고, 그의 집안의 가정부가 백만장자라는 소문까지 퍼지며 방콕을 중심으로 한 도시인들과 지식인들 사이에서 그에 대한 반감이 높아졌다.

2006년 탁신 총리의 부정으로 촉발한 방콕 대규모 반정부 시위에 10만 명이 운집했다. 탁신의 측근이었던 짬롱 전임 방콕 시장까지 참여해 집회를 주도하며 탁신 하야 운동이 전개됐다. 반정부 시위에 대한 탁신 총리의 대응은 중간 선거였다. 자신의 신임을 묻기 위한 임시 선거였으나, 야당인 민주당은 선거 불참을 선언하고 기권 운동을 벌였다. 탁신 총리가 재집권한 지 1년 만에 다시 치러진 선거에서도 타이 락 타이당은 66%의 득표를 올리는 기염을 토했지만, 방콕과 남부 지역에서는 법정 선출 기준인 20% 득표도 못 미치는 여당 후보자가 속출했다.

중간 선거의 승리에도 불구하고 탁신 퇴진 운동은 지속되었고, 푸미폰 국왕의 권고에도 굴복하지 않고 국왕의 권위에 대항하는 것처럼 비쳤던 탁신 총리는 결국 2006년 9월 무혈 쿠데타로 실각하고 망명길에 올랐다. 쿠데타가 일어날 당시 탁신 총리는 유엔 총회에 참석하기 위해 뉴욕에 머물고 있었고, 태국으로 돌아오지 못하고 자녀들이 공부하는 런던으로 건너갔다. 실권한 탁신 총리는 주요 외신에 얼굴을 비치면서 재기를 모색했고, 영국 축구 클럽 맨체스터 시티 Manchester City를 사들이면서 다시금 언론의 주목을 받았다.

군부 쿠데타 후 1년 만에 이루어진 자유선거에서 친 탁신 성향의 정당인 파랑빡프라차촌 정당(PPP:People's Power Party)이 승리를 거두었다. 과반 확보에 실패했으나 6개 정당이 연정을 구성해 싸막 쑨타라웻 Samak Sundaravej(재임 2008년 1월 29일~ 9

월 9일)을 총리로 임명했다. 선거 승리 후 탁신 전 총리가 태국으로 귀국하면서 태국 정치 상황은 혼돈 양상을 띠기 시작했다.

레드 셔츠 VS 옐로 셔츠

친(親)탁신 정권이 들어서자 태국의 엘리트 집단은 정치인 짬롱 씨므앙 Chamlong Srimuang과 언론인 쏜티 림텅꾼 Sondhi Limthongkul을 중심으로 반(反)탁신 운동을 전개했다. 아이러니하게도 짬롱 씨므앙(육군사령관 출신으로 첫 민선 방콕 시장 역임)은 탁신의 정치 입문을 도왔던 인물이기도 하다.

국민민주주의 연대(PAD: People's Alliance for Democracy)로 불리는 반탁신 그룹은 노란색 옷을 입고 시위에 참여해 '옐로 셔츠(쓰아 르앙)'로 불린다. 노란색은 국왕을 상징하는 색깔이다. 2008년 5월부터 시작된 반정부 운동은 가두 행진은 물론 정부 청사 앞을 장악하며 싸막 총리의 사임을 요구했다. 옐로 셔츠는 정부를 압박하기 위해 푸껫·끄라비·핫야이 공항을 점거하기도 했다. 결국 싸막 총리는 재임 기간 중 TV 요리 프로그램에 고정 출연하던 것이 문제가 되었다. 정부 공직자가 별도의 직업으로 수입을 올린 것을 문제 삼아 헌법재판소에서 그의 해임을 판결했다.

의원민주의제인 태국에서는 다수당 대표가 총리직을 수행하게 된다. 때문에 싸막 총리가 실권했다 하더라도 친탁신 세력은 권력을 지속적으로 유지할 수 있었다. 교육부총리였던 쏨차이 웡싸왓 Somchai Wongsawat(재임 2008년 9월 18일~12월 2일)이 태국의 26대 총리로 새롭게 선출되었는데, 그는 탁신 전 총리와 매제지간이다.

새로운 총리의 선출은 반탁신 연대를 더욱 강화하게 했고 대규모 반정부 시위가 방콕에서 계속해서 이어졌다. 최후 수단으로 쑤완나품 국제공항을 1주일간 점거하며, 옐로 셔츠는 정권교체를 이루었다. 헌법재판소가 집권 여당의 투표 매수를 문제 삼으면서 쏨차이 총리의 정치 활동을 제한했고, 군부 또한 쿠데타를 무기로 정권 이양을 강력히 요구했다. 결국 연정을 구성했던 소수 정당들이 야당이던 민주당을 지지하면서 정권이 바뀌게 되었다. 의회 선거를 통해 민주당 총재인 아피씻 웻차치와 Abhisit Veijajiva가 2008년 12월 17일에 27대 총리에 취임했다.

민주당으로 정권이 바뀌었다고 해서 태국의 모든 문제가 해결된 것은 아니었다. 옐로 셔츠의 승리는 반대급부로 친탁신 세력의 급속한 재집결을 가져왔다. 반독재민주연합전선(UDD: United Front of Democracy Against Dictatorship)이라 명명된 친탁신 세력은 붉은 옷을 입고 시위에 참여해 '레드 셔츠(쓰아 댕)'라 불린다.

1964년 영국에서 태어나 옥스퍼드 대학교를 졸업한 아피씻 총리는 부정부패를 저지른 것은 아니지만 의회에서 선출된 총리라는 비판에 직면했다. 레드 셔츠의 일관된 주장은 의회 해산과 선거를 통한 총리 선출이었는데, 서민들로부터 대중적인 인기를 확보한 친탁신 세력이 선거에서 승리할 것이라는 확신 때문이다. 태국에서는 국정과 개인 사업을 구분하지 못한 탁신에 대한 비판과 함께 가난한 사람들을 위해 혁신적인 정책을 선보인 탁신의 카리스마가 공존한다. 특히 태국 북부와 동북부(이싼) 지방에서 그의 인기는 변함없다.

레드 셔츠도 정부 청사를 장악하며 반정부 시위의 강도를 높여갔다. 법이 허용하는 범위 내에서 시위를 허락했던 아피씻 총리는 2009년 4월 파타야에서 열린 아세안(ASEAN, 동남아시아 10개국 연합) 국제회의를 계기로 강경한 입장으로 선회한다. 한국·일본·중국 국가수반까지 참여한 국제회의는 레드 셔츠가 회의장을 무단 침입하면서 결국 무산되었다. 곧이어 비상사태가 선포되었고 방콕으로 재집결한 시위대를 군대를 동원해 무력으로 진압했다. 반정부 시위 이후 아피씻 총리는 탁신 전 총리의 태국 여권을 말소하며 본격적인 파워 게임을 시작했다.

소강상태에 접어들었던 레드 셔츠의 반정부 시위는 2010년 3월 법원의 탁신 전 총리 재산 몰수 판결을 계기로 다시 점화되었다. 2009년에 비해 시위의 강도를 높인 레드 셔츠는 방콕 도심을 점거하고 조기 총선을 요구했다. 2개월에 걸친 방콕 도심 점거 시위는 두 차례의 무력 진압으로 인해 엄청난 인명 피해를 냈다.

민주기념탑 일대를 점거한 시위대 해산을 위해 2010년 4월 10일 실시된 1차 진압 작전은 25명이 사망하고 800명이 부상했다. 군대의 무리한 해산작전으로 인명 피해를 낸 정부는 궁지에 몰렸다. 4월 12일에는 선관위에서 선거자금 모금 불법행위로 민주당의 해산을 결정하며, 연정이 붕괴될 조짐마저 보였다. 아피씻 총리 또한 조기 총선을 약속하며 레드 셔츠 지휘부와 협상을 시도했다. 하지만 레드 셔츠 지휘부는 무력 진압을 지휘했던 부총리에 대한 해임을 요구하며 협상은 결렬되었다.

결정적인 영향력을 행사하던 군부가 아피씻 총리를 지지하며 2차 진압작전을 실시했다. 저항하는 시위대에 실탄 사격까지 허가된 대규모 진압작전은 5월 19일 동이 트며 전격적으로 실시되었다. 레드 셔츠 지휘부는 추가 인명피해를 방지하기 위해 자진 투항하며 반정부 시위는 막을 내렸다. 이 과정에서 80여 명이 사망하고, 1,700여 명이 부상을 입었다.

잉락 치나왓

방콕 사태가 수습되고 태국 정부는 의회를 해산하며 2011년 7월에 총선을 실시했다. 여당인 민주당과 야당인 프아타이당 Pheu Thai Party(태국인을 위한 정당이란 뜻)의 접전이 예상됐으나, 예상을 깨고 프아타이당의 압승으로 끝났다. 전체 의석 500석 중에 265석을 휩쓸었다. 의석의 과반을 확보해 연정을 구성하지 않고도 정권 교체가 가능했다. 프아타이당의 당 대표는 40세 초반의 여성인 잉락 치나왓 Yingluck Shinawatra (1967년 6월 생). 정치 경험이 없던 여성을 당대표로 선출해 압승을 거두었는데, 잉락 치나왓은 다름 아닌 쿠데타로 실권한 탁신 치나왓의 여동생이다. 그렇게 혜성처럼 등장해 태국의 28대 총리에 임명된 그녀는 태국 최초의 여성 총리다.

정치 경험이 없었음에도 불구하고 비교적 긴 시간인 2년 9개월간 총리 직을 수행했다. 잉락 총리의 성공은 어찌 보면 친오빠이자 전임 총리였던 탁신 치나왓의 영향이 컸다. 2007년 무혈 쿠데타로 실각한 탁신 전 총리는 태국으로 귀국하고 못하고 오랜 기간 해외에

탁신 치나왓과 그의 여동생 잉락 치나왓

머물고 있었는데, 화상 통화를 통해 태국 정치에 직간접적으로 영향력을 행사하고 있었다. 잉락 총리와 집권당인 '프아타이 당'은 정치적인 우세를 앞세워 2013년 11월에 탁신 전 총리의 사면을 추진하게 된다. 부정부패 혐의에 대한 사면(탁신 전 총리는 태국 여권도 말소된 상태였다) 뿐만 아니라 태국으로의 귀국을 추진해 정치 활동을 재재시키려는 움직임을 보였던 것이다. 이는 곧바로 반(反) 탁식 진영의 집결을 불러 왔으며, 대규모 반정부 시위를 촉발시켰다.

아이러니하게도 반정부 시위를 이끈 인물은 민주당 출신으로 전임 부총리(민주당 집권 시절 친(親) 탁신 성향의 '레드 셔츠'가 주도했던 반정부 시위를 군대를 동원해 무력으로 진압했던 인물)를 지냈던 쑤텝 턱쑤반 Suthep Thaugsuban이다. 그는 국민민주개혁위원회(PDRC: People's Democratic Reform Committee)를 구성해 잉락 총리의 사임을 요구하며 반정부 시위를 진두지휘했다. 12월 8일에는 야당(민주당) 국회의원 153명이 국회의원직을 사임하며 반정부 투쟁의 강도를 높였다. 이에 대해 잉락 총리는 2014년 1월 21일 국가 비상사태를 선포하기에 이른다. 이런 와중에서 잉락 총리는 2014년 2월에 조기 총선을 치를 것이며, 이때까지 임기를 채우겠다고 승부수를 던졌다. 결국 민주당의 선거 불참과 투표 거부 투쟁 속에서 선거가 치러졌지만, 헌법 재판소가 선거 자체를 무효화하면서 태국 정치는 끝없는 혼동 속으로 빠져들었다.

2014년 군사 쿠데타와 군사정권

방콕을 중심으로 대규모 반정부 시위가 6개월 이상 지속되면서 잉락 총리의 정치적 입지를 약화시켰다. 결국 2014년 5월 7일에 헌법 재판소가 잉락 총리의 권력 남용 혐의를 인정하는 판결을 내린다. 이로서 태국 첫 여성 총리의 정치 실험은 막을 내렸다. 부총리였던 니왓탐롱 분쏭파이싼 Niwatthamrong Boonsongpaisan이 총리 직을 승계해 과도 정부를 구성했다. 선거를 통한 승리가 불가능했던 민주당은 내각 총사퇴와 민간인이 주축이 되는 중도 정부 수립을 요구하며 반정부 시위를 이어갔다. 잉락 총리의 실각으로 위기감을 느낀 친(親) 탁신 진영인 '레드 셔츠'가 재집결하면서 반정부 시위대와의 충돌 위기감이 고조됐다.

극심한 대립과 선거를 통한 의회 구성이 요연해지면

서 군부 개입의 가능성이 점쳐졌다(군부는 태국 정치의 또 다른 핵심 세력인 군부는 여러 차례 쿠데타를 통해 정치에 개입해왔다). 여당의 사전 동의 없이 5월 20일에 전격적으로 계엄령이 선포됐고, 이틀 뒤인 5월 22일에 쿠데타를 일으켰다. 쁘라윳 짠오차 Prayut Chan-ocha(1954년 5월 21일 생) 육군 참모총장이 지휘한 쿠데타는 국왕의 재가를 받으며 성공하게 된다. 참고로 1932년 절대 왕정이 폐지되고 입헌 군주제가 성립된 이후 19번째 쿠데타였다(그 중 12번이 성공했다). 쿠데타로 집권한 군사정권은 2016년에 헌법을 개정해 군부의 정치 참여를 가능하도록 했다.

라마 10세 마하 와치라롱꼰

2016년 푸미폰 국왕 서거와 라마 10세 즉위

1927년부터 70년 동안 존경을 받았던 푸미폰 국왕(라마 9세)이 2016년 10월 13일 88세의 나이로 서거했다. 그 후 권력 승계 절차에 따라 외아들인 마하 와치라롱꼰 Maha Vajiralongkorn 왕세자가 2016년 12월 1일에 국왕의 자리를 승계해 라마 10세가 됐다. 1952년생인 왕세자가 나이 65살에 국왕에 즉위한 것이다. 새로운 국왕이 즉위하며 국왕의 생일을 기념하는 국경일도 7월 28일로 변경됐다.

2019년 총선

군부 쿠데타 이후 5년 만인 2019년 3월 24일에 총선이 실시됐다. 군부를 지지하는 신생 정당 팔랑쁘라차랏당 Palang Pracharath Party과 정권 탈환을 노리는 친 탁신계 정당인 프아타이당 Pheu Thai Party 모두 과반 의석 확보에 실패했다. 제1당이 된 프아타이당(137석)이 군부 집권에 반대하는 정당과 연정을 구성하려했지만 실패했고, 제2당인 팔랑쁘라차랏당(116석)이 10여 개 정당과 연합해 집권당이 됐다. 이로서 군부 쿠데타로 집권한 쁘라윳 짠오차 총리가 선거를 통해 정권을 연장하게 됐다.

코로나 팬데믹

전 세계를 강타한 코로나 팬데믹의 위협으로부터 태국도 자유로울 수는 없었다. 태국에 첫 번째로 보고된 코로나 감염 사례는 2020년 1월 12일로 중국 우한에서 온 중국 관광객이었다. 코로나가 급속히 확산하면서 2020년 3월 26에는 국가 비상 상태가 선포됐으며, 4

월 4일에는 국제 항공편 운항까지 전면 중단됐다. 대규모 백신 접종은 2021년 2월부터 시작했고, 2021년 7월에는 푸껫을 시작으로 제한적인 국제 관광을 재개하기 시작했다. 2022년 10월을 기해 코로나와 관련한 모든 입국 조건을 해제했다.

패텅탄 치나왓

쁘라윳 총리 임기가 만료되면서 2023년 5월에 총선이 열렸다. 민주 정부로의 정권 이양과 개혁을 바라는 표심은 팍까오끄라이당(전진당) Move Forward Party을 제 1당(전체 500석 중 152석)으로 만들어놓았다. 젊은 당 대표인 피타 림짜런랏 Pita Limjaroenrat(1980년 9월 5일 생)이 총리 후보로 거론되기도 했지만 보수 정당과 군부의 반대로 인해 연정 구성에는 실패했다. 왕실 모독죄 폐지를 주장하던 정당이 집권당이 될 수는 없는 한계에 부딪혔던 것. 태국 총리는 하원(선거로 선출된 국회의원) 500명과 상원(군부가 임명한 의원) 250명이 의회 투표를 통해 과반(376표) 이상의 지지를 받아야 임명된다. 결국 탁신 전 총리 계열의 프아타이당 Pheu Thai Party(141석을 확보한 제 2당)이 군부 계열의 정당과 손을 잡고 추대한 쎗타 타위씬 Srettha Thavisin이 30대 총리로 취임했다.

프아타이당이 집권당이 되면서 15년간 해외 도피 중이던 탁신 전 총리가 귀국했다. 귀국과 동시에 부정부패와 직권 남용 혐의로 8년형을 받았지만 왕실 승인으로 감형됐고, 병원에서 6개월간 생활하다 가석방 후 사면됐다. 이와 맞물려 1년 동안 총리를 지냈던 쎗타 타위씬이 낙마하고, 의회 선거를 통해 집권당 대표인 패텅탄 치나왓 Paetongtarn Shinawatra을 31대 총리로 선출했다. 37세(1986년 8월 생) 나이로 최연소 태국 총리가 됐는데, 다름 아닌 탁신 전 총리의 막내딸이다.

04 태국의 문화

'자유의 나라'라는 국가 이름에서도 알 수 있듯 태국은 자유를 사랑하는 나라다. 아시아 국가에서 유일하게 식민 지배를 받지 않았다는 태국인들의 자부심은 그들만의 독특한 정서와 문화를 발전시켰다. 태국을 여행하며 받게 되는 첫인상은 '타이 스마일 Thai Smile'일 것이다. 즐거움을 사랑하고 타인을 의식하지 않는 자유로움에서 기인한 '타이 스마일'은 스스로의 자부심과 타인에 대한 관대함을 동반한다. 처음 만난 이방인에게도 스스럼없이 웃음을 선사하며 '싸왓디'라고 말해주는 태국은 외국인에게도 거부감 없이 쉽게 다가설 수 있는 나라일 것이다.

태국인들의 삶의 습관은 어쩔 수 없이 불교와 연관된다. 상대방에게 관대하고 조용한 종교적인 성향에 따라 상대방의 행동이나 가치관에 대해 판단하거나 재판하려 들지 않는 것이 특징이다. 태국인들의 개인적이면서 집단적인 성격은 몇 가지 특성으로 표현된다. 언어를 통해 그 나라의 문화 습관을 알 수 있듯, 일상에서 쓰이는 대화를 통해 태국인들의 삶의 방식을 쉽게 이해할 수 있다. 태국을 여행하다 보면 가장 많이 듣는 인사말 '싸왓디'를 뒤이어 싸바이, 싸눅, 짜이 옌옌, 마이 뻰 라이 같은 언어를 통해 그들의 삶의 모습을 들여다보자.

싸왓디 สวัสดี Sawasdee

태국의 가장 기본적인 인사말이다. 남자의 경우(본인 기준으로) '싸왓디 크랍(싸왓디 캅)', 여자의 경우(본인 기준으로) '싸왓디 카'라고 말한다. 인사말을 건넬 때 와이(두 손을 모아 합장하는 것)를 함께 하는 것이 기본 예절이다.

싸바이 สบาย Sabai

싸왓디와 더불어 사람을 만나면 가장 먼저 듣게 되는 단어가 '싸바이 마이?'다. '편안합니까?' 또는 '좋습니까?' 정도의 의미다. '낀 카우 르 양?(밥 먹었어?)'과 비슷한 뉘앙스의 인사말이지만 상대방의 안부와 즐거움을 묻는 성격이 더 강하다.

즐겁고 신나게 노는 '싸눅'에 비해 다소 평범한 듯한 '싸바이'는 평온한 현세를 살고 싶어 하는 태국인들의 마음의 표현이 아닐는지.

싸눅 สนุก Sanook

'즐겁게'라는 뜻으로 태국인들의 생활방식을 가장 잘 나타내는 말이다. 무슨 어려움이 있어도 즐겁고 신나게 살아야 하는 것은 그들의 절체절명의 과제. 하찮은 일을 하건, 막노동을 하건, 따분한 일을 하건 상관없이 그 모든 행위는 '싸눅'을 기본으로 해야 한다.

만약 '마이 싸눅(재미없다)'하다면 삶의 자체가 저주받은 것으로 느낄 정도. 그러니 태국에서는 농담을 하건 노래를 하건 운동을 하건 무조건 '싸눅'하게 즐기자.

마이 뻰 라이 ไม่เป็นไร Mai Pen Rai

'괜찮아', '노 프라블럼' 정도로 풀이될 마이 뻰 라이는 다양한 의미를 함축한다. 태국인들의 낙천적인 성격

을 대변하는 단어임과 동시에 삶에 대하는 태국인들의 여유로움이 묻어나는 말이다.

늦게 도착해도, 일이 어그러져도, 약속이 틀어져도 '마이 뻰 라이' 한마디면 모든 문제가 해결될 정도다. 즉, 어떤 문제에 대해 상대방과의 논쟁을 피하고 쿨한 얼굴을 유지하려는 의도가 다분히 담겨 있다.

짜이 옌옌 ใจเย็นเย็น Chai Yenyen

'마이 뻰 라이'와 더불어 태국인들의 낙천적이고 유유자적하는 성격을 대변하는 말이다. '마음을 차갑게 해라'라는 뜻으로 스트레스 가득한 상황에서 차분하지라는 성격을 담고 있다. 화낼 일이 있어도 참고, 급하게 서두르지 말라는 뜻. 음식을 빨리 달라고 보채거나, 무언가 성급하게 행동한다면 분명 '짜이 옌옌'이란 말을 듣게 될 것이다.

와이 ไหว้ Wai

와이는 태국인들의 일상적인 인사법이다. 두 손을 모아 상대방에게 합장하며 존경을 표하는 행위. 낮은 사람이 높은 사람에게, 어린 사람이 어른에게 인사할 때 쓰인다.

와이는 상대의 나이와 사회적 신분, 존경하는 등급에 따라 합장하는 높이가 달라진다. 보통 입 높이에 손을 올려 합장하며, 국왕에게는 무릎을 낮추고 머리 위로 손을 올려 합장을 한다. 와이를 받으면 상대방에게 와이로 답 하는 게 기본 예절이다.

딱밧 ตักบาตร Tak Bat

딱밧은 승려들의 탁발 수행을 의미한다. 불교 국가인 태국에서 하루도 빠지지 않고 행해지는 종교의식이다. 사원이 있는 곳이면 딱밧이 행해진다고 보면 된다. 매일 아침 6시 경 승려들이 맨발로 거리를 거닐

며 하루치 필요한 식량을 공양 받는다. 일반인들은 승려에게 공양할 음식('싸이밧'이라고 부른다)을 준비해 시주한다. 음식뿐만 아니라 돈, 음료수, 꽃도 시주한다. 승려에게 시주할 때 신발을 벗고 승려보다 낮은 자세를 유지하는 것이 특징이다. 무릎을 꿇고 시주하는 경우도 흔하다. 이때 승려들은 축복의 의미로 불경을 읊어준다.

탐분 ทำบุญ Tham Bun

'좋은 행위를 하다' 또는 '공덕을 쌓는다'라는 의미로 태국인들의 종교적인 삶과 연관된다. 윤회, 업보를 중시하는 불교가 일반인들의 삶의 전반을 지배하기 때문에 공덕을 쌓는 일은 중요한 행위로 여긴다. 승려에게 음식을 제공하는 것, 사원에 시주하는 것, 기부 하는 것, 가난한 사람들에게 베푸는 것 등이 모두 탐분에 해당한다. 주말이나 새해 첫날에 사원을 찾아 '탐분'하는 사람들을 흔하게 볼 수 있다. 참고로 태국 남자라면 평생 한 번은 승려 생활을 해야 한다(국왕도 예외 없이 승려 생활을 해야 한다). 일반적으로 20세 이전에 3개월 정도 단기 출가했다가 수행을 마치면 다시 사회로 돌아온다. 승려가 돼서 수행을 하는 것 역시 공덕을 쌓는 일로 여긴다.

태국 인사법 와이

05 축제와 공휴일

축제
태국의 축제는 왕실과 불교에 관련된 행사가 많다. 불교 행사나 국왕 생일, 왕비 생일 같은 경건한 날은 술집이 자진해 문을 닫으며, 편의점에서도 술 판매를 금한다.

1월
방콕 국제 영화제
Bangkok International Film Festival
태국 최대의 국제 영화제. 16년이라는 역사 속에서 아시아 주요 영화제로 성장했다. 매년 150편 이상의 영화가 10일간 상영된다. 방콕에서 열리는 영화제인데도 태국어 자막을 넣지 않아 빈축을 사기도 하지만 다양한 국적의 사람들이 함께 어울리는 국제 영화제다운 면모를 과시한다.

2~3월
설날 Chinese New Year
공식적인 휴일은 아니지만 화교들이 많은 방콕에서는 큰 축제다. 방콕 시에서 주관하는 다양한 행사가 차이나타운에서 펼쳐진다. 태국식 발음은 '뜻 찐'.

마카 부차 Makha Bucha
매년 음력 3월 보름에 열리는 불교 행사. 석가모니의 제자 1,250명이 설법을 듣기 위해 모인 날을 기념한다. 밤에 촛불을 들고 사원을 순례하며 부처의 뜻을 기린다.

4월
쏭끄란 Songkran
태국 설날이며 물 축제로 유명하다. 1년 중 가장 더운 4월 15일이 태국의 새해. 신년을 앞뒤로 3일간 연휴 기간이다. 방콕 시민들은 연휴를 이용해 고향을 방문한다.

5월
위싸카 부차 Visakha Bucha
부처의 일생을 기념하는 행사. 태국의 주요한 종교 행사로 전국의 사원에서 촛불을 밝히며, 특별 설법이 행해진다. 한국으로 치면 석가탄신일에 해당한다.

왕실 농경제 Royal Ploughing Ceremony
한 해의 농사를 시작하는 것을 축복하는 행사. 왕세자가 싸남 루앙에 나와 행사를 직접 주관한다.

✓알아두세요

방콕에서 쏭끄란 즐기기
쏭끄란은 '움직인다'라는 뜻의 산스크리트어인 '싼크라티'에서 온 말입니다. 태양의 위치가 백양자리에서 황소자리로 이동하는 때를 의미하는데, 12개를 이루는 한 사이클이 다하고, 또 다른 사이클이 시작됨을 의미합니다. 본래 북부 지방인 치앙마이(란나 타이)에서 시작된 행사로 사원에서 불상을 꺼내 도시를 한 바퀴 돌며 물세례를 받는 것이 전통입니다. 하지만 고향을 찾아 떠난 텅 빈 방콕에서는 물놀이 개념으로 발전해 어느덧 태국을 대표하는 축제로 변모해 있답니다. 쏭끄란이 아니라 쏭크람(전쟁)이라는 비아냥을 들을 정도로 한 바탕의 물싸움을 즐길 수 있습니다. 특히 카오산 로드는 쏭끄란 축제의 핵심으로 정부에서 지원하는 공식적인 물싸움 공간. 나이와 국적에 상관없이 물총 하나면 서로 어울리고 즐거워할 수 있지요. 쏭끄란 기간에 방콕을 방문하면 시간을 내서 카오산 로드를 찾아보세요. 동심의 세계로 돌아갈 수 있습니다. 모든 것이 순식간에 젖어버리니 개인 귀중품은 방수 팩에 넣어 소지해야 합니다.

로켓 페스티벌(분 방파이) Rocket Festival

5월 중순에 열리는 이싼(북동부 지방) 축제다. 이싼 전 지역에서 축제가 열리는데 야쏘톤 Yasothon에서 열리는 행사가 가장 규모가 크다. 정교하게 조각하고 화려한 색으로 치장한 나무로 만든 로켓을 하늘로 쏘아 올린다. 우기가 시작되기 전 하늘을 자극해 비를 많이 내리게 해달라는 의미를 담고 있다.

후아힌 재즈 페스티벌 Hua Hin Jazz Festival

2001년부터 시작된 음악 축제로 방콕 인근의 해변 휴양지인 후아힌에서 열린다. 태국뿐만 아니라 국제적인 재즈 밴드들이 해변에 마련된 특별 무대에 오른다.

6월

피따콘 Phi Ta Khon

6월 말 또는 7월 초에 러이 Loei의 작은 마을인 단싸이 Dan Sai에서 열린다. 피따콘은 귀신 모양의 가면을 뜻하는데, 유난히 커다랗고 화려하게 치장한 귀신 얼굴 가면을 쓰고 펼치는 퍼레이드가 축제의 하이라이트다.

7월

아싼하 부차 Asalha Bucha

깨달음을 얻은 부처가 처음으로 설법한 날을 기념한다. 방콕의 모든 사원이 연등이나 촛불을 밝히고 부처의 탄생을 축복한다.

카오 판싸 Khao Phansa

우기가 시작되는 날부터 3개월간 사원에 머물며 수행하는 안거 수행이 시작되는 날. 태국 젊은이들이 불교에 입문하는 날이기도 하다. 태국 남자들은 평생 한번은 승려가 되어 수행하는 것을 불문율로 여긴다. '카오'는 들어간다, '판싸'는 안거 수행을 뜻한다.

국왕(라마 10세) 생일
King Vajiralongkorn's Birthday

2016년 12월에 마하 와치라롱꼰 국왕(라마 10세)이 즉위하면서 국경일로 지정된 국왕 생일(7월 28일)도 변경됐다. 왕실 건물이 몰려있는 타논 랏차담넌 일대가 국왕의 초상화와 조명으로 화려하게 장식된다.

9월

채식주의자 축제(응안 낀 쩨)
Vegetarian Festival

화교들을 위한 불교 축제로 육식을 금하는 대승불교와 관련이 깊다. 축제는 9월 말 또는 10월 초에 열린다. 10일간 이어지는 축제 기간 동안 채식만 허용되며 술과 성행위도 제한하며 금욕 생활을 한다. 방콕의 차이나타운, 푸껫 타운, 뜨랑에서 축제가 열린다. 푸껫 타운에서 열리는 행사가 가장 규모가 크다.

10월

쭐라롱껀 대왕 기념일 Chulalongkon Day

짜끄리 왕조 최고의 왕으로 평가받는 라마 5세의 기일을 기념하는 날이다. 10월 23일이 되면 두씻의 로열 플라자 Royal Plaza에 세워둔 라마 5세 동상 앞에 시민들이 찾아가 꽃과 향을 헌화하며 그의 공덕을 기린다.

까틴(옥 판싸) Kathin

승려들의 안거 수행이 끝나는 날을 기념하는 행사. 안거 수행(판싸)에서 나온다(옥)고 해서 '옥 판싸'라고도 불린다. 승려들에게 새로운 승복을 제공하고 사원에 필요한 물건을 시민들이 봉헌한다.

11월

러이 끄라통 Loi Krathong

연꽃 모양의 끄라통을 강에 띄워

보내며 소망을 기원하는 행사. 짜오프라야 강과 운하에 시민들이 나와 끄라통을 띄운다. 아이들은 폭죽을 터뜨리는 재미에 현혹되어 밤새 소란스럽다. 쑤코타이에서 시작된 탓에 방콕보다는 북부 지방이 전통이 잘 살아 있다.

이뻥 축제 Yi Peng Festival

러이 끄라통과 비슷한 축제로, 과거 란나 왕조의 수도였던 치앙마이에서 열린다. 연꽃 모양의 끄라통을 강물의 띄워 보내는 것은 동일하지만, 밤이 되면 '콤러이'라고 부르는 풍등을 하늘로 올려 보내며 장관을 연출한다. 각종 퍼레이드와 행사가 3일간 열린다.

쑤린 코끼리 축제 Surin Elephant Round-Up

매년 11월 셋째 주에 쑤린에서 열린다. 400여 마리의 코끼리가 참여하는 축제로 코끼리 조련 기술 시범은 물론 코끼리 축구, 코끼리와 인간의 줄다리기 시합 등 다채로운 행사가 펼쳐진다. 축제의 하이라이트는 과거 전투 장면을 재연하는 행사다. 과거에는 왕족들과 장군들이 코끼리를 타고 전투를 진두지휘했다. 쑤린 코끼리 축제는 태국 관광청에서 주관한다.

12월
푸미폰 국왕(라마 9세) 생일
King Bhumibol's Birthday

현재 국왕의 아버지이자 선왕(라마 9세)이었던 푸미폰 국왕의 생일을 기념하는 날. 아버지의 날 Father's Day로 불리기도 한다. 태국인들에게 아버지이자 신으로 추앙받았던 라마 9세에 대한 애정은 남달라서, 국왕 사후에도 생일을 기념해 공휴일로 지정했다.

공휴일

태국의 공휴일은 왕실과 관련된 것이 많다. 신년과 관련해서 양력설을 국경일로 정했으나 음력설은 쉬지 않는다. 대신 태국 설날인 쏭끄란 기간 동안 3일간 공식적인 휴무에 들어간다. 불교 관련 기념일은 음력으로 날을 정하기 때문에 휴일이 매년 달라진다.

- 신정 New Year 1월 1일
- 짜끄리 왕조 기념일 Chakri Day 4월 6일 라마 1세가 라따나꼬씬(방콕)에 설립한 짜끄리 왕조의 탄생을 기념하는 날.
- 쏭끄란 Songkran 4월 13~15일
- 위싸카 부차 Visakha Bucha 4월 말~6월 초
- 왕비 생일 Queen's Birthday 6월 3일
- 카오 판싸 Khao Phansa 7월 중순
- 국왕(라마 10세) 생일 King's Birthday 7월 28일
- 어머니의 날 Mother's Day 8월 12일
  2016년 서거한 라마 9세의 왕비 생일
- 푸미폰 국왕(라마 9세) 서거 기념일 10월 13일
- 쭐라롱껀 대왕(라마 5세) 기념일 Chulalongkon Day 10월 23일
- 옥 판싸 Ok Phansa 10월 말~11월
  3개월간의 안거 수행이 끝나는 날을 기념한다.
- 러이 끄라통 Loi Krathong 11월 중하순
- 푸미폰 국왕(라마 9세) 생일 12월 5일
- 제헌절 Constitution Day 12월 10일
  1932년 제헌 국회가 성립된 날을 기념하는 날.

01 여권 만들기

여권은 해외여행의 필수품으로 대한민국 정부가 외국으로 출국하는 국민의 신분을 증명하고 외국에 대해 여행자를 보호하고 구조를 요청하는 일종의 공문서다. 쉽게 말해 대한민국 정부가 자국민의 신분을 보증해 발급하는 '해외용 주민등록증'이라고 생각하면 된다. 이미 여권이 있다면 유효기간이 최소 6개월 이상 남았는지 확인하자. 그 이하라면 반드시 발급기관에서 유효기간을 연장하거나 재발급을 받아야 한다.

① 전자여권

2008년 8월 25일부터는 국제적으로 신뢰를 받는 전자여권이 발급되고 있다. 전자여권(ePassport)이란 비접촉식 IC칩을 내장하여 신원정보를 저장한 여권이다. 전자여권은 1회용 단수여권, 정해진 기간 내에 무제한으로 사용할 수 있는 복수여권으로 나뉜다. 복수여권의 기한은 5년과 10년 두 종류가 있다. 10년 기한의 복수여권을 발급받는 것이 편하다.

② 미니여권

해외여행이 많지 않은 여행객들을 위해 만든 가벼운 여권이다. 복수 여권의 한 종류로 여권 페이지를 얇게 만들었다. 일반적으로 사용하는 복수 여권이 58쪽으로 구성되어 있다면, 미니 여권은 26쪽으로 되어있다. 미니 여권은 일반 여권과 동일하며, 다만 여권 발급 수수료가 일반 여권에 비해 3,000원 저렴하다.

③ 여권 접수 서비스

실제 여권 발급 신청은 발급기관을 방문하여 신청서를 제출해야 한다. 예외적인 경우(18세 미만 미성년자, 질병·장애의 경우, 의전상 필요한 경우)를 제외하고는 본인이 직접 신청해야 한다. 외교부 홈페이지에서 여권발급신청서를 미리 출력해서 작성해 가면 시간을 절약할 수 있다. 신원 조사와 여권 서류 심사 과정을 거쳐 여권이 발부된다.

- **여권업무 관련 문의전화**
  외교부 콜센터 전화 (02)3210-0404
  여권 헬프 라인 (02)733-2114
- **외교부 여권 접수 예약 서비스**
  홈페이지 passport.go.kr

④ 여권 신청 구비 서류

일반인의 경우 여권발급신청서, 여권용 사진 1장(6개월 이내에 촬영한 사진), 신분증(사진이 부착되어 있는 주민등록증 또는 운전면허증)이 필요하다. 군 미필자는 병역관계서류(25~37세 병역 미필 남성의 경우 국외여행허가서)가 추가로 필요하다. 사진은 정해진 규정에 따라 여권용 사진으로 사진관에서 찍어야 한다.

⑤ 여권 발급 수수료(인지대)

10년 복수여권 5만 3,000원, 5년 복수여권 4만 5,000원, 1년 단수여권 2만 원

⑥ 여권 발급처

서울의 25개 구청을 포함해 지방 각 주요 도시와 군의 민원여권과 또는 민원봉사과에서 접수가 가능하다. 본인의 거주지와 상관없이 전국 236개 여권 접수처 아무 곳에서나 신청하면 된다. 여권 발급은 해당 접수처에서 받으면 된다. 접수와 발급에 관한 자세한 내용은 외교부 홈페이지 www.passport.go.kr에서 확인 가능하다.

☑ 알아두세요

병역의무자의 국외여행허가서

25세 이상의 군 미필자의 경우 일반인과 달리 서류가 한 장 더 필요합니다. 바로 병무청에서 발급해주는 국외 여행 허가서가 그것입니다. 예전에는 병무청을 직접 방문해야 가능했지만 요즘은 인터넷으로도 발급이 가능합니다. 병무청 사이트 www.mma.go.kr→병역이행안내→국외여행허가 신청으로 가서 국외 여행 허가서를 신청하세요. 특별한 문제가 없다면 2일 뒤에 병무청 사이트를 통해 출력할 수 있습니다.

02 태국은 무비자

태국은 90일 동안 무비자 체류가 가능하다. 즉, 대한민국 여권을 소지하고, 여권의 유효기간이 6개월 이상 남은 경우라면 항공권만 구입하면 여행이 가능하다.

03 여행 정보 수집하기

어떤 여행을 하느냐에 따라 정보의 종류나 양의 차이가 있겠지만, 좋은 정보가 많을수록 알찬 여행이 되는 것은 당연한 일. 자신의 여행 스타일과 목적에 맞게 준비하도록 하자.

① 가이드북

처음 가는 해외에서 길잡이가 되어 주는 책. 볼거리 · 식당 · 숙소 정보 등이 일목요연하게 나온 책이 좋다. 발간(개정) 시기와 정보의 다양성, 그리고 보기 쉬운 구성이야말로 가이드북의 3대 조건이다. 최근에는 저자들의 인터넷 사이트와 연동되는 가이드북이 많은데 지면에 미처 다 싣지 못한 정보로 채워져 있어 참고하면 도움이 된다.

〈프렌즈 태국〉 저자 홈페이지 www.travelrain.com

② 인터넷

종이 책으로 절대 제공하지 못하는 여행 정보를 빠른 인터넷이 대신해준다. 태국과 동남아시아에 관한 유용한 사이트를 참고하거나 네이버나 다음의 카페들을 통해 최신 정보를 확인하자. 약간 호들갑스럽고 가이드북 정보의 재탕인 경우도 많지만, 간혹 깜짝 놀랄 정도로 신선한 정보들도 있다.

③ 태국 관광청 TAT
(Tourism Authority of Thailand)

관광 대국인 태국답게 관광청에서도 다양한 여행 정보를 제공한다. 웹페이지를 통해 방콕과 태국의 기본적인 정보가 제공 은 물론 다양한 행사와 축제에 관한 정보를 제공한다. 간간이 무료 여행 이벤트 행사도 개최하므로 꼼꼼히 챙길 것.

태국 관광청은 서울 사무소 이외에 방콕, 파타야, 아유타야, 깐짜나부리, 끄라비, 푸껫 등의 주요 도시에 사무소를 운영한다.

• 태국 관광청 서울 사무소
홈페이지 www.visitthailand.or.kr
문의 (02)779-5417 이메일 info@tatsel.or.kr
운영 월~금요일 09:00~12:000, 13:00~17:00
주소 서울시 중구 퇴계로 97(충무로 1가) 대연각센터 빌딩 1205호 가는 방법 지하철 4호선 명동역 5번 출구
• 태국 관광청 방콕 사무소
문의 +66-(0)2250-5500 이메일 center@tat.or.th
운영 월~금 08:30~16:30
주소 1600 Thanon Phetburi Tat Mai(New Phetburi Road), Makkasan, Bangkok 10310

☑ 알아두세요

태국 여행 추천 커뮤니티

태사랑 www.thailove.net
태국은 물론 동남아시아를 여행할 경우 반드시 들어가야 하는 정보 사이트. 가이드북 저자이기도 했던 안민기 씨가 운영한다. 방대한 여행 정보를 바탕으로 열렬 지지자들에 의한 다양한 정보가 수시로 업데이트된다.

04 항공권 구입하기

항공권은 여행을 준비하면서 가장 목돈이 들어가는 부분이다. 따라서 항공권을 최대한 저렴하게 구입할 수 있다면 알뜰 여행은 이미 반 정도 성공한 셈. 저렴한 항공권은 하늘에서 뚝 떨어지는 것이 아니다. 부지런히 발품을 파는 수밖에 없는데 여기에는 몇 가지 요령이 따른다.

① 비수기를 이용하자

항공권은 성수기와 비수기에 따라 요금이 크게 달라진다. 성수기는 여름·겨울 방학기간과 7~8월의 휴가 시즌, 명절 연휴 등이 해당되고 그밖의 기간은 비수기라고 생각하면 된다. 성수기에 여행을 떠나려면 항공권을 구하기가 매우 힘들어지므로 가급적 서둘러 예약하는 것이 좋다.

태국으로 취항하는 주요 항공사

- **타이 항공 Thai Airways**
  전화 (02)3707-0011
  홈페이지 www.thaiairways.com
- **대한항공 Korean Air**
  전화 1588-2001
  홈페이지 www.koreanair.com
- **아시아나 항공 Asiana Airlines**
  전화 1588-8000 홈페이지 www.flyasiana.com
- **제주항공 Jeju Air**
  전화 1599-1500 홈페이지 www.jejuair.net
- **진에어 Jin Air**
  전화 1600-6200 홈페이지 www.jinair.com
- **티웨이항공 T'way Air**
  전화 1688-8686
  홈페이지 www.twayair.com

② 공동 구매와 깜짝 세일을 노리자

항공사별로 시즌에 따라 특별 할인 항공권을 판매하거나 여행 커뮤니티 등에서 땡처리 요금에 대한 정보를 접할 수 있다. 또한 종종 성수기를 몇 달 남겨두고 성수기 티켓을 조기 발권하는 경우 할인 혜택이 주어지기도 한다. 이것들은 예고 없이 판매하기 때문에 틈나는 대로 확인해 보는 수밖에 없다. 단, 할인 항공권의 경우 환불이나 귀국일 변경 불가 등 정상 요금의 항공권에 비해 몇 가지 제한이 뒤따르는 경우가 많으

므로 꼭 확인해 볼 것.

③ 나에게 맞는 항공편을 결정하자

인천에서 태국으로 가는 비행기는 다양하다. 대부분 인천에서 방콕까지 직항 노선을 운항하지만, 일부 항공사는 타이베이나 홍콩을 경유하기도 한다. 국적기인 대한항공이나 아시아나 항공보다는 해외 항공사인 타이 항공이 저렴하다. 저가 항공사를 표방하는 진 에어는 비수기에 매력적인 프로모션 요금을 내놓기도 한다. 비행 스케줄은 방콕까지 1일 2~3회 운항하는 대한항공, 아시아나 항공, 타이 항공이 편리하다. 오전 출발과 오후 출발로 구분된다. 어느 항공을 이용하든 방콕까지 비행시간은 5시간 30분 정도 소요된다. 인천 공항을 오후에 출발하는 비행기는 방콕에 자정 넘어 도착하므로, 초행길인 여행자라면 아침에 출발하는 비행기를 이용하는 게 좋다.

④ Tax에 유의하라

일반적으로 고시되는 항공권 가격에는 Tax가 포함되어 있다. 항공권을 얘기할 때 '항공료 00만원+Tax'라

☑ 알아두세요

항공권 구입시 유의사항

자리가 부족한 성수기에는 확약이 되지 않은 상태에서 돈을 받는 일부 여행사가 있습니다. 항공권을 받을 때 Status란에 'OK'라고 적혀 있는지 반드시 확인하세요. 또한 항공권상의 이름은 여권 기재 이름과 반드시 일치해야 합니다. 공항에서 영문 이름이 다를 경우, 이름을 변경하는 데 수수료를 내야 하며 간혹 탑승을 거부당하기도 합니다. 출국·귀국 날짜와 시간을 체크하는 것도 잊지 마세요.
항공권을 예약해 놓고 모든 구간에 OK를 받았다 해도, 발권하지 않으면 내 것이 되지 않습니다. 성수기에는 출발일 기준 7일 이내, 비수기라 해도 3일 이내에 발권해야 함을 잊지 마세요.

고 하는데, Tax 항목에는 국가에서 항공권 판매에 대해 부과하는 세금, 공항이용료인 공항세, 출국세, 전쟁 보험료, 유류 할증료 등이 모두 합산되어 부과된다. Tax는 탑승일과 관계없이 발권일 기준으로 적용된다. 항공권 구매 후 탑승 시점에서 환율이 인상되었다 하더라도 차액을 징수하지 않으며, 인하되어도 환급되지 않는다. 항공사마다 Tax가 모두 다르고, 같은 항공권이라도 발권일의 환율에 따라 Tax는 매일 변동되므로 꼼꼼히 따져보고 결정해야 한다.

⑤ 요즘 항공권은 종이에 프린트하면 된다

최근에는 항공권 결제를 마치면 이메일로 항공권을 받게 된다. 이것이 바로 전자 티켓, E-Ticket(이티켓) 항공권이다. 이를 출력해 항공사 카운터에 내밀면 바로 탑승권인 보딩 패스를 받게 된다. 이티켓의 장점은 분실할 염려가 없다는 것. 인터넷이 되는 어디에서나 이메일을 열어 티켓을 프린트할 수 있으니 편리하다. 여유분을 넉넉하게 출력해 가자. 방콕에 취항하는 항공사는 대부분 이티켓 제도를 시행하고 있다.

05 여행자 보험 가입하기

짧은 주말여행이라 할지라도 여행자 보험은 반드시 가입하자. 현지에서 물건 분실 등의 사고가 발생하거나 질병에 걸려 병원 치료를 받은 경우에는 매우 유리하다. 물건을 분실했을 경우 관할 경찰서에서 받은 분실 · 도난 증명서를 받아와야 하고, 치료를 받은 경우 치료 관련 증빙서류와 지불 영수증을 받아오면 된다. 한국에 귀국한 후, 보험회사에 현지에서 받아온 해당서류와 통장사본을 우편으로 제출하면 2주일 후 규정에 따라 보험처리를 받을 수 있다. 보험료는 보상한도액에 따라 금액이 다르며, 최근에는 환전을 하면 무료로 여행자 보험에 가입시켜주기도 한다. 항공권을 구입한 여행사, 인천공항의 출국장 내 보험회사 등에서 쉽게 가입할 수 있다.

06 호텔 예약하기

방콕에 밤늦게 도착한다거나, 성수기에 방콕을 여행한다면 호텔을 한국에서 미리 예약하고 가는 게 좋다. 호텔 홈페이지나 호텔 예약 사이트를 통해서 예약이 가능하다. 호텔 예약 사이트의 경우 같은 호텔이라도 요금이 조금씩 다르고, 예약 취소와 변경에 대한 규정이 회사마다 다르니 꼼꼼히 살펴봐야 한다. 호텔 자체 홈페이지에서는 신용카드로 결제를 미리 해야 하는 경우도 있고, 예약 번호만 먼저 이메일로 보내고 호텔에 도착해서 체크인하면서 직접 결제하는 등 호텔마다 시스템이 조금씩 다르다. 호텔을 예약할 경우 본인의 이름과 도착일, 체크인 시간을 정확히 알려주는 게 좋다. 호텔 예약 후 호텔 바우처나 예약 컨펌 이메일을 프린트해 두는 것도 잊지 말자.

07 환전하기

환전을 하기 위해서는 먼저 여행경비 중에서 현금과 신용카드의 사용 비율을 정해야 한다. 태국에서 신용카드를 사용하는데 불편함은 없지만 해외인 만큼 은행마다 1~2%의 별도 수수료가 추가된다는 사실을 알아둘 것. 환전할 금액을 결정했다면 시중 은행의 외환 거래 창구나 해당 은행의 인터넷 사이트를 통해 태국 밧(THB)을 미리 환전해 놓도록 하자. 환율도 공항보다 좋고 환전 수수료 할인, 여행자 보험 무료 가입 등 은행에 따라 다양한 혜택이 주어진다. 다만 태국 화폐를 보유한 은행이 많지 않아 대형 은행을 찾아야 하는 불편함이 따른다. 태국을 장기간 여행할 예정이라면 태국 밧과 미국 달러를 적당한 비율로 환전해도 된다.

08 면세점 미리 쇼핑하기

면세점 쇼핑은 꼭 인천공항에서만 할 수 있는 것은 아니다. 오프라인 매장으로 되어 있는 서울 시내의 도심 면세점과 인터넷으로 이용할 수 있는 온라인 면세점이 있다. 물론 출국이 확정된 사람만 이용할 수 있는데 비행기 편명과 출발 시간, 여권번호를 알고 있다면 출입국 한 달 전부터 하루 전까지 쇼핑이 가능하다. 출국 당일 날은 공항 면세점을 이용해야 한다.

온라인 면세점은 인터넷에서 사용할 수 있는 쿠폰을 따로 발급해 오프라인 매장보다 더 저렴하게 쇼핑을 할 수 있는데 인터넷상인지라 물건을 직접 볼 수 없다는 단점이 있다. 따라서 면세점 쇼핑을 알뜰하게 잘하는 방법은, 일단 오프라인 매장에서 발품을 팔아 직접 물건을 확인한 후, 온라인 면세점을 이용해 물건을 신청하는 것이다. 면세점을 이용하기 전에 홈페이지를 자세히 살펴보자. 각종 할인쿠폰, 신용카드 할인 혜택, 사은품 등 다양한 이벤트가 곳곳에 숨어 있다. 정해진 금액 이상을 구입할 경우 상품권이나 사은품을 지급하니 꼭 챙기길. 오프라인 매장이든, 온라인 면세점이든 구입한 물건은 출국할 때 공항에 마련된 물품 인도장에서 찾게 되어 있다.

온라인 면세점
- **동화 면세점** www.dwdfs.com
- **롯데 면세점** www.lottedfs.com
- **신라 면세점** www.shilladfs.com
- **신세계 면세점** www.ssgdfs.com

09 여행 가방 꾸리기

여행이 즐겁기를 바란다면 짐은 최대한 가벼워야 하는 법. 아주 중요할 것 같은 아이템도 막상 여행을 가보면 별 소용이 없는 경우가 많다. 일단 가져갈까 말까 고민되는 아이템은 아예 가져가지 않는 것이 좋다. 대부분 현지에서 모두 구입할 수 있는 것들이기 때문이다. 꼭 가져가야 하는 것들만 알아보자.

① 여권과 항공권

아무리 강조해도 지나침이 없는 준비물인 여권과 항공권을 잘 챙겼는지 확인해 보자. 모든 짐을 완벽하게 꾸렸다 해도 여권과 항공권이 없다면 여행은 수포로 돌아간다. 여권은 유효기간이 6개월 이상 남아 있는지 반드시 확인할 것. 원칙적으로 6개월 이내에 만료되는 여권을 소지하면 태국에서 입국을 거부당할 수 있다. 여권(사진 있는 부분)과 항공권은 몇 부씩 여유분으로 복사해 두는 것도 잊지 말자.

② 사진

현지에서 여권을 분실했을 경우 재발급 받으려면 사진이 필요하다. 만약을 대비해 여유분으로 사진을 2~3장 준비해가자.

③ 신용카드 & 직불카드

VISA 혹은 MASTER 로고가 있는 신용카드는 해외에서 사용이 가능하다. 또한 직불카드 중에서도 해외승인이 가능한 카드라면 역시 해외에서 사용할 수 있다. 본인의 주거래 은행에 문의하여 신용카드의 해외 한도 범위를 확인해보자. 간혹 가입할 때 0원으로 만드는 경우가 있기 때문에 현지에서 당황스런 경우가 발생하기도 한다.

④ 여행 복장

연중 더운 기온으로 인해 여름 복장으로도 충분하다. 다만 12~1월 사이 밤 기온이 20℃ 아래로 내려가 긴팔 옷이 종종 필요하다. 특히 무더운 여름에도 실내는 에어컨으로 인해 한기가 느껴지기도 하니 얇은 겉옷을 챙기는 센스도 잊지 말자. 겨울에 북부 산악 지역을 여행할 예정이라면 카디건도 챙기자. 바다에 갈 일도 많고 무더운 나라라 슬리퍼를 챙겨 가면 도움이 된다.

⑤ 여행 가방(트렁크 또는 배낭)
방콕이나 푸껫을 중심으로 단기 여행을 할 예정이라면 트렁크를 가져가는 것이 편리하다. 2주 이상 장기 여행을 할 예정이라면 배낭이 편하다. 이동 거리가 늘어나면 늘어날수록, 숙소를 자주 변경할수록 자유로운 행동을 보장받기 위해 배낭이 여러모로 유리하다.

여행용품 전문 매장
트래블메이트
전화 1599-2682
홈페이지 www.travelmate.co.kr

⑥ 보조 가방
여행지를 돌아다닐 때 사용하는 작은 가방이다. 가이드북과 지도와 필기구, 생수병, 양산 등 외출 때 필요한 물건을 넣어서 들고 다니면 된다. 보조 가방은 소매치기를 방지하기 위해 크로스 형태로 매고 다니도록 하자.

⑦ 비상약
감기약, 진통제, 소화제, 설사약, 밴드 정도가 적당하다. 따로 복용하고 있는 약이 있다면 역시 챙겨가자.

⑧ 멀티 어댑터
대부분 둥그런 모양의 플러그를 사용하지만, 숙소마다 콘센트 모양이 다르기 때문에 멀티 어댑터 한 개 정도는 챙겨 가면 도움이 된다. 카메라와 노트북, 스마트폰 등 전자제품을 많이 사용할 경우 멀티 탭도 유용하게 쓰인다. 저렴한 게스트하우스의 경우 콘센트가 많지 않기 때문에 멀티 탭이 있으면 충전하는 시간을 절약할 수 있다.

⑨ 세면도구 & 워시 팩
비누, 샴푸, 린스, 샤워 크림, 바디 로션, 칫솔, 치약, 면도기, 수건 등 기본적인 세면도구를 챙긴다. 게스트하우스에서는 수건과 비누만 제공해 주는 경우가 대부분이다. 3성급 수준의 호텔에 머물면 세면도구는 물론 헤어 드라이기까지 욕실에 비치되어 있다. 세면도구와 목욕용품은 워시 팩 Wash Pack에 담아 보관하면 편리하다.

⑩ 화장품, 선글라스, 모자
부피를 줄이려면 샘플로 받은 화장품을 챙겨 가거나, 필요한 만큼 작은 용기에 담아서 여행 가방을 꾸리면 편하다. 면세점에서 화장품을 살 경우 목록을 별도로 정해서 짐을 싸면 된다. 태양이 강하므로 자외선 차단제는 잊지 말고 챙기도록 하자. 선글라스와 모자를 챙겨 가면 도움이 된다.

⑪ 다용도 주머니(멀티 파우치)
양말, 속옷, 수영복, 신발, 슬리퍼 등을 구분해 넣어 다니기 좋다. 태국의 경우 사원을 방문할 때 신발을 벗고 들어가야 하는데, 이때 신발주머니로 사용할 수도 있어 다용도로 쓰인다.

⑫ 카메라 & 노트북
디지털카메라와 충전기 세트, 넉넉한 메모리 카드는 필수. 노트북이 소형화되고 인터넷 카페나 무선 인터

미러리스 카메라

넷 접속이 용이해지면서 노트북을 휴대한 여행자가 늘고 있다. 전문가가 아니라면 가볍고 편리한 미러리스 카메라가 여행용으로 좋다.

⑬ 팩세이프 Pac Safe 배낭
도난 방지 기능을 강화해 고가 물건을 보호하는데 유용하다. 배낭 하단에 카메라와 렌즈를 넣어 보관할 수 있고, 노트북 수납공간도 별도로 있어 다용도로 사용할 수 있다.

⑭ 아쿠아 팩(방수 팩)
섬과 해변으로 갈 경우 방수 기능이 있는 아쿠아 팩은 보조 가방 기능을 대신한다. 보트 투어나 스노클링 투어에 참여할 때 요긴하게 쓰인다. 해변과 수영장에서 휴식할 경우 휴대용 방수 팩으로도 충분하다. 스마트폰과 카메라, 화장품 등을 구분해 방수 팩에 휴대하면 된다.

트래블메이트 여행 가방

10 사건 · 사고 대처 요령

여행과 사건 · 사고는 언제나 붙어 다닌다. 문제없이 무사히 여행을 마칠 수 있다면 좋겠지만, 언제나 뜻대로 되지 않는 것이 바로 인생이다. 이와 같은 일은 절대로 없어야 하겠지만 만약을 대비해 대처법을 알아두자.

① 몸이 아파요
태국 여행지에서 가장 흔하게 발생하는 것이 열병과 설사다. 연중 무더운 나라이기 때문에 충분한 휴식과 수분 섭취를 하자. 건기 동안에는 기온이 40℃ 가까이 오른다. 물과 음식을 갈아먹으면서 생기는 설사는 여행의 불청객. 반드시 생수를 구입해 마셔야 한다. 열병과 반대로 감기도 종종 걸린다. 무슨 감기냐고 의아해할 수도 있으나, 실내 에어컨이 너무 강하기 때문이다. 가벼운 겉옷을 준비하고 밤에 잘 때 에어컨 온도를 적절히 조절하자. 불의의 사고를 당할 경우는 병원을 찾자. 주요 병원들은 의료 시설뿐만 아니라 서비스도 수준급을 자랑한다. 단점이라면 의료비가 생각보다 비싸다는 것. 본인의 여행자 보험이 적용되는지 진료를 하기 전에 확인하도록 하자. 주요 병원은 각 도시별 여행 정보를 참고할 것.

② 항공권 분실
항공권은 최근에 이티켓으로 발급되기 때문에 항공권 분실은 크게 문제되지 않는다. 이미 항공사 또는 여행사로부터 이메일로 티켓을 받았을 터. 가까운 인터넷 카페에서 항공권을 재출력하면 간단하게 해결된다. 아예 한국에서 출발할 때 여유분으로 2~3부 프린트해 가는 것도 요령. 태국 내에서 국내선을 이용할 경우 종종 종이 티켓으로 항공권을 발권해 준다. 종이 티켓은 분실하면 다소 복잡해지므로 분실에 주의해야 한다. 반나절쯤 걸리는 분실 · 도난 증명서 발급이 완료되면 해당 항공사를 찾아가 재발급 요청을 해야 한다. 재발급 수수료는 항공사마다 다르다. 종이 티켓을 발급받았을 경우 잊지 말고 복사본을 준비해 두자.

③ 신용카드 분실 · 도난
카드가 없어진 것을 확인하는 즉시, 한국의 카드 회사로 전화를 걸어 카드를 정지시켜야 한다. 잠깐의 지체가 고지서에 막대한 영향을 끼친다는 사실을 잊지 말자.

신용카드 분실 연락처
KB국민카드 0082-2-6300-7300
하나카드 0082-2-1800-1111

롯데카드 0082-2-2280-2400
삼성카드 0082-2-2000-8100
현대카드 0082-2-3015-9000
신한카드 0082-1544-7000
우리카드 0082-2-6958-9000

④ 소지품 분실

여행자 보험 가입자는 우선 경찰서로 가서 분실 · 도난 증명서(Police Report)를 발급받아야 한다. 소지품의 경우 분실 · 도난 증명서의 작성은 상당히 까다롭다. 분실한 물건의 브랜드, 모델명, 가격, 구입연도 등과 함께 몇 시에 어떤 경위로 사고가 발생했는지를 작성해야 한다. 본인의 부주의에 의한 분실(lost)이라면 보험금 보상을 받을 수 없거나 있어도 미미한 수준. 하지만 타인에 의한 도난(stolen)임을 입증할 수 있다면, 보험금의 한도에 따른 충분한 보상을 받을 수 있다. 귀국 후, 현지 경찰서에서 작성하여 확인을 받은 분실 · 도난 증명서를 가입한 여행자 보험회사에 제출하면 심사 후 2주 뒤에 보상을 받는다. 보상은 현물만 가능하며 현금은 보험처리 되지 않는다.

⑤ 보석 사기

아무리 강조해도 방콕에서 보석 사기를 당하는 여행자가 빈번하다. 왕궁, 왓 포, 싸얌 스퀘어 등의 주요 관광지에서 뚝뚝 기사를 끼고 보석 사기 행각을 하는 호객꾼을 조심할 것. 대부분 유창한 영어로 말을 걸어와 상대방과 친해진 다음, 뚝뚝 기사와 결탁해 보석 가게로 안내한다. 보석 이야기를 하는 뚝뚝 기사가 있다면 결코 관심을 보이지 말 것. 보석을 한국에서 팔면 이윤을 남긴다는 뻔한 사기 행각에 아직도 당하는 여행자들이 있음을 명심하자. 만약 보석 사기를 당했을 경우 가까운 관광경찰서(핫라인 1155)에 신고해야 하며, 액수가 클 경우는 대사관에도 도움을 요청한다. 관광경찰의 중재 아래 70~80% 환불받을 수 있다.

⑥ 여권 분실

여권 분실은 매우 심각한 사고다. 잃어버린 대가가 혹독할 만큼 매우 번거로운 절차가 기다리고 있다. 경찰서와 대사관, 이민국을 드나들어야 하고 추가 비용까지 내야 한다.

태국에서는 여권 분실 · 도난 시 원칙적으로 여권 재발급이 아닌 여행증명서를 발행해 준다. 여권 분실에 의한 여권 신규 발급은 태국에 거주 등록된 교민에 한정되며, 3주 이상의 시간이 걸린다. 단기 여행자라면 여행증명서를 발급받아 한국으로 귀국할 수 있다. 여행증명서를 발급받기 위해서는 가장 먼저 분실 · 도난 증명서를 받아야 한다. 사건이 발생한 관할 구역의 경찰서에 가면 받을 수 있다. 여권 복사본을 가지고 있다면 반드시 가져가자. 일 처리가 훨씬 빨라진다. 여기서 잠깐. 분실과 도난은 말 그대로 어감이 매우 다르다. 본인 책임 범위가 다르므로 도난이 분명한 경우 분실로 기입하는 것은 옳지 않다.

분실 · 도난 증명서를 발급받은 후에 가야 할 곳은 방콕의 한국 대사관이다. 대사관에 비치된 여권발급 신청서 1부, 여권재발급 사유서를 작성하고 경찰서에서 발행한 분실 · 도난 증명서와 신분증(주민등록증, 운전면허증, 여권 사본 등), 여권용 사진 2매(3.5×4.5㎝)를 제출하면 된다. 여행증명서 발급에 소요되는 시간은 1~2일이며 수수료로 280B를 내야 한다. 여행증명서를 발급받았다면 마지막으로 싸톤 Sathon에 위치한 태국 이민국을 방문해야 한다. 이민국에서 입국 기록을 확인받아야 출국이 가능하다. 여권을 분실한 경우 방콕 현지에서 한국 대사관 영사과 0-2247-7540(구내 318)으로 전화를 걸어 안내를 받도록 하자.

방콕 주재 한국 대사관 สถานทูตเกาหลีใต้
Embassy of the Republic of Korea
문의 대사관 +66-(0)2481-6000, 영사콜센터 +66-(0)8-1914-5803 비상연락처 (토 · 일요일, 공휴일) 사건사고 관련 +66-(0)8-1914-5803
홈페이지 http://overseas.mofa.go.kr/th-ko/index.do
주소 23 Thanon Thiam Ruammit, Ratchadaphisek, Huay Khwang, Bangkok 10320 Map P.115
운영 월~금요일 08:30~11:30, 13:30~16:00
가는 방법 지하철 쑨왓타나탐 Thai Cultural Center 1번 출구로 나온 다음 타논 티암 루암밋을 따라 도보 15분. 싸얌 니라밋 Siam Niramit 공연장 오른쪽에 있다. 한국 대사관의 태국 발음은 '싸탄툿 까올리 따이'.

태국어 여행 회화

여행뿐만 아니라 어디를 갈 때 현지 언어를 알면 몸과 마음이 한결 편해진다. 복잡해 보이는 태국 문자와 성조 때문에 처음 접한 사람에게는 어려운 것이 태국어. 하지만 기본적인 단어만 익히면 대화하는 데는 큰 지장이 없다. 아무리 관광 대국이라지만 현지인들과는 영어가 안 통하므로 길을 묻거나 식당에서 큰 도움이 된다.

번호

한국과 동일한 방법으로 숫자를 세면 된다. 십 단위, 백 단위, 천 단위로 계산되므로 규칙만 알면 숫자를 세기는 쉽다.

0	쑨	11	씹엣	80	뺏씹
1	능	12	씹썽	90	까우씹
2	썽	13	씹쌈	100	능러이
3	쌈	20	이씹	200	썽러이
4	씨	21	이씹엣	300	쌈러이
5	하	22	이씹썽	1,000	능판
6	혹	30	쌈씹	2,000	썽판
7	쩻	40	씨씹	10,000	능믄
8	뺏	50	하씹	20,000	썽믄
9	까우	60	혹씹	10만	능쌘
10	씹	70	쩻씹	100만	능란

35,729 쌈믄 하판 쩻러이 이씹까우

시간

태국에서 시간은 하루를 5가지 단위로 구분한다.
새벽 1~5시는 '띠',
오전 6~11시는 '차오',
오후 1~4시는 '바이',
오후 5~6시는 '옌',
저녁 7~11시는 '툼'이다.
각각의 시간 구분마다 1, 2, 3, 4를 붙이기 때문에 태국에서 시간을 제대로 읽으려면 상당한 노력이 필요하다.

몇 시예요? | 끼 몽 래오?
몇 시간이나? | 끼 추어몽?
얼마나 오래? | 난 타올라이?

분 | 나티　　　　시간 | 추어몽

1am	띠 능	1pm	바이 몽
2am	띠 썽	2pm	바이 썽 몽
3am	띠 쌈	3pm	바이 쌈 몽
4am	띠 씨	4pm	바이 씨 몽
5am	띠 하	5pm	하 몽 옌
6am	혹 몽 차오	6pm	혹 몽 옌
7am	쩻몽 차오	7pm	능 툼
8am	뺏 몽 차오	8pm	썽 툼
9am	까우 몽 차오	9pm	쌈 툼
10am	씹 몽 차오	10pm	씨 툼
11am	씹엣 몽 차오	11pm	하 툼
정오(noon)	티앙	자정(midnight)	티앙 큰

일(day) | 완　　　　주(week) | 아팃
일주일 | 능 아팃　　　달(month) | 드언
한 달 | 능 드언　　　일(year) | 삐
일 년 | 능 삐　　　오늘 | 완니
내일 | 프롱니　　　어제 | 므어 완
지금 | 디아우 니　　　다음 주 | 아팃 나

요일

일요일 | 완 아팃　월요일 | 완 짠　화요일 | 완 앙칸　수요일 | 완 풋　목요일 | 완 파르핫　금요일 | 완 쑥　토요일 | 완 싸오　휴일 | 완 윳

인사 및 기본표현

태국어도 존칭어가 있다. 본인보다 나이가 많은 사람이나 높은 직위에 있는 사람에게 공손을 표현하는 것이 예의. 특히 처음 보는 사람에게는 서로 높여주는 것이 바람직하다. 태국어에서 존칭 표현은 매우 쉽다. '카' 또는 '크랍' 딱 한 가지 표현으로 남자와 여자에 따라 사용하는 단어가 달라진다. 본인 기준으로 여자라면 '카'를 사용하고, 남자라면 '크랍'을 사용한다. 존칭

어는 모든 문장의 후미에 쓴다.

안녕하세요! | 싸왓디 카(크랍)!
잘 가요. | 싸왓디 카(크랍).
행운을 빌어요. | 촉디 카(크랍).
실례합니다. | 커톳 카(크랍).
감사합니다. | 컵쿤 카(크랍).
매우 감사합니다. | 컵쿤 막 카(크랍).

괜찮습니다.(노 프라블럼) | 마이 뻰 라이 카(크랍).
요즘 어떻습니까? | 싸바이 디 마이 카(크랍)?
좋습니다. | 싸바이 디 카(크랍).
이름이 뭐예요? | 쿤 츠 아라이 카(크랍)?
내 이름은 00입니다. |
폼(남자)/디찬(여자) 츠 00 카(크랍).
나는 한국 사람입니다. |

폼/디찬 뻰 까올리 따이 카(크랍).
영어 할 줄 아세요? |
쿤 풋 파사 앙끄릿 다이 마이 카(크랍)?
한국어 할 줄 아세요? |
쿤 풋 파사 까올리 다이 마이 카(크랍)?
이걸 태국 말로 뭐라고 하나요? |
니 파사 타이 리악 와 아라이 카(크랍)?
천천히 말해 주세요. | 풋 차 차 노이 카(크랍).
써 줄 수 있어요? | 커 키안 하이 다이 마이 카(크랍)?
이해했어요? | 카오 짜이 마이?
이해했다. | 카오 짜이.
잘 모르겠습니다. 이해가 안돼요. |
마이 카오 짜이 카(크랍).
00 있어요? | 미 00 마이 카(크랍)?
00 할 수 있어요? | 00 다이 마이 카(크랍)?
도와 줄 수 있어요? |
추어이 폼(디찬) 다이 마이 카(크랍)?
어디 가세요? | 빠이 나이 카(크랍)?
놀러갑니다. | 빠이 티아우 카(크랍).
학교 갑니다. | 빠이 롱리안 카(크랍).
너무 좋아요. | 촙 막 카(크랍).
싫어요. | 마이 촙 카(크랍).
필요 없어요. | 마이 아오 카(크랍).

너무 좋아요. | 디 막 카 (크랍).
너무 즐겁다. | 싸눅 막 카(크랍).
당신을 사랑합니다. |
폼 락 쿤(남자가 여자에게).
찬 락 쿤(여자가 남자에게).

교통
00 어디에 있어요? | 유 티나이 카(크랍)?
얼마나 먼가요? | 끄라이 타올라이 카(크랍)?
00 가고 싶은 데요. | 폼/디찬 약 짜 빠이 00 카(크랍)?
어떻게 가면 되나요? | 빠이 양라이 카(크랍)?
어디 갔다 왔어요? | 빠이 나이 마 카(크랍)?
이 차는 어디로 가나요? | 롯 니 빠이 나이 카(크랍)?
버스는 언제 출발하나요? |
롯메 짜 옥 므어라이 카(크랍)?
기차는 몇 시에 출발하나요? |
롯파이 짜 옥 끼 몽 카(크랍)?
막차는 몇 시에 있나요? |

롯메 칸 쑷타이 미 끼 몽 카(크랍)?
언제 도착하나요? | 틍끼 몽 카(크랍)?
여기 세워 주세요. | 쩟 티니 카(크랍).
여기서 내립니다. | 롱 티니 카(크랍).

여기	티니	저기	티난
오른쪽	콰	왼쪽	싸이
북쪽	느아	남쪽	따이
직진	뜨롱 빠이	거리	타논
기차역	싸티니 롯파이	버스 정류장	싸타니 롯 메
공항	싸남빈	선착장	타 르아
티켓	뚜아	호텔	롱램
우체국	쁘라이싸니	은행	타나칸
ATM	뚜에티엠	식당	란 아한
카페	란 까패	시장	딸랏
병원	롱파야반	약국	란 카이야
오토바이	모떠싸이	택시	딱씨
배	르아		

식당

몇 명이에요? | 끼 콘 카(크랍)?
세 명입니다. | 쌈 콘 카(크랍).
메뉴 주세요. | 커 아오 메뉴 카(크랍).
영어 메뉴판 있어요? | 미 메뉴 앙끄릿 마이 카(크랍)?
음료는 무엇으로 하시겠어요? |
컹 듬 아라이 카(크랍)?
물 주세요. | 커 아오 남쁠라오 카(크랍).
씽 맥주 한 병 주세요. |
커 아오 비아 씽 쿠엇 능 카(크랍).
얼음 더 주세요. | 커 아오 익 남캥 노이 카(크랍).
맵지 않게 해주세요. | 아오 마이 펫 카(크랍).
담배 피워도 되나요? | 쑵부리 다이 마이 카(크랍)?
재떨이 주세요. | 커 아오 띠끼야부리 카(크랍).
화장실은 어디에요? | 헝남 유 티아니 카(크랍)?
봉지에 싸 주세요. | 싸이 퉁 노이 카(크랍).
계산서 주세요. | 첵 빈 카(크랍) 또는 깹 땅 카(크랍).
배불러요. | 임 래우 카(크랍).
맛있어요. | 아로이 막 카(크랍).

숙소 및 쇼핑

얼마예요? | 타올라이 카(크랍)?
몇 밧이에요? | 끼 밧 카(크랍)?
이 방은 하루에 얼마입니까? |
헝 티니 큰 라 타올라이 카(크랍)?
더 싼 방 있어요? | 미 헝 툭 꽈 마이 카(크랍)?
방을 볼 수 있나요? | 두 헝 다이 마이 카(크랍)?
이틀 머물 예정입니다. | 유 썽 큰 카(크랍).
방 값 깎아 줄 수 있나요? |
롯 라카 다이 마이 카(크랍)?
가방 여기 맡길 수 있나요? |
깹 끄라빠오 티니 다이 마이 카(크랍)?
더 큰 거 있나요? | 미 야이 꽈 마이 카(크랍)?
더 작은 거 있나요? | 미 노이 꽈 마이 카(크랍)?
깎아 주세요. | 롯 다이 마이 카(크랍).
이것 주세요. | 커 아오 니 카(크랍).

싸다 | 툭   비싸다 | 팽
에어컨 | 룸 헝 애   선풍기 | 룸 헝 팟롬

일반실 | 헝 탐마다   전화기 | 토라쌉
세탁 | 싹파   담요 | 파홈
핫 샤워 | 남 운

알아두면 유용한 기본 단어

나(남성)	폼	나(여성)	디찬
당신	쿤	예	차이
아니오	마이 차이	누구?	크라이?
무엇?	아라이?	언제?	므어라이?
어떻게?	양라이?	어디에?	티나이?
남자	푸차이	여자	푸잉
혼자	콘 디아우	두 명	썽 콘
친구	프언	애인	팬
외국인	콘 땅 찻	한국 사람	콘 까올리 따이
음식	아한	돈	응언
나쁘다	마이 디	좋다	디
크다	야이	작다	렉
깨끗하다	싸앗	더럽다	쏘까쁘록
닫다	삗	열다	뻿
차다	옌	춥다	나우
맛있다	아로이	어렵다	약
쉽다	응아이	즐겁다	싸눅
덥다	론	맵다	펫
배고프다	히우 카오	목마르다	히우 남
아프다	마이 싸바이	예쁘다	쑤어이
피곤하다	느아이	아주 매우	막
오다	마	하다	탐
주다	하이	가다	빠이
앉다	낭	자다	논랍
갖다	아오	걷다	던 빠이
원한다	아오	하고 싶다	약 짜
좋아한다	춉	먹다	낀(정중한 표현은 탄)

*밥 먹다의 경우 '낀 카오'보다 '탄 카오'라고 쓰는 게
좋다.

Index

memo

프렌즈 시리즈 16

프렌즈 태국

발행일 | 초판 1쇄 2011년 4월 18일
         개정 8판 1쇄 2024년 10월 23일

지은이 | 안진헌

발행인 | 박장희
대표이사·제작총괄 | 정철근
본부장 | 이정아
파트장 | 문주미

기획위원 | 박정호

마케팅 | 김주희, 이현지, 한륜아
디자인 | 변바희, 김미연, 양재연
일러스트 | 손한나

발행처 | 중앙일보에스(주)
주소 | (03909) 서울특별시 마포구 상암산로 48-6
등록 | 2008년 1월 25일 제2014-000178호
문의 | jbooks@joongang.co.kr
홈페이지 | jbooks.joins.com
네이버 포스트 | post.naver.com/joongangbooks
인스타그램 | @j__books

ⓒ안진헌, 2025

ISBN 978-89-278-8064-6 14980
ISBN 978-89-278-8063-9 (set)

중앙books는 중앙일보에스(주)의 단행본 출판 브랜드입니다.